磁轮传动世界，创新驱动未来

磁轮调速技术原理及特点

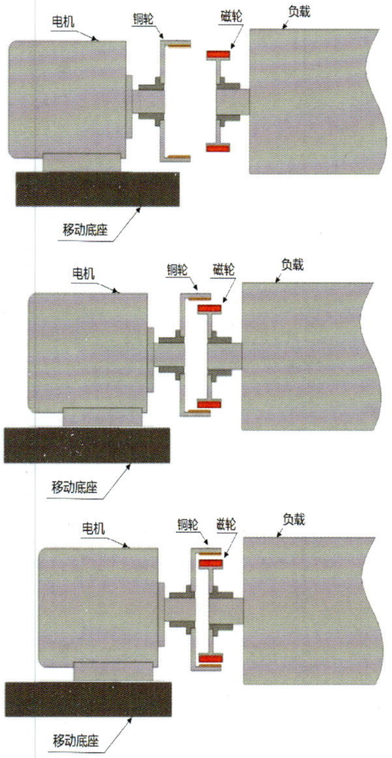

➢ 简单

◆ 结构简单：无轴承、无联轴器；

◆ 安装简单：无联轴器、对中要求1mm；单边气隙5mm

◆ 使用维护简单：免维护

◆ 升级改造简单：轴端距小：0.15m，一次基础不需延长；

◆ 改造时间短：钢基础高度>0.2m，只需1-3天；其它：10天左右

➢ 振源判断简单：为判断动设备系统的振源提供便捷手段机/泵系统可靠性增加

➢ 机/泵系统可靠性增加

◆ 隔振、减振：将原有长轴系直接断开为两个独立的短轴系

◆ 机/泵、电机的振动全面下降，下降幅度：20-60%

◆ 机/泵、电机的机封寿命、轴承寿命 显著延长

◆ 软启动：电机空载启动，逐步带载

◆ 过载保护：不会出现抱轴、断轴等恶劣事故

➢ 投资回报期短

◆ 节能：节电率：10-50%

◆ 投资回报期：2年左右

◆ 调速范围：0-98%

陕煤集团 神木节能电厂 二次风机 900kW-4

新疆特变电工 除尘风机 (共计24台，8台 2240kW-6

内蒙古鄂尔多斯电力冶金集团 铁合金创新工厂 除尘风机 1800kW-6 （水冷10台）

中石化 岳阳兴长石化 硫酸泵 800kW-6

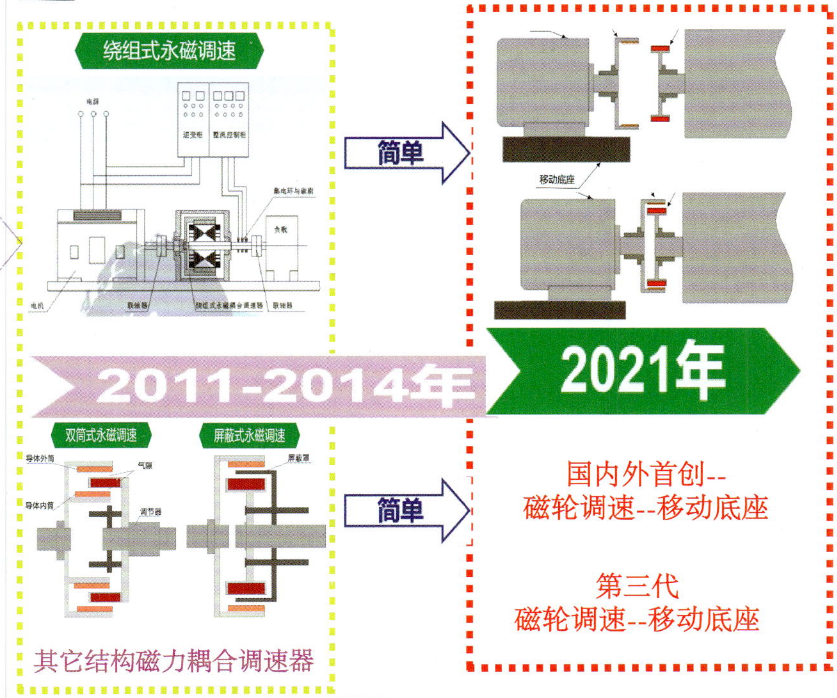

上海华谊集团 安徽华谊化工循环水泵 900kW-6

芜湖磁轮传动技术有限公司

电话：0553-5722300

网址：www.whclcd.com

邮箱：whclcdsales1@163.com

地址：中国（安徽）自由贸易试验区芜湖片区欧阳湖路18-8号

2023年炼化设备管理技术年会论文集

中国石油和石油化工设备工业协会炼油与化工设备管理专业委员会
中国特种设备检测研究院 编

中国石化出版社

图书在版编目(CIP)数据

2023年炼化设备管理技术年会论文集/中国石油和石油化工设备工业协会炼油与化工设备管理专业委员会，中国特种设备检测研究院编. —北京：中国石化出版社，2023.7

ISBN 978-7-5114-7179-6

Ⅰ.①2… Ⅱ.①中… ②中… Ⅲ.①石油炼制-化工设备-设备管理-学术会议-文集 Ⅳ.①TE96-53

中国国家版本馆CIP数据核字(2023)第134348号

中国石化出版社出版发行

地址:北京市东城区安定门外大街58号
邮编:100011 电话:(010)57512500
发行部电话:(010)57512575
http://www.sinopec-press.com
E-mail:press@sinopec.com
北京科信印刷有限公司印刷
全国各地新华书店经销
*
880×1230毫米 16开本 39.75印张 1184千字
2023年8月第1版 2023年8月第1次印刷
定价:380.00元

《2023年炼化设备管理技术年会论文集》

编 委 会

前　　言

炼油、化工生产具有工艺复杂、连续运行、规模大、危险性高等特点，设备是炼化生产的物质基础。炼化设备量大面广、种类繁多，大多具有较高的技术复杂度，设计要素多，制造工艺难，使用环节多，操作要求高，运维难度大，服役周期长。如何管理好炼化设备，保证其安全、可靠、经济的服役，是一项富有挑战性的工作，也是一项系统工程，需要生产、使用、检维修以及第三方技术机构等多方参与，需要从设计、制造、运行、维护、改造直至报废的全生命周期在科技、管理、人才、经济等方面的持续投入。

进入21世纪，我国炼化企业借鉴了国外的先进经验，开始推行完整性管理，推动了设备管理从经验化、制度化向科学化、体系化、标准化的方向迈进，中国石化、中国石油、中国海油等企业的设备完整性管理经历过试点、推广到全面实施的不断探索，通过构建设备完整性管理体系，推广应用风险与可靠性及信息化技术，促进以技术创新+管理创新相结合来开展设备管理工作，取得了良好的效果，完整性管理也受到越来越多设备管理者的认可。

但是，也必须清楚地认识到，我国炼化设备管理工作仍任重而道远。首先，总体看来，我国的炼化设备管理水平与国际先进水平尚有一定的差距，无论是在设备安全性、可靠性、经济性水平方面，还是装置长周期运行水平方面，与欧美的一些国际化石化公司相比，还有较大的提升空间。其次，设备管理不断面临新情况、新问题，炼化生产介质苛刻化、规模大型化、工艺复杂化、参数极端化等问题不断演进，新产品、新技术、新材料、新方法不断得到推广应用，设备也不断朝向复杂化、大尺寸、高参数、高强度、轻量化等方向发展；另外，在役设备的老龄化日趋加剧，设备的问题也在不断出现新机理、新模式，给设备的管理不断带来新的挑战，需要不断的创新技术应用和管理模式来适应新形势。

基于炼化行业的特点和现状趋势，中国石化、中国石油、中国海油、国能集团、中国特检院等46家单位于2021年发起成立了炼油与化工设备管理专业委员会（中国石油和石油化工设备工业协会分支机构），其宗旨是引入设备管理先进技术、理念，引领炼化企业科技进步与管理创新，促进行业企业实现可持续高质量发展。专委会的主要目标是，围绕炼化设备全生命周期安全与技术管理，在装备制造质量提升、成套装置安全风险防控、长周期运行保障、智能诊断与预测性维修等方面，为相关企业间和供需双方搭建交流与协作平台；引入先进的管理理念、运维模式，推广应用新技术、新方法、新成果和新产品，引领企业管理创新与技术进步，促进行业健康、有序发展，为我国技术、产品和服务在国际竞争与区域竞争占据优势，实现质量提升和可持续发展做出积极努力。

专委会于2021年举办了“第一届炼油与化工设备管理技术年会”，行业反响强烈。为了进一步加强我国炼油与化工行业设备管理经验分享与技术交流，促进行业企业管理创新和技术进步，提升设备管理整体水平，支撑行业可持续高质量发展，在中国石化、中国石油、中国海油、国能集团等单位的指导下，在中国特检院、沈鼓集团、杭州和利时、中核苏阀、中密控股、大连橡胶等公司的支持下，专委会于2023年举办“第二届炼油与化工设备管理技术年会”。

本次会议共收论文273篇，内容涉及设备综合管理、动设备、静设备、仪表设备、电气设备等方面的管理以及损伤识别、风险评估、安全评价、无损检测、安全评价、故障诊断、泄漏监测等。专委会组织了多轮专家评审，从中选取的112篇，汇总成论文集予以出版。

由于时间仓促以及作者、编辑水平有限，论文集不妥之处在所难免，恳请广大读者批评指正。

编委会

2023.7.22

目　录

第一篇　综合

第二篇　静设备

第三篇　动设备

第四篇　电气

第五篇　仪表

第六篇　其他

第一篇　综合

基于完整性的法兰密封零泄漏管理信息化研究与应用

艾　辉[1]　黄绍硕[1]　鲁　力[2]

[1. 中科(广东)炼化有限公司；2. 湖北源城工业安全技术有限公司]

摘　要　法兰密封结构失效(泄漏)是公认导致企业安全事故最主要的原因之一，如何解决法兰连接泄漏问题就成了安全生产的一项重要课题。本文作者通过在开展设备完整性建设的基础上，主持研究开发了法兰密封零泄漏管理信息系统。本文主要就开发过程、建设内容、管理使用和取得的成效进行了阐述。

关键词　法兰　泄漏　定力矩　信息化

1　序言

法兰连接是指由法兰、垫片及螺栓三者相互连接作为一组组合密封结构的可拆连接，在石油化工设备、管道和阀门连接中广泛应用。法兰密封结构失效(泄漏)是公认导致企业安全事故最主要的原因之一，据统计在石化行业中泄漏事故占总事故的60%以上，如火灾爆炸、中毒等都是因为法兰连接处出现了泄漏情况。法兰泄漏事故不仅会造成资源浪费，而且还污染环境甚至造成人员伤亡及财产损失，如何解决法兰连接泄漏问题就成了安全生产的一项重要课题。

1.1　选题背景

近年来，随着我国对生产安全管理越来越重视，新版《中华人民共和国安全生产法》已于2021年6月10日第十三届全国人民代表大会常务委员会第二十九次会议通过，自2021年9月1日起施行。“安全生产工作应当以人为本，坚持人民至上、生命至上，把保护人民生命安全摆在首位，树牢安全发展理念，坚持安全第一、预防为主、综合治理的方针，从源头上防范化解重大安全风险。”强调要从源头化解安全风险，中国石化作为国有特大型石油石化企业历来重视安全生产，不断加强设备本质安全管理，提出了“泄漏就是事故”的理念，在全系统推广设备完整性管理体系建设，中科(广东)炼化有限公司作为中国石化全资子公司在积极开展设备完整性建设的基础上，与湖北源城工业安全技术有限公司共同研究开发了法兰密封零泄漏管理信息系统。

1.2　管理现状

目前在一般企业对于法兰密封(泄漏)管理，仍采用传统的事后管理，没有体系化思维开展预防性、技术型和信息化管理，管理效率低下、方法落后、技术陈旧，无法避免泄漏的发生和重复性。具体比如：资料、记录采用手工台账(即使是电子文档也是手工建立、独自存盘和转发)，存在更新不同步、易丢失，难以自动调取、共享大数据分析等；安装(紧固、拆卸)方式采用蛮力大锤，导致紧固件材料受力过载或者塑性变形，即时失效或者无法重复使用；人员更替或者时间长久后的数据调用、过程监测、现场检修等难于准确获取、识别、定位，为后续进一步开展工作带来误判的隐患；检修服务往往侧重点放在检修部分，检修中的过程数据保存比较少和可追溯性差，且检修过程中存在备品配件的实际使用数量不准确等。

1.3　研究方向

针对以上弊端和落后的管理方式，在设备完整性管理体系的构架下，我们提出了建设法兰密封零泄漏完整性管理信息系统的课题。通过利用现有LDAR监测系统产生的源数据，推送触发完整性信息系统缺陷管理流程，开发自动生成密封漏点台账模块、动态自动跟踪闭环，同时处理环

第一作者简介：艾辉，大学学历，副主任师/工程师，现从事石油化工设备管理工作。E-mail：aih.zjdx@sinopec.com

节通过联合开发的基于定力矩紧固技术管理信息系统（PC端和移动端APP），完成现场施工过程的标准化、科学化、规范化管理，涵盖了设备从前期策划、选型、安装到生产中的使用维护、以及后期处理全寿命周期管理。

2 研发内容及实现

2.1 研发内容

针对传统设备法兰的管理方式，联合研究了基于设备完整性管理体系的设备法兰信息管理方案，开发了数字化、可视化的装置法兰静密封零泄漏管理信息平台，创建了零错误、零遗漏、零泄漏的静密封点管理实施方案，从设备本质和管理过程中预防泄漏产生的可能性。

融合了设备完整性管理信息系统，与设备完整性信息系统的缺陷流程等实现互联互通，实时数据共享，成为设备完整性管理体系的有机组成部分，既可独立运作，又融入设备完整性管理（纳入“管设备要管设备运行”模块）。研发了可视化和数字化的法兰（静密封点）管理平台，既有每一对法兰（静密封点）的基础信息，也有检修过程的详细记录数据，保障法兰数据来源和维护过程的数据准确、正确，同时形成法兰检修历史纪录和数据，为设备全生命周期管理的提供依据，让设备管理人员可以充分分析之前检修的情况，了解泄漏工况演变的历史，为以后避免泄漏提供了珍贵的数据支持。

2.2 零泄漏管理信息系统

在充分理解设备完整性管理信息系统的基础上，整合开发了零泄漏管理信息系统。开发的主要功能模块有：首页视图、法兰装置视图、零泄漏策略管理、零泄漏检修过程管理、泄漏台账、预紧力计算、基础数据管理和系统管理等（图1）。

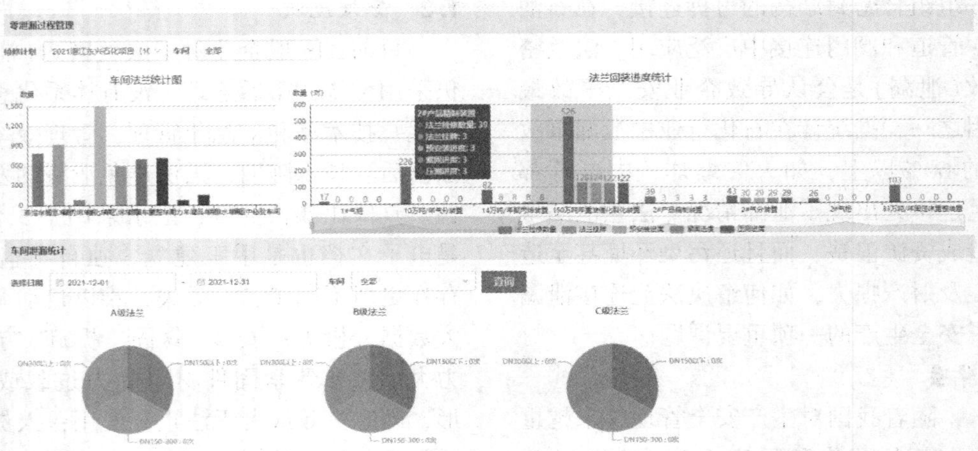

图1

首页视图：开发了根据用户角色的不同配置不同的查询视角，主要由检修过程统计、泄漏统计两部分统计视图组成，分别通过饼状图、柱状图等多种展现形式直观显示各维度统计信息。

法兰装置视图：装置法兰视图模块可直观的在法兰图上查看不同分单元下的法兰和装置多维度信息，提供检修期视图展示法兰在检修期的检修进度状态，同时可根据法兰等级进行筛选，可查看法兰详情数据。

零泄漏策略管理：策略管理包含检修计划管理、备品配件策略、检修台账。检修计划针对单个或多个装置创建检修计划，设置检修类型、作业时间等，通过可视化的方式勾选检修的法兰范围；备品配件策略针对大修、换剂、临时停车（抢修）、消缺等不同的检维修类型，设置螺栓、垫片的用量估算模型，为检修计划提供备品配件指导；在检修台账功能中对已完成的检修计划，可分装置筛选法兰查询检修台账详情，提供台账打印功能。

零泄漏检修过程管理：检修过程管理分PC端的过程任务管理和移动端的过程任务执行功能。PC端过程任务管理可根据检修计划、检修计划引用的过程模板、以及检修计划设置的法兰范围，自动或手动生成过程任务，在任务列表中对任务进行下派，可根据过程任务状态进行检索和详情查看；移动端的过程执行入口可检索被下派的检修过程任务，通过移动端进行数据填报、上报、审批，针对过程任务数据填报岗、审批岗

提供过程任务处理列表，支持无网络离线环境下填报、在线数据同步

泄漏台账：泄漏台账区分法兰泄漏和密封点泄漏，实现泄漏异常信息的自动触发与处理信息维护，记录的法兰泄漏异常将在法兰装置视图中对应的法兰。

预紧力计算：根据法兰信息科学计算法兰预紧力，主要是对重要部分的法兰采用定力矩紧固技术紧固前提供施工数据，通过直接选取法兰自带或录入基本参数自动计算出需要的结果，实现自动化。

基础数据管理：主要实现对系统组织架构、设备基础信息、法兰基础信息等平台所需内容的基本设置功能。

2.3 管理过程实现

结合对现场的巡检作业和装置内设备定期的LDAR检测服务，发现泄漏或异常情况，触发完整性系统中的“缺陷流程”，生成检维修的作业工单，检修人员通过移动终端“零泄漏检修过程管理”流程，在现场进行检修操作并完成检修数据上报，最后处理的结果在法兰静密封零泄漏管理信息系统上完成记录，根据法兰泄漏的频次建立定力矩检维修的预警计划，最终形成现场检测和检修的处理闭环。

2.3.1 LDAR系统检测泄漏数据的提取

每10min设备完整性缺陷系统读取-环境保护信息系统中泄漏历史报告中泄漏的数据(已经抓取的不重新抓取)，提取泄漏部分的数据，按照缺陷提报的数据抓取需要的内容，触发至相应的车间所有班长和设备备员进行缺陷第一环节处理，并默认一类缺陷、6级故障强度，缺陷描述自动描述为“生产单位+分区+组件位置/工艺描述+密封点类型+净检测值”，之后执行设备完整性缺陷流程。

2.3.2 泄漏登记自动生成

泄漏管理实时读取完整性中“缺陷现象描述为‘泄漏’”的数据(来源其他系统触发和人工提报)，完整性系统中每增加1条，对应的零泄漏模块中也随之增加1条，处理状态以及其他内容根据完整性缺陷处理的环节实时读取，并在零泄漏模块中按照规划好的内容形成台账(图2)。

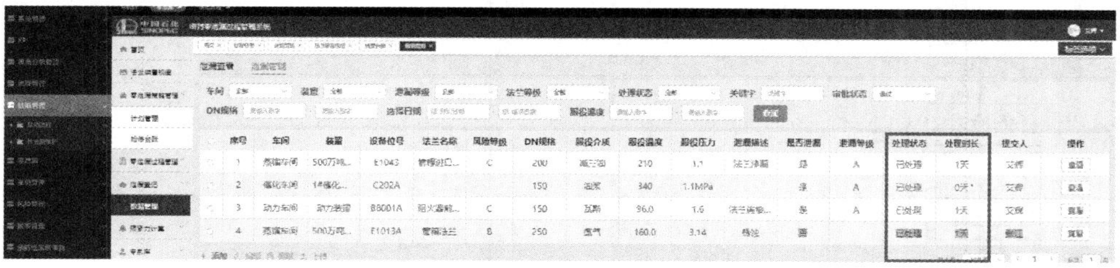

图2

2.3.3 过程实时闭环

通过完整性信息系统缺陷流程跟踪漏点处理的全过程，过程中产生的实时数据(处理环节、处理措施、处理结果等)，在零泄漏系统跟踪台账中同步更新的同时录入反写至环境保护信息系统中，实现不同系统中的实时共享，互联互通。

2.3.4 零泄漏处理过程管理(定力矩技术信息化应用)

法兰类泄漏处理(施工)过程通过密封零泄漏过程管理系统(PC端/APP端)采用定力矩紧固技术完成。定力矩法是有预紧力要求的螺纹连接常用的固定方法，使用力矩扳手，预先将扳手调整到设计要求的螺纹扭矩值，然后旋紧螺丝，直至扳手离合为止。它可以实现在紧固法兰过程中，使螺栓均匀受力、避免过载，在保证密封效果的同时避免使用过程中的螺栓失效。

法兰定力矩紧固过程信息化管理内容有：检修计划管理、备品配件管理、定力矩基础设定(预紧力计算，工具选型，标准施工流程(SOP))、施工全过程管理(包含挂牌、拆卸管理、法兰面、垫片、螺栓工况检查、预安装质量检查、紧固SOP(机具、流程和力矩)确认、紧固结果检验、气密过程管理等)、检修台账等。为了将现场实施的检修作业情况及时反馈，通过移动端APP(首页见图3，图4为定力矩紧固过程)扫描现场法兰二维码提取基础数据、接受任务，及时将施工的各个工序任务数据上传系统，从而实现对整个法兰检修作业的全业务过程管理，确保实现装置法兰零泄漏的任务目标。

定力矩基础设定包括了三部分：预紧力计算、施工工具选型和现场作业标准流程(SOP)，该模块利用定力矩技术服务人员采集的现场装置

的法兰数据，依据国家标准、行业标准和现场法兰螺栓垫片工况数据，计算出合理的预紧力(表1)，再根据机具选型给出标准的施工作业流程。

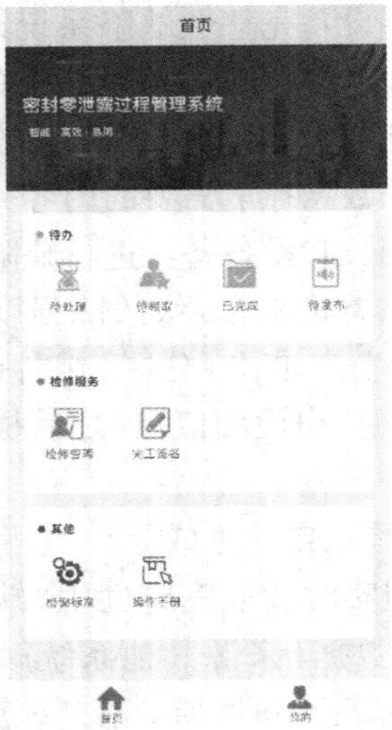

图3　密封零泄漏过程管理首页

3　实施效果

该信息系统在2021年1月投入企业试运行以来，漏点发生率显著降低，从投用初期的30%以上稳定下降至10%左右(图5)，成效显著，不仅降低了维修成本，提高了设备运行的可靠性，检修气密合格率100%，保障装置一次开车成功，更重要的是降低了直接作业环节风险和生产风险，经济效益和社会效益双丰收。

4　结论

基于法兰密封完整性管理及泄漏监控监测的研究与信息化开发，在实践生产中给企业带来了实实在在的好处，提升了管理水平、工作效率以及经济效益。

4.1　提升管理成效

通过数字化系统的应用，防止人员更替或记忆偏差带来的数据缺失，使设备管理更精确更规范，直接避免检修备品备件错购率30%；通过实时的泄漏监控，提前发现并解决法兰(静密封点)泄漏问题，真正实现了法兰泄漏的预防性管理，消除了90%不可控泄漏，确保装置长周期运转，实现了让管理更加准确与高效的工作目标。

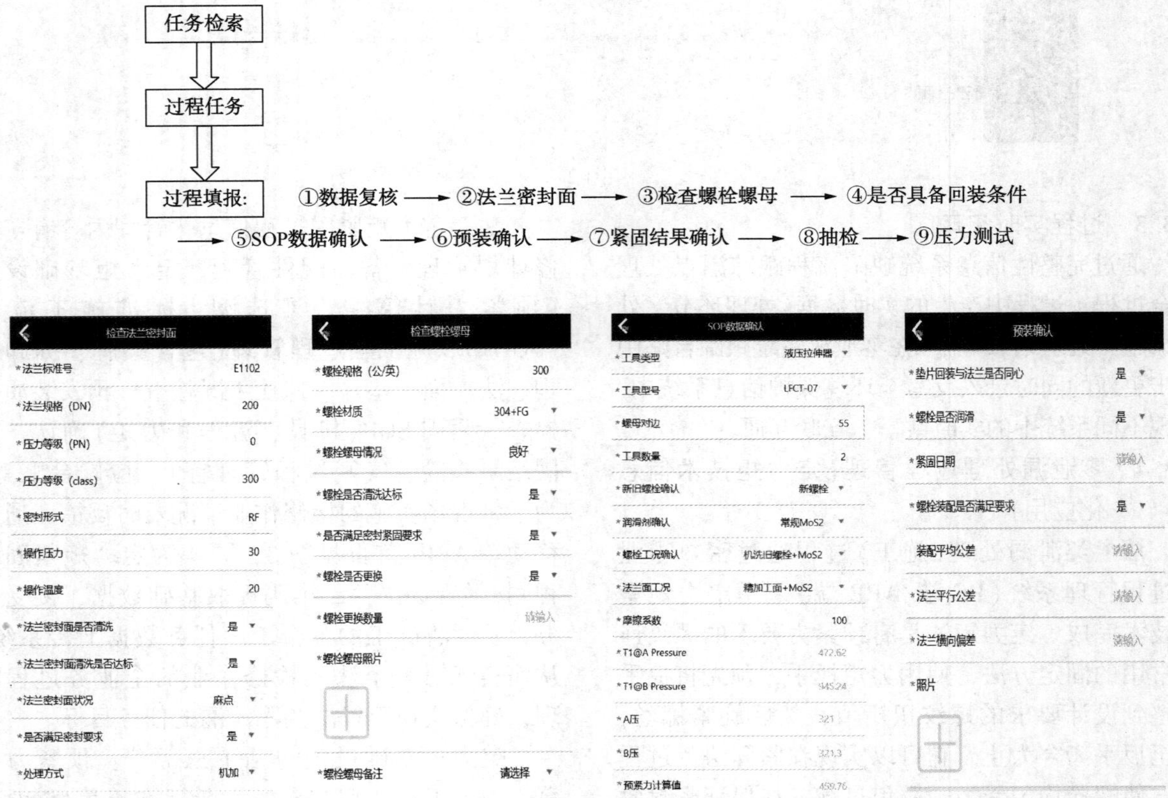

图4　定力矩紧固过程

表 1 2021 年催化等装置临修法兰定力矩紧固数据表

装置名称（简称）	设备位号	法兰名称	法兰规格 *DN*	操作压力/MPa	操作温度/℃	螺栓规格 M	螺栓孔数	螺栓工况确认	法兰面工况	预紧力计算值/Nm	屈服百分比	T1@B 推荐值/Nm	实际施工值/Nm	测试方式	测试结果
500 万 t/a 常减压	E1001B	管程入口法兰	200	2	100	24	12	手洗旧螺栓+MoS_2	旧法兰+MoS_2	213. 90	50. 6%	505. 51	506	水压	无泄漏
150 万 t/a 催化	E31310F	壳程出口法兰	150	1. 1	50	24	8	手洗旧螺栓+MoS_2	旧法兰+MoS_2	216. 58	51. 0%	509. 81	510	水压	无泄漏
200 万 t/a 液相柴油加氢	SV102B	安全阀后法兰	150	10	380	27	12	手洗旧螺栓+MoS_2	旧法兰+MoS_2	396. 18	56. 3%	882. 49	882	气压	无泄漏
2#气分装置	E33006A	壳程入口法兰	600	1. 85	58. 8	39	24	手洗旧螺栓+MoS_2	旧法兰+MoS_2	977	51. 6%	2421. 02	2421	水压	无泄漏
150 万 t/a 催化	R31101A	二层入口单向阀 2 后法兰	150	0. 3	500	24	8	手洗旧螺栓+MoS_2	旧法兰+MoS_2	229. 01	55. 4%	594. 26	594	气压	无泄漏
14 万 t/a 聚丙烯	T301	安全阀口法兰	100	1. 8	50	20	8	手洗旧螺栓+MoS_2	旧法兰+MoS_2	126. 36	52. 7%	327. 21	327	气压	无泄漏
150 万 t/a 催化	R31102	五层再生器蒸汽阀门后法兰	200	0. 3	500	33	12	手洗旧螺栓+MoS_2	旧法兰+MoS_2	526. 78	56. 8%	1529. 90	1530	气压	无泄漏
150 万 t/a 催化	R31105B	十二层大盖法兰	2100	0. 3	500	36	56	手洗旧螺栓+MoS_2	旧法兰+MoS_2	1092. 50	71. 9%	2348. 44	2348	气压	无泄漏
2#气分装置	E33006A	外头盖法兰	1800	1. 85	58. 8	36	56	手洗旧螺栓+MoS_2	旧法兰+MoS_2	1108. 68	59. 0%	2152. 01	2152	水压	无泄漏
150 万 t/a 催化	FV-1215	下游阀后法兰	250	0. 7	240	30	12	手洗旧螺栓+MoS_2	旧法兰+MoS_2	403. 33	53. 2%	1055. 38	1055	气压	无泄漏
2#气分装置	E33006B	管箱法兰	1700	0. 5	96. 6	36	52	手洗旧螺栓+MoS_2	旧法兰+MoS_2	1094. 33	63. 4%	2311. 44	2311	水压	无泄漏

项目＼月份	2021.1	2021.2	2021.3	2021.4	2021.5	2021.6	2021.7	2021.8	2021.9	2022.10	2022.11	2022.12	合计
漏点数量	6	31	33	99	37	16	28	92	56	23	42	82	545
缺陷总数	16	92	135	531	217	129	146	610	502	296	372	849	3895
占比	37.5%	33.7%	24.4%	18.6%	17.1%	12.4%	19.2%	15.1%	11.2%	7.8%	11.3%	9.7%	14.0%

图5 零泄漏信息系统投入运行后漏点数据统计

4.2 提高检修质量、缩短时间

采用定力矩技术服务，确保装置气密一次性通过、开车一次性成功，减少30%～60%的检修保运时间。

4.3 提高持续盈利能力

通过泄漏管理过程信息化，构建良好的零泄漏生态，提高处理的及时性和预见性，减少泄漏爆炸等安全事故发生，提高企业持续盈利能力。

4.4 实现企业社会价值

降低装置泄漏率，避免因泄漏带来的火灾、爆炸等事故发生，使企业生产更安全、更环保，更加符合人民至上、生命至上、安全发展的理念。

参考文献

[1] 周伟阳．化工设备泄漏的有效治理措施与防范[J]．科学管理，2015.(6).

[2] 杜红岩，王延平，卢均臣．2012年国内外石油化工行业事故统计分析[J]．中国安全生产科学技术，2013，(6).

[3] 蒋波．法兰的密封与泄漏[J]．科技致富向导，2014，(19).

[4] 焦磊．压力管道法兰密封与泄漏的浅析[J]．石油化工技术与经济，2012，28(4).

管柱式气液固三相旋流分离除砂装置耐磨内衬研究

山　涛　李伟权　张　超

[中油(新疆)石油工程有限公司]

摘　要　针对新疆某油气田高压气井管柱式气液固三相旋流分离除砂装置，通过对磨损机理的研究，结合耐磨试验结果，经对比分析，提出了适应性好的耐磨衬里，并成功应用在该装置中。

关键词　分离除砂装置　管柱式　耐磨内衬

目前，新疆油田部分天然气气田由于单井产气量大、压力高，而且多为凝析气井，产出的油气流具有较强的携砂能力，因而出砂严重。气中含砂会快速冲蚀地面油嘴、阀门和生产管网，造成设备工程事故，危及安全生产，影响油井的正常生产和产量。

针对新疆某油气田开采的天然气中含有大量的砂粒特点，开展了对高压气井井口除砂装置的研发，研发出高压气井管柱式气液固三相旋流分离除砂装置。为减少带砂气流对井口除砂装置内壁的磨损损坏，延长装置内件更换时间(>6 个月)，提出在装置入口处增加耐磨衬里的解决方案。

本文通过对装置内部衬里磨损机理的研究，结合耐磨试验，对比分析，提出了适应性好的耐磨衬里。

1　装置简介

高压气井管柱式气液固三相旋流分离除砂装置在工作时，气井来料经过切向入口进入三相分离器整流段内，切向入口有利于气、液、固三相之间的分层，实现三相的初步分离，同时，若在压力操作条件较高的情况下，本分离设备还可以通过气液混输来平衡操作压力以达到除砂的目的，避免砂砾对后续操作装置造成破坏。因进口含砂量较大，压力较高，对设备金属冲击较强，因此需要在整流段内壁加耐磨内衬，如图 1 所示。

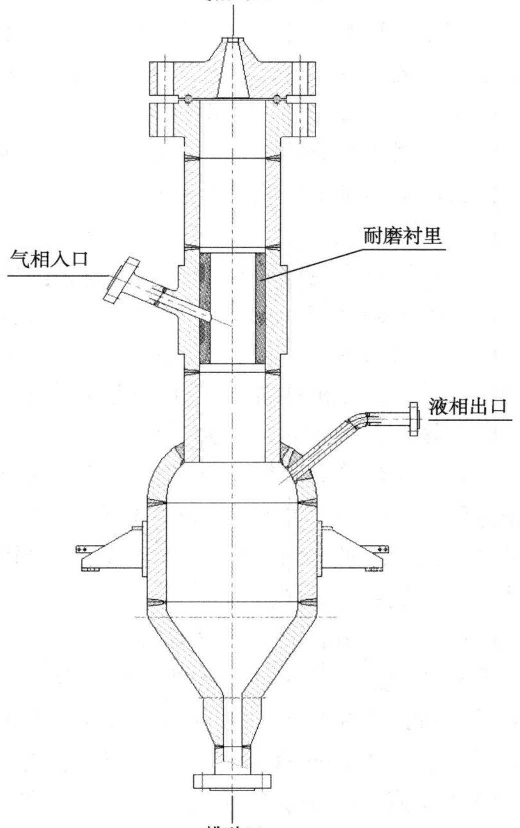

图 1　耐磨衬里位置示意图

2　耐磨内衬研究

2.1　耐磨内衬材料选择

耐磨材料按材料类别可分为：金属耐磨材料(如衬板、衬里、衬片、衬套等)，非金属耐磨

第一作者简介：山涛(1986—)，高级工程师，从事工程设计和工程项目管理工作。E-mail：258690130@qq.com

材料(如橡胶衬板、聚氨酯、耐磨陶瓷等)，复合耐磨材料(钛和不锈钢衬里等)。考虑到本次研发的高压气井井口除砂装置入口处磨损量大、腐蚀性不高、允许内件更换的特点，主要对钛和不锈钢复合板衬里、橡胶衬里和聚氨酯衬里进行比较选型。

(1) 钛和不锈钢复合板衬里

从经济上考虑和工艺上允许的条件下，在碳钢或低合金钢本体内衬钛和不锈钢或采用钛和不锈钢复合板制造防腐蚀设备，这样由碳钢或低碳钢制作外壳承担机械应力，由钛和不锈钢抵御强腐蚀介质侵蚀作用，收到既降低设备费用，又能防腐蚀的效果，成为在石油、化工生产装置制造中常采用的一种方法。

钛和不锈钢复合板衬里主要用于化工行业需要耐强腐蚀的工况，在本高压气井井口除砂装置中，衬里材料主要考虑其耐磨性能、易更换等特点，钛和不锈钢复合衬里虽然有很强的耐腐蚀性能，但是耐磨性能和易更换性能较差。

(2) 橡胶衬里

橡胶衬里具有耐腐蚀性能优良、耐腐蚀性能好、适应性强的特点。弹性好的软质橡胶衬里不仅可以吸收机械震动，而且可以吸收摩擦性能强的物料搅拌所产生的腐蚀。在化工装置中要求耐腐耐磨的场合，橡胶衬里特别适用。

在本高压气井井口除砂装置中，若在入口处选用橡胶衬里，虽然能够起到降低磨损的作用，但是会加大大降低入口处气流的速度，吸收较多的动能，降低装置整体的分离效率。

(3) 聚氨酯复合材料耐磨衬板

聚氨酯弹性体是一种介于橡胶与塑料之间的高分子材料，它在具有一定弹性的同时，还有很好的耐磨、耐温和抗撕裂性能，具有耐磨性能好、耐油浸蚀性能好、使用寿命长、适应性广、不污染物料、质量轻、耐化学腐蚀和噪声低、安装维修方便等特点。

通过对不同耐磨材料的初步对比，并具体分析本项目中旋流器的工况条件，初步选择聚氨酯复合材料作为旋流器的待选耐磨材料，并对其耐磨性能进行验证。

2.2 聚氨酯简介

聚氨酯是指在主链结构中含有氨基甲酸醋重复单元链节的一类高分子弹性体材料。它具有较高的抗拉、抗压和抗撕裂强度。它的机械性能是聚氯乙烯的3~4倍，耐磨性是天然橡胶的5倍，耐油性是丁腈橡胶的5倍，耐寒性保证脆性温度低达-50~-30℃，耐高温最高可达130℃，另外还具有如耐辐射、耐臭氧、耐疲劳性、弹性好及延伸率高(可达50%以上)等优点。

2.3 聚氨酯内衬板的耐磨试验

通常来说，普通磨机衬板的磨损形式有疲劳磨损、研磨磨损、化学磨蚀和流体磨损；橡胶等软性衬板材料还存在滚压磨损、热裂磨损等。聚氨酯耐磨复合材料磨机衬板含有硬质物料，所以它既具有橡胶类物质的弹性，又具有刚性衬板的特点，加上其本身耐磨度高，抗腐蚀性能好，具有较好的耐温性能和较高的硬度，一般不存在热裂磨损、化学磨损和滚压磨损，只存在疲劳磨损、研磨磨损、流体磨损。

在球磨机内镶嵌聚氨酯复合材料磨机衬板，以钢球为研磨体，石英砂为被研磨物料，对聚氨酯复合材料磨机衬板进行耐磨试验。所得的橡胶、聚氨酯衬板及钢球的磨耗量如图2、图3所示。

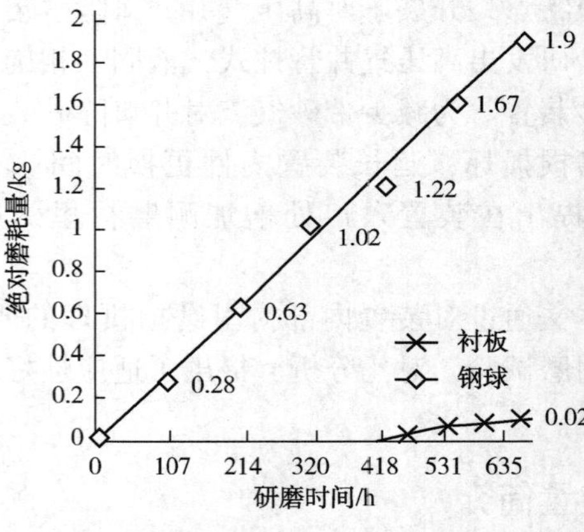

图2　聚氨酯衬板及钢球的绝对磨耗量

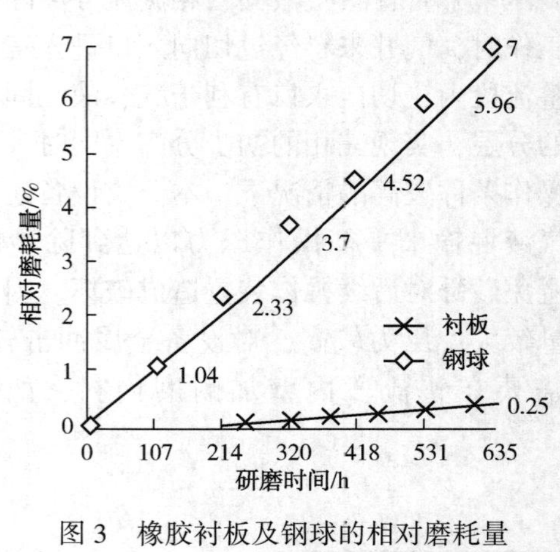

图3　橡胶衬板及钢球的相对磨耗量

根据磨耗试验计算可知，经长时间磨耗后聚氨酯耐磨复合材料的磨耗量与钢球的磨耗量之比，即板耗与球耗之比为 1∶76。通常，钢衬板和钢球的板耗与球耗比为 1∶7，橡胶衬板与钢球的板耗与球耗比为 1∶20。按上述数据计算，聚氨酯耐磨复合材料衬板的耐磨度是钢衬板耐磨度的 10.8 倍，是橡胶衬板耐磨度的 3.8 倍，耐磨度远高于钢衬板和橡胶衬板。

2.4 聚氨酯耐磨衬里制作

通过对聚氨酯材料的耐磨试验分析，其耐磨性优于钢衬板和橡胶衬板。内衬聚氨酯工艺易于实现，不受待衬元件内部结构的限制，内衬所需温度低，同时内衬聚氨酯不易脱落，能有效提高元件的抗磨性。因此，选择聚氨酯制作易损件的衬里。衬里采用浇铸的方式制作，考虑分离过程主要发生在旋流器锥段，锥段尤其是底流口处磨损比较严重，因此制作时锥段衬里的厚度较大，聚氨酯耐磨衬里实物如图 4 所示。

图 4　聚氨酯耐磨衬里

3 结束语

通过耐磨试验确定了聚氨酯耐磨衬里的技术方案，具有加工工艺易实现、不受待衬元件的内部结构限制等优势，选用的聚氨酯材料适用于本项目工况。通过对除砂装置设置耐磨衬里应用，提高了设备的使用寿命和运行稳定性。设备经过验收确定的技术指标为，对粒径小于 500μm 砂粒，分离效率大于 99%；允许气体流量波动范围为 30%～120%；装置更换内件周期在 6 个月以上。

通过在新疆某油田多处气井使用后，确定的内衬更换周期为 6 个月，装置自正式投运后，未发生下游设备损坏现象，提高了气井连续生产效率，满足工业化使用要求，业主反映良好。

参　考　文　献

[1] 李伟权，张微，凌勇，等．高压气井弱旋流除砂装置的设计[J]．化工机械，2018，45(4)：458-460.

[2] 蒋明虎，韩龙，赵立新，等．内锥式三相旋流分离器分离性能研究[J]．化工机械，2011，38(4)：434-439.

[3] 钟秋月．管柱式气液固三相旋流分离器的性能研究[D]．大连：大连理工大学，2013.

[4] 王瀚伦，常征，徐磊，等．脱气除砂一体化旋流器压力特性与分离特性研究[J]．化工装备技术，2010，31(4)：10-12.

[5] 冯进，张慢来，刘孝光，等．气-液旋流器内部流场的 CFD 模拟[J]．化工机械，2005，32(6)：358-361.

[6] 周霞．高效三相分离技术与油田工艺简化[J]．油气田地面工程，2008，27(7)：36-37.

智能化装备在精益生产中的创新及应用

殷国成　孙贵民　赵玉龙　张　巍　车静涛　张军利

（大庆石油化工机械厂有限公司）

摘　要　围绕重型管束制造流水线的建设，结合大型炼化装备制造企业生产实际情况，量身定做配套符合制造工艺的智能化装备。推进日常设备信息化管理、大功率激光切割机、数控平头专用机床、管头焊接机器人、控制阀数控加工中心的应用，充分发挥专用管束制造流水线和智能化装备对企业产能提升、效率提高、经济效益增长的推动作用。多措并举进行管理创新，有效破解企业发展难题。

关键词　智能化　数控　信息化　压力容器　管束流水线　精益生产

1　实施背景

随着长效耐蚀阻垢换热器、板焊加氢反应器和换热器管束等优势特色产品进入集团公司优势产品目录，企业生产能力饱和，加快重型管束制造流水线建设，提高智能化装备应用，显得更加迫切。

2　内涵和主要做法

2.1　重型管束制造流水线建设成效显著

建设了一条重型产线，配备了2台20t重型转序自动化平台车。通过价值流图分析，将9个工序整合为4个大工序。并将管头焊接工序(作业时间16h)布设为两个工位，执行连续作业，形成节拍化生产。从工艺流程、生产效率等方面进行了更加合理的优化设计，真正体现管束制造流水线的“精益生产”思想。

2.2　在设备智能化管理稳步推进。

400多台设备张贴了智能识别标签，扫描“二维码”，可快速、准确地查询设备使用状态和技术数据。通过“大数据”汇总分析，找出设备管理薄弱点，制定防范措施，精准配备零部件，提高设备维保工作效率和质量，为生产组织优化提供有力支持(图1、图2)。

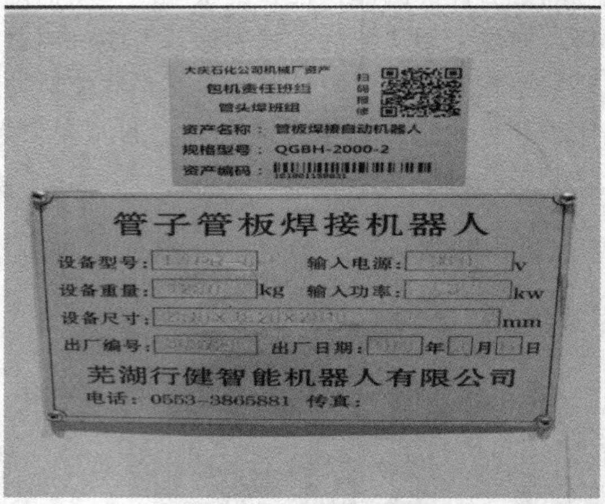

图1　设备二维码

图2　厂房设备

2.3　大功率智能化数控切割机应用，颠覆传统折流板钻孔工艺

更新了一台12000W大功率高智能激光切割机，用于改革传统钻孔方式。激光切割机采取激光器发射激光束实现切割，配备高效的光纤专用数控软件，能兼容NC文档、DXF、PLT、AI等

第一作者简介：殷国成，高级工程师，现从事设备、设施、健康、安全、环保管理工作。E-mail：good.cjrs@163.com

制图软件。彻底解决了折流板需要二次清洗消除油污的难题。突破了传统加工方法，在折流板加工领域始终处于国内领先水平(图3)。

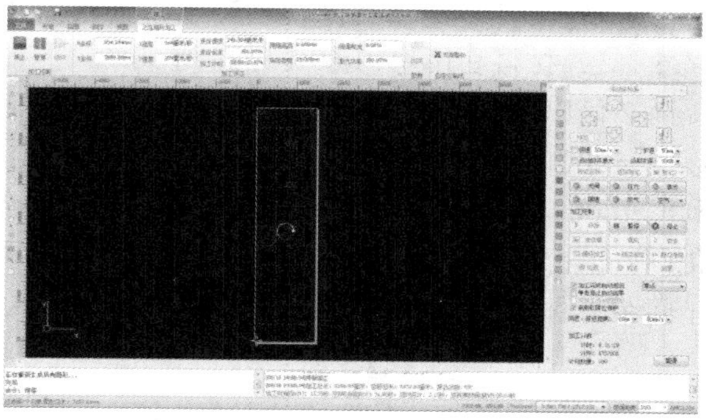

图3 12000W 激光切割机编程操作界面

2.4 数控管头平头设备应用，彻底改变传统平头装备

专门量身定制了专用数控平头加工机床，数控管束平头机各滑台均设置了柔性缓冲系统，在完成切削任务后延时返回，避免油缸换向冲击。同时具备紧急停止功能，方便处理突发情况，保证应急安全。设备投入运行后，稳定可靠、故障率低、生产效率高、维修方便，实现了管头自动定尺平头智能化(图4)。

图4 数控平头机床

2.5 提升管头焊接设备智能化，解决专业技术工人短缺难题

机械厂年均管头焊接遍数在150万左右，传统的人工焊接模式，已经无法满足当前的生产实际需要。购置了两台高智能化的管头焊接机器人，可实现全自动管头焊接，焊接质量稳定，实现一人同时操作两台设备连续作业(图5、图6)。

2.6 数控加工中心助力阀门制造

机床配备自动刀具交换系统(ATC)，自动润滑系统、便携式手动操作装置(MPG)。零件一次装夹后可完成铣、镗、钻、扩、铰、攻丝等多工序加工，整体机电一体化和智能化程度较高(图7)。

图5 管头焊接机器人

图6 管头机器人焊接作业

图7 阀门制造数控加工中心

2.7 智能化装备在安全管理中成效显著

建设了智能化移动高清远程监控系统，可实

现手机客户端远程进行 360°无死角调节。清晰观测压力表数值、密封面的密封状态、角焊缝和主体焊缝的承压情况等。并可以随意截取相关观测视频，拍摄压力表的试压参数。利用无人机对厂房屋顶彩板、高处设备设施等进行远程检查并拍摄高清照片。另外，利用一套无线 Wi-Fi 远程移动高清监控系统、51 个有线高清视频监控系统，对高风险作业区进行实时监控(图 8)。

图 8　精益生产调度监控中心

3　效果实施

3.1　管理创新实施效果

换热器管束减少单台产品吊装 6 次、移动距离 426m，生产效率提升 25%；节省占地空间 1000m^2、节约人力 45%；人工成本降低了 83%，管束制造的生产能力提高 50%以上，作业效率提高 1 倍，年增效 1000 万元；排钻钻孔工效提高 60 倍，材料利用率由 60%提高到 90%，产能提高 2 倍以上，人工费和材料费年节约 60 万元以上。2021 年完成产量 8256t，产值 3.26 亿元，利润 1400 万元。分别获得了 1 个黑龙江省数字化(智能化)车间和 2 个集团公司精益生产标杆车间荣誉称号。

参　考　文　献

[1] 麦郁穗. 全面规范化生产维护(TnPM)[M]. 北京：中国石化出版社，2010：23-25.
[2] 李葆文. 与工厂经理谈谈设备管理[M]. 北京：机械工业出版社，2012：19-20.
[3] 陈延德. 图说工厂设备管理[M]. 北京：人民邮电出版社，2011：31-35.
[4] 杨申仲. 现代设备管理[M]. 北京：机械工业出版社，2012：44-46.
[5] 文锋. 轻松管设备[M]. 广州：广东经济出版社，2018：45-47.

浅谈乙烯装置平稳运行与节能降耗的举措

王仁庶

（中国石油大庆石化公司化工一厂）

摘　要　随着现代化进程的不断推进，乙烯需求量日益增大，新的乙烯装置不断建成，老的乙烯装置为顺应时势，也需不断进行改造。首先，平稳生产是装置经济效益的基础，其次，一个重要的课题就是降低能耗，主要体现在裂解炉和三大机组，本文论述了影响乙烯装置平稳运行与节能降耗的一些因素及相应的解决措施，努力做到装置运行安全平稳、节能环保。

关键词　平稳运行　节能降耗　举措

自2018年装置开工以来，经过不断的探索和调整，目前化工一厂三套乙烯装置均生产平稳，但随着装置精细化管理要求的不断提高，为保证装置长周期、低能耗，主要从以下两大方面着手。

（1）严抓工艺管理：裂解炉热效率、燃料气消耗量、裂解深度、稀释比、蒸汽平衡、稀释蒸汽发生量、放火炬、减少乙烯损失等。

（2）严抓设备管理：加强转动设备、仪表的维护保养，根据需要定期进行设备检修、严格保证检修质量，不断推广新技术等。

1　裂解炉管理

1.1　加强仪表的维护保养

针对 O_2 表、负压表、COT热偶等关键仪表，要确保显示准确，避免由于假指示造成生产波动，同时也为裂解炉操作调整提供正确的参考，目前乙烯装置COT热偶通常采用贴壁式，工作温度将近1000℃，经常发生失效情况，导致COT指示不准，给操作带来极大不便，当裂解炉下线后应及时进行更换，新热偶套管要严格执行焊接工艺，保证焊接质量，如采用氩弧焊，炉管与套管焊接长度应控制在110mm左右，且堆焊至与套管等径高度等。

1.2　加强炉管特护工作

充分发挥裂解炉承包组的作用，加强对炉管的专项管理，车间采用白+黑，内+外，保证炉管运行状态最优化，白天裂解炉承包组会对炉管进行TMT测温，夜班班组进行复测，将现场测量数据与中控指示进行参考比对，针对温度偏高的炉管中控室加强关注，室外及时调整避免超温。

1.3　加强空气预热器及风门挡板的管理

（1）由于裂解炉长年累月运行，底部空气预热器翅片管经常被尘土、树毛等杂物覆盖，严重影响换热效果，不仅降低空气预热温度、增加能耗，还会导致炉膛缺氧、火焰燃烧不充分，定期对空气预热器进行清理。

（2）根据原料、负荷的变化情况，及时调整风门、挡板开度，降低炉膛过剩空气量，提高裂解炉热效率。

1.4　降低排烟温度及燃料气消耗

通常情况下，排烟温度每降低20℃，裂解炉热效率提高约1%，由于裂解炉长期运行，对流段翅片管被灰尘、耐火材料等填充，传热效果不佳，随着时间的推移排烟温度将不断上升，针对此种情况，E3装置2#炉最先进行对流段化学清洗，对比清洗前后效果，排烟温度由140℃降低到128℃，燃料气用量由 $3514m^3/h$ 降低到 $3389m^3/h$，每年可节省约100万元。由于效果显著，2020年7月23日~8月7日，E1装置EF-111B炉/C炉对流段进行化学清洗，在清洗前，分别在对流段盘管上部、中部及下部分别取样，并通过模拟试验验证化学清洗方案的可行性，最终确定清洗药液。化学清洗原理即利用清洗液的湿润、渗透、分散和剥离性能，将

第一作者简介：王仁庶，工程师，现在大庆石化公司化工一厂从事设备管理工作。E-mail：wangrs-ds@petrochina.com.cn

污垢从炉管表面清除干净。以下为清洗后非常显著的效果。

图1、表1为EF-111B炉清洗前后对比；图2、表2、表3为EF-111C炉清洗前后的对比。

图1　EF-111B炉清洗前后对比

表1　EF-111B炉化学清洗前、后数据对比

项目	清洗前	清洗后	差值
投料量/(t/h)	16.8	16.8	0
COT/℃	850	850	0
炉膛温度/℃	1012	981	↓31
燃料气用量/(t/h)	2.066	1.982	↓0.084
排烟温度/℃	160.0	135.5	↓24.5
热效率/%	91.58	92.50	↑0.92
产汽量/(t/h)	17.32	16.18	↓1.14

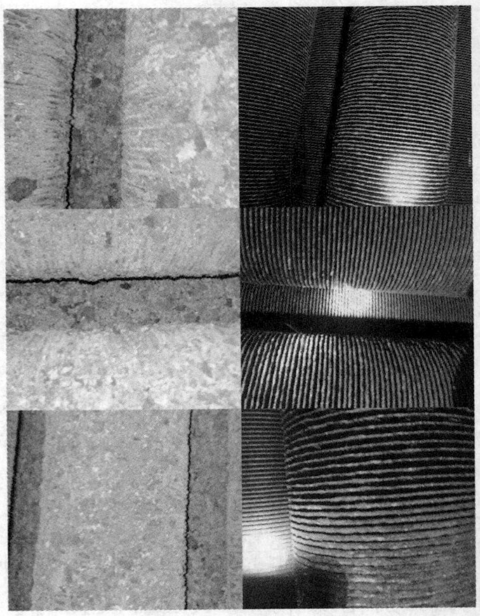

图2　EF-111C炉清洗前后对比

表2　EF-111C炉化学清洗后数据

项目	2020.6.27	2020.6.28	2020.6.29	平均
投料量/(t/h)	16.8	16.8	16.8	16.8
COT/℃	850	850	850	850
炉膛温度/℃	1014	1008	1014	1012
燃料气量/(m^3/h)	2.085	2.055	2.060	2.066
排烟温度/℃	159.8	160.3	159.9	160.0
热效率/%	91.56	91.59	91.60	91.58
产汽量/(t/h)	17.30	17.32	17.34	17.32

表3　EF-111C炉化学清洗前数据

项目	2020.8.12 8点	2020.8.12 9点	2020.8.12 10点	平均
投料量/(t/h)	16.8	16.8	16.8	16.8
COT/℃	850	850	850	850
炉膛温度/℃	988	982	973	981
燃料气量/(m^3/h)	2.035	1.995	1.950	1.982
排烟温度/℃	137.5	135.5	133.5	135.5
热效率%	92.40	92.58	92.52	92.50
产汽量/(t/h)	16.45	16.05	16.05	16.18

1.5　降低炉壁热量损失

E1装置EF-111A/B/C/D/E/F/G/I均已进行低NO_x火嘴改造，改造主要目的是，降低氮氧化物对大气环境的污染，烟气排放满足安全环保指标，车间也利用火嘴改造裂解炉长期下线的机会，对炉膛耐火材料进行全面检查，重新砌筑

鼓包炉墙、修复破损观火孔、对炉墙膨胀缝及侧壁烧嘴砖周围膨胀缝进行填塞，对比前后效果，裂解炉外壁超温点明显减小。

1.6 保证裂解炉长周期稳定运行，减少升降温及频次

2020年裂解车间在裂解炉长周期运行方面取得了良好的成效，其中E1装置9#炉创纪录的连续运行了118天，E2装置11#炉在原料为尾油的情况下连续运行了73天，车间总结两台裂解炉运行期间的各项调整，为其他裂解炉长周期运行提供了宝贵的经验。

2021年为保障乙烯达产135万t目标，裂解装置大负荷生产，E1装置尝试全炉运行模式(无冷备炉)。E2装置裂解炉则采取两大+两小运行模式(一台小炉子冷备)，经过裂解炉运行模式的优化，在保证裂解炉操作弹性的基础上，尽量避免裂解炉升降温操作，减小了大幅度温度变化对裂解炉尤其是炉管产生的不良影响。

1.7 持续推进裂解炉改造工作

裂解炉所用燃料主要用于对流段物料的加热和辐射段的裂解反应，其中对流段热负荷约占50%~55%，辐射段约占40%，热损失约占5%~10%，预计在2022年开始9#炉对流段改造工作，加入S100过热盘管，增加高位热能回收的同时，还可有效降低排烟温度，目前9#炉排烟温度为190℃，参考以往裂解炉对流段改造后的效果，排烟温度可降低到140℃，从而显著提高裂解炉热效率。

1.8 加强裂解炉风机管理

当风机出现故障时，裂解炉将被迫下线，可见风机对于一台裂解炉至关重要，每天班组对裂解炉风机进行一次状态监测，每周设备人员对风机进行一次专项排查，采取此种复合型检查方式，一旦发现不良迹象及时采取措施，确保风机长期处于良好的运行状态，稳定裂解炉的运行。

1.9 加强裂解炉维护

E1裂解炉达到运行周期下线后，对裂解炉进行例行检查：

(1)对草帽头及平衡线等升降温期间易泄漏部位进行扒检排查，对发现的漏点及时进行处理。

(2)拆横跨段及辐射段炉门，对炉膛耐火材料进行检查，如发生损坏，及时进行修复。

(3)处理裂解炉运行期间发现的蒸汽漏点。

裂解炉下线后经过详细排查，将隐患消灭在萌芽之中，故而E1裂解炉上线后均能平稳达到运行周期，为装置大负荷长周期运行提供了有力保障。

E2装置由于2013—2017年处于停工状态，常年停运对裂解炉本体产生的不良影响比较深远，目前裂解炉操作及维护难度极大，尤其是裂解炉升降温期间，频繁发生泄漏，如小炉子一二次注汽部位，SLE排放线等，车间坚定信心，待裂解炉下线后逐步进行治理。

1.10 新技术的推广

目前各新建的乙烯装置中，新技术不断应用在裂解炉上，如：

(1)采用雨滴型炉管，增加内部物料扰动，强化取热，延长裂解炉运行周期。

(2)炉内衬里采用喷涂技术，强化传热，在保证投料负荷和操作温度不变的前提下，燃料气用量及排烟温度均有所降低，同时也可相应降低裂解炉外壁温度。

(3)裂解炉风机采用变频电机，根据需要调节风机转速，降低电能消耗。

(4)增加炉管在线测温系统，实时监测炉管状态，极大降低了人为测量误差及员工的劳动强度。

(5)采用裂解炉先进控制，主要包括：炉出口温度控制技术、裂解炉稀释蒸汽比在线校正控制技术、裂解炉总通量控制技术等。

2 急冷系统管理

2.1 E2装置急冷油塔更换失效填料

E2装置急冷油塔自2004年至2017年，塔内填料已连续使用近13年，大检修前急冷油塔压差已经呈现上涨趋势，对装置运行产生了极其不利的影响，2018年大检修期间将塔内堵塞填料全部更换，改善了塔内气液传质传热效果。此次更换填料，降低了急冷油塔内压差，相应降低了裂解炉炉管出口压力，提高了乙烯收率，同时也一定程度提高了裂解气压缩机入口压力，降低了压缩机功耗。

2.2 E1装置急冷系统湿式空冷更换失效填料

裂解车间E1装置7台急冷水冷却器EH-202-11/12/13及EH-203E/F/G/H为蒸发式空冷器，用于给急冷水降温，自2010年投用以来已连续运行10年。湿式空冷内部填料材质为

PVC，使用寿命为 4～6 年，已经超使用寿命，材质老化严重，从外观看多处发生碎裂及局部坍塌情况，各层填料之间因灰垢集聚且无法进行清理，减少脱盐水与空气在填料上的接触面积，影响换热效果，导致回落到水槽内部的脱盐水温度较高，形成恶性循环，最终影响对急冷水进行降温。2021 年 5 月 31 日至 8 月 17 日，对 7 台湿式空冷填料进行更换，更换后在夏季高温季节，对急冷水塔降低顶温起到明显效果，更换填料前，每到夏季高温季节 EH-202-1～10 均需要喷洒喷淋水，用来降低急冷水温度，更换填料后，未喷洒喷淋水，达到节能降耗目的(图 3)。

图 3　湿式空冷更换填料

2.3　保证急冷油、急冷水系统稳定运行

(1) 控制好急冷油黏度，尽可能提高急冷油塔釜温，最大限度多产稀释蒸汽，降低外补 S10 及工艺水排放量，减少热量损失的同时，也可以减少污水处理量。

(2) 严格控制急冷水温度、pH 值在指标范围内，避免急冷水乳化，确保油水分层清晰，保障工艺水品质合格，保证稀释蒸汽品质，有益于裂解炉炉管的运行。

2.4　加强工艺水-DS 发生系统管理

(1) 对于易聚合部位进行定期清理，由于工艺水再沸器发生量不足，2021 年已对 E1 装置 EH-235A-E 五台换热器清理 3 轮，共计 15 台次，每次检修拆下封头均能发现有聚合物堵塞换热器，检修结束后，加强排放管理，避免聚合物在换热器内聚集影响换热效果(图 4)。

(2) 定期更换工艺水过滤器和聚结器滤芯，可以有效过滤掉工艺水中的烃类物质，保障稀释蒸汽品质，降低稀释蒸汽中烃类在炉管中结焦的风险(图 5)。

图 4　聚合物堵塞换热器管束

图 5　EV-235B 聚结器更换滤芯

（3）当稀释蒸汽压力降低，其饱和温度会相应降低，稀释蒸汽产量将增大，因此在保证稀释蒸汽压力允许的情况下，尽可能采用低限控制，提高稀释蒸汽产量。

2.5　积极处理仪表问题

2019 年，由于 E1 装置 DS 总量表引压管堵塞，为保证可以实时监控 DS 发生量，采取了带压接管措施，实施后可以准确监测 DS 发生量，对于装置稳定运行起到了积极作用。针对发现的仪表问题，车间积极与仪表车间沟通并及时解决，最大限度降低仪表故障造成的生产波动。

2020 年，E1 装置稀释蒸汽发生塔 ET-232 现场液位计和远传液位计接管频发发生堵塞，造成液位指示不准，职能人员及时联系仪表车间，对远传液位计和现场液位计接管进行疏通，投用后指示正常，避免了 DS 带水进入炉管造成炉管断裂事故(图 6)。

图 6　疏通 ET-232 塔液位计

2021 年冬季，由于环境温度较往年比偏低，频繁发生仪表指示不准的情况，对装置稳定生产造成了极大的影响，年底 135 万 t 乙烯达产任务异常艰巨，车间积极组织、提前谋划，联合仪表车间对仪表进行强制保养，消除了仪表失灵造成的隐患。

3　大机组运行管理

（1）E1 装置裂解气压缩机原透平能耗高，机组问题较多，如中分面、汽封漏气严重、V1 阀故障、压缩机缸体内永久性磨损等，给装置平稳运行带来了极大的隐患，2018 年利用大检修机会将透平-机组进行整体更新，新机组投用后运行效果良好，透平 S100 用量由 165t/h 降低到 143t/h，外部泄漏点也全部消除。

（2）合理调整裂解气压缩机段间注水量，保证裂解气压缩机各段出口温度低于 85℃，减少裂解气中的不饱和烃如丁二烯、苯乙烯等在叶轮、隔板和级间流道表面聚合结焦，保证压缩机长周期稳定运行。

（3）机组正常运行过程中，在吸入流量允许的情况下，最大限度控制最小循环量，降低无用功耗。

（4）加强乙烯机、丙烯机本体以及其他低温管线设备的保冷措施，减少冷量损失。

4　其他管理

（1）加强伴热管理，由于 E1/E2 装置运行年代久远，部分伴热锈蚀严重，极易发生泄漏，针对此隐患车间对伴热进行专项整治，将全部有泄漏风险的伴热统一进行更换。同时，E2 装置炉区三层以上均为蒸汽伴热，可以考虑将蒸汽伴热改为热水伴热，取消原有回水线上的疏水器，消除因疏水器故障导致的不良后果，同时也可以节省蒸汽用量，降低装置能耗。

（2）加强火炬管理，针对火炬系统，车间多次组织专项排查，逐条管线、逐个阀门进行确认，杜绝火炬排放，减少不必要的损失。

（3）目前C区运行的AP-802E已经振动攻关成功，降为B区运行机泵，针对另一台C区机泵EP-453，车间目前采取加强监控的措施，2022对其振值进行攻关，保证设备运行状态达标。对于一些重要的机泵以及裂解炉风机，也开始逐步加装在线监测系统，可以实时监控机泵运行状态，降低发生故障的风险。

（4）加强对小接管及易泄漏法兰的管理。车间制定扒检目标，每月对小接管进行扒检排查，发现问题及时采取可靠措施，对于不能彻底处理的列入大检修计划，运行期间加强巡检，杜绝发生突然泄漏情况。根据生产需求，裂解炉需要定期进行切换，升降温期间裂解炉上一些法兰温度变化较大，易发生泄漏。尤其在裂解炉升温过程中、投料前，充分做好各阶段的法兰热紧工作，降低泄漏风险。

（5）2021年9月14~15日，E1装置进行窗口检修，解决了裂解气压缩机段间压差逐渐升高、裂解气干燥器ER-331A运行末期漏点升高等制约装置长周期问题，检修结束后目前E1装置8台炉大负荷平稳运行。

（6）2021年10月8日，E2装置进行窗口检修，解决了EC-1301及EC-1351透平V1阀盘根泄漏问题，消除了机组的运行隐患，检修结束后目前E2装置两大+两小裂解炉平稳运行，乙烯日产量多次刷新历史最好记录。

（7）2021年10月20日，无排放开工线投用，由E1装置裂解气压缩机段间吸入罐EV-303去E2装置裂解气压缩机段间吸入罐EV-1303，将E1装置的裂解气串入E2流程，一天可增加乙烯产量10t。

5　结语

自2018年开车至今，装置已连续运行3年，历经了4个阶段。第一阶段为开车初期，主要是以平稳生产为主，积极解决开工过程中发现的设备和工艺问题，使装置逐步进入正轨；第二阶段为优化工艺阶段，装置进入平稳期后，着重抓工艺管理，以优化工艺操作来减少乙烯装置的能耗和物耗；第三阶段，推进现代化设备管理，随着一些新型炉管改造等新技术的应用，降低装置能耗，不断创造历史最好指标。第四阶段，通过E1和E2窗口检修，及时消除生产瓶颈及机组隐患，为装置平稳运行到2023年大检修打下坚实基础。

参考文献

[1] 崔卫明．齐鲁乙烯装置节能降耗的措施[J]．乙烯工业，2006，19(1)11-14.
[2] 孙勇．兰州石化460kt/a乙烯装置节能降耗[J]．乙烯工业，2010，22(2)32-36.
[3] 盛在行．乙烯装置节能技术进展[J]．乙烯工业，2010，22(4)59-64.

设备精细管理保障装置长周期安全生产

杨兆鑫

（中国石油大庆石化公司化工三厂）

摘　要　本文通过抓好精细管理来促进并提高基层设备管理水平，合理利用现有的人员和资源，最终达到实现车间设备管理的全面提升，保障装置长周期满负荷安全生产。

关键词　长周期　独生子设备　维护保养　管理　培训

1　聚丙烯车间概况

聚丙烯装置是大庆乙烯改扩建二期工程的配套项目，是由中国石化北京石油化工工程公司在消化、吸收“Spheripol”工艺技术的基础上，结合大庆石化公司的实际情况，进行基础工程设计，由大庆石油化工设计院完成详细工程设计的装置，聚丙烯装置的工程建设由大庆石化工程公司承建。聚丙烯装置于 1997 年 7 月破土动工，1999 年 6 月 28 日中交，历时 2 年建成，并于 1999 年 8 月首次投料开车一次成功。聚丙烯装置以丙烯为主要原料，采用高效球型催化剂为主催化剂、TEAL、DONOR 为助催化剂，设计规模为年产 10 万 t 聚丙烯本色粒料，年运转 7200h，可生产 25 个均聚牌号产品和 6 个共聚牌号产品。

公司和化工三厂的正确领导下，我们以确保装置长周期运行和经济效益为中心，通过优化生产管理、深入挖掘内部潜力，使我车间的设备及现场管理水平不断走上新的台阶。

2　做到管理日常化，维护保养经常化，把维护保养的内容和标准溶解到设备管理活动当中去，做到设备维护保养工作经常化

（1）在设备的日常使用和维护保养管理工作中，充分利用状态监测技术，加强设备隐患和故障的动态管理，超前预防，把一些设备故障隐患消灭在萌芽之中。做好对运转设备的检查和维护工作，尤其是对存在隐患或者频繁出现问题的设备，适当增加检查和监测次数。检查的目的是发现新的缺陷或查明原有缺陷的发展趋势，通过常规检查与仪器监测来确认设备是否需要修理。

（2）对备用机泵严格执行切换制度，确保在用设备出现问题时，备用设备能正常运行。

（3）严格按照公司的现场管理标准执行。鉴于管理标准越来越细化和具体化，车间量化了设备指标及工作标准，并组织车间全员学习管理标准，参与到设备管理中，形成专管与群管的有机结合，更好的及时发现并立即整改问题，不能马上整改的问题，由各岗位填写《设备包机表》，汇总到相关技术员处限期整改，以全面提高现场设备管理水平。

（4）有标准就要有考核，车间建立了设备量化考核机制，达到标准给予奖励，对反复出现问题的加大考核力度。

3　实现装置长周期安全生产，保障设备运行的平稳率、完好率是关键

（1）聚丙烯装置因设备原因停工的统计表(表1)：

表 1　聚丙烯装置停工统计表

序号	停车时间	恢复时间	停车原因
1	2010 年 11 月 20 日 20：43	11 月 21 日 22：00	因 EX801 模板和切刀问题，片料较多，停造粒对模板和切刀进行更换，D802 料位高，造成装置紧急停工
2	2012 年 6 月 19 日 3：00	6 月 19 日 14：00	造粒试用国产模板，造成造粒停车

第一作者简介：杨兆鑫，现在大庆石化分公司化工三厂任设备工程师。E-mail：daging_yzx@163. com

续表

序号	停车时间	恢复时间	停车原因
3	2013 年 6 月 18 日 4：00	6 月 18 日 13：10	T502 除沫网堵塞，D502 压力高
4	2014 年 2 月 19 日 23：00	2 月 20 日 22：00	因预聚合反应器 R200 的安全阀频繁内漏，且 R200 的压力变送器故障
5	2015 年 4 月 22 日 5：00	4 月 22 日 18：30	因造粒 D805 电机故障，导致 D802 料位满，装置停车
6	2016 年 3 月 25 日 20：00	4 月 3 日 4：20	因挤压机减速器齿轮损坏，根据公司要求停工更换
7	2016 年 6 月 24 日 7：30	6 月 24 日 15：00	A301 动力分离器电流过载停车
8	2017 年 7 月 28 日 0：00	7 月 29 日 16：30	由于 P200 机封泄漏，根据公司生产运行处和分厂的统一安排，聚丙烯装置计划停工，主要进行更换 P200 机封
9	2018 年 5 月 15 日 10：20 停主催化剂	2018 年 5 月 15 日 19：10	处理 A201 减速器漏油
10	2020 年 9 月 28 日 8：30	2020 年 10 月 14 日 10：00	挤压机减速器下 4 轴齿轮与轴原始配合间隙过盈量大导致齿轮损坏

（2）因设备原因停工的原因分析

由以表 1 所列得知，影响聚丙烯装置长周期完好运行的设备原因，90%是由独生子设备故障引起的，要想聚丙烯装置长周期完好运行，保障独生子设备完好运行就是重中之重。

2010 年至今，共计 10 次因设备原因停车事故，其中 3 次是由于人为问题导致停车，分别是，2 次是因为造粒工段更换试用模板，试用期间切粒效果不理想，挤压机长时间无法启动导致造粒工段憋料而装置停车。一次是除沫网制作错误，使用的丝网过密，堵塞了 T502 而造成停工。安全附件（安全阀）故障造成系统停车 1 次。综上所述，仅仅单纯的独生子设备故障就占全部停车原因的 60%，分别是电机故障 2 次，齿轮与轴原始配合间隙过盈量大导致齿轮损坏 2 次（注：这 2 次由于需要从德国进口挤压机主齿轮箱备件，所以停工周期较长，损失比较严重），设备泄漏导致停车 2 次。由此可见，保证独生子设备低故障率是装置长时间平稳运行的关键。

4　针对独生子设备实施设备精细化管理

（1）根据历史经验，建立健全独生子设备及关键设备（非独生子设备，有备机）重点部位，例如 P200、P201 轴承箱及机封，EX801 挤压机主齿轮箱、A301 动力分离器机封等处，确认其为关键风险点，为下一步的防范工作标明重心。

（2）针对已经识别出的关键风险点，建立风险管控制度，实施三级定期检查，即班组每班巡检检查，技术人员每天检查，主管领导每周检查。

首先，对班组员工及班长进行必要培训，使每名员工都能熟练准确的检查到所有部位，并将检查结果录入到检查记录中，便于日后查询。完善班组人员巡检时间间隔，班长及班员巡检错时检查，尽可能提高发现问题的概率。还对此类设备的操作进行强化培训，实施标准化操作，大大降低操作失误导致停车的风险。针对新员工，加强师带徒培训，每月 1 次主任亲自带队对班组人员进行考试，以此来督促新员工快速掌握本岗位生产流程和设备操作维护，激励老员工学习新的岗位，并提高能胜任跨岗位人员的奖金系数，促进了大家的学习热情。最后，车间制定了考核制度，除了日常考核项目外，重点突出了发现问题避免停车重奖，失误操作造成重大损失重罚，让员工们在实际操作中，思想始终绷紧一根弦，避免疏忽大意造成损失。

其次，技术人员讨论并完善了应急制度和应急方案，尽可能的简化成关键步骤，便于员工掌握和实施，每月进行至少 1 次的演练，提高班组处理突发状况的能力。技术人员加强对这些关键风险点的日常维护，建立台账，对每台设备的加油部位、加脂点、加油量、加脂量做到量化，严格执行定时、定点、定人、定量（表 2）。

表 2 化工三厂聚丙烯设备润滑记录(仅附一台设备)

<table>
<tr><td colspan="3">润滑点</td><td colspan="2">轴承</td><td colspan="2">填料</td><td rowspan="6">加油加脂人</td><td rowspan="6">确认人</td></tr>
<tr><td colspan="3">部位</td><td>补</td><td>换</td><td>补</td><td>换</td></tr>
<tr><td colspan="3">牌号</td><td colspan="4">7019</td></tr>
<tr><td colspan="3">定量</td><td>10g</td><td>50g</td><td>5g</td><td>10g</td></tr>
<tr><td colspan="3">周期/月</td><td>3</td><td>36</td><td>3</td><td>36</td></tr>
<tr><td>年</td><td>月</td><td>日</td><td colspan="4">补、换量</td></tr>
</table>

技术人员还应用一些成熟的新技术，能大幅度提高设备完好率，例如聚丙烯车间 A301 动力分离器，2010 年前平均两年 1 次机封就会大量泄漏，每次泄漏都会导致装置停工检修更换机封，造成巨大损失，经多方认证研究，车间在 2010 年大检修期间将 A301 密封改为干气密封，至今 A301 运行良好，没有出现因机封泄漏引起停车的情况。EX801 主齿轮箱，加装了在线检测系统，技术人员定期采集相关数据，并认真分析，力争提前发现问题，确认问题，及时准备备件，做到防患于未然，避免再次出现主齿轮箱损坏导致长时间全面停车情况的发生。

5 总结

在实施装置长周期满负荷安全运行的过程中，车间通过识别风险、建台账、培训、实际操作、考试、考核、新技术应用等方面，极大提高了设备运行平稳率，初步形成了基层装置长周期安全运行的管理规范，为今后装置进一步优化设备管理提供一定的借鉴经验。

硫黄装置设备事故原因分析

刘鹤鹏

（中国石油广西石化公司）

摘　要　25万t/a硫黄回收联合装置(以下简称装置)作为某千万吨级石化公司生产流程中硫回收处理的核心装置，是公司核心的环保装置，重点的风险管控单位，自2018年10月开工以来，因设备故障造成波动60余次。本文结合设备自身特点，通过对6起转动设备，静设备以及腐蚀防护相关的硫黄装置的设备故障事故的现象，时间，故障危害进行原因分析，总结有效措施及预防策略。

关键词　硫黄装置　设备　事故　原因分析　预防策略

硫黄装置作为炼油化工工艺流程中硫回收的核心装置，是重点环保装置。地处京津冀地区毗邻雄安新区的该公司，将硫黄装置作为公司核心的环保装置。以含高浓度硫化氢的酸性气为原料，二氧化硫为中间产物的硫黄装置是公司的重点风险管控装置，一旦出现泄漏事件，易造成群体伤亡事件，因此装置平稳运行是管理工作的重中之重。

硫黄装置于2018年10月开工运行至2021年12月，因设备故障事故造成装置波动60余次，装置被动停工切换3次，装置重大生产波动及应急事故13次，造成环保排放瞬时超标54次。通过选取以下6起装置不同时间的设备事故进行原因分析，以总结经验。

1　硫黄装置概况及流程简介

硫黄回收联合装置包括：2套10万t/a硫黄回收装置、1套5万t/a硫黄回收装置、2套140t/h酸性水汽提装置、3套300t/h溶剂再生装置，由山东三维石化工程股份有限公司设计，中国石油第七建设公司承建，于2018年10月一次性开车成功。依照顾公司整体负荷调整安排，正常开工期间3套硫黄装置两开一备，3套溶剂再生装置采用两开一备方式，以保证装置出现故障及异常情况下可以进行装置间的切换，有效保障公司整体的环保排放受控。

硫黄回收装置由制硫部分和液硫脱气部分、尾气处理部分和共用部分组成。制硫部分均采用工艺路线成熟的高温热反应和两级催化反应的Claus硫回收工艺生成硫黄。硫黄回收装置的制硫尾气通过预洗涤冷却和SO_2吸收。预洗涤单元及尾气脱硫单元采用康索夫科技北京有限公司的有机胺吸收解吸法脱硫工艺。酸性水汽提装置采用的是单塔全抽出汽提工艺，该工艺是在低压状态下采用单塔处理酸性水，塔顶酸性气经冷凝、分液后，凝液经泵返塔作为回流，酸性气送至硫黄回收单元回收硫黄，塔底即得到合格的净化水，一部分送至上游装置回用，剩余部分排至污水处理场深度净化，净化水水质满足污水处理场进水水质的要求。溶剂再生装置采用常规汽提再生法，再生塔底重沸器热源采用0.4MPa蒸汽热再生工艺，将产品酸性气送至硫黄装置作为原料。

2　典型设备事故原因分析

2.1　循环水冷器浮头螺栓断裂造成介质泄漏事件

(1) 设备概况

溶剂再生塔顶后冷却器及硫黄尾气回收解析塔顶后冷却器均为浮头式水冷器，管程运行介质均为循环水，溶剂再生后冷器壳程介质为酸性气，解析塔后冷器壳程介质为稀硫酸(图1、图2)。

(2) 事故现象

溶剂再生塔顶后冷却器开工投用累计运行45天后出现回流罐液位快速上涨；循环水串入

第一作者简介：刘鹤鹏(1985—)，工程师，2009年毕业于大庆石油学院过程装备与控制工程专业，本科学历，现任广西石化公司PMT5设备经理。E-mail：lihepeng_gx@petrochina.com.cn

图 1　溶剂再生后冷器浮头拆检
发现螺栓断裂 28 条(总计 48 条)

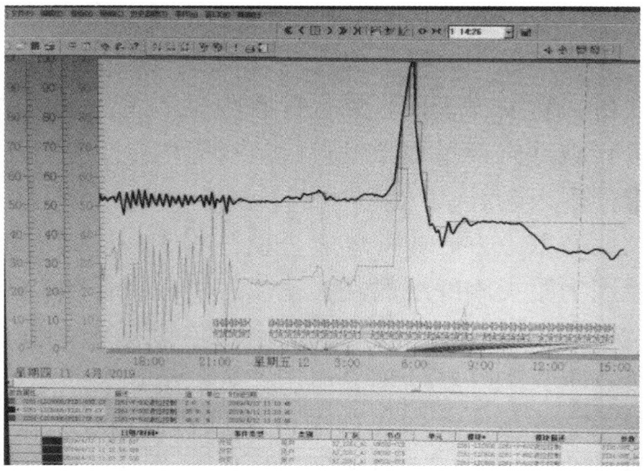

图 2　循环水串入介质侧造成液位快速上涨

介质侧现象；分析为换热器内部出现泄漏状况，造成溶剂再生装置因换热器泄漏事故被动停工切换至备用溶剂再生装置。

硫黄尾气回收解析塔后冷却器自开工投用累计运行 60 天时出现泄漏事故；直接表现为循环水 pH 值变低，换热器内压力升高；尾气回收段工艺流程被迫切除出流程进行设备应急维修。

拆检上述设备发现，换热器浮头螺栓出现多根断裂情况。

（3）原因分析

拆检溶剂再生塔顶后冷却器发现设备浮头螺栓断裂 28 条，进行螺栓材质检验发现设备所用螺栓材质 42Cr 显示与设计图纸要求的 S30408 不符，确认原因为设备制造质量问题。

拆检硫黄尾气解析塔顶后冷却器发现设备浮头螺栓断裂 14 条，检查发现设备内浮头螺栓的螺杆为碳钢材质，腐蚀严重，螺帽为 S3040 材质与图纸要求符合，确认原因为设备制造质量问题。

2.2　09 钢空冷器泄漏事故

（1）设备概况

酸性水汽提塔顶空冷器及溶剂再生塔顶空冷器共计 22 台，均为湖北某石化设备公司制造，管箱及管束的材质均为 09Cr2AlMoRE（简称 09 钢），运行介质为含高浓度硫化氢的塔顶酸性气。

（2）事故现象

溶剂再生塔顶空冷器自开工投入运行累计运行 6 个月时出现第一起泄漏事故，泄漏发生部位均为管箱接管焊缝的热影响区。酸性水汽提塔顶空冷器累计运行 7 个月时出现同类泄漏情况。上述 22 台 09 钢空冷器共发生泄漏 9 次，泄漏位置均出现空冷器管箱的出口接管的焊缝热影响区位置；泄漏介质含高浓度硫化氢，属高危毒性物质（图 3）。

图 3　空冷器管箱出口焊缝泄漏情况

（3）原因分析

经对泄漏空冷器管箱进行检测，空冷器管箱及接管多处的硬度超标，与材质的热处理后硬度值为≤200Hb 的质量要求不符，属严重的制造质量不合格问题。

调研国内同类工况装置所采用的09钢材质空冷器在该工况下的使用效果不佳，同样出现泄漏情况，分析为该材质在对湿硫化氢环境的适应性较差。

2.3　制硫炉余热锅炉管板泄漏事故

（1）设备概况

1#硫黄回收制的硫余热锅炉E101使用的是挠性金属材质管板，管板直径3050mm，迎火面安装厚度为75mm的耐火衬里，按照设计要求，衬里与管板间需敷设存度为5mm隔热耐火陶纤纸，管板内管口内插瓷保护套管。余热锅炉管程介质为制硫烟气，温度1350℃±30℃；壳程运行介质为中压除氧水，利用管板内管束取热产出中压蒸汽。

（2）事故现象

制硫余热锅炉E101累计运行5个月时出现管板现泄漏情况，造成装置受迫停工切换的事故。设备故障表现为余热锅炉上水量不变的情况下，产汽量明显下降，且余热锅炉后的过程气温度出现波动情况。停工拆检发现管板衬里大面积脱落，管板有多处径向裂纹，陶瓷套管破损严重(图4~图6)。

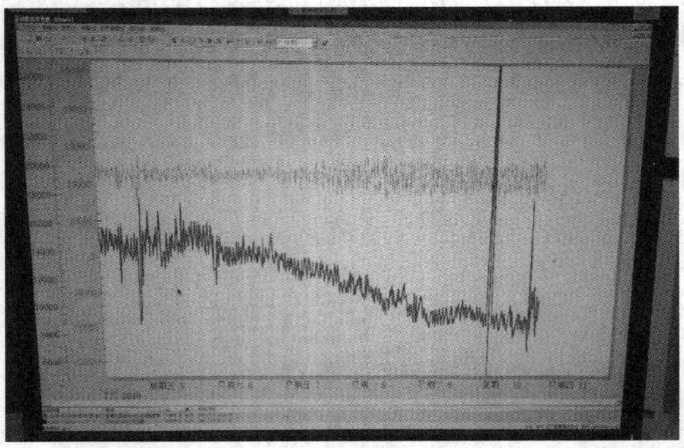

图4　余热锅炉上水量不变的情况下产汽量明显下降

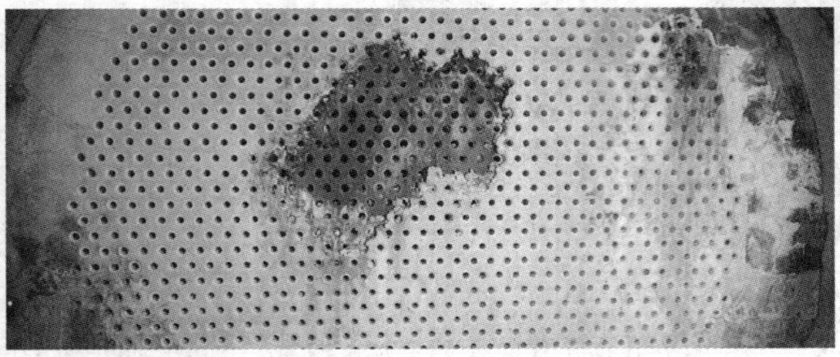

图5　余热锅炉管板泄漏造成衬里脱落

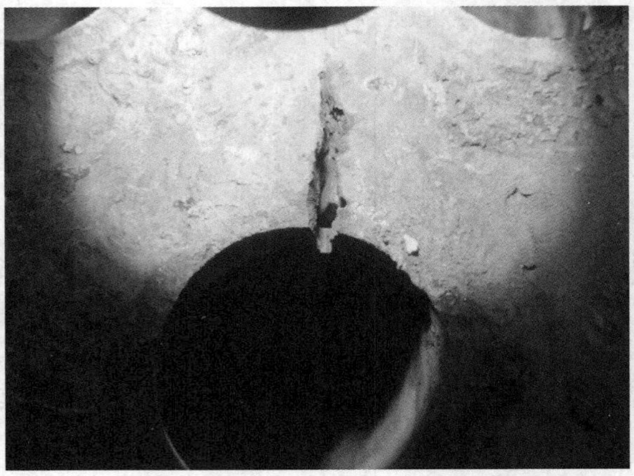

图6　余热锅炉管板胀焊位置的裂纹

（3）事故原因

设备停用后进入设备内部检查发现管板衬时脱落，管束与管板胀焊位置有明显裂纹；对衬里进行破拆修补过程中发现管板衬里内缺少设计要求的耐火陶纤纸。

经第三方专业检鉴定公司分析管板泄漏主要原因为耐火陶纤纸的缺失，但不能完全排除管板挠度设计不合理情况。余热锅炉正常运行时由于没有耐火陶纤纸的隔热作用，处于金属处于过烧状态，管板造成迎火面温度超过材质耐火极限，高于正常温度的情况下管板的挠度增大，管束胀焊结合的部位出现裂纹造成泄漏事故。

2.4　硫黄尾气处理单元文丘里塔失效事故

（1）设备概况

硫黄回收联合装置共有文丘里组合冷却塔共3座，设备均为复合板结构，复合板采用爆炸焊制造，外壁10mm厚的为Q345R材质，内壁为3mm的S31254材质；塔器分段在现场进行最终组对焊接完成。该设备运行介质为稀酸，介质通过塔内装填的R76瓷质异鞍环填料。

（2）事故现象

3#硫黄文丘里冷却组合塔C321累计运行6个月时，塔本体焊缝出现泄漏情况，造成装置受迫停工事故，该事故为文丘里塔出现的首起泄漏事故(图7)。

硫黄装置内的3座文丘里组合塔在运行过程中均出现过泄漏情况；硫黄开工至今累计40个月过程中，3具文丘里塔内部焊缝累计发现与治理超过150处以上明显焊接缺陷。

（3）原因分析

对泄漏部位进行取样分析焊缝失效原因，得

出结论为复合板焊接质量不合格，焊接工艺评定中参数控制难度大，焊接施工人员在施焊过程中质量把控不严，焊接电流过大，造成内衬的S31254不锈钢板焊接过程中易出现金属贫铬区敏化现象。复合板内板焊接缺陷受介质腐蚀失效后外壁失效速度快，造成泄漏快速扩大。

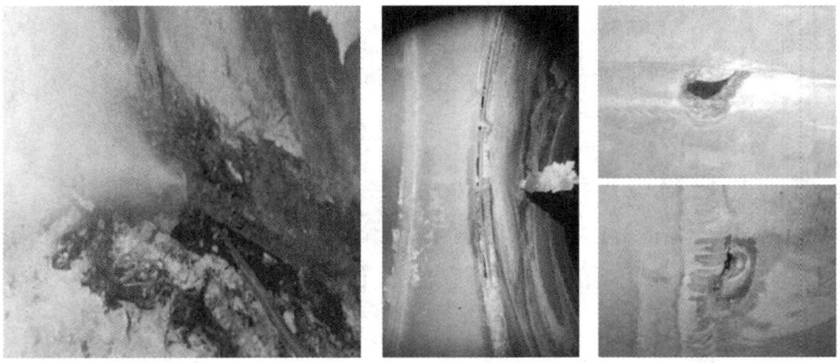

图7 文丘里塔焊缝泄漏及内部焊接缺陷

2.5 酸性水汽提介质中固态悬浮物杂质引起的设备事故

（1）事故概况

1#酸性水汽提装置处理来自石脑油加氢装置、柴油加氢装置、加氢裂化装置和渣油加氢等装置的酸性水；2#酸性水汽提装置处理来自常减压装置、催化裂化装置、硫黄回收等装置的酸性水。实际运行过程中发现酸性水中存在大量悬浮固态杂质，1#酸性水汽提(加氢型)现象较为严重，经抽检塔顶空冷器出口管线内垢样分析，固态杂质以腐蚀产物为主，主要成分为$FeO(OH)_3$、$FeSO_3$和S。

（2）事故现象

1#与2#酸性水塔顶回流泵因杂质频繁抽空造成屏蔽泵内件损坏。

1#酸性水空冷器下部管束温度低于上部管束介质流速低，固态介质沉积堵塞造成管束垢下腐蚀减薄；空冷器出口管因存在固态介质，管壁因为气、液、固三相流冲蚀造成减薄，管内壁焊缝处冲蚀最为严重造成泄漏(图8)。

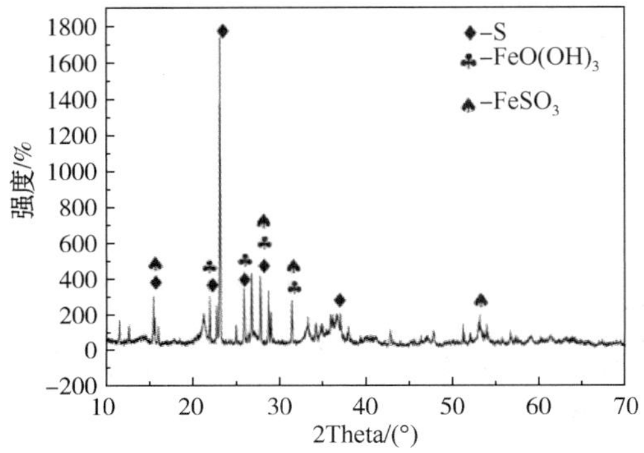

图8 空冷器出口管垢样的X射线衍射分析结果

反冲洗过滤器SR401/SR501无法长周期运行，反冲洗过滤器SR401/SR501过滤精度为25μm，结构特点为8个滤筒分为4组，正常运行为3组运行1组反冲洗备用；滤筒由换向器通过压差联锁控制自动切换运行，因杂质较多造成频繁冲洗，换向器故障非常频繁无法平稳运行。

2#酸性水与净化水换热器壳程原料水入口部位因酸性水局部温降较快造成壳程堵塞，表现为换热效果差，净化水出装置前温度超90℃，净化水外送泵P502AB入口汽化造成严重抽空，影响净化水正常外送，易造成上游装置注水设施运行的情况。

1#酸性水为加氢型酸性水，回流段自回流罐V402至回流泵P403AB为静压状态，流速较低，运行过程中出现管线内结垢导致回流泵来量不足，回流罐液位无法正常控制，需要通过回流泵双泵运行及回流罐直接排液至地下罐情况，影响装置平稳运行(图9~图13)。

（3）原因分析

酸性水中存在大量悬浮固态杂质，原料过滤SR401/SR501换向器故障非常频繁无法平稳运行，且存在介质颗粒度小于过滤精度的杂质比例较大造成过滤无效情况，过滤器冲洗液就地反冲进入含油污水系统会造成污水超标以及现场异味问题，仍返回原料储罐未起到根本性的除杂效果。以上情况导致酸性水原料中的介质无法去除，造成出现上述“堵”与“漏”的多项问题频繁出现。

图9　塔顶回流泵内件破损情况

图10　塔顶回流泵入口过滤器及叶轮流道堵塞情况

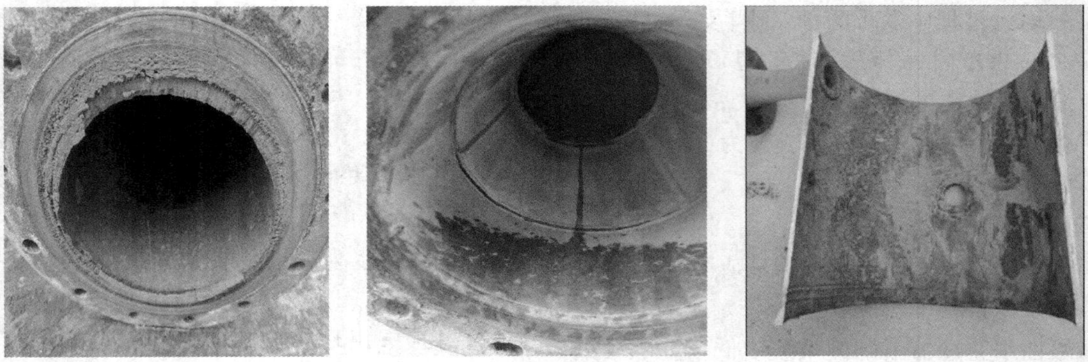

图11　塔顶空冷器出口管线结垢及减薄情况

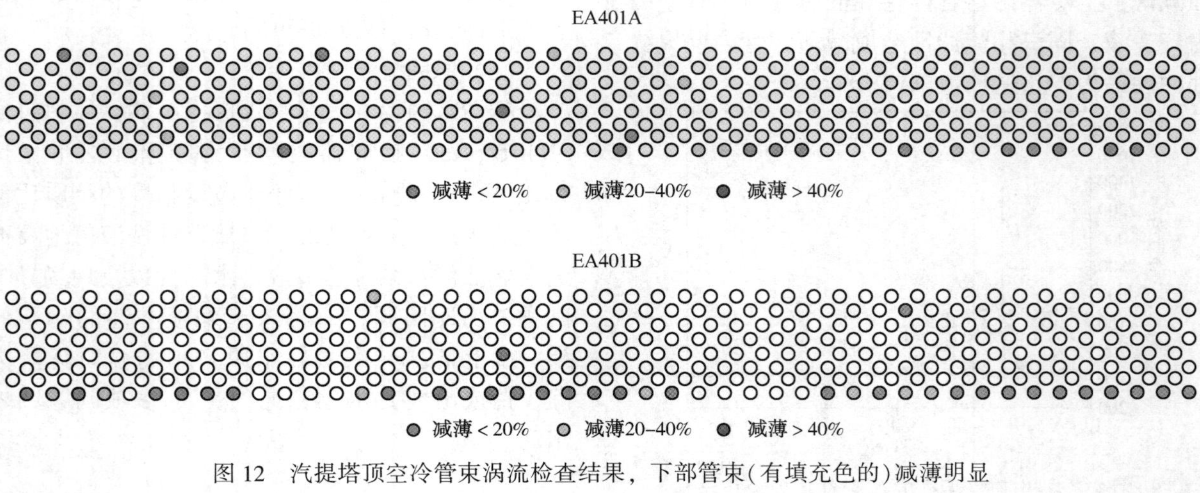

图12　汽提塔顶空冷管束涡流检查结果，下部管束(有填充色的)减薄明显

图 13　酸性水与净化水换热器 E501CD 壳程结垢情况

2.6　溶剂再生设备与管线的腐蚀减薄与泄漏事故

（1）事故概况

1#加氢型溶剂再生塔顶后冷器 E602 为Ⅱ类压力容器，管程材质为 S31603，运行介质为循环水，壳体材质为 Q245R，壳程运行介质为再生塔顶冷后酸性气，累计运行至第 13 个月时发现壳体出现减薄情况（图 14），于第 17 个月进行预知性的维修，消除了泄漏隐患。

2#加氢型溶剂再生回流泵 P703AB 入口（管线 SOW70401）累计运行 8 个月时出现渗漏情况（图 14），同类排查发现 1#加氢型溶剂再生（停用）装置，该流程处管线也存在减薄情况，非加氢型溶剂再生存在减薄但腐蚀速率明显小于加氢型溶剂同类部位。

（2）事故现象

溶剂再生后冷器 E602 壳体测厚发现壁厚存在减薄情况，经定期定点监测后，壳体壁厚减薄超过允许运行的门限值，经停工检修在未出现泄漏情况下消除了含硫化氢介质泄漏的重大隐患。

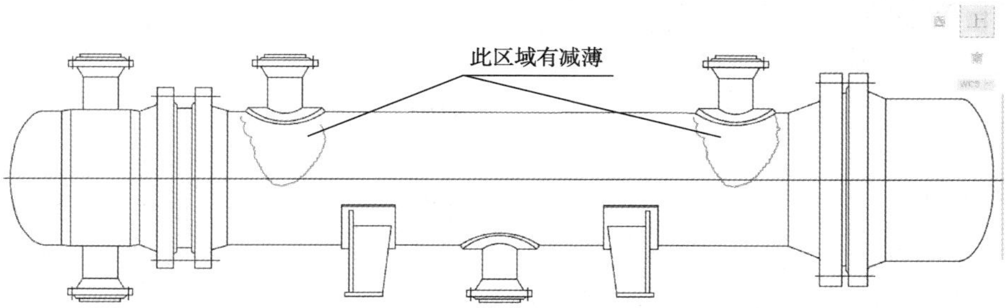

图 14　后冷器 E602 壳体减薄位置示意图

溶剂再生回流泵入口管线及泵出口管线手动闸阀均出现减薄泄漏情况，泵出口调节阀阀体存在阀体减薄速率加速情况（图 15）。

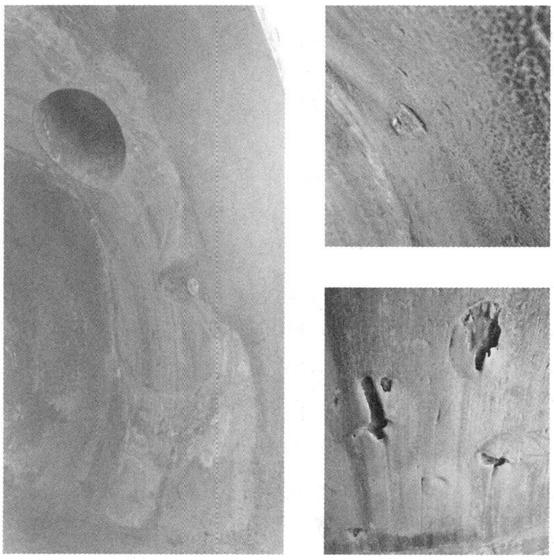

图 15　溶剂再生后冷器壳体内壁冲刷减薄情况

（3）原因分析

溶剂再生塔工艺流程中运行介质为酸性水，经采样化验分析，介质内硫氢化铵浓度约为 10^5 ppm（$1ppm=10^{-6}$），该浓度的碱式酸性水对碳钢腐蚀速率理论上高达 20mm/a。

E602 壳体减薄的原因是运行管控参数（85℃）与原始设计（55℃）存在较大差异，酸性水进入壳体过程闪蒸出气相物，导致含固态杂质的酸性水以气液固三相进入壳体，介质内高浓度硫氢化铵溶液的冲刷腐蚀作用导致壳体减薄速率加快（图 16）。

加氢型溶剂回流泵入口管线冲蚀减薄的原因是含高浓度硫氢化铵，携带固态悬浮物的酸性水在泵的入口负压区出现闪蒸的空化-腐蚀综合作用，叠加泵入口法兰处异种钢焊接存在的电偶腐蚀，造成近泵入口法兰焊缝出现泄漏情况（图 17）。

图 16　溶剂再生回流泵入口管线泄漏及剖切面减薄情况

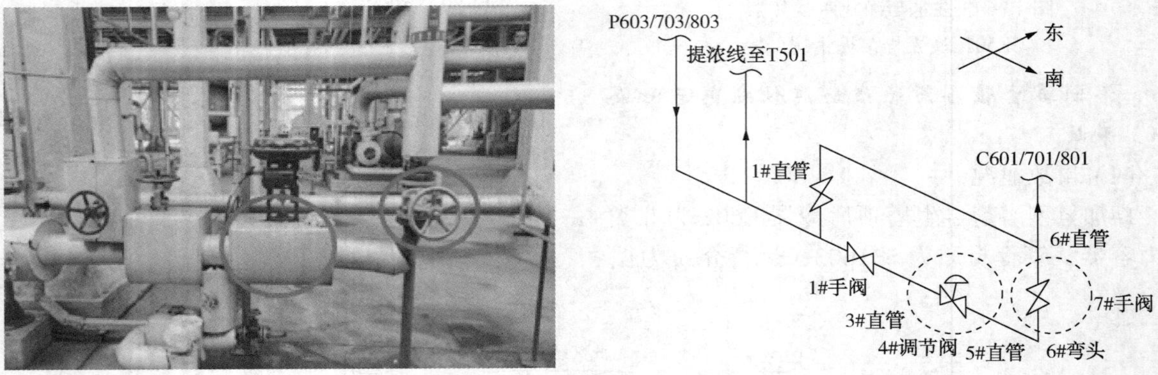

图 17　溶剂再生回流泵出口调节阀及后手阀位置示意图

3　事故经验总结

（1）加强腐蚀防护管理，应以工艺监控与调整为主，腐蚀防控以防为主，加强设备专业对设备实际运行过程中的测厚监控工作。

（2）加强施工过程管理，重视设备制造与安装全周期的质量管控及验收指标性参数验证，专业性强的验收内容需请专业人员进行评估。

（3）重视隐患发现与应急处置能力建设，硫黄回收联合装置自投用频繁应急处置泄漏及动设备故障情况，对外调研各同类装置，情况大同小异，应急处置能力应视为保障装置平稳运行的最后一道关口。

（4）加强过滤系统管理，重视介质内杂质的监测，明确对应指标，确定装置进料过滤器清理指标及周期、频次。

4　结语

经过对硫黄装置 6 个典型的设备事件发生与处置的全过程进行梳理与总结，整理事件现象，分析事件原因，总结有效措施及处置方案，形式有针对性的预防策略，为强化装置运行管理工作提供经验。在逐个分析典型设备事件的过程中，管理人员及岗位员工以经历者的身份进行讲述与交流，对于同类事件的预防与治理措施进行了深化，并且固化成为有效的预防策略，为装置事件的预知性发现与处置提供可借鉴经验，达成提升装置运行管理水平的目标。作为华北石化公司强化管理专项活动的重要组成部分，经过对装置典型事件的解析，形成装置运行管理的有效策略，对装置运行管理水平起到提升的作用，为同类装置开工及运行管理提供可借鉴经验。

参　考　文　献

［1］梁晓乐，陈刚，魏佳龙，等 . 5 万吨硫磺回收装置首次开工运行总结［J］. 2019 首届炼化企创新发展论坛论文集，2019，9（1）：94-100.

［2］刘鹤鹏，董玮，徐明强，等 . 溶剂再生装置再生塔顶后冷器腐蚀泄漏分析与处理［J］. 石油石化物资采购，2020，140：78-79.

［3］袁辉，王会强 . 硫黄回收装置腐蚀机理与防护分析［J］. 装备环境工程，2020，11（17）：24-30.

［4］段永锋，于凤昌，崔新安，等 . 炼化设备冲刷腐蚀失效分析及控制策略［J］. 表面技术，2016，10（45）：173-179.

浅谈建立设备可靠性管理体系的重要性

卢思屹 刘 鹏 刘镇玮

（中国石油吉林石化公司）

摘　要　设备密集型和技术密集型是石油炼化企业的一大属性，管理措施运用得不好，技术作用发挥得不好，不仅直接会导致设备故障频发，维修费用居高不下，还直接导致生产计划不能如期完成、产品质量出现波动，甚至会引发严重的安全事故和环境污染问题，一旦发生泄漏、着火、失效等故障或事故，对企业经营效益、安全环保、安稳运行、员工健康等都将产生巨大影响。从业六年以来，以现场设备管理及检维修经验为依据，探索、推广、实践以可靠性(或者完整性)为中心的设备管理工作，推进设备更加可靠，运行周期更长，以期最大化实现挖潜增效，低成本高质量发展。

关键词　设备管理　可靠性

近年来，面对高压的安全环保政策和激烈的行业竞争环境，各个石油炼化企业都在全面推行大检修全生命周期管理，这就要求要摆脱设备管理单纯以传统经验和习惯做法为依托的固有做法，在借鉴先进管理经验的基础上，传承传统设备管理的优秀做法，引进、创新设备管理理念和技术工具的有机融合，建立科学的现代化设备管理体系，使碎片化的设备管理要素，整合起来发挥更大作用。

1　建立设备可靠性管理体系的背景

1.1　中国石油吉林石化公司乙烯厂简介

乙烯厂1993年11月动工兴建，1996年9月建成投产，是国家“八五”期间重点建设项目之一。固定资产原值77.96亿元；净值47.78亿元，占地面积136公顷。

工厂现有每年70万t乙烯、30万吨高密度聚乙烯、27.4万吨低密度聚乙烯3套生产装置和动力、油品、供排水、供电、综合5套辅助装置。主要设备1934台套。主要产品有乙烯、聚合级丙烯、化学级丙烯及氢气、乙炔、裂解碳四、混合苯；低密度聚乙烯树脂DF-DA7042；高密度聚乙烯薄膜料JHM9450F 1、JHM9455F塑料JHF4750、管材料。JHM50 10T3N等40多种化工原料、成品和半成品供给下游15套生产装置及客户。

1.2　建设背景

2018年大检修结束后，提出“四年一修”的运行目标，面对上述目标有了如下认识。

一是自“96·9”开车以来，乙烯联合装置已经服役超过25年，临近“三年一修”周期的半年左右时间，装置现场设备故障及检修频率明显上升，缺乏实现“四年一修”的实践经验和具体方法，需要系统提炼和总结并引进先进的管理方法，提升管理，保证设备本质安全。

二是当前设备管理的覆盖面、触及点还存在薄弱环节，专业化管理的深度、广度及维度还有很大提升空间，专业管理制度、考核评价体系还需进一步修订和完善。

三是设备管理人员专业能力和技术水平参差不齐，在设备运行状态监测、检修计划编制、维护策略制定、人员技能培训、作业质量把关等关键、重要环节上还缺乏系统性认识，工作上缺乏有效抓手，实践中不能合理科学选用管理工具，经常扮演救火队员的角色。

四是修理费用、检维修作业数量等居高不下，特别是高频次的检维修作业数量，存在极高的潜在风险等问题，给现场安全管控、承包商管理、安全生产等带来了严重威胁。

为什么选择建立可靠性管理体系，就是想通过一揽子工具方法统揽设备管理的全部工作，解决每台设备的可靠性问题，让其在全生命周期内

第一作者简介：卢思屹(1992—)，男，工程师，2015年毕业于延边大学机械设计制造及其自动化专业、工学学位，现从事设备管理工作。E-mail：jh_ lusy@ petrochina. com. cn

健康受控运行，也就是基于设备风险防控，持续推进设备日常管理和维修保养模式的变化，促进设备维修保养从预防维修到预知维修再到精准维修演变，以期实现设备全生命周期价值最大化。

2 主要工作思路和方案

2.1 工作思路

可引进借鉴美国杜邦的设备管理办法(图1)。

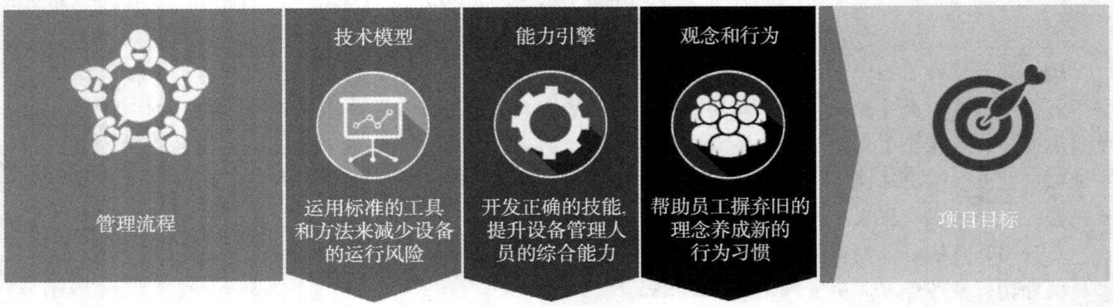

图1　管理流程

(1) 推广使用部分短平快的方法和工具，提高基层管理人员参与项目的获得感。

(2) 改变固有的KPI考核方法和考核内容，提高可靠性管理所占的比重，引导基层单位在资源安排上予以保证。

(3) 开展试点，以点带面，及时总结、巩固、推广一些好的经验和做法。

2.2 工作方法

通过全面推进与短平快项目相结合，选定试点岗位，开展试点工作，总结试点经验，形成管理导则后推广应用，关注推广应用效果，巩固成果，改进存在的问题(图2)。

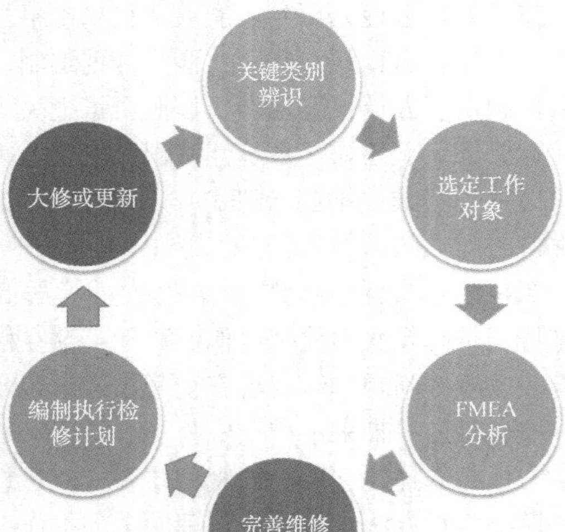

图2　工作方法导图

3 从日常案例中总结的方法和需开展的工作

3.1 关键设备辨识采用八因子法

采用八因子法(如图3所示)既考虑了设备失效的后果，还考虑了设备失效的可能性，真正将风险管理的理念应用到设备管理中，改变了以往仅从设备失效后果来评估设备的重要等级的方式；使设备管理人员能够聚焦于最需要关注的设备，提升了设备管理的工作效率。

八因子即：D为潜在HSE风险；E为损失工时；F为加工量的影响；G为质量的影响；H为维修工作所需资源；I为备件情况；J为维修成本；C为设备失效概率。

设备潜在风险 $K=D+(E+F+G)/3+(H+I+J)/3$

设备关键指数 $=K\times C$

3.2 探索压缩施工工期的方法(以乙烯裂解炉施工为例)

文丘里管堵塞原因：进料不干净，可能含有一定量的杂质，由于原料从高温对流段出来到横跨段集合管处有4m左右的爬升高度，因此这些杂质可能在对流段水平管内积存，当物流发生变化时，就被带到横跨段集合管里。而裂解炉所有下降管入口的取点不是在水平设置的横跨段集合管的最低部，而是在横跨段集合管的两侧，因此这些杂质很可能在物流变化时被带到裂解炉两侧横跨段集合管末端，进入末端对应的TIA0111组炉管和 TIA0118 组炉管内，造成这两组个别炉管内物料流速低，停留时间延长，结焦严重进而堵塞，或者由大颗粒杂质直接堵在文丘里喉管处（如图 4 所示）。这种情况多发生在裂解炉升温过程或投油过程中，气流发生较大变化时。

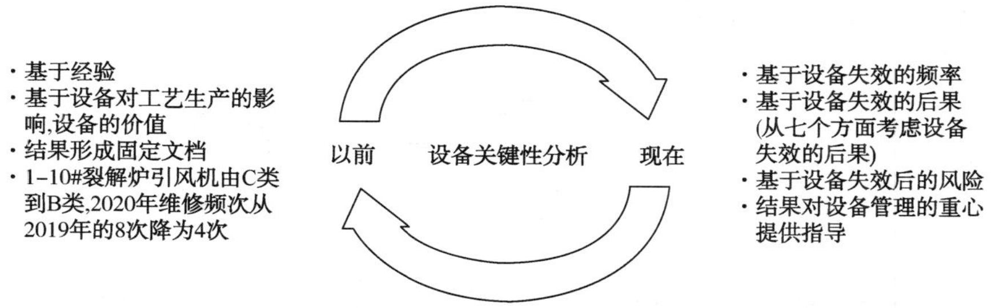

图 3　设备关键性分析对比

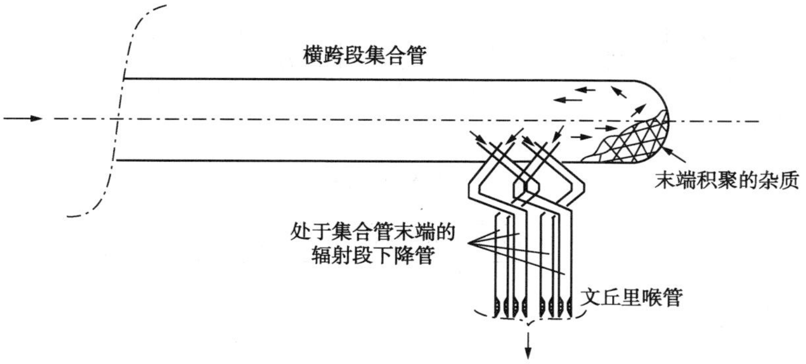

图 4　裂解炉横跨段集合管示意图

裂解炉施工作业具有停工周期短、技术要求高、炉内受限空间作业频繁等特点，根据其原理及 2017—2020 年检查情况来看，对应文丘里管切割后即可判断端头是否积焦，焊接文丘里管的焊接当量远小于切割文丘里端头的焊接当量，不切割回焊文丘里端头可减少 6 个工时。

3.3　安全阀校验实施跟踪单

全流程闭环管理，改变了维保人员在安全阀校验过程中的工作习惯，提高了安全阀校验的工作质量，彻底杜绝了安全阀校验过程中发生的“校验错误”和“安装错误”，实现了现场核对、校验过程和回装全过程受控。503 台安全阀校验实现“零”错误的目标。

3.4　完善呼吸阀、阻火器台账

修订了定期检查制度、检查内容及检查方法，制定了可操作的检修方案(称重法)，取得显著成效。运行至今，发现并呼吸阀、阻火器故障 3 次，有力地保障了储罐长满优运行。

3.5　检修协调会的定时召开

检修协调会的召开使第二天的检修工作做到“万事俱备”，大大提升了现场检维修作业的效率和安全表现(图 5)。

3.6　润滑油质量分析管控

开展机组润滑油外委分析和机泵润滑油斑点分析，发现并处理了多次润滑油潜在问题。大机组润滑油外委专业机构分析、铁谱分析等内容，形成润滑油状态分析工作总结，确保大机组润滑油优良可靠。

3.7　应用 why-tree 分析方法

why-tree 分析方法对事故事件发生的原因能更全面、更系统、更准确，根本性原因分析准确性提高，提升了分析的能力，措施更有针对性(图 6)。

3.8　采用超声波检测方法判定疏水阀的失效

采用超声波检测方法判定疏水阀的失效，既重新唤醒超声泄漏检测仪的功能又解决了疏水阀更换的盲目性。建立疏水阀台账，检查更换了 156 只疏水阀，基本消除了低压蒸汽管线振动、水冲击现象，节约了大量蒸汽。

3.9　承包商管理

承包商管理转变了员工对承包商的定位，从纯粹的甲乙方关系逐步向合作伙伴转变，向互利共赢的方向迈进，承包商的工作效率得到提升。

以前的承包商：承包商的管理从承包商到现场了以后才开始；给承包商安排工作，承包商被动地完成工作，是“要我做什么”的工作状态；例如：裂解炉风机换脂时间需 3 个小时。

现在的承包商：承包商的管理从承包商的预评估开始，管理前置；承包商主动地参与工作，是“我要做什么工作”的工作状态；裂解炉风机换脂时间仅需 1 个小时。

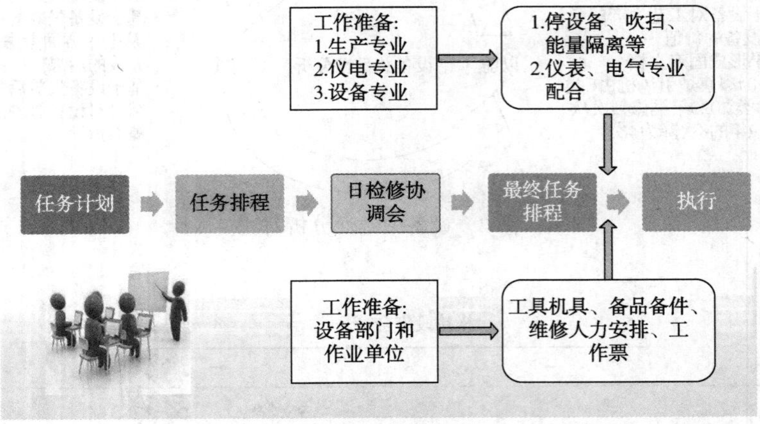

图 5　检修协调示意图

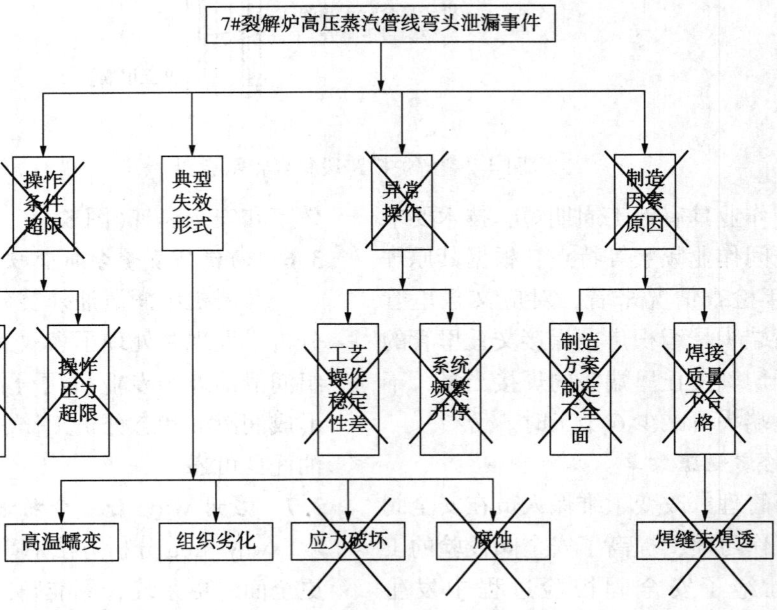

图 6　why-tree 应用在事故事件分析中

3.10　变更管理

变更管理使员工看清了变更这只“老虎”对变更的风险意识增强了，主动开始应用变更管理的“防火墙”来控制变更的风险(图 7)。

4　从设备可靠性和运行周期挖潜现场关键设备潜力

4.1　裂解炉二次混合器改造

4.1.1　吉林石化公司乙烯联合装置裂解炉简介

吉化公司 30 万 t 乙烯装置设置的 6 台裂解炉，引进的为德国林德公司的专利技术，林德公司的二次注汽技术是将稀释蒸汽(DS)在裂解炉对流段内过热至一定温度(470℃)，之后分为两股，一股(10%左右)注入经过预热的原料油中，降低原料油的汽化起始点温度，使之部分汽化，同时又起到降低对流段换热管管壁温度防止结焦的作用。混入 DS 的原料油再经预热使原料达到一定的汽化率。此时再加入一股 DS(90%左右)使油品完全汽化，进入 HTC 段过热至横跨温度，经文丘里喷嘴后平均分配至辐射段进行裂解反应。

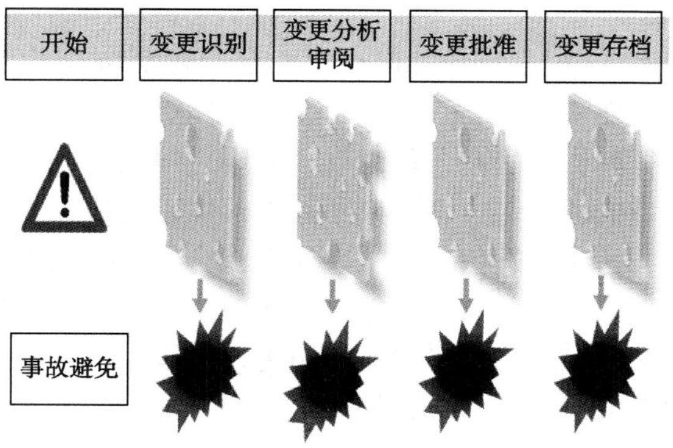

图 7　变更管理防火墙

4.1.2　挖潜优化改造历程简述

2004 年至 2005 年采用 GK-6 型对 1#裂解炉~6#裂解炉进行了扩能改造(第一次改造)，单台炉乙烯生产能力由 6 万 t/a 提高到 8.4 万 t/a，改造后设计 100%加氢尾油负荷为 37t/h，稀释比 0.7，采用在原料预热一段出口处一次注入稀释蒸汽即一次注汽之高点注汽，如图 8 所示。为了降低 1#裂解炉~6#裂解炉排烟温度、降低能耗，从安全角度考虑，取消了二次注汽线，但保留了二次注汽混合器。

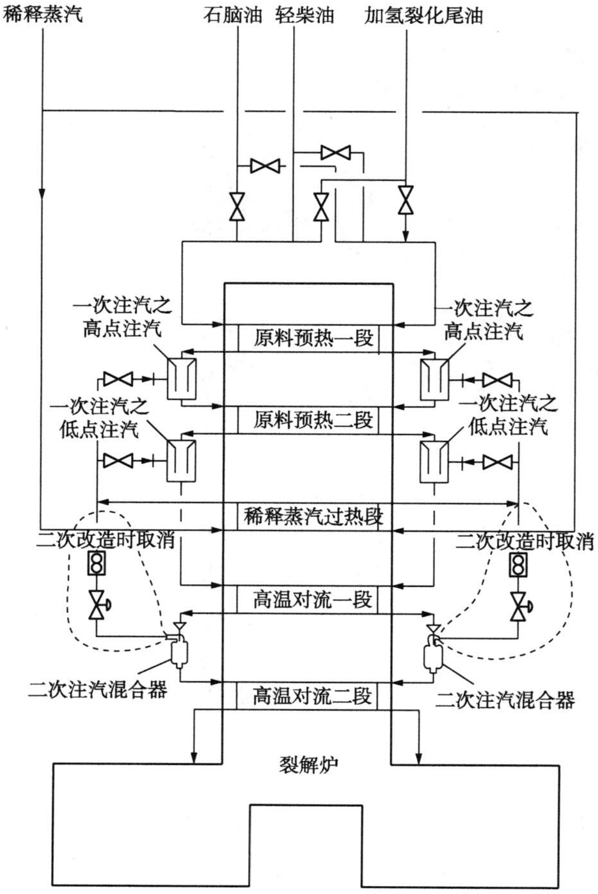

图 8　裂解炉对流段注气点示意图

4.1.3　设计参数与实际参数对比

根据设计参数，结合长期运行过程中出现的异常情况，对实际运行时参数作出相应调整，裂解石脑油时参数见表 1，裂解加氢裂化尾油时参数见表 2。

表 1　裂解石脑油时参数

项目	设计值(100%)	实际值
进料量/(t/h)	37	35
稀释比	0.5	0.5
炉出口温度/℃	841	835
运行周期/d	60	50

表 2　裂解加氢裂化尾油时参数

项目	设计值(100%)	实际值
进料量/(t/h)	37	35
稀释比	0.7	0.7
炉出口温度/℃	821	810
运行周期/d	60	50

4.1.4　改造后运行过程中出现的问题及原因分析

(1) 横跨压力低于设计值

乙烯装置 1#~6#裂解炉经过扩能改造后，无论投何种原料稀释蒸汽均采用在高点注入的方式。100%负荷时横跨压力设计值为 261kPa(石脑油)、269kPa(加氢尾油)，实际运行时横跨段压力不超过 245kPa，远低于设计值。单台炉低负荷运行时，为了提高横跨段压力，需要提高稀释比。

(2) 稀释比低于设计值

1#~6#裂解炉经过两次改造后，负荷在 35t/h 以上时稀释蒸汽流量不足，导致不能按设计稀释比配入稀释蒸汽，成为单台裂解炉上提负荷的瓶颈。

(3) 运行周期短

横跨压力低，导致各辐射段炉管分布不均，停留时间不同，经常发生个别炉管发红(炉管表面温度高)甚至堵塞现象。

改造后，裂解炉运行周期设计值为 60 天以上，但是实际运行天数在 45 天左右，经过攻关和特护运行(降温控制、提高稀释比等)勉强达到 50 天。

（4）裂解炉投油时波动较大

投油初期，从开进料调节阀到横跨段有反应时间较长，对流段温度高，原料气化后产生气阻，流量不稳导致炉温波动较大，尤其是投重油时更为明显，20～30min横跨段才有反应，给操作人员带来较大困扰。

针对上述异常现象，经过分析认为对流段阻力大，导致横跨段压力低于设计值。经过长期运行考察，认为二次注汽混合器的存在是造成上述问题的主要原因。

4.1.5　对策

1#～6#裂解炉二次注汽混合器高度6m、存在10in变4in的变径，二次注汽混合器内部结构及变径如图9所示。从现场气流通过该混合器发出明显的的节流声音，判断此处流体阻力较大。因此，通过改造取消了二次注汽混合器，将高温对流一段出口与高温对流二段入口改为弯头直接连接，大幅度降低了对流段阻力。二次注汽混合器改造前后如图10所示。

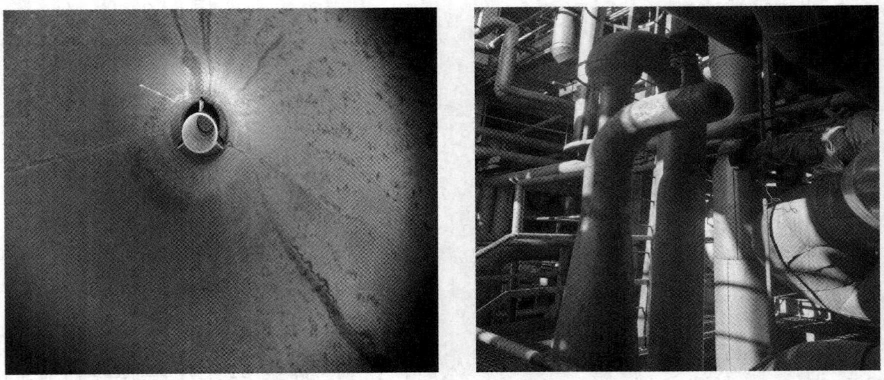

图9　二次注汽混合器内部结构及变径

图10　二次注汽混合器改造后

4.1.6　效果

（1）提高了横跨压力

二次注汽混合器改造后，相同工况下横跨段压力有所增加，尤其是在裂解炉100%负荷时能够按设计稀释比注入稀释蒸汽，提高了横跨段压力，有利于各辐射段炉管物料分配均匀。改造前、后横跨压力变化情况如图11所示。

（2）消除了单台裂解炉上提负荷的瓶颈

二次注汽混合器改造后，负荷在35t/h以上时稀释蒸汽调节阀已由全开大幅度关小，稀释蒸汽流量不足的问题得到彻底解决。改造后消除了单台裂解炉上提负荷的瓶颈。改造前、后稀释蒸汽调节阀开度变化情况如图12所示。

（3）延长了裂解炉运行周期

横跨压力达到设计值后，物料在辐射段炉管分布更加均匀，有利于裂解炉运行周期的延长。二次注汽混合器改造后，裂解炉运行周期还在考察中。

二次注汽混合器改造后，无论投什么油时，从开进料调节阀到横跨段有反应时间缩短至不到3min，流量稳定、炉温易控，有利于裂解炉的后续运行。

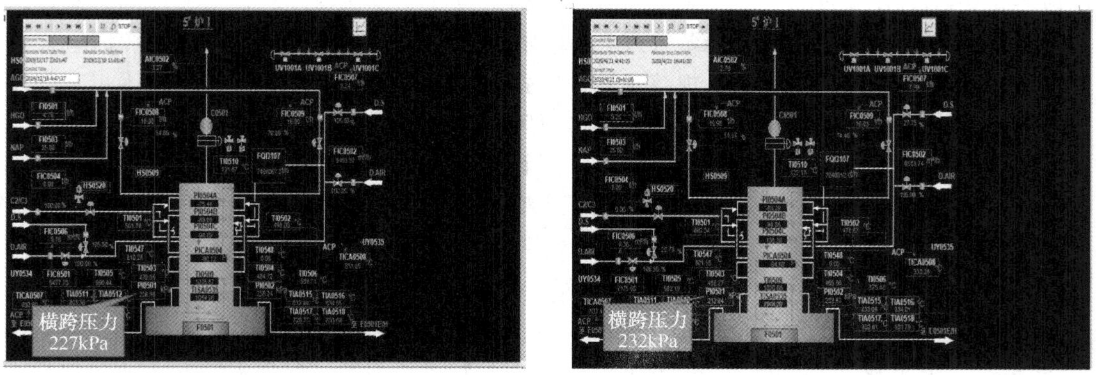

图 11　改造前、后横跨压力变化情况

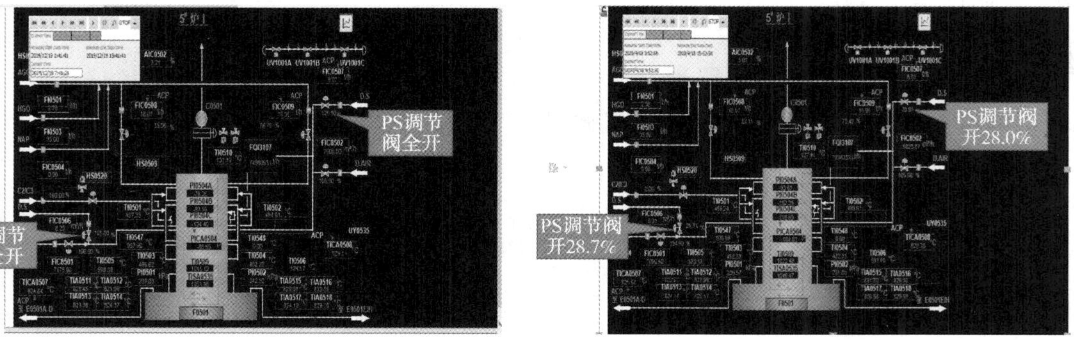

图 12　改造前、后稀释蒸汽调节阀开度变化

几年来通过对改造后的裂解炉运行过程中所出现的问题进行仔细分析和研究，找到了问题产生的原因和解决方法，取消二次注汽混合器后，降低了对流段阻力，提高了横跨段压力，有利于裂解炉的长周期稳定运行。

5　设备可靠性管理体系建立成果

5.1　综合素质不断提升

设备管理人员的综合素质不断提升。设备管理人员对从事设备管理工作的目标开始变得清晰，设备管理人员掌握了更多的设备管理的工具与方法。设备管理人员能力评估平均得分从第一轮的 66 分提高到第二轮的 72 分，建立了一支有设备完整性理念的设备管理队伍，设备风险识别、风险管控、可靠性分析成为工作新常态。

5.2　管理制度完善

开展多项管理提升工作，遵循“有限介入，场外指导，分步实施”的原则，形成了设备辨识、安全阀、定点测厚等 9 个设备管理导则，完善了设备管理制度。

5.3　向预知性维修转变

设备维修由被动维修向主动维修转变，预知性维修比例增加，失效性维修比例逐年降低。

通过对 2020 年和 2021 年检维修作业情况进行了统计分析。失效检修(CM)数量呈现下降趋势。同比下降 471 次，占比由 44.20%下降至 21.65%；预知性检修(ppm)数量增加，占比由 53.85%提升至 75.93%，反映出设备可靠性水平显著提升。

临时作业和加班作业都有了明显的下降，节假日及敏感时段基本做到不作业。以运行二部为例：加班作业占比由 2020 年第一季度的 10.16%下降至 2021 年第一季度的 3.44%。

5.4　日常维修费用管控成效显著

2021 年乙烯装置累计发生修理费 9945 万元(大检修年)。车间严格控制修理费的使用情况，建立、落实管理制度，加强费用的计划管理，对费用实施动态控制，及时统计修理费发生的情况，保证修理费用在单项上不超出计划值。严格控制施工费用，从严审定施工工程量，并严格按公司、工厂规定的施工定额进行结算，从而确保修理费在指标范围内。

5.5　设备管理水平显著提高

设备可靠性管理建立以来，吉林石化公司乙烯厂乙烯联合装置设备管理和技术人员积极学习、消化杜邦公司的设备管理经验，通过应用并实践关键设备辨识等卓有成效的方法、工具，逐步建立了体系、调整了结构、改变了设备管理和技术人员的管理理念和固有行为习惯、规范了管理、管控了风险，设备可靠性管理的水平不断得以提升，设备检修计划的预知性和预测性比例不断提高，设备故障和突发性的设备失效逐步减少，取得了明显的效果。

在持续固化管理成果并在员工工作习惯的养成，设备管理人员的综合管理能力的提升，设备全生命周期管理，全员设备管理，设备 KPI 指标调整等 5 个方面持续改善，不断提升设备管理水平，向“四年一修”迈进。

6　结论

设备可靠性管理体系的建立有助于调整结构、改变了设备管理和技术人员的管理理念和固有行为习惯，也能规范管理、管控风险，提高设备检修计划的预知性和预测性，逐步减少设备故障和突发性的设备失效。管理成果的养成，设备管理人员的综合管理能力的提升，设备全生命周期的管理，以达成全员设备管理，向“四年一修”迈进。

参 考 文 献

[1] 刘玉东．裂解加氢裂化尾油运行分析[J]．乙烯工业，2008：46-51.

[2] 王松汉．乙烯装置技术[M]．北京：中国石化出版社，1994.

地面工程模块化建设经验与成果介绍

何宏卫

[中油(新疆)石油工程有限公司]

摘　要　本讨论从设计理念转变做出模块化建设的本质改变，以油气田地面工程建设以实施的几个项目为例，从技术初次推行就对装置设定不低于80%模块化率的目标，目的在于实现地面工程建设项目的模块化全覆盖，打破以往项目只选择部分设备橇装化的局限，探索石油化工、煤化工、炼化、油气田地面工程等工程项目建设新模式。

关键词　地面工程　全面模块化　方案　模块化率　效益

1　行业背景与面临问题

工程建设行业技术工人日趋匮乏的行业大环境下，石油化工、煤化工、炼化及油气田地面工程的建设行业面临新的问题：工艺技术方案及工程施工技术不断发展与技术实现所需的技工缺乏的矛盾。

目前，在工艺技术和工程建设模式没有重大革新的情况下，通用的解决方式是采取施工工地转移、分散的方式，最典型的方式是各设备制造厂及工程建设施工单位都开始往模块化、橇装化方向发展，但若不从设计源头出发，仍只能停留在部分设备模块化的阶段。

2　解决措施与建议

“全面模块化”建设实施方案，从项目方案与初步设计阶段就以装置模块化率不低于80%为基本目标，从根本理念上做出重大转变，进而引领设计、采购、施工均按照模块化建设模式实施与管理。最大程度降低工程项目现场所需劳动力和机械设备。

3　时代契机与社会需求

在疫情常态化的近几年，工程建设行业是流动人口中的重要组成部分，“全面模块化”建设实施方案可以引导设备制造商和材料生产商就近吸收本地劳动力，解决本地就业需求，减少工程项目现场劳动力，最大限度地降低人口流动。对社会就业平衡和疫情防控都起到积极作用。

4　地域发展条件分析

中部及沿海地区交通发达，设备制造及原材料生产商一般集中在东部沿海及中部地区，工程项目建设实施模块化的基础条件较好，而且交通运输条件良好，对超大、超限、超重的模块化建设实施条件也是有利的。

西部尤其本文阐述的成果实施地新疆地区受地域环境影响，设备、原材料和施工劳动力均来自于沿海地区或中部地区。新疆地区地面工程项目所处沙漠戈壁环境的特点：冬期较长、夏日酷暑、风沙天气多、大雾频繁等，有效施工期限较少，“全面模块化”建设实施方案也是现实需求。

5　“全面模块化”建设实施方案介绍

“全面模块化”建设实施方案成果主要应用在油气田地面工程建设项目中的原油处理和天然气处理项目，首先试行的天然气深冷项目，装置模块化率80%，第二套、第三套深冷项目模块化率分别为80%、85%，原油处理项目模块化率>87%项目约3900t钢材、管材、阀门、电仪设备、仪表、线缆等进行模块化，标志着模块化建设实施方案技术成熟。

天然气处理站深冷提效工程项目中：MDEA溶液脱碳装置、分子筛脱水装置、乙烷回收单元装置、空冷装置、热媒炉装置、脱碳装置与乙烷回收装置附塔结构现场模块化施工等全部实现模块化制造后现场组装。主工艺管廊与各装置、单

第一作者简介：何宏卫，本科，工程师，现从事项目管理(项目经理)工作。E-mail：574634741@qq.com

元连接的管道、阀门、仪表、设备可根据需要集成为管汇橇。

原油处理项目中：热媒炉装置、原油稳定模块装置、进站管汇装置、三相分离装置、压力脱水装置、热化学脱水及整流装置、电脱水装置、压力稳定缓冲装置、除油器装置、换热装置、回掺管汇装置、加药装置、阀组橇装置、外输及计量装置、仪表风装置、装车系统等全部实现模块化制造后现场组装。主工艺管廊与各装置、单元连接的管道、阀门、仪表、设备可根据需要集成为管汇橇。

“全面模块化”建设实施方案研究从项目模块化建设的背景和需求出发，结合新疆地区环境，涵盖模块化建设的方案设计、采购、施工、模块化施工、成本控制、安全环境健康管理、试运行及投产等环节涉及的工程项目建设管理技术。

管理流程全覆盖，模块化建设策划→设计、制造厂技术沟通和设计方案确定→模块化施工及复装方案编制→模块化预制→施工机械选型及场地处理方案编制→现场施工总平面布置→模块安装、复装→试压、吹扫、气密→试运行。

6　管理特点

模块化率高、起点高。打破以往项目只选择部分设备橇装化的局限，从策划就以全面模块化为起点，以模块化的高质量、高效益、高标准为管理重点，从技术初次推行就设定80%模块化率目标，目的在于实现地面工程建设项目的模块化全覆盖。

管理流程完善。模块化建设策划→设计、制造厂技术沟通和设计方案确定→模块化施工及复装方案编制→模块化预制→施工机械选型及场地处理方案编制→现场施工总平面布置→施工总体计划编制→模块安装、复装→试压、吹扫、气密→试运行。

项目管理理念更加统一。以试运行及投产方案指导模块化建设全过程，以EPC总承包商的更高站位和视角，从设计界面划分、供货周期、供货顺序、施工安排、试压、吹扫、气密等工作均按照试运行及投产方案统一布置，根据试运行及投产需求按照系统投运顺序由EPC总承包商项目部进行紧密部署，有效保障项目建设的总体进度，管理更高效。

各管理环节相互促进。模块化建设把工程设计的实体效果展现及工程设计与施工一致性的检验大幅提前，缩短了问题解决时间，提高了管理效率。标准化设计和模块化采购为工厂化预制和模块化施工提供的前提条件和技术基础，工厂化预制和模块化施工为设计和采购工作与实际需求的符合性提出了更加积极的反馈，也对设计和采购工作质量提出了更高的要求，形成良性循环。

7　成果应用背景

新疆地区地面工程项目所处沙漠戈壁环境的特点：冬期较长、夏日酷暑、风沙天气多、大雾频繁等。有效施工期限较少，而地面工程项目建设目标的实现，均是油气田产能布局调整目标实现的前提，预定目标必须实现，需要项目承建方从方案策划和管理方面下大功夫、有硬实力。模块化建设的实施，实现项目现场施工的短平快，符合新疆地区油气田地面工程建设的实际情况，为产能建设提供了有力保障。

项目关联工艺特点：油气田地面工程多为改、扩建项目，工程建设地点一般

在生产运行场所或与其工艺关联，限制了工程建设的施展空间并且对安全和环境提出了及其严格的要求，施工作业时间需要与生产运行配合。模块化建设可以最大限度减少现场施工作业，降低对生产运行的影响，有利于安全环境和健康管理。

8　经济效益分析

（1）在技术工人缺乏的大环境和疫情常态化特殊时期，节约40%的现场劳动力

① 现场管理工作量减少50%，管理效率提高。

② 降低了人员调度成本40%。

③ 节约了现场暂设投入、降低了管理成本。

④ 减少了人员流动，有利于疫情管理。

（2）减少高处作业约60%

① 降低了安全风险。

② 节约了脚手架、高空作业车、吊车等机具、机械成本。

（3）减少室外作业40%

① 有利于成品保护。

② 提高了产品观感质量和实体质量。

③ 提升了项目文明施工管理水平。

④ 减少了室外的严寒、高温作业，提升了安全健康环保管理效果。

（4）节约工期约40%

规避了新疆地区沙漠戈壁换进冬期较长、夏日酷暑、风沙天气多、大雾频繁等不利因素，延长了有效施工工期，缩短了绝对工期。

（5）提升施工质量

工厂预制的装置质量更高，一次焊接合格率98%以上、出厂合格率100%。

（6）社会效益分析

① 对于国家能源保障性项目、民生保障项目等工厂化预制技术助力项目早投产，普遍缩短项目工期2~4个月，为产能建设的决策也提供了强力支持。

② 降低了40%的现场施工劳动力，减少了40%流动人口，为政府疫情管理工作提供了大力的支持。

③ 模块化建设提高了有限施工资源的施工能力，提升了施工承包商的施工效率，提高了资源使用率和周转率。

④ 工厂化预制将主装置安装工程近90%的工作量从环境较差甚至恶劣（特别是新疆地区）的现场转移至环境较好工厂内加工，大大减少了作业风险、降低了职业健康危害，同时较少了对环境的破坏。

（7）总计

模块化率的有效实施也为产能建设部署战略的制定提供了大力支持，模块化建设管理技术从推行到成熟使用得到了建设方的高度认可，超越了建设方对工程建设里程碑目标的期望。

仍有持续发展进步空间，通过多次考查，并组织国内优势资源进行行业交流，吸收国内特定项目模块化经验，从装置全面模块化向工程项目全面模块化发展，并在筹建项目开始实施方案设计，推行建筑和变配电室模块化建设，已开始从装置模块化扩展实施配电室、值班室、空压机房等建筑模块化，技术应用范围仍在持续发展。

设备完整性管理体系的数字化转型思考

陈青松

[中韩(武汉)石油化工有限公司]

摘　要　随着计算机的普及和云平台在各个领域的大量应用，智能化工厂和大数据时代已经来临，传统的石化企业在这个时代背景下面临变革，这给我们的设备管理带来了新的机遇和挑战。如何建立有效的数据结构，实现设备管理模式的变革，适应工业互联网趋势下能源生产企业的发展，本文通过设备完整性体系建设、设备可靠性管理、设备缺陷管理与风险评估、设备数据结构等方面进行了简单阐述和探讨。

关键词　设备完整性管理体系　可靠性管理　缺陷管理　风险评估　数据结构

2013年德国汉诺威工业博览会上提出了德国"工业4.0"的概念：倡导以高度数字化、网络化、机器自组织为标志的第四次工业革命。为了抓住历史机遇，应对全球现代化工业技术发展的挑战，我国在2015年提出了实施中国制造强国战略的第一个十年行动纲领：中国制造2025，其对标的即是德国"工业4.0"。而今，工业互联网、智能制造、大数据已经在电商、交通、物流等各个领域蓬勃发展，日益成熟，但在传统的能源制造行业，进展仍很缓慢。2004年中国石化开始引入SAP公司ERP系统，初步实现了设备管理的数字化。发展十余年来，设备信息仍存在大量信息孤岛，没有实现网络化交互应用和智能化分析诊断。数据收集录入、存储和分析等各个环节重复性工作较多，系统平台多应用较多但相互孤立。

工业数据的应用需经历数字化、网络化、智能化三个阶段。数字化即建立标准化、模块化、信息化的数据信息；网络化是集成企业现有的多系统，消除数据孤岛；智能化即基于算法和数据，不断更新，做出辅助诊断和决策。

1　设备完整性管理体系

设备完整性体系是GB/T 33173/ISO 55001资产管理体系要求和美国化工过程安全中心(CCPS)资产完整性管理指南的资产完整性管理理念、方法与中国石化传统设备管理理念、方法相融合，形成具有中国石化特色的设备完整性管理体系。它是将传统的割裂式思维变为体系化思维，将运动式的检查变为基于体系思维的检查，将碎片式的管理变为完整性管理，将基于经验的设备管理转为科学的设备管理。

设备管理体系必须具备六项要求：基于风险的、可持续发展的、层级化、整体化、系统化、可优化的。

为了实现设备完整性管理体系，需要固化六大要素的相互关联，使其有机结合。基于计算机的流程表单设计，将基础数据、诊断数据及工作流程嵌入程序，实现自主管理(图1)。

执行方法：管理标准化，标准程序化，程序表单化，表单信息化。

按照设备完整性体系指导思想，对现有管理制度文件进行全面梳理。根据设备完整性管理要素的要求，对法律法规、规章制度、标准与规范、操作规程、设备说明书逐一进行清理，为各要素提供支撑；逐个要素模块编写说明书，编制流程，制定输入输出表单；在此基础上，开发计算机程序，建设设备完整性管理信息平台。实现组织架构、管理流程、一体化文件、预防性工作、技术工具五个融合。

2　设备可靠性管理

可靠性被定义为一个组件或系统在指定的操作条件下运行时，在特定的时间内执行所预期功能的概率。产品在规定的条件下和规定的时间内，完成规定功能的能力。可靠性的概率度量亦

第一作者简介：陈青松(1983—)，本科，高级工程师，主管师，现从事设备可靠性管理工作。E-mail：chenqs.zhsh@sinopec.com

称可靠度。

设备可靠性管理在现阶段通过计算机大数据采集赋予了新动力。对可靠性的五大要素即：①对象；②规定的条件下；③指定时间间隔；④实现预期功能；⑤概率。

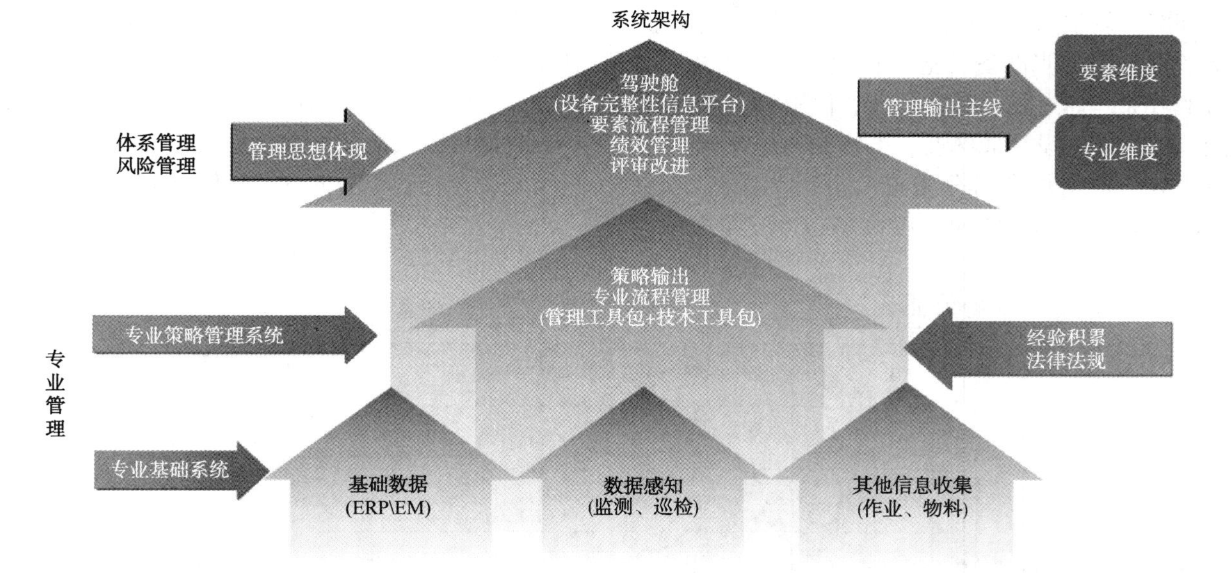

图 1　设备完整性体系系统架构

通过计算机建立对象模型、环境监控、建立寿命区间、功能效率下降预警及故障库、数据概率分析计算等来实现。

利用网络信息技术和大数据运算，建立不同时期设备动态可靠性、设备故障强度等级和使用性后果的关联，并辅以设备运行状态监测和趋势预判数据，通过逻辑决断确定设备维修策略，实现设备预防性工作的动态管理，以期最大限度地整合预防性维修、预知性维修、主动性维修的优势，将故障性维修降至最低，从而能最大限度地避免被动维修，针对性和时效性强，决策科学、高效。

具体实施案例：

以可靠性为基础的设备动态预防性维修信息管理系统(DRBPM)

某石化公司 DRBPM(Dynamic Reliability Based Preventive Maintenance)系统是一套拥有自主知识产权，以可靠性为基础的设备动态预防性维修信息管理系统。DRBPM 系统运用 RCM 基本理念，采用计算机和互联网络技术，对公司炼油厂区 2000 余台机泵设备的运行数据、状态监测数据和历史检维修数据进行分析、计算和逻辑判断，从而自动筛选出需要进行预防性维修的设备，供设备管理人员参考、评估。该系统以历史维修数据和运行数据为基础，通过状态监测预警判断逻辑、威布尔函数计算寿命等实现了设备预防性维修数据的自动更新和动态管理，可为公司设备预防性检维修深化开展提供极大帮助。

3　设备缺陷管理与风险评估

实现设备可靠性管理，回到可靠性管理的五大要素中来，对五大要素的数据收集手段，首先是要建立起设备缺陷管理与风险评估。

3.1　建立设备标准缺陷库

设备缺陷库是分析每一种缺陷现象背后零部件损坏的缺陷机理，建立缺陷对象与缺陷现象、缺陷机理的关联关系，使专家经验固化在程序中，是数据管理的基础，也是知识管理的基础。

大篇幅的设备故障分析和故障记录只能人工读取，是文本，不是数据，无法进行数据分析。标准缺陷库的建立，可使设备零部件层级化、缺陷机理、缺陷原因等字段数据结构化、标准化，结构化的数据可被计算机自动统计分析决策。

缺陷库建立后自动优化完善。在缺陷库中难免遇到无法对应的缺陷机理或现象，不得不选择“其他”并在“其他”类字段中人工补充字段，计算机定期对“其他”类人工字段进行分析，将高频字段自动补录到缺陷库中，实现自主优化完善。

3.2 建立设备分级和风险评估

设备管理有主次层级，通过对设备分级，在纵向上设定各级设备设施的管理深度，将有限的管理资源侧重于对生产经营、安全环保等相对重要的设备上，使设备设施的管理工作突出重点、有的放矢。通过设备的重要性、使用率、介质安全环保风险、设计成熟性、维修复杂性等维度进行评分，根据综合得分来进行分级为关键设备(A)、主要设备(B)和一般设备(C)三个等级。对不同层级的设备采取不同的维修策略。

策划并制定设备风险管理策略，明确设备风险评价准则，在设备全生命周期的各阶段识别风险并评价其影响因素、后果及可能性，对风险进行分类分级，并对已识别的风险及时管控，确保其在可接受的水平。采用风险矩阵来评估由于设备故障而给企业带来的风险。分析企业设备管理在设备层级及缺陷层级存在的风险，以及评估分析结果是否符合企业的管理目标(图2)。

设备风险识别矩阵		发生的可能性等级--从不可能到频繁发生							
		1	2	3	4	5	6	7	8
事故严重性等级(从轻到重)	A0	1	1	1	1	3	5	5	7
	A	1	1	2	3	5	7	10	15
	B	2	2	3	5	7	10	15	23
	C	2	3	5	7	11	16	23	35
	D	5	8	12	17	25	37	55	81
	E	7	10	15	22	32	46	68	100
	F	10	15	20	30	43	64	94	138
	G	15	20	29	43	63	93	136	200

图2　风险矩阵示例图

3.3 搭建缺陷管理平台

为有效对设备缺陷进行识别、响应、传达、消除，实现缺陷闭环及直接作业环节的信息化管理，搭建缺陷管理平台，实现对缺陷管理、作业通知单、工单计划的全流程管理。达到全员线上提报、统一数据格式、全流程信息收集的目的。

某操作人员发现一台机泵密封泄漏，于是手机扫描机泵包机牌上的二维码，拍照提交了一条缺陷。设备技术人员看到该缺陷后现场确认，完善故障信息，并将其录入到次日的日作业计划，作业人员和各负责人在现场进行工作安全分析JSA(Job Safety Analysis)确认后，通过缺陷系统APP扫描工牌上的人员识别码代替传统的签字确认，移动终端打印作业通知单开始施工。施工过程中作业人员领取并扫描密封备件上带有产品信息的二维码，读入到APP中关联生成个工单换件记录。对关键质控点由专业技术人员验收后在APP上确认并保存数据。施工结束时项目负责人现场验收并通过手机终端在APP上验收确认，并对施工过程进行多维度星级评价。

这一流程收集了该泵的一次带准确时间信息的密封泄漏缺陷，一个带作业人员信息和工时信息的作业数据，一条带设备配件信息的换件记录，一条准确的带检修质控点数据信息的检修记录，一条多维度对作业人员施工评价的信息记录。这些数据都将存在缺陷系统服务器里，是有效且符合标准的可收集交换的数据。

设备故障信息数据的累积可用来自动计算机泵密封平均寿命，分析同类设备或同类装置密封消耗量，准确预估该类型设备的维修费用和可靠度。作业信息数据可用来分析统计作业工时、作业效率、作业人员出勤率、维护质量，供甲方和乙方进行绩效考核。维修记录信息可用来进行缺陷统计分析，供设备厂家提升和改进设备的设计缺陷，运行缺陷。这些数据积累得越多，其发挥的能量将越大。当整个石化行业的设备缺陷信息积累到一定程度时，我国自主的石油化工行业可靠性数据库将会形成(图3)。

图3　某石化企业缺陷管理平台

4　设备数据结构

企业逐步建立设备完整性数据库，实现数据统一管理，并通过ERP系统、缺陷管理系统、数据采集系统等，开展设备数据统计分析工作，定期审核设备数据信息管理工作，数据采集是一种投资。标准化工作和设施信息管理系统，使数据的电子采集和传输成为可能，数据的质量得以改善。要使采集、交换和分析数据基于共同的基础成为可能，就必须有一项标准。ISO 14224《石油天然气工业设备可靠性和维修数据的采集与交换》对设备边界及分级体系、数据种类、数据格式、数据库结构及设备、失效和维修数据都有规范的定义标准。各企业建立数据结构时需遵循该标准(表1)。

表1　IOS 14224中对压缩机设备单元的细分

设备类第6级	压缩机					
子单元/部件	传动系统	压缩机	控制与监控	润滑系统	轴封系统	其他
可维护部件/零件	齿轮箱/变速驱动 轴承 联轴节 润滑 密封	壳体 叶片转子 平衡活塞 级间密封 径向轴承 推力轴承 轴密封 内部管线 阀 防喘振系统② 活塞 气缸套 填料	执行机构 控制装置 电缆和接线盒 内部电源 监测 传感器① 阀 布线 管道 密封	带加热系统的油箱 带马达的泵 电动机 单向阀 冷却器 过滤器 管道 阀 润滑油	带加热系统的油箱 储水槽 泵 电动机 齿轮 过滤器 阀 密封油 干气密封 机械密封 涤气器	底座 管线及支架和悬吊件 控制阀 隔离和单向阀 冷却器 消声器 净化空气 磁轴承 控制系统 法兰接头 其他

注：①列明传感器类型，如压力、温度、液位等。
②包括防喘振阀和控制器。

遵循ISO14224标准来建立缺陷库，可以建立字段间的关联关系，统一缺陷对象、缺陷现象、缺陷机理、缺陷原因、缺陷治理策略的定义。缺陷处理完成后，由设备专业人员完善通知单时对缺陷信息进行完善补充。完善通知单数据信息包括缺陷消除情况、影响、对象零件、缺陷机理、缺陷原因、处理措施、实际消缺日期、根原因分析等。通过结构化的设备缺陷数据库，构建缺陷现象、对象零件、缺陷机理、缺陷原因等字段的关联关系，可简化缺陷信息完善的工作内容，提高人员工作效率；可避免人为的主观描述字段，产生无效的数据；可固化专家经验，避免错误的决策等。

5 结论

以数据驱动为生产力的当今社会，能源行业不能隔离在外。建设智能工厂，即面向企业内部的生产率提升，打通设备、生产、运营、服务系统，实现自主决策，自主优化提升的PDCA循环，是能源行业的发展趋势。设备管理人员积极向前主动作为，通过跨专业合作搭建设备数据平台，充分利用新传感器技术、5G技术收集设备数据，建立设备缺陷管理、能效管理、寿命分析、智能诊断等多维度的数据平台，提升设备的可靠性，为公司生产经营决策服务，向智能工厂迈进，是设备完整性管理体系在新时代数据化转型过程中的必经之路。

参考文献

[1] Biggette V H，Thomas P，Michael T H. 德国工业4.0大全 智能生产技术[M]. 北京：机械工业出社，2021：16-17.
[2] Michael G. P，Kailash C. K，康锐，等. 可靠性工程基础[M]. 北京：电子工业出版社，2011.5：3-6.
[3] ISO 14224 设备可靠性和维修数据的采集与交换[S] 1999.

炼化企业设备完整性管理体系文件架构研究

贾 辉

（中国特种设备检测研究院）

摘 要 本文针对目前炼化企业设备管理体系文件存在的问题，对标国内外设备完整性管理体系要素及其基本要求，并结合炼化企业设备管理文件实际情况和传统设备管理优势，根据在多个企业体系建设实践中的摸索归纳出了我国炼化企业逐步形成的几种典型设备完整性管理体系文件架构模式，对每种模式的架构特点、优缺点、适合范围均作了详细的分析。同时还对文件架构体系建设过程中需要重点考虑的几个方面也给企业提出了明晰的建议，为企业今后在建设设备完整性管理体系实践过程中提供一定的参考思路。

关键词 炼化企业 设备完整性 文件架构模式 建设实践

1 目前国内炼化企业传统设备管理体系文件普遍存在的问题

我国炼化企业设备管理已经经过了近 40 年的改革和发展，从模式上主要形成了以公司—分厂—车间为主的三级管理或是以公司—车间(装置)为主的二级管理的两大类模式。这两类设备管理模式均是以公司设备管理部门为主导，负责制定出设备管理方面的制度文件、设备绩效指标、方针和目标等。同时公司设备管理部门也负责检查监督分厂、车间的设备管理工作落实情况，组织相关方对设备的状况进行技术分析等。分厂和车间在这两种模式下均是处于执行层，主要负责设备日常管理，处于三级管理中的分厂设备管理部门还可以根据公司的管理规定编制适合本厂的实施细则。这些模式在各企业中经过长时间的探索和改进，也逐步形成了企业自有的一些传统的、优良的管理方法和优秀实践，有力促进了企业设备管理水平的发展和进步。

但随着炼化企业的规模日益扩大、运行周期日益延长，对企业设备管理提出了更高要求，同时也逐渐暴露出企业目前设备管理体系的局限性和不完整性，其主要表现在以下几个方面。

(1) 现有设备管理制度未覆盖设备管理的全部范畴，部分设备管理要素碎片化分布于各管理体系中，造成设备管理体系所包含的内容不完整。传统的设备管理基本上都是按照专业角度编制了各专业管理制度，对一些专业划分界面模糊的设备管理要素往往缺少相应管理文件，不同企业所表现出欠缺的内容也不尽相同，比如有的企业是在建构筑物管理、可靠性维修等方面欠缺管理制度，而有的企业则是在缺陷管理、阀门管理等方面没有相应管理要求。如今多套体系同时运行的企业较为普遍，这种情况易发生部分设备管理内容虽然已经写在质量或 HSE 管理体系文件中，但规定的内容又不详细、不专业的现象。

(2) 企业当前设备管理一般重在役、轻前期，系统性、持续有效的设备全生命周期全管理有待完善。由于包含设计选型、制造、安装、调试等环节的设备前期管理职责在企业中一般是归由计划、发展规划或工程部门，其管理要求文件也出自这些部门，从管理职责、技术管理深度等方面与在役设备管理理念不完全一致，前期环节设备基础数据、变更数据缺失、遗留问题处理协调不及时等现象时有发生，体现出设备全生命周期管理的不完整。

(3) 传统的设备管理制度偏重于专业管理和技术管理，缺乏系统化的针对风险、缺陷、ITPM 等综合管理的内容。传统设备管理更多是从技术层面处理问题，缺少体系化管理理念，没有深入将风险管理、缺陷管理、ITPM 管理、变更管理等过程完全融合贯通于设备管理中，未发挥出设备管理体系的优势。

第一作者简介：贾辉(1974—)，大学本科，一级管理工程师，1997 年毕业于西安交通大学电厂热能动力工程专业，现在中国特种设备检测研究院从事设备完整性管理技术研究与管理咨询工作。E-mail：779421039@ qq. com

（4）传统设备管理制度中针对风险技术应用的管理要求不够深入和系统化。企业现有设备管理制度仍以传统的定期检验手段为主，对于近几年在国内应用越来越广的RBI、RCM、SIL、RAM等方法，在管理文件中缺少详细具体的全过程管理要求，进而导致在应用上述技术方法过程中实施的不规范、不彻底、不完整。

2 解决上述问题的有效途径是建立设备完整性管理体系

进入21世纪以来，国外先进知名的大型炼化企业纷纷成功推行了设备完整性管理，将技术与管理紧密结合以保证设备功能状态的完好，在基于风险基础上实现了设备全生命周期过程的安全、可靠、经济运行。

2.1 炼化企业设备完整性管理理论根源

2.1.1 机械完整性概念

设备完整性的概念在国际上最早是以机械完整性提出来的。

机械完整性（Mechanical Integrity，简称MI）是指设备的机能状态，即设备正常运行情况下应有的状态。1992年美国劳工部职业安全与健康管理局（OSHA）颁布了工艺安全管理规范CFR29（Part 1910.119-Process Safety Management of Highly Hazardous Chemicals）高度危险性化工流程安全管理办法（1－6）部分和OSHA3132（Process Safety Management 2000）流程安全管理MI部分，首次提出“机械完整性”的理念。OSHA指出，关键工艺设备的机械完整性对于预防工艺安全事故至关重要，使关键设备得到正确设计、安装和合理操作，由此保障工艺物料的妥善容纳。

2.1.2 资产完整性管理体系

随着国际上对设备管理研究和实践的不断深入和发展，1995年英国成立资产管理协会（IAM），把完整性管理进行总结、提炼，使其达到理论高度并应用于公共设施，之后被应用于北海油田。2004年，IAM经由英国标准协会（BSI）推出PAS55标准。PAS55标准提出通过建立资产全生命周期管理系统和完整的资产管理治理机制，从而实现降低资产管理风险的理念，是当前国际上普遍接受的资产完整性管理通用规范。

资产完整性管理体系（Asset Integrity Management，简称AIM）是指一个完善的、系统的管理过程，是用整体优化的方式管理资产的整个生命周期，以达到资产的可靠性、安全性、环保以及经济性的要求使之可持续发展。

2.1.3 设备完整性管理及其体系

设备完整性管理源于资产完整性管理，是指运用风险管理技术管理实物资产全生命周期的活动。

设备完整性管理具有以下基本特征：

（1）整体性：涵盖所有设备设施的管理。

（2）基于风险的管理：运用风险分析的技术与方法对设备设施进行管理。

（3）全生命周期的管理：涉及设计、制造、安装、使用、维护、检修、改造以及报废处置等设备的整个生命周期。

（4）技术与管理相结合：以整合的观点提出解决方案和措施。

（5）动态的管理：是一个不断完善、持续改进的过程。

其与资产完整性管理所不同的是，设备完整性管理体系只关注作为实物资产的设备、设施，资产管理体系还关注无形资产管理与资产的绩效等内容。

设备完整性管理体系是用于建立、实施、保持和持续改进设备管理的目标、体系、过程、规范、方法的管理体系，与质量、环境、健康、安全管理体系并行，是企业一体化管理体系的重要组成部分。企业可以通过整合的方式将设备完整性管理体系和其他管理体系（质量管理体系、HSE管理体系等）相融合。

2.2 炼化企业设备完整性管理体系

2.2.1 炼化企业设备完整性管理体系标准

中国石化作为国内炼化行业的龙头企业，在设备完整性管理方面进行了积极的探索和实践。中国石化将GB/T33173/ISO55001资产管理体系要求和CCPS资产完整性管理指南的资产完整性管理理念、方法与中国石化传统设备管理理念、方法相融合，在2018年8月总结形成了《中国石化炼化企业设备完整性管理体系要求（V1.0）》（以下简称V1.0），以此作为国内炼化企业建立并实施设备完整性管理体系的基本标准。旨在建立具有中国石化特色的、基于风险和全生命周期的设备管理体系。并通过体系的建立和运行、技术方法的集成应用、设备完整性管理信息系统的建设，实现规范企业设备管理、提升管理水平和效能、保障装置安全、高效、长周期运行的目的。

可以说V1.0就是目前国内炼化企业建立设备完整性管理体系的基本行业标准。

2.2.2 炼化企业设备完整性管理体系的文件基本架构

（1）炼化企业设备完整性管理体系要素设置

V1.0中包含10个一级管理要素，分别是目的和范围、规范性引用文件、术语、定义和缩略语、组织环境、领导作用、策划、支持、运行、绩效评价和改进等。从一级要素的设置上来看，其架构与GB/T33173/ISO55001资产管理体系要素设置是完全一致的，充分表明V1.0是按照对标国际和国家标准建立的，是完全对标国际体系标准的。

而炼化企业设备完整性管理体系与其他体系最大的区别就在于“8 运行”要素的内容设置上。“运行”要素结合了中国石化炼化企业设备管理实际情况，充分体现出了中国石化设备管理的传承性、创新性与专业化等特色。该要素包含10个二级要素，分别是：分级管理、风险管理、过程质量管理、检验、测试与预防性维修管理、缺陷管理、变更管理、外部提供的过程、产品和服务的控制、定时事务、专业管理和技术管理。在此基础上，又将专业管理和技术管理要素进一步拓展分解。“运行”管理要素分解内容如图1所示。

（2）炼化企业设备完整性管理体系推荐的文件基本架构

炼化企业设备完整性管理体系也是按照国际体系标准的通用要求遵循三层管理架构，分为管理手册、程序文件、作业文件三个层次，体系文件架构示意图如图2所示。

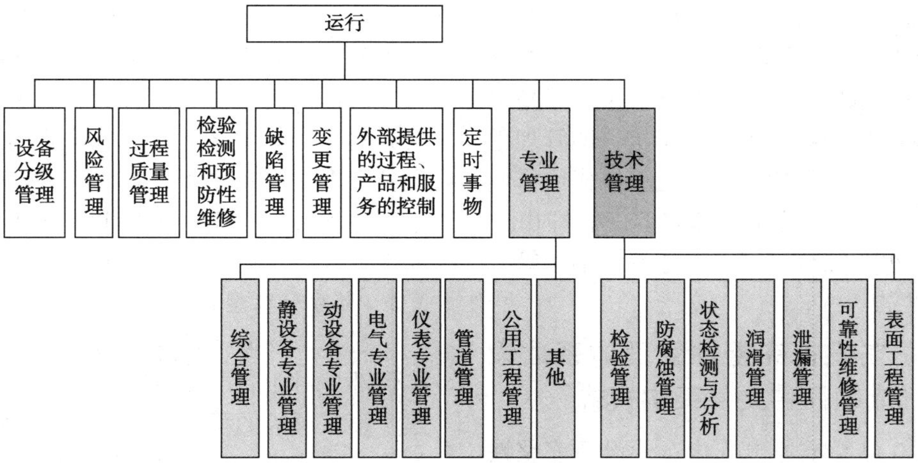

图1 “运行”管理要素的分解

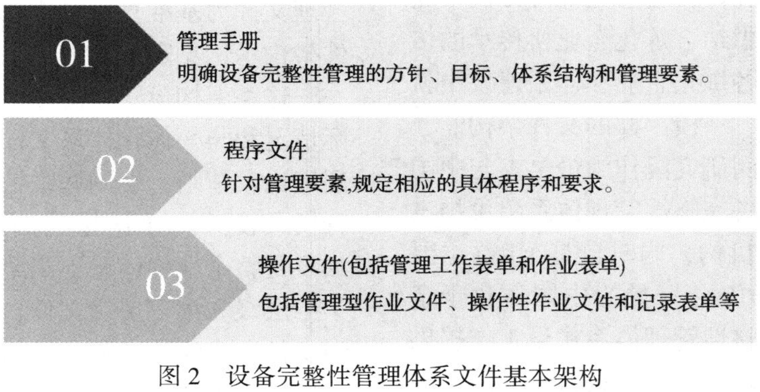

图2 设备完整性管理体系文件基本架构

管理手册主要是明确设备完整性管理的方针、目标和管理要素，描述管理体系所涉及的要素如何作用企业的设备完整性管理、管理范围与目标、管理部门的职责及其权限等，是管理体系的纲领性文件。

程序文件是管理手册的支持性文件，针对各

管理要素规定具体的程序和要求。细化设备管理内容，明确各职能部门职责、权限与工作流程，指导各职能部门完成设备管理目标，具有一定的可操作性。

作业文件则是程序文件的支持性文件，通常是对某一特定作业的详细描述或定义，包括管理型作业文件、操作型作业文件、岗位作业指导书、操作规程、设备计划书、处置方案、记录表单等。

V1.0中对炼化企业设备完整性管理体系文件架构作了推荐，推荐的重点主要围绕第8运行要素展开。这是由于设备完整性管理体系首先是定位于企业一体化体系的一部分，所以组织环境、领导作用、策划、支持、改进等通用要素对应的文件是可以共用一体化体系中的文件要求，可以不再重复设立。这样设备完整性管理体系推荐的文件架构就按照图1所示的分级管理、风险管理等10个二级要素和静、动、电、仪专业管理及技术管理所属的22个三级要素，对应形成了一个管理手册和51个程序文件。对照图2所示的文件架构示意图，可以看出V1.0实际是推荐了文件体系架构的第一和第二层次，即管理手册和程序文件两个层面的内容。至于操作或作业文件，V1.0并未给出具体推荐内容，意即由企业根据本单位组织结构层级、工作流程细化等实际需要酌情建立。

3　炼化企业在设备完整性管理体系建设实践中形成的几种文件架构模式

虽然V1.0已经推荐出炼化企业设备完整性管理体系文件架构及文件名称，但各炼化企业在组织机构、体系设置和设备管理文件等方面毕竟千差万别，同时再考虑结合炼化企业所传承的传统优势和特点，所以各炼化企业在体系建设中就不可能形成完全统一、一模一样的文件架构。

中国特种设备检测研究院作为最早参与中国石化关于炼化企业设备完整性管理体系建设推进技术研究工作的技术机构，同时也是V1.0主要起草编制单位，从2018年开始为中国石化十余家分子公司的设备完整性管理体系建设工作提供全过程技术服务和技术支持，在设备完整性管理体系建设方面积累了大量技术资料和丰富经验。我们通过对近几年中国石化推进建设设备完整性管理体系的二十多家分子公司文件架构资料和实践成果进行归纳、分析和研究，总结出各分子公司均是在V1.0推荐的文件架构基础之上结合本企业的实际情况和特点建立起适合本企业的文件架构体系，主要形成了三种模式，即基本一致型、部分一致型和完全融合型模式。

3.1　基本一致型模式

这类模式顾名思义就是基本上按照V1.0推荐的层级和文件名称建立本企业设备完整性管理文件架构，主要内容包括设备完整性管理手册一套、有对应二级、三级要素的程序文件和操作类、作业类文件、记录等若干。其文件架构示例见表1。

这类模式特点是第二层级文件选取的形式是程序文件，程序文件与V1.0要素基本上为一一对应，第三层级的操作类或作业类文件也基本上与程序文件能够做到一一对应。优点是结构层级清晰，对应关系明确；缺点是需要编制和维护的文件数量较大，二级文件和三级文件的内容有重复现象，与企业一体化体系的融合难度较大。

这种模式比较适合于中小型规模、管理层级较为扁平化的炼化企业，特别是当这类企业对原设备管理文件有重大改造、重建需求时可以考虑采用这种模式。在中国石化下属分子公司中采用此类模式的企业有为数不多的一至两家。

3.2　部分一致型模式

这类模式的文件架构与V1.0推荐的文件名称仅部分对应，即在一部分重要的二级要素上新建了第二层级的程序文件，并辅之相应第三层级的作业类或操作类文件予以支持；而其他诸如专业管理、技术管理等要素，均以企业现有的设备管理文件为基准直接对应成第三层级文件。其文件架构示例见表2。

这类架构模式特点是考虑了企业原有文件实际情况和与一体化体系文件的融合。优点是结构层级比较清晰，编制和维护的文件数量相对第一种模式较少，与企业一体化体系融合比较容易；缺点是整个架构体系不工整，有的要素同时具备第二层级和第三层级文件，有的要素只有第三层级文件，在实施过程中易给企业基层执行者造成对应上的困惑；而且在同一个要素的第二层级程序文件和第三层级实施细则的内容上也会出现重复现象。

表 1　基本一致型模式的文件架构示例*

<table>
<tr><th>一级</th><th colspan="2">二级/三级</th><th>程序文件</th><th>操作类、作业类文件</th></tr>
<tr><td rowspan="8">8 运行</td><td colspan="2">8.1　设备分级管理</td><td>设备分级管理程序</td><td>设备分级管理实施细则</td></tr>
<tr><td colspan="2">8.2　风险管理</td><td>设备风险管理程序</td><td>设备风险管理实施细则</td></tr>
<tr><td>8.3　过程质量管理</td><td>8.3.1 总则
8.3.2 前期管理
8.3.3 使用维护
8.3.4 设备修理
8.3.5 更新改造
8.3.6 设备处置</td><td>设计与选型管理程序
设备采购管理程序
设备安装与调试管理程序
设备使用维护管理程序
停工检修管理程序
设备更新管理程序
设备处置管理程序</td><td>设计与选型管理导则
设备采购管理实施细则
设备安装与调试管理实施细则
设备使用维护管理实施细则
停工检修管理实施细则
设备更新管理实施细则
设备处置管理实施细则</td></tr>
<tr><td colspan="2">8.4　检验、测试和预防性维修管理</td><td>检验、测试和预防性维修管理程序</td><td>检验、测试和预防性维修管理实施细则</td></tr>
<tr><td colspan="2">⋮</td><td>⋮</td><td>⋮</td></tr>
<tr><td>8.9 专业管理</td><td>8.9.3 静设备专业管理</td><td>压力容器管理程序
常压储罐管理程序
锅炉管理程序
加热炉管理程序</td><td>压力容器管理实施细则
常压储罐管理实施细则
锅炉管理实施细则
加热炉管理实施细则</td></tr>
<tr><td colspan="2">⋮</td><td>⋮</td><td>⋮</td></tr>
</table>

注：* 选自《设备完整性管理手册》。

表 2　部分一致型模式的文件架构示例*

<table>
<tr><th>一级</th><th colspan="2">二级/三级</th><th>程序文件</th><th>操作类、作业类文件</th></tr>
<tr><td rowspan="9">8 运行</td><td colspan="2">8.1　设备分级管理</td><td>设备分级管理程序</td><td>设备分级管理实施细则</td></tr>
<tr><td colspan="2">8.2　风险管理</td><td>设备风险管理程序</td><td>设备风险管理实施细则</td></tr>
<tr><td>8.3　过程质量管理</td><td>8.3.1 总则
8.3.2 前期管理
8.3.3 使用维护
8.3.4 设备修理
8.3.5 更新改造
8.3.6 设备处置</td><td>过程质量管理程序</td><td>设计与选型管理导则
设备采购管理实施细则
设备安装与调试管理实施细则
设备使用维护管理实施细则
停工检修管理实施细则
设备更新管理实施细则
设备处置管理实施细则</td></tr>
<tr><td colspan="2">8.4　检验、测试和预防性维修管理</td><td>检验、测试和预防性维修管理程序</td><td>检验、测试和预防性维修管理实施细则</td></tr>
<tr><td colspan="2">⋮</td><td>⋮</td><td>⋮</td></tr>
<tr><td>8.7 专业管理</td><td>8.7.2 备品配件管理
8.7.3 供应商、承包商管理</td><td>—</td><td>备品配件管理实施细则
承包商管理实施细则</td></tr>
<tr><td colspan="2">⋮</td><td>⋮</td><td>⋮</td></tr>
<tr><td>8.9 专业管理</td><td>8.9.3 静设备专业管理</td><td>—</td><td>压力容器管理实施细则
常压储罐管理实施细则
锅炉管理实施细则
加热炉管理实施细则</td></tr>
<tr><td colspan="2">⋮</td><td>⋮</td><td>⋮</td></tr>
</table>

续表

一级	二级/三级	程序文件	操作类、作业类文件
9 绩效评价	9.1 监视、测量、分析和评价 9.2 内部审核 9.3 管理评审 9.4 外部审核	设备绩效管理程序	设备绩效管理实施细则
	⋮	⋮	⋮

注：＊选自《设备完整性管理手册》。

这种模式也是比较适合于中小型规模、管理层级较为扁平化、对原设备管理文件不需要大改造需求的炼化企业。中国石化下属分子公司有小部分企业采用了此类模式。

3.3　完全融合型模式

这类模式的文件基本架构是设备完整性管理手册1套，作为第二层级文件的设备管理办法（或实施细则、管理规定等）若干，第三层级文件则是企业根据实际需要酌情制定相应的作业类、操作类文件和记录等。其文件架构示例见表3。

表3　完全融合型模式的文件架构示例＊

<table>
<tr><th>一级</th><th colspan="2">二级/三级</th><th>第二层级文件</th><th>操作类、作业类文件</th></tr>
<tr><td rowspan="8">8 运行</td><td colspan="2">8.1　设备分级管理</td><td>设备分级管理办法（细则）</td><td rowspan="8">企业根据实际需要对管理办法（细则）酌情进行编制相应的作业类、操作类文件、记录</td></tr>
<tr><td colspan="2">8.2　风险管理</td><td>设备风险管理办法（细则）</td></tr>
<tr><td>8.3　过程质量管理</td><td>8.3.1 总则
8.3.2 前期管理
8.3.3 使用维护
8.3.4 设备修理
8.3.5 更新改造
8.3.6 设备处置</td><td>设计与选型管理办法（细则）
设备采购管理办法（细则）
设备安装与调试管理办法（细则）
设备使用维护管理办法（细则）
停工检修管理办法（细则）
设备更新管理办法（细则）
设备处置管理办法（细则）</td></tr>
<tr><td colspan="2">8.4　检验、测试和预防性维修管理</td><td>检验、测试和预防性维修管理办法（细则）</td></tr>
<tr><td colspan="2">⋮</td><td>⋮</td></tr>
<tr><td>8.9 专业管理</td><td>8.9.3 静设备专业管理</td><td>压力容器管理办法（细则）
常压储罐管理办法（细则）
锅炉管理办法（细则）
加热炉管理办法（细则）</td></tr>
<tr><td colspan="2">⋮</td><td>⋮</td></tr>
</table>

注：＊选自《设备完整性管理手册》。

这类模式特点就是充分考虑了与企业一体化体系文件架构的融合，在充分理解、吸收国内外体系标准关于文件架构设置的基本要求基础上，不再拘泥于程序文件作为第二层级文件的唯一形式，对V1.0推荐的层级和文件架构进行了必要的改进和融合，把企业现有的设备管理制度纳入到第二层级文件中，从而形成了该模式。其融合后的架构如图3所示。这类模式优点是在这三种模式中结构层级最为简单和清晰、编制和维护的文件数量、改动工作量最少、与企业一体化体系融合最容易、适应企业范围最广。缺点是对体系文件编制人员要求较高，需要具备不仅在格式上，也要在内容上将程序文件与企业现有管理办法（或实施细则）相融合的能力。

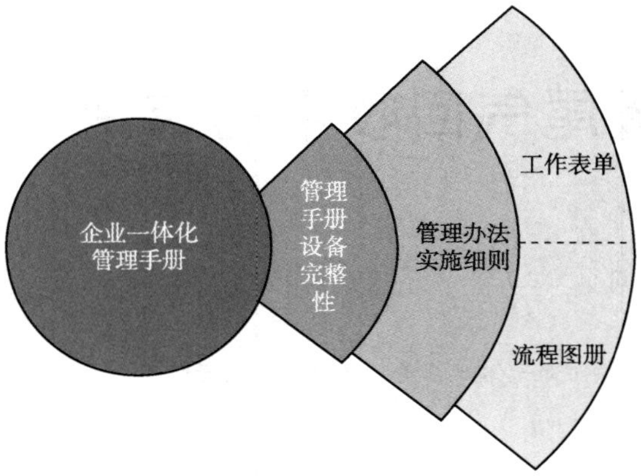

图 3 融合后的架构图例

这种模式适合于所有大、中、小型炼化企业，在中国石化设备完整性建设实践中，采用此类模式的分子公司也是最多的。

3.4 文件架构建设过程中还必须考虑的几个方面

企业在考虑设计上述设备管理体系文件架构的同时，重点还要捋清以下几个具体问题：

（1）设备完整性管理手册与一体化管理手册的融合问题

企业应首先整体考虑在一体化管理手册的基础上设立设备完整性管理分册，并分别在各自手册中明确出相互关系。即在一体化手册中如涉及设备管理内容可考虑指向设备完整性管理分册，而设备完整性管理分册中则必须明确其是一体化体系的一部分，针对体系通用要素的要求可指向一体化管理手册。

（2）公司与二级单位的文件层级问题

如果企业在公司层面发布的管理文件内容和要求足够细化到所有二级单位均可执行的程度，那么公司与二级单位就可以统一使用一套设备完整性管理文件，二级单位可不再考虑单独建立管理类文件。

（3）文件名称统一问题

既然已经明确在第二层级文件中不再拘泥于程序文件形式，所以企业可以考虑统一使用“管理规定”“管理办法”或“实施细则”作为二级文件名称。

（4）修改文件的基本原则

企业可以将设备管理文件划分为新增、修订和等同采纳三种类型，列出清单，分步实施。对于一体化体系中已有文件的，优先选择完善其中设备管理的有关内容，并考虑在每一项设备管理文件中列出与其关联的作业表单清单。

同时企业还要考虑依据要素对现有设备管理流程进行梳理，形成设备管理流程图册，为下一步考虑搭建管理平台系统的功能模块奠定基础。

4 结语

通过中国石化在炼化企业设备完整性管理体系建设的摸索和实践，我们也逐步找到了适合中国炼化企业设备完整性管理的文件架构模式，那就是企业不要只是照搬国外或是书本上的条条框框，一定要结合企业实际情况和传统优势的传承，在充分考虑与企业一体化体系融合基础上建设设备完整性管理体系文件架构。随着今后企业对设备完整性体系的实施和理解的不断深入，企业在后续发展中一定能够充分发挥出设备完整性管理体系的巨大潜力，给企业带来更大的经济效益和社会价值。

参 考 文 献

[1] 许述剑，刘小辉，屈定荣，等．基于风险的炼化企业设备完整性管理[J]．石油化工设备维护检修技术，2019 版：1-6.

[2] 徐刚，刘小辉，许述剑．炼化企业设备完整性管理体系基本知识问答[M]．北京：中国石化出版社，2020.

冷修复技术在聚丙烯装置尾气回收中的应用

孙　洋

（中国石油大庆石化分公司化工三厂）

摘　要　通过SIC修复技术，调整PK501间隙，降低设备内部气体泄漏量，保证设备良好做功。

关键词　聚丙烯　尾气压缩机　PK501　回收　流量

大庆石化公司10万t/a聚丙烯装置工艺技术采用海蒙特公司的Spheripol工艺技术，即液相环管反应器本体聚合工艺，是第一套由国内设计、施工的年产10万t聚丙烯的装置，采用齐格勒—纳塔高效载体催化剂为主催化剂，TEAL、Donor为助催化剂，进行聚合反应。

1　尾气压缩机PK501简介

大庆石化公司大庆石化公司10万t/a聚丙烯装置PK501尾气压缩机为德国西门子公司生产，型号2BG1150-8BY9，生产能力350kg/h，自1998年投用后已经累计运行近22年。

2　存在问题及原因分析

2.1　问题

聚丙烯装置液环压缩机PK501于1998年5月设计安装并投用，该设备设计能力为350kg/h；设备入口和出口压力分别为0.02MPa和0.38~0.40MPa；级数：2级。该设备随装置投用后，该聚丙烯装置在生产T38F和T30S两种牌号的聚丙烯产品时，尾气回收系统汽蒸罐D501的压力控制阀PV501间或有10%左右的开度，部分装置产生的尾气进入低压排放系统即火炬系统进行燃烧，没有得到充分回收利用，因此装置设计投用的液环压缩机PK501不能满足装置所有牌号的产品在生产时产生尾气回收的需要。虽经历年设备修理及尾气回收系统管线处理，该液环压缩机性能未有所提高，成为装置生产运行的“瓶颈”问题。

在2016年8月下旬开始，该液环压缩机性能逐渐降低，压力控制阀PV501开度最高达到30%左右，技术人员通过查看装置DCS流量计显示并计算，该设备回收装置尾气仅为300kg/h左右，有近90kg/h的尾气（主要成分为90%左右的丙烯和10%左右的丙烷）排入火炬系统白白燃烧浪费掉了，不但造成了极大浪费，且污染环境。

2.2　分析

检修后发现该设备轴向窜量增大至1.2mm。初步判断设备叶轮与出入口腔板机械磨损。因该设备运行多年，介质流体冲刷与电化学腐蚀现象也会影响设备叶轮与腔板的密封性能；设备能力降低的关键是设备的间隙及轴向串量；运行中磨损或冲刷导致设备间隙变大，导致设备运行过程中部分介质泄漏没有进行做功，长期泄漏量增大设备运行做功能力降低，不能满足设备高负荷运行。

3　解决流量问题的技术方案及实施效果

3.1　技术方案

通过SIC修复技术，防止修复设备变形。液环压缩机性能提高的主要原因是降低设备内部漏量，通过减小叶轮与腔板配合间隙予以实现，提升该设备性能，增加工艺操作弹性范围，降低设备内部气体泄漏量，保证设备良好做功。

通过对该设备出入口腔板的材质进行光谱分析，在保证出入口腔板不变形的前提下，确定对一级叶轮出入口侧腔板采用SIC陶瓷冷修复技术进行修补。

该修补技术优点在于修复时不产生热量，保证了腔板不会变形，确保安装尺寸。修复后表面硬度较高，耐腐蚀及耐磨性较好，同时修复时间

第一作者简介：孙洋（1985—），助理工程师，2007年毕业于大庆石油学院化工设备与机械专业，现在中国石油大庆石化分公司化工三厂聚丙烯车间从事设备管理工作。E-mail：231656382@ qq. com

短，满足装置检修时间需要。

采用该技术对一级叶轮出口侧腔板磨损处恢复至原始尺寸，本次检修前一级叶轮与出入口腔板配合间隙测量值约为 0.8mm，考虑到此次检修要提高该设备性能，需要进一步减少设备内部漏量，通过增加入口侧腔板与叶轮配合面高度，减小一级叶轮与出入口腔板配合间隙至 0.50mm（该设备原设计配合间隙为 0.65mm），进一步降低设备内部气体泄漏量。通过以上修复工作（修复位置如图 1 所示），预计该设备性能将提升 30%左右，结合该设备原运行电流为 130A，预计该设备修复后设备运行电流最高不超过 169A，该设备电机额定电流为 180A，该修复方案可行。一级叶轮出入口腔体修复后，对出入口腔板修补处进行研磨，保证修复处的平面度不低于 0.03mm，并校正研磨面和轴线的垂直度不低于 0.03mm，保证装配尺寸无问题。

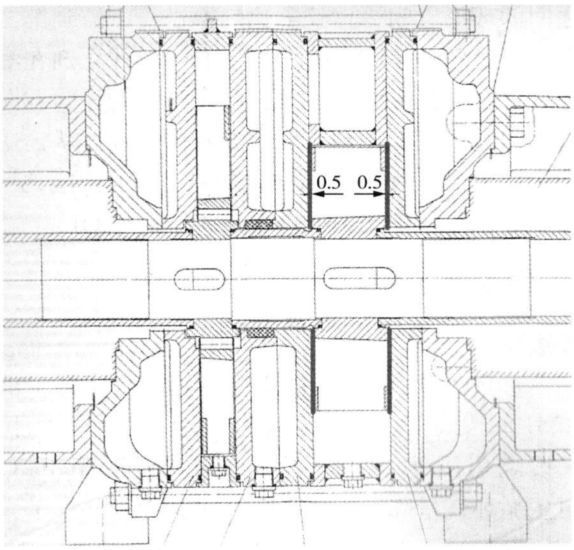

图 1　结构示意简图

一级叶轮和出入口腔板装配后，配合间隙减小对尾气在设备内部泄漏量起到进一步限流作用，对提高压缩效率起到决定性作用。

3.2　实施效果

设备检修现场回装后，启动正常，电流 160A（额定电流 180A），流量 480kg/h，出口压力达到 0.38～0.4MPa，大大超过装置尾气回收需求，通过开设备回流线，降低压缩机做功，电流降至 130A，流量 390kg/h，且压力控制阀 PV501 完全关闭，该装置产生尾气被全部吸收，设备能力完全满足装置工艺需求，且设备性能提升 30%左右，工作能力远远高于原设计要求；通过计算，尾气压缩机 PK501 比修理前可减少 90kg/h 尾气排放，尾气中约含 90%的丙烯气体。压缩机运行 3 年流量无明显变化，通过 SIC 修复技术修复的侧腔板使用 3 年后无明显磨损，间隙尺寸未变。

4　经济效益

该项目实施后，液环压缩机 PK501 比修理前可减少 90kg/h 尾气排放，尾气中约含 90%的丙烯气体，PK501 液环压缩机比修理前可减少 81kg/h 丙烯排放。以下为近 3 年效益情况：

（1）2019 年节省 648.00t 丙烯原料，节省丙烯金额：363.95 万元；聚丙烯增产 634t，增产效益 17.99 万元；2019 年合计效益：363.95＋17.99＝381.94 万元。

（2）2020 年节省 648.00t 丙烯原料，节省丙烯金额：272.22 万元；聚丙烯增产 634t，增产效益 60.89 万元；2020 年合计效益：272.22＋60.89＝333.11 万元。

（3）2021 年节省 530.70t 丙烯原料，节省丙烯金额：302.99 万元；聚丙烯增产 519.28t，增产效益 19.29 万元；2021 年合计效益：302.99＋19.29＝322.28 万元。

通过对尾气压缩机 PK501 设备性能提成改造工作，直接创造效益：381.94＋333.11＋322.28−5＝1032.33 万元左右，同时也减少了环境污染。

5　结束语

该项目的实施，不但有效的提高了聚丙烯装置尾气中丙烯的回收再利用，大大节约了原料费用，降低企业生产成本，也为石化行业设备修理提供了一项新技术应用的实例。同时大大降低了因装置尾气排入火炬系统燃烧所造成的大气环境污染。

参　考　文　献

［1］大庆石化分公司．10 万 t/a 聚丙烯装置设备资料．液环压缩机（PK501）安装、操作、维护手册．2002.

逆流移动床连续重整再生系统故障分析及对策

高　晗　吕哲君　阿玉艳

（中国石油化工股份有限公司北京燕山分公司）

摘　要　介绍某石化自主开发的逆流移动床连续重整装置催化剂再生系统的结构、特点及运行情况，对再生系统设备催化剂堵塞和低温氯腐蚀的情况进行了分析。综合分析认为脱氯、干燥、设备结构、设备材质和生产操作等存在问题和不足，造成设备失效、催化剂磨损。针对此次故障，从生产操作、设备结构和材质选用等方面制定了处理的措施，总结了运行和检维修经验，为重整装置长周期运行提供保障。

关键词　逆流移动床　连续重整　催化剂再生系统　催化剂堵塞　低温氯腐蚀

1　装置概况

某石化分公司1Mt/a逆流移动床连续重整装置由某工程建设公司设计，采用其自主开发的催化剂逆流移动床工艺技术，特点是四台反应器并列布置、催化剂逆向流动。其中催化剂再生系统采用干冷循环流程，能够有效提高催化剂使用寿命，再生烧焦区采用两段烧焦，烧焦条件缓和，能够保证烧焦完全，再生循环气体和氧氯化放空气采用固体脱氯方法去除气体中的氯化物。装置催化剂循环量为1000kg/h，采用国产某科研院开发的PS-VI重整催化剂。该装置于2020年1月中交，3月一次开车成功，2021年3月停工消缺，2021年5月开工运行至今。

2　再生系统流程介绍

催化剂循环再生的流程

从第一反应器（R201）出来的待生催化剂用氮气由底部提升器提升至再生器上部的分离料斗（D-251）内，采用独立循环的氮气对催化剂粉尘进行淘析，催化剂中较小的颗粒及粉尘将被分离至粉尘收集罐，而正常的催化剂将靠重力落入再生器（R-251）内。催化剂在再生器内自上而下依次经过一段烧焦区、二段烧焦区、氧化/氯化区、干燥焙烧区及冷却区，然后流经氮封罐（D-252），由氢气提升至第四反应器顶的缓冲料斗（D-261），自流至还原罐（D-271），经还原罐还原后，自流入第四反应器（R-204），完成再生过程。

两段烧焦再生器的结构如图1所示。催化剂从顶部催化剂入口进入缓冲区，然后经催化剂输送管进入第一个中心管（又称内筛网）和外筛网之间的环形空间，再经催化剂输送管下流到第二个中心管和外筛网之间的环形空间，催化剂在沿着环形空间自上而下流动，再生气体沿径向方向自外向内通过催化剂床层，之后催化剂再从输送管先后下流到氧氯化轴向床层和干燥轴向床层，最后催化剂从催化剂出口罐进入下部氮封罐。

3　再生系统故障情况

3.1　故障介绍

自2021年5月装置开工运行以来，再生器R251一段烧焦压差不断上涨，至2022年2月，一段烧焦压差已上涨至141kPa（正常10kPa），再生循环气量降至6600m^3/h（正常10000m^3/h），期间发生过再生循环气水冷器E253内漏堵塞、干燥系统水冷器E2515内漏、再生循环气压缩机K251气缸积聚大量氯腐蚀产物的问题，严重影响到了再生系统的运行和催化剂再生的能力。由于重整装置生产高附加值氢气，在炼油系统中至关重要，故在2022年3月冷停再生系统对再生器进行抢修。再生设备基本情况见表1。

3.2　处理过程

2022年3月再生器抢修期间，对再生器烧焦段内外部进行全面检查，发现一段、二段烧焦区外筛网正常，无催化剂堆积，但一段烧焦区中

第一作者简介：高晗（1994—），本科学历，工程师，2015年毕业于东北石油大学过程装备与控制工程专业，现在中国石油化工股份有限公司北京燕山分公司从事设备管理工作。E-mail：gaohan. yssh@ sinopec. com

心管中堵满了半颗粒催化剂，二段烧焦区中心管的情况与一段类似，堵塞情况较一段略好。同时检查了一段烧焦区底部和一段烧焦气出口筛网，无催化剂堆积。现场检查情况如图 2、图 3、图 4所示。

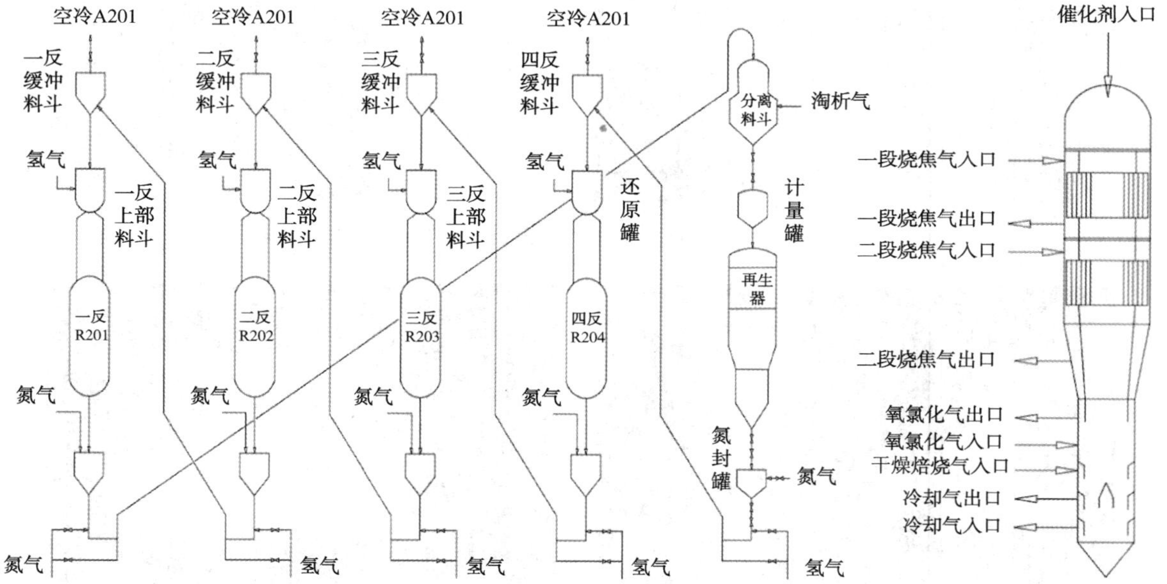

图 1　催化剂循环再生流程图(左)和再生器结构图(右)

表 1　再生设备基本情况

名称	再生器	循环气水冷器	干燥气水冷器
位号	R251	E253	E2515
设计压力/MPa	0. 65	0. 8	0. 81
工作压力/MPa	0. 41	0. 41	0. 41
设计温度/℃	565	120	220
最高工作温度/℃	555	80	110
壳体材质	S31608(316)	Q345R	Q345R
内构件材质	S31608(316)	10#	20#
工作介质	N_2、O_2、CO_2、HCl、H_2O		

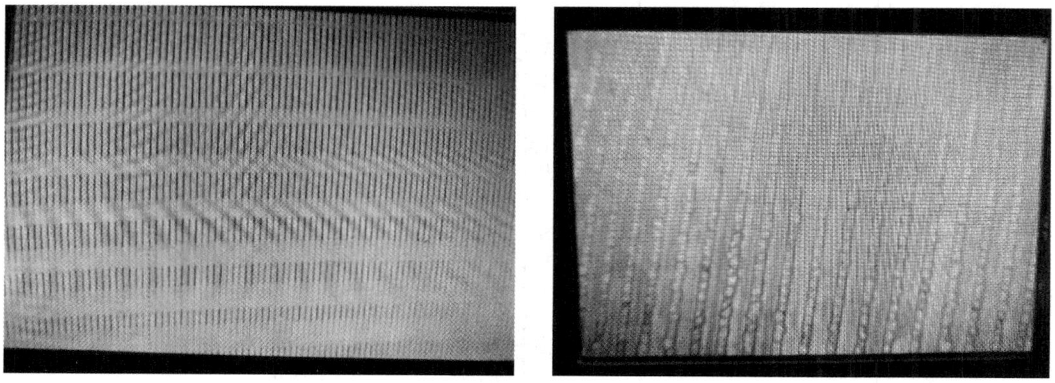

图 2　一段烧焦外网(左)和中心管(右)

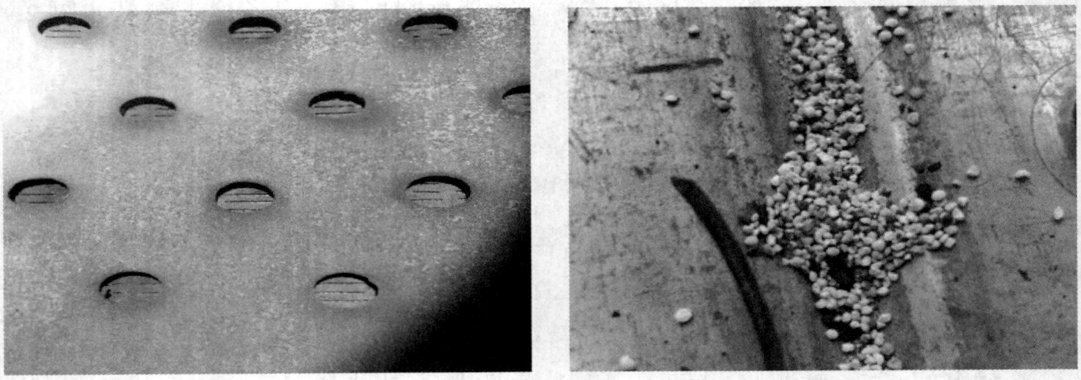

图3　一段烧焦中心管内部图(左)和清理出的半颗粒催化剂(右)

图4　一段烧焦区底部(左)和一段烧焦气出口筛网(右)

从结构上来看，一段烧焦网由中心管和外筛网组成，其中中心管是由内孔板、中间孔板和筛网组成，材质316L，中间用筋条连接。内孔板是为了满足透孔率的要求，中间孔板起到补强的作用。内孔板圆形孔尺寸 Φ12mm，中间孔板横向条形孔尺寸 1mm×13mm，筛网截面为梯形缝隙，最小缝隙 0.7mm。内孔板和中间孔板紧贴在一起，与最外层的筛网中间有12mm宽的夹层，通过对中心管内外部进行检查发现中心管夹层中堵满了从筛网泄漏过来的半颗粒催化剂，而中心管筛网外壁缝隙中堵满了相对较大的球形催化剂，中心管并无损坏，内孔板和中间孔板也未发生变形。中心管和外筛网结构如图5所示。

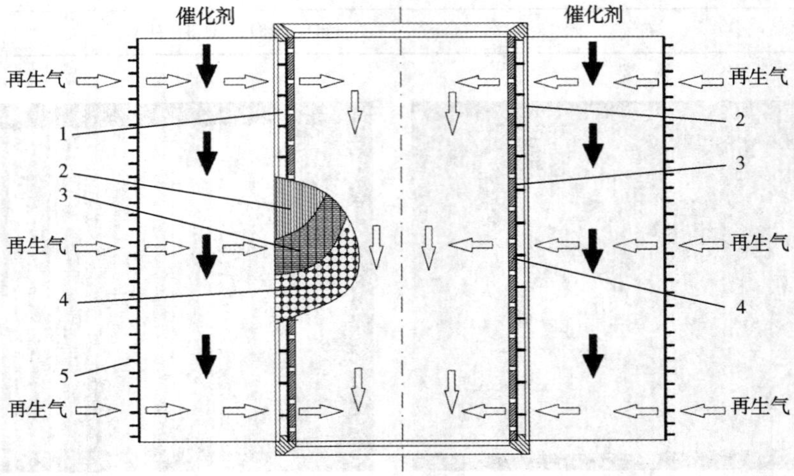

图5　中心管和外筛网结构

1—中心管；2—中心管筛网；3—中心管中间孔板；4—中心管内孔板；5—外筛网

4 原因分析

4.1 烧焦区中心管结构分析

由于中间孔板的孔尺寸大于筛网缝隙，从筛网泄漏过来的半颗粒催化剂理论上能够穿过中间孔板，但内孔板较小的开孔率、中间孔板上积附的大量红黄色氯腐蚀产物堵塞孔道，再加上形状不规则的催化剂，使其仍然无法穿过内孔板，所以造成了一段烧焦底部没有发现太多催化剂，催化剂都被堵在了中心管夹层和筛网缝隙中。

相较于 UOP 的单层筛网结构，这种内孔板开孔、中间孔板补强和两段烧焦的结构能够预防以往经常发生的筛网损坏而造成的催化剂严重跑损问题，但从此次故障来看，当再生系统大量的低温氯腐蚀产物附集在中间孔板上，再遇到半颗粒催化剂时，半颗粒催化剂将无法顺利通过中心管，从而造成烧焦区中心管堵塞，最终只能提前对再生器进行检修，对重整再生系统的长周期运行产生影响，所以如何减少半颗粒催化剂和低温氯腐蚀的产生是解决该种中心管堵塞的重点。

4.2 淘析效果分析

由于正常催化剂的外径为 Φ1. 4 ~ 2. 0mm，是无法穿过 0. 7mm 筛网缝隙的，而半颗粒催化剂应该在分离料斗区域被淘析出去，不应该出现在烧焦区，故淘析方面可能存在问题。依据操作要求，操作过程中应适当提高淘析气流量，淘析气流量的调整应以淘析出催化剂粉尘中整颗粒催化剂的数量为标准，通过控制淘析气量保证淘析出来的粉尘中整粒催化剂占比大于 30%。

查询粉尘收集及淘析气量的历史记录，如图 6所示。发现每周淘析出来的粉尘，整粒催化剂占比多数时候在 30% ~ 50%，个别时候在 10%左右，整粒催化剂占比并不稳定。同时分析认为粉尘收集器 3 台反吹阀门的阶梯型动作造成分离料斗压力波动，从而影响到了淘析气量的稳定，使淘析气量存在较大波动。粉尘量的变化及淘析效果的不稳定，无法完全将半颗粒催化剂淘析出去。

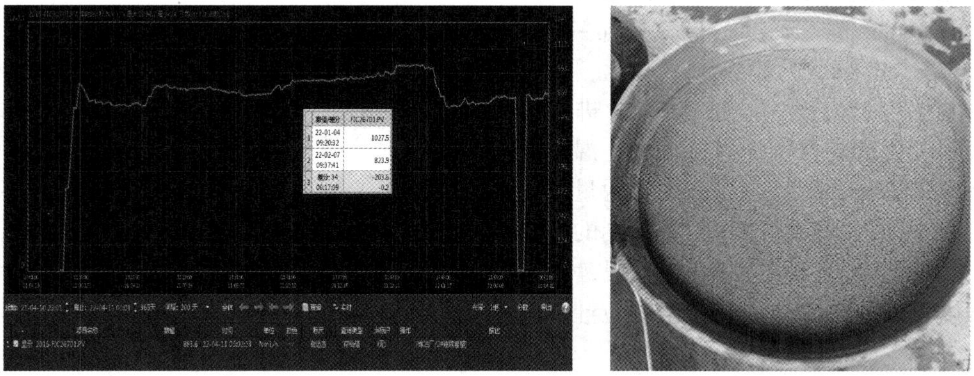

图 6 淘析气量趋势和粉尘收集效果

4.3 提升控制分析

提升风的控制通过分析有以下方面问题：

(1) 由于四台反应器和再生器并列布置，催化剂需要经过五次提升，相较于 UOP 的两次提升来说，催化剂受到的冲击更多，磨损就更为严重，增大了半颗粒催化剂产生的可能性。

(2) 分析发现一次提升风量较开工初期有所增加，趋势如图 7 所示，一般催化剂在输送过程的适宜提升速度为 2 ~ 3m/s，提升气流量越大，管道内固相流体流速越高，磨损越严重。但提升气量过小，将无法提升，造成提升管堵塞，故应保持合适的提升气流量。

(3) 分析发现二次提升风量自动控制不稳定，如一反下部二次提升风阀门多次发生突然全开的情况，阀门开度变化如图 8 所示。一反下部料斗和分离料斗压差不稳定，使催化剂提升风量受到影响，风量突然增大时会造成催化剂冲击磨损甚至产生半颗粒。

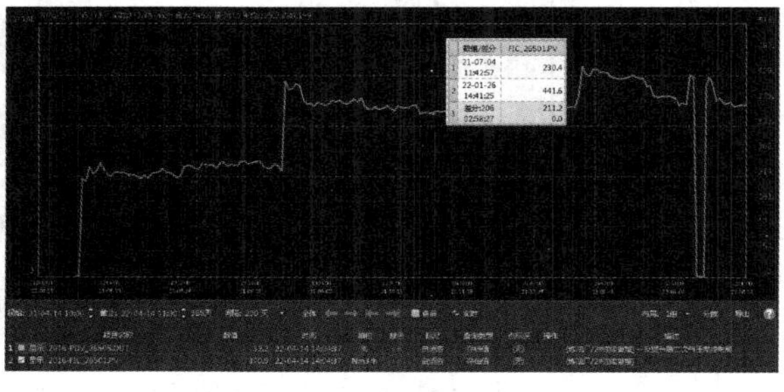

图 7 一次提升风量

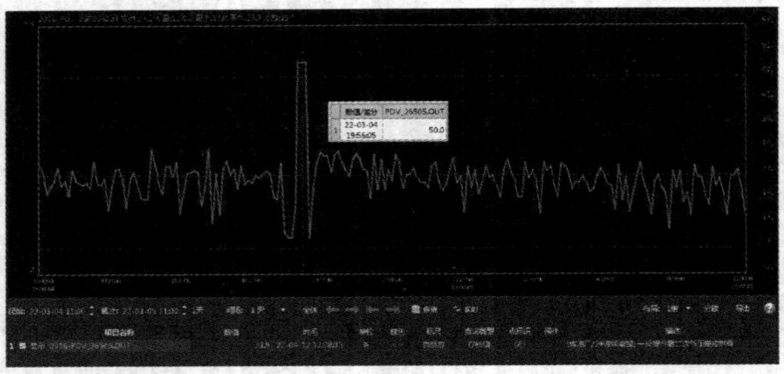

图8　二次提升风阀门开度

(4) 提升采用PID控制，控制效果相对不足。就此调研同类逆流床重整装置，发现同类装置在运行初期也有催化剂磨损并产生半颗粒催化剂的情况，但在应用APC先进控制系统后，提升操作的稳定性大幅度改善，半颗粒催化剂的产生也大幅减少。

4.4　烧焦回路水冷器内漏分析

装置自2021年5月份开工以来，再生烧焦气干燥系统水冷器E2515先后发生过2次内漏。由于首次内漏后未及时发现，造成低温干燥塔中的干燥剂快速失效，通过查询历史趋势发现低温干燥塔出口的漏点最高达到过6.6℃(正常-60℃左右)，干燥塔出口漏点趋势如图9所示，造成烧焦循环气中水含量偏高，并通过K251进入了烧焦段，使得催化剂的再生烧炭过程在高温和高水含量的环境下进行，特别是较高的水含量使催化剂的比表面积损失加快，缩短了催化剂的使用寿命，这种工况类似于UOP的烧焦过程，会使催化剂的强度和性能下降，为产生半颗粒催化剂提供了条件。

从设备材质方面看，E2515管束原始材质设计为10#，首次内漏后分析垢样主要成分为氯化铁，存在低温氯腐蚀。通过更换脱氯剂、监控氯含量、更新管束等措施进行处理，但未见成效，E2515很快发生二次内漏。

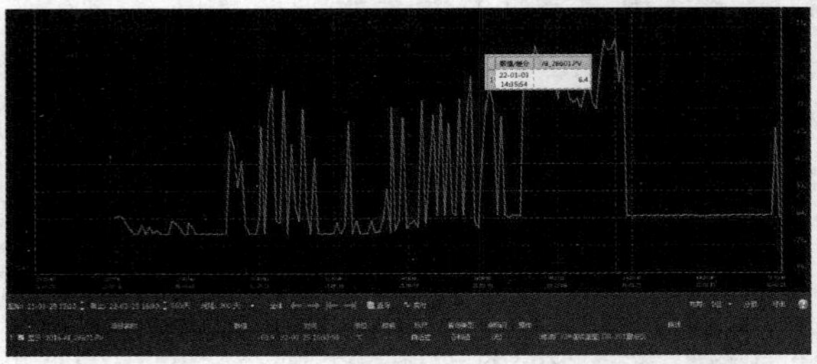

图9　干燥塔出口漏点趋势图

4.5　烧焦回路氯腐蚀分析

由于催化剂再生系统为干冷循环流程，相较于UOP的湿热循环，有利于保持催化剂的比表面积，但重整催化剂再生烧焦时产生CO_2、H_2O、含氯气体被循环烧焦气带出，在低温部位逐渐积累氯离子，会对设备管线产生一定的腐蚀，所以在干冷工况脱氯失效时将会产生低温氯腐蚀的问题。

在本次脱氯剂失效时造成了三方面后果：一是造成干燥系统水冷器E2515腐蚀内漏，进而造成再生烧焦循环气带水，加剧了再生系统氯腐蚀，而E2515在1月6号进行了管束更新后，也未见成效，很快再次发生内漏；二是造成再生循环气水冷器E253发生腐蚀内漏，管侧流道腐蚀产物积聚堵塞严重，管侧出口管线也发生减薄，进而造成再生烧焦循环气流量下降，只能通过带压开孔新增跨线实现正常循环；三是由于E253至DR251干燥系统之间的管线布置不合理，从再生框架沿管带绕回至压缩机厂房，长距离碳钢材质管线，致使系统中产生大量氯腐蚀产物，并沿干燥系统副线进入K251压缩机气缸，造成气缸运行异常。腐蚀情况如图10所示。

图10　E253入口腐蚀产物(左)和K255内部积聚的催化剂和腐蚀物(中、右)

5 改进及预防措施

针对再生系统存在的问题，采取如下措施：

（1）彻底检查和清理中心管，人工手持钢丝刷将筛网外壁的较大颗粒催化剂全部刷掉，通过净化风反复吹扫加敲击的方式，将夹层中的催化剂疏通出来。

（2）针对淘析效果不足的情况，适当提升淘析气量，并增加检查淘析的频次，依据淘析的效果，及时调整淘析气量。

（3）在满足提升量的前提下，尽量降低一次提升风量以降低气速，并稳定一反下部料斗压差和二次提升风量，减少对催化剂的冲击。

（4）将 E2515 和 E253 水冷器管束材质由 10#升级为 316L，提升换热器抗低温氯腐蚀性能，降低循环水泄漏至再生烧焦气的风险。

（5）将脱氯罐 D254A/B 改成串联运行，严格监控两罐中间再生气的氯含量，当发现前部脱氯剂失效时及时进行更换，避免发现不及时造成脱氯剂穿透的情况发生。

（6）加强干燥系统漏点监控，提前识别风险，发现干燥系统失效时，尽快查明原因并及时更换干燥剂。

6 结语

逆流移动床连续重整装置刚刚运行至第三年，再生系统产生了一系列问题，威胁到了重整装置的长周期运行。本文结合实际生产操作经验和该套技术中设备结构的特点，分析解决了运行初期再生系统存在的低温氯腐蚀和催化剂堵塞等问题，提出了管控措施，对该套技术应用下的连续重整装置长周期运行提供了保障。

参 考 文 献

[1] 徐承恩．催化重整工艺和工程[M]．北京：中国石化出版社，2009：718-726.

[2] 孙秋荣．3.2Mt/a 连续重整装置非计划停工原因分析及建议[J]．石油化工，2018，47(12)：1415-1420.

[3] 陈晓亮，刘艳伟．连续重整催化剂循环系统磨损原因分析及对策[J]．炼油技术与工程，2017，47(3)：31-34.

[4] 赵志海，师峰，赵仁殿．连续重整催化剂再生过程循环气体水含量的研究[J]．炼油设计，2002，32(10)：36-39.

[5] 任研研，郭建波，汤帅．连续重整装置催化剂再生系统运行问题分析及对策[J]．当代化工，2014，43(6)：1072-1075.

大型DCC装置设备长周期运行管理实践

王胜潮　张旭亮

（中海石油宁波大榭石化有限公司）

摘　要　催化裂化（裂解）装置作为国内炼油化工企业的核心装置，其长周期运行能力直接关系着企业的经济效益。随着炼油化工产业规模的不断扩大，装置设备也随之大型化，给设备管理工作带来不少挑战。本文针对某石化公司催化裂解（DCC-PLUS）装置两个运行周期内出现的沉降器结焦、脱气罐振动、烟机振动和稳定塔底泄漏等典型设备问题，从加强设备技术和检维修管理两个方面详细分析，探讨提高催化裂解装置长周期运行水平的方法，可以为我国在建催化裂解装置提供宝贵的实践经验。

关键词　DCC装置　设备管理　检维修管理　长周期运行　提供经验

某石化公司（简称：N公司）催化裂解装置（简称：DCC装置）采用石油化工科学研究院（RIPP）的DCC-plus工艺，DCC-PLUS工艺技术是在DCC工艺技术基础上开发的多生产丙烯新技术，该技术克服传统催化裂解技术无法兼顾低碳烯烃产率与干气和焦炭选择性的缺点，以乙烯、丙烯等低碳烯烃为主要目的产品。由中国石化工程建设有限公司设计，建设规模为220万t/a，采用双提升管+床层的反应器。系统藏量1200t，催化剂循环量3000t。开工时数按8400h计算，操作弹性为70%～110%，2016年6月投入生产。工艺原则流程简图如图1所示。

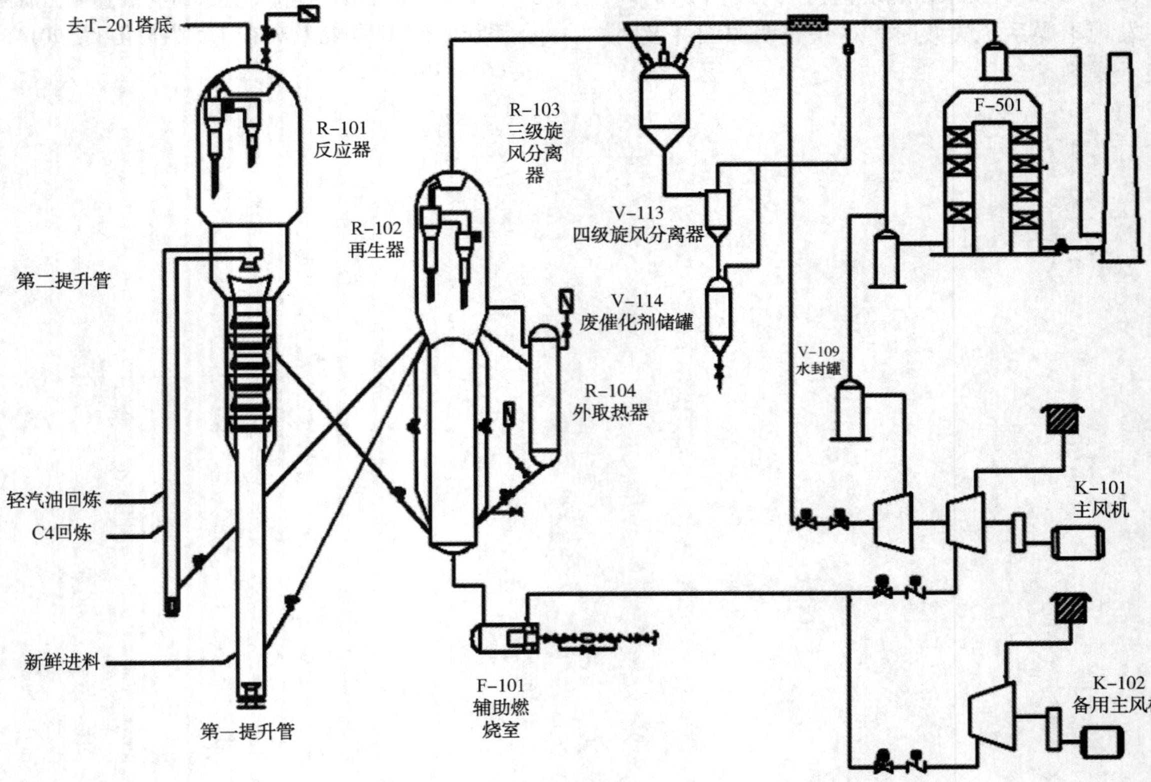

图1　DCC装置工艺原则流程简图

第一作者简介：王胜潮，本科，高级工程师，现在中海石油宁波大榭石化有限公司从事设备管理工作。E-mail：wangshch31@cnooe.com.cn.

1 装置运行情况

N 公司 DCC 装置第一运行周期连续运行 912 天，国内取得了较好运行管理实践。总结 5 年运行和 2 次检修的实践情况，实现大机组的安全平稳运行和解决 DCC 装置沉降器旋风料腿结焦堵塞失效第一提升管及再生斜管振动等设计选型缺陷问题，是制约 DCC 装置三年及以上一大修的关键因素。

2 装置投产以来出现的典型问题及解决措施

2.1 烟机振动影响装置装置长周期运行

2.1.1 故障描述

烟机是炼油厂催化裂化装置的主要能量回收设备。催化裂化（DCC）装置的设计参数与常规催化（FCC）有较大区别，烟机运行条件更为苛刻。N 公司 DCC 装置烟机在 2019 年 7 月 9 日开始，进气侧 120VT11511X 振动最大到 76μm，排气侧 120VT11512Y 振动最大到 54μm，DCC 烟机的平稳运行一直是催化裂解装置长周期运行的难点。烟机振动曲线图如图 2 所示。

2.1.2 处理措施及效果

（1）优化操作参数，控制入口烟气质量

①再生器藏量由 360t 提高至 420t（图 7），充分密封旋风器料腿，防止气体倒窜。②将一级旋风器入口线速控制在 17～19m/s、二级旋风器入口线速控制在 22m/s，防止线速过高或过低而影响旋风分离效果。③控制沉降反应器蒸汽总量在 80t，防止烟气含水量超标，有效降低了催化剂高温失活和热崩现象。优化操作后，三旋出口粉尘浓度均值为 $107mg/m^3$（标准≤$200mg/Nm^3$），粉尘粒度主要分布在 0.3～149μm，其中≤10μm 体积含量为 79.96%（标准为≥90%），有效保障了烟气质量。

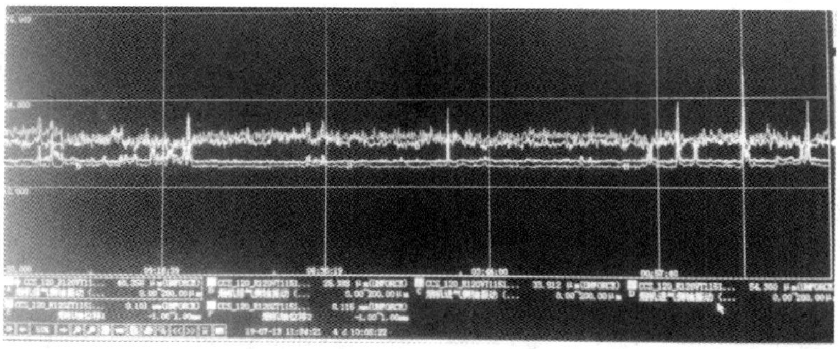

图 2　2019 年 7 月烟机振动曲线图

（2）加强指标管理，严控入口温度

烟气超温是烟机长周期运行的大敌，超温的主要原因是二次燃烧。一方面影响烟机的寿命，严重时使烟机叶片等部件超温变形，各零部件之间的间隙变化，甚至发生静、动部件结垢擦碰；另一方面，水汽分压较大波动也会造成催化剂细粉的黏度增大，粉尘容易附着在叶片周围，从而造成烟机叶片顶部的擦碰磨损，使烟机振动增大、做功下降。在实际操作中，要求反应操作员将烟机入口温度严格控制在 680～690℃，确保了烟机入口温度的稳定、严防超温。

（3）提高烟机轮盘冷却蒸汽品质，确保烟机轮盘冷却效果

通过技术改造，新增 1 台进口减温减压器（120-M504），进一步优化烟机轮盘冷却蒸汽供运方式，将轮盘冷却蒸汽改为直供方式。同时，要求蒸汽流量精准控制在（800±10）kg/h，轮盘温度为 320～340℃，提高了蒸汽品质，稳定了蒸汽流量，保证了烟机轮盘温度的稳定，有效地降低了烟机动静叶片和轮盘等部位结垢的可能性。通过采取以上精准优化操作措施，烟机进气侧 120VT11511X 振动最大保持在 35μm，排气侧 120VT11512Y 振动最大保持在 26μm，一直平稳运行至 2021 年 4 月停工检修。

2.2 首台国产富气压缩机轴温高影响长周期运行

2.2.1 故障描述

N 公司富气压缩机由沈鼓集团制造，型式为 2MCL1207 两段式，转子轮盘直径为 1250mm，该机是当时沈鼓首台自主研发最大国产机组。2016 年 6 月投用，运行至 2018 年 12 月停工检修无异常。2019 年 1 月装置停工检修后开机，机组运行平稳，各参数均在指标范围之内。但至同

年9月下旬，自由端轴承温度出现异常波动，且呈上升趋势，期间TISA31216温度测值最高值达100.2℃。同时，VIA31212振动测值随温度变化也发生小幅波动，最大值23μm。轴承温度、振动峰值变化情况，见表1。

表1 轴承温度、振动峰值变化情况

时间	温度峰值/℃	振动峰值/μm
2019年02月	80	17
2019年09月	84.3	20.6
2019年10月	89.9	21.7
2019年11月	95.8	22.2
2019年12月	100.2	23
2020年01月	99.8	22.3
2020年02月	98.3	22.1
2020年03月	97.3	22.3
2020年04月	97.5	22.4

2.2.2 处理措施及效果

（1）提高轴承供油压力(由0.11MPa调整至0.13MPa)，增加轴承供油量，保证油膜稳定性的同时带走机组运转产生的多余热量。

（2）提高润滑油冷后温度(由39℃±1℃调整至41℃±1℃)，并对润滑油温度加强监控，在油温下降初期及时进行调整，避免润滑油温度出现大幅波动，减少油温下降对轴承温度产生的影响。

（3）工艺平稳操作，严格控制压缩机入口温度(由38℃±2℃调整至38℃±1℃)、出入口压力等参数，控制机组负荷在小范围内变化，减少机组负荷波动造成的影响。

通过采取上述措施后，轴承温度波动情况得到有效缓解，波动周期及峰值明显下降。调整前后轴承温度波动频次对比，见表2。

表2 调整前后轴承温度波动频次对比

时间	波动次数	>95℃波动次数
2019年11月	28	5
2019年12月	29	6
2020年01月(采取措施)	25	3
2020年02月	20	3
2020年03月	21	3
2020年04月	11	1

2020年4月中旬，装置进行计划性停工检修，对富气压缩机进行揭瓦检查，检查发现：轴承下瓦块存在严重结焦现象，测量结焦的厚度大致在0.05~0.07mm之间，清洗后发现轴瓦表面有一定的磨损。轴承下瓦块结焦及磨损图如图3所示。

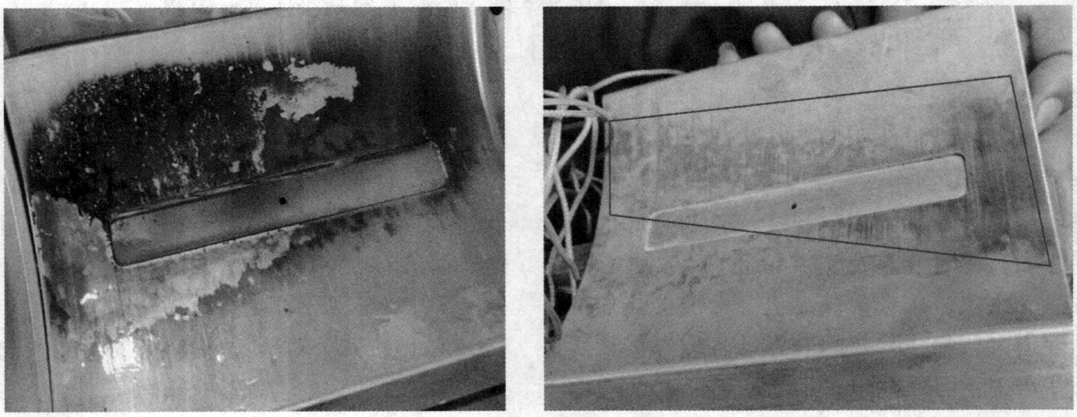

图3 轴承下瓦块结焦及磨损图

2.3 第一提升管及再生斜管振动影响装置长周期运行

2.3.1 故障描述

220万t/a DCC装置自2016年6月开工以来，第一提升管及再生斜管一直存在间歇振动，尤其负荷降至设计负荷的80%及以下时，振动在第一提升管底部Y型段尤为明显。现场实际测量，振动频率约为20s，振幅在25mm左右，每次持续数秒的间歇振动。同时，第一再生滑阀压降也波动较大，基本在20~85kPa波动。后期，虽然经工艺操作调整，振动频率和振幅有所降低，但间歇振动问题始终存在。运行至2017

年 3 月，第一提升管 Y 型段出现热点，壁温最高达到 509.3℃，且存在逐渐扩大趋势。第一提升管 Y 型段热点测温，如图 4 所示。

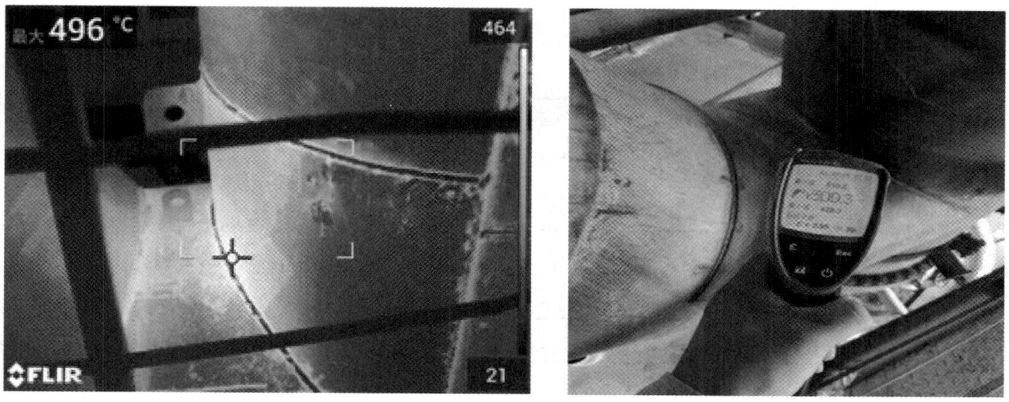

图 4　第一提升管 Y 型段热点测温图

2.3.2　处理措施及效果

（1）装置运行期间采取的措施：①把第一再生滑阀上部三处松动点限流孔板开孔由 Φ4mm 变更为 Φ2mm，降低松动风量；②第一再生脱气罐氮气流量由原来的 900Nm³/h 降至 600Nm³/h，减小脱气罐气体负荷；③通过计算设计，在第一提升管底部安装 4 台、行程为 60mm 的阻尼器；同时在再生斜管膨胀节上下短节上各安装 4 台 100mm 阻尼器。

（2）在 2021 年 4 月停工大检修期间，经设计院优化设计，对第一脱气罐进行技术改造：①将脱气罐顶切线标高由 35811mm 提高到 37311mm，提升距离为 1500mm，脱气罐容积由原设计的 $87m^3$ 增加至 $99.06m^3$，提高脱气效率；②将烟气返回管由侧面抽出改为脱气罐顶部抽出；③再生器上部烟气返回管开口标高由 38468mm 提高到 40318mm，原烟气返回管内部分布器拆除，使烟气直接进入再生器稀相区，增强脱气效果；④在第一再生斜管标高 15662 处新增一组限位点，使斜管只能在轴向发生位移，避免由于内部催化剂波动而引起的间歇振动。脱气罐局部技术改造如图 5 所示。

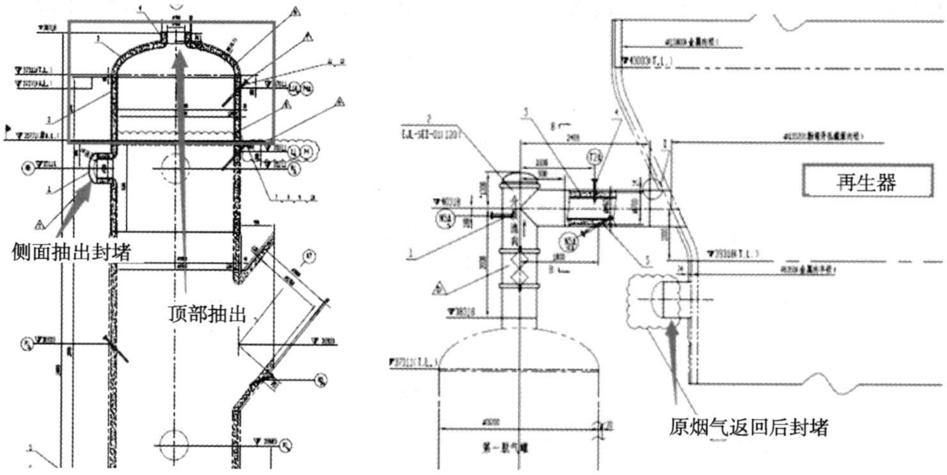

图 5　脱气罐局部技术改造图

自技术改造实施后，第一提升管及再生斜管的振动问题完全解决，第一再生滑阀压降保持在 68kPa 左右（符合设计值），其余整体运行较平稳。

2.4　沉降器旋分结焦影响装置长周期运行

2.4.1　故障描述

结焦是催化裂化装置中最常见的故障类型，也是意外停工的重要诱因。N 公司沉降器一级、二级旋风分离器采用 BY 型高效旋风技术。装置正常运行期间，沉降器各运行操作参数均在设计指标之内，未发现异常。沉降器主要运行参数，见表 3。

表 3　沉降器主要运行参数

参数名称	设计值	实际值(均值)
三反操作温度/℃	560	563
操作压力/MPa	0.14	0.134
一级旋分入口线速/(m/s)	18.4	18.4
二级旋分入口线速/(m/s)	19.76	20
旋分总压降/kpa	10	7.5
旋分入口浓度/(kg/m^3)	2.2	2.3
固含量/(g/L)	≤6	2.9

到 2018 年 12 月主动停工检修(连续运行 912 天)，期间检查发现，沉降器穹顶、二级旋风升气管和二级旋风料腿结焦严重，12 组二级旋风 10 组灰斗与料腿由于结焦完全堵死；同时，一级、二级旋风翼阀的密封面均存在磨损现象。结焦及翼阀磨损如图 6 所示。

2.4.2　处理措施及效果

针对以上存在的问题，在此检修期间，N 公司依照设计院重新核算、设计，对沉降器二级旋风分离器料腿和翼阀安装角度进行了技改处理，主要内容包括以下几方面：①12 组二级旋风料腿直径由原来的 *DN*250mm 缩小到 *DN*200mm；②12 组二级旋风旋风料腿翼阀规格由 *DN*250mm 缩小到 *DN*200mm；③12 组二级旋风旋风料腿翼阀安装角度由 6°25″+调整至 4°+30″；④12 组二级旋风旋风原料腿与技改料腿之间采用 *DN*250×*DN*200mm 大小头连接。

改造完成于 2019 年 1 月开工，一直运行到 2021 年 3 月主动进行第二次停工检修，油浆固含量均值为 2.9g/L，较改造前下降了 0.6g/L，其余各运行操作参数均在设计指标之内，未出现大的变换。改造前后油浆固含量变化趋势，如图 7 所示。

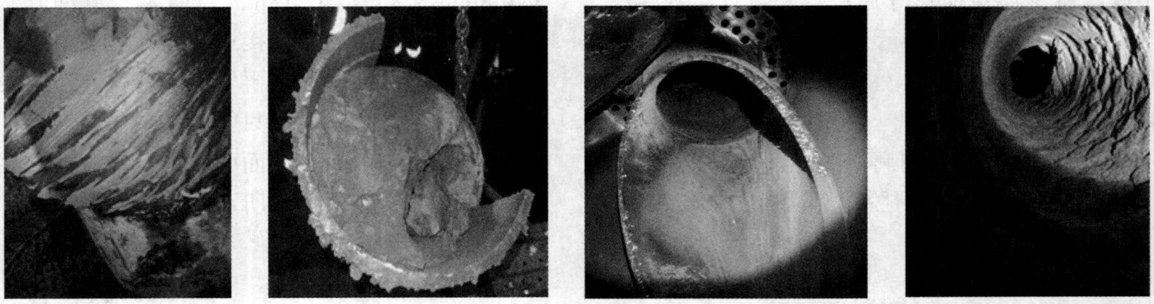

图 6　结焦及翼阀磨损图

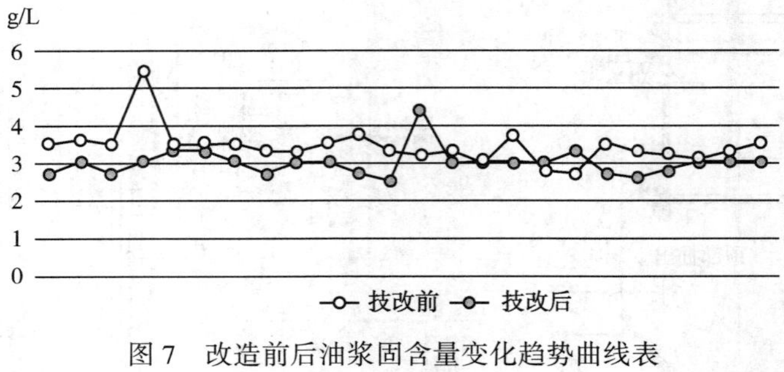

图 7　改造前后油浆固含量变化趋势曲线表

2.5　稳定塔底重沸器泄漏影响装置长周期运行

2.5.1　故障描述

吸收稳定系统稳定塔的作用是分离液化气及稳定汽油，塔底设有两台重沸器，120-E-304A 以分馏二中油作为热源，120-E-304B 以 3.5MPa 中压过热蒸汽作为热源。第一周期运行至 2017 年 1 月，发现 120-E-304B 管束存在泄漏问题，通过工艺调整采取措施，维持运行至 2018 年 12 月装置主动停工检修，期间更换了新管束。但第二周期自 2019 年 1 月开工运行至 5 月，发现中压蒸汽量消耗量由开工初期的 25.23t/h 增加至 29.09t/h，判断管束泄漏。第二运行周期中压蒸汽用量与塔底温度变化，见表 4。

表 4 第二运行周期中压蒸汽用量与塔底温度变化

日期	中压蒸汽流量/(t/h)	凝结水流量/(t/h)	蒸汽泄漏量/(t/h)	塔底温度/℃
2019.05	29.09	28.72	0.4	171.8
2019.06	30.91	30.14	0.8	167.9
2019.07	31.22	30.18	1	164.2
2019.08	33.58	32.31	1.3	169.5
2019.09	32.55	31.5	1.1	169.2
2019.10	30.53	28.47	2.1	163
2019.11	29.73	27.24	2.5	161.3
2019.12	28.34	25.77	2.6	160.3
2020.01	28.43	26.21	2.2	160.5
2020.03	28.51	25.55	3	158.6

2.5.2 处理措施及效果

（1）装置运行期间采取的措施：①120-V310 液位控制阀改为压力控制，采用手动控制，控制压力为 1.290MPa，比稳定塔底压力高 0.065MPa；②监控 120-V310 罐满液位情况，若出现液位下降时，说明 V-310 带油，及时场开大 120-V310 放空；③调节中压蒸汽流量调节时，控制阀位开度在 0.1%～0.2%，防止引起 120-V310 压力波动（根据经验阀门开度 0.5%，中压蒸汽有±1t/h 的波动量，同时引起 V-310 压力波动幅度为 1.290MPa±0.1MPa）；④尽量采用二中三通阀调节来调节稳定塔底温度。工艺原则流程简图如图 8 所示。

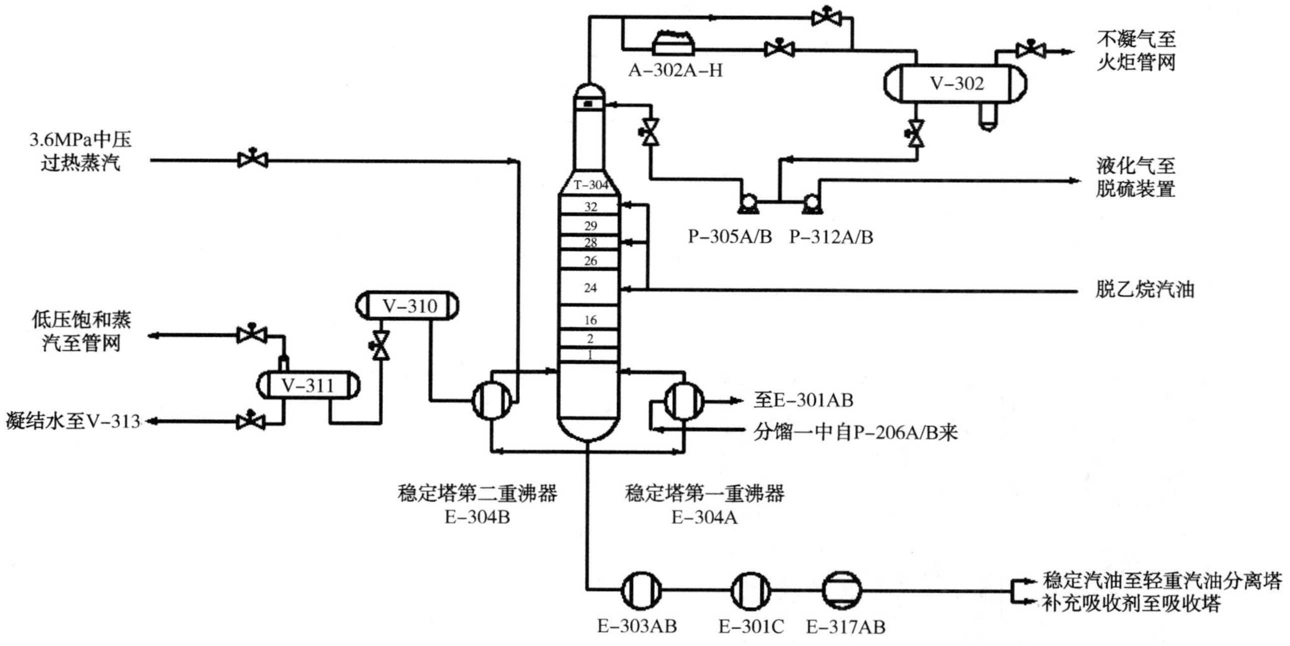

图 8 工艺原则流程简图

（2）在 2021 年 4 月停工大检修期间，对换热器管束结构进行了优化设计，将管束由折流杆 U 形管式改为折流板浮头式，并设置支持板、防振板，降低管束在运行过程中的振动。

截至目前，已连续运行 11 个月，在相同处理量情况下，重沸器中压蒸汽耗量是由 27.3t/h 下降到 20.5t/h，且稳定塔塔顶冷却负荷还有余量，增加了操作弹性，完全解决了泄漏隐患。

3　装置停工检修设备管理经验总结

3.1　注重实效，加强细节管理，向效率要时间

由于催化装置运行的特殊性，虽然根据以往检修经验和科学评估，制定出了详实的检修计划，但是两器隐蔽工作量往往无法精确确定，N公司加强细节管理，组织施工单位当日出现的问题当日分析处理，问题不过夜；对于存在交叉作业界面时，施工工序安排专人负责协调，做到无偏差、高效对接，坚决杜绝推诿扯皮而影响施工进度；对关键路径施工项目的作业时间要求计划精确到分钟；作业票安排专人负责，坚持做到7：30票据开具完成做到完全开工，真正做到了向效率要时间目标。

3.2　借助专家团队保检修质量和进度

由于检修时界面多，工作量巨大，精力有限，对一些覆盖面很广，工作量很大的作业的质量检修，会存在质量监管不足的问题。例如机组安装、密封面紧固、焊接作业、换热器检修等，几乎覆盖到所有的检修现场。N公司引入了实力强劲、技术雄厚的第三方服务专家团队，增强检修现场监督力量。尤其对检修方案评审、检修期间施工质量管控、联合专项检查和重大技术问题等方面，检修从准备到实施的全过程的强有力技术支持。

3.3　选用先进设备促绿色检修

N公司始终秉持“绿色环保”和“安全高效”检修理念，在两器催化剂清理选用负压真空专用设备，保证防止粉尘飞扬和清剂高效率的同时，也保障了施工人员身心健康和良好作业环境。负压真空专用设备施工现场如图9所示。

图9　负压真空专用设备施工现场

沉降器清焦，采用装袋吊装和配专用输焦管道的方式，双管齐下，极大提高清焦效率。专用输焦线如图10所示。

图10　专用输焦线(图中红线)

3.4　拓展检修界面提检修效率

DCC装置两器检修往往是整个炼化厂检修的关键路径，N公司为保障两器检修进度，提高作业效率，采用硬隔离的方式，使用架管加钢板防护，开拓出多个作业面。反应沉降器上部清焦、安装新增防焦蒸汽环；中间层实施料腿翼阀优化改造项目，更换料腿、翼阀；下部更换第一提升管出口分配器双相烧结耐磨喷嘴。多个作业面之间由于有硬隔离措施，充分保障了安全，避免了交叉影响，施工高峰期时两器内最多达到90余人同时作业，焊接与检验拍片的时间衔接精确到分钟，有力的保障了检修进度。

4　长周期运行展望

催化裂化装置运行周期已达到三年以上，但催化裂解装置运行周期还未达到三年以上目标。N公司通过2个运行周期的实践，期间虽然存在一些影响长周期运行的设备缺陷，但也积累了大量的设备管理经验。因此，为实现大型催化裂解装置的三年一修或四年一修目标，重点关注以下几个方面。

4.1　强化设备本质安全管理，保证装置可靠度，避免非计划停工

（1）充分发挥各种在线监测系统的作用，做到实时把握重要设备运行状态。

（2）认真落实巡检制度，努力通过巡检工作将隐患控制在萌芽状态。

（3）做好备用设备的完好管理，保证备用设备在紧急情况下正常切换。

（4）强化基础管理，检修质量，加强预防性

维修。

4.2 梳理制约装置长周期运行瓶颈，持续开展技术攻关

（1）识别和梳理影响装置长周期运行的“瓶颈”，并制定出有效控制措施。如：烟机振动、旋分料腿堵塞等问题。

（2）持续开展设备技术攻关和隐患排查。持续以月度检查、专项检查的形式推进隐患排查和整改，建立隐患台账，滚动跟踪整改情况。

4.3 开展失效部位取样分析，为下周期检修积累经验

对大检修期间发现的设备缺陷，深入开展原因分析，并对失效部位进行取样，对关键部位和重点问题，委托第三方进行分析。例如外取热器漏点、压缩机中间冷却器管束腐蚀和余锅过热段漏点等典型失效部位。

5 总结

通过本文对 N 公司 DCC 装置两个运行周期的典型设备问题及处理方法的总结提炼，对催化裂解装置如何消除瓶颈，实现更长周期运行进行了展望。关键在于技术攻关和精细管理，两个方面齐头并进，集中优势资源消除影响长周期的瓶颈难点，国内的同类装置一定能够不断刷新长周期运行记录，不断取得新的突破。

参考文献

[1] 孙朝辉．浅谈烟机长周期运行影响因素及对策[J]．中国设备工程，2020. 02(上)：81.

[2] 刘世民，王胜潮．DCC 装置富气压缩机径向轴承温度异常的原因分析及对策[J]．化学工程与装备，2021(2)：168-168.

[3] 史光辉．加强设备技术管理，提高催化裂化装置长周期运行水平[J]．设备管理与维修，2021 N06(下)：82.

[4] 李秀荣，隋亭先，林春阳，等．重油催化裂化装置稳定塔底重沸器内漏原因分析及对策[J]．石化技术，2013，20(03)：59.

[5] 任刚．加强设备技术管理提高催化裂化装置长周期运行水平[J]．石油化工设备技术，2003，24(6)：57.

第二篇　静设备

渣油加氢装置原料过滤器性能及故障分析

周 昊

（中国石油化工集团有限公司炼油事业部）

摘 要 渣油过滤器是渣油加氢装置的关键设备，过滤器的精度和运行状况对装置的平稳运行和反应器压降以及催化剂使用寿命有较大影响。过滤器运行中出现的滤芯裂纹、变形及腐蚀等故障，直接影响到装置的安稳厂运行。本文对 13 家企业 14 套渣油加氢装置的渣油过滤器的运行情况进行了跟踪分析，提出了提高过滤器的措施。

关键词 渣油加氢 过滤器 故障 国产化

为追求更大的经济效益，炼油企业不断加大重质原油的加工比例，因此作为处理重油的渣油加氢装置成为越来越多企业的选择。但是渣油组分比较复杂，黏度高，密度大、机械杂质多，进反应器前需要经过高精密过滤器过滤，否则原料中的杂质会逐渐堵塞固定床催化剂微孔，引起反应器床层压力降升高，进一步缩短催化剂寿命。本文对原料过滤器的结构、性能，典型故障以及国产化情况，以及提高原料过滤器的运行可靠性，保证渣油加氢装置的长周期运行进行了分析。

1 原料过滤器结构性能

1.1 原料过滤器结构

渣油加氢原料过滤器过滤流程为，原料油由入口总管进入各组滤筒，从滤筒外侧透过滤芯，从滤筒中心顶部汇入总管流出过滤器。杂质颗粒在滤芯外表面被阻止堆积形成滤饼。当过滤器压差到达设定值或到达设定时间，自动反冲洗流程启动，反冲洗分为自动反冲洗和外接反冲洗，自动反冲洗介质采用滤后原料油，外接反冲洗采用蒸汽、氮气或反冲洗油等。

过滤器的结构分为三种类型。第一种类型：根据处理能力一般分 6~12 组，每组过滤器有 6~12 个滤筒不等，每个滤筒内有 28 支或 32 支滤芯，滤芯采用金属楔形缠绕丝结构，滤芯尺寸 Φ25.4mm×920mm，材质为 316L。运行中单组切除反冲洗。调研的 14 套渣油装置中有 11 套装置采用此类型过滤器。生产厂家为 Mahle、Eaton、海美特、南通星达等(图 1)。

图 1 第一种形式过滤器有 7 组，每组 8 个滤筒

第二种类型，根据处理能力设为 5 组到 12 组，每组 1 个滤筒，每个滤筒有 195 或 249 支滤芯，滤芯采用金属楔形缠绕丝结构，滤芯尺寸 Φ25.4mm×1500mm，材质为 316L，单租切除进行反冲洗。主要生产厂家为北京润华湘达，有两套装置采用此种类型。

第三种类型过，只有 2 组，每组 1 个滤筒，每个滤筒中有 1143 支滤芯，滤芯为金属丝多层烧结结构，滤芯尺寸 Φ25mm×2150mm，材质为 316L。运行中一组运行，一组反冲洗后备用。生产厂家为 PALL，有 1 套装置采用此种类型。

1.2 原料过滤器性能

金属楔形缠绕丝滤芯，由于其易于反冲洗，滤芯刚度大、耐用等特点，被大多数企业采用。金属丝多层烧结过滤筒芯，与 S-Zorb 装置的滤芯相同，但是在渣油过滤工况下，由于其内层杂质反

第一作者简介：周昊，高级工程师，2011 年毕业于扬州大学化学化工学院高分子材料专业，毕业后在金陵石化公司从事设备管理工作 11 年，现在中国石化炼油事业部从事静设备管理工作。

冲洗时，不易被洗掉，运行周期相对较短(表1)。

目前14套装置有13套采用金属楔形缠绕丝滤芯，1套采用金属丝多层烧结网过滤芯，过滤器反冲洗时间一般40min。14套装置原料过滤器过滤精度大致相同均为过滤精度23~25μm，过滤效率在98%以上(图2)。

表1　金属楔形缠绕丝与金属多层烧结网优缺点对比表

项目	金属楔形缠绕丝网	金属丝多层烧结网
优点	具有易清洗，再生能力强，机械强度强，特别适合使用在重油、高黏度、高温高压的场合	具有滤芯精度高，适合使用在比较清洁、黏度低、流动性好、杂物为机械颗粒的场合
缺点	开孔率低(相比较多层烧结网)和过滤精度的限制	机械强度低，堵塞不易清洗

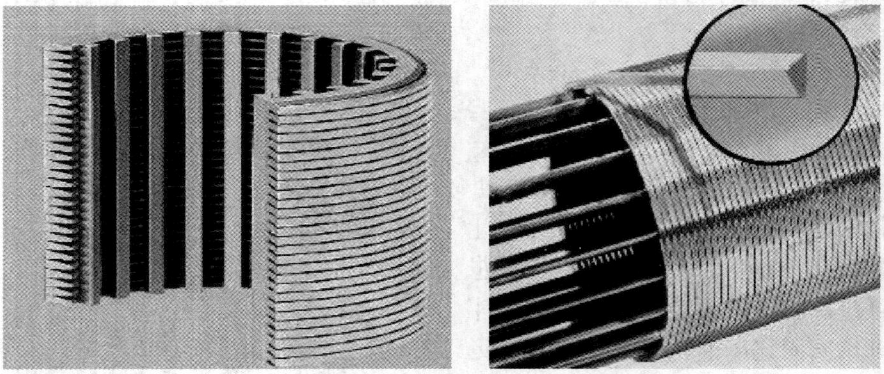

图2　金属楔形缠绕丝滤芯示意图

1.3　过滤器过滤面积和反冲洗时间的关系

当单组过滤器压差达到预定设定值(一般为100kPa左右)或运行时间达到设定值(一般为2h)，单组过滤器启动反冲洗流程。一般情况下，基于压差和基于时间的反冲洗流程同时设定，压差和时间有一项先达到反冲洗程序就启动。根据装置运行情况也可以单独设定基于压差反冲洗程序。

反冲洗间隔时间与过滤器过滤面积和原料的洁净程度密切相关。JM石化原料过滤器2017年投产后过滤器反冲洗间隔时间为1h，2020年大修改造时过滤面积由172.3m^{2}增加至262.06m^2，过滤器反冲洗间隔时间提高到了2h。HN炼化由于原料相对比较清洁，其过滤反冲洗间隔时间最长达8h(图3)。

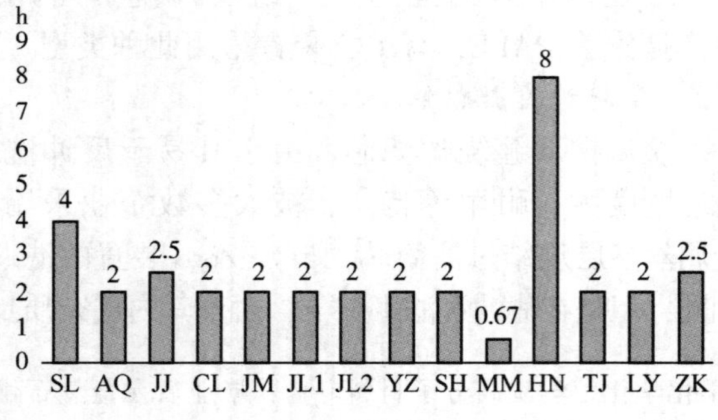

图3　各装置原料过滤器反冲洗时间

2　典型故障及维修

2.1　过滤器滤芯故障

(1) 滤芯故障情况

过滤器故障多为滤芯故障，一种是滤芯底部挡板焊缝开裂，造成“过滤介质短路”，过滤效率下降，主要原因是支撑环与底部挡板之间的焊接强度大于底部挡板与滤芯之间的焊接强度，在较大的热胀变形下，底部挡板与滤芯的焊缝被拉裂。

另外一种是金属楔形缠绕丝之间的间隙变大，导致过滤精度下降。主要原因是楔形绕丝在运行中由于磨损或腐蚀使绕丝之间的间隙逐渐变大。

(2) 滤芯底部挡板脱焊

SH石化2021年检修(2012年投产)，检查发现7组滤芯底部挡板出现焊缝开裂现象，如图4所示。裂缝宽度超过300μm，是正常滤道标准宽度(23μm)的10倍以上。部分裂缝的长度超过1/2周长。

JJ石化2017年渣油加氢装置(2015年投产)运行中，反应器压差快速上升，停工检修时，发现60个滤筒中有26个滤筒滤芯底部挡板焊缝开裂，图5所示。根原因分析过程中发现，过滤器在反冲洗时，短时出现了反冲洗压力过高现象，认为内外压力强度超出了。滤芯底部挡板焊缝的强度，导致焊缝开裂。于是对滤芯底部结构进行了改进，增加了滤芯与底部挡板防脱开措施。

（3）滤芯滤丝腐蚀变形

SH 石化 2021 年检修检查发现 7 支滤芯过滤精度下降，过滤精度下降到 46μm 以上，停工检查发现，虑丝由于腐蚀和冲刷出现孔洞，导致过滤精度下降(图 6)。

（4）损坏滤芯修复

SH 石化 2021 年检修由于过滤器滤芯的备件不足，进口新滤芯的供货周期又长达 4 个月，采取了对损坏滤芯修复的措施。将棒芯底部盖板切除，加工出内径与滤芯外径相同的管帽，将滤芯底部 6mm 左右卡入管帽底端，然后将管帽上部与滤芯焊接如图 7 所示。

图 4　滤芯底部焊缝开裂及磨损情况

图 5　滤芯挡板焊缝脱开及修复图

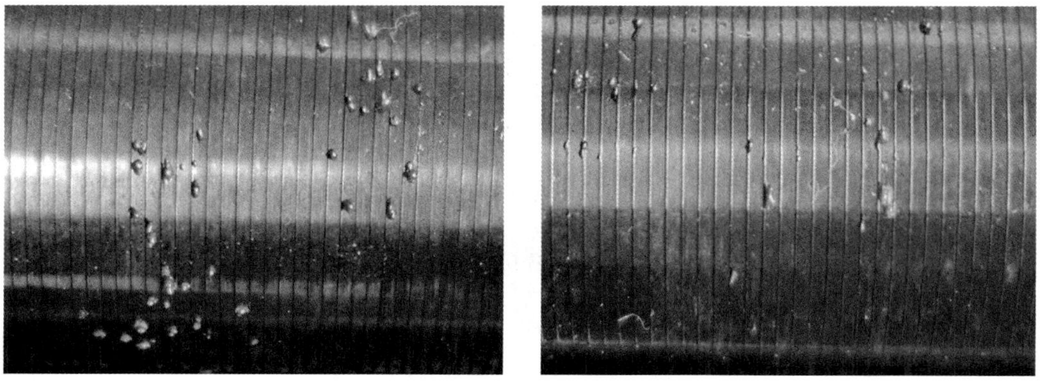

图 6　JJ 石化滤芯挡板焊缝脱开及修复图

图7　过滤器滤芯管帽及修复图

3　滤芯国产化

目前国内渣油加氢装置原料过滤器的供货厂家共有7家，国内4家、国外3家。国内4个过滤器制造厂，只有浙江核芯泵业制造的过滤器全部采用国产化，北京润华湘达、南通星达和海美特3家制造均采用进口滤芯进行集成。

JJ石化和浙江核芯泵业有限公司合作开发的渣油加氢原料过滤器2021年投用，运行平稳、安全可靠。国产滤芯与进口滤芯性能参数对比，从表2数据可以看出，国产滤芯性能已经和进口滤在过滤精度和可靠度上基本相当。

表2　国产滤芯于进口滤芯性能参数对比表

项目	入口流量/(t/h)	入口压力/MPa	入口温度/MPa	滤前原料残碳/%	滤后原料残碳/%	过滤器最低压差/MPa	一反压降/MPa
进口滤芯使用情况(月均值)	220.15	1.7	268.28	9.475	9.215	13.52	0.115
国产滤芯使用情况(月均值)	210.14	1.7	270.55	10.347	9.922	11.26	0.0875

4　结语

(1) 渣油加氢装置过滤器应该优选滤芯形式为金属楔形缠绕丝的自动反冲洗过滤器。

(2) 增大过滤器过滤面积可有效延长反冲洗周期，降低过滤器故障。

(3) 滤芯底部挡板的焊接形式可以通过结构改造提高强度，防止反冲洗时出现的焊缝疲劳开裂。

(4) 国产滤芯性能和可靠度等同于进口滤芯，可完全取代进口。

参　考　文　献

[1] 穆海涛，孙振光．渣油加氢脱硫装置进料过滤器的改进[J]．炼油设计，2001，31(5)：30-33.

浅谈炼化装置细小接管风险分级与管理

张　芾[1]　吕　铮[1]　于　淇[1]　肖守睿[2]　赵　顶[2]

（1. 中国特种设备检测研究院；2. 中国石化荆门石化公司）

摘　要　细小接管是炼化装置重要组成部分，数量规模庞大且部分位置不易检测，管理资源少与安环要求高矛盾突出。如何制定行之有效的管理策略与计划，系统管控细小接管风险，保障装置设备安全平稳运行是困扰管理人员的难题。本文将论述炼化装置细小接管风险管理现状，对管理要求与分级指标设定进行剖析，总结当前风险管理活动的不足并提出改进建议。

关键词　细小接管；风险分级；风险管理

细小接管这一名词概念与定义是国内设备管理人员在工作中逐渐形成的，通常指容器或管道主管线与管件、阀门、仪表之间连接的直径 $DN<50$mm 的且在第一道阀门以内的半管接头、支管座、支管结构，是炼化装置重要组成部分。

其概念的提出有以下两方面原因，其一是国内特种设备目录未将 $DN<50$mm 的管道列入压力管道监管范畴，其管理要求由使用单位制定，但受制于标准规范要求的不明晰，其管理环节存在诸多缺失导致细小接管泄漏事故频发，引起管理人员关注。其次，由于细小接管直径小、表面曲率大，难以开展内部检查，外部检测受困于现有仪器设备探头较难精准贴合其表面，反馈的检测信号对缺陷判断存在一定干扰，检测结果准确性不高，对管理决策产生较大影响。因此，设备管理人员提出细小接管概念，并对其提出相应要求以完善管理工作。

1　细小接管风险管理目的与要求

炼化装置细小接管数量规模庞大且部分安装位置过高或过低、支架与施工位置形成检测空间限制导致人员难以靠近，带有绝热层的细小接管扒皮检查成本高且存在施工作业不规范增加层下腐蚀风险，企业难以全面、高频开展细小接管维护检查工作，管理资源少与安环要求高矛盾突出。如何制定行之有效的管理策略与计划，系统管控细小接管风险，保障装置设备安全平稳运行是困扰设备管理人员的一大难题。

依据帕累托法则与完整性管理理念，应识别影响细小接管安全使用的全生命周期风险因素，并对可能导致的各种潜在风险事件及影响后果进行分析，采取定量或定性的方法判断细小接管风险等级，并按照优先原则划分和确定必须进行管控的主要风险，制定管控策略。笔者认为，细小接管风险管理应遵循以下原则与流程：

1.1　梳理风险因素，制定风险分级方法

细小接管常因设计不合理、施工不当、焊接质量差、维护检测不到位等原因发生减薄、开裂、外部破坏以及失稳泄漏等现象。

例如在腐蚀工况下，设计人员多关注细小接管强度而忽略腐蚀裕量，导致细小接管较设备本体更易发生腐蚀减薄引发泄漏；绝热层包裹部位易受防腐保温作业质量影响发生层下腐蚀；常采用的承插角焊缝连接结构易产生焊接缺陷且焊接质量不易检测，使用中出现开裂、泄漏等现象；维护检查时采取锤击等方式造成细小接管变形；振动工况下未采取有效稳固措施导致泄漏等。

受上述原因影响，笔者认为应梳理细小接管全生命周期存在的风险因素并进行归类，从细小接管运行工况与环境适应性、连接结构、采取的维护检查方法与检测结果以及维护检修便利性等方面，提炼有代表性的要素，制定便于操作的风险分级方法，对细小接管风险进行高效评估与分级。

第一作者简介：张芾（1995—），学士学位，助理工程师，主要从事石化设备管理与安全防护研究等工作。

1.2 制定基于风险的维护检修策略

针对不同风险等级细小接管，应明确相应维护检修频次与检查检测内容，确定检测方法、检测比例与重点检测部位，形成基于风险的细小接管维护检修策略。

从维护检测方法上看，目前行业多采用目视、锤击、摇动、超声、渗透等检测方法对细小接管进行宏观检查、测厚检查与无损检测。锤击、摇动的检查方式受人为影响大，很难准确评估细小接管安全状态且容易造成外部破坏，不建议使用。超声检测结果的准确性虽受仪器约束，但目前仍是识别细小接管安全状态的手段之一，可采用超声测厚与TOFD检测对细小接管壁厚与埋藏裂纹缺陷进行识别。渗透检测可识别细小接管表面裂纹缺陷。

笔者建议采取目视检查、可燃气体报警仪检测、超声检测、渗透检测等方式开展细小接管维护检查，识别细小接管结构与表面漆层是否完好、绝热层是否破损、是否存在泄漏与振动，对细小接管本体与连接位置进行超声与渗透检测，识别细小接管减薄、开裂以及焊接缺陷。近年提出采用漏磁检测、脉冲涡流检测与数字射线成像检测等技术方法也可在条件许可的情况下使用。具体方法的选择应综合管理资源、设备开停工状态、是否存在高温、绝热层包裹以及空间限制等进行选取。

从维护检测频率上看，部分企业对锅炉、Ⅱ、Ⅲ类压力容器以及GC1、GC2、GD1压力管道附属的细小接管，规定自行检查频次不低于3次/月；其他细小接管自行检查频次不低于1次/月。停工期间，对高风险部位进行100%检测，中风险部位进行10%~15%抽检。其中绝热层包裹部位的细小接管100%扒皮检测，第一、二类腐蚀性介质环境、振动工况、操作温度高于250℃以及自行检查存在缺陷的按照100%比例抽检。也有企业采取高风险部位每半年或一年进行全项检查，包括宏观检查、超声测厚、渗透检测、TOFD检测等；中风险部位每两年进行全项检查；低风险部位每个大修周期至少进行一次全项检查，实现每个大修周期完成至少进行一次细小接管的全面、全项检查。

现场管理中，因管理资源有限以及部分细小接管存在工况约束以及空间限制，上述维护检修策略在执行环节都存在一定阻碍。笔者倾向于对低风险部位每个大修周期完成至少一次全项检查；中风险部位具备自行检查条件的，检查频次不低于2次/年，停工时进行全项检查；高风险部位具备自行检查条件的，检查频率不低于1次/月，停工时进行全项检查。

使用单位可根据企业实际情况，制定适用的细小接管维护检修策略，逐步由事后维修过度至基于风险的预防性维修。

1.3 建立细小接管风险台账，并实行动态管理

应制定细小接管风险分级工作流程并依此开展风险分级工作。笔者认为，每个大修周期至少进行一次细小接管风险分级，对工况环境变更、检测发现缺陷的，应及时重新分级。细小接管所属设备完成RBI评估的，可参考评估结果动态调整细小接管风险等级。

作为细小接管风险分级的载体，企业应建立细小接管风险台账。笔者认为，台账应至少包括细小接管所属设备的基本信息、细小接管信息、以及风险情况。其中设备信息应包括设备名称、位号、设备类别(容器/管道)以及投用日期。细小接管信息包括接管编号、接管名称、直径、壁厚、材质、操作温度、操作压力、介质、以及风险分级涉及的有关要素，如是否存在振动等。风险情况包括细小接管风险等级、维护检修策略与检查发现的异常情况。针对高风险细小接管，还应制定降险措施与管控方案，并实施监测。

2 细小接管风险分级要素指标

风险的数学表达形式为失效概率与失效后果的乘积，根据风险分级标准，依次确定其失效概率与失效后果，对照风险矩阵图，进行风险等级的判断。经笔者调研，当前国内推行的细小接管风险分级方法有两种，均采用定性打分方式，但两者采用的矩阵图与要素指标存在差异。

其一采用5×5风险矩阵图。失效后果方面，通过介质毒性、可燃性以及细小接管操作压力、操作温度四个维度分别打分，求和后根据分值所在范围，判断失效后果等级；失效可能性方面，通过腐蚀性分级、材质适用性以及振动情况分别打分，加权后根据分值所在范围，判定失效可能性等级。分级要素指标详见表1。

表 1 5×5 风险矩阵分级要素指标

评分项	评分要素	加权系数	分级指标
失效后果	介质毒性	/	极度危害
			高度危害
			中度危害
			轻度危害
	介质可燃性	/	甲类
			乙类
			丙类
			无可燃性
	操作温度	/	$T \geqslant 400℃$
			$250℃ \leqslant T < 400℃$
			$100℃ \leqslant T < 250℃$
			$T < 100℃$
	操作压力	/	$P \geqslant 4MPa$
			$1.6MPa \leqslant P < 4MPa$
			$0.1MPa \leqslant P < 1.6MPa$
			$P < 0.1MPa$
失效可能性	腐蚀性	0.5	强腐蚀
			中等腐蚀
			弱腐蚀
			无腐蚀
	材质	0.3	不符合介质工艺要求
			基本符合介质工艺要求
	振动	0.2	振动较大
			存在振动
			无振动

其二采用 3×3 风险矩阵图。失效后果等级依据细小接管所属设备等级确定；失效可能性方面，通过腐蚀环境、流动死区、应力腐蚀开裂、疲劳工况、使用年限、连接方式等维度分别打分，求和后根据分值所在范围，判定失效可能性等级。经检测后根据检测结果对失效可能性进行修正，修正方式为在原失效可能性评分加上检测结果评分，根据求和后新的分值判定失效可能性等级。分级要素指标详见表 2。

经笔者了解，上述两种分级方法都已取得应用且对细小接管风险管理起到一定支撑与引导作用。第一种分级方法侧重于细小接管运行工况与材质适应性，对细小接管在腐蚀、振动等环境下泄漏风险进行评估。第二种分级方法涵盖的风险因素更全，在细小接管运行工况与环境适应性的基础上，增加了连接结构、使用年限、检测结果的考量，将细小接管常见缺陷，如腐蚀减薄、应力开裂、振动或热疲劳导致的开裂、焊接缺陷以及外部破坏、泄漏等纳入评估范畴。

表 2 3×3 风险矩阵分级要素指标

评分项	评分要素	分级指标
失效后果	/	依据所属设备等级
失效可能性	内腐蚀	有
		无
	外腐蚀	有
		无
	流动死区	存在
		不存在
	应力腐蚀开裂	存在
		不存在
	疲劳工况	有
		无
	使用年限	小于 10 年
		10~15 年
		15~20 年
		大于 20 年
	连接方式	开孔承插焊
		管台、管嘴
		三通管件
	厚度检测	未减薄
		减薄比例<20%
		减薄比例 20%~30%
		减薄比例>30%
	裂纹检测	无裂纹
		存在开裂缺陷
	宏观检查	无异常
		绝热层或表面漆层破损
		变形
		泄漏

两者比对，第一种方法围绕细小接管失效后果最严重的泄漏缺陷进行风险评估，优势在于操作简便、抓取主要风险并设置针对性强的评价指标，不足在于缺少检测结果对风险等级的修正与反馈，难以实现动态分级管理，且考虑的风险因

素不全，缺少开裂、外部破坏等缺陷风险的评估。第二种分级方法的优势在于涵盖的风险因素较全，指标选取具有代表性，不足在于对人员的专业能力要求较高，需要判断细小接管材质在工况条件下发生腐蚀、开裂的可能，并根据腐蚀裕量、结构选型作出调整。此外还需选取合适的检测部位与方法进行缺陷检测，人为因素对分级结果的影响大，分级时间较长。

笔者认为，设定风险分级要素指标时可参考上述内容外，还应考虑细小接管是否方便维护检修，对不便于维护检修的，应适当提高风险分值，在停工时列入重点检测部位进行全项检查。

3 细小接管风险管理现状

国内部分炼化企业制定并颁布了细小接管管理的企业标准或制度文件，将细小接管风险管理视为重要工作之一，开展了风险分级与维护检修策略制定，建立了细小接管信息化管理平台或电子台账，推进风险管理工作运行。但在管理活动中仍存有以下几方面问题待解决：

（1）未明确何时开展风险分级，导致分级结果的时效性欠佳，不利于开展基于风险的管理。

（2）未明确风险分级工作流程，存在人员未按分级方法进行打分、分级结果无人审核的情况，分级过程的规范性与结果的准确性存在疏漏。

（3）维护检修计划可执行性欠佳。当前制定的基于风险的细小接管维护检修策略严苛，现场实践中受设备运行环境、维护检修条件影响，未能有效执行。部分企业仍以人员经验为主，以定期巡检的方式检查细小接管泄漏情况，或与设备定期检验相结合，难以满足风险管理要求。应根据企业实际条件制定可行的维护检修策略，并以策略为基础，形成不同工况环境、不同风险等级细小接管维护检修计划，明确维护检查内容、应用技术方法、频次要求以及重点关注位置等。

（4）细小接管数据信息准确性有待提升。由于缺少统一的细小接管编号规则与登记要求，细小接管台账中存在数据格式不规范、数据内容不准确、不对应的情况，应进一步明确数据管理要求，实行细小接管数据规范化管理。

（5）细小接管降险措施与管控计划制定依赖个人经验，应建立知识库积累实际案例传承管理经验。

随着细小接管风险管理活动的深化推进，未来将积累更多经验，逐步完善细小接管风险分级方法，优化基于风险的维护检修策略，进一步规范其管理活动，通过实行细小接管风险动态管理，为设备长周期、安全运行提供支持。

参 考 文 献

[1] 刘民．石化装置压力容器、压力管道小接管隐患及管理[J]．石油化工设备，2012，41(3)：94-96.

[2] 压力管道安全技术监察规程——工业管道：TSG D0001—2009[S].

[3] 张芾，高峯，肖守睿，等．炼化装置细小接管技术管理现状分析与展望［J］．石油化工设备，2023，52(03)：84-87.

[4] 钟建华，冉文燊，王春生．炼化装置压力管道小接管隐患分析及检测技术[J]．化学工程与装备，2020(10)：72-74.

[5] 沈炳生，陈秋菊，吕忠，等．设备及管线小接管隐患治理[J]．中国设备工程，2014(5)：66-67.

[6] 胡永．压力管道小接管隐患分析及管理对策[J]．广东化工，2016，43(3)：105.

[7] 赵阁，李朝晖，郭广飞，等．石化装置小口径接管及接管角焊缝隐患分析及管理措施[J]．中国设备工程，2020(6)：103-104.

[8] 刘栋．在用工业管道定期检验对小接管及接管角焊缝进行测厚和无损检测的必要性[J]．特种设备安全技术，2016(4)：28-29.

[9] 邓文．加氢装置反应系统小接管失效分析及对策[J]．设备管理与维修，2021(14)：63-64.

[10] 陈启华．循环氢脱硫塔入口分液罐压力表小接管失效分析[J]．石油和化工设备，2021，24(12)：122-126.

[11] 杨燕鹏．基于风险评价的压力管道分级监管策略方法研究[D]．北京：中国地质大学(北京)，2015.

[12] 钟名丽，马斌，张晓玲．炼化小接管信息化管理解决方案探析[J]．中国设备工程，2021(24)：16-17.

基于关键性评级的压力管道分级管理策略研究

马 彪 冷 忠 谷 阳 刘 辉 伍世昌

（中国石油独山子石化分公司）

摘 要 本文通过对压力管道失效后产生的影响及导致压力管道失效的关键因素进行分析，说明压力管道分级的方法。介绍了压力管道关键性分级管理的目的及意义，以及按照压力管道不同关键性等级管理的策略，对企业压力管道日常管理提出管理建议。

关键词 压力管道 失效 关键因素 策略 分级管理

压力管道是特种设备目录中重要的组成部分，化工企业的生产过程中，压力管道是生产装置的主要运输手段，物料的供应，工艺过程的流转均要靠不同规格、不同压力等级和形状的管道来实现。事故案例统计数据表明，90%左右的经济损失是由不足 20% 的高风险设备引起的。近年来压力管道失效引发的事故频发，这不仅给企业带来巨大的生产、财产损失，也给人们的生命健康及环境带来巨大威胁。如果是有毒、有害、易燃、易爆、腐蚀性介质等发生外漏，产生过的后果更是无法估量。在错综复杂的化工管道中，管道运行的工况、动力载荷、改造维修、输送介质的温度、压力、腐蚀性等都是影响压力管道失效的关键因素。

根据压力管道安全管理的现实和需要，对压力管道进行风险评价，将压力管道分为不同的风险等级，为压力管道日常管理提供决策依据。同时，制定科学合理的分级监管策略，可有效利用有限的管理、检测、维护资源，最大程度提高企业的风险管理能力，提升工作效能。

1 压力管道关键性分级方法

风险分级的基本思想是风险理论的数学关系：风险值=危险概率×危险严重度。只要计算出风险值，则可根据风险水平来进行风险分级。根据目前企业压力管道的运行状况，建立关键性分析（ACA）评价体系。依据压力管道类别、使用年限、安全状况等级、所在装置的关键性、失效后果以及失效后的安全环保风险，将压力管道的关键性等级划分为为 A 级、B 级、C 级、D 级。进而根据不同关键等级的压力管道制定不同的设计、采购、安装、使用维护、检验监测、维修、改造、变更等策略。

1.1 装置关键性

为了更加高效、准确地对压力管道进行风险评价，确定压力管道关键性等级，需要根据装置各个单元的重要性将装置划分为多个不同单元。装置单元关键性系数（K1）评估是根据同一装置不同单元对生产影响、HSE 影响等因素，用于对装置不同单元之间进行横向比较的一种度量方法。为了使压力管道关键性评级更加准确，根据单元在装置中承担的不同功能对各单元赋予不同分值，在压力管道的关键性分析中，装置关键性得分可用于对压力管道风险评价结果进行修正，使评估结果更加客观和合理。

1.2 管道失效严酷度分析

严酷度（S）是对管道失效所造成后果的严重程度的评价，它是根据管道故障最终可能导致的 HSE 影响、生产损失和财产损失等方面进行评定的。对压力管道关键性分级（ACA）中拟使用的严酷度等级类别定义见表 1。

指标权重是压力管道风险评价过程中各指标重要性的体现，是客观反映压力管道关键性的重要度量。各指标权重分配是否科学合理，直接影响着管道关键性分级的科学性及准确性。当指标的权重改变时，整个评价的结果也会随之变化。

第一作者简介：马彪（1983—），高级工程师，2008 年毕业于中国石油大学（华东），学士学位，现在中国石油独山子石化分公司乙烯一部从事设备管理工作。E-mail：yxcj_mab@petrochina.com.cn

表1　管道失效严酷度($S_{严酷}$)

类别	分值描述	分值	等级
HSE影响	1. SHC5	1	S7
	2. SHC3、SHC4	2	S6
	3. SHB3、SHB4	4	S5
	4. SHA3、SHA4	6	S4
	5. SHC1、SHC2	8	S3
	6. SHB1、SHB2或操作压力大于10MPa	12	S2
	7. SHA1、SHA2	16	S1
生产损失	1. 管道一般故障，基本不影响生产	1	S5
	2. 管道故障造成工艺单元生产波动	2	S4
	3. 管道故障造成包括单套装置降量或局部切除	4	S3
	4. 管道故障造成单套装置非计划停工或多套装置生产波动	8	S2
	5. 管道全厂生产波动、降量或多套装置非计划停车的故障	16	S1
财产损失	1. 直接经济损失在3万元以下	1	S5
	2. 直接经济损失3万元以上(含3万元)，5万元以下	2	S4
	3. 直接经济损失5万元及以上(含5万元)，10万元以下	4	S3
	4. 直接经济损失10万元以上(含10万元)，30万元以下	8	S2
	5. 直接经济损失30万元以上	16	S1

对于管道失效严酷度评定，HSE影响、生产损失、财产损失占不同权重，其中HSE影响占比50%，生产损失占比20%，装置关键性得分占比20%，财产损失占比10%。根据计算得到的分值确定严酷度等级。

对装置关键性系数(K_1)、HSE影响、生产损失和财产损失等要素综合评估，管道失效严酷度($S_{严酷}$)的计算公式如下：

$$S_{严酷}=S_{HSE}\times50\%+K_1\times20\%+S_{生产}\times20\%+S_{财产}\times10\%$$

1.3 压力管道失效模式评价

压力管道失效模式评价涉及到较多的因素，选择科学合理的评价指标是压力管道准确分级的前提。因此，评价指标的选择至关重要。对于管道失效模式评定，通过查阅压力管道相关规范，按照使用年限、安全状况级、改造维修、动力载荷、运行工况、腐蚀性等方面进行评价。根据计算得到压力管道失效的可能性得分(表2)。

对于管道失效模式评定，按照使用年限、安全状况级、改造维修、动力载荷、运行工况、腐蚀性的得分之和，乘以年平均使用时长占比K_2。得到失效可能性得分。

表2　管道失效模式($S_{失效}$)

类别	分值描述	分值	等级
使用年限	A≤3年	1	S4
	3年<A≤9年	2	S3
	9年<A≤15年	3	S2
	A≥15年或设计使用寿命	4	S1
安全状况等级	安全状况等级为1级和2级	1	S3
	安全状况等级为3级(有临时安全措施的除外)	8	S2
	有临时安全措施(如带着补强、带压堵漏措施)的安全状况等级为3级压力管道	16	S1

续表

类别	分值描述	分值	等级
改造维修	无改造、维修	1	S4
	依据设计图纸，进行改造，改造办理告知、变更相关手续并经过检验检测合格	2	S3
	进行过修理，修理后检验合格	4	S2
	改造、修理未经设计或改造修理后未检验	8	S1
动力载荷	无冲击	1	S4
	水力冲击	4	S3
	气液、气固、液固相冲击	8	S2
	机械振动、循环工况(压力循环、热循环产生疲劳破坏)	16	S1
运行工况	在设计工况内	1	S2
	临近设计工况运行	8	S1
腐蚀性	腐蚀速率<0.05mm/a	1	S3
	0.05mm/a≤腐蚀速率<0.1mm/a	4	S2
	0.1mm/a≤腐蚀速率	16	S1
年平均使用时长	年平均使用时长<1个月	0.2	S4
	1个月≤年平均使用时长<3个月	0.4	S3
	3个月≤年平均使用时长<半年	0.8	S2
	6个月≤年平均使用时长	1	S1

计算公式如下：

$$S_{失效}=\sum(S_{腐蚀}、S_{运行}、S_{动力}、S_{改造}、S_{年限}、S_{安全状况})\times K_2$$

其中：K_2 为年平均使用时长。

对压力管道失效后的严酷度、失效可能性进行综合评估，计算风险优先数(RPN)，公式如下：

$$RPN=S_{严酷}\times S_{失效}$$

$$RPN=(S_{HSE}\times 50\%+K_1\times 20\%+S_{生产}\times 20\%+S_{财产}\times 10\%)\times\sum(S_{腐蚀}、S_{运行}、S_{动力}、S_{改造}、S_{年限}、S_{安全状况})\times K_2$$

按照风险优先数(RPN)将压力管道关键性分为A、B、C、D四个等级，具体标准见表3。

表3　风险优先数(RPN)界定标准

等级	标识	说明
低风险D(不重要)	绿色	$RPN<30$
中低风险C(一般)	蓝色	$30\le RPN<78$
中风险B(主要)	黄色	$78\le RPN<100$
高风险A(关键)	红色	$RPN\ge 100$

对于新建管道：按照压力管道的分级原则，将GC1管道定为A级，GC2管道定为B级，GC3管道为定C级。

2　分级管理策略方法的总体设计

根据上文压力管道关键性分级方法的研究，要对企业压力管道合理、高效、科学地进行安全管理，就必须以压力管道关键性风险分级为基础，利用分级的结果进行管理。根据不同关键性等级的压力管道制定不同的设计、采购、安装、使用维护、检验监测、维修、改造、变更等策略。下面就压力管道具体管理策略进行说论述。

2.1　压力管道采购安装

压力管道、管件和焊材的制造和按照单位应具备相应的资质和能力，相关单位符合TSGR1001《压力容器压力管道设计许可规则》要求。原材料、构配件和设备进场检验必须对照相应国家或行业标准核查质量证明文件(如标准要求的标志、合格证、使用说明书、性能检测报告等)。对于不同风险等级的压力管道安装执行不同的质量检测标准(表4)。

2.2　压力管道运行维护管理

2.2.1　压力管道使用安全管理

压力管道使用安全管理，需配备安全管理负责人、安全管理人员和作业人员，办理使用登记，建立各项安全管理制度。使用单位管道要建立详尽的操作规程，避免出现超温、超压、超流速、超控制指标运行。关键调整和操作步骤应设置多重确认，并且进行检查，防止出现误操作。管理和操作运行人员按法律法规进行培训合格，其中压力管道管理人员应当具备管道的专业知识，熟悉国家相关法规标准，经过管道安全教育和培训，取得《特种设备管理人员证》后，方可从事管道的安全管理工作。班组操作维护人员由管理人员对管道操作人员进行管道安全教育和培训，保证其具备必要的管道安全作业知识。

表4　压力管道安装要求

项目	A级压力管道	B级压力管道	C级压力管道	D级压力管道
质量检查验收	1. 焊接、热处理或水压试验重点环节质量检查 2. 逐条管道焊缝探伤和硬度检测抽查复验 3. 复验比例宜为3%至5% 4. 合金钢进行100%光谱仪材质复检	1. 焊接、热处理或水压试验重点环节质量检查 2. 逐条管道焊缝探伤抽查复验和硬度检测复 3. 复验比例为1%至3% 4. 合金钢进行100%光谱仪材质复检	1. 焊接、热处理或水压试验重点环节质量检查 2. 逐条管道焊缝探伤抽查复验和硬度检测复测 3. 复验比例宜为1% 4. 合金钢进行100%光谱仪材质复检	1. 焊接、热处理或水压试验重点环节质量检查 2. 合金钢进行100%光谱仪材质复检

2.2.2　压力管道技术资料管理

(1) 压力管道日常管理中定期维护管道技术信息台账，确保管道台账、空视图、单线图等技术信息与现场实物相符。结合现场管道实际走向排查确认，形成完整单线图并实施动态更新管理。压力管道原始设计资料、工艺流程图、设计变更、管道更新、管道修理等建档保存，以便随时查阅。

(2) 压力管检验完成后，与检验单位对接初步检验结论，当发现数据异常再次对同一部位进行复核性检验，以确定存在的问题。存在的问题和对无误后出具正式报告。对发现的缺陷按照检验单位报告要求进行修复。压力管道定期检验报告全生命周期保存。

2.2.3　压力管道操作管理

压力管道要建立详尽的操作规程，避免出现超温、超压、超流速、超控制指标运行。关键调整和操作步骤应设置多重确认，并且进行检查，防止出现误操作；操作规程或者操作卡中应明确提出管道的安全操作要求。管道的安全操作要求至少包括以下内容：

(1) 管道操作工艺指标，包括最高工压力、最高工作温度或者最低工作温度。

(2) 管道操作方法，包括开、停车的操作方法和注意事项。

(3) 管道运行中重点检查的项目和部位，运行中可能出现的异常现象和防止措施，以及紧急情况的处置和报告程序。

2.3　压力管道监督检验策略

2.3.1　压力管道分级检验管理策略

(1) A级压力管道主要检测项目和比例如壁厚测定、表面检测、射线或超声波检测比例等在管道检验规程GC1、GC2规定的基础上加倍；10%的焊缝进行硬度检测抽查，抽1~2焊接接头进行母材、焊缝、热影响区金相检测。对振动管线或疲劳应力管线应进行裂纹缺陷无损检测。包含定点测厚、年度检查、定期检验测厚，每个运行周期对弯头、三通、大小头等管件覆盖率宜达到80%以上，30%~50%的弯头、三通、大小头等管件测厚2次以上，发现严重减薄的部位，扩大测厚范围，要加大测厚频次，重点部位应采用在线测厚系统进行连续跟踪监测。

(2) B级压力管道主要检验方法如壁厚测定、表面检测、射线或超声波检测比例应高于管道检验规程GC1、GC2规定的要求；必要时5%~10%的焊缝进行硬度检验抽查，抽1~2焊接接头进行母材、焊缝、热影响区金相检测。对振动管线或疲劳应力管线应进行裂纹缺陷无损检测。包含定点测厚、年度检查、定期检验测厚，每个运行周期对弯头、三通、大小头等管件覆盖率宜达到50%以上，30%以上的弯头、三通、大小头等管件测厚2次以上。

(3) C级及D级压力管道主要检验方法如壁厚测定、表面检测、射线或超声波检测比例按管道检验规程规定的要求执行。

2.3.2　年度检验分测厚检验及无损检测

利用压力管道的关键性分级制定并实施管道

定点测厚方案。所有压力管道定点测厚点应固定，现场做明显的标识。无损检测重点对振动管线的焊缝进行无损检测、硬度检测、母材材质晶相检测等。检测发现故障缺陷，应扩大测厚范围，加大检测频次，并建立相应压力管道的台账记录和档案。

2.3.3 压力管道特殊检测

对于工作介质含湿 H_2S 或介质可能引起应力腐蚀的碳钢和低合金钢管道，一般应选择有代表性的部位进行硬度检验。当焊接接头的硬度值超标时，视具体情况扩大焊接接头无损检测抽查比例。存在温度压力交变工况等承受疲劳载荷的管道（如与往复压缩机连接的管道）应进行10%～15%的表面检测抽查，及其接管根部焊缝，碳钢或低合金钢材质的应进行100%磁粉检测，不锈钢材质的应进行100%渗透检测。发现管道壁厚有异常情况时，应在附近增加测点，并确定异常区域大小，必要时，可适当提高整条管线的测厚抽查比例。

2.4 压力管道缺陷处理与改造策略

2.4.1 压力管道缺陷处理

对制造缺陷和使用引起的缺陷应区别对待。发现超标缺陷分析清楚缺陷产生的原因，评估缺陷对安全带来的风险，然后制定处理方案和措施。A/B级管道的焊接修复，应组织专家会议评审，确定修复技术方案。缺陷处理应按有关规程和技术标准进行。

新安装的压力管道发现超标缺陷应按设计制造技术要求和相关标准进行处理。裂纹、未熔合、未焊透缺陷必须处理。发现母材缺陷，则应对同一批次的材料进行扩检，A类100%扩检，B类扩检比率不小于50%，C类扩检比率不小于10%，D类扩检比率不小于5%。如再次发现母材缺陷，则应整体更换。

2.4.2 压力管道改造与维修

改造与重大修理须由相应资质设计单位出具改造设计蓝图。或者其方案经过原设计单位或者具备相应能力的设计单位书面同意。改造或者重大修理可采用其原设计标准，经过改造或者重大修理后，应当保证其结构和强度满足安全使用要求。改造、修理所使用材料必须与原管道材质一致。改造或修理过程中涉及的切割、标记移植、坡口制备、焊接、热处理、检验与试验等工作应当符合相关规程。

用焊接方法更换管道受压元件的；管道受压元件补焊深度应大于二分之一实测厚度的；改变使用条件，超过原设计参数并且经过强度校核合格的，在改造与重大修理施工过程中应当进行耐压强度试验。管道系统确因条件所限难以进行耐压试验的，应先对管线和管件进行承压试验，施工完成后应按照原设计要求对其所有新焊口进行100%的无损检测。

3 结论

本文论述了基于关键性评级的压力管道分级管理策略，主要结论如下：

（1）通过分析压力管道失效后所导致的生产影响、HSE影响及财产损失的大小，对三项要素赋予不同权重，最终确定不同压力管道失效后的严酷度。

（2）综合评定压力管道使用年限、安全状况级、改造维修、动力载荷、运行工况、介质腐蚀性等管道自身属性，评定出压力管道失效发生的可能性。

（3）通过对压力管道失效严酷度和失效可能性进行综合评估，构建了基于风险的压力管道关键性分级方法，计算出风险优先数（*RPN*），对压力管道关键性分为四个不同等级。

（4）根据压力管道关键性评级的结果，对四个等级的压力管道制定不同的管理策略，有助于与企业压力管道管理方法的优化，提高压力管道管理效率。

参 考 文 献

[1] 刘展．基于RBI的压力管道风险检验技术研究[J]．石油化工设备，2008，37(5)：5-6.

[2] 杨艳鹏．基于风险评价的压力管道分级监管策略方法研究[D]．北京，中国地质大学，2015. 14-16.

[3] 吴娇．尾矿库溃坝风险评价与分级技术研究[D]．沈阳，东北大学，2009.

[4] TSG D3001—2009 压力管道安装许可规则[S].

[5] TSG D0001—2009 压力管道安全技术监察规程-工业管道[S].

[6] TSG D7005—2018 压力管道定期检验规则-工业管道[S].

[7] 胡斌．在用工业管道定期检验实践与体会[J]．化工设备与管道，2011，48(01)：51-53.

丁二烯装置循环溶剂系统再沸器泄漏原因分析及措施

王相君　朱洪彬　赵贞亮

（中国石油大庆石化公司）

摘　要　本文通过对换热器的外观腐蚀形态检查及微观腐蚀产物的检测，分析确定溶剂在特定的温度及浓度的环境下水解产生甲酸对换热管腐蚀并导致泄漏，并采取相应措施，确保设备稳定运行避免安全隐患。

关键词　泄漏　水解　甲酸　酸腐蚀

1　基本情况

某丁二烯装置包括四部分：即第一萃取精馏部分、第二萃取精馏部分、丁二烯精馏部分和溶剂精制部分。C_4原料在前三个部分中连续处理，最后得到目的产品1，3-丁二烯，采用二甲基甲酰胺(简称DMF)作溶剂。装置运行期间溶剂系统的再沸器第一萃取蒸馏塔蒸气再沸器、第一萃取蒸馏塔溶剂再沸器、第一汽提塔再沸器、第二萃取蒸馏塔再沸器、第二汽提塔再沸器换热管频繁泄漏。

其中第一萃取塔底再沸器为单管程立式浮头换热器，换热器管程介质为系统内的富烃溶剂，壳程介质为热贫溶剂，即循环溶剂，管材质为10#钢。其余几台再沸器为固定管板换热器，壳程介质为S10蒸汽，管程介质为热贫溶剂，即循环溶剂(表1)。

表1　各再沸器操作参数

设备名称	壳程操作条件			管程操作条件		
	介质	入/出口温度/℃	压力	介质	入/出口温度/℃	压力
第一萃取蒸馏塔蒸气再沸器	蒸汽	117.3/143.1	0.294/0.293	溶剂+C_4	118.1/130	0.541/0.54
第一汽提塔再沸器	蒸汽	189.5/176	0.814/0.812	溶剂	162.9/163.9	0.0343/0.0324
第二萃取蒸馏塔第二再沸器	蒸汽	179.8/151	0.392/0.388	溶剂+C_4	82/135.5	0.385/0.384
丁二烯回收塔再沸器	蒸汽	179.8/151.3	0.392/0.39	溶剂+C_4	91.5/133.7	0.0334/0.0314
第二汽提塔再沸器	蒸汽	188.9/174.7	0.785/0.784	溶剂	162.9/163.9	0.0343/0.0333
第一萃取蒸馏塔第一溶剂再沸器	溶剂	130.1/104.9	0.664/0.657	溶剂+C_4	87.5/98.2	0.542/0.54

2　检测分析数据与结果

为了查明泄漏原因，将第二汽提塔再沸器抽管检查。管子外表面完好，破开检查壁厚减薄，内壁可见多处蚀坑。

第一萃取塔底再沸器芯子部分管束已穿孔，

第一作者简介：王相君(1976—)，男，1998年毕业于大庆石油学院，高级工程师，现在大庆石化公司从事设备管理工作。E-mail：wxjaol@126.com

抽管进行检测分析(图1)。

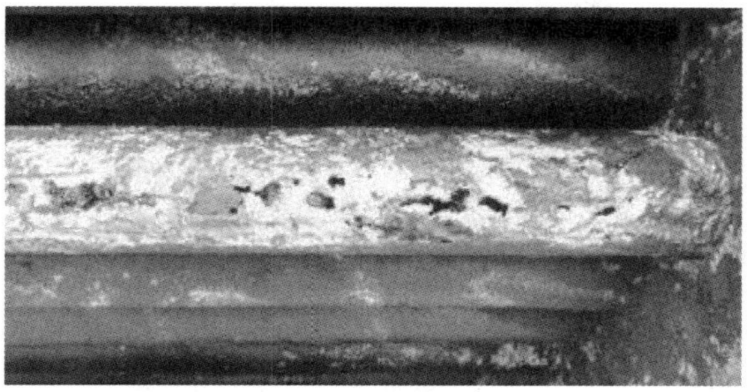

图1　第一萃取塔底再沸器管束外形貌

2.1　管束外壁宏观检查分析

从第一萃取塔底再沸器管束中选取6段，每段选取中间腐蚀严重区域截取小试样，分析试样外壁腐蚀情况。

由图2可以看出，管束试样的外壁腐蚀严重，最薄处测量剩余壁厚为0.8mm(原始壁厚2.5mm)。试样外壁原始腐蚀形貌为银灰色，后期清洗氧化又产生一些棕红色。

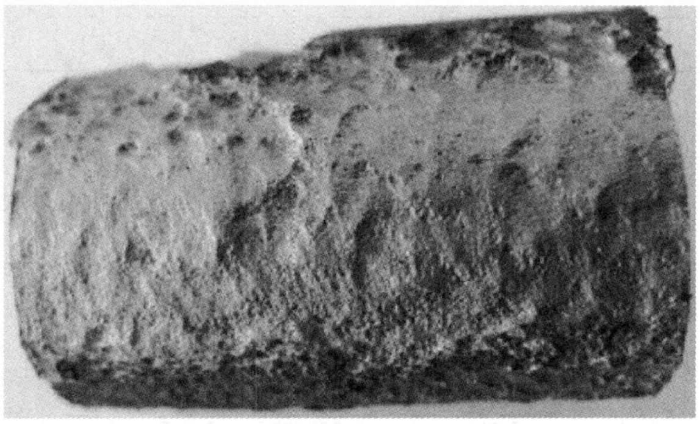

图2　试样腐蚀一侧的外壁宏观形貌

2.2　管束外壁微观检测分析

6个试样用扫描电镜观察外壁表面腐蚀微观形貌，检测表面不同区域腐蚀产物成分。

由图3可以看出，管束试样腐蚀严重的银灰色区域微观显示出金属本体的晶粒形态，表面腐蚀产物很少，这明显区别于常见的氧化腐蚀形态(腐蚀产物沉积在表面)，而符合酸腐蚀形态(腐蚀产物溶于介质里)。

由图4可以看出，管束试样后期清洗后氧化腐蚀的红棕色区域微观显示出疏松的颗粒状腐蚀产物形态，这符合常见的氧化腐蚀形态(腐蚀产物沉积在表面)。

由表2可以看出，管束试样腐蚀严重的银灰色区域的腐蚀产物成分主要为Fe元素，氧化物含量很少，未发现S元素。

图3　腐蚀严重的银灰色区域微观形貌

图4　后期氧化腐蚀的红棕色区域微观形貌

表2　腐蚀严重的银灰色区域腐蚀产物成分

成分	Weight%	Atomic%
C	10.32	31.52
O	4.22	9.68
Si	4.16	5.44
Mn	0.35	0.23
Fe	80.94	53.14

由表3可以看出，管束试样后期清洗氧化腐蚀的红棕色区域的腐蚀产物成分Fe元素含量减少，氧化物含量增加。

表3　后期氧化腐蚀的红棕色区域腐蚀产物成分

成分	Weight%	Atomic%
C	4.44	10.68
O	30.50	55.10
Si	1.06	1.09
Fe	64.00	33.12

2.3　管束内壁宏观检查分析

从管束中腐蚀严重区域截取破开试样，用酒

精超声清洗干净，管束试样的内壁腐蚀轻微，基本未发现点蚀坑以及其他后期腐蚀痕迹，只有黑色的原始管壁氧化层(图 5)。

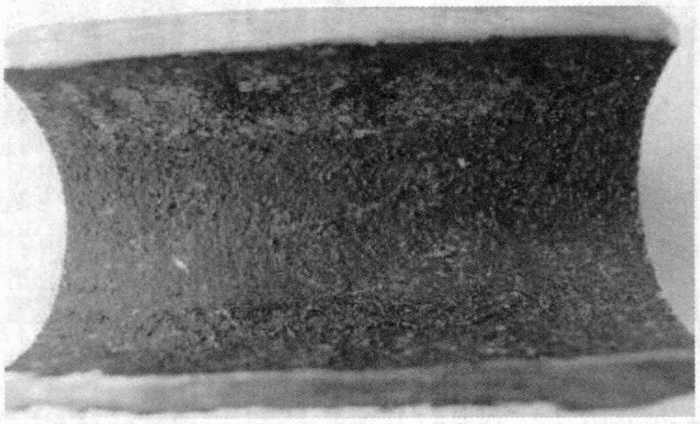

图 5　管束试样内壁宏观形貌

2.4　管束金相组织检测分析

在管束上截取 4 个试样，经过水砂纸、金相砂纸和金刚石研磨膏的研磨和抛光，用 4%硝酸酒精溶液浸蚀，对试样金相组织进行观察分析(图 6)。

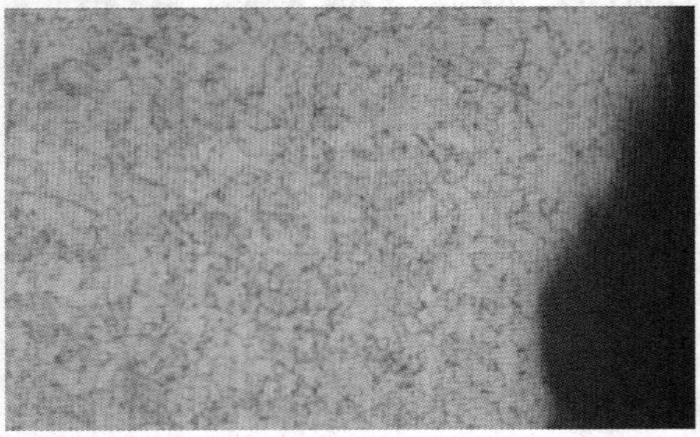

图 6　管束试样的金相组织

由图 6 可以看出，管束试样的金相组织为铁素体+珠光体，珠光体区域较少，其中渗碳体呈现颗粒状，晶粒度等级接近 7 级，微观组织正常，未发现粗大的非金属夹杂物以及组织分层、偏析等缺陷，符合 10#低碳钢的金相组织形态。

管束试样的内壁和外壁附近的金相组织正常，未发现晶间腐蚀的痕迹，说明腐蚀只是造成了管体壁厚减薄，未对本体材质产生影响。

2.5　换热器沉积物检测分析

在换热器的筒体以及管束和折流板等处刮取表面沉积物，用酒精浸泡除油后烘干，检测沉积物化学成分。

由图 7 可以看出，换热器的筒体以及管束和折流板处刮取的表面沉积物颜色发黑，沉积物样品有油性，质地偏软，完全不同于金属表面常见的锈垢沉积物。

图 7　沉积物的酒精浸泡除油

由表 4、表 5 可以看出，沉积物化学成分只有 C、O、Si、Fe 元素，其中 Fe 元素含量很少，应是溶剂中析出的焦油及烃类介质聚合产物。

表 4　沉积物 1#的化学成分

成分	Weight%	Atomic%
C	59.25	71.35
O	21.79	19.70
Si	15.77	8.12
Fe	3.19	0.83

表 5　沉积物 2#的化学成分

成分	Weight%	Atomic%
C	57.88	70.35
O	21.64	19.75
Si	17.62	9.16
Fe	2.86	0.75

3　管束腐蚀机理与原因分析

再沸器的管束材质检测，金相组织正常，未发现组织缺陷。

管束内壁基本无腐蚀，无冲涮减薄情况。

外壁腐蚀严重，管束外壁腐蚀严重区域宏观形貌为银灰色，微观显示出金属本体的晶粒形态，表面腐蚀产物很少，属于酸腐蚀形态，确定管束外壁腐蚀机理为酸腐蚀为主。管束腐蚀机理为酸腐蚀，即管束金属直接与酸类介质发生了接触。

管束外壁腐蚀产物以及筒体与管束表面沉积物中均未检测到 S 元素，说明换热器介质里不含硫，或者微量硫不起主要腐蚀作用。

再沸器管程介质为系统内的富烃溶剂，壳程介质为热贫溶剂，即循环溶剂，溶剂 DMF(二甲基甲酰胺)水解会形成甲酸和二甲胺，甲酸酸性强并具有还原性，对金属腐蚀性很强。DMF 中若带水 50℃以上即可发生溶剂水解反应生成二甲胺和甲酸。

$$HCON(CH_3)_2+H_2O \rightarrow (CH_3)_2NH+HCOOH$$

二甲基甲酰胺(DMF)：高沸点、极性(亲水性)溶剂，和水任意比互溶。

该水解反应随温度升高逐渐向正反应方向进行，含水量增加则水解增加，再沸器循环溶剂温度 130℃以上，该反应速度较快。

第一萃取塔底再沸器的壳程与管程均有溶剂介质，而管束内壁腐蚀十分轻微，外壁腐蚀严重，这说明壳程循环溶剂系统水值超标，产生较多甲酸造成严重腐蚀。

4 解决措施

4.1 溶剂中水含量的控制

生产过程中定期检测溶剂系统中水值是否超标，控制指标小于 500ppm($1ppm=10^{-6}$)，采取以下措施：

排查确认是否有其他设备或者管路可能存在漏水进入溶剂系统，尤其是几台蒸汽再沸器泄漏会导致水进入溶剂系统，这种情况可以通过监控蒸汽流量、调节阀位及塔釜温度变化等判断，出现泄漏情况及时切出处理。

由于系统运行中溶剂存在损耗，需定期补充新鲜溶剂。严格控制新鲜溶剂指标，对需添加的新鲜溶剂检测水值是否合格，避免不合格溶剂进入系统。

溶剂在塔内与 C_4 等烃类介质交换后，循环使用。定期检测原料 C_4 中水值是否超标，要求来料单位及时调整。

定期在溶剂总管及各换热器溶剂采样分析，根据水值及时调整溶剂精制塔顶温度及进料量，将水从塔顶蒸出在回流罐中脱出，确保塔底循环溶剂的品质合格(图 8)。

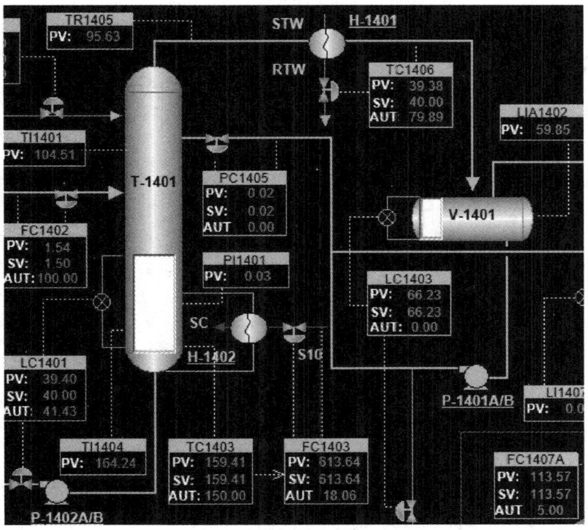

图 8 溶剂精制塔流程

4.2 加强腐蚀调查

在运行期间采用定点监测方法确定溶剂系统管线及设备外壁是否减薄，设备检修期间外观检查管束表面情况来判断是否存在腐蚀。

4.3 更换腐蚀严重管束、中间段并升级材质

由于循环溶剂系统必然会有微量水，在温度较高环境中水解并产生甲酸，长期运行还是会导致腐蚀减薄情况，因此将再沸器管束更换，其他中间段管子材质升级为不锈钢 304 来提高耐蚀性。

通过以上措施，换热器运行一个周期未发生泄漏情况。

参 考 文 献

[1] HG/T2028—2009 工业用二甲基甲酰胺[S].

[2] GB/T 18590—2001 金属和合金的腐蚀点蚀评定方法[S].

[3] GB/T 19291—2003 金属和合金的腐蚀腐蚀试验一般原则[S].

[4] ASTM A240/A240M—2005《压力容器和一般用途铬及铬-镍不锈钢板、薄板和钢带标准技术条件》[S].

全焊接板式换热器泄漏原因分析及处理措施

屈保晨

（中国石油大庆石化公司化工二厂）

摘　要　介绍了全焊接板式换热器在AOGC系统的使用情况，对设备投用过程中出现的泄漏问题进行了分析，提出了相应的处理措施，解决了泄漏问题，保障了AOGC系统的正常生产运行。

关键词　全焊接板式换热器　泄漏　化学清洗

板式换热器是一种高效而紧凑的换热设备，具有结构紧凑、传热系数高、压力损失小、维修方便等特点，随着结构的改进和大型化设备制造技术的提高，板式换热器的应用日益受到人们的重视。但是传统的可拆卸式板式换热器，因为自身结构的局限性，其使用压力不超过2.5MPa，使用温度不超过250℃，最大换热面积2000m^2，而且还存在橡胶密封垫在高温下容易失效的缺陷以及在某些特定介质中的应用问题一直不能有效解决。因此，为了提高板式换热器的使用压力和温度，扩大其使用范围，国内外陆续研究、开发并使用了多种全焊接板式换热器，具有单位体积换热面积大、传热效率高、结构紧凑等特点。这些全焊接板式换热器已经越来越多地用于石油、化工、电力、医药等领域的加热、冷却、蒸发、冷凝、余热回收等过程中。

大庆石化公司丙烯腈联合车间AOGC系统中的尾气换热器是该系统中的重要设备，该换热器于2012年7月投用，连续运行7年后发现换热效果降低，于2020年5月检修时发现有6处漏点，经厂家技术人员现场指导检查维修，完成尾气换热器的内漏修复。

1　尾气换热器的结构原理和特点

尾气换热器是一种没有中间密封垫的全焊接型板式换热器，它能在紧凑的空间内具有很大的传热面积，板片采用1.5mm厚的304不锈钢板制造，单个板两两正反通过翼边焊接成一个板片组，板片四周交错焊接，这种结构可以使传热板片通过翼边焊接形成一个流体的通道，多个板片组焊接形成了两个流体通道，如图1所示。

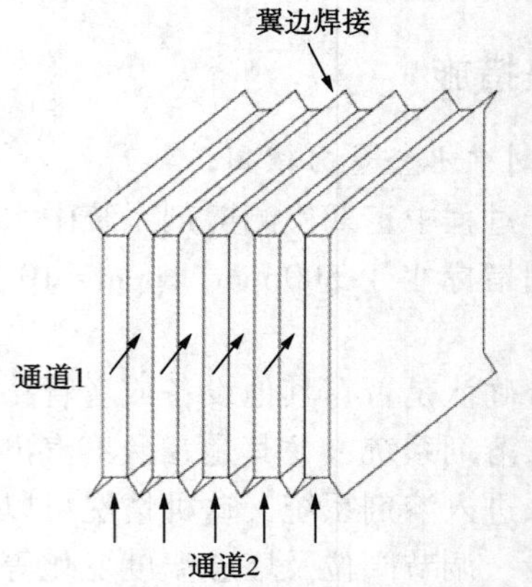

图1　尾气换热器的通道示意图

2　尾气换热器泄露原因及处理措施

2.1　原因分析

系统停车后进入换热器内部检查，冷侧管箱内壁和传热模块端面附着大量结焦物，目测80%的冷介质通道被堵塞。分析原因如下：

（1）冷侧大量通道被堵塞，传热模块内部介质分布极其不均匀，导致热膨胀在同一个模块内部出现不同步现象，增加了内应力，堵塞现象随时间的推移逐渐加剧，内应力随之增加，最终导致模块面板与壳体之间的焊缝撕裂，出现串漏。

（2）进入换热器热端的介质温度可能存在较大波动，在结合冷侧介质分布不均匀，因此膨胀量在一直变化中，随着运行时间的推移，最终导致面板出现疲劳裂纹，形成串漏。

第一作者简介：屈保晨（1990—），工程师，现从事设备管理工作。E-mail：hequbc@petrochina.com.cn

2.2 处理措施

由于管箱内壁和传热模块端面附着结焦物较多，决定对该换热器进行化学清洗后对漏点进行补焊。

2.2.1 开人孔

因为冷侧入口和热侧出口有人孔，热侧入口和冷侧出口上无人孔，所以在换热器热入侧和冷出侧的方圆接管处开设人孔，方便检查及清洗，如图 2 所示。

2.2.2 进出口封堵

进入尾气换热器完成目视检查后，将冷入的两个通道、冷出的三个通道、热入的两个通道、热出的三个通道分别用 4mm 厚的不锈钢板封堵，如图 3 所示。

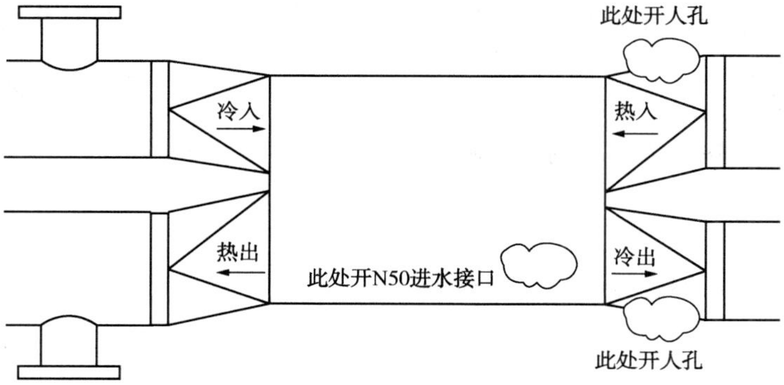

图 2 尾气换热器开人孔示意图

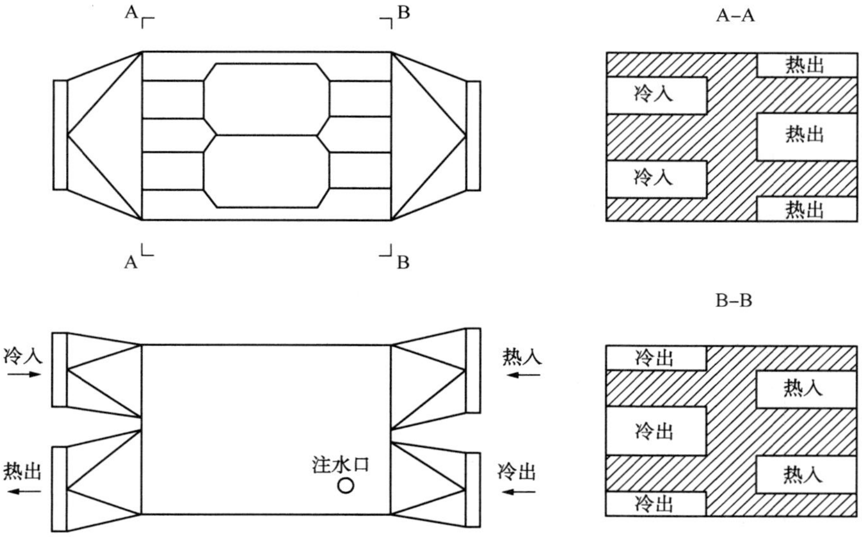

图 3 尾气换热器的封堵示意图

2.2.3 盛水试漏

封堵完毕后，从注水口先注水检查目视无法检查出的泄漏点。在注水过程中，通过观察封堵板处是否存在出水现象，若存在出水现象，则需查找漏点并补漏，必要时重复查漏、补漏。

2.2.4 化学清洗

（1）水洗前准备：使用清洗槽、清洗泵和管线建立清洗管线系统。系统安装完毕后，将系统注水，进行临时管线试漏。

（2）脱盐水水洗：先采用脱盐水对系统进行清洗，除去系统内的聚合物、结焦物等杂物。冲洗至目测进水与出水的澄清度相接近时结束，冲洗结束后将废水排入废水系统。

（3）碱洗：水洗完成后使用 5%的 NaOH 溶液对换热器进行碱洗，控制 pH 值大于 13。同时向清洗槽内通入蒸汽，通过双金属温度计观察，维持碱液温度在 50~60℃。为保证清洗的效果，碱洗控制在 8h 以上，清洗过程中控制碱洗过程中碱液 pH 值不要低于 13，碱洗后的污水排放至污水处理系统。通过观察口观察碱洗液清洁度确定碱洗的效果，如果碱洗效果不理想，进行二次碱洗，碱洗达到效果后进行水洗。

(4) 脱盐水第二次水洗：碱洗完毕后，用脱盐水对换热器进行冲洗至 pH 值达到 7。

(5) 酸洗：向清洗槽中逐渐加入醋酸，采用 2%的醋酸溶液+缓蚀剂 LAN-826(0.1%~0.3%)进行常温酸洗，酸洗时间控制在 2h 左右，结束后将废液排入废水系统。

(6) 脱盐水第三次水洗：酸洗完毕后，用脱盐水对换热器进行冲洗至中性 pH 值达到 7 左右，水洗结束后将废液排入废水系统。

(7) 水洗结束后，拆除换热器冷侧、热侧封堵板。

2.2.5 补漏

连接工业风对尾气换热器进行吹扫，查找冷侧、热侧传热模块上的漏点，补漏后将系统恢复到具备开车条件。

3 结论

根据本次尾气换热器的泄漏情况，在 AOGC 系统后续运行期间，应加强对尾气换热器运行状态监控，防止介质温度出现较大范围高频次的波动，控制介质温度平稳变化，系统停车时，应对换热器内部结焦物及时检查，并清理清洗。

参 考 文 献

[1] 祁玉红，李治国．全焊接板式换热器的制造工艺简介[J]．轻工机械，2007，25(3)：123-126.

[2] 韩荣学，叶波．全焊接板式换热器泄露原因分析及整改措施[J]．中国设备工程，2016，5：75-77.

循环水换热器腐蚀与防腐研究

张莹光

（中国石油大庆石化公司塑料厂）

摘　要　针对聚乙烯装置循环水换热器腐蚀状况，从循环水水质、流速、温度等运行数据以及换热器化学清洗、表面磨损情况进行分析，并结合有关标准与规范查找出其腐蚀原因；同时对换热器腐蚀监测及防腐措施进行深入研究，并提出改进建议。

关键词　循环水　换热器　腐蚀　防腐

换热器作为重要的热量交换设备，在化工领域被广泛的应用。作为换热器的最主要介质的循环水，会带来一定腐蚀问题。2020 年，聚乙烯装置利用窗口检修期间对部分循环水换热器进行拆检，发现有不同程度的腐蚀。本文针对循环水换热器腐蚀与防腐进行深入研究。

1　循环水换热器腐蚀原因分析

1.1　水质对腐蚀的影响

循环水换热器的腐蚀普遍受水质影响。下面从水质的多种角度对腐蚀的影响进行详细分析。

1.1.1　溶解氧含量对腐蚀的影响

循环水换热器以水为介质起冷却作用，当 pH 值偏酸性或变化较大时，溶解氧含量就会偏高，便出现了腐蚀现象。反应方程式如下：

阳极：$Fe \rightarrow Fe^{2+} + 2e^-$；阴极：$H_2O \rightarrow H^+ + OH^-$，$2H^+ + 2e^- \rightarrow H_2$

在金属表面的反应方程式：$Fe^{2+} + 2OH^- \rightarrow Fe(OH)_2$

生成保护膜：$3Fe(OH)_2 \rightarrow Fe_3O_4 + H_2 + H_2O$

金属材料生成表面保护层后会暂停腐蚀的继续。一旦换热器介质中溶解氧含量过多就会破坏这层保护膜造成进一步腐蚀。反应方程式为：

$4Fe(OH)_2 + O_2 + 2H_2O \rightarrow 4Fe(OH)_3\downarrow$，$4Fe(OH)_3 + Fe(OH)_2 \rightarrow Fe_3O_4 + 4H_2O$。

1.1.2　水的 pH 值对腐蚀的影响

pH 值小于 7，呈酸性时，金属表面保护膜很难形成，而且换热器内介质中含 H^+ 过多，会使 $Fe(OH)_2$ 不易生成，腐蚀加剧。查看生产运行平台发现近几年来，装置循环水 pH 值平稳，除装置停车和化学清洗时期外，pH 值都大于 7。由此可判断，循环水的 pH 值与聚乙烯装置换热器腐蚀没有必然联系。同样可知，由于水体 pH 值稳定，故 1.1.1 中所述溶解氧含量与装置换热器腐蚀无关。

1.1.3　总铁含量对腐蚀的影响

总铁是指循环水中的 Fe^{2+} 和 Fe^{3+}，源自残留金属腐蚀残留，是反映腐蚀情况的关键指标。腐蚀原理反应方程式为：

阳极：$Fe \rightarrow Fe^{2+} + 2e^-$；阴极：$O_2 + 2H_2O + 4e^- \longrightarrow 4(OH)^-$。

当 Fe^{2+} 和 $(OH)^-$ 相遇时，反应方程式为：$Fe^{2+} + 2OH^- \longrightarrow Fe(OH)_2\downarrow$，生成 $Fe(OH)_2$ 沉淀。氢氧化铁的产生即是腐蚀的开始。

通过检测总铁含量的高低，可以实时捕捉设备的腐蚀动态，做到对腐蚀倾向与腐蚀速率的管控。根据 SH 3099—2000《石油化工给水水质标准》，水中有 2mg/L 的铁离子存在时，会使换热器腐蚀速率增加 6～7 倍。此外，铁离子还会干扰缓蚀剂的缓蚀作用，同时还易产生铁垢。

目前，大庆石化公司循环水系统总铁控制指标要求为≤2mg/L，统计聚乙烯装置 2018—2020 年循环水系统总铁超标情况见表 1。

表 1　循环水系统总铁情况

分析次数	超标次数	最大值/(mg/L)	最小值/(mg/L)
107	0	0.98	0.079

由表 1 可知，2018—2020 年，聚乙烯装置循环水系统总铁情况比较平稳，控制指标均

第一作者简介：张莹光(1990—)，工程师，现从事设备管理工作。E-mail：925574860@qq.com

≤2mg/L。由此可判断，总铁含量与换热器腐蚀无关。

1.1.4 氯离子对腐蚀的影响

液氯是循环水最常用的消毒剂，但其水解生成稀盐酸，使循环水 pH 值降低，引起设备腐蚀。氯离子浓度高时，总铁含量高；氯离子浓度低时，总铁含量低。可见氯离子的大量存在会使循环水换热器腐蚀增强。因 1.1.2 与 1.1.3 中所述 pH 值与总铁含量均符合要求，故氯离子与换热器腐蚀无关。

1.1.5 盐类对腐蚀的影响

作为开放系统，循环水系统必然会混入泥沙、金属锈等杂质，伴有大量钙、镁离子与碳酸根。这些钙、镁离子和碳酸根在管束表面发生反应，生成碳酸镁与碳酸钙等杂质结垢于其表面，使换热面积减小，换热效果降低。与此同时，垢下极易产生腐蚀现象，破坏换热管，降低其使用寿命。

本次检修拆检换热器 E-5217，如图 1 所示，可以看出循环水换热器 E-5217 管束表面存在一定泥沙等沉积物，并伴有腐蚀现象。液压试验后发现换热管存在 1 根泄漏，图 2 为泄漏换热管堵管位置。因此，可以判断出垢下腐蚀是引起换热器发生腐蚀原因之一。

1.2 循环水流速对腐蚀的影响

当流速 0.6~1.0m/s 时，腐蚀速度最小。但不能只考虑防腐来定换热器循环水流速，还要考虑工艺与设备方面的换热要求。当流速过低时，换热器工作能力降低且易结垢。故公司规定：循环水走管程，流速不应低于 0.9m/s；循环水走壳程时，流速不应低于 0.3m/s。聚乙烯装置部分换热器冷却水流速测量见表 2。

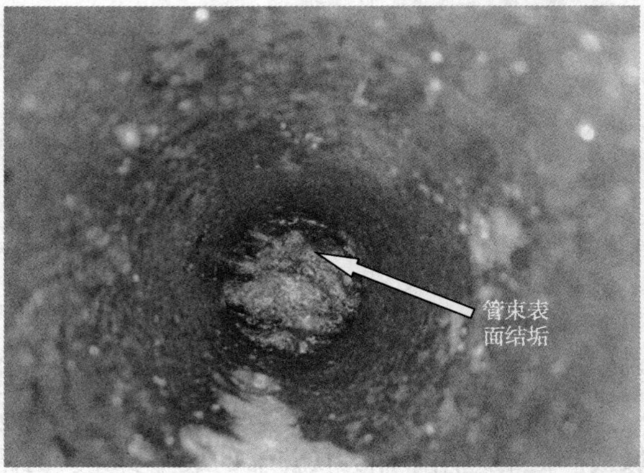

图 1 管束表面结垢现象

图 2 泄漏换热管堵管位置

表 2 换热器流速

换热器位号	循环水走管程	循环水走壳程	循环水流量/(m^3/h)	流速/(m/s)
E-1011	√		138.33	0.93
E-1423	√		53.67	0.94
E-1605	√		36.97	1.01
E-9002	√		155.49	0.92
E-5217		√	168.52	0.29
E-5227		√	164.48	0.47
E-1009		√	177.01	0.36
E-1422		√	98.62	0.32

由表 2 循环水流速可知，E-5217 流速低于 0.3m/s，流速不达标。由图 1 可知，壳程存在泥沙等沉积物，阻塞循环水流动，使流速减慢。因此，可以判断出流速过慢亦是引起换热器发生腐蚀原因之一。

1.3 循环水温度对腐蚀的影响

当循环水温度升高时，水中溶解氧含量上升，促使设备腐蚀加快，因此工艺生产中要严格控制循环水温度，避免温度超过设定范围。

近几年来，因聚乙烯装置负荷上升，循环水制冷风机功率不能满足生产要求，循环水温度在夏季较高。由此可判断，循环水温度是引起换热器发生腐蚀原因之一。

1.4 化学清洗对腐蚀的影响

化学清洗是利用药剂将换热器内部的泥垢清洗掉，再使设备内表面形成一层保护膜。因此，化学清洗的好坏对防腐效果起一定作用。

通过查阅循环水清洗方案以及相关资料，发现聚乙烯装置近几年来，换热器化学清洗过程中严格执行清洗方案，故判断化学清洗与换热器腐蚀无关。

1.5 换热器表面磨损对腐蚀的影响

循环水换热器工作过程中，含有悬浮物的流体在流动过程中与设备产生摩擦，在高速冲刷作用下导致管束表面磨损。另一方面，渗透进来的水汽、空气等气体会使管道壁的表层冲刷加剧，磨损程度加重，腐蚀程度加重。聚乙烯装置自2012年开工至今，已运行8年，换热器内部必然存在一定冲刷，故判断表面磨损与腐蚀存在一定关系。

2 换热器腐蚀监测及预防措施

循环水换热器腐蚀失效会带来极大损失，因此采取有效的监测和防腐手段就尤为重要。准确对设备腐蚀预测、采取恰当措施降低腐蚀速率，便可以最大程度降低损失。

2.1 腐蚀监测方法

在化工生产中，常应用的腐蚀监测方法有排气检查、采样与化验分析、定点测厚与腐蚀挂片监测等技术。

2.1.1 定期排气检查

定期排气检查主要通过排空循环水，打开排放导淋，确认是否有气相介质，则可判断换热器泄漏；若气体侧为可燃气体，打开排放导淋，借助可燃气体报警仪进行检查，若可燃气体报警仪报警，则可判断换热器泄漏。这种方法易操作，效果直观，应用最广。

2.1.2 采样与化验分析

采样法原理与排气类似，主要用于无法进行排气检查的情况。当管束发生泄漏且管壳程介质混合无法通过排气检查，此时必须采用采样法。在现场利用特殊容器收集气、液体，送至化验中心进行化验，通过检测结果判断泄漏情况。

2.1.3 定点测厚

定点测厚就是利用超声波测厚仪检测壳体壁厚减薄情况，以确定壳体腐蚀的情况。这种方法方便准确，近几年来在现场应用效果良好，但无法检测换热器内部情况。

2.1.4 腐蚀挂片监测

腐蚀挂片是测定腐蚀用的标准金属试片，挂于现场，用以监测设备腐蚀。将固定质量的试片放入测试源内，待指定时间后取出，清洗表面并观察其腐蚀情况，烘干后再测其质量，以此来确定腐蚀程度。

2.2 预防措施

在化工生产中，常应用涂层防腐、设置阴极保护等措施以降低设备的腐蚀速率。

2.2.1 涂层防腐

换热器防腐措施中应用最为广泛的措施便是涂层防腐。防腐涂层具有耐腐蚀、耐高温、抗结垢和耐冲击等特性，适用范围非常广泛。对于有涂层的换热器，使用一段时间后管束表面清洁，无腐蚀现象；而无涂层的换热器，使用一段时间后管束表面会出现金属腐蚀。

2.2.2 阴极保护

阴极保护是通过在换热器内加装阳极块，以牺牲阳极块腐蚀来保护阴极，是涂层防腐的补充措施。当同时使用涂层防腐与阴极保护的方法时，方可实现最好的防腐作用。阳极块通常焊接固定在换热器管箱内，阳极块的需求数量按照设备的大小而定并均匀分布，保证所保护设备无死角，阴极保护的防腐效果如图3、图4所示。

图3 加阴极保护的腐蚀情况

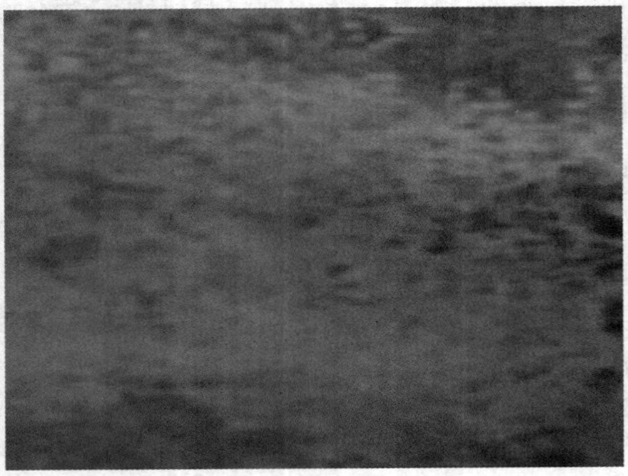

图4　未加阴极保护的腐蚀情况

3　循环水系统运行改进措施

为保障设备安全平稳运行，聚乙烯装置通过技术公关与提高管理水平来解决循环水换热器的腐蚀问题。

3.1　严控生产操作

通过换热器腐蚀原因分析可知，工艺操作与腐蚀有着极大联系，工作温度、介质中杂质、pH值控制不到位等都会影响设备的腐蚀速率。因此，严格按照设计参数调整，控制好设备操作，就能降低设备腐蚀速率。

在巡检方面增加换热器每周排污，排出换热器内沉积物。将换热器测流速工作由每年检测一次更改为每季度一次，及时确定换热器流速，降低换热器腐蚀。

3.2　增设过滤网

循环水中较大的悬浮物，如破损的填料、掺杂的泥浆等通过过滤网进行过滤，起到从源头过滤循环水的效果。每次聚乙烯装置大检修，打开换热器，发现换热器内部均附着一定的杂质，影响换热效率。2018年大检修期间，在各个区域循环水来水管线上增设过滤网。2020年聚乙烯装置检修，换热器封头打开后换热管较为干净，改造效果良好。

3.3　调整缓蚀阻垢剂配方和投注量

根据装置循环水系统的现状，在与厂家沟通并调研后，改进缓蚀剂配方及浓度，改进后的药剂缓蚀性能更好，阻垢能力增强。

3.4　高压射流清洗

利用换热器检修期间，联系有关单位对循环水换热器进行高压射流清洗，如图5所示。这种方法是利用合适水压的高压水射流可以对换热管内外及换热器内部其他位置进行清洗，将内部垢层清理干净，达到深度防腐的目的。

图5　高压射流清洗

4　结论

循环水换热器腐蚀是一个长期过程，对生产会造成较大影响。因此，换热器的防腐是非常关键的，积极做好防腐工作，将此项工作作为常态化管理，以起到降低腐蚀速率，延长循环水换热器寿命的作用。

参　考　文　献

[1] 高晓斐，钱峰，钱锦远，等．加氢换热器典型失效行为分析及其应对措施[J]．化工机械．2015，42(01)：11-15.

[2] 乐明聪，高鹏，徐庆磊．循环水换热器腐蚀原因分析及改进措施[J]．石油化工腐蚀与防护．2016，33(04)：55-58.

[3] 边家领，刘永明，杨世昌，等．循环水系统腐蚀与其Fe~(2+)和Fe~(3+)总质量浓度的关系[J]．清洗世界．2008(08)：40-43.

[4] 杜天悦，罗旭，何静，等．补充水总铁对循环水系统缓蚀性能的影响研究[J]．全面腐蚀控制．2015，29(06)：42-43.

[5] 王德水．换热器腐蚀机理分析、防腐和维护[J]．设备管理与维修．2019(14)：75-77.

[6] 刘广厦．换热器常见腐蚀问题分析及防腐蚀探究[J]．中国石油和化工标准与质量．2019，39(23)：170-172.

[7] 肖树庆．阴极保护在管道防腐中的应用[J]．化学工程与装备．2018(09)：225-227.

奥氏体不锈钢管线腐蚀与防护问题研究

侯鹏飞

(中国石油大庆石化公司塑料厂)

摘　要　在现代石油化工企业中奥氏体不锈钢材质的设备与管线具有良好的耐腐蚀特性，得到广泛应用。但在恶劣的腐蚀环境下奥氏体不锈钢的局部腐蚀问题仍十分普遍，不容忽视，在不锈钢腐蚀中常见的腐蚀形式为应力腐蚀开裂。本文从化工厂现场某奥氏体不锈钢管道发生的腐蚀情况出发，采用宏观检查、扫描电镜微观形貌分析、小管断口微观检测分析、金相组织观察等手段，对该不锈钢管线的腐蚀原因进行全面分析，为装置区奥氏体不锈钢管线材料选择、施工、日常管理、腐蚀与防护等提供宝贵意见。

关键词　奥氏体不锈钢　应力腐蚀开裂　微观形貌分析　金相组织观察

1　管线机理分析

2019年至2020年大庆石化公司某厂一条进料管道多次发生泄漏。该管线投用日期为2005年11月；管线材质为SUS304TP-A不锈钢；管道内的介质组分：己烷、低聚物、微量水以及添加的催化剂残留组分(三乙基铝、四氯化钛)；管道压力：3.0MPa，温度：230℃。从原管线取隔离盲板、夹套管大管段泄漏部位、小管断口等明显泄漏部分通过宏观检查、扫描电镜微观形貌分析等手段进行分析，具体结果如下：

(1) 管线盲板腐蚀分析

从图1、图2可以看出两个盲板均有一定程度的腐蚀，其中一个腐蚀严重已经发生穿孔泄漏，并且该盲板腐蚀区域大部分呈现非常规腐蚀灰黑色以及金属银色。将两个盲板试样表面喷金导电处理，用扫描电镜分析盲板腐蚀表面微观形貌，用能谱仪检测腐蚀产物成分，见表1~表3。

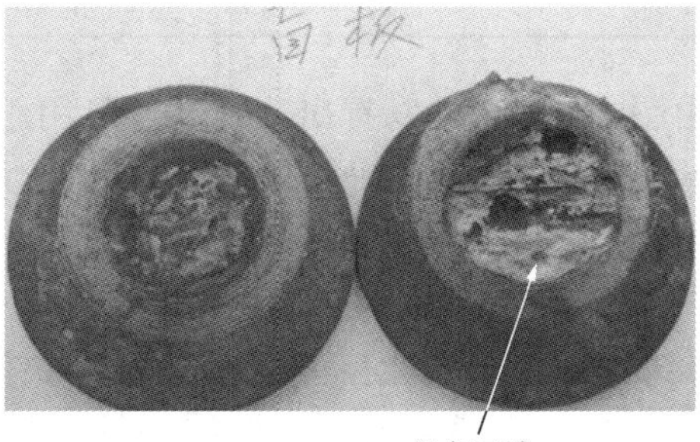

图1　盲板的腐蚀形貌

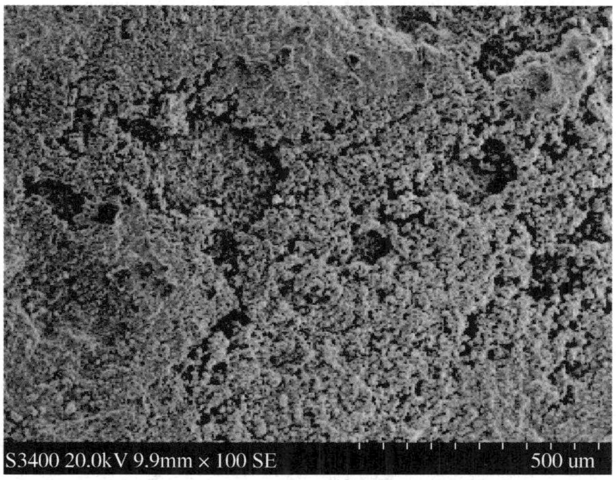

图2　未漏盲板的腐蚀表面微观形貌(100倍)

表1　未漏盲板的腐蚀产物成分

成分	Weight%	Atomic%
C	7.65	17.11
O	31.91	53.57
Si	0.5	0.48
Mn	0.76	0.37
Fe	59.18	28.47

表2　泄漏盲板的灰黑色腐蚀产物成分

成分	Weight%	Atomic%
C	3.38	8.39
O	27.12	50.53

第一作者简介：侯鹏飞，大学本科，工程师，现在大庆石化公司塑料厂低压车间从事静设备技术管理工作。E-mail：2830207015@qq.com

续表

成分	Weight%	Atomic%
Si	6.78	7.2
S	0.18	0.16
Cl	0.87	0.74
Fe	61.67	32.98

表3　泄漏盲板的银色表面成分

成分	Weight%	Atomic%
O	2.33	7.63
Si	0.56	1.25
Fe	97.11	91.12

由图1、图2和表1可以看出，未漏盲板封堵区域的表面腐蚀产物主要为铁的氧化物，属于常规氧化腐蚀。

由图1、图3可以看出，泄漏盲板封堵区域的腐蚀表面布满较大凹坑，腐蚀速率很快，造成盲板穿孔泄漏。

图3　区域微观形貌(1000倍)

由图1和表2可以看出，泄漏盲板上的较少面积的灰黑色区域表面腐蚀产物主要也为铁的氧化物，并且有微量Cl元素，说明腐蚀介质里有Cl离子(或酸)，这对腐蚀起到促进加速作用。由图1、图2和表3可以看出，泄漏盲板上的较多面积的银色区域显示出金属晶粒的特征，表面成分检测也表明主要为Fe，表面基本无腐蚀产物。所以判断这部分银色区域应该经历了酸性介质(无机酸类)的化学腐蚀，即酸洗效应，腐蚀产物溶解，因此无腐蚀产物残留。泄漏盲板封堵区域同时存在灰黑色氧化腐蚀区域和银色酸腐蚀区域，由此推断，盲板封堵区域不是一直经历酸腐蚀作用，可能先期经历了冲刷腐蚀或者垢下腐蚀形式，产生较多氧化腐蚀残留物，后期经历酸腐蚀清洗掉了大部分氧化腐蚀产物。

(2)原管线大管段泄漏部位及小管断口部位腐蚀分析

将夹套管大管段泄漏部位及小管断口部位试样表面喷金导电处理，用扫描电镜分析断口表面微观形貌，用能谱仪检测断口表面腐蚀产物成分，见表4、表5。

表4　小管断口原始表面腐蚀产物成分

成分	Weight%	Atomic%
C	7.87	16.16
O	37.88	58.44
Al	0.62	0.57
Si	0.68	0.6
Cl	1.17	0.82
Cr	16.83	7.99
Mn	0.29	0.13
Fe	33.67	14.88
Ni	0.99	0.41

表5　管线内壁侧裂纹腐蚀产物成分

成分	Weight%	Atomic%
C	2.52	6.95
O	20.84	43.2
Al	5.78	7.11
Si	0.42	0.5
Cl	0.55	0.51
Cr	6.96	4.44
Fe	59.9	35.57
Ni	3.04	1.71

由图4~图6可以看出，蒸汽伴热用小管断口原始裂纹扩展区域表面布满大大小小裂纹，这是应力腐蚀裂纹扩展特点。由表4可以看出，小管断口原始表面的腐蚀产物主要为铁的氧化物，但是发现有微量Cl元素。Cl是304奥氏体不锈钢应力腐蚀最敏感的元素，说明小管开裂是Cl离子造成的应力腐蚀。

由图5、图7可以看出，管线内部的焊缝热影响区在内壁一侧产生很多裂纹，裂纹扩展呈现树枝状分叉现象，这是应力腐蚀裂纹扩展的显著特征，表明套管泄漏是应力腐蚀裂纹造成的。套管裂纹里还残留着微量腐蚀产物，由表 5 可以看出，管线内壁裂纹里的腐蚀产物主要为铁的氧化物，还有微量 Cl 元素。这说明原管线大管段裂纹是 Cl 离子造成的应力腐蚀。

图 4　原管线截取下来的 23 个小试样

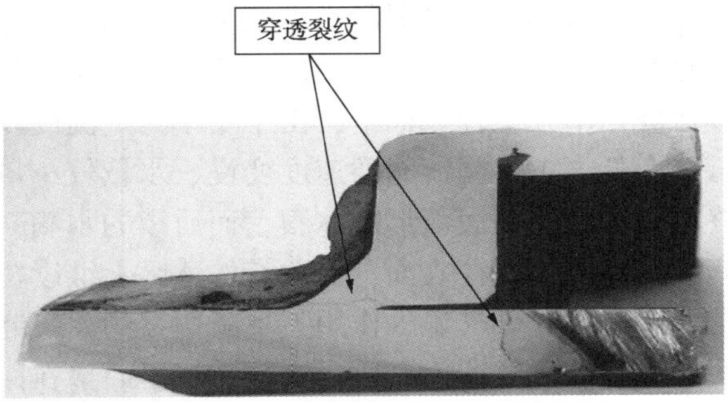

图 5　原管线纵截面的裂纹形貌

图 6　小管断口原始开裂区域的微观形貌(500 倍)

2　失效分析结果

(1) 碳钢盲板腐蚀严重是由于经历了酸腐蚀，酸腐蚀推测来源于介质中的残留催化剂(微量 $TiCl_4$ 在潮湿气氛中发烟，生成 TiO_2 和 HCl)。

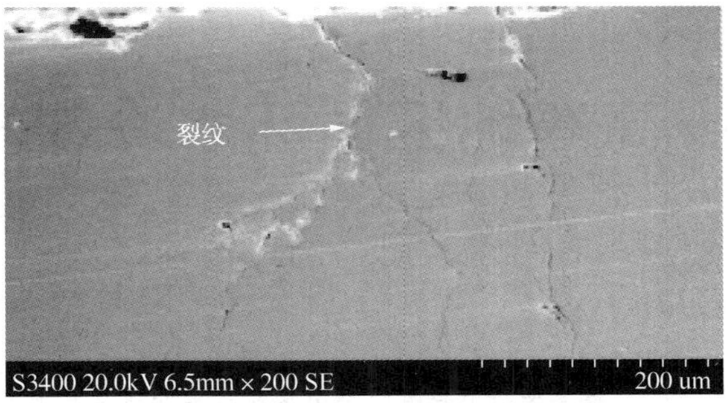

图 7　管线内壁侧裂纹微观形貌(500 倍)

(2) 奥氏体不锈钢管道泄漏是内壁应力腐蚀裂纹导致的，管道应力腐蚀因素为内压对管体产生拉应力(焊缝附近还叠加焊接残余应力)+介质中的 Cl 离子。

(3) 奥氏体不锈钢管道焊接未开坡口和错边缺陷、焊后未热处理消除残余应力、管体材质夹杂物过多等因素加剧了应力腐蚀程度。

(4) 奥氏体不锈钢管道基本未发现晶间腐蚀、氢脆、孔蚀等其他腐蚀形式。

3　建议措施

(1) 由于介质中含有 Cl 离子，Cl 是奥氏体不锈钢应力腐蚀最敏感的元素，因此，建议该条管线尽量不用 304、316 等材质不锈钢。

(2) 由于介质含 Cl 离子和酸腐蚀，碳钢和奥氏体不锈钢均不合适，只有 0Cr13 等铁素体不锈钢(铁素体组织)、2205 等双相不锈钢(奥氏体+铁素体混合组织)以及更好的耐蚀合金类材质才能抵抗这两类腐蚀。

4　结束语

奥氏体不锈钢材质的设备与管线的腐蚀情况在化工机械中是普遍存在的，只有我们通过对工艺介质、生产条件进行认真分析，然后选取合适的不锈钢材质，就能有效的减小泄漏现象，对装置的长周期运行提供保障。

参　考　文　献

[1] 鲍其鼎．氯离子与冷却水系统中不锈钢的腐蚀[J]．工业水处理，2007.

高寒地区循环水冷却塔立柱结冰预防措施应用

李伟华

（中国石油大庆石化公司水气厂）

摘　要　大庆石化公司水气厂水处理车间地处北纬36°以北的高寒地区，在冬季运行时，由于冷却塔部分组件结冰严重影响正常生产运行。为解决高寒地区冬季循环水逆流式冷却塔混凝土立柱结冰问题，减少因除冰带来的成本增加及作业风险，通过采用刮涂混凝土立柱防腐涂料、加设混凝土立柱布水槽等方法入手，从结冰根源和结冰途径两方面入手改善循环水冷塔混凝土立柱结冰的现象。通过冬季的实际生产运行，上述几种措施效果明显，有效减少了循环水冷却塔混凝土立柱结冰面积，降低了维护量，延长了钢筋混凝土立柱的使用寿命，保证了高寒地区冬季循环水冷却塔长周期运行。

关键词　高寒　循环水冷却塔　立柱结冰　除冰措施　预防措施　混凝土立柱　飞溅　漂移

大庆石化公司水气厂水处理车间地处北纬36°以北的高寒地区，每年冬季最低温度达到-30℃左右。车间所辖循环水场有13间逆流式冷却塔，负责120万t乙烯扩建装置及化工三厂的水冷换热器循环水供给任务。在冬季运行时，由于冷却塔内飞溅和飘移的水滴，落在冷却塔的支撑立柱侧面结成冰幕和冰凌，降低了冷却塔的通风效率，增加了水处理车间人工除冰的工作量及成本，加大了安全作业风险。同时冷却塔混凝土立柱表面因结冰而加剧混凝土立柱腐蚀速度，降低其使用寿命。

1　逆流式冷却塔立柱结冰原因分析

水处理车间负责的循环水冷却任务大部分是靠逆流式冷却塔来完成的，从各装置换热器循环回来的热水首先通过塔上布水管和布水支线管均匀地分布到冷却塔的整个配水区里，然后再通过配水区的喷头喷淋在淋水填料上，由填料将热水水滴均匀分布下落，经多次溅散形成小水滴或水膜，以便增大水和空气的接触面积，并延长接触时间。在热水下落的同时，空气通过冷却塔南北两侧的进风口进入塔内，与落下的水滴相遇进行热交换，水滴在下落过程中逐渐变冷，空气在上升过程中通过蒸发和接触传热逐渐变热，最后由塔顶逸出，从而把热量带走，使水温降低，达到了冷却的目的。如图1在这个过程中，逆流式冷却塔立柱结冰有三个原因。原因一，从淋水填料区下落的水流大部分会回流到塔池里，少部分因下落时遇到通风口中流动的空气从而产生扰动，间断地飞溅到冷却塔混凝土立柱上。因为立柱表面存在一定粗糙度，在由上向下流淌的过程中形成水膜贴附在立柱表面上，由于冬季天气温度较低，在低温下水膜流淌的速度变慢、水量较小最终凝固冻在立柱表面形成冰膜，而后续的水滴又间断地飞溅到立柱表面，在原有的冰膜上继续覆盖并流淌，在低气温的作用下不断覆盖的冰最终凝结成大冰坨或冰凌。原因二，塔池里的水在回流水的冲击下形成的水雾和飘移的小水滴，在空气的夹带下吹到冷却塔立柱上，在低温下形成冰幕，在长时间的作用下，也凝结成大冰坨或冰凌。原因三，由于生产需要，在冬季里开冷却塔风机进行降温，冷却塔内的空气被风机强制抽吸上升流动与下降的循环水进行热交换，在这个过程中冷却塔立柱边缘流淌下来的冷水与外界-20~-30℃的寒冷空气不断地接触，加速了冷却塔立柱结冰的速度，而且在低温天气下一但结冰就不易解冻。冬季开风机降温虽然只是单台或部份风机在特定时间内运行，但也会促使冷却塔立柱结冰。立柱结冰后的图片如图2~图4所示。

第一作者简介：李伟华，大学本科，设备技术员，工程师，现在大庆石化水气厂从事循环水专业设备管理工作。E-mail：34021838@qq.com

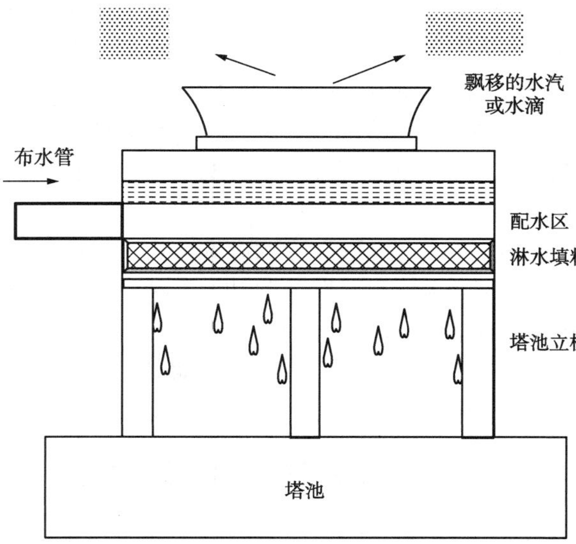

图 1　逆流冷却塔结构示意图

图 2

图 3

2　逆流式冷却塔立柱结冰的危害及不利因素

在冬季里逆流式冷却塔立柱一旦结冰，冰层会紧紧吸附在立柱表面上，无法正常通过循环冷却水系统内部水流冲刷将其融化，只能在寒冷的

图 4

天气下越结越厚，越结越大。结冰对立柱产生的危害如下。

（1）立柱结冰增加循环水降温成本。风机在向塔内抽吸空气给循环水降温的时候，因立柱侧面大量结冰，影响冷却塔进风口的空气流通，减少冷却塔的进风量，导致冷却塔散热效率降低，从而延长风机运行时间，增加循环水降温成本。

（2）立柱结冰破坏了立柱本体结构。逆流式冷却塔的立柱是钢筋混凝土浇筑而成，是塔的主体承重结构，承担塔内部横梁框架、塔体墙壁、塔面风机设备及填料等重物的载荷。立柱虽有一定刚度，但主要承载来自塔体垂直方向的载荷 F_1(图 5)。本身不承受侧向压力及冲击力。从冬季运行的全过程来看，塔立柱结冰主要分布在立柱的侧面，并且与立柱侧面贴合紧密，使立柱侧面受到由结冰引起的压力载荷，这部分载荷主要来源是冰体自重。如果立柱结冰后不立即进行除冰，冰体自重会越来越重，最终立柱承受不住来自侧面的作用力，从而导致立柱本身受到损坏。

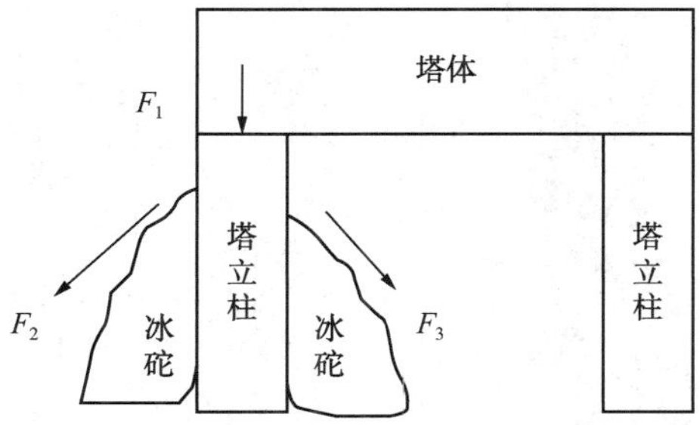

图 5　塔立柱受力示意图

立柱侧面在冰体压力 F_2 和 F_3 的作用下，出现立柱断裂、裸露内部钢筋和表面混凝土粉化剥落等危害。如图 6~图 8 所示。

图6

图7

图8

立柱表面断裂和表面混凝土剥落破坏了原有立柱的承载力，降低了使用寿命，增加了安全隐患，严重影响逆流冷却塔的平稳运行。

（3）立柱结冰增加了冷却塔立柱的维修成本，影响了循环水装置的长周期运行，延长了循环水冷却塔大检修时间。

（4）立柱结冰增加除冰成本。为不使冷却塔立柱结冰影响生产，在冬季日常维护中需要大量的人力和物力去除冰，在人工成本日益增涨的情况下，不仅增加了岗位员工的劳动强度，而且还增加了石化企业运维成本。

3　逆流冷却塔立柱防结冰的改造措施

（1）利用新型防腐涂料，减少立柱结冰。针对立柱表面存在一定粗糙度，在由上向下流淌的过程中形成水膜贴附在立柱表面上的特点，通过对逆流冷却塔立柱进行改造，用新型防腐剂对混凝土立柱进行处理，从而达到防结冰、防腐蚀的效果。通过2018年停工大检修的时机对逆流冷却塔立柱进行施工改造，搭设与立柱高度匹配的脚手架，人工清理柱子表面污泥、灰尘、油污和其他物质，然后用界面胶涂刷，并用双酚A改性环氧树脂与改性胺类固化剂进行3：1配比后形成的新型防腐剂对立柱进行涂刷，黏碳布加固，改造后的柱子整体涂补固化剂，然后进行固化24h即可使用。改造后循环水冷却塔立柱结冰率由100%下降至0.9%，效果十分明显。逆流式冷却塔立柱改造后冬季投用的效果如图9、图10所示。

图9

（2）增设布水槽，减少立柱结冰。针对冬季天气低温逆流塔立柱表面上水膜流淌的速度变慢，水量变小的特点，通过在逆流冷却塔立柱顶端增设环式布水槽，从塔内填料区引出循环水回流的水，经过布水槽向立柱表面进行冲刷喷淋（水流动方向详见图 11）。这样增大了立柱表面的水量及流速，还提高表冷却塔立柱表面的温度，防止因水流慢、温度低而冻结成冰凌或冰坨。飞溅和飘移的水滴飞落到立柱表面就被布水槽来的水冲走防止形成冰膜，达到除冰的目的。

图 10

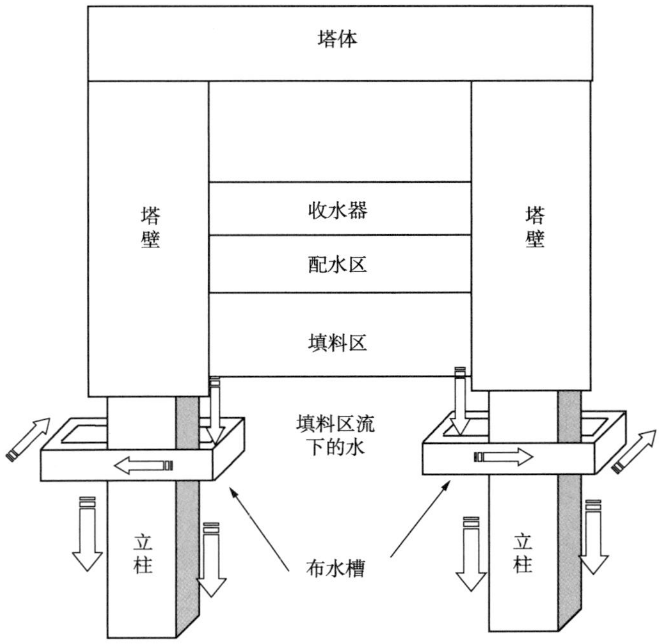

图 11

通过停工大检修的时机对逆流冷却塔立柱进行施工改造，在立柱顶端增设玻璃钢为材质的环式布水槽，在塔壁与立柱上端固定即完成改造。通过给循环冷却塔混凝土立柱加设布水槽，在冬季冷却塔实际运行中混凝土立柱结冰情况大为改善，立柱结冰减少 90%，改造后冷却塔冬季实际运行如图 12、图 13 所示。

图 12

图 13

4 结束语

综上所述，本文对高寒地区冬季循环水逆流式冷却塔混凝土立柱结冰原因进行了详细分析，通过实践提出防止结冰的两种有效措施，并对其优缺点进行分析如下：

（1）用新型防腐剂进行防腐、防冰的优点：用双酚 A 改性环氧树脂与改性胺类固化剂进行 3 ：1 配比后形成的新型防腐剂对混凝土立柱进行涂刷，黏碳布加固，改造后的柱子整体涂补固化剂进行固化。通过这一系列处理后，使逆流塔混凝土立柱增加了表面的光洁度，减少了表面张力，减少了冰水的附着力，进而减少了立柱结冰；另外还增加了冷却塔混凝土立柱防腐蚀性能，减少后期维护费用。缺点：材料费、及施工费用高，本次改造共 48 根立柱总计 690m^2，整体施工费用达46万元，立柱平均每平方米约用667元。

（2）循环冷却塔混凝土立柱加设布水槽防冰改造的优点：整个施工过程时间短，前期投入的施工费用低仅需5万~6万元，后期只需定期维护检查清理布水槽即可，维修维护费用也较低。能减少90%的结冰现象。缺点：不能完全避免结冰现象，在风机运行的情况下抗结冰的性能下降，容易在水量减少的喷淋部位凝结少量冰凌。

通过上述两种方法，基本解决了北方高寒地区冬季特有的循环水逆流式冷却塔混凝土立柱严重结冰的情况，提高了逆流式冷却塔自身运行的可靠性，改善了逆流式冷却塔运行工况，使逆流式冷却塔运行更加安全平稳。

参考文献

[1] 周本省．工业水处理技术[M]．北京：化学工业出版社，2011.

S Zorb 装置反应器过滤器运行后期情况分析与应对措施

张 泉 王秋方 郑广森

(中国石油天然气股份有限公司华北石化分公司)

摘 要 S Zorb 装置反应器过滤器 ME101 是影响 S Zorb 装置长周期运行的关键设备，本文利用 2019 年至今华北石化 S Zorb 装置进行反应器过滤器 ME101 更换后压差的上涨趋势进行了 30kPa 前，30kPa 到 60kPa，60kPa 后各阶段的上涨速度进行了分析，针对过滤器使用后期压差速度上涨快的情况研究和实施了一系列的调整措施和优化方案，最终有效的减缓了过滤器压差的上涨速度。

关键词 S Zorb ME101 运行后期 应对措施

1 论文背景

2019 年 12 月 S Zorb 装置进行了反应器过滤器 ME101 更换，至 2022 年 4 月过滤器连续运行 28 个月，过滤器进入了运行后期，对此阶段的情况制定对应的调整措施和优化方案。

2 现运行反应器过滤器 ME101 简介

装置现运行反应器过滤器 ME101 为韶关贝瑞高通量过滤器，过滤器通过内装的高精度滤芯组将油气中的吸附剂粉尘与反应后的油气彻底分离，是装置的核心设备之一，过滤器如图 1 所示，过滤元件采用金属粉末烧结滤芯，滤芯焊接在过滤器管板上，管板夹持在过滤器法兰和反应器法兰之间，滤芯则插入反应器内部，携带吸附剂的油气经过过滤器净化后进入下游设备，被拦截在滤芯外表面的粉尘回落至反应器底部循环使用。过滤器设置自动反吹系统，可在不影响系统正常运行的情况下进行在线再生，当压降或时间达到设定值时即启动反吹程序，去除滤芯表面滤饼。

3 反应器过滤器 ME101 运行情况分析

S Zorb 装置反应器过滤器 ME101 连续运行 28 个月，过滤器进入了运行后期，从图 2～图 4 中可以看出过滤器的差压上涨到 30kPa 是从 2019 年 12 月到 2021 年 9 月共 22 个月，上涨速度约为 0. 217kPa/周，过滤器差压从 30kPa 上涨到 60kPa，是从 2021 年 9 月到 2022 年 2 月共 5 个月，上涨速度为 1. 47kPa/周，过滤器差压上涨到 60kPa 后的上涨速度达到了 5. 52kPa/周。

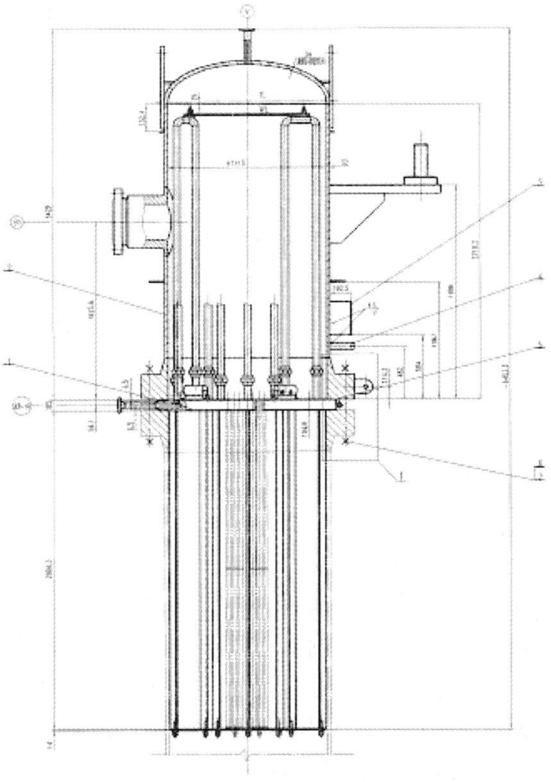

图 1 过滤器 ME101

第一作者简介：张泉（1979—），2011 年毕业于河北工业大学机械自动化及自动化专业，汽油吸附脱硫装置高级技师，现在中国石油天然气股份有限公司华北石化分公司从事炼油工作。E-mail：83027837@ qq. com

图2　ME101过滤器压差0~30kPa

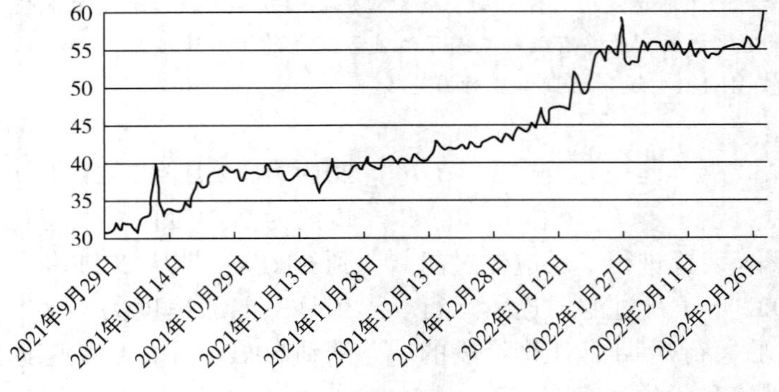

图3　ME101过滤器压差30~60kPa

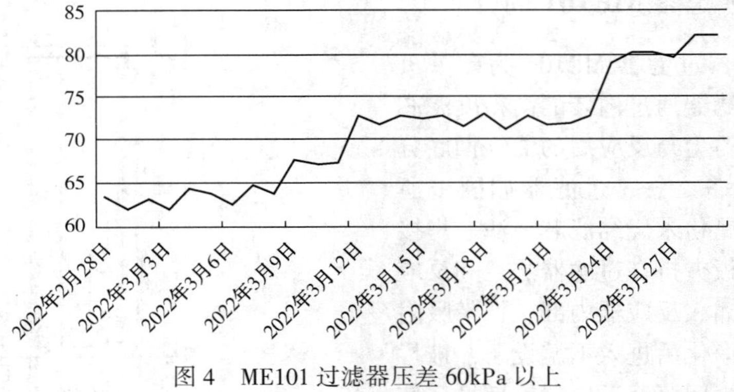

图4　ME101过滤器压差60kPa以上

4　反应器过滤器ME101运行后期应对措施

针对反应器过滤器ME101运行后期上涨速度快，从以下方面进行了控制和优化：控制反应进料量平稳，控制反应线速不超0.3m/s，根据催化汽油来量，每班根据趋势上下线估算出平均量，大大减少进料量的调节频率；内操监盘时注意观察过滤器反吹时6个反吹波峰的变化，一旦发现异常波峰，及时联系仪表检查相关程控阀，发现问题及时更换，保证反吹效果；提高反吹氢压力，从最初的反应压力的1.8倍提高到2.1倍；增加反吹阀反吹频次，从7200s一次的运行周期逐渐增加到1800s；加强循环氢脱液，加强新氢铵盐监控，防止循氢带液和铵盐堵塞过滤器；根据原料硫和产品硫及辛烷值损失逐步置换新剂，保证产品硫合格的前提下，逐步降低循氢量；在保证反应接收器满罐收料的前提下，逐渐降低反应器吸附剂藏量；根据反应温升，适当降低加热炉出口温度来控制反应温度平稳，控制循环氢温度平稳；逐步降低阻垢剂注入量，让油气结胶发生在过滤器之前。经过一系列的优化控制，从10天的过滤器差压趋势如图5所示，过滤器差压上涨速度明显减缓，为2.29kPa/周。

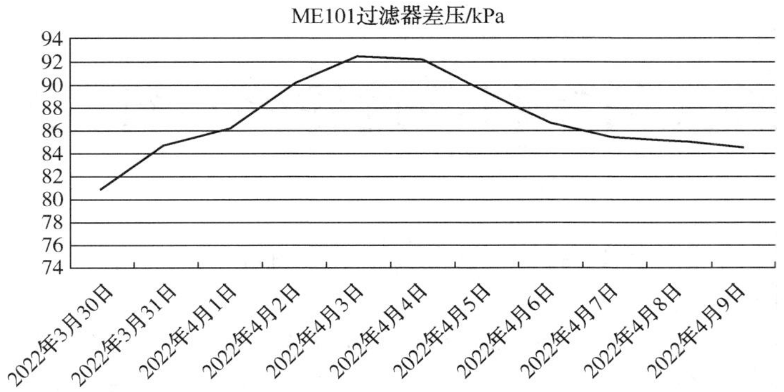

图 4　采取控制措施后的压差

5　反应过滤器运行后期注意事项

虽然针对过滤器运行后期做了一系列的调整优化，有效的降低了过滤器差压的上涨速度，但反应器过滤器压差已超过 80kPa，抗冲击能力明显减弱，随压差不断增大，压差上涨速度会不断增大。此阶段操作重点旨在维持系统稳定，避免调整不当或不及时造成过滤器压差异常上涨。当 ME101 反吹后压差上涨到 100kPa 后，ME101、K101 及 K102+103 负荷逐渐增大，可能造成以下后果：过滤器滤芯发生断裂反应器过滤器压差在操作条件稳定的情况下快速下降 20kPa 以上，且反吹曲线波形与现阶段相反。S Zorb 装置精制汽油中含有比较明显的吸附剂颗粒，反再系统藏量降低。原料换热器壳程压降大幅增加；循环氢压缩机和新氢反吹氢压缩机超电流联锁停机。

6　总结

随着装置的运行，反应器过滤器滤饼表面会因吸附剂细粉不断聚集使过滤器压差不断增加，随着压差的增加，压差的上涨速度也加快，影响反应器过滤器长周期运行的因素有很多，如永久滤饼初期建立效果不好或在运行过程中遭到破坏，反吹阀频发故障反吹效果不好，原料性质变化，吸附剂细粉过多等，S Zorb 装置原料进料采用催化裂化汽油直供料，原料进料量的变化会使反应器空速改变，从而使产品硫含量和辛烷值变化，进料量波动会引起反应过滤器差压的上升过快，严重时还会造成反应系统法兰泄漏，大幅度的提量后造成过滤器压差出现跃升现象，降量后也无法恢复到提量前的压差。所以针对这些影响因素，就要严格控制各项指标，延长反应器过滤器的使用寿命，过滤器运行后期的操作也尤为重要。

参 考 文 献

[1] 陈尧焕．汽油吸附脱硫(S Zorb)装置技术问答[M]．北京：中国石化出版社．2015：1.
[2]王金伟，李占存．中国石油 120 万 t/a S Zorb 装置操作规程[J]．2020，12.
[3] 孙丽丽．汽油吸附脱硫工艺与工程[M]．北京：中国石化出版社，2019：1.

S Zorb 装置闭锁料斗过滤器运行故障与优化

王秋方　张　泉　尹振涛

（中国石油天然气股份有限公司华北石化分公司）

摘　要　闭锁料斗是 S Zorb 装置的核心设备之一，闭锁料斗过滤器内漏会使少量吸附剂粉尘带到后路，造成管线及调节阀和阀门磨损内漏，烃氧分析仪滤芯堵塞，造成闭锁料斗无法维持正常步序，造成装置局部停工更换新的过滤单元，所以闭锁料斗过滤器的运行情况直接影响 S Zorb 装置的长周期平稳运行，经过对过滤器局部的技改措施和工艺优化调整延长了闭锁料斗过滤器的使用寿命。

关键词　S Zorb　闭锁料斗过滤器　故障　技改　运行优化

1　论文背景

闭锁料斗过滤器 ME102 内漏会使少量吸附剂粉尘带到后路，造成管线及调节阀和阀门磨损内漏，烃氧分析仪滤芯堵塞，引起闭锁料斗无法维持正常步序，造成装置局部停工更换新的过滤单元，所以过滤器的运行情况直接影响装置的长周期平稳运行，通过对 ME102 的运行环境和结构特征分析，经过对过滤器局部的一些小型技改和运行优化延长其使用寿命。

2　闭锁料斗工艺流程介绍中国自动化

闭锁料斗是 S Zorb 装置的核心，是反应和再生装置链接的中转站，吸附剂通过闭锁料斗运输到反应器中，反应后的吸附剂再通过闭锁料斗，回到再生器中。在整个运行过程中，反应器为高温、高压、临氢环境，再生器为低压含氧环境，闭锁料斗采用双隔绝及渗出系统将高压反应系统的烃/氢环境和低压再生系统的含氧环境分开，以确保在适宜的压力、温度、氢气和氮气的环境下将吸附了硫的待生吸附剂通过闭锁料斗输送到再生器中再生，并将再生好的吸附剂输送到反应器中进行脱硫反应。闭锁料斗通过设定的程序控制程控阀的开关来交替输送待生和再生吸附剂，并保证没有错误的交叉走向，并通过控制吸附剂的循环速率平衡反应与再生系统，确保平稳生产以及长周期运行。闭锁料斗循环过程中通过控制程序逐步完成特定的吹扫、充压、泄压、收料和排料等九道步序，以此隔绝一旦接触就易引起爆炸的氢氧环境。闭锁料斗流程(图 1)。

3　闭锁料斗过滤器 ME102 简介

闭锁料斗的作用是将吸附剂从高压的反应系统输送到低压的再生系统，闭锁料斗顶部设置闭锁料斗过滤器 ME102 用于去除气体中的吸附剂颗粒，以防止吸附剂被排出的气体带出。闭锁料斗过滤器 ME102 安装在闭锁料斗的顶部，共有滤芯 13 根，滤芯以螺纹连接固定的方式均匀分布在过滤器管板上，为悬臂梁结构。它主要由封头，管板，滤芯，中心管和膨胀节等组成如图 2 所示。滤芯与管板螺纹连接示意图如图 3 所示。

4　闭锁料斗过滤器 ME102 运行中存在的问题

在闭锁料斗中待生和再生吸附剂分批交替通过，闭锁料斗内的压力、温度和气体在不同操作过程之间循环调整。闭锁料斗以 25～30min 一个循环的频次在氢气和氮气环境，运行温度在 100～360℃之间交替变化，运行压力在 0～3MPa 交替运行，整个周期温度压力变化幅度大且时间短。在闭锁料斗循环运行时滤芯会产生振动，闭锁料斗内的吸附剂也会对滤芯产生冲击，尤其是收料过程中。

从图 2 和图 3 可以看出闭锁料斗过滤器滤芯和管板之间的密封完全靠锥牙旋紧后密封，滤芯悬挂在管板下方，滤芯与管板的连接强度单薄，

第一作者简介：王秋方(1986—)，汽油吸附脱硫装置技师，2008 年毕业于哈尔滨工程大学机械设计制造及自动化专业，现在中国石油天然气股份有限公司华北石化分公司从事炼油工作。E-mail：349976538@ qq. com

在高温高压气流和吸附剂的冲击下，滤芯振动带动连接螺纹处松动，连接松动破坏了密封效果，振动随松动而加剧，最终导致滤芯脱落。图 4 为闭锁料斗过滤器滤芯与管板脱落图。

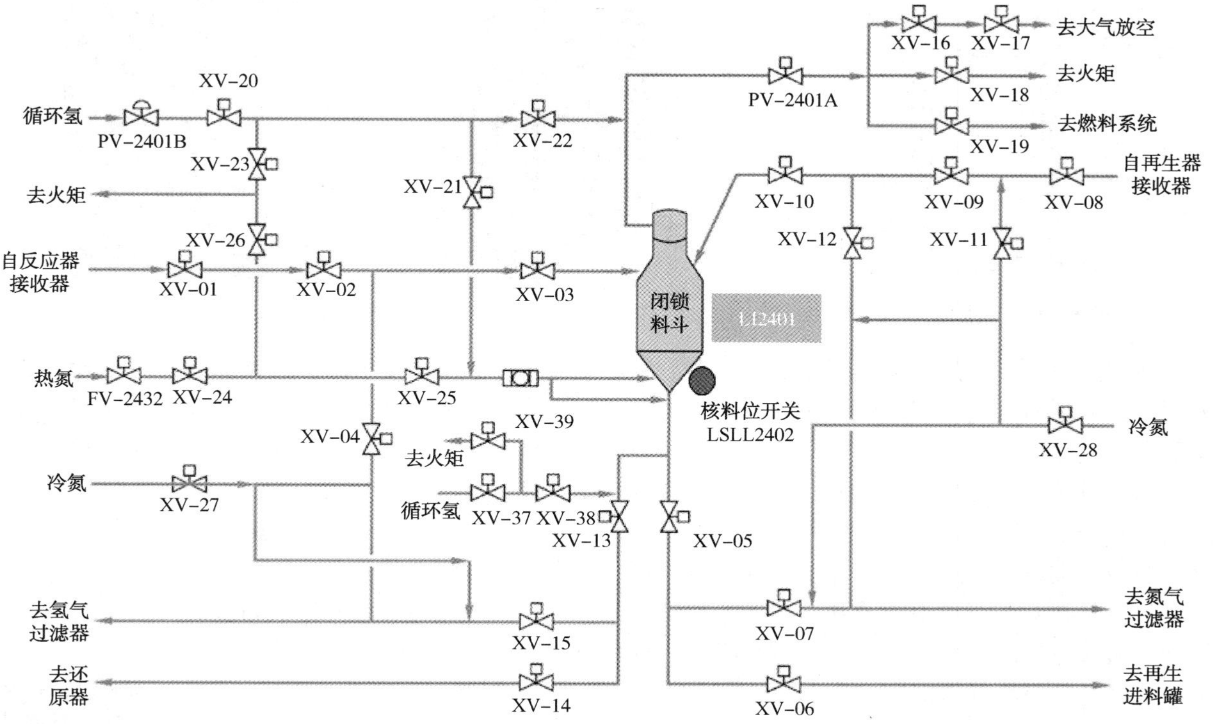

图 1　闭锁料斗工艺流程

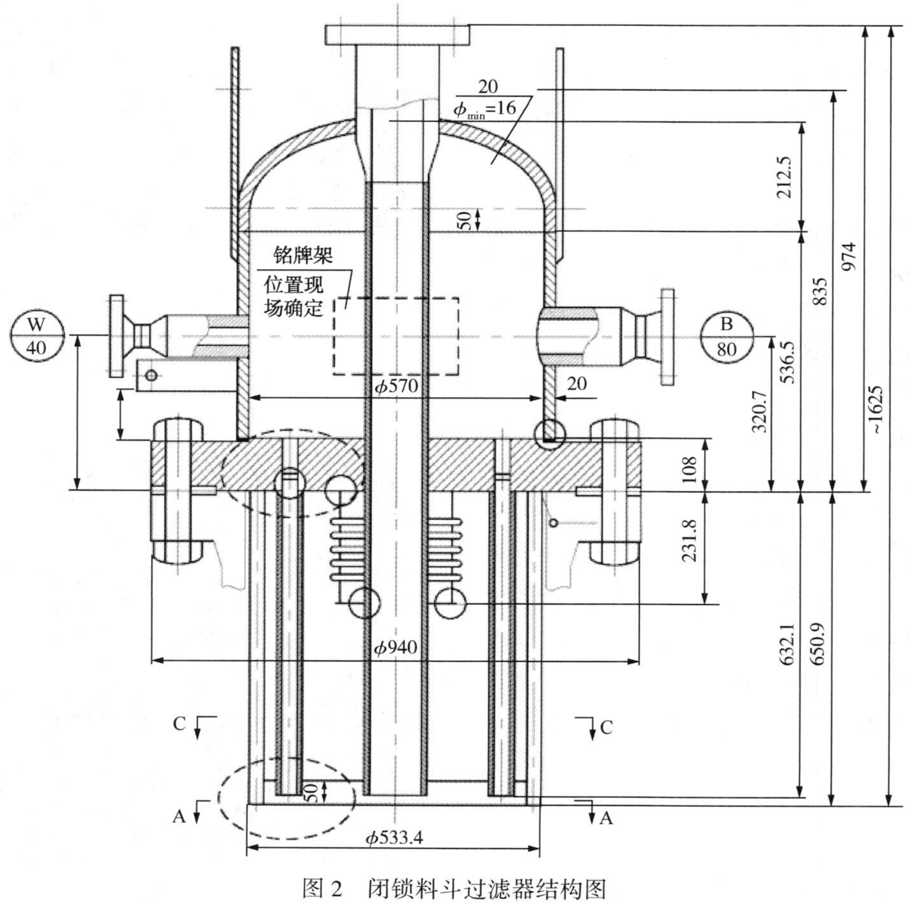

图 2　闭锁料斗过滤器结构图

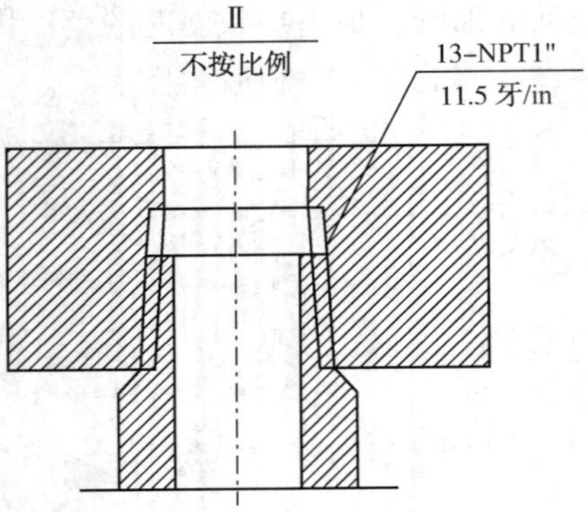

图3　滤芯与管板螺纹连接示意图

图4　闭锁料斗过滤器滤芯与管板脱落图

在实际应用中，过滤器故障主要集中在泄漏方面。当闭锁料斗过滤器发生泄漏时主要表现在以下几个方面。

（1）过滤器泄漏初期烃分析仪会出现吹烃时间变长直至吹烃不合格，导致这一现象的原因就是少量吸附剂粉末带至闭锁料斗顶部气相出口管线，将烃氧在线分析仪引压管和滤芯堵塞。仪表拆开分析仪滤芯时会发现滤网上带有吸附剂，且更换滤芯的频率会随着时间越来越快。

（2）泄漏的吸附剂还会造成后续流程中调节阀尤其是闭锁料斗压控阀 PV2401A 堵塞磨损后内漏，闭锁料斗会出现充压时间变长甚至在压控阀全关的状态下充压达不到工艺要求，造成闭锁料斗停运。严重还会造成后序流程中各切断阀磨损，最终影响闭锁料斗系统正常操作，导致装置再生系统被动停工。

根据螺纹连接松动的研究机理可以推测闭锁料斗过滤器松动过程，长时间的轴向和横向不稳定载荷周期性冲击使得过滤器滤芯逐渐发生形变，尤其是使根部螺纹面在周期性变化应力作用下逐渐磨损及发生塑性变形，引起螺纹连接张紧力的下降，当张紧力下降到一定程度后，螺纹将产生滑动，最终引起螺纹连接松动。闭锁料斗过滤器运行温度在240~370℃交替变化，由于管板和滤芯为不同材质，在温度大幅度变化时，两者膨胀收缩幅度不一样，循环温度载荷使得滤芯和管板之间的紧固状态呈现周期性变化，在温度骤升时滤芯“上紧”，温度骤降时滤芯“松动”，不同的热变形使得螺纹张紧力下降同样会导致闭锁料斗滤芯螺纹脱落。

5　解决措施

针对上文分析的泄漏原因，要防止过滤器滤芯在工作时发生脱落，必须加强滤芯与管板之间的连接强度，减少滤芯在高温高压气体和吸附剂冲压时的振动量，经和生产厂家沟通，我们采取了以下措施。

（1）加大锥螺纹尺寸，提高螺纹的加工精度，增强滤芯与管板之间的连接强度。

（2）滤芯安装完毕后将滤芯与管板连接处满焊(图5)，增强滤芯连接强度。

图5　滤芯与管板连接处满焊图

（3）在滤芯下端加装花板定位(图6和图7)减少滤芯振动幅度，同时通过固定限位可以平衡受力。

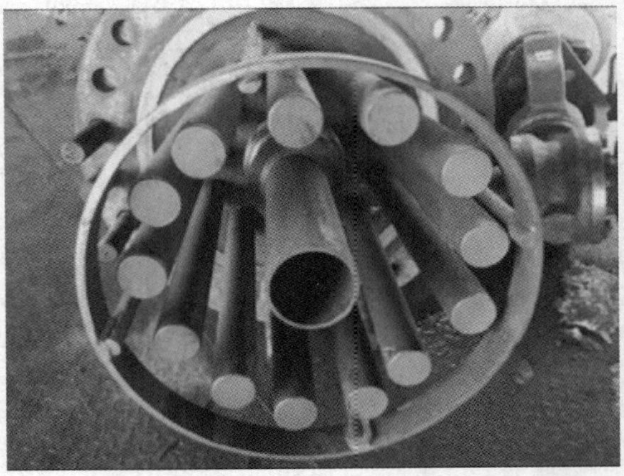

图6　滤芯下端加装花板前图

图 7 滤芯下端加装花板后图

（4）在日常工艺操作过程中严格控制闭锁料斗过滤器的压差，密切关注过滤器的反吹效果，尽量减少手动操作闭锁料斗，避免闭锁料斗装料过高冲击滤芯，关注各程控阀的回讯时间及时调整闭锁料斗各相关参数，使闭锁料斗不发生大的波动，减少对过滤器滤芯的冲击。

6 总结

通过以上对闭锁料斗过滤器的局部技改配合闭锁料斗操作参数如料位，时间，压力等的优化，减少了因过滤器损坏导致的吸附剂泄漏，甚至破坏吸附剂系统的正常循环，造成装置局部停工的风险。现闭锁料斗过滤器连续运行 44 个月没有出现泄漏故障，为装置的长周期运行提供了保障。

参 考 文 献

[1] 王金伟，李占存．中国石油 120 万 t/a S Zorb 装置操作规程[J]. 2020：12.

[2] 陈尧焕．汽油吸附脱硫(S Zorb)装置技术问答[M]. 北京：中国石化出版社，2015：1.

S Zorb 装置闭锁料斗运行故障分析与处理

郭江勇　张　泉　王秋方

（中国石油天然股份有限公司华北石化分公司）

摘　要　催化裂化汽油吸附脱硫技术(S Zorb)是国Ⅴ汽油升级的主要手段，其中闭锁料斗是S Zorb装置的核心设备之一，也是日常生产中最易出现故障导致吸附剂循环中断的设备之一，其运行工况直接影响到国Ⅴ汽油的长周期稳定生产。通过程序控制闭锁料斗运转，确保吸附剂的连续再生。华北石化S Zorb装置自2013年开工至今通过对各种引起闭锁料斗中断的故障进行分类及分析，总结出常见一些问题。通过实际案例的处理，提出了针对性的解决方案及改进建议，减少了闭锁料斗的故障频率，缩短了异常情况下的处理时间，确保装置的长周期运行。

关键词　S Zorb　闭锁料斗　程控阀　核料位计

1　闭锁料斗介绍

闭锁料斗是S Zorb装置的核心，是反应和再生装置链接的中转站，吸附剂通过闭锁料斗运输到反应器中，反应后的吸附剂再通过闭锁料斗，回到再生器中。在整个运行过程中，反应器为高温、高压、临氢环境，再生器为低压含氧环境，闭锁料斗采用双隔绝及渗出系统将高压反应系统的烃/氢环境和低压再生系统的含氧环境分开，以确保在适宜的压力、温度、氢气和氮气的环境下将吸附了硫的待生吸附剂通过闭锁料斗输送到再生器中再生。并将再生好的吸附剂输送到反应器中进行脱硫反应。闭锁料斗流程如图1所示。闭锁料斗通过设定的程序控制程控阀的开关来交替输送待生和再生吸附剂，并保证没有错误的交叉走向。通过控制吸附剂的循环速率平衡反应与再生系统，确保平稳生产以及长周期运行。闭锁料斗循环过程中通过控制程序逐步完成特定的吹扫、充压、泄压、收料和排料等九道步序，以此隔绝一旦接触就易引起爆炸的氢氧环境。闭锁料斗运行控制步序如图2所示。

2　常见故障

闭锁料斗作为装置的核心部件，整套控制系统由室内控制系统、现场检测设备、现场执行设备组成。由于复杂的工况环境和严苛的工作条件，决定了闭锁料斗较高的故障率，最为突出的问题为程控阀内漏、外漏，程控阀仪表附件故障，程序故障，核料位计故障，过滤器吹扫管线及仪表引压线堵塞。

2.1　程控阀芯球体磨损后造成的内漏外漏

S Zorb装置整套闭锁料斗系统共有31台两位式程控球阀，通过程序控制阀门的开关使吸附剂在高温油气、高压氢气和低压氮气之间运转。S Zorb吸附剂主要由两部分组成：由金属氧化物及非金属氧化物组成的载体和由氧化锌及活性金属镍组成的活性组分。吸附剂直径约为0～150μm，密度约为1.0g/cm^3。现闭锁料斗运转一周的时间约为26min，阀门开关频率高，且必须在规定时间内开关到位，这就要求球阀能耐冲刷冲蚀、耐磨损、开关准确迅速。

实际生产中位于四条吸附剂输送主管线的球阀(反应进料：XV01，XV02，XV03；再生卸料：XV05，XV06；再生进料：XV08，XV09，XV10；反应卸料：XV13，XV14)最容易发生因球体或阀座磨损而导致的阀门内漏现象，且又因靠近容器的第一道阀门，发生故障的频率最高。实际生产中出现球面磨损的情况(图3)，综合分析主要有以下3点原因：①吸附剂的冲刷造成阀芯磨损；②检修后阀门安装角度变化，部分支撑改变，阀体受力不均造成阀体磨损；③装置开工时管线内的焊渣等杂质未吹扫干净造成阀体磨损。

第一作者简介：郭江勇(1969—)，集团公司技能专家，毕业于河北大学计算机网络管理专业，现在中国石油天然气股份有限公司华北石化分公司从事炼油工作。E-mail：hb_ gjy@ petrochina. com. cn

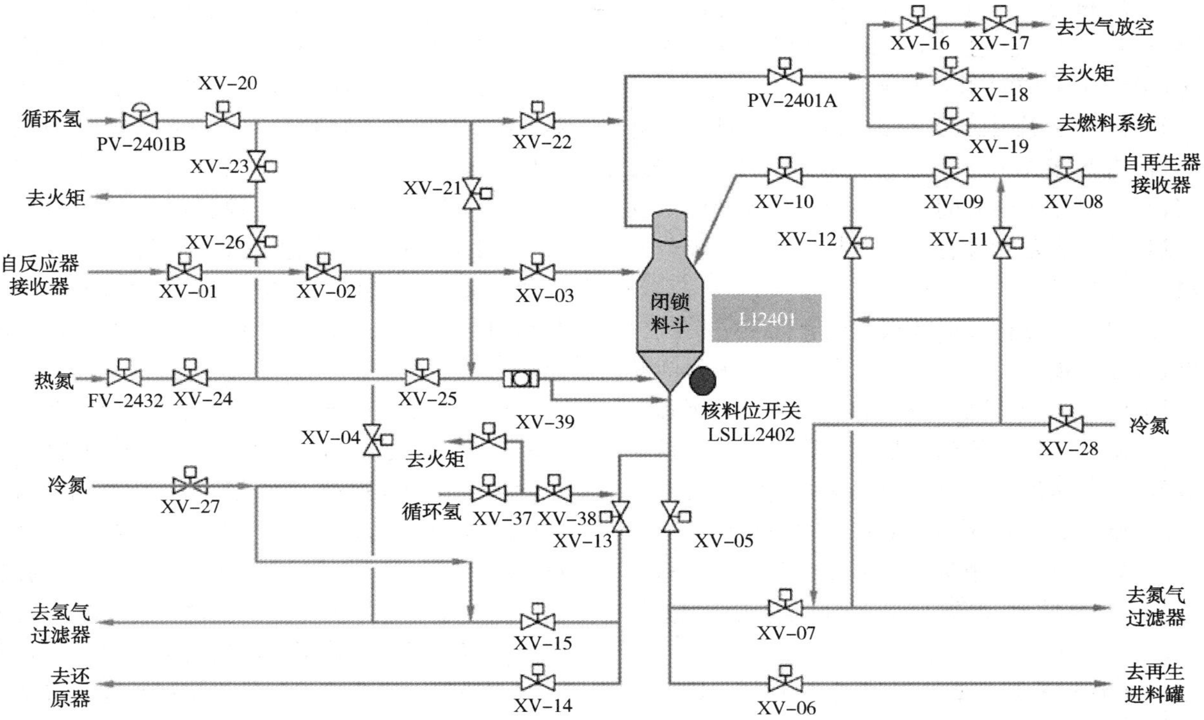

图 1　闭锁料斗流程

运行步序指示:

		设定值	实际值(有效)	实际值(完整)
0.0	启动N2吹扫	90.0	0.0 s	168.2 s
0.A	关闭放火炬阀			
1.1	循环氢气压力调节	200.0	38.5 s	38.7 s
1.1A	循环氢气压力调节	100.0	0.0 s	79.7 s
1.2	反应器向闭锁料斗装剂	200.0	25.3 s	56.0 s
2.1	向燃料气管网减压	150.0	78.8 s	82.7 s
2.2	向火炬减压	200.0	43.8 s	65.4 s
3.0	N2向火炬吹扫	450.0	450.0 s	483.2 s
4.1	N2压力调节	100.0	68.1 s	68.3 s
4.2	向再生进料罐卸剂	200.0	79.5 s	100.5 s
5.0	程序保持	30.0		12.9 min
6.1	N2压力调节	150.0	31.7 s	33.7 s
6.2	再生器向闭锁料斗装剂	100.0	7.1 s	46.9 s
7.0	N2向大气吹扫O2	300.0	300.1 s	313.1 s
8.0	循环氢气压力调节	250.0	175.0 s	185.2 s
8.A	循环氢气压力调节	200.0	0.0 s	193.9 s
9.0	闭锁料斗向还原器卸剂	250.0	60.0 s	103.9 s

图 2　闭锁料斗运行控制步序

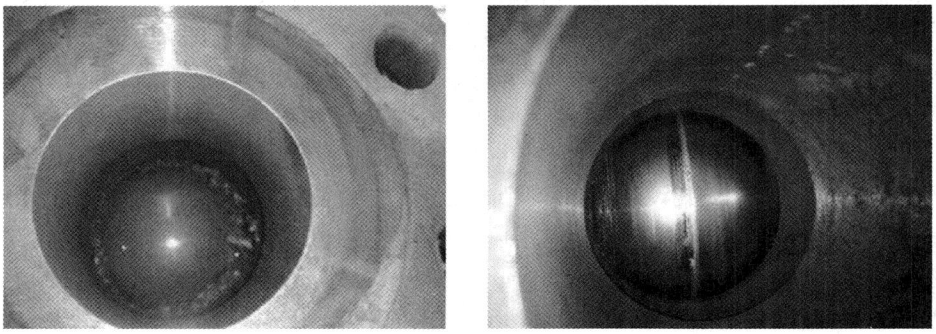

图 3　球面磨损

因球阀磨损严重后内漏导致闭锁料斗冲压冲不到设定压力或者吸附剂内漏至闭锁料斗过滤器ME110/111造成过滤器堵塞，等等原因造成闭锁料斗顺控程序中断，只有通过更换阀门来解决，而有些球阀由于所处的空间位置更换困难，导致闭锁料斗中断时间延长。如程控阀内漏未及时发现或没有备阀没有及时更换还会进一步造成程控阀密封外露泄漏着火。

通过上文分析球面磨损原因有以下举措减少球阀球面磨损：①工艺操作中尽量避免吸附剂循环量大幅度波动，减少吸附剂冲刷造成的阀芯磨损；②阀门检修后阀门回装施工管理加强，减少因阀门安装角度、支撑变化引起的阀门受力不均造成的阀芯磨损；③装置检修时相关管线吹扫干净，必要时可以使用磁铁将附着在管道或球阀表面的焊渣及铁锈清除，减少异物造成的阀芯磨损。

2.2 闭锁料斗程序出现故障后工艺部分的排查和处理

S Zorb装置在2013年开工至今最常出现的程序故障是闭锁料斗顺控程序4.2步不低报，程序会按照第二默认条件设定时间进行下一步，时间长了会使未再生的部分吸附剂又回到反应系统，严重影响吸附剂的活性。9.0步提前低报，此故障由于核料位开关低报是程序默认进行下一步的第一条件，造成再生后的吸附剂不能去往反应器。4.1步氮气充压和8.0步氢气充压充不到设定值程序一直不进行下一步且造成闭锁料斗停运现象。

由于闭锁料斗4.2步和9.0步故障间歇性发生，使闭锁料斗无法按照预设程序自动运行，内操手动操作又存在极其不稳定性，所以我们就想到了在仪表检查核料位仪表的同时利用闭锁料斗的伽马射线模式屏蔽掉核料位开关和核料位仪的信号，用时间暂时维持闭锁料斗的下料和收料，同时尝试从以下几点开始一一排除：①通过化验分析吸附剂的流化性能；②现场阀门开关情况确认，相关阀门外漏和内漏检查；③调整闭锁料斗8.0步调压及9.0步压差的参数设定；④调节D102硫化氢气量。⑤检查过滤器带液情况；⑥检查闭锁料斗底部通气盘滤芯是否泄漏。

进一步分析，同样是闭锁料斗下料，9.0步下料提前低报而4.2步下料不低报，程序及程控阀都未出现故障。说明可能是闭锁料斗在4.2步低压环境下其与再生进料罐D107之间压差不足，吸附剂出现挂壁现象，导致核料位开关不低报。9.0步是高压环境压力波动更大，其与还原器D102之间差压波动大，造成核料位开关提前低报。根本原因之一就是闭锁料斗的压力控制波动大，我们把闭锁料斗自控程序中的压力控制PIC2401A的PID参数进一步精细化，减少压力波动，又调整了4.1部和9.0部的设定差压和调节阀的动作斜率，未再出现4.2步和9.0步下料异常。

4.1步氮气充压充不到设定值，严重时8.0步氢气充压时也充不到设定值造成闭锁料斗停运，这一故障处理过程比较简单，根据闭锁料斗排放气流量计（氢气和氮气各一）排查压控阀密封情况，发现控制阀PIC2401A1，A2出现内漏，提高4.1步的充压氮气量和提高8.0步的设定差压值，填补了这部分泄漏的压力后故障可以得到暂时的缓解。但解决问题的根本原因才是最重要的，进一步分析，闭锁料斗出口压控阀PIC2401A1，A2位于闭锁料斗顶部出口过滤器ME102之后，分析仪表拆开位于同一位置的闭锁料斗烃氧分析仪过滤器后，发现有少量吸附剂，说明ME102可能存在过滤效果变差的情况，闭锁料斗内的吸附剂到后路管线造成压控阀PIC2401A1，A2磨损内漏（图4）出现此故障现象，仪表更换调节阀后恢复正常。

2.3 闭锁料斗程序故障后核料位仪表的排查和处理

闭锁料斗内安装有一个核料位计和一个核料位开关，用来显示闭锁料斗内吸附剂的存量及控制闭锁料斗下料。料位计及料位开关的准确与否直接决定了闭锁料斗的运行状况。影响核料位计准确度的因素有：放射源的强度及接受棒的安装位置、设备的材质及壁厚、外部其他放射源的干扰和设备内吸附剂的挂壁情况等。

核料位开关与核料位计显示存在通信延迟和不对应的情况时，需要仪表及核源厂家对核料位计进行重新校验。其次，核料位计显示无法到达0时，说明可能存在零位偏移的情况，需进行人工回零。另外，核源及接受棒对工作环境的温度有一定的要求，超过一定范围可能出现失准现象。

人工修正后的零位虽然在排料时能使核料位计显示0，与低料位开关触发基本吻合，但在闭锁料斗收料时，易出现低料位开关已触发一段时间而核料位计显示仍为 0 的情况，对闭锁料斗实际料位的准确性有一定影响。现场低料位开关及接收棒下端距离闭锁料斗的底部仍有一定空间，在零位偏移时存在一定余量，零位的修正应平衡排料及收料，尽量同时满足见底及见料的准确性。对于夏季出现的高温，对核料位计及接收棒外部接冷却风管，以保证工作环境温度满足要求。操作员需及时掌握调整过的核料位计收料显示情况，根据实际需要做出调整。

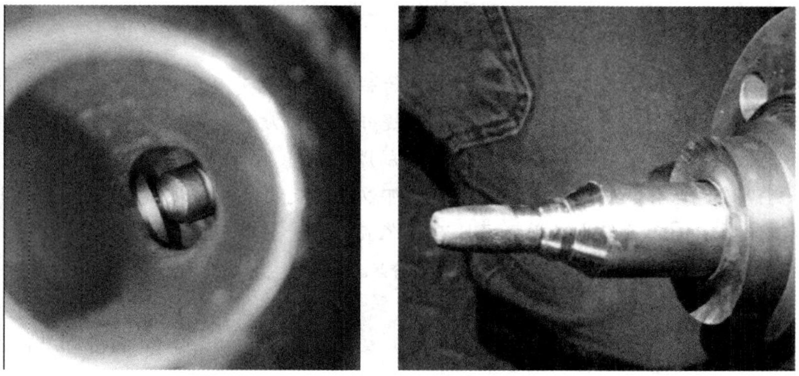

图 4　调节阀阀芯磨损

2.4　闭锁料斗过滤器管线堵塞及仪表引压线堵塞

闭锁料斗氢气过滤器 ME110A/B 和氮气过滤器 ME111A/B 在实际生产中每周定期切换，但在实际生产切换作业过程中，时常出现因瞬间压差超过联锁值而导致闭锁料斗停运的现象，通过研究流程(图 1)，发现程控阀 XV04. XV15, XV07. XV12 阀内漏会出现吸附剂大量窜入闭锁料斗过滤器造成过滤器压差升高，但切换时差压瞬间升高应该不是此原因。

进一步分析发现闭锁料斗过滤器有四路氮气，分别是顶部反吹，底部排液环松动，底部吸附剂输送，进料口松动，进过排查进料口松动氮气量过小造成一周期内吸附剂积少成多积存在备用过滤器入口致使过滤器切换时入口堵塞差压升高联锁停运闭锁料斗，调整过滤器入口氮气量后恢复正常。

3　总结

为减少闭锁料斗的故障频率，缩短异常情况下的处理时间，确保装置的长周期运行，我们采取了以下措施：

(1) 程控阀检修结束回装之前，须确保管线内无残留杂质，装置检修相关管线吹扫干净，必要时可以使用磁铁将附着在管道或球阀表面的焊渣及铁锈清除。

(2) 建立完善的换阀多部门联动机制，尽量缩短换阀的时间。整个换阀涉及仪表、起重、保运、工艺等多部门，保证信息渠道的畅通、迅捷的响应机制、默契的配合是减少闭锁料斗停车时间的有效手段。

(3) 建立完整的程控阀日常保养及备阀情况的台账，提高故障阀门维修、调试的质量和速度，确保现场的备用阀门即换即用。

(4) 优化工艺操作条件，多关注关键部位的各参数，同时做好因程序故障或漏洞引起操作波动的相关预案。

通过以上措施的实施，闭锁料斗的故障频率由以前的大约 10 次/年减少到了大约 4 次/年，阀门更换时间由以前的大约 2h/次缩短到了 1h/次，有利的促进了装置的长周期运行。

参　考　文　献

[1] 陈尧焕．汽油吸附脱硫(S Zorb)装置技术问答[M]．北京：中国石化出版社，2015：1.

[2]王金伟，李占存．120 万 t/a S Zorb 装置操作规程[J]．中国石油，2020：12.

烧结金属粉末过滤器在 S Zorb 装置中的应用

刘 利 宋文斌 蹇明英

（中国石油华北石化分公司）

摘 要 在炼油化工领域，气固分离是一种重要的工艺过程，气固分离过滤介质的效率和质量对装置的平稳生产意义重大。工程师们一直在致力于发展和提升过滤介质的材料和性能，来满足客户的需求。烧结金属粉末过滤介质是一种新型的高科技产品。用其制成的过滤器 ME101、ME102、ME103 作为 S Zorb 装置的核心气固分离设备，具有过滤效率高、通量大、可以在线反吹清洁、机械强度高、使用周期长等优点。过滤器 ME101/ME102/ME103 对华北石化公司 S Zorb 装置的生产起到重要的作业。

关键词 S Zorb 气固分离 过滤器 烧结金属粉末 应用

1 装置介绍

华北石化公司 120 万 t/a S Zorb 装置采用中国石化工程建设公司吸附脱硫专利技术，通过吸附剂选择性地吸附硫原子而达到脱硫目的。

粉状的吸附剂作为载体，在反应器和再生器之间循环。吸附剂在反应器中与气化的原料汽油直接接触，将汽油中的硫吸附在吸附剂上。部分吸附剂经过闭锁料斗转运到再生器内，在再生器中完成再生，恢复活性。再生后的吸附剂再经过闭锁料斗转运回反应器进行吸附脱硫，从而完成一次循环。

在 S Zorb 装置的初始设计时期，就选择了烧结金属粉末过滤器，中国石化将 S Zorb 技术收购并进行国产化，仍然采用该过滤器技术。

装置反应器采用流化反应床，混氢原料自反应器底部进入，反应产物自反应器顶部通过烧结金属粉末过滤器 ME101 进行气固分离，分离后的反应产物离开反应器。

再生器也采用流化床，再生空气一次通过，经过旋风分离器初步分离后，从再生器顶部进入烧结金属粉末过滤器 ME103 进行气固分离，尾气送出装置。

反应部分为高压临氢环境，再生部分为低压含氧环境，闭锁料斗步序控制实现氢氧环境的隔离和吸附剂的输送。闭锁料斗顶部装有烧结金属粉末过滤器 ME102，实现气固分离。

与其他过滤介质性能特点对比，在 425℃、3.0MPa 的工作环境内，烧结金属粉末过滤介质具有更高的过滤精度和过滤效率，可以达到 1.3μm 的过滤精度，97%的过滤效率。这是其他过滤介质无法实现的。

2 吸附剂粒径分布及常见气固分离机理

2.1 S Zorb 吸附剂粒径分布

根据 2022 年 2 月 21 日的化验分析数据，吸附剂的粒径见表 1。

表 1 S Zorb 吸附剂粒径分布分析

粒径分布/μm	体积百分比/%
<20	0.1
20~40	19.96
40~60	36.27
60~80	24.69
80~110	15.1
>110	3.89

2.2 常见气固分离机理

在气固分离技术中，常见的分离机理有重力沉降、惯性力分离、拦截分离等。

气固重力沉降分离机理：气固混合物中的固体借助于自身的重力作用，克服气体对其的阻力，沉降到低位，实现分离的目的。

惯性力分离机理：气流在惯性分离器内发生

第一作者简介：刘利，本科，工程师，毕业于哈尔滨工程大学，现在中国石油天然气股份有限公司华北石化分公司从事炼油化工工作。E-mail：hb_ swb@petrochina.com.cn

急速转向，或先冲击在挡板上再急速转向，其中固体颗粒由于惯性效应，其运动轨迹就和气流轨迹不一样，从而实现两者的分离，气流速度高，这种惯性效应就大，气流的压降也降低，只是分离效率不高。

拦截分离机理：当不考虑固体颗粒的惯性，而仅考虑颗粒沿气体流线经分离构件时，由于颗粒尺寸而被分离构件捕获拦截的分离过程成为拦截捕获过程。当只考虑拦截捕获效应时，沿流线运动的固体颗粒不仅能在其流线上与分离构件相交处被分离，而且还能使流线与分离构件表面距离等于或小于粒子半径的所有粒子被分离出来。

3　烧结金属粉末过滤器的工作机理、材料及工作过程

3.1　工作机理

烧结金属粉末过滤器采用物理拦截过滤分离机理。烧结金属粉末过滤介质是将预融合的粉末模压成管或板，然后高温烧结，粉末粒度、模压和烧结操作的综合因素决定了多孔介质的孔径分布、强度和渗透性。

3.2　材料

金属粉末材料可以由不同合金(包括 316L 不锈钢；HastelloyB、C22、C276、N、X；Inconel600、625/690；Mo-nel400；镍 200、合金 20 和钛)制造而成，可以在大范围的腐蚀和温度环境中使用。烧结金属粉末的过滤性能参数见表 2。材料的最高使用温度见表 3。

由于 S Zorb 的反应过滤器工作条件苛刻，温度高、压力高、负荷大，这要求过滤介质具有良好的强度、刚度和分离效率，综合比较优先选择 P1 型号。由于系统中不存在硫化氢，故不存在湿硫化氢腐蚀的情况。而对比几种材料，316L 的市面产品最是量多易得，而且加工制造的工艺都很成熟，最终在国产化的过程中选择了 P1 型号、316L 材质。

表 2　各型号材料的性能参数

型号	厚度/mm	有效孔径/μm	分离效果/μm			容尘量/(g/m²)	孔隙度/%
			90%	99%	99.5%		
P1	1.5	11.1	4.7	6.8	7.6	17.7	15.5
P5	1.64	79.7	45.8	55	30.1	38	70.7
F1	0.14	17.4	7.5	10.2	12.1	42.5	21.1
F4	0.25	60	27.4	36.7	37.9	82	51.3

*过滤介质配合着滤饼可以实现更高的分离精度。

表 3　各材料的最高使用温度

多孔金属	各种环境下的最高使用温度/℃			
	中性	氧化	还原	硫化
316L	500	400	500	350
310	500	500	500	500
Hastelloy C276	550	450	550	250
Inconel600	800	800	800	250
HastelloyX	920	650	925	250

3.3　工作过程

烧结金属粉末过滤介质的工作过程包括表面过滤和深层过滤。通过多层多虑实现高精度过滤。

表面过滤：粒子被截留在介质的表面上，逐渐增厚成为滤饼(图 1)，表面过滤属于筛滤，能将大于介质孔的粒子过滤掉，逐渐积累成滤饼。滤饼具有良好的孔结构，能滤掉更小的粒子，让连续的流体通过。由于表面过滤介质的孔径不均匀，所以在进行表面过滤的同时，也会伴有深层过滤。

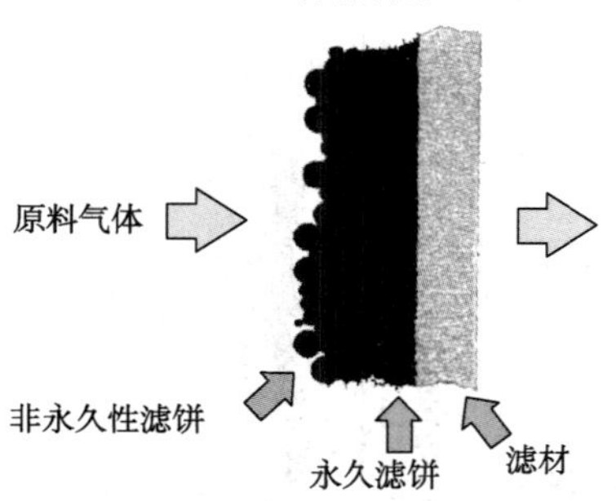

图 1　滤饼的形成

深层过滤：主要用于对微小粒子的分离，过滤时粒子在介质的多层结构中被捕捉。多层结构

有较大的纳污能力，提高了介质的工作寿命。由于粒子在介质深部被捕捉，所以比表面过滤的金属烧结网难清洗。通常需要采用反吹法进行清洁。

4　烧结金属粉末过滤器的特性

4.1　较高的过滤效率

过滤器由多层烧结金属过滤介质构成，配合滤饼的建立，可以实现很高的过滤效率：1.3μm~99.97%。

4.2　较大的流通量

S Zorb装置设计处理量最大值是142t/h，反应过滤器ME101的最大流量可以达到5200m³/h.m²。

4.3　机械强度大

管板的材料为14Cr1MoR(H)。单根滤芯的材料为316L并配有材质为316L的固定螺栓。滤芯与管板的连接结构如图2所示。

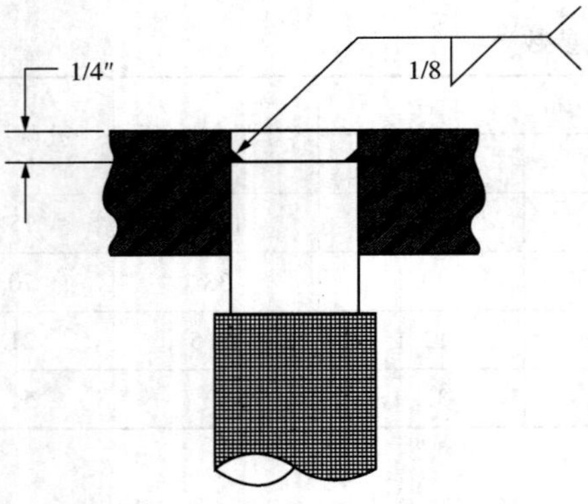

图2　滤芯与管板的连接

4.4　可以在线清洁再生

S Zorb装置中的过滤器ME101、ME102、ME103都配备有在线反吹清洁系统，可以实现在线反吹清洁(图3)。

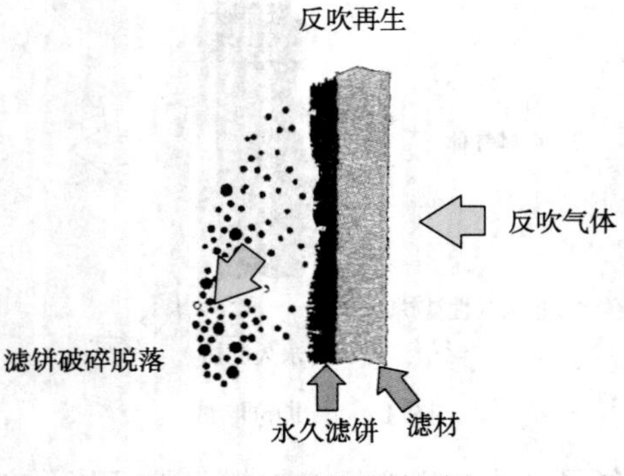

图3　过滤器的反吹再生

4.5　较长的使用周期

烧结金属过滤器可以正常使用直到压差增长到联锁值。使用周期很长。

5　烧结金属粉末过滤介质的在线清洁再生

过滤介质在工作过程中会在表面形成滤饼，适当的滤饼厚度可以增强过滤效果，实现更高的过滤精度，滤饼厚度增加到一定量，过滤器压差会迅速升高，影响过滤器工作，这时利用2~3倍工作压力的高压气体进行在线反吹，利用计算机程序控制反吹阀的开关，实现过虑器的在线自动反吹清洁再生。

6　在生产装置中的应用和应用效果

过滤器主要由多根烧结金属构成的滤芯和管板组成。滤芯焊接在管板上，管板用紧固螺栓固定在容器的出口法兰位置。S Zorb装置中烧结金属过滤器的应用有三处：反应过滤器ME101、闭锁料斗过滤器ME102、再生烟气过滤器ME103。

6.1　应用一：反应器过滤器ME101

应用部位：脱硫反应器。原料汽油和氢气混合经过加热炉加热至410℃后从底部进入脱硫反应器，向上运动的过程中与吸附剂在反应器内完成脱硫反应，到达反应器顶部，经过ME101进行拦截过滤分离，吸附剂留在反应器内部，反应油气从反应器顶部出去进入产品稳定部分。具体位置如图4所示。

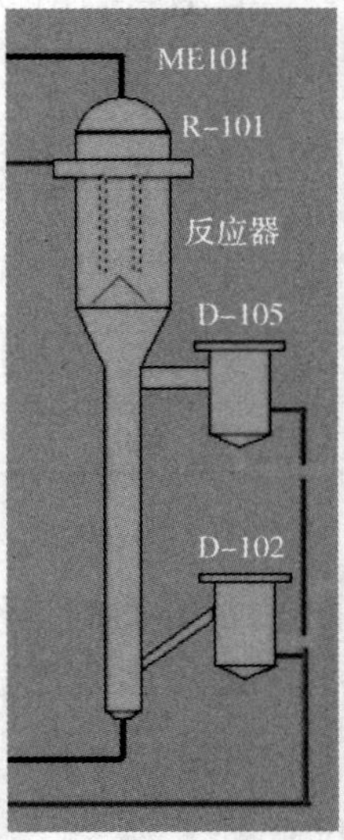

图4　ME101应用位置

ME101 的主体结构主要包括滤芯和管板，具体如图 5 所示。

（1）过滤单元：由 102 根滤芯组成，滤芯直径为 *DN*60mm（2⅜in），单根长度约为 3034mm，滤芯不可单件更换。ME101 只能整体离线更新。该设备可以使用直到过滤器的压差达到联锁值 180kPa，在实际应用中，装置在 75%～95%的负荷下，使用周期在 30～48 个月不等。

（2）管板：是一块内部带有通气管路的类似于大法兰的平面板，压在反应器出口法兰和过滤器头盖之间，向下一面上焊接了滤芯，向上一面上是反吹氢加热管和反吹歧管。

此外还包括：封头及内部组件，反吹阀门等构件。

反应油气、氢气、吸附剂三者经过 ME101，吸附剂被过滤下来，出口得到清洁的反应油气，反应油气经过稳定系统，产出合格的精制汽油。ME101 工作环境见表 4。

表 4　ME101 介质工况表

1	介质	氢气+反应油气+吸附剂
2	流量	≤5200m^3/h · m^2
3	压力	≤4.2MPa
4	压差	≤300kPa

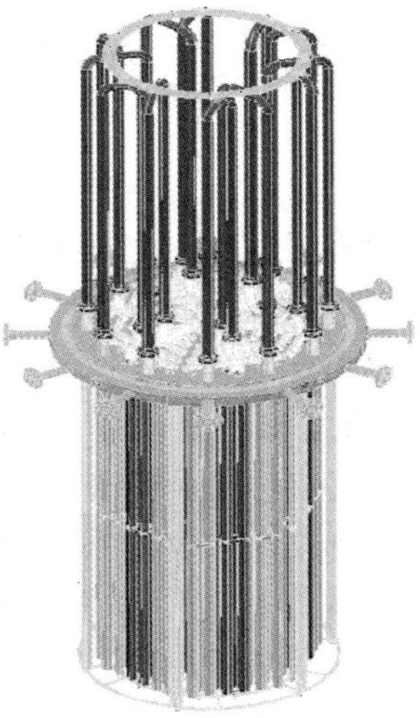

图 5　ME101 结构图

使用效果评价：后路产品汽油中不存在吸附剂颗粒，反应过滤器压差在正常范围内，代表过滤器效果良好。

6.2　应用二：闭锁料斗过滤器 ME102

应用部位：闭锁料斗。1.1 步到 4.2 步待生吸附剂夹带着反应油气，从反应器输送到闭锁料斗内。在闭锁料斗系统内进行泄压，从高压氢烃环境向低压氮气环境转换，将吸附剂输送到再生系统。6.1 步到 9.0 步再生吸附剂，从再生器输送到闭锁料斗内。在闭锁料斗内实现低压含氧环境向高压高压氢烃环境转换，将吸附剂输送到反应器。在这些过程中，泄压排放和吹扫气体都要从闭锁料斗上部出口经过滤器 ME102 分离掉吸附剂。

具体位置如图 6 所示。

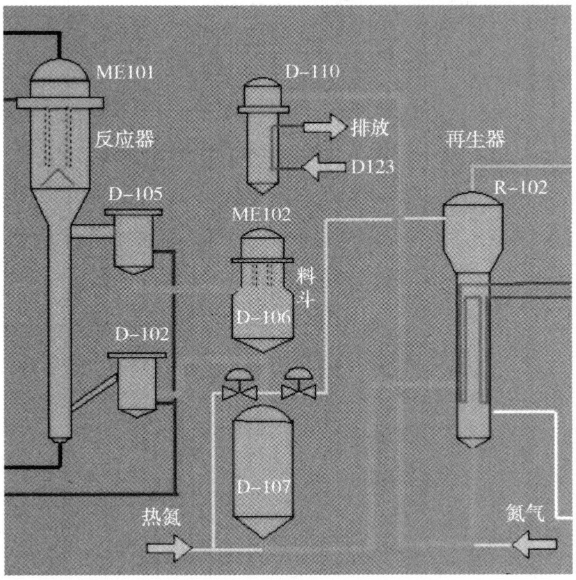

图 6　ME102 应用位置

ME102 的主体结构：

（1）过滤单元：由 13 根滤芯组成，单根长度约为 632mm，滤芯可离线更换。

（2）封头：固定在闭锁料斗法兰处。

具体结构如图 7 所示。

闭锁料斗运行的 1.1，1.2，2.1，8.0，8.A，9.0 步中，ME102 可以防止将吸附剂带入燃料气系统。其工作环境见表 5。

表 5　ME102 介质工况 1

1	介质	氢气+反应油气+吸附剂
2	流量	≤1200m^3/h · m^2
3	压力	≤4.2MPa
4	压差	≤200kPa

闭锁料斗运行的 2.2，3.0，4.1，4.2，5.0 步中，ME102 可以防止将吸附剂带入火炬系统。其工作环境见表 6。

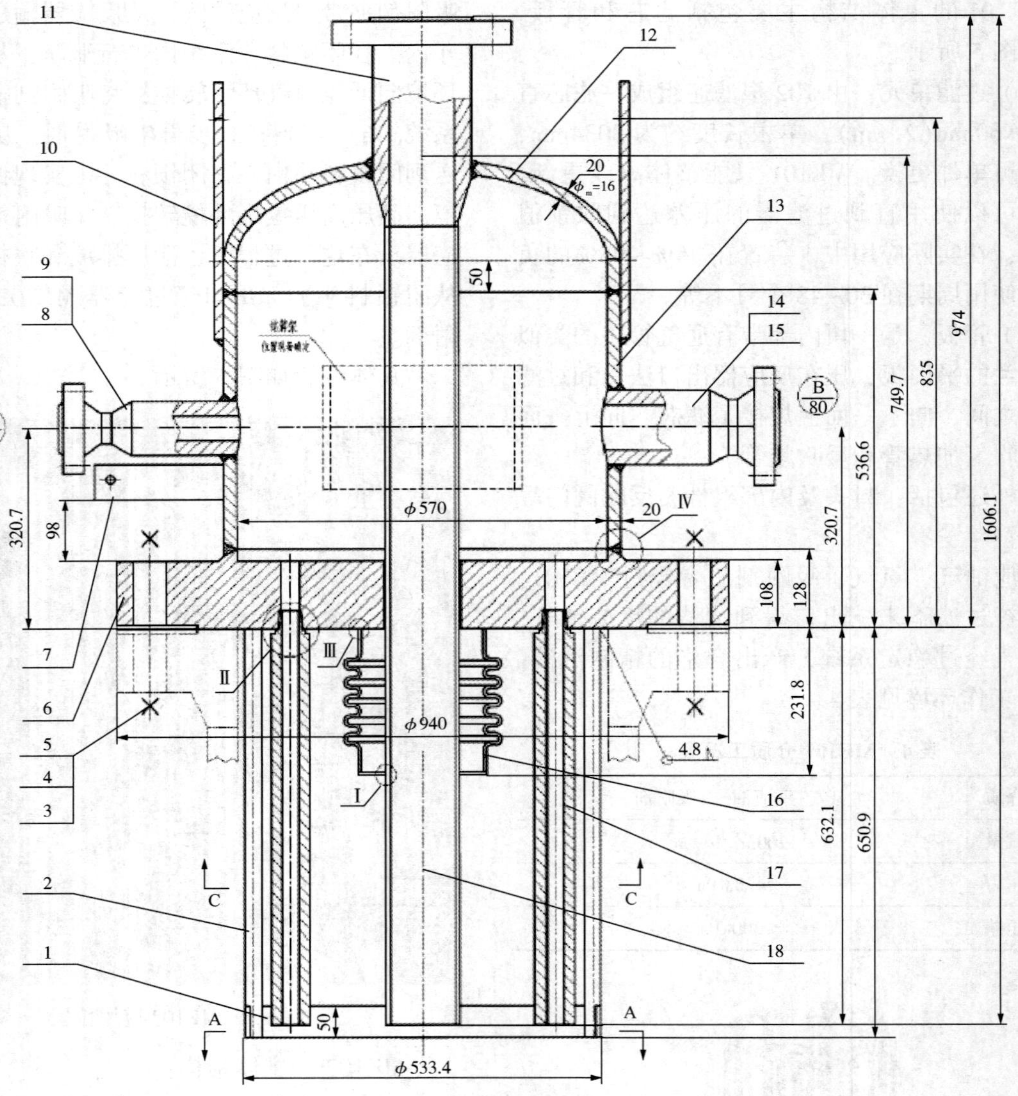

图 7　ME102 结构图

表 6　ME102 介质工况 2

1	介质	氮气+反应油气+氢气+吸附剂
2	流量	≤532Nm³/h
3	压力	≤0.8MPa
4	压差	≤200kPa

闭锁料斗运行的 6.1，6.2，7.0 步中，ME102 可以防止将吸附剂带入大气放空。其工作环境见表 7。

表 7　ME102 介质工况 3

1	介质	氮气+吸附剂
2	流量	≤120Nm³/h
3	压力	≤0.8MPa
4	压差	≤200kPa

使用效果评价：后路管线系统中不存在过量的吸附剂颗粒，过滤器 ME102 压差在正常范围内，代表过滤器效果良好。

6.3　应用三：再生烟气过滤器 ME103

再生烟气从再生器顶部出来，进入 ME103 进行过滤之后出装置，具体如图 8 所示。

ME103 的主体结构包括滤芯，管板，压力容器。ME103 滤芯不可单根更换，需要整体更新。其具体结构如图 9 所示；其工作环境见表 8。

表 8　ME103 介质工况表

1	介质	$N_2+SO_2+CO_2+CO+O_2$+吸附剂
2	流量	≤960Nm³/h
3	压力	≤0.16MPa
4	压差	≤60kPa

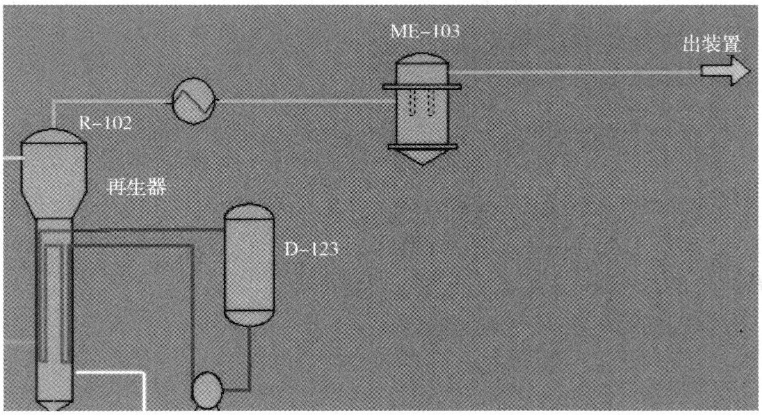

图 8　ME103 的应用位置

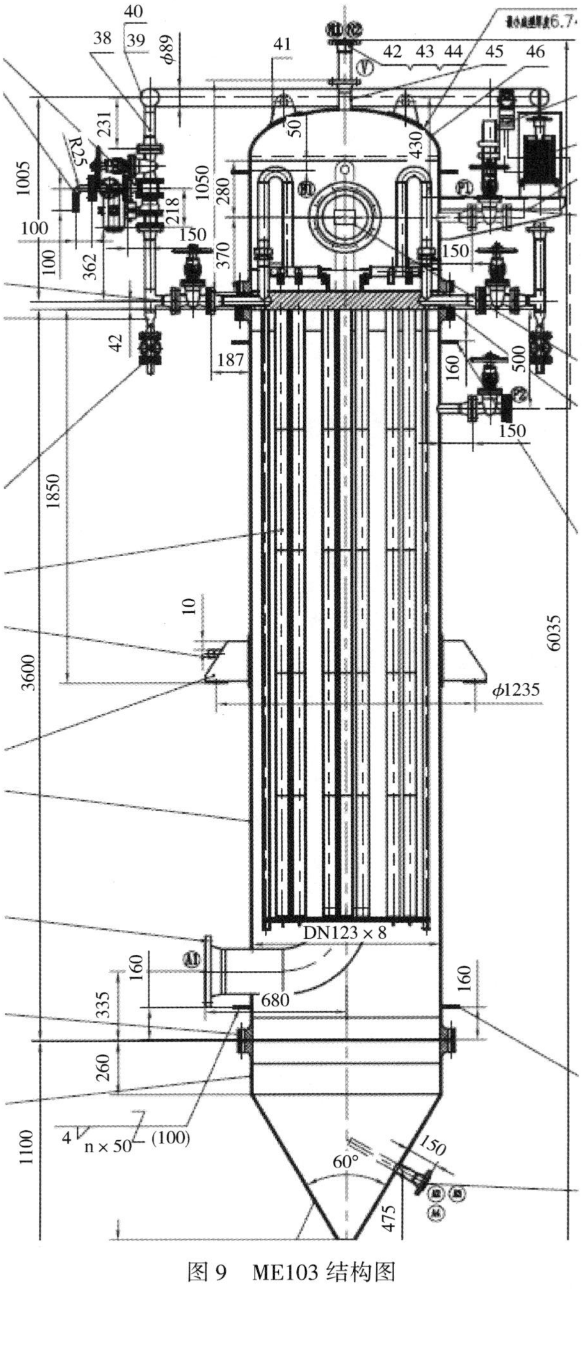

图 9　ME103 结构图

使用效果评价：后路管线系统中不存在过量吸附剂颗粒，过滤器 ME103 压差在正常范围内，代表过滤器效果良好。

7 结语

烧结金属粉末过滤 ME101、ME102、ME103 作为 S Zorb 装置气固分离的核心设备，对装置的平稳生产起到至关重要的作用。随着炼厂装置检修周期向“四年一检修”的发展，市场对烧结金属粉末过滤器的设计制造提出了更高的要求。

参 考 文 献

[1] 陈尧焕．汽油吸附脱硫(S Zorb)装置技术问答[M]．北京：中国石化出版社，2015：1.
[2] 王金伟，李占存．中国石油 120 万吨/年 S Zorb 装置操作规程．2020：12.
[3] 孙丽丽．汽油吸附脱硫工艺与工程[M]．北京：中国石化出版社，2019：1.

某厂乙烯装置稳定塔冷凝器浮头螺栓断裂原因分析

张　鹏　王　东

（中国石油吉林石化分公司）

摘　要　稳定塔冷凝器在运行中发现异常，通过检修发现是螺栓断裂导致，再次投用运行后，螺栓再次断裂，更换304材质的螺栓后，设备运行正常。

关键词　螺栓断裂　扭矩值　洛氏硬度

某厂乙烯装置稳定塔冷凝器(E-511)7月21日、25日连续发生2次浮头螺栓断裂导致换热器泄漏事件。机动设备处立即组织工厂进行原因分析，并将断裂螺栓样品送哈尔滨焊接研究院进行化学成分、机械性能、金相组织和腐蚀产物检测，现将分析情况汇报如下。

1　事件经过

7月21日，装置内操发现稳定塔(T503)底温度降低，塔压逐渐下降；内操通知外操岗位人员对稳定塔(T503)系统脱水，未见效果；对现场塔顶换热器进行排查，发现稳定塔冷凝器(E-511)回水管线上倒淋排放出硫化氢气体，确定该换热器泄漏。7月23日，装置反应单元停车，检修换热器。换热器拆解后发现浮头螺栓断裂12根，导致浮头密封失效泄漏，换热器管束打压无泄漏，将浮头螺栓全部更换为同规格35CrMoA螺栓，当晚17时恢复开车。7月25日，稳定塔(T503)底温度和塔压再次下降，与上次现象完全相同，判断稳定塔冷凝器(E-511)再次泄漏。7月28日换热器检修。换热器拆解后发现上次更换的新螺栓再次断裂12根，将浮头螺栓全部更换为同规格304螺栓，当晚17时恢复开车。

2　设备基本情况

稳定塔冷凝器(E-511)是浮头式换热器(图1、图2)，2016年6月，乙烯装置恢复开车检修时更新，由无锡某设备有限公司制造。换热器的规格为：Φ700mm×10mm×7036mm。换热器管程材质：10#钢，操作压力0.4MPa，介质为循环水；壳程材质：Q245R，操作压力1.28MPa，介质为加氢汽油，其气相硫化氢含量为3000ppm（$1ppm=10^{-6}$），气相介质检测漏点为-31℃，含少量水。

图1

图2

第一作者简介：张鹏，副主任，工程师，本科学历，现在吉林石化公司有机合成厂从事设备管理工作。E-mail：37225001@qq.com

换热器浮头螺栓共24根，经查阅设计图纸，该螺栓规格为M20×180mm，材质为40MnB。2021年大检修时，浮头螺栓没有更换。换热器拆检时发现，24根浮头螺栓断裂12根。将所有螺栓更换为35CrMoA螺栓，运行2天后再次发生断裂，断裂数量仍为12根。所有断裂螺栓外表均覆盖较厚的黑色或黄褐色附着物。断裂均发生在螺栓中间的光滑螺杆上，断裂区无显著塑性变形，属脆性断裂(图3、图4、图5)。

图3

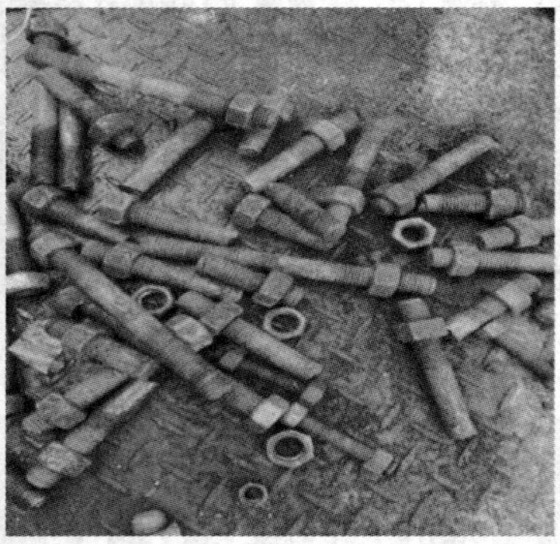

图4

图5

3　螺栓断裂原因分析

3.1　工艺操作原因

设备超压或冷热物料投运顺序错误都可能造成螺栓过载断裂。

经调阅设备泄漏前的操作曲线，未发现设备超温、超压现象(图6)。

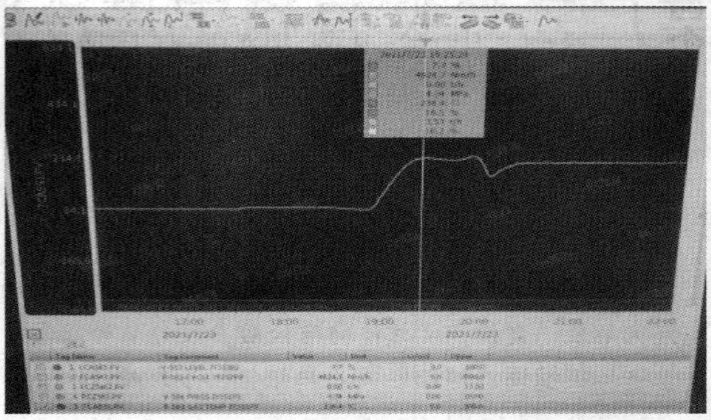

图6

另外，查阅换热器开车投用过程的操作卡，操作人员均是持卡操作，冷热物料投运顺序正确，未发现异常情况(图7、图8)。

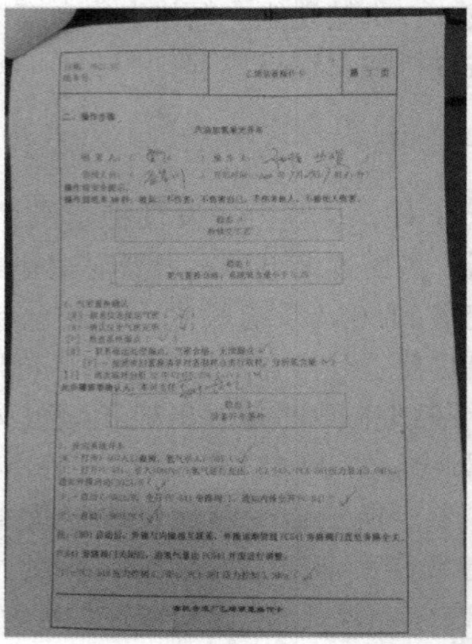

图7

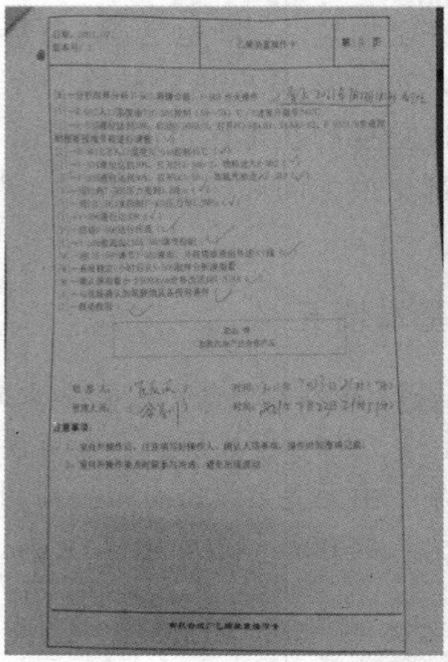

图8

因此，可排除工艺操作不当造成螺栓断裂的因素。

3.2 螺栓安装原因

螺栓安装紧固时扭矩值过大，可造成螺栓拉应力过载，也可能是造成螺栓断裂的原因。

（1）2021 年大检修时，浮头螺栓采用液压扳手紧固，扭矩值为 380NM。经确认，上海顺诺扭矩值计算符合 ASME PCC-1-2020 附录 K 要求。其结算结果为 355.13Nm，综合考虑计算偏差，人员机具偏差等因素，向上给出了 380NM。此时螺栓的屈服强度值是 381.78MPa，螺栓的屈服极限值为 640MPa，因此螺栓紧固扭矩是在螺栓屈服的安全范围内(图 9)。

图 9

（2）换热器浮头螺栓断裂后的 2 次检修，螺栓紧固使用的是相同的风动扳手，没有准确的力矩值输出，35CrMoA 螺栓发生了断裂，304 螺栓运行至今没有问题。304 螺栓的抗拉强度低于 35CrMoA 螺栓抗拉强度(304 抗拉强度≥515MPa，35CrMoA 抗拉强度是 830～1030MPa)，显然 35CrMoA 螺栓断裂与拉应力过大无关。

（3）螺栓断裂均发生在螺纹中间的光滑螺杆上，而不是断裂在螺纹区，特别不是断裂在螺齿根部应力集中最严重的部位，也说明拉应力在 2 次螺栓断裂事件中不是主要因素。

因此，可以排除螺栓紧固扭矩值过大造成螺栓拉断的可能。

3.3 螺栓质量及使用原因

将换热器第一次泄漏时，设备原来配备的 40MnB 螺栓，全部交由哈尔滨焊接研究院进行化学成分、力学性能、金相组织和腐蚀产物分析。

（1）螺杆材料化学组成分析

对螺栓材质进行化学组成分析，结果显示：螺栓材质不是 40MnB，应属于 35#或 40#钢。螺栓材质与设计不一致(表 1)。

表 1

项目	C	Si	Mn	Cr	Ni	Mo	B	S	P
H01	0.36	0.20	0.57	0.057	0.015	0.0053	0.0003	0.012	0.014
H02	0.42		0.59				<0.0005		
GB/T3077—2015	0.37/0.44	0.17/0.37	1.10/1.40	≤0.30	≤0.30	≤0.30	0.0008/0.0035	0.030	0.030

（2）螺栓材料硬度测定

对螺栓材料的洛氏硬度(HRC)进行测定(表 2)：

表 2

试样编号	1	2	3	4
平均值	21.5	21.0	22.0	20.0

其洛氏硬度值低于标准中 40MnB 的洛氏硬度标准值。

（3）螺杆材料拉伸试验

选取未开裂螺栓进行室温拉伸试验，结果显示：螺栓材料的强度和塑性均较低(表 3)。

表 3

试样编号	试样尺寸/mm	$R_{p0.2}$/MPa	R_m/MPa	A	Z
1#	圆棒，ϕ10，$L_0$10	791	813	8.5	40
2#		786	801	8.5	39
GB/T3077	850℃油淬 500℃回火	≥785	≥980	≥10	≥45
手册*测试	850℃油淬 500℃回火	843	1037	15	
手册*测试	850℃油淬 600℃回火	726	840	19	63

注：*指《机械工程材料性能数据手册》。

(4) 金相检验

对螺杆材料及其裂纹进行金相分析，断裂螺杆、完好螺杆材料组织均为铁素体+珠光体，较均匀，呈带状分布，该金相组织说明(图10)所查螺杆未经调质处理，甚至未经充分的正火处理。

(5) 断口腐蚀产物能谱分析

对螺栓断口腐蚀产物进行能谱分析，分析结果显示：断口试样上腐蚀产物中都含有大量S或硫化物，其含量达到14.91%(wt)~26.83%(wt)。显然，介质中S或硫化物是引起螺栓腐蚀开裂的主要因素(表4、图11)。

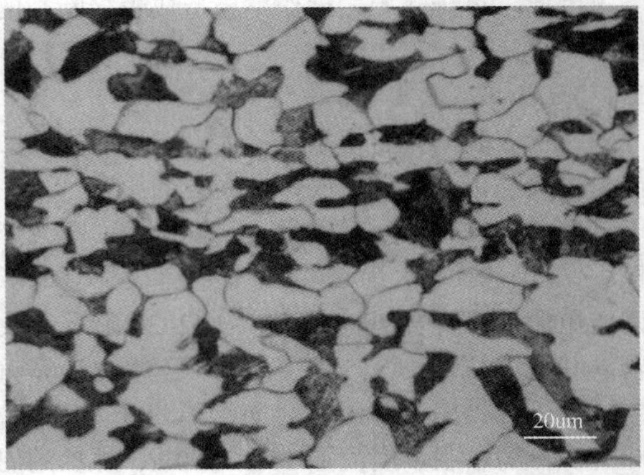

图10

表4

	电子1谱图1		电子2谱图2		电子3谱图3		电子4谱图4		电子4谱图5	
	起裂区		起裂区		扩展区		扩展小区		扩展区点状物	
元素	%(wt)	%(At)	%(wt)	%(At)	%(wt)	%(At)	%(wt)	%(At)	%(wt)	%(At)
C	8.53	23.21	8.22	22.40	7.88	19.38	4.11	11.36	7.25	20.72
O	10.57	21.57	9.43	19.29	18.85	34.79	16.77	34.81	7.10	15.23
Si	0.25	0.29			0.23	0.24	0.31	0.37		
S	17.87	18.20	23.23	23.70	17.82	16.40	14.91	15.45	25.07	26.83
Mn	0.71	0.42	0.23	0.14						
Fe	62.07	36.30	58.88	34.48	55.22	29.19	63.90	38.01	60.57	37.22

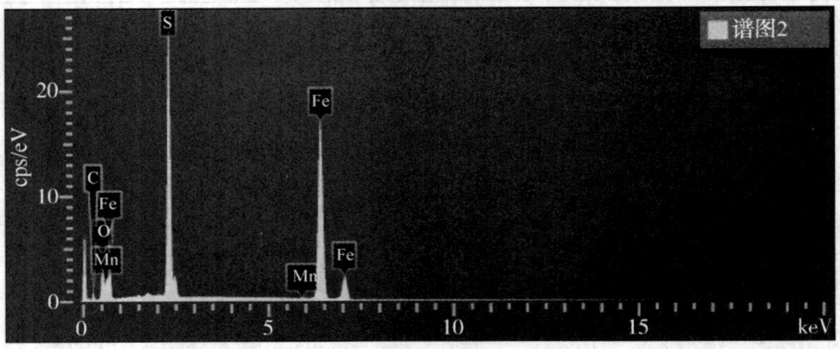

图11

(6) 螺栓材质的选择

中国石油炼化企业《湿硫化氢环境腐蚀与防护指导意见》中，关于湿硫化氢腐蚀环境的定义为：

介质在液相中存在游离水，且具备下列条件之一时称为湿硫化氢腐蚀环境：

① 在液相水中总硫化物含量大于50ppmw。

② 液相水中pH值<4且总硫化物含量≥1ppmw。

③ 液相水中pH值>7.6及氢氰酸(HCN)≥20ppmw，且总硫化物含量≥1ppmw。

④ 气相中含有硫化氢分压>0.0003MPa(0.05psia)。

换热器壳程介质气相硫化氢含量为3000ppm，气相介质检测漏点为-31℃，含少量水，因此，换热器浮头螺栓处在湿硫化氢腐蚀环境。

指导意见还指出：处于湿硫化氢环境的螺栓材料应选用强度级别较低的碳素钢、铁素体钢或奥氏体不锈钢。碳素钢使用状态为正火或退火，铁素体钢使用状态为退火，奥氏体不锈钢使用状态为固溶处理。螺栓硬度应≤22HRC。

显然：设计给出的40MnB的螺栓为8.8级，其洛氏硬度为22～32HRC；检修时使用的35CrMoA螺栓的洛氏硬度为24～32HRC。两种螺栓同属于高强螺栓，洛氏硬度也都大于22HRC，所以2种材质的螺栓都不适用于E-511浮头的湿硫化氢服役环境。

通过检测，设备原带螺栓材质并不是40MnB，而是35#或40#钢，其洛氏硬度均低于22HRC，客观上碰巧符合了指导意见部分要求，有利于抵抗湿硫化氢的腐蚀。但该螺栓又没有经过调质处理，甚至未经充分的正火处理，导致螺栓塑性降低，抗硫化氢应力腐蚀能力降低。另外，检修更换的35CrMoA螺栓，强度、硬度都高于35#或40#钢螺栓，对硫化氢应力腐蚀更为敏感，导致螺栓断裂。

4 结论

4.1 直接原因

通过检测、分析，我们认为导致稳定塔冷凝器(E-511)浮头螺栓断裂的直接原因是硫化氢应力腐蚀开裂。螺栓连接的法兰间隙中存在于湿硫化氢环境，且含有水分，螺栓承受拉应力(预紧力)，螺栓所处环境温度较低，因此，螺栓存在发生硫化氢应力腐蚀开裂的主要条件。

4.2 间接原因

(1) 螺栓材料热处理不合格，没有经过调质处理，甚至未经充分的正火处理，料强度高于正常值，塑性低于正常值，不利于抵抗硫化氢应力腐蚀。

(2) 设计及检修过程中没有按照中国石油炼化企业《湿硫化氢环境腐蚀与防护指导意见》要求合理选择螺栓材质，不论是40MnB螺栓还是35CrMoA螺栓都无法抵抗硫化氢应力腐蚀。

4.3 管理原因

相关设备管理及专业技术人员防腐意识不强，特别是对湿硫化氢应力腐蚀了解不深、认识不足，造成螺栓选型错误。

5 下步措施

(1) 针对换热器泄漏问题，组织检修力量，更换问题螺栓。

(2) 换热器按规程检修，完善各项检修步骤，确保换热器检修后投用正常。

(3) 每周一次对循环水换热器检查，采样判断换热器运行情况。

(4) 强化管理人员学习能力，认真分析事件原因，利用网络平台查阅相关硫化氢腐蚀资料，仔细解读。

(5) 加强岗位人员操作能力，优化操作步骤。避免操作失误，防止出现各类飞温现象。

(6) 强化外操人员操作，硫化氢注入量保持稳定，防止炉硫化氢过量造成设备腐蚀。

(7) 积累经验教训，重复检修的问题值得长时间深刻反思。

乙烯装置高压蒸汽P91弯管段劣化性研究

卢思屹　李金朋　韩飞龙

（中国石油吉林石化分公司）

摘　要　以吉林石化公司乙烯联合装置7#裂解炉为例，7#裂解炉辐射段顶部安装有线性急冷换热器六根，裂解气离开辐射段炉管后，在线性急冷换热器中被迅速冷却下来。裂解气在线性急冷换热器内管中流动，锅炉给水在环管中流动，产生高压蒸汽。利用超声检测、金相检测、硬度检测、光谱检测手段对工作温度515℃，工作压力11.8MPa的条件下服役150000H的P91弯管组织进行观察，并测试力学性能。结果开裂区材料组织严重劣化，原始组织（回火马氏体）完全分解，其位向完全消失；碳化物长大并转移到晶界，围绕晶粒形成闭合或接近闭合的链状碳化物。分析认为从弯头积累的损伤看，关键还是高温蠕变，因此它有可能长期处在较高温度下运行、或超温运行。

关键词　P91弯管　显微组织　力学性能　长期服役　高温蠕变

1　项目背景与试验材料与方法

背景：乙烯装置7#裂解炉高压蒸汽管线两次发生泄漏，对设备的运行带来了较大的安全隐患，因高压蒸汽管线泄漏需对裂解炉停炉后方能进行检修，所以对P91材质的高压蒸汽管段进行劣化性分析。

试验材料选用乙烯装置裂解炉服役近150000h的P91钢的主蒸汽管道弯管段，其服役工况为520℃、11.5MPa，化学成分见表1。表1中同时列出了ASME SA335对P91钢化学成分的要求范围。

表1　P91钢的化学成分　　%(wt)

试样	C	Cr	Mo	V	Nb	Mn	Si	N	P	S	Al	Ni
弯管	0.095	8.26	0.91	0.25	0.08	0.43	0.26	0.040	0.012	0.003	0.02	0.16
直管	0.11	8.71	0.90	0.21	0.09	0.42	0.26	0.044	0.011	0.002	0.01	0.15
ASME标准值	0.08~0.12	8.00~9.50	0.85~1.05	0.18~0.25	0.06~0.10	0.30~0.60	0.20~0.50	0.03~0.07	≤0.02	≤0.01	≤0.02	≤0.40

对试验材料损坏处P91弯管段及直管处的硬度采用便携式硬度计测试，金相试样分别在管壁截面的外壁、中间和内壁截取，其中弯管段分别在内弧、中间面和外弧共13处取样，取样位置见图1。部分选点现场见图2。对取样处进行超声检测、金相检测、硬度检测、光谱检测。选取点位及硬度、光谱、测厚结果示意见表2。

表2

单位	硬度/HB	测厚数据/mm	材质(光谱)
①	160	14.5	A335 GR. P91
②	168	14.95	A335 GR. P91
③	162	15.3	A335 GR. P91
④	166	14.29	A335 GR. P91
⑤	148	13.57	A335 GR. P91
⑥	166	14.3	A335 GR. P91
⑦	152	14.37	A335 GR. P91
⑧	149	13.05	A335 GR. P91
⑨	150	14.97	A335 GR. P91
⑩	158	13.45	A335 GR. P91
⑪	155	15.15	A335 GR. P91
⑫	158	13.98	A335 GR. P91
⑬	164	14.41	A335 GR. P91

第一作者简介：卢思屹，工学学士，工程师，现从事工作乙烯联合装置设备管理。E-mail：jh_lusy@petrochina.com.cn

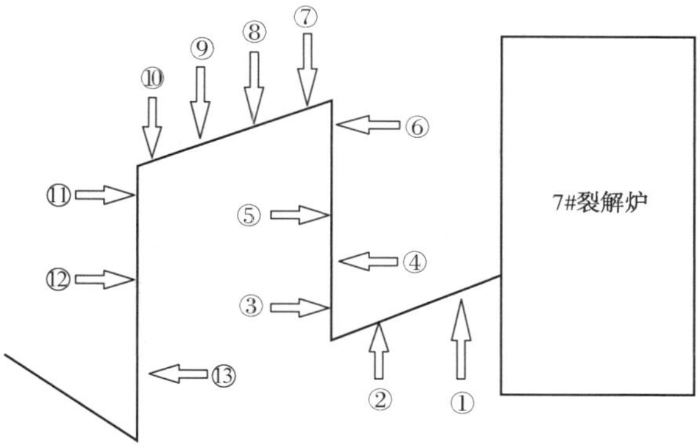

图 1　选点示意图

2　试验结果与讨论

2.1　光谱检测情况

损坏的弯头及直管段材质光谱结果：材质为 A335. P91 与原始设计相符(图 3)。

2.2　硬度检测情况

损坏的弯头硬度：选取三处测点结果为：裂口北侧 HB106、裂口南侧 HB103、裂口下方 HB128。

查找标准 A335. P91 参考硬度为 185－250 (图 4)。

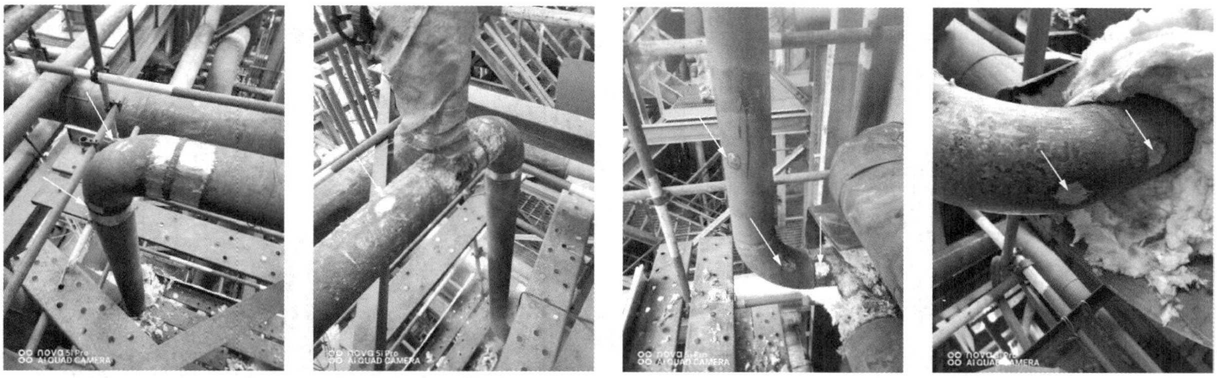

图 2　部分选点现场示意图

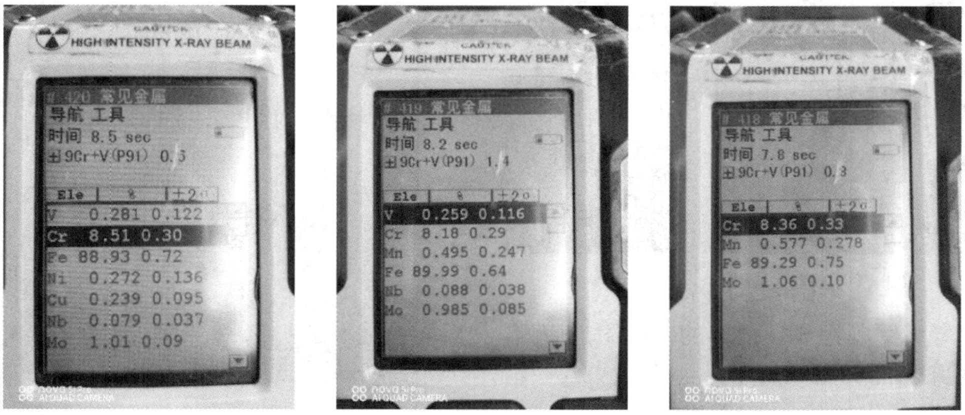

图 3　选点部位光谱结果

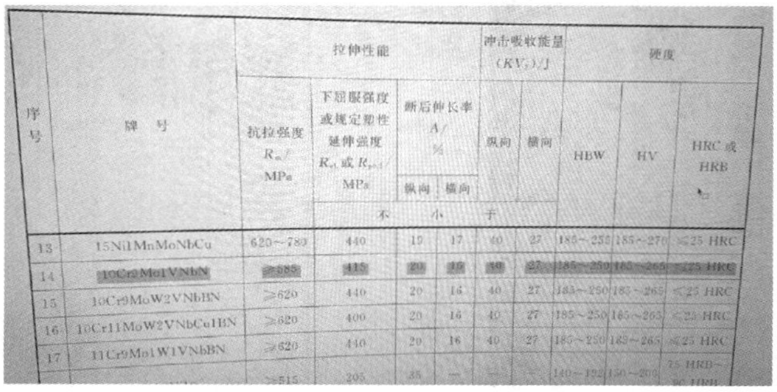

序号	牌号	拉伸性能 抗拉强度 R_m/MPa	下屈服强度或规定塑性延伸强度 R_{eL} 或 $R_{p0.2}$/MPa	断后伸长率 A/% 纵向	断后伸长率 A/% 横向	冲击吸收能量 (KV_2)/J 纵向	冲击吸收能量 (KV_2)/J 横向	硬度 HBW	硬度 HV	硬度 HRC 或 HRB
			不	小		于				
13	15Ni1MnMoNbCu	620～780	440	19	17	40	27	185～255	185～270	≤25 HRC
14	10Cr9Mo1VNbN	≥585	415	20	16	40	27	185～250	185～265	≤25 HRC
15	10Cr9MoW2VNbBN	≥620	440	20	16	40	27	185～250	185～265	≤25 HRC
16	10Cr11MoW2VNbCu1BN	≥620	400	20	16	40	27	185～250	185～265	≤25 HRC
17	11Cr9Mo1W1VNbBN	≥620	440	20	16	40	27	185～250	185～265	≤25 HRC
		≥515	205	35	—	—	—	140～192	150～200	75 HRB～90 HRB

图 4　硬度标准

损坏的弯头附近直管段硬度：选取三处测点结果为HB152、HB158、HB163。硬度均不合格

查阅相关文献可知：P91钢在时效初期或运行初期，短时强度、尤其是宏观硬度会呈现下降现象，但之后会趋于平稳(图5)。

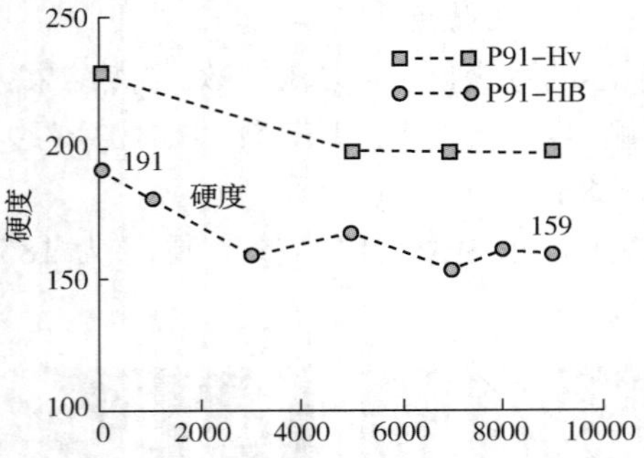

图5　P91钢时效硬度变化

结合现场实际检测结果分析：在工况520℃、11.5MPa的工况下服役近150000h的蒸汽管线弯头部位的硬度和强度较直管段严重偏低。

损坏的弯头附近壁厚：12.60mm、12.97mm、12.68mm(图6)。

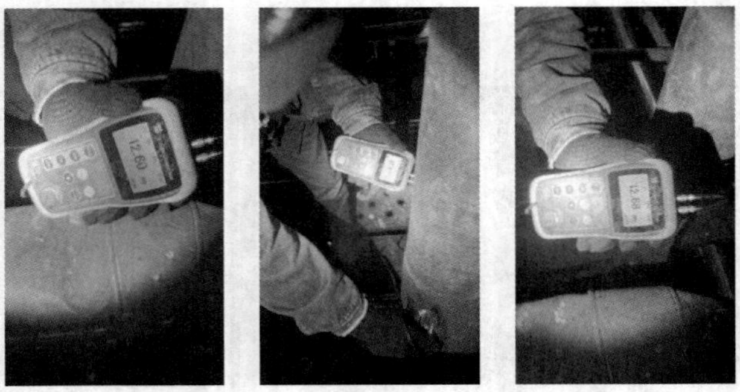

图6　损坏弯头壁厚

损坏的弯头壁厚检测：损坏的弯头附近直管段附近壁厚为14.85mm、14.07mm(图7)。

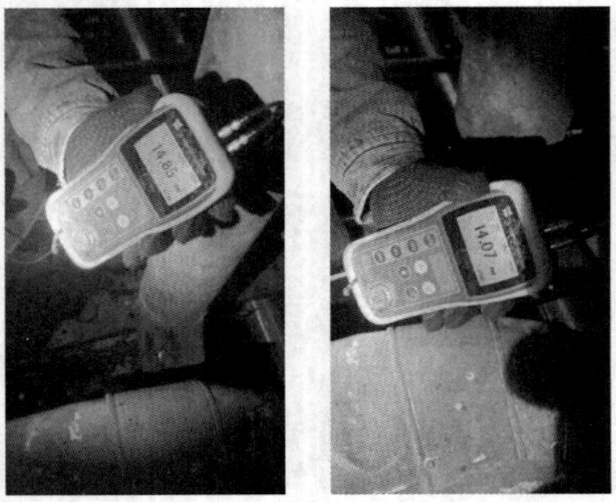

图7　损坏的弯头附近直管段壁厚检测

综上分析，A335 Gr. P91马氏体耐热钢在高压蒸汽参数下首先必须具有高的蠕变持久性能，高的蠕变持久性能是耐热钢具有长期服役寿命的保障，而高温高压环境下组织的稳定性是具有高的蠕变持久性能的前提。然而对于在2001年投产服役超过150000h的裂解炉高压蒸汽管线检测中发现，管道弯头部位发生低硬度现象，且沿管道分布不均，从而对设备的运行带来了较大的安全隐患。

2.3　泄漏弯头全面检测结果

破裂的弯头位于乙烯装置7#裂解炉高压蒸汽过热段出口管线。弯头规格Sch120，材质ASTM A335. P91，运行参数：工作压力11.8MPa，工作温度515℃，介质为高压蒸汽。投入使用时间2001年，运行约20年。

弯头和裂口如图8~图10所示。

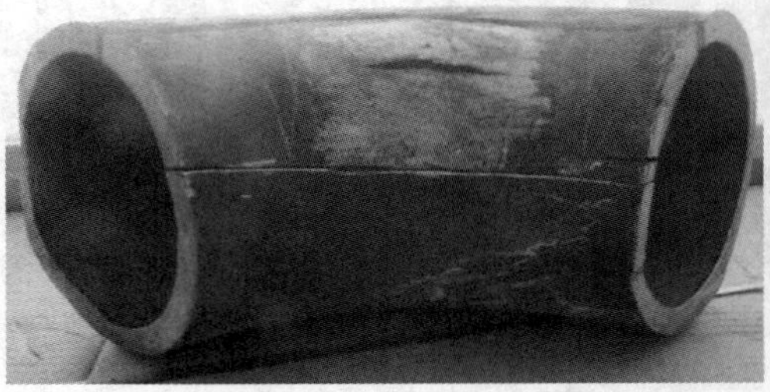

图8　破裂弯头外观

图9　弯头外壁裂口形貌

图10　弯头裂口断

2.4　宏观检查

（1）弯头裂口位于弯头内弧中央近顶部位，呈纵向。裂口外壁长 72mm，内壁长 46mm；外壁裂口宽 5.7mm（最大处），内壁裂口宽 0.8mm（最大处），见图 8～图 11。

（2）穿透壁厚的裂口从外壁起裂，向深度扩展，直至穿透，见图 11。

（3）从弯头试样两端测量管径，从裂口下方切口处测量壁厚

外径 176，174，174mm；内径 144，142，142mm；

外径 176，175，175mm；内径 145，142，143mm。

壁厚 14.08，14.55，14.51，13.92，14.49，16.18，15.94，16.14，16.23，15.86，16.05，15.93，16.16mm。

（4）弯头裂口处管壁向外微凸，见图 8。

（5）裂纹沿管纵向扩展，裂口呈钝态，裂口两侧壁厚减薄不多。

（6）弯头外壁裂口周围布满纵向小裂纹或氧化皮开裂；弯头内壁裂口周围也有密集纵向小裂纹或氧化皮开裂见图 11～图 14。

图 11　弯头裂口外壁尺寸

图 12　外壁小裂纹

（7）可看到裂纹由孔洞串集链接而成（图 15、图 16）。

（8）裂口及其周围氧化腐蚀严重，腐蚀层较厚，有分层、脱落，裂口间隙两侧管壁有腐蚀粉化。

图 13　内壁小裂纹

图 14　右侧孔洞串集裂纹

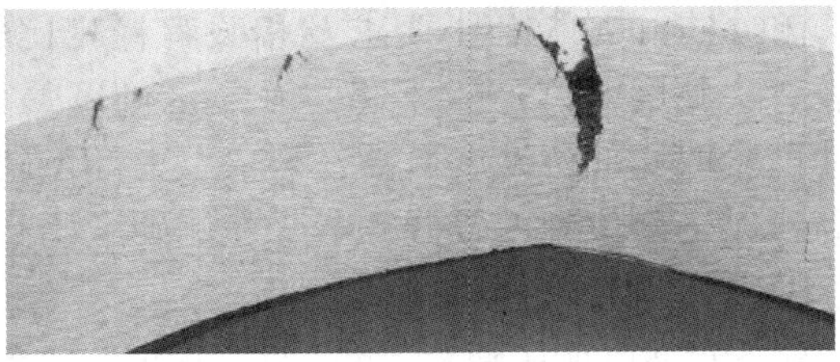

图 15　左侧孔洞型裂纹

图 16　裂纹间隙氧化腐蚀

2.5　硬度测量 HLB

硬度数据对弯头损伤分析极为重要。

测量硬度的目的，一是搞清弯头各部位硬度分布；二是验证便携式硬度计的稳定性，适用性。

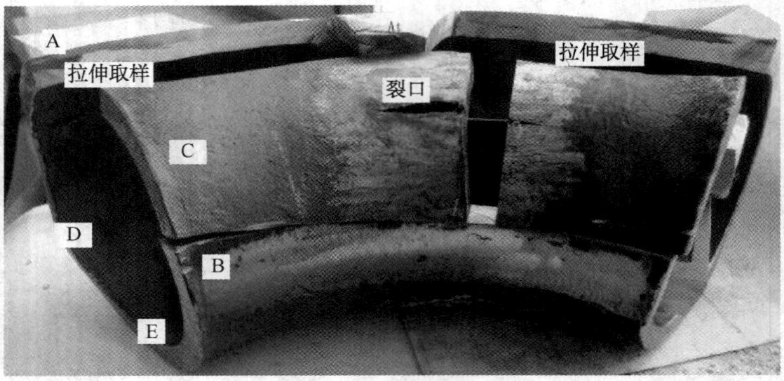

图 17　弯头硬度测点分布

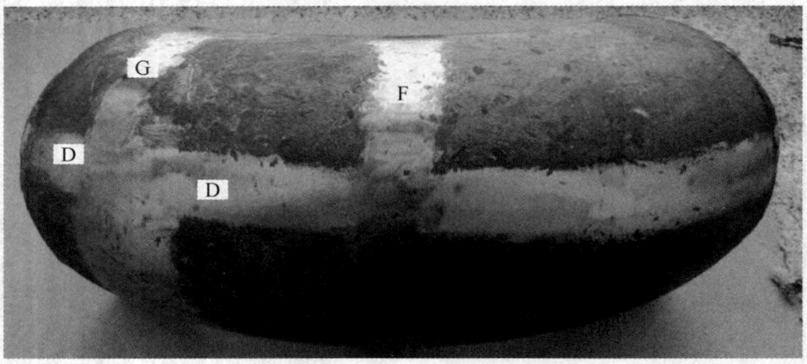

图 18　弯头硬度测点分布

将测量结果与 DL/T 438—2009 要求(HB180-250)和 ASTM A355P91 要求及相关解释相比较，开裂弯头硬度普遍严重下降；开裂区硬度最低；拉伸试验取样部位硬度最高；裂口以上部位硬度较高，以下部位硬度较低，弯头左侧硬度比右侧硬度要高。

试验证实，所用硬度计重复性、稳定性较高。

2.6　拉伸试验

试样取自图 17、图 18 中 A、C 之间，试样结果见表 3 与图 19、图 20、图 21。

由前面硬度数据知，拉伸试样取自弯头硬度较高区。性能数据符合相关标准。

表 3　弯头试样拉伸试验结果

项目	$Rp_{0.2}$/MPa	R_m/MPa	$A_{4.41}$/%	Z/%	HB
标准值	≥415	≥585	≥20	≥35	ASTM≤250；DL180-250
01	500	658	22	61	
02	545	685	20.5	66	
ASTMA335P91 HB≤250；DL/T 438—2009 HB180-250					

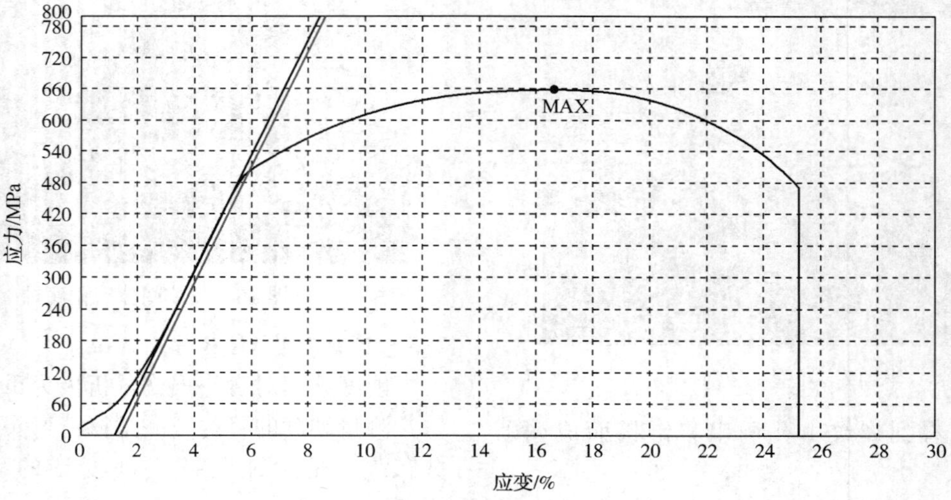

图 19　弯头拉伸试验曲线　试样 01

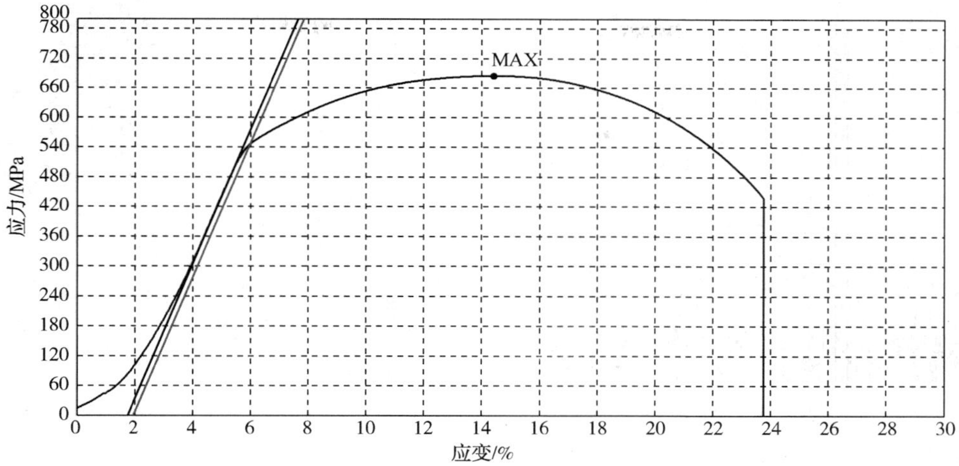

图 20　弯头拉伸试验曲线试样 02

图 21　弯头试样拉伸后形貌

2.7　弯头材料化学分析

在弯头上取样进行化学分析，结果列于表 4。结果符合相关标准。

2.8　金相分析

对弯头裂纹附近取样进行金相观察。试样内壁及心部组织分别示于图 22～图 23、24～图 25；弯头裂口附近较小裂纹启裂、扩展、尖端区形态及其周围组织分别示于图 26～图 34，其中图 26～图 31 为抛光、未浸蚀图样。

结合后面金相试样电镜观察，可看到：

表 4　弯头材料化学分析结果　　%(wt)

项目	C	Mn	Si	S	P	Cr	Mo	V	Ti	Al	Nb	Cu	N	Ni
实测	0.11	0.48	0.37	0.0017	0.0088	8.50	0.97	0.20	0.0050	0.016	0.081	0.18	0.061	0.26
标准	0.08/0.12	0.3/0.60	0.20/0.50	0.010	0.020	8.00/9.50	0.85/1.05	0.18/0.25	≤0.01	≤0.02	0.06/0.10		0.030/0.070	≤0.40

(1) 弯头裂口区材料组织已严重球化。原始组织(回火马氏体)完全分解为铁素体+碳化物，回火马氏体位形

消失；碳化物明显长大并转移到铁素体晶界，形成链状，甚至围绕晶界接近封闭状。

(2) 裂纹从外壁起裂，裂纹口较粗，裂纹似孔洞相连而成；较大裂纹周围分布许多分散的、互不相连的小裂纹、微裂纹。

(3) 裂纹呈沿晶模式。

(4) 裂纹启裂为孔洞型，起裂区不存在蚀坑。

(5) 内外表面无明显脱碳。

(6) 裂纹间隙中充满氧化物。

图 22　弯头内壁　100×

图 23　弯头内壁　200×

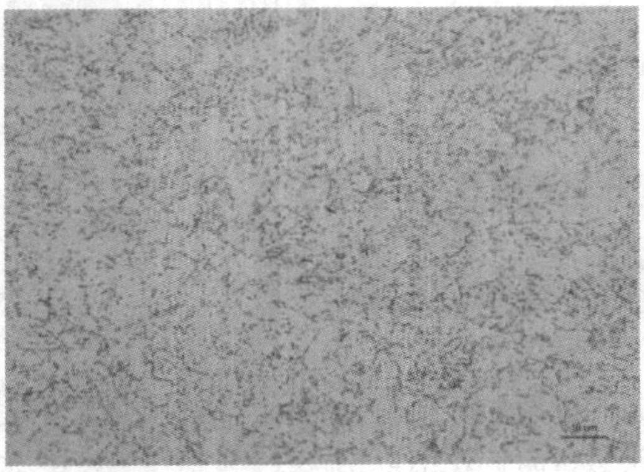

图 24　弯头内壁　1000×

图 25　弯头心部　100×

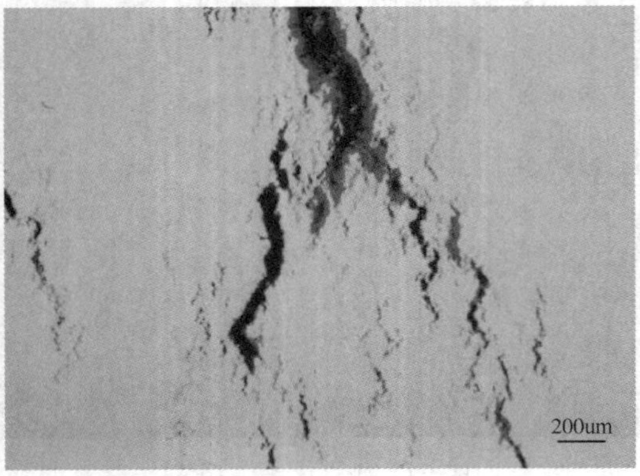

图 26　弯头裂纹扩展抛光　50×

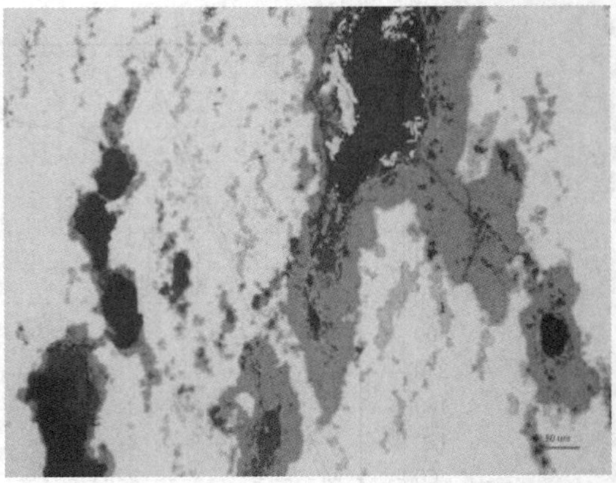

图 27　弯头裂纹扩展抛光　200×

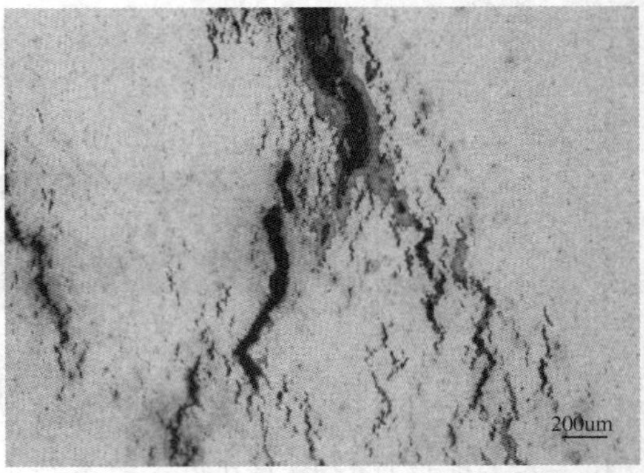

图 28　弯头裂纹扩展　50×

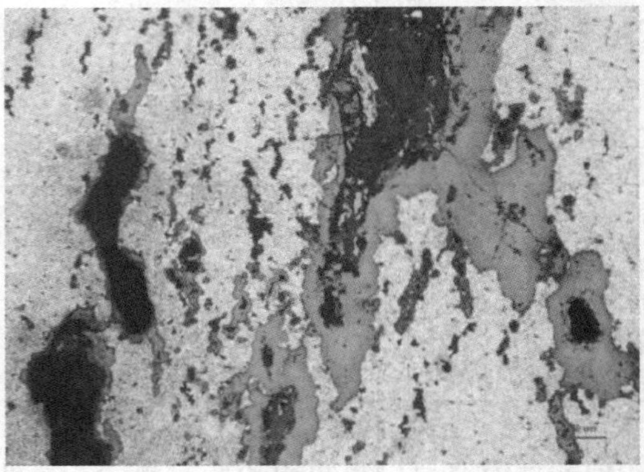

图 29　弯头裂纹扩展　200×

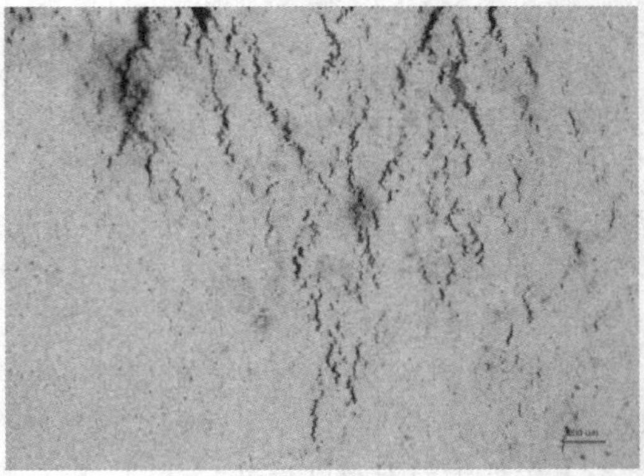

图 30　弯头裂纹尖端　50×

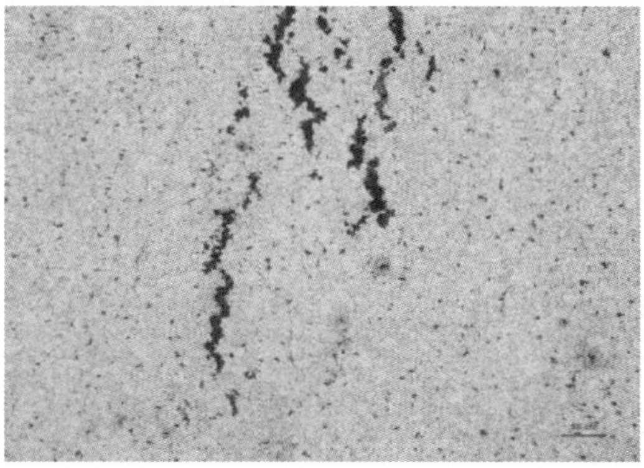

图 31　弯头裂纹尖端　200×

2.9　电镜观察

对弯头裂纹区金相试样进行电镜观察。更加清楚地看到，晶内碳化物减少，晶界碳化物长大，碳化物在晶界形成接近闭合的链状。另外，看到三晶交界处或晶界上存在蠕变孔洞；还看到晶界滑动与迁动所形成的蠕变微裂纹如图 32 和图 33 所示。碳化物的积聚和在晶界呈闭合链状、蠕变孔洞的出现、蠕变裂纹的形成与扩展，其趋势外壁区更甚于内壁区。对弯头裂纹断口进行观察，由于断口经过常年氧化腐蚀，虽经多次酸洗，仍无看清断口细节，隐约可见沿晶断裂特征如图 34 所示。

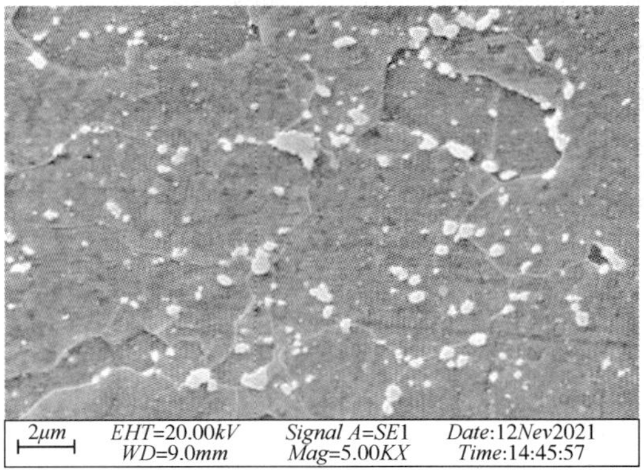

图 32　裂纹试样内表面　5000×

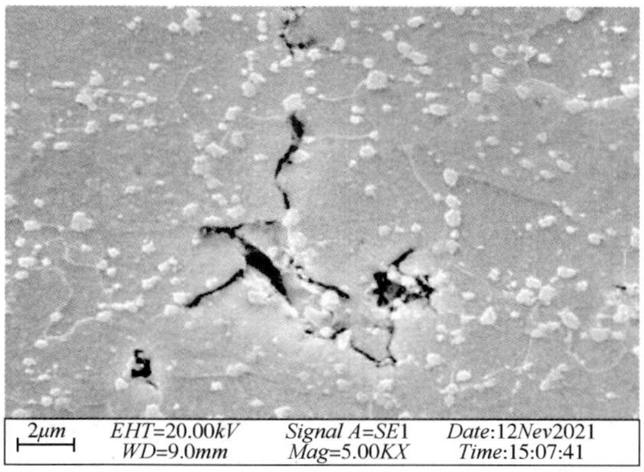

图 33　裂纹试样外表面　5000×

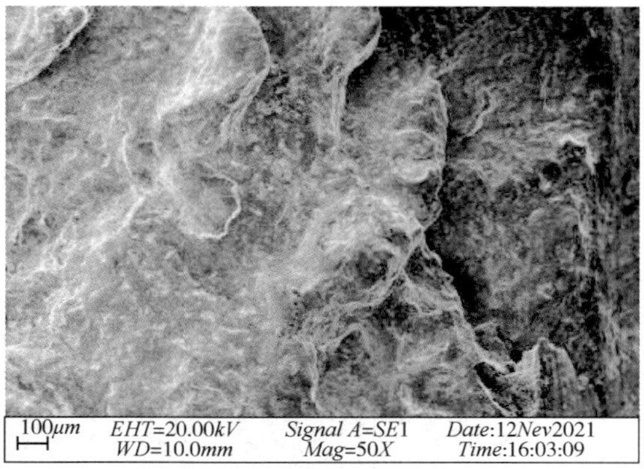

图 34　裂纹断口

2.10　能谱分析

对裂纹试样裂纹附近(外壁区)碳化物和基体合金元素组成进行能谱分析。为比较，对远离裂纹处(内壁区)碳化物和基体合金元素组成同样做能谱分析，结果汇总列于表 5。

从分析结果看，裂纹近处碳化物中 Cr、Mo 含量远高于基体，也明显高于离裂纹远处碳化物中的含量。

能谱分析具体部位、谱图、分析结果详情见图 35 附能谱 01。

表 5　碳化物和基体合金组成能谱分析汇总　　%(Wt)

	近裂纹区(外壁)				远裂纹区(内壁)			
	碳化物	基体	碳化物	基体	碳化物	基体	碳化物	基体
C	8.24	4.03	9.54	3.94	4.62	3.87	7.80	5.35
N	0.15	0.76	0.00	0.16	0.21	0.60	0.01	
O			1.38					
Si	0.40	0.38	0.25	0.38	0.40	0.32	0.39	0.37
V		0.22						
Cr	12.59	7.88	16.04	7.86	8.22	8.06	10.74	7.95

续表

	近裂纹区(外壁)				远裂纹区(内壁)			
	碳化物	基体	碳化物	基体	碳化物	基体	碳化物	基体
Mn	0.53							
Fe	76.71	86.34	70.32	87.05	85.75	86.64	79.53	86.33
Mo	1.37	0.40	2.47	0.59	0.80	0.26	1.52	5.35
	能谱01	能谱02	能谱03	能谱04	能谱05	能谱06	能谱07	能谱08

电子图像1

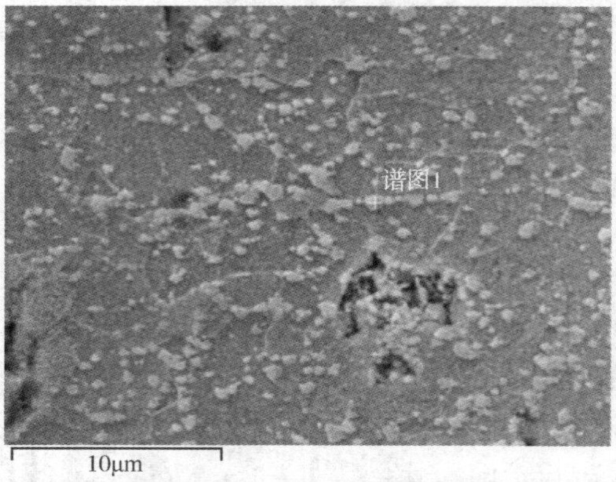

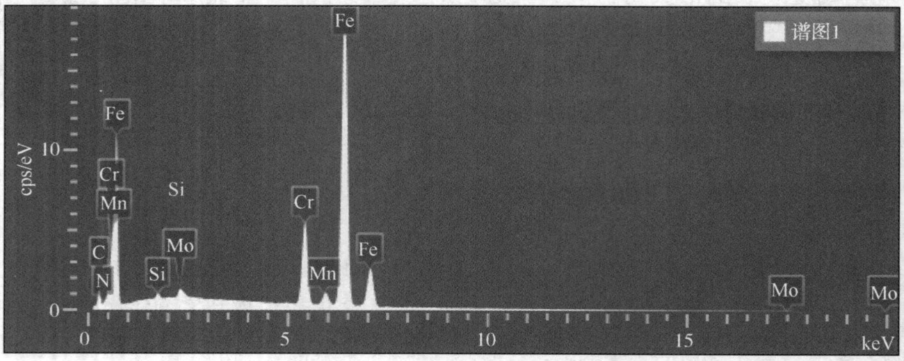

谱图 1		
元素	Wt%	Wt% Sigma
C	8.24	0.41
N	0.15	0.27
Si	0.40	0.05
Cr	12.59	0.15
Mn	0.53	0.11
Fe	76.71	0.45
Mo	1.37	0.15
总量:	100.00	

图35　附能谱01

3　弯头破裂失效性质与成因讨论

3.1　弯头破裂失效性质

从下述弯头破裂的宏观及微观特征，可认定，弯头的开裂失效属高温蠕变破坏，高温蠕变主导整个开裂过程，高温氧化加剧破坏后果。

（1）宏观特点

① 弯头在高温、高应力长期作用下发生的

破坏。

② 引起失效的裂纹穿透壁厚前管胀轻微，张口不大，裂口两侧的壁厚减薄不明显，属高温脆性开裂。

③ 裂纹从外壁起裂，裂口周围高温氧化严重，外壁布满平行的纵向小裂纹或氧化皮开裂。

④ 裂纹由孔洞串接而成。

（2）微观特征

① 开裂区材料组织严重劣化，原始组织(回火马氏体)完全分解，其位向完全消失；碳化物长大并转移到晶界，围绕晶粒形成闭合或接近闭合的链状碳化物。

② 三晶汇合处或其他晶界上存在高温蠕变孔洞，还看到晶界滑动与迁动所形成的蠕变微裂纹。

③ 裂纹近处基体中 Cr、Mo 等合金元素向碳化物中扩散转移，引起基体强度下降和晶界脆性增大。

④ 除穿透壁厚的大裂纹及多处外壁裂纹外，管壁表层下存在大量、分散、互不相连、群居小裂纹或微裂纹。

3.2　对弯头状态的评价

从裂纹检查、硬度测定、性能试验、电镜观察和能谱分析看出，弯头的状态并不均匀，有的区域严重开裂，有的区域性能数据还满足相关标准要求。但总的来说，弯头现在的状况已远不能满足运行要求。

（1）弯头大部分区位硬度过低，有的低到 HB110 左右。

大量试验证实，材料硬度与其抗拉强度、断裂韧度、持久强度和蠕变寿命密切相关，有人指出，硬度高的 P91 焊接接头寿命显著高于硬度低的接头。

（2）弯头的组织已劣化到最严重程度。DL/T 438—2009 就蠕变损伤评级指出，原始组织完全分散(分解)，碳化物明显长大，在晶界形成有方向性的链状，在晶界出现一个或多个晶粒长度的微裂纹，就可评最严重的 5 级。

弯头的状况完全符合 5 级。

3.3　结论

相对于 P91 钢而言，破裂的弯头运行温度(515℃)并不算太高，运行更长时间也是可预期的。但从弯头积累的损伤看，关键还是高温蠕变，经 DCS 系统记录因温度电偶假指示导致操作工调节不当，因此它多次处在较高温度下运行、或超温运行。

材料加速劣化，第一责任就是超温。在较高温度下运行，增强了材料内部扩散活动，晶粒长大，原始组织分解，亚晶形成与长大，位错减少，碳化物成闭合链状，加快蠕变孔洞出现和蠕变裂纹的形成。

还应考虑弯头和管线的受力变化，是否出现附加应力。这也是加速蠕变的重要因素。

这次分析看到，蒸汽管线内外壁无脱碳，内外壁和心部组织变化不大，这样在符合检测条件时就可通过表面金相查看材料组织劣化程度。

参　考　文　献

[1] 刘玉东. 裂解加氢裂化尾油运行分析[J]. 乙烯工业(2008)：46-51.

烟机入口管虾米腰弯头焊缝裂纹失效分析

倪生光　王旭　马建生

（中国石油大连石化分公司）

摘　要　某公司 140 万 t/a 重油催化裂化装置烟机入口管，长期服役于高温环境中，虾米腰弯头焊缝出现裂纹泄漏，严重影响到装置的安全平稳运行。本文从运行环境、失效形式、材质劣化、管线受力等角度，对焊缝部位产生裂纹原因进行了深入分析。最终得出结论：烟机入口管虾米腰弯头焊缝裂纹，是由于奥氏体不锈钢管线长期高温服役，焊缝部位析出大量 σ 脆性相导致其强度降低，并在管线弯头受到闭弯载荷结构应力叠加工作载荷及残余应力的等多重力联合作用下产生。为催化裂化装置烟机入口管线的安全运行，提供了参考。

关键词　烟机入口管　焊缝裂纹　σ 脆性相　闭弯载荷　残余应力

重油催化裂化加工工艺，是原油加工流程中最重要的二次加工环节，其中催化剂再生过程产生的高温烟气，含有大量的可回收能量。烟气经过三级旋风分离器分离催化剂后进入烟机，驱动主风机或者发电机做功，回收多余热能。三旋至烟机入口段管道，直径大、操作温度高、受力情况复杂。因此，管路结构的合理设计、材质的正确选用、生产过程中的平稳操作、检修时期的全面检查和维护，不仅关系到烟机入口管的平稳运行，也为催化裂化装置的长周期运行带来重要影响。

1　烟机入口管运行环境

烟机入口管通常指三级旋风分离器出口至烟机入口的高温热力管线，设计采用立体“Z”字结构（图 1）。操作温度 650℃，操作压力 0.22MPa。高温烟气经三旋分离后，只含有少量催化剂细粉，浓度为 130mg/Nm^3，其中 90% 质量分数细粉颗粒直径 ≤5μm。管线为无衬里热壁式结构设计，规格 ϕ1500mm/ϕ1200mm，选用材质 0Cr18Ni9（304），外部带保温层防止热量损失。因管线直径较大，弯头按照常规热推成型或冲压成型方法制作难度较大，实际普遍采用虾米腰焊接过渡型式弯头。管线初始投用时间为 1997 年，2010 年 6 月检修期间整体更新。

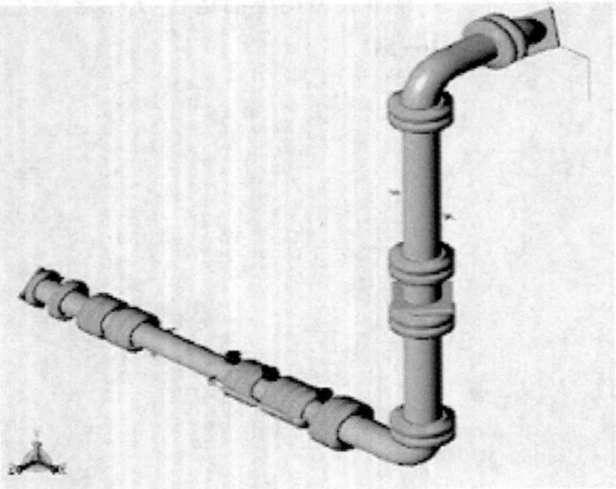

(a)烟机入口管三维立体图

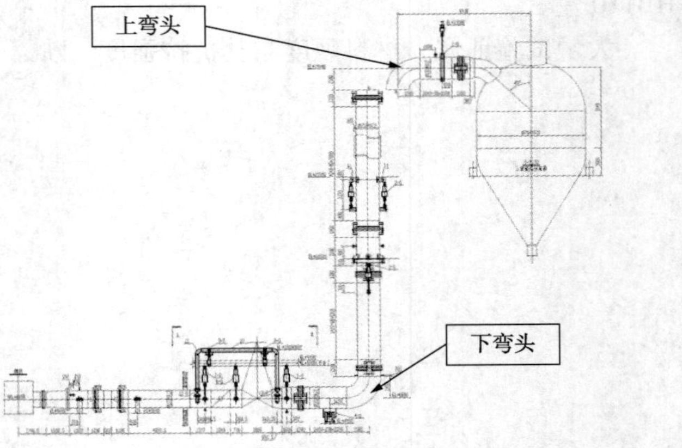

(b)烟机入口管平面结构图

图 1　烟机入口管设计图

第一作者简介：倪生光，2012 年毕业于辽宁石油化工大学过程装备与控制工程专业，现从事催化裂化装置设备管理工作。E-mail：nisg@ petrochina. com. cn

2 烟机入口管弯头焊缝失效型式

2021 年 8 月 29 日，三旋至烟机入口管下弯头虾米腰侧边第一道焊缝开裂，裂纹环向长度达到 900mm，穿透段长度约为 500mm(图 2)。查阅装置历史故障记录，三旋至烟机入口管虾米腰弯头，曾多次出现焊缝裂纹失效故障。最近两次为：2015 年 5 月 5 日，三旋出口上弯头虾米腰焊缝裂纹[图 3(a)]；2016 年 4 月 4 日，三旋出口虾米腰出口变径部位焊缝裂纹[图 3(b)]。

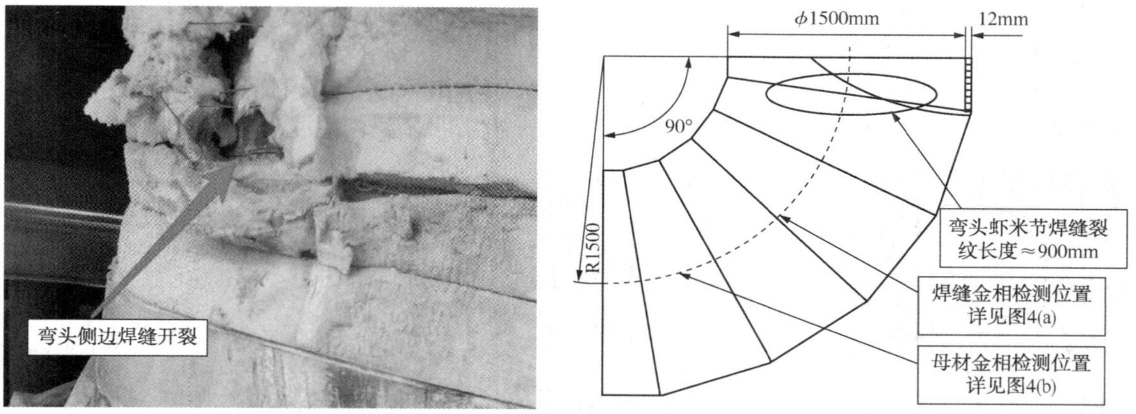

(a)烟机入口管下弯头虾米腰侧面裂纹 (b)虾米腰第一道焊缝裂纹位置图

图 2 烟机入口管虾米腰本次焊缝裂纹部位

(a)2015年上弯头虾米腰焊缝裂纹 (b)2016年虾米腰出口变径部位焊缝裂纹

图 3 烟机入口管虾米腰历史焊缝裂纹部位

3 烟机入口管虾米腰焊缝裂纹原因分析

3.1 材质劣化情况

烟机入口管常年在 650~700℃高温环境下服役，恶劣工况对管线材质要求苛刻，也给管线的平稳运行带来严峻考验。查阅相关文献资料可知，高温环境中运行的奥氏体不锈钢管线，材质劣化导致的失效案例很多，究其原因主要有以下两点：

(1) 晶间腐蚀

不锈钢的耐蚀性随含碳量的增加而降低，因此大多数不锈钢的含碳量均较低，最大不超过 1.2%，部分钢材含碳量甚至低于 0.03%。不锈钢中的主要合金元素是 Cr(铬)，只有当 Cr 含量达到一定值时，才会达到一定的耐蚀性。钢材在达到 525℃以上温度时，会有高铬碳化物($Cr_{23}C_6$)析出，导致晶界周边贫铬，其抗晶间腐蚀能力会显著恶化，这便是所谓的敏化现象。当 Cr 含量降低至 12%以下时，在腐蚀介质中就会诱发不锈钢材质晶间腐蚀失效。

(2) 焊缝脆化

在单一的奥氏体形态中，高铬碳化物的析出，相对于 σ 相的形成会容易的多。但当奥氏体不锈钢中掺杂有铁素体，形成双相钢成分后，将极大的促进 σ 相的形成。有相关资料显示，奥氏体不锈钢在焊接过程中会在焊缝部位产生 δ 铁素体，当钢材长时间暴露于高温环境中时，铁素体会加速 σ 脆性相的形成，导致焊缝材质脆化，强度趋于下降。在结构应力、工作应力及残余应力的联合作用之下，引发焊缝开裂失效。

综合本装置烟机入口管线历史失效情况，失效位置基本集中出现在焊缝部位，均为焊缝开裂泄漏。所以据此判断，高温环境下焊肉部位析出了σ脆性相，导致焊缝部位高温强度下降，无法承受内部烟气压力导致出现开裂泄漏。为进一步确认失效原因，分别对虾米腰弯头母材和焊缝做金相检测分析，以鉴别奥氏体不锈钢是否发生晶间腐蚀或者焊缝材质劣化。

在虾米腰弯头母材位置布点5处，经检测其中3点金相组织显示为奥氏体、2点为奥氏体+少量碳化物析出，材质轻度老化，如图4(a)所示；在虾米腰焊缝融合线区域进行覆膜金相检测，显示焊缝熔合良好，未见焊接缺陷。基体组织与焊肉组织对比可见明显差异：基体侧点状碳化物析出较多，焊肉侧σ脆性相析出较多，焊肉组织明显脆化性能降低如图4(b)所示。

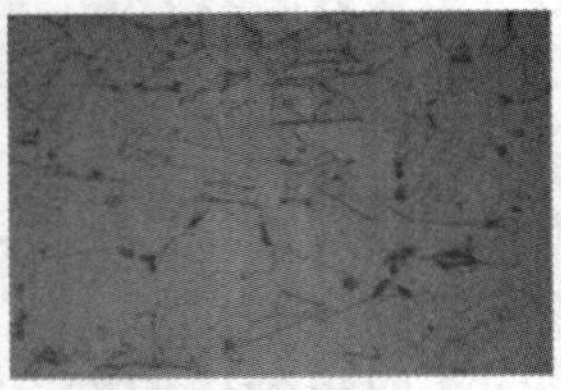

图1 400X

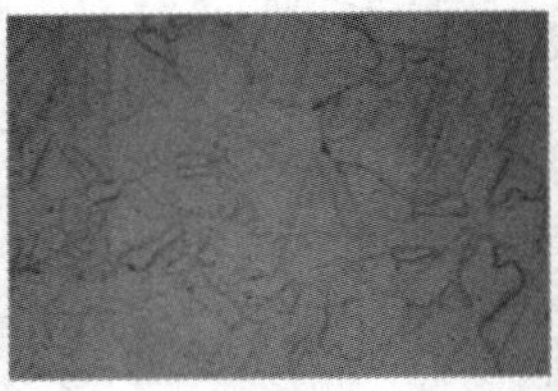

图2 400X

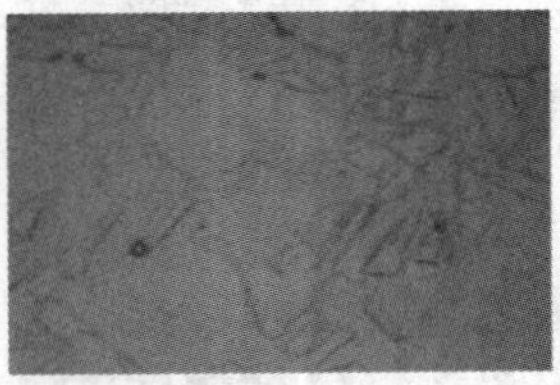

图3 400X

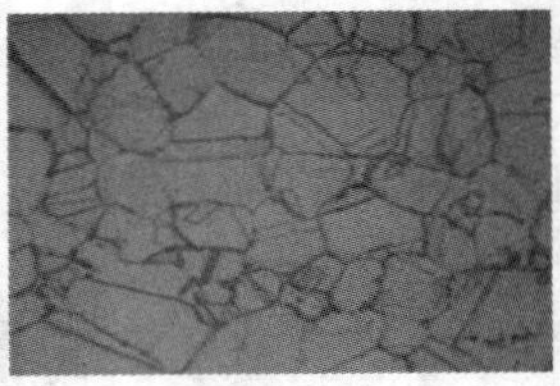

图4 400X

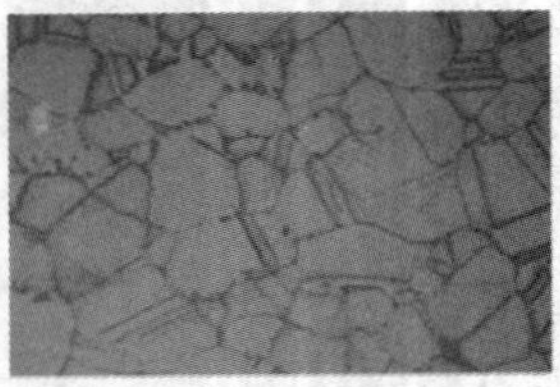

图5 400X

(a)虾米腰母材金相检测

(×400)

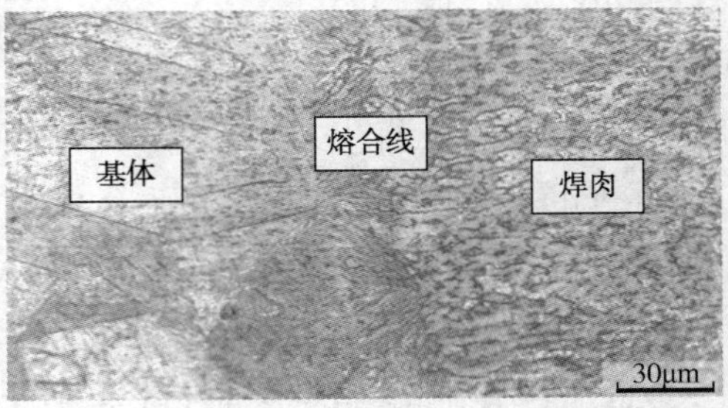

(×500)

(b)虾米腰焊缝融合线金相检测

图4　烟机入口管虾米腰弯头金相检测情况[具体位置见图2(b)]

3.2　虾米腰弯头受力情况

弯头受力情况主要可从结构应力、工作应力以及自身残余应力三方面进行考虑。由于烟机入口管工作压力仅为0.22MPa，经计算，工作载荷作用于管壁的轴向应力为6.875MPa，周向应力稍大为13.75MPa，但均明显小于304不锈钢在650℃环境下的的许用应力值42MPa。所以，分析工作应力对弯头失效影响较小。考虑到虾米腰弯头加工完成后，所有焊缝均已经过X射线探伤检验，质量合格。所以，分析残余应力对弯头失效影响亦非主要因素。

根据现场管线移位及膨胀节铰链板角度变化情况，对虾米腰弯头进行结构应力分析如下：虾米腰弯头受到垂直向下的重力G、烟机侧膨胀节铰链板传递的来自水平管段的膨胀推力F_1、上方膨胀节铰链板传递的向上偏左的拉力F_2。除此之外，根据力矩平衡原则，可以分析出水平导向支架除发挥导向作用外实际对直管段产生了向上的支持力F_3如图5(a)所示。由结构应力分析图可知，虾米节弯头承受闭弯载荷作用。查阅管线弯头有限元分析计算相关论著可知，当管线受到闭弯载荷时，其力矩大小对弯头强度影响较大，此时弯头周向绝大部分区域承受的是轴向拉应力，只有在靠近内拱线较小的范围内承受压应力。且在弯矩作用下，弯头中性线区域的轴向应力，远高于内、外拱线区域的相应值如图5(b)所示。

所以综合虾米腰弯头的材质劣化和受力情况，得出以下分析结论：奥氏体不锈钢管线长期在650℃高温环境下运行，虾米腰焊缝处累积析出大量σ脆性相，焊缝强度大幅度降低。在弯头受到闭弯载荷结构应力的作用下，叠加工作载

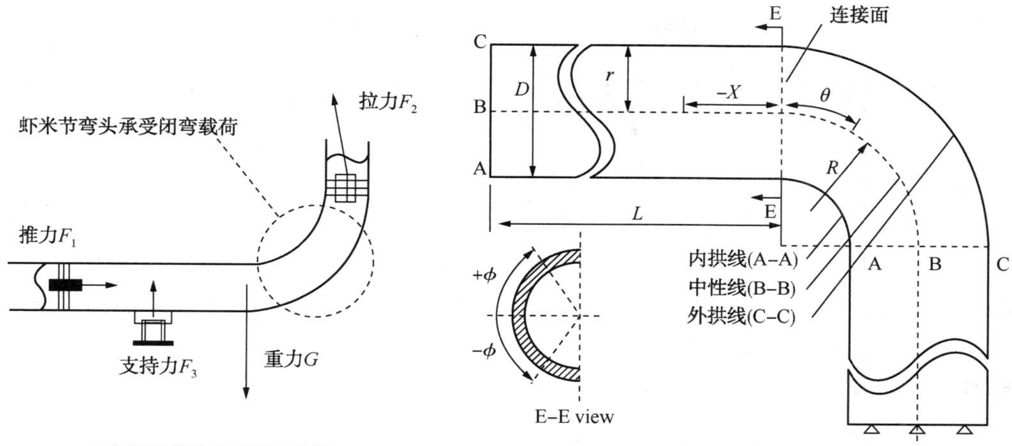

(a)虾米腰结构应力受力分析　　(b)弯头载荷分析示意图

图 5　烟机入口管虾米腰弯头所受结构应力情况

荷及残余应力附加因素影响，弯头侧边中性线位置焊缝强度出现不足，最终导致焊缝开裂失效。

4　结论和措施

140 万 t/a 重油催化裂化装置烟机入口管虾米腰弯头焊缝出现裂纹，是由于奥氏体不锈钢管线长期高温服役，焊缝析出大量 σ 脆性相强度降低，在管线弯头受到闭弯载荷结构应力附加工作载荷及残余应力的多重力联合作用下产生。为提高该管线的运行稳定性，建议采取以下措施：

（1）参考同类装置烟机入口管线的材质选择，316H 相对于 304，材质中增加了 Mo、提高了 Ni 的含量，增强了材料的稳定性。且其碳含量在 0.04%～0.1%，满足《TSGD0001—2009 压力管道安全技术监察规程》中对奥氏体不锈钢在高温环境中服役的要求，建议升级材质。

（2）烟机入口管线长周期运行后产生移位变量，各部位受力情况发生复杂变化，建议根据实际情况重新进行核算设计整改。

（3）运行在高温环境中的奥氏体不锈钢管线，要严格控制焊接工艺和材料整体引进时的质量把关，避免材质中出现铁素体，诱发 σ 脆性相的析出。

（4）停工检修期间需精准立项，对烟机入口管线需进行较为全面的金相检验，及早发现焊缝等部位可能存在的材质劣化问题，并进行针对性的强化处理。

参　考　文　献

［1］李坚. 催化劣化装置烟机入口管道的选材［J］. 石油化工腐蚀与防护，2010(02)：第 51-53 页.

［2］王旭. 烟机入口管膨胀节失效分析［J］. 炼油技术与工程，2015(01)：第 39-42 页.

［3］刘宝胜，等. 奥氏体不锈钢中 σ 相析出及其对性能影响的研究进展［J］. 钢铁研究学报，2014(1)：第 1-6 页.

［4］万晋，等. 弯头与直管连接截面及边缘区应力分析［J］. 管道技术与设备，2016(05)：第 34-36 页.

加氢装置热高分系统结盐分析

刘宇轩

（中国石油大连石化分公司）

摘　要　根据硫化氢铵、氯化铵在加氢装置热高分系统结盐的理论分析，结合某柴油加氢装置热高分系统的结盐情况对热高分系统铵盐结晶情况进行分析。

关键词　加氢装置　铵盐　结晶温度　热高分　溴化铵

由于国内炼厂原油品质的劣化，原油中Cl、N、S含量显著增加，而加氢精制装置反应器中不可避免会生成NH_3、HCl、H_2S，在温度较低的热高分系统，NH_3、HCl、H_2S生成量升高会增加NH_4HS、NH_4Cl结晶析出量，不仅会严重堵塞换热器，还会产生垢下腐蚀，严重的情况还会造成氯化物应力腐蚀开裂，不仅对热高分系统的换热器、空冷造成严重腐蚀，还对装置长周期安全生产产生较大的影响。

由于原油中的Br含量普遍小于0.5ppm（$1ppm=10^{-6}$），目前国内外缺少对NH_4Br对加氢装置热高分系统的影响的研究，本文结合API RP 932-B-2019加氢反应器流出物空气冷却器系统腐蚀控制的设计、材料、制造、操作和检验指南，与某柴油加氢装置热高分系统结盐的情况进行分析。

某柴油加氢装置热高分系统流程如图1所示。

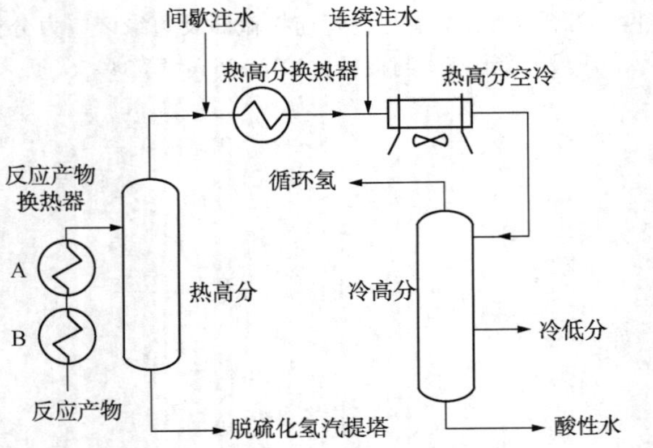

图1　某加氢装置热高分系统流程

某柴油加氢装置热高分系统热高分顶气相分压见表1。

表1　热高分顶气相分压

项目	实际摩尔流量/（mol/h）	摩尔分率/%	分压/psi
氨气	6068	0.1458	1.531
硫化氢	15905	0.3823	4.149
氯化氢	2.397	0.000576	0.000605
热高分顶气	4159826	100	1050.07

某柴油加氢装置热高分顶系统温度分布见表2。

表2　热高分顶系统温度分布

项目	入口温度/℃	出口温度/℃
反应产物换热器B	320~360	265~290
反应产物换热器A	265~290	210~220
热高分顶	202~205	200~203
热高分换热器	195~198	153~156
连续注水点	153~156	121~126
热高分空冷	121~126	46~50

某柴油加氢装置近三个月原料油硫、氯、氮含量分析如图2所示。

1　加氢装置结盐的主要类型

1.1　硫化氢铵

NH_4HS是由原料中的N与S，在加氢反应器中生成的H_2S与NH_3，主要在加氢装置热高分后空冷器与后方管线结晶，为防止NH_4HS结晶，在热高分空冷入口注水，并保证注水量的25%为液态水将生成的NH_4HS盐溶解。

第一作者简介：刘宇轩（1990—），助理工程师，设备员，现从事设备管理工作。E-mail：liuyux_dl@petrochina.com.cn

硫化氢铵盐结晶过程如下：

（1）NH_4HS 结晶平衡：$NH_3+H_2S \rightleftharpoons NH_4HS\downarrow$。

（2）根据 API RP 932-B-2019NH_4HS 结晶温度与 Kp（NH_4HS）的方程 T_{NH_4HS}（℉）$=\frac{-19589}{\ln(Kp_{NH_4HS})-41.6}-460$。绘制 NH_4HS 结晶曲线见图 3。

（3）根据 $Kp(NH_4HS)=Kp(NH_3)\times Kp(H_2S)=6.149T_{NH_4HS}=-14.01$℃

（4）查表 2 可知，某柴油加氢装置在正常运行期间，连续注水点至热高分空冷温度为 46～156℃，不处于 NH_4HS 结晶的温度。

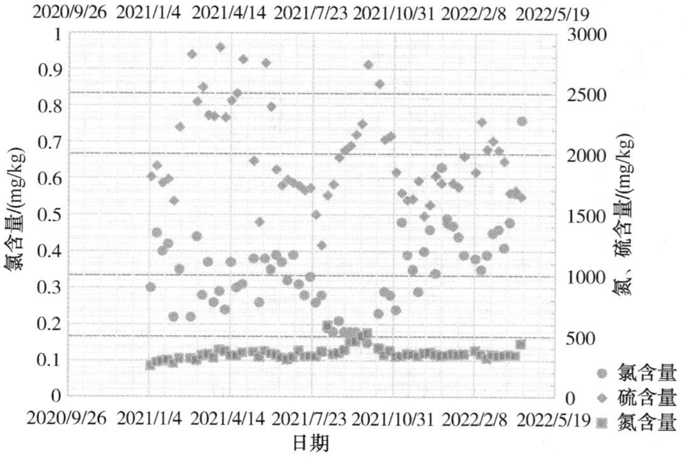

图 2　原料油 S、Cl、N 化验成绩

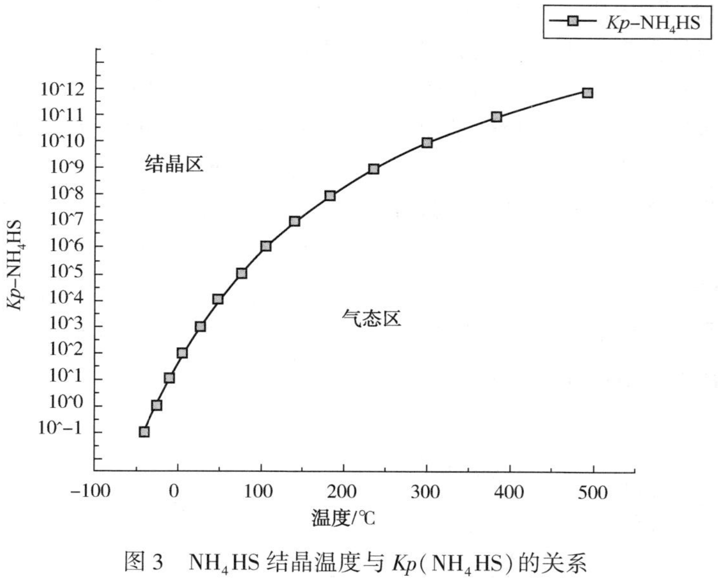

图 3　NH_4HS 结晶温度与 $Kp(NH_4HS)$ 的关系

1.2　氯化铵

NH_4Cl 是由原料中的 N 与 Cl，在加氢反应器中生成的 HCl 与 NH_3，主要在加氢装置热高分换热器及后方管线结晶，为防止 NH_4Cl 结晶堵塞热高分换热器，采用定期注水的方式溶解热高分换热器中的 NH_4Cl 盐，并保证注水量的 25% 为液态水将生成的 NH_4Cl 盐溶解。

氯化铵盐结晶过程如下：

（1）NH_4Cl 结晶平衡：$NH_3+HCl \rightleftharpoons NH_4Cl\downarrow$。

（2）根据 API RP 932-B-2019 NH_4Cl 结晶温度与 Kp（NH_4Cl）的方程 T_{NH_4Cl}（℉）$=\frac{-38150}{\ln(Kp_{NH_4Cl})-39.7}-460$。绘制 NH_4Cl 结晶曲线见图 4。

（3）根据 $Kp(NH_4Cl)=Kp(NH_3)\times Kp(HCl)=1.85\times10^{-3}T_{NH_4Cl}=166.45$℃

（4）查表 2 可知，某柴油加氢装置在正常运行期间，热高分换热器温度为 153～198℃，NH_4Cl 结晶位置为热高分换热器内部，该计算结果也符合表 3 热高分盐电镜分析的结果，热高分内部与出口只含有少量的 NH_4Cl 结晶，占总盐的3.5%，其来源为开停工升、降温过程产生，正常运行时 NH_4Cl 结晶被其他盐覆盖，导致 NH_4Cl 结晶没有完全升华。

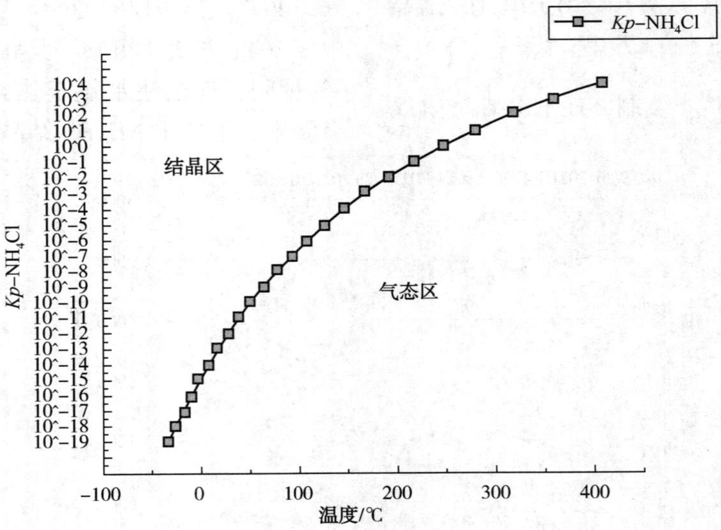

图4 NH_4Cl 结晶温度与 $Kp(NH_4HS)$ 的关系

1.3 溴化铵

原料油中的Br主要有两个来源：一方面为石油中的有机Br盐与无机Br盐；另一方面则是在石油开采过程中添加的卤带烃助剂。而有机卤化物很难通过电脱盐装置脱除，另一方面 NH_4Br 盐主要在加氢装置反应流出物热高分换热器至热高分部位结晶，由于目前没有有效手段处理 NH_4Br 盐，装置长周期运行会导致 NH_4Br 盐在热高分系统累积。

1.3.1 溴化铵盐结晶过程

（1）NH_4Br 结晶平衡：$NH_3+HBr \rightleftharpoons NH_4Br\downarrow$。

（2）根据API RP 932-B-2019 NH_4Br 结晶温度与 $Kp(NH_4Br)$ 的方程 $T_{NH_4Br}(^\circ F)=\frac{-40835}{\ln(Kp_{NH_4Br})-35.9}-460$。绘制 NH_4Br 结晶曲线见图5。

（3）假设原料中Br含量为0.5ppm，根据 $Kp(NH_4Br)=Kp(NH_3)\times Kp(HBr)=8.22\times10^{-4}$ $T_{NH_4Br}=198.27$℃。

（4）查表2可知，某柴油加氢装置在正常运行期间，热高分温度为200~205℃，NH_4Br 结晶温度与热高分温度十分接近，在装置波动或原料中S、Br组分增多时，NH_4Br 会在热高分内结晶。

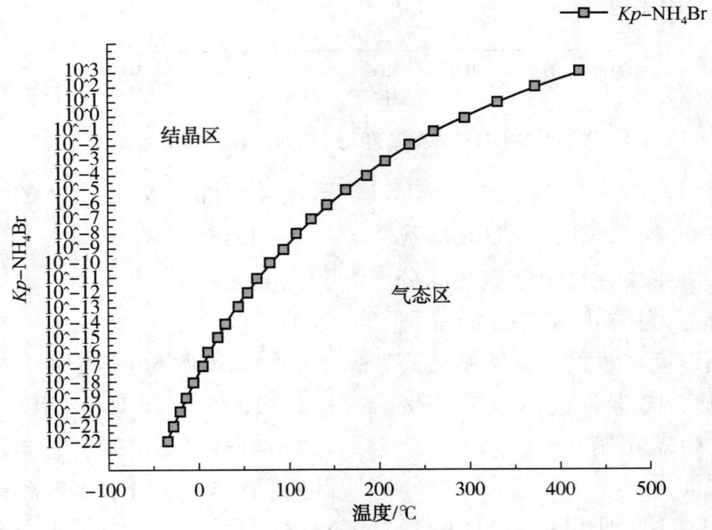

图5 NH_4Br 结晶温度与 $Kp(NH_4Br)$ 的关系

1.3.2 某柴油加氢装置热高分系统结盐电镜分析

某柴油加氢装置2020年停检对热高分系统结盐采样进行电镜分析如图6所示，2020年停检与2017年停检热高分盐主要成分见表3，其中Al来源为加氢催化剂破损后携带的Al_2O_3，而Br主要为NH_4Br结晶。

2017年热高分操作温度为195~198℃，热高分内壁结盐厚度为7~8mm见图7，其电镜分析结果热高分盐以NH_4Br为主，占比高达88.23%，在2017年停检后调整热高分操作温度为200~205℃。

2020年停检检查热高分结盐情况，其内壁结盐厚度为1~2mm见图8，热高分盐主要以Al_2O_3为主占比35.32%，高于NH_4Br的26.52%，可以看出提高热高分温度，可以有效使NH_4Br结晶位置后移。

表3 热高分盐成分

项目	质量百分比/%	原子量百分比/%	上周期质量百分比
C	06.63	20.33	4.16
N	04.36	11.47	10.25
O	00.00	00.00	0.00
Mg	01.20	01.84	0.35
Al	25.86	35.32	2.08
S	00.58	00.66	0.18
Cl	03.37	03.50	2.31
Fe	00.55	00.36	0.32
Br	57.45	26.52	88.23

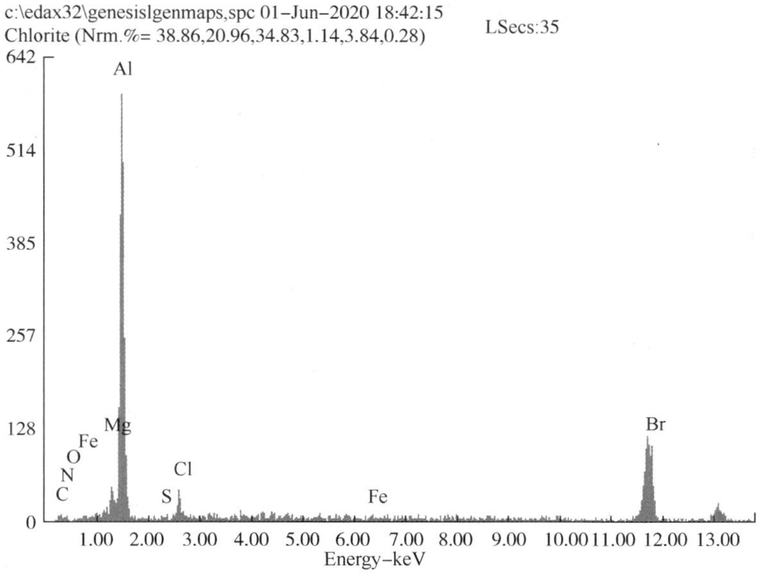

图6 热高分盐电镜分析

图7 2017年热高分结盐情况

图8 2020年热高分结盐情况

2 铵盐结晶的主要防控手段

2.1 铵盐腐蚀原理

NH_4HS、NH_4Cl、NH_4Br 腐蚀机理均为溶解于水后，形成酸性离子溶液，对管道、设备造成腐蚀，在没有水的环境中，铵盐的腐蚀性较低。

2.1.1 直接化学腐蚀

NH_4HS、NH_4Cl、NH_4Br 腐蚀机理均为溶解于水后，形成酸性离子溶液，对管道、设备造成直接化学腐蚀。

2.1.2 垢下腐蚀

铵盐累积在空冷、换热器管束内，导致管束完全被铵盐堵塞，管束内局部形成不流通状态，为铵盐吸收水分形成酸性水溶液创造条件，而注水时如果无法疏通被堵塞的管束会加剧酸性水溶液的形成。

2.2 主要防控手段

由于铵盐主要腐蚀手段一方面需要铵盐的结晶，另一方面需要与水形成酸性水溶液，所以主要防控手段主要分成两步。

2.2.1 控制介质温度

控制介质温度，可以保证介质内没有明水，同样可以控制铵盐的形成，根据铵盐的 Kp 值可以计算铵盐的结晶温度，利用控制介质温度的方式可以控制铵盐结晶的位置。

2.2.2 注水溶解铵盐

通过控制介质温度，控制 NH_4HS 结晶位置在连续注水点之后，通过足量的注水将结晶的 NH_4HS 盐溶解；控制 NH_4Cl 结晶位置在间歇注水点之后，通过定期在间歇注水点注水将结晶的 NH_4Cl 盐溶解。

间接注水点的注水频次需要注意，不能单纯按照换热器差压或者对数平均温差达到某数值进行，应当按照差压或对数平均温差相较于上次间歇注水后的差压或对数平均温差的差值进行，因为一旦热高分换热器管束堵塞，就很难使用注水的方式疏通，堵塞的管束内形成腐蚀环境，导致管束腐蚀泄漏，严重影响装置长周期运行。

3 溴化铵盐在加氢装置热高分系统的影响与建议

3.1 溴化铵盐的主要影响

现阶段加氢装置 NH_4Cl、NH_4HS 结盐分析与防控措施均已成熟，在各加氢装置中，均设置有针对 NH_4Cl、NH_4HS 结盐的注水装置，并且在防腐手册内详细规定了注水时要保证注水量的25%为液态水，对各加氢装置均有较好的指导性作用。由于 NH_4Br 在相同的 Kp 值内较 NH_4Cl 结晶温度更高，普遍高于热高分的温度，使装置很难在操作层面进行调整，也在防止 NH_4Br 结晶方面有所缺失。

3.1.1 反应产物换热器管束堵塞

由于反应产物换热器 A 出口温度与热高分入口温度相近，也在 NH_4Br 结晶的温度范围内，可能或造成反应产物换热器 A 管束内结盐堵塞，造成反应产物换热器 A 管束因垢下腐蚀泄漏，影响装置长周期运行。

3.1.2 热高分内铵盐被介质带入热高分换热器

热高分内的 NH_4Br 被热高分气带入热高分换热器，会加剧热高分换热器管束内铵盐累积的速度，如果间歇注水间隔时间较长，会导致热高分换热器管束内结盐堵塞，造成热高分换热器管束因垢下腐蚀泄漏，影响装置长周期运行。

3.2 对加氢装置溴化铵盐防控的建议

3.2.1 增加原料油溴含量的化验分析

由于原料油中的 Br 含量需要通过电镜分析才能测得，一般炼厂内部很难有化验条件，其他化验方法对 Br 含量有较高的要求，最低 2mg/kg，而原油中的溴含量普遍低于 0.5mg/kg。建议定期外委对原料油进行一次 Br 含量分析，以便计算 Kp 值，便于控制 NH_4Br 的结晶位置。

3.2.2 通过计算 Kp 值，控制溴化铵结盐位置

加氢装置可以通过计算 Kp 值的方法计算本装置热高分系统 NH_4Br 的结晶温度，便于将 NH_4Br 的结晶位置控制在反应产物换热器 A 后，因为反应产物换热器 A/B 没有任何溶解铵盐的措施，一旦形成结盐环境就会持续结盐。

3.2.3 适当增加间歇注水频次或将间歇注水改为连续注水

在对装置结盐情况不够了解时，可能会有通过压差、对数平均温差到达设定值后进行间歇注水操作的要求，这样会使生产初期间歇注水间隔较长，一旦有管束堵塞后，间歇注水频次就会逐步减短，以至于生产末期注水后的差压与对数平均温差就超过了设定值，影响装置的长周期运行。适当增加间歇注水的频次就显得尤为重要，目前某柴油加氢装置每月进行间歇注水，注水效

果良好。当然如果热高分空冷与热高分换热器前均设置连续注水可以更有效的消减换热器结盐堵塞的风险。

4 结论

铵盐在没有水的环境中对设备腐蚀性较低，正常成产过程中，在没有堵塞管束的情况下可以不考虑铵盐腐蚀的问题，但是需要注意停工检修期间，设备打开后铵盐会吸收空气中的水分形成腐蚀性液滴，液滴中 Cl 离子浓度较高，对碳钢、奥氏体不锈钢都有着非常强的腐蚀作用，有条件时在打开设备之后尽快对设备进行清洗，如果无法立即清洗则要做好保护。

控制铵盐生成的主要方式就是通过控制介质温度使铵盐结晶点后移，将铵盐结晶点控制在注水点之后，通过注水中的明水溶解铵盐，将铵盐稀释带入酸性水系统。但介质温度不是结盐位置的唯一参数，原油中 S、N、Cl、Br 的浓度同时会影响结晶温度，使铵盐结晶点前移，所以必要的化验分析与铵盐结晶温度计算可以为操作调整提供依据。

目前国内外对加氢装置 NH_4Br 结盐的研究与分析较少，没有有效的试验与结论可以指导加氢装置减少 NH_4Br 结盐量、降低因 NH_4Br 结盐造成的腐蚀风险。由于 NH_4Br 的结晶位置通常在热高分进出口，这个部位无明水，通常可以不用考虑铵盐腐蚀问题，但是要注意当热高分前温度较低时，NH_4Br 的结晶会前移至反应产物换热器 A，NH_4Br 结晶会导致反应产物换热器 A 管束堵塞，并吸收反应产物中少量的水蒸气，形成垢下腐蚀，所以对原料油中 Br 含量的分析尤为重要，不仅可以为操作调整提供依据，还可以让装置对结盐部位进行评估，为检修立项提供技术支持，及时在检修过程中修复存在的隐患。

参 考 文 献

[1] API RP 932-B-2019 Design, Materials, Fabrication, Operation, and Inspection Guidelines for Corrosion Control in Hydroprocessing Reactor Effluent Air Cooler(REAC) Systems(THIRD EDITION)[S]. 2012.

[2] 樊秀菊，朱建华，宋海峰，等. 原油中氯的危害、来源及分布规律研究[J]. 现代化工，2009，29(S1)：340-343.

[3] H. AI-Shahristani, A. G. Hanna. BROMINE AS AN INDICATOR OF OIL MIGRATION IN NORTHERN IRAQI OIL FIELDS[J]. GEOCHIMICA ET COSMOCHIMICA ACTA, 1974, 38(8). 1303-1306.

[4] 陈炜，余进，任日菊，等. 加氢装置热高分系统完整性操作技术研究[J]. 压力容器，2021，38(03)：66-72+79.

[5] 刘凯，刘智勇，曹备，等. 加氢装置不锈钢换热器管失效分析[J]. 腐蚀科学与防护技术，2016，28(04)：351-355.

[6] 齐晓梅. 加氢裂化装置换热器结盐原因分析[J]. 石油炼制与化工，2015，46(03)：57-60.

柴油-除盐水换热器管束泄漏分析及防范措施

鄂 辉 姜佳缘 孙 浩

（中国石油大庆炼化公司）

摘 要 180 万 t/a ARGG 装置柴油-除盐水换热器 E-10212/C 管束 2018 年 9 月使用，E-10212/D 管束 2019 年 9 月使用，两台换热器重叠串联布置，2021 年 4 月出现泄漏情况。换热器解体后检修发现管束腐蚀严重，换热管多处腐蚀有凹坑穿孔，本文对腐蚀原因进行了分析，并提出了相应的防腐蚀措施，通过采用抗硫化氢材质换热管束，提高了管束抗腐蚀性能，延长了设备运行周期。

关键词 换热器 轻柴油 腐蚀 08Cr2AlMo

180 万 t/a ARGG 装置 2021 年 4 月 24 日 17：40 接到调度通知，公用工程部反映 0.5MPa 蒸汽有油味，装置值班人员立即组织排查除盐水换热器，发现柴油-除盐水换热器 E10212/C.D 管程除盐水出口有带油现象，判断该换热器出现内漏，19：00 开始组织切除该组换热器，19：40 切除完毕。

26 日开始对该组换热器进行检修，清洗、试压堵漏，堵管 6 根，4 月 28 日检修完毕。该该组换热器管束材质为 10#，分别使用 1 年半和 2 年半，2021 年 7 月采购新管束重新检修更换，新管束材质为 08Cr2AlMo。

1 换热器工艺流程及简介

1.1 柴油-除盐水换热器 E-10212/C.D 工艺流程

180 万 t/a ARGG 装置上塔柴油（~185℃）自分馏塔第 21 层板自流进入上塔柴油汽提塔 C10202（上），经水蒸气汽提后用轻柴油泵 P10204/1-3 抽出经轻柴油换热水换热器 E10212/A-D 换热至 90℃，然后进入上塔柴油空冷器 EC10202/1-2 冷却至 40~60℃ 送出装置（图 1）。

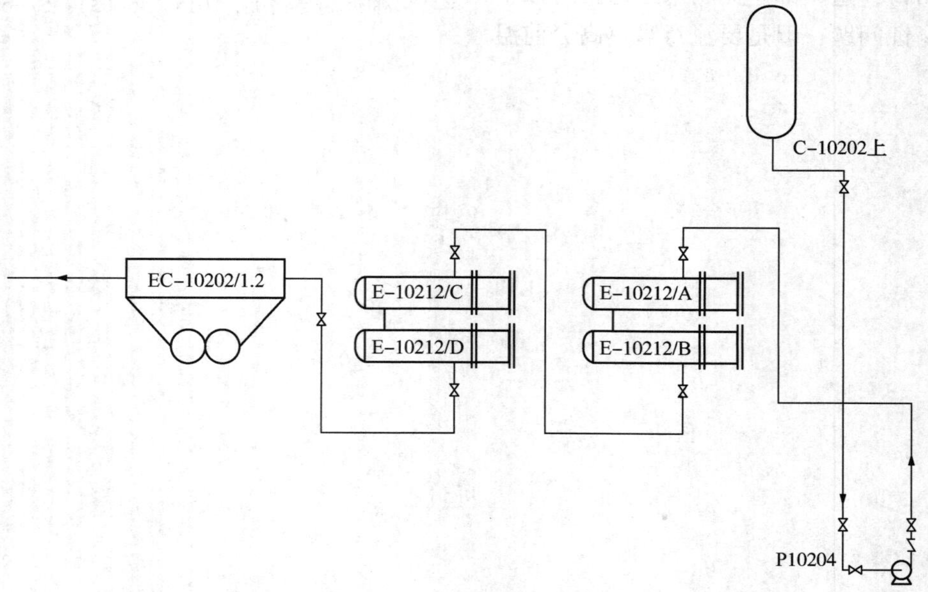

图 1 柴油-除盐水换热器 E10212/C.D 流程

第一作者简介：鄂辉，工程师，现在大庆炼化公司炼油生产二部设备组从事设备工程师工作。E-mail：ehui@petrochina.com.cn

1.2 换热器简介

名称：柴油-除盐水换热器 E-10212/C. D

规格型号：BIU800-2. 5-170-6/25-2I

换热管：182 根

介质：壳程柴油/管程除盐水

操作压力：管程除盐水 1.0MPa；壳程柴油 1.1MPa

操作温度：管程 87℃；壳程：173℃

生产厂家：盘锦兴达石化设备有限公司

投用时间：2010 年 9 月

现使用管束情况：E-10212/C 管束投用时间 2018 年 9 月；E-10212/D 管束投用时间 2019 年 9 月。

2 换热器腐蚀原因分析

从换热器管束外表腐蚀情况看，管子外壁有表面鼓泡情况，U 形管弯曲部位有腐蚀凹坑穿孔及深浅不等的裂纹。对不同部位的换热管厚度进行测量，最薄处 2. 06mm(原壁厚 2. 5mm)，图 2 为管束腐蚀外貌。

对壳程介质组成进行分析，介质中含有 H_2S、Cl^-和 H_2O，其他都为烃类。自 2020 年至今，柴油中硫含量由 1500mg/kg 左右上升到 2200mg/kg 左右，氯含量 3. 2mg/kg，硫含量的上升及氯的存在，加速了换热器管束的腐蚀(表 1)。由于 H_2S、HCl 和 H_2O 的存在，形成了 $HCl-H_2S-H_2O$ 腐蚀环境。反应过程如下：

$$Fe+2HCl \longrightarrow FeCl_2+H_2$$

$$Fe+H_2S \longrightarrow FeS+H_2$$

$$FeS+2HCl \longrightarrow FeCl_2+H_2S$$

$$FeCl_2+H_2S \longrightarrow FeS+2HCl$$

图 2 管束腐蚀外貌

表 1 上汽提柴油硫含量

日期	2020 01	2020 02	2020 03	2020 04	2020 05	2020 06	2020 07	2020 08	2020 09	2020 10	2020 11	2020 12	2021 01	2021 02	2021 03	2021 04	2021 05
硫含量/(mg/kg)	1631	2003	1553	1423	1699	1553	1615	2210	1779	1863	1610	1735	1893	2222	1957	1709	1838

3 采取的措施

该管束材质为碳钢，只用了 1 年半就出现了较为严重的泄漏，为了提高管束抗腐蚀能力，保证装置长周期运行，可采用原管束材质升级或对碳钢管束采取防腐措施的方法。经对制造费用、耐蚀性、制造周期等方面综合考虑，决定采用原管束材质升级方法，使用 08Cr2AlMo 材质管束。

3.1 08Cr2AlMo 钢的化学成分

20 世纪 70 年代初，由上海材料所、上钢三厂等单位研制出了抗 $H_2S-HCN-H_2O$ 系应力腐蚀开裂用钢 12Cr2AlMoV 板材，该钢具有良好的抗硫化氢应力腐蚀能力，炼油厂常用热交换器钢管规格一般为 Φ25mm×2. 5 和 Φ19mm×2，长度 6~14m，生产这类无缝钢管不仅要经过像制造钢板的那样的冶炼和轧制过程，而且还要穿孔热挤，多次冷拨和中间退火，由于 12Cr2AlMoV 具有较大的淬硬倾向，处理稍有不当，管子在冷拨时就发生断裂，成品管易产生裂纹，同时 12Cr2AlMoV 硬度偏高，与炼厂常用换热器管板 16Mn 锻的硬度不相匹配。为了满足石化企业的需要，由上海材料所、上海炼油厂与兴澄集团公司开发了耐硫化氢应力腐蚀开裂的08Cr2AlMo热交换器专用无缝钢管新钢种。

08Cr2AlMo钢保留了12Cr2AlMoV钢的耐腐蚀元素Cr、Al及Mo，降低了碳含量，其中未加钒元素(表2)。这是因为当钢中Cr/C<0.14时形成的(FeCr)3C对耐氢及硫化氢腐蚀不利，故把钢的碳含量降低到0.10%以下。Al的加入可以提高抗单质硫腐蚀能力，并可提高碳的活度，但是Al可使钢中铁素体的脆性增加而导致钢的韧性降低，特别是焊接时在熔合线处易产生铁素体，故通常把Al控制在中下限。Mo和V都是碳化物强烈形成元素，可以提高铁素体和珠光体钢在室温和高温的强度，而且Mo的加入可以提高钢在水介质中的耐蚀性，但是考虑到换热器管薄壁，低硬度和低强度的要求与换热器管板硬度匹配，因此不再加V。

3.2 08Cr2AlMo钢的力学性能

08Cr2AlMo钢主要作为换热器管，其显微组织为铁素体+珠光体。从室温到500℃高温的拉伸力学性能变化不大，冲击随温度变化无明显的突变。表3是08Cr2AlMo与20#钢的力学性能对比。由表3可知，08Cr2AlMo钢在500℃范围内有良好的塑性和韧性，尤其在高温环境下的强度比20#钢有明显的提高。

表2 08Cr2AlMo钢的化学成分 %

元素	C	Si	Mn	P	S	Cr	Al	Mo
江苏冠邦钢管有限公司企标	0.05~0.10	0.15~0.40	0.20~0.50	≤0.025	≤0.015	2.00~2.50	0.30~0.70	0.30~0.40
熔炼分析	0.08	0.29	0.36	0.010	0.002	2.22	0.551	0.34

表3 08Cr2AlMo与20#钢的力学性能对比

材质	温度/℃	20	100	150	200	250	300	350	400	450	500
08Cr2AlMo	σ_s/MPa	320	322.5	305	297.5	295	277.5	265	250	235	232.5
	σ_b/MPa	490	445	477.5	467.5	470	487.5	495	482.5	470	447.5
20#	σ_s/MPa	245	208	206	192	176	161	157	138	98	66
	σ_b/MPa	390	390	390	369	330	303	286	258	183	123

4 结论

08Cr2AlMo钢从室温到500℃高温的拉伸力学机能变化不大，钢的冲击功随温度的变化无显著的突变点，钢留存了耐侵蚀元素Cr，Al及Mo的含量，降低了钢的碳含量，使出产出的钢管既保持了高的抗硫化氢侵蚀的能力，同时又知足了热交换器的制造工艺；经实践和实验室耐腐蚀试验表明，08Cr2AlMo钢制换热器(管束)在含H_2S、HCl、HCN介质中使用不仅技术可靠，而且还具有很强的经济竞争力。与同型号同规格10#或20#钢制换热器相比，造价为后者的2.0~2.2倍，而耐腐蚀寿命则比后者提高3~6倍。自2021年7月至今，柴油-除盐水换热器E10212/C、D管束使用良好。

参考文献

[1] 张德义. 含硫原油加工技术[M]. 北京：中国石化出版社.

[2] 黄家康. 复合材料成型技术及应用[M]. 北京：化学工业出版社.

[3] 郭金喜. 换热器专用钢管08Cr2AlMo的性能及应用[M]. 甘肃：化工机械，2003：34~39.

硫酸法烷基化装置水冷器泄漏案例分析

齐 鹤

（中国石油大庆炼化公司）

摘 要 自2019年1月份以来，烷基化装置水冷器管束多次发生泄漏，对其发生的故障进行分析总结和处理，有利于故障的判断和设备维护，保证其更好的运行，以满足装置的长周期平稳运行。

关键词 水冷器 管束管板

1 设备概况和运行问题

30万t/a烷基化装置由兰州寰球工程公司设计，它采用兰州寰球工程公司自主研究开发的流出物制冷硫酸法碳四烷基化技术，由中国石油第七建设工程公司承建。本装置采用MTBE装置所产轻C_4为原料，设计规模为30万t/a，2017年9月开始建设，2018年10月投产。装置内水冷器共7台，由某传热设备有限公司生产，其中有4台固定管板式水冷器，2台浮头式水冷器，1台U型管式水冷器，设备外壳材质均为Q345R，管束材质为10#；最大水冷器尺寸是*DN*1200，最小水冷器尺寸是*DN*325，主要是循环水与脱轻碳四、烷基化油、循环异丁烷换热冷却。

运行故障问题如下：冷却器在2020年共发生7次泄漏，其中一台水冷器在三个月内泄漏了3次，平均达到每月泄漏1次，从装置运行时间来看水冷器最长运行22个月，最短运行16个月，检修过程中发现管束表面腐蚀严重，泄漏管束的焊口还存在多处气孔，为保证装置能够长周期运行，对7台水冷器管束进行重新采购并更换。

2 泄漏原因与分析

根据历次检修结果来看，作业区分析可能的原因为如下：

2.1 宏观检查

首先，管板表面存在大量黄色黏泥，且在合适的水温下，适宜微生物的滋生与繁殖，换热器管束在微生物及电化学腐蚀作用下腐蚀加快，造成垢下腐蚀管束，导致管束泄漏。图1设备打开后管板表面。

其次，从清洗后的管板表面看，管束的焊接处有多处气孔（该气孔也是泄漏点），这也说明设备制造质量不合格，存在焊接缺陷。高压清洗后图2设备冲水后管板表面泄漏。

图1 设备打开后管板表面

第一作者简介：齐鹤（1982—），大学本科，工程师，现从事设备管理工作。E-mail：qihe@petrochina.com.cn

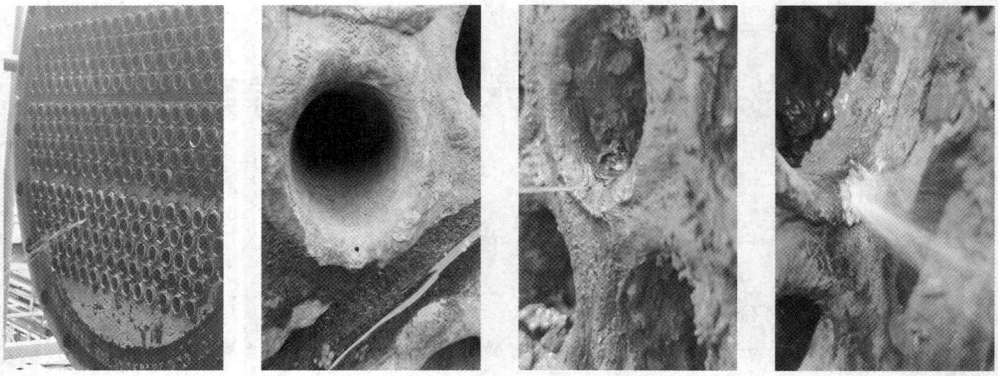

图2　设备冲水后管板表面泄漏

2.2　渗透检测

通过外部检验单位对上述冷却器E10502管束局部采样进行化验分析，由于样品管子管头部分均被切除，管板及管子表面未发现可见裂纹，对管板表面初步打磨后，进行渗透检测，在打磨过程中发现管子管板角焊缝位置有孔洞，管子编号分别为1#，2#，3#，如图3(a)~图3(c)取样管子缺陷位置及标识号，表面未发现裂纹。其中1#管子的孔洞较多，堵管的三根管分别编号为4#，5#，6#，如图7，4#管管端面横向切取试样金相。

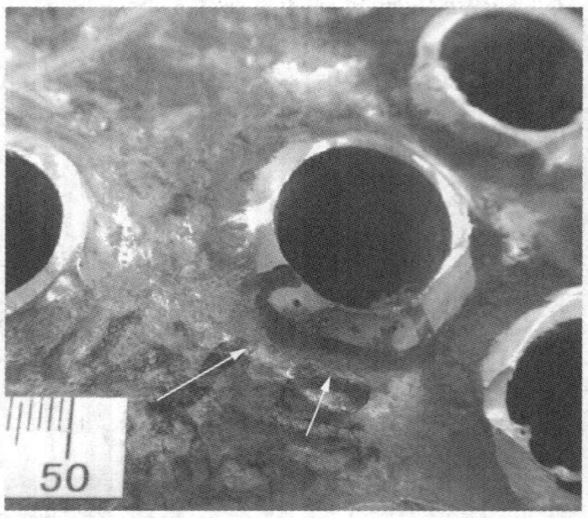

(a)

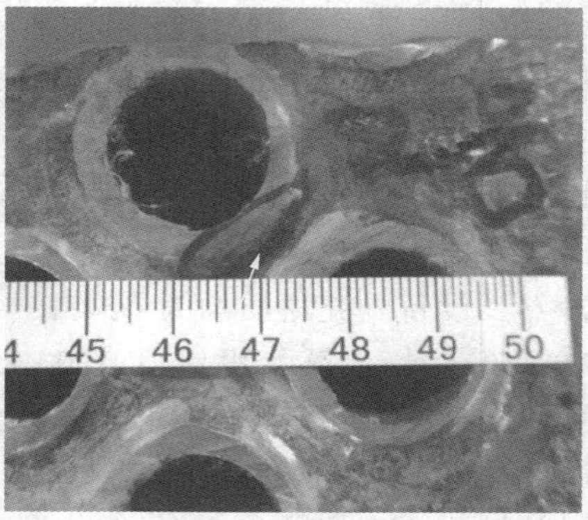

(b)

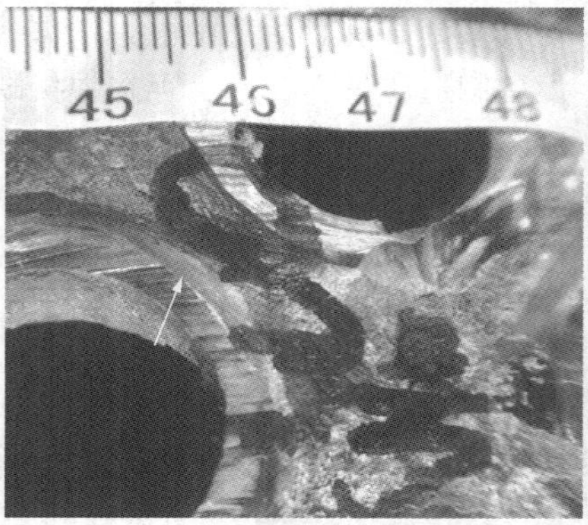

(c)

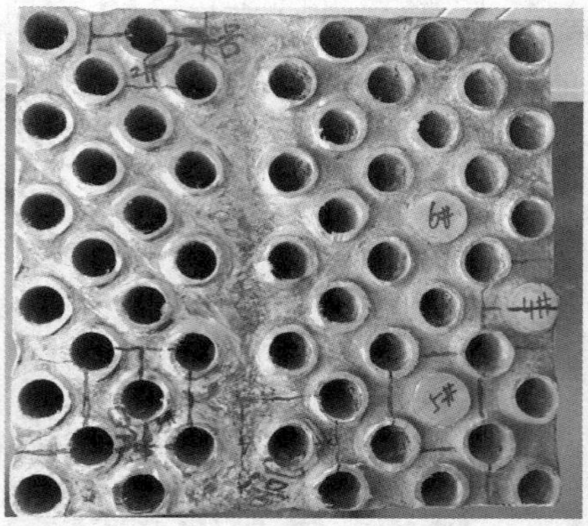

(d)

图3　取样管子缺陷位置及标识号

2.3　金相分析

在1#管孔位置切取纵向试样，如图4，1#管端面孔位置纵向取样金相(a)中所标识，对箭头所指的面进行金相观察。金相组织图如图5，1#管端面孔位置纵向取样金相(b)和(c)所示，在焊缝表面及内部有多个焊接缺陷，图中箭头所指位置为宏观观察到的孔。在管板及管子内角焊缝处有未熔合，并由焊趾沿熔合线向上扩展，内部充满腐蚀产物，如图5中(d)所示。1#管端面切取横向试样，观察管及角焊缝焊接部位组织情况，角焊缝上有焊接缺陷，内壁有较厚腐蚀产物，焊缝组织为马氏体+上贝氏体，管子粗晶区组织为屈氏体+贝氏体+魏氏组织。

3#、4#和5#试样的纵向试样和横向试样金相观察均发现角焊缝存在多个焊接缺陷，同样在角焊缝焊趾沿熔合线有未熔合或未焊透，如图6，3#管纵向切取试样金相，图8，5#管纵向试样金相中圈中标识。

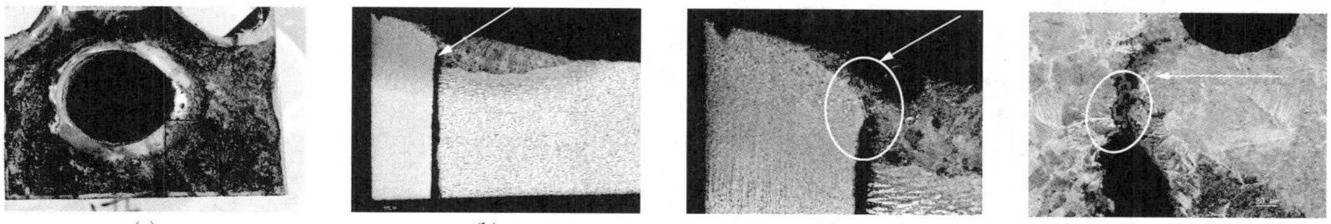

(a) (b) (c) (d)

图4 1#管端面孔位置纵向取样金相

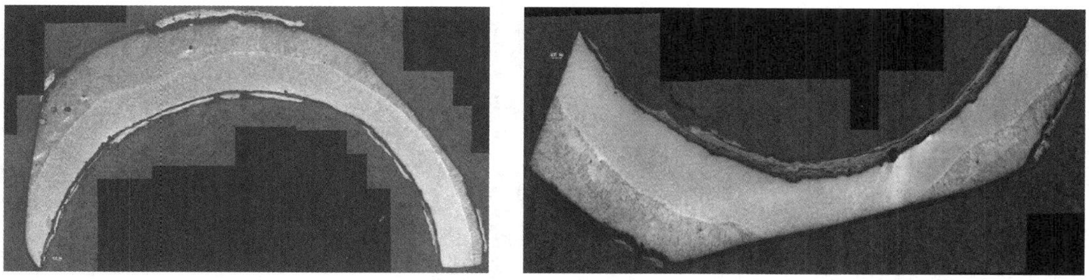

图5 1#管端面金相组织图

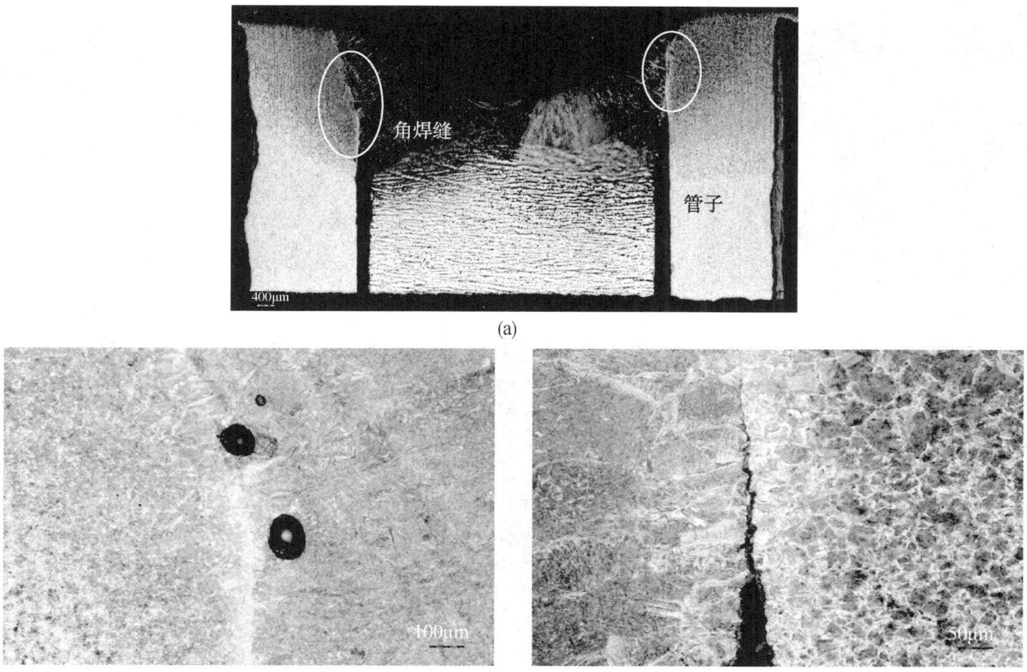

(a)

(b) (c)

图6 3#管纵向切取试样金相

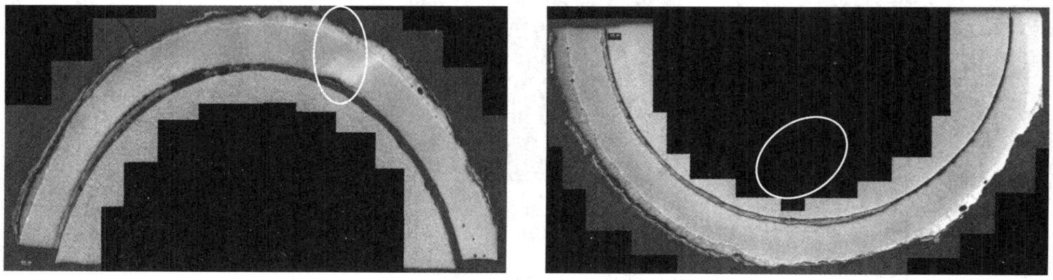

图7 4#管管端面横向切取试样金相

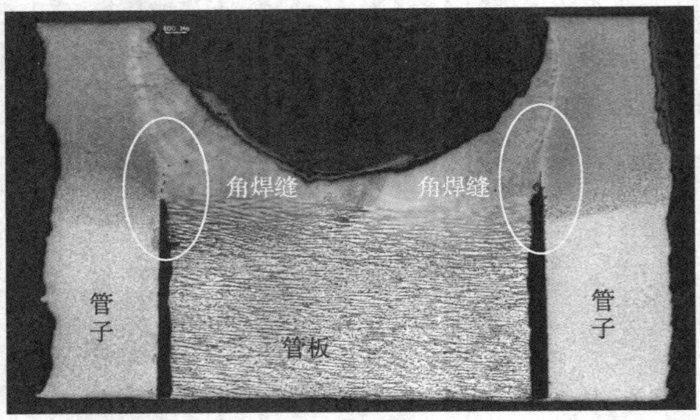

图8　5#管纵向试样金相

从金相试样剖开图8-5#管纵向试样金相也可以看出，管子和管板之间有一定宽度的缝隙。换热管与管板的连接方式一般有强度焊+贴胀或强度胀接两种，按照目前观察到的信息判断，该换热器中换热管与管板的连接方式不可能是强度胀接。

2.4　管内垢样分析

在对管内壁灰褐色和4#管内壁黑色发亮和黑色发暗的部位分别取腐蚀产物样品，样品如图9腐蚀产物取样样品。在扫描电镜下进行能谱分析，分析结果见图10试样管内壁腐蚀产物能谱分析。可见3#试样内部腐蚀产物主要为Fe的氧化物，其中还有S和Si，应为内部循环水介质中的产物。4#内壁腐蚀产物发暗的部位产物中除Fe的氧化物外，含有S、Ca、Si、P等元素，发亮的腐蚀产物也有S、Si、Co等元素。因4#管泄漏堵管，壳层介质进入管内，腐蚀产物中含有壳层介质成分。

图9　腐蚀产物取样样品

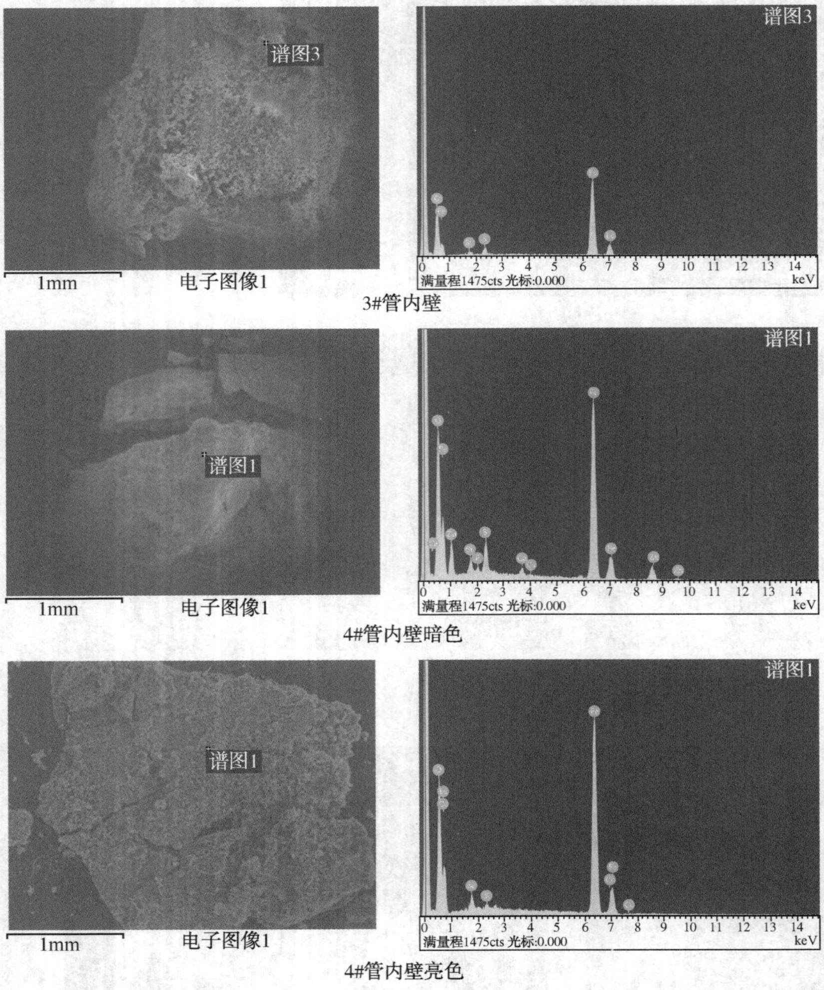

元素	重量百分比	原子百分比
O K	33.70	62.94
Si K	1.17	1.25
S K	2.42	2.26
Fe K	62.71	33.56
总量	100.00	

元素	重量百分比	原子百分比
O K	36.90	65.76
Si K	1.61	1.64
P K	0.69	0.63
S K	3.57	3.17
Ca K	0.77	0.55
Fe K	48.83	24.93
Zn K	7.64	3.33
总量	100.00	

元素	重量百分比	原子百分比
O K	33.03	62.41
Si K	2.10	2.26
S K	0.73	0.69
Fe K	61.15	33.11
Co K	2.99	1.53
总量	100.00	

图10　试样管内壁腐蚀产物能谱分析

3 设备质量控制与防腐探讨

从宏观检查、渗透检测、金相分析及管内垢样分析结果来看，一是换热器管子和管板间角焊缝存在气孔、未熔合等焊接缺陷，管子与管板的连接方式采用的是非强度胀接，起不到密封作用，而换热器管子与管板的角焊缝焊趾高度一般都不会很大，原始焊接缺陷在腐蚀性介质的作用下穿透角焊缝，发生泄漏；二是管子内部腐蚀产物中S元素含量较高，管程介质存在腐蚀性。

在保证装置能够长周期运行的情况下，可以从以下方法来提高设备的运行时间，首先，在制造上，尤其是管束采用先胀后焊的工艺，要保证制造过程中角焊缝的焊脚高度不得小与管子壁厚，且管子伸出长度应适当大于焊脚高度。同时，制造过程中的质量监督必不可少，最好可以进厂监造；还可以考虑将材质适当升级，也能够更好的保证设备长周期运行。

其次，在生产上可以通过控制循环水的pH值、硬度和碱度、氯离子和硫酸根、悬浮物、溶解氧、微生物、水流速与温度方面可以有效的延长水冷器使用时间。

4 结论

通过以上几个方面分析，我公司重新采购了水冷器管束，并且与厂家重新签订技术协议，对管子的材质、管束与管板的连接方式等过程关键点进行了具体要求；同时，装置每周二、周五对水冷器的循环水的水温、阀门开度等进行检查，每周对水冷器现场取样检测是否存在可燃气体等方式来判断水冷器运行是否正常；每个季度对水冷器进行定期反冲洗，可以有效的减少淤泥等杂质堆积的同时保证好循环水流速不低于0.9m/s，并且提高换热效率；目前为止，新采购的管束运行正常，未出现过泄漏情况。

通过以上几种调整手段来看，管束未发生过泄漏，有效的延长了设备的使用寿命。虽然通过控制设备制造质量可以提高设备使用寿命，但装置的腐蚀问题还是日趋严重，还应从工艺防腐角度出发，考虑腐蚀介质对应的材料选择，能够使装置更好的长周期运行。

参 考 文 献

[1] GB/T 151—2014. 热交换器[S]. 北京：中国标准出版社，2014.
[2] GB/T 9948—2013. 石油裂化用无缝钢管[S]. 北京：中国标准出版社，2013.
[3] GB/T 13298—2015. 金属显微组织检验方法[S]. 北京：中国标准出版社，2015.
[4] GB/T 4336—2016. 碳素钢和中低合金钢　多元素含量的测定　火花放电原子发射光谱法(常规法)[S]. 北京：中国标准出版社，2016.

重力热管传热性能试验研究

邓文博

（中国石化天津分公司炼油部）

摘　要　热管是一种相当高效的依靠相变完成传热过程的传热元件，自19世纪70年代至今，国内外诸多工业企业将热管这一有相当成效的新技术应用于工业生产的各个领域。尤其是碳钢-水重力热管，因其简单的制造工艺、低廉的制造成本，在排放烟气温度不高于350℃的低品位余热回收方面得到广泛应用。

众所周知，几何尺寸、充液量、倾角、管内工作温度、工质的物理性质等因素，都会对重力热管的传热性能造成影响。本次试验特设计了一套传热性能试验装置，用以对设计的新型热管换热器的传热性能进行测定。测试倾角、加热功率、冷却环境对热管换热器工作的影响程度，通过试验了解换热器的传热特性，通过对数据的整理和观察总结出重力热管传热性能和加热功率及倾斜角度等因素之间的关系，并找到换热器最佳的工况。

关键词　重力热管　热阻　传热性能　试验研究

1　重力热管概述

重力热管又称两相闭式热虹吸管，其管内没有吸液芯，冷凝液依靠重力回流，因此热虹吸管的工作具有一定的方向性，即蒸发段必须置于冷凝段的下方。

重力热管相比于其他热管，在限制了使用环境和方向性的同时，由于没有吸液芯结构，增强了结构简、成本低、易制造以及可靠性等特点。这就使得重力热管在地面上的很多传热设备中都被作为传热元件的首选。在降低成本方面做得最好的，当属碳钢-水热虹吸管。热管方面的研究人员针对重力热管的传热机理、传热极限、传热特性和影响因素的作用、内部强化传热以及理论分析计算等各方面开展了研究。

2　试验装置的搭建和原理

2.1　管壳选材

本次试验制作的热管壳体使用的材料为AL-6063无缝铝管，其导热系数为200W/m²·K，比热容为880J/(kg·℃)。对铝管进行深度清洗后，对其表面做钝化处理，选择工作流体大于25MΩ的超纯净水作为消气剂。

2.2　工质的选择

本实验用AL-6063作管壳，工质为丙酮，两者之间相容极佳，符合工质选用标准。其物性值可参考表1。

表1　丙酮的物性值

物性	符号	单位	管内工质温度				
			40℃	50℃	60℃	70℃	80℃
液体密度	ρ_l	kg/m³	768	756	744	732	719
蒸汽密度	ρ_v	kg/m³	1.05	1.71	2.37	3.34	4.3
汽化潜热	L'	kJ/kg	536	527	517	506	495
液体比热	C_{pl}	kJ/kg·℃	2.12	1.99	1.86	1.74	1.62
蒸汽比热	C_{pv}	kJ/kg·℃	2.22	2.25	2.28	2.31	2.34
液体黏度	μ_l	kg/m·s	0.269	0.248	0.226	0.209	0.192
蒸汽黏度	μ_v	kg/m·s	0.86	0.88	0.9	0.925	0.95
液体导热系数	λ_l	W/m·℃	0.175	0.172	0.168	0.164	0.16
液体表面张力	N	M×10²	2.12	1.99	1.86	1.74	1.62

2.3　试验装置的制造

本次试验用重力热管换热器，是将5根铝管以相等的间距焊接到一根横的外套管上，并在另一端焊接同心套管，形成两端连通的多管结构。同心套管结构为外套管中插入一根直径较小的铝管，外管两端缩口焊接到内管壁上，形成封闭的套管结构。

第一作者简介：邓文博，本科，工程师，现从事石油化工设备管理工作。E-mail：dengwenbo.tjsh@sinopec.com

以充入丙酮的连通段作为蒸发段，以竖直焊接的铝管作为绝热段，以中间通入冷却水的套管部分作为冷凝段。在蒸发段上用型号为 TC-5026 导热胶固定刚玉管用以绝缘和传热，在套管外层裹上耐热海绵用以隔热。如图 1、图 2 所示。

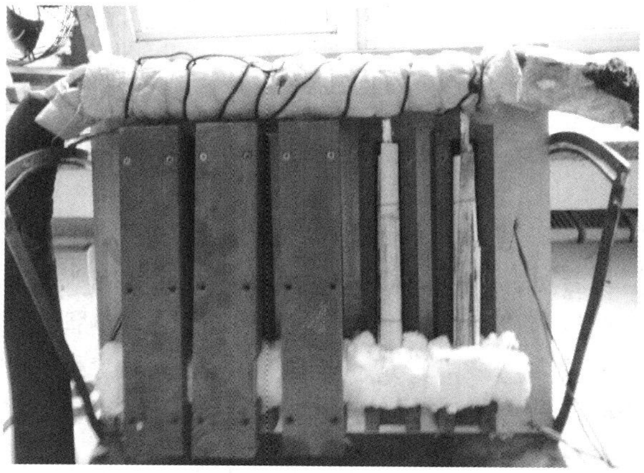

图 1 重力热管换热器实物图

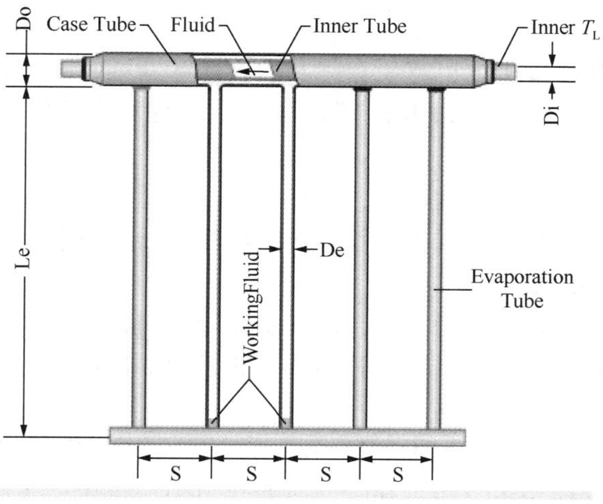

图 2 重力热管换热器结构示意图

2.4 辅助设施装置

我们在充入丙酮的连通段以及竖直焊接的铝管上，等间距缠绕上线径 0.1mm，每米电阻 138.8Ω 的 Cr30Ni70 电加热丝，作为加热装置，并通以直流电。直流电由直流稳压电源提供，型号为 WYJ-200V10A，该设备由上海冠多电气有限公司生产其规格见表 2。

表 2 直流稳压电源规格表

型号	输入	频率	功率	输出电压	输出电流
WYJ	AC220V	(50±0.5)%Hz	2000VA	DC 0-200V	0-10A

本试验采用低温冷却液循环泵对试验装置进行降温，该仪器为南京顺流仪器有限公司生产，型号为 DL-4020。冷却循环水为去离子水。

本试验采用的数据采集装置为 Fluke2680A 数据采集器，使用配套的热电偶进行测量，数据采集器与计算机连接，使用计算机上的 Fluke 软件进行收集并生成表格文档，以备后续计算使用。

本试验采用电木及石英棉对装置进行保温，并隔热。在电木上切出和重力热管换热器尺寸形状相同的凹槽，用螺丝将电木拧紧，固定重力热管换热器。

本试验支撑装置为自行设计的支架，支架是一个可以调整角度的试验装置，能在 0~90°范围内自由旋转。在钢板两边焊接四分之一圆弧支架，由 0°开始每隔 15°设置一个固定点。如图 3 所示。

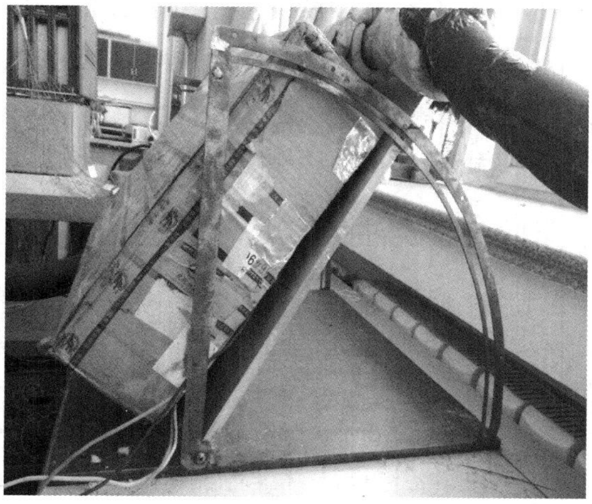

图 3 试验支撑装置

3 试验基本原理及理论依据

3.1 试验所需各原始数据的测量和计算

（1）倾角的测量

在支架上，由 0°开始每隔 15°设置一个固定点，以确定重力热管换热器倾角为 15°、30°、45°、60°、75°、90°。

（2）冷却水温度的测量

试验用冷却水由低温冷却液循环泵冷却并提供。该设备由内置微机智能控制，恒温测量精度为±0.5℃，显示精度为 0.1℃。恒温冷却水槽工作原理：当测量水温高于屏幕设定温度时，内置压缩机启动并进行制冷，直到测量水温降至屏幕设置温度以下 0.5℃为止。

（3）冷却水流量的测量

冷却水流量由球型阀控制，并由电磁流量计

测量。该流量用于测量流体温度<100℃的流体，要求工作环境温度<60℃，精度等级0.5%。

（4）加热功率的测量

试验用电木的传热系数约为0.05W/m²·K，铝管的传热系数约为200W/m²·K，刚玉的传热系数约为6.5W/m²·K，导热硅胶的传热系数约为5W/m²·K，其中最小相差倍数为100倍，所以用直流稳压电源的输出功率近似的代替加热功率。

直流稳压电源的输出功率 $P=UI$

其中，U 为直流电源输出电压；I 为直流电源输出电流。

3.2 重力热管换热器热阻的计算

本次试验以热阻来评定重力热管换热器的传热性能。依照上文中，以电源的输出功率近似代替热管的加热功率，以蒸发段的平均温度与冷凝段的平均温度作为重力热管换热器的温差，得到重力热管换热器的热阻 $R_x=\Delta T\div Q=(\overline{T}_1-\overline{T}_2)\div P$

式中，$\overline{T}_1$ 表示蒸发段平均温度，$\overline{T}_2$ 表示冷凝段平均温度，P 为加热功率。

4 试验流程及注意事项

（1）自15°开始设置重力热管倾角，并连接电源、数据采集器、加热装置和冷却水系统，设置冷却水初始温度10℃，初始流速0.1m³/h，开始供电，初始加热功率为100W。

（2）观察各温度，直至各温度上下浮动不超过0.3℃时，保持3min，结束采集，生成表格并标记。

（3）重复(1)操作，调节加热功率至200W，再次开始采集，依次增加功率至1000W，若期间蒸发段温度超过120℃则提前终止测量。

（4）重复(1)操作，调节冷却水流量为0.2m³/h，重复(2)～(3)操作。依次增加冷却水流量为0.3m³/h、0.4m³/h、0.5m³/h。

（5）重复(1)操作，设定冷却水温度为20℃、30℃，重复(2)～(4)操作。

（6）重复(1)操作，固定钢板(即重力热管换热器)在30°上，重复(2)～(5)操作，依次增加倾角为45°、60°、75°、90°。

（7）切断各设备电源，整理试验台及试验设备，分类保存各数据表格，结束试验(图4)。

注意事项：每次保存数据表格后，都应修改表格标题，标注本组数据工况，以便后续计算工作进行。注意循环泵内存水量，保证冷却水流量。若试验设备发生故障，应首先切断电源，再检查故障设备，以免发生危险；若重力热管换热器装置发生故障，应在切断电源后，等待重力热管换热器冷却至室温后，再检查故障原因，以免发生烫伤。

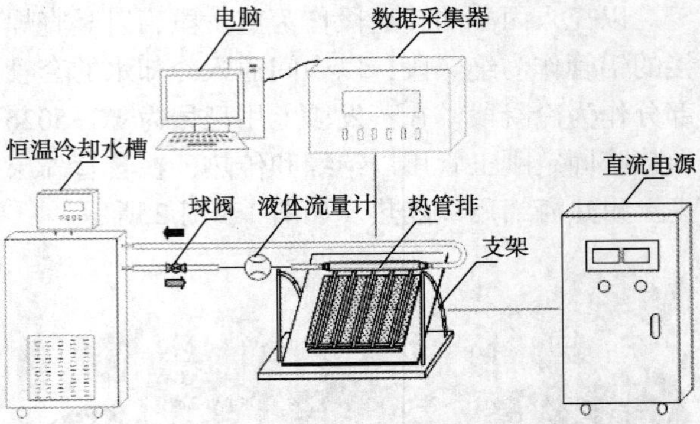

图4　试验平台结构图

5 试验结果、数据分析与结论

试验结束后，将收集的数据进行整理并进行初步加工，以方便查阅及后续计算。对加工后的数据进行整理及运算，再根据最终数据进行绘图，主要有：

（1）倾角相同，冷却水温度相同，不同冷却水流量下，重力热管换热器热阻随加热功率变化的曲线。

（2）倾角相同，冷却水流量相同，不同冷却水温度下，重力热管换热器热阻随加热功率变化的曲线。

（3）冷却水流量相同，冷却水温度相同，不同倾角下，重力热管换热器热阻随加热功率变化的曲线。

（4）冷却水流量相同，加热功率相同，不同冷却水温度下，重力热管换热器热阻随倾角变化的曲线。

（5）冷却水温度相同，加热功率相同，不同冷却水流量下，重力热管换热器热阻随倾角变化的曲线。

（6）倾角相同，加热功率相同，不同冷却水流量下，重力热管换热器热阻随冷却水温度变化的曲线。

（7）倾角相同，冷却水流量相同，不同加热功率下，重力热管换热器热阻随冷却水温度变化的曲线。

（8）倾角相同，加热功率相同，不同冷却水

温度下，重力热管换热器热阻随冷却水流量变化的曲线

（注：后文图表标题中会将相同物性标出，如 15～10℃即为倾角为 15°，冷却水温度为 10℃的图表；同一类图表中标记点数量不同时，则为当时试验终止，原因有试验设备故障，重力热管换热器升温至 120℃以上，冷却水泵持续工作，无法将循环水冷却至预定温度）

5.1　重力热管换热器传热极限

本节内容选用两组试验数据进行分析（图 5～图 7）：

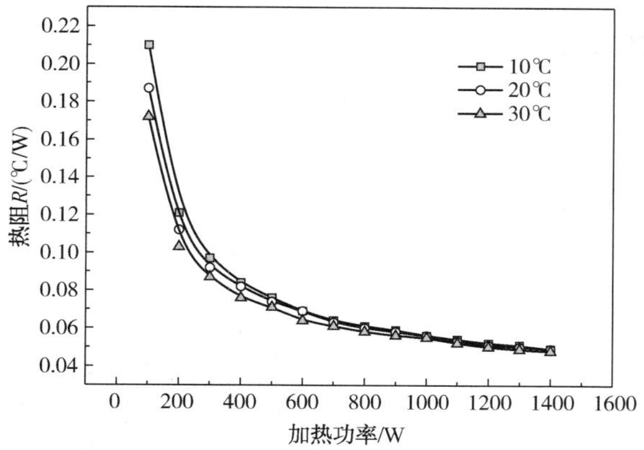

图 5　60°-0.40m^3/h 不同冷却水温度下的热阻与加热功率关系的曲线图

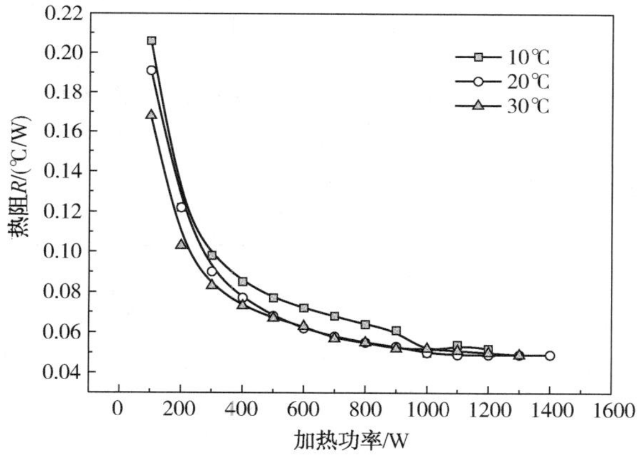

图 6　60°-0.50m^3/h 不同冷却水温度下的热阻与加热功率关系的曲线图

观察上面两幅图表试验数据发现，当加热功率升至 1400W 时，重力热管换热器热阻变化虽趋于平稳，但仍在下降，并未到达重力热管换热器传热极限。所以该组重力热管换热器传热极限时的加热功率应大于 1400W。

考虑原因可能是蒸发段管径较大充液量较大，导致即使加热功率上升至 1400W 时仍无法使液池烧干；而绝热段管径较小，沸腾效果不明显。

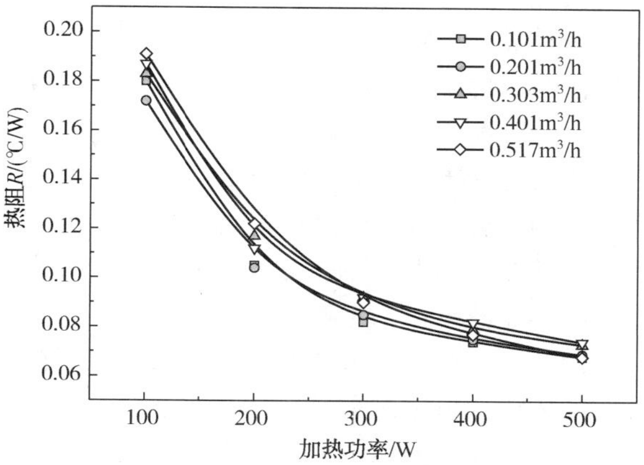

图 7　60°-20℃不同冷却水流量下的热阻与加热功率关系的曲线图

5.2　加热功率对重力热管换热器热阻的影响

本节选取图 5～图 7 进行试验结果的分析，具体如图 8、图 9 所示：

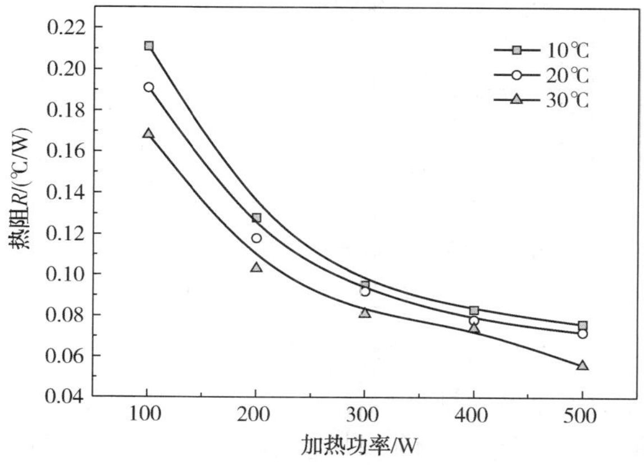

图 8　90°-0.468m^3/h 不同冷却水温度下的热阻与加热功率关系的曲线图

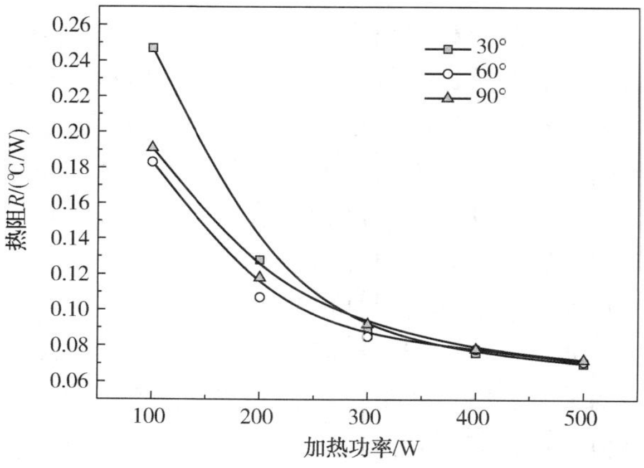

图 9　20℃-0.468m^3/h 不同倾角下的热阻与加热功率关系的曲线图

从以上图中可以看出，在同一工况下，不论工作条件如何，重力热管热阻都随加热功率的增加而减小，即随着加热功率的增加，重力热管换热器传热性能提高。分析其原因如下：

当加热功率增大时，热管蒸发段管壁的温度逐步上升，液池开始沸腾，且沸腾核心逐步增多，沸腾现象加剧，使得汽泡的产生和增大加快，有利于蒸发段的泡核沸腾传热。

沸腾后，汽泡生成的速度逐步加快，即在单位时间内生成汽泡的数量增加，汽泡增大到一定程度后就会脱离壁面，从而增强对液池工质的扰动，提高蒸发段的对流传热系数。

随着工质蒸汽产生速率增加，热管内蒸汽压上升，蒸汽上升速度加快，使得传热效率增加。

随着蒸汽流速度的加快，蒸汽流对回流液膜的扰动增加，增加对流传热效率。

通过分析我们发现，加热功率的增加不止对热管的传热效率带来正影响。随着蒸汽流上升速度的加快，上升蒸汽流对回流液膜的阻力增加，减缓了工质回流的速度，对传热带来负影响，但这一部分影响对整体传热的影响并不大，且随着倾角的增大，重力沿管壁的分力增大，这一影响随之减小。

5.3　倾角对重力热管换热器热阻的影响

本节选取图8、图9进行试验结果的分析，具体如图10、图11所示：

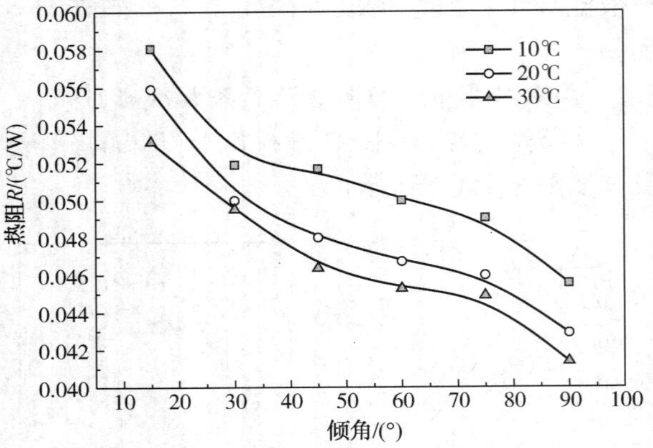

图10　500W-0.4m³/h不同冷却水温度下的热阻与倾角关系的曲线图

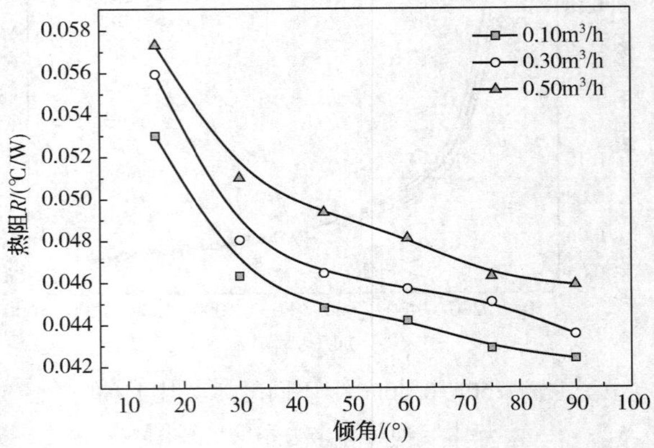

图11　500W-20℃不同冷却水流量下的热阻与倾角关系的曲线图

由上面两图可看出，在相同工况下，重力热管换热器热阻随倾角增大而减小，即倾角越大，重力热管换热器的传热性能越好，并在倾角为90°时，重力热管换热器的传热性能最优。另外，从曲线上我们可以看出，热阻变化的趋势先快后慢，分析原因如下：

轴向温差相对较小，这种现象源于重力热管的特性。在重力热管中，没有吸液芯结构，而是以重力作为工质冷凝液回流的动力，很明显，倾角越大，重力在沿管壁方向的分力就越大，提供工质循环的动力也就越大，管内工质回流速度就越快，因此管轴向温差就越小。即倾角越大，重力热管换热器的传热性能越好。

通过分析，我们很容易得到，重力沿管壁方向的分力，随倾角的增大，其增加趋势符合正弦函数规律，其变化趋势为先快后慢，符合图10、图11中的规律，很好的说明了前文中(1)中的分析基本正确。

5.4　冷却水温度对重力热管换热器热阻的影响

本节选取图10、图11进行试验结果的分析，具体如图12、图13所示：

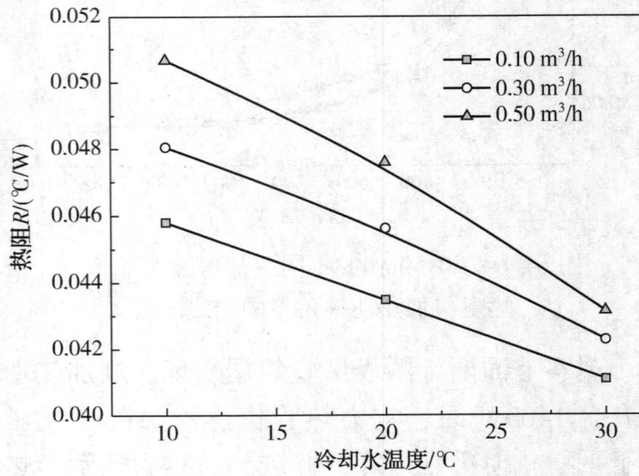

图12　500W-60°不同冷却水流量下的热阻与冷却水温度关系的曲线图

从以上两图中可以看出，热阻随冷却水温度变化的大致规律为，随着冷却水温度的升高，热

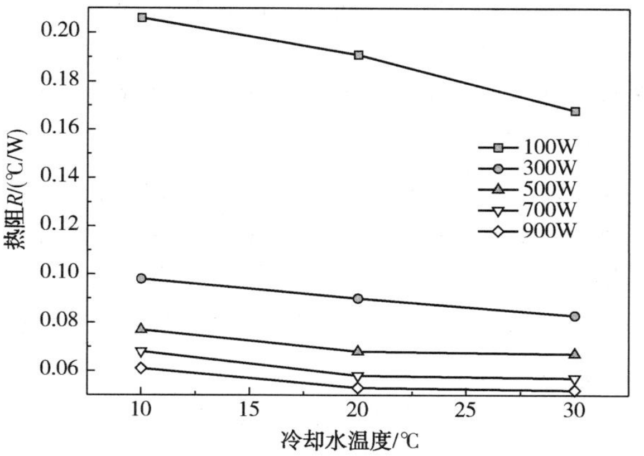

图 13　0.5m³/h-60°不同加热功率下的热阻与冷却水温度关系的曲线图

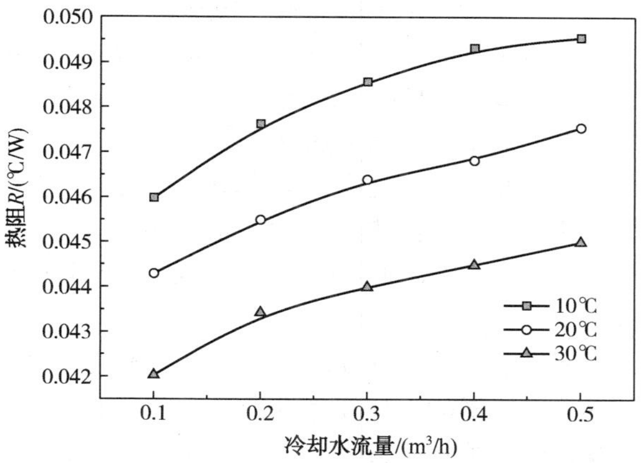

图 14　60°-500W 不同冷却水温度下的热阻与冷却水流量关系的曲线图

阻逐渐减小，即在一定范围内冷却水温度越高，重力热管换热器传热性能越好。分析其原因为：因为循环冷却水与冷凝段持续换热，所以冷凝段温度应与循环冷却水温度相近，而当加热功率相同时，蒸发段的温度也大致相同，所以当循环冷却水温度升高时，蒸发段与冷凝段温差即轴向温差减小，热阻随之减小。

而从图 13 中还能看出，当加热功率为 100W 时，热阻随冷却水温度变化的幅度较大，而当加热功率增加时，热阻随冷却水温度变化的幅度变小，即冷却水温度对热阻的影响程度，随加热功率的增加而减小。

分析其原因，由前文式中可以看出，若蒸发段与冷凝段的平均温差与加热功率变化相同倍数，热阻保持不变。而通过实验过程则很容易看出，加热功率从 100W 开始即成倍增加，而从试验数据中我们发现，当加热功率为 100W 时，蒸发段平均温度在 50℃左右，当加热功率上升至 1400W 时，蒸发段平均温度在 120℃左右，而冷凝段温度则比冷凝水温度稍高，很容易得出结论，平均温差变化幅度要比加热功率小的多，所以，冷却水温度对热阻的影响程度，随加热功率的增加而减小。

5.5　冷却水流量对重力热管换热器热阻的影响

本节选取图 12 进行试验结果的分析，具体如图 14 所示：

从上图中可以看出，重力热管换热器热阻随冷却水流量变化的大致规律为，冷却水流量越大，重力热管换热器热阻越大。分析其原因为，随着冷却水流量的增大，会在冷凝段更快的带走热量，使冷凝段温度更趋近于冷凝水温度，轴向温差增大，热阻随之增大。

6　结语

本篇论文对试验设计的新型热管换热器的传热性能进行了试验研究并对其传热特性进行理论上的分析，最终得到以下几个结论：

（1）建立试验测试系统，对试验设计的新型套管重力热管换热器的传热性能进行试验研究，证明试验系统安全可靠、可操作。使用同一个蒸发段，并配以多个绝热段到达同一个冷凝段，结构相对合理，蒸发面积较大，冷凝面积较大，总传热量非常理想。

（2）对试验设计的新型重力热管换热器进行试验研究，内容主要有：调节加热功率、测量冷却水进出口温度、热管各段管壁温度，经过对测量数据的处理与计算、分析得出重力热管换热器热阻。通过对试验设计的重力热管换热器的工作运行状态和原有的实验研究对比，可知本次试验装置是安全的、可操作的。

（3）本试验设计并制作的热管换热器能够良好运行，原因是本次实验采用了“加热置换排空法”可以排出管内空气和不凝性气体，加热置换排空法简单实用。

（4）本次试验所设计的新型重力热管换热器在竖直安置即倾斜角度为 90°时，重力热管发排达到最佳传热状态。

（5）对试验数据进行理论分析，得出新型重力热管换热器工作状态稳定，并且获得了达到本次实验条件下最佳传热性能所需要的最佳工况。因此可得出，本次试验所设计的新型重力热管换热器传热性能特性试验研究装置是合理可行的。

（6）本试验给出的冷凝环境为循环冷凝水温度10～30℃，冷凝水流量0.1～0.5m^3/h，加热功率为100～1400W，在此条件下，倾角为90°时，重力热管换热器传热性能最优。

（7）在试验环境中，加热功率越大，重力热管换热器的热阻越小，在加热功率增大至1400W时，仍未到达重力热管换热器的传热极限。

但由于试验条件和时间的限制，本文仅对重力热管换热器的工作环境进行了大致模拟，对其工作性能的参数进行大致测定和评估，对整个试验装置的误差还没有进行详细的测定，对重力热管换热器的更多工作模式还没有进行研究，这些都是今后试验需要开展的工作。根据本次试验研究，对热管排的进一步实验研究内容确定为以下几项：

（1）更换更大功率的直流电源，加大加热功率，以获得重力热管换热器的传热极限。

（2）对加热功率梯度进行更细致的划分，并增加实时监测系统，以获得重力热管换热器的启动时间及状态。

（3）对循环冷却水的温度梯度和流量进行更细致的划分，加大循环泵功率，扩大流量变化的范围。

（4）进一步升高冷却水温度，以期找到更合适的工况。

（5）系统分析试验装置的系统误差，更准确的对重力热管换热器的工作情况进行描述。

（6）分段测算重力热管换热器的传热系数，找出热阻变化情况更深层的原因。

（7）本次实验将热阻较小的导热硅脂作为热界面材料，目的是为了使热管排与电热丝能够紧密接触，但没有对导热硅胶的种类对测试结果产生的影响进行实验研究。

电化学工作站在胺液腐蚀行为研究中的应用

赵　耀　袁　军　沈万能　张宝忠

（中国石化天津分公司研究院）

摘　要　本文针对某炼厂脱硫装置贫胺液换热器出现的腐蚀泄漏情况，采用电化学工作站从腐蚀电位、腐蚀电流和腐蚀速率等多个方面研究了脱硫胺液对不同钢材质的腐蚀行为。结果表明贫胺液对304材质的腐蚀为扩散控制，在高温下腐蚀速率快速增长，其中HSS含量是影响腐蚀速率的关键因素，HSS的阴离子显著降低腐蚀电位和极化电阻，增加腐蚀电流，当HSS含量超过3%时，腐蚀速率急速上升。

关键词　腐蚀电流　HSS　腐蚀电位　304钢　腐蚀速率

引言

某石化炼油部联合四车间1#脱硫装置脱硫胺液自2009年3月份投产以来一直没有进行净化处理或更换，由于上游原料油的经常更换导致系统内夹带的杂质不断增多，致使系统胺液固体颗粒物含量较多，污染较严重。2020年9月份检查发现重沸器抽出口积液槽底部腐蚀穿孔，造成高温胺液泄漏，给脱硫装置的稳定运行带来了极大的威胁。

石化行业普遍使用N-甲基二乙醇胺水溶液进行焦化气、循环氢气等的脱硫净化处理。胺液长期循环使用过程中会产生胺盐，这种盐类在富液再生过程中处于稳定状态而不会分解，故称之为热稳态盐（HSS）。有研究认为HSS会造成胺液再生装置的腐蚀问题，也有研究者认为再生塔的腐蚀为典型的湿硫化氢引起的氢致开裂和硫化物腐蚀。极化曲线法是研究金属电化学腐蚀的重要方法，通过极化曲线的测定，可以了解金属腐蚀过程的重要信息，包括金属腐蚀电位、腐蚀电流、极化电阻等。传统金属腐蚀实验中，采用失重法来计算材料平均腐蚀速度，难以评价特定介质中材料的真实腐蚀速度与耐腐蚀能力，本文通过电化学方法研究再生塔换热器材质受胺液腐蚀行为及其原因，并提出相应的对策。

1　腐蚀调查结果

图1为310t/h溶剂再生塔C-201示意图，富胺液经过换热器E-201进入再生塔中部，再生后的胺液经过P-201抽出去吸收单元。在再生塔底部胺液抽出经重沸器E-205加热后返回塔内。胺液温度125～130℃，压力约0.2MPa，壳程材质304不锈钢（厚10mm），长期运行过程中形成大范围的坑蚀，甚至穿孔泄漏。

其中重沸器E-205壳程（介质为胺液）为腐蚀较为严重的部位。腐蚀调查结果表明该再生塔泄漏减薄部位自重沸器E-205的抽出线至周围塔壁，呈现四周逐渐均匀减薄趋势，内壁出现腐蚀凹坑，逐渐扩大形成腐蚀减薄泄漏。此处主要介质是水和MDEA，含有H_2S、CO_2、NH_3和胺液降解产物、热稳定盐、烃类物质、氧和硫化亚铁等杂质，在压力0.2MPa，温度125℃流动条件下具有一定的腐蚀性。其中重沸器材质为304，为了降低醇胺脱H_2S系统的设备腐蚀泄漏风险，根据《加工高硫原油重点装置主要设备和管道设计选材导则》对再生装置设备及管道材质低于的部位进行材质升级，拟选用316材质钢，下面重点对304、416两种材质钢在胺液系统中的腐蚀行为进行研究。

2　腐蚀模拟

甲基二乙醇胺溶液本身是弱有机碱，对金属没有腐蚀作用。然而溶液经过再生过程后，虽然大部分H_2S和CO_2被解吸成酸性气，在有水的条件下，这些介质成为腐蚀的主要因素。本文在HK-1型高温高压动态腐蚀反应釜上模

第一作者简介：赵耀，硕士研究生毕业，高级工程师，现从事炼油设备腐蚀防控工作。E-mail：zhaoyao.tjsh@sinopec.com

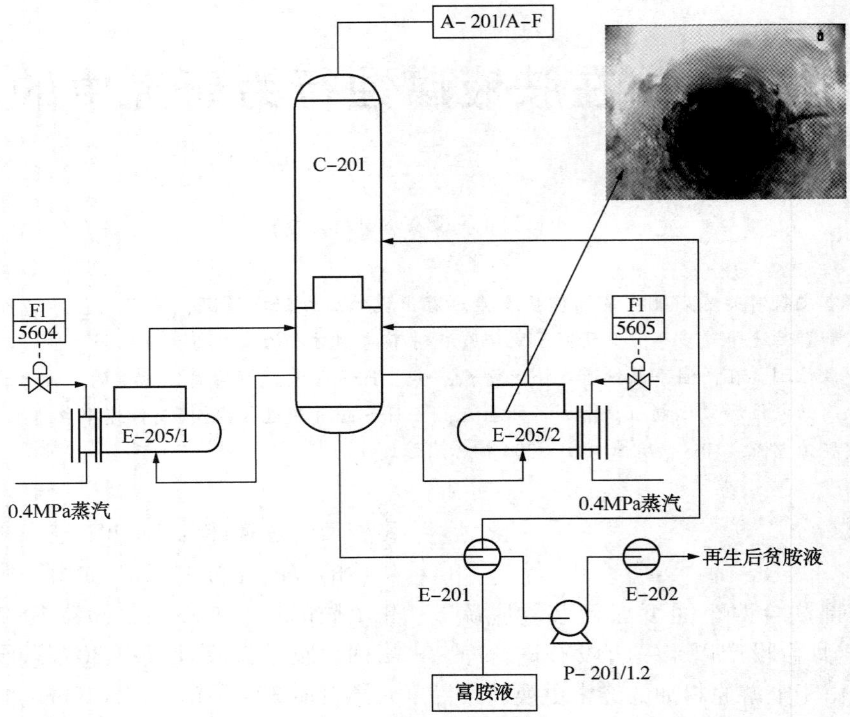

图1　溶剂再生工艺

拟再生塔的再沸器工况，研究胺液对重沸器材质304钢、升级材质316钢的腐蚀行为。根据腐蚀介质条件(表1、表2)建立腐蚀环境，其中以304钢、316钢为受蚀介质，以贫胺液为腐蚀介质。

表1　胺液中关键阴离子及其含量

物　质	含量/(mg/L)	设防/(mg/L)
氯离子	2039	500
草酸根离子	237	250
亚硫酸根离子	39	500
硫酸根离子	44	500
甲酸根离子	4029	500
硫氰根离子	8772	1000
乙酸根离子	2237	100
硫代硫根离子	526	1000
总HSS w%	3.98	小于1

国内企业采用经典的阴离子交换树脂交换-容量滴定法测定HSS的总量，得到不同种类HSS的详细信息。学术界以阴离子束缚的胺的量占整个MDEA脱硫液的质量分数来表示HSS的含量，根据《炼油工艺防腐蚀管理规定》的要求贫胺液中的HSS总质量分数不允许超过1%。从表2中可知贫胺液中HSS涉及的阴离子含量超过了设防值。

表2　胺液再生塔塔底重沸器腐蚀环境

%(V)

介质	温度/℃	压力/mPa	介质流速/(m/s)	HSS含量/%(w)	H_2S	CO_2	N_2
胺液	125	0.2	2~3	3.9860	12	7	81

2.1　电化学腐蚀分析

将304钢、316钢均制作成底面直径11.28mm，面高2mm的圆柱形状腐蚀试片作为工作电极，然后用水砂纸打磨底面，并用石油醚清洗，用电吹风机吹干，将柱面和其中一个底面涂覆环氧树脂绝缘，另一个面作为工作电极，以铂片电极作为对电极，以高温参比电极为参比电极，构件三电极体系。用氮气置换腐蚀反应釜中空气，将氧气含量降至0.3%以下，利用腐蚀介质泵将胺液打入腐蚀反应釜。根据表2设置温度125℃，并缓慢加热至125℃，稳定10min后，分别向腐蚀反应釜冲入N_2、H_2S和CO_2至釜内压力为0.2MPa。设定腐蚀反应釜底部电磁搅拌器转速为25~45r/s，达到模拟介质流速2~3m/s。打开Gamry reference 600+电化学工作站，电化学方法及主要参数见表3。

表 3　电化学方法主要参数表

实验方法	参数
开路电位测量（Ecorr-t）	测量时间：10min
线性极化阻力（LPR）测试	扫描幅度：-10~10mV（vs. Ecorr） 扫描速度：10mV/min
电化学阻抗（EIS）测试	频率范围：100kHz~0.2Hz 幅度：-10~10mV（vs. Ecorr）
极化曲线测试	扫描幅度：-300mV~1.5V（vs. Ecorr），视情况调整 扫描速度：10mV/min

将腐蚀反应釜连接于电化学工作站，待开路电位 E_0 稳定后，依次按照表 3 的参数进行极化曲线测试，确定腐蚀电位和腐蚀电流密度，按照公式（1）计算腐蚀速率 C_R。

$$C_R = \frac{i_{corr} \cdot K \cdot E_w \cdot 10^{-3}}{d} \quad (1)$$

式中，C_R 为腐蚀速率，mm/a；K 为常数；i_{corr} 为腐蚀电流密度，μA/cm^2；E_w 为当量；d 为密度 7.9g/cm^3。

表 4　电化学方法得到的腐蚀速率

钢材质	E_{corr}/mV	i_{corr}/(μA/cm^2)	腐蚀速率/(mm/a)
304 钢	-405.4	17.3	0.2010
316 钢	-347.1	1.4	0.0144

图 2 中左图是 304 钢在胺液中的极化曲线，图 2 中由图是 316 钢在胺液中的极化曲线，电化学的极化曲线可以反映腐蚀机理，对比两图可知 316 钢的腐蚀电位高出 304 钢腐蚀电位超过 40mV，腐蚀电流显著下降。观察图 6 的极化曲线，均出现阳极极化现象，表现出扩散控制，而非电荷转移控制，可以判断温度对腐蚀是一个很重要的影响因素，降低温度可减缓腐蚀速率（表 4）。

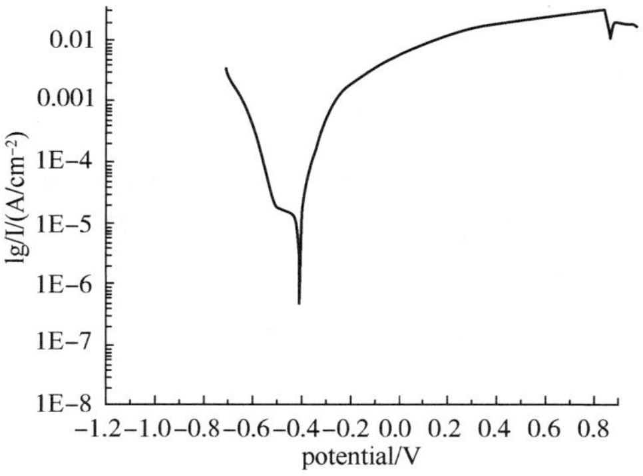

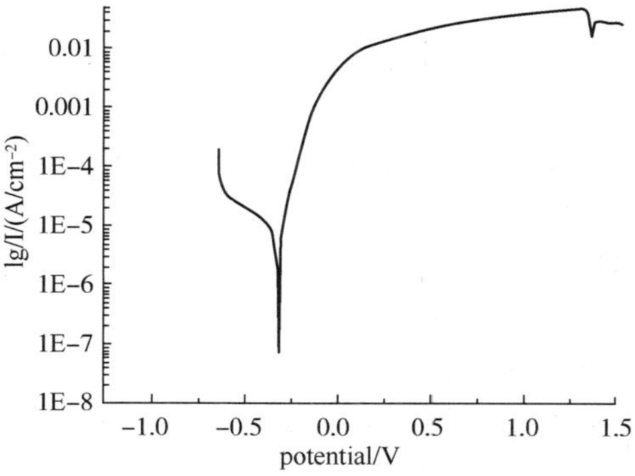

图 2　HSS(3.98%)的极化曲线

2.2　试片失重腐蚀分析

对比试验采用传统的试片重量法，首先将试片做成 50mm×1.5mm×10mm 长方体形状，清洗，吹干，称重。后将试片固定于 HK-1 型高温高压动态腐蚀反应釜的聚四氟乙烯挂架上吊挂。按照表 2 中的试验条件开展腐蚀试验，试验周期为 168h。腐蚀速率计算：试验结束后，去除试片表面腐蚀产物膜，并放在超声波仪中清洗干净，滤纸吸干后称重。通过失重计算腐蚀速率（表 5），腐蚀速率按照 GB/T 19292.4—2003 推荐公式（2）计算。

$$v = 87600 \frac{\Delta m}{\rho A \Delta t} \quad (2)$$

式中，v 为腐蚀速率，mm/a；Δm 为金属失重量，g；ρ 为金属密度，g/cm^3；A 为试片表面积，cm^3；Δt 为腐蚀时间，h。

表 5　失重法腐蚀速率

钢材质	腐蚀速率/(mm/a)			
	第一次	第二次	第三次	平均值
304	0.1982	0.2041	0.2021	0.2000
316	0.0141	0.0125	0.0157	0.0141

在 HSS 含量在 3.98%时，电化学方法测量的腐蚀速率 0.2010mm/a，与失重法测的腐蚀速率 0.2034mm/a 保持一致。从图 3 为 304 钢表面腐蚀形貌及元素分析结果，可以看到 304 表面有明显发散的蚀坑，这是晶间腐蚀和点蚀共同作用的结果，腐蚀产物含 Fe、S、C 等元素，应为 FeS 和 $FeCO_3$；316 钢表面未见明显明显腐蚀痕迹。

在贫胺液腐蚀体系中热稳盐阴离子可溶解热稳盐体系存在着钝化膜，加速腐蚀进程。以 Cl^- 为例，由于 Cl^- 的能穿透并溶解钝化膜，导致孔

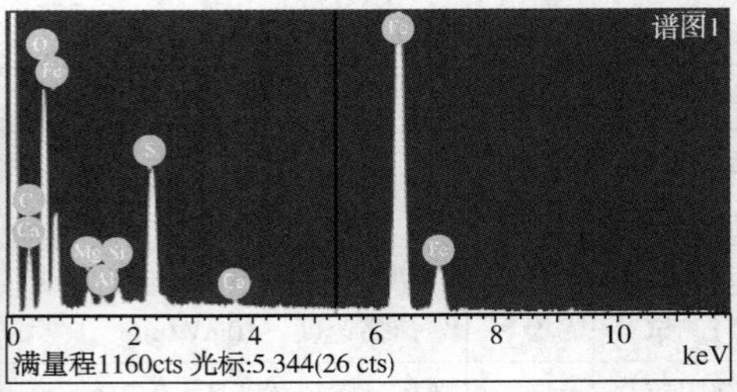

元素	重量百分比	原子百分比	
CK	19.08	37.29	
OK	24.91	36.55	
MgK	0.93	0.90	
Al K	0.21	0.19	
Si K	0.57	0.47	
S K	5.60	4.10	
Ca K	0.15	0.09	
Fe K	48.55	20.41	
总量	100.00		

图3　腐蚀形貌及腐蚀产物元素表征

蚀，增大阳极面积，进而导致腐蚀速率的加快。由于316中含有2%～3%Mo，与H_2S形成MoS保护膜，阻断腐蚀介质，因而具备较好的抗H_2S腐蚀性能。

2.3　不同HSS含量、不同温度下的电化学腐蚀行为

向上述胺液中(HSS含量为3.9860%)加入浓度为30%的新鲜MDEA的水溶液中制备不同HSS浓度的胺液。在125℃条件下采用电化学方法考察胺液对304、316材质钢的腐蚀性能，分析不同HSS含量下腐蚀体系的腐蚀电位、阻抗和腐蚀电流(表6)。

表6　304钢、316钢在四种HSS浓度下测量得到的腐蚀速率

HSS值/%	材质	E_{corr}/mV	R_p*/(Ω·cm²)	i_{corr}/(μA/cm²)	腐蚀速率/(mm/a)
3.98	304	−405.4	558	17.30	0.2010
	316	−347.1	8200	1.40	0.0144
3.37	304	−402.3	1057	12.30	0.1430
	316	−345.9	8455	1.39	0.0143
2.2	304	−398.6	1895	6.90	0.0795
	316	−343.3	8886	1.37	0.0141
0.5	304	−371.3	8441	1.54	0.0179
	316	−340.2	9109	1.36	0.0140

注：*由于溶液电阻很小，故R_p忽略了溶液电阻。

由表6可知随着HSS含量的降低，304工作电极的腐蚀电位逐渐降低，线性阻抗增加，腐蚀电流逐渐降低，腐蚀速率呈下降趋势，特别是当溶解HSS含量<0.5%时，腐蚀速率已经很低。316工作电极的腐蚀速率基本不随HSS含量而变化，为0.014mm/a，属于耐蚀等级标准，综合材质的耐蚀程度和价格因素综合考虑，脱硫系统再生设备的腐蚀严重部位，可采用316钢。

为了验证温度对腐蚀速率的影响，分别调节腐蚀反应釜温度至40℃、50℃、60℃、70℃、80℃和120℃，保证其他条件不变，待腐蚀体系稳定后采用电化学方法考察胺液对304材质钢的腐蚀性能(图4)。结果表明随着温度的下降，贫胺液对304的钢腐蚀速率显著下降，至室温时，腐蚀速率已经降至0.02mm/a以下，表明脱硫系统的低温部位可选择用304钢。

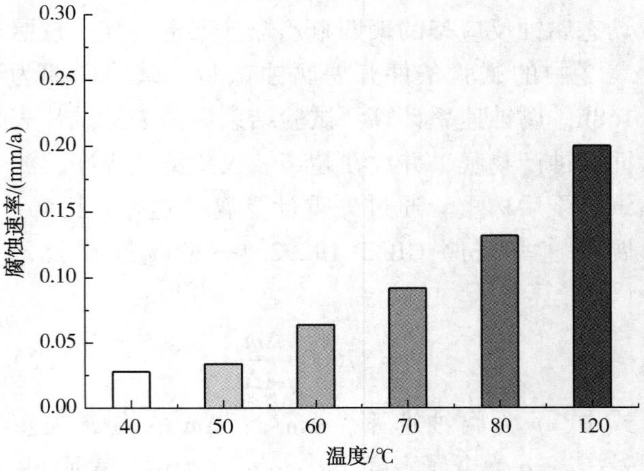

图4　不同温度下的电化学腐蚀速率

3 结论

（1）在模拟重沸器的工况下，含 HSS 胺液对 304 钢腐蚀腐蚀速率超过 0.2mm/a，腐蚀产物为 FeS、FeS_2和 $FeCO_3$，可引起设备及管线腐蚀开裂，胺液中的 HSS 对腐蚀速率影响较大，主要通过溶解保护膜来加快腐蚀，MDEA 脱硫液中 HSS 的含量大幅度超标，必须马上更换或添加新鲜 MDEA 脱硫液或脱除 HSS，以防止 HSS 影响脱硫装置的平稳操作、设备的安全运行和产品质量。

（2）电化学工作站可从腐蚀电位、腐蚀电流和腐蚀速率等多个方面研究了脱硫胺液对不同钢材质的腐蚀行为，腐蚀速率的测试结果与传统的失重法保持一致；根据腐蚀结论，304 钢可用于脱硫系统的低温部位的腐蚀防控，316 钢（含 Mo）对于脱硫系统的高温腐蚀隐患部位具有较好的耐蚀性。

参 考 文 献

[1] 赵东海，等，脱硫装置溶剂再生塔腐蚀原因分析[J]. 石油化工设备技术，2004，25(6)：40-44.
[2] 曹楚南. 腐蚀电化学原理[M]. 北京：化学工业出版社，2008.
[3] 曲建军，等. 高压胺液泵最小流量线复线的腐蚀[J]. 石油化工腐蚀与防护 2004，21(1)：39-41.
[4] 郑凯，李红艺，韩玉华. 电化学工作站在金属腐蚀实验教学中的应用[J]. 山东化工，2014，43(09)：129-130.
[5] 李宪华. 胺液再生装置的腐蚀与防护[J]. 河南化工，2011，28(8)：5-8.
[6] 王星辰. 胺液再生系统设备腐蚀原因分析及防护对策[J]. 石化技术，2018，25(11)：24+6.
[7] 汪文强，等. N-甲基二乙醇胺脱硫液中热稳态盐的分析[J]. 石油化工，2007，36(1)：88-91.
[8] 美国 GAMRY 电化学[C]. 2018 年全国腐蚀电化学及测试方法学术交流会论文集. 2018：379.
[9] 段永锋，苗普，于凤昌. 天然气净化厂贫富胺液换热器腐蚀失效分析[J]. 石油化工腐蚀与防护，2014，31(02)：61-64.
[10] 赖召贵. 微区腐蚀电化学高通量表征技术的开发与应用[D]. 北京科技大学，2021.
[11] 王立友. 典型供水金属管材电化学腐蚀及对水质影响的研究[D]. 哈尔滨工业大学，2015.
[12] 曾德智，等. 含 H_2S/CO_2 脱硫胺液中 Cl-对 20#钢腐蚀的影响[J]. 安全与环境学报，2016(6)：129-133.
[13] 程张翔. 中石化荆门分公司乙醇胺脱硫系统腐蚀原因研究[D]. 武汉工程大学，2016.
[14] 高敏. 硫黄回收装置的腐蚀原因及防护措施研究[D]. 东北石油大学，2015.
[15] 郭长林. 钢在流动相下电化学腐蚀行为[D]. 太原理工大学，2010

换热器腐蚀分析及防护对策

施　瑜

（中国石化天津分公司炼油部）

摘　要　在石油化工企业中，换热器是一种应用极为广泛的在高温流体和低温流体之间传递热量的设备。但是，由于高温和低温流体的特性以及流体中掺杂了一些杂质，换热器往往会造成不同程度的腐蚀甚至泄漏，这无疑会增加企业的设备投资和维护成本。因此，换热器的腐蚀问题一直是石化企业面临的棘手问题。本文通过对循环水水质和腐蚀产物的分析，以及对换热器冷却水过程中一些关键部位的分析，确定换热器腐蚀的主要原因是工业循环水水质差和垢下腐蚀，并提出防护对策。

关键词　换热器　腐蚀　分析　保护　对策

引言

换热器由于其特殊的功能在很多行业都有应用，尤其是在炼油厂，换热器的运行对炼油厂的正常运行影响很大。炼油厂换热器的有效利用，将对炼油厂的生产效率和成本控制产生积极的影响。换热器作为炼油厂最常用的设备之一，在安装和施工上都进行了投资，这笔资金在整个炼油厂的建设投资中占了很大比例。但是，在炼油厂后期运行中，换热器经常发生腐蚀，严重影响换热器的正常运行，甚至可能造成换热器设备损坏或报废。工厂的正常运行也造成了很大的影响。为了尽可能延长换热器的使用寿命，保证其高效运行，分析换热器腐蚀的原因并根据分析结果制定一些保护措施显得尤为重要。

1　腐蚀情况及原因分析

由于换热器在运行过程中与油类直接接触，其中含有的一些腐蚀性元素会对换热器造成一定程度的腐蚀。此外，还有一些其他因素会影响热交换，换热器会产生一定程度的腐蚀，使其遭受一定的损坏，从而影响换热器的正常运行，甚至报废。下面就炼油厂的三台换热器的腐蚀情况进行分析：

1.1　三台换热器的情况概述

新氢压缩机一级出口冷却器 E-107C（以下简称 E-107C）、K2201 压缩机一级冷却器 E-2201（以下简称 E-2201）、K2201 压缩机三级冷却器 E-2203（以下简称 E-2203）多次发生泄漏。

（1）E-107C 为 U 型管式结构，2016 年投用后，共发生五次泄漏。2017 年 3 月 21 日泄漏，堵管 4 根；2017 年 6 月 27 日泄漏，堵管 8 根；2017 年 9 月 29 日泄漏，堵管 16 根；2018 年 1 月 24 日泄漏，堵管 18 根；2018 年 5 月 23 日泄漏，共计堵管 46 根，换热管总根数为 129 根。管束整体更换。

（2）E-2201 为 U 型管式结构，2014 年 10 月投用，2018 年 5 月先后发生泄漏，共计堵管 31 根，换热管总根数为 196 根。管束整体更换。

（3）E-2203 为 U 型管式结构，2014 年 10 月投用，2018 年 5 月先后发生泄漏，共计堵管 4 根，换热管总根数为 494 根。经现场水压试验，换热管总泄漏根数为 28 根，其中 1 根为换热管腐蚀泄漏，27 根为管口泄漏。管束整体更换。

三台水冷器参数见表 1。

表 1　水冷器参数

名　称	壳程出入口温度/℃	壳程出入口压力/MPa	管程出入口温度/℃	管程出入口压力/MPa	壳/管程介质	壳/管程材质	换热管规格/mm
新氢压缩机一级出口冷却器 E-107C	80/140	5.5/5.6	40/28	0.35/0.4	新氢/循环水	16MnR/10#	ϕ25×2.5

第一作者简介：施瑜，工程师，2006 年毕业于辽宁大学材料化学专业，现从事设备管理工作。E-mail：shiyu.tjsh@sinopec.com

续表

名　称	壳程出入口温度/℃	壳程出入口压力/MPa	管程出入口温度/℃	管程出入口压力/MPa	壳/管程介质	壳/管程材质	换热管规格/mm
K2201 一级冷却器 E-2201	40/110	0.25	40/27	0.35	半产品气/循环水	Q345R/20#	$\phi19\times2$
K2201 三级冷却器 E-2203	40/120	2.4	40/27	0.35	半产品气/循环水	Q345R/20#	$\phi19\times2$

为查明泄漏原因，对三台换热器管束进行宏观检查、垢样及腐蚀产物分析、化学成分分析、金相检验、射线检测、解剖检查、循环水水样分析和泄漏原因分析。

1.2 检验检测

1.2.1 宏观检查

（1）E-107C 宏观检查

E-107C 管板、管箱结垢严重；管口结垢严重，且有杂物堵塞；换热管外壁无结垢。管板布满蚀坑，管口焊缝腐蚀缺肉严重。割取 6 根换热管进行灌水试漏，未发现泄漏。对腐蚀严重的一根换热管进行解剖，发现换热管内壁普遍存在垢下腐蚀坑，坑直径 ϕ10～35mm，深 1～2mm，连片，间隔 8～10mm；换热管外壁无明显腐蚀。用游标卡尺对换热管壁厚进行抽测，最小壁厚为 1.86mm，最大壁厚为 2.46mm，原始壁厚为 2.5mm。宏观形貌如图 1 所示。

（2）E-2201 宏观检查

E-2201 管板、管箱、换热管内壁结垢严重，几乎全管堵塞。管板布满蚀坑，管口焊缝腐蚀缺肉严重。割取 6 根换热管进行灌水试漏，发现 2 根换热管各有 1 个泄漏孔（均距管板 5m），将管剖开，发现换热管内壁存在垢下腐蚀坑，坑直径 ϕ5～12mm，深 0.5～1.5mm，连片，间隔 5～40mm，严重处已腐蚀穿孔。换热管外壁管板端下部有大面积的白色结垢，换热管外壁整体腐蚀轻微。用游标卡尺对换热管壁厚进行抽测，最小壁厚为 1.56mm，最大壁厚为 1.98mm，原始壁厚为 2mm。宏观形貌如图 2 所示。

（3）E-2203 宏观检查

E-2203 管板、管箱、换热管内壁结垢严重，几乎全管堵塞。管板布满蚀坑，管口焊缝腐蚀缺肉严重，部分管口焊缝腐蚀殆尽，换热管与管板已分离。割取 6 根换热管进行灌水试漏，发现 1 个泄漏孔（距管板 3m），将管剖开，发现换热管内壁存在垢下腐蚀坑，坑直径 ϕ10～45mm，深 0.5～1.0mm，连片，间隔 0～45mm，严重处已腐蚀穿孔。换热管外壁布满点蚀坑，点蚀坑深度小于 0.5mm。换热管内壁完好处有一层平整的黑膜，膜可剥离，膜下面的金属光滑无腐蚀。

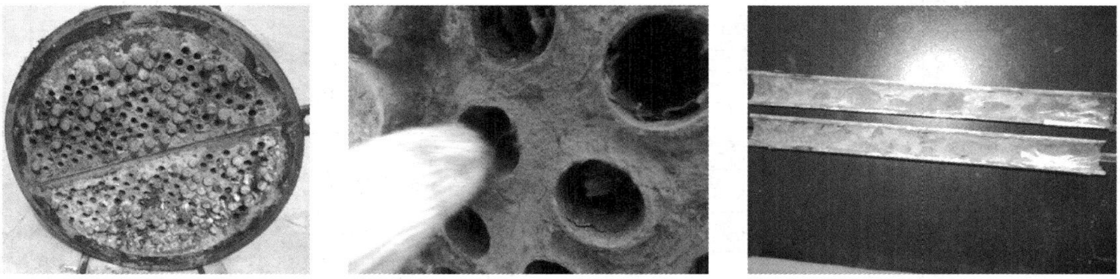

图 1　E-107C 管板结垢形貌、换热管外壁-管板侧图、换热管内壁腐蚀坑

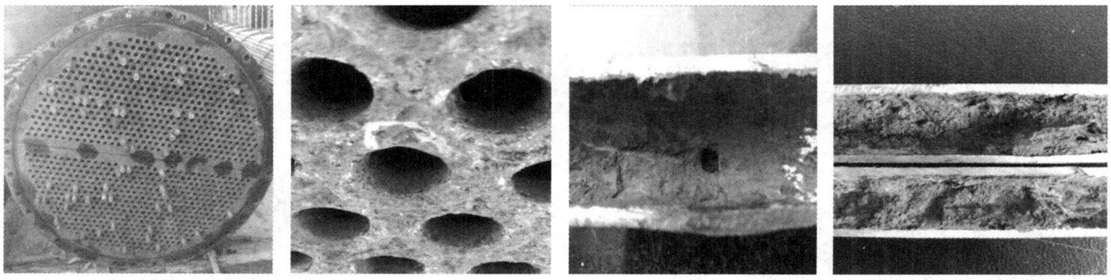

图 2　E-2201 管板腐蚀形貌、管口腐蚀形貌、管内壁腐蚀穿孔、管内壁结垢形貌

用游标卡尺对换热管壁厚进行抽测，最小壁厚为1.60mm，最大壁厚为1.98mm，原始壁厚为2mm。宏观形貌如图3所示。

1.2.2 垢样及腐蚀产物分析

取E-107C管程腐蚀产物、E-2201管程腐蚀产物、E-2201壳程垢样、E-2203管程腐蚀产物、E-2203壳程腐蚀产物进行能谱分析和垢样比重分析。垢样元素能谱分析结果见表2，垢样比重分析结果见表3。

管程元素主要有：Fe、O、Ca，且含有少量Cl；壳程元素主要有：Fe、O、Ca。

三台水冷器管程Fe元素含量均远高于壳程，说明管程金属腐蚀量大。E-2201壳程Ca、Mg元素多，Ca、Mg应为循环水中的杂质。这是因为管程压力(0.35MPa)大于壳程压力(0.25MPa)，管程循环水介质向壳程泄漏造成的。

图3 E-2203管板结垢形貌、管箱结垢形貌、管内壁结垢严重腐蚀穿孔

表2 垢样元素能谱分析 %(wt)

垢样名称	E-2201管程	E-2201壳程	E-2203管程	E-2203壳程	E-107C管程
名称	比重/%	比重/%	比重/%	比重/%	比重/%
S	<	<	<	75.12	<
O	22.71	30.21	18.46	8.67	17.88
Cl	0.87	0.27	<	<	<
Fe	58.17	4.09	72.52	11.87	66.32
Ca	1.54	25.49	0.90	<	1.09
其他	16.71	39.94	8.12	4.34	14.71

表3 垢样比重分析 %(wt)

垢样名称	E-2201管程	E-2201壳程	E-2203管程	E-2203壳程	E-107C管程
名称	比重/%	比重/%	比重/%	比重/%	比重/%
酸不溶物	9.52	15.52	5.21	79.82	13.51
Fe_2O_3	78.01	5.53	88.98	15.62	80.23
P_2O_5	1.77	<	1.70	<	3.34
CuO	<	0.98	0.50	<	0.71
MgO	<	8.42	0.46	<	<
ZnO	<	4.91	0.83	<	<
其他	10.70	64.64	2.32	4.56	2.21

1.2.3 化学成分分析

对E-107C、E-2201、E-2203换热管化学成分进行分析，结果见表4。化学成分符合标准要求。

表4 化学成分分析结果 %(wt)

名称	C	Mn	Si	S	P
E-107C	0.13	0.41	0.19	0.015	0.028
GB/T 699—2015 优质碳素结构钢(10#钢)	0.07~0.13	0.35~0.65	0.17~0.37	0.035	0.035
E-2201	0.22	—	—	0.014	0.015
E-2203	0.21	0.40	0.20	0.023	0.015
GB/T 699—2015 优质碳素结构钢(20#钢)	0.17~0.23	0.35~0.65	0.17~0.37	0.035	0.035

1.2.4 金相检验

对E-107C、E-2201、E-2203换热管内壁、外壁、壁厚中间层进行金相检验，结果图4~图6。三台水冷器换热管金相组织为铁素体+珠光体，组织正常。内壁蚀坑数量多、深度大。

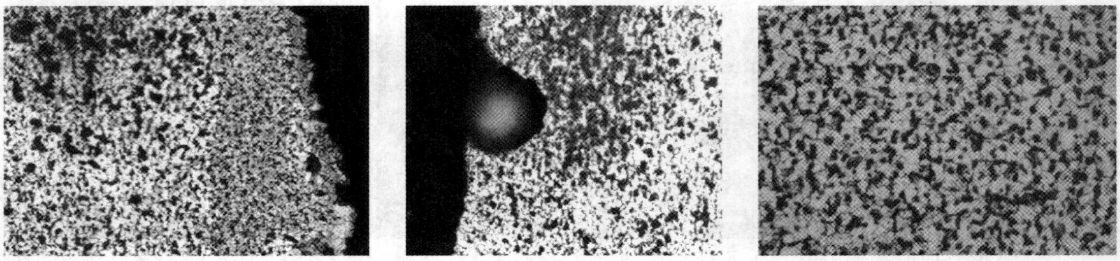

图4 E-107C换热管外壁组织-100倍、管内壁蚀坑-100倍、管壁厚中间组织-200倍

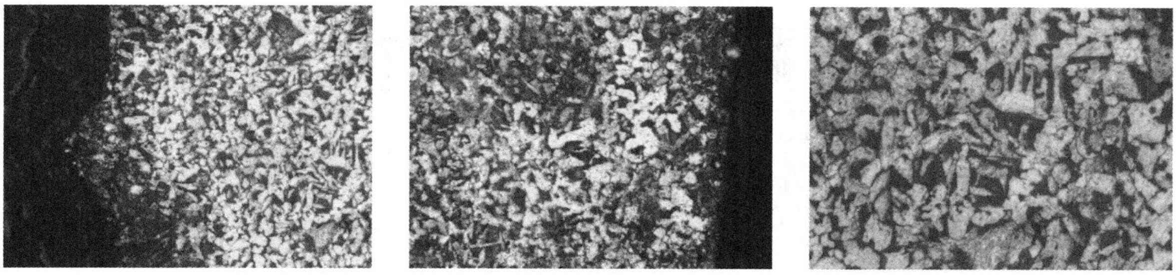

图 5　E2201 换热管内壁-100 倍、管外壁-100 倍、壁厚中间组织-200 倍

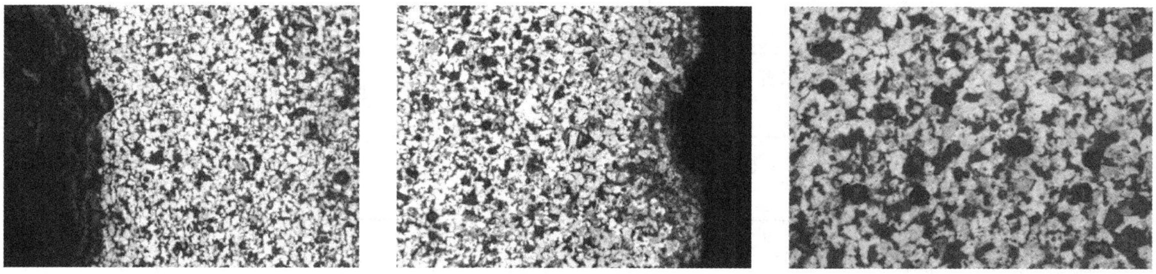

图 6　E2203 换热管内壁蚀坑-100 倍、管外壁蚀坑-100 倍、管壁厚中间组织-200 倍

1.2.5　射线检测

对 E-107C、E-2201、E-2203 进行管子管板角焊缝射线检测，每台冷却器各抽测 6 个管口。均存在制造缺陷，缺陷主要为未熔合、裂纹，射线检测结果见表 5。

表 5　换热器管子管板角焊缝射线检测结果

位置	E-107C 射线检测结果
1 排 1 列	9 点至 12 点位未熔合，2 点位裂纹 6mm，10 点至 6 点位管壁侧裂纹 30mm
2 排 9 列	12 点位未熔合，2 点位，9 点位裂纹 10mm×2，9 点至 2 点位管壁侧裂纹 30mm
3 排 2 列	9 点，10 点位 Φ4mm×2，2 点位裂纹 2mm，12 点位未熔合，9 点至 2 点管壁侧裂纹 25mm
7 排 4 列	9 点至 7 点管壁侧裂纹 60mm
7 排 13 列	8 点位裂纹 5mm，6 点至 1 点管壁侧裂纹 35mm
10 排 11 列	8 点位裂纹 3mm，2 点位未熔合，8 点至 5 点管壁侧裂纹 50mm
位置	E-2201 射线检测结果
5 排 19 列	2 点位 Φ3mm×2，12 点位条形 8mm
10 排 30 列	12 点位 Φ2mm×1
14 排 7 列	3 点位条形 5mm
位置	E-107C 射线检测结果
15 排 11 列	3 点位未熔合 6mm
15 排 25 列	2 点位 Φ2×1，条形 6mm，12 点位 Φ4mm×1，10 点位未熔合 8mm、
位置	E-2203 射线检测结果
2 排 4 列	3 点位 Φ3mm×2，2 点位裂纹 2mm
3 排 12 列	4 点位 Φ3mm×1，2 点位 Φ2mm×1
4 排 6 列	12 点位裂纹 2mm，6 点，2 点位未熔合
14 排 28 列	10 点，12 点，3 点位未熔合
4 排 13 列	12 点至 3 点位未焊透，11 点位未熔合
5 排 7 列	10 点，2 点位未熔合，3 点位裂纹 5mm
5 排 16 列	12 点位 Φ2mm×1，2 点位条形 10mm，3 点位未熔合 5mm

1.2.6　管口解剖检查

根据射线检测结果，每台冷却器选取 2 个管子管板角焊缝进行解剖，并进行体式显微镜下检查和金相检验。

管子管板角焊缝射线检测与管口解剖验证对比情况见表 6。

表 6　管子管板角焊缝射线检测与管口解剖验证对比

位号	位置	射线检测结果	解剖位置	体式显微镜、金相验证	结果	备注
E-107C	1 排 1 列	9 点至 12 点位未熔合，2 点位裂纹 6mm，10 点至 6 点位管壁侧裂纹 30mm	9 点至 12 点；4~9 点	未发现裂纹、未熔合	不符合	换热管端口腐蚀呈焊肉檐下的沟槽

续表

位号	位置	射线检测结果	解剖位置	体式显微镜、金相验证	结果	备注
E-107C	3排 2列	9点，10点位 Φ4mm×2，2点位裂纹2mm，12点位未熔合，9点至2点管壁侧裂纹25mm	整圈	未发现裂纹	不符合	换热管端口腐蚀呈焊肉檐下的沟槽
E-2201	14排 28列	10点，12点，3点位未熔合	3点位	发现未熔合	符合	—
E-2201	15排 25列	2点位 Φ2mm×1，条形6mm，12点位 Φ4mm×1，10点位未熔合8mm	10点位	发现未熔合	符合	—
E-2203	5排 7列	10点，2点位未熔合，3点位裂纹5mm	3点位	发现未熔合	符合	—
E-2203	5排 16列	12点位 Φ2mm×1，2点位条形10mm，3点位未熔合5mm	3点位	发现未熔合	符合	—

1.2.7　循环水水样分析

水样分析。对提取的循环水样品进行水质分析。用离子色谱法对循环水水质进行了阴、阳离子测定。根据GBJ 50050—1995中有关规定，换热器使用的循环水中的钙、镁离子含量严重超标，特别是钙离子大大超出规定值。

2　原因分析

从宏观检查结果来看，换热管内壁及管口结垢严重，严重处换热管以被堵死，垢下存在较深的腐蚀坑，外壁结垢、腐蚀轻微，说明换热管泄漏是垢下腐蚀造成的。

从换热管化学成分分析和金相检验结果来看，换热管化学成分和金相组织满足标准要求。

从垢样和腐蚀产物分析结果来看，3台水冷器管程元素主要有：Fe、O、Ca，且有少量的Cl；管程Fe元素含量均远高于壳程，换热管内壁腐蚀严重。除腐蚀产物外，主要成分为Ca、Mg。

换热管管口腐蚀缺肉严重，部分换热管与管板脱离。经体式镜和金相检验，管子管板角焊缝制造缺陷主要为坡口未熔合，未熔合未见扩展或贯通。说明管口泄漏是腐蚀造成的。

从循环水的水样来看，水中 Ca^{2+} 含量过高，生成了难溶的无机盐，直接造成了冷却水在管中的严重结垢，给垢下腐蚀提供了必要条件。由于结垢严重，浸泡在腐蚀介质中的金属表面，处于缝隙或垢下时，发生了强烈的垢下腐蚀。产生垢下腐蚀的沉积物有冷却水中的泥沙、尘埃、腐蚀产物、水垢、微生物粘泥及其他固体等。循环水中含有的微量硫、氯、微生物等会在垢下聚集，发生化学反应，造成管壁腐蚀。

三台水冷器管子管板角焊缝存在制造缺陷但未见缺陷扩展或贯通；换热管化学成分及金相组织符合标准要求；循环冷却水流速控制符合要求；三台水冷器换热管外壁腐蚀轻微；三台水冷器换热管内壁及管口结垢严重，垢下腐蚀是导致水冷器泄漏主要原因；建议提升循环水净化处理效果；建议新投用水冷器管程采用涂层防腐措施。

3　改善后三台水冷器的运行情况

通过定期对循环水水质进行分析监测，严格按照指标执行，控制好循环水流速，三台水冷器更换管束后的运行情况如下：

（1）E-107C新氢压缩机一级出口冷却器：2018年5月更换新管束投用。2022年4月，E107C换热器管束堵塞，进行高压水清洗，同时发现换热管泄漏10根，进行堵管处理，目前设备运行良好。

（2）E-2201 K2201一级冷却器：2018年5月更换新管束投用，2019年2月，搭车检修中，对换热器管束做内防腐处理，目前设备运行良好。

（3）E-2203 K2201三级冷却器：2018年5月更换新管束投用，2019年2月，搭车检修中，对换热器管束做内防腐处理，目前设备运行良好。

4 循环水换热器防护措施

（1）严格控制循环水指标，加强循环水水质监测，及时加注缓蚀剂、阻垢剂、杀菌剂等，积极开展循环水测温和流速测定，提高循环水供水压力，确保冷却器温差和流速合理。

（2）通过冷却器循环水侧喷涂防腐涂料，降低换热器管束循环水腐蚀和结垢，但应严格控制用蒸汽吹扫涂层，这个过程会对防腐涂层造成一定程度的破坏，影响防腐效果。在异种涂层的防腐措施中，最常用的技术手段之一是化学镀镍磷技术。化学镀镍磷镀层是在换热器表面形成的一种无定形金属，这种金属也称为金属玻璃。其主要优点是涂层可在 380℃ 高温下正常使用，并且对氯化氢和硫化氢有很强的抵抗力，附着力高，耐腐蚀和冲刷能力强，得到广泛应用。

（3）通过牺牲阳极保护，对冷却器管口、管板以及管箱等部位起到很好的保护作用。

根据换热设备采用的电化学腐蚀保护方法的不同，可分为两类，一类是外供电方式的电化学腐蚀保护，一类是牺牲阳极保护的电化学腐蚀保护方法。牺牲阳极保护的电化学腐蚀保护在换热器的腐蚀保护中较为常见。用于电化学防腐的牺牲阳极保护法所用的金属一般为锌材料，具有较好的防腐效果。

5 结语

做好循环水换热器腐蚀与防护，要保证循环水各项指标达标合格，合理控制循环水流速、温度和压力，同时要根据实际情况，制定出相应的防腐措施，涂层防腐、牺牲阳极保护、材质升级等，使其对冷却器管束腐蚀和结垢起到积极的保护作用，达到最佳的防护效果，保证换热器的正常运行。

参 考 文 献

[1] 文明. 浅谈循环水冷却器腐蚀与防护[J]. 2017(14).
[2] 杨锦文. 循环水冷却器管束腐蚀穿孔失效分析[J]. 2001(39).

航煤加氢装置分馏塔底重沸器泄漏分析及防护

袁　军

（中国石化天津分公司）

摘　要　本文对航煤加氢装置分馏塔底重沸器泄漏情况进行了详细分析与介绍，通过检验检测、介质化验分析、垢样化验分析等手段，从设备运行操作、设备运行环境、设备腐蚀机理等方面分析，认为重沸器换热管泄漏，是因为壳程介质中杂质含量高及腐蚀性因素，设备运行环境变差，形成高温硫腐蚀及垢下腐蚀环境，造成换热管泄漏。并对此进行了生产工艺及设备管理方面深层次原因分析，制定出相应的整改及防范措施。

关键词　航煤　加氢　腐蚀　高温硫　结垢

1　概述

中国石化股份有限公司天津分公司炼油部3#航煤加氢装置设计规模为100万t/a，由中国石化集团洛阳石化工程公司设计，2009年10月建成投产。装置主要由反应部分(包括循环氢压缩机)、分馏部分、以及公用工程部分等组成。

本生产周期该装置于2020年7月投料开工，至2022年2月前总体上运行平稳。2022年2月17日在装置运行期间发现分馏塔底重沸器E204换热管发生泄漏，造成航煤产品不合格，装置紧急抢修，更换新换热管。

2　故障经过

2022年2月17日，3#航煤加氢装置产品精制航煤采样发现样品颜色变深，出现不合格现象。经分析分馏塔底重沸器E204管程精制柴油颜色为浅黄绿色，壳程精制航煤为无色透明，因管程柴油漏入壳程航煤，造成航煤颜色变化，初步判断换热器出现内漏，且泄漏量较大。

精制航煤化验分析颜色高于+26位合格。日常化验无颜色分析项目，2月17日判断E204内漏后加样分析颜色，均不合格，20日抢修结束后航煤颜色化验合格。

3　生产工艺及设备情况

3.1　*工艺流程*

3#航煤加氢装置分馏塔底重沸器E204壳程侧介质为精制航煤，由分馏塔C201底抽出，进入E204壳程，升温后返回C201。流程简图如图1所示。

管程精制柴油由2#柴油加氢装置产品分馏塔C202底抽出，经泵P203升压后进入3#航煤装置E204管程，换热后回到2#柴油加氢装置，经过E201、E202、E103、E203、A203后送出装置。流程简图如图2所示。

3.2　*设备情况*(*表1*)

表1　分馏塔底重沸器设计与实际操作条件

设备名称	分馏塔底重沸器E-204	规格型号	BJU900-1.68/1.35-340-6.3/19-2I
操作介质	壳程：3#航煤装置分馏塔底精制航煤 管程：2#柴油加氢装置分馏塔底精制柴油	温度(壳/管)	设计温度：293℃/322℃(壳程/管程) 操作温度：230℃，233℃/300℃，290℃(壳入口，壳出口/管入口，管出口)
主体材质	单台换热面积：340m² 单台换热管数：450 换热管长度：6.3m/根 换热管材质：16MnR	压力	设计压力：1.35MPa/1.68MPa(壳程/管程) 操作压力：0.2MPa/1.2MPa（壳程/管程）
换热管规格	19mm×2mm	投用日期	2009年12月

第一作者简介：袁军(1971—)，男，高级工程师，1993年毕业于中国石油大学石油炼制专业，现从事设备防腐管理工作。E-mail：13821105902@139.com

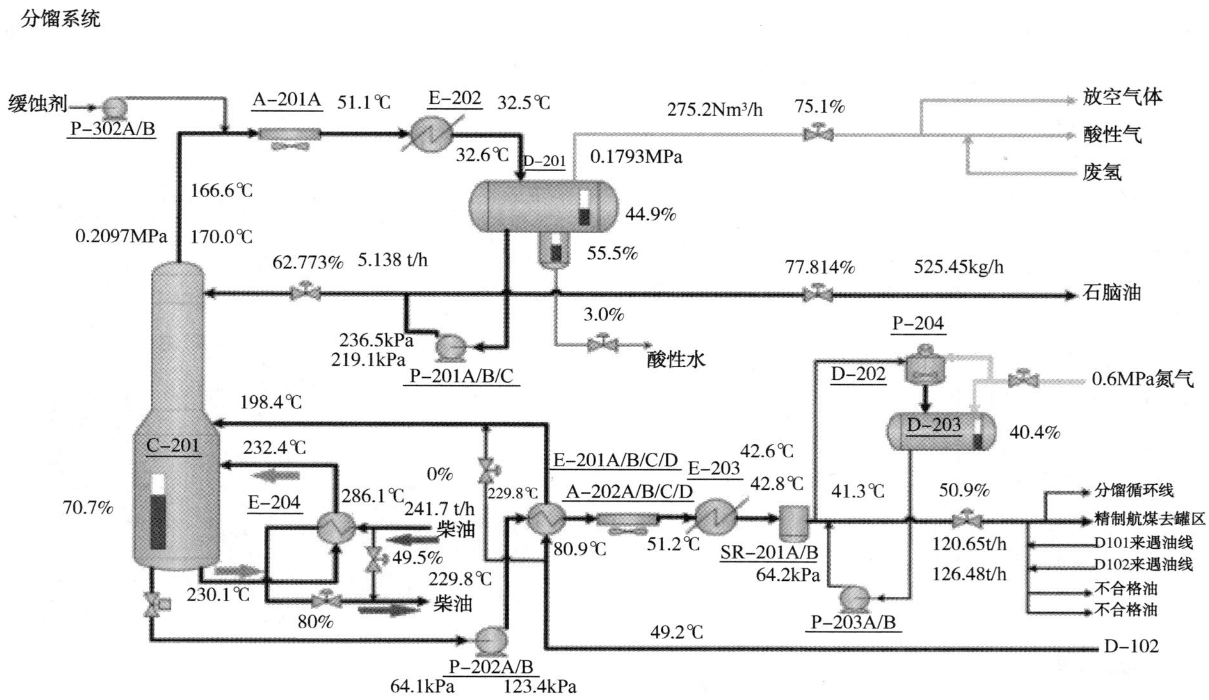

图 1 3#航煤加氢装置分馏系统工艺流程简图

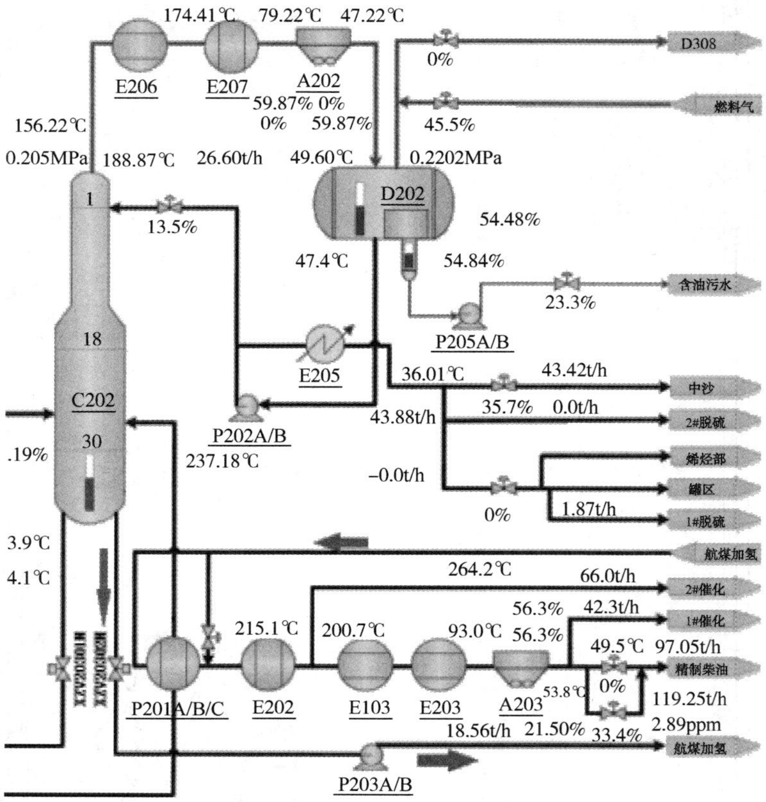

图 2 2#柴油加氢装置分馏塔流程简图

4 检测与分析

4.1 宏观检查及壁厚检测

分馏塔底重沸器E204换热管进行外观检查。管板管口外观完好，有29根管子的堵头。折流板间换热管不直，而是整体向外鼓。

换热管外壁覆盖厚实大量的黑色垢样，管子间存在黑色油泥垢样，靠近外圈换热管的垢样呈黑色粉末状。截取两段样管，一段在U形管处，一段在管板前直管处截取，且剖管检查内壁并取内壁垢样。取两种垢样，分别为换热管外壁黑褐色垢样和管内黑色垢样。

样管用锉刀去处垢物后，内壁分散存在较小腐蚀坑。直管处样管外壁整体都密布腐蚀坑，且局部有松脆腐蚀皮，轻敲掉落，其下布满腐蚀坑；U形弯处样管外壁腐蚀相对较轻。详见图3~图16。

图3　管板腐蚀形貌

图4　换热管外部

换热管规格为19mm×2mm，对换热管4处不同部位进行壁厚检测分别为1.74mm、1.50mm、1.24mm，最薄处为1.08mm，减薄近50%。

结果：换热管外壁积垢严重，外壁腐蚀严重，内壁积垢及腐蚀轻微。

图5　U形管弯截管处

图6　管板截管处

图7　换热管外壁积垢严重

图 8　换热管外壁腐蚀严重

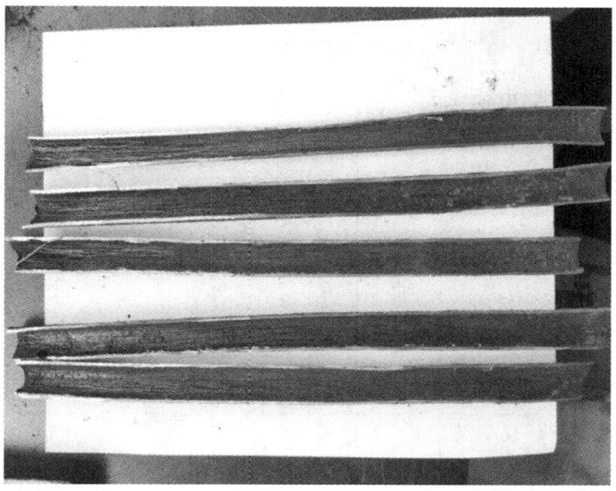

图 9　换热管内壁

图 10　U 形管外部

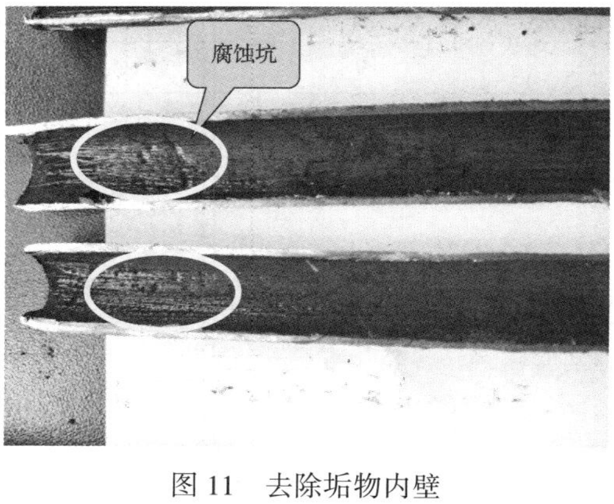

图 11　去除垢物内壁

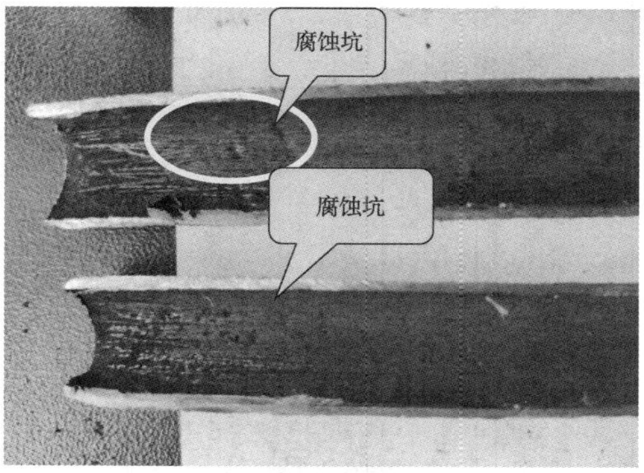

图 12　去除垢物内壁

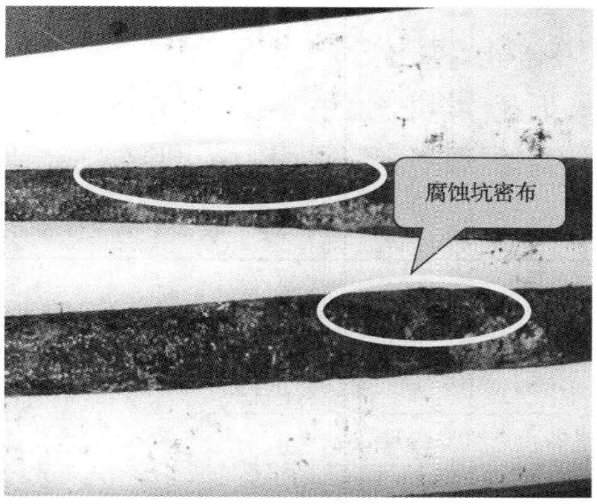

图 13　管外壁腐蚀形貌

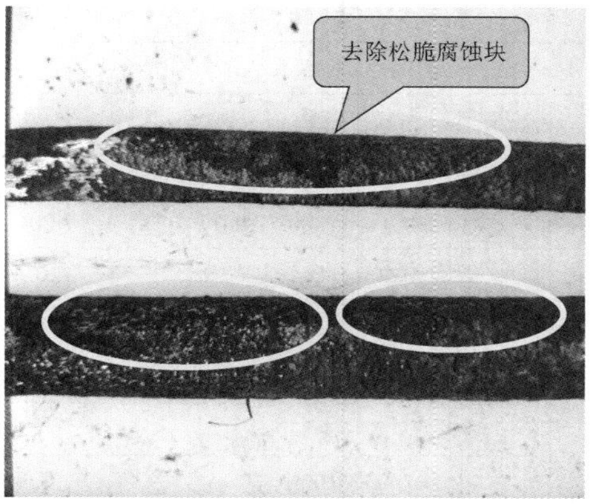

图 14　外壁腐蚀垢物

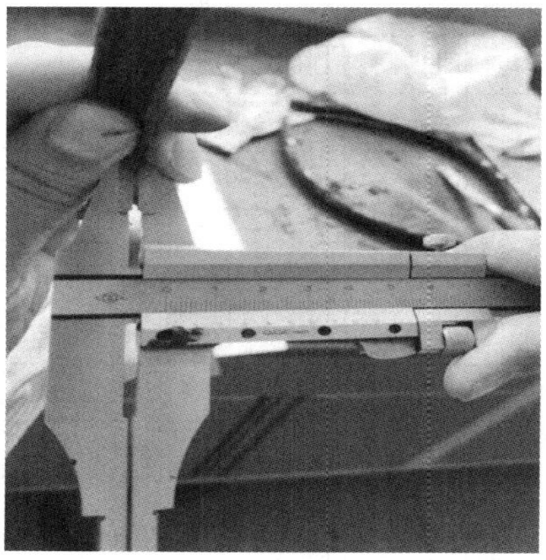

图 15　壁厚检测 1

图16　壁厚检测2

4.2　介质化验分析

查询化验分析LIMS系统中精制航煤、精制柴油、分馏塔顶气不同时段的化验分析结果。

E-204壳程精制航煤LIMS分析项目数据2022.2.17—2022.3.1分析项目统计表显示见表2，硫含量有3次不合格，银片腐蚀有2次不合格。其中硫含量(0.13~0.344)%(wt)，活性硫化物(硫醇)含量在6.8~16.4mg/kg。

E-204管程精制柴油的LIMS分析项目统计(2022.1.1—2.16)见表3，硫含量较少，均在3mg/kg以下；未发生铜片腐蚀超标情况。

分馏塔顶气LIMS分析结果中，硫化氢含量高达166600mL/m³，分馏塔在脱除硫化氢过程中，塔底精制航煤中会有少量硫化氢残存。见表4。

结果：E-204壳程精制航煤中总硫有超标，并含有腐蚀性硫醇硫。

表2　精制航煤分析统计表(2022.2.17—2022.3.1)

拖动列到此处进行分组						
分析项目	最大值	最小值	平均值	监测次数	超标次数	合格率
10%回收温度/℃，≤202.0	173	165	169.194	31	0	100.00
50%回收温度/℃	191	183	186.581	31	0	100.00
90%回收温度/℃	220	207	213.903	31	0	100.00
全馏量/%(体积分数)	99	99	99	13	0	100.00
冰点,℃，≤-50	-57	-60	-59.548	29	0	100.00
初馏点/℃	161	149	155.871	31	0	100.00
备注	0	0	0	7	0	100.00
密度(20℃)/(kg/m³)	784	780.2	781.675	16	0	100.00
抗氧剂/(mg/L)，17.00~24.00	20.46	18.03	19.245	2	0	100.00
氯含量/(mg/kg)	0.92	0.92	0.92	1	0	100.00
硫含量/%(质量分数)，≤0.200	0.344	0.13	0.193	10	3	70.00
硫醇硫/(mg/kg)，≤18.0	16.4	7.4	11.378	18	0	100.00
终馏点/℃≤298.0	251	224	237.419	31	0	100.00
酸值/(mgKOH/g)	0.002	0.001	0.002	2	0	100.00
铜片腐蚀(100℃，2h)，级，1a；1b	0	0	0	17	0	100.00
银片腐蚀(50℃，4h)，级，民航≤1	0	0	0	49	2	95.92
闪点(闭口)/℃，40.0~50.0	48	43	45.306	31	0	100.00
颜色	0	0	0	9	0	100.00
颜色，+26；+27；+28；+29；+30	0	0	0	7	0	100.00
				合计：366	合计：5	

表3　精制柴油分析项目统计表(2022.2.1—2022.2.16)

分析项目	最大值	最小值	平均值	监测次数	超标次数	合格率
10%回收温度/℃	319	211	222.155	55	0	100.00
50%回收温度/℃	251	243	247.473	55	0	100.00
90%回收温度/℃	305.5	285	295.273	55	0	100.00

续表

分析项目	最大值	最小值	平均值	监测次数	超标次数	合格率
95%回收温度/℃	319.5	299.5	309.8	55	0	100.00
全馏量,%(体积分数)	98	98	98	55	0	100.00
凝点/℃	-23	-32	-26.491	55	0	100.00
初馏点/℃	212	184	201.8	55	0	100.00
多环芳烃/%(质量分数)	3.4	2	2.844	16	0	100.00
密度(20℃)/(kg/m^3)	835.6	827.1	830.288	8	0	100.00
氯含量/(mg/kg)	0.5	0.5	0.5	2	0	100.00
硫含量/(mg/kg), ≤8.00	3	1.5	2.186	7	0	100.00
终馏点/℃	344	313	329.991	55	0	100.00
铜片腐蚀(50℃, 3h), 级, 1a; 1b	0	0	0	8	0	100.00
闪点(闭口)/℃, >60.0	91	78	85.813	8	0	100.00
				合计：489	合计：0	

表 4　分馏塔顶气检测统计表(2022.2.1—2022.3.1)

分析项目	最大值	最小值	平均值	监测次数	超标次数	合格率
C_2/%(体积分数)	2.15	2.15	2.15	1	0	100.00
C_3 及以上/%(体积)	2.22	2.22	2.22	1	0	100.00
C_5 及以上/%(体积)	0.4	0	0.2	2	0	100.00
一氧化碳/%(体积)	0	0	0	2	0	100.00
丙烯/%(体积分数)	0	0	0	2	0	100.00
丙烷/%(体积分数)	1.25	0	0.625	2	0	100.00
乙烯/%(体积分数)	0	0	0	2	0	100.00
乙烷/%(体积分数)	2.15	0	1.075	2	0	100.00
二氧化碳/%(体积)	0	0	0	2	0	100.00
反丁烯/%(体积分数)	0	0	0	2	0	100.00
异丁烯/%(体积分数)	0	0	0	2	0	100.00
异丁烷/%(体积分数)	0.23	0	0.115	2	0	100.00
总烯烃/%(体积分数)	0	0	0	1	0	100.00
正丁烯/%(体积分数)	0	0	0	2	0	100.00
正丁烷/%(体积分数)	0.34	0	0.17	2	0	100.00
氢含量/%(体积分数)	72.9	72.9	72.9	1	0	100.00
氢气/%(体积分数)	0.37	0.37	0.37	1	0	100.00
氧含量/%(体积分数)	0	0	0	1	0	100.00
氧气/%(体积分数)	21.15	21.15	21.15	1	0	100.00
氮含量/%(体积分数)	0.84	0.84	0.84	1	0	100.00
氮气/%(体积分数)	78.48	78.48	78.48	1	0	100.00
甲烷/%(体积分数)	5.23	0	2.615	2	0	100.00
硫化氢/(mL/m^3)	166600	166600	166600	1	0	100.00
顺丁烯/%(体积分数)	0	0	0	2	0	100.00
				合计：38	合计：0	

4.3 重沸器垢样化验分析

2月22日，天津石化研究院对E-204壳程垢物行进组分分析。由表5可知，在550℃条件下，进行焙烧处理6h后，2个垢物样品均减重24%左右，推测垢物样品中有机物和可分解无机物的含量约占24%。

由表6可知垢物样品的XRF表征含铁和硫。

由表7可知，主要是腐蚀产物硫铁化合物，初步判断原料中的硫化物在240~340℃，开始分解，生成硫化氢，对设备开始产生腐蚀，并随着温度的升高腐蚀加剧。

表5 垢物样品的焙烧结果

编号	处理方法	垢物样品质量/g	焙烧后质量/g	焙烧后总减重/%(wt)
1	550℃后恒温4h焙烧	4.75	3.64	23.37
2	550℃后恒温4h焙烧	5.67	4.26	24.87

表6 垢物样品的XRF表征结果

元素	样品/%	元素	样品/%
Ca	0.0371	Si	0.0000
Mg	1.4760	Ti	0.0903
Al	0.6491	Mn	0.1282
Na	3.3031	Zn	0.0045
Fe	21.7490	Cr	0.0613
S	10.4940	Ni	0.0031
P	0.0480	未知物	61.9507
Cu	0.0018	合计	100.00
Cl	0.0038	—	—

表7 垢物的组成

成　分	含量/%
有机物和可分解无机物	24.12
硫铁化合物	32.243
其他金属含量	2.451
其他非金属	0.052
未知物	41.134
合计	100

5 原因分析

5.1 工艺原因：换热管外壁运行环境差。

(1) 设备运行操作方面：重沸器E-204工艺操作相对平稳，未出现过超温、超压、超负荷现象，操作温度和操作压力均未超设计值。通过观察近半年工艺参数趋势，E-204壳程入口温度波动范围为218~240℃，壳程出口温度波动范围为223~243℃；管程入口温度波动范围为290~305℃，管程出口温度波动范围为280~294℃；E-204壳程压力波动范围为0.14~0.22MPa，管程压力为P-203的出口压力1.2MPa。

(2) 设备运行环境方面：重沸器E-204壳程侧介质为精制航煤，由换热管宏观检查图7就可以发现，换热管外壁积垢非常严重，证明设备运行环境差，介质中杂质含量过高，导致换热管外壁积垢过多，介质流动性差，为垢下腐蚀提供了必要条件。

5.2 腐蚀原因：换热管由外向内腐蚀导致泄漏穿孔

(1) 换热管内壁(管程侧-精制柴油)，在300℃环境下存在高温硫腐蚀，由于精制柴油硫含量较低，宏观检查内壁较平整，无明显垢物堆积及腐蚀坑，腐蚀速率不高。

(2) 换热管外壁(壳程侧-精制航煤)，介质温度为230℃左右，换热管外壁接触表面正常应为290℃，航煤中含有部分活性硫醇硫，属于高温硫腐蚀环境，造成换热管腐蚀减薄。另外，换热管外表面及换热管之间堆积大量黑色污垢，介质流动不畅，造成腐蚀介质更容易沉积、浓度升高，换热效率差，局部过热，航煤中含硫化合物易发生热分解产生硫化氢，过热使得介质汽化加剧甚至沸腾，换热管外壁汽蚀加剧。清除换热管外表面垢物后，管壁有大量明显蚀坑，存在明显垢下腐蚀。

5.3 深层次原因

(1) 生产工艺管理方面：天津分公司在装置设计和实际生产运行过程中，设备运行环境管控不到位，对长周期运转造成局部垢物累积程度，形成垢下腐蚀环境的认识不足，腐蚀风险识别与排查不到位。

(2) 设备检验管理方面：天津分公司针对关键设备检验检测策略、方案及报告审核不到位，每次换热器检修仅对换热管进行打压堵漏，未对换热管进行检验与检测。

6 整改及防护措施

6.1 整改措施

(1) 更换新换热管，针对E204壳程出入口管线进行脉冲涡流检测，未发现腐蚀减薄严重问题。

（2）工艺方面，加强设备运行环境管控，严格控制介质硫含量不超标，研究查找介质中杂质来源，通过工艺调整减少杂质含量，严禁工艺操作参数大幅度波动。

（3）举一反三，针对关键换热器检修，重新制定全面检验及检测策略，换热管必须按比例检测（采用脉冲涡流或旋转超声）。

（4）加强防腐培训，提高腐蚀风险识别及排查能力。

7　结束语

由于炼油生产装置原料来源多、组分复杂，因此设备及管道因腐蚀问题造成泄漏是不可避免的。目前，多数泄漏问题可以追究到设备运行环境变差等原因。因此需要对装置泄漏产生的原因和腐蚀机理认真研究，采取有效的防护措施，加强设备运行环境的管控，合理选择设备材质，相对减慢腐蚀速度，才能既考虑经济性又保证装置安全平稳长周期安全运行。

参　考　文　献

[1] 美国石油学会炼油厂固定设备的损伤机理[J]. API571 第一版，2003.

[2] 凌逸群. 炼油装置防腐蚀技术[M]. 北京：中国石化出版社，2021.

[3] 刘小辉. 炼油装置防腐蚀策略[J]. 青岛安全工程研究院，2008.

延迟焦化装置的腐蚀分析与防护

张　塞

（中国石化燕山石化）

摘　要　2021年大检修期间发现了干气冷却器E2301壳体腐蚀，常减压液化气预碱洗罐D2304壳体裂纹，焦炭塔C2101环焊缝开裂，富气压缩机级间水冷器E2901小浮头螺栓断裂等。对腐蚀现象和原因进行了分析，并提出了相应的防护措施。E2301壳体腐蚀为湿硫化氢环境下发生的氢鼓包，需要更换壳体或者加强原料中硫含量监测和控制；D2304壳体裂纹为碱脆的应力腐蚀下产生的裂纹，需要对罐体进行更换和定期对容器进行检验；C2101环焊缝开裂为生焦周期缩短，温度梯度所产生的热应力等导致，需要做好定期检验工作和优化日常操作；E2901小浮头螺栓断裂为湿硫化氢应力腐蚀断裂，应做好螺栓材质升级和水冷器日常运行检查等。大检修后运行至今情况表明，采取的防护措施得当，确保了设备长周期安全平稳运行。

关键词　氢鼓包　应力腐蚀　开裂　防护

延迟焦化装置自2007年7月投产，运行至今已14年之久，随着原料中硫含量的日益增加，装置面临巨大的腐蚀风险压力。2021年大检修期间发现了干气冷却器E2301壳体腐蚀，常减压液化气预碱洗罐D2304壳体裂纹，焦炭塔C2101环焊缝开裂，富气压缩机级间水冷器E2901小浮头螺栓断裂等，对装置安全生产有很大的安全隐患。本文主要对4处腐蚀现象和机理进行分析，并提出了相应防范措施，为装置长周期安全生产提供保障。

1　腐蚀分析与防护

1.1　干气冷却器E2301壳体腐蚀

1.1.1　案例描述

干气冷器E2301的壳体材质为16MnR，换热管材质10#钢，管程设计压力为1.3MPa，换热面积53.7m²，容积1.36m³，质量2945kg，换热管外径25mm，管长6.9m，4管程。管程介质为循环水，工作温度58℃，工作压力为0.5MPa；壳程介质为干气，工作温度66℃，工作压力为1.68MPa。干气再从再吸收塔C2204顶进去干气冷却器壳程，通过管程循环水冷却后进入干气分液罐D2301后，再进入后部脱硫系统。如图1所示。

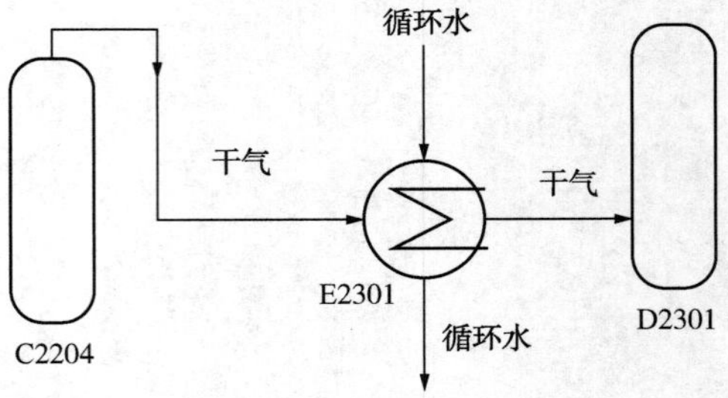

图1　干气冷却器E2301示意

宏观检验发现干气冷却器E2301壳程筒体内表面有不同程度的鼓包和开裂，其中最大的鼓包位于下偏东约230mm处，距离南侧法兰约1230mm。同时对距离南侧法兰740mm处为起点，长约720mm，宽约700mm的区域进行打磨，并对该区域进行超声扫查，发现鼓包多位于距离外表面4~7mm处，并且多处开裂扩展至焊缝附近，磁粉检测发现在两处鼓包顶部有大量裂纹。E2301壳体腐蚀情况如图2所示。

1.1.2　腐蚀机理分析

对E2301壳体鼓包内气体进行元素分析，氢气含量72.39%，空气含量27.61%。鼓包内的气体多为氢气，即氢鼓包。壳程介质工作温度66℃，干气携带一部分H_2S，这样在壳体内易产生低温湿硫化氢环境，H_2S在水中发生水解反应：

第一作者简介：张塞，硕士，工程师，主要从事炼油装置的腐蚀管理和腐蚀机理研究工作。E-mail：zhangs320.yssh@sinopec.com

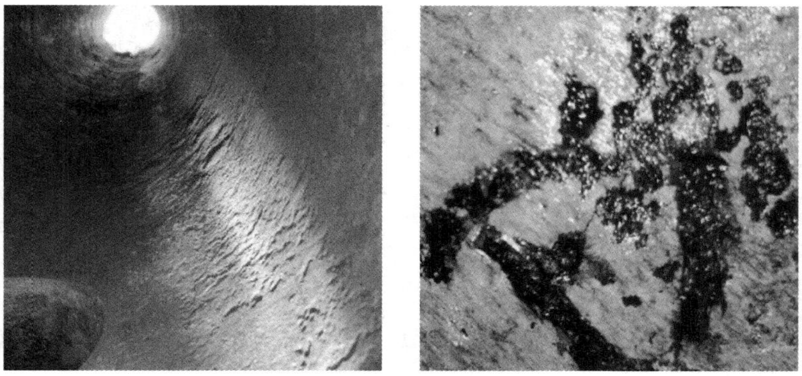

图 2 E2301 壳体腐蚀情况

$$H_2S \longrightarrow HS+H^+ \longrightarrow H^+ +S^{2-}$$

硫化氢水溶液和壳体表面接触而发生电化学反应：

$$Fe \longrightarrow 2e+Fe^{2+}$$
$$S^{2-}+Fe^{2+} \longrightarrow FeS \downarrow$$
$$H^+ +2e \longrightarrow 2H \longrightarrow H_2 \uparrow$$

电化学反应产生的原子状态的氢在 E2301 壳体表面不断富集，氢原子体积极小，由于两侧浓度差，氢原子不断渗透到壳体内部，在壳体内部不连续处聚集形成氢气分子，氢气分子比氢原子体积大而无法继续向壳体内部渗透，逐渐产生氢分压，当氢气压力逐渐增大超过壳体材料表面的屈服强度时，在壳体内部产生沿钢轧制方向引发裂纹的萌生和扩展，由壳体部宏观发现的裂纹可以验证该机理。这些裂纹在壳体的近表面，则表面很容易发生凸起，引起鼓包，即氢鼓包。

从腐蚀物元素组成、工艺流程、无损检测等方面分析干气冷却器 E2301 壳体内鼓包和部分开裂为湿硫化氢环境下发生的典型的氢致开裂和氢开裂导致的氢鼓包。

1.1.3 防范措施建议

根据腐蚀机理分析结果，针对 E2301 筒体腐蚀提出以下防护措施建议：

（1）定期压力容器定期检验，发现氢鼓包、开裂等缺陷时及时修复，确保压力容器安全运行。

（2）加强原料中硫含量监测和控制，降低干气 H_2S 的浓度，控制 H_2S 对压力容器的应力腐蚀。

（3）采用打磨和补焊，堆焊的方法较为困难，将壳体材质 16MnR 升级为耐腐蚀材料 Q345R 进行更换。

1.2 常减压液化气预碱洗罐 D2304 壳体裂纹

1.2.1 案例描述

常减压液化气预碱洗罐 D2304 为立式罐，介质为液化气和碱液，设计温度 60℃，设计压力为 1.98MPa，操作温度为 40～50℃，操作压力为 1.5～1.8MPa，规格为 1600mm×9000mm×18mm，容积 19.17m³，质量 11163kg，主体材质为 20R（容器用钢板）。D-2304 罐底下封头部位材质为 20R，壁厚 18mm，2019 年罐体下封头与罐底退碱线弯头焊缝处出现裂纹，如图 3 所示，泄漏介质为碱液、液化气及硫化氢，为彻底根除泄漏风险，将 D2304 整体切出，动火更换其退碱线弯头。大检修期间，MT 检测下封头内部环焊缝，从下至上第一纵焊缝，接管角焊缝及母材均有大量裂纹，裂纹为垂直于环焊缝的密集裂纹，壁厚检查正常，无减薄现象。D2304 下封头裂纹情况如图 4 所示。

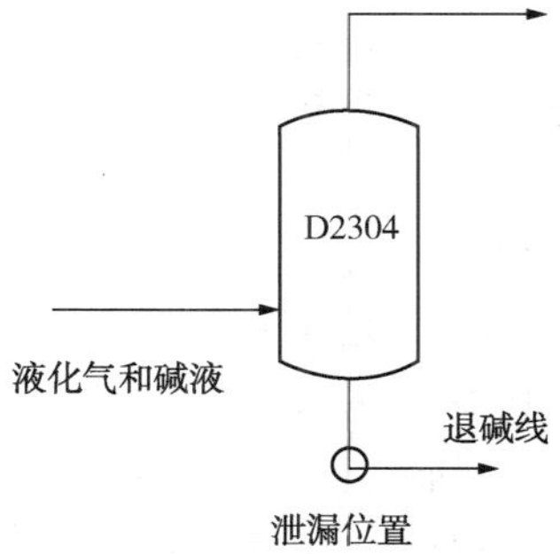

图 3 常减压液化气预碱洗罐 D2304 示意

1.2.2 腐蚀机理分析

自脱硫部分来的常减压液化气和 10%碱液混合后进入 D2304 反应，洗去液化气中的 H_2S，脱去 H_2S 的液化气至常减压液化气脱硫醇抽提塔 C2303 下部，因为碱液密度大，将沉于罐底部，这样在下封头处容易形成碱液环境，碳钢在

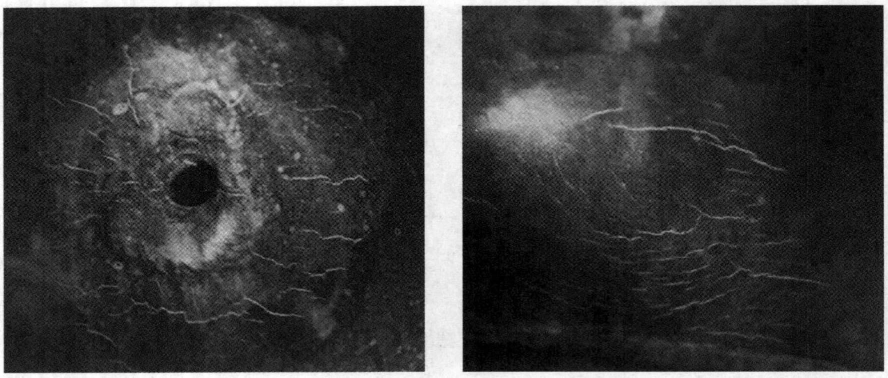

图4　D2304内部裂纹情况

高温和浓度大的情况下会发生如下化学反应：

$$3Fe+7NaOH \longrightarrow 7H^{+}+Na_3FeO_3\ 2Na_2FeO_2$$

$$Na_3FeO_3\ 2Na_2FeO_2+4H_2O^{+} \longrightarrow H^{+}+7NaOH+Fe_3O_4$$

反应生成的 Fe_3O_4 覆盖在壳体内表面，形成一层保护膜，焊缝焊接残余应力的存在，使金属表面缺陷部位的保护膜破坏，产生裂纹，在长期和碱液接触下，裂纹不断向内部扩展，形成严重的宏观裂纹，即碱脆裂纹。

从宏观检查、工艺流程、磁粉检测等方面分析常减压液化气预碱洗罐D2304下封头裂纹为碱脆的应力腐蚀裂纹。

1.2.3　防范措施建议

根据腐蚀机理分析结果，针对D2304下封头裂纹提出以下防护措施建议：

(1) 加强对碱液或其他腐蚀介质的压力容器定期检验，不定期对焊缝进行内磁粉探伤，确保压力容器安全运行。

(2) 采用打磨消除裂纹的方法较为困难，将罐体进行原材质整体更换。

1.3　焦炭塔环焊缝开裂

1.3.1　案例描述

焦炭塔C2101共两台，为装置焦化原料的反应器，规格 Φ8800mm × 38764mm，容积1907m^3，总重261900kg，操作介质为渣油，油气，焦炭，冷焦水。设计压力0.35MPa，设计温度495℃，焦炭塔结构由顶部封头，筒体，底部封头，裙座及附属管线组成。顶部封头为椭圆形封头，材质为14Cr1MoR+410S，厚度为27mm，底部封头为锥形封头，材质为14Cr1MoR，厚度为40mm，壳体由5组筒体组成，筒体1和筒体2材质为14Cr1MoR+410S，厚度分别为25mm和27mm，长度分别为5m和7.5m。筒体3、筒体4、筒体5选用14Cr1MoR，厚度分别为30mm、32mm和36mm，长度分别为7m、5m和2.5m。筒体2和筒体3之间为过渡段，过渡段采用分片锻造后焊接成型，经整体热处理制造。裙座分两段，材质为14Cr1MoR和16MnR，附属管线包括顶部大油气线，上进料线，消泡剂线，安全阀出口线，除焦口线等，底部进料线，底部排焦口线。如图5所示。

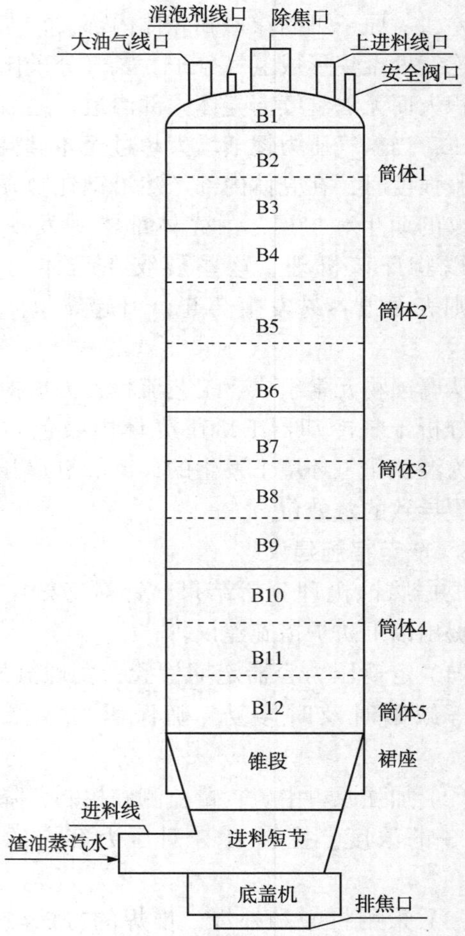

图5　焦炭塔示意

焦炭塔C2101/A内部宏观检查发现锥段，筒体3、筒体4、筒体5内部基本无焦粉，筒体2、筒体1内部焦粉呈不连续状，上封头处焦粉呈块状。筒体3上环焊缝B7、B8、B9都有开裂，其中B7开裂深度约2mm，开裂长度约12mm，环焊缝B8几乎整圈开裂，开裂长度约23m，最深处约12mm，环焊缝B9环开裂长度约15m，深约5mm。渗透检测发现过渡段环焊缝B6有多处线性缺陷最长约3600mm开裂部位，开裂部位焊缝硬度值在228~245，未开裂焊缝部位硬度值在190左右。测试部位金相组织正常，均为贝氏体组织，未发生球化现象(图6)。

(a)环焊缝B8开裂　(b)环焊缝B7开裂　(c)环焊缝B6开裂

图6　焦炭塔环焊缝开裂情况

1.3.2　腐蚀机理

焦炭塔C2101/A筒体环焊缝开裂部位都是在筒体3区域，开裂部位集中在过渡段B6下方，距离上封头18m左右，开裂方向呈环向。从操作特点方面分析，焦炭塔设计生焦周期为24h，1年经历365次循环使用，焦炭塔筒体3塔壁温度曲线如图7所示，筒体内部温度由温度循环60℃—450℃—60℃，长期反复冷却和加热，形成温差应力。2013年节能优化改造生焦周期为22h，2016年生焦周期变为20h，生焦周期缩短，导致各工序时间缩短，循环使用次数从365次提高至438次，自2007年投用至今累计使用5574次，比24h生焦周期累计多使用664次。使焦炭塔温差应力变化加剧，导致筒体环焊缝及焊缝热影响区受交变热应力的作用，产生热疲劳裂纹，随着时间变化逐步转变为开裂。筒体3上B6为过渡段环焊缝，内表面衬里焊缝开裂，是由于焦炭塔已累计使用14年，衬里与基材热膨胀系数不同，导致焊缝开裂。

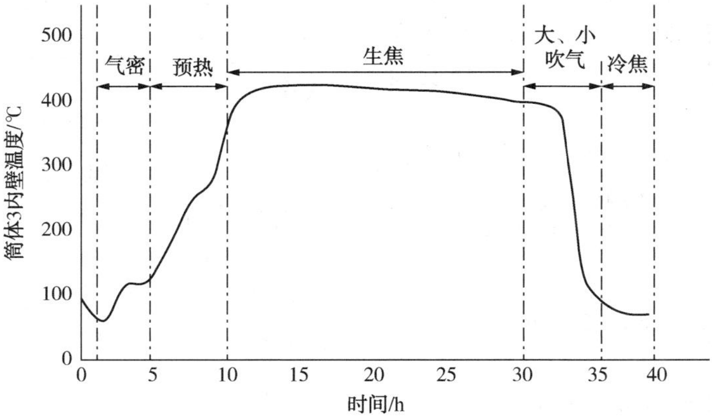

图7　焦炭塔筒体3塔壁温度曲线示意

根据薄壁圆筒和厚壁圆筒定义可知：$\frac{t}{R}=\frac{0.03}{4.4}<0.1$焦炭塔筒体3区域为薄壁圆筒。

对焦炭塔自重和内压时进行应力分析，焦炭塔主体和附件重量产生的压应力：

$$\lambda=\frac{G}{\pi hd}=\frac{2647267\times9.8}{3.14\times0.026\times8.8}=-36.1\text{MPa}$$

内压$P=0.23$MPa时产生的薄膜应力：

$$\text{轴向应力}\ \lambda=\frac{PD}{4t}=14.7\text{MPa}$$

$$周向应力\ \lambda=\frac{PD}{2t}=29.3\text{MPa}$$

由14Cr1MoR材料屈服强度随温度变化曲线图8可知，自重和内压产生的应力远远在屈服强度之下。根据相关文献同种规格，运行参数一致的焦炭塔有限元热应力分析结果可知，温度梯度所产生的热应力远大于焦炭塔自重和介质产生的应力，内压产生的薄膜应力。过渡段在不同生焦阶段中热应力最大，焦炭塔C2101/A过渡段焊缝线性开裂很好的证明了过渡段是热疲劳破坏的最危险部位。同时在焦炭塔生焦周期内，给水冷焦阶段，焦炭塔内部温度迅速降低，筒体热应力值最大，焦炭塔塑性应变也最大。

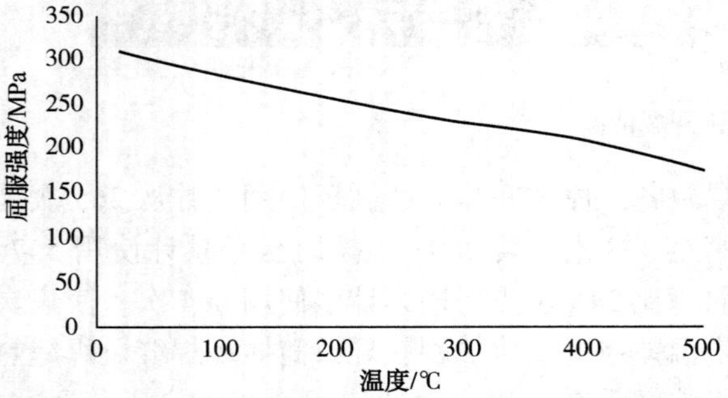

图8　14Cr1MoR材料屈服强度随温度变化曲线示意

1.3.3　防范措施及建议

根据腐蚀机理分析结果，针对焦炭塔提出以下防护措施建议：

（1）通过补焊、消氢和焊后热处理等工序，对发现的缺陷进行了有效修复，为了减缓焦炭塔运行中的出现各种损伤和缺陷，应该做好焦炭塔的定期检验工作，根据检验结果预测损伤发展趋势。

（2）延长焦炭塔的生焦周期至24h，优化日常工艺操作，特别是优化升温和冷却速率，以减少疲劳损伤和裂纹扩展，防止生焦周期偏短导致热应力过大。

1.4　压缩机级间水冷器小浮头螺栓断裂

1.4.1　案例描述

E-2901型号为Φ902mm×5169mm×16mm，壳体材质20R，换热管材质304钢，壳程设计压力为1.6MPa，操作温度为108℃，介质为富气；管程设计压力为0.6MPa，介质为水，公称换热面积174m^2。2021年6月11日对E2901循环水回水采样时发现循环水有异味，同时循环水厂反映回水池水质pH值降低、氨氮及硫化物含量高。判断E2901内漏，对E2901进行检修，拆检内部发现小浮头螺栓有断裂现象，其中小浮头共有36条螺栓，其中断裂的螺栓数量有26条，把螺栓分别编号为1#~26#，如图9所示。

图9　螺栓断裂情况

1.4.2　腐蚀机理

从水冷器工艺流程来看，分馏塔顶来的富气经过压缩机压缩后进入E2901进行冷却，介质中含有硫化氢，氮气、液化气、干气、氧等，其中硫化氢含量高，采样检测数据为约为32000ppm（1ppm=10^{-6}），经压缩后富气中含有汽态水，即小浮头螺栓所处环境为湿硫化氢环境。按照GB150标准计算，为了实现小浮头处密封，单根35CrMo螺栓需要的最小载荷为33982N，根据检修时法兰预紧力校核数据，螺栓紧固载荷约为屈服极限的45%，单根螺栓载荷为135208N。远大于最小载荷，螺栓紧固力偏大。

宏观检查发现螺栓上覆盖黑色的污垢，螺纹部分腐蚀严重，螺杆部分出现局部的腐蚀坑，最大腐蚀坑长约30mm。螺栓的断裂位置没有规律，断口无可见塑性变形，断口与螺栓轴线垂直，脆性断裂特征明显，如图10所示。对所有螺栓螺母和螺杆进行渗透检测，没有发现裂纹。对所有螺栓螺母和光杆部分分别覆膜取样进行金相检测，螺母和螺栓组织均为回火索氏体，平均晶粒度分别为9级和7.5级；螺栓金相检验组织、晶粒度正常，未见微观裂纹，如图11所示。对所有螺栓用X射线荧光光谱进行化学分析，螺栓和螺母的化学成分符合35CrMo的化学成分。对所有螺栓用布氏硬度仪进行硬度检测，根据SH/T 3193—2017，材质为35CrMo的螺栓标准上限值为237HBW，检测螺栓的最小硬度值为337HBW，超标准上限值，螺母最小硬度为341HBW，超标准上限值。

图 10 螺栓断口处情况图

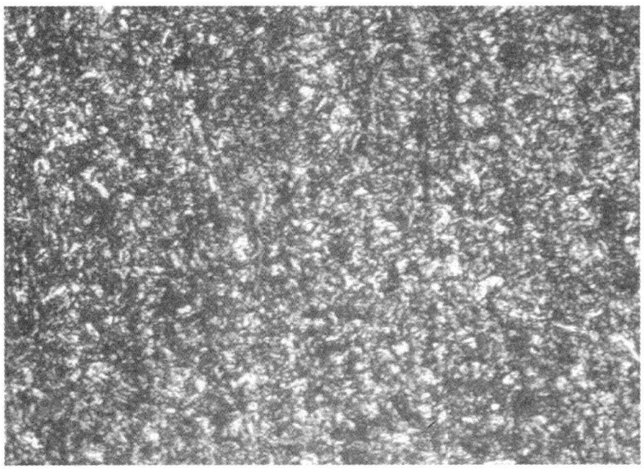

图 11 螺栓金相组织

根据工艺流程、宏观检查、化学成分、硬度检测、无损检验、金相检验、螺栓扭矩校核等结果分析，认为螺栓断裂时湿硫化氢应力腐蚀断裂，是螺栓预紧拉应力偏高、硬度偏高、湿硫化氢环境共同造成的。

1.4.3 防范措施及建议

根据腐蚀机理分析结果，针对 E2901 提出以下防护措施建议：

（1）将小浮头处螺栓材质由 35CrMo 升级为 304 钢，保证螺栓硬度小于 237HBW，利用每年机械清焦检修强制更换水冷器小浮头螺栓。

（2）在工艺条件允许下，通过将介质脱硫再进水冷器来防止硫化氢应力腐蚀断裂，同时每周做好水冷器运行状况检查，循环水采样等检查工作。

2 结论

随着原料劣质化，高硫化和工艺操作特点，腐蚀问题已经成为影响焦化装置安全平稳运行的因素之一，对大检修期间发现的四处典型腐蚀问题进行腐蚀机理分析分析和采取了有效的防护，为类似腐蚀案例的判断提供借鉴依据，经过一个五年运行周期后，对于装置容易发生腐蚀的部位有了基础数据支撑，为新的运行周期提高相关参考，保证了装置长周期安全平稳运行。

参 考 文 献

[1] 张野. 气液聚结器鼓包失效分析[J]. 石油化工设备，2013，42(5)：101-104.

[2] 张恒，曹红蓓. 氢鼓包产生机理及防治措施的研究综述[J]. 制造业自动化，2014，36(9)：23-25.

[3] 孙毅. 催化装置汽油碱洗罐的裂纹分析[J]. 石油化工高等学校学报，2000，13(2)：57-60.

[4] 王丽华. 碱罐报废原因分析[J]. 石油化工腐蚀与防护，1999，16(3)：23-24.

[5] 郑津洋，董其伍，桑枝富. 过程设备设计[M]. 北京：化学工业出版社，2010：23.

[6] 张海洪，伍耐明，李佳威. 焦炭塔运行过程热应力有限元分析[J]. 天然气化工，2017，42(1)：44-48.

[7] 赵志阳，栾江峰，谢腾腾，等. 焦炭塔热应力分析计算[J]. 当代化工，2017，46(9)：1910-1912.

[8] 陈孙艺. 焦炭塔的变化温度场及其应力分析[J]. 石油化工设备，1996，(5)：11-16.

[9] 陈晓玲，李多民，段滋华. 焦炭塔过渡段区域的热应力有限元分析[J]. 化工装备，2009，11(1)：45-48.

[10] 宋晓江，王春生，宣培传，等. 焦炭塔温度场及热应力场的有限元计算[J]. 石油化工设备，2007，36(2)：28-32.

[11] 张塞. 延迟焦化装置分馏塔顶循线腐蚀与防护[J]. 石油化工与防腐，2020，37(5)：59-62.

[12] 幕希豹. 压缩富气冷却器浮头螺栓断裂失效分析[J]. 石油化工设备，2006，35(4)：79-80.

[13] 张亚明，杨东光，董晓宏，等. 冷却器内浮头螺栓断裂原因分析[J]. 腐蚀科学与防护技术，2010，22(3)：251-254.

[14] 王立忠，夏春友，郝天真，等. 贫富水换热器浮头螺栓断裂原因分析及对策[J]. 一重技术，2006，(4)：101-102.

[15] 张塞，田晓冬. 延迟焦化装置的典型腐蚀与防护[J]. 石油炼制与化工，2021，52(7)：76-80.

切换冷却器列管腐蚀原因分析及防范措施

蔡宇琦

（中国石化仪征化纤有限责任公司）

摘　要　列管式换热器广泛应用于石油化工等行业，不同温度的流体分别经过管程和壳程时，温度较高的流体热量被温度较低的流体带走一部分，从而实现热量交换。工艺根据该原理控制介质达到理想温度。腐蚀是列管式换热器常见的一种失效形式。本文对公司一台切换冷却器列管实际腐蚀情况进行具体失效原因分析，并提出针对性防护措施。

关键词　列管　应力腐蚀　氯离子　高压水　防护措施

1　概况

某公司的一台切换冷却器系固定管板式热交换器，其作用是用来冷却反应器反应产生的产品气，通过冷却去除产品气中的焦油和晶粒，避免这些杂质进入后续溶剂系统。设备壳程介质为锅炉水，管程介质为产品气，壳层材料为合金钢Q345R，管程材料为超低碳奥氏体不锈钢316L。2021年开始，该设备先后出现3次列管泄漏情况，利用内窥镜抽查换热管内壁，发现所有列管上部分整体状况较好，距上管板6m处（换热管总长8.5m）开始普遍出现点蚀坑，且越往下越严重。其中1次为断管泄漏（图1）。

2　宏观检查

通过抽取换热器断裂列管，测量推断出列管断裂位置距下管板910mm左右，换热器列管管壁内表面可见较多点蚀坑，在点蚀坑聚集处可见较多环向裂纹（图2、图3）。断口高低不平，可见腐蚀特征，局部可见垂直于断口的二次裂纹，此部分裂纹较新，系抽管时外力拉伸造成。外壁虽可见裂纹，但是裂纹较少，根据裂纹形态看应为从内壁扩展来的裂纹。综合以上分析，初步确定，换热管开裂为应力腐蚀开裂，裂纹从内壁开裂，向外壁扩展。

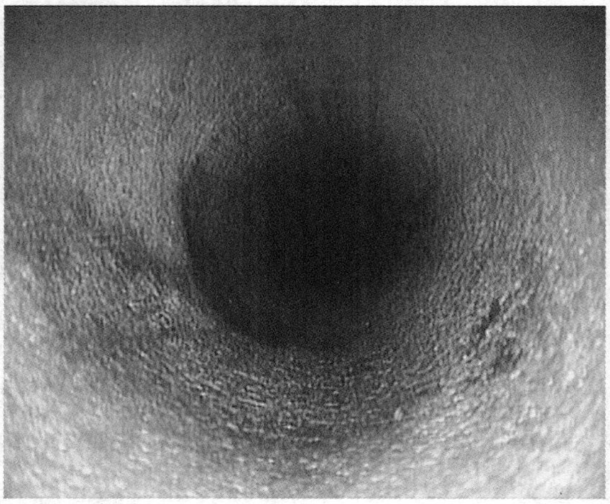

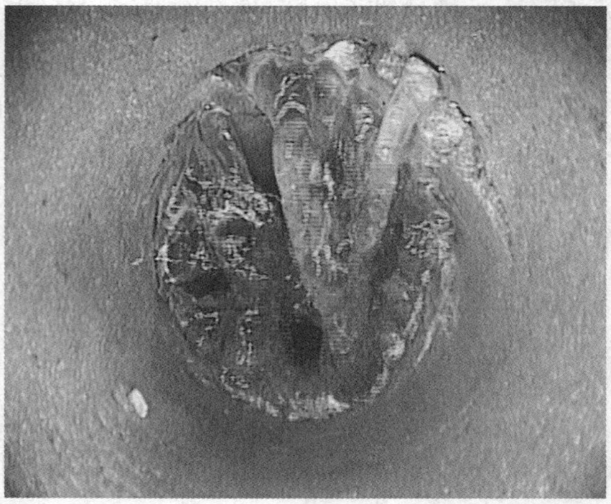

图1　换热器列管内部缺陷实物图

左-列管内壁外貌　右-列管泄漏情况

第一作者简介：蔡宇琦（1994—），本科学历，助理工程师，2017年毕业于常州大学过程装备与控制工程专业。现从事化工装置的设备管理工作。E-mail：caiyq.yzhx@sinopec.com.

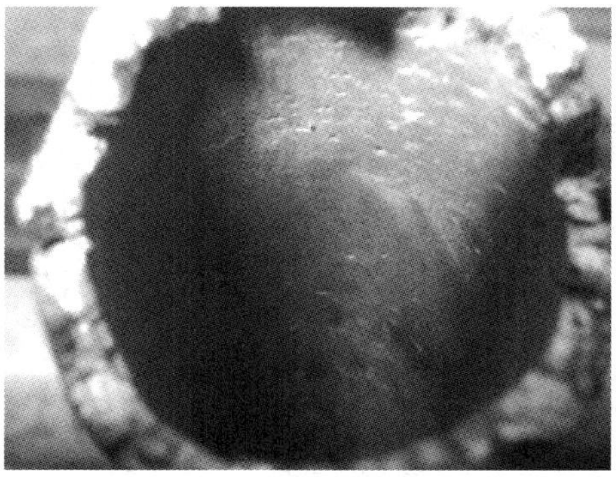

图 2 管壁内表面点蚀坑

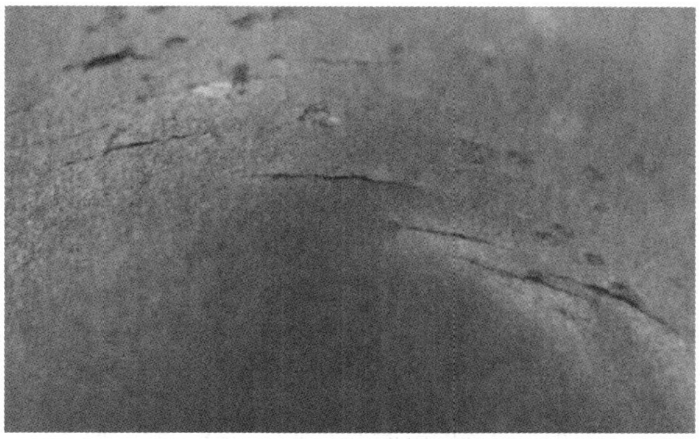

图 3 环向裂纹

3 断口形态扫描电镜(SEM)分析

用手工锯切取多块电镜分析用的断口试样，试样断裂特征见图 4。可以看出，断口靠近外壁边缘部分位置可见到明显的韧窝特征[图 4(b)]，为取样时手工掰断造成的。这说明该裂纹并未完全裂穿，在外壁尚有少量位置的金属连接在一起，取样时受到外力导致了韧性断裂，形成了韧窝特征。这也证明了宏观分析时“裂纹从内壁启裂并向外壁扩展”结论是正确的。在靠近外壁边缘局部区域观察到沿晶断裂特征[图 4(c)]。断口上从壁厚中部直至管内壁，均表现为解理断裂特征[图 4(d)、图 4(e)]。断口分析结果显示，断裂为应力腐蚀开裂。

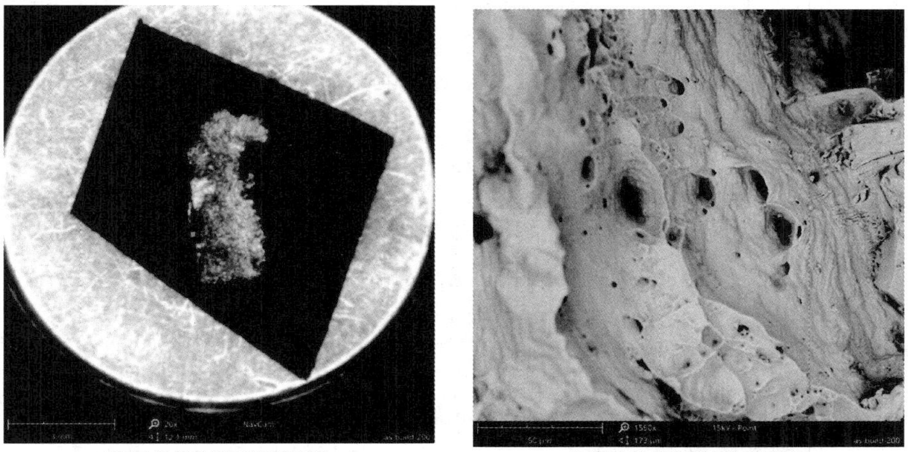

(a)断口低倍体视显微镜照片 (b)靠近外壁边缘的韧窝特征

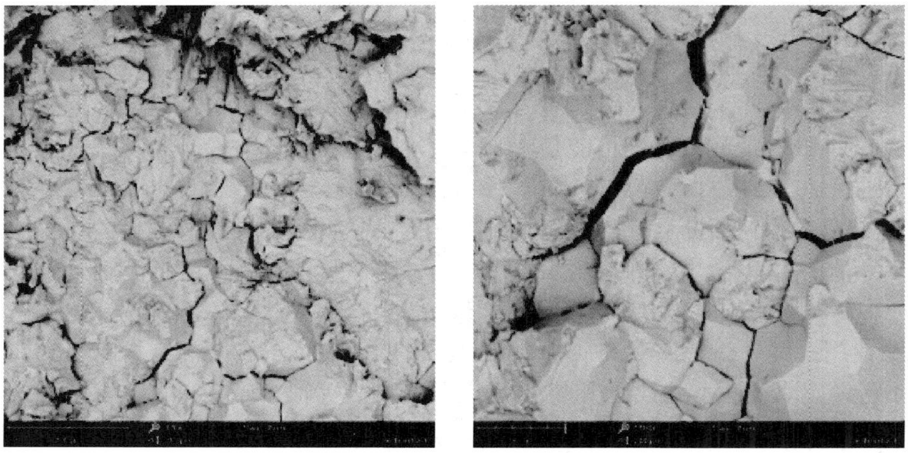

(c)靠近外壁边缘局部区域观察到沿晶断裂特征

图 4 试样断口电镜分析图谱

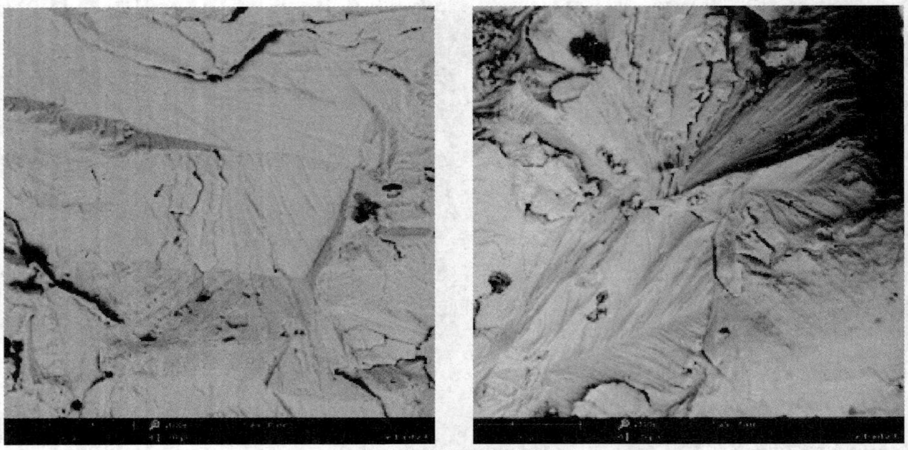

(d)管壁中部的解理断裂特征

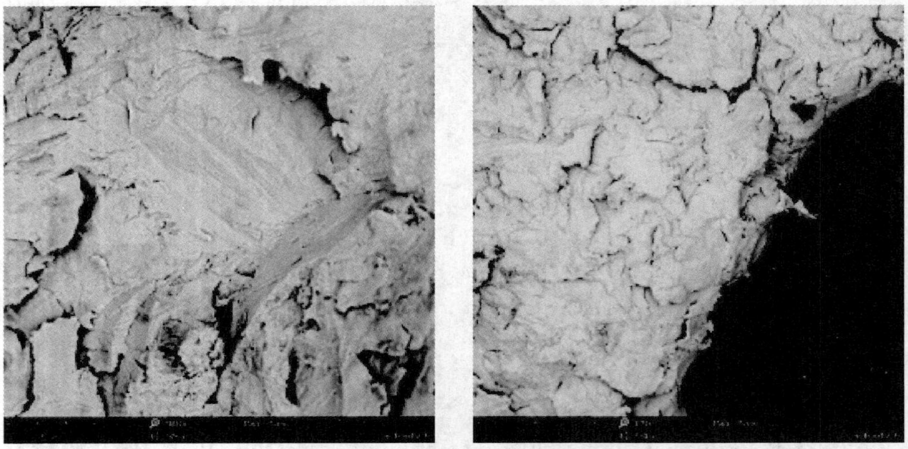

(e)靠近内壁的解理断裂特征

图4　试样断口电镜分析图谱(续)

4　腐蚀产物成分能谱(EDS)分析

为查明引起应力腐蚀开裂的腐蚀介质，随后对腐蚀产物成分进行了能谱分析。

已发生断裂的断口虽然表现为解理和沿晶的脆性断裂特征，但是大部分位置只含有氧元素及基体的合金元素(图5)，并未找到会引起应力腐蚀开裂或者沿晶腐蚀的特征元素，这可能是由于泄漏后受到壳层的锅炉水冲刷所致(图6)。随后取一处未裂穿的裂纹，手工掰断后，对断口上腐蚀产物进行分析，结果可以看出，断口表面发现较多氯离子(Cl^-)，局部质量百分含量高达7.17%。这说明使用过程中，管内壁介质中含有Cl^-，Cl^-引起了不锈钢管发生应力腐蚀开裂。

5　微观组织分析

沿轴线方向取样，肉眼即可看出，内壁上有较多小点蚀坑及环向分布的断续裂纹，裂纹的分布与点蚀坑的位置分布相关。即裂纹基本只出现在点蚀坑位置，环向扩展(图7)。

试样抛光后(不侵蚀)，可以看到多条裂纹，裂纹从内壁启裂，向外壁扩展(图8)。

裂纹启裂的位置与点蚀坑高度相关，侵蚀后，裂纹启裂的位置与点蚀坑高度相关的特点更加明显(图9)。

从图10可以看出，不锈钢管组织为等轴奥氏体，在靠近内壁约200~300μm范围内，可见较多变形痕迹，而外壁附近几乎没有，这说明该管拉拔后进行了固溶处理，但并未完全消除形变特征。微观分析环向组织，与轴向组织类似，奥氏体为等轴奥氏体，在组织中可见较多应力腐蚀开裂裂纹。在靠近内壁约为200~300μm，可见较多变形痕迹，而外壁附近几乎没有。原因与轴向组织相同。

Element Number	Element Symbol	Element Name	Atomie Conc.	Weight Conc.
26	Fe	Iron	42.61	56.24
8	O	Oxygen	33.84	12.80
24	Cr	Chromium	14.02	17.23
28	Ni	Nickel	6.49	9.00
42	Mo	Molybdenum	1.44	3.26
14	Si	Silicon	0.96	0.64
25	Mn	Manganese	0.64	0.83

FOV:516μm,Mode:15kV–Point,Detector:BSD Full,Time:JAN 21 2022 21:48

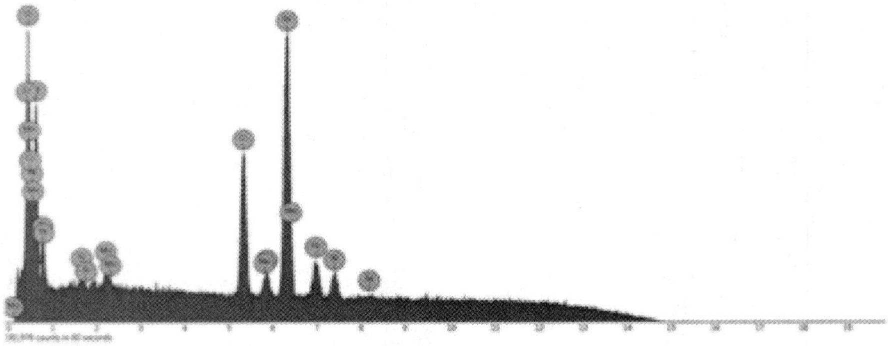

图 5 完全断裂的断口腐蚀产物 EDS 分析结果

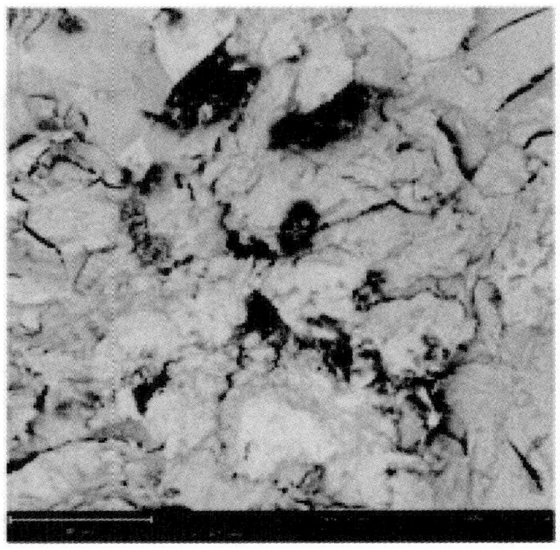

Element Number	Element Symbol	Element Name	Atomie Conc.	Weight Conc.
8	O	Oxygen	42.91	21.36
26	Fe	Iron	16.36	28.43
11	Na	Sodium	12.39	8.86
17	Cl	Chlorine	6.50	7.17
20	Ca	Calcium	5.00	6.23
19	K	Potassium	4.39	5.34
24	Cr	Chromium	4.36	7.05
42	Mo	Molybdenum	3.15	9.41
28	Ni	Nickel	1.88	3.43
14	Si	Silicon	1.09	0.95
13	Al	Aluminium	1.09	0.91
15	P	Phosphorus	0.88	0.84

FOV:305μm,Mode:15kV–Point,Detector:BSD Full,Time:JAN 21 2022 21:58

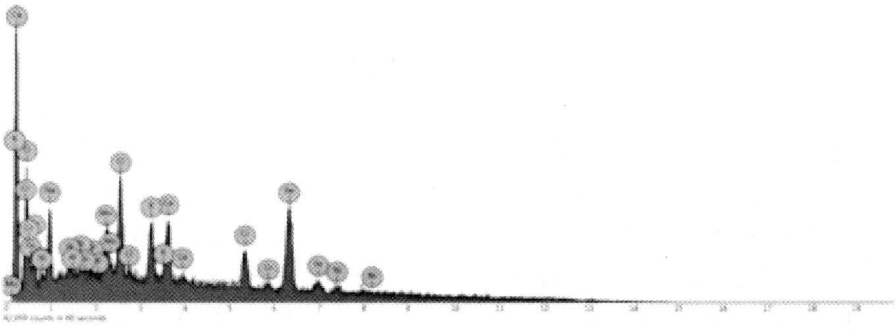

图 6 未裂穿裂纹腐蚀产物分析(点扫描结果)

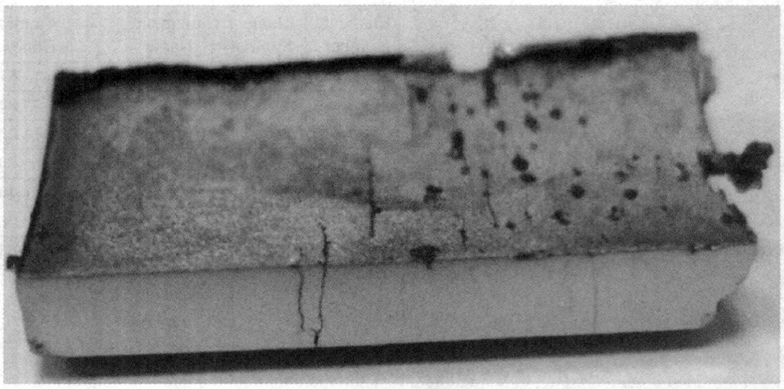

图7　试样

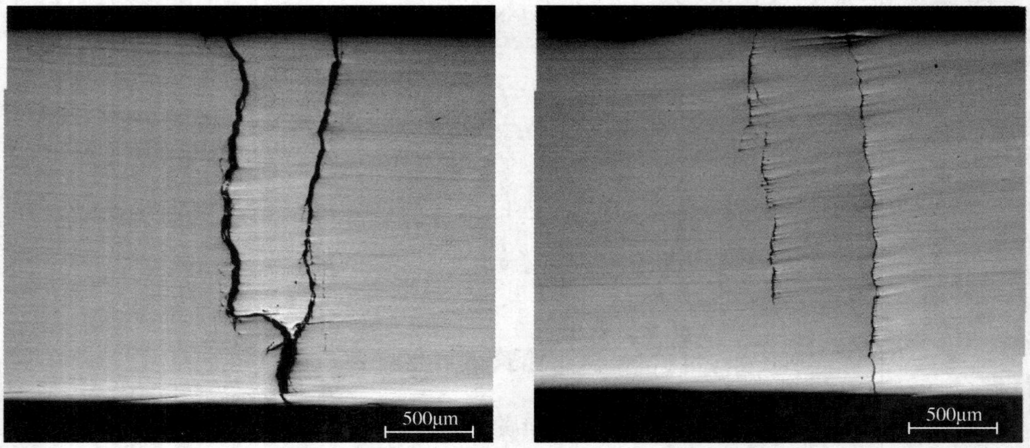

图8　贯穿裂纹和未贯穿裂纹[从内壁(上)向外壁(下)扩展]

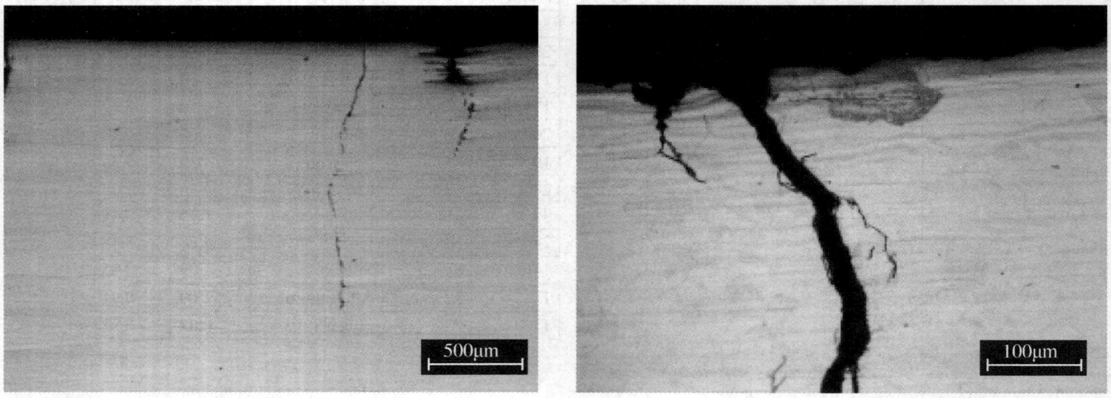

侵蚀前　　　　侵蚀后

图9　裂纹启裂的位置与点蚀坑高度相关

6　失效原因分析

（1）根据试样分析，可以确定，该不锈钢管内壁首先发生了Cl离子引起的点蚀，点蚀坑位置引起应力集中，导致随后产生了应力腐蚀开裂，裂纹从内壁向外壁扩展，直至贯穿引起泄漏。虽然管子为316L，具有抗腐蚀性，但抗Cl^-能力不强，易发生点蚀，特别是Cl^-浓度较高或者温度较高的场合。

（2）产品气本身并不具备腐蚀性，更没有Cl^-存在。通过根原因分析，主要是切换换冷却器运行一段时间后，管壁上会聚集残留的焦油，需要定期切换并采用高压水清洗，水中含有Cl^-。另外列管越接近下端，焦油聚集的程度越高，焦油中含有的酸酐杂质遇到高压水后也会形成腐蚀性较强的酸，形成腐蚀蚀坑，因此腐蚀区

内壁组织放大

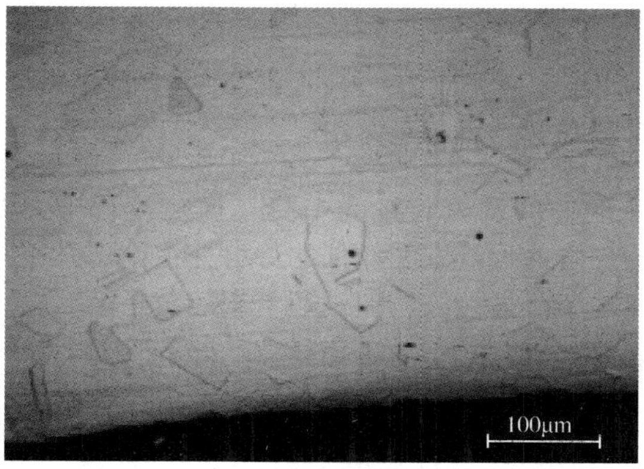

外壁组织放大

图 10 内壁(上)和外壁(下)组织情况

域主要集中在中下部。316L 在马来酸中的电化学腐蚀试验结果表明：当温度由 30℃ 升高至 80℃时，该材料在该酸中的电化学腐蚀电流急剧上升，从 34μA/cm^2 升至 7788μA/cm^2。即金属材料在该酸介质中的腐蚀性随着温度升高增强。装置列管清洗时温度一般在 80℃至 100℃。因此高压水清洗水源和清洗的介入时间是列管腐蚀的主要原因。

7 改进措施

（1）严格控制清洗水中氯离子含量，将清洗用水由生产水改为脱盐水。

（2）完善设备清洗作业程序，设备交出清洗后，待列管内部温度降低至 40℃以下，方可开始清洗，可通过风机加速列管冷却。

（3）清洗结束检漏合格后，缓慢进行壳程预热，待内部彻底烘干水分后回装封头。

（4）采用脉冲涡流等技术对换热管进行抽样检测，发现隐患进行预防性处理。

参 考 文 献

[1] 雷林海，高继东，喻红梅. 金属材料在马来酸中的腐蚀规律[J]. 石油化工腐蚀与防护，1997，14(1)：39-43.

制氢装置中变气三通支管开裂原因分析

王朝平

（中国石化上海高桥石油化工有限公司）

摘　要　某企业2#制氢装置中变气换热流程中一段三通支管S32168奥氏体不锈钢的焊缝和母材有多条裂纹。对开裂的焊缝部位和母材取样，进行宏观检查、金相分析、扫描电镜观察和能谱分析，分析出三通支管存在奥氏体不锈钢应力腐蚀和疲劳交互等因素。

关键词　制氢装置　中变气　开裂　原因分析　腐蚀

1　开裂情况和材质分析

某企业2#制氢装置的中变气换热流程中一段三通支管的焊缝处和相邻的母材处在使用一年多后出现了多处裂纹，但三通支管的其余区域未发现裂纹，三通支管为石化行业的标准管件，基材为《流体输送用不锈钢无缝钢管》〔GB/T 14976—2012〕中的S32168奥氏体不锈钢，对三通支管试样进行光谱分析，表1为GB/T 14976-2012标准中S32168钢的化学成分要求和试样的化学成分比较，光谱分析结果表明三通支管的化学成分在标准范围内。

表1　管线材质的化学成分分析与标准对比情况

元素	C	Mn	S	Ti	Si	P	Cr	Ni
分析结果的质量含量/%	0.046	1.34	<0.005	0.42	0.43	0.027	17.43	10.17
GB/T 14976标准中的质量含量要求/%	≤0.08	≤2.00	≤0.030	5C~0.7	≤1.0	≤0.035	17~19	9~12

2　流程简介

图1是2#制氢装置中变气系统的简易流程图，中变气从第一分液罐（D-206）流出后，通过换热器E-202（中变气-除盐水换热器）进行热量交换，然后流入到第二分液罐（D-207），为了防止由于E-202出现缺陷而导致装置非计划停工，E-202管程侧设有一组分流副线，在E-202故障时中变气可通过副线阀门控制，直接进入D-207，原管道与三通管道之间形成了一组三通管管系，管道的公称直径为350mm，设计压力为4.0MPa。装置正常运行情况下副线阀门一直处于关闭状态，查阅历史运行趋势，副线阀门从未开启过。

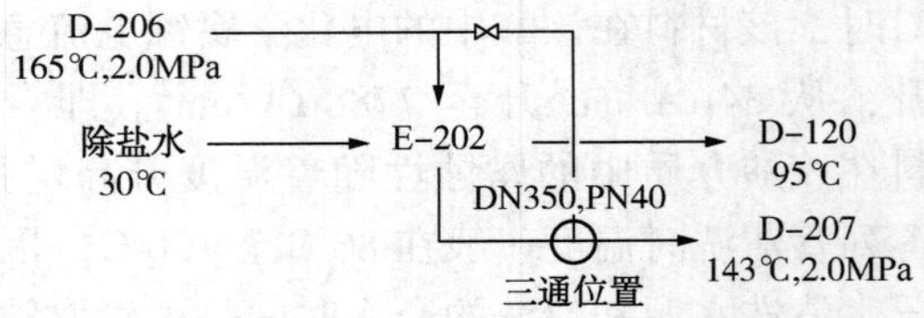

图1　简易中变气系统流程

D-206出口的介质是中变气，大致组分含72%的氢（H_2）、20%的二氧化碳（CO_2）、少量的一氧化碳（CO）和微量的硫化氢（H_2S），剩余为水蒸汽（H_2O），经除盐水换热器换热后形成中变气凝液，其组分为H_2O、CO_2及微量的H_2S与氯离子（Cl^-），呈酸性，中变气的操作温度为140~170℃，压力为2.0~2.2MPa。

3　宏观检查

检查整个管路系统，仅在三通管的支管母材及焊缝区域发现了裂纹，图2为支管及其焊缝的试样部件，从图中观察到母材和焊缝均有大量的裂纹，裂纹为周向方位。

第一作者简介：王朝平，男，正高级工程师。2002年毕业于北京石油化工学院化工设备与机械专业，2015年毕业于华东理工大学机械工程专业，工程硕士，主要从事石油化工行业的设备管理工作。E-mail：Wangcp888@163.com

图 2　管道取样部分

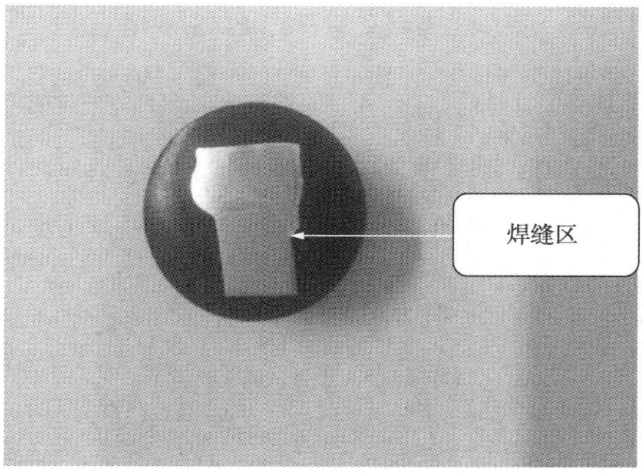

图 3　焊缝处金相试样

4　金相分析

4.1　焊缝处的金相

选取焊缝附近裂纹较为集中的地方制作一块试样如图 3 所示，观察其剖面的金相组织，图 4~图 6 为显微镜下的裂纹微观形貌，从金相图中看到亮度较大的区域便是焊缝区域，裂纹从焊缝下边界处起裂，横向扩展。金相组织为奥氏体晶界，裂纹从内壁起裂且周围并不存在除奥氏体外的其他相，裂纹在扩展时有少许的分叉，主要是穿晶扩展。

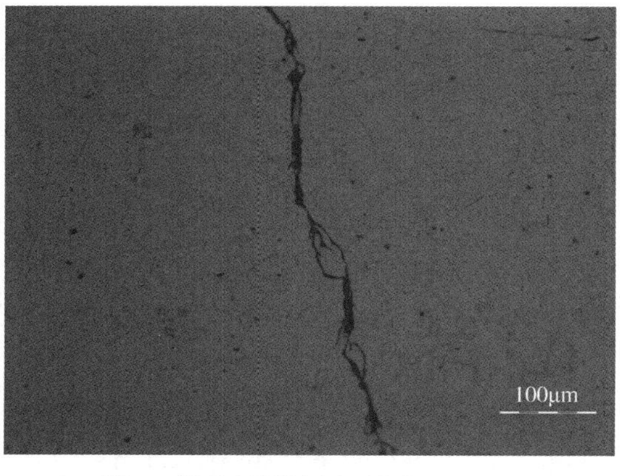

图 4　焊缝处裂纹剖面金相(×200)

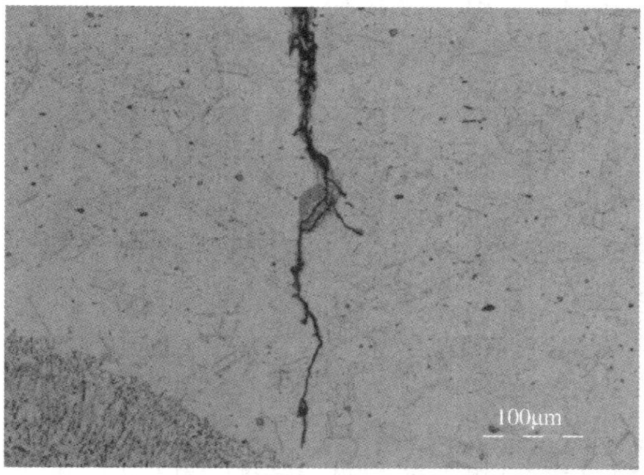

图 5　焊缝处裂纹尖端剖面金相(×200)

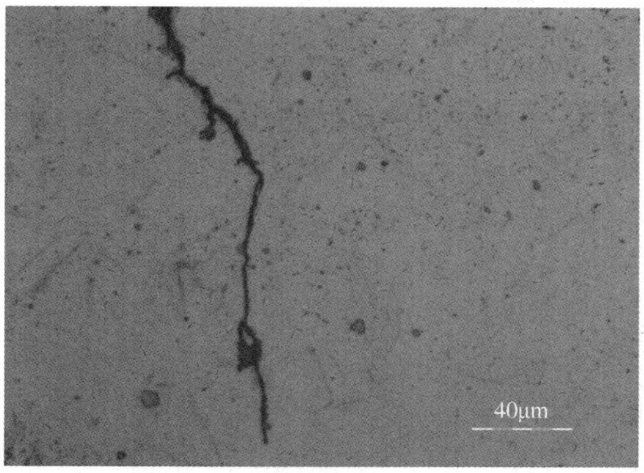

图 6　焊缝处裂纹尖端剖面金相(×500)

4.2　母材处的金相

选取有裂纹处的母材制作一块试样，图 7~图 9 为母材试样在光镜下的微观组织，可清晰地观察到奥氏体晶界，裂纹从内壁起裂且周围并不存在除奥氏体外的其他相，以穿晶扩展方式为主。

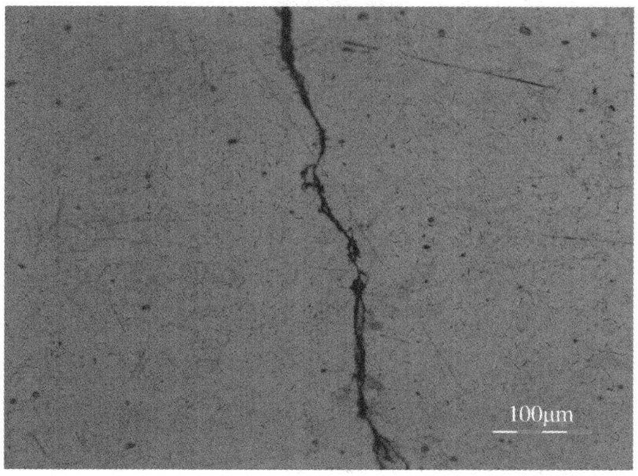

图 7　母材处裂纹剖面金相(×200)

5　扫描电镜断口观察

为确定焊缝处裂纹的宏观断裂机理，将焊缝

裂纹剖开后如图10所示，母材和焊缝裂纹断口均观察到明显的裂纹起裂源和贝壳纹。

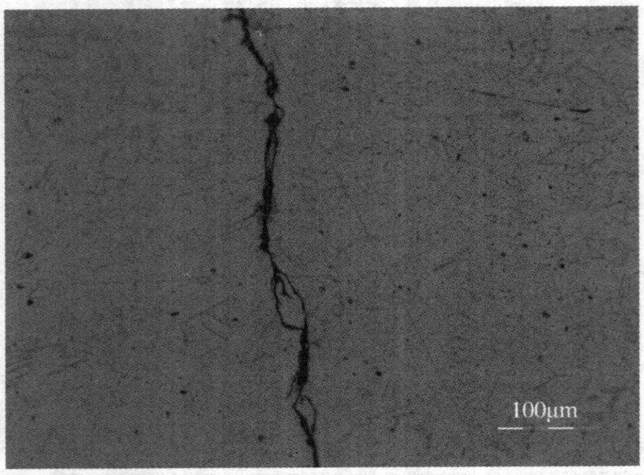

图8　母材处裂纹剖面金相(×200)

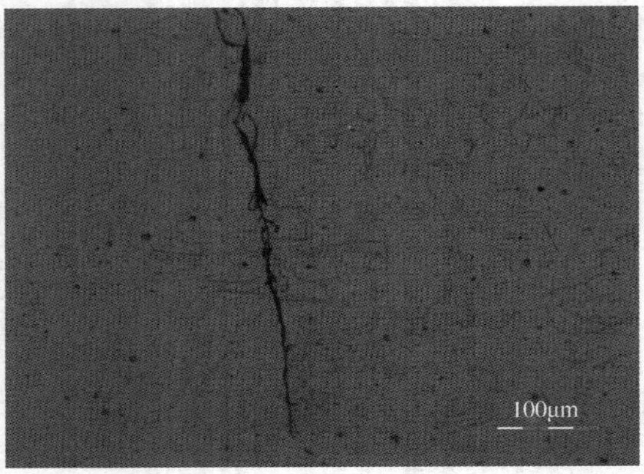

图9　母材处裂纹尖端剖面金相(×200)

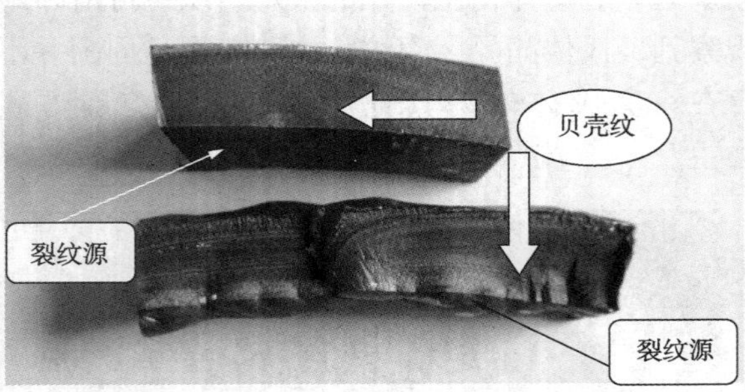

图10　裂纹断口

5.1　焊缝处试样的裂纹断口形貌

使用电子扫描电镜(SEM)对焊缝处试样进行裂纹断口观察、分析，图11~图12为裂纹处试样的整体形貌，看到了非常明显的河流状态，属于常见的解理断裂特征。

5.2　母材处试样的裂纹断口形貌

为确定母材处试样裂纹的宏观断裂机理，将母材上的裂纹剖开，使用电子扫描电镜(SEM)观察断口形貌，如图13、图14所示。

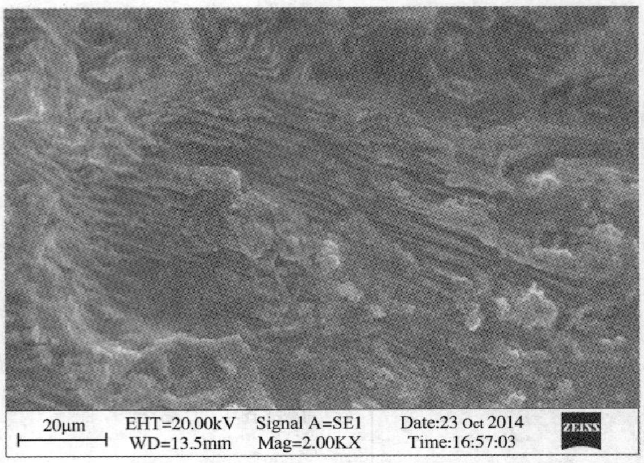

图11　焊缝处试样的断口形貌图

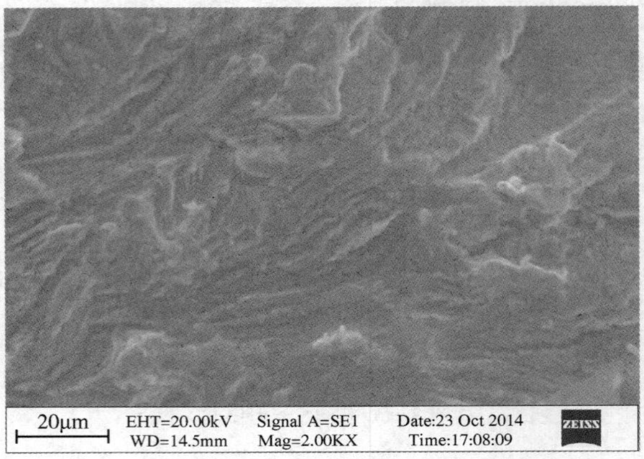

图12　焊缝处试样的断口形貌

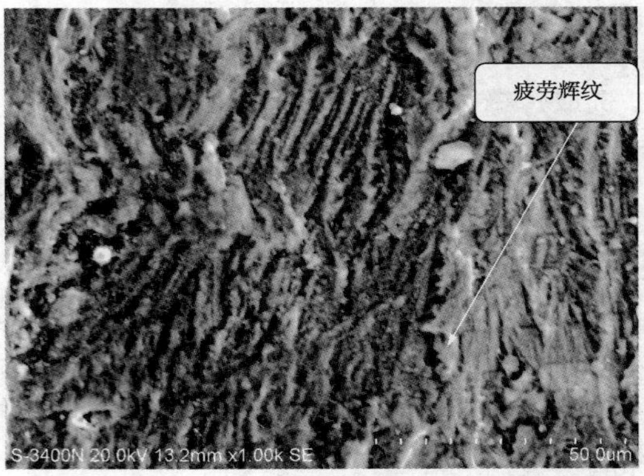

图13　母材裂纹的断口形貌

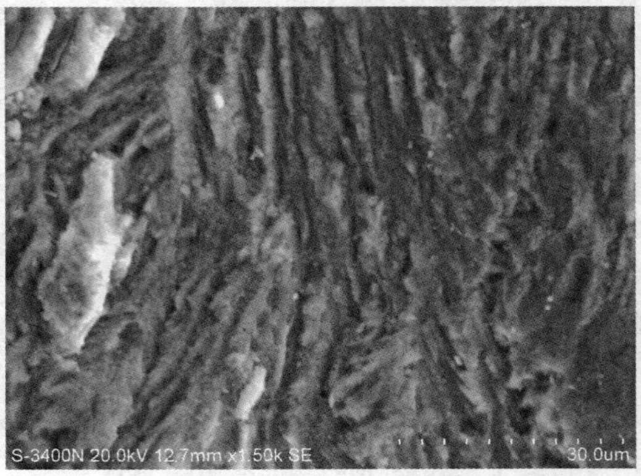

图14　母材裂纹的断口形貌

图 13 靠近管道的内壁，接近于裂纹的起裂点，图 14 位于图 13 位置的上部，图 13～图 14 可观察到明显的河流状，属于典型的解理状断口(除去部分地方覆盖了氧化物)。在图 13 下方区域靠近裂纹源的地方，可观察到与河流状花纹垂直的疲劳辉纹。

6 能谱分析

为了进一步探究裂纹起裂的原因，对两块试样的裂纹源部位进行能谱(EDS)分析，判断断口处的化学成分，如图 15～图 16 所示。

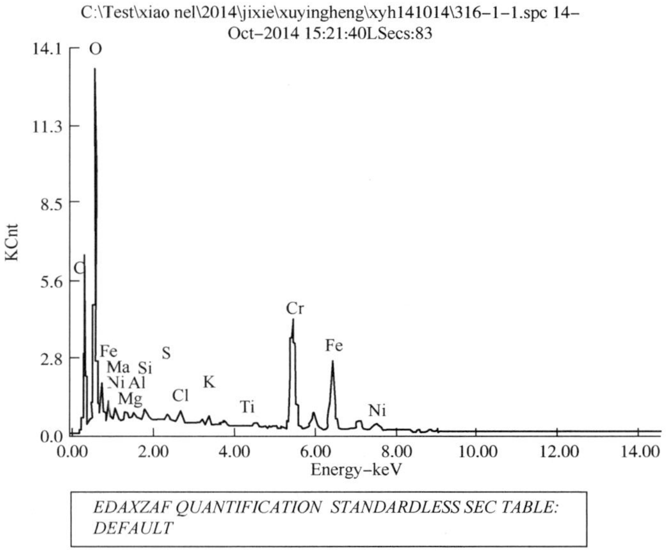

Element	Wt%	At%
CK	20.85	40.87
OK	22.48	33.09
NaK	00.84	00.86
MgK	00.41	00.39
AlK	00.30	00.26
SiK	00.50	00.42
SK	00.34	00.25
ClK	00.65	00.43
KK	00.50	00.30
CaK	00.31	00.18
TiK	00.66	00.32
CrK	22.43	10.16
FeK	25.38	10.70
NiK	04.36	01.75

图 15　焊缝处裂纹源的化学成分

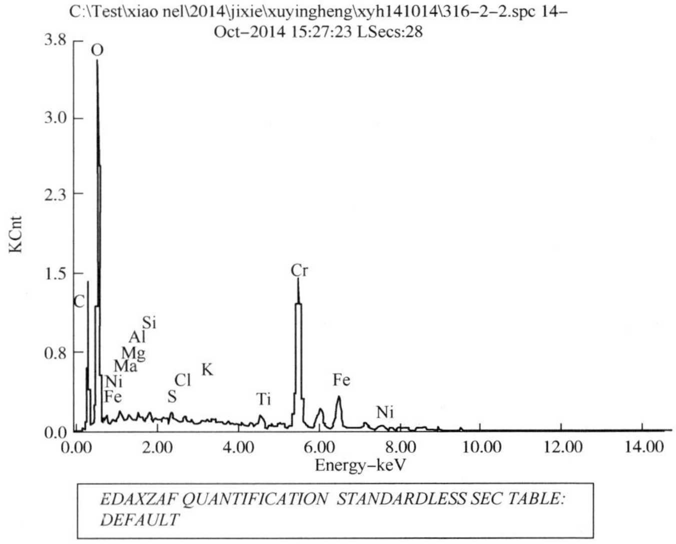

Element	Wt%	At%
CK	17.72	35.31
OK	24.81	37.11
NaK	00.94	00.97
MgK	00.52	00.51
AlK	00.51	00.46
SiK	00.56	00.48
SK	00.55	00.41
ClK	00.47	00.32
KK	00.64	00.39
TiK	01.53	00.77
CrK	36.15	16.64
FeK	13.35	05.72
NiK	02.25	00.92

图 16　母材处裂纹源的化学成分

结果显示两处裂纹源的化学成分，均含有 300 系列奥氏体不锈钢应力腐蚀开裂的敏感元素硫(S)、氯(Cl)。

7 硬度测试

在焊缝和母材的裂纹扩展路径附近进行维氏硬度检测，从裂纹源至裂纹尖端选取三个不同距离的点，硬度检测结果如表 2 和表 3。

表 2　焊缝处裂纹附近的维氏硬度(HV)

第 1 点	第 2 点	第 3 点
245.7	266.9	216

表 3　母材处裂纹附近的维氏硬度(HV)

第 1 点	第 2 点	第 3 点
199.5	197.4	196.4

8　奥氏体不锈钢应力腐蚀的机理

8.1　氯离子(Cl^-)对奥氏体不锈钢材质的腐蚀

(1) 氯离子(Cl^-)的腐蚀机理

奥氏体不锈钢的耐腐蚀性能取决于材料本身的合金元素铬(Cr)、镍(Ni)含量，金属元素Cr-Ni在金属基体表面形成一层非常致密的氧化保护膜，阻碍了氧化性介质的破坏，从而减缓了材料的腐蚀，即通常所说的钝化作用。但氯离子(Cl^-)有强烈的活化效应，对奥氏体不锈钢氧化保护膜的破坏扮演了关键的角色。至今我们对氯离子(Cl^-)的活化效应还没有统一的认可结论，但学术界已基本形成两种观点：

第一种观点：成相膜理论。成相膜理论的原理是氯离子相对金属元素中的原子尺寸较小，氯离子具有较强的穿透力，能轻易穿过金属的氧化保护膜。氯离子穿透金属的基体表面后，同金属发生反应，形成可溶性的化合物，破坏金属氧化膜的原始结构，最后导致奥氏体不锈钢失去了耐腐蚀性的能力。

第二种观点：吸附理论。吸附理论的原理是氯离子容易且优先被金属吸附，被吸附后的氯离子便会取代氧元素的位置，从而破坏氧化保护膜，随后生成的氯化物因无法牢固地附着于金属表面，易溶于液体，便会很快剥落，表现为金属材料的腐蚀加快。

奥氏体不锈钢氯离子应力腐蚀开裂普遍呈现出穿晶形貌特性，晶间有大量的树枝分叉但在某些特定的条件也不一定很明显。

(2) 氯离子(Cl^-)对奥氏体不锈钢焊缝的应力腐蚀

大部分300系列的奥氏体不锈钢均对氯离子相当的敏感，极少含量的氯离子介质就有可能导致300系列的奥氏体不锈钢应力腐蚀开能，随着介质温度的升高，开裂的可能性成倍加剧。通过能谱分析发现焊缝裂纹断口上氯离子含量较多，可初步判断 Cl^- 对焊缝处裂纹的形成有很大的影响。

从图3观察到焊缝起裂点靠近焊缝，处于热影响区。焊接过程与金属热处理在很大程度上相似，焊接后若冷却速度快，热影响区的组织就如同经过淬火一般，其强度和硬度都会得到明显的提升，这会增加焊接金属应力腐蚀的可能。除此之外，焊缝与母材之间的熔合线附近很容易形成腐蚀微电池，这是因为该处组织和电极电位不同，这就会导致耐腐蚀性下降。此外焊缝热影响区的裂纹多数是沿晶的。但由于管道材料是含有不少钛元素的S32168奥氏体不锈钢，且属于低碳系材料，即使在敏化温度附近，碳向晶界析出时，更容易与钛结合形成稳定的碳化物，且数量也不多，不会形成晶间贫铬，因此熔合线区域更易形成晶间腐蚀。

中变气的操作温度为140~170℃，从金相图(图4~图6)观察到焊缝附近的裂纹呈穿晶扩展，且有少许的分叉，从扫描电镜图(图11~图12)观察到裂纹断口是典型的解理，均符合 Cl^- 的应力腐蚀特征，从而判断氯离子对焊缝有很大的应力腐蚀影响。

(3) 氯离子(Cl^-)对奥氏体不锈钢母材的应力腐蚀

前文所介绍焊缝处和熔合线的氯离子应力腐蚀机理，同样也适用于母材处。从能谱分析中观察到，发现裂纹断口上有较多的 Cl^-，从金相图(图7~图9)观察到焊缝附近的裂纹为穿晶开裂，伴随少许的分叉，从扫描电镜图(图13~图14)观察到裂纹断口是典型的解理，均符合 Cl^- 的应力腐蚀特征，因此我们可以认为氯离子对母材的应力腐蚀也起了很大作用。

8.2　硫化氢(H_2S)对奥氏体不锈钢的腐蚀

1. 硫化氢(H_2S)的应力腐蚀机理

奥氏体不锈钢在湿硫化氢环境中发生的开裂现象有两种，分别是硫化物引起的应力腐蚀开裂(SSCC)和氢致开裂(HIC)，均由氢(H)元素主导。

氢致开裂(HIC)：金属沿厚度方向均存在氢鼓泡裂纹，其在一定氢气压力下会逐渐扩展连接，最后形成了台阶状的裂纹。氢致开裂的发生与外力无关，影响因素是金属材料中的高密度夹杂物和金属材料的合金元素偏析导致形成的不规则微观组织。氢致开裂的裂纹有两种不同的形状，一种是阶梯状的裂纹，另一种是沿轧制方向形成的层状裂纹。

硫化物应力腐蚀开裂(SSCC)：这种机理发生在湿硫化氢环境中，在这种条件下会腐蚀生成氢原子，同上文的氯离子类似，氢原子的尺寸较小，很容易穿透进入钢的内部，在晶格中固溶，使得钢的塑性和韧性下降。在使用过程中若存在外加拉应力或本身存在残余应力，则很容易产生裂纹，常见于高强度的合金钢、高内应力的构件及未处理的焊缝。SSCC 有断口穿晶与沿晶开裂两种表现形式，具有脆性开裂的形貌。

2. 硫化氢(H_2S)对奥氏体不锈钢焊缝的应力腐蚀开裂影响

从能谱分析中发现焊缝处裂纹的断口上有S^{2-}，在室温至 120℃，奥氏体不锈钢最易出现H_2S-H_2O共存的湿硫化氢腐蚀问题。初步判断H_2S对该处裂纹的形成有影响。从金相图(图 4~图 6)观察并没有层状裂纹，也没有成阶梯状的裂纹，排除氢致开裂的可能性。

钢材抗 SSCC 的能力与金属材料的成分、强度、硬度、显微组织和制造工艺中的冷加工等方面相关。不锈钢系统中的马氏体不锈钢易发生硫化氢应力腐蚀开裂，但该处裂纹附近并没有因冷加工产生形变马氏体组织，从硬度测试结果(表 2)裂纹附近的平均硬度在 242HV 左右，高于母材裂纹附近的平均硬度，很可能是因为焊接造成的热影响区硬度增大，其对应力腐蚀的敏感性增大。按 NACE MR0170 的规定，奥氏体不锈钢材料一般在 HRC22(248HV)以上容易发生 SSCC，所以H_2S对焊缝处的裂纹有一定的应力腐蚀影响。

南京工业大学张耀丰等用电化学测试及慢应变速率拉伸试验(SSRT)方法对 304 奥氏体不锈钢在美国 NACE 标准溶液和饱和硫化氢(H_2S)溶液的应力腐蚀行为进行了研究。研究结果显示，在饱和的硫化氢(H_2S)溶液中，氯离子(Cl^-)会降低奥氏体不锈钢的腐蚀、点蚀电位，提高点蚀的可能性，削弱抗硫化氢(H_2S)应力腐蚀开裂的能力。进一步判断由于氯离子(Cl^-)的存在，抗硫化氢(H_2S)应力腐蚀能力下降，硫化氢(H_2S)对焊缝处裂纹有一定的腐蚀影响。

从能谱分析中发现母材处裂纹的断口上有硫离子(S^{2-})和氯离子(Cl^-)，从硬度测试结果(表 3)裂纹附近的平均硬度在 198HV 左右，并未达到 NACE MR0170 规定的 248HV，其对硫化物应力腐蚀的敏感性不大，但由于氯离子(Cl^-)的存在，金属材料整体抗硫化氢(H_2S)应力腐蚀能力并不高。由此判断硫化氢(H_2S)对金属母材处的裂纹有一定的腐蚀影响，但母材处的裂纹以氯离子(Cl^-)的腐蚀为主。

9 疲劳交互与应力腐蚀的因素

金属材料的腐蚀疲劳是指在各种腐蚀环境中的金属材料疲劳失效现象。生产环节中的腐蚀介质、各种温度压力变化和设备制造过程的交变应力一起对金属材料产生了破坏，导致材料的失效，只要存在腐蚀介质和交变应力就会发生腐蚀疲劳。

腐蚀疲劳裂纹具有以下特征：①裂纹易在结构有应力集中并在焊接后有较大残余应力的部位产生。②裂纹的扩展形式一般为穿晶，和在没有腐蚀物质的环境下的疲劳裂纹有共同的地方，这表明裂纹尖端在交变载荷作用下的损伤和扩展机理与疲劳裂纹有共同点；也存在沿晶扩展的可能，这种可能一般与材料在腐蚀环境下的晶间腐蚀倾向有关。③裂纹尖端没有分叉或很少分叉，这就不同于单纯的应力腐蚀，与通常的非腐蚀环境中的疲劳裂纹较为相似。腐蚀疲劳的裂纹尖端并不尖锐，这有别于一般疲劳裂纹尖端很尖的情况。④裂纹内部有很多腐蚀产物覆盖，纯应力腐蚀裂纹也是如此，然而在非腐蚀环境中由于疲劳产生的裂纹的内部则较干净。

腐蚀疲劳断口有以下形貌特征：①断口具有贝壳状条纹的宏观形貌，在腐蚀环境中产生的腐蚀产物会遮盖扩展纹路，导致无法清晰分辨贝壳纹。②用扫描电镜观察断口，一般塑性材料的疲劳断口有疲劳辉纹。但不一定清晰可见，与是否被腐蚀产物覆盖有关外，还与腐蚀疲劳裂纹扩展过程中的应力强度因子的幅值、频率、介质性质及材料的热处理状态等诸多因素有关。

从前文的金相图可观察到裂纹的尖端分叉很少，且较为圆钝，与单纯的Cl^-应力腐蚀有所不同；并且裂纹出现的地方是三通管的支管，正是应力集中和受到间歇性冲击力的地方，为腐蚀疲劳的出现提供了应力条件。从断口的宏观图上看有明显的贝壳纹。从扫描电镜图上看，也有疲劳辉纹，只不过因为氧化物的覆盖，贝壳纹有些模糊。这些特征来看三通支管的裂纹失效应该不是单纯的应力腐蚀，应该是应力腐蚀和疲劳交互。

10 应力分析

从前节分析，三通支管的裂纹失效是应力腐蚀和疲劳交互共同导致的结果，接下来对其应力来源进行分析。

(1) 应力一般分为工作应力、残余应力、热应力和结构应力等。三通支管的工作压力在 2.0~2.2MPa 之间，管道的内压会产生工作应力，按照材料力学的薄壁原理，圆筒承受内压时，圆筒环向应力大约是圆筒轴向应力的2倍。圆筒内压引起的开裂，裂纹一般为纵向裂纹，而检测到的主要是周向裂纹，说明对裂纹扩展起主要作用的不是由内压产生的工作应力。

（2）前文分析三通支管的裂纹产生的原因是应力腐蚀和疲劳交互作用，因此交变应力是此次产生裂纹的关键。中变气在管道内换热时，一部分冷凝成为液体，因此在流经三通管时，中变气冷凝液在下，剩余气体的密度低，有上升趋势，三通管上部管段是正对着流体流动的方向，所以它会受到流体的冲击作用，但这种冲击不是持续的，而是间歇性的，这即是交变应力的来源。中变气的流向与三通管下管段的方向是一致的，所以中变气对这段管道是没有冲击力的，如图17所示为裂纹集中的管段。

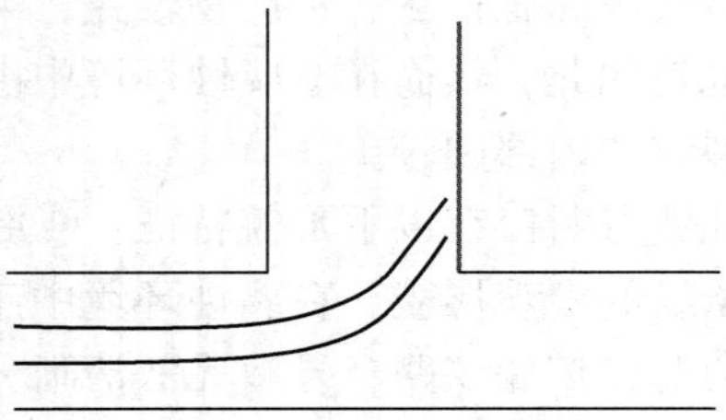

图17　气体流通示意图

（3）由于三通管管段的结构不连续性，容易产生应力集中现象，在交变应力存在的情况下，腐蚀疲劳裂纹出现在应力集中的地方的可能性很大。

（4）焊缝处的裂纹在热影响区，残余应力对裂纹的出现与扩展是有影响的，但由于除了这一段管路之外，其他管线部位的焊缝附近都没有发现裂纹，说明残余应力并不是引起该管道失效的主要应力。

11　结论

通过以上化学成分分析，金相观察，断口观察，硬度测试，断口处存在 Cl^-、S^{2-} 等应力腐蚀开裂敏感介质，裂纹为穿晶扩展，尖端分叉较少，较为圆钝，断口还存在明显的贝壳纹。

可判断三通支管的裂纹失效是应力腐蚀开裂与疲劳，因素是氯离子（Cl^-）导致三通支管材料的应力腐蚀开裂，但硫化氢（H_2S）对三通支管的材料开裂有一定的加速作用。

参　考　文　献

[1] 流体输送用不锈钢无缝钢管：GB/T 14976—2012[S]. 北京：中国标准出版社.

[2] 韩顺昌. 金属腐蚀显微组织图谱[M]. 北京：国防工业出版社，2008.

[3] 王志文，徐宏，关凯书，等. 化工设备失效原理与案例分析[M]. 上海：华东理工大学出版社，2010.

[4] NACE MR0175-2015，Petroleum，petrochemical，and natural gas industries-Materials for use in H_2S-containing environments in oil and gas production[S].

[5] 张耀丰，陆晓峰，丁毅，等. 不锈钢冷凝管的开裂失效原因分析[J]. 压力容器，2003，20（8）：47-49.

[6] 潘兴斌. 缩合反应釜应力腐蚀开裂（SCC）的原因分析及预防措施[J]. 全面腐蚀控制. 2014，（7）. 80-83.

[7] 周勇，申鹏，杨志春. 304 奥氏体不锈钢管开裂原因的分析[J]. 钢铁研究，2016，44（5）：25-27.

加氢裂化贫富胺液换热器腐蚀分析及对策

代军荣　闫司晗　杨新晨

（中国石化上海高桥石油化工有限公司）

摘　要　加氢裂化脱硫系统贫富胺液换热器在本周期内出现了多次泄漏，为了探究其腐蚀机理，检修中对换热器腐蚀部位和表面垢样进行深入分析，研究发现，贫胺液中换热器主要的腐蚀是由 CO_2-H_2S 在湍流中形成气泡冲蚀引起的，H_2S 与金属反应生成 FeS 保护膜被破坏，最后提出了贫富胺液换热器腐蚀的预防措施。

关键词　胺液系统　换热器腐蚀　冲蚀　腐蚀分析

引言

某石化企业加氢裂化贫富液换热器 E3303A/B 采用重叠形式，将 E3303A 固定支座移至 E3303B 相对位置，两台换热器均采用浮头式。2018 年检修完成之后至 2021 年期间，先后发生 5 次泄漏。泄漏的部位主要集中在换热器壳体连接管线和补强圈以及 E3303A 上壳体，经过脉冲涡流扫查，发现换热器泄漏部位大面积减薄，给装置安全生产带来了严重的威胁。

1　贫/富液换热器运行工况

加氢裂化贫/富液换热器贫液来自于溶剂再生塔，塔底贫液通过贫液泵送至贫/富液换热器；富液来自于富胺液罐，通过溶剂再生塔进料泵经过富液过滤器送至贫/富液换热器。具体工艺条件见表 1。

表 1　贫/富液换热器材质及运行工况

部位	介质	压力/MPa		温度/℃		材质
		设计	操作	设计	操作	
管程	富胺液	1.08	0.9/0.8	112	53/92	TP321
壳程	贫胺液	1.08	0.9/0.8	142	122/83	16MnR

2　理化分析

2.1　工艺介质分析

加氢裂化贫液从 2008 年开工一直使用至今，未进行过彻底的更换，造成贫液品质较差，腐蚀性较强，本装置贫胺液的主要成分是甲基二乙醇胺（MDEA），正常工艺操作的浓度为 30%左右，含有少量的硫化氢、二氧化碳和热稳态盐，硫化氢的含量平均值为 1.60g/L，二氧化碳的含量平均值为 3.32g/L，热稳态盐的含量平均值为 2.58%，最近一年多装置贫胺液的采样分析数据具体分析数据见表 2。

表 2　贫胺液的采样分析结果

序号	采样分析时间	热稳态盐/%（质量分数）	二氧化碳/（g/L）	硫化氢/（g/L）
1	2020.1.5	3.98	2.62	2.48
2	2020.2.5	2.9	2.66	1.65
3	2020.3.5	2.7	2.26	1.65
4	2020.4.5	2.58	2.8	1.52
5	2020.5.5	2.57	2.2	2.07
6	2020.6.5	2.45	3.99	1.79
7	2020.7.3	2.08	3.95	1.79
8	2020.8.5	2.2	4.6	1.38
9	2020.9.5	2.22	3.48	1.93
10	2020.10.9	2.16	4.4	1.38
11	2020.11.5	2.55	3.93	1.24
12	2020.12.5	2.49	3.54	1.78
13	2021.1.5	2.62	6.38	1.53
14	2021.2.5	2.56	3.39	1.53
15	2021.3.5	2.7	2.26	1.53
16	2021.4.5	2.78	3.19	1.32

第一作者简介：代军荣（1993—），本科，助理工程师，2017 年毕业于常州大学过程装备与控制工程专业，现在中国石化上海高桥石油化工有限公司从事设备管理与研究工作。E-mail：daijunrong.gqsh@sinopec.com

续表

序号	采样分析时间	热稳态盐/%(质量分数)	二氧化碳/(g/L)	硫化氢/(g/L)
17	2021.5.5	2.9	1.26	0.9
18	2021.6.5	2.75	4.48	1.87
19	2021.7.5	1.5	2.49	1.39
20	2021.8.11	2.85	2.52	1.25
21	平均值	2.58	3.32	1.60

为了保证胺液满足生产需求，装置内需要定期对胺液进行提浓操作，但是溶液中的热稳态盐难以去除，随着MDEA的降解，溶液中的pH值在不断下降，碳酸和硫氢酸电离常数随温度升高而增加，加剧设备和管线的腐蚀。腐蚀介质有：CO_2-H_2S-H_2O，RNH_2-CO_2-H_2S-H_2O及其他腐蚀污染物。N-甲基二乙醇胺(MDEA)贫胺液本身对金属没有腐蚀作用，但是在经过脱硫反应和再生之后，少部分酸性气，如：H_2S和CO_2溶解在贫液中成为腐蚀的主要因素。

2.2　腐蚀面貌分析

2021年装置检修，将贫富液换热器E3303A/B壳体更换，发现原壳体已经严重腐蚀，腐蚀部位主要集中在图1中的1、2、3这三个部位。

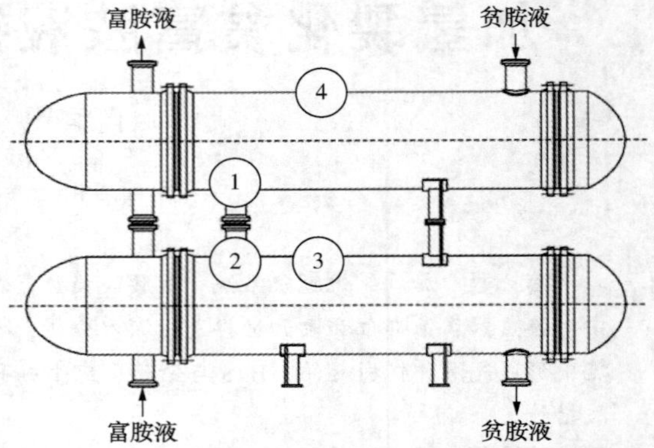

图1　E-3303A/B贫富胺液换热器筒体示意图

从图2我们可以看出换热器壳体腐蚀严重，已经丧失使用功能，本周期已经对壳体进行更换，但是从腐蚀形态来看，其中的腐蚀机理较为复杂，为了使分析结果更加准确，将腐蚀面貌作为一种结果，将各种环境因素作为原因，通过原因和结果的对比，判断其中的形成机理。导致换热器腐蚀的主要因素有腐蚀剂的种类和浓度，环境中的温度场和流场，E-3303A/B采用是叠加形式，

(a)区域1腐蚀面貌图

(b)区域2腐蚀面貌图

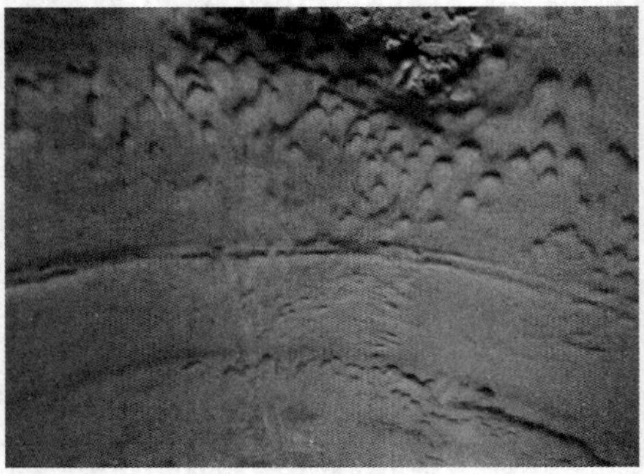

(c)区域3腐蚀面貌图

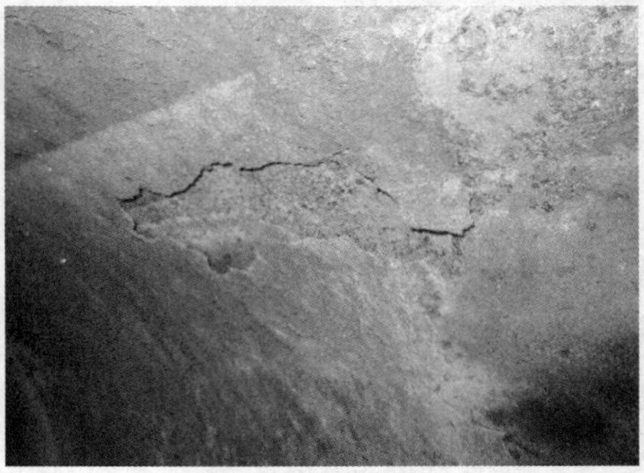

(d)区域4腐蚀面貌图

图2　E-3303A/B贫富胺液换热器腐蚀面貌图

因此可以排除腐蚀剂的种类的浓度，但是不排除局部在特定环境下的腐蚀剂和浓度，接下来重点对腐蚀剂的浓度和种类进行分析，E-3303A/B贫液中主要的腐蚀剂是 H_2S、CO_2、胺的降解产物、热稳定性盐及其他杂质，通过探究发现，贫胺液中对腐蚀介质主要是 H_2S、CO_2以及热稳定性盐[5-7]；从温度场角度分析，换热器区域4温度最高，正常运行温度在115℃左右，区域1、区域2、区域3温度分别为108℃、105℃、100℃左右；从流场角度分析，区域1、区域2、区域3、区域4流场差异较大，其中区域1和区域2流场相似，都是局部较大的湍流场，区域3湍动程度要大于区域4，接下来对比腐蚀形态。

对比区域1和区域2，腐蚀形态主要是不规则的坑蚀，主要是由于壳体内流体经过管线的时候湍流程度极大的增加，形成无数的湍流漩涡，将金属表面的氧化膜破坏，金属与贫液中的腐蚀介质进一步接触，逐渐形成大量不规则的坑蚀。

$$CO_2+H_2O \leftrightarrow 2(HO)-C=O \leftrightarrow H^++HCO_3^- \quad (1)$$

$$Fe+2H_2CO_3 \longrightarrow Fe(HCO_3)_2+H_2\uparrow \quad (2)$$

$$Fe(HCO_3)_2+H_2O \longrightarrow Fe(OH)_2+CO_2\uparrow \quad (3)$$

$$Fe+(CO_2+H_2O) \longrightarrow FeCO_3 \quad (4)$$

$$Fe+H_2S \longrightarrow FeS+H_2 \quad (5)$$

首先碳钢和 H_2S 反应生成 FeS(反应5)，硫化亚铁保护膜可以有效的防止腐蚀剂进一步与碳钢反应，根据加氢裂化富液系统中管线和设备的腐蚀情况，以及对贫液中金属表面垢样进行分析，发现硫化亚铁保护膜能够有效组织腐蚀剂与金属进一步反应。但是湍流场中，由于涡流冲刷以及酸性气析出形成的局部高酸环境，导致硫化亚铁保护膜被破坏，金属与 H_2S、CO_2等腐蚀剂进一步接触，反应式如反应(4)和反应(5)，导致金属最终腐蚀失效。

对比区域2和区域3，区域3腐蚀形态更加规则，沿着液体流动方向呈水滴状，且腐蚀区域间隔分布。造成这种情况主要是因为区域3处贫胺液在折流板的作用下，在100℃左右时，形成的湍流使局部的压力发生变化，导致 H_2S、CO_2酸性气从胺溶中闪蒸出来，蒸汽泡换热器壳体表面瘪泡(空泡作用与液滴冲击作用)使金属材料被破坏。随着流体流动趋于稳定，腐蚀凹坑逐渐变浅，然后在下一个湍流区域继续形成这样规则的水滴状腐蚀。

对比区域3和区域4，这两个地方在换热器中成对称分布，流过的介质也是相同，主要区别在于温度和流场，区域4管道过来的流体流动较为稳定，金属表面形成的硫化亚铁保护膜有效的阻止腐蚀剂进一步与金属接触，区域3流体湍动程度较大，主要由于管束中折流板折流作用，使液体直接冲击壳体，在100℃左右的环境中，湍流场中压力波动导致酸性气析出，形成局部的高酸环境，在空泡作用与液滴冲击作用下，金属表面出现水滴状凹坑。

2.3 垢样分析

取区域4进行垢样进行能谱分析和X射线衍射测试化合物结构，结果如图3、图4所示。

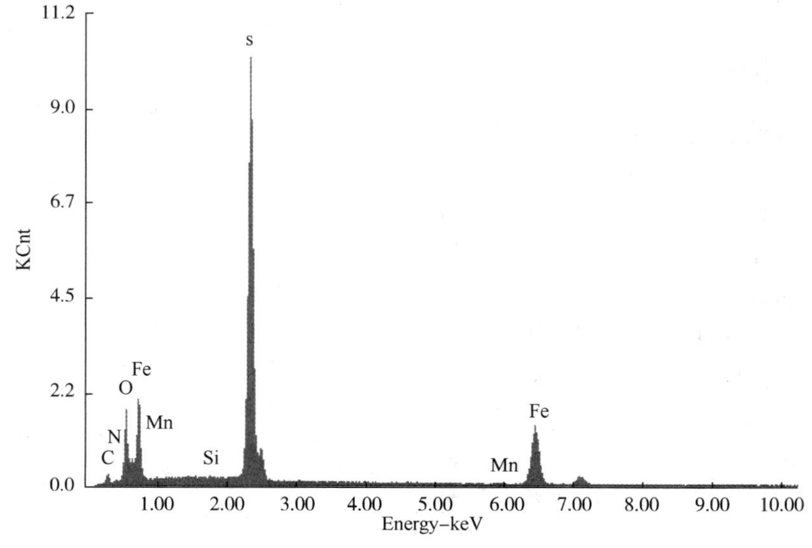

图3 区域4垢样能谱分析

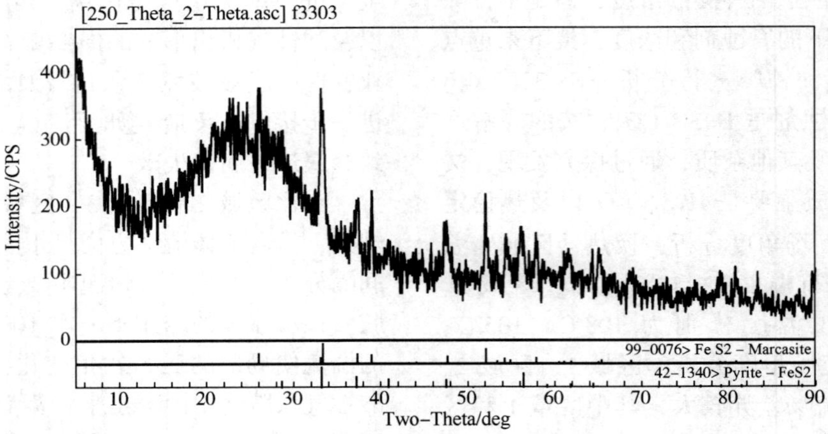

图4　区域4垢样X射线衍射测试

通过对区域4垢样分析，结果显示垢样主要成分为硫化铁，这一结果与前面腐蚀机理分析完全一致，垢样中的硫化铁主要是在设备运行过程中，H_2S与金属反应生成FeS，在区域4由于流动比较稳定，硫化亚铁保护膜有效的阻止金属进一步与硫化氢反应，在检修过程中，硫化亚铁接触空气，被氧化成硫化铁。

3　结论

造成贫富胺液换热器失效的主要因素是贫液中的H_2S与铁反应生成的硫化亚铁保护膜在流体的作用下被破坏，溶液中的CO_2等酸性气在湍流作用下析出，在空泡作用与液滴冲击共同作用下，形成局部的强酸环境，进一步与金属进行反应，加速了换热器壳体的失效，最终在换热器壳体上方形成大量等间隔的腐蚀凹坑，在管口部位形成大量不规则的涡流冲蚀凹坑。

4　胺液系统防腐措施

（1）控制重沸器的温度，溶剂再生塔再生胺液温度不应超过127℃，若塔底重沸器温度过高，超过129℃，容易造成侵蚀性腐蚀和胺的热降解，富液温度超过104℃时，容易引起酸性气闪蒸和严重的局部腐蚀。

（2）防止设备和管道内的局部压力变化过大，同时设计成消除湍流，对于局部湍动程度较大或者压力变化较大的区域，应该使用不锈钢材质，或者增加不锈钢堆焊层，最好使用316或者更高等级的不锈钢。对于贫富胺液换热器，易腐蚀部位可考虑升级材质。

（3）增加贫液和富液过滤器，去除溶液中的固体杂质，过滤器压差过大时及时更换滤芯。

（4）阻止氧气、二氧化碳等气体进入溶液，对于胺液罐要投用氮封，补充水、缓蚀剂以及胺液要防止与空气接触。胺液罐中贫液回流入口管道应将液体从上而下喷洒进罐，改成管道直插液面之下，避免液体与空气大面积接触，同时防止局部冲蚀。

（5）有条件的单位可增加胺液净化系统，通过过滤器单元过滤吸收胺液中的悬浮物和凝缩油等杂质，离子交换单元去除热稳态盐。

参考文献

[1] 郑斐，邢少华，何华. 流速和弯曲角度对弯头腐蚀行为影响仿真研究[J]. 装备环境工程，2020，17(06)：18-23.

[2] 范金福，刘猛，张晓辰. 流速对垢下腐蚀的影响及其腐蚀机理[J]. 腐蚀与防护，2019，40(11)：810-815.

[3] 赵铭钰. MDEA为主体混合胺液腐蚀特性研究[D]. 中国石油大学(华东)，2018.

[4] 张兆宽. 干气脱硫装置腐蚀及防护[J]. 石油化工腐蚀与防护，2009，26(S1)：119-121.

[5] 段永锋，苗普，于凤昌. 天然气净化厂贫富胺液换热器腐蚀失效分析[J]. 石油化工腐蚀与防护，2014，31(02)：61-64.

[6] 张永平，杨久宜，杨青山. MDEA脱碳二氧化碳吸收塔腐蚀探源[J]. 中氮肥，2008，(03)：33-37.

[7] 艾克利，杨靖明，曹东旭. MDEA在脱硫过程中的降解腐蚀原因分析及对策[J]. 全面腐蚀控制，2012，26(08)：44-48.

催化再生器至三旋烟道膨胀节泄漏分析及处理

陈俊芳　娄锡彬　刘科文　张　旭

（中国石化石家庄炼化分公司）

摘　要　在催化裂化装置中，反再系统高温管道普遍应用金属波纹管膨胀节以补偿其膨胀变形位移。其中，再生器至三旋烟道膨胀节常出现泄漏问题，严重影响催化裂化装置安全平稳运行。本文介绍了催化裂化装置再生器至三旋烟道膨胀节应用的概况，概述了膨胀节发生泄漏的原因，并以某催化装置膨胀节泄漏故障为例进行了原因分析，明确了烟道降温喷水的主要影响，阐述了在线包盒子临时处理方法及后续处理措施。

关键词　催化裂化　再生器　三旋　烟道　波纹管膨胀节　泄漏

引言

在催化裂化装置中，反再系统高温管道普遍应用金属波纹管膨胀节以补偿其膨胀变形位移。膨胀节应用部位如再生斜管、待生斜管、外取热器下斜管、再生器至三旋烟道、三旋至烟机烟道、烟机出口烟道、三旋至降压孔板烟道、降压孔板至余锅烟道等。对于再生器至三旋烟道这一部位应用的膨胀节，由于烟气介质温度高、流速快、且易形成腐蚀环境，常出现泄漏问题，严重影响催化裂化装置安全平稳运行。

1　催化裂化装置再生器至三旋烟道膨胀节应用概况

再生器至三旋烟道膨胀节应用类型有复式铰链型、复式拉杆型、复式拉杆带比例连杆型、万向铰链型等。膨胀节波纹管材质多选用 Inconel、Incoloy 耐蚀合金钢或 18-8 系奥氏体不锈钢。表 1 所示为部分催化裂化装置再生器至三旋烟道膨胀节应用的概况。

表 1　部分催化裂化装置再生器至三旋烟道膨胀节应用概况

序号	装置处理量/(MT/a)	直径/mm	工作温度/℃	工作压力/MPa	波纹管材质	结构形式
1	1	1200	680	0.32	Incoloy800	复式铰链型
2	2.9	2600	680	0.27	Incoloy825	复式拉杆带比例连杆
3	2	2400	650	0.2	Inconel625	复式铰链型
4	2.1	1600	700	0.29	Incoloy825	复式拉杆型
5	1	1600	680	0.21	Inconel625	复式铰链型
6	2.2	2400	700	0.23	Inconel625	复式拉杆带比例连杆
7	1	1700	700	0.36	Inconel625	复式铰链型
8	2.8	2600	700	0.26	Incoloy825	复式拉杆型
9	3	2100	700	0.21	Inconel625	复式铰链型
10	1.8	1600	600	0.15	321	复式铰链型
11	1.4	2300	700	0.18	Incoloy800	复式铰链型
12	2	2000	710	0.3	Inconel625	复式铰链型
13	1.2	2200	690	0.3	Incoloy800	万向铰链型
14	0.3	1100	700	0.15	321	万向铰链型
15	0.8	1460	700	0.2	Inconel625	复式铰链型

第一作者简介：陈俊芳（1981—），大学本科，高级工程师，设备管理主任师，现主要从事设备管理工作。E-mail：cjf.sjlh@sinopec.com

再生器至三旋烟道管系一般为平面"Z"形弯管型式，如图1所示。这种管系的热膨胀变形常通过复式铰链型、万向铰链型膨胀节的角位移或复式拉杆型、复式拉杆带比例连杆型膨胀节的横向位移来吸收。其中，复式铰链型膨胀节由中间管连接的两个波纹管及销轴、铰链板和立板等结构件组成，只能吸收一个平面内的横向位移及角位移并能承受波纹管压力推力。万向铰链型膨胀节由一个波纹管及销轴、铰链板、万向环和立板等结构件组成，能吸收任一平面内的角位移并能承受波纹管压力推力，这里通常设置两个或多个万向铰链型膨胀节。复式拉杆型膨胀节由中间管连接的两个波纹管及拉杆、端板和球面、锥面垫圈等结构件组成，能吸收任一平面内的横向位移并能承受波纹管压力推力。复式拉杆带比例连杆型膨胀节(图2)是复式拉杆型和比例连杆复式自由型膨胀节的结合，由中间管连接的两个波纹管、复式拉杆、比例连杆等结构件组成；比例连杆起到平均分配两组波纹管位移的作用，中间管的重量也由比例连杆来支承，此外比例连杆装置还有一个非常重要的作用就是改善了管道的振动特性；而波纹管的压力推力则由拉杆装置来吸收；复式拉杆带比例连杆型膨胀节只能吸收横向位移。

对于再生器至三旋烟道，由于烟气温度高、组分复杂，波纹管既要承受高温下的化学腐蚀(氧化及敏化)，又要面对潜在的低温烟气电化学腐蚀及应力腐蚀。再生器至三旋烟道膨胀节波纹管材质多选用Inconel625、Incoloy825、Incoloy800或321奥氏体不锈钢。表2所示为膨胀节波纹管不同材质的化学成分。

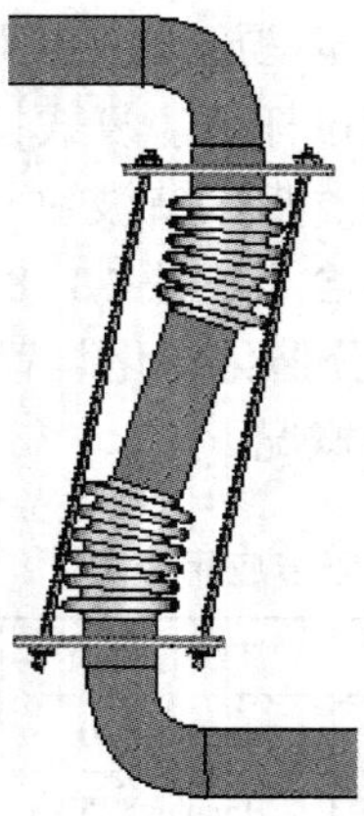

图1　再生器至三旋烟道管系

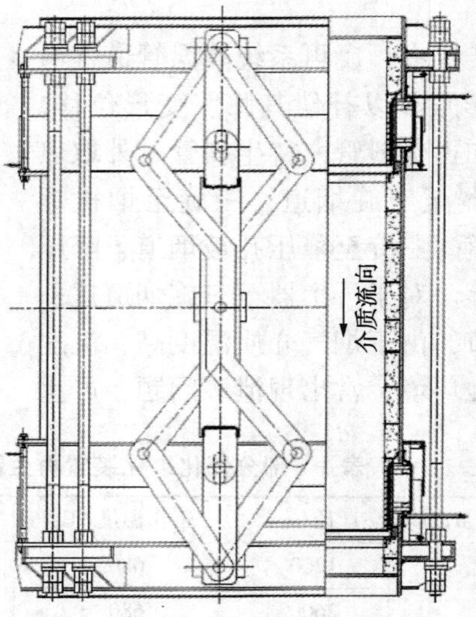

图2　复式拉杆带比例连杆型膨胀节

表2　膨胀节波纹管材质的化学成分

%(wt)

材质	C	Cr	Ni	Mo	Cu	Ti	Al	Nb	Co
321	0.08	17~19	9~12	—	—	0.7	—	—	—
Incoloy800	0.1	19~23	30~35	—	0.75	0.15~0.6	0.15~0.6	—	—
Incoloy825	0.05	19.5~23.5	38~46	2.5~3.5	1.5~3	0.6~1.2	0.2	—	—
Inconel625	0.1	20~23	58~66	8~10	—	0.4	0.4	3.15~4.15	1

理论上，随着含镍量的提高，抵抗硫、氯离子的应力腐蚀抗力也相应提高，因此制造膨胀节波纹管的材料，在满足高温性能的基础上，从含镍9%~12%的18-8系奥氏体不锈钢，含镍30%~35%的Incoloy800，含镍38%~46%的Incoloy825到含镍>60%的Inconel625，逐步升级。因此，Inconel625和Incoloy825是其中综合性能最优的材料。Inconel625是Ni基Cr-Ni-Mo高温合金，并加入了稳定化元素Nb，具有良好的耐高温、抗敏化和抗硫酸、连多硫酸及氯离子应力腐蚀的能力；Incoloy825是钛稳定化处理的全奥氏体Ni-Cr合金，并添加了Cu和Mo，具有良好的耐应力腐蚀开裂、耐点腐蚀和缝隙腐蚀、耐氧化性和非氧化性热酸等性能。在高温性能方面，

Inconel625 适用于催化裂化装置 650℃以上高温部位，如再生斜管、待生斜管、外取热器下斜管、再生器至三旋烟道、三旋至烟机烟道、三旋至降压孔板烟道等；相比之下，Incoloy825 更适用于 550℃以下的部位，如烟机出口烟道、降压孔板至余锅烟道等。

经调研，再生器至三旋烟道膨胀节易发生泄漏问题。一旦发生泄漏，装置将被迫降低处理量和再生压力，采取在线包盒子的方法进行临时堵漏处理，带缺陷运行至装置停工检修时对该膨胀节进行更换。如：2014 年某 100 万 t/a 催化装置再生器至三旋烟道膨胀节(复式铰链型)波纹管出现泄漏，在线包盒子处理，装置检修时进行更换；2010 年、2015 年某 100 万 t/a 催化装置再生器至三旋烟道膨胀节(复式铰链型)波纹管出现泄漏，在线包盒子处理，装置检修时进行更换；2020 年某 220 万 t/a 催化装置再生器至三旋烟道膨胀节(复式拉杆带比例连杆型)波纹管出现泄漏，在线包盒子处理，装置检修时进行更换。

2　再生器至三旋烟道膨胀节波纹管泄漏原因概述

分析膨胀节波纹管泄漏的原因，除了设计选型不当、制造缺陷、安装施工质量、蠕变失稳、疲劳破坏等原因外，还有腐蚀破坏、冲刷侵蚀等。

烟气中含有一定量的水蒸气，烟气进入波纹管与导流筒的空隙后，可能在波纹管内部降到其露点温度以下，形成冷凝水。而烟气中的 SO_4^{2-}、SO_2、NO_x 等极性气体极易溶于水，形成酸性溶液，构成产生应力腐蚀裂纹的腐蚀介质和电化学反应条件，从而使波纹管发生腐蚀。烟气露点温度的高低取决于烟气中水蒸气分压和 SO_4^{2-}、SO_2、NO_x 等的浓度，当烟气中的 SO_4^{2-}、SO_2、NO_x 等与水蒸气结合形成酸蒸汽，可将烟气露点温度提高到 180℃。而且，膨胀节内表面还可能处于干湿交替环境，腐蚀性液体经过反复浓缩，其离子浓度、酸度大大提高，构成了波纹管低温电化学腐蚀(含应力腐蚀)的液体环境。实际上，Inconel625、Incoloy825 等高镍奥氏体合金对硫、氯离子的应力腐蚀也并非是免疫的，在特定条件下仍无法避免应力腐蚀的发生。此外，当导流筒与波纹管之间的封堵填充物脱落或导流筒发生破损后，烟气将更加容易与波纹管接触，造成腐蚀；同时，携带催化剂粉尘颗粒的、高速流动的烟气也会对波纹管产生冲刷侵蚀。

3　某催化装置再生器至三旋烟道膨胀节波纹管泄漏情况

某 220 万 t/a 催化裂化装置再生器至三旋烟道膨胀节采用复式拉杆带比例连杆型，通径为 2400mm，设计温度 760℃，工作温度 700℃，设计压力 0.43MPa，工作压力 0.23MPa，波纹管材质选用 Inconel 625(Grade 2)(固溶)，波纹管设置为双层结构，1.5mm 厚，上下波纹管均为三波，波高 66mm，波距 80mm，设计横向位移 70mm，设计疲劳寿命 3000 次。该膨胀节于 2014 年 8 月投入使用。

2020 年 6 月 11 日，该膨胀节上波纹管发生泄漏(自上波纹管外保护罩缝隙中喷出烟气、水汽)，如图 3 所示。

图 3　膨胀节上波纹管泄漏情况

之后，又发现该膨胀节上波纹管一拉杆加强板透气孔处漏烟气，判断为端板与筒体焊缝部位发生泄漏如图 4、图 5 所示。

图 4　拉杆加强板透气孔处泄漏

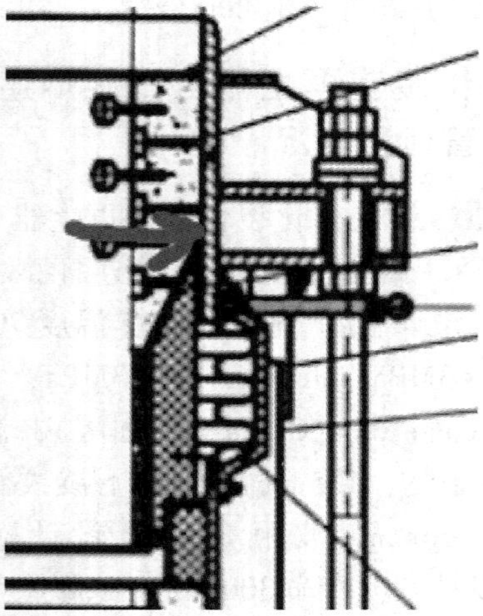

图5　拉杆加强板处结构

4　膨胀节波纹管泄漏原因分析

该膨胀节泄漏的原因，排除设计选型不当、制造缺陷、安装施工质量、蠕变失稳、疲劳破坏等因素后，分析为腐蚀破坏、冲刷侵蚀共同作用的结果。该膨胀节上部3m处设置有两台烟道降温喷嘴(图6)，由于该装置再生器为单段再生型式，生产中再生器稀相常出现尾燃现象，造成再生器出口烟气温度超标，操作上采用喷水、喷汽降温的方式进行控制，喷水量最大达20t/h。这样，再生器出口烟气中水汽含量大大增加，就可能在膨胀节波纹管处形成烟气低温漏点腐蚀的环境。其次，烟道降温喷嘴距离膨胀节距离非常近，降温水喷入烟道后急剧汽化，对烟气流动状态产生扰动，可能对膨胀节内部导流筒产生冲刷侵蚀；若喷嘴雾化效果不佳，烟气夹带着局部大量水、汽下行，对喷嘴下方的烟道衬里、膨胀节导流筒产生冲刷侵蚀，导流筒一旦破坏后，波纹管就直接暴露在烟气腐蚀和冲刷作用下，更容易发生泄漏。

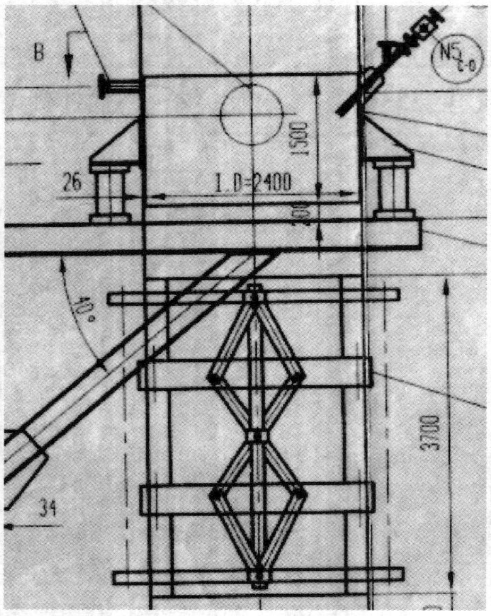

图6　烟道降温喷嘴与膨胀节

后来，装置停工检修时的设备鉴定情况也验证了以上原因分析：烟道降温喷嘴下部衬里被冲刷出宽约20cm的沟槽，并一直延伸至膨胀节上波纹管导流筒处(图7)；膨胀节上波纹管导流筒局部破坏严重，露出了波纹管(图8，侧拉环处为破损的导流筒，Ω保温钉处为波纹管)；烟道降温喷嘴喷口破损严重，成为不规则形状(图9)。

图7　喷嘴下部衬里冲刷

图8　波纹管导流筒破坏

5　膨胀节波纹管泄漏处理措施

5.1　膨胀节包盒子堵漏并补强

该膨胀节泄漏后，采用在线包盒子并外部加固的方法进行临时处理，待装置停工检修时对该膨胀节进行了更换。

图 9 喷嘴喷口破损

首先，对上波纹管进行包盒子处理。使用 10mm 厚 316L 钢板卷筒后，分割为若干块，设置在上波纹管外护罩与膨胀节拉杆、比例连杆之间的空隙中，焊接生根在膨胀节上端板和上波纹管下部护罩环板上。

因膨胀节上下端板、护罩环板和中间筒节均为碳钢材质，为防止烟气对端板、护罩环板和中间筒节腐蚀后再次造成泄漏，决定对膨胀节中间筒节、下波纹管使用 10mm 厚 316L 钢板整圈包盒子。在此之前，在膨胀节上下端板及上下波纹管护罩环板外侧均贴焊一层 10mm 厚 316L 钢板。

盒子主体焊接完毕后，还剩余两侧比例连杆处局部无法焊接。这是由于波纹管外护罩与比例连杆之间空隙较小，设置包盒子用钢板后，就无法将焊把伸入钢板与比例连杆之间。因此需将比例连杆临时拆除以补全焊缝。比例连杆在装置运行状态下的位移量虽已达到最大状态，但由于比例连杆还承受着膨胀节中间筒节的重量，因此在拆除之前还需要对中间筒节和膨胀节整体进行临时固定，以防止波纹管产生过度变形。临时固定使用 8 根加固槽钢，按圆周等分排列，槽钢两端焊接生根于膨胀节上下端板上，中部增加固定鞍座焊接生根于膨胀节中间筒节盒子外表面。这样就将膨胀节整体进行了临时固定。拆除比例连杆时，将上中下 3 个鞍座组件中的立板在方便操作处同一高度进行割除(共计 12 块立板)，便可将比例连杆整体取下。切割过程需保证切割表面平整，方便后续焊接。两侧比例连杆处盒子焊缝焊接完毕后，先在切割后留在膨胀节筒体上的鞍座组件立板上满焊加装一块垫板，再将比例连杆组对到位后与加装垫板进行满焊，以保证比例连杆的固定强度。

5.2 操作调整措施

为了降低烟气中水汽含量，减缓烟气对膨胀节的腐蚀，操作上一方面采取调节装置原料油性质、再生器藏量，添加助燃剂等措施减缓再生器稀相尾燃程度；另一方面调整烟道降温蒸汽、水的开度，尽可能关小降温蒸汽、水开度，必要时优先开大降温蒸汽，当蒸汽全开时再开降温水。装置停工检修时，一方面在再生器内增加强化烧焦格栅，对待生剂分布器进行改造，以降低再生器稀相尾燃发生的几率和程度，另一方面将烟道降温喷嘴更新为 CS-ⅡA 型喷嘴，蒸汽侧设置孔板，始终保持全开状态，以保证雾化效果，操作上仍按照尽可能关小降温水的原则进行控制。

6 结束语

某催化装置再生器至三旋烟道膨胀节波纹管发生泄漏故障，究其原因主要是烟道降温大量喷水对膨胀节内套筒和波纹管造成的腐蚀破坏和冲刷侵蚀。故障发生后，采用在线包盒子补强的方法进行临时处理，操作上采取降低降温喷水流量的方法进行调整，坚持运行到装置停工检修后对该膨胀节和烟道降温喷嘴进行更换，还在再生器内增加了强化烧焦格栅，对待生剂分布器进行改造，以改善再生尾燃状况。总之，对于该膨胀节，降低烟气温度，减少降温喷水对其不利影响，才能保证它能够安全平稳长周期运行。

参 考 文 献

[1] 李永生，李建国. 波形膨胀节实用技术——设计、制造与应用[M]. 北京：化学工业出版社，2000：122.

[2] 国家市场监督管理总局，中国国家标准化管理委员会. 金属波纹管膨胀节通用技术条件：第 3 部分 术语和定义：GB/T 12777—2019[S]. 北京：中国标准出版社，2019：2.

[3] 傅向民，罗杰英，王雷，等. RFCC 波形膨胀节腐蚀成因及对策[J]. 压力容器，2006，23(7)：49-52.

[4] 中华人民共和国工业和信息化部. 耐蚀合金冷轧板：第 5 部分 化学成分：YB/T 5354—2012[S]. 北京：中国标准出版社，2012：4.

[5] 张海，谢圣利. 3.5Mt/a 重油催化裂化装置膨胀节开裂原因分析[J]. 石油和化工设备，2011，14：55-58.

板片式蒸发型湿空冷的腐蚀失效分析

吴　东　郝永杰　夏明川　锡福坤

（中国石化青岛炼油化工有限责任公司）

摘　要　空冷器作为一种石油石化行业广泛使用的大型换热设备，应用于各种复杂的腐蚀环境中，蒸发型湿空冷相比与干空冷而言，工艺条件更加复杂。板片式蒸发型湿空冷的腐蚀失效在内外表面均有可能发生，采用化学成分分析、宏观以及微观观测和能谱分析等手段，可以确定其腐蚀的主要原因。外表面的城市中水在空冷蒸发冷凝的水循环过程中产生了高倍浓缩的氯离子，当空冷水箱的腐蚀物和泥垢被喷淋在板片上，在垢片下氯离子对空冷板片发生垢下腐蚀。

关键词　板片式整发型湿空冷　化学成分分析　能谱分析　氯离子　垢下腐蚀

引言

某石化炼油厂液化气气体分馏装置脱丙烷塔在塔顶流程上采用板片式蒸发型湿空冷，其在2020年3月到4月之间多组空冷板片发生泄漏，为找出多组空冷集中泄漏的原因，制定设备长周期运行的策略，需对泄漏的板片进行技术分析。

1　工艺概况

该液化气气体分馏装置原料气来源为催化裂化脱硫脱硫醇后的净化液化气，其经过脱硫处理后腐蚀介质含量极低，2019年8月开工以来至2020年4月间，净化催化液化气硫含量均值为9.5mg/L，硫醇硫含量小于4mg/L，且原料硫含量水平处于较为稳定状态。板片式蒸发型湿空冷A-102A至A-102I（按字母顺序排列）共9台，净化液化气经过一系列的精馏后，脱丙烷塔顶的丙烯介质进入空冷A102A~I的壳程进行冷却，冷却后丙烯进入丙烯缓冲罐。外表面介质原为工业除盐水，满足GB/T 50109—2014《工业用水软化除盐设计规范》，2019年9月被替换为城市中水。

2　空冷结构

丙烯冷却器A-102壳程采用波纹板拼接组成，板片材质S31603，板片上部按面积均匀设置雾化喷头，两组板片中间设置一台空冷风机，当风机启动，在空冷风机下方形成低气压区域，气流从两侧板片上部向下运动，汇聚至风机下方后吸入风机向上排出，呈U形路径。工业除盐水从喷头喷出，喷淋至空冷板片上，在板片上蒸发吸收热量制冷，随后一部分被气流夹带排向大气，另一部分下落至底部水箱，再由底部水箱经泵抽出返回喷头，形成循环，损失的除盐水经系统补给，维持水箱液位稳定。

3　腐蚀现象

根据空冷的防腐蚀及高效率工作要求，2020年4月开始，定期对9台空冷板片陆续进行高压水清洗。在空冷A-102投用前的气密过程中，4月7日A102B、4月14日A102D、4月22日A102G、4月24日A102H、5月7日A102E相继出现泄漏，漏点从表面看均为板片腐蚀穿孔如图1所示。

图1　板片腐蚀穿孔外观

第一作者简介：吴东（1987—），硕士，工程师，现从事工作催化裂化装置技能操作工作。E-mail：wd.qdlh@sinopec.com

4　金属腐蚀分析

4.1　宏观腐蚀特征观察

4 月 28 日，对空冷 A102B 板片进行拆解，发现板片上存在泥垢和白色结晶物，板片表面清洗干净后，可见母材外表面不致密的大量黄褐色腐蚀斑点，并且存在大量不均匀点蚀坑（图 2），最大尺寸为 5mm×3mm，腐蚀深度不等，分布不规律，焊缝未见明显腐蚀；内表面光洁，除穿孔部位外没有其他明显损伤或腐蚀（图 3）。

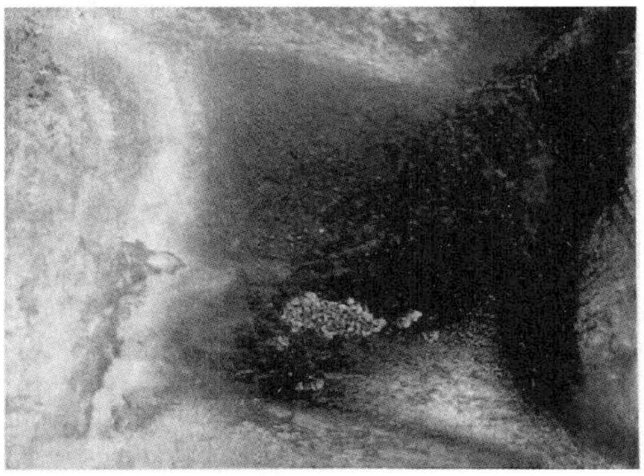

图 2　板片外表面局部密集点蚀坑群

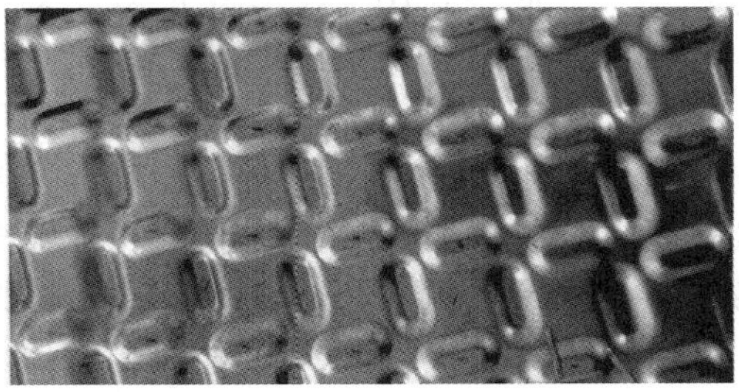

图 3　板片内表面形貌

4.2　腐蚀孔及腐蚀坑表面微观形貌

通过体视显微镜观察到同一腐蚀孔在外表面尺寸明显大于内表面（图 4 和图 5），并且在腐蚀孔附近外表面存在多个大小不一的腐蚀坑，而内表面光滑平整，除腐蚀孔外无其他明显腐蚀特征。说明腐蚀发生在板片外表面。

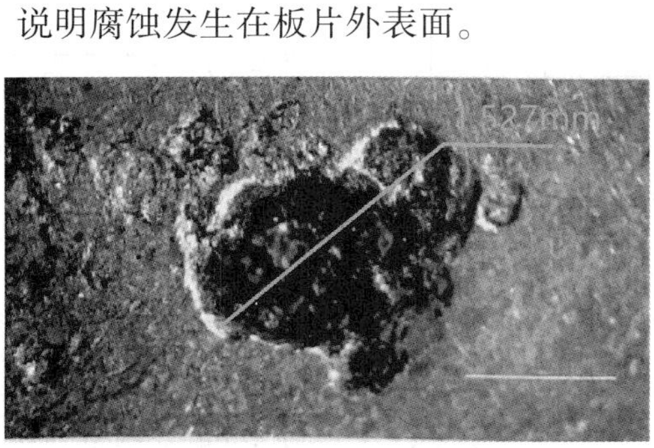

图 4　腐蚀孔在板片外表面观察的形貌大小

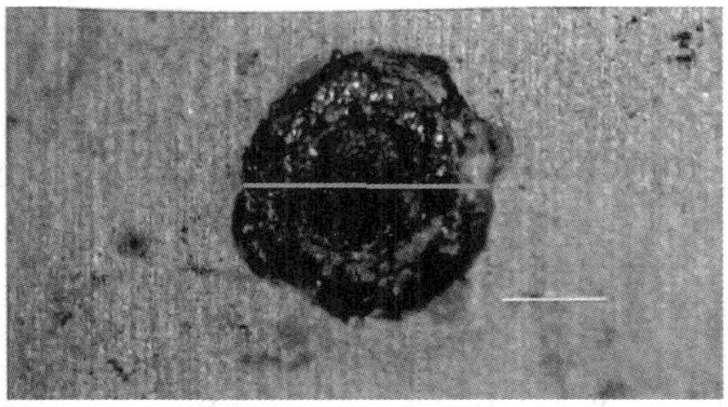

图 5　腐蚀孔在板片内表面观察的形貌大小

通过扫描电子显微镜（SEM）对点蚀部位的微观形貌进行观察分析，蚀坑表面可见晶界和晶粒间较为平滑连接的晶面（图 6），说明原母材上不存在缺陷，没有发生脆性断裂，金属表面经过点腐蚀并且腐蚀延展形成多种形态腐蚀坑。

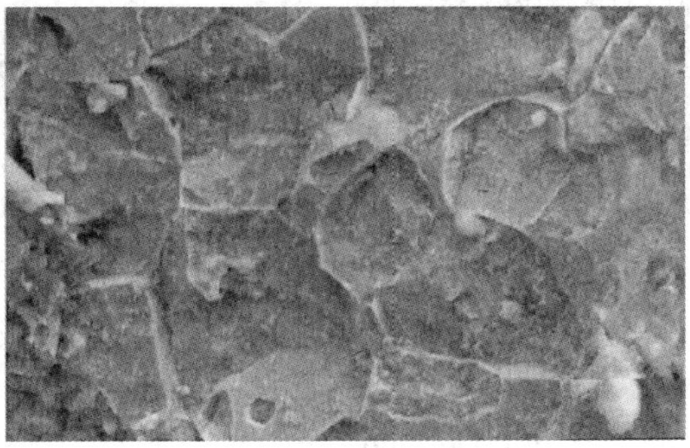

图 6　腐蚀孔在板片内表面形貌大小

4.3　腐蚀孔附近金相组织分析

通过对腐蚀穿孔部位母材以及焊缝部位进行金相组织分析，母材金相组织为奥氏体，焊缝金相组织为奥氏体+铁素体，点蚀部分金相组织无异常如图 7 所示。

图 7　点蚀孔部位金相组织形貌

4.4　腐蚀孔附近化学成分分析

将母材上腐蚀坑外的试样进行化学成分分析。结果见表 1，满足 GB/T 3280—2015 对 S31603 材料的要求，说明母材不存在缺陷。

表 1　母材化学成分分析

	化学元素含量/mass%								
元素	C	S	P	Si	Mn	Cr	Ni	Mo	N
化验值	0.024	<0.005	0.031	0.67	1.46	16.71	10.02	2.05	0.041
标准值	≤0.030	≤0.030	≤0.045	≤0.75	≤2.00	16~18	10~14	2~3	≤0.10

利用能谱分析(EDS)对腐蚀部位表面的腐蚀产物进行成分分析(图 8)，结果表明腐蚀产物中除了含有表 1 中的材料成分外，还包含 O、Ti、Si、Al、K、Ca、Na、Mg、S、Cl 元素，其中 Cl 元素含量为 0.2%(质量分数)。

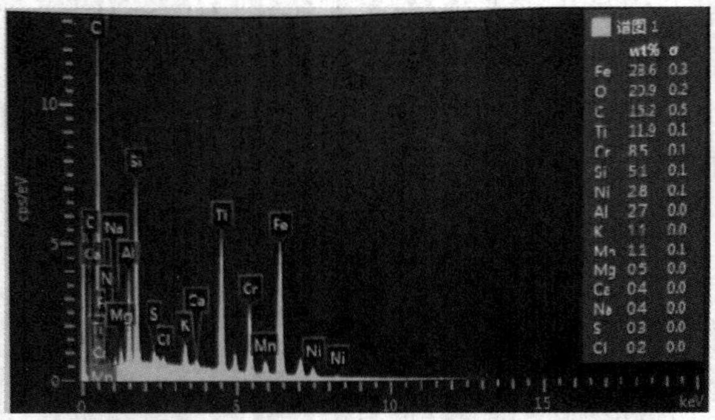

图 8　腐蚀产物化学成分能谱图

对板片外表面广泛存在的黄褐色斑点的成分分析结果见图 9，结果表明其主要成分为 Fe 和 O，并含有少量 Cr、Mo、Si、Ti、Ca，主要为铁的氧化物。通过对水循环流程的分析，可以得知铁的氧化物主要来源为空冷水箱的腐蚀，空冷水箱材质为铸铁，暴露在大气中，当防腐层脱落，在湿大气的化学腐蚀作用下生成的铁的氧化物。

另外还有泥沙分布在板片上，包括水垢在内任何不溶解物质的固形物的集合体。包括腐蚀产物、氧化皮、粉尘和泥沙、破损的涂层、天然有机物，来自补充水、空气和系统本身的污垢。这些污垢附着在板片表面，为氯离子进一步的富集提供场所。

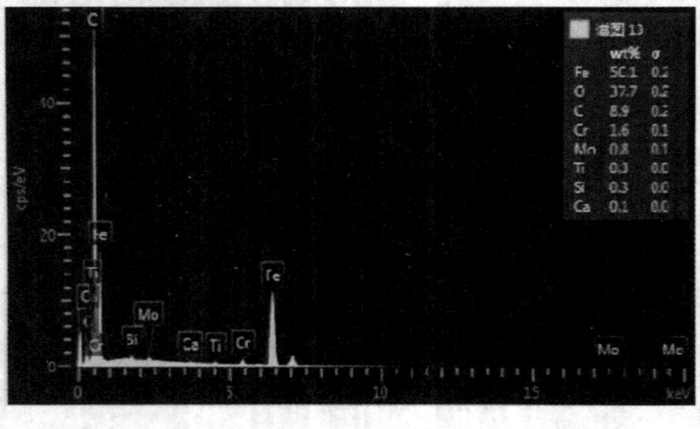

图 9　板片表明黄褐色垢样化学成分能谱图

4.5　腐蚀分析结论

对以上分析结果进行归纳总结得出，空冷器板片母材不存在缺陷，材料满足要求；腐蚀形态为点蚀，围绕腐蚀穿孔部位存在多形态腐蚀坑；腐蚀发生在材料外表面，从腐蚀产物的化学成分来看氯离子为腐蚀产生的根本原因；氯离子孔蚀的危害在于会在不锈钢表面产生大的凹穴，由于其中溶液的酸性比周围环境强，在引发阶段，腐蚀产物会生成一个硬壳在表面上，通过电迁移吸引氯离子以保持穴内的电中性，而前期的泥垢代替了初始的点蚀作用形成密闭溶液，促进反应加速进行。

5　水质分析

原设计空冷器外表面介质为工业除盐水，其中氯离子含量低于 0.01%，2019 年 8 月为有效利用城市中水，使用城市中水替代工业除盐水，2020 年 1 月发现各组空冷喷淋水中氯离子含量异常，最高达约 2000mg/L，即介质中的氯离子的质量分数最高约为 0.2%，1 月 20 日将城市中水改为工业除盐水后喷淋水中氯离子含量持续下降，经过持续置换，氯离子含量趋于稳定，降低至不高于 40mg/L，如图 10 所示。

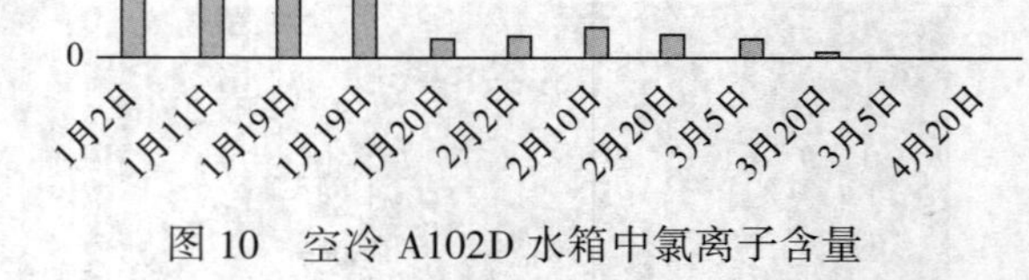

图 10　空冷 A102D 水箱中氯离子含量

对空冷供水进行化验分析，城市中水氯离子含量约在 20mg/L 左右，由城市中水改为工业除盐水后，氯离子含量下降至 5mg/L 以下，pH 值从 7.5 左右上升至 9 左右如图 11 所示。

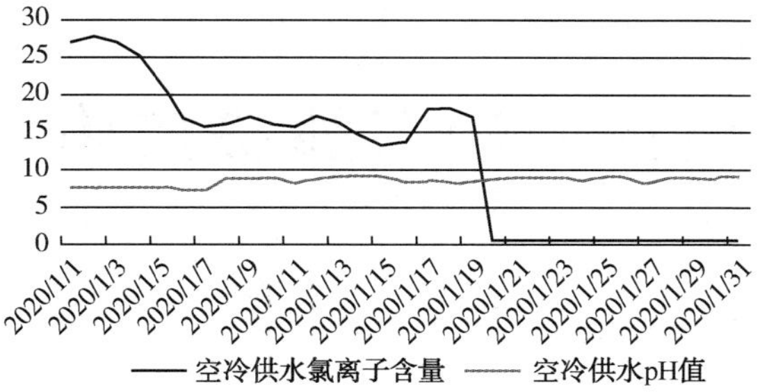

图 11 空冷供水水质变化趋势

空冷水箱的供水水质直接影响了水箱中循环冷水的水质，随着水分蒸发，水箱中的氯离子溶液得到浓缩，氯离子浓度不断上涨；而空冷板片表面结垢、结盐，反复“干湿交替”，氯离子将在板片表面二次富集，达到更高的浓度。

通过对空冷水箱和供水端水质的分析可以得出，当空冷供水中存在氯离子时，由于蒸发式湿空冷的蒸发析出作用，空冷水箱中氯离子含量会不断积累升高，最终会导致水箱中的循环喷淋水氯离子达到一个较高水平，而在中性氯化物环境下，当温度为 50℃时，S31603 材质的钢板，其介质中氯离子含量不应超过 0.1%(质量分数)，当超过这个上限值，钢材极易受到氯离子点蚀作用。

6 结论

通过对腐蚀部位及周边的金属组织进行宏观及微观检查，确定了腐蚀的方向为从外表面向内腐蚀，腐蚀的形式为点蚀；通过对腐蚀产物的成分分析，确定了其腐蚀机理为氯离子的点蚀，空冷水箱中的水垢为其提供了反应场所；通过对空冷供水的水质分析，确定了介质中氯离子的来源及浓缩原理，消除了隐患。

在更换了泄漏板片之后，加入了对空冷水箱水样氯离子含量的定期分析计划，并且制定了水箱中氯离子含量高于 40mg/L 后的置换措施；每年计划对空冷板片表面高压冲洗一次；定期清理空冷水箱泥垢，控制水箱水质浊度不大于 10NTU。空冷全部投用至今运转正常，实现了板片式蒸发型湿空冷的长周期防腐蚀管理。

参 考 文 献

[1] 史艳华，于洋，梁平，等 . 316L 不锈钢在氯离子环境中的腐蚀行为[J]. 材料保护，2015，48(8)：4.

[2] 崔丽芬 . 设备垢下腐蚀的形成及预防[J]. 化工管理，2019(24)：1.

[3] 鲍其肃 . 氯离子与冷却水系统中不锈钢的腐蚀[J]. 水处理信息报导，2006.

[4] 张金钟，谢俊峰，宋文文，等 . Cl^- 浓度对 316L 不锈钢点蚀行为的影响[J]. 天然气与石油，2012，30(1)：71-73104.

[5] 王国华 . 复合蒸发式空冷器管束腐蚀分析及措施[J]. 炼油技术与工程，2019，49(12)：45-48.

硫酸法烷基化装置存在的腐蚀问题与解决措施

尚　智　李朋宇

（大连西太平洋石油化工有限公司）

摘　要　大连某石化公司硫酸法烷基化装置自2013年重新投产运行以来，多个系统及部位发生过硫酸腐蚀泄漏，严重影响装置的安全平稳生产。根据各部位腐蚀情况，研究各腐蚀形成的机理，分析出现腐蚀的原因，制定有针对性的解决方案及措施，通过材质升级、保护优化、设备设施升级改造等手段，减少了装置腐蚀情况的发生。

关键词　硫酸法烷基化　硫酸腐蚀　材质升级

1　概述

目前国内各石化公司烷基化装置普遍采用硫酸法工艺，利用碳四与装置循环异丁烷和冷剂一起进入反应器，在硫酸的催化剂作用下，异丁烷与碳四烯烃发生烷基化反应生产烷基化油。

大连某石化公司烷基化装置采用美国STRATCO卧式偏心高效反应器，于1998年9月开工，1999年6月停工进行退料处理，2013年10月烷基化装置重新检修投产。自重新投产以来，该装置多个部位发生过硫酸腐蚀泄漏，通过不断研究各易腐蚀点的腐蚀机理，查阅文献资料及与其他同类炼化企业进行学习交流，利用工艺流程优化、设备材质升级、技术改造、设备结构调整等手段，有效减少了腐蚀泄漏的情况发生。

2　工艺原理及流程

MTBE装置反应后的未反碳四经过选择性加氢后，除去1,3-丁二烯，与装置循环异丁烷和冷剂一同进入反应器，在硫酸的催化剂作用下，异丁烷与碳四烯烃发生烷基化反应生产烷基化油（图1）。

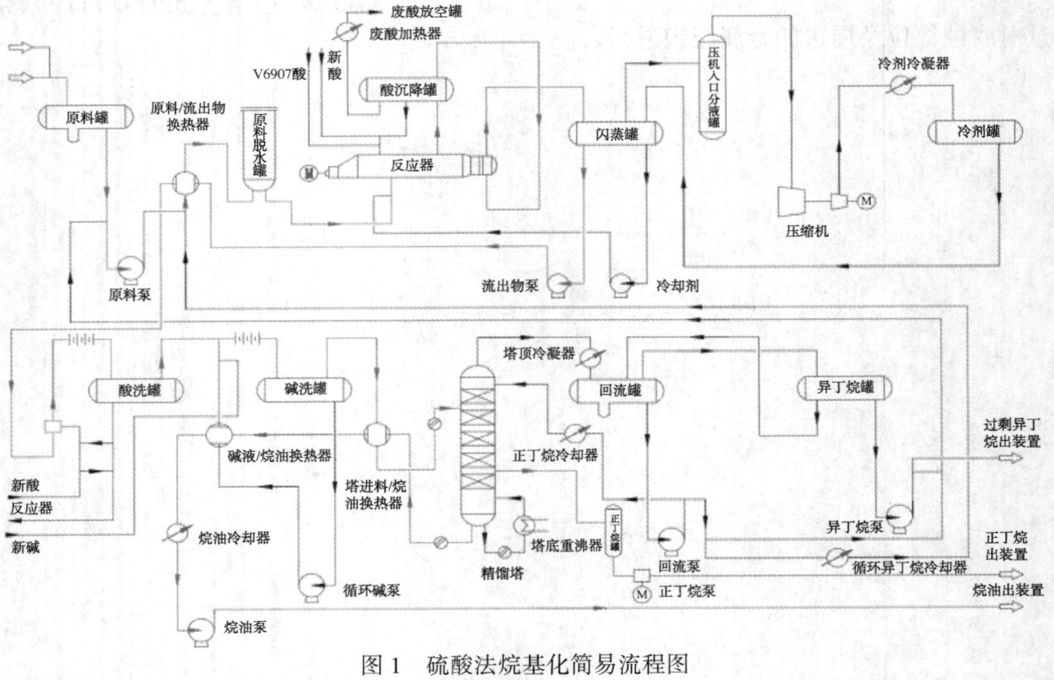

图1　硫酸法烷基化简易流程图

第一作者简介：尚智，大学本科学历，工程师，现在大连西太平洋石油化工有限公司从事设备管理工作。E-mail：shangzhi1@petrochina.com.cn

异丁烷与异丁烯烷基化反应，主反应如下：

$$C_4H_8+H_2SO_4 \longrightarrow (C_4H_9)HSO_4 \qquad (1)$$

$$(C_4H_9)HSO_4+iC_4H_{10} \longrightarrow C_8H_{18}+H_2SO_4 \qquad (2)$$

反应器内的酸、烃在搅拌叶轮作用下形成酸烃乳化液从反应器流出，进入酸沉降器靠密度差进行酸烃两相分离，酸相返回反应器循环使用，烃相物流经压控阀减压进入反应器内的取热管束除去反应热，再经过冷剂闪蒸罐。闪蒸罐的冷剂气体经压缩，冷凝闪蒸降温，作为冷剂再循环至反应器以控制反应器的进料温度。反应流出物经过碱洗精制，避免了对下游管线和设备的腐蚀，

3　硫酸腐蚀机理

浓硫酸具有非常强的氧化性和腐蚀性，且浓硫酸的腐蚀性随其浓度、温度、流速、所含杂质等因素变化而变化。当浓硫酸与金属表面接触后，会在金属表面生成一层致密保护膜，这层保护膜阻止了金属被进一步腐蚀。浓硫酸与金属反应的方程式如下：

$$Fe+H_2SO_4 \longrightarrow FeSO_4+H_2 \qquad (3)$$

然而，化学反应生成的 $FeSO_4$ 保护层较脆弱，很容易从金属表面脱除，裸露的金属进一步与浓硫酸反应，最终使金属不断腐蚀。

4　装置存在的腐蚀问题与解决措施

4.1　STRATCO 卧式偏心反应器管束腐蚀内漏

该烷基化装置共有两台 STRATCO 卧式偏心反应器，采用串联形式，B 列反应器管束多次出现腐蚀泄漏。反应器管束的换热管材质为 10#，U 型管结构，为防止硫酸在碳钢热影响区腐蚀，换热管与管板采用强度胀接，在运行过程中未发生过换热管与管板胀接处泄漏的情况。

经检查发现管束三个支撑圈处换热管腐蚀严重，同时支撑圈边缘腐蚀严重，反应器壳体内循环套筒边缘对应的换热管区域腐蚀严重，换热管腐蚀穿孔，在处于壳程出口部位的换热管，尤其位于中间部位的换热管腐蚀严重(图 2、图 3)。

反应器内部硫酸浓度控制在 90% 以上，管束材质为碳钢，碳钢钝化，因此换热管表面整体无明显腐蚀；支撑圈处换热管表面介质形成局部湍流，导致硫酸冲刷腐蚀换热管；反应器壳体内部有套筒，除壳程出口部位外，管束其余部位均在套筒内，且介质流向与换热管方向平行，而壳程出口部位介质向上流出反应器，介质流向垂直

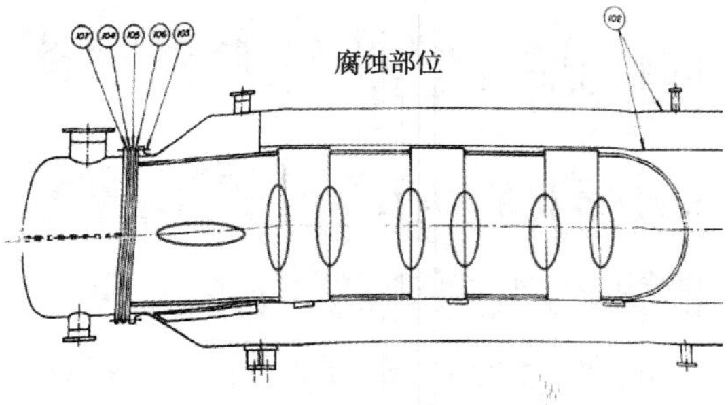

图 2　反应器管束腐蚀示意图

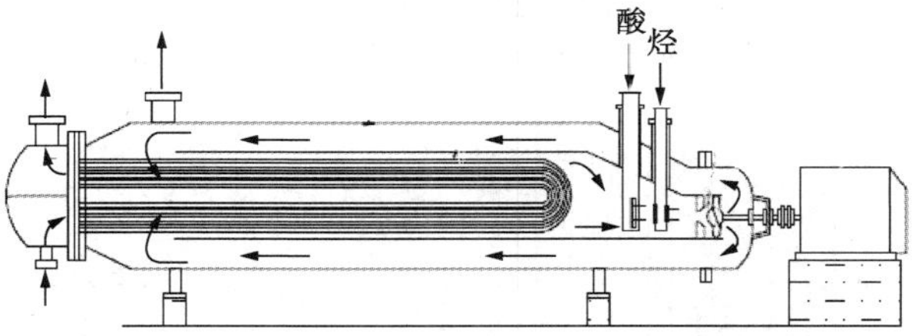

图 3　反应器内部介质流向图

换热管方向，对换热管冲蚀严重，同时介质在管束中间外侧部位由水平转向垂直流出反应器，因此壳程出口部位的换热管腐蚀较重，集中在中间部位外侧的换热管；同时在套筒边缘对应的换热管区域，介质产生局部湍流，导致套筒边缘的换热管腐蚀严重(图 4、图 5)。

图 4　管束支撑圈处换热管腐蚀情况

在新管束位于内循环套筒边缘的位置焊接打孔护板，但投用后仍出现泄漏，经检查发现护板边缘依旧会产生湍流导致冲刷腐蚀，造成腐蚀后移，并没有起到实质性的防冲刷效果。且为了保证新加护板的一半能够进入套筒内，护板相较于套筒更贴近于换热管，介质在护板边缘形成的瀑布流相比于套筒边缘更垂直于换热管，可能会产生比套筒边缘更严重的腐蚀情况，同时打孔位置会产生较多的局部湍流，造成腐蚀加速(图 6)。

图5　管束壳程出口部位换热管腐蚀情况

图6　套筒边缘对应的换热管区域焊接护板

目前通过对前路流程改造，减少副反应降低酸耗、在酸浓度较低的B列反应器反应温度控制在8.5℃以下、酸浓度控制在90%以上，来降低B列反应器管束的腐蚀速率。目前A列反应器酸浓度控制在94%，管束已连续运行3年无问题，预期寿命为4年。B列原管束已在A列运行2年，后在B列上运行2年发生泄漏，因此B列管束的预期寿命为3年。通过与其他炼厂同类装置及杜邦进行交流，可将管束材质升级为Alloy 20，能有效减少换热管的冲刷腐蚀泄漏。

4.2　排酸线腐蚀泄漏

烷基化装置闪蒸罐底部酸包排酸线、酸沉降罐的排酸线原为碳钢管线，由于管道采用热水伴热，且排酸线酸浓度一般为90%左右浓硫酸在浓度与流速均相同的条件下，随着温度的上升，对金属材料的腐蚀性呈明显上升趋势，详见图7。从图7可以看出，在温度≤50℃时，$w(H_2SO_4)$ 98%的硫酸对碳钢管道腐蚀性较小，当温度>50℃后，其腐蚀性将大幅度上升。

后对所有排酸线进行材质升级，将管道及阀门均升级为904L，伴热改为电伴热，控制伴热温度在30℃，酸包排酸线增加一道球阀以此来减少管道腐蚀及阀门内漏的情况。自2019年管道材质升级以来，管道运行正常无泄漏，定点测厚无腐蚀情况。

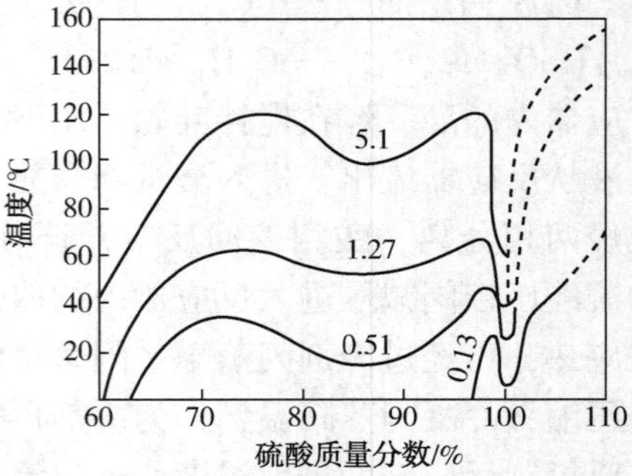

图7　浓度、温度对碳钢的耐硫酸腐蚀性的影响曲线

4.3　反应器进料孔板引压管根部腐蚀泄漏

烷基化反应器进料孔板介质为C_4，同时有酸放空罐油侧至反应器流程，介质为夹杂少量硫酸的液态烃。主管道及引压管无明显振动情况。孔板前后两处引压管焊缝均出现漏点，泄漏位置如图8所示。经检查发现引压管后部隔离液罐放空阀内存有酸性黏稠状物质(图9)，且后路控制阀导淋焊口曾出现过硫酸腐蚀泄漏，同时在此之前另一台反应器相同进料流程的进料孔板引压管导淋处排出过硫酸，在捻缝处理过程中孔板法兰内侧法兰面非焊口部位再次出现腐蚀减薄泄漏。

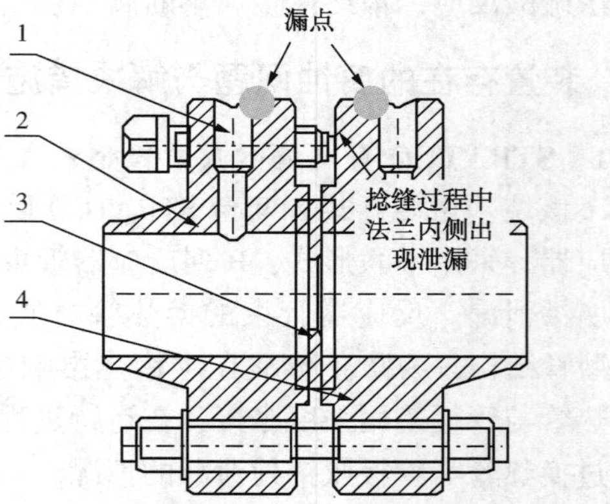

图8　孔板泄漏位置示意图

1—孔板取压口；2—前法兰；3—节流引板；4—后法兰

图9　隔离液罐放空阀内存有酸性粘稠状物质

引压管与孔板取压孔为承插形式，因此引压管与孔板取压孔的间隙易存有硫酸，其角焊缝为热影响区，对腐蚀敏感，造成如图 8 所示的角焊缝腐蚀泄漏。法兰取压孔板流量计引压管所连接的隔离液罐均无固定支撑，使引压管根部与法兰焊接的角焊缝受力较大，但此问题为装置中法兰取压孔板流量计的普遍问题，因此并不认为是此次引压管焊缝泄漏的根本原因。烷基化停工时，反应器内会有少量酸回窜至反应器进料线及冷剂线内，而反应器混合进料线上的单向阀无法完全阻挡其回窜，或由于酸放空罐油侧反打回反应器(流程未投，使用频率约 1 年/次)，导致少量硫酸在管道低点进行聚集，对低点的导淋、接管等造成腐蚀。

4.4　反应器混合进料进料三通及碱洗三通腐蚀泄漏

反应器混合进料三通及碱洗三通出现腐蚀泄漏，三通材质均为 20#。前路流程中酸沉降罐采用重力分离作为分离酸烃两相的方法，分离效果较差，经测算酸沉降罐出口的酸夹带率>250ppm ($1ppm=10^{-6}$)，冷剂及流出物中夹杂较多硫酸，导致混合进料三通冲刷腐蚀及碱洗三通处酸碱中和过程中局部产生稀酸腐蚀，同时碱洗三通还受循环碱液冲刷腐蚀影响。现在酸沉降罐顶部增加聚结器，辅助酸烃分离，减少流出物及冷剂中的硫酸夹带。同时在混合进料及碱洗三通内部加装弯头(图 10)，防止三通冲刷，自 2017 年至今未再发生腐蚀减薄的情况。现计划通过材质升级手段，将混合进料三通及碱洗三通材质更换为哈氏合金 C276，根本上解决三通处的腐蚀泄漏问题。

图 10　混合三通内部增加弯头

4.5　加酸线、收新酸线及外送废酸线腐蚀泄漏

小流量加酸线材质为 20#，管径为 *DN*50，原管道为热水伴热，现已改为电伴热，采用全氩弧焊接，但受管径影响，内部焊缝无法完全打磨平整，导致焊缝突起，使硫酸在焊缝后部产生湍流，造成管件钝化膜破坏，腐蚀剧烈。且小流量加酸泵为往复泵，虽管线内硫酸整体流速较低，流速为 0.029m/s，但泵出入口管线瞬时流速较高，NACE 的权威资料认为，碳钢用于 98%的浓硫酸时，在常温下，流速要限制在 0.6m/s 以下，判断加酸泵出入口实际局部流速有可能过高，导致腐蚀加剧。目前计划对泵出入口管线更换为碳钢衬 PTFE 管道，后路加酸线材质升级为 Alloy 20，根据其他炼厂同类装置运行情况来看，Alloy 20 管道应用在浓硫酸管道中运行良好，未见明显腐蚀，Alloy 20 在不同温度、流速及不同硫酸浓度下的腐蚀速率见表 1。

表 1　Alloy 20 在不同温度、流速及不同硫酸浓度下的腐蚀速率

硫酸质量分数/%	腐蚀速率/(mm/a)											
	38℃			52℃			70℃			91℃		
	0.91 mm/s	2.59 mm/s	3.05 mm/s	0.91 mm/s	2.59 mm/s	3.05 mm/s	0.91 mm/s	2.59 mm/s	3.05 mm/s	0.91 mm/s	2.59 mm/s	3.05 mm/s
98	0.05	0.1	0.15	0.13	0.25	0.38	0.38	0.76	1.14	1.02	2.03	3.05
92.5	0.08	0.15	0.23	0.25	0.51	0.76	0.64	1.27	1.91	1.27	2.54	3.81
85	0.08	0.15	0.23	0.25	0.51	0.76	0.76	1.52	2.29	1.52	3.05	4.57
70	0.08	0.15	0.23	0.38	0.76	1.14	1.27	2.54	3.81	2.54	5.08	7.62
55	0.08	0.15	0.23	0.25	0.51	0.76	0.76	1.52	2.29	1.52	3.05	4.57
45	0.08	0.15	0.23	0.25	0.51	0.76	0.76	1.52	2.29	1.27	2.54	3.81
35	0.08	0.15	0.23	0.25	0.51	0.76	0.64	1.27	1.91	1.02	2.03	3.05
25	0.05	0.1	0.15	0.13	0.25	0.38	0.51	1.02	1.52	1.02	2.03	3.05
15	0.05	0.1	0.15	0.13	0.25	0.38	0.51	1.02	1.52	0.89	1.78	2.67
8	0.05	0.1	0.15	0.08	0.15	0.23	0.13	0.25	0.38	0.64	1.27	1.91
5	0.05	0.1	0.15	0.08	0.15	0.23	0.08	0.15	0.23	0.51	1.02	1.52

收新酸线及外送废酸线材质为20#，间歇运行，热水伴热，高温导致硫酸腐蚀碳钢管道严重，同时经过计算得知启泵时管道内酸流速为1.3mm/s，远高于防腐导则中规定的碳钢管道内硫酸的允许流速0.6~0.9mm/s，导致管道腐蚀迅速。因此将收新酸线及外送废酸线材质升级为碳钢衬PTFE管道，伴热改为电伴热，有效消除了硫酸腐蚀隐患。

4.6 涉酸系统阀门腐蚀内漏

烷基化涉酸系统阀门大部分为碳钢材质闸阀，经过长时间使用，硫酸在阀座及闸板处产生湍流冲刷腐蚀，导致阀门腐蚀内漏。目前通过更换为隔膜阀、904L材质阀门、Alloy 20材质阀门、在阀门密封面堆焊蒙耐尔合金等方式，有效减少了阀门的腐蚀内漏。同时在罐底根阀等重要位置额外增加一道全通径球阀，确保消除罐底内漏可能。

4.7 低温管道保温层下腐蚀

保温层下的腐蚀是指发生在保温层材料的管道或设备外表面上的一种腐蚀现象，由于烷基化装置涉及冷剂的管道设备较多，如闪蒸罐、酸沉降罐、压机入口分液罐、反应器、酸放空罐及冷剂管道、流出物管道等，介质温度较低，最低温度可达-9℃。若保冷有缺陷，会导致设备、管道表面结冰或出现冷凝水，造成保温层下腐蚀。采用聚氨酯发泡可有效保冷，防止出现结冰及冷凝水，同时还可以减少冷量损失。要加强对烷基化保温保冷部位的巡检，发现滴水部位要及时进行保冷整改，在必要时重新进行除锈刷漆，重做聚氨酯发泡保冷。

5 结语

烷基化装置自开工以来，出现了多次腐蚀泄漏，通过分析每一次泄漏产生的根本原因，制定解决措施与改进方向，进而通过材质升级、加装电伴热、加强保温、设备升级等方式，大大降低了装置设备的腐蚀泄漏情况，有助于装置安全平稳的长周期运行，为相关装置硫酸工况及类似工艺的腐蚀防护工作提供了借鉴参考意义。

参 考 文 献

[1] Dean S W, Grab G D. Corrosion of carbon steel by concentrated sulfuric acid [J]. Materials Performance, 1985, 24(6): 21-25.

[2] 天华化工机械及自动化研究设计院. 腐蚀与防护手册[M]. 北京：化学工业出版社，2009，8：250-255.

[3] API RP 581, Risk Based Inspection, Base Resouree Document[S].

储罐呼吸阀检测试验装置设计及试验工艺方案制定

胡纪全　劳瑞卿　树朋山　谢丹林　王　旸

（中国石油化工股份有限公司金陵分公司）

摘　要　依据规范 SY/T 0511.1—2010《石油储罐附件 第 1 部分：呼吸阀》对储罐呼吸阀检测试验装置整体结构及工艺流程进行设计，并制定开启压力和通气量试验方案。呼吸阀校核试验以试验方案和试验平台为依据，通过检测不同规格型号的呼吸阀，验证试验平台的可靠性以及工艺方案的合理性。最终试验结果表明，呼吸阀检测试验装置可满足于公称直径不大于 *DN*300 的各种规格型号的储罐呼吸阀的定期校核试验。最后，针对测试过程中存在的问题和不足，提出了相应的改进措施。

关键词　呼吸阀　检测试验装置　开启压力　通气量　校核试验　改进措施

储罐呼吸阀作为保证储罐正常呼吸的一种安全装置，通常安装在储罐顶部，用来控制储罐内外气体的通道开关，从而起到对储罐的超压、超真空状态的保护作用，使储罐内的压力达到平衡状态，同时呼吸阀又能最大限度减少储罐内介质的排放，降低蒸发损耗，减少环境污染。为了确保储罐内部的气体压力可以有效保证其安全性和稳定性，必须针对储罐呼吸阀进行定期的数据检测。

依据规范《GB/T 37327—2019 常压储罐完整性管理》中 8.6 呼吸阀检验及评价中的要求，常压储罐用呼吸阀每年至少进行一次检验，呼吸阀的开启压力、通气量等应满足设计要求。而目前石化企业储罐用呼吸阀难以进行定期检验，其主要原因在于无成套的检测装置或设备。呼吸阀长期使用后，其实际性能指标与设计指标会出现一定的差异，差异较大、呼吸阀故障时易引发储罐安全隐患。因此，需定期进行维护、检查及检验，保障储罐的安全可靠性。

而目前国内呼吸阀检测试验平台的研发及应用具有局限性。罗浮阀门集团有限公司研发设计的一种呼吸阀校验台，局部实现通气量的检测。优点：采用空压机组向储气罐组输送气源形成空气动力源，储气罐组容积大，可以实现呼气量和正压检测。缺点：无法实现吸气量和负压检测，具有局限性。福建特种设备检验研究院研发设计的一种储罐呼吸阀校验台，能够实现储罐压力模拟，进行呼吸阀开启压力试验。优点：体积小，操作便捷。缺点：通过模拟信号进行检测压力值，其误差较大，并且无法实现通气量检测，具有局限性。

1　试验装置设计依据及概况

储罐呼吸阀检验及标定试验装置（简称：呼吸阀检测试验装置）依据规范《SY/T 0511.1—2010 石油储罐附件 第 1 部分：呼吸阀》设计，满足于 *DN*300 及以下各种型号规格尺寸的储罐呼吸阀进行定期校核试验，其中包括对呼吸阀进行开启压力（正压、负压）和通气量（呼气量、吸气量）的校核试验。

试验装置组成部分包括：储气罐及呼吸阀检测平台、通气量流量检测单元、通气量标定风机、正负压标定风机、微压计，以及阀门及温度、压力、流量就地显示采集，送至 PLC 系统，检测结果自动生成等，规范中试验装置简图，如图 1 所示，其设计应满足以下规范要求：

（1）测试管有效截面积不应小于法兰接管的流通面积，其间不应添加弯头、阀门等影响气流稳定和增加压力损失的构件。

（2）带法兰接管的公称直径应与呼吸阀连接

第一作者简介：胡纪全（1990—），硕士研究生，工程师，主要从事石油化工设备与工艺技术的管理工作。E-mail：hujq.jlsh@sinopec.com

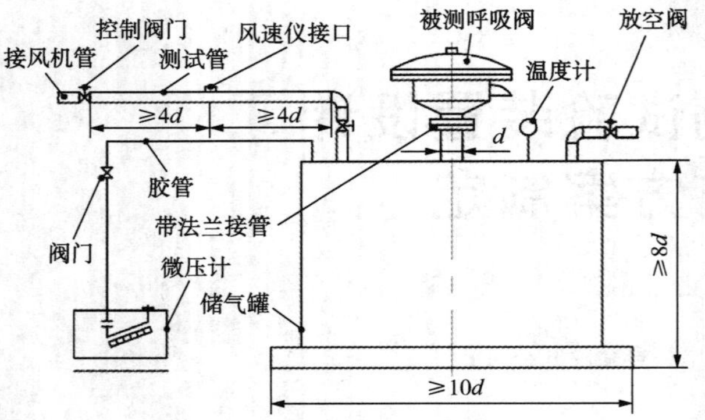

图1　规范中试验装置简图

注：d 为呼吸阀相连接管的外径。

法兰公称直径一致，其与储气罐罐顶连接处端部内侧应为圆滑过渡，且无毛刺和可见损伤。

（3）风速仪接口应位于气流稳定的测试管中部位置，距两侧的弯头或阀门的距离不应小于 $4d$，接口与测试管相连处应光滑无毛刺。

依据规范《SY/T 0511.1—2010 石油储罐附件 第1部分：呼吸阀》进行储罐呼吸阀检测试验装置工艺流程图及结构设计，其流程图及各组成部分，如图2、图3所示。

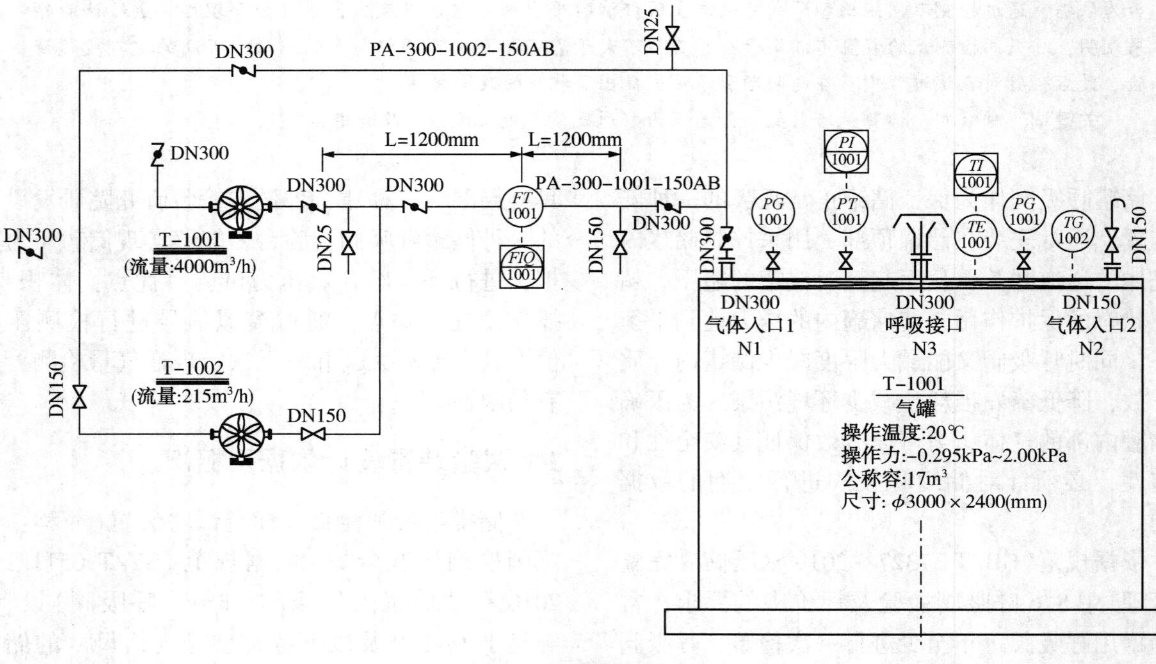

图2　试验装置工艺流程图

图3　试验装置全貌图

2　试验装置主要组成部分概况

2.1　储气罐概况

为保证气体通过呼吸阀的稳定性，呼吸阀检测时必须位于储气罐的上方，并于罐体轴线相同。储气罐的直径大于呼吸阀最大公称直径的10倍，其高度大于呼吸阀最大公称直径的8倍。本装置的储气罐不小于17m³，储气罐顶设置操作平台，便于对呼吸阀的拆装检测，平台上部设置在线压力和温度指示，并适时传输压力、温度检测信号到PLC系统，储气罐如图4所示。

2.2　通气量流量检测单元

通气量检测单元采用风速仪防堵复合型测风装置，矩阵流量计，其性能指标见表1，它是一个在管道内进行多点平均取压测量的装置，安装在管道的截面上，每个测量孔的尺寸和分布是基于独特的公式和测试数据定制的，当流体流过传感器本身时，流体将绕过传感器，正面取得正压，背面取得负压，可获得稳定的差压信号，其结构如图5所示。

图 4 储气罐

表 1 矩阵流量计主要性能指标

名称	检测范围/（Nm^3/h）			精度	安装方式	检测单元材料
	最大	正常	最小			
矩阵流量计	5000	2800	1000	±0.5%~1%	嵌入式	316SS

2.3 标定风机

呼吸阀检测试验装置中所选用的 2 台风机，通气量风机（T-1001），其主要作用为标定呼吸阀的通气量，适用于检测 *DN*300（额定流量 $4000m^3/h$）及以下规格的呼吸阀的呼气量，并满足于检测呼吸阀吸气通气量检测（吸气状态取通气组态的 50%）。正负压标定风机选用小流量风机（T-1002），运行时通过调节风机出口阀门来检测呼吸阀的呼气、吸气压力，满足于所有 2.0kPa 及以下压力等级试验。主要性能指标见表 2。

(a)圆形管专用　(b)小流量专用　(c)方形管专用

图 5 矩阵流量计

表 2 风机主要性能指标

名称	型号	风量/（m^3/h）	压力/kPa		功率/kW		转速/（r/min）	出风方向
			全压	静压	轴功率	电机		
T-1001	SCH-HB400D2-R2-L180	4000	1.803	1.717	2.92	4	2900	L180
T-1002	SCH-HG400YD2-L180	215	3.017	3.000	0.436	1.1	2900	L180

2.4 微压计

储罐呼吸阀检验及标定试验装置中的微压计采用的是 YYT-2000B 型倾斜式微压计，供测量 2.0kPa 及以下气体的正压、负压或差压。结构如图 6 所示，其性能指标见表 3。

表 3 微压计主要性能指标

名称	型号	位号	测量范围/kPa	测量介质	精度等级	最大工作压力/kPa
正微压计	YYT-2000B	PG1001	0~2.0	气体	1.0 级	10
负微压计	YYT-2000B	PG1002	-2.0~0	气体	1.0 级	10

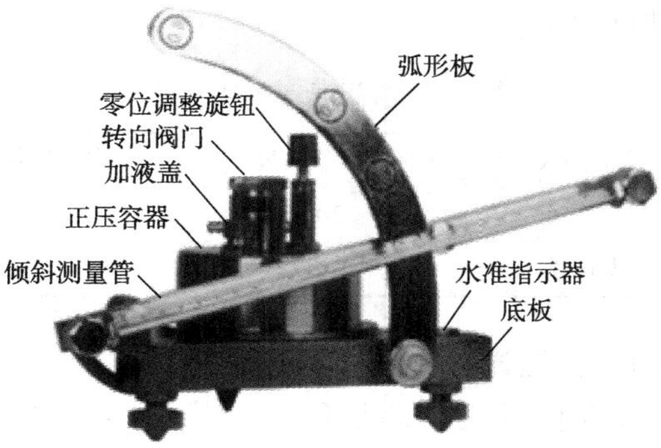

图 6 倾斜式微压计

3　呼吸阀检测试验工艺方案

3.1　试验装置工艺流程图及组成

试验装置工艺流程图及各组成部分如图7所示，其阀门规格类型见表4。

表4　试验装置中阀门规格类型明细表

名　称	类　型	规　格
阀1 吸气总阀	蝶阀	*DN*300 *PN*16
阀2 管路隔断阀	蝶阀	*DN*300 *PN*16
阀3 放空阀	闸阀	*DN*25 *PN*16
阀4 T1001入口阀	蝶阀	*DN*300 *PN*16
阀6 T1001出口阀	蝶阀	*DN*300 *PN*16
阀7 放空阀	闸阀	*DN*25 *PN*16

续表

名　称	类　型	规　格
阀8 管路隔断阀	蝶阀	*DN*300 *PN*16
阀11 放空阀	闸阀	*DN*150 *PN*16
阀12 管路隔断阀	蝶阀	*DN*300 *PN*16
阀13 进罐总阀	蝶阀	*DN*300 *PN*16
阀14 T1002入口阀	闸阀	*DN*150 *PN*16
阀16 T1002出口阀	闸阀	*DN*150 *PN*16
阀17 压力表根阀	闸阀	*DN*25 *PN*16
阀19 压变根阀	闸阀	*DN*25 *PN*16
阀23 压力表根阀	闸阀	*DN*25 *PN*16
阀26 放空阀	闸阀	*DN*150 *PN*16

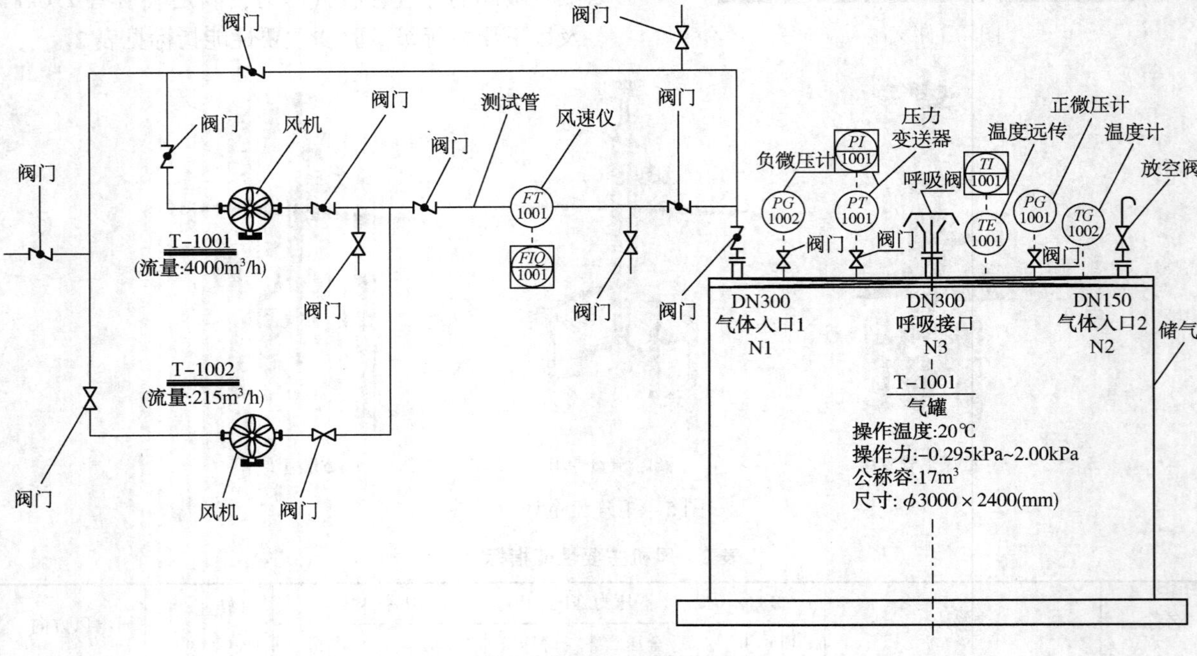

图7　试验装置工艺流程图

3.2　开启压力试验

试验条件：在表5规定的温度条件下对呼吸阀进行检测。

表5　呼吸阀温度条件分类

产品型式	适用操作温度/℃	型式代号
全天候型	-30~60	*Q*
普通型	0~60	P

3.2.1　正压试验

试验前将阀盘调整到关闭状态。如图8所示，检测时关闭阀2、阀3、阀4、阀7、阀11、阀26，开启阀1、阀14、阀8、阀12、阀13，启动风机15(T-1002)，缓慢打开阀门16，使储气罐内的压力逐渐升高进行开启压力(正压)试验，当正压盘呈连续“呼出”状态时(阀盘出现打开异响声)，由微压计24检测出压力值，PLC读取压力变送器20的压力值，经确认后，自动录入检验报告检定结果中“正压”检测值，每分钟读值1次，然后再将正压阀盘分别转动90°和180°重复上述试验，每一工况测三次，最后取9个压力值的算数平均值。

注意：如压力升高速度较快可通过阀16进行开关调节，特别注意风机不能长期憋压，即阀16不可关闭太小。

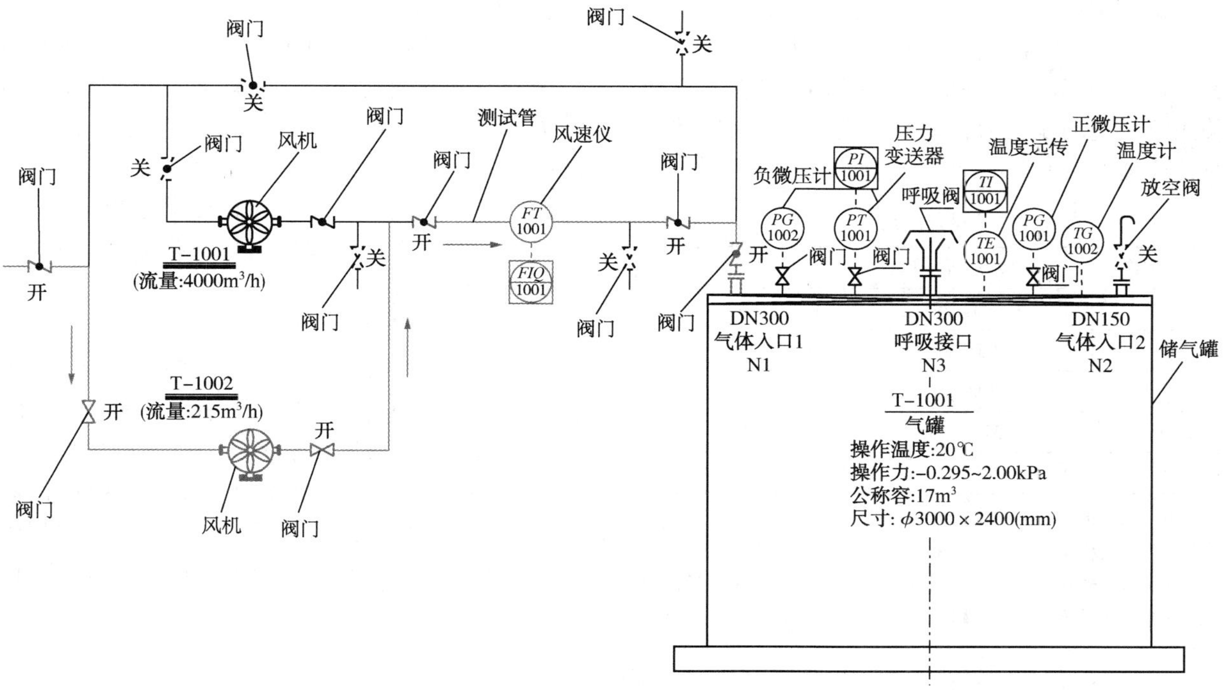

图 8　正压试验操作工艺流程图

3.2.2　负压试验

试验前将阀盘调整到关闭状态。如图 9 所示，检测时关闭阀 1、阀 3、阀 4、阀 6、阀 7、阀 12、阀 26，开启阀 13、阀 2、阀 14、阀 8、阀 11，启动风机 15(T1002)，缓慢打开阀门 16，使储气罐内的压力逐渐降低进行开启压力(负压)试验，当负压盘呈连续“吸入”状态时(阀盘出现打开异响声)，由微压计 18 检测出压力值，PLC 读取压力变送器 20 的压力值，经确认后，自动录入检验报告检定结果中“负压”检测值，每分钟读值一次，然后再将负压阀盘分别转动 90°和 180°重复上述试验，每一工况测三次，最后取 9 个压力值的算数平均值。

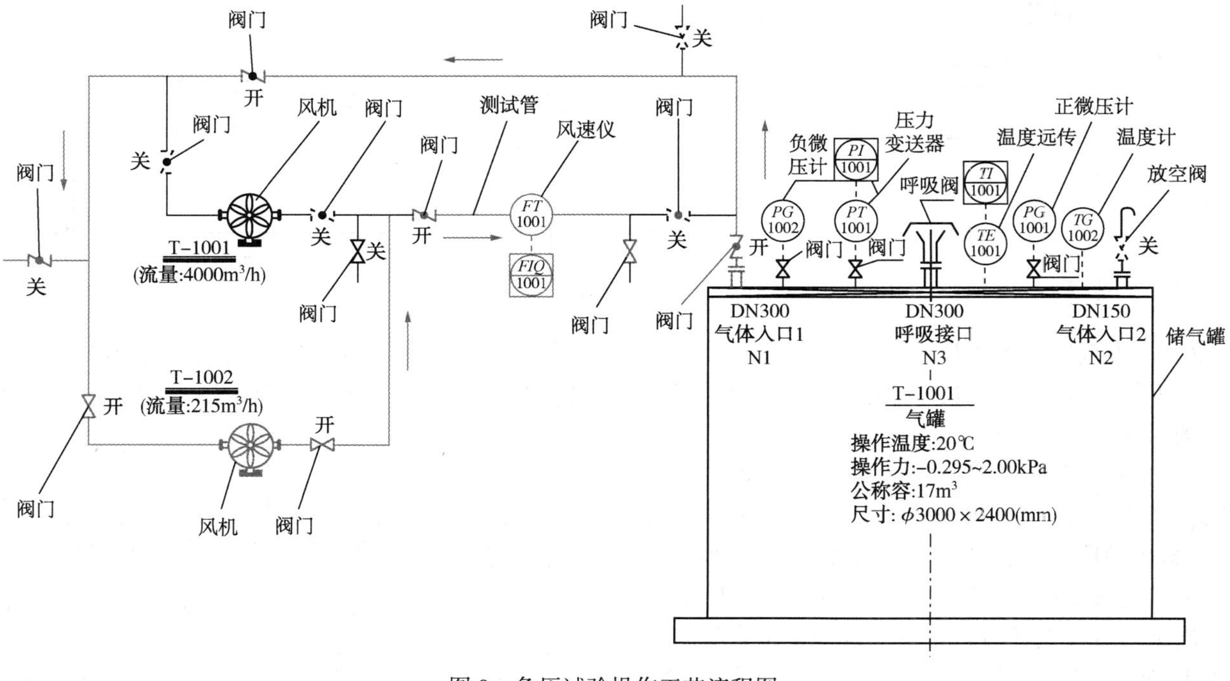

图 9　负压试验操作工艺流程图

注：负压试验时也可以通过关闭阀 8，打开阀 7 来试验，过程中要控制阀门打开速度，否则产生负压速度快，不易取得负压值数据。

试验结果应符合规范要求：其开启压力不应大于表6中的规定值，其允许偏差：正压为-20~0Pa；负压为0~20Pa。呼吸阀阀盘在开启和关闭时，应动作灵活；动作完成后处于关闭状态时，应能有效密封。

表6　呼吸阀开启压力分级表

等　级	开启压力/(P_S/Pa)	等级代号
1	+355/-295	A
2	+665/-295	B
3	+980/-295	C
4	+1375/-295	D
5	+1765/-295	E

注：表6正号表示呼出时开启压力，负号表示吸入时开启压力。对正负压试验中未达到铭牌标注值或试验要求值，要及时检查阀盘和密封面状况，通过研磨、清洗、阀盘称重后的配重减重等方法对呼吸阀进行修复，确保满足要求。

3.3　通气量试验

试验条件：呼吸阀允许通气量，包括呼气通气量和吸气通气量，通气试验时所用空气绝对压力为0.1MPa，温度为20℃，相对湿度不高于85%，密度为1.2kg/m³的空气状态。通气量试验时为保证不损坏呼吸阀阀盘及阀盘密封，呼气通气量试验前将正压阀盘拆除，吸气通气量试验前将负压阀盘拆除。

3.3.1　呼气通气量试验

如图10所示，关闭阀2、阀3、阀7、阀11、阀14、阀26，开启阀1、阀4、阀6、阀8、阀12、阀13，启动风机5(T1001)，缓慢打开阀门6，通过风速仪10检测出流量值，PLC读取风速仪的流量值，经确认后，自动录入检验报告检定结果中“呼气量”检测值，每分钟读流量值一次，共读三次，流量为算术平均值。

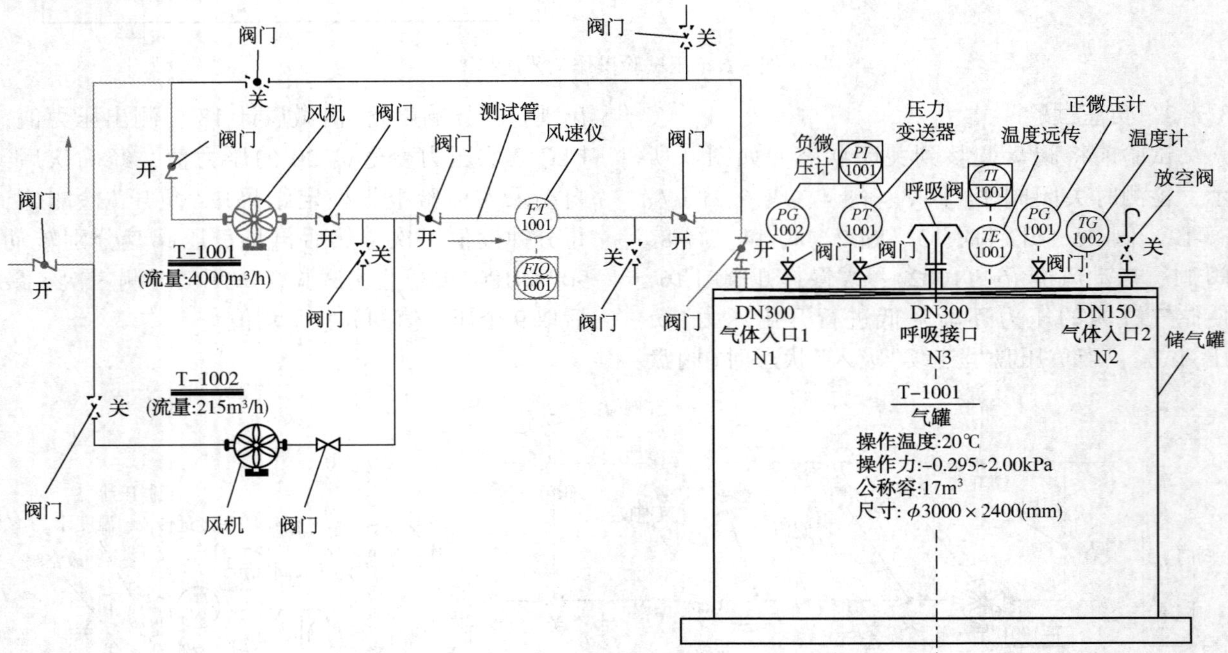

图10　呼气通气量试验操作工艺流程图

3.3.2　吸气通气量试验

吸气通气量试验时，其额定通气量为呼气通气量的0.5倍。

如图11所示，关闭阀1、阀3、阀7、阀12、阀14、阀26，开启阀13、阀2、阀4、阀6、阀8、阀11，启动风机5，缓慢打开阀门6，通过风速仪10检测出流量值，PLC读取风速仪的流量值，经确认后，自动录入检验报告检定结果中“吸气量”检测值，每分钟读流量值一次，共读三次，流量为算术平均值。

通过通气量试验，所测流量数值应满足规范中规定的表7的要求，其允许偏差：检测数值偏差≤5%。

表7　呼吸阀的通气量

规格 *DN*/mm	50	80	100	150	200	250	300	350
额定通气量/(m³/h)	150	300	500	1000	1800	2800	4000	5400

注：本表中通气量为呼气时额定通气量，吸气时额定通气量取呼气时0.5倍。

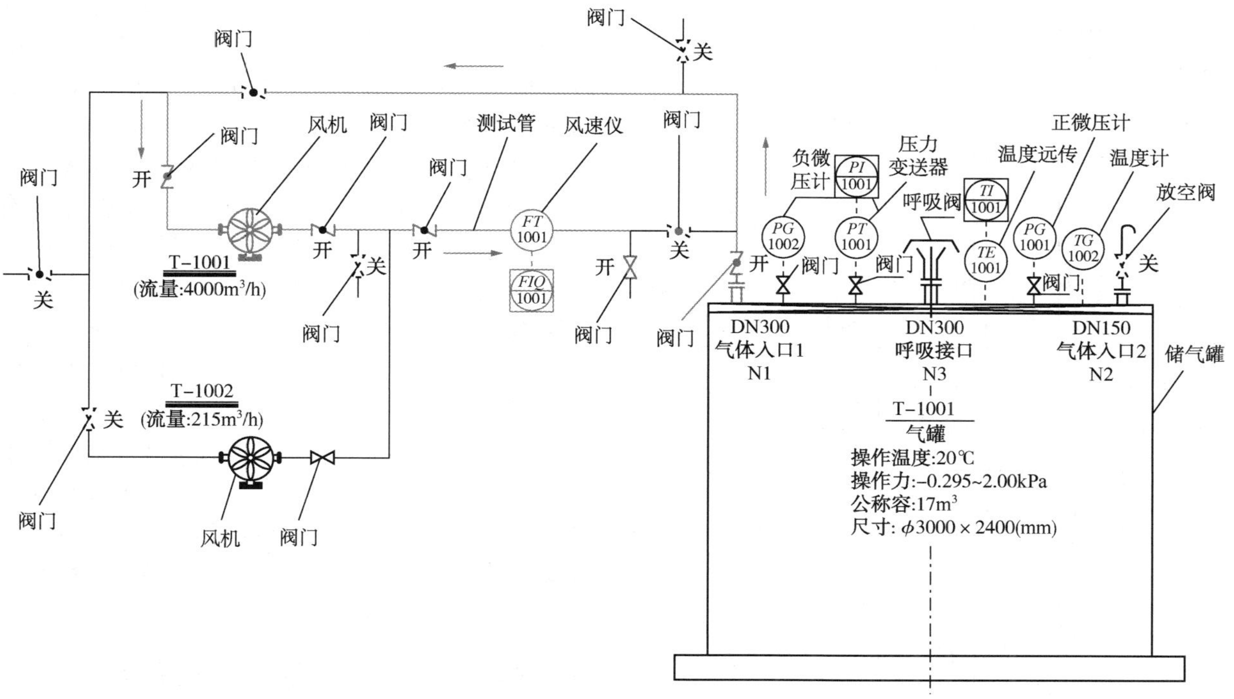

图 11　吸气通气量试验操作工艺流程图

4　试验结果分析

按照 3.2 和 3.3 中试验方案进行呼吸阀检测试验，验证呼吸阀检测试验装置是否满足规范要求，验证制定的工艺方案是否合理。通过检测不同规格型号的呼吸阀，对结果进行分析。从 10 台呼吸阀检测报告中随机抽取 2 台呼吸阀检测数据进行分析。①DN300 GFQ-2 型呼吸阀，常州科能化工设备有限公司生产，其检测报告见表 8。②VD/TS-300-IIB3-CN 型防爆阻火器呼吸阀，普瑞泰格(南京)安全设备有限公司生产，其检测报告见表 9。

表 8　DN300 GFQ-2 型呼吸阀检测报告

检测项目	标准值	检测值		算数平均值	平均偏差
开启压力/(P_s/Pa)	正压(980)	阀盘初始位置(0°)	972	974	6
			977		
			968		
		90°	975		
			971		
			974		
		180°	979		
			973		
			973		

续表

检测项目	标准值	检测值		算数平均值	平均偏差
开启压力/(P_s/Pa)	负压(295)	阀盘初始位置(0°)	291	294	1
			293		
			293		
		90°	297		
			294		
			295		
		180°	292		
			293		
			293		
通气量/(m^3/h)	呼气量(4000)	Q_1	3987	3989	11
		Q_2	3995		
		Q_3	3985		
	吸气量(2000)	Q_1	1968	1974	26
		Q_2	1974		
		Q_3	1982		

表 9　VD/TS-300-IIB3-CN 型防爆阻火器呼吸阀检测报告

检测项目	标准值	检测值		算数平均值	平均偏差
开启压力/(P_s/Pa)	正压(1600)	阀盘初始位置(0°)	1610	1610	10
			1614		
			1613		

续表

检测项目	标准值	检测值		算数平均值	平均偏差
开启压力/(P_s/Pa)	正压(1600)	90°	1605	1610	10
			1607		
			1607		
		180°	1615		
			1613		
			1610		
	负压(300)	阀盘初始位置(0°)	295	294	6
			290		
			297		
		90°	293		
			296		
			295		
		180°	296		
			292		
			291		
通气量/(m^3/h)	呼气量(4250)	Q_1	3946	3972	278
		Q_2	3978		
		Q_3	3992		
	吸气量(2230)	Q_1	2185	2196	34
		Q_2	2199		
		Q_3	2205		

由表8和表9检测报告数据可知，2台呼吸阀的开启压力符合规范要求中的允许偏差：正压为-20~0Pa；负压为0~20Pa。表8中的通气量检测数值接近于标准值，误差范围达到1.3%<5%满足使用要求。而表9中的通气量呼气量检测数值偏差达到6.5%>5%，因此需进行原因分析，通过观察发现表8中的呼吸阀通气量标准值高于规范中所要求的数值，而试验装置的风机额定流量为4000m^3/h，说明试验装置中通气量标定风机的流量无法满足于该呼吸阀呼气通气量检测的要求，因此需提高风机的流量。基于现有条件，通过两台风机并联的方式进行呼气通气量试验，如图12所示，在风机5(T1001)开启后，通过开启阀14、阀16、启动风机15(T1002)，实现两台风机并联的方式，其检测结果满足使用要求。

5　试验装置存在问题及改进措施

5.1　*DN*300以上规格呼吸阀的检测

据统计，目前储罐使用的呼吸阀，基本上在*DN*300以内，如果口径再大，如超过*DN*300以上，则目前的通气量试验检测受制于以下几方面：

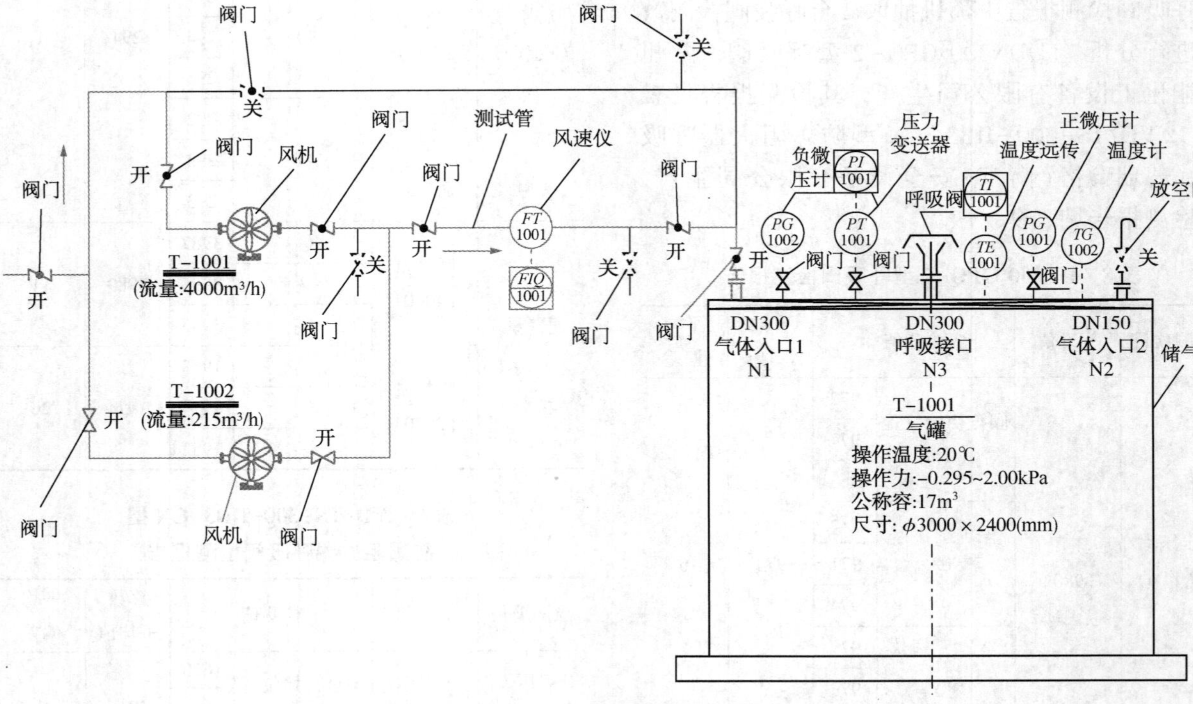

图12　呼气通气量试验操作工艺流程图(两台风机并联方式)

（1）风机额定输出流量为 4000m³/h，而 *DN*350 口径的呼吸阀要求呼气通气量达到 5400m³/h，该风机不能满足要求，且风机的有效负荷应该在 80%为最佳。

（2）风机出口管线的尺寸目前为 *DN*300，提高风量以后将会增加风机出口的阻力降，在不改变出口管线尺寸时，需要提高风机出口压力。

（3）根据规范要求“储气罐的直径大于呼吸阀最大公称直径的 10 倍”，风量增加后将增加气流在储气罐内部的扰动，是否会影响流量标定的准确性还有待于在检测中确认。

5.2 超规范呼吸阀开启压力检测的可行性

《SY/T 0511. 1—2010 石油储罐附件 第 1 部分：呼吸阀》规范将呼吸阀范围规定为 A～E 五个压力等级，其中最大压力为+1765Pa、-295Pa，这也是目前国内所有制造商普遍执行的标准，但随着 VOCs 治理的深度要求，部分储存介质要求更高的压力储存，这就需要对呼吸阀进行专门设计，提高呼吸阀的定压值，本装置对于现有规范的压力标定完全满足要求，选用最高排气压力 3. 0kPa 风机。为进一步提高压力标定值，可以通过改变风机叶片尺寸或者选用适用范围更广的风机来实现，如可以选用 0～5. 0kPa 的风机，并且可以通过电机变频来实现。

上述问题，将作为对本装置的进一步完善的工作方向。

6 结论

本文依据规范 SY/T 0511. 1—2010《石油储罐附件 第 1 部分：呼吸阀》对储罐呼吸阀检测试验装置进行整体结构及工艺流程设计，并进行了开启压力（正压、负压）及通气量（呼气量、吸气量）试验方案工艺流程的制定。最后，依据试验方案和试验平台进行呼吸阀校核试验，验证试验平台的可靠性以及工艺方案制定的合理性，通过检测不同规格型号的呼吸阀，对结果进行分析，得出呼吸阀检测试验装置满足规范中对 *DN*300 及以下各种型号规格尺寸的储罐呼吸阀的定期校核试验，其中包括对呼吸阀进行开启压力和通气量的校核试验。呼气通气量试验时通过两台风机并联的方式可以适当解决通气量标定风机输出流量与需求流量不匹配的问题。

通过试验发现该检测装置存在一定的局限性，如 *DN*300 以上规格呼吸阀，进行通气量检测受制于目前所选择风机的输出流量无法满足规范要求，另外，超出规范外的开启压力检测无法满足要求，针对不足提出了后续的改进措施。

参 考 文 献

[1] 马登华，王勇平. 油罐呼吸阀的选用和维护保养[J]. 化工管理，2021，（20）：129-130.

[2] 龙海涛. 油罐呼吸阀的作用及维护措施探讨[J]. 化工管理，2015，（34）：179-180.

[3] 王飞. 呼吸阀的通气性及使用维护[J]. 内蒙古石油化工，2012，（15）：43-44.

[4] 王荣贵，刘道芬. 常压、低压储罐呼吸量的确定及呼吸阀的选用[J]. 化肥设计，2007，45（20）：24-26.

[5] 常压储罐完整性管理 GB/T 37327—2019[S]. 北京：中国标准出版社，2019.

[6] 张雷雷，周志有，冯俊旭. 呼吸阀通气量试验装置及方法[P]. 中国专利：202010797463. 0. 2020-10-16.

[7] 张树忠. 一种储罐呼吸阀校验台的设计[J]. 机电技术，2019，（1）：2-3.

[8] 李秀中，岳云飞，赵耀明. 常压罐体通气阀校验装置[P]. 中国专利：CN202195939U. 2012-04-18.

[9] 石油储罐附件 第 1 部分：呼吸阀，SY/T 0511. 1—2010[S]. 北京：中国标准出版社，2010.

[10] 立式圆筒形钢制焊接储罐维护检修规程，SHS01012—2018[S]. 北京：中国标准出版社，2018.

[11] 铸造设备安装工程施工及验收规范，GB 50277—2010[S]. 北京：中国标准出版社，2010.

[12] 石油化工储运系统罐区设计规范，SH/T 3007—2014[S]. 北京：中国标准出版社，2014.

[13] 钢制焊接石油储罐，API 650—2014[S]. 北京：中国标准出版社，2014.

[14] 常压与低压储罐通风安全规范，SY/T 6673—2013[S]. 北京：中国标准出版社，2013.

[15] 石油大学（华东）编. 油库设计及管理（2006 年版）[M]. 山东：中国石油大学出版社，2006.

烟机壳体法兰裂纹原因及预防措施

曾广豪[1] 段志宏[2]

[1. 中科(广东)炼化有限公司；2. 广东石油化工学院]

摘　要　针对烟气轮机本体壳体法兰出现的裂纹情况，通过取样宏观观察、本体法兰材质的化学成分组成、金相分析形态以及断口电镜扫描等方式，分析了产生微裂纹的原因和在应力腐蚀开裂下扩展的机理。为防止烟机壳体法兰面产生裂纹，必须保证材料的性能及稳定性，控制铸造加工的质量和控制烟机操作的稳定工况。通过对材料加工过程以及操作过程严格把关，不断提高烟机运行的稳定性。

关键词　烟气轮机　壳体裂纹　预防　腐蚀

1　概述

烟气轮机是催化裂化装置项目中能量回收的关键设备，是一台大焓降、大功率的烟气轮机，烟气轮机的作用把烟气的高温能量转化成机械动能，最大限度回收烟气的热焓。该烟机2022年2月停机检修过程中，发现烟机壳体法兰和导流锥筋板焊缝存在大量裂纹，其中烟机壳体法兰裂纹位于法兰内圈，沿径向开裂，以微裂纹为主；导流锥筋板焊缝裂纹位于筋板与壳体法兰连接焊缝端头部位，沿周向开裂呈曲折形貌，长度约30~40mm，宽度约2~3mm，筋板与另一端导流锥的连接焊缝上没有发现裂纹，裂纹总貌如图1所示；导流锥筋板裂纹如图2所示；为了分析开裂原因，在烟机壳体法兰裂纹部位取样进行分析，取样部位如图3所示。

图1　烟机壳体法兰和导流锥筋板裂纹总貌

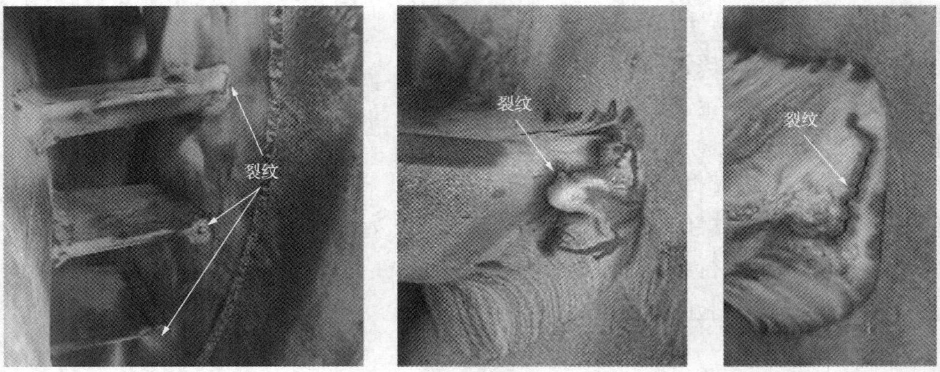

图2　导流锥筋板焊缝裂纹示意图

第一作者简介：曾广豪，本科，助理工程师，现从事设备管理工作。E-mail：zenggh1996.zklh@sinopec.com

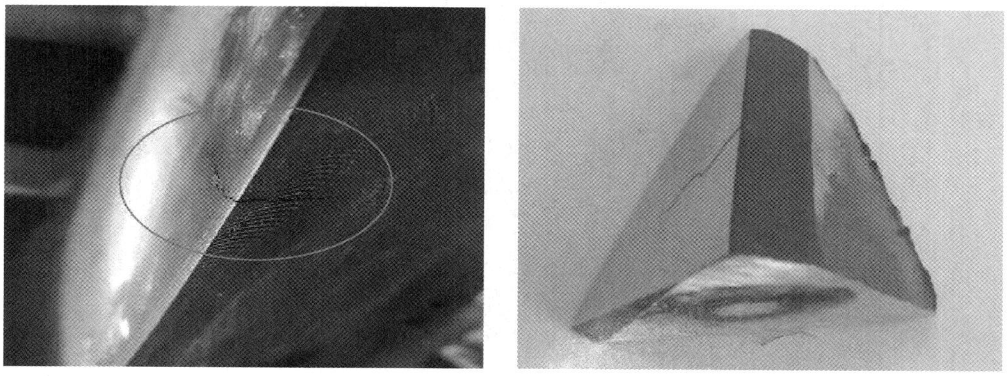

图 3　取样部位和取样试块

烟机壳体法兰材料为 304 铸钢，操作温度为 670~690℃。该烟机制造厂于 2019 年 3 月制造完成，2019 年 4 月 1 日~4 月 20 日陆续运送到现场，安装时间基本在 2019 年底到 2020 年初，2020 年 9 月投用，运行过程中没有停机检修，至 2022 年 2 月拆检时发现裂纹，累计运行时间约为 1.5 年。

2　原因分析

该烟机机壳体法兰锥体材质为 ZG1Cr18Ni9，为不锈钢铸件，烟气温度、烟机热膨胀以及管道应力状态的变化都会引起法兰的微量变形，烟气温度在 650~690℃，长期在高温沿海腐蚀环境中连续运行，初步判断为氯化物应力腐蚀开裂，微裂纹在氯化物应力腐蚀开裂的推动下扩展形成较粗长的裂纹；裂纹在烟机投入使用后的高温应力作用下发生张口。

3　试验分析

3.1　宏观观察

由图可见烟机壳体法兰和筋板焊缝上存在大量裂纹，其中烟机壳体法兰裂纹位于法兰内圈，整圈均存在大量裂纹，裂纹沿径向开裂，主裂纹起源于法兰内圈尖角处，呈曲折向外圈方向扩展；PT 显示除主裂纹外，法兰面上仍有许多径向分布的微裂纹。将试样主裂纹打开，图 4 为主裂纹断口宏观形貌。图 5 中灰白色区域为人为打开断口，褐色区域为陈旧断口。可见陈旧断口凹凸不平，表面被氧化层覆盖，呈褐色，说明裂纹断口受到了高温氧化作用，因此初步判断裂纹是在烟机投入运行阶段或之前形成的，不是在本次停机拆修时法兰暴露在大气中产生的裂纹。

3.2　化学成分分析

对来样进行化学成分分析，试验结果见表 1。分析结果表明，该法兰材料的碳含量为 0.17%(wt)，高于 S30409 碳含量高限 0.10%(wt)的要求，其余化学成分符合 S30409 标准的要求。

3.3　金相分析

对来样法兰正面(金相观察面 1)、现场取样切割面(金相观察面 2)、人为打开断面(金相观察面 3)三个截面进行金相观察，观察部位如图 6 所示。

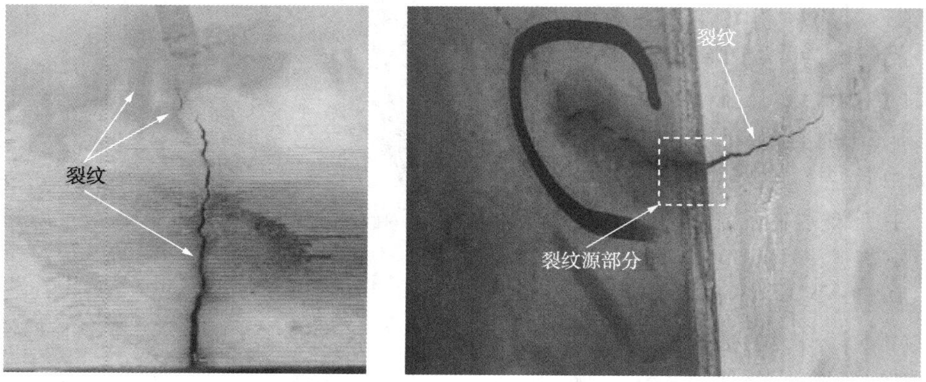

图 4　法兰裂纹宏观形貌

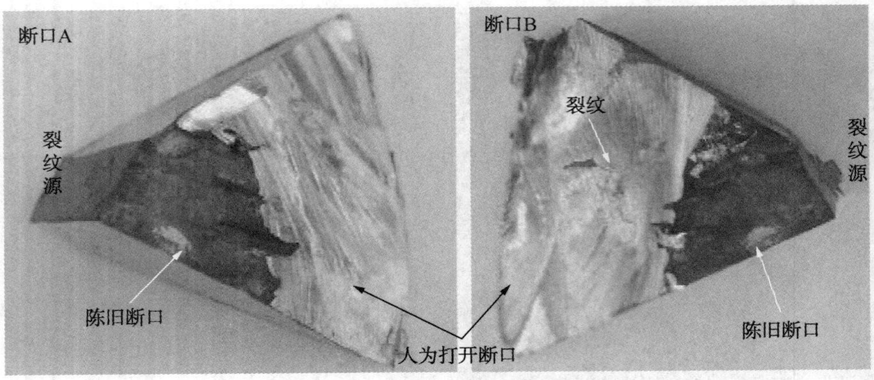

图5　裂纹断口宏观形貌

表1　化学成分分析结果　　%(wt)

标准	元素含量/%						
	C	Si	Mn	P	S	Cr	Ni
	0.17	0.96	1.34	0.025	0.006	17.30	8.12
S30409	0.04-	≤	≤	≤	≤	18.00-	8.00-
GB/T 20878	0.10	1.00	2.00	0.045	0.03	20.00	11.00
NB/T 47010	0.10	1.00	2.00	0.035	0.020	20.00	10.50

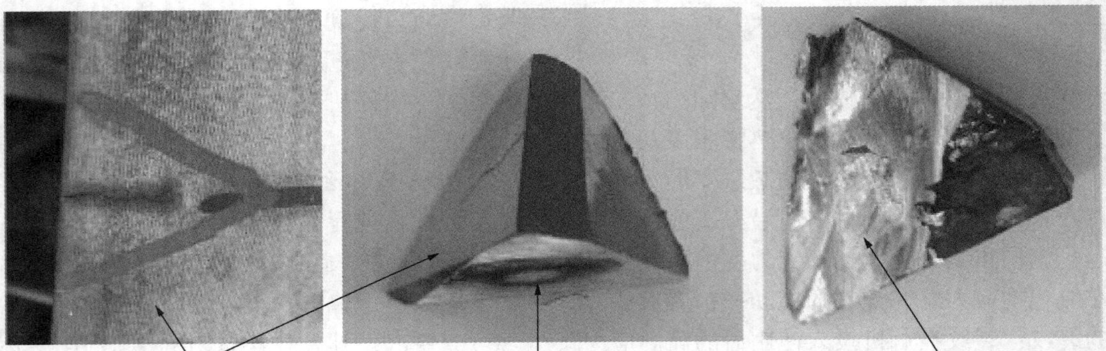

图6　金相观察部位

3.3.1　法兰正面(金相观察面1)金相组织形貌

图7为法兰正面(金相观察面1)的金相宏观形貌，可见法兰正面除主裂纹外，表面还存在许多网状分布的细裂纹。

图8为法兰母材的金相组织，为等轴分布的奥氏体组织，晶粒度为4~5级，属于S30409铸钢固溶处理后的组织。

图9、图10分别为试样上主裂纹和网状分布细裂纹的金相形貌，主裂纹和网状分布裂纹均呈穿晶扩展，主裂纹尖端圆钝，网状裂纹有起源于表面的，也有起源于主裂纹和母材内部的。

图11为裂纹尖端电子金相形貌，图12至图14为裂纹尖端能谱分析结果，可见裂纹尖端有分叉，裂纹内存在脱落的金属碎块和垢物，能谱分析显示，裂纹尖端垢物主要由金属氧化物和S、Cl等腐蚀物质组成，其中S检测值为1.88%(wt)，Cl检测值为0.42%(wt)、0.16%(wt)和0.2%(wt)。

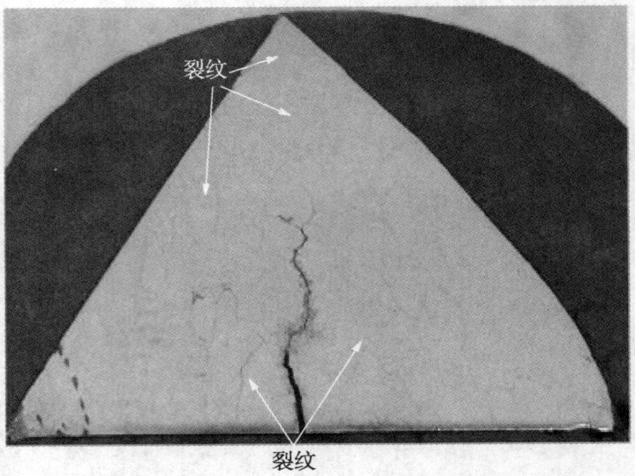

图7　法兰正面(金相观察面1)金相宏观形貌

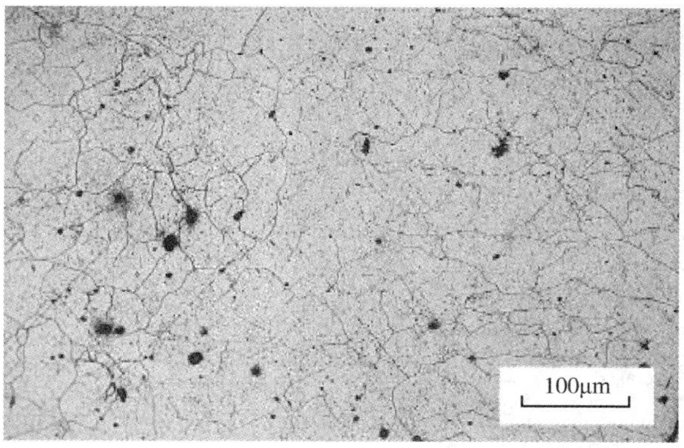

图 8　法兰母材金相组织

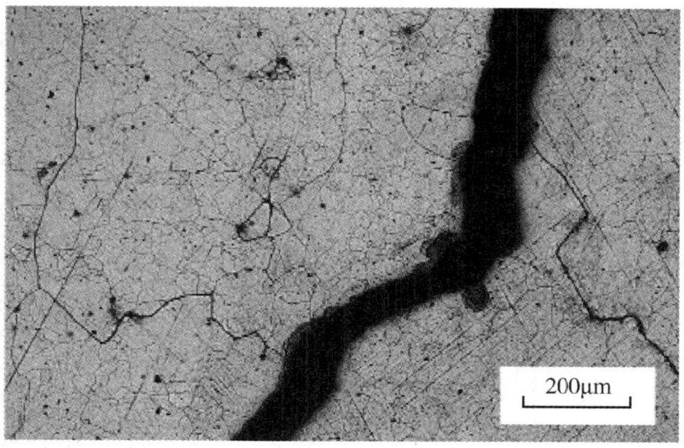

图 9　主裂纹金相形貌(50X)

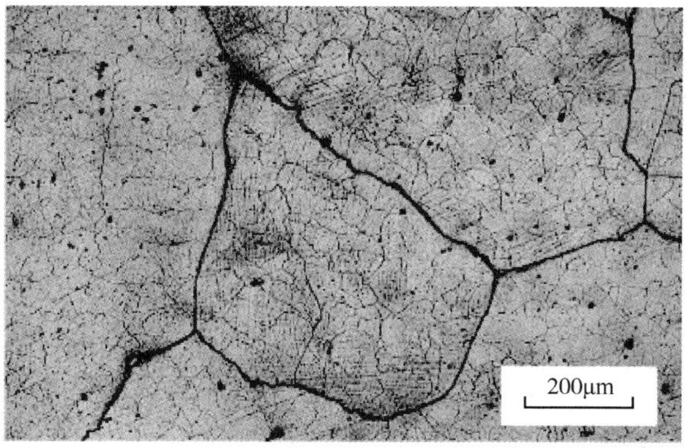

图 10　网状裂纹金相形貌(50X)

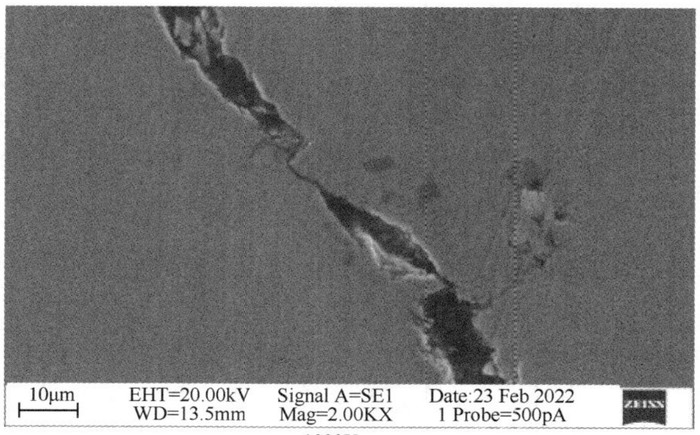

图 11　裂纹尖端电子金相形貌

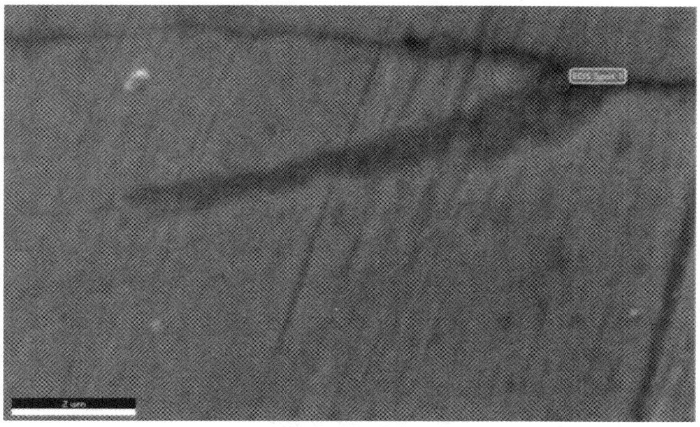

(a)能谱分析部位

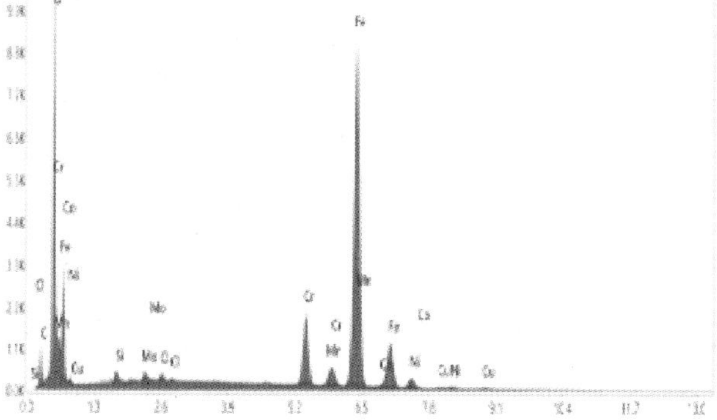

成分	Weight/%	Atomic/%
CK	5.97	16.63
OK	17.73	37.07
SiK	0.71	0.85
MoL	0.93	0.33
ClK	0.42	0.39
CrK	8.44	5.43
MnK	1.57	0.95
FeK	60.99	36.53
CoK	0.39	0.22
NiK	2.47	1.41
CuK	0.36	0.19

(b)能谱分析结果

图 12　裂纹尖端能谱分析结果一

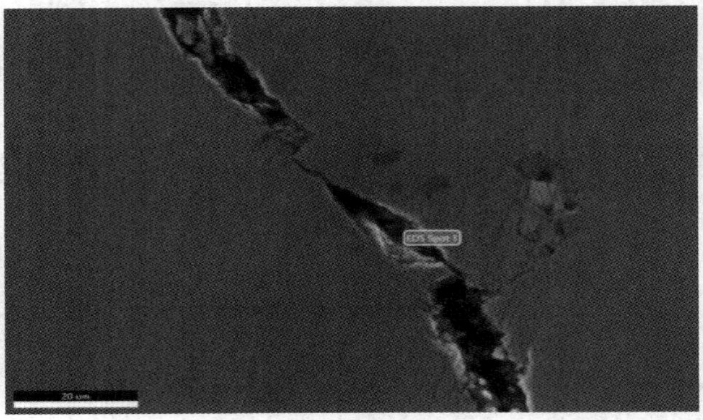

(a)能谱分析部位

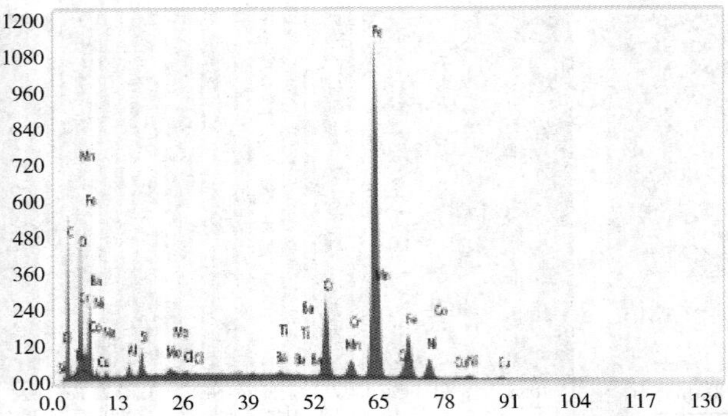

(b)能谱分析结果

成分	Weight/%	Atomic/%
CK	19.18	46.53
OK	7.61	13.87
NaK	0.65	0.82
AlK	0.69	0.75
SiK	1.11	1.15
MoL	0.61	0.19
ClK	0.16	0.13
BaL	0.41	0.09
TiK	0.18	0.11
CrK	8.06	4.52
MnK	1.09	0.58
FeK	54.85	28.62
CoK	0.66	0.32
NiK	4.43	2.2
CuK	0.31	0.14

图13　裂纹尖端能谱分析结果二

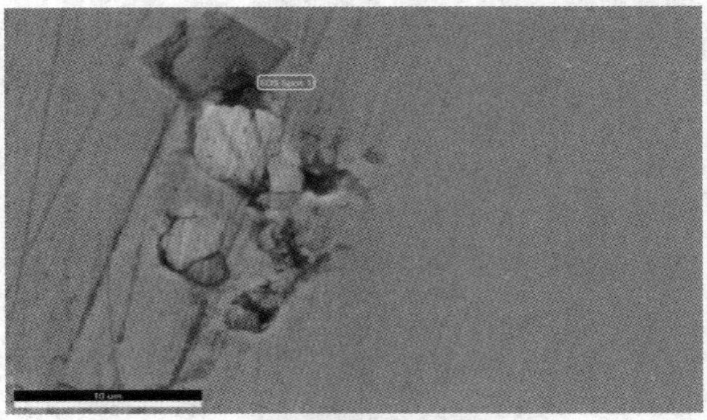

(a)能谱分析部位

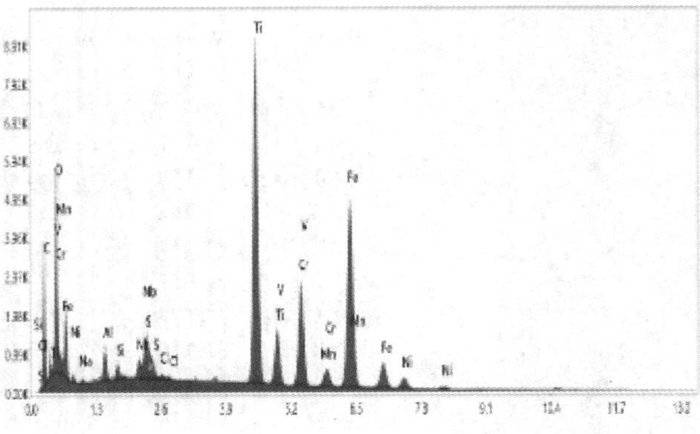

(b)能谱分析结果

成分	Weight/%	Atomic/%
CK	12.98	30.15
OK	17.9	31.23
NaK	0.4	0.48
AlK	1.4	1.44
SiK	0.56	0.55
NbL	1.4	0.42
SK	1.88	1.63
CiK	0.2	0.16
TiK	23.38	13.62
VK	0.84	0.46
CrK	10	5.37
MnK	0.84	0.43
FeK	26.23	13.11
NiK	2	0.95

图14　裂纹尖端能谱分析结果三

3.3.2 现场取样切割面(金相观察面2)金相组织形貌

图15为现场取样切割面(金相观察面2)的金相宏观形貌，可见该截面同样存在许多网状分布的细裂纹。

图16为裂纹的金相形貌，裂纹均呈穿晶扩展，有起源于表面的，也有起源于主裂纹和母材内部的。

图17为裂纹尖端能谱分析结果，可见裂纹尖端垢物含有S、Cl等腐蚀物质组成，其中S检测值为0.67%(wt)、0.47%(wt)，Cl检测值为0.12%(wt)、0.15%(wt)。

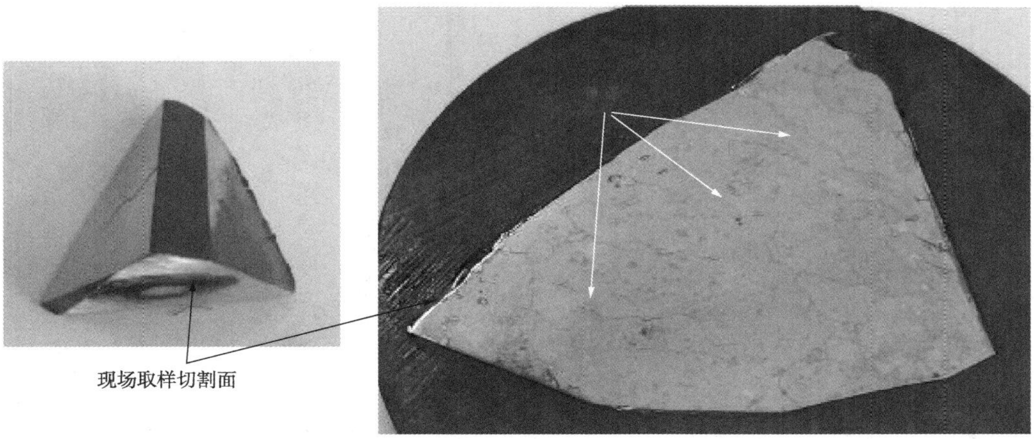

图15　现场取样切割面(金相观察面2)金相宏观形貌

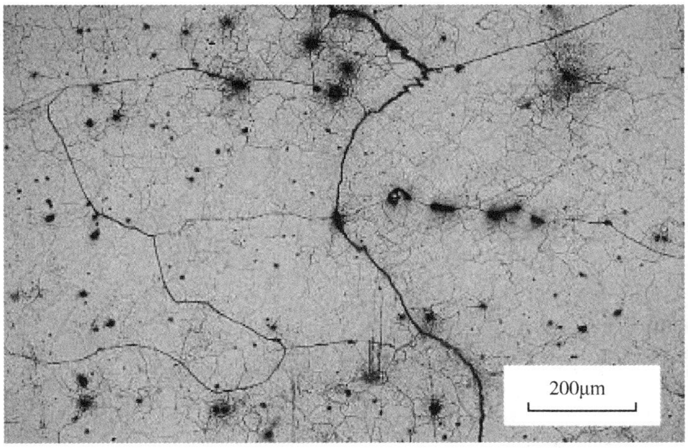

图16　裂纹金相形貌

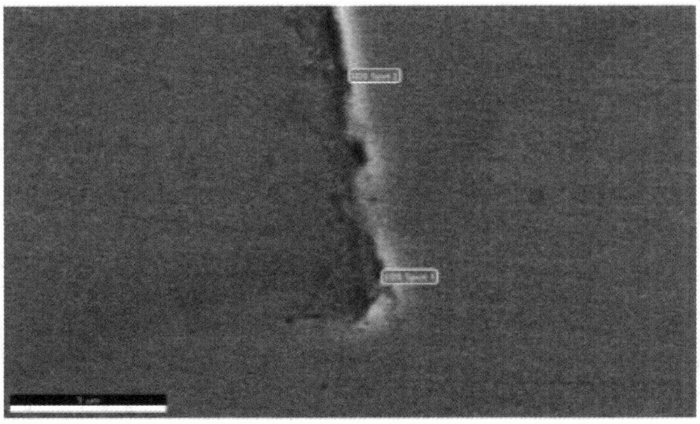

(a)能谱分析部位

图17　裂纹尖端能谱分析结果

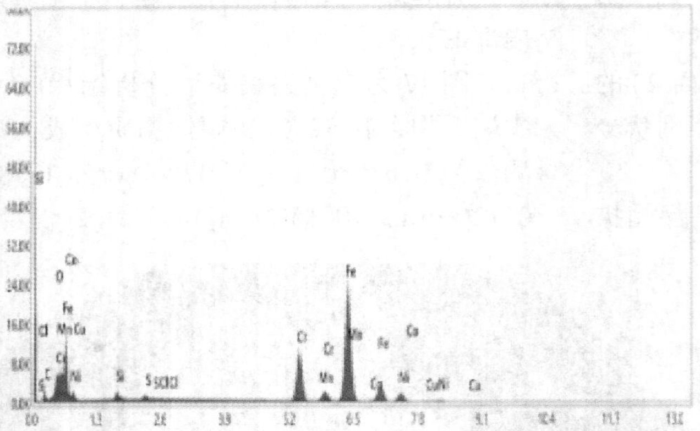

成分	Weight/%	Atomic/%
CK	6.45	22.73
OK	2.21	5.86
SiK	1.29	1.95
SK	0.67	0.88
ClK	0.12	0.15
CrK	18.19	14.81
MnK	1.13	0.87
FeK	63.15	47.88
CoK	0.22	0.16
NiK	6.24	4.5
CuK	0.33	0.22

(b)区域1能谱分析结果

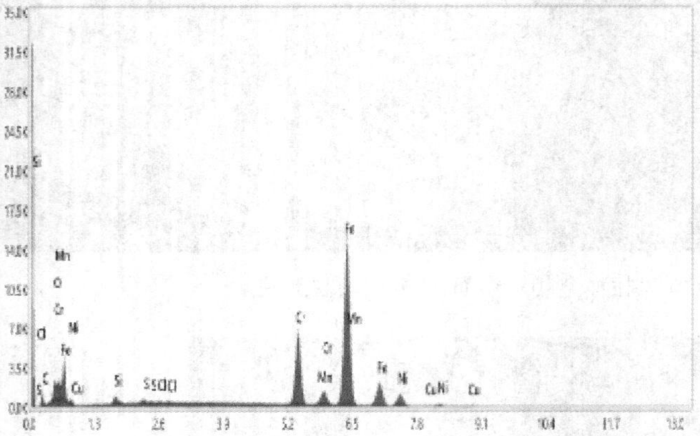

成分	Weight/%	Atomic/%
CK	4.51	17.15
OK	1.32	3.78
SiK	0.98	1.6
SK	0.47	0.67
ClK	0.15	0.2
CrK	19.02	16.71
MnK	1.26	1.05
FeK	65.49	53.58
NiK	6.43	5.01
CuK	0.36	0.26

(c)区域2能谱分析结果

图17　裂纹尖端能谱分析结果(续)

3.3.3　人为打开断面(金相观察面3)金相组织形貌

图18为人为打开断面(金相观察面3)的金相宏观形貌，可见该截面同样存在许多网状分布的细裂纹，且中间部位在打磨过程中发生了金属脱落现象。

图19、图20为裂纹的金相形貌，裂纹均呈穿晶扩展，有起源于表面的，也有起源于母材内部的，且局部可观察到母材内部独自闭环的裂纹，因此推断法兰材料原始微裂纹为铸造或固溶处理过程中产生的裂纹。

图21、图22为裂纹尖端能谱分析结果，可见裂纹尖端垢物含有S、Cl等腐蚀物质组成，其中S检测值为1.86%(wt)、1.01%(wt)，Cl检测值为0.24%(wt)、0.61%(wt)。

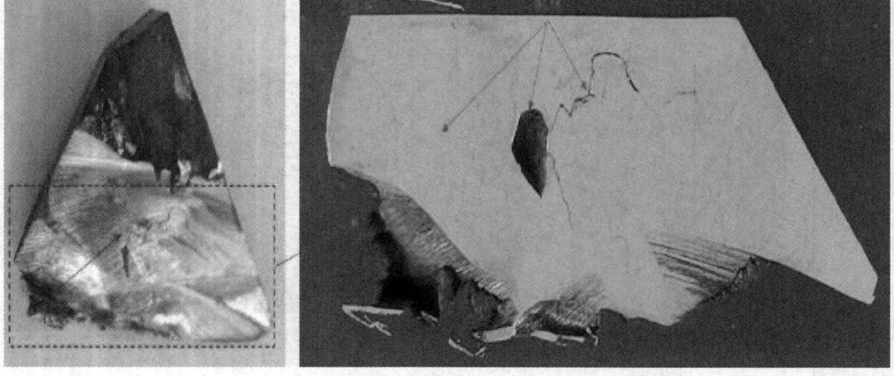

图18　人为打开断面(金相观察面3)金相宏观形貌

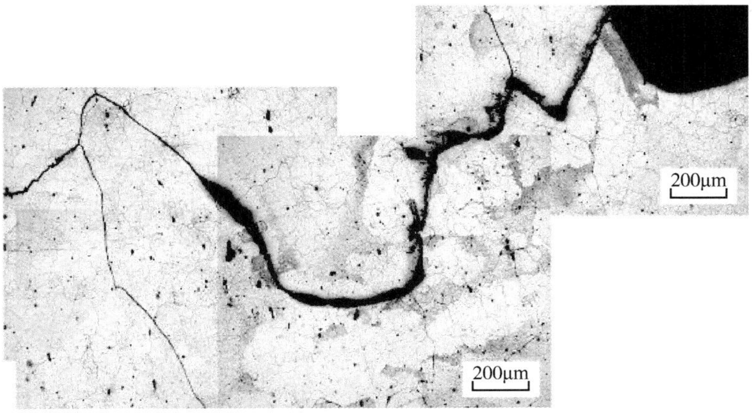

图 19　裂纹金相形貌一

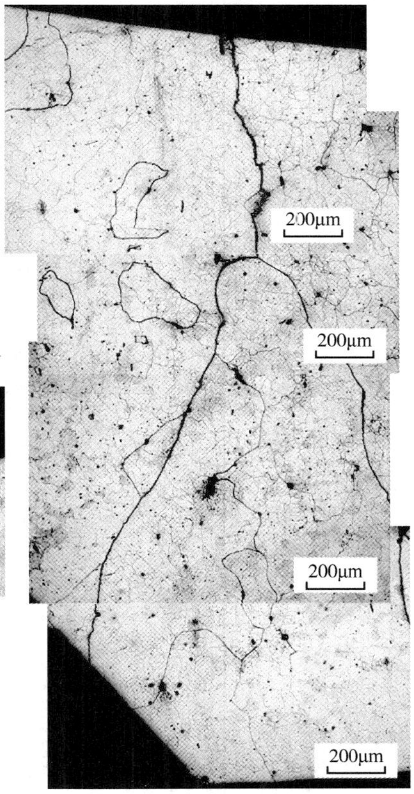

图 20　裂纹金相形貌二

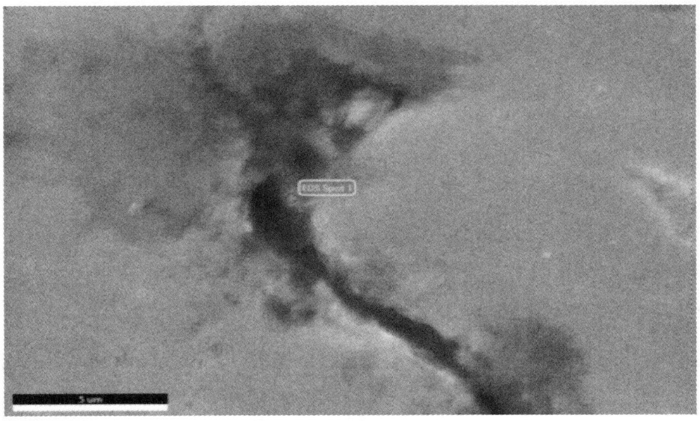

(a)能谱分析区域

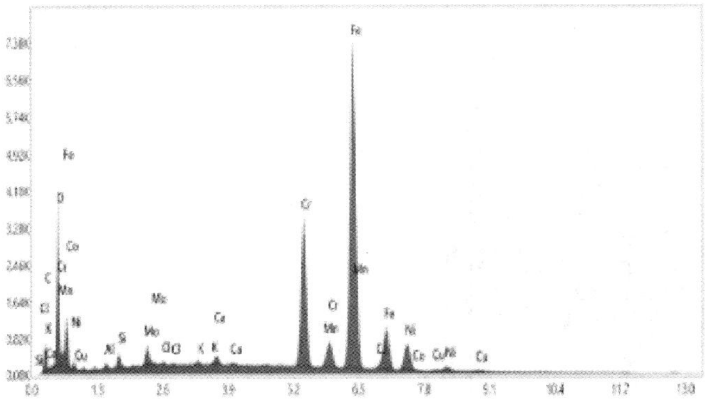

成分	Weight/%	Atomic/%
CK	4.28	14.34
OK	8.55	21.52
AlK	0.37	0.54
SiK	0.72	1.04
SK	1.86	0.78
ClK	0.24	0.28
KK	0.3	0.31
CaK	0.67	0.67
CrK	17.45	13.52
MnK	1.31	0.96
FeK	58.54	40.77
CoK	0.61	0.41
NiK	6.75	4.63
CuK	0.35	0.22

(b)区域1能谱分析结果

图 21　裂纹尖端能谱分析结果一

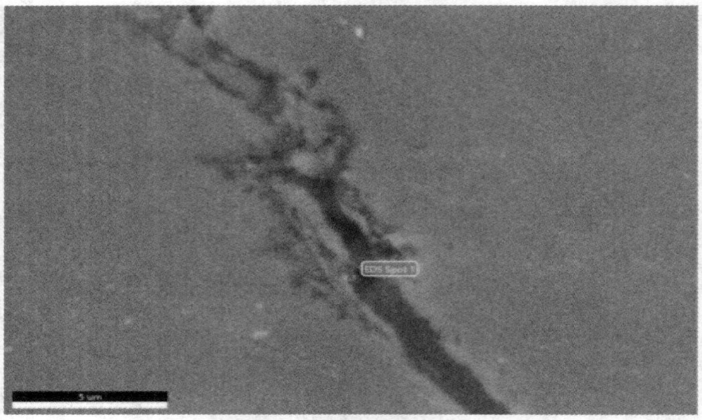

(a)能谱分析区域

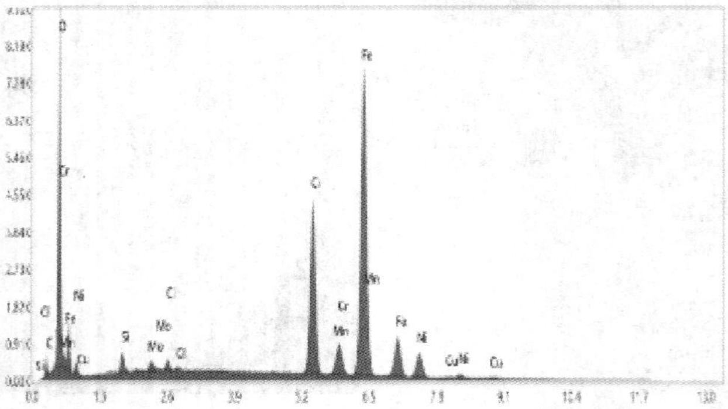

成分	Weight/%	Atomic/%
CK	2.75	8.58
OK	14.7	34.48
SiK	1.16	1.55
SK	1.01	0.39
ClK	0.61	0.65
CrK	19.45	14.03
MnK	1.78	1.22
FeK	52.1	35
NiK	5.98	3.82
CuK	0.46	0.27

(b)区域1能谱分析结果

图 22　裂纹尖端能谱分析结果二

4　断口电镜扫描分析

为了进一步分析裂纹的过程和特征，对裂纹断口进行了电镜扫描分析。断口扫描电镜观察部位如图 23 所示，分析结果如图 24 至图 31 所示。

图 24 为裂纹源区部位 1 断口的微观形貌，可观察到以裂纹源为原点的放射纹，表明该裂纹的启裂源位于法兰内圈表面，断口被垢物覆盖，能谱分析显示，断口上主要产物为金属/非金属氧化物和硫化物，其中 S 检测值为 1.19%(wt)(图 28)。

图 25 为裂纹扩展区(部位 2)的微观形貌，断口上无明显韧窝特征，为穿晶解理/准解理断口，断口被垢物覆盖，能谱分析显示，断口上主要产物为金属/非金属氧化物、硫化物和氯化物，其中 S 检测值为 0.77%(wt)、Cl 检测值为 0.09%(wt)(图 29)。

图 26、图 27 为裂纹尖端区域(部位 3、部位 4)的微观形貌，断口上无明显韧窝特征，为穿晶解理/准解理断口，断口被垢物覆盖，能谱分析显示，断口上主要产物为金属/非金属氧化物、硫化物和氯化物，其中 S 检测值为 1.61%(wt)、3.56%(wt)、1.5%(wt)、Cl 检测值为 0.25%(wt)、0.38%(wt)、0.48%(wt)(图 30、图 31)。

图 23　电镜扫描部位

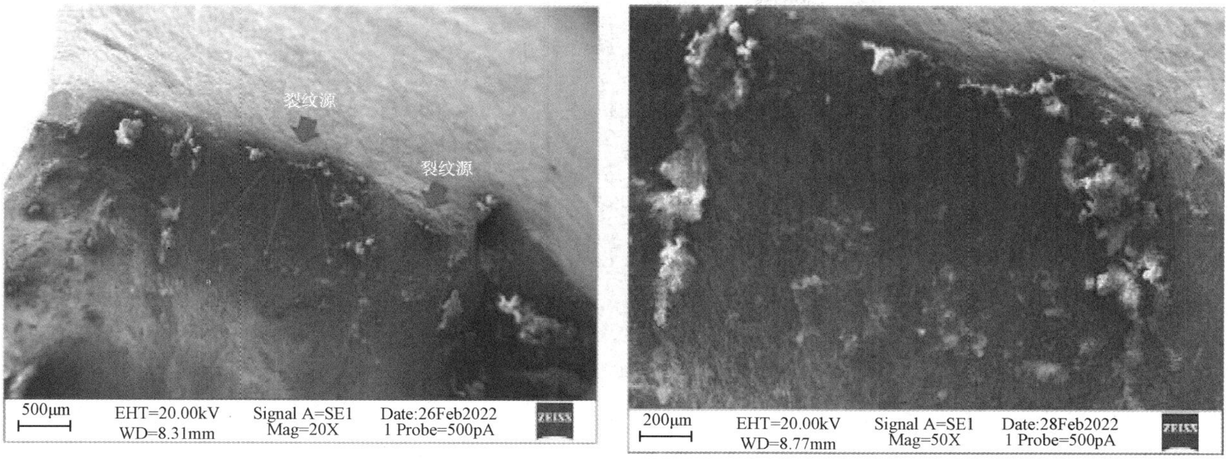

图 24　裂纹源(部位 1)微观形貌(50X)

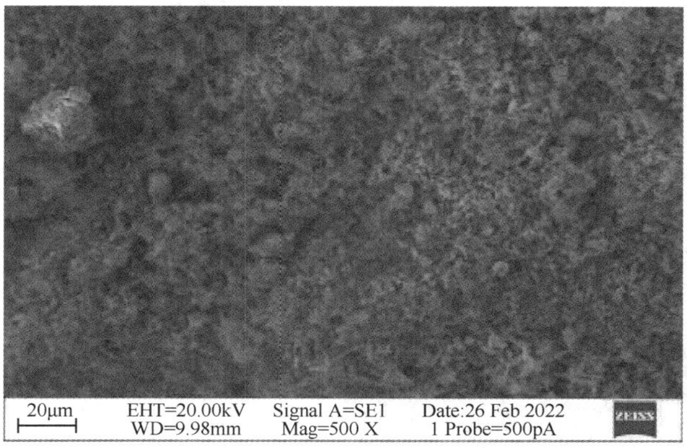

图 25　裂纹扩展区(部位 2)微观形貌(300X)

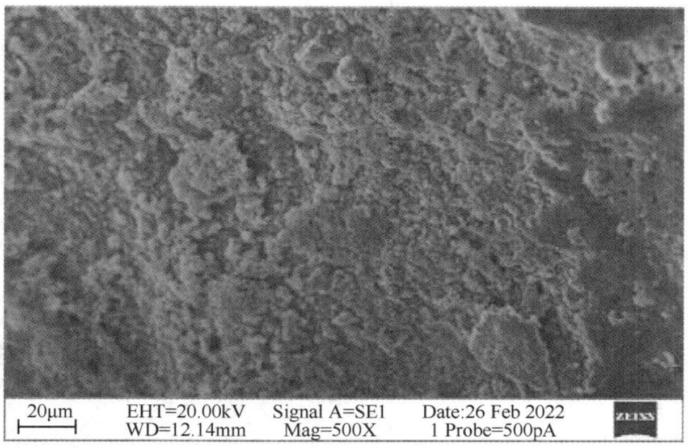

图 26　裂纹尖端(部位 3)微观形貌(500X)

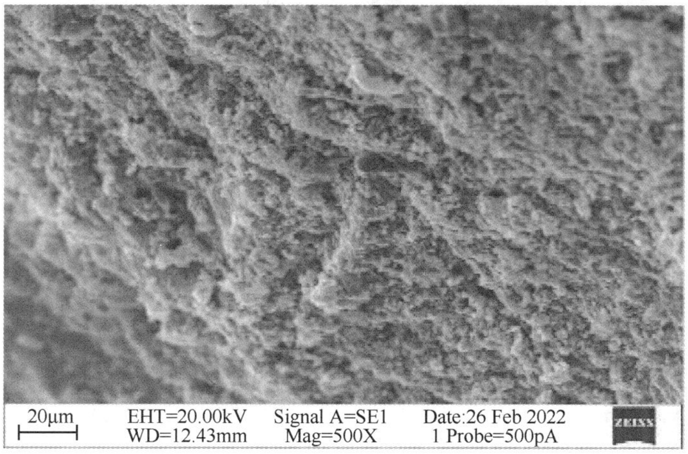

图 27　裂纹尖端(部位 4)微观形貌(500X)

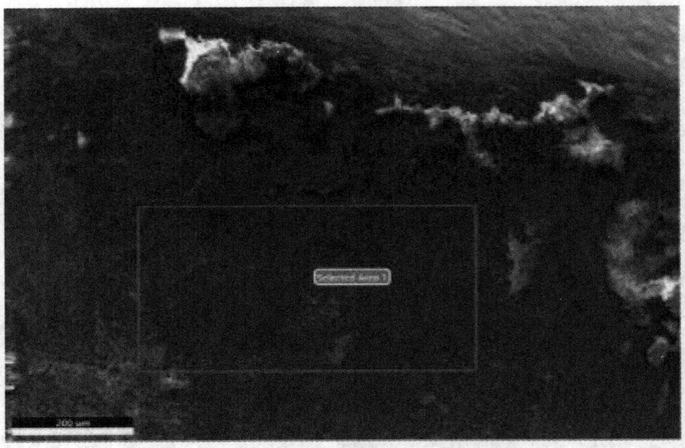

(a)能谱分析区域

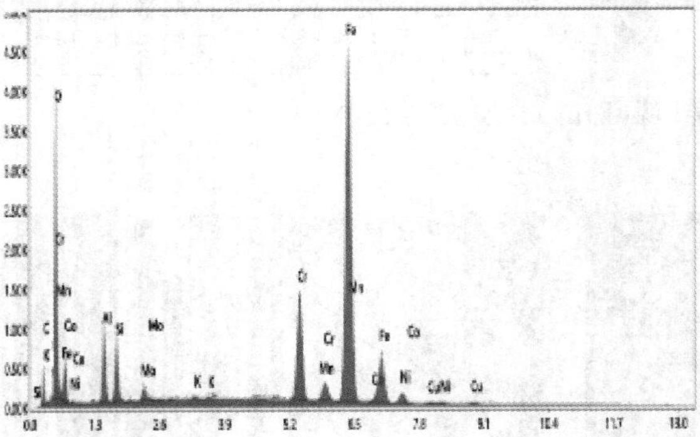

成分	Weight/%	Atomic/%
CK	5.35	15.27
OK	14.45	30.94
AlK	4.17	5.3
SiK	2.78	3.39
SK	1.19	0.43
KK	0.26	0.23
CrK	11.41	7.52
MnK	0.8	0.5
FeK	56.23	34.5
CoK	0.55	0.32
NiK	2.38	1.39
CuK	0.43	0.23

(b)区域1能谱分析结果

图 28 裂纹源区(部位 1)能谱分析

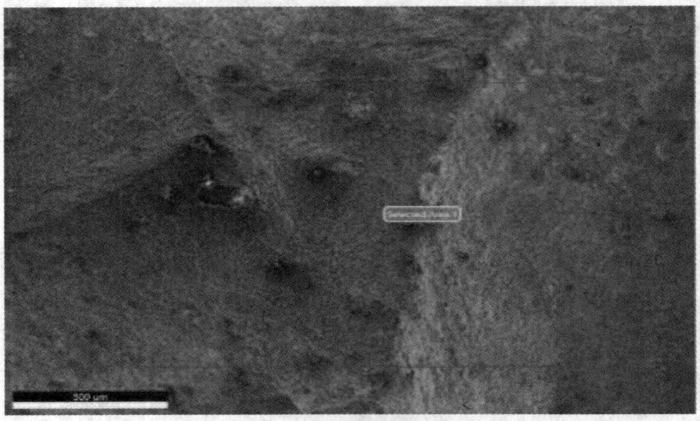

(a)能谱分析区域

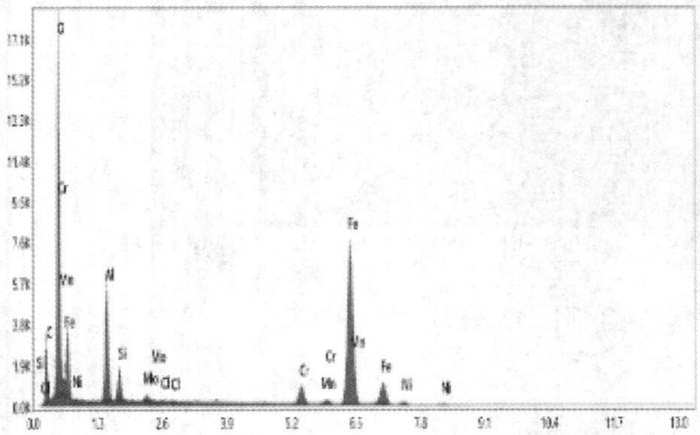

成分	Weight/%	Atomic/%
CK	13.48	26.51
OK	30.6	45.17
AlK	8.55	7.49
SiK	2.01	1.69
SK	0.77	0.19
ClK	0.09	0.06
CrK	2.87	1.3
MnK	0.33	0.14
FeK	40.23	17.01
NiK	1.08	0.43

(b)区域1能谱分析结果

图 29 裂纹扩展区(部位 2)能谱分析

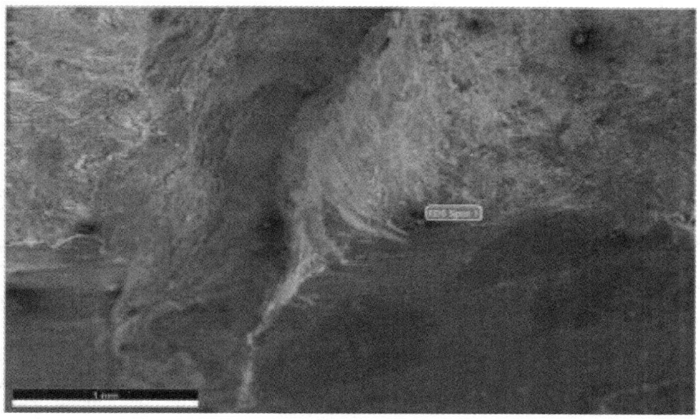

(a)能谱分析区域

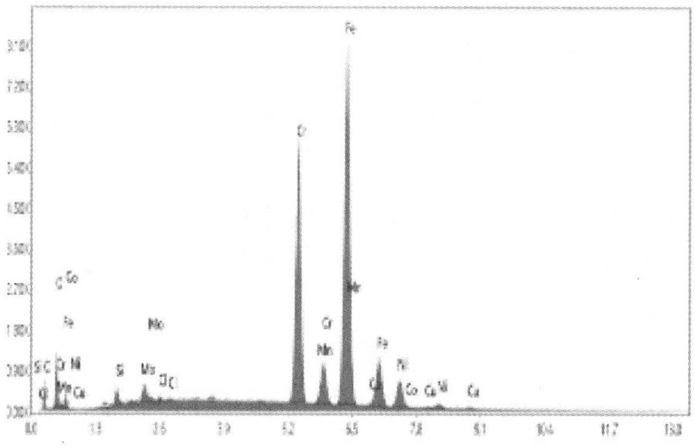

成分	Weight/%	Atomic/%
CK	3.59	13.88
OK	2.11	6.11
SiK	0.8	1.33
SK	1.61	0.78
ClK	0.25	0.33
CrK	26.96	24.07
MnK	1.72	1.45
FeK	56.17	46.7
CoK	0.64	0.5
NiK	5.81	4.6
CuK	0.34	0.25

(b)区域1能谱分析结果

图 30　裂纹尖端区(部位 3)能谱分析一

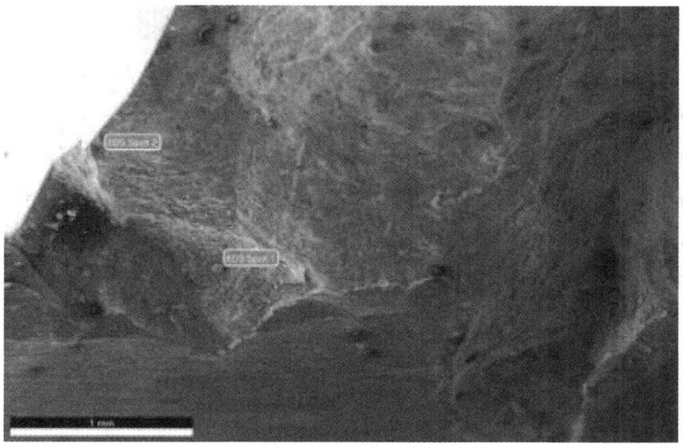

(a)能谱分析区域

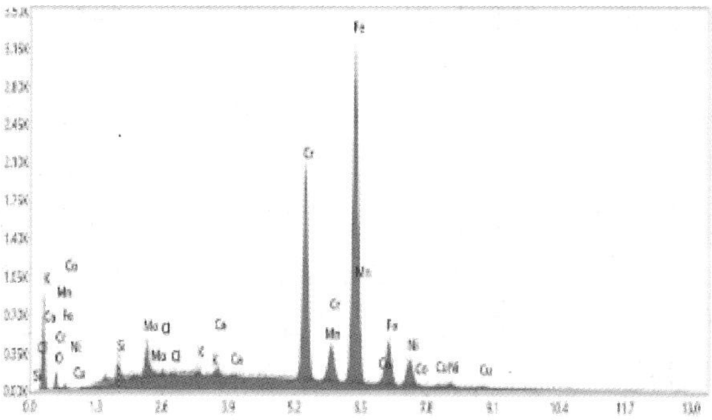

成分	Weight/%	Atomic/%
OK	0.76	2.56
SiK	1.32	2.53
SK	3.56	2
ClK	0.38	0.58
KK	0.68	0.94
CaK	0.62	0.83
CrK	24.45	25.29
MnK	1.9	1.86
FeK	57.84	55.7
CoK	0.91	0.83
NiK	6.83	6.25
CuK	0.74	0.63

(b)区域1能谱分析结果

图 31　裂纹尖端区(部位 4)能谱分析二

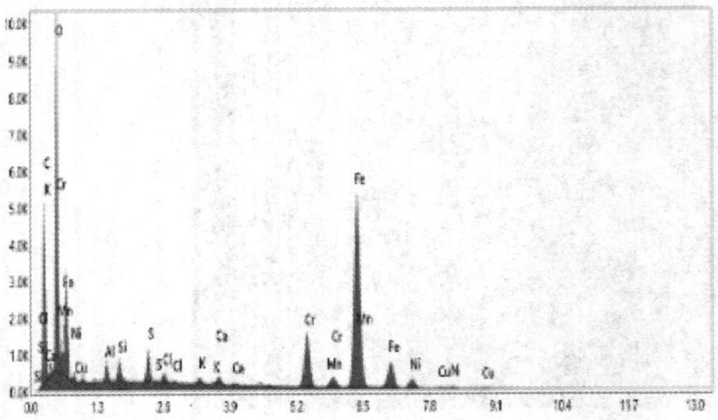

成分	Weight/%	Atomic/%
CK	24.32	44.03
OK	25.67	34.89
AlK	1.03	0.83
SiK	0.93	0.72
SK	1.5	1.01
ClK	0.48	0.29
KK	0.4	0.22
CaK	0.55	0.3
CrK	6.61	2.77
MnK	0.54	0.21
FeK	35.36	13.77
NiK	2.24	0.83
CuK	0.36	0.12

(c)区域2能谱分析结果

图 31　裂纹尖端区(部位 4)能谱分析二(续)

5　分析讨论

(1) 宏观观察表明，该烟机壳体法兰和筋板焊缝上存在大量裂纹，其中烟机壳体法兰裂纹位于法兰内圈，整圈均存在大量裂纹，裂纹沿径向开裂，主裂纹起源于法兰内圈尖角处，呈曲折向外圈方向扩展，也存在起源于法兰面的表面裂纹。裂纹断口凹凸不平，表面被氧化层覆盖，呈褐色，说明裂纹断口受到高温氧化作用，因此从宏观上初步判断裂纹可能是在烟机投入运行阶段或之前形成的，不是在本次停机折修法兰暴露在大气中产生的裂纹。

筋板焊缝裂纹位于筋板与壳体法兰连接焊缝端头部位，沿周向开裂，呈曲折形貌，而筋板与另一端导流锥的连接焊缝上没有发现裂纹，间接说明裂纹可能与法兰缺陷相关。

(2) 化学成分分析表明，该法兰材料的碳含量为 0.17%(wt)，高于 S30409 碳含量高限 0.10%(wt)的要求，其余化学成分符合 S30409 标准的要求。

(3) 金相分析表明，法兰母材的金相组织为等轴分布的奥氏体组织，晶粒度为 4~5 级，属于 S30409 铸钢固溶处理后的组织。

试样上法兰正面、现场取样切割面、人为打开断面三个截面均存在许多网状分布的裂纹，其中法兰正面上的主裂纹起源于法兰内圈尖角的表面上，主裂纹尖端圆钝，但裂纹尖端有分叉，并接续有细小裂纹向前扩展，裂纹尖端圆钝说明该裂纹可能为铸造时产生的裂纹，尖端有分叉并接续有细小裂纹向前扩展，则具有应力腐蚀裂纹特征，说明裂纹扩展阶段可能存在应力腐蚀；网状裂纹有起源于表面的，也有起源于主裂纹和母材内部的，且局部可观察到母材内部独自闭环的环状裂纹，与外部环境不相连，说明法兰材料原始微裂纹为铸造或固溶处理过程中产生的裂纹；所有裂纹均呈穿晶扩展，裂纹内存在脱落的金属碎块和垢物，裂纹尖端垢物主要由金属氧化物和 S、Cl 等腐蚀物质组成，其中 S 检测最大值为 1.88%(wt)，Cl 检测最大值为 0.61%(wt)，因此根据裂纹穿晶扩展，且裂纹尖端氯含量较高的特征，推断裂纹是在氯化物应力腐蚀开裂的推动下发生扩展的。结合以上裂纹金相形貌和能谱分析结果，推断法兰材料存在原始制造微裂纹，并在氯化物应力腐蚀开裂的推动下发生扩展。

(4) 断口电镜扫描分析表明，试样主裂纹启裂源位于法兰内圈表面尖角处，可观察到以裂纹源为原点的放射纹，断口被氧化物覆盖，无明显韧窝特征，为穿晶解理/准解理断口，裂纹尖端 S 检测最大值为 3.56%(wt)、Cl 检测最大值为 0.48%(wt)。

综合上述分析结果，可得出以下推断：

根据法兰面上的主裂纹尖端圆钝，法兰母材存在起源内部且独自闭环的环状裂纹，推断法兰材料存在原始制造微裂纹，并推测可能为铸造或固溶处理过程中产生的裂纹。

由于热裂纹、再热裂纹、连多硫酸应力腐蚀裂纹均为沿晶裂纹，而氯化物应力腐蚀裂纹则以穿晶裂纹为主。根据裂纹均具有穿晶解理扩展，且裂纹尖端氯含量较高的特征，推断裂纹是在氯化物应力腐蚀开裂的推动下扩展的。

6　结论

该烟机壳体法兰材料的碳含量为 0.17%(wt)，高于 S30409 碳含量高限 0.10%(wt)的要求，其余化学成分符合 S30409 标准的要求；金相组织为等轴分布的奥氏体组织，晶粒度为 4～5 级，属于 S30409 铸钢固溶处理后的组织。该烟机壳体法兰材料存在原始制造微裂纹，推测可能为铸造或固溶处理过程中产生的裂纹。该烟机壳体法兰裂纹成因及扩展过程如下：该烟机壳体法兰在铸造或固溶处理过程中产生了微裂纹，并在现场约 1.5 年时间里，由于海洋大气中的氯离子在微裂纹处浓缩，产生了氯化物应力腐蚀开裂；微裂纹在氯化物应力腐蚀开裂的推动下扩展形成较粗长的裂纹；裂纹在烟机投入使用后的高温应力作用下发生张口，形成目视和 PT 可见的裂纹。

7 预防措施

将该烟机壳体法兰较粗大裂纹打磨消除，使用镍基焊材补焊修复，其次对筋板焊缝裂纹打磨消除，补焊修复处理，使用一段时间后观察裂纹的扩展情况。在烟机机壳铸造过程中必须严格保证材料的性能及稳定性，验收过程中安排技术人员对铸造加工的质量进行专门严格把关；在烟机运转过程中严格控制烟机入口温度不超温，在启停烟机过程中，严格按照升降温速率进行操作，运行过程中维持烟机在稳定工况下运行。

参 考 文 献

[1] 金属显微组织检验方法，GB/T 13298—2015[S]. 北京：中国标准出版社，2015.
[2] 金属平均晶粒度测定方法，GB/T 6394—2017[S]. 北京：中国标准出版社，2017.
[3] 微束分析 能谱法定量分析，GB/T 17359—2012[S]. 北京：中国标准出版社，2012.
[4] 扫描电子显微镜 试验方法，JB/T 6842—1993[S]. 北京：中国标准出版社，1993.
[5] 承压设备损伤模式识别，GB/T 30579—2014[S]. 北京：中国标准出版社，2014.

第三篇　动设备

磁轮调速技术的研究与应用

王向东

（芜湖磁轮传动技术有限公司）

摘　要　简述了国内外磁力耦合调速技术的发展历程，并详细阐述了第三代磁力耦合调速器（简称磁轮调速）的结构原理，通过与传统磁力耦合调速器的对比分析了第三代结构的优越性，并介绍了第三代磁力耦合调速器在炼化企业循环水泵上安装使用过程，验证第三代磁力耦合调速器具有结构简单、安装使用方便等特点，且有较高的推广应用价值。

关键词　磁力耦合调速　移动底座　离心式负载　简单

1　引言

风机、泵类设备在电力、石油、化工、煤化工、钢铁、水泥等各行业广泛应用，并且消耗的电能占上述行业耗电的大部分，因此针对机泵的可靠性和节能改造一直是这些年企业运营的重中之重。一般这类负载在电机的拖动下恒速运行，根据工况的变化通过调节阀门开度来调节流量或压力，导致大量能源消耗于阀门所增加的阻力上，造成能源浪费，不符合国家节能减排的号召。

石化流程工业，加工负荷经常会随着市场变化以及装置故障等原因经常变动，炼化企业经常会通过泵出口阀门的开度调整负荷，对于变化较大的工艺台位进行电机变频调速，但是大量变频器的应用对电网造成污染，降低整体的用电效率。磁力耦合调速技术是这些年新出现的一种针对离心式机泵调速节能的适用技术，利用磁场传递动力，具有节能效果显著、可靠性高、柔性传动、隔振减振、空载启停、环境适应能力强、不受电网质量影响等特点，正逐渐受到各行业的广泛关注。

2　磁力耦合调速技术结构及特点

2.1　磁力耦合调速技术发展过程

1999 年美国 MagnaDrive 公司提出第一代磁力耦合调速技术，2005 年该技术引入我国，即盘式永磁调速器。2009 年南京艾凌节能技术有限公司提出了第二代磁力耦合调速技术即单筒式永磁调速器。在 2011～2014 年间，陆续出现了双筒式、屏蔽式以及绕组式磁力耦合调速技术。由于这几项技术结构比较复杂，认可度相对较低。2021 年芜湖磁轮传动技术公司提出通过移动电机实现调速的第三代磁力耦合调速技术即磁轮调速器，如图 1 所示。

该技术由于结构大幅简化、无轴承、无联轴器、改造简单、免维护，一出现就受到了高能耗用户的重点关注。

2.2　磁轮调速技术结构原理

磁轮调速器由磁轮、铜轮和移动底座三部分组成，磁轮安装在负载轴上、铜轮安装在电机轴上。当电机带动铜轮旋转时，铜轮与磁轮产生相对运动，从而切割永磁体磁力线产生涡流，涡流又产生感应磁场与永磁场相互作用，从而带动磁轮沿与铜轮相同的方向转动，最终将电机轴的转矩传递到负载轴上。通过移动底座带动电机前后移动实现铜轮和磁轮的啮合面积变化，从而改变负载的转速，如图 2 所示。

磁轮调速器打破了一直以来直接调节永磁转子以改变导体转子和永磁转子耦合面积的方式，而是将一种移动式的底座安装在电机底部，通过调节电机轴向移动来间接调节导体转子和永磁转子耦合面积。移动底座上安装有固定底板、移动底板、滑轨和调节机构，滑轨的结构与大型机床的刀具和工件的移动结构类似，可实现移动底板在固定底板上高精度的直线移动。调节机构用于

第一作者简介：王向东，高级工程师，毕业于哈尔滨工业大学，硕士研究生。中国永磁传动第一人，中组部第 3 批“万人计划”创业领军人才，安徽工程大学特聘硕士导师。

控制移动底板的位置，一般连接电动执行机构，通过电动执行机构实现自动调节。

2.3 磁轮调速技术与第二代、第一代磁力耦合调速技术的对比

磁轮调速器在调节方式上相比于常见的磁力耦合调速器有了很大突破，不再采用连杆滑块、齿轮齿条、蜗轮蜗杆等调节结构，而是将用于传动的导体转子和永磁转子部分与调节部分完全分开，传动部分和调节部分互不干涉，结构更加简单。如表1所示。

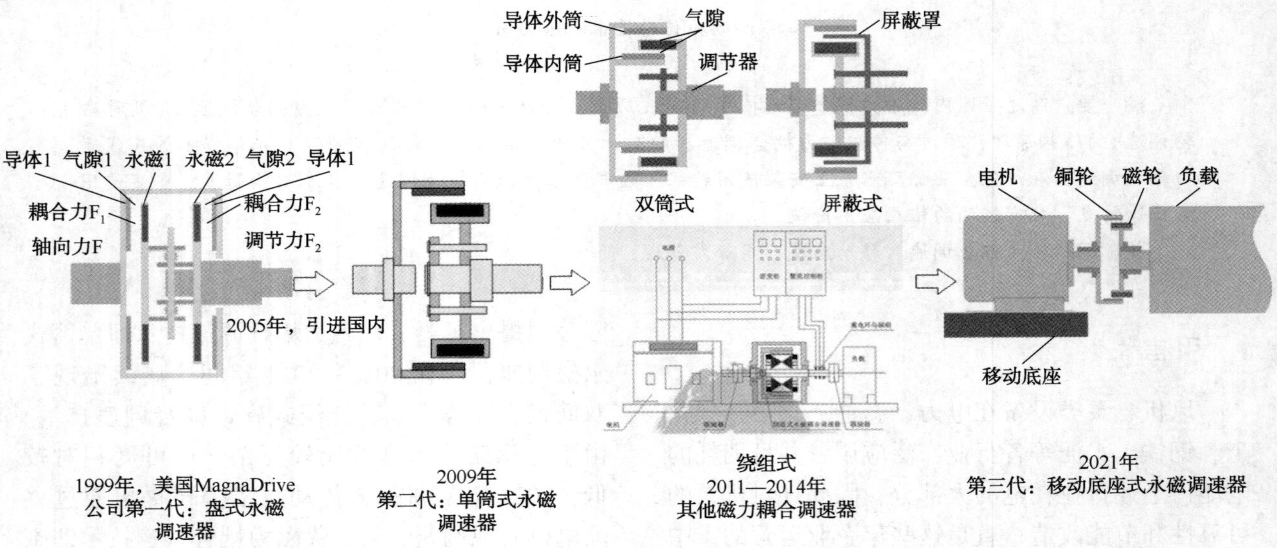

图1　磁力耦合调速技术的发展史

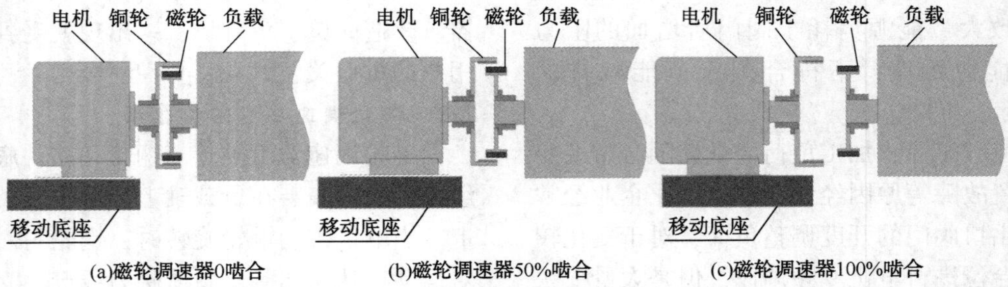

图2　磁轮调速器结构原理图

表1　磁轮调速技术与第二代、第一代磁力耦合调速技术的对比

内　容	第一代	第二代	第三代
结构	复杂，导体盘和永磁盘成对使用，调节器为齿轮齿条或蜗轮蜗杆结构，风冷型设有4套角接触轴承，水冷7套轴承，水冷型密封要求高，密封结构复杂	复杂，风冷调节器设有3套轴承，水冷6套轴承，水冷型密封要求高，密封结构复杂	简单，无轴承。转子与移动底座分开，导体转子上的冷却水不会进入移动底座中，密封要求低
安装空间	大，轴端距要求风冷0.4~0.6m，水冷1.6~1.8m	大，轴端距要求风冷0.4~0.6m，水冷1.6~1.8m	小，轴端距要求风冷0.15mm，水冷0.25m
安装对中	难度大。 1. 永磁盘与导体盘之间的轴向对中误差要求高，否则会产生轴向力； 2. 小功率一个联轴器，对中要求高； 3. 大功率水冷两个联轴器，对中要求与传统刚性联轴器没有差别，难度大	难度较大。 1. 永磁轮与导体轮之间的轴向对中误差要求低1mm； 2. 小功率一个联轴器，对中要求高； 3. 大功率水冷两个联轴器，对中要求与传统刚性联轴器没有差别，难度大	难度小。 1. 永磁轮与导体轮之间的轴向对中误差要求低1mm； 2. 无联轴器，无需热装，安装容易
改造施工工作量	需后移电机，原有基础需要延长，施工周期长	需后移电机，原有基础需要延长，施工周期长	无需延长基础，只需更换底座，施工周期短

续表

内 容	第一代	第二代	第三代
维护	定期给轴承加润滑脂、测轴承位置振动、轴承温度，定期更换轴承、密封、耐磨环	定期给轴承加润滑脂、测轴承位置振动、轴承温度，定期更换轴承、密封、耐磨环	无易轴承、密封、耐磨环等损件，免维护
调速范围	30%~97%，结构空间有限，无法使导体转子和永磁转子完全脱开	30%~98%，结构空间有限，无法使导体转子和永磁转子完全脱开	0~98%，调节距离长，可完全脱开，实现电机空载启停
调节线性度	差，调节距离一般为35mm	差，调节距离短，一般为60mm，转速可能出现突变的情况	好，调节距离长，120mm，更利于调节精度的提高

3 磁轮调速器的应用

3.1 项目概况

某炼化企业循环水场的循环水泵，参数详见表2，为下游用户提供冷却水。水泵原先为定频运行，没有任何调速装置。一方面原设计本身就留有较大余量，另一方面由于全年运行工况存在较大温差，在不同环境温度和工况下对水流量实际需求并不相同，因此循环水系统存在较大的节能空间。为降低能耗，利用磁轮调速器对循环水泵进行节能改造。

表2 循环水场循环水泵系统参数

水泵铭牌参数			电机铭牌参数		
型号	SLOW600-720 Ⅰ		型号	YXKK-500-6THWF2	
名称	数据	单位	名称	数据	单位
流量	4500	m^3/h	额定功率	900	kW
扬程	55	m	额定转速	991	rpm
额定转速	980	rpm	额定电压	10000	V
工作效率	0.88		额定电流	64.6	A

3.2 施工过程

根据水泵的功率和转速，选用水冷型磁轮调速器对循环泵进行节能改造，项目施工改造过程主要分为以下几个部分：

（1）准备工作：拆除电机和水泵之间的联轴器连接螺栓、电机与底座之间的连接螺栓，将电机吊装至安全区域，采用火焰烘烤的方式拆除电机和水泵轴上的联轴器，并对轴头进行清洗，测量尺寸。由于磁轮调速器的移动底座需安装在电机下方，替换原来的固定钢底座，于是将固定钢底座即下方的二次基础拆除，再按照移动底座的安装地脚螺栓孔打孔。拆除二次基础后测量一次基础至水泵轴的高度，确保留有足够的高度和调整的余量，若高度不够，再向下拆除部分一次基础。改造前电机和水泵采用双膜片联轴器连接，轴端距为260mm，而磁轮调速器的安装对电机和水泵轴端距要求仅为220mm，因此整个安装准备工程中无需加长原有电机基础，如图3所示。

（a）改造前　　（b）改造后

图3 改造前后现场照片

（2）磁力耦合调速器安装：将铜轮和磁轮通过胀紧套分别安装至电机轴和水泵轴上，再将电机整体吊装至移动底座上，移动底座吊至基础上，对铜轮和磁轮进行对中，依次在两转子耦合0、50%、100%时，通过调整电机位置和移动底座的高度调整两转子间的气隙，利用塞规测量上下左右的气隙，误差控制在1mm以内。对中完成后进行二次浇筑，二次基础凝固后，再对铜轮和磁轮进行精对中，气隙偏差控制在0.5mm以内，固定电机安装螺栓，安装磁力耦合调速器的壳体。

(3) 冷却系统安装：采用闭式循环冷却系统对磁轮调速器的导体转子进行冷却，冷却系统采用撬装的方式，安装在设备附近的水泥地面上。安装时，只需将冷却系统与磁轮调速器壳体的进水管和出水管、冷却系统板换与循环水进水管和回水管以及水箱补水口的管路进行连接即可。

(4) 电气仪表安装：该磁力耦合调速器配套的仪表为1台电动执行机构以及冷却系统的流量计、液位计、测温探头等监控仪表。电动执行机构安装在移动底座上，对移动底座实现就地/远程、自动/手动控制。

(5) DCS组态：在DCS新增磁力耦合调速器的画面，加入磁力耦合调速器的控制逻辑。

3.3 应用效果

磁轮调速器改变了原来刚性连接的传动方式，水泵、电机、磁轮调速器和基础的振动数据均好于改造前，改造后振动情况见表3。将调节阀门的开度调至100%，通过磁轮调速器来调节输出流量，相比改造前，节电率达到了41.5%，节电情况详见表4。按照年运行时间8400h、电价0.58元/kW·h计算，循环水泵年节约电费154.9万元，达到了预期的节能效果。磁力耦合调速器结构简单，无轴承、油封等易损件，减少了很多日常维护工作，使用方便。

表3　改造后循环水泵振动参数

负载	改造后负载振动/(mm/s)			改造后电机振动/(mm/s)		
	水平	垂直	轴向	水平	垂直	轴向
泵	2.5	2.6	4.0	0.6	0.6	0.6

表4　节电情况

负载	改造前电流/A	改造后电流/A	节电率/%	改造前功率/kW	每小时节电量/(kW·h)
泵	55	32.2	41.5	766.3	318

4 结论

磁轮调速技术打破传统电机拖动系统的安装理念，大功率电机在运行中不固定，采用移动底座调节电机轴向移动，改变铜轮和磁轮的耦合磁场，实现负载转速无级调节，设备结构简单、零部件少，没有备品备件，产品免维护，不仅产品本身的可靠性高，而且提高了整个机泵系统的运行可靠性，更能适应大型高耗能企业对于设备简单化、智能化的需求。因此该技术未来必将成为机泵系统调速的主流技术，甚至会成为标配。

参 考 文 献

[1] 李旭，董达，陈学兵，等. 电厂锅炉送风机节能改造方案分析[J]. 黑龙江电力，2022，44(03)：267-270.

[2] 康宇，王会平，钟建清，等. 电机永磁调速技术应用分析[J]. 设备管理与维修，2021(21)：168-169.

[3] 姚杰. 永磁调速技术节能分析[J]. 电气时代，2021(06)：58-60.

状态监测及远程诊断技术在大化肥机组中的应用

张锡德　任思军　邢普瑜　游笑辉　焦寅虎

（中国石油独山子石化塔里木石化分公司）

摘　要　大化肥"五大机组"是化肥生产的核心动设备，在化肥生产中发挥着非常重要作用，一旦机组发生故障就会导致化肥装置停车，造成重大经济效益。对大机组实施全天候监控，提前预知机组潜在异常和隐患，将隐患消除在萌芽状态才能从根本上保证机组安全、长周期运行。BH5000 状态监测及远程诊断系统采集本特利 3500 中振动、轴位移、转子键相、轴瓦温度及机组转速等状态参数，在服务器中，通过状态监测诊断软件对机组状态参数进行频谱分析，判断机组故障类型、故障损坏程度和故障位置，同时将机组故障与数据库案例对比，对机组异常及隐患提前预警，利用互联网技术，由专家团队对机组实现远程精密诊断，以实现事后维修变为事前维修，计划维修变为预知维修。利用状态检测频谱分析快速排查出空气压缩机带水振动及合成气压缩机汽轮机结碳振动。

关键词　大化肥　机组　状态检测　远程诊断　技术　应用

引言

中国石油塔里木石化分公司的年产 450kt 合成氨/800kt 尿素大化肥项目有"五大机组"，即原料气压缩机、空气压缩机、合成气压缩机、氨压缩机和二氧化碳压缩机，离心式压缩机均由汽轮机驱动，是化肥生产的核心动设备，在化肥生产中发挥着非常重要作用，机组通常结构复杂、控制回路多，技术含量高、故障判断难道大、检维修质量标准高、维修难道及成本大、运行环境严苛，机组一旦发生故障就会导致化肥装置停车，造成重大经济损失。

对于化肥装置中"五大核心设备"的离心式压缩机及汽轮机，需要建立先进的机组运行状态监测及故障诊断系统，提前预知设备潜在异常和隐患，采取相应措施，及时将隐患消除在萌芽状态，避免隐患未得到及时治理，导致机组严重损坏及装置停车，而在线状态监测是实时掌握化肥大机组运行状态及功能特性的有效方法，故障诊断是根据状态监测数据判断机组是否存在故障以及故障类型、故障损坏程度和故障位置的有效途径，为此，各炼化企业非常重视关键大型动设备状态监测和故障诊断工作，实现预知维修和智能维修，2010 年由某科技股份有限公司开发的 BH5000 在线状态监测及诊断系统在化肥大机组上得到了应用，后因数采器及工控机损坏，2019 年对该系统进行了升级改造。

1　状态监测及诊断系统

1.1　BH5000 系统结构

从汽轮机及离心式压缩机测得的径向振动、轴位移、转子键相、轴瓦温度及机组转速等状态参数通过传感器、二次仪表接入本特利 3500 中，本特利 3500 具有机组状态参数报警功能，而本身没有故障频谱分析功能，不能及早发现机组潜在隐患。

BH5000 由数据采集器、服务器、用户工作站（设备工程师站、设备经理站、仪表工程师站及机动处站等）、多串口联网设备及远程诊断中心组成如图 1 所示。通过 Modbus 通讯，由数据采集器将本特利 3500 中的机组参数上传至 DAM1 服务器，在服务器中安装了设备状态监测诊断系统软件 V2.0，具有机组状态总貌图、历史比较图、常规趋势分析、分频趋势分析、波形、频谱分析、单值/多值棒图等多种常规图谱分析功能，同时具有数据储存、监测、诊断、报警、预防维修集于一体，通过油田局域网，根据需要，用户工作站可实时调取机组常规图谱分析

第一作者简介：张锡德，大学本科，一级工程师/高级工程师，现从事设备技术和管理工作。E-mail：zhangxd_305@163.com

图，对机组运行状况进行分析，及早发现设备隐患，借助图谱，对机组隐患及事故原因进行分析。通过多串口联网设备将信息传至互联网，由某远程诊断中心对机组实施精确诊断。

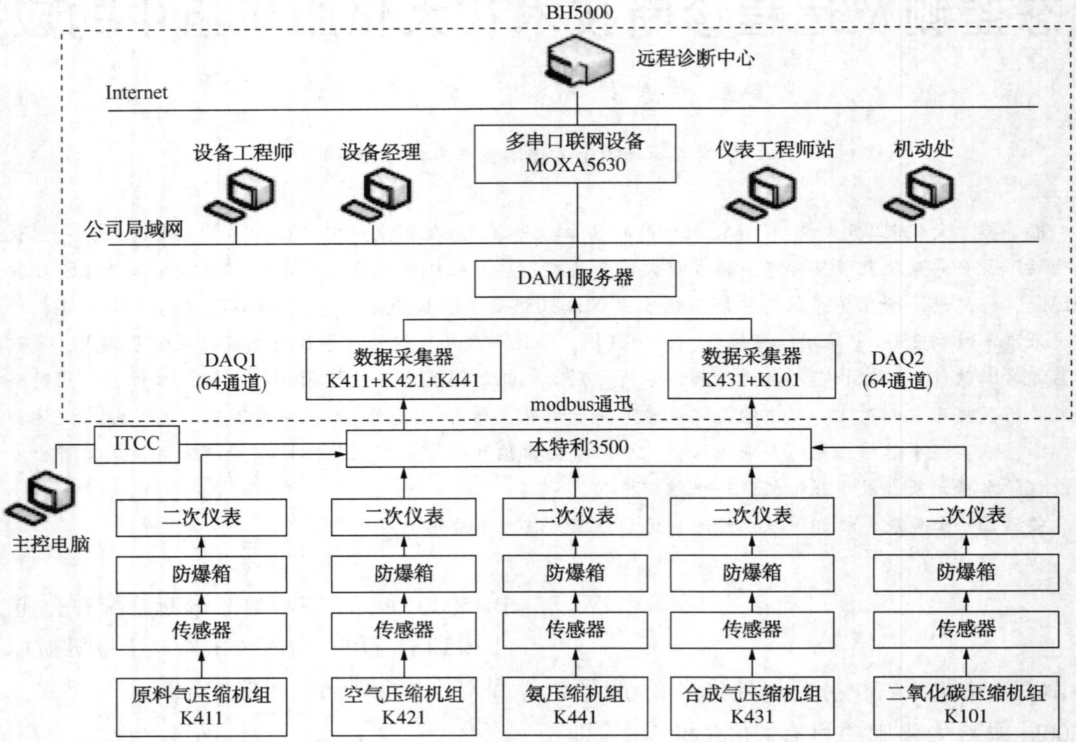

图1　BH5000在线监测系统结构

1.2　机组采集信息情况

状态检测诊断系统提供各种故障频谱分析图，诊断专家或团队对频谱分析图进行研究，能快速确认故障部位和故障原因，提出维修建议，而频谱分析是基于机组轴振动、轴位移、键相、轴瓦温度及转速等参数而完成的，BH5000系统需对汽轮机及离心式压缩机上述状态参数进行采集见表1。

机组常见故障有机组喘振、轴瓦间隙不对、轴瓦巴氏合金磨损、松动、脱落、轴瓦润滑不良、转子弯曲、不平衡、地脚螺栓松动、油膜涡动、振荡、联轴器不对中、气流激振、转子共振、转子摩擦、碰撞、叶片松动、油封结碳等。

表1　机组采集状态参数

装置	机组名称	机组结构	机组位号	轴振动	轴位移	键相	温度/℃	测点总数
合成氨	CO_2压缩机	汽轮机+低压缸+齿轮箱+高压缸	K411	8	4	1	16	29
	天然气压缩机	汽轮机+离心压缩机	K421	18	3	1	18	40
	空气压缩机	汽轮机+齿轮箱+离心压缩机	K431	12	6	1	24	43
	合成气压缩机	低压缸+汽轮机+高压缸	K441	8	4	1	16	29
尿素	氨压缩机	汽轮机+离心压缩机	K101	20	8	2	33	63

1.3　BH5000系统功能

“五大机组”在线监测系统，具有多种图谱分析功能，可与其他控制系统、监测系统和设备管理系统等专业监控管理平台实现数据交互，形成一套基于油田局域网和Internet网的设备实时在线监测诊断系统。

针对实时数据、短时趋势数据、历史数据及启停机数据，BH5000系统提供以下分析功能：

（1）机组状态总貌图（可通过总貌图上的测点直接进入到分析系统中）。

（2）设备结构组态并自动生成数据库。

（3）机组运行状态分析、预测。

（4）趋势图（包括任意时间段趋势图、不同测点趋势比较图，用户可定义：秒、分、时、日、周、月、季度、半年、年或任意时间段）。

（5）趋势预测（根据不同时间段振动幅值预测可能出现的变化）。

（6）频谱分析、时域分析及相位分析。

（7）轴心轨迹图、轴心位置图、极坐标图、Nyquist 图、频谱三维瀑布图、波特图、多值棒图和单值棒图。。

（8）任意组合谱图分析功能。

（9）智能报警预测系统。

（10）诊断、维修及各类报表、报告自动生成系统。

1.4 列举频谱分析图

（1）振动趋势图

在机组运行时，可利用趋势图来显示、记录设备的通频振动、各频率分量振动、相位或其他过程参数是如何随时间变化的。在分析机组振动随时间、负荷、轴位移或其他工艺参数的变化时，趋势图曲线非常直观，能很好监视机组的运行状况如图 2 所示。

（2）轴心轨迹图

轴心轨迹是指转子轴心一点相对于轴承座在其与轴线垂直的平面内的运动轨迹如图 3 所示。通常，转子振动信号中除了包括由不平衡引起的基频振动分量之外还存在因油膜涡动、油膜振荡、气体激振、摩擦、不对中、啮合等原因引起的分数谐波振动、亚异步振动、高次谐波振动等各种振动分量，使轴心轨迹形状表现出各种不同特征，其形状十分复杂，造成分析困难。

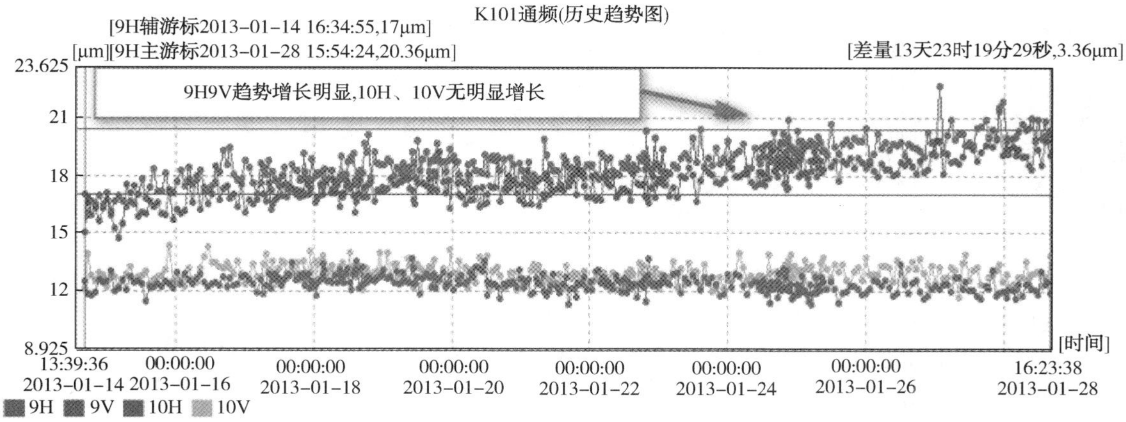

图 2　K101 高压缸振动趋势图

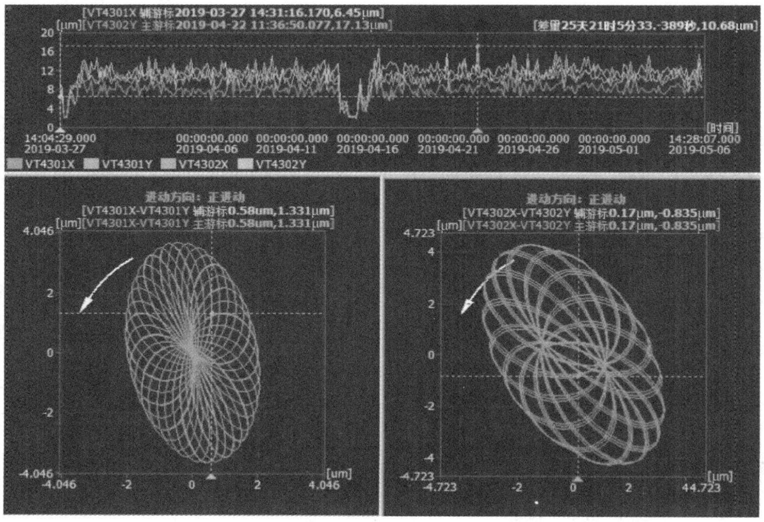

图 3　TK431 汽轮机轴心轨迹图

轴心轨迹图直观地反映了转子瞬时运动状态，其动态特性和形状有丰富的故障征兆信息，可以形象、直观地反映出机组运行状况，因而在诊断系统中得到广泛的应用，这对排除故障和防止故障的恶化具有指导作用。

2　关键机组状态监测系统整体设计

动设备状态监测和故障诊断服务将动设备巡检管理、在线监测、故障诊断、定期出具故障分析报告及检维修建议作为日常工作的主要内容。通过专业分析诊断软件和人工分析诊断相结合、精密诊断与常规检查相结合的方式，塔里木石化分公司将逐步建立一套完整统一的动设备巡检（离线、在线）、分析、诊断、检维修管理体系如图4所示。

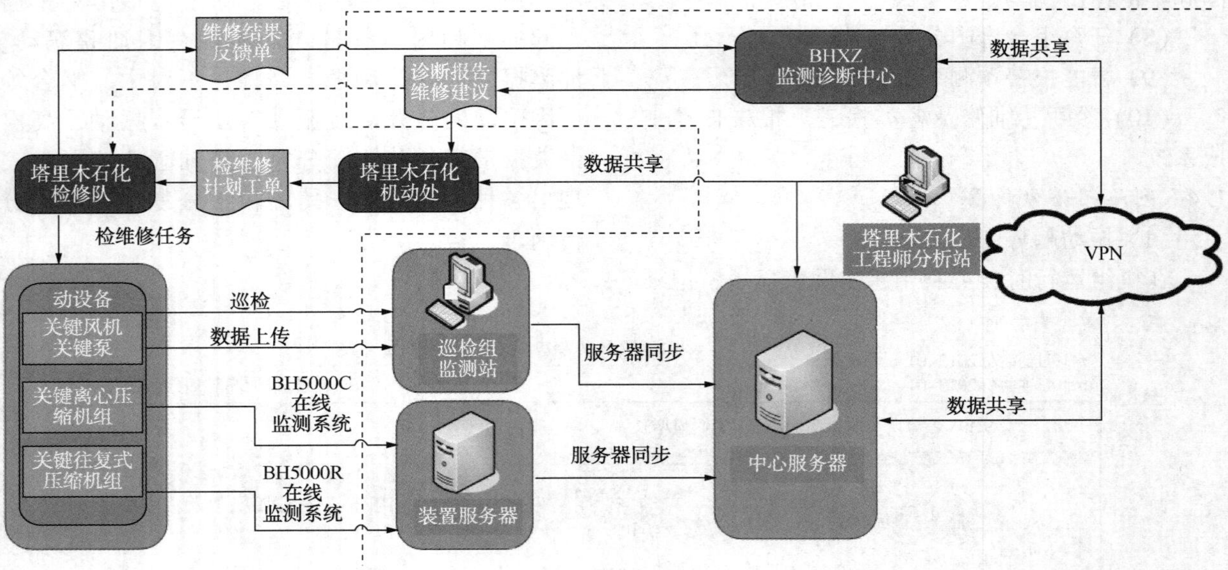

图4　旋转设备检测及诊断整体设计

在上述整体设计中，塔里木石化分公司及远程监测诊断中心的职责如下：

（1）塔里木石化分公司

① 审核设备运行状态报告和设备诊断报告，提出指导和改进建议。

② 根据远程监测诊断中心提供的设备诊断报告和检维修建议，制定和审批维修计划。

③ 向远程监测诊断中心告知设备现场状况、机组维修历史等情况，反馈设备故障解决情况。

（2）远程监测诊断中心

① 在具备数据远程访问条件下，对机组实施全天监测，关注机组运行数据。

② 对发生报警或发现早期故障征兆的设备，通知现场设备主管工程师及机动处相关人员。

③ 对发现故障的机组，进行精密分析诊断，出具诊断报告及检维修建议。

④ 当发现问题时，及时与现场主管工程师联系，询问设备现场状况、机组维修史等情况，以保障诊断结论可靠性。

3　BH5000在线监测诊断实例

3.1　压缩机带水振动诊断分析

（1）机组概况

K421压缩机组为多轴式空气压缩机，驱动设备是中压注汽冷凝式汽轮机，机组功率为10241kW，压缩机恒转速运行，转速为5860r/min，为大化肥装置二段炉提供转化空气，机组基本概况如图5所示。

（2）故障现象及原因分析

① 故障现象

2010年1月22日23：19：33当汽轮机升至最低工作转速4681.6r/min，恒速时，探头VT4216和VT4217的振动值开始增大，即压缩机4级缸转子轴出现异常振动，24：48振动值分别达到52μm和54μm，而其余探头振动值正常，此时，主操紧急手动停车如图6所示。

② 原因分析

由某科技发展有限公司提供的状态监测系统

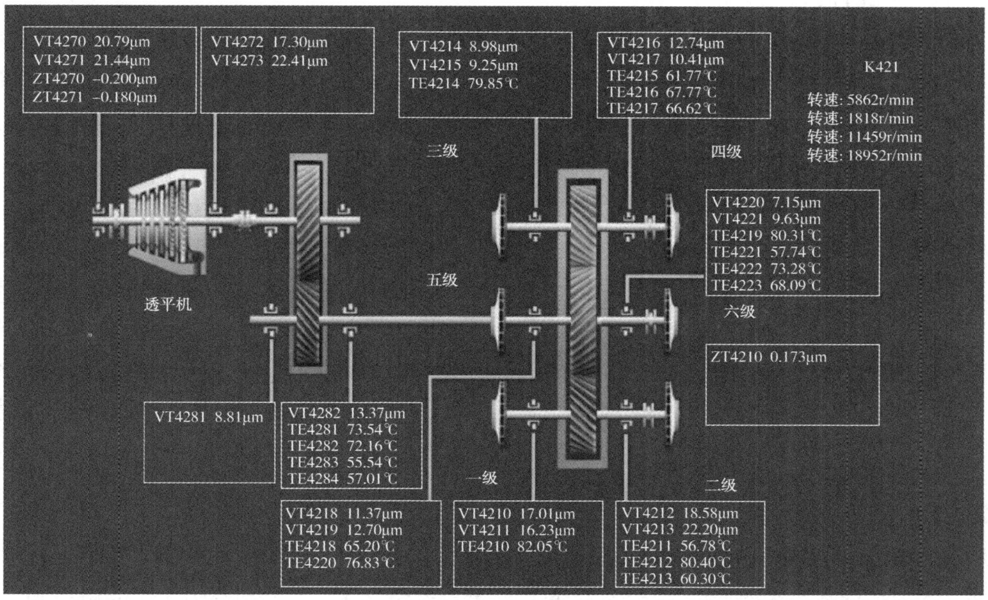

图 5 机组总貌图

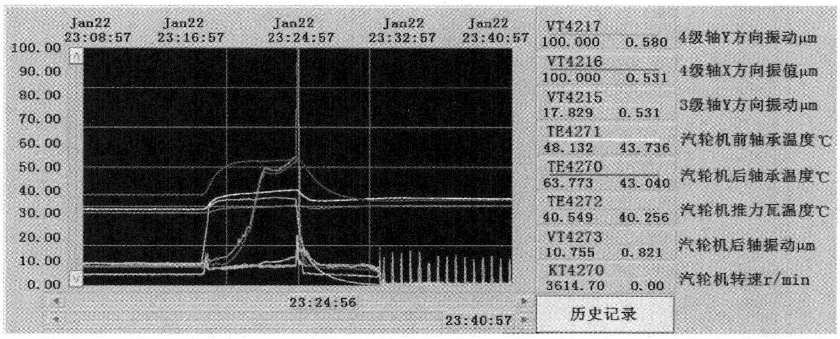

图 6 压缩机异常振动

对压缩机进行实时监测，在异常振动时，其波形图及频谱图如图 7、图 8 所示。

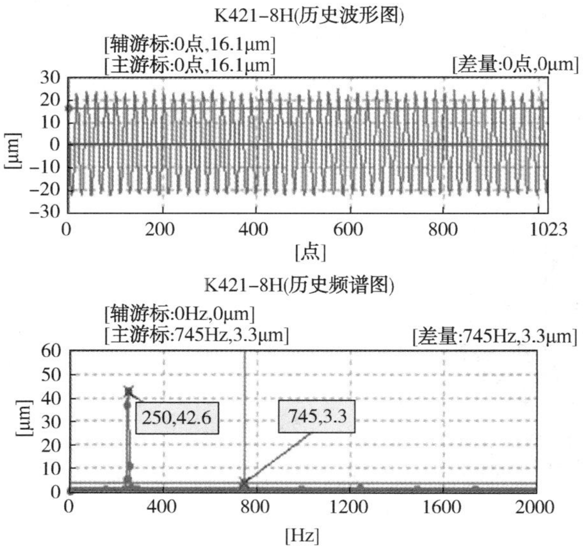

图 7 轴承(VT4216)振动频谱图

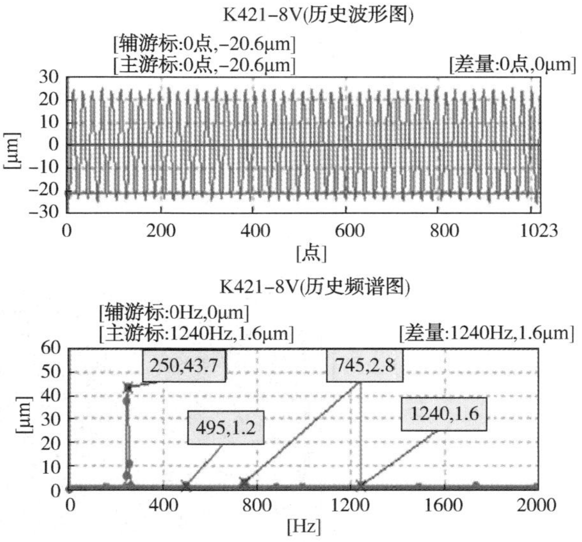

图 8 轴承(VT4217)振动频谱图

从图中可以看出压缩机轴承振动 VT4216 和 VT4217 的时域波形为正弦波，其振动频率成分单一，且明朗，表现为转子的基频250Hz，可以排除动静碰磨、气流激振、油膜涡动、支撑松动等因素引起的振动，其异常振动是由转子的不平衡造成的。

（3）诊断结论及现场排查

① 诊断结论

压缩机4级缸振动是由转子动不平衡引起的。

② 现场排查

经排查发现压缩机4段入口疏水系统因冬季排凝管线被冻结堵塞，而其他级间冷凝疏水系统完好，未冻结。2010年1月27日对4级缸入口进行了检查，发现入口导叶处有大量水垢痕迹。

在压缩机转子受到液击时，就相当在转子上施加了一个外力，使其脱离了原来的平衡状态，当外力消失后，转子又恢复到原来平衡状态，压缩机带液会引起转子的不平衡，其振动频率为基频。

3.2 汽轮机结碳振动诊断分析

（1）机组概况

K431压缩机组为离心式氢氮压缩机，由高、低压缸组成，驱动设备是高压抽汽冷凝式汽轮机，机组功率为21228kW，压缩机转速为11110r/min，为大化肥装置氨合成塔提供氢气和氮气，机组基本概况如图9所示。

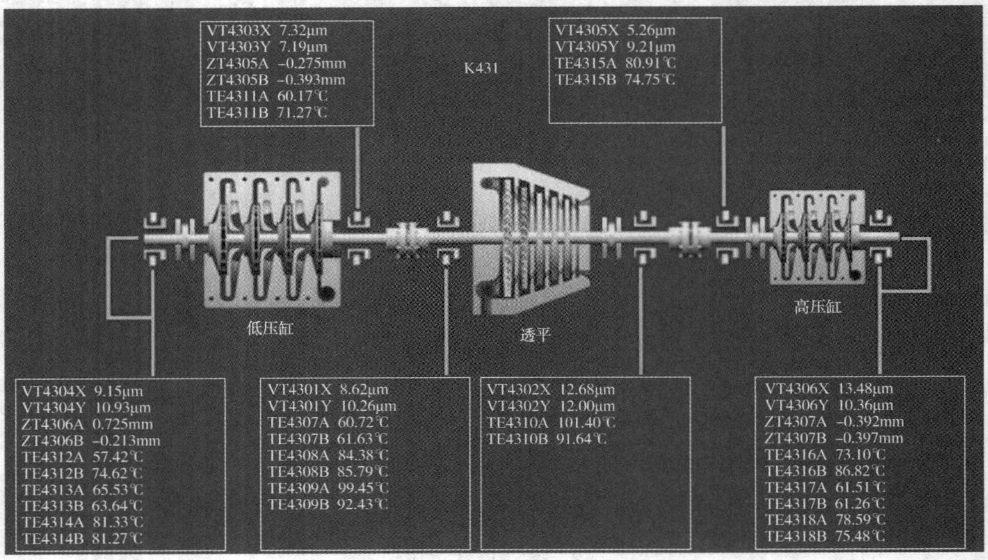

图9　机组总貌图

（2）故障现象及原因分析

① 故障现象

2011年10月26日合成气压缩机汽轮机转子轴两侧出现了异常振动，4个探头VTA4301X、VTA4301Y、VT4302X及VT4302Y的振动值同时出现异常，随着时间的推移，其振幅值愈来愈高，其间隔时间越来越短见图2。11月14日在异常振动发生时，操作人员在现在听到汽轮机有较大的异常吼叫声；11月17日汽轮机异常振动值已达37mm，已接近报警值如图10所示。

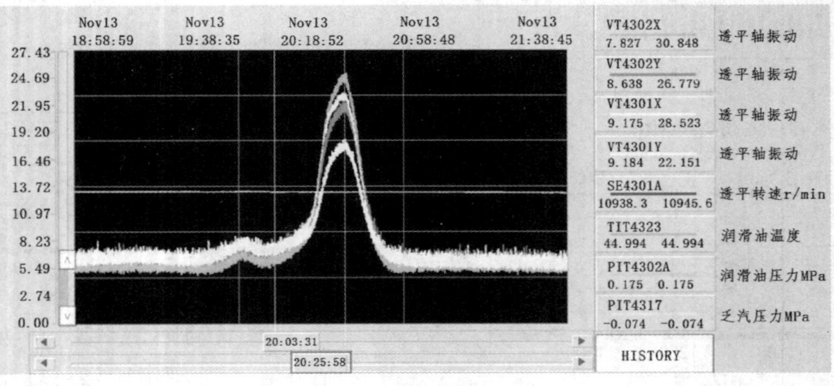

图10　汽轮机轴系振动图

分析 2011 年 10 月 26 日到 11 月 17 日汽轮机的振动情况，其特点为：

a. 在正常情况下，汽轮机两侧的振动值均在 8mm，振动很小。

b. 其振动表现为间歇性，从起初的每天一次发展到每 2～3h 出现一次，时间的间隔越来越短，其峰值也越来越高。

c. 从振动开始升高达到峰值然后回落，整个时间间隔较长约 30～45min，其振动具有突然性，非规律性，振动回落后其振值恢复，未见增大。

d. 振动在汽轮机两侧发生，压缩机未见异常振动，其 4 个探头的振动同步发生。

e. 振动接近峰值时，汽轮机有吼叫声，随着振动的下降，异常声音消失。

② 原因分析

由某科技发展有限公司提供的状态监测系统对汽轮机进行实时监测，在异常振动时，其频谱图和相位及幅值图如图 11、图 12 所示。发现振动频率为一倍频，同时，振动相位随振幅而发生变化。而转子不平衡、联轴器对中不好，动静部分摩擦产生的异常振动，虽振动主频率为一倍频，但其相位不随振幅的变化而变化。

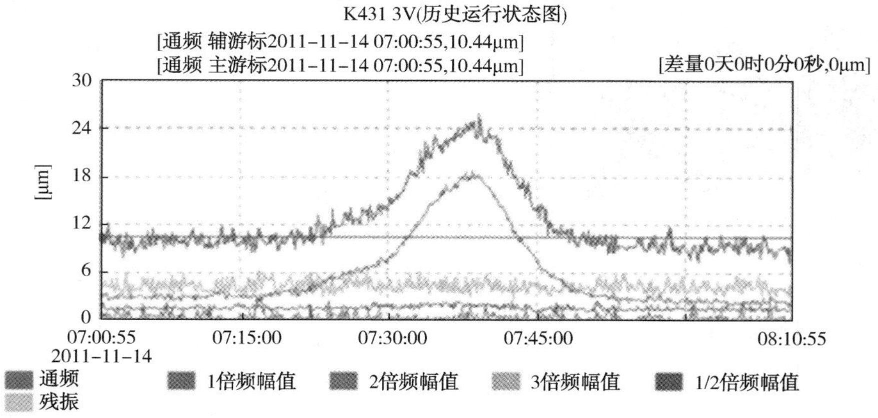

图 11　汽轮机振动频谱图

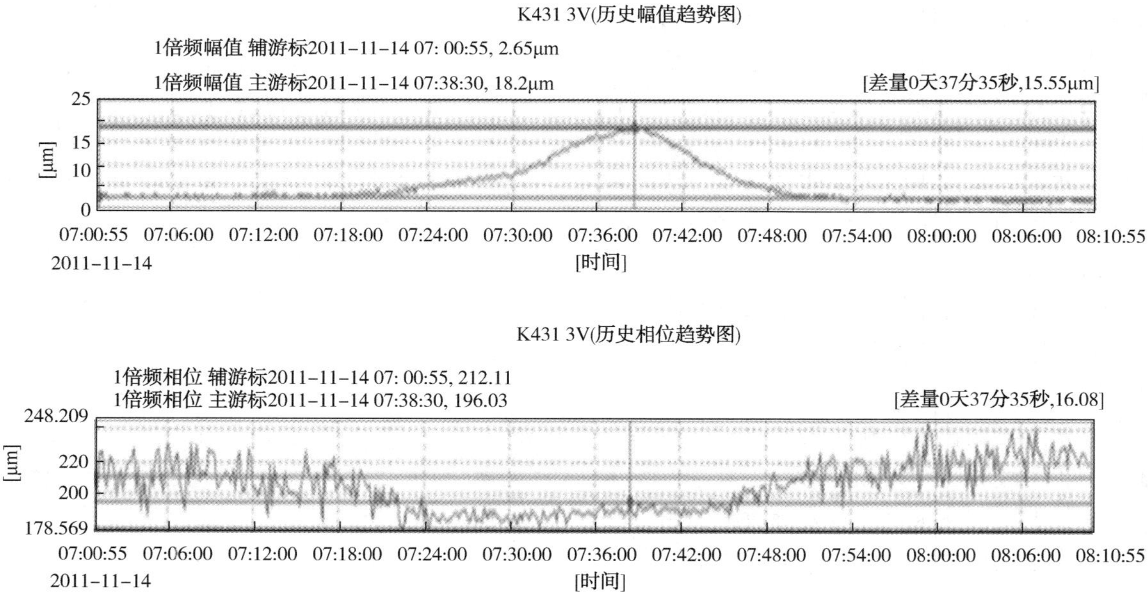

图 12　汽轮机振动相位与幅值图

当油挡漏油后，因汽轮机高温的影响，在油挡内形成油渣和碳化物，随时间的推移，油渣积累与转子碰撞，摩擦使油渣去除，振动增大，而这种振动，其相位随振幅的变化而变化。

（3）诊断结论及现场排查

① 诊断结论

汽轮机异常振动是由油挡内碳化物与转子碰擦造成的。

② 现场排查

油档拆卸之前机组运行时，在汽轮机高压侧的汽轮机与油挡之间增加对流空气，具体措施是安装了空气冷却分布器，对汽轮机转子轴吹风，异常振动消除。

择机对汽轮机油挡拆卸检查，发现油挡处有高温烧结的碳化物如图13所示。更换挡油板及油挡，经观察结碳振动消除，对空气冷却分布器拆除。

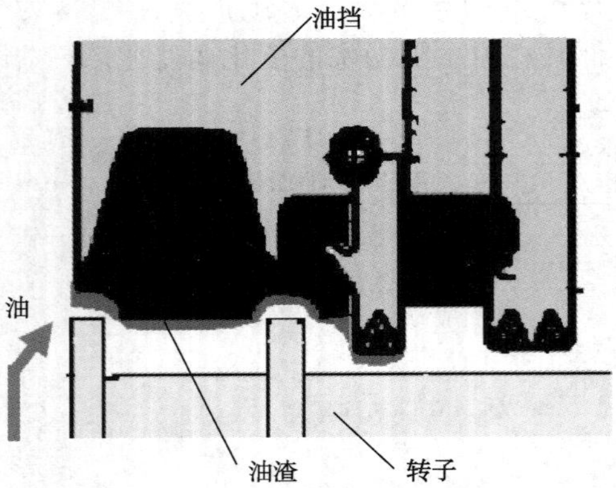

图13　油挡中生成的油渣情况

4　结语

某科技股份有限公司开发的BH5000在线状态监测及诊断系统在化肥大机组上得到应用，对于保证机组安全、可靠、可控、稳定运行发挥了重要作用，对设备故障的精密诊断奠定了基础，可以得出以下结论：

（1）状态监测及诊断系统能及时发现故障的早期征兆，以便采取相应的措施，避免、减缓、减少机组重大事故的发生。

（2）状态检测技术可有效改变原有的维修机制，变事后维修为事前维修，变计划维修为预知维修。

（3）状态检测技术简化了诊断过程，在一定程度上防止了故障的错诊和漏诊。

（4）状态检测技术可充分发挥故障诊断专家的作用，为企业提供高效、快捷、准确的服务。

（5）状态监测系统基于Internet网对机组实施全天监测，由专家团队对机组实现远程精密诊断。

（6）状态监测及诊断系统是实现预知维修和智能维修的基础。

（7）状态监测及诊断系统是判断机组是否存在故障以及故障类型、故障损坏程度和故障位置的有效手段。

（8）在线状态监测是实时掌握机组运行状态及功能特性的有效方法。

（9）频谱分析是基于机组轴振动、轴位移、键相、轴瓦温度及转速等参数而完成。

（10）状态监测系统具有多种图谱分析功能，与数据库案例对比，快速诊断机组故障。

（11）状态监测系统能够有效实现对机组的数据分析与状态评估。

（12）压缩机带水振动及汽轮机结碳振动诊断实例说明了状态监测系统的实用性，其在设备运行中发挥了重要保障作用。

参　考　文　献

[1] 江志农，马波，高金吉. 基于中间件技术的分布式远程监测与诊断系统[J]. 石油机械，2006，34(3)：53-56.

[2] 何成兵，顾煜炯，杨昆，等. 分布式汽轮机发电机组振动监测与远程诊断系统研究[J]. 汽轮机技术，2002，(44)：8-10.

[3] 张国斌，张金祥. 离心压缩机在线监控与故障预报分析系统的研究[J]. 化工机械，1998(3)：38-40.

[4] 徐敏强，张国斌，张嘉钟，等. 网络化的离心压缩机组振动在线监测及故障诊断系统的研究[J]. 风机技术，1999(4)：32-33.

[5] 高金吉. 旋转机械振动故障原因及识别特征研究[J]. 振动测试与诊断[J]. 1995，15：1-8.

[6] 么子云，郭海涛，段礼祥. 建立离心压缩机故障诊断标准的新方法[J]. 石油矿场机械，2010，35(8)：65-68.

[7] 李海涛. 大型关键机组在线状态监测与故障诊断系统的应用[J]. 广州化工，2014，42(7)：149-151.

[8] 郝殿成，王娜，战立启，等. 大型转动设备在线状态监测及前期故障诊断[J]. 设备管理与维修，2015，(6)：74-79.

[9] 许军，王文举. 石化转动设备状态监测与故障诊断平台简介及简单应用[J]. 化学工程与装备，2019(7)：208-210.

[10] 刘齐忠，林融. 机组状态监测系统在大型石化工厂中的应用[J]. 石油化工自动化，2011，47(2)：29-32.

[11] 赵国利，齐俊梅，任涛. 状态监测技术在BCL506离心压缩机故障诊断上的应用[J]. 风机技术，2011，(4)：79-82.

[12] 马斌良，苏志忠，于阳，秦涛. 状态监测技术在尾气压缩机检维修中的应用[J]. 石油化工设备技术，

2016，37(2)：49-51.
[13] 陈琼. 状态监测与故障诊断技术在大型机组中的应用[J]. 化工自动化及仪表，2014，411203-51.
[14] 郑志力. 状态监测在离心压缩机故障诊断中的应用[J]. 化工机械，2011，38，(10)：612-615.
[15] 李犇，张玲，谭兴斌. 状态监测诊断技术在石油炼化企业中的应用[J]. 石油和化工设备，2018，21(05)：90-91.
[16] 龚亚军，任恒昌，罗志林，等. 状态监测技术在热电厂转动设备维护中的应用[J]. 设备管理与维修，2013(06)：54-57.
[17] 张锡德，苏海龙. 空气压缩机第二转轴振动原因分析及预防措施[J]. 风机技术，2012，(6)：81-85.
[18] 邵士铭，张锡德，卢海鹰. 蒸汽轮机轴端结碳对振动的影响及对策[J]. 设备管理与维修，2011，(11)：49-50.

大型乙烯装置急冷油泵国产化研发与应用

李博源

（中国石油大庆石化公司化工一厂）

摘　要　随着我国石化工业的迅速发展，为大型乙烯装置急冷油泵提供了广阔的发展前景。首台大型乙烯装置国产急冷油泵的研发和安全运行，标志着国内已具备大型乙烯装置急冷油泵国产化研发设计和制造能力，打破了国外公司在该领域对大型乙烯装备技术的垄断，让新建或改造的大型乙烯装置在该泵的采购上可以有更多选择，有效地提升了中国石油乙烯装置的整体市场竞争力。

关键词　乙烯装置　急冷油泵　国产化　耐磨

引言

在乙烯装置中，急冷油系统是装置的咽喉部位，它直接连接裂解和压缩两大单元，处于承上启下的中间位置，其运转的好坏对装置性能有着重要影响。

急冷油泵是乙烯装置的重要设备，由于急冷油介质黏度变化大，并含有大量硬质焦粉颗粒，急冷油泵的壳体、叶轮等零部件会产生严重的磨损腐蚀，严重影响泵的连续运转寿命。这类泵的性能要求已超过国产普通 BB2 泵的性能范围，基本由国外著名品牌泵制造公司生产。

E3 装置急冷油泵出口急冷油有两个去向：一股为裂解炉 EF3110-3170 急冷器提供降温急冷油，一股为急冷油循环与工艺水换热器发生稀释蒸汽。在生产过程中，一旦急冷油泵能力不足或发生故障，将影响急冷油系统的取热，降低稀释蒸汽发生量，进而造成急冷油温度升高黏度增大，急冷系统热量失衡，严重时装置被迫降低负荷。2018 年装置运行末期曾多次因为急冷油泵能力不足及检修降低装置负荷，影响了装置的整体经济效益。因此，需要针对大庆石化乙烯装置的工艺参数及原料特点，研制一种能够长周期稳定运行的急冷油泵，保障急冷油系统稳定运行。

本次大庆石化公司 E3 装置隐患治理项目，需新增一台急冷油泵，考虑到国外知名厂家昂贵的制造价格和较长的制造周期，大庆石化决定选择与同样具备制造此泵能力的大连深蓝泵业有限公司合作，研发并应用一台能够长周期稳定运行的国产急冷油泵，打破国外公司在该领域的制造技术垄断。

1　国内外技术现状分析

1.1　国外技术现状

目前进口急冷油泵主要有两种技术类型，分别是超音速喷涂（HVOF）技术和口环冲洗技术，其中超音速喷涂技术初期成本投入较高，但综合维护成本相对较低；口环冲洗技术需要持续注入外部的高压冲洗源，年消耗量较大。从节能角度来看，超音速喷涂技术的急冷油泵更具潜力。

1.1.1　超音速喷涂（HVOF）技术

HVOF 喷涂：是将粉末注入高速火焰中，然后将粉末喷到基材上，形成致密均匀的涂层。由于基材未加热到足以熔化，其性能不受涂层应用的影响。部分国外泵业公司如 SULZER（美）在急冷油泵上使用了超音速喷涂技术，对过流部件进行超音速喷涂，提高材料的耐磨性能。化工一厂乙烯车间原有的三台急冷油泵就是由 SULZER（美）生产制造，采用超高音速喷涂技术，2012 年 10 月现场投用后至今，急冷油泵未出现过因过流部件冲蚀损坏而导致停机检修的情况，运行状况良好。

1.1.2　急冷油泵口环冲洗技术

以德国、日本泵企为代表的急冷油泵制造厂家，主要采用口环冲洗技术，其设计思路为：通过外部高压冲洗源，对口环处进行冲洗，防止急

第一作者简介：李博源，大学本科学历，工程师，现在大庆石化公司化工一厂乙烯车间从事设备管理工作。E-mail：liboy-ds@petrochina.com.cn

冷油中介质颗粒对口环产生磨蚀，同时口环间隙处可以获得足够的润滑，防止发生干磨。此种技术，由于需要消耗 2.5~10m^3/h 左右的冲洗液，年消耗量约 5 万 m^3，但在镇海炼化、中科(广东)炼化等项目也有应用。

1.2 国内技术现状

中国水利水电科学研究院对 HVOF 涂层材料的抗磨蚀特性与应用进行了分析，通过磨损试验证明碳化钨涂层的磨损率远小于 Cr13Ni4 材料的磨损率，碳化钨涂层在实验室条件下具有极强的抗磨性。

在本项目实施之前，尚没有使用 HVOF 喷涂技术的国产大型乙烯装置急冷油泵。

2 技术关键点

根据目前急冷油泵工况条件和运行参数，结合日常急冷油泵检修维护经验，密封使用经验，提出急冷油泵设计、生产、制造的技术关键点见表 1。

表 1 急冷油泵设计、生产、制造关键点

技术关键点	解决方案
水力性能	水力设计与 CFD 水力分析(优秀的水力模型分析)
产品耐磨性	耐磨工艺(HVOF 超音速喷涂，验证硬化层硬度≥60HRC)
机械密封的可靠性	适当的密封冲洗方案(静止型金属波纹管密封、P32+53A，国内已有多套业绩)
泵壳的可靠性	壳体强度分析(高温工况下应力分析) 结构设计(中心支撑、壁厚余量、加强筋板)
转子的可靠性	转子应力分析(强度验证)

续表

技术关键点	解决方案
机组振动	稳定性(工厂试验验证) 泵的模态分析(整机模态仿真分析) 轴的设计及工艺过程控制
长期稳定运行保护	机组监测及辅助系统的配套(轴振测温监测系统、冷却系统)

3 技术要求

当前，API 610—2010《石油石化及天然气工业用离心泵》是世界公认的泵用先进标准，因此，国产化急冷油泵也参考该标准作为研发的技术要求。额定点扬程、效率不允许有负偏差，扬程允差 0~+3%；额定功率性能允差在+4%之内；距声源 1m 处声压值≤85dBA；工厂试验轴承箱油池温度不超过 80℃，油池温升不超过 39℃；额定汽蚀余量不允许有正偏差；关死点扬程不允许超过规定值；同时要求与现装置的三台急冷油泵任一台并联运行，实现互为备用。大庆石化化工一厂乙烯车间急冷油泵的设计参数(表 2)。

表 2 国产急冷油泵设计参数

效率/%	扬程/m	汽化压力/MPa	额定流量/(m^3/h)	转速/(r/m)	功率/kW
88	120	0.074	3267	1475	1500

4 设计与制造特点

4.1 主体材料耐磨性的保证(图 1、图 2)

(1) 叶轮和壳体耐磨工艺方法。

(2) 防止口环处焦炭颗粒的磨损。

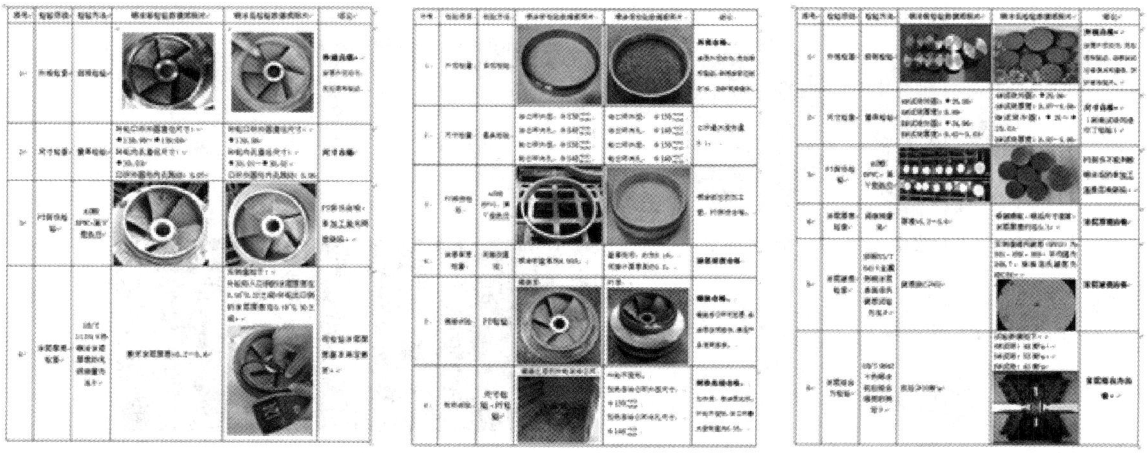

叶轮喷涂验证　　口环喷涂验证　　试块(硬度及结合力)喷涂验证

图 1

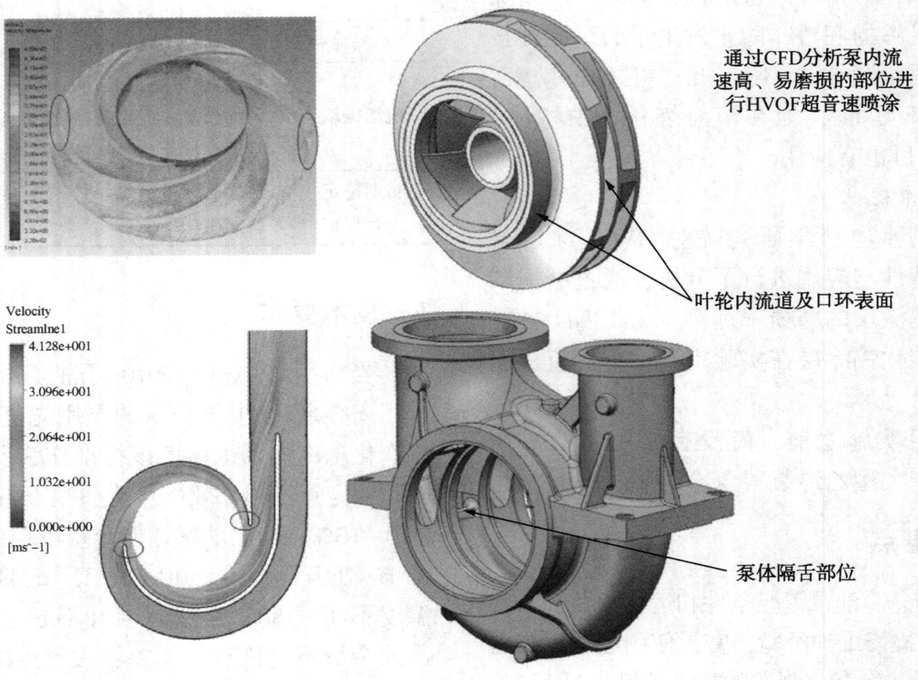

图2

结论：通过对2家喷涂技术供应商技术验证、6件喷涂样件对比、6组结合力验证样件检验最终确定喷涂技术主要技术特性满足项目应用要求：

- 涂层外观均匀，无划痕和裂纹；
- 轮口环变形量满足设计要求；
- 喷涂加工面PT检验无缺陷，满足设计要求；
- 喷涂层厚度满足设计要求；
- 喷涂层硬度≥HRC62，满足工艺要求；
- 口环镶装后涂层完好，满足装配要求；
- 体口环和叶轮，均匀加热至300℃，喷涂层完好，满足设计要求；
- 喷涂层结合力≥40MPa，满足设计要求。

4.2　水力模型设计(图3、图4)

(1) 大流量、高扬程水力设计。

(2) 高效水力模型设计。

(3) 满足与现场原有进口泵并联运行要求。

结论：通过2组不同叶片数水力模型设计，4次CFD模拟分析，国产急冷油泵额定点效率达到88.3，满足项目效率要求；流量扬程曲线与现场进口急冷油泵曲线(曲线斜率1.17)相近，满足并联运行要求。

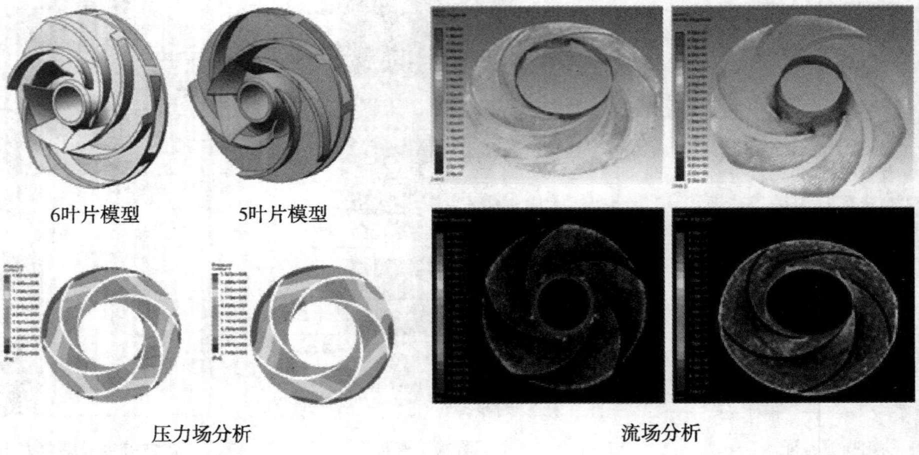

图3

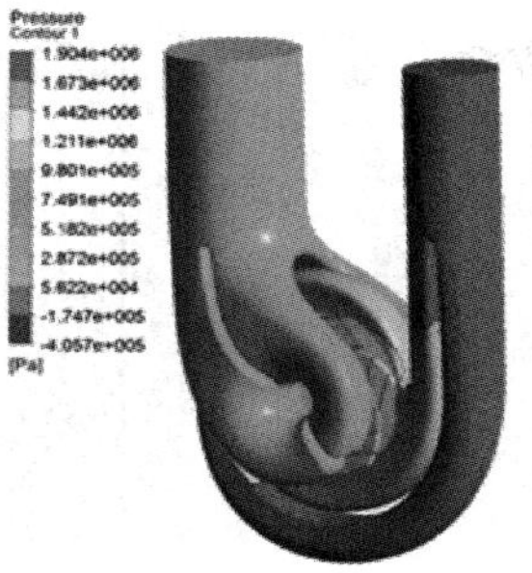

整机压力场分布

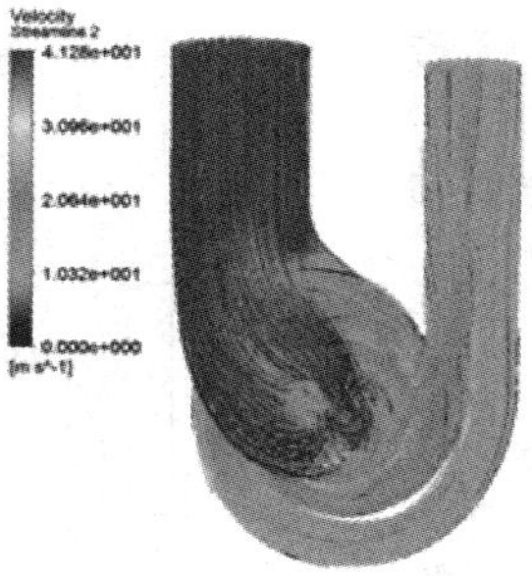

整机流场分布

流量/(m³/h)	扬程/m	曲线斜率
1000	156.7	
2000	145.6	
2700	136.1	1.18
3267	132.7	
3600	128.6	

最大叶轮直径性能预测

	额定点 Q/(m³/h)	额定点扬程 H/m		
急冷油泵 HDD 3150A-120	3267	120	88.3	8.6

图 4

4.3 主机泵振动性能的保证

(1) 大轴径转子抗轴振动设计

(2) 壳体抗振动设计

泵组模态分析

根据运行工况进行泵的模态分析，分别对整机及转子进行模态分析。整机一阶固有频率为 58.624Hz，与转频(24.58Hz)有 20%以上的安全间隔，满足 API610-11th 的设计要求(图 5)。

转子横向一阶固有频率为 82.586Hz，扭转一阶固有频率为 812.59Hz，满足 API610-11th 的横向分析和扭转分析要求(图 6)。

整机模态分析

模态敲击测试

图 5

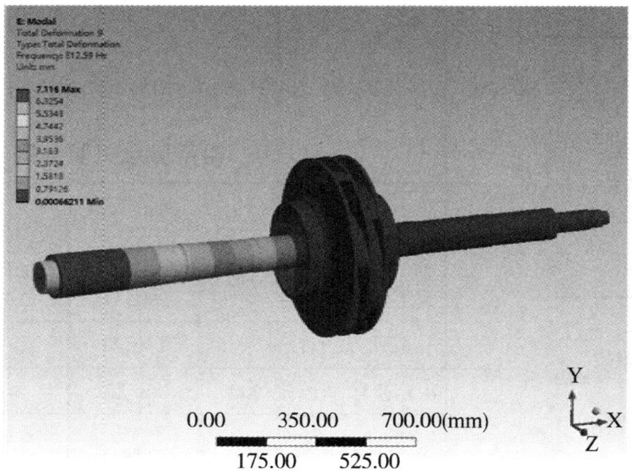

转子模态分析

模态敲击测试

图 6

严格的制造过程管控，保证机组振动性能满足设计要求。

轴振位置“辊压”处理，粗糙度 Ra0.4；退磁处理，轴剩磁含量低于 2 高斯；轴振位置机械和电气跳动值≤0.01mm；转子部件动摩擦副跳动值≤0.05mm；轴振探头夹角检查；轴瓦内孔尺寸测量(图 7)。

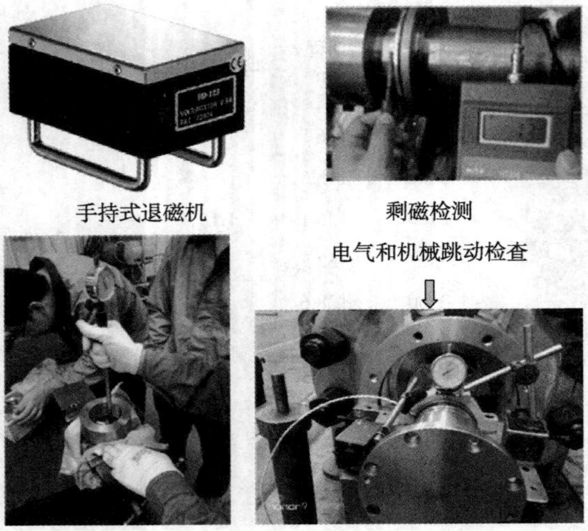

图7

4.4　机械密封的可靠性保证

国产泵机械密封选型研究：

调研结果：通过调研发现，国内已实现急冷油泵机械密封国产化，主要采用P32+53冲洗方案，配静止型波纹管，效果较好，本次新国产泵决定选用P32+53A方案。见表3。

结构优点：静止型波纹管，耐高温，稳定性好；双端面机械密封设计，更符合高危泵管理要求，降低现场运行风险。

价格优势：相对进口机械密封，国产机械密封价格更低，且服务相应速度更快。

结论：本次选用的机械密封可以满足项目长周期稳定运行要求。

表3

原进口泵	密封冲洗方案：P32+62	在使用过程中常有密封失效泄漏的情况发生
新国产泵	密封冲洗方案：P32+53A	用P32外冲洗，将含焦炭颗粒的介质屏蔽在密封腔以外，提高密封可靠性

5　出厂及现场测试

5.1　出厂测试

为检验国产急冷油泵整机的性能指标，确认达到设计要求。在大连深蓝泵业有限公司工厂试验台进行出厂性能验收试验(图8)，试验项目包括：性能试验、运转试验、汽蚀试验，试验效果良好(表4)，满足性能指标达到API 610第十一版和该项目技术协议要求。

图8　出厂性能验收试验

5.1.1　试验方法

(1) 性能试验的试验方法

① 水力性能。GB/T 3216—2016《回转动力泵 水力性能验收试验1级、2级和3级》(ISO 9906：2012，IDT)中1级标准。

② 振动性能。GB/T 29531—2013《泵的振动测量与评价方法》；API 610—2010《石油、重化学和天然气工业用离心泵》；API 670—2014《振动、轴向位置和轴承温度监测系统》。

(2) 运转试验的试验方法

① 油池温升。API 610—2010《石油、重化学和天然气工业用离心泵》。

② 噪声测量。GB/T 29529—2013《泵的噪测量与评价方法》。

③ 轴封泄漏量。API 682—2014《离心旋转泵的轴封系统》。

(3) 汽蚀试验的试验方法

GB/T 3216—2016《回转动力泵水力性能验收试验1级、2级和3级》(ISO 9906：2012，IDT)中1级标准。

5.1.2　国产化急冷油泵工厂试验结果(表4)

表4　出厂验收试验数据

测试项目	测量结果	检验标准	评判结论
1. 性能试验			
额定点扬程偏差/%	+0.37	0～+3	合格
关死点扬程/m	146.41	≤148	合格
额定点效率偏差/%	88.22	≥88	合格
额定点轴功率/kW	1118.1	≤+4%(1173kW)	合格
额定点轴承箱壳体振动/(mm/s)	2.6	≤2.8	合格
额定点轴振动/μm	27	≤50	合格
2. 运转试验			
油池温度/℃	53	≤80	合格

续表

测试项目	测量结果	检验标准	评判结论
2. 运转试验			
油池温升/℃	33	≤39	合格
轴承温度/℃	65.9	≤75	合格
噪声/dB(A)	84.2	≤85	合格
轴封泄漏量	无泄漏	无泄漏	合格
3. 汽蚀试验			
额定点汽蚀余量/m	8.63	≤9	合格

5.2 现场测试

试验完成的国产急冷油泵2019年9月出厂，安装于大庆石化公司化工一厂E3装置现场，2020年8月装置现场完成所有配套施工并验收合格，并对国产急冷油泵进行了现场试运，试运一次成功，各项指标均处于正常范围内，机泵各点振动均处于优良状态，完全达到工况参数要求，并能与装置原有的三台进口急冷油泵的任一台并联运行，实现互为备用。现场试运数据见表5。

国产急冷油泵现场安装试运

表5 现场试运数据

测试项目	测量结果	检验标准	评判结论
1. 性能试验验证			
轴承箱壳体振动/(mm/s)	1.1	≤2.8	合格
轴振动/μm	37	≤50	合格
2. 机组并联运转试验			
轴承温度/℃	62.9	≤75	合格
轴封泄漏量	无泄漏	无泄漏	合格
轴承故障	无故障	无故障	合格
并联运行	可以并联，互为备用	可以并联，互为备用	合格

6 结论

国产化急冷油泵经过两年的工业装置的安全稳定运行，各项性能指标达到国际先进水平，满足工业装置运转需求，标志着国内已具备大型乙烯装置急冷油泵国产化的设计和制造能力，打破了国外垄断，填补了国内空白，国产急冷油泵替代进口急冷油泵后，采购成本将显著下降，可为急冷油泵的维护提供快速响应和服务，降低装置运营维护成本，经济效益明显。

参考文献

[1] 美国石油协会. API682离心泵和转子泵用轴封系统[S]. 美国石油学会标准：2004.

[2] 关醒凡. 现代泵技术手册[M]. 北京：宇航出版社，1995：366-387.

[3] 王松汉. 乙烯装置技术与运行[M]. 北京：中国石化出版社，2009.

[4] 顾水泉. 机械密封实用技术[M]. 北京：机械工业出版社，2001.

新氢压缩机冷却水泵振动分析与对策

弭光柱

（中国石油大庆石化分公司化工一厂）

摘　要　针对新氢压缩机冷却水泵振动故障问题，这篇文章结合频谱诊断结果及设备结构特点，从轴承状态、联轴器对中、管路应力、零部件检查及轴向力平衡等方面进行排查分析，确定离心泵振动超标原因，并通过传动部件的结构优化最终消除设备隐患。

关键词　振动　轴承　联轴器　轴向力

机泵作为化工行业中的主体设备，其良好运行状态是装置长周期运行的重要保障，但在实际运行过程中，机泵故障时有发生，其中振动就是常见的故障之一，且具有复杂性、多样性。汽油加氢装置新氢压缩机冷却水泵自投用以来时常出现电机、泵轴向振值超标情况，并进一步引发轴承损坏、密封泄漏等故障，一方面影响设备本身安全运行；另一方面该泵为机组冷却系统的动力设备，频繁故障对机组平稳运行造成一定的影响。因此，消除设备运行隐患，才能保障装置的长周期运行。

1　泵基本概况

1.1　基本参数

新氢压缩机冷却水泵为IS50-32-200A型卧式单级悬臂离心泵结构，卧式安装，水平轴向吸入，向上径向排出，其机械参数详见表1。

表1　冷却水泵基本参数

类别	形式	单位
转速	2900	rpm/min
出口压力	0.35	MPa
操作温度	40	℃
流量	6.8	t/h
电流	5.1	A
输送介质	脱盐水	—
机泵中心高	170	mm
联接形式	梅花式联轴器	—
轴承形式	单列向心球轴承	—
轴径	40	mm

1.2　冷却水泵振动超标情况说明

未治理前新氢压缩机冷却水泵（以下简称冷却水泵）状态监测记录见表2。

表2　冷却水泵状态监测记录

位置	水平/(mm/s)	垂直/(mm/s)	轴向/(mm/s)
电机驱动端	2.3	1.2	4.3
电机非驱动端	0.8	0.6	—
泵驱动端	3.2	1.5	4.7
泵非驱动端	1.1	1.4	—

在化工装置运行过程中，离心泵振动的评判标准主要采用《泵的振动测量与评价方法》（GB/T 29531—2013）。通过表1可知冷却水泵转速为2900r/min，机泵中心高170mm，根据GB/T 29531—2013中机泵振动级别分类（表3）和评价泵的振动级别（表4）可知，该泵属于第二类机泵，泵驱动端振动烈度应低于2.8mm/s（振动级别B以下），实际运行明显已超过4.5mm/s时，到达D区即泵不允许运行状态。

第一作者简介：弭光柱（1982—），高级工程师，2007年毕业于东北石油大学过程装备与控制工程专业，现从事化工机械维护与研究，任装置专家。E-mail：miguangz-ds@petrochina.com.cn

表 3 振动级别分类

<table>
<tr><th rowspan="2">类别</th><th colspan="3">中心高/mm 及转速/(r/min)</th></tr>
<tr><th>≤225mm</th><th>>225mm~500mm</th><th>>550mm</th></tr>
<tr><td>第一类</td><td>≤1800r/min</td><td>≤1000r/min</td><td>—</td></tr>
<tr><td>第二类</td><td>>1000~4500r/min</td><td>>1000~1800r/min</td><td>>600~1500r/min</td></tr>
<tr><td>第三类</td><td>>4500~12000r/min</td><td>>1800~4500r/min</td><td>>1500~3600r/min</td></tr>
<tr><td>第四类</td><td>—</td><td>>4500~12000r/min</td><td>>3600~12000r/min</td></tr>
</table>

表 4 评价泵的振动级别

<table>
<tr><th colspan="2">振动烈度范围</th><th colspan="4">评价泵的振动级别</th></tr>
<tr><th>振动烈度级</th><th>振动烈度分级界线/(mm/s)</th><th>第一类</th><th>第二类</th><th>第三类</th><th>第四类</th></tr>
<tr><td>0.28</td><td>0.28</td><td rowspan="3">A</td><td rowspan="4">A</td><td rowspan="5">A</td><td rowspan="6">A</td></tr>
<tr><td>0.45</td><td>0.45</td></tr>
<tr><td>0.71</td><td>0.71</td></tr>
<tr><td>1.12</td><td>1.12</td><td rowspan="2">B</td></tr>
<tr><td>1.80</td><td>1.80</td><td rowspan="2">B</td></tr>
<tr><td>2.80</td><td>2.80</td><td>C</td><td rowspan="2">B</td></tr>
<tr><td>4.50</td><td>4.50</td><td rowspan="6">D</td><td>C</td><td rowspan="2">B</td></tr>
<tr><td>7.10</td><td>7.10</td><td rowspan="5">D</td><td>C</td></tr>
<tr><td>11.20</td><td>11.20</td><td rowspan="4">D</td><td>C</td></tr>
<tr><td>18.00</td><td>18.00</td><td rowspan="3">D</td></tr>
<tr><td>28.00</td><td>28.00</td></tr>
<tr><td>45.00</td><td></td></tr>
</table>

2 振动原因分析

引起离心泵振动原因往往不是单一的，伴随多重因素、多种原因的叠加共同作用而发生。为确定冷却水泵的振动原因，结合频谱诊断及离心泵结构，按照从外到内、从易到难的故障处理原则，对泵的运行工况、轴承状态、轴向力平衡、联轴器对中等八个方面进行全面排查分析。

利用 SPN 频谱仪检测轴承运行状态，通过图 1、图 2 频谱可知电机及泵的驱动端轴承均出现较多的高倍频，此频谱类型一般反映泵组地脚螺栓存在松动、轴承箱支撑薄弱或流体激振等异常情况。现根据频谱诊断的结果开展以下分析。

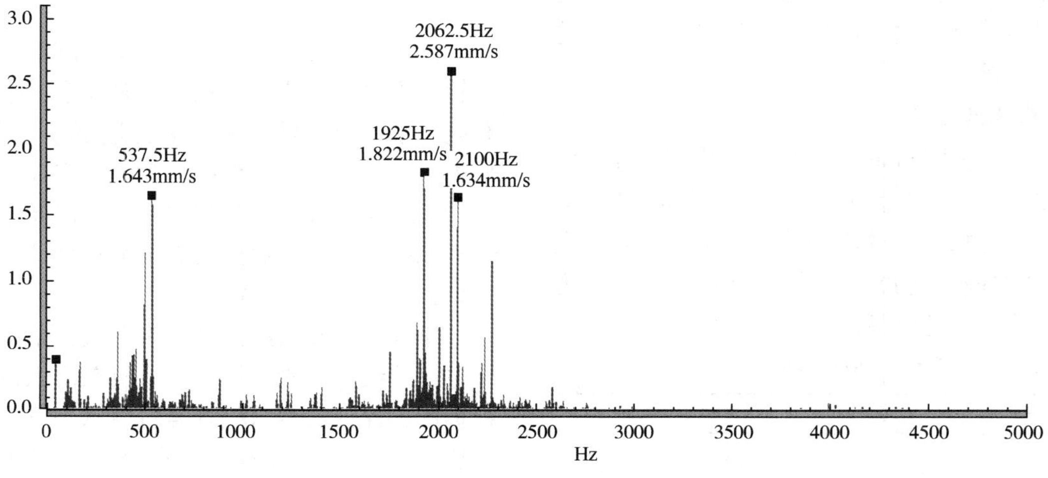

图 1 电机驱动端

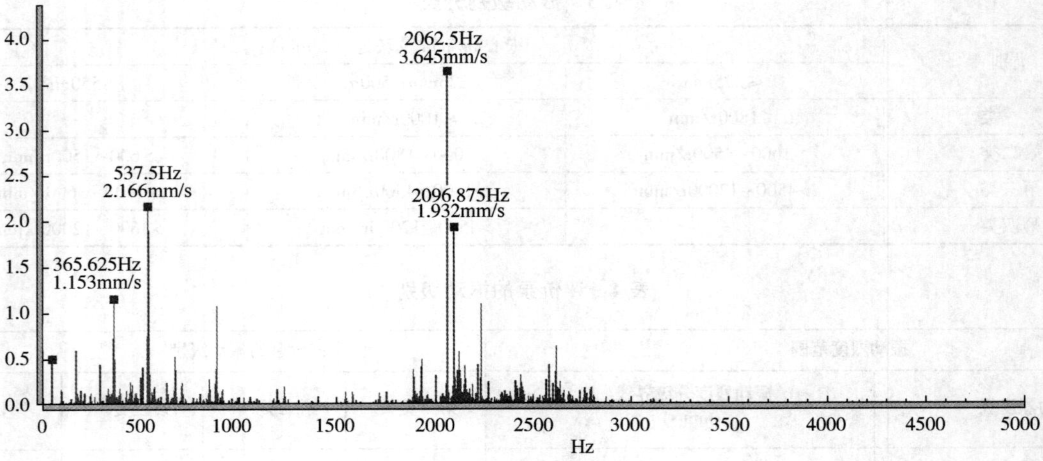

图2　泵驱动端

2.1　运行工况检查

2.1.1　运行参数检查

从影响机泵振动的因素来看，流量、压力等工况变化会对机泵振动产生一定影响。通过采集泵组运行温度、出口压力、流量、电流等运行参数(表5)，比对表1中的设计值，未发现偏离情况，且运行工况稳定。

表5　冷却水泵基本参数

运行参数	实际值	设计值	单位
介质温度	34~45	40	℃
出口压力	0.34~0.36	0.35	MPa
流量	6.5~7.0	6.8	t/h
电流	4.7~5.2	5.1	A

2.1.2　介质流通检查

对泵入口过滤网拆卸检查，未发现堵塞物。

通过以上排查，可以确认机泵运行工况比较稳定，不会出现汽蚀、抽空等介质运行状态变化引起的设备振动，这方面在叶轮等零部件拆检过程中也得以验证。

2.2　轴承状态检查

进一步利用Fluke 805振动点检仪(测量轴承振动量和机器总振动量的检测仪器)检测轴承运行状态，电机、泵的驱动端、非驱动端CF+值均在7~8之间，通过表6查询轴承磨损在可接受范围，由此排除轴承故障引起的振动。

表6　Crest Factor+

CF+	振动烈度
1至5	良好
6至10	满意
11至15	不满意
15以上	不可接受

注：CF+(Crest Facor+)值显示烈度范围。CF+值越高，说明轴承受损程度越大。

2.3　地脚螺栓松紧度检查

地脚螺栓等连接、固定部件松动，是引起泵组振动的常见原因。对电机、轴承箱支架、泵体地脚螺栓、联轴器螺栓松紧度进行检查，发现轴承箱支撑架一条螺栓紧固不牢，在轴承箱支撑架螺栓上增加防松垫片后进行紧固，重新启泵进行状态监测，泵组振动略有下降，但仍处于超标状态。

因此，分析地脚螺栓松动不是导致轴承振超标的主要原因。

2.4　进出口管线应力检查

2.4.1　管线支撑强度检查

泵进出口管线管托支架强度和刚度不足，会使管线重量或介质动能集中到泵体上，造成机泵和电机轴向对中性变差，运行过程中产生振动。排查出口、入口管线管托均为刚性支撑，且按照设计图纸布置合理、安装点齐全。因此不存在管线支撑刚度不足或失效引起泵振动的情况。

2.4.2　管线应力检查

排查泵体和管线法兰是否存在残余应力或机泵进出管线法兰松动情况。将机泵出入口法兰螺栓拆卸，保证法兰口松开至自由状态下，测量两片法兰间距为6.1mm，满足CSEIJX 0004—2018《法兰密封结构安装技术规范》中法兰间隙不大于两倍垫片厚度(垫片厚度4.5mm)的要求，因此管线法兰不存在轴向应力。检查出入口法兰(规格DN40 CL150Lb，法兰外径150mm)平行度<0.15mm，全部螺栓可以顺利穿入，均满足SH3538—2017《石油化工机械设备安装工程施工及验收通用规范》中转速低于3000r/min机械设备的法兰平行度、同轴度允许偏差的要求。因此不存在法兰安装偏口对设备造成的应力影响。

综上，排除进出口管线应力对泵振动增大的影响。

2.5 联轴器对中复查

联轴器属于传动部件，在装配过程中对电机和泵的同轴度有严格的精度要求，过大的同轴度误差将使联轴器、传动轴及其轴承产生附加载荷，引起的泵组振动。

2.5.1 联轴器组件检查

对联轴器安装间隙、弹性块、紧固件进行检查，未发现松动、磨损等异常情况。

2.5.2 联轴器对中复查

重新对联轴器对中情况进行复验，得知联轴器对中数据轴向表值0.07mm，径向表值0.06mm，超过SHS 01013—2004《离心泵维护检修规程》要求的允许误差范围，利用激光对中仪测量、地脚铜垫调整(每处不超过3片)进行精找正，最终数据满足该泵联轴器找正标准(轴向表值<0.03mm，径向表值<0.04mm)。启泵后进行状态监测，数据见表7。

表7 重新对中后状态监测记录

位置	水平/(mm/s)	垂直/(mm/s)	轴向/(mm/s)
电机驱动端	2.2	1.3	3.9
泵驱动端	2.9	1.6	4.4

通过对比表7与表2状态监测数据可知，精找正后电机、泵驱动端振值有所下降，但仍处于不合格状态。

因此，分析联轴器不对中并不是引起泵组振动超标的主要原因。

2.6 底座强度检查

该冷却水泵泵组为整体撬装结构，泵组、冷却器及相关管路支撑共用一个底座，因此系统产生的应力都会作用在公共底座上，如果机座的基础强度不足，导致振动吸收、传递、隔离振动能力差，尤其当支撑基础的固有频率接近机组的振动频率时，会产生基础共振，引起泵机组振动，因此，机座基础强度不足是引起泵组振动的常见原因。

经排查公共底座存在局部混凝土振捣不实造成的空腔，对此情况进行灌浆处理，但泵组运行后其振值超标未得到缓解。

因此，排除公共底座强度对该泵组振动的影响。

2.7 泵组零部件检查

2.7.1 叶轮检查

检查叶轮流道光滑，无腐蚀、开裂、冲刷、汽蚀迹象，泵壳、口环无明显摩擦痕迹，转子和定子的零部件也未发现松动或脱落，由此可以排除该泵叶轮质量不平衡偏心诱发轴承部位的振动。

2.7.2 轴弯曲检查

用百分表测量轴头径向跳动值，最大处为0.017mm，根据IS系列泵出厂说明可知，轴径40mm跳动值0.05mm以内为合格，说明轴未发生弯曲。

2.7.3 轴承检查

检查电机、泵驱动端与非驱动端轴承润滑良好，未发现明显磨损、腐蚀等异常情况。

因此，排除转子不平衡及零部件磨损诱发的泵组振动。

2.8 轴向力平衡检查

根据IS系列泵出厂说明，IS50-32-200A型使用的轴承为单列向心球轴承，用以支撑泵轴。该类型轴承主要承受泵的径向载荷，而对于轴向载荷的承受作用并不明显，因此不能有效平衡泵的动态轴向力，导致泵组轴向振动超标且波动的情况发生。

另外，该水泵的联轴器使用的是梅花联轴器，由两个金属爪盘和一个弹性体组成，属于挠性联轴器的一种，具有很好的平衡性能和适用于高转速应用，但不能处理很大的偏差，尤其是轴向偏差，无法有效起到减振作用。

因此，分析引起泵组振动超标的根本原因为该泵结构无有效平衡轴向力装置，导致轴向力过大或过小，从而诱发泵组振动超标。

3 解决措施

通过以上排查分析结果可知，解决泵组轴向力问题成为消除振动故障的关键。根据单级离心泵的结构特点，可采取以下轴向力的平衡方式：

3.1　改为双吸式叶轮

此形式叶轮的两侧是对称的，轴向力会互相抵消而得到平衡。

3.2　更换使用背面带背叶片的叶轮

泵运转时，叶轮背面的背叶片(图3)带动叶轮背面的介质一起转动，增大了介质的离心力，从而使作用在叶轮背面的轴向力减小，使轴向力得到部分平衡。

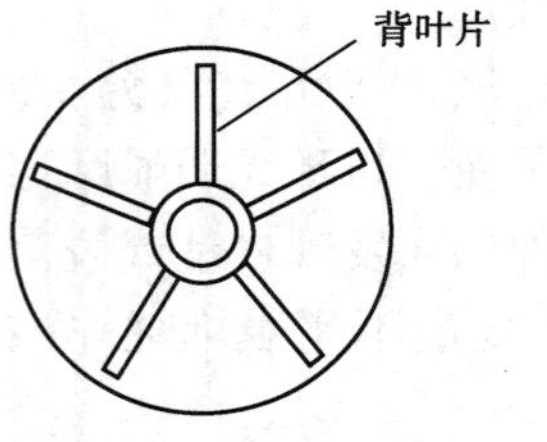

图3　叶轮背面带背叶片

3.3　更换止推作用显著的轴承

使用推力轴承可以承受轴向力，还能避免水泵的容积损失和水力损失。

3.4　叶轮开设平衡孔

在叶轮吸口处均匀开设几个平衡孔(图4)，同时在叶轮背面与泵壳间增设密封环(直径与叶轮吸口侧密封环直径相等)，这样叶轮两侧面所受到介质的压力基本平衡。

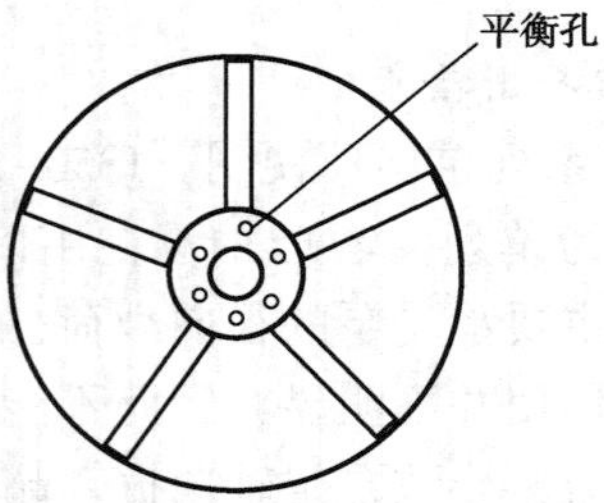

图4　叶轮开设平衡孔

3.5　梅花联轴器更换为膜片联轴器

膜片联轴器是一种高性能的金属强元件挠性联轴器，能补偿主动机与从动机之间由于制造误差、安装误差、承载变形以及温升变化的影响等所引起的轴向、径向和角向偏移。

对以上轴向力平衡方法可实施性进行论证，第一、二、三种方式受泵组结构空间及成本限制实施难度较大；第四种方法操作相对简单，但会增大泵的内部泄漏量，降低泵效率；第五种方式操作简单、成本较低、加工时间短，实施性较强，可优先选择。另外从联轴器空间及该泵不受偏心影响方面考虑，可选择单膜片联轴器。

4　结论

通过联轴器改型后(图5、图6)，冷却水泵运行后状态监测数据大幅下降，均在1.5mm/s以下，由不合格运行状态达到良好标准，目前该泵已运行半年，测量各轴承振动数值均正常、稳定(表8)。因此采用科学的技术手段，结合实际经验及振动机理分析，排查出振动故障产生的各类原因，采取行之有效的措施可将设备隐患彻底根除。

图5　原形式梅花联轴器

图6　改型后单膜片式联轴器

表8　联轴器改型后冷却水泵状态监测记录

位置	水平/(mm/s)	垂直/(mm/s)	轴向/(mm/s)
电机驱动端	0.7	0.9	1.4
电机非驱动端	0.7	0.6	—
泵驱动端	1.1	1.0	1.5
泵非驱动端	0.8	0.9	—

参 考 文 献

[1] GB/T 29531—2013《泵的振动测量与评价方法》[S].
[2] ANSI/API 610—2004 第十版《石油、重化学和天然气工业用离心泵》[S].
[3] SH 3538—2017《石油化工机械设备安装工程施工及验收通用规范》[S].
[4] CSEIJX 0004—2018《法兰密封结构安装技术规范》[S].
[5] GB/T 5656—2008《离心泵技术条件(Ⅱ类)》[S].
[6] 南京工业泵厂. IS 型系列工业泵随机资料 [Z]. 2012.6.
[7] 福禄克测试仪器(上海)有限公司. Fluke 805 振动点检仪用户手册[Z]. 2012.12.
[8] SHS 01013—2004《离心泵维护检修规程》[S].
[9] 陆永安 单级离心泵轴向力的消除[C]设备管理与维修 2017 No.11.
[10] 无锡创明传动工程有限公司. 无锡创明技术资料[Z]. 2021.4.
[11] API 671—2007《用于石油化工及燃气工业设施的特殊用途联轴器》[S].

聚丙烯装置动力分离器密封改造

孙　洋

（中国石油大庆石化公司化工三厂）

摘　要　大庆石化公司10万t/a聚丙烯装置动力分离器（A-301）机械密封使用寿命短，严重影响装置长周期运行。经过广泛细致的技术论证和协商后，将动力分离器机械密封改造为干气密封。结果表明：动力分离器（A-301）改造为干气密封后，解决了该设备的密封问题，成功提高了装置运行周期。

关键词　聚丙烯　动力分离器　A-301　干气密封　改造

大庆石化公司10万t/a聚丙烯装置工艺技术采用海蒙特公司的Spheripol工艺技术，即液相环管反应器本体聚合工艺，是第一套由国内设计、施工的年产10万t聚丙烯的装置，采用齐格勒—纳塔高效载体催化剂为主催化剂，TEAL、Donor为助催化剂，进行聚合反应。

1　项目背景及改造原因

A-301是聚丙烯装置闪蒸单元闪蒸罐D301的动力分离器，为意大利SAMIC公司生产，它是本装置关键设备，没有备用。其作用为将环管反应器R201输送过来的聚合物与气相丙烯分离开来。聚合物在D301锥形底部，在料位控制下排放到D501，气相丙烯从D301顶部通过A301分离，流到丙烯洗涤塔T301中进入高压循环回收流程。

在装置开停过程以及正常生产中，动力分离器A301始终保持运转，防止大量的固体聚丙烯细粉随着气相丙烯一同进入到高压丙烯洗涤塔T301中；D301出料阀门间歇开关，进行排放低等规度聚合物，防止低等规度聚合物黏壁，堵塞管线和出料阀门。

由于工艺生产要求，开停工期间需要不断的间歇开关闪蒸罐D301排料阀门LV301，造成D301压力同密封油压力波动，使细粉有可能串入机封中，对机封端面造成磨损，影响机封使用寿命。导致该动力分离器的机械密封泄漏，造成装置每年停工1~2次，严重影响装置长周期运行和经济效益。

A-301原密封采用的是进口约翰克兰公司生产的双端面机械密封，密封腔内为白油，密封油的压力来源于系统压力，密封压力=系统压力×110%。动严重环磨损的A301机械密封如图1所示。

图1　磨损的A301机械密封

因此，经过广泛细致的技术论证和协商，我们决定运用干气密封技术对该动力分离器的密封进行改造，以彻底解决该设备的密封问题。

2　干气密封优点

由于干气密封非接触运行，因此密封摩擦副材料基本不受PV值的限制，与机械密封相比，干气密封具有如下优点：

（1）密封使用寿命长、运行稳定可靠。

（2）密封功率消耗小，仅为接触式机械密封的5%左右。

（3）与其他非接触式密封相比，干气密封气

第一作者简介：孙洋（1985—），助理工程师，2007年毕业于大庆石油学院化工设备与机械专业，现在中国石油大庆石化分公司化工三厂聚丙烯车间从事设备工程师工作，职务为设备技术员。E-mail：231656382@ qq. com

体泄漏量小。

（4）可实现介质的零逸出，是一种环保型密封。

（5）密封辅助系统简单、可靠，使用中不需要维护。

3　A301 密封改造说明

A-301 采用串联式干气密封，该串联式干气密封由两套干气密封一前一后串联组成，前后干气密封之间设有“中间梳齿”，一级密封之前设有“碳环密封”。

碳环密封与第一级密封之间通入两道外引洁净丙烯气（压力比工艺介质的压力略高）。这样工艺介质中的粉尘将会被碳环密封有效阻隔，这就避免了工艺介质中的微小颗粒进入一级密封端面使一级密封过早磨损从而导致整个密封失效。

一级密封承受绝大部分压力，密封介质为外引丙烯气；二级密封承受很小的压力，密封介质为氮气。一级密封失效时二级密封可以承受全部系统压力，起到备用密封的作用。串联式干气密封的一级密封工作气体为经过过滤的丙烯气，经过两级干气密封及中间梳齿，只有很微量的丙烯气经一次泄漏口排向火炬或废气回收系统。二级泄漏正常时全部为氮气，可以高点排放；当一级密封失效时，二级泄漏中可能含有少量丙烯，此时可将二级泄漏排放切换到火炬排放。

干气密封结构如图 2 所示。

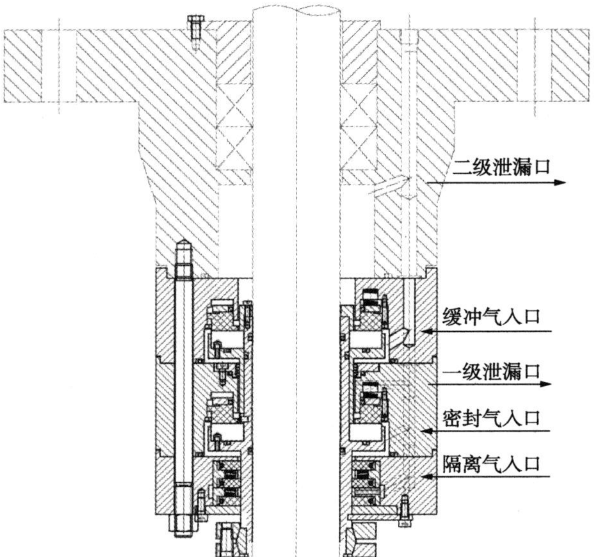

图 2　干气密封结构图

4　A301 干气密封监控系统及日常维护

为保证干气密封长周期安全运行，需要给干气密封提供供气系统（其中包括密封气供给系统、缓冲气及前置密封气供给系统）。密封气（经过滤的丙烯，过滤精度<3μm）在干气密封运行的每个阶段都应该保证，气体流量保证在最小流量（10～15Nm^3/h）以上，确保没有不干净的工艺气体进入密封腔体。未经过滤的工艺气体进入密封腔后，会损坏干气密封端面。缓冲气（氮气）：在密封运行阶段应尽量保证缓冲气的流量和压力。前置密封气（外引丙烯）：在密封运行阶段应保证前置密封气的流量和压力。

在正常的操作条件下，干气密封不需要任何维护，只需对密封泄漏量进行监测。建议每天对干气密封的泄漏量进行记录，如果泄漏量有不断增加的趋势，则预示着干气密封可能出现问题。干气密封使用中应注意以下几个方面：

（1）该干气密封只能单向旋转，使用中应避免反向旋转。如果干气密封由于意外原因在线速度大于 5m/s 的情况下反转时间超过 5min，则应对干气密封重新进行静态测试，检查干气密封性能是否受到影响。如果有任何疑问，则应通知成都一通密封有限公司对干气密封解体，确保干气密封的安全。

（2）在任何情况下干气密封被反向充压，均可能造成密封的损坏。可实现介质的零逸出，是一种环保型密封。

（3）少量的润滑油或其他液体进入密封端面，不会对密封造成危害，但应尽量避免该情况的发生。

（4）进入密封的气体应清洁干燥并气量充足，以保证密封的最佳性能，延长密封的使用寿命。

（5）过大的震动与窜动将影响密封的性能甚至损坏密封。

5　经济效益分析

聚丙烯装置动力分离器 A301 密封改造后，设备运行稳定，干气密封系统与运行良好，日常维护简单，使用寿命明显优于原机械密封，可达到改造前机械密封使用寿命的 4 倍。

动力分离器 A301 密封改造项目实施后，可减少因 A301 密封损坏而造成的装置停工次数，实现装置长周期运行。

按每年装置因A301机械密封密封损坏而停工抢修1次，每次需要约24h计算：少生产聚丙烯产品336t，每吨聚丙烯约0.8万元，则损失336t×0.8万元/t=268.8万元；因停工排放的丙烯约60t，每吨丙烯约0.6万元，则损失60t×0.6万元/t=36万元；停工产生协议料约30t，每吨协议料0.5万元，则损失30t×(0.8-0.5)万元/t=9万元；A301机械密封1年消耗约5桶白油，每桶白油0.3万元，则5桶×0.3万元/桶=1.5万元。以上合计每年损失约315.3万元。

A301密封改造为干气密封后，每年从一级密封排放损失的丙烯约14t，每吨丙烯约0.6万元，则每年损失约14t×0.6万元/t=8.4万元。

综上分析A301密封改造为干气密封后每年节省315.3万元-8.4万元=306.9万元

6 结束语

A-301动力分离器改造后，干气密封系统运行平稳，设备运行时间延长，实现装置安全平稳长周期运行，每年为大庆石化公司节省306.9万元。

参 考 文 献

[1] 大庆石化分公司.10万t/a聚丙烯装置设备资料[J].A301干气密封交工资料.2010.

丁二烯泵长周期运行攻关改造

马晓龙

（中国石油大庆石化公司化工三厂）

摘　要　本文介绍了丁二烯的用途，分析了丁二烯自聚物的形成机理、产生条件以及危害；对装置在用的丁二烯泵运行中的问题进行描述，并分析了影响丁二烯泵长周期运行的瓶颈问题，通过技术改造解决了丁二烯泵无法长周期运行的问题。

关键词　1,3-丁二烯　自聚物　磁力泵　改造

1　机泵输送的物料--丁二烯

1.1　丁二烯简介

1,3-丁二烯简称丁二烯，无色气体，有特殊气味。稍溶于水，溶于乙醇、甲醇，易溶于丙酮、乙醚、氯仿等，广泛用于生产丁苯橡胶、顺丁橡胶等。近年来随着丁二烯用量的不断增加，已成为我国石油化工行业的大宗原料。因此丁二烯的生产和使用装置的平稳生产对我国石化行业都有十分重要的意义。丁二烯在生产、储存、运输和使用过程中极易产生自聚，而产生的自聚物，易爆炸、易自燃、易胀裂阀门及管道等。

1.2　丁二烯自聚物

丁二烯自聚物有多种，橡胶装置产生的丁二烯聚合物呈半透明或白色，有氧时呈现黄色，因外形酷似爆米花，又称爆米花状聚合物。其质地坚硬，加热时不融化，且不溶于任何有机溶剂。该聚合物一经形成，在有无空气的情况下都会缓慢增长，其增长产生的压力足以损坏管线和设备，并且聚合物暴露在空气中容易自燃。

研究表明，丁二烯在环境温度较高的情况下容易发生自聚，其自聚速度与温度成指数关系，特别是在温度27.6℃时出现拐点，丁二烯自聚将随温度升高而高速增长。丁二烯存储压力越高越易自聚，一般应控制压力在0.2~0.3MPa。为了更为安全，石油石化行业要求丁二烯存储温度要≤27℃。

2　橡胶聚合装置在用丁二烯原料输送泵简介及存在问题

2.1　丁二烯泵简介

橡胶聚合装置使用的丁二烯泵P-2502为杭州大路实业有限公司生产的MDCQ6.3-150磁力传动小流量高扬程石化流程泵。

磁力传动离心泵（磁力泵）是利用磁力联轴器的工作原理无接触地传递扭矩的一种新泵型，当电动机带动外磁转子旋转时，磁力线穿过气隙与隔离套，作用于内磁转子上与其同步旋转，而内磁转子与叶轮连在一起，从而达到抽送液体之目的。由于液体被封闭在静止的隔离套内，所以它是一种全密封、无泄漏的泵型。由于隔离套材料的耐磨性一般较差，因此磁力驱动泵一般用于输送不含固体颗粒的介质（图1）。

P-2502泵输送介质为丁二烯，温度15℃，密度628kg/m^3，黏度0.158mPa·s，汽蚀余量3.2m（NPSHa），设计最大流量10.5m^3/h，扬程122m，吸入口压力0.29MPa，转数2950r/min。由于泵转速较高，所以对于输送介质也有着比较高的要求。

2.2　机泵运行中存在的问题

橡胶装置有三台同型号丁二烯泵，两开一备，在夏季高温环境中，三台机泵运行时均出现隔离套温度高于报警值（报警值30℃，温度达到35℃）现象，偶尔会发生轴承抱死、碎裂。经统计，3台机泵平均检修周期为10个月，影响了机泵的长周期运行，也影响了装置运行的稳定性

第一作者简介：马晓龙，本科学历，工程师，现在中国石油大庆石化从事设备工程师工作。E-mail：83691167@qq.com

和经济性。

出现故障后，我们将泵体拆解，发现隔离套内有大量丁二烯自聚物。

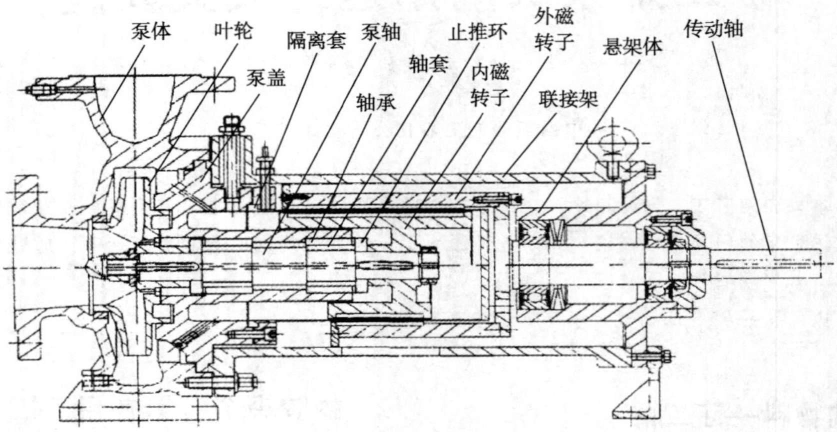

图1　磁力泵结构简图

3　原因分析及改造方案

3.1　原因分析

对机泵拆解及分析运行数据后发现，该泵检修频率高、碳化硅陶瓷轴承寿命短是因为以下三种情况：

（1）隔离套内运行热量是通过轴心孔内流动的丁二烯传递的，由于隔离套内外压差小，丁二烯流速低，该泵在高温状态下运行一段时间后，隔离套内会有丁二烯自聚物产生。自聚物聚集在轴心孔处造成堵塞，丁二烯无法回流至泵叶轮侧，影响隔离套内外传热，导致套内温度过高，加快自聚反应速度，更多的自聚物逐渐充满隔离套内物料流动间隙(图2)。

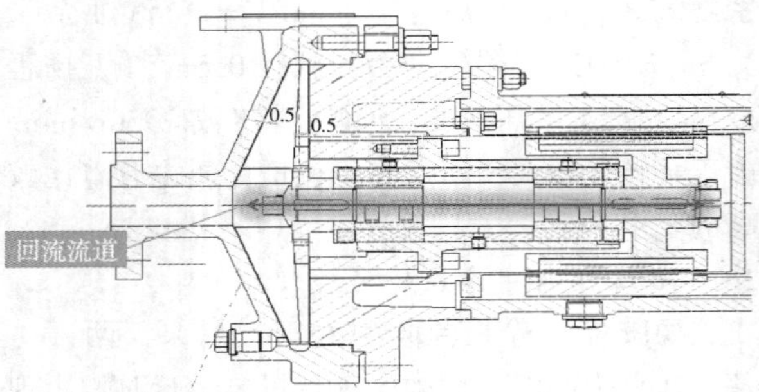

图2　泵轴心流道

（2）大量丁二烯自聚物晶体在内磁转子动配合间隙处摩擦导致滑动轴承卡住、碎裂(图3)。

（3）磁力泵隔离套处的液体温度升高，使得循环液体丁二烯汽化，磁力泵内磁转子滑动轴承失去介质润滑，导致轴承干摩擦而碎裂。

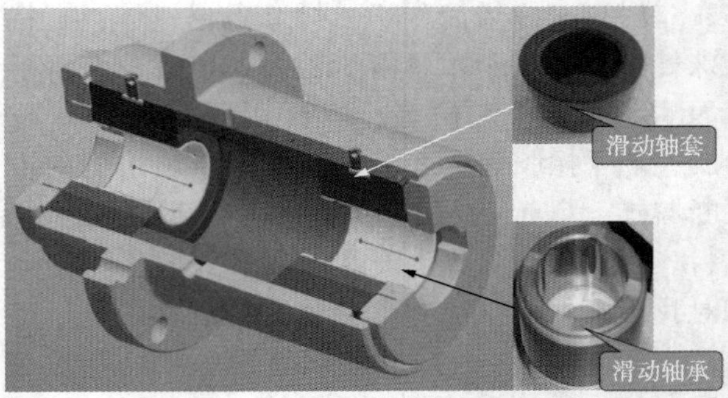

图3　动配合部件

以上三种情况均是由于隔离套为金属材料，其筒体部分在内外磁转子磁力线的切割下产生磁涡流，造成磁涡流损失，散发热量，引起隔离套的温度升高。

3.2　机泵改造方案

为了确保运行可靠性，可为磁力泵设置导流孔，引导一部分工作介质来冷却内磁钢的磁体，冷却、润滑滑动轴承．冷却的方式可分为两种：一种是在泵出口部位增设引管将工作液体通过外循环管路强迫循环的方式进行冷却润滑，称为外循环式；另一种是通过泵内高压部位设置导流孔，强迫液流循环流动进行冷却润滑，称为内循环式。冲洗润滑回路的流量通常为泵设计流量的2%~3%，若冲洗冷却不充分，内磁转子与隔离套之间的环隙区域由于涡流而产生高热量，同时介质温度的升高会进一步加剧介质的汽化，由于磁力泵的冲洗冷却系统没有合适的排气系统管路中存在的气体会进一步降低冲洗冷却效果，从而形成恶性循环，最终将导致介质温度高于永磁体的允许温度，使内外磁钢逐渐失去磁性，导致磁力传动器失效，有时还会造成滑动轴承因受热不匀而碎裂。对于大功率的磁力泵采用外循环式冷却润滑，对于小功率的磁力泵一般采用内循环式。本次改造选用内循环冷却方式。

离心泵腔体内各处压力值大小为：液体出口处>叶轮外缘>吸入管上接近泵入口处>叶轮中心附近。

根据该泵结构，并考虑现场钻孔的方便性，以及其循环压力需要，最终确定在在泵盖上的泵吸入管上接近泵入口处钻孔，将叶轮背部的高压液流引入到隔离套内，一部分液流通过中间轴承流入叶轮背部的平衡孔，一部分液流通过隔离套与内磁转子间隙，流经隔离套内轴承后通过中心孔流入了泵叶轮入口(图4)。

4 改造后效果

丁二烯泵改造后，经过三年的运行，对比运行数据(表1)，发现机泵在夏季高温环境中运行，相同气温、相近进料温度条件下，机泵运行时隔离套内温度比改造前有明显降低，未再发生超温现象。

改造后，我们定期主动解体磁力泵，清除内磁缸表面的铁磁性物质及其他积聚物，清理轴承润滑流道内的杂质，未发现隔离套内产生自聚物。改造至今隔离套内碳化硅陶瓷轴承未再因自聚物堵塞、摩擦造成损坏(图5)。

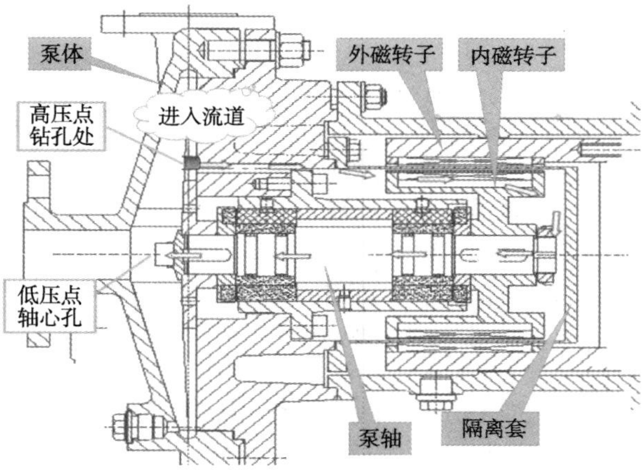

图4　改造后丁二烯流动方向

图5　运行一年后拆解未发现自聚物

表1　改造前后对比数据

	外部环境温度/℃	进料温度/℃	隔离套内温度/℃	隔离套内物料温升/℃	石墨轴承寿命	改造后隔离套温度变化
改造前	34	13.8	35.3	21.5	少于1年	降低10.6℃
改造后	34	13.9	24.7	10.8	2年以上	

5 结论

本次改造，有效增加了丁二烯泵的运行周期，解决了装置因机泵轴承损坏跳车导致的聚合断料停车问题，降低了生产过程中的安全隐患及检修风险，减少因频繁更换石墨轴承造成的经济损失，为装置生产创造更多的经济效益。

参考文献

[1] 刘建瑞，王鸿睿．磁力泵冷却系统的数值模拟，[J]，排灌机械，2008(7)：26-29.

[2] 郭少伟．磁力泵冲洗润滑管路和延长华东轴承寿命的措施，[J]，水泵技术，2008(1)：14-16.

压块机密封系统技术改进及控制程序优化

侯丙南

（中国石油大庆石化公司化工三厂）

摘　要　压块机是在液压系统和电气控制系统的联合控制下自动运行完成人工合成橡胶的压块过程，实现橡胶压块过程的生产自动化。大庆石化公司顺丁橡胶装置压块机漏胶问题较为严重，对橡胶产品经济效益影响较大，本项目主要是通过对压块机密封系统进行技术改进和 PLC 控制程序进行优化，机械和控制两方面手段对压块机漏胶问题进行治理，改造后目标是将压块机落地胶产量减少 95%以上，大幅度提升橡胶产品优级品率。

关键词　压块机　机械　控制　PLC

1　压块机运行中存在问题

数据统计，2018 年化工三厂橡胶制品二车间产生落地胶 282t，压块机漏胶产生的落地胶约占橡胶制品二车间落地胶总数的 30%，该设备漏胶点主要集中在下料斗和小车落料段密封位置（A 点）、小车落料段和箱口密封位置（B 点），解决橡胶行业压块机漏胶问题已经迫在眉睫。针对这种情况，2019 年 5 月对压块机机械部分和控制部分进行改造，减少压块机漏胶量，提升橡胶产品优级品率，增加高端市场份额。

2　压块机漏胶原因分析

橡胶装置压块机为哈尔滨博实设备制造技术有限公司制造，机械部分密封间隙过大是造成设备漏胶的主要原因，漏胶点主要集中以下位置：由于小车水平运动定位存在误差，造成下料斗和小车落料段密封间隙（A 点）为 0.5～1mm，小车落料段和箱口密封位置（B 点）设计密封间隙为 4～7mm。其次 PLC 控制程序设计不合理，压块机工作过程中下料门关闭不严掉落的胶粒落到由全伸状态退回到中间位置的小车上产生落地胶。

3　压块机技术改造科学价值

自 2019 年 8 月压块机改造后运行至今，各项运行技术指标非常平稳，漏胶量明显减少，达到国内同行业先进水准，在提升经济效益的同时现场文明生产得到明显改善。对压块机改造创新的程度在同行业顺丁橡胶中处于领先地位，可以将技术改进后的压块机密封系统和优化后的 PLC 控制程序在其他顺丁橡胶装置进行推广。

4　压块机技术改进措施

（1）小车水平运动定位误差为 0.5～1mm，将下料斗与小车落料段平口改斜口，斜口倾角为 5°，sin5°＝0.09，改成斜口后，小车水平运动定位误差在斜口产生的垂直误差间隙为（0.5～1）×0.09＝0.045～0.09mm，该垂直误差间隙在斜口密封硅胶弹性形变允许范围内，在增加斜口密封腔密封严密性的同时，能最大限度减少小车在运动过程中产生的摩擦阻力（图 1）。

（2）下料斗和小车落料段接口位置密封条材质由四氟改为硅胶，在受到机械外力作用下，弹性形变相对变大，在小车运动过程中避免发生机械碰撞损坏设备、产生落地胶。

（3）小车落料段和箱口间隙原设计制造为 4～7mm，现在更改为 0.5mm，增加密封处空气流动阻力，从而增加密封腔密封性（图 2）。

（4）小车落料段与水平缸连接的加强板延至箱口改为密封面，在无加强板两侧加厚 15mm，使密封面宽度增加，进一步增加密封腔封闭性能（图 3）。

（5）调整压块机 PLC 柜控制程序，把小车由全伸状态向中间状态后退（第 1 工步）相对上

第一作者简介：侯丙南，本科学历，高级工程师，现在中国石油大庆石化化工三厂橡胶制品二车间从事设备工程师工作。E-mail：hbn0527@126.com

料门打开时间延迟 2s（总工步时长保持不变），由于小车在全伸状态尚未退回到中间位置，下料门掉落的胶粒落入箱体，避免产生落地胶。

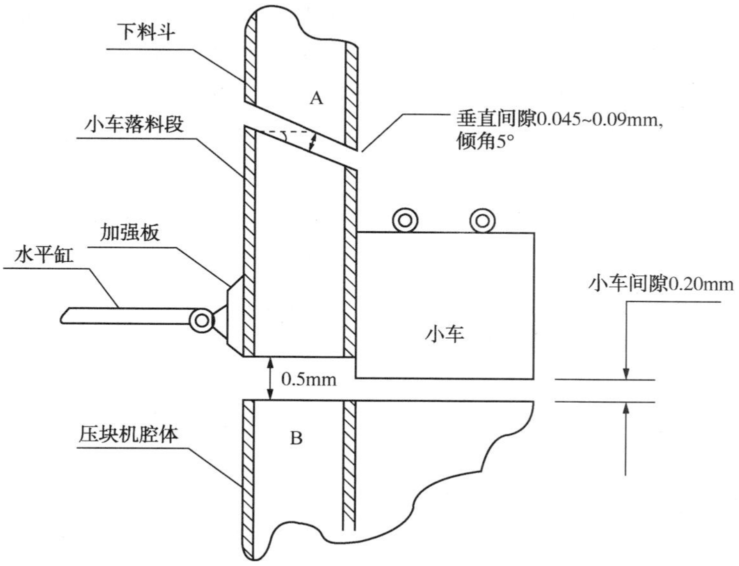

图 1　压块机结构图

图 2　下料斗与小车落料段平口改斜口

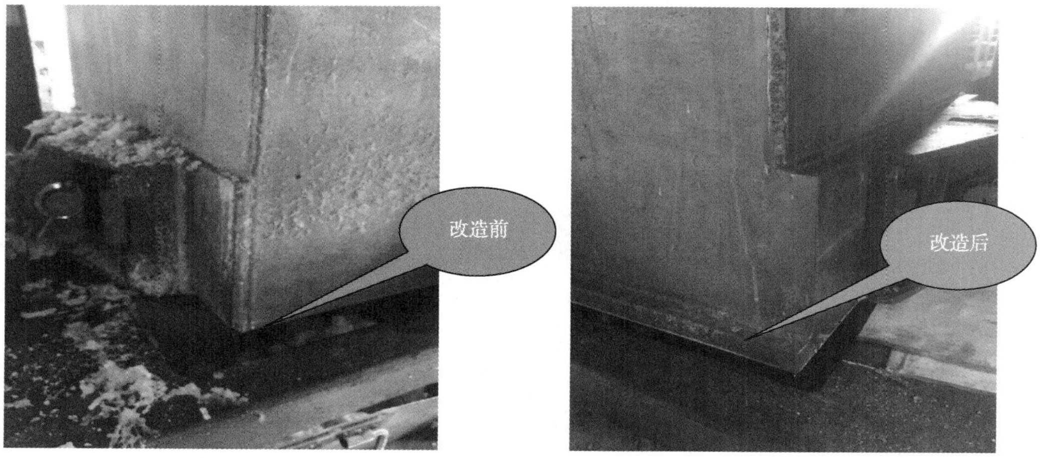

图 3　增加小车密封面宽度

5 实施应用及效益情况

该项目自2019年8月正式在大庆石化公司化工三厂制品二装置应用，漏胶治理效果显著，其中控制部分对PLC程序的改造已经在大庆石化公司化工三厂制品一装置应用，密封系统的改造预计2021年将在大庆石化公司化工三厂制品一装置应用。

（1）经济效益

每台压块机1年可以少产7.5t落地胶，6台压块机1年可以少产45t落地胶。

2019年橡胶优级品和落地胶单位利润差为956.04元/t，2019年8月~12月多产优级品18.75t，产生经济效益17925.76元。

2020年橡胶优级品和落地胶单位利润差为13601.64元/t，2020年1月~10月多产优级品37.5t，产生经济效益510061.52元。

2019年8月~2020年10月累计产生经济效益52.79万元。

（2）安全效益

压块机改造后漏胶量减少95%以上，员工清扫压块机设备本体次数减少，减少了压块机工作过程中人机接触频率，提高了操作过程中的安全性，具有无法估计的安全效益。

（3）环境效益

由于制品二车间为工业旅游示范点和文明生产示范车间，对现场文明生产要求较为严格。压块机改造后设备本体周边环境得到明显改善，地面的黑点胶数量大量减少，理论上彻底解决了固体废弃物污染问题。

参 考 文 献

[1] 曾宗福. 机械设计手册[M]. 北京：化学工业出版社，2007：41-44.
[2] 王光仁. 顺丁橡胶装置压块机原理与故障分析[J]. 中国科技博览，2017，11：15-16.
[3] 康君心. 顺丁橡胶装置压块机技术研究[J]. 科学与技术，2019，10：25-26.

离心制冷冰机国产化研制与应用

胡光伦

（中国石油大庆石化公司腈纶厂）

摘　要　近年来冰机效率只有设计能力的60%；电机老化绝缘降低，温度异常发热；元件失效，检测异常，连锁停车，逻辑控制出现软故障；净化回收器壳体多处出现裂纹，损耗制冷剂，影响制冷效率；轴瓦、气封磨损，叶轮的叶片汽蚀磨损，油加热器积碳腐蚀。对制冷冰机进行国产化改造后，制冷效率得到改善，制冷冰机运行良好。

关键词　国产化　冰机　效率　应用

1　项目概述

腈纶厂离心冰机位于冷冻站一楼厂房，1986年生产，1988年投入使用，是全厂生产过程中制冷的关键设备，共有8台，其中7台日本荏原的580kW离心冰机，六台111～116#并列关系型号9FW813-64L-81L，用于-10℃冷冻盐水的制取。一台117#型号9FW710-42L-62L，用于-2℃冷冻盐水的制取。自从1988年投产以来，已经使用近30年，一直没有更新过，由于该冰机超过使用年限，耗电极大，耗电量为我厂总耗电量三分之一。目前冰机电器、仪表元件也老化，经常需校对，影响工艺操作平稳率。另外制冷机使用氟利昂做制冷剂，根据国际环境保护组织要求，氟利昂在今后的几年内将逐步被淘汰，我们将面临制冷剂缺乏的困境。2004年投用的118冰机是美国约克公司生产的，运行时耗能和耗水量都偏大，是111～116#的1.5倍，现在除定期试运以外，很少开。

日本荏原的7台冰机，已经运行26年，早已经无备件储备。如果冰机出现故障，将无备台。冰机油泵刮板磨损，油泵油压低，油泵在最低指标运行。压缩机叶片汽蚀磨损，制冷能力下降，只有原设计制冷量的60%～70%。联系荏原厂家专家到现场分析评估，测算1台冰机大修报价在240万元以上。如果备件国产化可以降低备件费用，大修1台冰机，同时储备1台冰机的备件。

2　离心制冷冰机现状及存在的问题

2.1　离心制冷冰机现状

系统车间共有8台冰机，7台日本荏原的冰机，自从1988年投产以来，已经使用近30年，一直没有更新过，由于该冰机超过使用年限，耗电极大，耗电量为我厂总耗电量三分之一。目前冰机电器、仪表元件也老化，经常需校对，影响工艺操作平稳率。另外制冷机使用氟利昂F11做制冷剂，根据国际环境保护组织要求，氟利昂在今后的几年内将逐步被混合工质R134a淘汰，我们将面临制冷剂缺乏的困境。

2004年投用的118冰机是美国约克公司生产的，型号：YKGHHBJ3H75CTCTE，双电机525＊2，运行时耗能和耗水量都偏大，是111～116#的1.5倍，现在除定期试运以外，很少开。

冰机制冷循环简述（9FW型冰机制冷流程图详见图1，结构示意图见图2）

2.2　工艺调整情况

冰机使用初期，循环水温度较低，各冰机的循环水用量均大于设计值（446m^3/h），盐水流量也能大于设计值（390m^3/h），冷凝压力低于设计值（0.055MPa）。随着纺丝产量的不断增加以及节能降耗工作的开展，冰机的冷凝压力提高至低于0.065MPa为合格，循环水的温度也逐年升高，各冰机循环水量用量根据冷凝压力来控制，已大大低于设计值，盐水流量也达不到设计值。

装置所用载冷剂：开工时使用的冷冻盐水是

第一作者简介：胡光伦，大学本科学历，高级工程师，现在大庆石化公司腈纶厂纺丝联合车间从事设备管理工作。E-mail：13845958856@139.com

由 24%的甲醇、7%的乙二醇、69%的脱盐水配制；98 年后只补加甲醇，未补加过乙二醇；2003 年置换盐水时，改为由 30%的甲醇与 70%的脱盐水配制；2010 年改为由 30%的冰机冷媒和 70%的脱盐水配制。

2.3　离心冰机存在的问题

离心冰机主要存在以下问题：

（1）正常稳定运行工况

近年来冰机效率逐年下降，性能参数最低下降至 60%，2011 年对 7 台日本荏原公司的冰机的制冷量标定，发现有的冰机只有设计能力的 60%。

① 将运转平稳后测试的性能参数与设计参数值进行比较，见表 1。

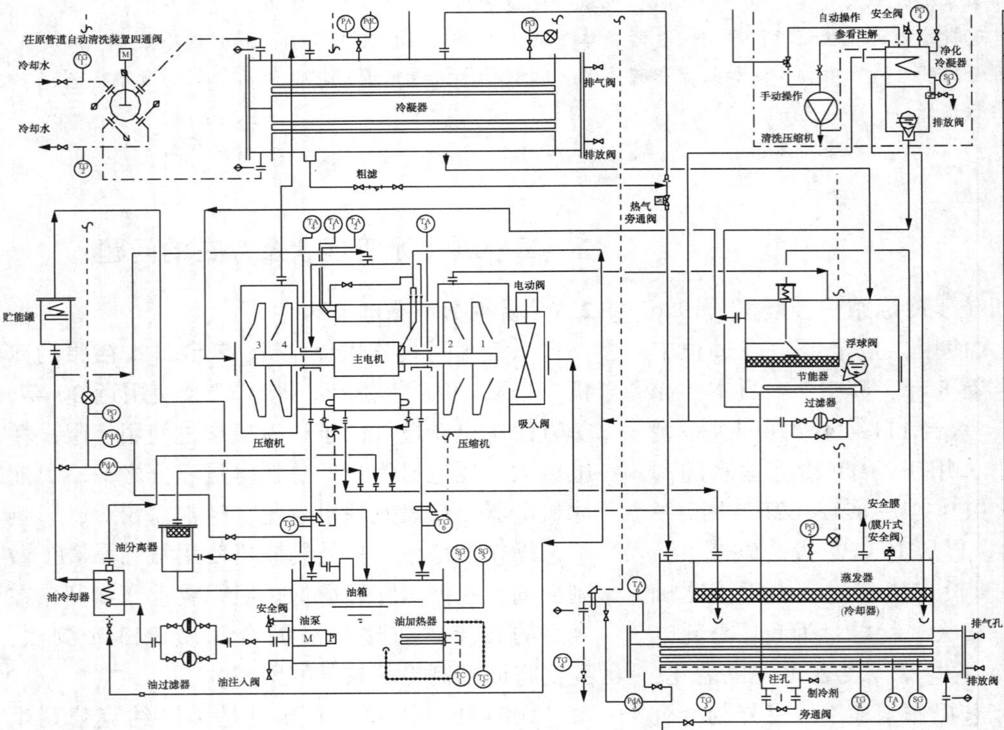

TG 1	冷却水进口温度
TG 2	冷却水出口温度
TG 3	盐水进口温度
TG 4	盐水出口温度
TG 5	油箱温度
TG 6	轴承油温(R)
TG 7	轴承油温(L)
TG 8	蒸发温度
PG 1	冷凝器压力计
PG 2	冷却器压力计
PG 3	润滑油压力计
PG 4	净化冷凝压力计
TA 1	电动机线圈温度
TA 2	高温切断报警
TA 3	轴承高温切断(R)
TA 4	轴承高温切断(L)
TA 5	制冷剂低温切断
TA 6	盐水低温切断
TC 1	油加热器恒温器
TC 2	油温恒温器
PA 1	冷凝器高压切断
PdA 1	润滑油低压切断
PdA 2	润滑油低压报警
PdA 3	盐水低流速切断
PdC 1	净化混合物操作压力开关
TIC 1	盐水温度控制器
TI 1	轴承温度批示(R)
TI 2	轴承温度批示(L)
PI 1	冷凝器压力指示
PI 2	冷却器压力指示
PI 3	润滑油压力指示
SG 1	制冷剂液位剂
SG 2	润滑油液位计
SG 3	净化冷凝器液位计

图 1　9FW 型冰机制冷流程图

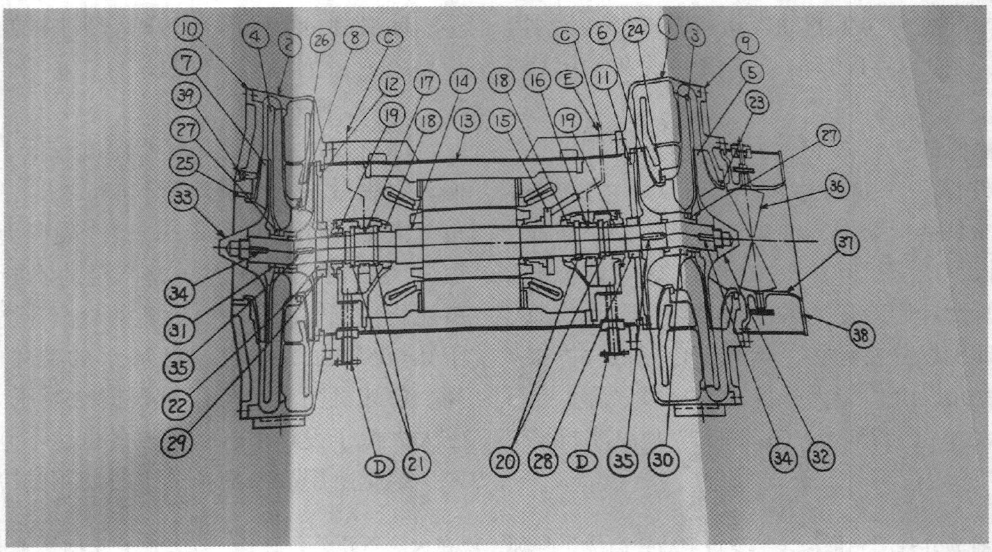

图 2　9FW 型冰机结构示意图

表 1 离心冰机运行性能参数与设计参数值比较表(2011 年)

冰机参数			111~116 设计值	111	112	113	114	115	116	117 参数设计值	117
蒸发器	蒸发压力/MPa		-0.085~-0.075	-0.08	-0.08	-0.08	-0.08	-0.08	-0.08	-0.075~-0.06	-0.07
	冷剂温度/℃		-17~-13	-15.00	-15.05	-12.50	-13.76	-12.11	-15.31		
	盐水入口温度/℃		-7.0~-3.0	-3.93	-3.93	-3.93	-3.42	-3.42	-3.42	2.0~8.0	3.52
	盐水出口温度/℃		-10.0~-8.0	-9.19	-8.42	-8.84	-9.52	-8.27	-8.96	-2.0~0.0	-1.63
	盐水流量/(m^3/h)		220~440	266.0	242.3	251.0	287.1	229.9	236.9	160~245	176.1
冷凝器	冷凝压力/MPa		0.02~0.065	0.049	0.048	0.049	0.05	0.05	0.05	0.02~0.065	0.04
	循环水入口温度/℃		20.0~30.0	23.63	23.14	23.29	25.06	22.64	24.5	20.0~30.0	25.10
	循环水出口温度/℃		25.0~42.0	31.10	31.63	32.43	31.83	30.40	31.64	25.0~42.0	30.97
	循环水流量/(m^3/h)		180~550	292.1	268.1	247.2	311.7	254.3	277.5	160~550	199.6
压缩机	轴承温度/℃	右	45~60	54.24	53.22	55.08	51.69	46.38	47.77	45~60	43.70
		左	45~60	47.64	48.72	51.10	51.21	46.84	56.49	45~60	50.71
	油压/MPa		0.1~0.15	0.135	0.117	0.125	0.139	0.140	0.125	0.1~0.15	0.134
	油温/℃		50~60	53.79	50.94	53.67	52.66	50.51	55.00	39~55	45.45
	叶片开度/%		25~100	97.37	86.38	92.35	82.48	96.31	100	25~100	56.83
主电机电流/A			40~67	62.60	66.54	65.35	64.77	64.66	60.03	20~53.5	25.19
72 小时累计耗电量/kW·h			—	42996	43212	43224	42324	42504	40776	—	24168

② 制冷量的核算。计算运转平稳后状态下的制冷量，制冷量的计算采用如下公式：

$$Q=cv\rho(t_2-t_1)$$

式中，Q 为冰机的制冷量；c 为盐水比热为 0.93kcal/kg℃；ρ 为盐水的密度为 0.966×10^3kg/m^3；t_2 为盐水出口温度,℃；t_1 为盐水入口温度,℃。

从测试表数据计算各冰机的制冷量见表 2。

冰机消耗情况对比统计见表 3。

表 2 离心冰机制冷量计算表

	111	112	113	114	115	116	117
设计制冷量/(万 kcal/h)	166.6						
实际制冷量/(万 kcal/h)	125.79	97.72	110.60	157.33	100.14	118.01	81.39

表 3 冰机消耗情况对比统计表

	111	112	113	114	115	116	117
功率/kW·h	580					450	
实际耗电/(kW·h/h)	597.2	600.2	600.3	587.8	590.3	566.3	335.7
循环水设计流量/(m^3/h)	446					420	
实际循环水流量/(m^3/h)	292.1	268.1	247.2	311.7	254.3	277.5	199.69

因 112 冰机制冷量最低，所以对 112 冰机进行检修。

2011 年完成后再次标定 112#冰机的制冷量与消耗情况与检修前对比见表 4。

表 4 112#检修后标定对比表(2011 年)

	设计值	检修前	检修后
制冷量/(万 kcal/h)	166.6	97.72	111.26
功率/(kW·h)	580	600.2	583.3
循环水流量/(m^3/h)	446	268.1	402.5

2011 年大修结论：通过对比，可见在循环水量接近设计值的前提下，耗电接近设计值。制冷量比检修前增加 13.86%，对比设计值由 58.66%上升到 66.78%。

(2) 正常调整运行工况

负荷调整：每台冰机入口导叶阀可以 10%~100%调整，开度 105%锁定为最大。

备台切换：六台冰机互为备用，118#耗电大，极少投用。

(3) 出现应急情况运行工况

① 电机老化绝缘降低；温度异常发热。

② 元件失效，检测异常，连锁停车；逻辑控制出现软故障，需要停车排查。

③ 公用工程影响：水、电、汽、风、氮气等出现波动，影响正常运行。

3　历年检修和处理的典型故障

3.1　净化回收器壳体多处泄漏

2007年9月腈纶厂组织116冰机大修，主要是查漏，查漏时检查发现净化回收器壳体多处泄漏(图3)，着色探伤检查发现壳体多处出现裂纹(图4)，说明净化回收器材料性能退化。由于净化回收器泄漏影响制冷效率，损耗制冷剂，所以更换了腐蚀泄漏严重的净化回收器。

图3　116#冰机净化回收器查漏

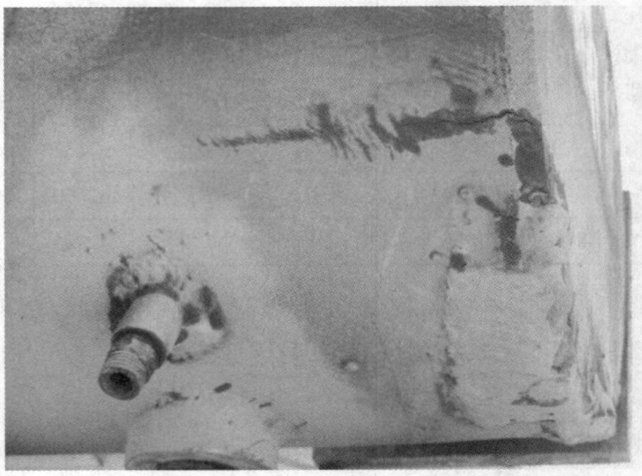

图4　着色探伤检查泄漏情况

3.2　112#冰机叶轮的叶片汽蚀磨损

2011年5月112冰机大修，检查发现轴瓦、气封磨损，叶轮的叶片汽蚀磨损，油加热器积碳腐蚀，检查蒸发器和冷凝器铜管无异常(表5)。更换轴瓦、气封，维修油泵，清理油加热器，更换氟利昂。

检修后冰机制冷效果没有太大改善。因为更换和维修的备件对冰机制冷能力影响不大。由于叶片的汽蚀磨损(图5)可能对冰机的制冷效果有一定的影响，但不确定到底影响有多大。

表5　112#冰机转子密封间隙对照表

检查内容	冰机前径向瓦间隙	冰机后径向瓦间隙	冰机止推瓦间隙	冰机前油封间隙	冰机后油封间隙	一级叶轮口环间隙	二级叶轮口环间隙	三级叶轮口环间隙	四级叶轮口环间隙	一级叶轮油封间隙	二级叶轮油封间隙	三级叶轮油封间隙	四级叶轮油封间隙
检查标准	0.2~0.26	0.2~0.26	0.3~0.38	0.08~0.15	0.08~0.15	0.44~0.7	0.44~0.7	0.44~0.7	0.44~0.7	0.2~0.35	0.2~0.35	0.2~0.35	0.2~0.35
实际测值	0.21	0.23	0.32	0.08	0.1	0.7	0.6	0.7	0.7	0.25	0.25	0.3	0.25

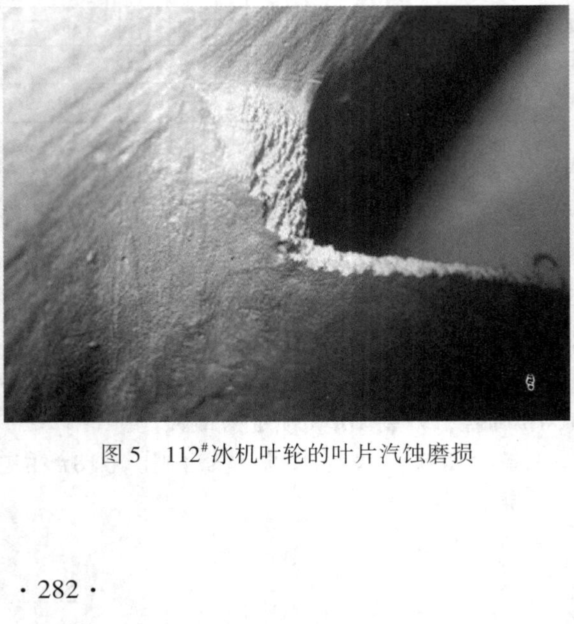

图5　112#冰机叶轮的叶片汽蚀磨损

3.3　蒸发器冷凝器多处腐蚀泄漏

2012年5月5日至5月14日大检修期间，打开7台冰机的蒸发器和冷凝器检查，发现111冰机蒸发器铜管内有大量杂物堵塞，其他冰机有少量杂物，系统车间组织对所有冰机的蒸发器每根铜管进行了清洗。更换了磨损的清洗冷凝器铜管的毛刷。另外检查发现了冷凝器管程隔板和插板槽腐蚀的问题，导致循环水内漏，尝试焊接堵漏没焊住，技术员使用金属胶粘接堵漏。冰机冷凝器隔板腐蚀内漏，使循环水消耗增大，通过更换隔垫，使用金属胶堵漏，解决了循环水消耗大的问题，使循环水消耗从250m^3/h降到正常的200m^3/h左右(图6~图9)。

图 6　111#冰机冷凝器隔板腐蚀，循环水内漏

图 7　隔板焊缝开焊

图 8　隔板槽用金属黏合剂修补图

图 9　蒸发器铜管内壁结垢

4　离心制冷冰机国产化的设计及研制

4.1　方案比选

针对离心冰机的工况分析研究，结合运行和维护的现场工况，提出三种改进方案：

方案 1：进行整体更新。经过与日本荏原驻青岛办事处联系和技术交流，整体更新大约需要人民币 1000 万元，合同签订后，供货周期六个月。

方案 2：进行成套原装备件采购。现用型号已淘汰，需要单件生产，一至四级叶轮与隔板，包含相应的油封、滑动轴承，供货价格约 240 万元，合同签订后，供货周期六个月。

方案 3：按照原尺寸和材质进行全部国产化。需要单件生产，一至四级叶轮与隔板，包含相应的油封、滑动轴承，供货价格约 100 万元，合同签订后，包含测绘、制造、修正，供货周期六个月。

方案 3 的具体做法：按照原尺寸和材质进行机电仪全部国产化。

（1）六台型号 9FW813-64L-81L 离心冰机的机械备件、电机线圈、仪表元件可以实现各部尺寸与原厂备件各部尺寸完全一致，统一备用，具有良好的互换性，完全满足现场安装标准的各项要求。

（2）采用光谱形式对原厂备件进行化学成分检测，并提供具有法律效力的检测报告。在此基础上经过化验分析和机械性能试验，选用同等或优于原厂备件的材料，确保叶轮材质与质量、机械强度不发生改变，既能够耐氟利昂的腐蚀，又可以不增加电机功率；充分考虑温度对不同材料在备用和工作状态下的膨胀系数的影响，选择好配合间隙。

（3）采用 3D 光学扫描仪为主要测绘手段，不损坏原件的前提下对原厂叶轮、轴瓦、密封进行测绘，并绘制图纸，严格按 API 617—2002 标准加工及检验，工期短，质量高。

（4）能够全面考虑和解决转动设备的动平衡，做好低速和装配动平衡。

（5）利用大修全面拆检的机会，对电机线圈内检测元件进行测绘和统一选定型号，为今后继续更换打好基础和做好技术储备。

（6）通过大修进行性能验证，完成标定，为继续优化和其他型号国产化积累经验。

（7）优化检维修和操作规程，解决存在的隐患和问题。

此次大修，方案合理，适用性、可行性及可

操作性强，既有在用结构成本经济合理及检维修方便等特性，又有先进的分析与测绘手段，周期短工作量小的优点，且整个大修无需对现有结构进行太大的改变，仅需按照原尺寸和性能制造加工，使之形成机电仪成套备件。大修投入较少，整个大修只需投入100万元左右就能完成。

经过反复论证，最终选用方案3。

4.2　离心制冷冰机国产化的设计

仪表专业：将原故障率较高盐水低流量开关去掉，用流量表高低报警作为流量开关动作点和复位点，通过新增DO卡件，联锁代替原压力开关作用。

电气专业：电机线圈受氟利昂腐蚀，绝缘漆老化，出现匝间短路，电机跳车。线圈预埋的国产温度和电流检测元件，使用寿命在十年左右。

设备备件：此次离心冰机国产化设计涉及备件测绘和备件加工两部分，如图10～图32所示，具体如下：

① 备件测绘是在原有型号9FW813－64L－81L的基础上进行测绘的。在不破坏原配件的前提下需要确保测绘尺寸的准确性，同时根据专业经验进行完善，国产化时需要考虑现场其他设备具有良好的互换性。采用3D光学仪器扫描，大量节省时间，加快了进度。

② 备件加工主要是两方面。其一是材料的选择和性能检验。鉴于简单测绘和尺寸仿制备件的故障率较高，使用寿命低的难题，从材料研究和选择入手，前期分厂已组织车间和制造厂家进行材料分析和检验，性能和指标完全达到使用要求，并且重点考虑运行状态下温度变化对配合间隙的影响。其次是材料的加工工序和质量控制。重点是铸造、焊接和全部转动件动平衡的实验与检验。采用国内先进的加工和热处理技术，确保加工件符合设计要求。需结合上述进行离心冰机国产化。

（1）离心制冷冰机备件的测绘

2016.3.30由于电机故障，批准大修。由哈尔滨电机厂进行电机重绕，同时形成生产应急物资采购申请表。首先进行材质分析和机械性能检测。

表6经过技术交流和招标，由沈阳远大制定的腈纶厂维修用备件进度表。

2016.7.15～7.30离心冰机测绘涉及叶轮、隔板、轴瓦、油封等部件。采用3D光学仪器扫描，对原件不会产生损坏。

2016.8.2～8.17进行116#离心冰机的回装工作。

（2）离心制冷冰机国产化的设计

图10　一级叶轮测绘图

图11　二级叶轮测绘图

图12　三级叶轮测绘图

图13　四级叶轮测绘图

图14　离心冰机电机转子通用轴测绘图

（3）离心冰机国产化图纸

表 6　离心冰机国产化备件框架图明细表　2017 年 11 月 24 日审定后交工图纸

大庆石化公司腈纶厂冰机备件框架图明细表	产品明细表 / 版本A / 日期2017年11月24日 / 共1页 第1页	标记	处数	更改文件号	签字	日期	编制 / 校对 / 审核 / 标审 / 审定 / 批准

序号	幅面	代名	名称及规格	材料	数量 自制 部件	数量 自制 零件	数量 外购	净重 单件	净重 总重	备注
1	3	CH-01-ST	一级叶轮	ZL111		1				
2	3	CH-02-ST	二级叶轮	ZL111		1				
3	3	CH-03-ST	三级叶轮	ZL111		1				
4	3	CH-04-ST	四级叶轮	ZL111		1				
5	3	CH-05-ST	一级入口气封	QT400-18+ZSnSb11Cu6		1				
6	3	CH-06-ST	三级入口气封	QT400-18+ZSnSb11Cu6		1				
7	3	CH-07-ST	1-2级级间隔板气封	LD10		1				
8	3	CH-08-ST	2级后隔板气封	LD10		1				
9	3	CH-09-ST	3-4级级间隔板气封	LD10		1				
10	3	CH-10-ST	4级后隔板气封	LD10		1				
11	3	CH-11-ST	2,4级外侧油封	QT400-18+ZSnSb11Cu6		2				
12	3	CH-12-ST	2,4级内侧油封	QT400-18+ZSnSb11Cu6		2				
13	3	CH-13-ST	支撑轴承	25+ZSnSb11Cu6		1				
14	3	CH-14-ST	推力轴承	25+ZSnSb11Cu6		1				
15	3	CH-17-ST	二级入口气封	QT400-18+ZSnSb11Cu6		1				
16	3	CH-18-ST	四级入口气封	QT400-18+ZSnSb11Cu6		1				

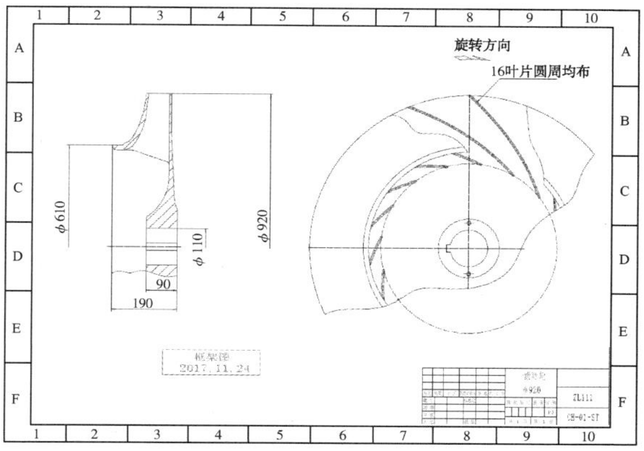

图 15　一级叶轮图　外径 ϕ920，
转向：顺时针，材质：ZL111

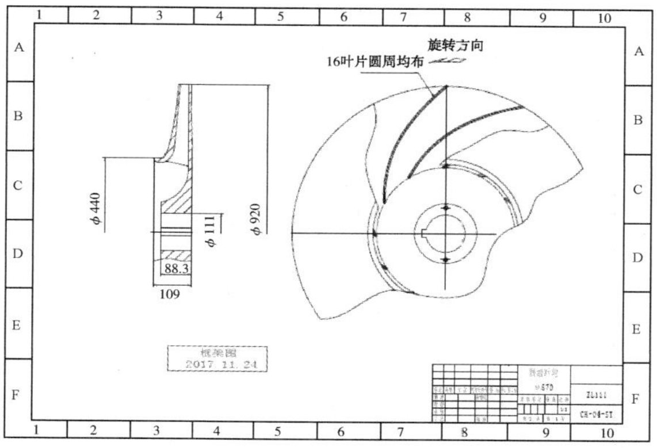

图 17　三级叶轮　外径 ϕ870，
转向：逆时针，材质：ZL111

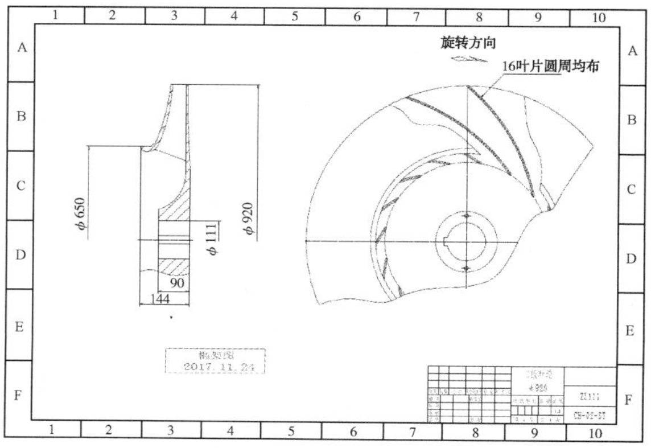

图 16　二级叶轮　外径 ϕ920，
转向：顺时针，材质：ZL111

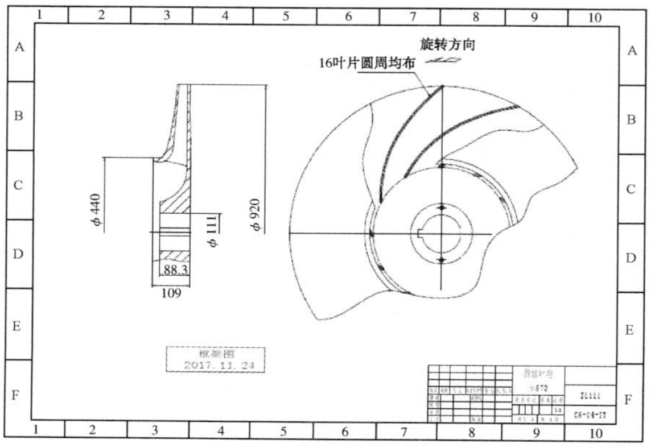

图 18　四级叶轮　外径 ϕ870，
转向：逆时针，材质：ZL111

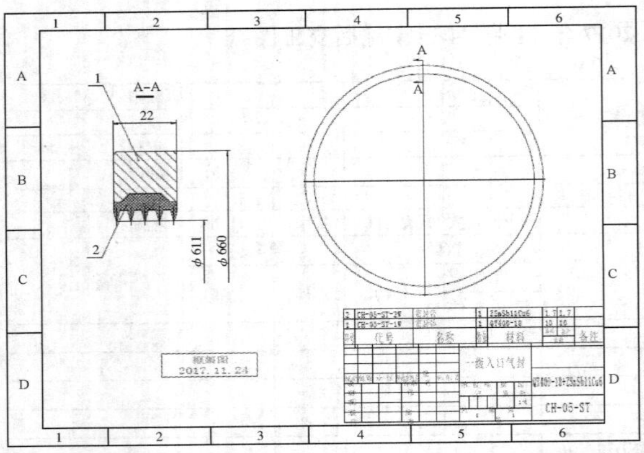

图 19 一级入口气封 材质：QT400−18+ZSnSb11Cu6

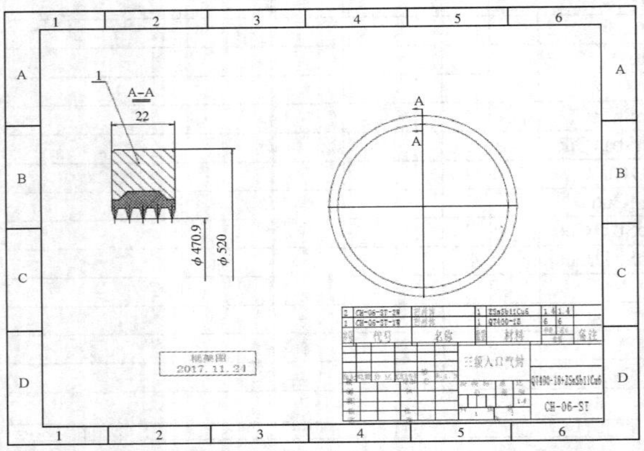

图 20 三级入口气封 材质：QT400−18+ZSnSb11Cu6

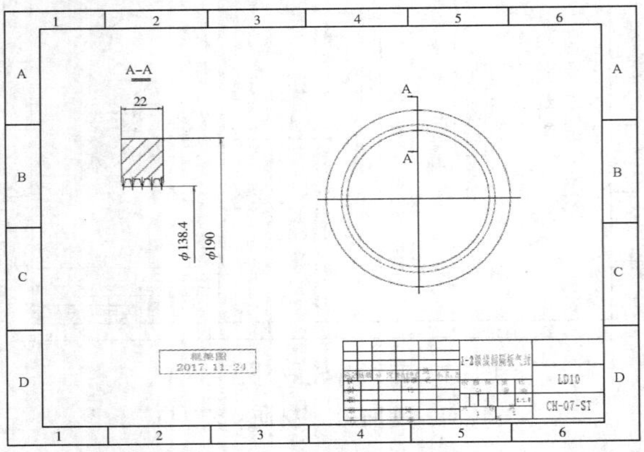

图 21 1-2 级级间隔板气封 材质：LD10

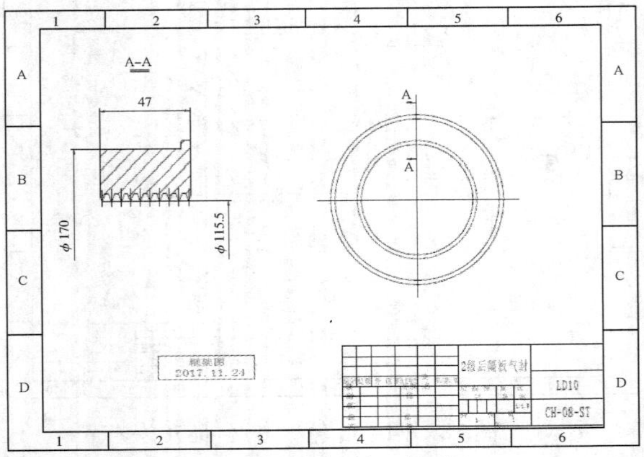

图 22 2 级后隔板气封 材质：LD10

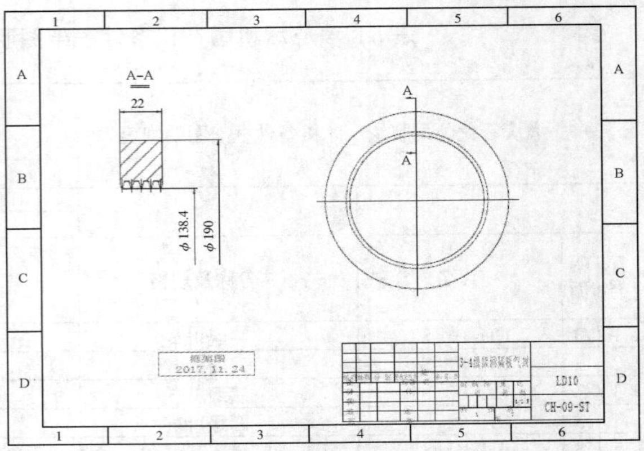

图 23 3-4 级级间隔板气封 材质：LD10

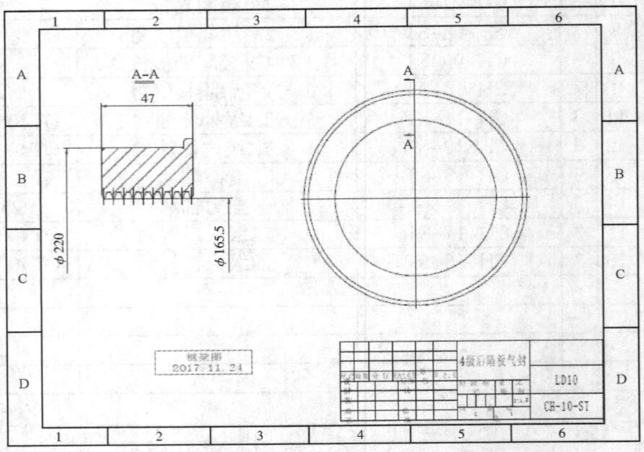

图 24 4 级后隔板气封 材质：LD10

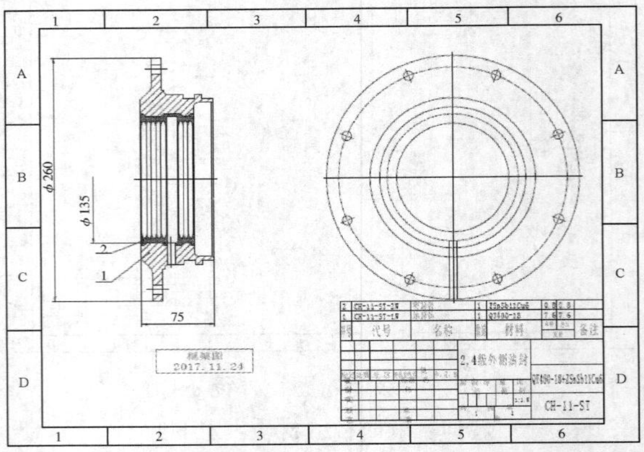

图 25 2，4 级外侧油封 材质：QT400−18+ZSnSb11Cu6

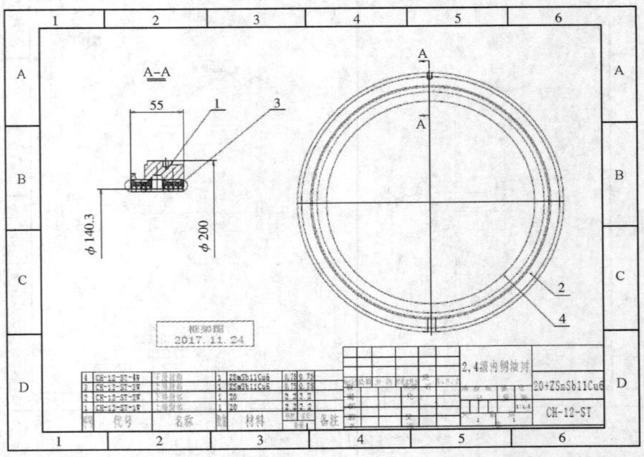

图 26 2，4 级内侧油封 材质：QT400−18+ZSnSb11Cu6

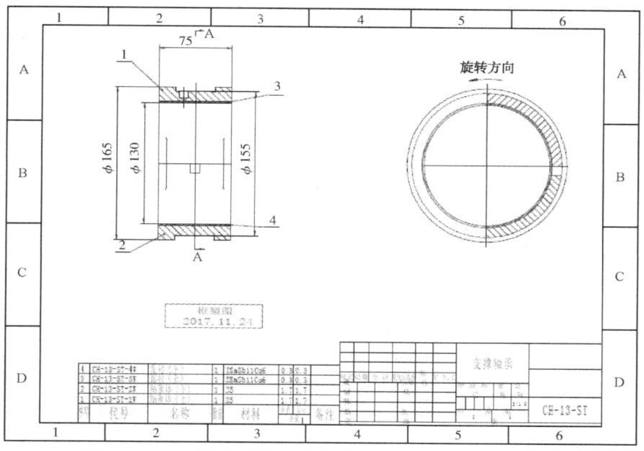

图 27　支撑轴承　材质：25+ZSnSb11Cu6

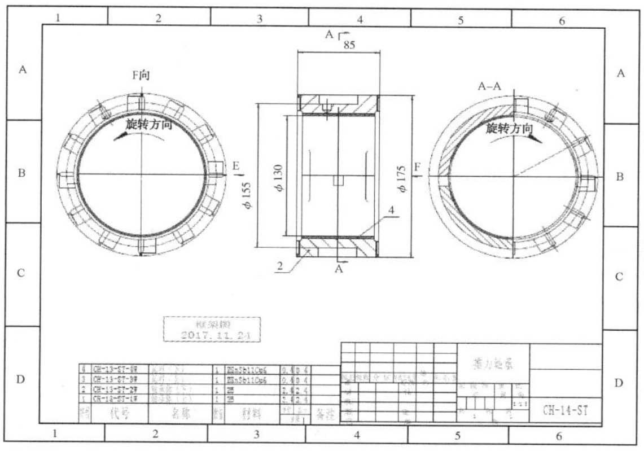

图 28　推力轴承　材质：25+ZSnSb11Cu6

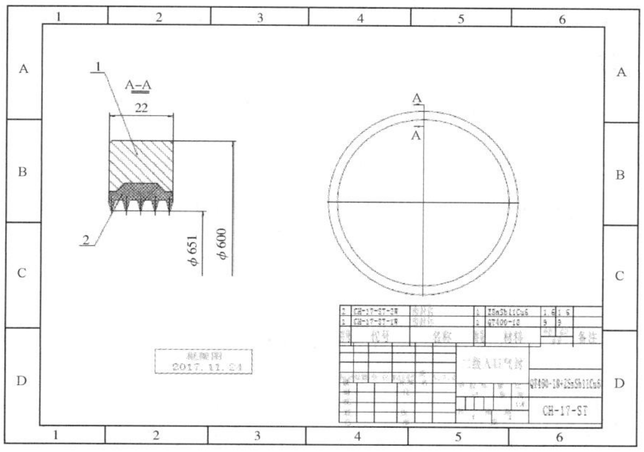

图 29　二级入口气封　材质：QT400-18+ZSnSb11Cu6

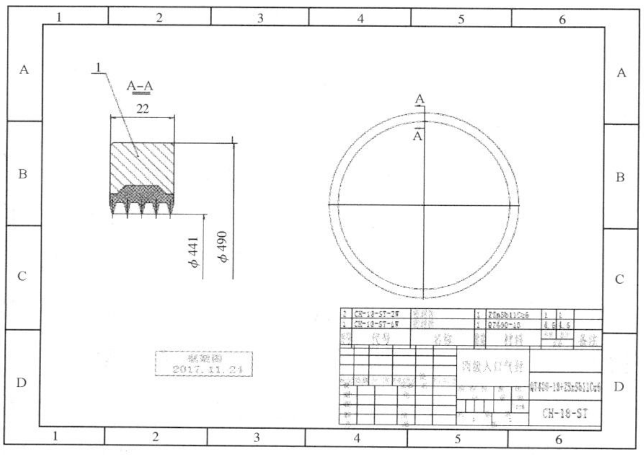

图 30　四级入口气封　材质：QT400-18+ZSnSb11Cu6

4.3　离心冰机国产化应用

2018 年检修期已完成仪表攻关项目。将原故障率较高盐水低流量开关去掉，用流量表高低报警作为流量开关动作点和复位点，通过新增 DO 卡件，联锁代替原压力开关作用。

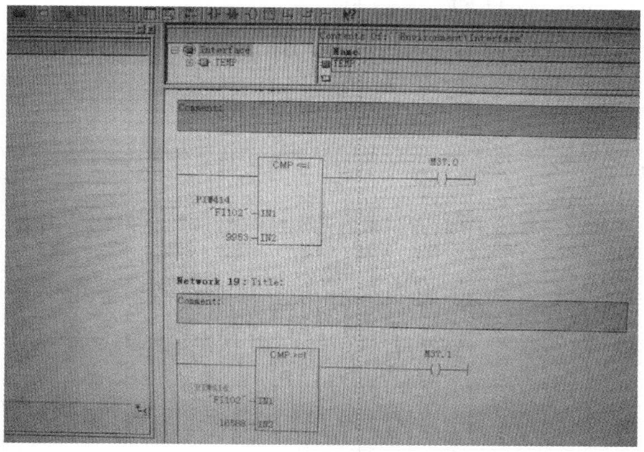

图 31　改造前

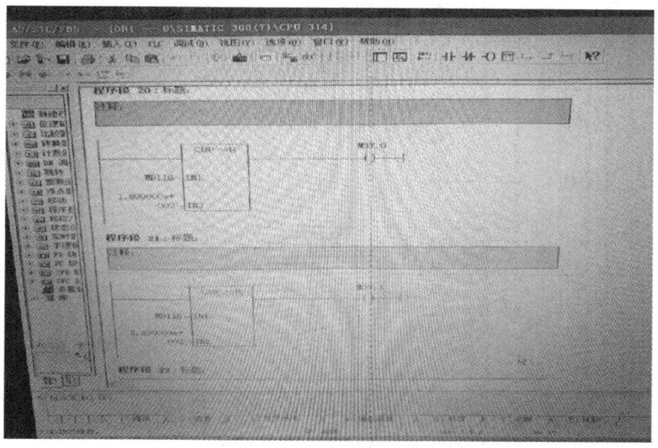

图 32　改造后

5　离心冰机国产化实施效果

114#、116#冰机标定报告

（1）标定目的

为了更好地了解 116#冰机在修复后的运转情况；

了解 116#冰机修复后的生产能力和能耗情况。

（2）冰机标定的时间

12 月 12 日 10：00~15 日 10：00。标定时间为 72 小时。

（3）标定的具体方法

现 114#、116#冰机制冷-10℃盐水，本次标定立足于 114#、116#冰机在设计参数状态下，即制冷温度为-9~-10℃，电流达额定电流的状态下运行，了解 114#、116#冰机的制冷量及能耗情况。

具体步骤如下：

① 启动114$^{\#}$、116$^{\#}$冰机；

② 114$^{\#}$、116$^{\#}$冰机盐水出口温度设-9.5℃；

③ 调节盐水流量，使电流达额定电流；

④ 稳定运行72小时标定结束。

（4）原始数据记录

① 所需记录数据见附表，每两小时记录一次；

② 记录参数以自控室DCS显示的参数为准；

（5）标定核算

① 测试的性能参数与设计参数值进行比较。

2017年12月12日10：00~15日10：00冰机运行72小时的平均数据见表7：

表7

项　目			设计值	116$^{\#}$冰机测试值	114$^{\#}$冰机测试值
蒸发器	蒸发压力/MPa		-0.085~-0.075	-0.081	-0.082
	冷剂温度/℃		≤-17	-10.9	-14.2
	盐水入口温度/℃		-7.0~-3.0	-4.22	-4.13
	盐水出口温度/℃		-10.0~-8.0	-9.0	-9.4
	盐水流量/(m^3/h)		220~440	327	304
冷凝器	冷凝压力/MPa		0.02~0.065	0.052	0.052
	循环水入口温度/℃		20.0~30.0	23.8	24.2
	循环水出口温度/℃		25.0~42.0	33.5	33.8
	循环水流量/(m^3/h)		150~550	219	206
压缩机	轴承温度(℃)	右	45~60	58.4	58.2
		左	45~60	47.7	49.9
	油压/MPa		0.10~0.15	0.11	0.13
	油温/℃		50~60	52	54

② 核算制冷量、电量。

a. 制冷量

计算运转平稳后状态下的制冷量。

制冷量的计算采用如下公式：

$$Q=cvp(t_2-t_1)$$

式中，Q为冰机的制冷量；c为盐水比热为0.97Kcal/kg℃；ρ为盐水的密度为0.975×10^3kg/m^3；t_2为盐水出口温度,℃；t_1为盐水入口温度℃（因各冰机温度表表偏差，t_1取-4.2℃）。

116$^{\#}$冰机从测试表中可知：$V=327m^3/h$，$t_2=-9.0$℃，$t_1=-4.2$℃

$$Q=cvp(t_2-t_1)=0.97\times975\times[-9.0-(-4.2)]\times327$$
$$=148.44 \text{ 万 kcal/h}$$

114$^{\#}$冰机从测试表中可知：$V=304m^3/h$，$t_2=-9.4$℃，$t_1=-4.2$℃

$$Q=cvp(t_2-t_1)=0.97\times975\times[-9.4-(-4.2)]\times304$$
$$=149.5 \text{ 万 kcal/h}$$

b. 电量

116$^{\#}$冰机从12日10：00到15日10：00共消耗电量为：

$(36307.57-36272.97)\times1200=41520$kWh

平均每小时耗电量为576.7kWh。

114$^{\#}$冰机从12日10：00到15日10：00共消耗电量为：

$(47826.46-47790.79)\times1200=42804$kWh

平均每小时耗电量为594.5kWh。

c. 循环水量

116$^{\#}$冰机循环水量消耗为219m^3/h，114$^{\#}$冰机循环水量消耗为206m^3/h。

③ 结论

a. 通过对比，114$^{\#}$、116$^{\#}$冰机的各运行参数均在设计值范围内。

b. 116$^{\#}$冰机在基本满负荷条件下，制冷量为148.44万kcal/h，比设计值166.6万kcal/h低18.16万kcal/h，基本达到设计值。能耗为：电耗576.7kWh，循环水消耗219m^3/h，均未超出设计值。与114$^{\#}$冰机对比，其制冷量略低，电耗偏低，循环水消耗较高，说明修复后的116$^{\#}$冰机在制冷量和能耗上基本能达到设计值，116$^{\#}$

冰机的修复是成功的。

（6）经济及社会效益

经济效益

离心冰机资产原值约为400万元，经过三十年运行，已经全部折旧。

节省电能：启动118#备用螺杆冰机，525 * kW 的电耗为现有型号的1.5倍。特别是噪音极大。相应投入的循环水和冷冻盐水泵需要消耗电能。

节约备件费用：国外进口备件每套240万元，大修98万元，节省约140万元。

按照原型号和性能，整体更新需要1000万元。按照十四年折旧，每年至少为71.4万元。

作为备台，为安全平稳运行提供了可靠保证。满负荷生产时，需要五台同型号冰机同时投入运行。可以通过开关入口导叶阀开度实现冰机负荷的增减，实现节能的目的。

综合产值增效=71.4+140=211.4万元

社会效益

① 经济效益每年节省折旧约71.4万元/台。

② 接近设计制冷量。增加了30万 kcal/h，电耗只增加了10kW。

③ 提高了冰机运行可靠性，降低了故障率。

④ 减少备品备件成本消耗，每台对比采购进口配件节约成本140万元。

⑤ 减少故障率，减少劳动力消耗。

⑥ 提高生产效率，生产平稳，指标波动小，减少废丝。

⑦ 改善厂房工作环境，减少了氟利昂的补加和消耗，减少氟利昂气体气体泄漏，减少环境污染和破坏，保证员工身心健康。

6 总结

腈纶厂离心冰机国产化研制与应用完成后，116#运行平稳，接近设计制冷量。制冷量增加了30万 kcal/h，占设计值166万 kcal/h 约18%，电耗只增加了10kW，占设计值580kW 的1.7%。压缩机及辅助系统故障率低，且氟利昂排放含量低于行业标准要求，有效地解决了真空系统泄漏导致不凝气增多的问题，也一定程度上推进了纺丝装置长周期运行。

长丝打包机气缸杆折断故障分析及解决措施

宋　辉

（中国石油大庆石化公司腈纶厂）

摘　要　针对长丝打包机铺丝机夯实器主气缸多次出现气缸杆从螺纹根部折断的故障，从气缸杆的受力状况，铺丝机的整体振动情况，来分析故障产生的原因。并结合长丝打包机铺丝机的实际结构特点，分析了气缸杆折断的原因，通过采取降低铺丝机运行时产生的振动，改变气缸杆的受力状况，提高气缸杆的硬度和韧性这三方面措施，彻底解决长丝打包机气缸杆折断的问题。

关键词　气缸杆　折断　打包机　故障分析

我厂的Uni box 3000型长丝打包机是设计用于对纺织物以长丝丝束的型式进行打包的设备，由德国AUTEFA公司设计制造，1999年在我厂安装并投入使用，该设备的主要作用是将上游车间生产出来的长丝丝束，通过铺丝机均匀的铺设在压缩箱内，同时铺丝机夯实器也对丝束进行逐层夯实，最后压缩打包出厂，生产能力为400kg/包。是我车间对生产出来的长丝丝束进行打包包装的主要设备。

1　长丝打包机气缸杆折断故障简介

近期，该长丝打包机铺丝机夯实器主气缸多次出现气缸杆从螺纹根部折断的故障，如图1所示，在此期间气缸使用周期最长为90天，最短仅为3天，而根据以往的数据统计，该气缸的平均使用周期应为360天。

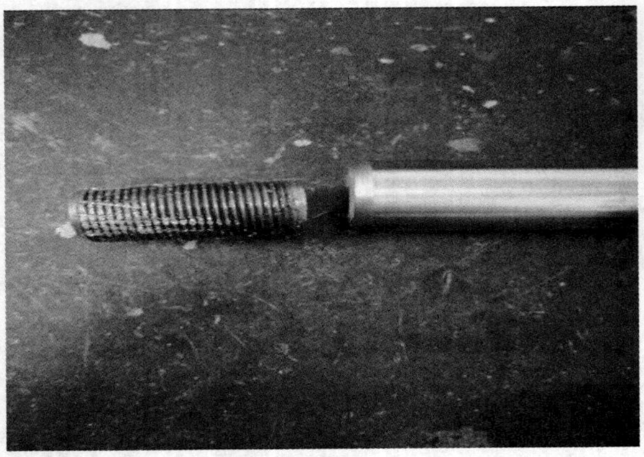

图1　折断的气缸杆

长丝打包机铺丝机夯实器主气缸型号为SE 100×800，所使用的工业风压力为0.4MPa。故障发生后，设备技术人员立即对折断的气缸杆的材质和硬度进行检测，检测结果显示该气缸杆的材质为45#钢，Mn含量为0.55%，硬度为199~205(HB/HLD)。从检测结果来看，符合一般气缸的使用要求。

随后设备技术人员对打包机整体进行了详细的检查，发现铺丝机上的方型导轨表面开裂，如图2所示。

图2　开裂的方型导轨

2　故障原因分析

根据上述情况，设备技术人员对故障原因进行了如下分析：

（1）该长丝打包机设计结构本身存在缺陷，铺丝机三面悬空，仅有一面是通过导向轮与方型

第一作者简介：宋辉，高级工程师，2003年毕业于大庆石油学院机械系过程装备与控制工程专业，获工学学士学位。现在大庆石化公司腈纶厂成品车间担任设备工程师。E-mail：28288262@qq.com

导轨相接触，由八个导向轮组四面夹紧方型导轨来起到支撑、固定、位移的作用，没有其余的支撑设置。因此在生产过程中，方型导轨承受了整个铺丝机的质量和夯实器压头上升、下压时产生的反作用力。而方型导轨自打包机安装投用起就没有进行过维修、更换，已经使用 20 余年，导轨与导向轮之间的接触面已发生磨损，壁厚减薄。经测量，方型导轨开裂处壁厚已经≤2mm，而该导轨的原设计壁厚为 4mm。

（2）长丝打包机铺丝机运行时，压缩箱内每铺一层丝，夯实器压头就会下压夯实一下，然后压头升起，等待下一层长丝铺满，再下压夯实。因此随着压缩箱内长丝丝束的逐渐增加，压头下压时受到反作用力也由小到大逐步发生变化，而这个反作用力基本就集中在方型导轨与导向轮之间很小的接触面上，并且力的大小也随之发生改变，这就相当于对铺丝机整体产生了一个周期性的振动，而方型导轨表面已经发生磨损变薄，再加上受到接触面上传来的作用力的振动，从而造成导轨表面受到破坏、产生裂纹。而反过来导轨上产生裂纹又会加大铺丝机产生的振动，裂纹越大，振动越大，而振动变大，又会加大导轨的裂纹，从而形成了一种恶性循环。

（3）铺丝机夯实器主气缸的气缸杆与夯实器压头是通过螺纹直接连接，如图 3 所示，当夯实器压头在夯实长丝丝束时，由于铺丝机整体发生了振动，造成了铺丝机以气缸杆与压头连接处为支点进行前后晃动的现象，丝束越多，振动越大，晃动也越大，运行一段时间后，就会造成气缸杆在与压头连接处的位置发生疲劳断裂(图 3)。

图 3　气缸杆与夯实器压头连接

3　故障的改进措施

（1）为了减轻甚至消除铺丝机整体产生的振动。我们将开裂的铺丝机方型导轨整体更换，并将壁厚加厚至 8mm，同时在导轨上焊接安装 4 块 10mm 厚的加强板与周围支架相连，进行加固。

（2）对夯实器压头进行改造，在气缸与夯实器压头之间安装一个万向浮动接头，如图 4 所示，这样通过万向浮动接头来改变气缸杆的受力状况，以提高气缸杆的使用寿命。

（3）虽然气缸杆的材质并没有问题，符合一般气缸的使用需求，但是为了彻底解决气缸杆断裂的问题，重新制做了一批气缸杆并进行使用，将气缸杆的材质由 45#钢改为 42CrMu，以提高气缸杆的硬度，使得气缸杆更加结实、耐用。

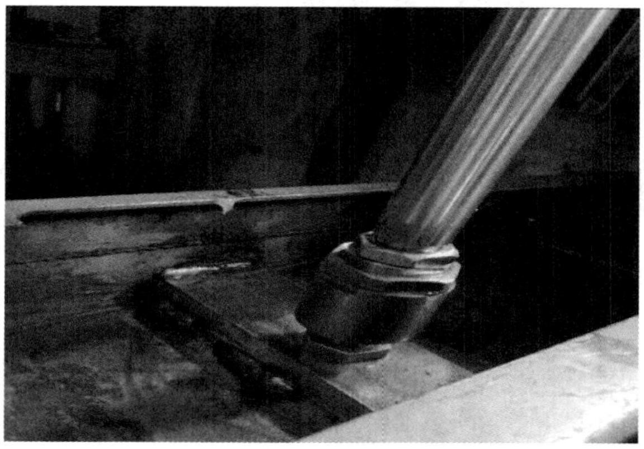

图 4　安装的万向浮动接头

4　改进后的效果

改造后长丝打包机已经连续运行了两年，期间再没有出现过铺丝机气缸杆折断的故障，气缸杆的使用寿命周期达到两年以上，远远超过了以往的平均寿命周期，另外长丝打包机铺丝机整体的故障率也大为降低。因此上述三项措施彻底解决了长丝打包机铺丝机夯实器气缸杆折断的问题。长丝打包机运行更加趋于平稳，设备可靠性、安全性得到了很大的提高，保证了设备安、稳、长、满、优的生产。

双作用单活塞杆式液压缸的设计示例及优化

辛家名

（中国石油大庆石化公司塑料厂）

摘　要　本文为双作用单活塞杆式液压缸的优化设计及其设计步骤，以一种常规的单活塞杆式液压缸的设计为示例，着重说明了液压缸各项配件的选择方式及选择依据，使得设计双作用单活塞杆式液压缸的整体过程更加明确，有利于单活塞杆式液压缸具备更长的使用寿命，更便捷的维修手段等。双作用单活塞杆式液压缸主要由缸盖、缸筒、缸底、活塞、活塞杆以及一些辅助原件组成。缸筒被活塞分成左右两个腔，活塞在其中作往复运动。这种常见的液压缸可以应用在大部分工作机械中，如今已被广泛的应用于机械行业中。

关键词　液压缸　活塞杆　机械　设计步骤

1　液压缸具体参数计算

1.1　活塞的运动速度计算

（1）无杆腔，进油时：

$$v_1=\frac{q}{A_1}=\frac{4q}{\pi D^2}(\mathrm{m/s}) \tag{1}$$

（2）有杆腔，进油时：

$$v_2=\frac{q}{A_2}=\frac{4q}{\pi(D^2-d^2)}(\mathrm{m/s}) \tag{2}$$

式中，v_1、v_2 为运动速度，m/s；q 为液压缸的输入流量，m^3/s；A_1 为无杆腔的有效面积，m^2；A_2 为有杆腔的有效面积，m^2；D 为活塞的直径，m；d 为活塞杆的直径，m。

1.2　活塞的推力计算

（1）无杆腔，不考虑摩擦和回油阻力时：

$$F_1=A_1p=\frac{\pi}{4}D^2p(\mathrm{N}) \tag{3}$$

（2）有杆腔，不考虑摩擦和回油阻力时：

$$F_2=A_2p=\frac{\pi}{4}(D^2-d^2)p(\mathrm{N}) \tag{4}$$

式中，F_1、F_2 为推力，N；P 为液压缸的输入压力，Pa。

1.3　外负载计算

液压缸的牵引力计算公式为：

$$F=F_I+F_{惯} \tag{5}$$

式中，F_I 为工作负载，N；$F_{惯}$ 为启动、制动或换向时的惯性力，N。

1. 工作负载 F_I

计算工作负载的公式为

$$F_I=F_{压}+G \tag{6}$$

式中，$F_{压}$ 为工作压力，N；G 为重力，N。

假定 F_I 为：

$$F_I=F_{压}+G=F_{压}+v\rho g=25.983\mathrm{N}$$

2. 惯性力 $F_{惯}$

因为运动部件产生的惯性力较小，所以可近似取 $F_{惯}=0.1F_I$：

$$F_{惯}=0.1F_I=2.5983\mathrm{N}$$

外负载 $F=F_I+F_{惯}=25.983+2.5983=28.5813\mathrm{N}$

1.4　液压缸的有效工作压力

通过液压缸的工作条件确定其有效工作压力假定为 $p=5\mathrm{MPa}$。

1.5　液压缸内径和活塞杆直径的计算

无杆腔的推力为：

$$F_{推}=\frac{\pi}{4}[(p-p_0)D^2+P_0d^2]\eta_m(\mathrm{N}) \tag{7}$$

由于推力 $F_{推}$＝外负载 F，由下式可得液压缸内径

$$D=\sqrt{\frac{4F}{\pi(p-p_0)\eta_m}-\frac{p_0d^2}{p-p_0}}(\mathrm{m}) \tag{8}$$

式中，D 为液压缸内径，m；d 为活塞杆直径，m；η_m 为机械效率，一般情况取 $\eta_m=0.9$；p 为有效工作压力，Pa；P_0 为回液背压，Pa。

第一作者简介：辛家名，大学本科学历，助理工程师，现在大庆石化塑料厂全密度联合车间从事操作工工作。E-mail：691821557@qq.com

查得此类液压缸中液压缸内径是活塞杆直径的1.414倍，即

$$D=1.414d \tag{9}$$

将其代入公式(8)可得：

$$D=\sqrt{\frac{4F}{\pi(p-0.5p_0)\eta_m}}(\mathrm{m}) \tag{10}$$

代入数据可得 $D=0.114\mathrm{m}=114\mathrm{mm}$，代入式(9)可得 $d=66.5\mathrm{mm}$。

所以活塞杆直径 d 取 65mm

1.6 液压缸缸筒长度

液压缸缸筒的长度应根据所需行程和结构上的需要而定，通常液压缸缸筒的长度要超过二十倍的缸筒内径。

假定此次活塞的行程为 250mm，法兰定位槽高度为 40mm，其他长度为 90.2mm(图1)。

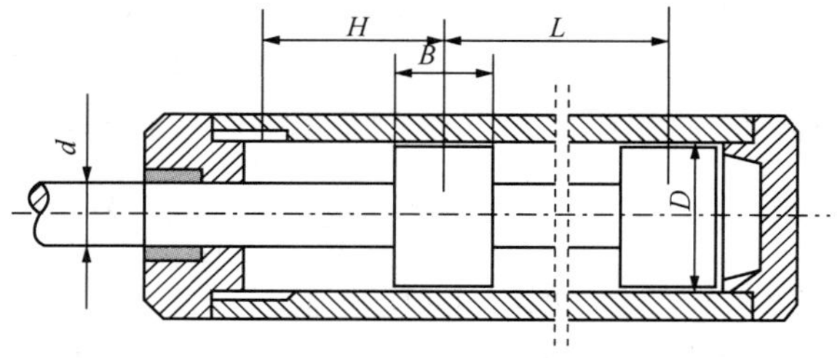

图1　液压缸结构尺寸图

1.7 最小导向长度计算

当活塞杆全部外伸时，从活塞支承面中点到导向滑动面中点的距离称为最小导向长度。如果导向长度过小，将使液压缸的初始挠度(间隙引起的挠度)增大，影响液压缸的稳定性，因此必须保证有一最小导向长度。对于一般的液压缸最小导向长度为

$$H\geqslant\frac{L}{20}+\frac{D}{2} \tag{11}$$

式中，H 为最小导向长度，mm；L 为活塞的最大行程，mm；D 为液压缸内径，mm。

代入数据后可得

$$H\geqslant\frac{L}{20}+\frac{D}{2}=\frac{250}{20}+\frac{114}{2}=69.5\mathrm{mm}$$

活塞宽度 $B=(0.6\sim1.0)D$，取 $B=0.7D$ 可得

$$B=0.7D=0.7\times114\mathrm{mm}=65.8\mathrm{mm}$$

液压缸缸筒长度为

$$L=250\mathrm{mm}+65.8\mathrm{mm}+50\mathrm{mm}+90.2\mathrm{mm}=456\mathrm{mm}$$

1.8 缸筒壁厚计算

由缸筒内径及缸筒内最高工作压力得出液压缸的外径 $D_{外}=170\mathrm{mm}$，因此可计算出缸筒壁厚 δ：

$$\delta=\frac{D_{外}-D}{2}=\frac{170-114}{2}=28\mathrm{mm}$$

2 液压缸缸体材料

液压缸的缸体通常采用20号、35号、45号钢的无缝钢管。缸体端部，一端用法兰连接，另一端用端盖封住且用螺钉及锁紧螺母连接，所以缸体材料选用调质45号钢的无缝钢管。

3 液压缸缸盖

缸体内径为114mm，所以取缸盖凸台的直径 $D_1=114\mathrm{mm}$。

液压缸缸盖与缸筒采用螺纹联结。螺纹连接的基本类型共有四种，分别是螺栓联接、双头螺柱联接、螺钉联接和紧定螺钉联接。

螺栓联接在被联接件上开有通孔，插入螺栓后在螺栓的另一端拧上螺母。普通螺栓的杆与孔之间有间隙，通孔的加工要求低，结构简单，装拆方便，应用广泛。在拆卸时，只需旋下螺母而不必拆下双头螺栓。可避免大型被连接件上的螺纹孔损坏。适于承受横向载荷，但孔的加工精度要求较高。不宜用于被连接件之一较厚，较厚的被连接件强度较差，又需经常拆卸的场合。

双头螺柱联接适用于结构上不能采用螺栓联接的场合，被联接件之一较厚，在其上制盲孔，且在盲孔上切制螺纹。薄件制通孔，无螺纹。允许多次装拆而不损坏被联接件。

螺钉联接的特点是不需用螺母，将螺钉穿过一被联接件的孔，旋入另一被联接件的螺纹孔中(结构上比双头螺柱简单)。通常应用于被联接件之一太厚且不经常拆装的场合。

紧定螺钉联接是利用紧定螺钉旋入一另件的螺纹孔中，并以末端顶住另一零件的表面或顶入该零件的凹坑中。一般用于固定两零件相对位置，并可传递不大的力或转矩。

根据油缸的工作情况，此处选择螺钉联接。油缸盖与横梁也采用螺钉联接。

根据要求选出油缸盖与缸壁连接的螺钉型号GB70-85 M8×25，油缸盖与横梁连接的螺钉型号GB70-85 M12×30，法兰与缸壁连接的螺钉型号GB70-85 M8×25。

缸盖的外径 D_2 应与横梁连接，所以 D_2 一定

大于油缸外径，为了美观，使缸盖外径与横梁凸台的大圆直径相等，所以取 $D_2=190$mm。

为了使活塞能运动，必须在缸盖上开有一个进油口，根据工作条件其进油口的直径选为9mm。

4 液压缸与油缸套的联接

根据液压缸的工作条件，液压缸与油缸套之间采用螺纹联接，并且应该具备传动作用，按照需求选择传动螺纹。

传动螺纹分为锯齿形螺纹、梯形螺纹、矩形螺纹。

(1) 锯齿形螺纹：锯齿牙型为大小不等而有腰线的梯形，工作于平面的锯齿牙侧边内角为3°，非梯形工作面的锯齿牙侧边内角为30°。牙型不对称，螺纹槽又窄又深，属于一种加工工艺难度较大的圆形螺纹。传动系统效率相对较高且两侧牙根活动强度高。

(2) 梯形螺纹：牙型为等腰梯形，牙型角 $\alpha=30°$。通常是用于一些机构的传动，往往须具有一定的强度和刚度要求。内外的螺纹以弧形锥面方式贴紧不易发生松动，对中性好同时也具有较好的工艺，牙根强度高。主要用于传动螺纹。

(3) 矩形螺纹：牙型为正方形，牙型角 $\alpha=0°$。虽然拥有较高的传动效率但牙根强度不足，耐用性差。

综上所述，比较几种传动螺纹后选择梯形螺纹。

5 液压缸的强度与刚度校核

5.1 缸筒壁厚校核

以无缝钢管为材料的液压缸一般在中、高压的情况下进行工作，所以液压缸的缸筒大多都属于薄壁筒，可按薄壁公式校验其强度，即

$$\delta \geqslant \frac{pD}{2[\sigma]} \tag{12}$$

式中，p 为缸筒内最高工作压力，Pa；$[\sigma]$ 为缸筒材料的许用应力。

$[\sigma]=\frac{\sigma_b}{n}$，$\sigma_b$ 为材料抗拉强度，n 为安全系数，一般取 $n=3.5\sim5$。

缸筒材料45号钢的抗拉强度取值为 $\sigma_b=333\sim441$MPa，取 $\sigma_b=400$MPa，$n=4$。

$$[\sigma]=\frac{\sigma_b}{n}=100\text{MPa}$$

将数据代入式(12)：$\delta \geqslant \frac{pD}{2[\sigma]}=11.75$mm

液压缸缸筒壁厚 $\delta=28\text{mm}>11.75\text{mm}$，符合要求。

5.2 液压缸缸盖固定螺钉直径校核

缸盖固定螺钉直径校核的公式为

$$d_1 \geqslant \sqrt{\frac{5.2KF}{\pi Z[\sigma]}} \tag{13}$$

式中，d_1 为螺栓螺纹底径，m；K 为螺纹拧紧系数，一般取 $K=1.2\sim1.5$；F 为液压缸最大作用力，N；Z 为螺栓个数；$[\sigma]$ 为螺栓材料的许用应力，$[\sigma]=\frac{\sigma_s}{n}$，$\sigma_s$ 为螺栓材料的屈服极限，n 为安全系数，一般取 $n=1.2\sim2.5$。

取螺栓的拧紧系数 $K=1.3$，安全系数 $n=2$，螺栓材料的屈服极限为 $\sigma_s=600$MPa

$$[\sigma]=\frac{\sigma_s}{n}=300\text{MPa}$$

把以上数据带入式(5.2)中：

$$d_1 \geqslant \sqrt{\frac{5.2KF}{\pi Z[\sigma]}}=0.003\text{m}=3\text{mm}$$

根据液压缸的工作条件，所选用的螺钉螺纹底径为 $d_1=6\text{mm}\geqslant3\text{mm}$，所以液压缸缸盖所用固定螺钉符合强度条件。

6 活塞杆的设计

活塞杆(图2)是把活塞组件上还原而来的机械能施功于负载的零件，是液压传递机械力的主要零件。所以活塞杆要有足够的刚度、强度和稳定性，在结构上尽量减少应力集中的影响。

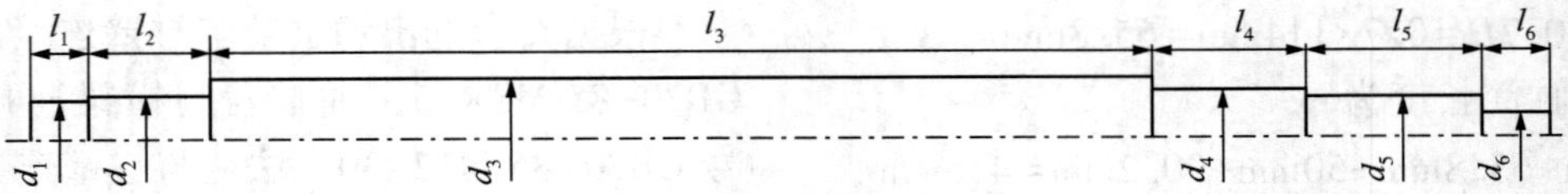

图2 活塞杆结构尺寸图

6.1 活塞杆的选材

活塞杆选材大多为优质碳素结构钢。为了提高强度、刚度和稳定性，活塞杆均要求进行调质处理。为了提高耐磨性和耐腐蚀性，在活塞表面镀硬铬。根据实际运用效果，硬铬层以 0.03～0.05mm 为佳(太薄了达不到使用效果，太厚了反而容易引起脱落)，且要求镀硬铬的整个过程符合要求，所以选用调质 45 号钢作为活塞杆的材料。

6.2 活塞杆的尺寸

(1) 初步确定活塞杆的最小直径

活塞杆的最小直径应与法兰盘连接的部分相等，它与法兰之间采用螺纹联接，所以其直径 $d_6=25.5$mm，其长度由锁紧螺母的宽度确定，所选用的锁紧螺母的宽度为 24mm，即 $l_6=24$mm，在这一段上应留有退刀槽。锁紧螺母选用的螺钉为 GB68-85 M5×16。

(2) 活塞杆的结构设计

① 根据对最小直径的确定可以计算出与活塞连接的一段活塞杆的直径，活塞杆与活塞连接的部分中间也有一个锁紧螺母，所以确定出此段活塞杆的直径为 $d_1=42$mm，长度为 $l_1=19.5$mm，此处锁紧螺母上选用的螺钉型号为 GB19-85 M5×12。

② 确定与活塞连接的活塞杆段的直径，此段与第 1 段紧挨，所以应比第 1 段直径大，即 $d_2>d_1$，所以 $d_2=d_1+3$mm。

由此计算得：$d_2=42+3$mm$=45$mm。

此段长度应与活塞杆中间部分的宽度相同，即 $l_2=40.5$mm。

③ 确定活塞杆其他段的直径和长度

第 3 段的直径应为活塞杆的最大直径，其直径应大于 d_2 且小于液压缸内径 114mm，选此段直径为 $d_3=60$mm。根据活塞宽度、液压缸长度和油缸套的长度确定长度，即 $l_3=456-71+15=400$mm。此段活塞杆下端与法兰连接，此处的配合选为 H7/f6，同时确定了法兰的内径为 60mm。

第 4 段活塞杆一部分与法兰连接，另一部分由弹簧的自由长度确定。其长度为 $l_5=64.5-24+19.5=60$mm，直径取决于法兰的孔内定位套内径的大小，即 $d_5=44$mm，此处于定位套的配合为 *H7/g6*，定位套与法兰的配合为 *H7/g6*。

6.3 活塞杆的形位公差

(1) 外径的圆度、圆柱度不大于外径公差的一半。

(2) 端部的螺纹与活塞杆轴线同轴度允差不大于 0.03mm。

(3) 活塞杆轴线的直线度不大于 0.03mm/100mm。

(4) 与外圆同轴度允差不大于 0.03mm。

(5) 安装活塞的轴肩与活塞杆轴线垂直度允差不大于 0.04mm/100mm。

6.4 活塞杆强度及压杆稳定性校核

活塞杆直径 d 可按下式校核强度：

$$d \geqslant \sqrt{\frac{4F}{\pi[\sigma]}} \tag{14}$$

式中，$[\sigma]$ 为活塞杆材料的许用应力。$[\sigma]=\frac{\sigma_b}{n}$，$\sigma_b$ 为材料抗拉强度，n 为安全系数，一般取 $n=1.4$；F 为活塞杆所受负载，N；d 为活塞杆直径，m。

活塞杆为 45 号钢，其抗拉强度 $\sigma_b=333\sim441$MPa，取 $\sigma_b=335$MPa，$n=1.4$。

$$[\sigma]=\frac{\sigma_b}{n}=239.3\text{MPa}$$

把以上数值带入式(6.1)中

$$d \geqslant \sqrt{\frac{4F}{\pi[\sigma]}}=11.5\text{mm}$$

活塞杆的直径为 $d=65$mm$\geqslant11.5$mm，符合要求。

7 活塞的设计

7.1 材料选择

活塞是液压缸中的重要零件，一般在高温高压的条件下工作，而且会产生很大的侧压力与附加载荷，同时还会产生化学腐蚀等现象，因此通过比较各种材料的特性后，选择灰口铸铁 HT200 作为活塞的材料。

7.2 活塞的尺寸确定

(1) 确定活塞的总长度

活塞的总长度是根据液压缸的内径来确定的，液压缸内径为 114mm，所以活塞的总长度为 114mm。

(2) 确定活塞各段的尺寸

第Ⅰ段和第Ⅴ段内径是活塞与液压缸内壁的密封部分，因此，此处的长度由密封件的尺寸确定，即 $l_Ⅰ=l_Ⅴ=9$mm，其直径为 $d_Ⅰ=d_Ⅴ=27$mm。

第Ⅱ段活塞的直径应不能碰触到油缸盖的凸台且超出活塞杆第 2 段的长度，即

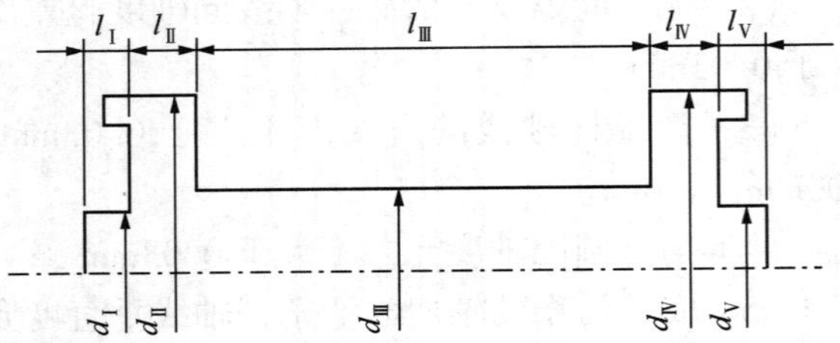

图3 活塞结构尺寸图

$d_Ⅱ=d_Ⅳ=l_1+l_2+\Delta=19.5+40.5+16.5=76.5$mm

第Ⅲ段活塞与第2段活塞杆连接，活塞的直径取决于第2段活塞杆的长度，活塞的长度取决于锁紧螺母的外径。因此 $d_Ⅲ=l_2=40.5$mm，$l_Ⅲ=d+2\Delta=68+6=94$mm。

7.3 确定活塞的相关配合

活塞与活塞杆配合的内孔尺寸精度取IT7级，内孔表面粗糙度 $R_a1.6$ 以上，所以此处的配合为 $H7/n6$[5]。为了防止活塞运行到底部与缸盖碰伤，活塞本体导致内污染，活塞两端倒 $R3\sim R5$ 圆角。活塞外径表面粗糙度 $R_a3.2$ 以上，故活塞外径与缸壁的配合 $H7/f6$。

7.4 活塞的形位公差

(1) 内、外径的圆度、圆柱度误差不大于尺寸公差的一半。

(2) 端面对轴线的垂直度允差不大于0.04mm/100mm。

(3) 活塞外径对内孔及密封件沟槽的同轴度允差不大于0.03mm。

(4) 活塞与活塞杆轴肩的接合端面，表面粗糙度可在 $R_a1.6$ 以上，但垂直度不一定大于0.04mm/100mm。

8 弹簧的基本类型

弹簧的种类多种多样，按照不同的要求有不同种类的弹簧以供选择。

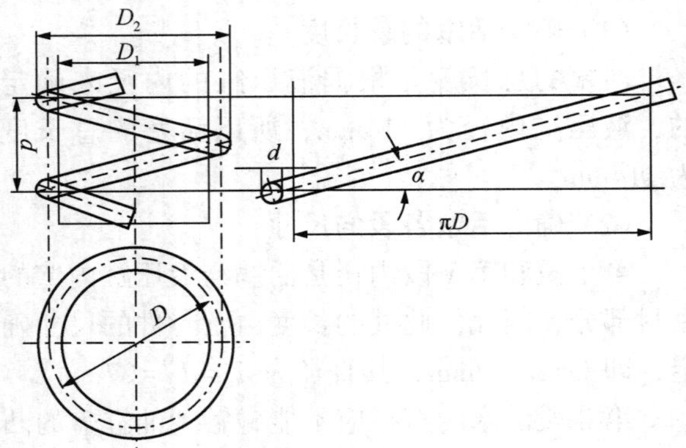

图4 圆柱螺旋弹簧的结构尺寸图

按照形状可分为：螺旋弹簧、涡卷弹簧、碟形弹簧以及板弹簧等；

按照受力性质可分为：拉伸弹簧、压缩弹簧、弯曲弹簧以及扭转弹簧；

按照制作过程可分为：热卷弹簧、冷卷弹簧；

本次设计选择机械中较为常见的圆柱螺旋弹簧。

9 圆柱螺旋压缩弹簧的设计

9.1 许用应力

因弹簧在一般载荷条件下工作，可以按第Ⅲ类弹簧来考虑。

弹簧钢主要有四种：碳素弹簧钢、低锰弹簧钢、硅锰弹簧钢、铬钒钢。

(1) 碳素弹簧钢的优点是价格便宜，原材料来源方便；缺点是弹性极限低，多次重复变形后易失去弹性，且不能在高于130℃的温度下正常工作。

(2) 低锰弹簧钢与碳素弹簧钢相比，优点是淬火后容易产生裂纹及热脆性。但由于价格便宜，所以一般机械上常用于制造尺寸不大的弹簧。

(3) 硅锰弹簧钢中因加入了硅，故可显著地提高弹性极限，并提高了回火稳定性，因而可在更高的温度下回火，从而得到良好的力学性能。硅锰弹簧钢在工业中得到了广泛的应用。

(4) 铬钒钢中加入了钒的目的是细化组织，提高钢的强度和韧性。这种材料的耐疲劳和抗冲击性能良好，并能在-40~210℃的温度下可靠工作，但价格较贵。多用于要求较高的场合。

根据所设计的液压缸的工作情况现选用碳素弹簧钢丝C级。要求中径 $D\approx42$mm，外径 $D_2\leqslant54$mm，根据 $D_2-D_1\leqslant54-42$mm$=12$mm，估取弹簧钢丝直径为9.5mm。暂选 $\sigma_B=1270$MPa，则 $[\tau]=0.5\sigma_B=635$MPa。

9.2 钢丝直径的计算

选取旋绕比 $C=4$，则可以计算出

$$K=\frac{4C-1}{4C-4}+\frac{0.615}{C}\approx1.4 \tag{15}$$

将结果代入下式得

$$d\geqslant1.6\sqrt{\frac{F_{max}KC}{[\tau]}}=9\text{mm} \tag{16}$$

查得 $\sigma_B=1300\text{MPa}$，$[\tau]=0.5\sigma_B=650\text{MPa}$。

取 $D=43\text{mm}$，$C=43/10=4.3$，计算得 $K=1.5$，于是 $d\geqslant 9.2\text{mm}$

最终取弹簧钢丝直径 $d=9.5\text{mm}$，$D=43\text{mm}$，则此时弹簧外径为

$$D_2=D+d=43+9.5\text{mm}=52.5\text{mm}<54\text{mm}$$

与预估值差别不大，符合要求。

9.3 有效圈数的计算

先取 $G=8.2\times10^4\text{MPa}$，则弹簧的有效圈数 n 为

$$n=\frac{Gd}{8F_{max}C^3}\lambda_{max}=7 \tag{17}$$

取 $n=7$ 圈。

9.4 其他尺寸

（1）弹簧的内径

$$D_1=D-d=43-9.5\text{mm}=31.5\text{mm} \tag{18}$$

（2）节距

$$p=0.3D=0.3\times43\text{mm}=13\text{mm} \tag{19}$$

（3）弹簧总圈数

$$n_1=n+2=9 \tag{20}$$

（4）自由高度

$$H_0\approx pn+1.5d=102\text{mm} \tag{21}$$

（5）轴向间距

$$\delta=p-d=12-9.5\text{mm}=2.5\text{mm} \tag{22}$$

（6）螺旋角

$$a=\arctan\frac{P}{\pi D}\approx5.5° \tag{23}$$

（7）弹簧长细比

$$b=\frac{H_0}{D}=2.59 \tag{24}$$

验算：

（1）极限工作应力

$$\tau_{lim}=0.56\times1270=751\text{MPa} \tag{25}$$

（2）极限工作载荷

$$F_{lim}=\frac{\pi d^3\tau_{lim}}{8DK}=5023\text{N} \tag{26}$$

10 液压缸的密封

液压缸体泵是能够依靠完全密封的气动工作台和容量自动变化系统来快速传递机械动力和控制运动的。因此这就要求两个不具有相对运动的机械零件之间其所形成的运动空间相对应必须是完全密封的。不使任何油液从液压进入出油腔内部泄漏至液压回到出油腔，更不可能允许油泄露到液压缸体外面，若缸体密封不良不仅可能使整个液压缸的工作性能和制动效率大大降低，甚至可能失去正常工作制动能力，因此，对提高液压缸的缸体密封性能提出以下几点要求：

（1）在额定工作压力下，保证良好的密封，使其减少泄漏。

（2）相对运动的两个零部件间，密封件和封套驱动装置相对运动时所引起的两个物体内部摩擦力相对运动要小，不过它可能同时允许物体出现一些有利于零件运动卡住内榫锁紧致死和阻止物体快速爬行等的异常现象。

（3）密封电子元件的整体加工制造工艺和零件装配简单。即产品制造容易，成本低，适于企业组织集中批量生产和企业标准化批量生产。

（4）具备较高的耐磨性，尽量有效地延长液压缸工作寿命。

其中一些要求之间会互相矛盾，所以不可能同时达到所有要求，应该根据液压缸的工作条件和性能要求仔细斟酌选择优先级较高的要求为重点，通过比较各种特性选择最合适的密封方式。

10.1 间隙密封

间隙配合密封活塞是一种依靠相对运动的活塞零件的间隙配合和与表面间的微小环形缝隙密封来有效防止零件泄漏，活塞上一般都会做出环槽。其设计目的主要是为了尽量使径向槽的压力平衡，并同时改善槽的密封性，环形槽的结构形状主要类型有矩形、V 形和各种半圆形。

间隙阀体密封技术应用较广，特别在各种加工阀类中已经得到广泛的发展应用，其间隙密封加工性能与阀体间隙差的大小、压力差、配合部件表面的间隙长度和配合直径及其尺寸以及密封加工产品质量等因素有关，其中又以间隙差的大小及均匀与否对其影响最大。这种新型密封传动装置虽然结构简单，摩擦力小，但它不能随密封压力的不断增大而直接提高其所用密封件的性能。对于这种圆柱形材料表面，制造时的精度较易得到保证，但发生磨损后精度无法进行补偿。对多个平面进行配合，制造较困难，但是在磨损后期还可以及时采取自动快速压紧等特殊措施加以进行磨损补偿。对于尺寸较大的大型液压缸，由于缸的配合间隙尺寸较大，要同时达到配合间隙大和密封所必需要求的机械加工操作精度比较困难，而且也不是很经济。因此，间隙传动密封仅仅适用于一种尺寸较小，压力较低，运动时加

速度较高的小型液压缸。当活塞采用较大间隙零件密封时，应充分考虑每个零件密封材料的特殊耐磨性，通常建议采用耐磨性的铸铁材料制造密封活塞。

10.2 O形密封圈

O形密封圈通常直接安装在一个矩形的密封沟槽中，用于进行固定件或其他往复运动件间的连接密封。为了能够使这种密封圈能够保持良好的自动密封预压性能而又不致使其产生过大的密封摩擦力，O形槽的密封圈应当安装在槽中部时应当要具有适当的密封预压力力量。预压电流量的均匀大小，对密封电机性能与否影响很大。过小，密封沟槽性能不好，易发生泄漏；过大，则密封压缩力随之增加，摩擦力随之增大，使用的密封件垫圈容易在密封沟槽中滑动产生较大扭曲，加快零件磨损，缩短使用寿命。工作时，O形状的密封保护圈能承受较大压力和燃油缸的作用而不会发生轻微变形，紧接槽侧和燃油缸面，从而充分起到了密封保护作用。因此，它的空气密封传动性能一般可随空气压力的不断增加而有所提高。当沟槽压力较高或是在沟槽内的尺寸位置选择不当时，密封胶垫圈容易被压力挤出，因而容易造成严重的热磨损。

O形液压密封保护圈因为具有整体结构简单，密封传动性能良好，动摩擦小和阻力小，制造容易，成本低，安装方便等诸多优点，所以在各种液压传动系统中对其应用十分广泛。可以作用于实现直线回转往复运动和轴向回转往复运动的轴向动惯性密封，也具有可以作用于直线无相对运动的静惯性密封，可以作用于外径的静密封，也具有可以作用于内径的动密封等。一般使用工作压力小于30MPa。

10.3 V形密封圈

V形支承密封环垫圈由形状不同的支承冲压环、密封环和缓冲压环三个主要部件连接成组一起使用。当在支压密封环上被压紧密承开封环时，支承密封环上所使用的密封环不会产生轻微变形而同时起到了密封保护作用。密封环一般放在压力支撑轴承环和反冲压环之间。各种压环焊接材料一般被称为弹性橡胶或夹胶纺织物中的橡胶，压环和焊接支撑轴承环也是以可直接采用其他金属材料焊接制成。

使用V形密封圈的优点是：温度适宜在反向工作时的压力控制小于50MPa，温度控制在-40~80℃时的条件下进行工作，安装时也一定应特别注意工作方向，即弧形密封环的反向开口，应大于面向工作压力；密封圈的性能好，寿命长。若发现有任何泄漏，只要重新将其压紧就好即可使其继续正常使用；同时可直接用于其他活塞杆件密封，也同时可直接用于其他活塞杆件的密封。

缺点是：摩擦阻力大；调整困难。如果调整不当可能会引起爬行；安装尺寸大，并有安装方向要求；结构复杂，成本较高。

10.4 Y形密封圈

Y形密封垫圈的唇边直接依靠贴紧被压力密封面，形成初步的密封，工作时在内部压力力和液体的推动作用下，唇边进一步直接压紧被压力密封面的表面，形成可靠的压力密封。因此，这种类型密封保护圈的那个唇边，应当朝着需要进行加高压液的那个方向进行安装。Y形式的密封件垫圈一般都是采用丁腈橡胶材料制成，其使用工作轴承压力不可能超过20MPa，使用工作温度-30~80℃。在轴承压力温度波动较大、运动旋转速度较高的使用情况下，为了有效防止轴承密封圈高速翻转和发生扭曲，要用螺钉支撑轴承环固定。

10.5 窄断面Y形密封圈

窄断面密封Y形径向密封环外圈，是基于Y形径向密封环外圈的一种改进类型产品，其密封截面较窄小，高度大约是圆形径向密封厚度的两倍，所以正常工作时基本不会在圆形密封槽中进行翻转，不至于需要直接支承密封环。这种方式密封的圆圈也可以有孔、轴距为通用的等式超高唇形和不通用的不等式超高唇形。不等同于高唇的开口密封件外圈，短唇和开口密封件互相接触，它的摩擦阻力小，耐磨损，寿命长，长唇与非弹性运动部件表面接触有较大的运动预热和压缩运动量，摩擦阻力大，工作时不易发生窜动。因此在进行高压、快速机械运动时，均应具有良好的运动密封性和运动稳定性。

10.6 鼓形密封圈

鼓形密封圈是70年代后期发展应用起来的新型颚式液压传动活塞用双向弹簧组合成的唇形鼓型密封件外圈的一种，是新型液压活塞支架的一种典型鼓形密封件。它主要是在两个软质Y形丁腈橡胶夹扣环织物和橡胶圈的底部中央中间夹一个圆形软质丁腈橡胶夹扣环而被制成。其径向密封滑动原理与其他各种唇形密封圈一样，靠唇尖预热和压缩的力量和唇尖工作面与介质间的径向滑动压力比来实现自身的密封滑动作用，可实现双向滑动密封。

10.7 紧密式复合唇形密封圈

紧密式单向复合密封唇形橡胶密封圈是它是由具有Y形夹层的织物合成橡胶圈和唇内的环状合成橡胶圈经过压制部分粘合而得形成的单向复合密封圈，因为其截面弯曲形状似一朵花蕾，又称为花蕾形复合密封橡胶圈。蕾形液压密封件挡圈套件是用于液压缸的支架或者液压缸位于缸盖的一种专用液压密封件，使用时在进口Y形密封胶圈侧面上垫一聚甲醛密封挡圈，其蕾形密封工作原理与一般进口唇形液压密封件挡圈一样，工作时的压力范围为20~60MPa。

10.8 防尘密封圈

为了有效防止导向活塞杆在整个往复运动过程中将各种外界空气污染物直接带进整个液压缸，常常在液压缸盖或缸杆导向活塞套端的底部等处装配有防尘罩或密封保护圈。由于它的唇边内圈有一定的反向预延和压缩的力量，能很好紧贴唇边活塞杆，当唇边活塞杆向右外伸收缩时，防尘杆内圈的唇边就几乎可将长期积累的粘在唇边活塞杆上的所有灰尘全部除去，活塞杆向左外伸时，由于它的防尘杆内圈唇边支承部分和唇边活塞杆之间还会留有一定的受力间隙，使唇边对应的活塞杆只不会产生很小的反向摩擦力。

11 结论

本次设计中，液压缸与活塞杆均采用调质45#钢，活塞选择了灰口铸铁HT200。45号钢是中碳结构钢，拥有较好的冷热加工性能和机械性能，同时45号钢的来源相对广泛，所以其价格较低，性价比较高，通过调质后的45号钢硬度将达到HRC28以上。因为良好的机械性能和性价比，45号钢被广泛应用于机械制造中。而在本次设计中液压缸缸体与活塞杆均采用了调质45号钢，这在保证液压缸性能的前提下尽可能地减少了生产制造的成本，使液压缸的性价比较为提高。

灰口铸铁HT200拥有优秀的铸造性能，非常适合成为耐压零件的材料，同时因为机械性能良好，也适合铸造复杂零件。灰口铸铁HT200的价格为每吨7000元左右，在同等价位中，灰口铸铁显然更适合本次设计中活塞的选材。

而在设计中的其他方面也尽量在节约成本，提高性价比。比如弹簧的选型与选材，液压缸缸盖与缸筒的联接方式，液压缸的密封方式等部分，都在尽可能地提高效率的同时考虑性价比的高低。

所以本次设计中所用到的材料都是经过比较后选择的性价比较高的材料，这可以让设计出的液压缸在拥有良好性能的同时拥有较低的成本。

此次设计以常见的双作用单活塞杆式液压缸为基础，对其进行了一部分优化于改进，使其设计过程更加合理，步骤更加明确，通过严谨地进行液压缸本体的设计以及相关配件的选择，使得设计出的双作用单活塞杆式液压缸具有更加稳定的工作效率，更长的使用寿命，更便捷的维修手段等。

参 考 文 献

[1] 李博洋，等．液压与气压传动技术[M]．北京：化学工业出版社，2016.
[2] 王毅，程强，等．机械设计基础[M]．北京：电子工业出版社，2015.
[3] 王为，等．机械设计[M]．武汉：华中科技大学出版社，2017.
[4] 冯景华．现代机械设计理论与方法研究[M]．北京：中国水利水电出版社，2015.
[5] Loewenthal S H et. al. Evaluation of a High Performance Fixed Ratio Taraction Drive. Trans Apr，2001.
[6] 王莺，王萌萌，等．液压与气压传动简明教程[M]．西安：西北工业大学出版社，2017.

汽轮机转子轴颈修复后综合跳动畸变故障诊断及处理

田华峰　卢世忠　武建生　王星联　杜兴云

（中国石油兰州石化分公司）

摘　要　本文针对某化肥厂 EHNG40/32/40 汽轮机在检修时两侧轴承及油封轴颈激光熔覆后，在盘车和开车时振动异常，导致联锁跳车。通过对机械和仪表方面进行分析、排查，发现引起转子振动异常的主要因素是由于激光熔覆后转子的综合跳动畸变故障造成的，采取相应的解决措施后，消除了转子综合跳动畸变的故障，确保了机组转子的修复质量，为以后此类转子部件的修复提供了参考借鉴。

关键词　汽轮机　振动异常　激光熔覆　综合跳动　机械跳动　电气跳动

引言

某化肥厂汽轮发电机组是由杭汽设计制造的抽气背压式汽轮机（表1），该机组在前期运行过程中出现振动值波动较大，最大振动值为 89μm（联锁值 93μm）。对机组进行解体检修时发现转子两侧轴颈磨损严重，对其进行激光熔覆修复，恢复了转子的原始尺寸。机组检修完成后投电动盘车（80r/min）时发现，机组振动值偏高，在开车过程中因振动偏高，机组联锁停车。

经排查、分析发现，引起振动值偏高的主要因素是激光熔覆后转子的综合跳动畸变。对引起转子综合跳动的机械跳动和电气跳动分别进行分析、试验，确定了影响转子综合跳动畸变的原因是：激光熔覆后转子的电气跳动超标。

表1　汽轮机主要技术参数表

汽轮机型号	EHNG40/32/40	额定转速	6917r/min
额定功率	18000kW	设备类型	抽气背压式
跳闸转速	7609r/min	抽汽压力（正常）	2.6MPa(a)
进气压力（正常/最大）	8.83MPa/9.03MPa(a)	抽汽温度（正常）	≥371℃
进气温度（正常/最大）	535℃/540℃	排气压力（正常/最大）	1.1MPa/1.3MPa(a)

1　机组检修情况

1.1　机组检修情况

该汽轮机高、低压侧轴端气封与油封距离约为 90mm，轴端气封的高温蒸汽泄漏及热辐射直接作用在轴承座外侧油封上，加上运行过程中环境中杂质的附着、堆积，在高温作业下油封处的润滑油碳化、堆积造成了与转子的碰磨，引起汽轮机转子非周期性振动波动，严重影响汽轮机的安全稳定运行。

在机组检修过程中发现：汽轮机转子高、低压两侧油封轴颈、轴承部位磨损严重，磨损量约为 0.20mm（图1、图2），为了恢复转子的原始尺寸，决定对该转子轴颈磨损部位进行激光熔覆，熔覆后对机组进行检修回装。

1.2　转子激光熔覆

检查转子各部位轴颈尺寸，径向、轴向跳动，根据检测结果确定需要激光熔覆部位的形位公差、加工要求（图3、图4），损伤部位的轴颈在原始尺寸的基础上车去 0.5mm 后进行激光熔覆，各部位轴肩采用 R 角过度，避免应力集中。

第一作者简介：田华峰，副高级工程师，2009年毕业于大庆石油学院过程装备与控制工程专业。现在兰州石化公司机电仪运维中心机修三部从事化工设备检维修组织管理工作。E-mail：369803727@QQ.com

图 1　高压侧轴颈

图 2　低压侧轴颈

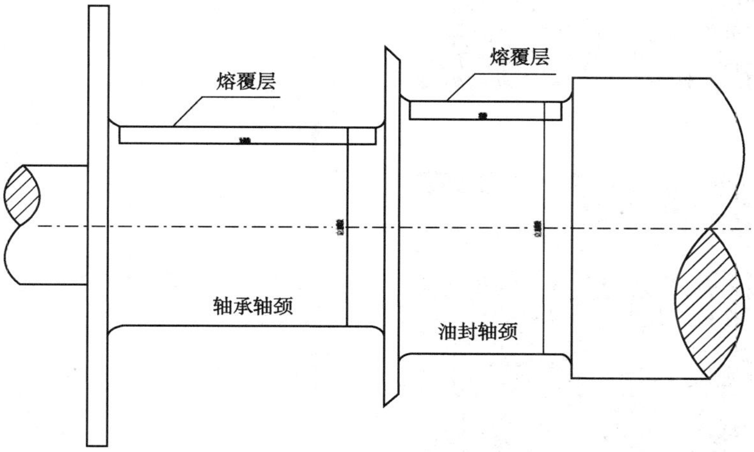

图 3　高压侧轴颈加工示意图

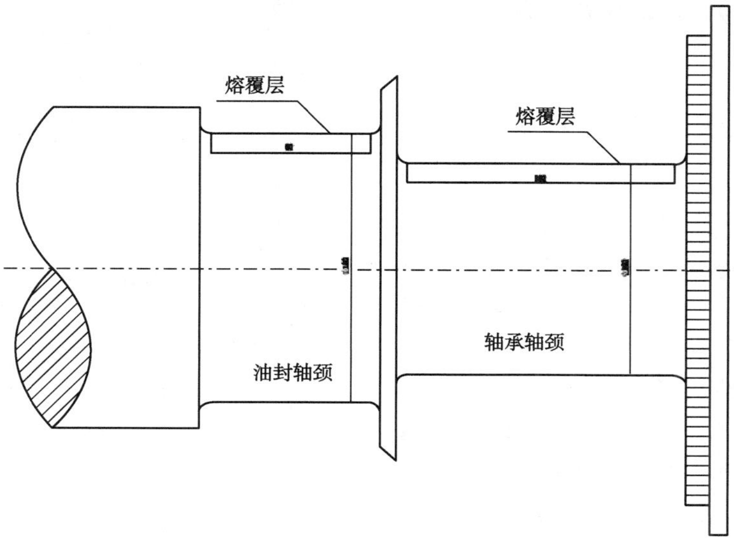

图 4　低压侧轴颈加工示意图

根据要求制定修复工艺，使用 3kW 激光熔覆机，用镍基合金材质粉末、同步送粉的方法进行熔覆，熔覆厚度高于基体面 0.5mm。熔覆后精车、精磨，修复后轴颈外圆尺寸与原始轴颈外圆尺寸偏差≤0.01mm，表面粗糙度控制在 $Ra0.4 \sim 0.8\mu m$，轴颈同轴度误差≤6.3μm，径向圆跳动误差≤6.3μm，熔覆层硬度在HRB22~HRB24，修复后的轴颈无气孔、夹渣等缺陷(图5、图6)。确保修复后的轴颈形位尺寸、表面粗糙度、熔覆层硬度等符合API612 8.2主轴一节中的相关技术要求。

图5 低压侧修复后的轴颈

图6 高压侧修复后的轴颈

2 机组异常振动原因分析

2.1 机组振动情况

机组检修后，油循环、投电动盘车80r/min，按照开车操作规程开车：冲转，800r/min暖机40min，2000r/min暖机30min，转速升到2952r/min时，振动超标，联锁跳车。

在开车过程中表现出了：

表现一：投电动盘车后(80r/min)振动值偏高(表2、图7)，但趋于稳定(图8)。

表2 投电动盘车时高低压侧最大振动值

序号	探头位号	检修前振值/μm	检修后振值/μm	报警值/μm	联锁值/μm
1	24G02X	10	50	62	93
2	24G02Y	8	37	62	93
3	24G03X	6	39	62	93
4	24G03Y	5	31	62	93

注：高压侧振动探头位号为24G02X、24G02Y；低压侧振动探头位号为24G03X、24G03Y。

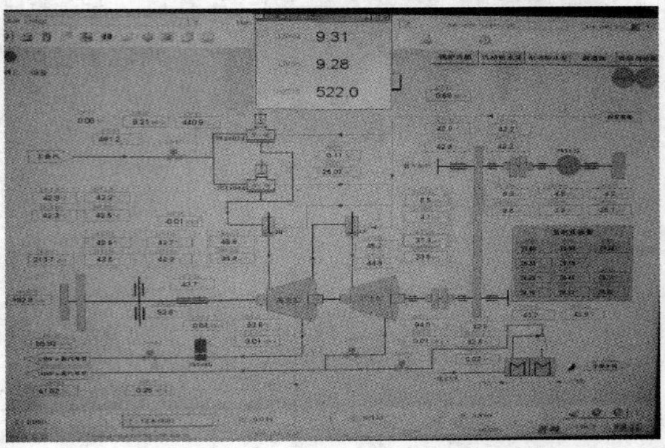

图7 80r/min盘车时DCS显示振动值

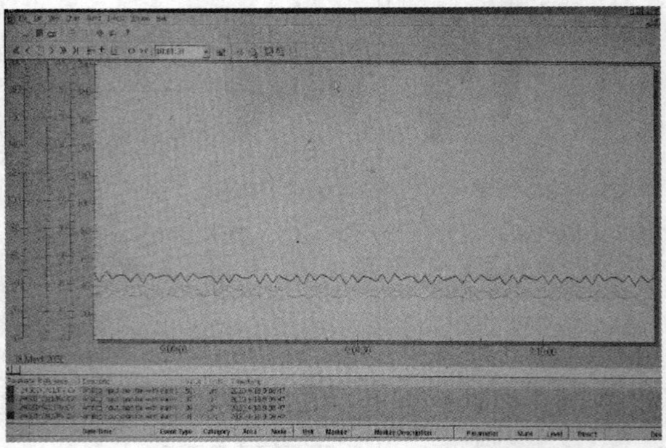

图8 80r/min盘车时DCS显示振动趋势

表现二：机组转速到2952r/min过临界转速时，振动值超标联锁跳车(表3)；

表3 升速过程中高低压侧振动值 μm

序号	探头位号	电动盘车			
		80r/min	800r/min	2000r/min	2952r/min
1	24G02X	46	76	80	65
2	24G02Y	28	59	66	122
3	24G03X	38	65	61	155
4	24G03Y	31	56	52	103

表现三：2952r/min联锁跳车后惰走曲线平滑(图9)，没有出现突变现象，惰走时长319s(该机组惰走时间要求大于480s)(图10)。

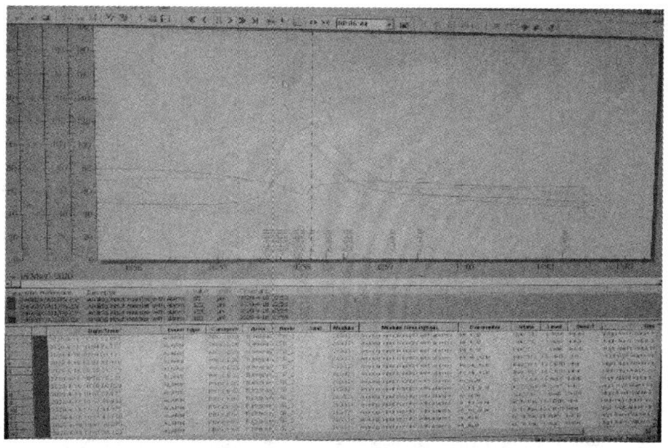

图 9　机组振动联锁跳车曲线

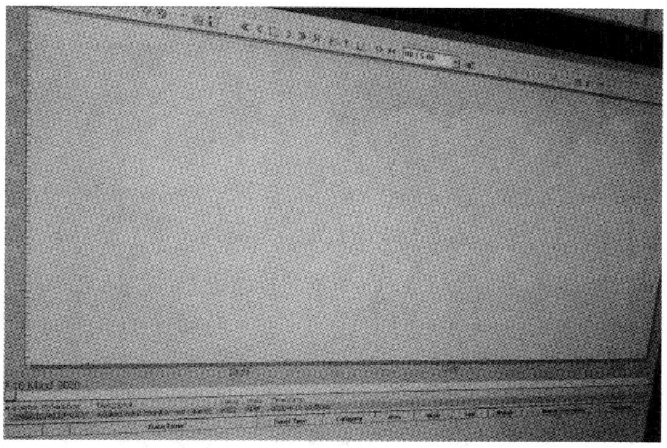

图 10　机组跳车后惰走曲线及时长

2.2　排查引起转子盘车振动偏高的因素

机组跳车后对检修过程中质量控制点、规程、检修记录及留存的影像资料进行梳理、排查。针对机组开车过程中的现象、历次机组开车数据、日常机组运行数据及检修记录数据、检修质量技术要求从机械、仪表方面进行进一步的核查。

2.2.1　检查开车工艺参数

检查开车过程中暖机温度、油温、蒸汽温度、压力等工艺指标，均符合机组开车及运行要求。

2.2.2　检查仪表测振探头

检查测振探头的稳定性，没有发现安装问题；检查测振探头的完好性，将间隙电压由 9.5V 调整为 8.78V（根据本特利振动探头使用要求探头与被测部位间隙 1mm，对应的间隙电压为 8.78V），再次盘车，高、低压侧振动值没有明显变化，说明测振探头满足线性关系。

2.2.3　检查轴承的安装

检修人员打开前后轴承箱，检查轴承的完好性，接触面积、轴承瓦量、瓦背过盈等检修技术参数均符合技术要求。

2.2.4　单独检查转子盘车情况

断开主油泵、联轴器，盘车检查汽轮机转子，高、低压侧振动值没有明显变化，排除主油泵、联轴器对转子的振动影响。

2.2.5　检查有无动静碰磨

分析机组惰走曲线：惰走曲线平滑，无突变，惰走时长符合要求，同时盘车时利用听针检查各部位，无异响，排除机组运行中动静碰磨。

2.2.6　检查转子动平衡

根据厂家技术资料中转子动平衡技术要求：测得转子的平衡等级在 G1.0 级条件下高、低压侧两个平衡面的残余不平衡量分别为 126mg 和 163mg（图 11）。

根据转子的允许不平衡公式计算：

$$m_{\mathrm{per}}=M\times G\times\frac{60}{2\pi\times r\times n}\times10^{3}$$

式中，M 为转子的自身质量，1154kg；G 为转子的平衡等级，G1.0 级；r 为转子的校正半径，210mm；n 为转子的转速，6917r/min。

代入相关参数计算该转子允许不平衡量约为 7.59g，所以转子的动平衡符合技术要求。

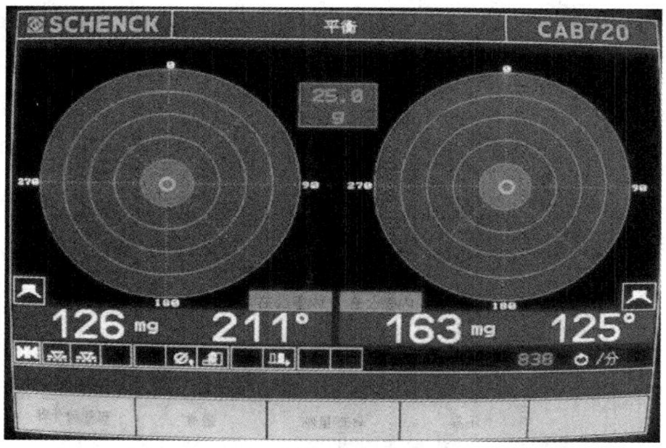

图 11　动平衡校验后的残余不平衡量

通过排查，排除了工艺、仪表、转子动平衡、碰磨、装配方面的问题，仍没找到引起振动的原因，经讨论后决定从影响转子本体振动的因素进一步检查分析。

3　综合跳动畸变因素的分析与排查

转子运行过程中的振动反映的是：转子综合跳动和实际涡动的叠加。

3.1　转子综合跳动的影响因素

机组转子综合跳动包括：机械跳动和电气跳动。

3.1.1　机械跳动

机械跳动是电气跳动合格的保证，是对测振带表面形位公差的检测。通过分析影响机械跳动的主要因素有：转子的形位公差、测振带表面压痕、表面锈蚀、转子弯曲度等。其可以利用百分表、千分尺、游标卡尺等机械测量工具进行测量。

3.1.2　电气跳动

转子电气跳动是衡量转子材质电磁性能的一种测量手段，反映了材料的均匀性问题。

在振动参数测量中最常用的位移传感器是电涡流传感器，它能够直接非接触测量转子的工作形态，如：转子不平衡、不对中、轴承磨损、动静碰磨、松动等机械问题并进行早期的判定，提供关键的信息。而电气跳动对以电涡流传感器为基础的轴振动测量系统的准确度影响较大，它不能通过千分尺、百分表等机械测量工具进行测量，可以通过电涡流探头获得测量探头与工件之间相对位移的电磁信号变量来测量。

3.2　综合跳动畸变的排查

3.2.1　检查转子的机械跳动

在转子修复过程中首先要保证机械跳动满足“API612 8.2主轴”一节中的要求。

要求一：利用百分表、千分尺测量转子的圆度、圆柱度、同轴度、弯曲度等形位公差（表4、图12、图13）。

要求二：利用TR200表面粗糙度测量仪测量转子测振带表面粗糙度（表4、图14），测振带表面无划痕、磕碰、锈蚀等缺陷。

图12　圆度、圆柱度检测

图13　同轴度检测

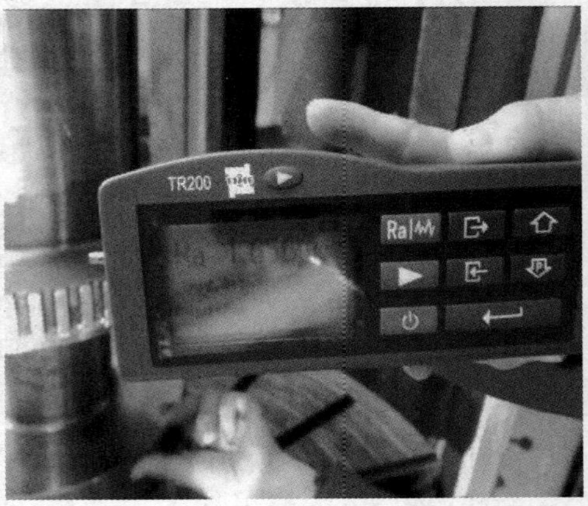

图14　粗糙度检测

通过对转子的机械跳动进行检查发现：转子本身机械跳动均在技术要求数据范围内，符合技术要求，从而排除机械跳动造成转子振动偏高的故障。

3.2.2　检查转子的电气跳动

通过以上故障排查，将引起转子振动高的焦点集中在了激光熔覆的测振带部位，使用理论论证法、实验对比法对转子的电气跳动进行验证。

首先，试验中一直使用24G03X通道，保持间隙电压9.5V不变，现场环境温度变化认为不影响探头测量精度；重新选择一个试验探头分别测量：低压侧测振带、一级叶轮轮毂、主止推盘外侧轴颈，测量过程中发现三个部位的振动值差别较大（表5）。

表4　转子测振带部位机械跳动测量检查数据　μm

检查部位	圆度	圆柱度	表面粗糙度	表面缺陷	备注
高压侧轴颈	0	0	0.30	无	
高压侧测振带	0	0	0.20	无	

续表

检查部位	圆度	圆柱度	表面粗糙度	表面缺陷	备注
低压侧轴颈	0	0	0.20	无	
低压侧测振带	0	0	0.30	无	
测量工具	百分表	千分尺	表面粗糙度测量仪	宏观	
标准要求	API612 8.2 主轴一节中要求： 1. 转子主轴上的径向振动探头监测部位应同轴承轴颈同心。 2. 所有监测部位(径向振动和轴向位置)在探头各侧至少一个探头顶部直径的距离上，不得存在任何图案和划线标记或任何其他如油孔或键槽之类的不连续表面。 3. 这些部位不得喷镀、加轴套或电镀金属层，其最终表面粗糙度 Ra 应≤0.8μm(32mil)。 4. 径向振动探头监测部位，25%的允许峰-峰振动振幅或 6.3μm(0.25mil)，取较大值。				

表 5 转子不同部位电气跳动测量检查数据 μm

	间隙电压/V	低压侧测振带	一级叶轮轮毂	主止推盘外侧轴颈	备注
工作探头	9.5	31~39			
试验探头	9.5	30~39	4~7	8~16	磁力表架固定
备注	低压侧测振带(激光熔覆)，一级叶轮轮毂、主止推盘外侧轴颈(未进行激光熔覆)				

故障排查中发现：转子本身机械跳动很小，影响转子综合跳动畸变的主要因素为电气跳动，且仅发生在熔覆修复的部位。

3.3 综合跳动畸变原因分析

3.3.1 监测探头的工作原理及说明

本机组使用的本特利 3300 XL 8 电涡流传感器其工作原理(图 15)为：高频振荡电流通过电缆流入探头线圈，在探头线圈中产生交变磁场。当被测金属导体靠近这一磁场时，则在金属表面产生感应电流。与此同时该电涡流磁场也产生一个方向与探头线圈方向相反的交变磁场，由于其反作用，使探头线圈高频电流的幅度和相位得到改变，即探头线圈的有效阻抗被改变。

也就是说：在相同测量间距和转速条件下，影响电气跳动的主要因素有转子的磁场，探头线圈的有效阻抗。

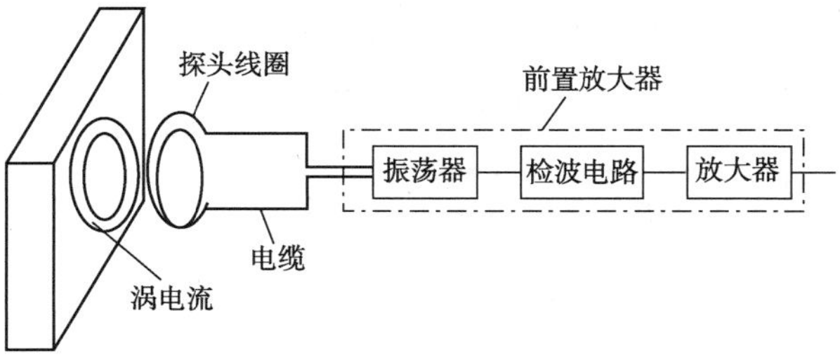

图 15 电涡流探头工作原理

3.3.2 测量转子的残余磁场

利用特斯拉计对转子两侧轴颈部位的磁场强度进行测量，测量结果为低压侧轴颈最大 0.1mT =1GS，高压侧最大 0.2mT=2GS(图 16、图 17)。

根据 API670 第四章径向轴振动探头中“趋近探头磁路的高斯级不应超过 2GS，趋近探头磁路周围的高斯级不应超过 1GS”，该磁场强度对测振线圈阻抗不会产生影响。

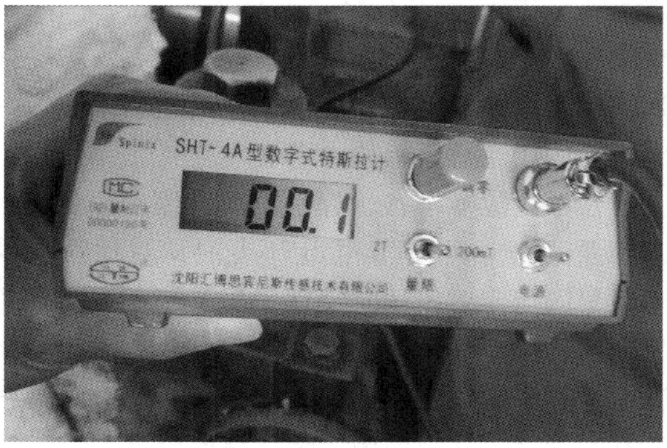

图 16 低压侧轴颈部位磁场强度

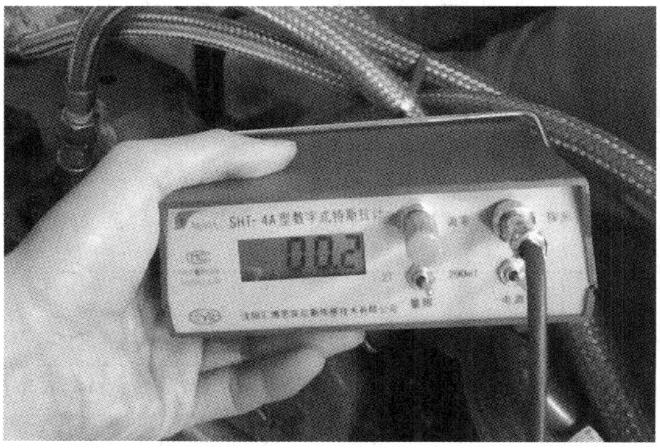

图 17 高压侧轴颈部位磁场强度

3.3.3 线圈阻抗影响因素分析

假定转子材质均匀，性能是线性和同向同性，则探头线圈的阻抗和被测金属导体的电导率σ、磁导率μ、尺寸因子τ、探头线圈与金属导体表面的距离D、电流强度I、角频率ω等参数有关，即线圈的阻抗函数为：$Z=F(\sigma, \mu, \tau, D, I, \omega)$，虽然其函数形状特征为S形曲线(图18)，但我们一般选取近似线性的一段。只要改变其中一个参数都会对线圈的阻抗Z产生影响。

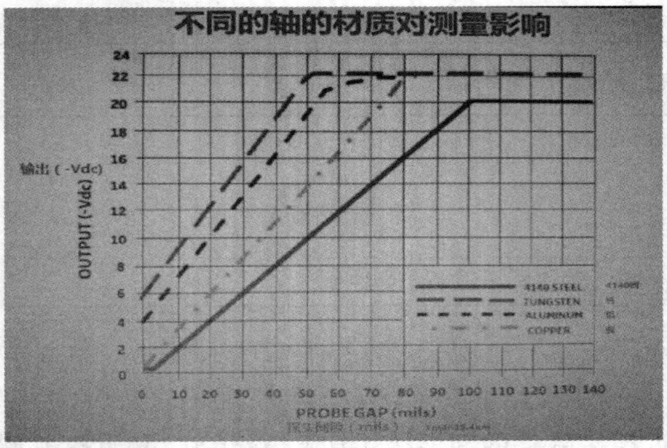

图18 电涡流探头对不同测量材质的特征曲线

由此可知，如果控制τ、D、I、ω等参数恒定的情况下，被测金属的电导率σ越大，则产生的电涡流越强；磁导率μ越大，产生的磁场越强，从而对激发电流产生的反作用磁场越强，进而引起的线圈有效阻抗Z越强。

在本次故障排查过程中，尺寸因子τ、激发电流强度I、角频率ω恒定不变时，对比测量激光熔覆区与非熔覆区时发现：为了保证被测点间隙电压为9.5V，即线圈的有效阻抗Z恒定的情况下，探头线圈与金属导体表面的距离D始终在发生变化，这说明激光熔覆材质电导率σ、磁导率μ与母材存在差异。

本次转子激光熔覆使用的焊材为镍基材质粉末，母材材质为28CrMoNiV(图19、图20)。通过查阅相关资料得出：镍、铁的电阻率、磁导率(表6)。

表6 镍基、铁基材质成分、电导率、磁导率对比表

	主要成分	电阻率	电导率	磁导率
镍基材质	图19	$R_{镍}=6.84\times10^{-6}$	$\sigma_{镍}=1.46\times10^{5}$	$\mu_{镍}=2000$B/H
铁基材质	图20	$R_{铁}=9.71\times10^{-6}$	$\sigma_{铁}=1.02\times10^{5}$	$\mu_{铁}=200\sim400$B/H
对比情况		$R_{镍}<R_{铁}$	$\sigma_{镍}>\sigma_{铁}$	$\mu_{镍}>\mu_{铁}$

备注：电导率等于电阻率的倒数，即：$\sigma_{镍}=1/R_{镍}$，$\sigma_{铁}=1/R_{铁}$

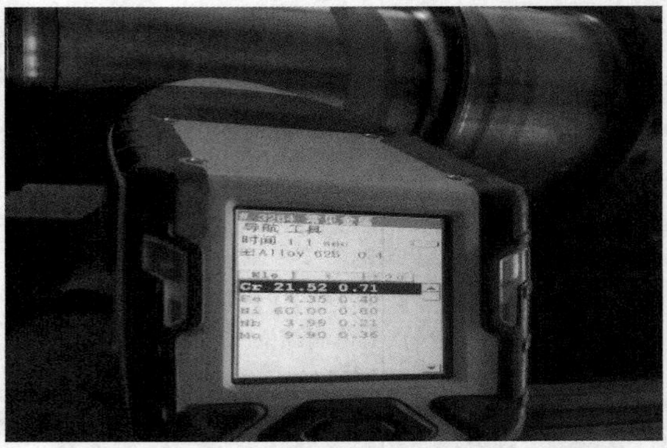

图19 熔覆焊层材质分析

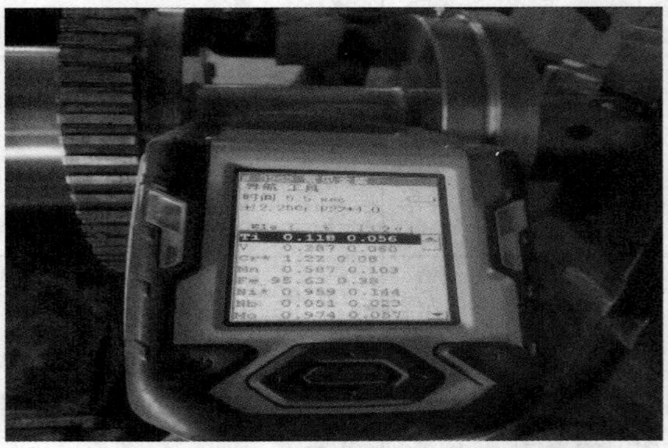

图20 母材材质分析

通过数据对比发现：电导率$\sigma_{镍}>\sigma_{铁}$、磁导率$\mu_{镍}>\mu_{铁}$，所以对探头线圈的阻抗作用$Z_{镍}>Z_{铁}$，进而造成振动信号输出变化量较大。

3.3.4 实验不同材质对探头线圈阻抗的影响

由于母材28CrMoNiV成分与2Cr13相接近，同时2Cr13材质取材方便，所以本次实验用2Cr13为实验材料，利用镍基合金材料对试验轴测振带表面进行熔覆，对熔覆后的测振带与母材测振带进行精磨，根据API612 8.2主轴一节中要求：表面粗糙度$Ra=0.4\sim0.8\mu m$，圆度、圆柱度、同轴度等形位公差均<6.3μm。

实验一：在动平衡机上，利用3300 XL 8振动探头，测量不同材质引起的振动值(表7)。

表7 不同材质测量的振动数据

材质	设定间隙电压/V	实际间隙电压/V	转速/(r/min)	振值/μm
镍基合金熔覆层	9.5	9.5	90	17-20
	9.5	9.5	800	33
	9.5	9.5	1600	43
基体材质2Cr13	9.5	9.5	90	5
	9.5	9.5	800	10
	9.5	9.5	1600	10~15

实验发现：镍基合金引起的振动值明显高于铁基合金，由此可以推断出镍基合金对探头线圈的阻抗影响高于铁基合金。

实验二：将尺寸因子 τ、电流强度 I、角频率 ω 设为定值、将探头线圈与金属导体表面的距离 D 设定为 1mm 不变：测量不同材质的间隙电压(表 8)。

表 8　间隙一定时不同材质间隙电压数据

材质	设定间隙	间隙电压/V
镍基合金熔覆层	约 1mm	14.3
基材(2Cr13)	约 1mm	9.3

实验发现：镍基合金对电磁感应的强度比铁基合金大，即对线圈产生的有效阻抗较强。

实验三：将间隙电压设为 10V 恒定值，通过盘车检查，盘车一周间隙电压变化量(表 9)。

表 9　间隙电压一定时盘车时不同角度间隙电压变化值

盘车角度	0°	90°	180°	270°	360°
镍基合金熔覆层	10.0V	10.3V	10.7V	10.4V	10.0V
基材(2Cr13)	10.0V	10.0V	10.1V	10.0V	10.0V

实验发现：镍基合金熔覆部位间隙电压变化较大，说明熔覆部位材料的均匀性存在问题。

从试验中可以看出，在测量函数不变的情况下，镍基合金对探头线圈的阻抗影响高于铁基合金；被测量材料的均匀性影响到测量数据的稳定性。

3.4　分析排查得出结论

通过以上的分析论证、试验验证确定引起本次修复后转子综合跳动畸变的主要原因有以下四方面。

原因一：镍基合金材料与转子母材材质不同，导致熔覆后其测振带部位的被测材质的电导率、磁导率发生改变，而镍基合金材料的电导率、磁导率明显高于母材材质，所以镍基合金引起的探头线圈阻抗较大，产生的电涡流效应较强，从而造成振动幅值较标准材料偏大。

原因二：转子修复后熔覆层与转子母材之间的金相组织发生变化，其堆焊层、熔合层、母材之间的金相组织不同，材质成分不同，导致每一层的电导率、磁导率不同，从而对探头线圈产生的阻抗不同。

原因三：转子在修复过程中是不间断螺旋堆焊修复，堆焊材质呈螺旋状(图 21)，而探头在测量时是测量的转子某一截面，由于螺旋状堆焊，导致同一截面上不是同一堆焊层，而堆焊层与堆焊层结合处的金相组织与堆焊层的金相组织不同，材质不均匀，导致电导率、磁导率不同，从而对探头线圈产生的阻抗不同。

原因四：镍基合金材料粉末采用同步送粉的方法对轴颈进行熔覆，在熔覆过程中，由于螺旋状走线难免会产生气孔、夹渣等成分与组织不均匀的情况(图 22)，而气孔、夹渣等成分不均匀同样会导致电导率、磁导率不同，从而对探头线圈产生的阻抗不同。

图 21　激光熔覆焊走线形式

图 22　激光熔覆后存在部分缺陷

通过以上的分析论证、实验验证确定引起转子振动值偏高的原因是：熔覆材质与母材的电导率、磁导率不同引起的探头线圈阻抗不同造成的。

4　解决方案

4.1　方案的探讨与制定

原因明确后，结合转子的实际情况进行分析，制定了以下几方面的解决方案。

4.1.1　从设备检修工作强度方面考虑

根据熔覆材料的参数特性，修正间隙电压曲线，保证其测量的准确性和稳定性。但是激光熔覆层厚度、致密性不均匀、堆焊层、熔合层、母材的金相组织成分不同，无法量化被测导体的电导率、磁导率、尺寸因子等参数，不能为间隙电压曲线的修正提供可靠的数据。如果盲目修正，无法保证修正后间隙电压的线性关系，造成测量数据不真实，技术难度较大、安全风险较大。

4.1.2 选用与母材成分接近的熔覆材料重新修复

通过对本次熔覆的参数进行分析，确定熔合层深度约为0.2~0.3mm，熔覆层厚度为0.5mm，如果将堆焊层、熔合层全部车去，去除总量约0.7~0.8mm。再选择与母材成分相近的熔覆材料重新进行修复，同样存在熔覆过程中螺旋状堆焊、同一截面上存在多条堆焊线，材质不均匀、熔覆厚度、熔池深度、致密性不均匀、堆焊线结合部位存在夹渣等风险。如果熔覆不成功，需要再次修复，会在现有的基础上再车去熔合层，对转子轴颈的强度造成影响。

4.1.3 对测振带部位进行局部修复

通过现场对高低压侧测探头与轴承的间距、高压侧转子的膨胀位移量进行测量计算，确定测振带的轴向加工位置；根据熔合层深度0.2~0.3mm，熔覆层厚度为0.5mm，确定径向加工深度为0.7mm。根据本特利3300 XL 8探头使用要求（被测部位2~3倍探头直径范围内不得有轴肩等突变），确定轴向加工宽度为24mm。但此方案的难度在于，需要控制轴承与测振带轴颈的同心轴度来满足机械跳动要求。

4.1.4 去除所有熔覆部位的熔覆材质

将转子两侧的熔覆层、熔合层全部车去，即车去深度最少为0.7mm（这样降低了机加工难度，能够很好的保证测振带与轴承轴颈部位的同轴度要求）。再根据车完以后的轴颈尺寸订做新轴承，通过咨询杭汽，轴承加工周期较长，现场锅炉生产的高温高压蒸汽过剩，需要通过该汽机做功转换成中压蒸汽和低压蒸汽供给生产，机组长时间不投用会造成生产的能耗大幅升高。

通过对检修工作强度、熔覆风险、机加工难度、备件供给周期四方面因素综合考虑，决定采用“1.3对测振带进行局部修复”的方案，在机加工过程中严格控制机械跳动，进而保证转子的综合跳动。

4.2 方案的实施

4.2.1 低压侧方案实施

现场实际测量低压侧振动探头中心到轴承的距离为22mm，以探头中心为中心向两侧分别车12mm，深0.7mm的测振带（图23、图24），即能满足本特利3300 XL 8探头使用要求（被测部位2~3倍探头直径范围内不得有轴肩等突变），又不影响油封部位的轴颈。

图23 低压侧轴现场实际测量

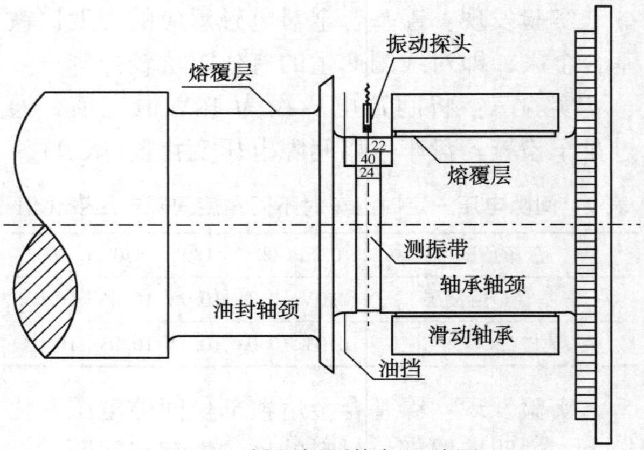

图24 低压侧颈修复尺寸图

4.2.2 高压侧方案实施

现场测量高压侧振动探头中心到轴承的距离为43mm，汽机转子在暖机过程中向高压侧膨胀12mm，而振动探头固定在轴承基环座上，其相对于轴承箱位置不变，根据汽机转子膨胀量确定测振带中心相对于测振探头向低压侧偏移7mm；以此为中心加工宽24mm、深0.7mm的测振带。在汽机开机后，测振带中心会随转子膨胀向高压侧移动，使测振探头对中测振带（图25、图26）。

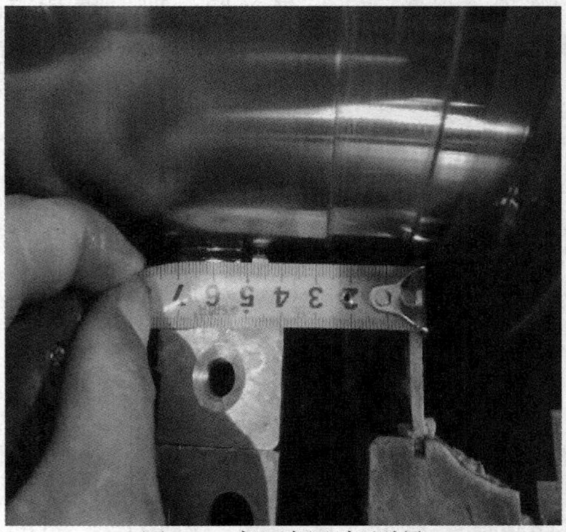

图25 高压侧现场测量

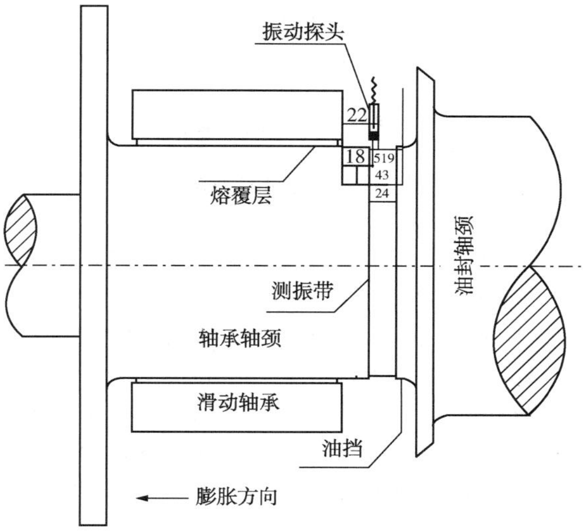

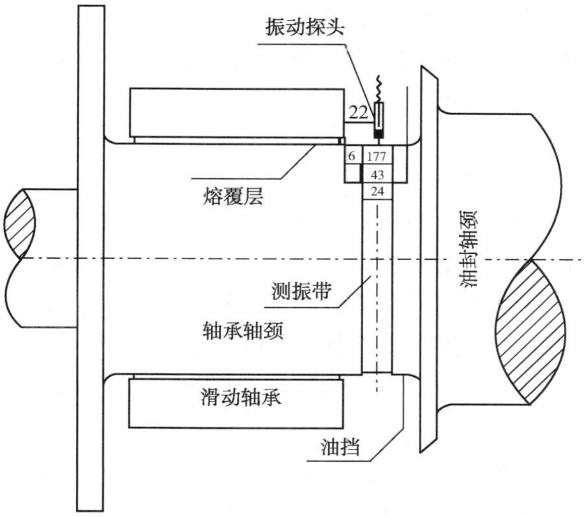

图 26　高压侧开机前、开机后

4.2.3　确保机械跳动符合要求

根据 API612　8.2 主轴一节中要求，严格控制修复后的测振带相对于轴承轴颈部位的形位公差、表面粗糙度、转子的弯曲度等技术指标，确保机械跳动符合技术要求(表 10)。

表 10　转子修复后测振带部位机械跳动检查数据

μm

检查部位	圆度	圆柱度	表面粗糙度	表面缺陷	备注
高压侧轴颈	0	0	0.20	无	
高压侧测振带	0	0	0.20	无	
低压侧轴颈	0	0	0.18	无	
低压侧测振带	0	0	0.24	无	
测量工具	百分表	千分尺	表面粗糙度测量仪	宏观	
标准要求：API612　8.2 主轴一节中要求。					

4.2.4　测振带的电气测试实验

对转子高低压侧测振带修复后，使用该汽机的本特利 3300 系统以及测振卡件，进行实验测试(表 11)：

表 11　测试轴颈表面车掉深度与振值测量数据表

仪表探头与轴颈间隙/mm	测量间隙电压/V	车床转速/(r/min)	车掉深度/mm	振值/μm
设置间隙电压为 9.5V	9.5~9.7	80	0.7	5~8

通过测振带的修复及实验，该转子的综合跳动值满足了 API612 8.2 主轴一节中的要求：“径向振动探头监测部位振动幅值控制在 6.3μm (0.25mil)之内”。

5　实施后机组运行情况

机组检修完成后，进行油循环、投电动盘车，盘车是各部位的振动值均有明显的下降(表 12)：

对机组进行电气、仪表调试后，按照正常开车工艺进行开车，开车过程中各部位振动值均满足技术要求(表 13)：

表 12　汽机盘车过程中振值记录数据表

	转速/(r/min)	24G02X	24G02Y	24G03X	24G03Y	轴位移/μm	胀差/mm
电动盘车	80	5	7	15	13	228	0

表 13　汽机冲转过程中振值记录数据表

转速/(r/min)	24G02X	24G02Y	24G03X	24G03Y	轴位移/μm	胀差/mm
800	5.2	6.6	25.6	20.4	206	1
2000	9.9	9.4	29.7	22.4	149	2
5000	26.4	19	37.6	26.3	116	4
6917	40.2	40.4	40.2	25.4	171	6

从以上的盘车、开车数据可以看出，机组在各阶段运行平稳，振动值趋于稳定，没有较大的阶跃，高低压侧轴承振动高的故障得到了很好的解决，机组运行平稳。

6 结束语

综合跳动是衡量大型回转工件测振带材质均匀性的一个重要指标，本文以化肥厂2#汽轮机转子修复为例，分析引起转子机械跳动、电气跳动的因素，探讨了修复过程中转子机械跳动、电气跳动的控制方法与措施，确保了转子的修复质量。

被测量工件材质发生变化时，会造成测量误差增大，本文通过论证及实验验证，明确了该机组利用镍基材料熔覆后振动值增大的因素，探讨了镍基与铁基材质对探头线圈阻抗的影响。

电涡流探头线圈阻抗受被测材料的电导率、磁导率、材质均匀性等因素的影响，在测量过程中改变其中任何一个因素都有可能造成测量结果的改变，尤其在大型转子进行激光熔覆的过程中，要严格控制修复工艺以及熔覆材料与母材的匹配性。

参考文献

[1] 韩兵．激光熔覆轴颈引起的轴振信号畸变分析与诊断[M]．北京：中国电力出版社，2018年第11期．
[2]《石油、化工和天然气工业用特种用途汽轮机》API612/ISO 10437 2005.
[3] EHNG40/32/40使用说明书．杭州汽轮机股份有限公司，1997年6月．
[4] 赖海鸣．基于母材综合跳动特性的转子表面激光再制造[J]．上海汽轮机厂有限公司，2014年6月．
[5] 黄雨田．机械制造技术[M]．北京：北京理工大学出版社，2014年8月．
[6] 张键．机械故障诊断技术[M]．北京：机械工业出版社，2014年6月．
[7]《振动、轴向位置和轴承温度监测系统》API670，1993年11月．

烟机结垢预判及应对的探讨

章新阳　高万山

（中国石油兰州石化分公司）

摘　要　催化裂化装置是炼化生产中的重要装置，它的满负荷、长周期、可靠运行能为企业创造很大的经济效益。在催化裂化装置的生产波动和非计划停工中，由于烟气轮机结垢引起的大机组振动、温度、轴位移超标以及设备动平衡破坏占有很大比例。本文以某重油催化裂化装置烟气轮机为例，论述结垢对催化裂化装置烟机运行的影响，通过汇总分析过去一段时间烟机运行的数据和资料，对造成其结垢的原因做出分析和讨论。结合该烟机一个检修周期内运转和维护的实际情况，提出预判烟机结垢的措施，并就烟机出现结垢后的应对方法进行探讨。

关键词　催化裂化装置　烟气轮机　结垢　预判　应对

引言

能量回收机组是催化裂化装置的关键设备，机组能否高水平的运转直接影响到装置的安全、稳定、优质量、长周期、满负荷，是保证装置经济效益的重要环节。大机组运行故障（尤其是烟机故障）在重催装置的各类非计划停工因素中，占比较高。这一问题引起同行业的高度重视。本文以某重油催化裂化装置烟气轮机（后简称烟机）为研究对象，对烟机结垢原因及其预判等做了一些分析和探讨。

1　烟气轮机设备简介

本装置风机采用四机组配置，其中烟机型号：YL-33000A，为单级悬臂式结构。

其性能参数见表1。

表1　烟气轮机参数

型号	YL—33000A	最大回收功率/kW	32675
介质	催化高温烟气	总效率/%	≥78
级数	一级	额定转速/（r/min）	3722
入口压力/MPa	0.353	最大连续转速/（r/min）	6116
入口温度/℃	700	平均分子量	28.87
出口温度/℃	498	一阶临界转速/（r/min）	7405
出口压力/MPa	0.0912	转向	从烟机进气端看逆时针
入口流量/（Nm^3/min）	6166	转子转动惯量/kg·m^2	298

2　烟机结垢的原因分析

烟机运行时，催化烟气中不可避免会含有一定数量的粉尘颗粒和焦炭。尤其是当旋风分离系统损坏或旋风分离系统线速度不正常等情况出现时，烟气中的催化剂粉尘浓度会显著增大。烟气粉尘主要包含破损的催化剂细粉和原料油中携带的重金属粒子等。烟气所含的部分重金属氧化物在温度达到650~690℃时易形成低熔点化合物和共晶体。这部分共晶体与催化剂表面的一些焦炭

第一作者简介：章新阳（1998—），助理工程师，本科学历，毕业于长春理工大学机械设计制造及其自动化专业，现在中国石油兰州石化公司炼油运行二部从事设备技术员工作。E-mail：2608759243@qq.com

残余物在高温状态下会在叶片表面结垢。这些结垢物的存在又会进一步使更多颗粒物在叶片附面层吸附并最终形成垢层，其形成速度会逐渐加快，而催化剂细粉中含有较多稀土元素，稀土元素极易产生静电，在很大程度上加强了小颗粒在烟机流道上的吸附作用。

2.1　烟机结垢的原因

通过国内外对烟机结垢的研究成果，结合装置垢样成分分析，本装置出现结垢的原因主要是：

(1) 催化剂细粉含量。催化剂在催化裂化生产的终结形式包括进入催化油浆中、三旋回收的细粉、随烟气进入烟机做工后排入大气等。细粉颗粒是结垢发生的来源，烟气携带的细粉越多，越可能形成垢层。

(2) 催化剂粒径大小。细小的粒子易于静电吸附造成结垢。一般认为小于10μm的细颗粒是烟机结垢的主要来源，而且粒度越小，静电吸附能力越强。

(3) 恰好的烟气温度。细粉表面本来存在的易黏结物质在高温(600~690℃)时黏结性极强，而催化裂化装置烟机正常工作温度(670~690℃)正好在此区间内，高温为细粉颗粒提供了能量，也加重了结垢的发生。

(4) 随着原料油性质变差，原料油内携带的大量重金属元素或物质会在催化剂中累积。重金属(钠、钙、铁、镍、铈等)在工况下可与硫、磷等元素形成低熔点熔融物，使得分散于烟道内的细粉颗粒更容易黏连，增大了催化剂结垢倾向。

(5) 烟气流速和方向。对烟气夹带的细粉颗粒，较高的撞击速度意味着较大的动能和更大的接触变形，而合适的碰撞角度则使催化剂颗粒更容易在叶片部分位置咬合结垢。

(6) 稀土元素影响。生产中为适应原料变重、变差，保证产品质量、提高效益使用了大量的新型助剂，使得催化剂平衡剂中稀土含量显著增加。稀土元素易产生静电，在很大程度上加强了小颗粒催化剂在烟机流道上的吸附作用。

2.2　烟机垢样的分析

由于原料油重金属含量大幅提升，烟机叶片表面存在不完全燃烧的焦炭；多种催化剂混合使用后磨损细粒的增加对烟机结垢产生影响，尤其是烟气中钙离子、铁离子、镍离子和SO_x含量的增加均是烟机结垢的重要诱因。

(1) 外观分析

可以看到烟机叶片垢样外侧呈现灰色，为带状横向分布，结垢为明显的逐层堆积，几乎观察不到催化剂微球结构(图1)。说明烟气颗粒吸附在烟机叶片表面，会形成成核点，并以此为基础使得细小颗粒更容易吸附，呈现首尾相连的带状结构。相对而言垢样靠近叶片的部分则与外侧不同呈黑色，含碳量较高说明重质烃类首先吸附到了叶片表面，在高温状态下逐渐碳化，造成烟机表面的摩擦力增大，增加了催化剂细粉颗粒的附着概率。

图1　烟机垢样

(2) 微观分析

通过SEM法对垢样做微观分析(图2)。垢样表面有熔融结构，细小颗粒首尾相连形成呈带状纹理的逐层堆积结构。通过部分松散结构，可以看到还未形成致密熔融态的部分直径200~1000nm的小粒子，这些粒子的粒径远小于催化剂中高岭土、分子筛、拟薄水铝石等组分。说明催化剂受到破坏，形成了纳米粒子，这些粒子在催化剂破碎增加、裹挟重质烃类、叶片摩擦增大、静电作用增强等情况发生时，极易附着在叶片表面使结垢加重。

(3) 原料性质变化

根据研究中心对烟机结垢前后原料油性质的分析，发现结垢与50%标定点接近(表2)。50%标定时Ca、Fe、Ni、V、S等元素含量有较大提升，如Ca含量从2.26μg/g增加到4.53μg/g，增幅约100%，Fe含量从2.67μg/g增加到9.06μg/g，增幅约239%。一般认为烟气中富集的 Ca、Fe、Ni 与酸性离子结合形成的低温熔融物是结垢的重要组成。

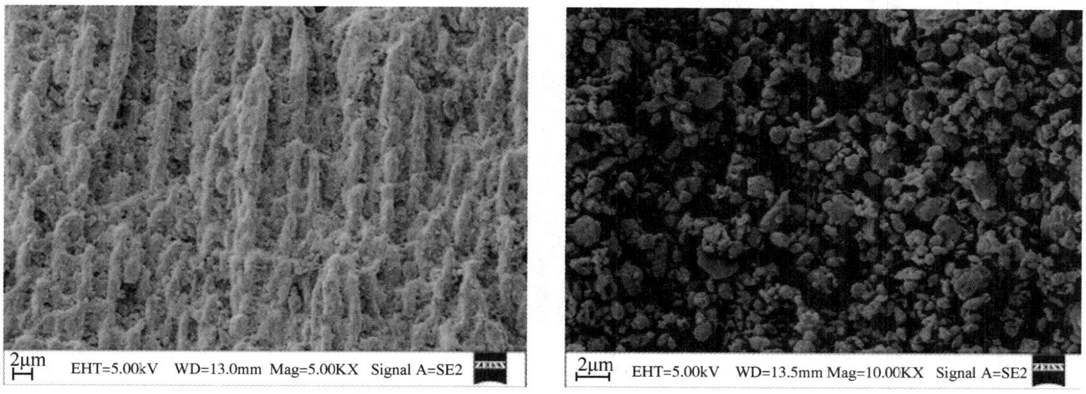

图 2　垢样微观形貌

表 2　原料油标定

测量值		空白标定	30%数据	50%数据
重金属含量/(μg/g)	Ca	2.26	2.47	4.53
	Cu	0.26	0.27	0.2
	Fe	2.67	3.7	9.06
	Ni	6.71	4.96	7.62
	Pb	<0.10	<0.10	<0.10
	V	9.52	5.35	9.99
S 含量/%(m/m)		0.38	0.36	0.51
酸值/(mgKOH/g)		0.35	0.26	0.34

（4）金属含量增加

对平衡剂、三旋细粉和垢样进行对比：三者粒度逐渐减小，主要差异表现在重金属含量上（表 3）。与平衡剂相比，垢样中 CaO 含量从 0.3068%增加到 0.7899%，增幅 157%；Fe_2O_3 含量从 0.5609%增加到 1.6599%，增幅 196%；NiO 含量从 0.6489%增加到 0.8313%，增幅 28%；CeO_2 含量从 1.5300%增加到 3.2530%，增幅 113%。说明催化剂外表面有金属元素富集，当外表面在反应、再生过程中因相互碰撞、磨损会脱落形成小颗粒，这些小颗粒随烟气进入烟机，在烟机表面发生吸附、熔融、凝结，最终导致烟机垢样中的重金属含量大幅高于平衡剂样品。

表 3　样品元素对比　　%

样品	平衡剂	细粉	垢样
Na_2O	0.2661	0.2785	0.261
Al_2O_3	49.5635	49.1074	44.8191
SiO_2	39.7271	39.9936	39.9779
P_2O_5	1.611	1.4762	1.3833
SO_3	0.0652	0.2797	0.3576
K_2O	0.2293	0.2483	0.2204
CaO	0.3068	0.3638	0.7899
V_2O_5	1.0387	1.0756	1.4117
Fe_2O_3	0.5609	0.6856	1.6599
NiO	0.6489	0.7055	0.8313
La_2O_3	3.8982	3.7821	3.8497
CeO_2	1.53	1.3459	3.253

3　烟机结垢的危害

3.1　效率下降振动上升

生产中静叶、围带、动叶处逐渐有细粉颗粒附着和沉积并在高温下黏结成垢。结垢一般发生在进气侧层流边界层，相对在压力面紊流区内分布较少。结垢会严重影响设备运转，动、静叶结垢会减少叶片流通面积，使设备效率下降；另外局部垢片脱落会在一定程度上影响其转子动平衡，使设备振动值上升。

3.2　故障停车并检修

（1）结垢严重需停工处理

结垢严重，会危害设备安全，需要停工处理。若未能及时发现异常并做出处置，可能产生严重后果，对设备造成不可估量的损害。近几年，各炼厂催化装置由于烟机振动超标导致的故障停车次数约占总故障停车次数的近半数，而结垢则是振动超标停车的一个重要原因。

（2）检修成本

烟机停工抢修任务是更换并清扫烟机转子，视需要更换轴承及密封部件。以2021年5月此机组停机大修为例，拆修时间共17天，含主机、备机切换时间。会产生如下费用(表4)。

表4 检修材料成本

项 目	材料	费用/万元
更换并维修转子	转子	90
更换气封、轴瓦部件	气封环	40
	空气封	12.3
	油封	20
	径向轴瓦	29.4
合计		191.7

根据施工情况产生一定人工成本。

备机或三机组运转，每小时少发电约7000~10000kW，同时备机运行耗电18000kW·h。按17天计算，共损失约(8500+18000)×24×17=10812000kW电，按工业用电每度电0.59元计算，共产生费用10812000×0.59=637.908万元。

如果可以预判烟机结垢情况，并提前制定维修计划，可有效降低对生产的影响，节约大量资金。但在生产中为确保设备安全，根据烟机运行导则定期对烟机进行拆修检查是必须的。

4 烟机结垢的预判

4.1 本周期烟机运行情况

烟机本周期运行基本平稳，累计运行606天(14544h)。2020年初因汽轮机故障检修，曾打开烟机检查，结果显示烟机叶片、导流锥、转子均运行良好，无结垢、松动等异常情况。后期根据烟机入口粉尘分析、状态监测与离线分析、烟机做功情况对设备状况进行评估。认为烟机运行正常，但烟机入口压力呈逐渐上升状态，推断烟机存在结垢。

4.2 烟机结垢的判断方法

烟机发生结垢主要是动叶结垢和静叶结垢两类。动叶片结垢会导致烟机振动显著上升。从日常记录中可看出，机组工况没有出现异常改变，振动在40μm左右，位移、温度正常，属于烟机运行中的正常情况。说明催化剂更多的堆积在了静叶片上，这种堆积不仅减小了烟气流通面积，而且对静叶片角度也造成了一定改变，导致烟机做功效率下降。

对烟机垢样做成分分析，发现含有大量Ca、Fe、Ni、V元素，可见形成了低熔点共晶体。这些共晶体和降温蒸汽作用使催化剂颗粒变得黏稠容易在叶片上形成附面层，随时间累积越来越多的颗粒物持续吸附最终堆积成垢。

根据经验，当四机组正常运行，加工量、发电量基本不变时，在不调节高蝶的情况下，若双动滑阀缓慢开大，说明烟机存在结垢现象，烟气走双滑跨过烟机。另外，装置会定期试验高蝶开度，在保证其他参数基本不变的情况下通过机组发电量、双动滑阀联动情况、烟机入口压力、烟机出入口温差及四机组整体的振动位移判断烟气流通面积是否有较大变化，进而判断烟机结垢程度。

（1）在双动滑阀还有余地(3%~4%)的情况下，逐步提高入口高蝶开度，若机组发电量正常增大，烟机入口压力缓慢上升，双动滑阀开度变小，联动良好，则烟机结垢轻微，可继续观察运行。

（2）若随着高蝶逐步开大，机组发电量基本不变，双滑开度不变、联动效果不好，烟机入口压力呈明显上升趋势，则说明烟机结垢明显，烟道流通面积减小。在开大入口高蝶的过程中，烟气没有按预期更多的进入烟机做功，而是继续走双动滑阀跨过烟机，这时需尽快停机检查并清垢。

4.3 四机组相关运行参数监控

（1）烟机相关运行参数(图3)

（2）催化剂细粉粒度变化情况(图4)

（3）平衡催化剂粒度变化情况(图5)

（4）结垢预判

2020年9月至2021年3月，平衡催化剂及催化剂细粉粒度无大的波动，粉尘含量保持在120~140mg/Nm^3。2020年6月至9月，装置加工量持续上升，至10月后，稳定在400t/h以上。在此过程中，烟机高蝶开度从25%上升至35.5%，烟机入口压力自152.6kPa上升至228.4kPa。为判断烟机是否结垢，进行了相同工况对比，见表5。

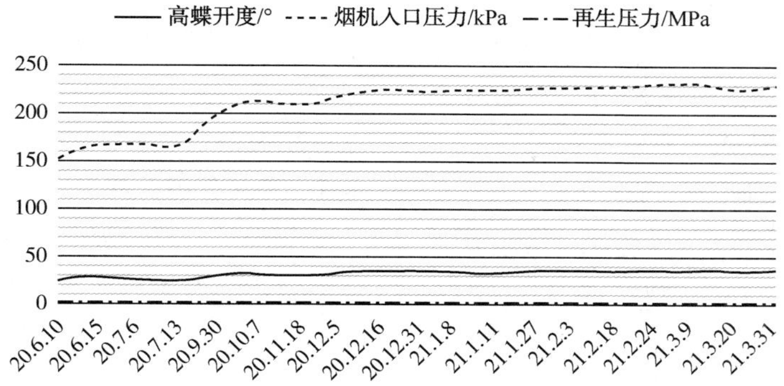

图 3　2020 年 6 月至 2021 年 3 月相关运行参数

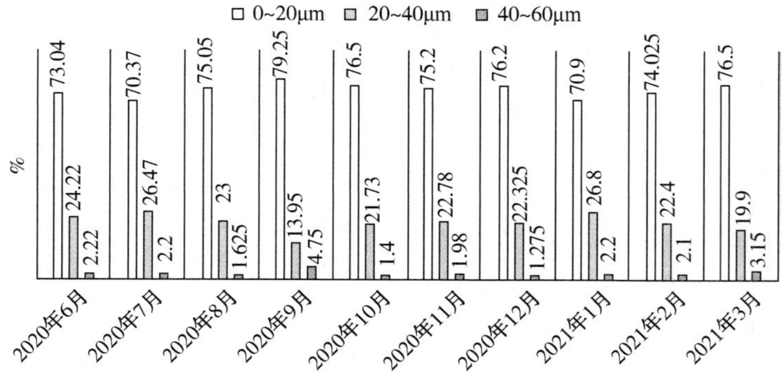

图 4　2020 年 6 月至 2021 年 3 月催化剂细粉粒度变化情况

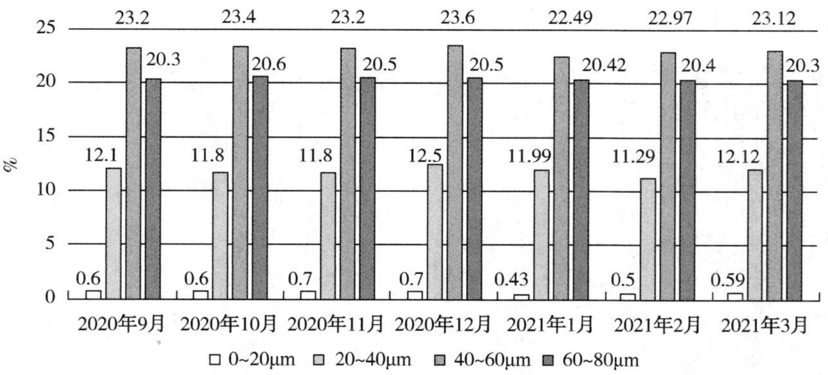

图 5　2020 年 9 月至 2021 年 3 月平衡催化剂粒度变化情况

表 5　数据对比

日期	高蝶开度/%	烟机入口压力/kPa	汽轮机蒸汽用量/(t/h)	机组发电量/kW	主风量/(Nm^3/m)	再生压力/MPa
2020/10/7	31.4	212	134.5	9415	4926	0.273
2020/12/3	30.8	212.8	138.8	9918	5051	0.273
日期	高蝶开度/%	烟机入口压力/kPa	汽轮机蒸汽用量/(t/h)	机组发电量/kW	主风量/(Nm^3/m)	再生压力/MPa
2020/12/13	33.4	220.6	130.7	8912	5116	0.275
2021/1/11	33.2	223.6	125	8200	5092	0.275
日期	高蝶开度/%	烟机入口压力/kPa	汽轮机蒸汽用量/(t/h)	机组发电量/kW	主风静叶/(°)	再生压力/MPa
2020/12/29	34.3	223.4	133.7	9474	46.5	0.275
2021/2/18	34.4	227.5	126.6	7579	48.4	0.275

对比数据可知，在再生压力相同、主风量相近、高蝶开度基本一致的情况下，烟机入口压力

升高2~4kPa，因此判断烟机存在结垢。

为判结垢严重程度，2021年1月25日、2月24日、4月1日，分别对高蝶与双滑的联动情况进行了测试。4月测试结果见表6。

表6　4月高蝶与双动滑阀联动情况

序号	高蝶阀位给定/回讯/%	双滑阀位/%	序号	高蝶阀位给定/回讯/%	双滑阀位/%
1	34.2/34.6	4.3/3.0	9	33.2/33.5	4.3/3.0
2	34.0/34.5	4.6/3.2	10	33.4/33.5	4.3/2.9
3	33.8/34.4	4.7/3.3	11	33.6/33.8	4.3/2.9
4	33.8/34.2	4.7/3.3	12	33.8/33.9	4.2/2.8
5	33.6/34.2	4.7/3.4	13	34.0/34.2	4.1/2.7
6	33.4/34.0	4.7/3.3	14	34.2/34.4	4.0/2.7
7	33.2/33.8	4.5/3.2	15	34.4/34.6	4.1/2.7
8	33.0/33.6	4.5/3.1			

为减小再生压力对双滑的影响，以上测试在3min内完成。可以看到，双滑与高蝶联动良好；同时该月烟机振动趋势平稳，保持在38~43μm无异常波动。

根据对过去一年烟机运行参数的统计比较，结合烟机制造单位定期对本烟机监测诊断报告认为在5月停机大修前，烟机前后轴瓦振动幅值正常，没有明显反进动现象，烟机入口压力存在持续缓慢上涨。因此判断烟机存在均匀结垢现象并伴有轻微掉垢，结垢情形不太严重，但有加重趋势。

4.4　结垢预判的验证

根据《烟气轮机长周期运行指导意见》，在连续运行12000~17000h时，应主动停机，更换备用转子，并对叶片、轮盘及主轴例行全面检查一次。

本烟机于2019年7月检修开工，截至2021年5月10日，已累计运行14544h。根据上级指示，组织人员对该烟机进行停机处理，停工时间共17天，检修内容主要为清理烟机转子动、静叶片，清扫并检查烟机其他相关部件。

在此次拆解中可以看到，烟机导流锥、静叶片和动叶片上均出现一定厚度的呈带状纹理，首尾相连的结垢物，最厚处约4~5mm。动、静叶片无明显损伤，相关部件也基本完好。结垢物主要集中在叶片进气侧层流区，结垢呈均匀分布状，除因拆卸过程导致的结垢掉落外，烟机内存在少量掉垢现象。基本符合拆修前对烟机结垢情况的预测，如图6~图10所示。

(a)拆修前

(b)拆修后

图6　烟机转子拆修前后动叶片形貌

(a)拆修前

(b)拆修后

图7　烟机导流锥拆修前后外观

图 8　烟机静叶结垢情况

图 9　烟机动叶结垢情况

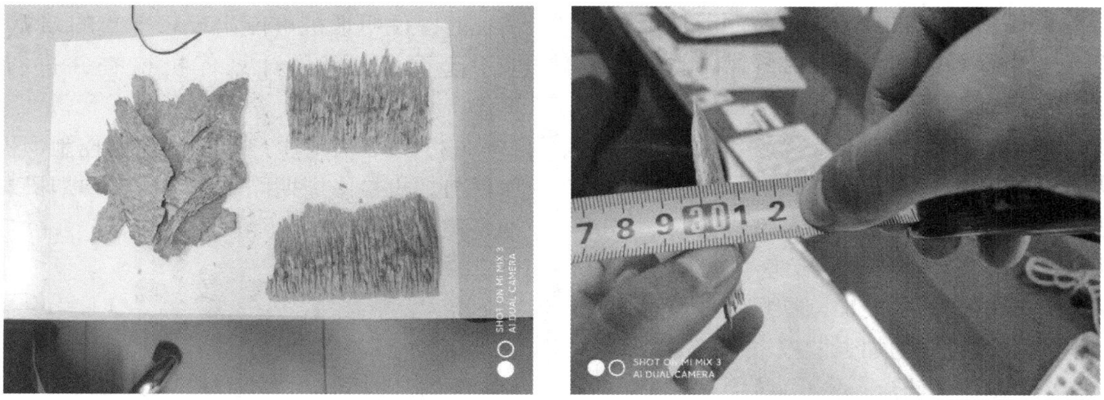

图 10　烟机垢样

5　烟机结垢处理的探讨

5.1　做好运行监控

烟机在长期运转中出现结垢是不可避免的。减缓烟机结垢的首要任务是做好烟机运行情况的监控。以本烟机为例，要继续加强内操监盘尤其是对敏感数据的监控。如：烟机烟气流向自东向西，正常运转中，由于烟气做工烟机整体位移应控制在 140~210μm，若有变化也应是缓慢的均匀变化。烟机正常结垢应呈现均匀结垢，在未出现结垢物异常脱落破坏转子动平衡情况下不应出现大的异常振动。在结垢不严重时，烟气可在烟机内正常流通，烟机入口温度≤690℃、出口温度≤530℃，烟机轮盘温度 310℃左右，双滑开度在 2%~6%，高蝶开度控制在 25%~34%。在机组正常运行时如遇到以上数据出现异常变化，应引起重视，及时上报并处理。

另外，我们还应该使用好在线状态监测入口粉尘仪和离线采样分析相结合的方式，保证烟气颗粒物指标合格，根据波型图、轴心轨迹等特征图谱分析机组运行情况，及时调整机组操作参数，减缓烟机工况的变坏趋势。保证旋风分离设备效果良好，注意催化剂细粉颗粒粒径变化情况，尤其是<3μm 的超细粉浓度，减少结垢物来源。

5.2 优化操作

生产中要注意优化操作，避免大幅度的波动。入口压力、温度、流量和催化剂粉尘浓度是烟机操作中的重要参数，要保证这些参数相对稳定，对指标更加精确化，避免波动对烟机造成冲击。优化气固分离效果，维持再生器压力稳定，尤其在开停工和调整参数时保证再生器压力缓慢变化，确保旋风分离效果良好。

根据《烟气轮机长周期运行指导意见》，运行中烟机入口催化剂浓度≤200mg/Nm^3，其中直径>10μm 的细粉颗粒不超过3%，在本周期我们已将入口催化剂浓度控制在120～140mg/Nm^3，之后的生产中要努力控制这一参数，并在此基础上将细粉颗粒的粒径控制好。要注意轴振动及振动变化趋势的监测，保证振动应低于报警设定值，达到报警值时，要及时分析原因并采取措施降低振动。加强巡回检查注意监听机组声音，看是否有动静部位磨擦和叶片的断裂，检查轴承及轴瓦温度在正常范围内，确认设备润滑良好。观察密封泄漏指示管的泄漏情况和蜂窝密封的使用效果，根据泄漏指示管调整密封蒸汽流量，严禁出现烟气超温。在烟机连续运行12000～17000h后，及时停机返厂全面拆检，检查烟机主体结构及配套设施是否完好，更换损坏部件。

此外，在装置加工原料较差、进行生产试验、调整生产操作等可能加剧烟机结垢情况出现时我们也要有针对性的加强监控，调整参数。

5.3 非拆修条件下除垢

除优化操作和做好监盘外，有使用条件的生产单位还可以采用一些非拆修情况下除垢的方法，改善烟机工况。以下为几种除垢的方法。

(1) 热循环法

垢片与其吸附的金属部件膨胀情况不同，通过调节高蝶开度，控制烟气流量对设备反复降温升温，可在一定范围内使咬合在烟机叶片等处的结垢脱落。

(2) 打磨清除法

可在烟机前向烟气中加入一定体积的胡桃壳，通过胡桃核碰撞垢片祛除结垢物。

(3) 化学清除法

在烟机上游注入化学清洗剂，对烟机进行清洗，可较有效减少烟机围带上的细粉沉积。

(4) 超声波除垢法

该方法主要利用超声波装置将电能转换为声能，通过声波对沉积物进行振动祛除。

不拆修的情况下进行除垢在一定程度上可以改善烟机工况，但使用时会对烟机本身动平衡和日常生产造成不利影响，具体使用时要充分考虑经济效益，设备结构以及操作条件慎重使用。

结论

(1) 结垢是危害烟机安全运行的主要因素。由于烟气中含有一定数量的细粉颗粒，烟机在长期运转中静叶、围带以及动叶处出现结垢是不可避免的。日常生产中，要高度关注烟机振动值、频谱分析及高蝶开度变化、烟机入口压力变化、双滑联动情况等关键参数，做好烟机的观察运行。维护好装置的正常生产。

(2) 数据分析时，应尽可能使四机组除烟机外的运行工况保持一致，保证判断结论的准确性和可靠性。在出现逐步开大高蝶，而发电量基本不变，双滑联动效果不好，烟机入口压力上升等情况时，说明烟机可能出现较严重的结垢情况，应引起重视，尽快计划停机检查并进行清垢工作。

(3) 在之后的生产中，我们要控制烟机结垢速度与烟机检修周期同步，努力实现烟机的长周期平稳运行。

参考文献

[1] 胡仁波，赵辉，白锐，等．催化剂和垢样对比分析预测催化烟机结垢成因[J]．化学工程，2013(3)：50-53.

[2] 谭慧敏．催化裂化能量回收系统高温烟气-颗粒结垢机理研究[D]．北京：中国石油大学，2013.

[3] 滕康．催化裂化烟气轮机结垢的实验研究[D]．北京：中国石油大学，2014：6.

[4] 禄军让，张敦荣，钱义钢，等．采用“热涤荡”法对烟机进行在线除垢[J]．中外能源，2008(Z1)：93-94.

[5] 顾全，易强，李强，等．克拉玛依石化烟气能量回收机组运行问题及解决方案研究[J]．中外能源，2008(Z1)：85-88.

[6] 李琳琳，陈洪岩．催化剂堆积对催化裂化烟气轮机

效率影响分析[J]. 石油化工设备，2017(1)：82-84.

[7] 郭洪明. 催化裂化装置长周期运行技术分析[J]. 炼油技术与工程，2010(11)：1-4.

[8] 梁毅. 催化烟机结垢分析及处理[J]. 中国化工贸易，2014(2)：300.

[9] 周旭. 140万t/a催化裂化装置的烟气轮机节能改造关键技术研究[D]. 上海：华东理工大学，2016.

[10] 张桂平. 浅谈催化裂化装置再生三旋的配管设计[J]. 山东化工，2016(11)：115-116.

[11] 卢鹏飞，翼江，杨龙文. 烟气轮机沉积、冲蚀、腐蚀特性研究[J]. 中外能源，2008(Z1)：34-36.

[12] 胡东勤. 超声波智能检测装置的总体设计及研究[D]. 西安：西安石油大学，2005.

[13] 许昀，朱玉霞，田辉平，等. 催化裂化装置烟机结垢原因的探索[J]. 工业催化，2010(3)：56-60.

[14] 杨宝宏，苏静，郭伟. 催化裂化烟机振动异常诊断及处理[J]. 设备与防腐，2016(4)：314-320.

[15] 申健，周复昌，于萍，等. FCC装置烟机结垢的影响因素研究[J]. 石油炼制与化工，2014(6).

[16] 周亚军. 催化裂化烟机长周期安全高效运行的思考[J]. 科学管理，2017.

[17] 潘若飞，王明海. 结垢对催化裂化装置机组运行的影响及对策[J]. 石油炼制与化工，2005(12)：18-20.

高密度聚乙烯装置螺旋输送器转子轴连接结构改型

杜佳庆　姜　磊　马金鹏　李永良　安柏松

（中国石油吉林石化公司）

摘　要　某石化公司高密度聚乙烯装置螺旋输送器SF2101转子轴由三段组成，其转子轴的连接方式为螺栓销连接，同轴度较差。空载运行时易出现螺旋叶片与筒体偏磨，带负荷运行易造成气封磨损而泄漏粉料，对装置的安全生产和设备平稳运行造成影响。通过对转子轴相连接处重新优化改型设计为凸缘联轴器，消除了影响设备稳定可靠运行的难题，确保生产过程的顺行。

关键词　同轴度　螺旋输送器　凸缘联轴器　螺栓　可靠运行

引言

某石化公司高密度聚乙烯2006年投产运行。2008年装置干燥单元脱瓶颈改造新增一台水平螺旋输送器。该设备为干燥系统重要配套设备之一，主要用于将干燥系统中的湿粉料推送至流化床干燥器内进行干燥。

1　工作原理

由电机通过减速机带动筒体内的螺旋转子，将上游离心机分离出来的湿粉料沿着输送器水平方向推送至干燥床顶部进料口，利用粉料重力进行下料（表1）。

表1　螺旋输送器SF2101技术参数

序号	项目	单位	参数值
1	转速	r/min	65
2	入口压力	MPa	0.01
3	出口压力	MPa	0.03
4	入口温度	℃	35
5	出口温度	℃	35
6	介质/密度	kg/Nm^3	0.659
7	配套电机功率	kW	15

2　螺旋输送器转子轴改造前存在的问题

（1）螺旋输送器总体长约6m，其中转子轴长度约4m。筒体内螺旋转子轴与两端短轴的连接方式为螺栓销连接（图1）。由于转子轴过长，在运转过程中测得径向位移为10mm/r，从而导致筒体前后两端填料密封经常出现向一侧偏磨而泄漏。

（2）在螺旋输送器运转过程中由于径向载荷过大，用于连接的螺栓销存在疲劳断裂风险。如若断裂则造成螺旋转子轴断开脱落，损坏螺旋叶片，刮伤筒体内壁等。

（3）长时间运转易使短轴轴头的螺孔呈现不同程度的磨损，损坏转子轴，影响生产负荷（图2）。

（4）由于无法保证转子轴的同轴度，筒体两端密封腔最高温度达到75℃，超过运行温度，对输送介质运行安全带来隐患。

图1　原先轴连接方式为螺栓连接

第一作者简介：杜佳庆，大学本科学历，高级工程师，现在吉林石化公司乙烯厂高密度聚乙烯车间担任副主任，从事高密度聚乙烯车间设备管理工作。E-mail：jh_dujq@petrochina.com.cn

图2　拆除后磨损的螺孔

3　转子连接型式改造方案

凸缘式联轴器属于刚性联轴器，是把两个带有凸缘的半联轴器与转子轴通过键连接在一起，然后用螺栓把两个半联轴器连成一体，以传递扭矩和转矩。通过半联轴器上的凸肩与另一个半联轴器上的凹槽配合而对中，连接两个半联轴器的螺栓采用A级或B级螺栓，转矩靠两个半联轴器结合面的摩擦力矩来传递，适用于转速低、扭矩大(10~20000N·M)，连接同轴线的圆柱形传动轴系。高密度聚乙烯装置螺旋输送器转速为65r/min，输送聚乙烯粉料传递扭矩较大，为保证螺旋输送器三根转子轴有定位基准，提高转子轴对于壳体端板孔的同轴度，选用凸缘联轴器代替原有螺栓销连接。

3.1　联轴器最大扭矩计算

凸缘联轴器是利用螺栓的抗剪力产生的转矩，将动力从一根轴上传递到另一根轴上的。因此在根据电动机理论扭矩公式：$T=9550\frac{P}{N}$(N·m)，电动机功率：$P=15$kW，转速：$n=1450$r/min 得出螺旋输送器的理论扭矩为：$T=9550\ \frac{15}{1450}=98.79$(N·m)，随即参考文献《GB/T 5843—2003 凸缘联轴器》选用GYS型有中榫凸缘联轴器(图3)。参考文献中表2中的数据选出GYS3型凸缘联轴器。

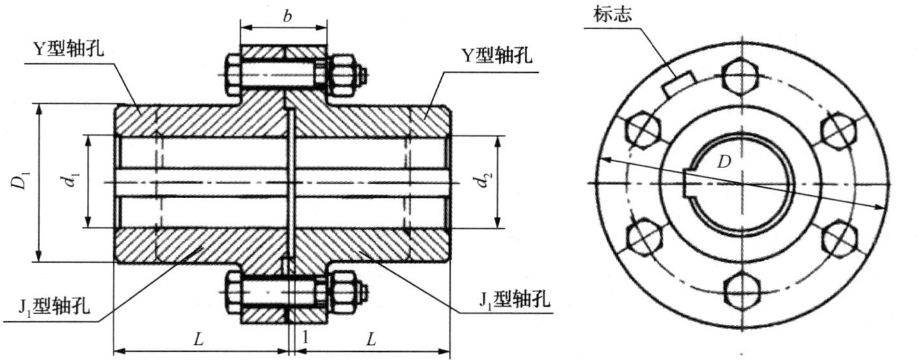

图3　GYS型有中榫凸缘联轴器

表2　联轴器数据对照表

型号	公称转矩 T_a/(N·m)	许用转速 [n]/(r/min)	轴孔直径, d_1、d_2	轴孔长度, L		D	D_1	b	b_1	S	转动惯量 I/(kg·m²)	质量 m/kg
				Y型	J_1型							
GY3 GYS3 GYH3	112	9500	20	52	38	100	45	30	46	6	0.0025	2.38
			22									
			24									
			25	62	44							
			28									

3.2　凸缘联轴器校核

(1) 转矩所需要的螺栓预紧力 F 应满足：

$$F=\frac{4T_C}{(D+D_1)S\mu}\qquad(1)$$

(2) 联轴器计算扭矩为：

$$T_C=TK_WK_2KK_T\qquad(2)$$

式中，K_W 为动力机系数；K 为工况系数；K_2 为启动系数；K_T 为温度系数。

参考文献《GB/T 5843—2003 凸缘联轴器》查询得知$K_W=1.0$、$K=1.25$、$K_2=1.0$、$K_T=1.0$。

由式得：$T_C=123.48N\cdot m$，代入式(1)：

$$F=\frac{4\times123.48}{(100+45)\times0.2\times6}=2838.62N$$

(3) 螺栓销连接强度计算

$$\sigma=\frac{5.2\times F}{\pi d_1^2}\leqslant[\sigma] \tag{2}$$

式中，d_1为螺栓螺纹小径=17.3mm；$[\sigma]$为螺栓材质得许用应力，由于输送器内介质为湿粉料，决定采取06Cr19Ni10不锈钢材质，查询得知$[\sigma]=245MPa$。

由式(2)得：$\sigma=\frac{5.2\times2838.62}{3.14\times17.3^2}=15.72MPa$

即$\sigma\leqslant[\sigma]$所选GYS3型凸缘联轴器满足设计要求。

4 联轴器受力分析

联轴器的材质为304，其在工作中主要受到扭矩和机构重力的联合作用。通过采用CATIA软件对该联轴器结构进行三维仿真制作。进行有限元结构仿真分并探寻薄弱点，寻找原联轴器是否存在缺陷，前后两端联轴器实体建模如图4和图5所示。

4.1 凸缘联轴器的有限元分析

凸缘联轴器是通过连接两个半联轴器的6个8.8级螺栓，靠两个半联轴器结合面的摩擦力矩将转矩从一端传到另一端。分析时，以6个螺杆同一侧的半个面固定，在图凹槽上施加力。已知功率P为15kW，转矩为98.79N·m，轴的直径为100mm。有限元分析在转矩为98.79N·m时，半联轴器的最大位移0.2mm，所得结果与实际相符。

根据凸缘联轴器的工作情况及其约束条件为轴孔轴向和轴向约束而径向放开，因此在离心力的作用下，限制轴孔的周向和轴向位移，然后施加惯性载荷即角速度，并进行分析。已知条件转速65r/min，转化成角速度，即$N=2\pi*6.5/60$，此时联轴器所受的外载荷只有绕转子轴的角速度。分析在而定转速下，各部分的位移情况，最大位移的位置在联轴器内侧。最大应力15.72MPa小于材料的屈服应力。

4.2 结论

利用CATIA软件对该联轴器结构进行三维仿真制作，对有限元结构仿真分析，分析了凸缘联轴器在受扭转载荷和旋转时产生的离心力载荷时的应力与应变分布，从分析数据中知道该联轴器在正常工作时他的应力和应变都在允许范围内，设计合理。

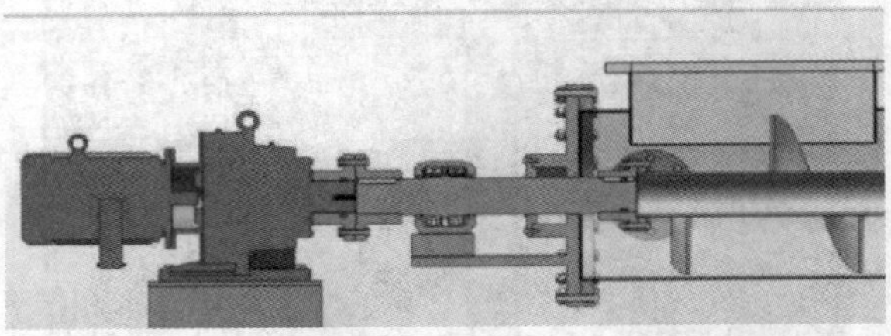

图4　为前端联轴器仿真图

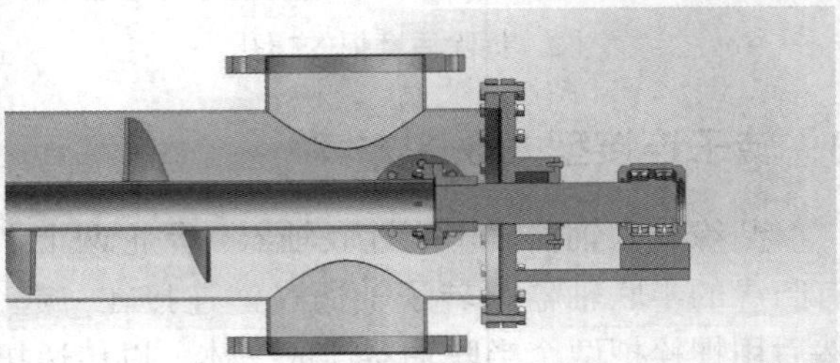

图5　为后端联轴器仿真图

5 解决问题采取的措施

为消除定位键对联轴器强度影响，防止日后在运转过程中出现滚键等隐患。联轴器轴孔与轴伸的配合应选取合适，最终决定联轴器轴孔与轴伸采用过盈配合。标准联轴器轴孔、键槽型式及尺寸参考文献《GB 3852—2017　联轴器轴孔和键槽形式及尺寸》选取。选取平键单键槽A型，尺寸：50mm×12mm×112mm，长度极限偏差+0.025mm，宽度极限偏差-0.018mm。为消除应力集中影响，同时将法兰盘厚度增厚1mm，增大危险截面的横截面积如图6所示，定位止口处的应力集中现象得到了极大的改善。

6 现场安装与调试

(1) 装配联轴器时，首先用细锉刀或砂纸清除半联轴器上的毛刺飞边。对过盈配合装配应用木块垫紧轻轻敲进，减少锤击变形，并进行适当调整，保证两轴具有较高的同轴度。

(2) 由于联轴器安装于筒体内部，空间不足，无法采用百分表就行找正。只能采用支持测量联轴器的外圆端面。用薄铜皮垫片调整两轴在垂直面的相对径向位移，用斜垫片来调整垂直面

图6　为改造后的联轴器

的角位移。

(3) 此次选择的凸缘联轴器为榫槽式，装拆时需沿轴向移动，为了保证调整精度，做好记号固定其相对位移，防止拆下后重复调整。

7　改进后的效果

(1) 运转过程中，径向位移量由原先10mm/r降低到0.2mm/r，保证了同轴度，从而提高填料密封使用寿命。

(2) 由于保证了同轴度，筒体内壁再无刮擦声音与其他异响，延长设备使用寿命。

(3) 螺旋输送器运转平稳，电机电流由原先13.1A降到9.4A，节约能源。

8　结语

综上所述，通过对联轴器改造设计优化，彻底解决了螺旋输送器在运转过程中存在的安全隐患。并且根据日常装配调试，消除存在的应力集中问题，既保证了设备使用寿命，又稳定了生产系统，为同类HDPE装置提供了参考，并且具有值得推广的意义。

参　考　文　献

[1] 钱瑞萍．陈国兵．凸缘联轴器的安装与调整[M]，上海：中国纺织大学科技情报研究室，1998.
[2] 付问松．邸平欣．凸缘联轴器的可靠性分析[M]，河北：河北轻化工学院学报，199.
[3] 张祖明．机械零件强度的现代设计方法[M]．北京：航空工业出版社，1990.
[4] 徐灏．安全系数与许用应力[M]．北京：机械工业出版，1981.
[5] 凸缘联轴器．GB/T 5843—2003[S]．北京：中国标准出版社，2003.
[6] 联轴器轴孔和联结型式与尺寸．GB 3852—2017[S]．北京：中国标准出版社，2017.

关于大型离心式风机在生产运行中的常见故障及维保建议

金　宇　王学仁　曹贺然　蔡春雨　王志奇

（中国石油吉林石化公司）

摘　要　离心风机是依靠输入的机械能，提高气体压力并排送、引流气体的机械，它是一种从动的流体机械。离心风机广泛用于工厂、矿井、隧道等建筑物的通风、排尘和冷却，锅炉和工业炉窑的通风和引风；空气调节设备和家用电器设备中的冷却和通风；谷物的烘干和选送；风洞风源和气垫船的充气和推进等。

目前大型离心式风机在化工企业中起着至关重要的作用，通过补风、输送空气或通过抽气维持系统真空。大型风机由于轴径较大，功率较高一旦出现故障维修周期较长，对转子动平衡要求较高，且在一定程度上影响着生产装置或环保装置的稳定运行。本文通过对两台离心式风机的现场检修经验分析了风机运行过程中的常见故障，结合设计因素、维保因素及状态监测等方面总结了风机故障的原因及维保方式以供同类设备参考。

关键词　离心风机　动平衡　故障维修　状态监测　设计

1　大型风机常见故障形式

大型离心风机一般存在叶轮直径与轴径比较大，电动机功率较高，负荷波动状态下轴向受力明显等特点，同时由于大型风机一般放置于室外，轴承润滑形式不一。目前本单位采用的大型离心风机主要为环保装置使用，结合历年维保情况总结出以下几方面故障形式：

（1）流量偏离严重：风机出口流量明显低于补风机额定流量。泵腔内存在严重湍流现象，叶片承受较大风载荷，造成叶片边缘撕裂。

（2）转子设计不合理：以本装置补风机为例，叶轮直径达到1.8m，与叶轮配合的轴径仅为34mm，且叶轮锁紧螺母设计为粗牙螺纹，抗振动、磨损能力较差，易发生轴头断裂等故障。

（3）联轴节老化失效，由于大型定频风机在启动过程中承受较大扭矩，因此一般定频风机采用“轮胎式”联轴器中间节。由于“轮胎式”中间节材质一般为橡胶材质，在温差变化较大的地区易产生裂纹现象，对设备振动产生不利影响。

（4）风机基础形式设计不合理，大型风机负荷较大，电机功率较大，风载对设备影响明显，因此对设备基础形式的设计至关重要，大型设备仍建议采用水泥浇筑基础代替单一的钢结构基础。

（5）风机吸入口过滤装置堵塞造成吸入量不足，轴向力变化加剧轴承磨损。对于双支撑的大型离心风机一般采用的是双列圆柱滚子系列的轴承，不但可以有很好的支撑作用，也有轴向的止推作用。轴承的失效主要表现为风机振动加剧，轴承箱油温升高等情况。

（6）风机转子挂灰或结垢严重，结垢脱落造成转子产生不平衡量，设备振动加剧。

（7）检修过程中叶轮或轴承安装不到位，或锁紧螺母预紧力不足在转动过程中松动造成异常振动。

2　实际案例分析(一)

简介：某公司尾气处理装置补风机为悬臂式离心风机，出口额定风量为67384m^3/h，主要用于控制反应器温度及补充燃烧所需氧气，主机厂家为巴克约根森风机(宁波)有限公司。由于反应器内催化剂作用条件需控制温度在430℃左右，因此在装置开车初期需将反应器入口风量控

第一作者简介：金宇，大学本科学历，工程师，副主任，现在吉林石化公司丙烯腈厂第二丙烯腈联合车间设备管理工作。E-mail：752815968@qq.com

制在较低范围（最低时需控制在 2000m³/h）来较快的升温效果，此过程需持续 1h 甚至更长时间。风机的流量特性曲线如图 1 所示。

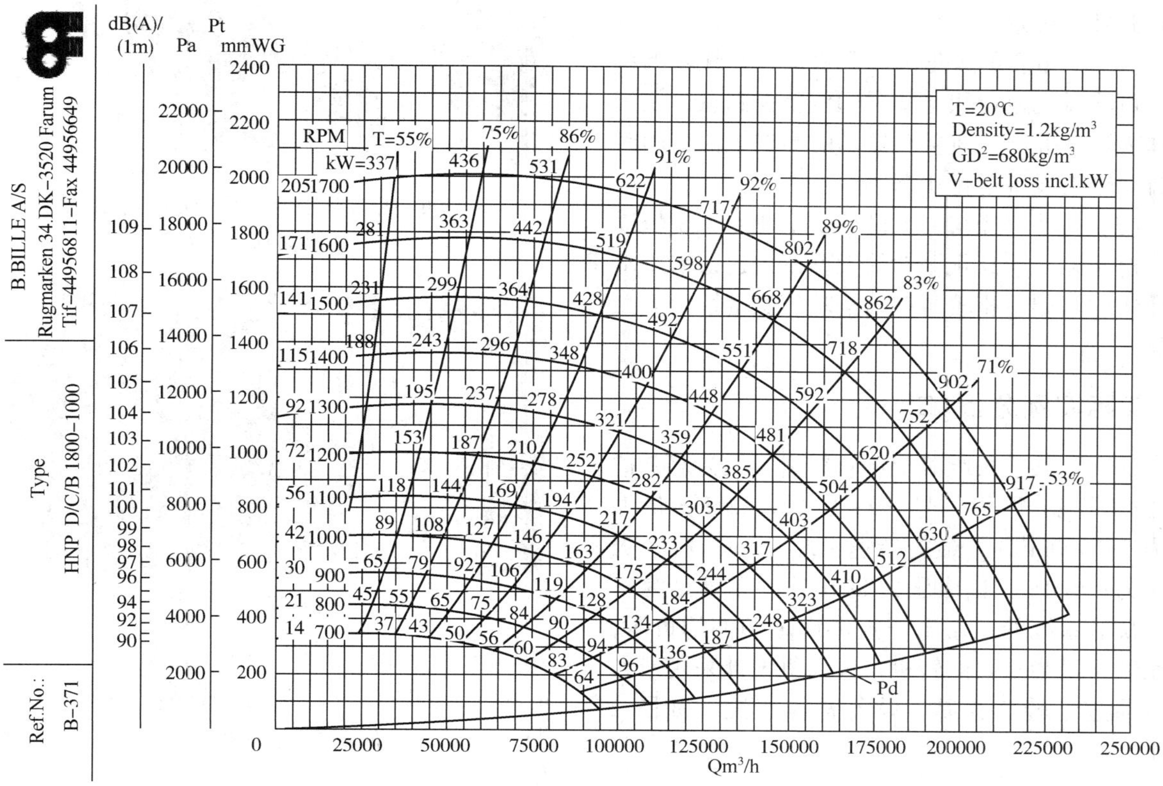

图 1 流量特性曲线

维修前设备运行状态：该装置投用前期，风机出口流量在 2000~4000m³/h 状态下，风机轴承径向振动值可达到甚至超过 10mm/s 并伴有明显嗡鸣声。同时由于长期存在的流量偏离现象，该设备转子于 2021 年 7 月装置投产期间出现轴头断裂现象，检查叶轮时发现叶片边缘撕裂。

问题分析：如流量曲线所示，在 1400r/min 的额定转速下，风量低于 25000m³/h 时，风机的效率值低于 55%，在装置开车伊始极低流量状态下，风机严重偏离额定工况。空气在风机腔体内产生涡动，叶片外圆承受较大应力，叶片边缘开焊，转子动不平衡量增大，振动异常。同时该风机叶轮直径（1.8m）与泵轴连接轴径（34mm）比例相差较大，泵轴长期承受较大的径向载荷，极易疲劳受损，造成泵轴断裂，叶轮脱落。

本次故障采取的措施：

（1）更换泵轴，将泵轴与叶轮配合处的轴径由 34mm 变更为 70mm，同时装配过程中采用细牙螺纹并增设双螺母防松背帽。

（2）在风机出口管路上增设放空，保障风机最小流量，减小风机腔体内的涡动现象。

（3）在风机上增设在线检测探头并可具有在线分析功能（本次使用的是容知在线检测系统）。

维修后运行状态：本次维修后该风机已连续运行 11 个月，装置投用初期风机轴承径向振动最高不超过 6mm/s，日常运行期间稳定在 4mm/s 至 5mm/s。期间对风机叶片进行检查，无裂痕、破损等异常现象。

建议措施：该案例是典型的由于设备流量偏离所导致的设备故障。由于该风机出口与尾气入口管线汇合后进入反应器且风机出口压力设计与尾气入口压力相差无几，因此在未经过精准核算的前提下不建议对叶轮外径进行车削，否则可能造成出口压力下降后无法起到补风作用。因此针对此类问题建议处理措施如下：

（1）风机出口增设放空管线或跨线，计算最小阀位开度，保证风机出口最小流量。

（2）泵轴与叶轮配合处轴承加粗，可承受较强径向载荷，叶轮与轴径配合处可设计为稍面配合，同时采用双螺母背帽增加预紧力。

(3) 设备启动前对轴承箱体紧固螺栓进行检查，对联轴器进行检查，如“轮胎”式中间节是否有开裂等现象。

(4) 对重要的大型离心风机加装在线监测系统，可将风机运行状态实时远传至控制室，便于操作人员掌握出口风量对振动的影响规律，同时可有效分析设备运行状态。

(5) 另外，经与当地设计院土建专家现场勘查，对于易产生高频振动的大型设备建议采用水泥灌浆的基础，相较与钢结构基础稳定性可大大增强。

3 实际案例分析(二)

简介：某公司废液焚烧装置引风机为双支撑离心式风机，风机型号 Y9-2＊38No23F，最大能力 597900m^3/h，最高转速 980(r/min)/h，吸入压力-745Pa，排出压力 8010Pa，作用是为整个焚烧炉系统的正常工作提供满足条件的负压，是系统中最为重要的转机。该风机设计采用液力耦合器进行转速控制。设备整体布置图如图2所示。

图2 双吸双支撑离心式引风机

维修前设备运行状态：该设备于2021年12月进行现场监测时发现驱动端轴承温度呈现上涨趋势，由38°C上涨至60°C。同时两侧轴承轴向振动值最高可达 13mm/s，径向振动值可达 6.5mm/s。同时炉膛压差波动，真空效果下降。以下为故障现象及问题剖析。

(1) 该风机主要故障体现在设备振动值超标，轴向振动值上涨较快，径向振动值也同步上涨，同时伴有轴承箱温度迅速升高等现象。此现象直观表现为轴承滚动体磨损，保持架磨损失效风险(图3、图4)。(注：该风机使用双列圆柱滚子系列的轴承，此类型轴承不但可以有很好的支撑作用，也有轴向的止推作用。)

图3 拆检后发现轴承滚子有明显麻点状损伤，保持架损伤严重

图4 轴承保持架磨损严重

由于该轴承为油浴润滑，配置甩油环增强润滑效果，同时该轴承使用寿命不足 8000h，同时振动上涨趋势存在突变迹象，不符合轴承缓慢劣化的状态。

(2) 对转子拆检后发现叶轮表面挂灰严重(转子详见图5)，且部分垢块脱落。引风机是焚烧系统的末端风机，烟气中灰屑较多，加上冬夏温差等因素，容易使叶轮和轴子表面附着有积灰，并伴有偶发性脱落(图6)，严重时脱落的积灰块厚度可达 20mm(图7)。此种情况容易引起转子不平衡量突变，严重影响转子动平衡精度，造成风机在运转过程中产生较大的轴向力和径向力，对轴承产生了不可逆的损伤。

图5 拆卸后的风机转子

(3) 鉴于此现象，继续对风机前端除尘系统进行拆检后发现：前端除尘系统除尘效果不佳，导致废灰聚积，堵塞通道。由于焚烧废水的成分复杂的原因，导致钠盐超标，焚烧后产生的钠盐

图 6　转子表面附着的结垢物

图 7　转子系统叶轮表面结痂后清理的灰块，厚度可达 20mm，严重影响动平衡

具有堆积密度小，质量轻的特点，在布袋除尘器负压条件下，靠自身重力到达灰仓底部比较困难，导致大量钠盐悬浮在布袋缝隙内。钠盐主要成分为碳酸钠，具有很强的吸潮特性，极易附着在布袋表面、除尘器内壁、烟道阀门等处，不能正常下落，吸潮板结后附着在各个角落（详见图 8），影响正常下灰，甚至堵塞下灰口影响风机入口风量。在引风机长期吸入压力不足的情况下，必将加大风机负荷，造成风机轴向力逐步增加，加剧轴承磨损。

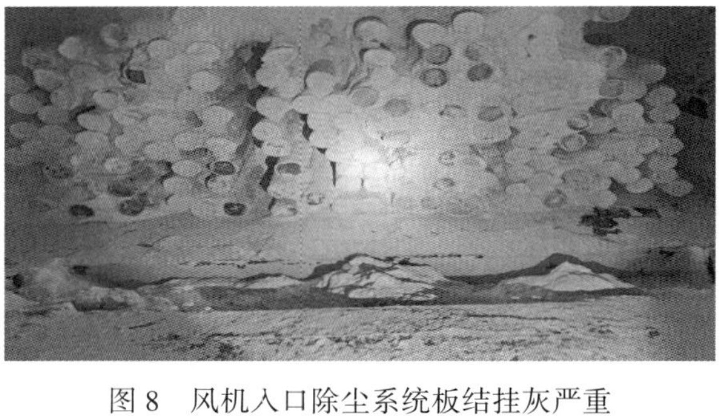

图 8　风机入口除尘系统板结挂灰严重

（4）润滑油无法定期更换。由于装置是连续运行，且风机原设计无在线换油设施（图 9），无法满足冬夏两季润滑油更换，只能择机在停车期间进行换油。润滑油长期使用，轴承磨损产生的金属屑、润滑油使用过程中轻组分挥发黏度变稠、氧化变质等因素都会加剧轴承磨损。

图 9　轴承箱设计有加油孔，没有在线换油的排油管

根源剖析及建议措施：该案例我们从设备故障基础表现开始分析，逐步探索问题根源后发现吸入口流量不足，转子挂灰结垢是隐患发生的根本原因。通过对装置原设计的审查，我们再次探索到了问题根源：经调查，该装置与 2020 年开始投烧丁辛醇废水，该废水性质为含钠的碱性废水，而该装置装置原设计焚烧总废水钠盐含量仅为 0.12%，按照设计只焚烧乙腈废水，总废水钠盐含量刚好在 0.12% 以内，目前焚烧 1.5t/h 丁辛醇废水（经分析丁辛醇废水中钠含量为 1.7%），总废水钠盐含量达到 0.31%，远超设计值。焚烧后产生的钠盐具有堆积密度小，质量轻的特点，在布袋除尘器负压条件下，靠自身重力到达灰仓底部比较困难，导致大量钠盐悬浮在布袋缝隙内。钠盐主要成分为碳酸钠，具有很强的吸潮特性，极易附着在布袋表面、除尘器外壁、烟道阀门等处，不能正常下落，吸潮板结后附着在各个角落，影响正常下灰，甚至堵塞下灰口影响风机入口风量。

该设备维修情况：

（1）本次检修将转子整体拆检，使用机械清洗方式对转子表面进行清洗（由于本地天气寒冷，使用机械清洗后需放置在暖库存放避免结冰）

（2）更换转机轴承（由于风机轴承较大，建议进行提前储备）

（3）清理风机前部除尘系统及入口管线，消除吸入量不足造成的轴向力变化。

（4）向上级管理部门提出废液焚烧装置设计依据，减少钠含量较高的废水焚烧量。同时属地管理部门制定严格的日常除尘要求，确保前部除尘系统不打量积存，同时制定定期拆检清理计划。

维修后运行状态：该设备维修后已经连续运

行6个月，轴温稳定在40°C上下（由于天气变化造成温度浮动）；轴承径向振动数据稳定在2.0mm/s以下，轴向振动数据稳定在3.0mm/s以下（随转速调整会出现小幅变化）。同时炉膛压力稳定无明显波动。

此类问题建议处理措施如下：

（1）要确保除尘系统清灰除尘彻底，使得风机通道通常，可在除尘系统灰仓出灰口处增加松动风设施，或在灰斗处增设振动装置，保证除尘效果，抑制废灰沉积、挂壁、结痂等情况发生。

（2）在条件允许的情况下，尽量对标原设计参数，焚烧的废液成分中各项指标尽量贴近设计指标。确保设备在原设计条件下运行。

（3）轴承箱结构改进。增加可在线更换润滑油装置，可将轴承箱底部排油孔处增加排油管路，使风机随时进行在线换油，实现周期性更换润滑油，保证最佳润滑、降温效果。

（4）加强离线监测，定期测振、测温，随时掌控设备运行情况。

4　结束语

结合以上两个案例分析，针对目前大型离心式风机普遍存在的轴承寿命短，振动偏高、转子不平衡等现象，我们大体可以分为两大类：①实际运行参数与设计指标存在较大偏离；②设备日常维保欠缺，检修质量把关不严导致设备在恶劣条件下运行。

针对以上问题，我们需要在项目建设初期严格对相关参数、设计标准进行把关；目前随着全国化工产业大量落地生根，项目建设数量如雨后村笋，项目建设时间好似平地起高楼。我们不能单一的对同类装置照搬照抄，甚至随意扩大参数范围，用大马拉小车的思想进行项目建设，在过度浪费的同时反而会缩短设备运行周期。另一方面，随着自动化、数字化项目日益成熟，化工装置的人员配备逐步减少，靠人为巡检来判断设备运行状态不再是我们的最优选择，转动设备的在线监测系统可以24h帮助我们监测设备运行状态，通过频谱分析结合工艺参数变化可以预知性判断转动设备是否到达检修周期、是否具备长周期运转条件。让化工设备更可靠，让问题处理更及时。

参考文献

[1] 祝燮权．实用滚动轴承手册[M]．上海：上海科技出版社，2002.

[2] 成心德．离心通用风机[M]．北京：化学工业出版社，2007.

[3] 李慎彬．转动机械在线诊断系统[D]．东北大学硕士论文，2006.

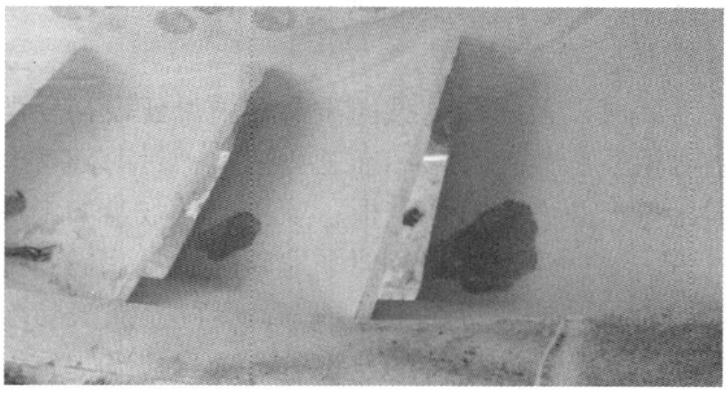

图 6　转子表面附着的结垢物

图 7　转子系统叶轮表面结痂后清理的灰块，厚度可达 20mm，严重影响动平衡

具有堆积密度小，质量轻的特点，在布袋除尘器负压条件下，靠自身重力到达灰仓底部比较困难，导致大量钠盐悬浮在布袋缝隙内。钠盐主要成分为碳酸钠，具有很强的吸潮特性，极易附着在布袋表面、除尘器内壁、烟道阀门等处，不能正常下落，吸潮板结后附着在各个角落（详见图8），影响正常下灰，甚至堵塞下灰口影响风机入口风量。在引风机长期吸入压力不足的情况下，必将加大风机负荷，造成风机轴向力逐步增加，加剧轴承磨损。

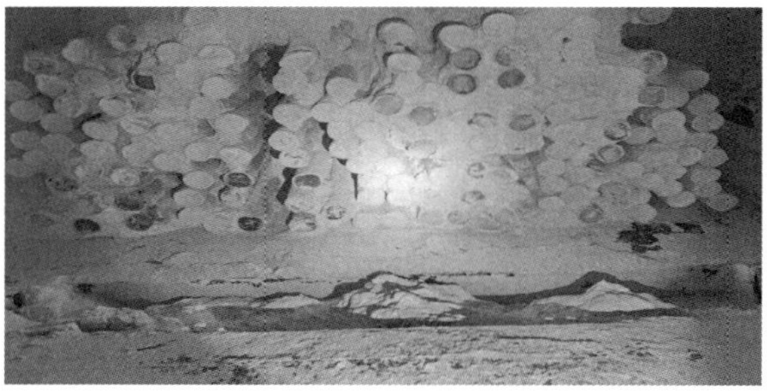

图 8　风机入口除尘系统板结挂灰严重

（4）润滑油无法定期更换。由于装置是连续运行，且风机原设计无在线换油设施（图 9），无法满足冬夏两季润滑油更换，只能择机在停车期间进行换油。润滑油长期使用，轴承磨损产生的金属屑、润滑油使用过程中轻组分挥发黏度变稠、氧化变质等因素都会加剧轴承磨损。

图 9　轴承箱设计有加油孔，没有在线换油的排油管

根源剖析及建议措施：该案例我们从设备故障基础表现开始分析，逐步探索问题根源后发现吸入口流量不足，转子挂灰结垢是隐患发生的根本原因。通过对装置原设计的审查，我们再次探索到了问题根源：经调查，该装置与 2020 年开始投烧丁辛醇废水，该废水性质为含钠的碱性废水，而该装置装置原设计焚烧总废水钠盐含量仅为 0.12%，按照设计只焚烧乙腈废水，总废水钠盐含量刚好在 0.12%以内，目前焚烧 1.5t/h 丁辛醇废水（经分析丁辛醇废水中钠含量为 1.7%），总废水钠盐含量达到 0.31%，远超设计值。焚烧后产生的纳盐具有堆积密度小，质量轻的特点，在布袋除尘器负压条件下，靠自身重力到达灰仓底部比较困难，导致大量钠盐悬浮在布袋缝隙内。钠盐主要成分为碳酸钠，具有很强的吸潮特性，极易附着在布袋表面、除尘器外壁、烟道阀门等处，不能正常下落，吸潮板结后附着在各个角落，影响正常下灰，甚至堵塞下灰口影响风机入口风量。

该设备维修情况：

（1）本次检修将转子整体拆检，使用机械清洗方式对转子表面进行清洗（由于本地天气寒冷，使用机械清洗后需放置在暖库存放避免结冰）

（2）更换转机轴承（由于风机轴承较大，建议进行提前储备）

（3）清理风机前部除尘系统及入口管线，消除吸入量不足造成的轴向力变化。

（4）向上级管理部门提出废液焚烧装置设计依据，减少钠含量较高的废水焚烧量。同时属地管理部门制定严格的日常除尘要求，确保前部除尘系统不打量积存，同时制定定期拆检清理计划。

维修后运行状态：该设备维修后已经连续运

行6个月，轴温稳定在40°C上下（由于天气变化造成温度浮动）；轴承径向振动数据稳定在2.0mm/s以下，轴向振动数据稳定在3.0mm/s以下（随转速调整会出现小幅变化）。同时炉膛压力稳定无明显波动。

此类问题建议处理措施如下：

（1）要确保除尘系统清灰除尘彻底，使得风机通道通常，可在除尘系统灰仓出灰口处增加松动风设施，或在灰斗处增设振动装置，保证除尘效果，抑制废灰沉积、挂壁、结痂等情况发生。

（2）在条件允许的情况下，尽量对标原设计参数，焚烧的废液成分中各项指标尽量贴近设计指标。确保设备在原设计条件下运行。

（3）轴承箱结构改进。增加可在线更换润滑油装置，可将轴承箱底部排油孔处增加排油管路，使风机随时进行在线换油，实现周期性更换润滑油，保证最佳润滑、降温效果。

（4）加强离线监测，定期测振、测温，随时掌控设备运行情况。

4　结束语

结合以上两个案例分析，针对目前大型离心式风机普遍存在的轴承寿命短，振动偏高、转子不平衡等现象，我们大体可以分为两大类：①实际运行参数与设计指标存在较大偏离；②设备日常维保欠缺，检修质量把关不严导致设备在恶劣条件下运行。

针对以上问题，我们需要在项目建设初期严格对相关参数、设计标准进行把关；目前随着全国化工产业大量落地生根，项目建设数量如雨后村笋，项目建设时间好似平地起高楼。我们不能单一的对同类装置照搬照抄，甚至随意扩大参数范围，用大马拉小车的思想进行项目建设，在过度浪费的同时反而会缩短设备运行周期。另一方面，随着自动化、数字化项目日益成熟，化工装置的人员配备逐步减少，靠人为巡检来判断设备运行状态不再是我们的最优选择，转动设备的在线监测系统可以24h帮助我们监测设备运行状态，通过频谱分析结合工艺参数变化可以预知性判断转动设备是否到达检修周期、是否具备长周期运转条件。让化工设备更可靠，让问题处理更及时。

参考文献

[1] 祝燮权．实用滚动轴承手册[M]．上海：上海科技出版社，2002.

[2] 成心德．离心通用风机[M]．北京：化学工业出版社，2007.

[3] 李慎彬．转动机械在线诊断系统[D]．东北大学硕士论文，2006.

浅析双端面机械密封在胶液介质机泵中的应用

簿世超

（中国石油吉林石化公司）

摘　要　某装置加热器进料泵机械密封故障频繁，经常发生机械密封泄漏情况，现场53A系统氮气源压力有限，遇到工艺波动则会影响密封使用寿命，导致双端面机械密封当作单端面密封使用。本文针对加热器进料泵机械密封故障原因进行分析，进行针对性的优化改进，冲洗方案由Plan32+13+53A+61改为Plan32+13+53B+61。目前，加热器进料泵机械密封运行稳定，未发生过泄漏故障。

关键词　加热器进料泵　密封　泄漏

引言

某石化公司乙丙橡胶装置共计有两台加热器进料泵，该泵密封冲洗方案为Plan32+13+53A+61，泵入口来自上端聚合溶液输送泵，泵出口输送介质胶液至E-1401换热器，经过E-1401/E-1402/E-1403换热器加热后进入搅拌釜D-1401。其主要作用是将胶液由300#水洗单元运送至400#挤出造粒单元。由于工艺生产原因经常出现跳车（压力超过2900kPa），跳车后切断阀直接切断进料及后续加热器的加热蒸汽，跳车时出口压力高且波动大，易造成一级密封承受反压（一级密封压力高于二级密封压力）从而导致密封泄漏，且介质泄漏到二级密封腔后附着在53A系统的管路上，降温后介质冷凝造成管路堵塞，最终导致53A罐体报废。自2014年9月投入使用至今，双端面密封的正常使用周期不超过1个月，由于泄漏频繁，在一级密封泄漏后现场一般不更换新密封，密封第二级53A罐体切断后，一及密封保持32冲洗当单端面密封使用，运转周期无法达到规定要求。机械密封的突然泄漏将会影响装置的安全生产。另外，胶液中含有已烷具有高度挥发性，暴露在大气中影响设备、人身的安全。

改造目标：实现加热器进料泵双端面机械密封正常使用且介质无泄漏，寿命至少8000h，同时发生泄漏时能够提前预知并报警。

1　53A双端面机械密封泄漏分析

该装置加热器进料泵的原机械密封为双端面结构，但实际按照单端面密封使用（二级密封53A系统关闭），冲洗方案为Plan32，即现场引入外冲洗液，接入机械密封压盖，对机械密封摩擦副进行冲洗如图1所示。

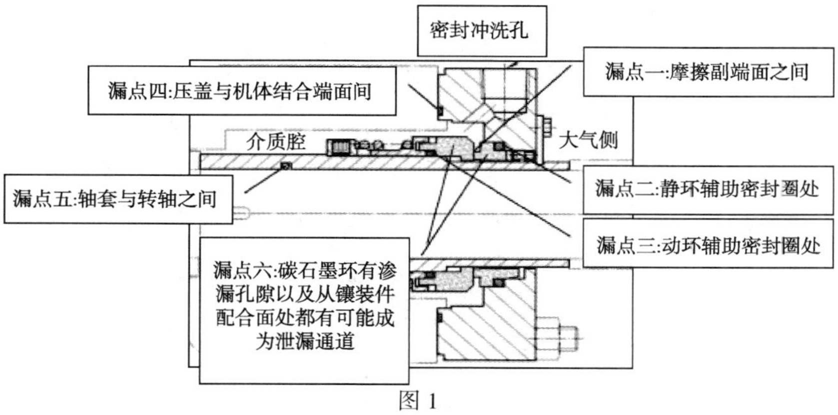

图1

第一作者简介：簿世超，硕士，2018年毕业于华东理工大学，动力工程专业，现在中国石油吉林石化公司有机合成厂任机动科副科长，工程师，从事设备管理工作。E-mail：jh_bsc@petrochina.com.cn

动环受到密封腔中液体的压力和弹性元件的压力，使其端面贴合在静环的端面上，形成微小的轴向间隙而达到密封目的。

根据检查结果，分析机械密封泄漏原因：

原密封结构如图2所示，P32外冲洗接口(FI)与P13接口(FO)均处于同一水平高度，并呈180°对称布置。当外冲洗液(正己烷)进入密封腔后，与密封腔中的介质(胶液+己烷)发生“混流”现象，一同进入P13管线，去往泵入口(压力最低处)。介质中的胶液与一级密封补偿弹簧直接接触，并进入密封圈、弹簧座等狭窄之处，容易造成密封补偿不畅的情况，导致密封泄漏。

一是故密封的泄漏原因为局部结构设计不尽合理，P32外冲洗方案亦未完全发挥作用，不能完全阻隔胶液介质与一级密封零部件的接触，导致在P53A方案的储罐密封氮气压力波动时，弹簧无法及时进行有效补偿进而发生泄漏。且由于装置有跳车的突发情况，泵入口压力瞬间增大导致一级密封承受反压，该密封的结构无法承受反压从而失效。

二是由于介质含有胶液，从一级泄漏到二级并在53A罐体内循环，停泵后胶液冷凝并堵塞管路，导致二级无法循环。

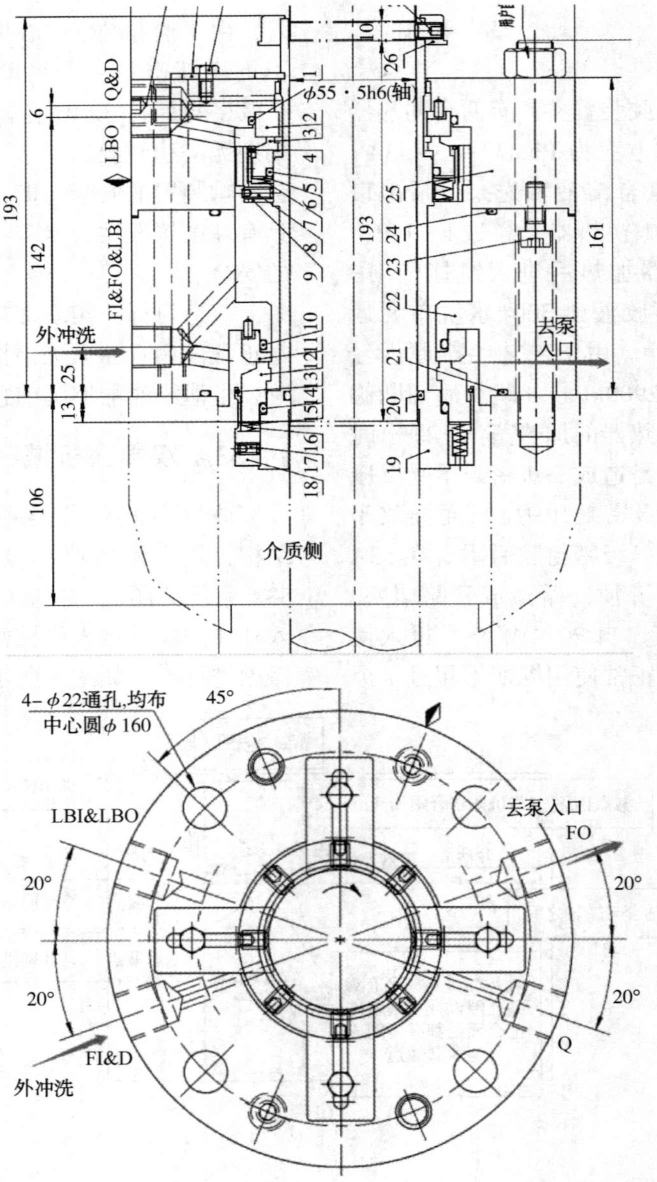

图2

2　双端面机械密封改造方案

根据加热器进料泵使用机械密封频繁泄漏的原因分析，只有通过改善密封的结构形式以及更换合理的冲洗方案方能延长密封整体使用寿命，所以，需要选用其他冲洗方案代替现有方案。

首先，根据泵型确认密封腔体的尺寸空间，该泵为嘉利特立式泵（泵型号：150×100VPCH8M210H），在现有空间对密封进行结构优化。

原机械密封为串级双端面机械密封，一级密封补偿弹簧直接与介质中的胶乳接触，一旦系统压力波动，长期泡在胶乳中的弹簧无法进行有效补偿，胶乳并进入密封圈、弹簧座等狭窄之处，容易造成密封补偿不畅的情况，从而引发泄漏。

因此，有 2 个要素需要改进，一是调整一级密封补偿弹簧方向，改善补偿效果；二是降低系统压力波动对密封端面的冲击影响。

密封结构设计：

（1）选用新型串联的双端密封结构（图 3），一级密封改用双向平衡型结构（可承受一定的介质反压），同时将一级密封补偿弹簧移至二级密封腔内，让其直接与密封液（白油）接触，杜绝与胶液介质接触的可能性，保证弹簧进行有效补偿。

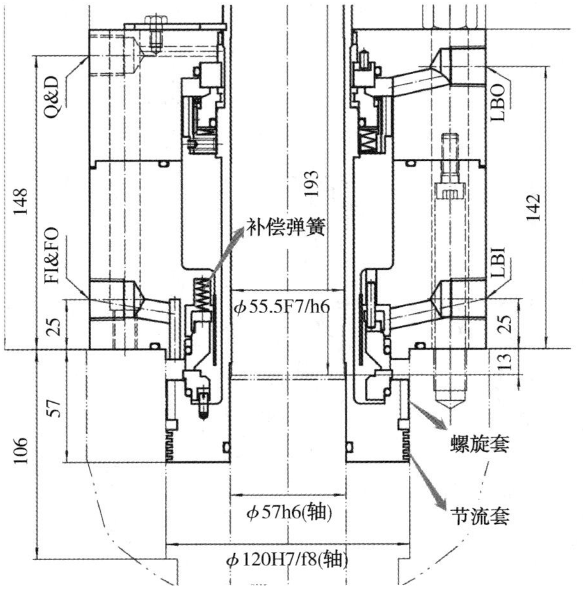

图 3　新型双端面密封

（2）在介质与 P32 外冲洗液（正己烷）之间增加螺旋套结构，使其同泵轴一起旋转，产生一定的下推力，阻隔介质进入密封端面处。

（3）在螺旋套下部增加节流套，通过保证节流套与密封腔体之间的间隙值，降低密封腔压力，提高密封使用寿命。

其次，冲洗方案的调整。根据加热器进料泵输送介质为胶液、己烷的特性，介质严禁外漏，原冲洗方案定为 53A；由于 53A 现场的氮气压力不足，且经常出现波动，无法面对跳车时的胶乳压力升高对密封腔的冲击，现调整冲洗方案定为 P53B，能够有效进行压力调节。

系统的方案调整：

原系统为 P53A 方案，密封液（白油）通过管网氮气线进行加压，无法进行手动调节，且在使用中多次出现压力波动情形，导致胶液介质反串进入密封液（白油）内，影响密封长周期使用，故将 P53A 改为 P53B 冲洗方案。

根据计算，密封腔处介质压力为 0.55MPa 左右，外接白油需要加压到合适压力（0.96MPa 左右）。该密封辅助系统（图 4）有氮气、白油、循环水三种介质，氮气加注在蓄能器气囊内，作为提供系统稳定压力的动力源；白油作为密封冲洗介质在辅助系统与密封之间循环；循环水作为冷却介质为循环的白油进行降温。

参考 API STD 682-2004（R2011）、API STD 682-2014 标准，并结合目前国内的 P53B 系统的使用现状，对系统进行了改进（图 5），针对该加热器进料泵的特殊性做出了针对性的调整，特性如下：

（1）系统采用新型双通道式换热器，有效提高换热效率，降低密封液运行温度，保证密封的长周期使用。

（2）系统配置大容量蓄能器（标准蓄能器容量为 25L，大容量为 35L），延长密封补液周期；同时配合手动补液泵使用，拥有更大的系统压力调节范围。此外还可降低管网氮气使用量。

（3）该系统只需一个压力变送器即可，较原系统（53A）减少了报警点数量，同时又能够保证该密封的安全使用。

3　改造效果

乙丙橡胶装置改造 2 台加热器进料泵，将密封改为新型双端面结构，冲洗方案也由 Plan32+13+53A+61 改为 Plan32+13+53B+61 型式。经过近一年运行、调整，观察现场的密封泄漏情况

(包括胶液、白油泄漏)，密封白油压力最终定为 0. 90~0. 98MPa。系统整体运行稳定，介质泄漏问题得以解决，目前运行效果良好。

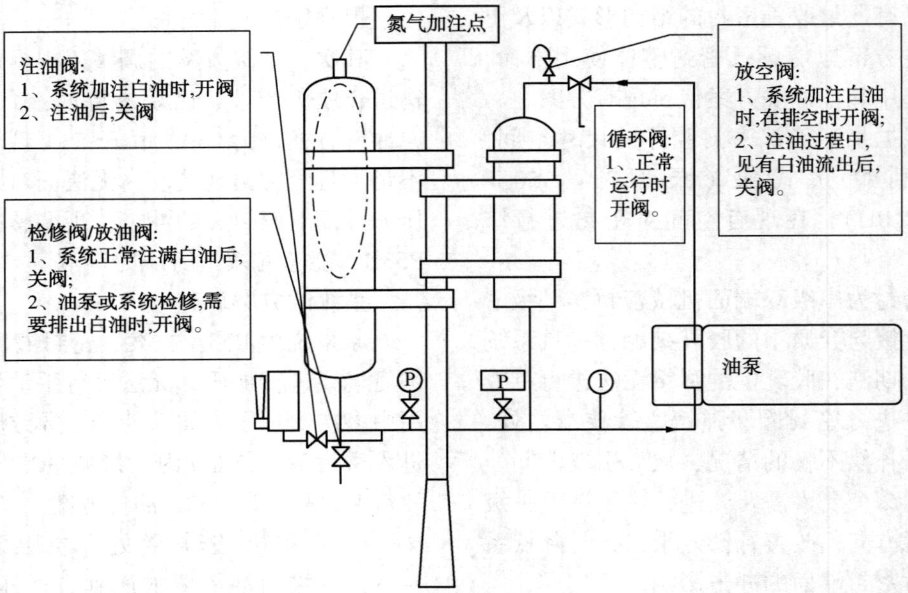

图 4　辅助系统

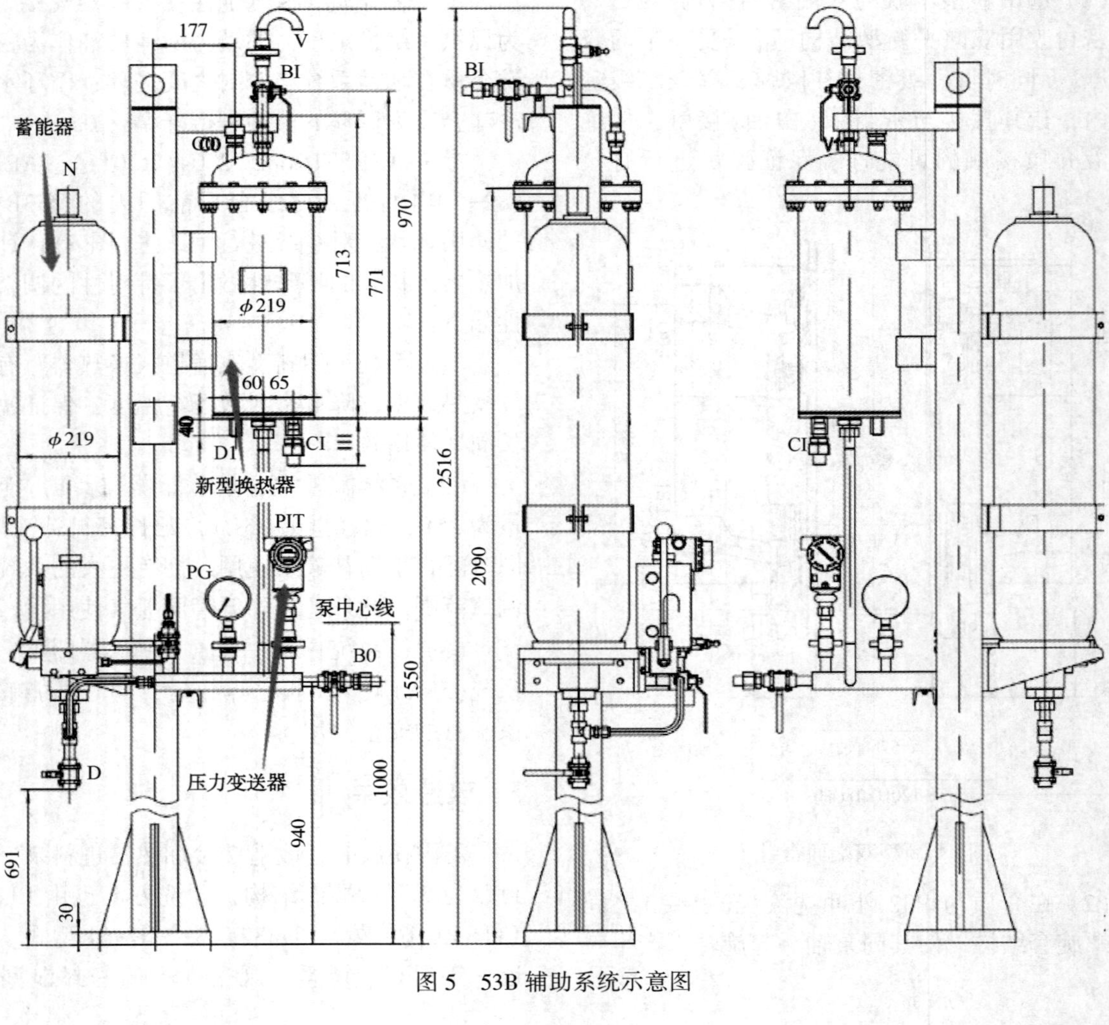

图 5　53B 辅助系统示意图

参 考 文 献

[1] 王汝美．实用机械密封技术问答(第二版)[M]．北京：中国石化出版社，2004.
[2] 中国石油化工集团公司人事部．中国石油天然气集团公司人事服务中心编．机泵维修钳工[M]．北京：中国石化出版社，2007.
[3] 离心泵和转子泵用轴封系统 API STD 682，第 4 版[M]．北京：石油工业标准化研究所翻译出版，2014.

双螺杆制冷压缩机滑阀组件国产化试验研究

于凡博　唐志鹏　姚　慧

（中国石油吉林石化公司）

摘　要　双螺杆制冷压缩机与其他结构压缩机相比，结构简单，动平衡性能好，机组整体占地面积小。另外，双螺杆制冷压缩机主要磨损部件均为转动部件，在保证润滑良好的前提下，运行周期长，使用可靠，有利于自动化控制。最重要的一点，它采用了滑阀控制，可实现无级调节。

关键词　双螺杆制冷压缩机　滑阀　国产化

1　背景概况

随着我国工业化的不断发展，设备制造的经济性、使用便捷性、运行可靠性、检修便捷性，已经成为了各业主考察设备的首要因素。制冷机组作为重要的设备，它广泛的应用于各化工行业、制药业、大型商场等。传统的制冷压缩机主要以往复式为主，但是这种机组易损件较多，效率低，已经不适合大面积的推广使用。经过研究和发展双螺杆制冷压缩机以其结构较为简单、操作较为方便、维修较为便捷以及可以实现无级调节，节约能耗等优点已经成为了未来制冷压缩机的发展趋势。但是，机组内的一些关键部件，例如滑阀组件的制作工艺还掌握在外国手中，如何避免“卡脖子”，已经迫在眉睫。

滑阀组件是双螺杆压缩机在内部腔体内轴向滑动的部件，位于转子高压侧，来调节能量和卸载启动。滑阀调节能量的原理，是利用滑阀在螺杆的轴向移动(图1)，以改变螺杆的有效轴向工作长度，使压缩机能量在10%~100%内无级调节。

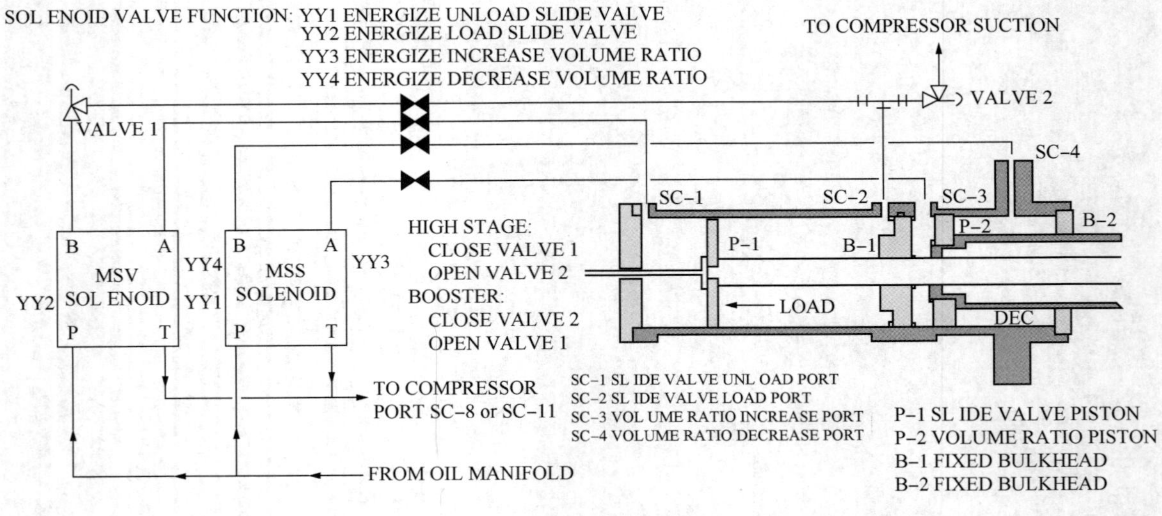

图1　滑阀工作示意图

2　滑阀组件国产化试验研究

以约克RWBII676E双螺杆制冷压缩机为例，该机组制冷量为3300kW/h，使用R22作为制冷剂，产出-10℃冷冻盐水。

在一次压缩机大修中发现，该压缩机的滑阀、拉杆以及滑阀腔体磨损十分严重，已经无法使用。约克厂家可以提供整套的备件，但是需要

第一作者简介：于凡博(1990—)，2013年毕业于吉林化工学院，工学学士学位，现在吉林石化丙烯腈厂从事设备设施维护管理工作。Email：764865233@ qq. com

从国外发货，备件供货时间周期长，同时备件成本高。针对以上问题将滑阀组件国产化，突破技术封锁，是最好的解决办法。

2.1 尺寸检验

对每个零部件进行一次尺寸测绘，以确定下一步工作步骤。首先是缸体，缸体配合部位内孔磨损，表面有拉伤沟痕，记录未磨损的区域数据作为参考值(图 2)。

其次是滑阀拉杆，整体监测有一定的弯曲，确定一个基准数据后对其进行形状公差及轴径进行检测(图 3、图 4)。

最后是滑阀的测绘，肉眼可见滑阀表面磨损严重，呈拉伤状沟痕(图 5)。

通过上述工序，可以确定配合公差，作为下步检修安装试验标准。

2.2 材质分析

通过材质分析检测滑阀和缸体材质一致，从元素含量上看为铸钢，与国内现有牌号进行比较，没有相对应的材料，但是从各种特性上看，类似 20Mn2 合金钢(图 6~图 8)。

位置	Φ1 (磨损区域)	Φ1 (未磨损区域)
数据	$240^{0.30}_{+0.12}$	$240^{+0.04}_{+0.03}$

图 2　缸体检测尺寸图

位置	a	b	c	d	e	f(基准)
数据	0.07	0.21	0.55	0.25	0.25	0.02

图 3　拉杆检测尺寸图(1)

位置	Φ1	Φ2	Φ3	Φ4(磨损最深部位)
数据	$60^{+0.31}_{+0.30}$	$60^{+0.07}_{+0.06}$	$50^{+0.76}_{+0.75}$	52.78

图 4　拉杆检测尺寸图(2)

位置	Φ1	Φ2(未磨损部位)
数据	$240^{-0.40}_{-0.60}$	$240^{-0.08}_{-0.10}$

图5　滑阀检测尺寸图

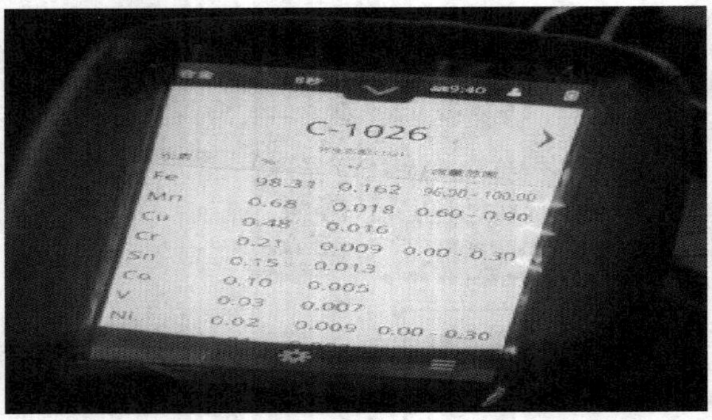

图6　滑阀材质检测结果图

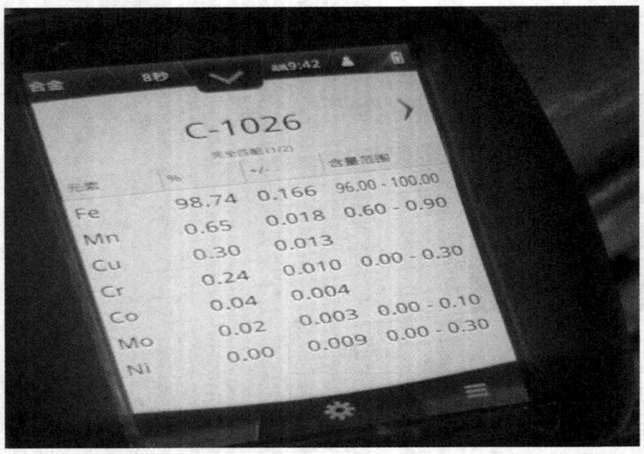

图7　缸体材质检测结果图

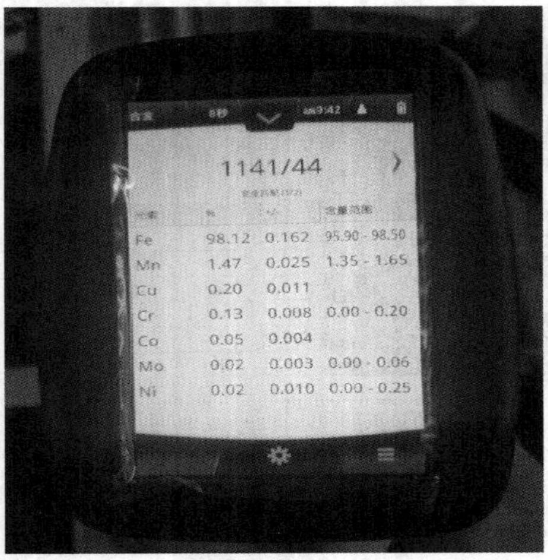

图8　拉杆材质检测结果图

硬度方面，滑阀、缸体硬度接近，硬度180HB左右；滑阀拉杆的硬度在205～240HB。将数据进行综合对比，国内没有与之相同牌号的材料，故先用特性接近的铸钢和铸铁材质进行熔覆试验，但是在惰性气体的保护下依然存在气泡，熔覆位置无论是粗糙度还是强度上均无法满足实际工况要求(图9、表1、表2)。

图9　材质熔覆试验

表1　两种材质化学成分对比分析

化学成分含量	钢材牌号	
	20Mn2	42CrMo
碳(C)/%	0.17～0.24	0.38～0.45
硅(Si)/%	0.17～0.37	0.17～0.37
锰(Mn)/%	1.40～1.80	0.50～0.80
磷(P)/%	≤0.025	允许残余含量≤0.035
硫(S)/%	≤0.025	允许残余含量≤0.035
铬(Cr)/%	≤0.30	0.90～1.20
镍(Ni)/%	≤0.30	允许残余含量≤0.30
铜(Cu)/%	≤0.25	允许残余含量≤0.30
钼(Mo)/%	0	0.15～0.25

表 2 两种材质力学性能对比分析

力学性能	钢材牌号	
	20Mn2	42CrMo
抗拉强度 σ_b/MPa	≥785	≥1080
屈服极限 σ_s/MPa	≥590	≥930
伸长率，δ_5	≥10	≥12
断面收缩率，ψ	≥40	≥45
冲击吸收功/AkV(J)	≥47	≥78
硬度/HB	≤187	≤217

通过金相分析数据和硬度检测数值理性讨论分析，经过钢材化学成分与力学性能对比，选用了综合力学性能更优越的 42CrMo 材质。根据拉杆的各部实测尺寸以及与滑阀、滑块、活塞的间隙配合要求，最终确定图纸并加工制作。

由于该滑阀属于平面型双阀瓣结构，形状极其特殊，普通的测绘方法无法准确测量。需要借助滑阀三坐标测量，对滑阀与阴阳转子配合部位的关键尺寸进行定位，确认两圆弧半径和相对位置(图 10)。

图 10 滑阀进行激光扫描准备

由于滑阀的作用极其关键，如果测量不准确或者尺寸公差不满足配合间隙要求，那么原通过冷冻机油控制滑阀移动的行程将不准确，给日后操作和调节带来了一定困难。所以，通过三维建模和三维坐标测绘，修改校正相关数据，绘制出图。并根据原滑阀的硬度以及特性，最终选择 QT500 为材料加工(图 11)。

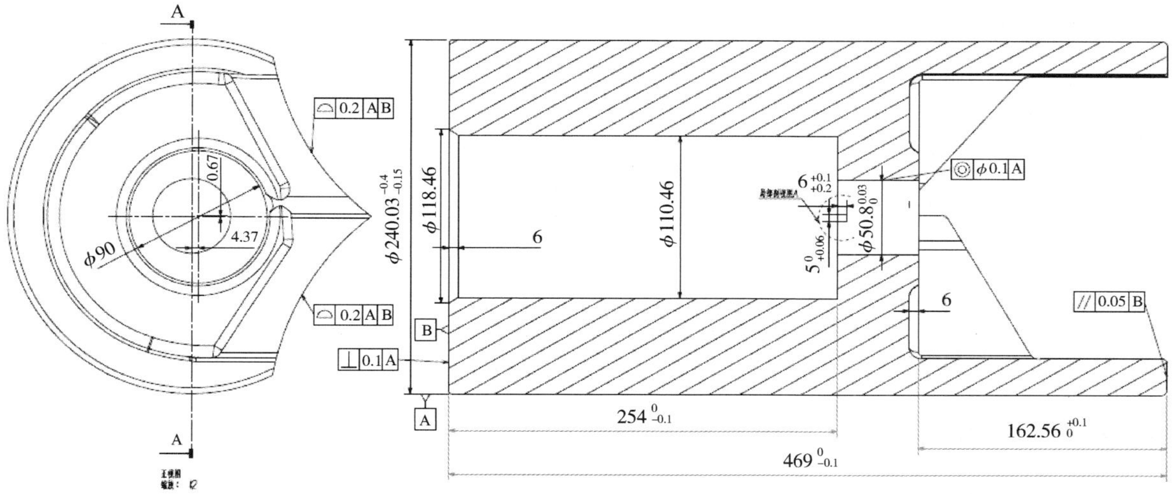

图 11 滑阀图纸示意

2.3 制作加工

首先将选好的胚料，上车床粗加工，保证外圆尺寸、长度、孔洞尺寸满足要求。制作专用的工装将粗车的滑阀固定在数控铣床内，根据测绘后的图纸进行精细加工(图 12)。

加工完毕后，利用三维坐标对新制作的滑阀进行校验，确认尺寸与公差满足图纸要求。最后，将处理完成的拉杆与滑阀组装，与缸体进行安装试验，对配合部位进行精磨处理。制冷机组滑阀组件安装投用后，滑阀运行正常。

3 结语

纵观此次滑阀组件测绘制造过程，主要存在两个方面的难点。一是滑阀组件材质的选择及加工方法，由于国内外钢材牌号标准存在一定的差距，且滑阀组件材质的处理方法也不能确定，一旦选择不当，热处理方法欠妥的话，对于机组运行有很大的影响。二是异型设备的测绘和制作加工方法，对于设备制造原厂家配合公差、表面光泽度等数据的封锁，只能基于现有国家标准、行业标准以及维修维护经验来进行判断。

图12　滑阀精加工

在一些大型机组关键备件制造加工相比于一些先进国家确实存在一定的差距，但这次滑阀组件国产化从材质分析、测绘、制图、加工及安装的整个过程无疑是成功的，这是突破的一步。对于其他类似情况，我们也可以借鉴此成功经验，逐步完善相关的国家行业标准，为设备制造行业发展助力。

参 考 文 献

[1] 谭海龙．单螺杆式制冷压缩机的滑阀结构改进[J]．制冷与空调，2020年10月，14-17.
[2] 任海军．双螺杆式制冷压缩机的日常维护和保养[J]．维护与修理，2018.

E232 型烟气轮机国产化

李睿翾　于冠华　谷牧原

（中国石油大连石化公司）

摘　要　本文从英格索兰烟气轮机 E232 结构特点、使用运行情况介绍了烟机转子和静叶组件国产化过程中的加工制造难点，制定专项方案解决制造技术瓶颈，并结合近年国内外烟机结构的改进和管理经验，在烟机 E232 国产化的同时对局部结构进行了优化，并提升监控管理，取得了较好的运行效果。

关键词　烟气轮机国产化　E232　结构优化　装配制造

二催化装置于 1988 年 12 月 21 日投用生产至今，引进美国 I-R（英格索兰）公司整套主风机组，机组形式烟机-轴流主风机-汽轮机-齿轮箱-电动发电机。其中烟机作用为回收再生器烟气能量，为主风机提供能量，由于烟机是炼油厂催化裂化装置核心机组主风机组的关键设备，其运行质量不仅关系到装置能耗的高低，更影响到装置的长周期运行。二催化烟机型号为 E232 双级烟机，该烟机共有 2 套转子，运行至 2020 年共计运行 30 年，平均每套转子运行 15 年。2017 年停检和 2020 年停检由于以上两套转子磨损严重，相继进行报废处理。根据《烟气轮机长周期运行指导意见》，烟机运行 17000h 须停下来进行检查维修，同时随着催化装置的检修周期由原来的三年提升至四年，因此二催化急需制作备用烟机转子，考虑到二催化采用的 E232 双级烟机多年来运行平稳，且该烟机有更换过二级国产动叶片和二级轮盘的成功经验，综合考虑双级改单级的费用和时间成本，决定对烟机转子和静叶组件进行原尺寸测绘国产化。

1　烟机结构特点及使用情况

1.1　E232 结构特点

E232 为双级悬臂刚性转子，一二级轮盘与主轴采用止口定位，轮盘与主轴连接采用空心拉杆螺栓热装形式，径向销传递扭矩。一级轮盘前侧面的轮毂外径表面配置蜂窝密封，使冷却蒸汽经一级轮盘上的通孔和一二级配合面上的径向槽进入一二级轮盘间空腔，一二级轮盘与静叶径向密封采用蜂窝密封。该烟机叶片材质为镍基含钴高温合金，美国牌号为 Waspaloy，国内牌号为 GH864/GH738，运行转速为 6300r/min，功率：9194kW，动静叶片设计数量按照互为质数布置原则，其中一级静叶 58 片，二级静叶共 60 片，一二级动叶各 63 片，动静叶片表面喷涂长城 1 号，烟机转子结构如图 1 所示，运行工艺参数见表 1。

1.2　烟机使用情况

1.2.1　烟机叶片及轮盘冲蚀严重

（1）2020 年烟机检修二级轮盘入口叶根处累积冲蚀严重，转接 R 冲蚀深度达 7.58mm，个别深处有 9mm，影响轮盘的强度（该轮盘共使用 4 年），轮盘榫槽端面冲刷严重，磨损深度超过 4mm 应判报废。

（2）二级动叶片叶根处也冲蚀严重（累计运行 4 年），最深处达 6.9mm，一级动叶片）有 2 片出现疲劳裂纹，材料进入失效期。根据《烟气轮机长周期运行指导意见》动叶片在正常工况下累计运转时间超过 50000 小时或基体检测发现裂纹的动叶片必须报废。二级轮盘磨损情况如图 2 所示。

1.2.2　动叶片存在缺陷

E232 动叶片抛光去掉涂层后，经荧光检查发现有部分叶片叶背处存在缺陷，叶片缺陷深度大于 1.5mm。荧光检测图片如图 3 所示。

1.2.3　烟机主轴硬度超标

实际测得烟机主轴的硬度如下：轴头 HB232 - 239、前轴颈 HB232 - 248、中间段

第一作者简介：李睿翾，助理工程师，2012 年毕业于辽宁石油化工大学过程装备与控制工程专业，现从事中国石油大连石化公司第四联合车间从事设备管理工作。E-mail：lirx_dl@ petrochina. com. cn

HB237-248、后轴颈 HB205-224，按烟气轮机技术条件 HG/T 3650—2012 附录 F 中的要求规定的 40CrNi2MoA 材质轴的硬度应为 HB293-341，该轴的硬度明显低于下限值，说明转子主轴材质劣化严重，无法继续使用。

1.2.4　二级静叶冲蚀缺损严重

二级静叶组件共 10 块，其中五块有叶片出现严重缺损，叶片强度下降严重，存在安全隐患，无法继续使用(图 4)。

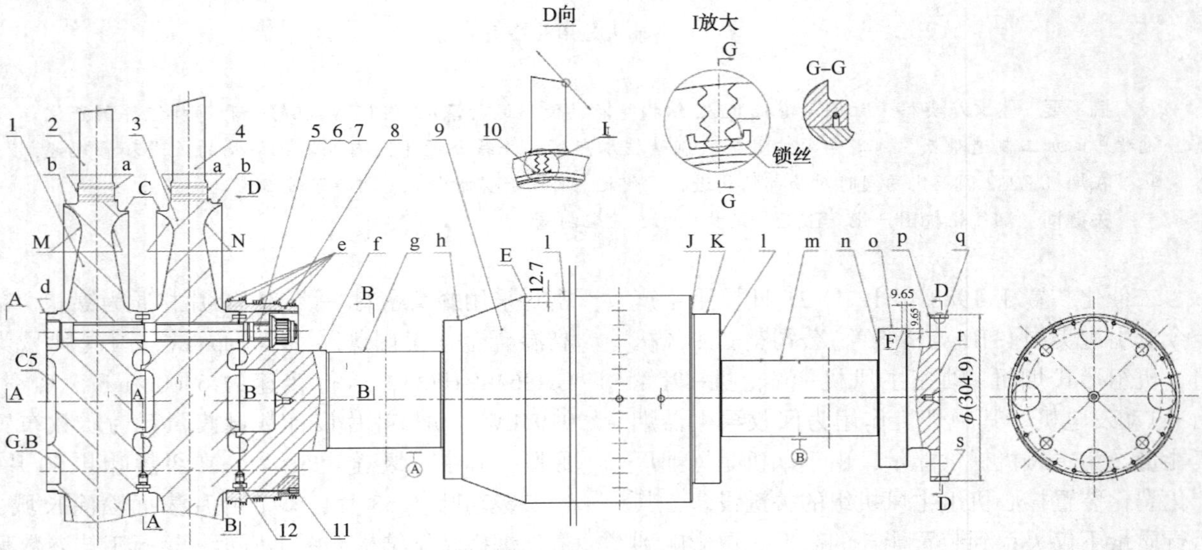

图1　烟机转子结构

表1　烟机运行工艺参数

时间	烟机入口蝶阀开度/%	烟机入口温度/℃	烟机出口温度/℃	烟机入口压力/kPa	烟机出口压力/kPa	1.0MPa 轮盘蒸汽流量/(kg/h)	密封蒸汽差压/kPa	发电功率/MW
2020.11.1	88	688	540.2	163.5	8.92	2900	12.8	1.2
2022.4.12	75	689	553.4	139.9	8.83	2900	11.4	1.5

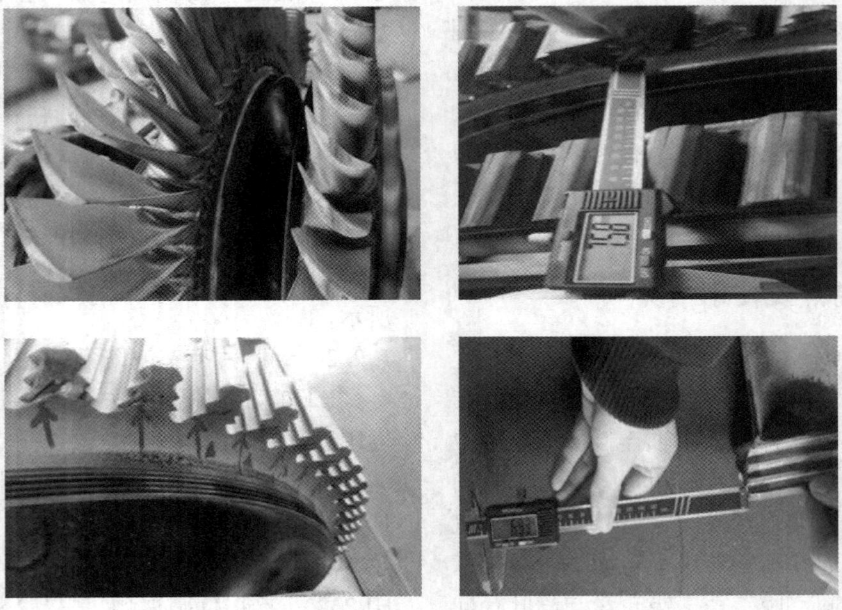

图2　二级轮盘 R 角和叶根处冲蚀严重

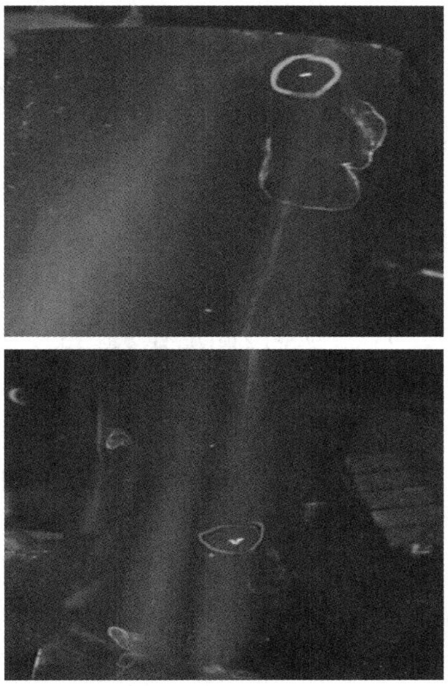

图 3　动叶片缺陷

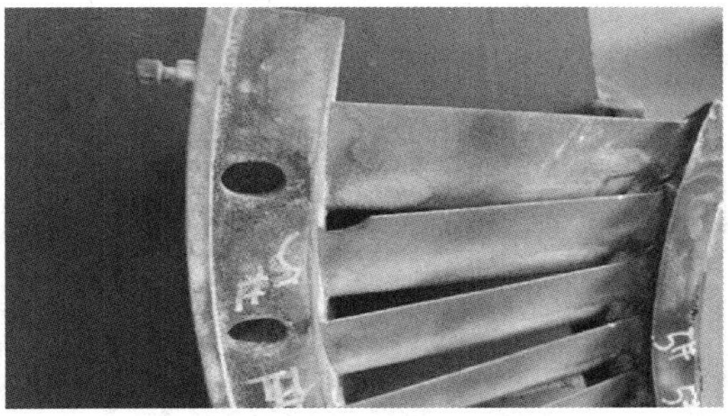

图 4　二级静叶组件叶片缺损

1.2.5　传扭销孔磨损严重

原转子每个轮盘 5 个传扭销孔因磨损曾经更换过一次加工位置，没有再加工的位置，扩孔需增加粗、半静及静加工扩孔刀具，并且此方法需前期做试件验证加工可行性，故此工艺方法实施起来有较大的难度和风险，因此需制作新轮盘，传扭销装配如图 5 所示。

2　二烟机国产化产化制造方案

2.1　二级烟机 E232 加工制造的难点

2.1.1　静叶组件制造

（1）国内外静叶组件结构形式有所不同，国产静叶组件单级固定在进气锥端面，双级分上下两半固定在一级动叶和二级动叶之间。E232 二级静叶组件为插片式静叶结构，采用内、外环固定的两端支撑形式，使得叶身受力更加均匀，E232 静叶片在与内环本体焊接的同时，还和外环焊接成整体。但是 E232 的静叶及环体结构单薄，在整体强度和刚度和国内静叶组件相差较大，加工难度大，在加工上对叶片焊接的角度及内、外环上叶片的定位孔尺寸及位置精度要求高，必须采用数控加工的方法来确保位置要求。同时在焊接过程中为防止变形，还加工制作了内外环固定工装，保证焊接过程无变形，最后型面加工完成后还需要对静叶组件整体等分分割成 10 块。这种多块静叶结构，尽管结构复杂，但是在安装过程可以调整每块的径向间隙，不但能够调整径向气封间隙，也可以调整周向间隙，从而解决了因壳体变形导致静叶固定环体变形无法保证安装的问题，二级静叶固定内外支撑工装及静叶组件如图 6 所示。

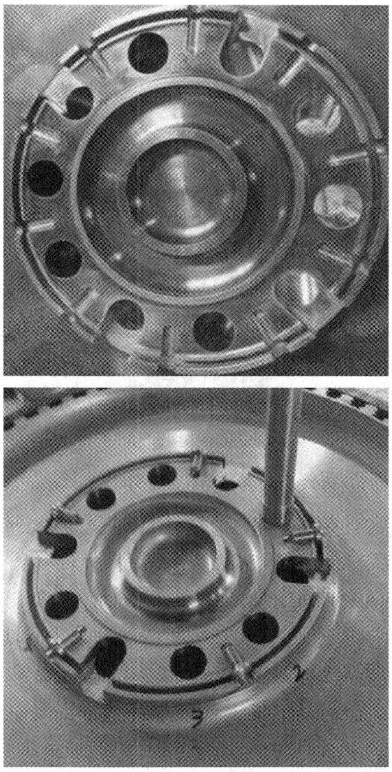

图 5　传扭销装配

（2）二级静叶封严环采用蜂窝密封，密封体选用耐高温耐腐蚀的 0Cr18Ni9 材料，蜂窝密封制作采用高温真空钎焊，分割二级封严环，将封严环按原样安装到二级静叶扇形组件上并锁上螺钉；二级封严环的分割应采用数控线切割，保证结合面的空间角度和结合面的贴合严密；二级静叶气封环和装配完后静叶组件如图 7 所示。

2.1.2　拉杆螺栓及传扭销加工安装

（1）E232 转子结构与国产转子不同，国产转子采用的是冷拉螺栓及套筒传扭的方式，而

图6　二级静叶内外环固定环及静叶组件

图7　气封环和二级静叶装配完成后切割成10块

E232转子是采用空心螺栓及径向销传扭的方式，拉杆螺栓及螺母材质GH4169，采用电热丝加热拉杆螺栓进行热紧装配。

（2）十个位于一二级轮盘之间，二级轮盘与主轴之间的传扭销孔是加工难点，因为加工传扭销孔的刀具需穿过仅50mm的空间，对加工的刀具及刀杆有极大要求，即：刀杆既要足够长且还要有足够的刚性和强度，轮盘材料GH864，为镍基含钴合金，该材料易磨损刀具。刀具小，加工尺寸难控制，在加工过程中，对切削的工艺参数、加工经验、及过程的控制都有非常严格的要求。

2.1.3　转子制造安装

1. 主轴轴头密封形式不同

国产：轴头的密封件是分上下两半环装配在气封体内，但气封体是固定在装置上，这种结构便于安装及维修，密封件若损坏，只需单独更换。

E232：轴头密封件是热装配到主轴轴头上，与主轴采用过盈配合，这种结构便于加工，但不方便维修，一旦密封件有损坏，需要取拉杆螺栓并分解轮盘，大大增加了维修周期及费用。为更好的组织材料及以优代劣的原则，将转子轴头的气封环材料由40CrNi2MoA改为2Cr13，提高了气封耐腐蚀性。气封装配情况如图8所示。

图8　E232轴头密封热装

2. 轴尾半联轴器结构不同

国产：半联轴器是单独零件，需要热装到轴尾进行传扭，单独零件加工方便，但装配有难度，要考虑半联轴器加热时的温度、时间及安装经验。

E232：轴尾没有设计单独的半联轴器，但是设计了相同的功能，即将半联轴器与主轴设计成一体，这种结构同样加工方便且省了一道装配工序，但在安装过程中，存在新转子和旧联轴器螺栓大小不匹配的问题，最终通过重新加工联轴器螺栓解决该问题。

2.2　加工制造方案

2.2.1　转子部分

（1）轮盘采用国产GH864材料，一二级轮盘理化合格后对动叶片榫头与轮盘榫槽接触面的着色检查工作，动叶片榫头与轮盘榫槽的接触面不少于80%。

(2) 主轴采用40CrNi2MoA材料，根据现有主轴的测绘尺寸对规范进行校核，主轴先进行粗加工后进行热处理理化，合格后对其理化结果进行认定。

(3) 拉杆螺栓采用GH4169材料，采用空心结构，原材料理化合格后根据HG/T 3690—2012进行探伤，然后根据拉杆螺栓工艺规程进行精加工并预留精磨量进行最终装配用。

(4) 动叶采用GH864材料，在模锻完后热处理，经热处理理化合格后进行数控加工成成品，动叶片表面喷涂长城1号。

(5) 轮盘、主轴完成基本加工后，采用试装螺栓对转子进行试装配，试装配完的转子按转子工艺规程再进行盘盘和盘轴传扭销的加工，在加工过程中保证其加工的精确性，加工完后的转子进行分解并测量相关尺寸，以便加工相对应的传扭销。

(6) 转子进行最终装配，采用热装方式将一二轮盘、主轴通过拉杆螺栓组合在一起，动叶经编程排序完整的装配到转子上，装配好的转子进行低速动平衡。

2.2.2 静叶组件部分

(1)静叶叶片采用K213材料，叶型通过扫描测绘，静叶采用精密铸造，叶片可通过浇注性能试棒进行性能检测，合格后的静叶叶片进行后期精加工和喷涂处理。

(2)静叶蜂窝密封内外环采用0Cr18Ni9锻件经后期加工而成，尺寸和形状通过扫描和测绘生成。

(3)静叶叶片和内外环按工艺规程进行组装并进行精加工，以确保整个零件符合图纸要求。

2.3 烟机国产化改进

2.3.1 烟机一级轮盘气封改造

烟气中的催化剂粉尘容易在两级轮盘之间的空腔堆积引起转子不平衡，导致烟机的振动，结合国内双级烟机改造经验，将一级静叶环体与一级轮盘密封形式改为蜂窝密封，使得该密封与一级轮盘毂外圆之间间隙大大减小，解决一二级轮盘空腔催化剂沉积问题。一级气封如图9所示。

2.3.2 烟机二级静叶气封处的改造

双级烟气轮机运行过程中，轮盘和叶片长期

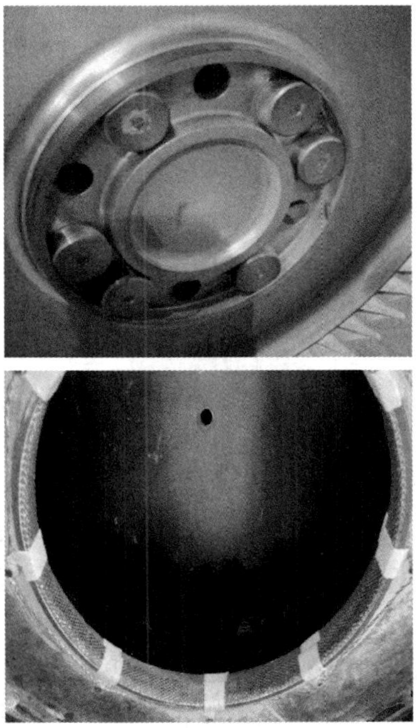

图9 一级轮盘气封

受流道气流中的粉尘、杂质等固体异物的冲蚀，尤其是二级轮盘进气侧叶片榫槽下方，承环以上处易产生环状的冲蚀损伤，损伤延周向对称均匀，具体位置和应力情况如下图，为了改善烟气粉尘冲刷，从加工和操作上进行改善。

(1) 一二级轮盘轮缘凸肩转角R处进行了适当加大：转角R处喷涂耐磨涂层材质为PWA53-5。其中等离子喷涂PWA53-5涂层是一种使用温度高，抗腐蚀性强的耐磨图层，性能指标达到美国普惠公司的合格标准，广泛应用在燃气涡轮发动机，能有效地延长热端部件的工作寿命。二级轮盘处介质和蒸汽流场如图10所示，二级轮盘叶根处应力分析图如图11所示。

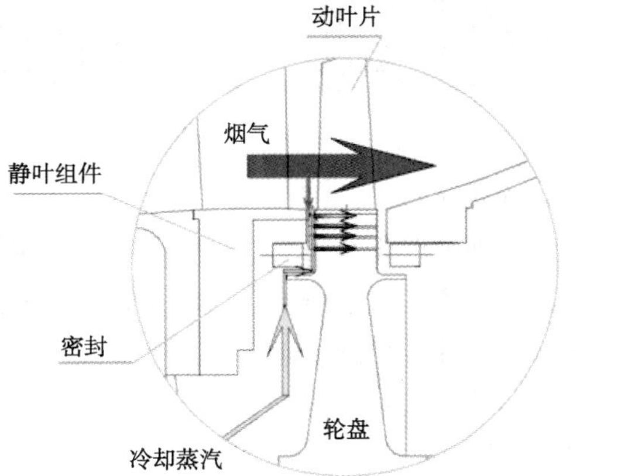

图10 二级轮盘冷却蒸汽流向

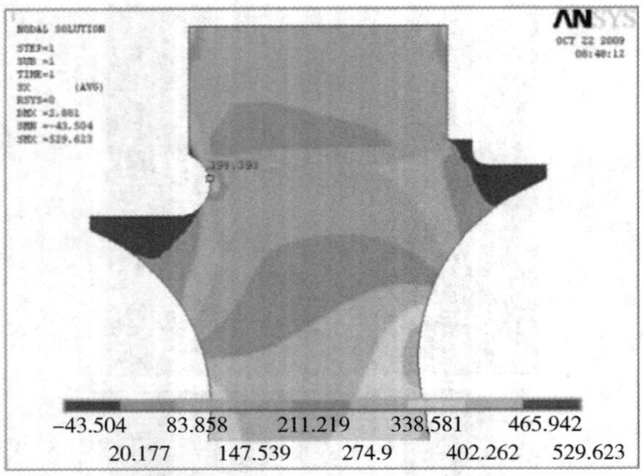

图11 二级轮盘叶根处应力分析

(2) 双级烟机轮盘冷却蒸汽量大，蒸汽夹杂着烟气容易在二级轮盘前产生涡流加大磨损，若蒸汽量过大易破坏烟机内部流畅且易使得超细粉在某个部位集中，水蒸气温度低夹杂着催化剂易导致结垢，因此将一二级轮盘级间密封形式由原封严环梳齿密封改为蜂窝密封，大大提高了密封效果，减轻一二级轮盘缘根部产生二次涡流冲蚀。为了避免蜂窝被催化剂堵塞，对蜂窝的蜂格尺寸进行适当的放大。一二级轮盘之间气封如图12所示。

图12 一二级轮盘气封

2.3.4 烟机轴封改造

烟机轴端催化剂粉尘的烟气泄漏磨损烟机轴颈及密封易诱发转子振动，泄漏量较大时甚至污染润滑油，并且泄漏产生的高温易导致振动探头等电子元件的失效，因此E232将轴端梳齿密封改为蜂窝密封，解决了烟气泄漏的问题，由于蜂窝带选用质地较软的高温镍基合金，能够有效保护转子，目前该蜂窝密封已连续使用5年，密封结构完好，效果明显(图13)。

图13 定子气封环改造为蜂窝密封运行良好

3 严格控制烟机制造质量：

依据《烟气轮机长周期运行指导意见》及《烟气轮机技术条件 HG/T 3650—2012》，对烟机的制造环节严把质量关：

(1) 原烟机转子和静叶组件进行外形尺寸测绘，保证国产化的全新烟机转子和静叶组件与原件在外形安装尺寸上具有完全的互换性，动叶片与原动叶片具有完全互换性(即国产化动叶片的榨齿和轮盘的榫槽与原件完全互关)。

(2) 国产化烟气轮机转子(不含动叶片)的设计使用寿命不小于100000h；转子无故障连续工作时间不低于24000h；动叶片设计寿命不低于24000h。在设计使用条件下，瞬时转速小于跳闸转速的105%时，可保证转子安全运行。

(3) 国产化动叶片应保证与原件在叶片长度和扩压角完全互换，动叶片的锁紧方式不变。

(4) 动叶片和轮盘制造前应制造榫齿试验块和试验轮盘，检查新制动叶片榨齿在原轮盘和和试验轮盘上接触面满足要求。

(5) 烟机转子和静叶组件的制造应符合HG/T 3650—2012烟气轮机技术条件，加工制造E-232型烟气轮机叶片中，严格按照军用标准GJB 9001A—2001的要求进行生产制造及质量控制。

(6) 轮盘锻件毛坯表面应无影响轮盘机械性能的裂纹和缺陷，轮盘锻件和动叶片棒料应逐根进行超声波检测。GH864合金棒料必须是经“真空感应、真空自耗”双真空熔炼的热轧棒材。

(7) 对轮盘、动叶片、拉杆螺栓的材料和锻件进行复检，原材料复验必须符合《烟气轮机技术条件》HG/T 3650—2012 标准中附录 B 的要求，经复检合格后方可进行下道工序。

（8）动叶片毛坯锻压，严格控制棒材的锻压温度在 1050～1100℃之间，防止产生粗晶等缺陷。参照 HG/T 3650—2012《烟气轮机技术条件》和 AMS5708 编制热处理工艺规范（1080℃±10℃，4h，空冷；845℃±8℃，24h，空冷；760℃±8℃，16h，空冷）。热处理加热过程必须是在按照国军标九点测温合格（±6℃）的炉中进行，按照锻造炉批（同一炉批、锻造炉批、热处理炉批）每炉批送三件进行理化性能检测，检测项目除化学成分不做以外其他与材料复验时相同。要求叶片表面不应存在粗细晶粒明显界限，叶片表面不允许有裂纹、折纹等缺陷。锻压毛坯件 100%逐件进行硬度检查。

（9）转子进行低速动平衡，转子动平衡精度为 0.4G，烟机运行时振动符合 HG/T 3650—2012。国产化的烟机转子初始运行时的振动幅值≤35μm。

4 提升烟机运行维护管理的措施

4.1 严格执行烟机定期维修的检维修策略

烟机的维修应严格按《烟气轮机长周期运行指导意见》的要求：运行 12000～17000h 要主动停机，更换备用转子，并对叶片、轮盘及主轴进行全面检查。通过着色、X 光射线、晶相分析，电位探伤等手段检查叶片的隼根、轮盘槽关键部位损伤情况、耐磨层的磨损情况以及叶片、轮盘和轴系的几何尺寸变化情况，整个转子组装后按照要求进行动平衡试验。

4.2 适当调整轮盘冷却蒸汽的用量

随着烟机结构的改近，应结合烟机运行、维修情况，及时调整轮盘冷却蒸汽用量，尤其对于两级烟机，二级轮盘蒸汽的流量调整的不合适不但直接影响烟机运行效率，而且会大大降低二级轮盘和二级叶片的使用寿命。

二催化装置 2017—2020 年运行周期由于没有备用转子，因此单个烟机转子连续运行 3 年，尽管整个周期烟机振动较为平稳，烟机最高振动不到 35μm 且没有严重结垢现象，但是烟机二级静叶气封和二级轮盘叶根磨损严重，3 年磨损深度最大超过 9mm（二级轮盘一共使用 4 年时间）。由于双级烟机的轮盘冷却蒸汽消耗较高，因此分析为蜂窝密封改造后原设计轮盘冷却蒸汽量过大，低温的蒸汽夹杂着含催化剂颗粒的烟气，在叶根处产生涡旋，加剧气封磨损和二级轮盘叶根处的磨损，同时蒸汽量过大也易导致烟气的结垢。但是冷却蒸汽量过小，也会降低叶根的冷却效果，使得叶根完全暴露在烟气环境中，加速叶根磨损。因此 2020 年后对轮盘冷却蒸汽用量进行适当的降低，该烟机轮盘冷却蒸汽设计用量为 3150kg/h，结合上个周期运行过程中冲刷情况，本周期降低轮盘冷却蒸汽至 2900kg/h，轮盘温度按照上限控制。连续运行 20 个月后进行检修，冲刷深度近 3mm，相比上个周期转子磨损量有所减轻。但是磨损量依然较高，这和本周期烟机静叶和动叶叶顶围带结垢有关，尤其是静叶叶片工作面及叶顶结垢严重，影响烟静叶导流作用，使得烟气进入动叶的角度发生变化，对转子运行存在扰动，体现出转子振动持续波动（15μm 以上），但整体振幅不高（不超过 40μm），负荷越低振动绝对值和变化值越高，因此工艺操作的平稳和减少烟气结垢才是烟机平稳运行的关键。

4.3 升级烟机状态监测技术

因为烟机转子是悬臂结构，对于轴振动（相对振动），非驱动端振动小，驱动端振动大。而对于轴承座壳振（绝对振动），非驱动端振动大，驱动端振动小，尤其是绝对振动和相对振动数值相差 20%以上，相对振动就不能完全体现烟机振动情况。例如壳振大于 10mm/s 时，轴振动为 50μm，此时的 50μm 已经无法反应出转子的真实振动。由于前轴承座振动更能真实反映烟机的运行状态，尤其是对烟机结垢、叶片磨损、叶顶碰磨、叶片裂纹等故障上壳振反应比较明显，因此 2020 年决定增上烟机壳振在线监测系统。2020 年 8 月和 2022 年 3 月两套烟机转子投用正常后，烟机驱动端和非驱动端初始相对振在 30μm 以下，壳体振动小于 3mm/s（报警 4.5mm/s），新转子运行状态好于旧转子，尤其是在壳振上变化更为明显。烟机振动情况见表 2。

表 2　烟机振动情况

转子位号	前轴瓦 X 方向振动 VT-1/μm	前轴瓦 Y 方向振动 VT-2/μm	后轴瓦 X 方向振动 VT-3/μm	后轴瓦 X 方向振动 VT-4/μm	驱动端水平振动 VT1001/(mm/s)	驱动端垂直振动 VT1002/(mm/s)	非驱动端水平振动 VT1003/(mm/s)	非驱动端垂直振动 VT1004/(mm/s)
旧转子	25	26	32	35	4.0	2.3	4.2	2.4
新 1 号转子	20	18	25	30	1.4	1.1	1.5	1.6
新 2 号转子	25	29	19	25	2.6	2.9	2.0	2.3

注：1 号新转子为 2020 年 8 月投用，2 号新转子为 2022 年 3 月投用。

5　改造效果和结论

E232 烟机国产化后两套转子的振动和各项运行参数满足原设计工艺指标和制造要求，这证明了国内已经完全掌握 E232 进口烟汽轮机转子和静叶组件的制作能力，彻底实现 E232 型烟机的配件的国产化，消除了烟机带病运行的技术瓶颈，大大节约了烟机制造加工成本。并且通过对一级、级间、轴端气封等部位的改造降低了轮盘冷却蒸汽和密封蒸汽的消耗共计约 300kg/h。同时提高了烟机级间效率，机组平均发电功率由原来 800kW 提高至 1700kW。国产化后两年运行期间烟机壳振由原平均 4.0mm/s 降低至 2.2mm/s，烟机整体运行情况较好。因此本次烟机国产化不仅为进口烟机国产化积累了经验，同时也创造了良好的经济效益，为催化裂化装置长周期运行提供了有力的保障。

参　考　文　献

[1] 烟气轮机技术条件：HG/T 3650—2012[S]. 2012.

[2] 卢纲，窦小伟，支建刚．双级烟气轮机的结构改进[J]. 通用机械，2005(11)：42-43，75.

[3] 杨龙文，庄波，赵维，等．E232 型烟气轮机转子国产化[C]. //中国催化裂化能量回收系统技术发展研讨会论文集．2002：177-180.

[4] 吴蓉苓．等．离子喷涂 PWA53 — 5 涂层组织缺陷的分析[J]. 成发科技，2000(1)：17-18.

[5] 季丽文．烟气轮机监测技术改进及应用[J]. 石油化工设备，2015，44(4)：102-105.

[6] 林国庆，吕忠胜，王皓，等．某 E232 型双级烟气轮机二级动叶片应力及模态分析[J]. 吉林化工学院学报，2014，31(09)：38-42.

[7] 王明海，于书杰．E232 烟气轮机二级轮盘榫槽附近冲蚀部位持久寿命分析[J]. 石油化工设备技术，2011，32(6)：25-26.

英格索兰 META-1512 型轴流压缩机改造

李睿翾　谷牧原　唐　乐

（中国石油大连石化公司）

摘　要　为了解决催化裂化装置英格索兰 META-1512 轴流压缩机长期运行叶片磨损导致效率及安全可靠性下降的问题，本文从英格索尔 META 系列轴流压缩机与国内 AV 系列压缩机结构进行对比，制定了定子、转子专项改造方案，分析了轴流风机国产化的难点。最终通过改造库存的大流量轴流压缩机转子并结合风机入口过滤器的改造解决催化裂化装置主风机风量不足的瓶颈，提高了轴流风机的效率和安全可靠性，保证了催化装置长周期运行。

关键词　轴流压缩机改造　META-1512　英格索兰　叶片切削　提质增效

80 万 t/a 重油催化裂化装置（以下简称二催化）于 1988 年 12 月 21 日投用生产至今。二催化装置引进美国 I_R 公司整套主风机组，机组形式烟机-轴流主风机-汽轮机-齿轮箱-电动发电机。其中主风机反再系统提供流化及烧焦用风。该主风机型号为：META-1512，为 5 级可调静叶 12 级轴流式压缩机。设计入口 2000Nm^3/min，额定功率 7361kW。该机组投用至今使用 30 年，叶片磨损减薄严重，风机效率及安全性能严重下降，尤其是夏季风量过低，催化装置被迫降量生产。因此二催化装置急需更换性能更高，安全性更为可靠主风机来满足装置正常生产及长周期运行的要求。

二催化主风机为美国轴流压缩机，与国产风机设计理念和结构相差较大，若将主风机整体国产化，无法保证整套四机组的稳定性，存在一定安全风险。如果购买原厂配件改造费用在 1400 万元，且其中叶片涂层的喷涂需要在美国本地进行，因此加工进度无法保证。由于二催化主风机库存有一台同系列大尺寸轴流压缩机，设计风量为 2300Nm^3/min，该轴流压缩机在装置建成初期 1988 年首次运行时风量过大无法满足工艺要求，存放于库中近 30 年。因此本次改造的重点就是对库存大尺寸轴流压缩机进行解体测绘与国内轴流风机制造工艺进行对比，分析压缩机配件全部或局部国产化的可行性，并对库存转子及定子进行改造。

1　轴流压缩机定子改造

1.1　定子的结构特点

（1）英格索兰轴流风机特点是结构单薄，静叶可调部分装在壳体外，这样的结构即使在运行情况下，可调静叶机构也可随时进行检查维修，而不需要将上缸吊开。

（2）入口联箱采用矩型结构，这样能够使用尺寸较大的低压方形管道。支撑脚在蜗壳两边使整个壳体组件支撑在中心线上，在热膨胀及收缩时入口蜗壳可自由的轴向位移，而垂直方向则由螺栓所限制，横向方向由导向键所限制。出口蜗壳终止在出口连接处，由于导向键的限制，出口蜗壳不会由于热膨胀及收缩而横向移动。

（3）静叶有两种型式—可调静叶及固定静叶。第一套叶片是可调入口导叶，它给进来的空气以预先的流向，下面四套同样为可调静叶。所有可调静叶及入口导叶通过调节机构连续可调，调节角度为-30°至 8°。为了便于安装，把围带分成八瓣，五至十二级静叶是固定的，第十二级静叶后部是出口导叶；这些导叶消除残余的涡流速度，使气流形成轴向排放。

1.2　定子运行现状：

二催化轴流机的定子组件主要包括三部分：入口段、静叶承缸（可调静叶、静叶、静叶持环、执行机构等）、出口段，压缩机结构如图 1 所示。

第一作者简介：李睿翾，助理工程师，现在中国石油大连石化公司第四联合车间从事设备管理工作。E-mail：lirx_dl@petrochina.com.cn

图1　轴流风机结构

二催化装置共有两套主风机定子组件，其中在机位上运行的定子组件的入口段、出口段是由国内西航仿制，由于长时间的运行，部分静叶片已经出现了磨损、破损的问题，无法预知静叶片是否可以长期安全运行。静叶缺损情况如图2所示，可调静叶结构如图3所示。

图2　静叶磨损情况

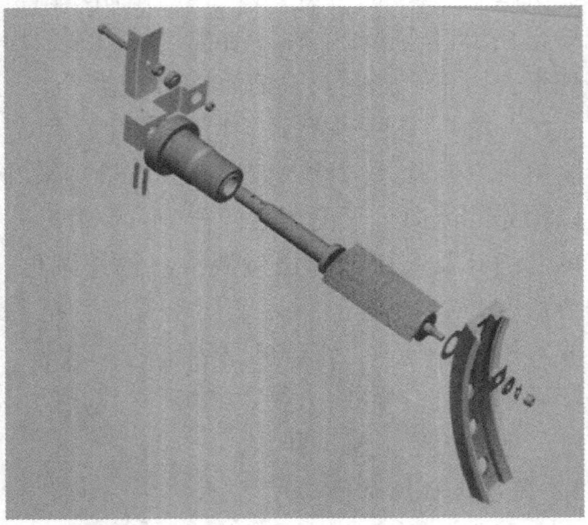
图3　可调静叶结构

1.3　定子改造方案：

轴流机定子改造设想两种方案：

(1) 方案一：利旧转子，把中间定子组件全部由陕鼓按原尺寸测绘制造的，并更换陕鼓的静叶执行机构。

(2) 方案二：保留出入口方箱，把转子和定子全部换成陕鼓制造，保证中心高，轴头间距，保证现场的安装尺寸。

但在解体测绘过程中发现英格索兰与陕鼓轴流压缩机结构、制造工艺相差较大，为改造设置了重重困难。

1.3.1　静叶结构不同

陕鼓轴流压缩机静叶与英格索兰的不同，没有这种叶顶围带结构，这种结构结构复杂，尺寸单薄，陕鼓无法进行测绘原尺寸加工。英格索兰静叶承缸如图4所示，陕鼓静叶承缸如图5所示。

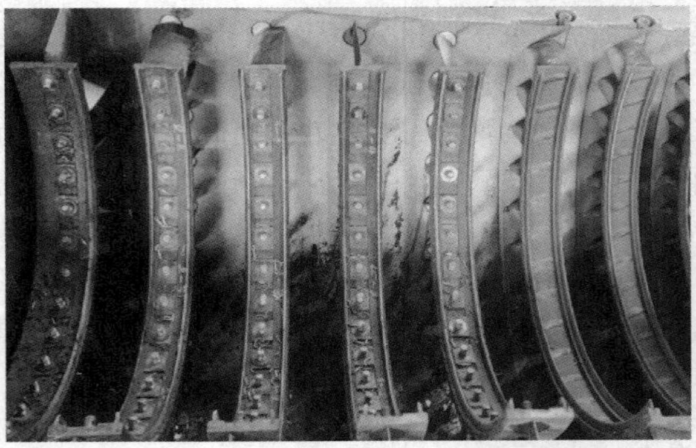
图4　英格索兰静叶承缸

图5　陕鼓静叶承缸

1.3.2 静叶调节机构设计方式不同

英格索兰轴流压缩机可调静叶是圆周调节，而陕鼓压缩机的是轴向调节。英格索兰轴流压缩机轴向空间不够，无法换成陕鼓调节缸及其调节驱动液压油缸。在保留出入口方箱情况下就算转子和定子全部更换成陕鼓设计，轴向距离也无法满足可调静叶调节缸的安装。如果是整机按照国产设计更换，AV 系列风机尺寸刚度明显要大于 META-1512，中心高和轴头距离都无法保证。调节机构区别如图 6 所示。

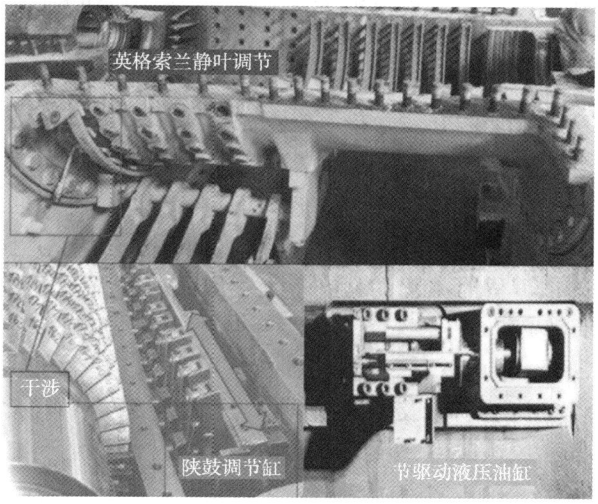

图 6 调节机构区别

1.3.3 静叶探伤、修复

因为前两个方案行不通无法进行国产化改造，这样就需要对定子组件进行修复。修复前首先要进行探伤，但是由于静叶结构复杂，在不拆卸情况下，无法进行射线探伤。由于静叶磨损严重，尤其是不可调静叶锈蚀拆卸困难，经过尝试最终放弃拆卸不可调静叶，采取着色探伤的方式。表面着色探伤要求叶片表面干净，无锈蚀和涂层，META1512 定子因为槽孔结构多，不宜用水喷砂清理，而采用高压水清理效果一般，最终在保证槽孔封堵情况下，进行水喷砂清理，然后进行着色检查。对于可调静叶考虑到叶片较薄、易变形影响回装、叶片密集激光投干涉等因素，最终仅对可调静叶进行射线探伤，探伤情况如图 7所示。

最终制定静叶的维修方案为：将可调静叶进行拆按，清理、探伤、更换静叶轴承，不可调静叶由于拆卸风险大保持原样不动，对所有静叶进行喷砂清理、着色检查。由此可见英格索兰静叶承缸国内并不具备制造条件。

图 7 不可调静叶着色检查

2 轴流压缩机转子改造

2.1 英格索兰转子结构的特点

2.1.1 叶片结构形式不同

陕鼓 AV 系列轴流风机转子为等内径结构，便于加工，转子整体结构刚度强。动叶片采用的是美国 NACA 的原始叶型的基础上，做了少量的修改，叶片表面没有涂层而是经过抛光喷砂处理，提高抗疲劳强度，动叶沿圆周方向安装，叶根形式为纵树型，隔叶块定位，每级最后安装的两个动叶片之间用锁紧隔叶块定位锁紧，有时候也会采用填隙片将叶片锁紧。

英格索轴流风机各转盘的直径相同，动叶采用美国 NASA 叶型，叶片表面喷涂耐磨、防锈涂层，叶根形式为燕尾型，可以单个更换并有柔性装配的特点。

2.1.2 英格索兰轴流风机叶片特殊结构

为了控制再生器氧含量及烧焦情况，催化裂化装置的主风机的流量是经常变化的，META-1512 轴流压缩机前五级是可调静叶，因此前五级动叶的负荷随着静叶角度的变化时刻在变化，这样前五级动叶长期处于交变载荷作用下容易磨损，甚至是断裂，而断裂的原因往往是由于振动，尤其是共振引起的叶片的疲劳断裂。由于轴流压缩机第一级动叶片的工作环境最为恶劣，因此为了减小动叶片振动，需要对风机动叶片进行调频，使得叶片运行频率远离共振频率。同时 META-1512 采用叶片松装的形式减小转子的振动。

1. 叶片调频

叶片在静止状态下振动的自振频率称为叶片的静频率。常用等截面自由叶片切向振动的静频率的计算公式为：

$$f=\frac{(kl)2}{2\pi}\sqrt{\frac{EI}{\rho AL^4}}=\frac{(kl)2}{2\pi}\sqrt{\frac{EI}{mL^3}}$$

式中，E 为叶片材料的弹性模数；ρ 为叶片材料密度；L 为叶片工作部分的长度；A 为叶片的横截面积；I 为叶片横截面的惯性矩；kl 为叶片频率方程的根。

（1）由上式看出叶片的自振频率 f 与叶片的质量 m 成反比。因此轴流风机一级和三级采取了叶片顶部钻孔减小叶片质量的方式来提高叶片的自振频率。一级、三级叶片调频叶顶开孔如图8所示。

图8 叶片调频顶部开孔

（2）叶片的自振频率与叶片高度 L^2 成反比，叶片越短自振频率越高。在检查再用转子时发现第5级动叶叶顶间隙时达到了2.5mm，远远超出设计最大值1.22mm，其他级无此现象。这就是因为调频原因才将第五级叶片变短，根据此压缩机运行这么久，没有发生第5级动叶断裂，决定按照原尺寸进行加工。

2. 叶片松装结构

META-1512叶片为轴向插装的燕尾型叶根，叶片并采用了松装的方式，叶片在气流力扰动下叶根和承轮缘载接触面间产生相对滑动和摩擦，消耗叶片振动的能量，有效地减小和降低了叶片振动，提高了叶片的安全可靠性。叶片结构及安装形式如图9所示。

2.2 转子现状

（1）主风机叶片减薄严重，部分叶顶存在凹痕，叶片的磨损会使得风机全压下降，效率显著降低，同时叶片的强度也无法保证，因此需要更换全部叶片或整套转子。叶片磨损情况如图10所示。

（2）动叶及静叶结构较为严重，遇到阴雨天气，风机的效率下降极为明显。叶片结垢情况如图11所示。

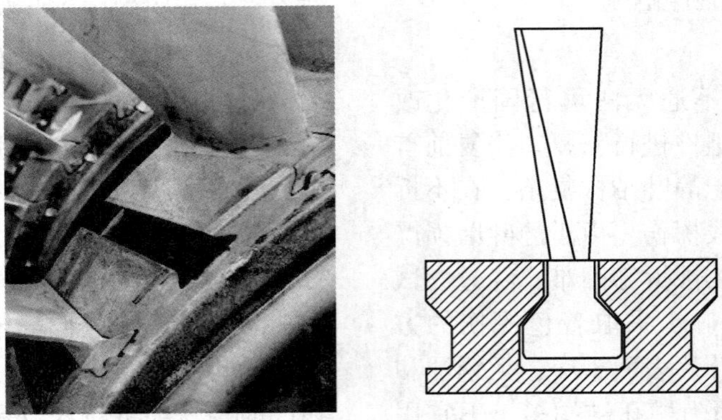

图9 轴向插装的燕尾型叶根

图10 叶片减薄磨损严重

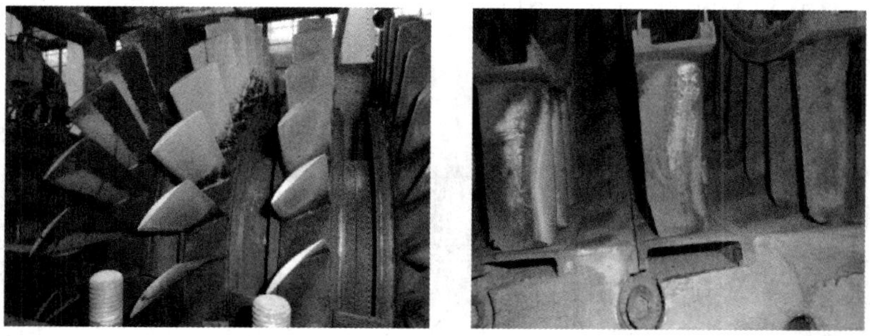

图 11 动静叶结垢严重

2.3 改造方案

轴流机转子改造设想两种方案。

（1）方案一：利旧库存转子，对叶片高度按照再用转子叶片长度和高度方进行切割，根据现用风机叶顶间隙标准及往年叶顶间隙的实测值确定备用转子叶顶间隙，在避免叶顶蹭磨的同时尽量减小叶顶间隙，以保证风机效率。

（2）方案二：如果方案一不可行，需要由陕鼓测绘制，按照陕鼓转子形式造新转子。

2.3.1 陕鼓转子和在用定子存在干涉

因为陕鼓转子动叶叶根槽与英格索兰的不同，也造成最后一级动叶叶根处，陕鼓转子与机壳之间干涉，导致转子无法国产化。因此只能执行方案一，对库存旧转子叶片进行切削。干涉情况如图 12 所示。

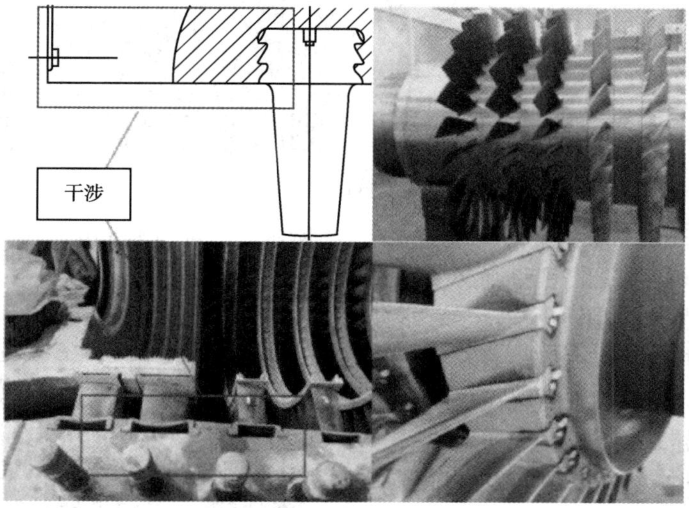

图 12 转子和定子之间干涉

2.4 转子改造

由于陕鼓的转子结构设计及加工工艺与英格索兰的区别较大，因此不能对转子进行国产化改造。为保证转子更换的可靠性并减少投资成本，最佳方案就是对库存旧转子进行性能改造，以满足现有生产要求。因此需要对备用转子及动叶片进行拆检、切割动叶叶顶，在保证装配尺寸前提下，减小叶顶间隙，提高风机效率。

（1）动叶片进行测绘。线下转子与备用转子经测量，各轴向距离、动叶片弦长均相同，动叶高度、动叶叶长不同。因两个转子动叶叶身均有不同程度磨损，无法对叶型准确比对，综合考虑决定将库存旧转子叶片进行切削，根据在用风机叶顶间隙标准及往年叶顶间隙的实测值确定备用转子叶顶间隙，在避免叶顶蹭磨的同时尽量减小叶顶间隙，以保证风机效率。

（2）对主轴进行跳动、瓢偏测量，电不圆度检测，检查主轴是否弯曲。轴流风机转子间如图 13 所示，跳差参数见表 1。

（3）动叶拆卸、探伤、切割、组装。备用转子动叶表层为涂层而并非硬膜防锈油，携带涂层的动叶片无法进行着色、磁粉这种常规的表面探伤，考虑到该涂层的较为完好，若对涂层进行清理可能会损伤叶片。同时射线探伤但对厚度小于

8mm 叶片，进行超声波检测检验则存在困难。因此决定对所有叶片进行拆卸进行 X 射线探伤，探伤完成后按照在用叶片尺寸进行切割。切割后叶片安装情况如图 14 所示。

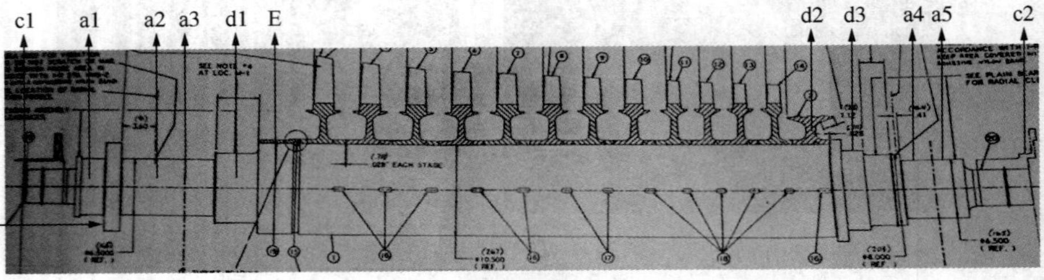

图 13　轴流压缩机转子简图

表 1　轴流压缩机各部位跳差

检查部位	a1	a2	a3	a4	a5	d1	d2	d3	C1	C2	E	T
实测值/mm	0.015	0	0	0.01	0.01	0.05	0.01	0.01	0.015	0.015	0.025	0.01

图 14　叶片拆卸、切割、组装

（4）动叶测频。由于转子采用了松装叶片的结构，故无法测量叶片动频率。如需测量则必须拆除动叶固定装卡后方可测量。但是由于该转子表面有涂层，测量叶片频率只能作为参考。最后综合考虑旧转子运行 30 年无断叶片和裂纹情况，且该涂层较为完好，因此最终决定取消转子测频的工作。

（5）转子叶顶车削。叶顶车削需先进行粗车削，然后再进行多次精车，每次车削完成后，复测叶顶间隙。但是由于叶片为松装形式，车削叶片的时候叶片需要用楔子固定。叶片车削如图 15 所示，最终叶顶间隙见表 2。

图 15　叶片车削

表 2　轴流压缩机最终叶顶间隙

位置		1 级	2 级	3 级	4 级	5 级	6 级	7 级	8 级	9 级	10 级	11 级	12 级
实测值	南	1.05	1.05	0.83	0.82	2.45	0.53	0.53	0.55	0.65	0.57	0.56	0.57
		0.5	0.95	0.93	0.82	2.45	0.67	0.55	0.65	0.53	0.52	0.52	0.52
	北	0.7	1.0	1.25	1.25	2.55	0.96	0.85	0.95	0.97	0.97	0.98	0.98
		0.75	1.17	1.25	1.25	2.55	0.96	0.8	0.83	0.93	0.75	0.93	0.93
标准值		B=0.89~1.22					C=0.66~1.12		D=0.64~1.02				

（6）转子高速动平衡。轴流压缩机属于挠性转子，需要进行高速动平衡(6329r/min)，因轴端为光滑平面，没有连接螺纹孔，故需要在转子进气侧轴端面攻钻 4-M10 螺纹孔，用于连接高速平衡机。转子高速动平衡在真空环境下进行。转子振动评价标准依据《GB/T 6557—2009 挠性转子机械平衡的方法和准则》，其中动平衡试验设备要求满足 JB/T 13220—2017。

3　主风机入口过滤器改造

原风机入口采用卷帘式过滤器，这种形式过滤器的差压高初始压降为 150~200Pa，过滤精度低为 10~20μm，在加上装置位于海边空气潮湿，当遇到阴雨天气，卷帘滤布压差升高明显，此时负压门打开无法有效遮挡灰尘和雨水。因为灰尘和雨水在低压、低速区容易结垢，所以风机的前 5 级动静叶结垢尤为严重。由于轴流压缩机对空气含尘敏感，空气携带灰尘附着叶片上，在加上叶片受颗粒磨损影响，会导致风机全压会下降，运行效率显著降低。

因此将主风机入口过滤器改造为 BKLQ 型板框式空气过滤器，初始压降仅为 50Pa，过滤精度达到 2μm，且具有加热除霜，排凝措施，就算在恶劣天气条件下也不会对过滤精度产生影响。滤芯纳污量大，过滤器规格按照 4500Nm^3/min 进行设计(2 倍以上的轴流压缩机设计风量)，过滤器中滤芯至少能 4 年不需要更换，能够有效的保证了风机入口空气质量和工况的稳定。主风机入口过滤器改造如图 16 所示。

4　轴流风机运行情况

对轴流压缩机改造前后运行情况进行对比，见表 3。

图 16　主风机入口过滤器改造前后

表 3　轴流压缩机运行情况

日期	入口温度/℃	出口温度/℃	入口压力/MPa(abs)	出口压力/MPa(G)	入口流量/(Nm^3/min)	出口流量/(Nm^3/min)	静叶开度/%	静叶角度/(°)
2017. 7. 4（上周期开机初期）	26. 98	186. 4	0. 09872	0. 2328	2188	1778	67	-4. 16
2017. 8. 8	26. 72	192. 6	0. 09830	0. 2212	1966	1600	80	0. 4
2019. 8. 12	28. 79	194. 1	0. 09858	0. 2047	1767	1472	85	2. 3
2020. 8. 5（本周期开机初期）	27. 83	190. 3	0. 0984	0. 2479	2097	1784	68	-3. 91
2021. 6. 22	27. 5	184. 5	0. 0989	0. 2301	2062	1722	63	-6. 082

4.1　轴流压缩机性能和效率提高

主风机 2020 年 8 月 1 日投用正常，试机工况下风机出口压力能够达到 0.28MPa（设计 0.3MPa），风机出口总管压力在 0.25MPa，出口风量能保持 1800Nm^3/min。较上周期开工初期的最高出口压力 0.235MPa，出口风量 1800m^3/min 的能力有所提高。相同工况下改造前夏季风机出入口风量差值约为 400Nm^3/min，改造后差值约为 340Nm^3/min，级间损失降低，效率有所提高。

4.2 轴流压缩机流量平稳

机组在夏季(30℃)机组静叶开度维持在55%～65%出口流量能满足够工艺要求的1700Nm³/min，入口流量能够保持在2000Nm³/min，达到了风机改造的要求，且静叶调节还有余量，连续运行近1年后，机组出口风量满足要求，效率无明显下降。上周期开工运行1年夏天后，若想达到相同工况需保证静叶80%的开度，无调节余量。

4.3 风机振动较低

风机振动状态良好，出口端相对振动17μm，入口段相对振动23μm，转子的振动为工频，转子平衡状态较好。

4.4 经济效益提升明显

(1) 在主风机改造经初期与德莱赛兰(现为西门子)制定定子及转子更换方案，预计费用1400万元，最终国内改造费用不足150万元，节约改造费用1250万元。

(2) 2020年8月四机组正式投产后，因主风机效率提高，四机组电动发电机由2019年末用电约500kW状态转为发电状态，最高发电功率高达2598kW，大幅度降低能耗，每天节约电费5.7万元。

(3) 主风机效率的提高，提高了催化装置反再系统压力，提高了装置处理量，可为装置每年节约吨油费用降低成本870万元。

(4) 主风机改造开机后，两器压力可进行受控调整，旋风入口处线速处于分离较高区间，催化剂自然跑损量下降，全年节约催化剂217t，每年降低成本338.46万元。

(5) 处理量提高，优化了产品分布，实现了装置满负荷、高质量生产。2021年较2019年将增效1.5亿元。

综上，主风机改造后一年为装置创效近1.8亿元，取得了较好的改造效果。

5 总结

通过本次风主机改造，我们认识到英格索兰META系列轴流风机和国内陕鼓AV系列风机在结构上有着明显的差异，在对差异进行充分论证后放弃了对英格索兰轴流风机国产化的方案，采用更为保守的转子改造方案。通过对静叶的拆按、清理、无损检测、更换石墨轴承确保了静叶的可靠性。通过对库存大尺寸转子解体测绘、检查，车削动叶片叶顶的方式，在保证装配尺寸前提下适当减小叶顶间隙来提高了风机效率，不但消除了原动叶片因磨损减薄带来的安全可靠性下降的隐患，更重要的是解决了风机流量不足的问题。再结合入口过滤器的改造，提高了风机入口空气质量和工况的稳定性，使得轴流风机长期保持高效率运行，为催化裂化装置创造了良好的经济效益，也为轴流压缩机改造及国产化积累了经验。

参 考 文 献

[1] 徐自力，上官博，吴其林，等. 松装叶片燕尾型叶根干摩擦力模型及振动响应分析[J]. 西安交通大学学报，2009，43(7)：1-6.

[2] 李德信，陈江辉. 轴流式压缩机叶片固有频率及动应力分析[J]. 振动与冲击，2011，30(07)：138-142.

[3] 刘先良. 汽轮机末级调频叶片自振频率的分析与调整[J]. 冶金动力，2003(06)：36-38.

[4] 王文婷，于建辉. 关于汽轮机叶片振动的形式与调频的讨论[J]. 内蒙古石油化工，2013，39(17)：99-101.

[5] 罗绵辉，秦竹青. 挠性转子高速动平衡技术应用[J]. 价值工程，2014，33(08)：67-68.

反应产物泵密封故障分析

许长江

（中国石油大庆炼化公司）

摘　要　烷基化反应产物泵密封曾多次发生干气密封故障，对其发生的故障进行分析总结和处理，有利于故障的判断和设备维护，保证其更好的运行，以满足装置的长周期平稳运行。

关键词　立式多级泵　干气密封　故障报警　故障分析　密封改型

1　设备概况

烷基化装置反应产物泵作用是将烷基化反应产物输送至后续单元进行酸洗、碱洗和水洗，完成反应产物的去杂精制，正常工况下输送介质为：烷基化油、C4。参数如表1所示。

表1

设备名称	反应产物泵	设备型号	400TDAY150x100-4A/2
结构形式	VS6型立式多级筒袋泵	设计流量	193.4m^3/h
设计扬程	295m	密封形式	串联式干气密封
冲洗方案	PLAN 14+72+75	密封型号	YTB1725A-65

2　故障现象及原因分析

运行故障问题如下：(1)运行过程中，突然发生干气密封泄漏气压力高报警，之后在短时间后该压力逐渐恢复正常，密封泄漏缓冲罐内有少量工艺介质，排净后观察未见新泄漏介质；(2)备用泵期间密封静态表现正常，启运后立即发生密封泄漏气压力高报警，密封泄漏缓冲罐内有大量工艺介质，可见持续泄漏，介质无法排净。

原因分析过程：调取密封发生故障前的一段时间工艺调整和机泵运行记录，未发现各参数有大幅变化趋势。

该密封为集装串联式干气密封，对干气密封拆检发现，一级密封静环座内、一级静密封环、卡圈等部件和间隙内部存在黑褐色胶状物，静环端面有明显磨损划痕；一级动密封环座、动环补偿弹簧、一级动密封环外侧附着有大量棕褐色胶状物，组和件缺少压缩弹性，密封沿轴向压缩后回弹性差。拆卸检查图见图1、图2。

图1　一级静密封环座

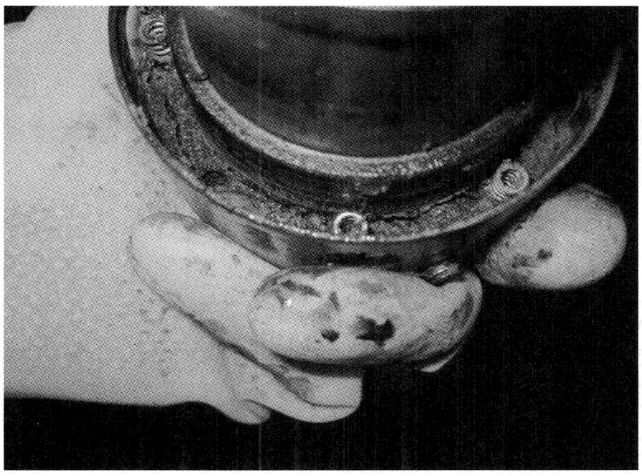

图2　一级动密封环座

二级密封环座、二级静密封环、O型圈等部件完好，部件和间隙均较洁净，未见杂质；二级动密封环、驱动环、卡圈、O型圈等部件完好，

第一作者简介：许长江，硕士研究生，现在中国石油大庆炼化公司炼油生产二部从事炼油厂设备管理工作，设备主管，高级工程师。E-mail：xuchangj-dl@petrochina.com.cn

未见异常；二级动环、静环端面较洁净，端面密封槽完好，二级静环端面粘有少量粘稠杂质，擦拭检查端面完好。拆卸检查图见图3、图4。

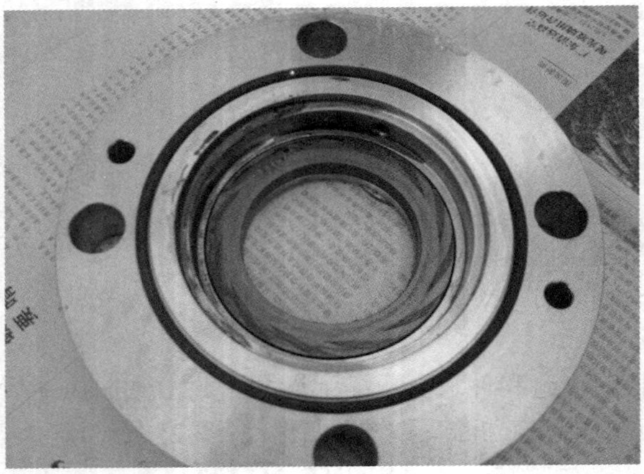

图3　二级静密封环座

图4　二级动环及驱环

对密封附着物质简单分析：附着物呈褐色、黏稠状、散发刺鼻酸性气味，其水溶液酸碱度测定，pH值约4~5，呈较强酸性。

解体情况分析，反应产物泵输送介质为烷基化汽油、C4液态烃，因工艺属性特点，介质携带有少量硫酸和反应中间产物。尤其是发生密封故障前期，上游的烷基化反应器管束的频繁泄漏，造成工艺介质中硫酸含量增加。这类酸泥杂质粘稠、胶着，容易在密封腔体、一级密封部件和间隙内附着、堆积。一方面一级密封处的杂质堵塞机泵弹簧和驱动环座，造成机封补偿位移失效，补充弹簧无法跟踪机泵的轴向窜动，动静环端面分离，造成一级密封大量泄漏；另一方面密封端面高温环境下，酸杂质浸透附着于碳环端面，造成端面磨损划痕，加速了密封的失效。

3　密封改型的探讨研究

原集装干气密封结构如图5所示。可以看出该密封的一级密封动环结构直接暴露于工艺介质内，一级密封结构长期浸在含酸泥杂质环境下，在动环背部驱动环和补偿弹簧间隙和动环座侧间隙极易形成酸泥杂质的堆积，通过引自泵出口的冲洗液无法实现对一级动静环端面和一级密封结构的有效冲洗，目前来看效果不佳。材质上密封摩擦副为SIC，补偿弹簧为316L，耐蚀性相对较差，容易因酸浸润腐蚀和附着造成性能降低，从而造成密封失效。

针对密封故障问题，采取以下措施：(1)简化一级密封的动环组件结构，由原来的密封座+弹簧+环座+动环结构改型为密封座+动环结构，密封座与动环依靠O型密封圈实现内部密封；(2)静环组件结构重新设计，弹簧结构安置于一级静密封环后侧，由原来的动环随动补偿改型为静环随动补偿；(3)同时升级密封摩擦副材质由原来的SIC/SIC组和，改型为RBSIC/YMN8硬质合金组合，增加摩擦副的耐蚀、耐磨性能。改型密封结构如图6所示。

这样一来，整个密封机构中，只有动环座、动密封环外侧、静密封环内侧等几个部件直接接触到工艺介质，而密封补偿部件均藏于密封外侧，正常工况下只接触到串联式密封的干气密封冲洗氮气，密封及补偿结构不再受到酸泥等杂质影响，随动补偿性能提高，可实现长期稳定密封作用。

4　结论

对该泵进行密封改型后运行稳定，在役时间大于25000h，可以满足设备长周期平稳运行要求。该泵密封的成功改型对高危介质泵，特别是介质含粘性杂质的机泵密封选型设计上有一定的参考和应用价值。从维修成本和安全角度来看，改型密封进行了一级密封摩擦副和补偿弹簧的材质升级，采购成本略有增加，但改型后运行稳定，特别是上游烷基化反应器泄露造成反应产物携带硫酸杂质含量增加的工况下，使用寿命延长，这大大降低了拆修维保的劳动强度，性价比要高得多。

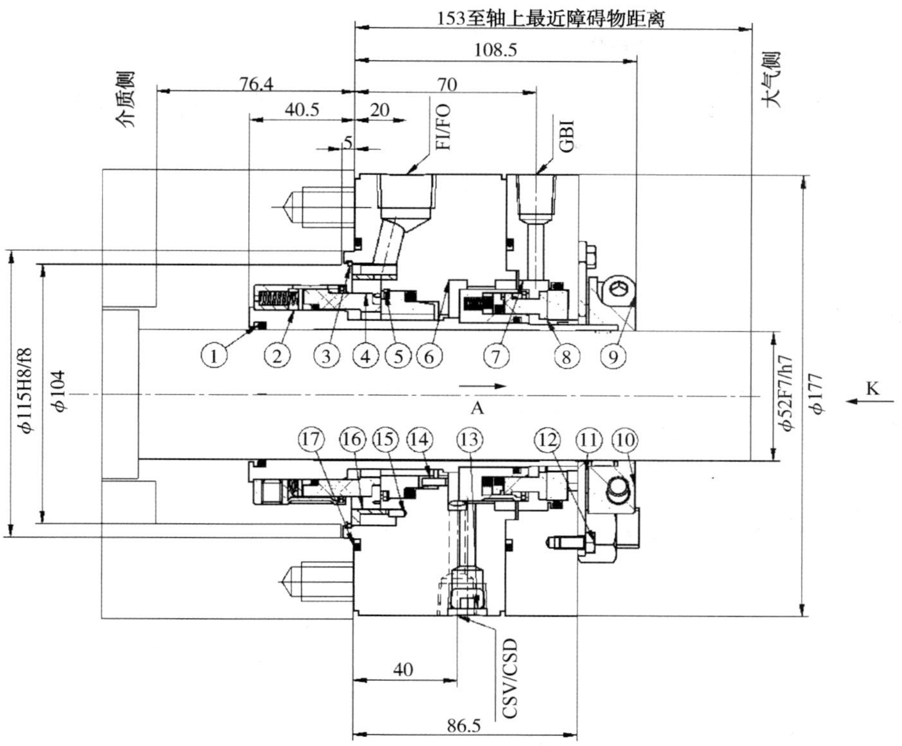

图 5　原干气密封结构

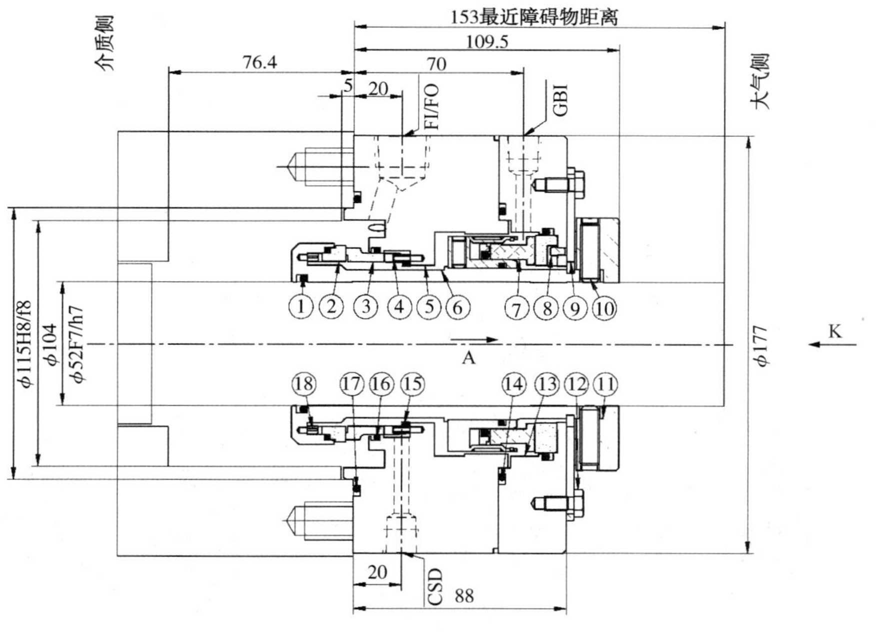

图 6　改型密封结构

参　考　文　献

[1] 赵林源.《机械密封故障分析 100 例》[M]. 北京：石油工业出版社，2011.

[2] API Std 682—2002《用于离心泵和旋转泵的泵轴封系统》.

离心泵振动原因分析及解决办法

于兆峰　刘　羽　孙　浩

（中国石油大庆炼化公司）

摘　要　离心泵是由许多零件组成的，根据工作时各部件所处的工作状态，分为转子部件和定子部件。引起离心泵振动的原因多种多样，错综复杂，现对主要原因进行分析和总结，方便大家根据现场实际情况对照检查，解决问题。

关键词　离心泵　振动　转子　平衡装置　API610　检修规程等

1　常见典型离心泵（图1、图2）

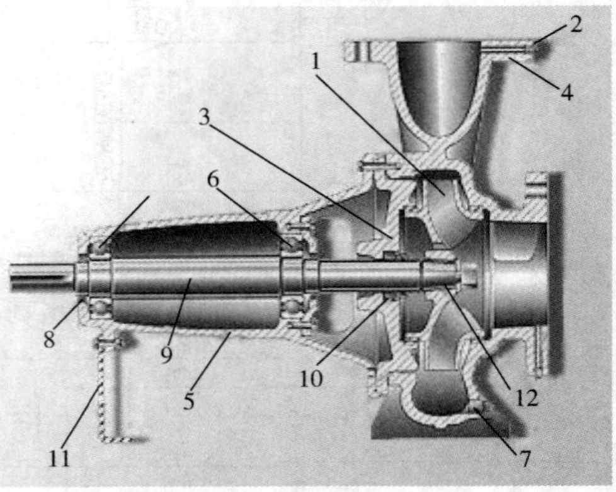

图1　单级悬臂离心泵结构图

1—叶轮；2—螺塞；3—泵盖；4—泵体；5—悬架；6—轴承；7—放水塞；8—骨架油封；9—泵轴；10—机械密封；11—支架；12—键

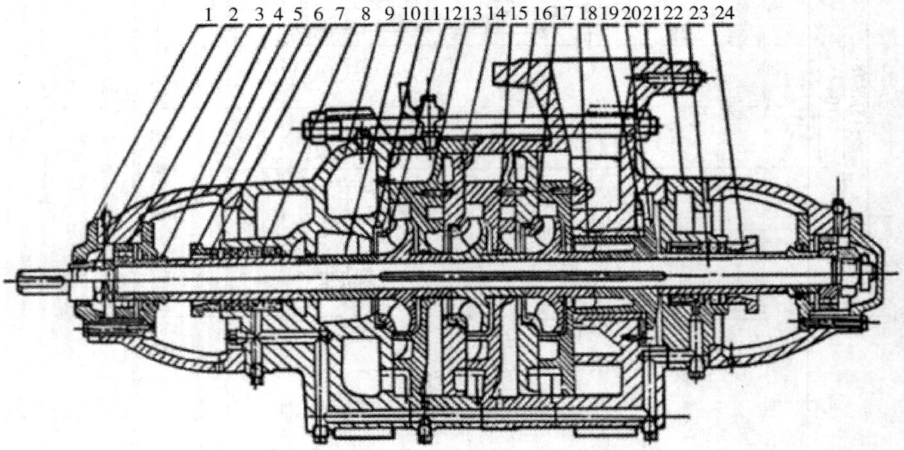

图2　多级离心泵结构图

1—轴承盖；2—螺母；3—轴承；4—挡水套；5—轴套架；6—轴套甲；7—填料压盖；8—填料环；9—进水段；10—中间套；11—密封环；12—叶轮；13—中段；14—导叶挡板；15—导翼套；16—拉紧螺栓；17—出水段导翼；18—平衡套；19、20—平衡环；21—出水段；22—尾盖；23—轴；24—轴套乙

第一作者简介：于兆峰，本科，高级工程师，毕业于东北石油大学，现从事炼油设备管理工作。E-mail：yuzhaof@potrochina.com.cn

2　常见故障原因分析和解决方法

2.1　动平衡不好

转子部件长期处于介质环境中，受冲刷、腐蚀、磨损等因素的影响，动平衡会逐渐变差(图3)。尤其是炼油厂大部分介质或多或少的都具有腐蚀性，还有些介质容易结垢、结晶，破坏转子动平衡，造成机泵振动增大，频谱显示往往是1X倍频高。解决方法是解体检修，清理转子，转子做动平衡或更换受损部件。

图3　动平衡被破坏的叶轮

2.2　电机与泵对中不好

电机与泵各个方向的对中偏差一般不大于0.1mm，偏差过大联轴器无法吸收时会造成机泵和电机振动都增大，频谱显示往往是2X倍频高。解决方法是用校验合格的仪器复查同心度，确保找正数据在允许范围内，电机、泵地脚螺栓紧固到位。

2.3　流量偏离

机泵正常运行的流量范围一般为额定流量的70%～120%。为了满足工艺操作弹性的需要，有些机泵设计选型偏大，机泵处于流量偏离工况运行，需要关小出口阀，造成出口压力升高，轴向力增大，机泵振动增大，频谱显示往往是杂频较多。解决方法是切削叶轮、机泵改型(图4)，将多级离心泵改型为更实用于小流量高扬程的旋转喷射泵；增设变频器或适当打开出入口循环线(图5)，在泵的出入口管线增加跨线，介质通过跨线返回泵入口，解决了泵设计偏大的问题。

2.4　机泵设计加工缺陷

厂家由于降低成本，设计不符合标准、生产条件受限等因素，造成泵管口载荷值偏小(图6)、汽蚀余量不足、泵体支撑单薄(图6)、焊接工艺不符合要求、轴承箱定位螺栓偏细、直口加工精度超差等缺陷。当振动发生时，需逐项排查消除。

图4　机泵改型(旋喷泵)

图5　增加出入口循环线

图6　管口载荷值偏小、泵体支撑单薄

2.5　轴弯曲

（1）叶轮和转子的重量长期作用在轴上，尤其是较大机泵或轴较长的机泵，转子重量较大，造成轴弯曲，对轴进行检测时跳动值超标(图7)。轴弯曲机泵运行过程中，转动部件会出现动不平衡，转动部件与壳体或口环发生碰磨，导致机泵振动。解决方法是定时盘车，每次盘车180°；修复或更换跳动值超标的泵轴。

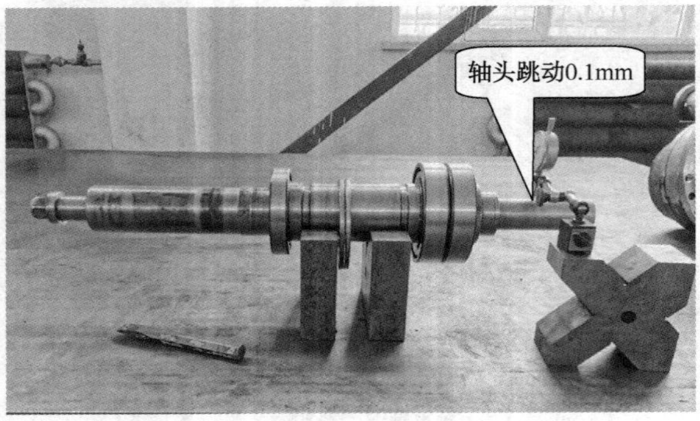

图7　跳动值超标

（2）轴的硬度不足。机泵轴的材质一般选用2Cr13或3Cr13，硬度在HRC25以上，用硬度计测量轴的硬度，如硬度不足会造成轴在转动过程中挠度大，轴承受力过大，引起振动增大，同时还会加剧轴承支架与轴承的磨损，造成轴承跑外套，所以在轴的选择时需注意材质符合要求。

2.6　轴向力过大或平衡装置设计缺陷、磨损，无法完全平衡轴向力

对于单级离心泵可以采取平衡孔扩孔的方法(图8)，孔径需要根据实际工况核算。多级离心泵则需更换磨损的平衡装置(图9)，安装时严格执行检修规程，控制间隙，避免磨损。

图8　平衡孔扩孔

图9　平衡装置磨损

2.7　轴承问题

（1）轴承跑套

由于安装间隙超标(轴承箱与轴之间配合间隙≤0.01mm)或长期运行磨损，轴承箱与轴之间配合间隙增大，造成轴承跑套(图10)。轴承箱出现温度升高，有杂音，振动增大的现象。解决方法是对轴承支架进行喷涂，或加装环形套。需要注意的是要保证轴承箱两端轴承支架的同心度，如加装环形套还需要保证环形套刚度大于轴承箱，同时固定牢靠，以及环形套与轴承箱的紧密配合。

图10　轴承箱跑套磨损

（2）轴承磨损

主要是滚珠、保持架、与滚珠接触的内环外表面和外环内表面磨损。轴承部件磨损后，造成间隙增大，轴承出现杂音、振动和温度升高，润滑油质恶化，严重时发生保持架断裂(图11)，甚至抱轴。依据GB/T 16907—2014第4.12.1.2条，轴承的使用寿命一般不低于

16000h，对一些关键机泵和轴向力较大机泵应密切监控轴承箱振动、温度和油质的变化，及时更换轴承。

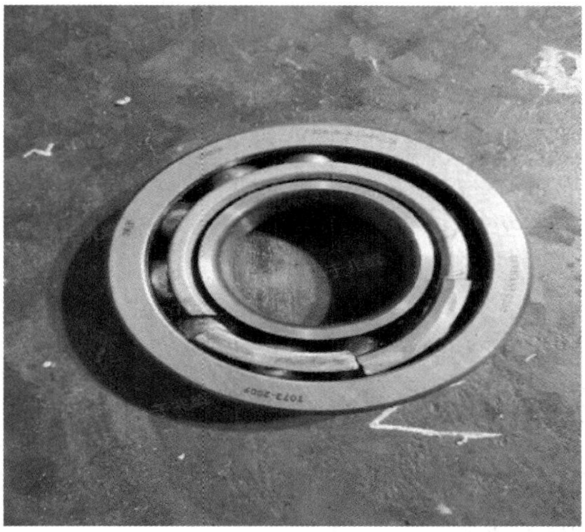

图 11　轴承磨损、保持架断裂

2.8 联轴器问题

联轴器的作用是连接电机与泵，传递扭矩，其问题有以下两点：

（1）电机与泵不同心。不同心的原因主要有：①由于长期运行振动，地脚螺栓松动等原因使同心度发生变化。②检修时找正不合格(一般偏差不超过 0.1mm)。③对于温度较高的机泵，需要注意冷态找正时要考虑泵壳和泵支撑的膨胀量(根据壳体和支撑材质，运行温度，用积分公式计算)，电机高度应预留出膨胀空间。④找正工具本身需要定期校验，确保误差合格。

（2）联轴器部件磨损松动。①膜片、胶堆、螺栓的磨损或断裂造成间隙增大(图 12)，减振效果下降。②长期用管钳子盘车，造成半联轴器或中间节的损伤(图 13)，在运行中会出现动不平衡。③联轴器螺栓松动(图 12)。联轴器故障通常以 2X、4X 倍频增幅较为突出。

2.9 介质流道不畅

（1）泵出口阀门开度太小

尤其是高扬程、大流量离心泵，出口阀开度过小造成介质对蜗壳和管路的水力冲击过大，引起泵的振动，就是我们通常说的“憋泵”。开大出口阀门或循环线阀门即可解决。

（2）泵入口管道堵塞

泵入口过滤器、管道，甚至叶轮入口、流道，都有可能进入杂物造成堵塞(图 14)。例如炼油装置的油浆泵可能会进入焦块，化工装置的产品泵可能会有结晶等。泵入口过滤器的精度需要根据介质特点合理的选择和定期清理。泵体内还有可能进入焊条、泵入口塔罐来的填料、鲍尔环等杂物，尤其在检修后开工时，需要检查清理后再启泵。

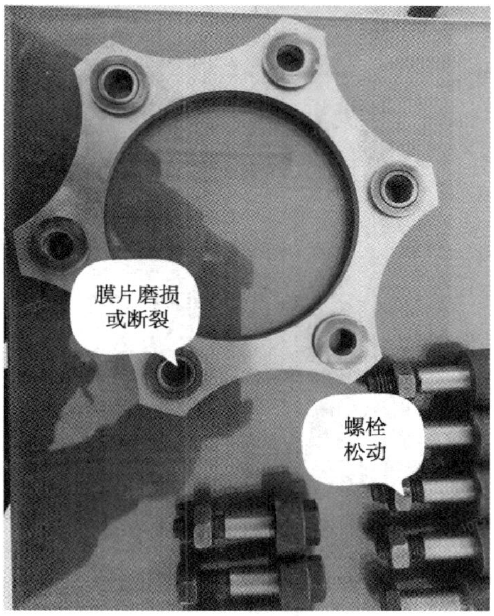

图 12　膜片断裂、螺栓松动

图 13　联轴器损伤

（3）泵入口管道有气阻或出口管道形成气囊。

由于入口管道配置不合理，介质中含有易挥发的成分，造成管路内高点带气，在运行过程中形成气阻。泵入口管路配置时，不能有上坡，泵入口如果是偏心大小头需要顶平布置，启泵前充分灌泵排气。

2.10 汽蚀、气缚和抽空

汽蚀主要有两个原因：①泵本身 NPSHr 偏

图 14　泵入口过滤器堵塞

大，高于 NPSHa。②介质温度升高，在叶轮入口附近低压区域发生汽化。

气缚主要原因：启泵时，泵内存有空气，由于空气密度很低，旋转后产生的离心力小，因而叶轮中心区所形成的低压不足以将储槽内的液体吸入泵内，虽启动离心泵也不能输送液体。离心泵失去自吸能力，所以必须在启动前向壳内灌满液体。

抽空的主要原因：泵入口来料不足，做功不连续。泵振动随负荷频繁变化，振动波动且增大(图 15)。

无论是汽蚀、气缚还是抽空，都会引起泵的振动升高，根据现象确定原因，排除影响因素即可。

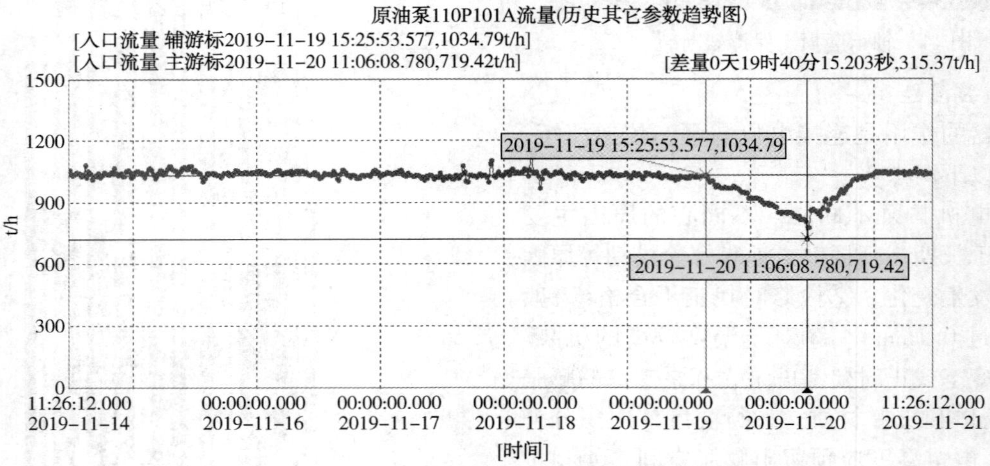

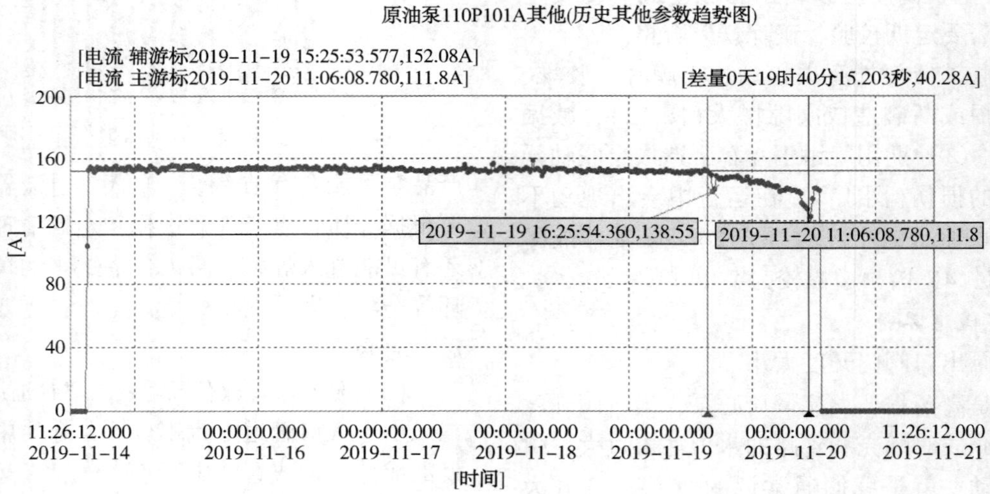

图 15　泵抽空时流量降低振动升高趋势图

2.11　泵基础问题

泵底座灌浆不实，有空洞部位，造成机泵振动增大。灌浆不实的主要原因：①泵底座没有足够的灌浆孔。②施工时没有充分振捣。③水泥配比、水泥标号不符合要求。解决方法是重新灌浆(图 16)。

2.12　泵体支座问题

泵体支座刚度不足，支座本身存在振动偏高

图 16 泵基础、底座充分灌浆

的问题。解决方法是对刚度不足支座焊接筋板加固(图 17)。

图 17 泵体支座刚度不足，焊接筋板加固

2.13 轴承箱较长且重量大，稳定性差，缺少支撑

解决方法是在轴承箱靠近驱动端一侧合适的位置增加可调节高低的支撑，增强轴承箱运行时的稳定性(图 18)。

图 18 轴承箱安装可调支撑

2.14 辅助系统共振

辅助系统安装在泵本体上，罐体、管线振动与电机-泵系统产生共振，造成机泵、电机、辅助系统的振动均有所上涨。解决方法是将辅助系统与泵分离，单独做支撑安装(图 19)，避免了相互影响。

图 19 辅助系统与泵分离，单独做支撑安装

2.15 管线布置不合理

(1) 入口管线布置不合理，不符合管道设计规范，存在抢量。大流量、高扬程机泵，入口管线布置不合理，支路距离太近，多台泵抢量(图 20)。

图 20 入口管线布置不合理

(2) 出口管线布置不合理，不符合管道设计规范，造成振动过大。泵出口管线变向处距离泵体较近(图 21)，或者在泵出口附近弯头数量多，造成水力冲击大，引起管线振动，从而影响了泵的振动。解决方法是重新布置管线。

2.16 临近机泵振动影响

由于受空间限制，机泵安装过于紧凑，尤其

图 21　出口管线布置不合理

是一些大流量、高扬程的大泵，距离过近，振动相互影响(图 22)。

图 22　大泵之间间距仅 1 米

3　机泵检修安装应注意的问题

(1) 机泵大修安装时，应重新找正泵体、电机的水平度，同心度。

(2) 泵的设计、制造满足 API610-2010 的规定。设备工艺结合，确定合理的泵参数，主要是流量和扬程，要在合理范围内，不能盲目偏大，造成投用后流量偏离，效率低，且泵的振动偏高。

(3) 编制技术协议时，除了要满足 API610 和实际工况外，还可以根据实际需要，添加一些内容，方便现场使用、检查。例如：①要求厂家泵出入口法兰加厚，增加管口扭矩力，从而增加了稳定性。②对于多级离心泵要求厂家在泵平衡管上增设压力表，便于及时检查发现平衡管是否堵塞，防止平衡盘磨损。③要求厂家法兰面按国标件制作，便于配线、检修、安装。防止法兰错口应力造成机泵振动。④要求泵底座灌浆孔尽量多且大，确保灌实。⑤要求厂家在方便的位置设置测温测振点，便于巡检监测。

(4) 对于基础管线利旧的机泵，安装较为困难，尤其是在正常生产情况下，管线布置非常困难，只能改动出入口阀以内的很短一部分管线。基础利旧非常困难，需要清除旧二次灌浆，拆除旧底座和地脚螺栓，修理平整。如基础需要加长，只能采用深挖、钻孔、植筋、浇筑的方式，在挖掘过程中还涉及到地下电缆、静电接地等设施，工序繁琐，风险大，时间长。设备安装定位非常困难，设备安装时既要考虑利旧的基础够不够用、怎么用，还要结合管线布置，管线对口，关键定位尺寸必须精确测量，在泵基础上做好标记。这是一个综合考虑的过程，比正常安装复杂很多。

引起泵振动的原因很多，总的来说分为泵内部因素：泵和电机本身零部件问题；泵外部因素：支撑、底座、管线、辅助系统等，需要结合频谱分析根据现场实际情况逐一对照排查，制定相应的整改措施。

参　考　文　献

[1] API610《石油、重化学和天然气工业用离心泵》.
[2] 石油化工设备维护检修规程[M]. 北京：中国石化出版社.
[3] GB 50316—2008《工业金属管道设计规范》.
[4] GB 16907—2014《离心泵技术条件(Ⅰ类)》.

提升橡胶装置压块机液压系统可靠性的应用

齐秋明　姚　雪

（中国石化燕山石化）

摘　要　压块机是橡胶装置成品专用设备，其液压系统为设备的核心，其可靠性直接影响设备的正常运行状况。本文收集了橡胶装置压块机液压系统使用中的问题，进行系统分析，通过物理隔离污染源及3R油液净化再生设备应用，达到了提升压块机液压系统可靠性，延长液压油的使用寿命的目标。

关键词　压块机　液压系统　3R油液净化再生设备　可靠性　液压油

1　概述

1.1　压块机设备简介

橡胶压块机是将人工合成橡胶的散状胶料挤压成块状的专用设备，压块机自身的工艺流程：压块机给料机输送的干燥胶团，经由给料机和电子定量秤称重后，落入压块机内进行压块，压块成形的胶块由辊子输送机送至包装机包装。

压块机共由三部分组成，即压块机本体（包括主侧缸滑块等）、压块机液压系统（油箱、油泵、液压阀等）、压块机电气控制系统。压块机通过液压系统及电气控制系统的联合控制下自动运行完成合成橡胶的压块过程，实现橡胶压块过程的生产自动化，见图1。

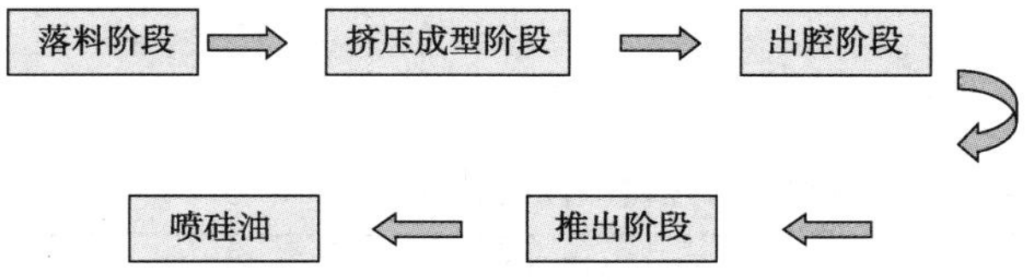

图1　压块机工作流程图

1.1.1　压块机主要技术参数

主缸最大推力：120吨

主缸直径：Φ270/Φ190

主缸最大行程：608mm

侧缸直径：Φ110/Φ63

侧缸行程：840mm（420mm×2）

最大油压：31.5MPa

胶块尺寸：700×350×144mm

1.1.2　液压油路系统动作说明

压块机的压块过程，通过液压缸升降，实现压块机主侧缸往复运行。压块机液压油路系统见图2，三相异步电动机同时带动一台低噪音叶片泵和轴向柱塞泵，主缸在上升过程中，两油泵同时向主缸供油，经三位四通换向阀⑩进入主缸下腔，主缸上腔内的液压油经该阀回油箱，实现主缸活塞的上升动作；电磁阀A、B、D动作时，两油泵同时向主缸供油，液压油进入主缸上腔，下腔内液压油回油箱，主缸下降，通过溢流阀⑫调节主缸上腔油液压力，以减少对活塞杆密封装置的损害；侧缸后退时，电磁阀B、F动作，轴向柱塞泵③输出的液压油经电磁溢流阀⑦直接回油箱，低噪音叶片泵①单独向侧缸供油，液压油经单向阀⑧，三位四通换向阀⑪，进入侧缸右腔；侧缸前进时电磁阀B、E动作，液压油进入侧缸左腔，右腔内液压油经三位四通换向阀⑪回油箱。

1.1.3　压块机用油简介

通过压块机简介及压块机油路介绍，我们可以看到，液压系统可谓压块机的心脏，驱动压块机实现其机械功能。液压油是利用液体压力能的液压系统使用的液压介质，在液压系统中起着能量传递、抗磨、系统润滑、防腐、防锈、冷却等作用。液压油的品质直接影响着压块机的稳定运行。本装置压块机采用L-HM46抗磨液压油。参数见表1，按照设备手册要求，每三个月进行液压油采样儿分析，根据质检结果决定更换油。

第一作者简介：齐秋明，女，高级工程师，1998年毕业于辽宁石油化工大学化工设备与机械专业，燕山石化合成橡胶厂设备工程科动设备主管。E-mail：qiqiping.yssh@sinopec.com

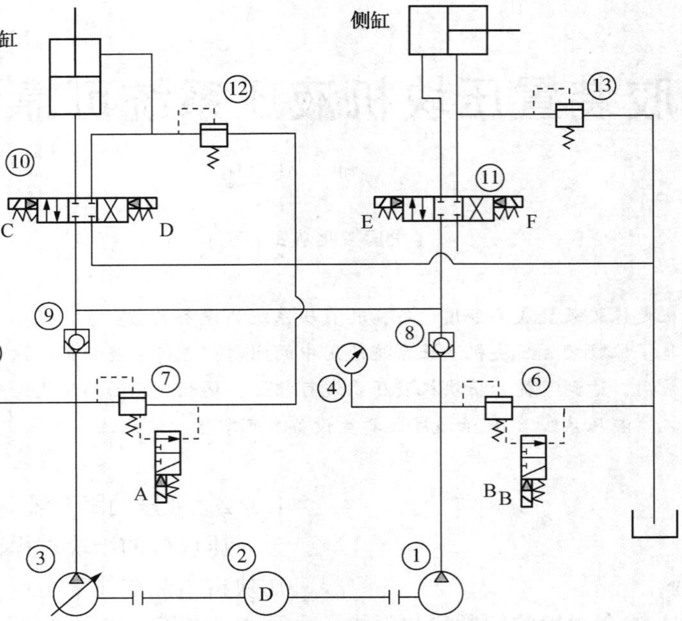

图2　压块机液压油路示意图

①—低噪音叶片泵；②—电动机；③—轴向柱塞泵；④⑤—压力表；⑥⑦⑬—电磁溢流阀；⑧⑨⑫—单向阀；⑩⑪—三位四通换向阀

表1　液压油的更换极限指标

润滑油牌号	40℃运动黏度变化	酸值增加/（mgKOH/g）	水分	污染物含量/（mg/100mL）
L-HM46	±10%	0.3	0.1%	10

1.2　*存在问题*

橡胶成品装置压块机使用过程中，液压系统存在可靠性低问题，突出表现为：压块机液压系统故障率高及液压油使用周期短。

1.2.1　压块机液压阀故障率高

经统计，压块机故障主要集中在液压油系统液压阀故障。液压油不清洁，使主阀芯滑动不灵活，因而产生不规则的压力变化，有时还会将阀卡住。

统计2017年10月至2018年7月橡胶成品装置一线压块机液压阀卡死及阀芯滑动不畅故障，情况见表2。单台压块机每年各类溢流阀因液压油不清洁造成卡死故障10台左右，费用消耗在15万左右，6台压块机液压阀耗费昂贵。

表2　2017年10月至2018年7月丁基橡胶一线压块机液压阀故障统计表

序号	设备名称	备件名称规格	故障现象	数量
1	一线北台压块机	溢流阀\ V18	主阀芯滑动不畅	2
		溢流阀\ V5　R4V06-533-10-09-G0Q-A1	阀芯卡死	2
		溢流阀\ V7　120T	主阀芯滑动不畅	2
		换向阀\ V2　SWHG02C4	阀芯卡死	1
		溢流阀\ V20	阀滑动不畅	2
2	一线南台压块机	溢流阀\ V4　R4V06-535-10-09-G0Q-A1	阀芯卡死	2
		溢流阀\ V5　R4V06-533-10-09-G0Q-A1	阀芯卡死	2
		溢流阀\ V8　R4V03-531-10-A1	阀芯卡死	1
		换向阀\ V2　SWHG02C4	阀芯卡死	1
		单向阀\ V17	阀芯滑动不畅	1
		溢流阀\ V21	阀芯卡死	1

1.2.2　液压油情况

本橡胶装置压块机交替承接两种橡胶压块成型工作，此文以1#橡胶、2#橡胶代替橡胶型号，工作中压块机液压系统用液压油 L-HM46 在使用过程中，发现运动黏度(40℃)不断增加，黏度很快就超出指标 50.6mm²/s，1 线北台压块机液压油黏度 LIMS 监测数据见表 3。

表 3　一线北台压块机液压油黏度 LIMS 监测数据

采样时间	运动黏度(40℃)/(mm²/s)	酸值/(mgKOH/g)	水分	机械杂质	颗粒污染度
2017.2.17	44.27	0.49	无	无	12
2017.5.24	63.74	0.61	无	无	—
2017.6.2	45.50	—	—	—	—
2017.10.31	56.41	0.40	无	无	—
2017.11.6	47.80	—	—	—	—
2018.2.23	54.05	0.50	有	无	—
2018.3.5	46.32	—	无	—	—
2018.7.18	64.66	0.38	无	无	—

由表 3 可知，从 2017.2.17~2018.7.18 期间，一线北台压块机使用的 L-HM46 液压油黏度超出指标。在此期间共换油 4 次，换油周期缩短到 3~4 个月。检测时超标的液压油黏度(40℃)变化率分别为 30.5%、19.3%、11.6%和 28.4%，按《L-HM 液压油换油指标》要求，需要换油。

2　原因分析

液压油黏度是衡量特定油品是否适用于某些类型的发动机和机械的重要指标。有很多因素会影响液压油的黏度，如温度和油品本身的成分。压块机工作温度不超过 60℃，对液压油影响较小，本机组的问题集中在润滑油污染上。下面我们从机器工作环境及取样分析的结果进行分析。

2.1　工作环境

压块机主侧缸与缸体之间存在 0.4mm 左右间隙，在运行挤压胶块的过程中，少量胶粒、胶沫会沿压块机主侧缸间隙落至主侧缸活塞杆附近，在主缸及侧缸下端堆积，随着时间增长，胶粒变色而且有溶解趋向，见图 3。在压块机活塞杆往复伸缩的过程中，这些污染物流回油箱中，造成液压油污染。

图 3　压块机主侧缸附近落胶情况

2.2　分析情况

取 1#橡胶、2#橡胶各 1.5g 左右，分别放入装有 50g L-HM46 新液压油的烧杯中，在 95℃下加热搅拌 2h 后，取出未溶解的橡胶，分别测溶后液压油的黏度，结果见表 4。

表 4　其他橡胶与 L-HM46 液压油相容性试验

项　目	新油	1#橡胶溶胶油	2#橡胶溶胶油
运动黏度(40℃)/(mm²/s)	46.90	63.60	93.07
40℃运动黏度变化率/%	—	26.26	49.61

由表 4 可以看出，试验中的两种橡胶溶于

L-HM46液压油，都可使液压油40℃黏度增大，但在相同的试验条件下，2#橡胶溶胶油的黏度变化率比较大，说明此橡胶更易溶于L-HM46液压油，且对液压油的黏度影响更大。

结合表3、表4分析数据可以看出，橡胶融入液压油是造成压块机液压油黏度上升的重要原因之一。

3　改进措施

3.1　增设隔离套，阻隔胶粒附着于缸杆

在压块机主、侧缸滑块与液压缸之间增设隔离套，见图4。隔离套采用帆布材质，可以随主侧缸缸杆滑动进行伸缩，不妨碍缸杆的运行的情况下，有效阻隔落胶附着于缸杆。

图4　压块机主侧缸加装保护套

从改进后的情况看，隔离后的侧缸下面胶粒没有变色，台上也相对干净，这样既能隔离一些固体杂质通过往复伸缩的活塞杆流回油箱中，污染液压油，又能防止液压油污染环境。

3.2　增设3R净化设备，对在用液压油进行过滤净化

3R净化设备在汽车、轮船、冶金、石油化工、发电等行业都有广泛应用，该精密清洁技术可以确保油、液长期保持在稳定状态，延长了油、液的使用寿命，从而达到节省资源、节能减排、保护环境的目的。

3R滤芯采用专用滤纸，经过特殊卷制而成，可以去除一般过滤器不能去除的污染物，吸附能力极强，具有去除油中垃圾、水分、去除和抑制油中氧化劣化物质的能力。其精密的洁净技术可以确保油液从长期保持在稳定状态，可以延长油液的使用寿命。

本次3R净化设备选择橡胶装置故障率较高的一线北台压块机进行试用，选用OSCA系列AL型油净化设备，利用原有压块机油箱中部(油液面以上)及底部预留管线接入液压油系统。通过压差作用，油箱内液压油经底部管线进入油净化设备，经过过滤后的液压油从油箱上部管线返回油箱，实现液压油循环过滤净化(图5)。

图5　3R润滑油净化设备现场安装图

4　改造后的使用效果

2018年8月橡胶成品装置一线北台压块机加装3R油液净化再生设备，净化后，液压油清洁度、水含量、酸值合格，控制阀故障率大幅降低，2018年8月至2019年8月，一线北台压块机只更换了一台液压阀，与其相对应的南台压块机更换了十台，其液压阀故障对比见图6。液压油系统优化后，配件更换成本降低90%，设备可靠性极大提升。同时换油周期由一季度延长至

一年，用油成本降低75%。

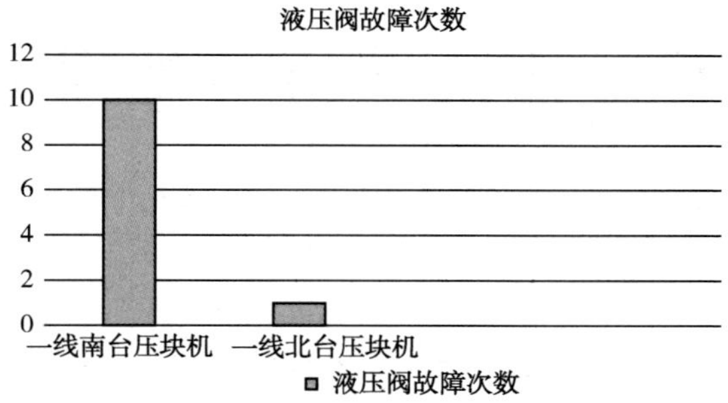

图6 一线南北台压块机液压阀故障对比

参考文献

[1] 赫贵成．液压传动与气动[M]．北京，冶金工业出版社，1981.

裂解气压缩机透平振动超标原因的分析与处理

张　琨

（中国石化燕山石化）

摘　要　针对某石化企业裂解气压缩机透平振动上升的情况，本文通过机组运行情况并结合频谱分析，综合分析得出原因为蒸汽管线存在应力造成机组轴承座对中不良。通过制定有针对性的维护策略，确保机组平稳运行至大检修，并在检修过程对气缸与轴承座中心对中进行了恢复调整，确保机组长周期运行。

关键词　裂解气压缩机　透平　轴承不对中

1　问题背景

裂解气压缩机是乙烯装置中的核心设备，其主要作用是将来自乙烯裂解急冷单元的裂解气通过五段压缩，将压力提高到一定值后为深冷分离提供条件，在整个乙烯装置中起着承上启下的作用。由于该机组没有备机，对机组的要求非常高，机组必须满足安全、稳定、长周期运转，如果压缩机出现问题，不仅仅乙烯装置停产，同时，以乙烯为原料的下游装置都将停产，损失巨大，停产一天的损失近千万。

该裂解气压缩机组GB-201是日本三菱重工公司制造的离心式压缩机组，采用抽气凝汽式高参数透平直接驱动三缸五段式离心压缩机组，每段入口设置气体吸入罐，出口设置冷却器，三段后设置碱洗塔。驱动机型号为8EH-10，额定功率30659kW，额定转速5920rpm，进汽压力正常值11.18MPa(G)；压缩机型号为9H-4W、9H-4C、7H-6C，机组额定功率26420kW，额定转速5920rpm。该机组径向轴承均采用可倾瓦，机组振动监测点共有24个，其中8个轴位移，16个径向轴振动，机组简图及振动测点布置如图1所示。

机组于2016年7月检修完毕开车，开机后各项参数稳定，运行情况良好，汽轮机非驱动端最大轴振动约25μm左右，壳体振动1.5mm/s，瓦温、轴位移均正常。

2016年10月28日，由于蒸汽管网系统出现异常对机组产生影响，超高压蒸汽温度由500度降至370度，压力由11MPa降至约71MPa，同时机组入口法兰出现泄漏，机组于当日06：00紧急停机，并与当日21：00开机，开机过程未见明显异常；开机后机组自2016年11月5日汽轮机非驱动端振动增大，且随转速上升振动上升。截止11月26日，轴振动上升至40μm左右，超过机组报警值36μm，如图2所示。

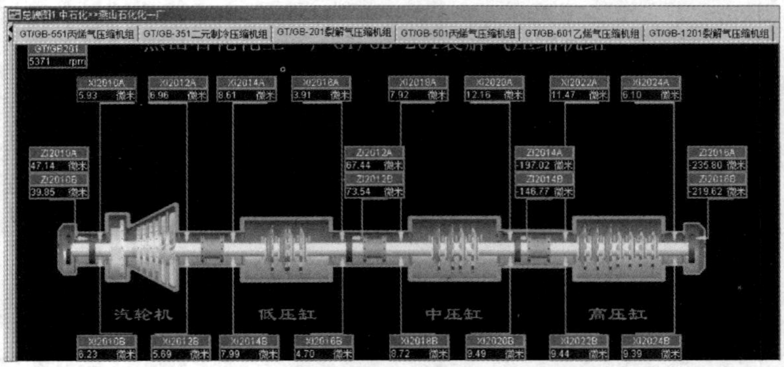

图1　机组简图及振动测点布置示意图

第一作者简介：张琨，大学本科学历，现在燕山石化公司机动工程部从事动设备管理工作，主任师、高级工程师。E-mail：zhangkun03.yssh@sinopec.com

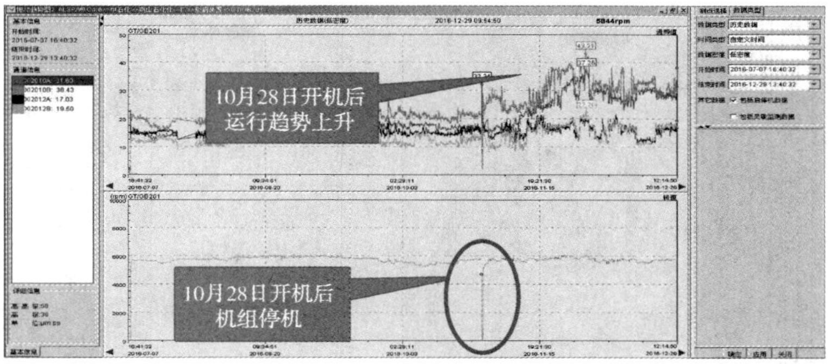

图2　2016年10月低压缸振动及转速趋势图

2　机组振动情况特征

汽轮机轴振动出现间振动上升存在如下特征：

(1) 振动与机组转速成正比关系趋势，未见突跳现象，最高达到43μm(报警值38μm)；转速在5700r/min至5800r/min区间内，振动值较为稳定，为30μm左右，大于5800r/min振动均有所增大。

(2) 振动变化主要以一倍频为主，存在少量二倍频，且相位未见明显变化，见图3、图4。

(3) 轴心轨形状正常，重复性良好且未见正反进动变化现象，见图5。

(4) 轴振动趋势增大后，机组壳体振感明显，壳体非驱动端最大振动7mm/s，驱动端最大振动4mm/s，以水平方向为主，主要集中在一倍频，调速器处最大振动达到20mm/s。如图6所示。

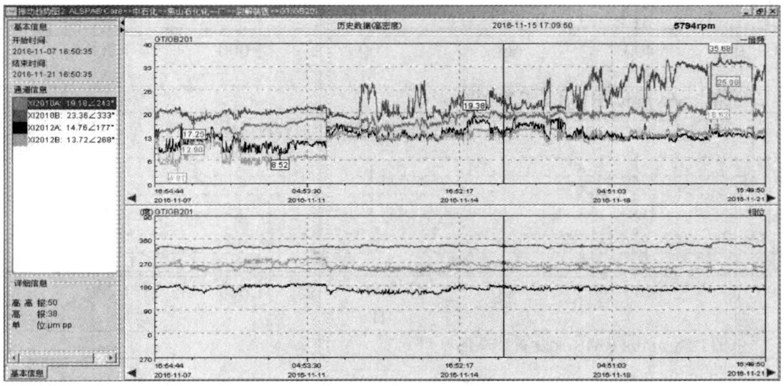

图3　振动变化主要以一倍频及相位趋势图

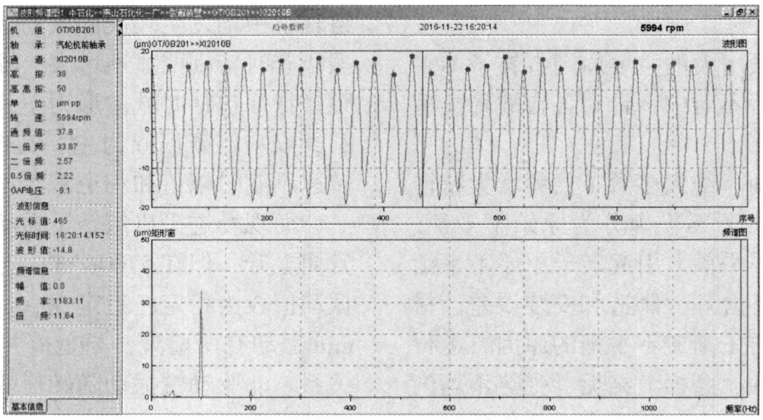

图4　机组波形频谱图

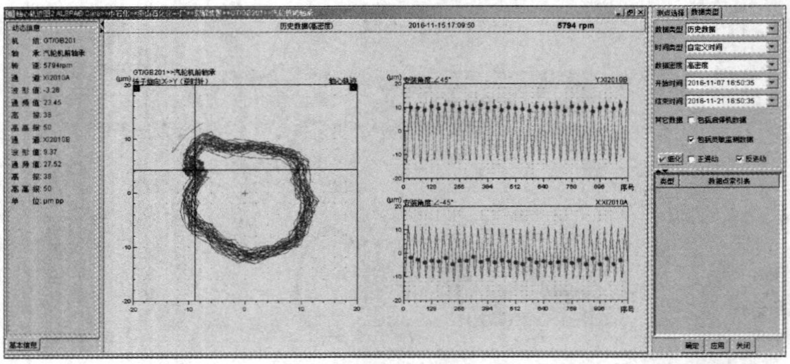

图5　机组轴心轨迹图

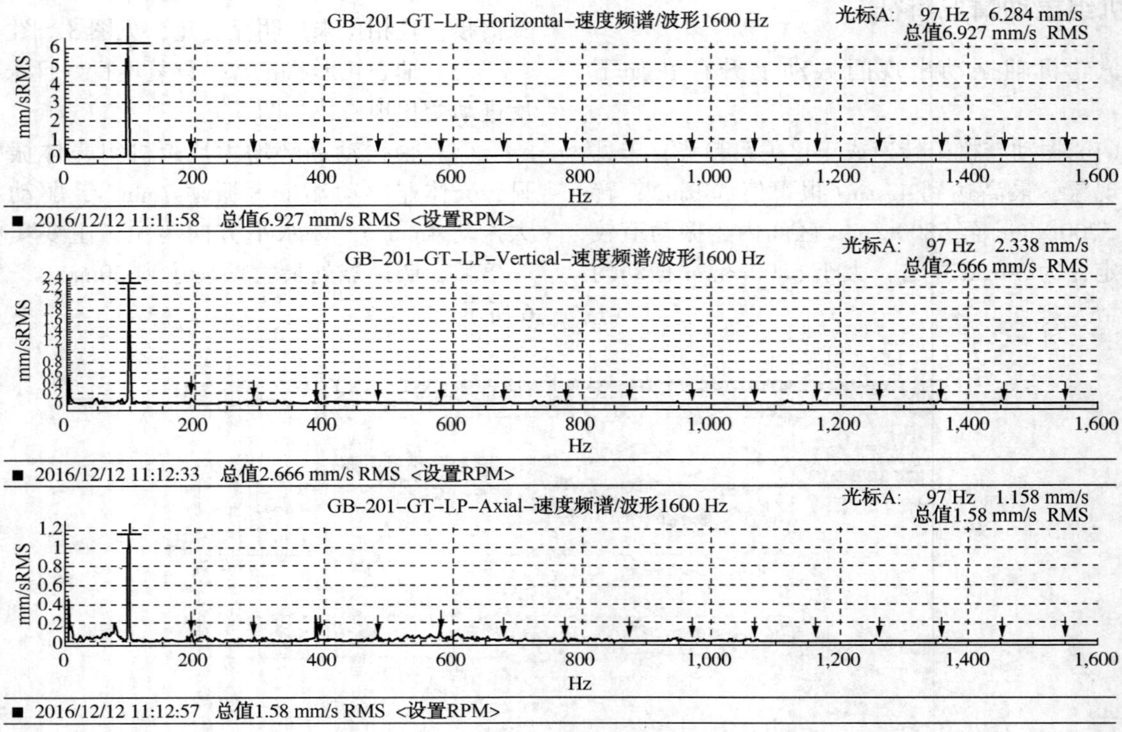

图6　水平、垂直、轴向机壳振动采集情况

3　原因分析

振动频谱1倍频增大的主要原因有转子不平衡、共振、轴系平行不对中；针对各自故障类型特征进行分析：

（1）转子不平衡。绝大多数1倍频增大特征原因转子不平衡，转子不平衡分为原始不平衡、渐变不平衡、突发不平衡。引起转子原始不平衡的原因有结构设计不合理，制造和安装误差，材质不均匀等，引起转子渐变不平衡的原因有运行中转子和叶片的腐蚀、磨损、结垢、受热不均匀等，引起转子突发不平衡的原因有零部件的松动和脱落等。产生突发不平衡后振动值又回到原值的，可能为转子损伤。不平衡振动有如下特征：转子质量不平衡引起的振动，在水平方向整个机组轴承中均发生较大的振动，在通过临界转速时振幅有时特别明显地增大，轴向振动不大，振动频谱特征包括时域波形为正弦波，轴心轨迹为椭圆，以一倍频振幅为主，其他谐波的振幅较小，转速不变时幅值和相位基本不变。

而现场透平机组转子振动幅值整体随转速上升而上升，但在5700r/min至5800r/min区间时，振动值较为稳定，稳定30μm左右，大于5800r/min振动有所增大，与负荷并非完全成线性正比关系。非驱动端振动随转速变化较为明显，而驱动端无明显变化趋势，如图7所示，现象与转子不平衡特征不吻合。同时查验检修记录安装之前进行高速动平衡校验合格，投运时间不足6个月，运行过程中蒸汽品质各项参数检验合格，基本不存在结垢可能。以及在查验之前机组运行周期出现的转子不平衡时，两侧轴振动达到 30μm 时，但壳体振动在 2mm/s 以内，并无明显变化趋势。因此转子不平衡故障原因排除。

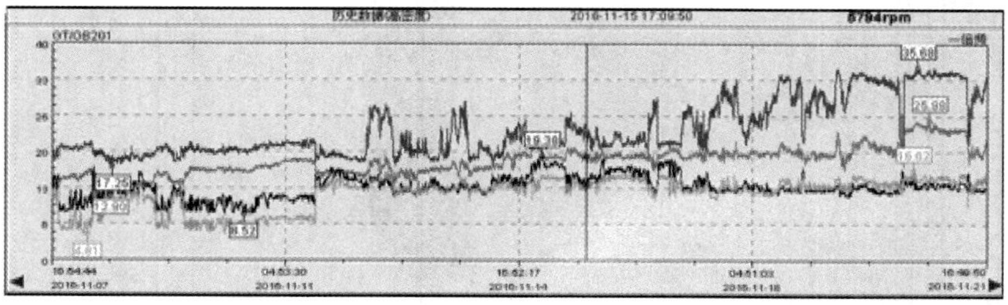

图 7　两端振动趋势图(红蓝为非驱动端，黄黑为驱动端)

(2) 壳体或管线等部位振动与机组固有频率发生重合造成共振。共振是经常发生的故障，主要原因是系统的刚度下降，导致临界转速下降，落入共振区。主要表现有：基础刚度不足导致共振，多发于新建机组或机组及附属系统进行改造后刚开机时出现，或轴系某临界转速落入工作转速，表现为接近工作转速时振动迅速增大，由于机组已经历多个运行周期，且 2016 年 8 月份与 10 月份机组开机初期运行情况正常，与共振现象不符，因此可能性较小。

(3) 轴承座不对中。转子不对中通常是指相邻两转子的轴心线与轴承中心线的倾斜或偏移程度。不对中按照位置可分为联轴器不对中和轴承不对中。按照不对中方式又可分为平行不对中、偏角不对中和平行偏角不对中三种情况。平行不对中时振动频率为转子工频的两倍。偏角不对中使联轴器附加一个弯矩，以力图减小两轴中心线的偏角。轴旋转一周，弯矩作用方向交变一次，因此，偏角不对中增加了转子的轴向力，使转子在轴向产生工频振动。平行偏角不对中是以上两种情况的综合，使转子发生径向和轴向振动。

检查透平两端轴心位置变化非常明显。开机后于 10 月 29 日至 11 月 30 日振动上升时，非驱动端出现接近 100μm 的偏移，驱动端出现 30μm 的偏移。一般的轴心位置能够反应出转子与瓦座的相对位移，而轴心轨迹能够反应出转子的绝对位置。在振动上升过程中，轴心轨迹未见明细变化，机组两侧轴心位置出现明显变化，且非驱动端变化量明显高于驱动端，如图 8、图 9 所示。并结合机组进气侧猫抓正常，远离进气侧猫抓卡死。说明机组瓦座位置发生明显位移，导致机组轴系对中出现偏差，导致振动上升反应在轴振动以及壳振上，且透平壳体振动非常明显，在 2021 年装置大检修前最大壳体振动达到 30mm/s 左右。

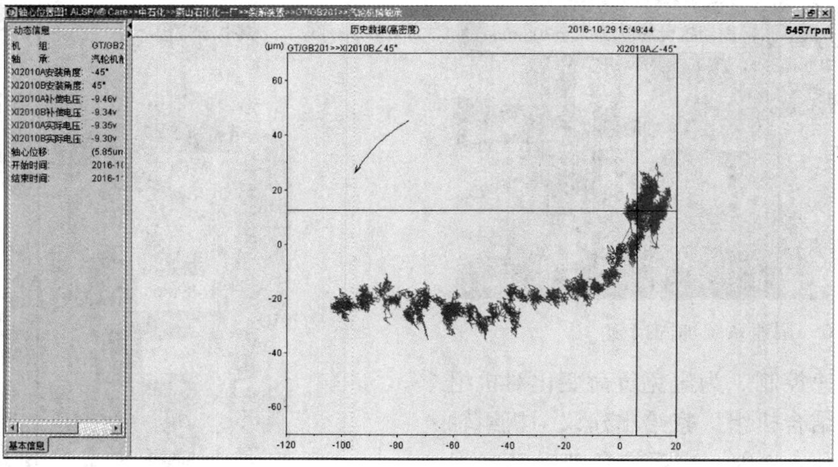

图 8　非驱动端轴心位置图

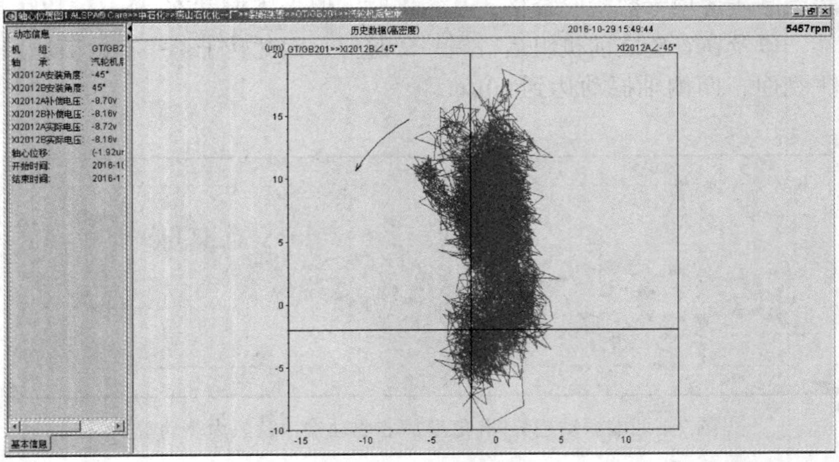

图9　驱动端轴心位置图

结合机组10月28日停机时情况，蒸汽温度降至370℃左右，压力降至7MPa左右，降温速度较快造成管线存在应力，导致机组轴承对中不良，该原因可能性较大。因此综上所述分析机组内部无明显机械性损伤，而造成壳体振动原因为由于蒸汽管线存在应力造成机组轴承座对中不良。

4　运行维护措施

根据上述分析情况，为确保机组长周期运行，采取以下维护措施：

（1）入口管线加支撑。为避免振动造成入口管线过度下沉，调整入口管线弹簧支架并加固。

（2）对调速系统加固。由于振动过大引起整个调速杠杆的发生共振，因此在电液转换器和调速杠杆系统加设固定设施，以防止系统的疲劳磨损断裂。并对每个定位销及振动较大部位定期进行测振巡检，如图10所示。

图10　调速系统加固措施

（3）机组转速控制。为避免负荷变化对机组运行造成影响，结合机组厂家给出建议，机组轴振动值控制在60μm之内。当系统负荷升高时振动值超过60μm须，须人工降低转速，将机组轴振动值控制在60μm之内。

5　机组大检修情况

采取上述维护措施后，机组平稳运行至2021年进行大检修，在此期间，非驱动端轴振动最大出现42μm，振动未对机组运行造成明显影响。检修拆解发现调速系统部分定位销出现磨损，而由于前期制定措施确保未出现异常。

机组解体后检查发现，汽轮机缸体中心与轴承箱中心存在0.07mm的偏差，如图11所示。因此验证了造成壳体振动原因是由于蒸汽管线存在应力造成机组轴承座对中不良，同时制定的维护策略有效。检修时通过对缸体与轴承箱同心度进行调整，确保而这偏差度小于0.01mm后，如图12所示。机组于2021年5月份开车，两侧轴振动最大13μm，现场壳振动最大1mm/s，运行情况良好，如图13所示。

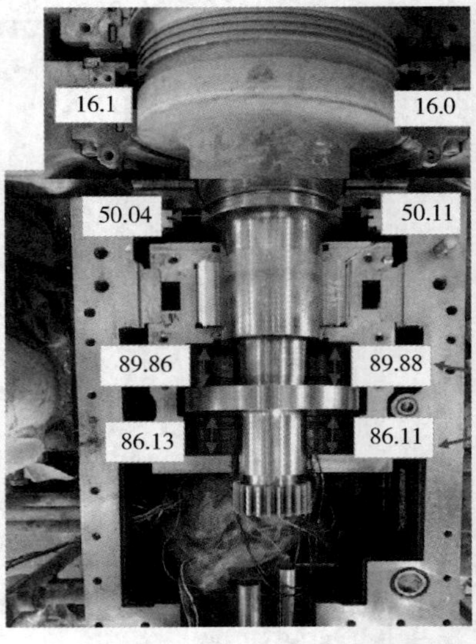

图11　气缸与轴承箱同心调度整前

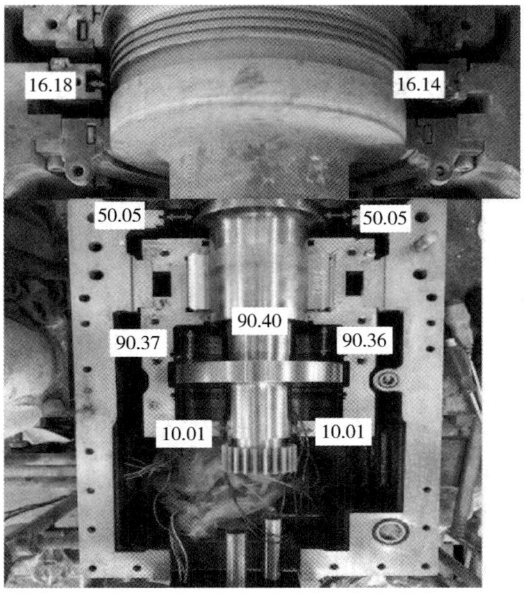

图 12 气缸与轴承箱同心度调整后

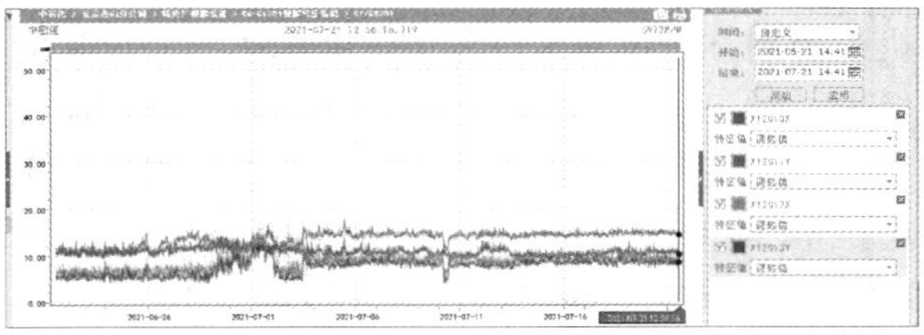

图 13 检修完毕开机后各点振动趋势图

6 结语

通过对机组运行状态实施在线监测及故障诊断技术，能够正确识别问题并分析异常原因，为制定相应的解决措施提供依据，确保机组安全稳定运行。同时在分析问题过程中不能盲目依靠经验，需结合运行情况及检修情况对每台设备进行具体分析才能确保制定出真实的维护策略，确保设备长周期运行。

参 考 文 献

[1] 杨国安 . 机械设备故障诊断实用技术[M]. 北京：中国石化出版社，2007.

[2] 易良榘 . 简易振动诊断现场使用技术[M]. 机械工业出版社，2003.

[3] 林英志 . 设备状态监测与故障诊断技术[M]. 北京大学出版社，2007.

连续重整装置离心压缩机串联运行的控制方案研究和实现

李　政

（北京中燕建设工程有限公司）

摘　要　连续重整装置两台增压机通过串联的安装方式增压，在运行过程中由于控制方案的缺陷导致K202电流超负荷停机，本文针对控制方案的缺陷进行了分析，提出了解耦控制方案的设计思路并实现了机组的优化控制。

关键词　三分程控制，负荷平衡，解耦控制，性能控制

1　引言

重整装置以重石脑油和直馏石脑油为原料，在一定的操作条件和催化剂的作用下，烃类分子重新排列，使环烷烃和烷烃转化为芳烃和异构烷烃，同时副产部分氢气。反应部分的氢气通过K201增压后，一部分继续进入反应器进行循环，额外产出的氢气就需要进行增压至2.2MPa后才能并入氢气管网。燕山石化100万吨/年连续重整装置受限于公用工程条件，在装置的核心机组（循环氢机组和重整氢增压机组）的选型和工艺布置上都采用了单台电机独立控制的方式。当前机组控制方案在制定过程中仅考虑了对于设备的保护，对于三台机组之间的协调以及核心控制参数——重整产物分液罐D201压力并未做过多考虑。于2020年3月由于控制方案不完善造成K202机组电机过载停车，装置波动（图1）。

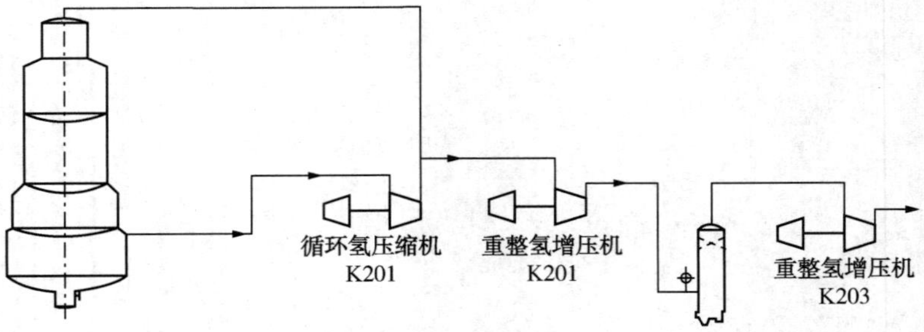

图1　连续重整核心机组工艺布置简图

2　K202过载原因分析

2020年03月23日01时，2#连续重整K202停机。检查SOE发现00：28：27.346K203机组进入喘振区域，触发电磁阀动作，防喘振阀全开；00：28：28.134K202机组防喘振阀全开。00：48：32.448时高压电控柜主电机运行指示失效，主电机运行信号丢失。电气通过检查电控柜，由于电机过流保护停电机。后续通过查询趋势，分析此次事故产生的原因（图2）。

通过检查趋势发现，电机过载保护是发生在00：48：32此时机组运行在额定最高转速同时，入口流量也达到了峰值110000Nm3/h。当时机组投用压力控制转速的串级回路，当防喘振阀全开时，入口压力升高，机组提升转速，直至最大值，符合现有控制逻辑。

K202入口流量在机组打开防喘振阀后仍有波动。检查趋势发现，K201运行正常，K203与

第一作者简介：李政，大学本科，副主任、高级工程师，现从事仪表管理工作。E-mail：lizheng01.yssh@sinopec.com

K202 串联将外送氢气增至管网压力，外送出装置。因此，K202 入口流量必定受 K203 运行状态影响。检查 SOE 记录发现 00：28：27.346 时，K203 防喘振电磁阀失电，防喘阀全开。K203 入口压力，即 K202 出口压力升高，后路不畅导致入口流量急剧减小，00：28：28.134，K202 防喘振电磁阀动作，防喘振阀打开，入口流量又迅速增大。明显可以看出 K203 与 K202 防喘控制之间存在耦合，K203 防喘振动作极易引起 K202 动作(图 3)。

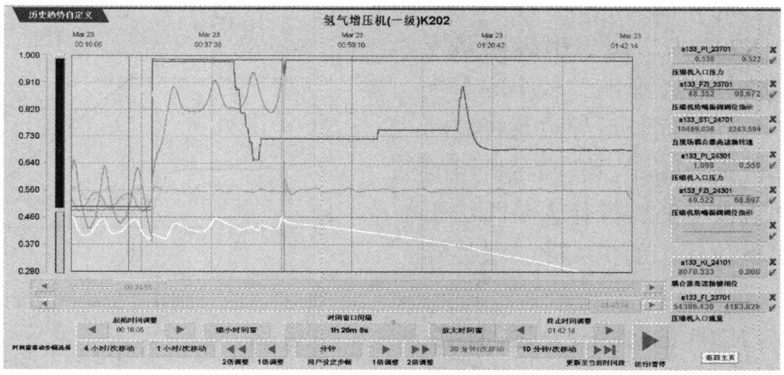

图 2　K202 关键参数历史趋势

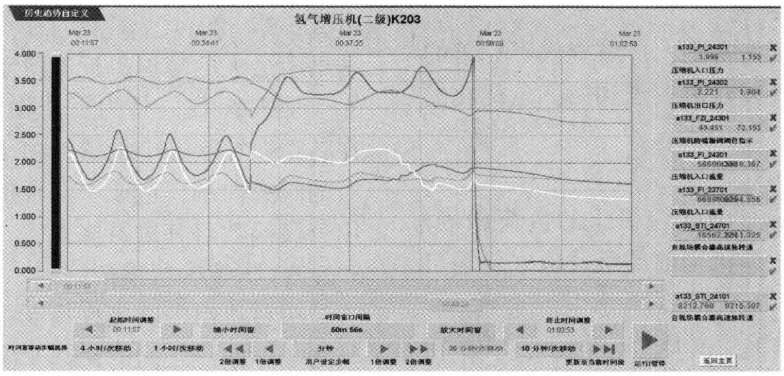

图 3　K203 关键参数历史趋势

K202 防喘动作后出口压力降低，即 K203 入口压力。此时 K203 转速也受入口压力控制。因此 K203 转速降低，导致 K202 入口流量第一个波峰出现。图中可以看出 K203 压力串级调节存在过调，压力降低后未能及时稳定转速，导致入口压力升高。继而影响 K202 流量出现第二、第三个波峰。之后操作人员为恢复生产逐渐关闭防喘振阀。随着阀门关闭，K203 入口压力进一步降低，转速也受控制进一步降低。随着 K203 负荷降低，氢气无法外送至管网，装置产氢只能在 K202 打循环，加剧了入口流量增加。最终导致过载停机。

图中可以看出，K203 入口压力串级回路存在较大滞后，调整不及时。入口压力和流量来回波动。由于 K203 处在末端，K202 的波动必然会在此处加剧，造成更大幅度波动，直至触发防喘振动作。

3　当前控制方案缺陷分析以及改进意见

3.1　当前控制方案缺陷分析

在此次事故中由于电机设置有过载保护，电机及时跳闸避免了事故造成更大的后果。如果没有这层保护措施两台机组的相互影响会进一步加剧，当 K203 转速降低或防喘振阀开打时，很容易使 K202 出口超压，影响管道和机械的安全，最常见的故障是推力轴承烧损，俗称推瓦；而 K202 转速上升或防喘振阀关小会使其出口的压力上升，从而导致 K203 入口超压，进而二段出口超压，安全阀起跳，进而威胁装置的安全运行。相反，K202 的转速下降或防喘振阀打开时，K203 的入口压力降低，工作点靠近喘振线，如果这时防喘振控制器在自动状态，防喘振阀将自动打开，进而出现上一节所述的现象。

经分析现有的控制方案存在以下几点缺陷：

第一点，在几次防喘振动作触发过程中，机组越过喘振线，但观察机组轴系参数都很平稳，经分析系统中设置的喘振线离实际喘振线还存在一定距离，后续在装置运行过程中为了避免机组喘振只能将防喘振阀打开一定的开度保证防喘控制裕度，造成了很大的能源浪费。

第二点，K202、K203入口压力串级回路控制效果差，两台机组之间相互影响，较小的干扰进入系统后会逐渐扩大，时间长后导致系统波动触发机组防喘振动作。而且由于没有两台机组的协调控制，当机组出现波动后，操作人员无法正确处理，间接导致了事故状态的扩大化，最终导致K202过载停车。

第三点，K202与K203的防喘控制之间存在联系，K203防喘振触发阶跃响应后，会直接导致K202机组喘振，引起K202运行波动。

3.2 控制方案优化思路

针对第一点防喘振实测，厂家提供了完善的测试方案，下面主要针对第二点和第三点优化的方案进行分析。

3.2.1 负荷平衡

负荷平衡的目标是使两台机组的负荷相等，所以必须先计算出压缩机当前的负荷值，压缩机按照以下公式计算：

$$L=\frac{A\cdot f_6(CV_b)}{10}+\frac{(1-A)\cdot S_{user}}{2} \tag{1}$$

$$S_{user}=S\cdot(1+W_r) \tag{2}$$

$$W_r=f_{2D}(\mathrm{IPV})\cdot f_{2A}(R_c)\cdot\frac{P_d}{\sqrt{T_d}} \tag{3}$$

其中，A为域选择器；CV_b为负荷平衡变量；$f_{2A}(R_c)$为报告流量特性；$f_{2D}(\mathrm{IPV})$为循环流量特性；f_6为平衡变量特性；IPV：期望的防喘振阀阀位；S为相对于喘振控制线的喘振趋近度；W_r为循环流量。

负荷平衡变量一般有转速(N)或压比(R_c)两种选择，由于本项目中的正常的工艺条件下，总的压比是恒定的，所以选择了转速。

该公式由两部分组成，由于负荷平衡变量选择了转速，前一部分是转速的函数，后一部分与喘振趋近度的比例关系，喘振趋近度与期望的阀位和压比为函数关系。

域选择器由主控制器进行计算，参数来自负荷平衡控制器，负荷平衡控制器在自身所关联的防喘振控制去中选择选择最大的S，主控制器再选择出最大的S计算出A，A的计算公式如下：

$$0\leqslant\left(A=\frac{\beta_7-S_{max}}{\beta_7-\beta_6}\right)\leqslant1 \tag{4}$$

其中，β_6为低负荷门限；β_7为高负荷门限。

可以用图4对域的设置进一步阐述：

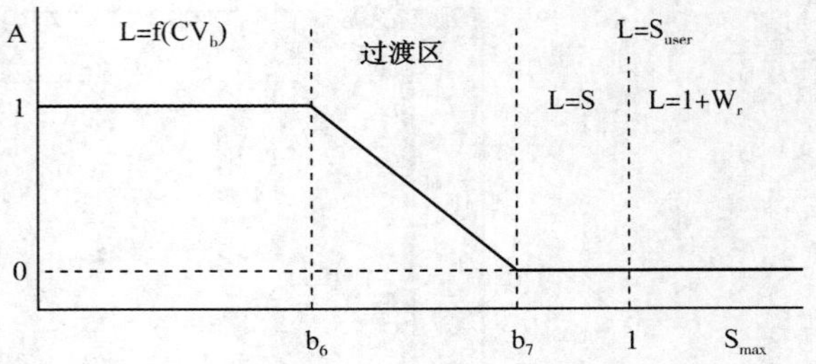

图4 负荷平衡的域选择

从图中可以看出：当S_{MAX}小于β_6时，A等于1，所以负荷的计算结果为转速的一元函数；当S_{MAX}介于β_6和β_7之间时，L由转速和喘振趋近度组成；当S_{MAX}大于β_7时，A等于零，负荷的计算结果由最大的喘振趋近度决定。

加入f_6仅仅是为了消除负荷对象的非线性，在防喘振控制器中设置，由于透平一般有4个左右的阀头控制，造成中间段的线性不平滑，可以用分段函数对其进行修正。

3.2.2 防喘振解耦控制

单台机组的防喘振控制主要通过控制工作点与防喘振曲线之间的距离来实现，因此首先要计算工作点位置。计算工作点的通用方程如下：

$$S_s=\frac{K\cdot f_1(\mathrm{Y})\cdot f_5(U_5)}{X}=\frac{K\cdot f_1(P_s,P_d,T_s,T_d)f_5(U_5)}{\Delta P_o/[P_s\cdot f_3(N)]} \tag{5}$$

其中，f_1为y象限的特性；$f_3(\mathrm{n})$为x象限的特性；$f_5(U_5)$为基本的特性；K为喘振曲线常数；N为转速；P_d为排气压力；P_s为入口压力；T_d为排气温度；T_s为入口温度；S_s为工作点，当S_s为1时，压缩机工作在喘振线。

由于压缩机的温度变化较小，而且不同的压比对应不同的转速，所以可以将公式(5)简化为无转速的方程；

$$S_s=\frac{K\cdot f_1(R_C)\cdot P_s}{\Delta P_{O,C}} \tag{6}$$

其中，$\Delta P_{O,C}$为流量测量元件的差压；R_C为压比。

根据计算出的S_s控制器可以显示压缩机工作点和喘振控制线的偏差DEV值，公式如下：

$$DEV = dev_{SC} = 1 - b \cdot f_4(U_4) - S_s \quad (7)$$

在压缩机的防喘振方案中，b 值是非常重要的参数，它决定了喘振线和喘振控制线的距离，如果 b 值太小，将会使压缩机在较小的扰动下将会发生喘振，如果 b 值太大，会使防喘振阀开度太大，造成能源的无谓损失。b 值由以下公式得到：

$$b = b_1 + CR_{SO} + CR_D \quad (8)$$

$$CR_D = b_3 \cdot Td_0 \cdot \left(\frac{dS_s}{dt} - r_3\right) CR_{SO} = \sum_{i=1}^{n} b_{2,i} \quad (9)$$

从公式可以看出：

b_1 是基础值，正常情况下 $b = b_1$

b_2 决定了喘振次数对控制线的影响程度。b_3 决定了 S_s 的变化率对控制线的影响程度

针对单台压缩机只需要控制好 DEV 值，将工作点控制防喘振控制先附近即可很好的实现防喘振控制。目前沈鼓的控制方案也是这样设计的，但是通过这次故障，我们发现显然两台串联的机组防喘振控制之间存在别的关系。

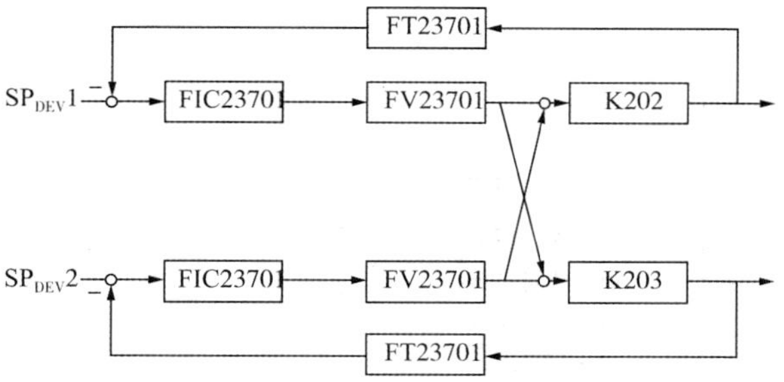

图 5　串联机组防喘振控制框图

如图 5 所示，是一个串联机组的防喘振控制是具有双输入、双输出的被控过程，其被控对象之间存在着很强的耦合性。对于协调控制系统来说，要达到良好的控制品质，需要实现被控对象之间的完全解耦，前馈补偿的解耦是多变量解耦控制中最早使用的一种解耦方法，该方法结构简单，易于实现，效果显著，因此得到了广泛的应用。对于一个 2I2O 多变量系统来说，所谓前馈补偿解耦，就是选择一种简化解耦装置，以达到解耦的目的，而在这种简化解耦装置模型中令补偿装置 F(S) 的某两个元素为 1，条件是这两个为 1 的元素不能同处在一个控制器的输出端，显然，这样做了以后，解耦装置模型比理想解耦装置模型简单多了，因而实现起来也比较容易。前馈解耦控制系统框图如图 6 所示。

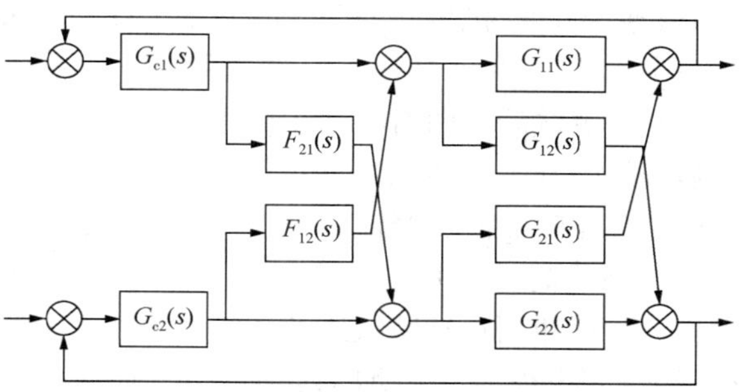

图 6　前馈解耦控制系统框图

根据解耦条件，$F(S)G(S)$ 为一个 2×2 的对角矩阵，必须满足下列条件：

$$G_{11}(S)F_{12}(S) + G_{12}(S) = 0 \quad (10)$$

$$G_{21}(S) + G_{22}(S)F_{21}(S) = 0 \quad (11)$$

所以前馈解耦装置模型为：

$$F(S) = \begin{bmatrix} 1 & \dfrac{G_{12}(S)}{G_{11}(S)} \\ \dfrac{G_{21}(S)}{G_{22}(S)} & 1 \end{bmatrix} \quad (12)$$

在机组正常工作转速下，可以通过建模得出正向通道和反馈通道的传递函数，代入矩阵后即可求的前馈解耦装置函数。

3.3　小结

因此，需要在以下几点对增压机的控制方案进行优化：

（1）实测机组防喘振线，保证机组平时运行有足够裕度进行调整；

（2）增加负荷平衡控制器，同时调整 K202、K203 负荷，减少 K202、K203 性能控制之间的互相影响；

（3）针对两台机组之间的防喘振控制耦合情况，增加前馈控制。

4　控制方案优化

在 2021 年 3 月，利用装置检修机会我们按照以上几点意见对当前的控制方案进行了优化。

4.1　实测防喘振曲线并优化

在现场选定两个机组常用点进行测试。在测试开始前对程序进行修改，做以下 5 样准备工作：(1)增加防喘振测试按钮用来调整防喘振曲线；(2)将每发生喘振时，防喘振阀最大开度修改到 80%；(3)保持现在对防喘振阀电磁阀的强制带电，即让喘振电磁阀不动作；(4)把最大输出值由 100 在线强制修改为测试前的阀位+10%；

(5)修改HMI人机界面的采样时间到100毫秒采样一次。

开始测试后，向右移动喘振线使工作点靠近防喘振线，开始关防喘振阀，用每次关1%的按钮逐渐关小喘振阀，当流量降低。当工作点靠近喘振控制线时，喘振控制程序不允许关小喘振阀，这时要使用移动喘振线按钮将喘振线向左移动(喘振测操作画面上增加的按钮)，使防喘振线离开工作点一定距离，继续关小防喘振阀。工作点靠近原有喘振线时，改用慢速每次0.5%的按钮缓慢关小喘振阀。逐渐关小防喘振阀，流量减少工作点向左移动，直到达到试验结束条件完成测试。期间机组一旦发生喘振，工作点就会越过防喘振线，控制程序会打开防喘振阀(不超过设定的最大开度)，使机组脱离喘振。迅速操作防喘振阀使机组恢复正常，结束这个点的测试见表1。

表1　防喘振测试实测数据

序号	仪表位号	第一点	第二点	仪表位号	第一点	第二点
1	K202转速	8034	7545	K203转速	9849	9586
2	K202出口压力(MPa)	1.148	1.056	K203出口压力(MPa)	2.109	1.978
3	K202入口压力(MPa)	0.52	0.542	K203入口压力(MPa)	1.071	1.135
4	K202压缩比(Y)%	2.013	1.802	K203压缩比(Y)	1.886	1.682
5	K202入口流量DP(KPa)	0.701	0.361	K203入口流量DP(KPa)	1.648	0.726
6	K202入口流量(m3/H)	37925	27657	K203入口流量(m3/H)	44909	30672
7	K202入口温度(℃)	34.661	35.073	K203入口温度(℃)	29.304	27.839
8	K202出口温度(℃)	105.22	97.97	K203出口温度(℃)	98.352	84.844
9	K202工作点位置(X)	11.908	5.812	K203工作点位置(X)	16.877	7.053
10	是否发生喘振	喘振	未喘振		喘振	喘振

对两台机组进行测试后，根据测试数据及设计性能曲线和运行数据修正综合后的喘振线如图7、图8所示。

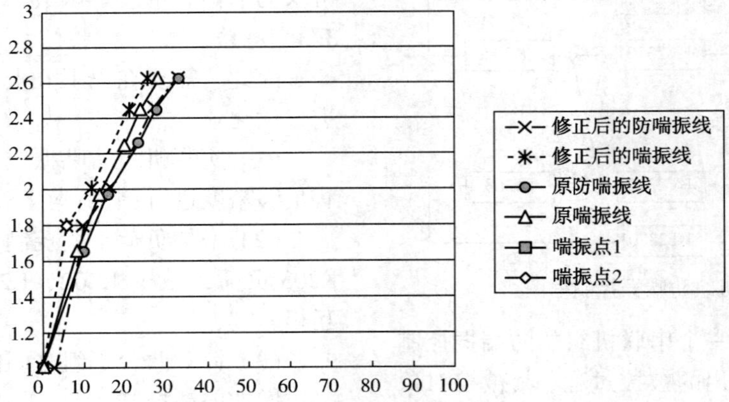

图7　K202修正后防喘振线

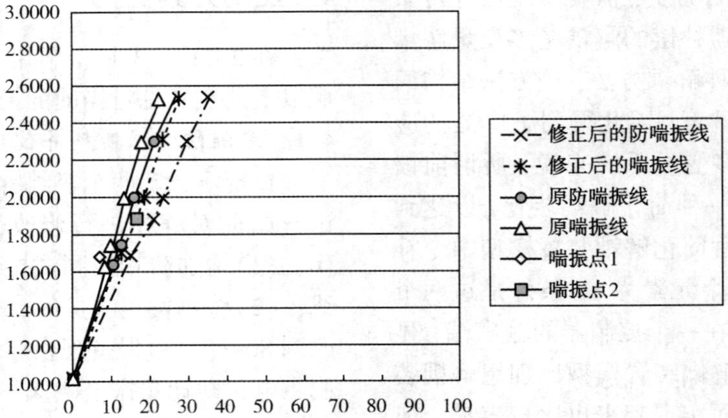

图8　K203修正后防喘振线

从图中可以看出，经过实测修正后 K202 喘振曲线较之前有很大的左移，控制裕度更大，增大了工艺调整操作的空间。查询趋势在 2020 年 5 月 12 日(图 9)K203 曾经发生过由于喘振导致防喘振阀全开的情况，之前的防喘振曲线靠左，普通的防喘振控制无法将机组控制在稳定的工作区间。而 K203 喘振曲线经过修正后向右移动，更加贴合实际运行工况。

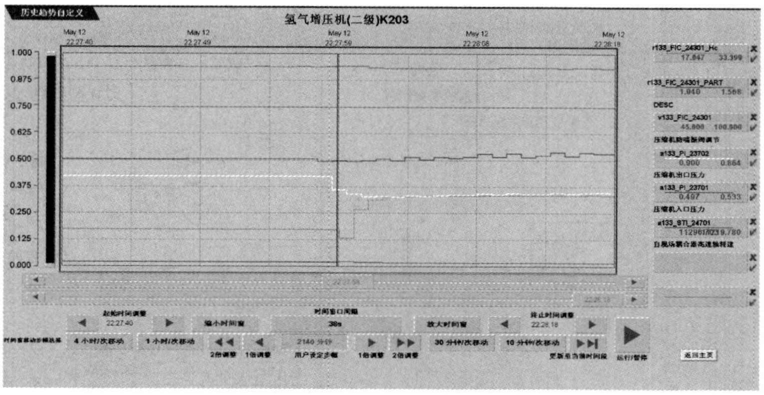

图 9　K203 喘振时关键参数历史趋势

4.2　负荷平衡控制器

PT20601(D201 产物分离罐压力)是重整装置非常重要的控制参数，它直接影响整个重整反应系统压力。因此在 SEI 的设计方案中采用串级三分程控制增大 K202 的调整范围来保证改压力的稳定。在原有转速调节的范围上又增加了防喘振阀和入口防空阀，0%～33%输出对应防喘振阀 100%～0%动作范围，33%～66%输出对应机组正常运行时的调速范围（6528rpm 至 9325rpm），66%～100%输出对应放空阀 0%～100%调节范围。

但是该控制方案只考虑到 K202 的控制，并未对二级增压机 K203 的控制做过多的考虑，在实际运行中当压力发生波动时 K202 调节后会对 K203 产生影响，K203 的性能控制器、防喘振控制器在进行控制过程中又会反过来对 K202 造成影响，无法实现初始设计目标。因此，长时间内三分程控制并未投用，大大增加了装置操作人员的操作难度(图 10)。

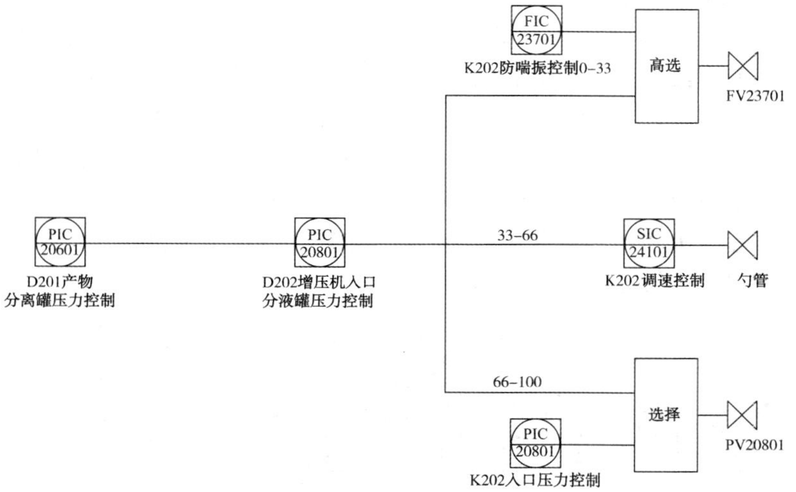

图 10　当前控制方案

从之前的故障中不难看出，当重整产物分离罐压力增加/减少时，通过调整压缩机负荷的提高/降低来控制分离罐压力及 K203 入口压力的稳定，两台机组要同时增加/减小负荷，而不是第一台增加/减小负荷后，第二台再增加/减小负荷。根据本文 2.2.1 的分析设计出如下控制方案(图 11)。

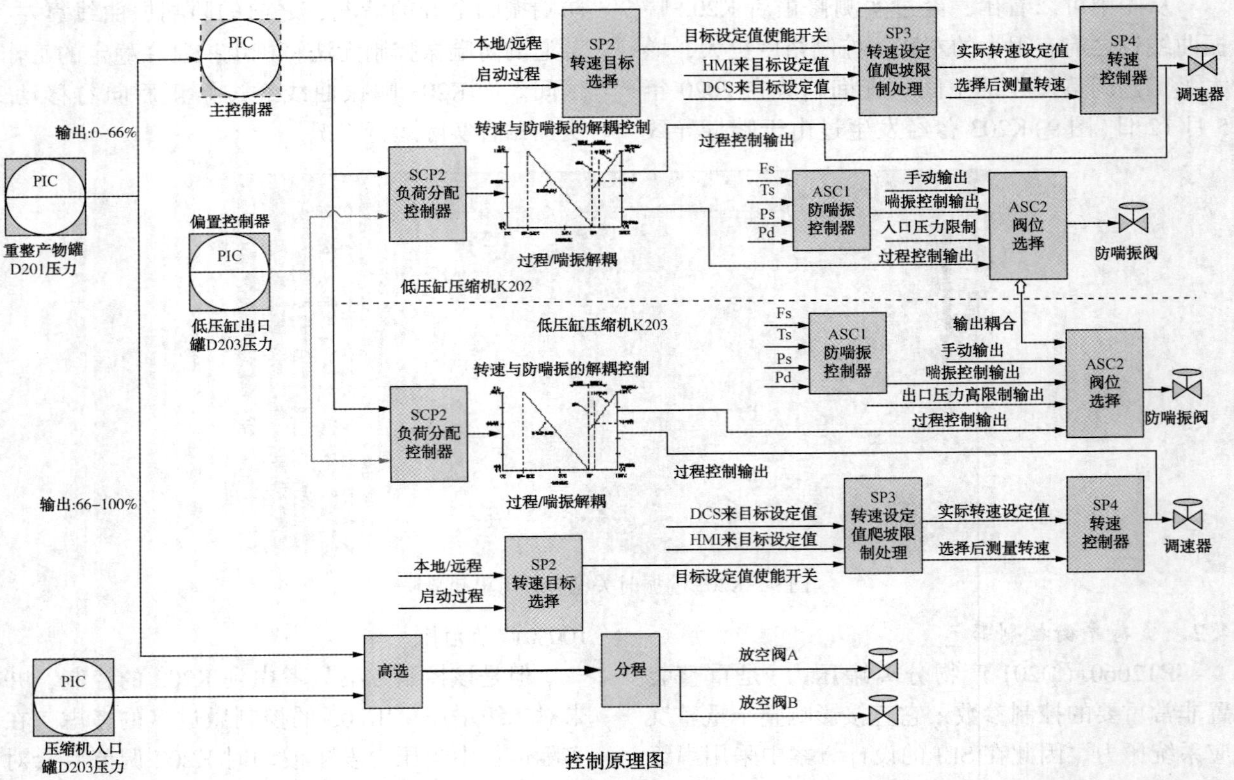

图 11　串联机组负荷平衡控制原理图

新的控制方案将原有三个关键控制点PI20601、PI20801和PI24301重新设计。原有PIC20601控制器保持不变，仅将原有三分程控制的0%～33%和33%～66%段合并到一起。PIC20601的0%～66%控制段输出给主控制器PIC20801，66%～100%输出放空阀控制段增加PIC20801B控制器，两个控制器的输出进行高选后控制PV20801动作，既实现了PI20601的调节，又保证了K202入口压力的稳定。

在0%～66%控制段增加了PIC20801和PIC24301两个控制器。PIC20801为主控制器，与PIC20601为串级分程控制关系，PIC24301为偏置控制器，当PI24301偏离设定值时即说明两台机组功率不匹配，需要增加偏置来调整机组转速。主控制的输出与偏置控制器进行运算后分别输出给两台机组的过程/喘振解耦控制器，再分别去控制转速和防喘振阀。

经过重新设计后的控制回路更加复杂，为了保证控制方案的可靠性，增设了K202入口低压/超压保护，K203入口低压保护，K202/K203出口超温保护。在调节过程中这些关键参数超出设定值时，发出报警并切出自动控制模式，人员接管并进行调整(图12)。

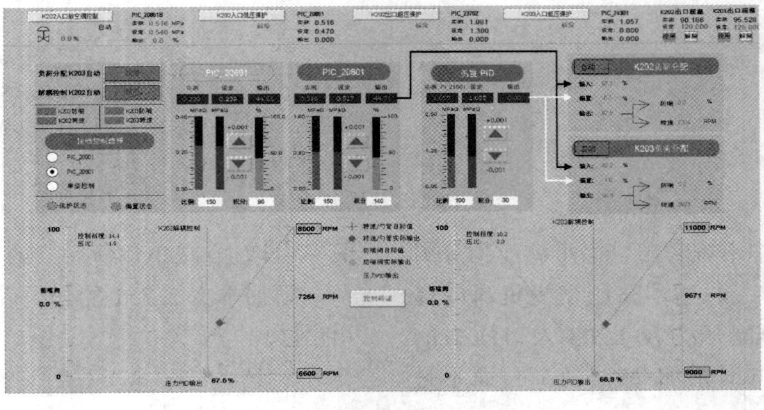

图 12　改造后的负荷平衡控制方案

4.3　K202/K203 防喘振解耦控制

目前机组的控制方案是当 K202 运行点接近喘振控制线时，防喘振控制将启动，当 K-202 防喘振阀快速打开时，将分流进入到 K-203 的流量，使其防喘振阀打开，加大了系统的紊乱。同理当 K-203 防喘振阀快速打开时，进入到 K-203 入口的流量快速增加，使 K-202 出口压力升高，造成 K-202 防喘振阀打开，加大了系统的紊乱。

通过增加前馈控制，当 K-202 防喘振阀快速大幅打开时，K-203 防喘振阀随其同步按照一定比例打开，补充分流的流量，使系统快速稳定。同理当 K-203 防喘振阀快速大幅打开时，K-202 防喘振阀随其同步按照一定比例打开，分流走一部分流量，使系统快速稳定。

5　总结

在 9 月 22 日曾经出现过 PI20601 压力波动的情况，通过看历史趋势可以看出当压力上升时，PIC20801 输出增加，两个性能控制器的输出(r1CAP_SP1/ r1CAP_SP2)同时增加(图 13)。通过转速调节就顺利的处理了此次波动，大大减小了机组的操作难度。本文中对于控制方案的分析和对于串联机组的控制以及多台串联机组的防喘振之间的解耦都有很大的借鉴意义。

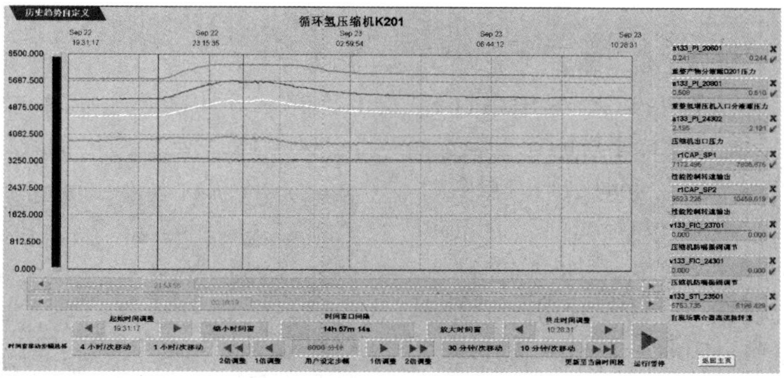

图 13　改造后 PI20601 波动时历史趋势

参　考　文　献

[1] 杜森．北京康吉森燕山石化连续重整装置机组优化控制方案．北京康吉森自动化．

[2] 罗彬．连续重整工艺流程简介．中国石化工程建设公司．

[3] 宋春．连续重整装置防喘振及压力控制系统应用[J]．石油和化工设备．

[4] 要强．催化重整装置分程控制系统运行分析及优化[J]．安徽化工．

[5] 屈振兵．解耦控制在单元机组中的应用[J]．内蒙古石油化工，2009，(23)

立式筒袋泵在碳四加氢装置中的故障分析与处理

张　昆

（中国石油化工股份有限公司金陵分公司）

摘　要　中国石化金陵分公司异丁烷装置加氢进料泵突发轴承温度升高，接连串集机械密封失效，造成现场安全生产隐患。经分析，平衡鼓磨损严重，平衡泵轴向力功能下降严重，导致止推轴承超负荷是引起此次故障的直接原因。经过泵轴、平衡鼓等受损配件重新加工，控制偏差范围，重新投运后效果良好。

关键词　加氢进料泵　平衡鼓　止推轴承　控制偏差

1　前言

中国石化金陵分公司异丁烷装置加工能力 60 万吨/年，于 2017 年 6 月建成投产，是国内首套自主开发技术流程生产高纯度异丁烷的化工装置，设计异丁烷产品纯度 99.87%。同时是国内碳四加氢最大规模且加氢要求最高，单套处理液化气量最大的装置。其加氢进料单元加氢进料泵 P1201AB 设计要求流量较大，扬程较高，介质易气化，气蚀余量较小等。同时，受限于装置建设布局，占地面积较小。因此，选择了立式筒袋多级离心泵满足以上操作特点。而目前国内没有相关厂家有该泵类似的生产业绩，最终选择了鲁尔泵以满足技术要求。P1201 性能参数如表 1 所示。

表 1　P1201 性能参数表

项目名称	参数
流量/(Nm^3/h)	266
扬程/m	732.7
入口压力 MPa(G)	0.291
NPSHA/m	5
转速/rpm	2960
叶轮级数/级	8
额定功率/kW	394

2　故障发生

该泵自开工至故障发生累计运行逾 6 个月。泵故障停运前，入口管路振动偏大，管路内有脉动冲刷声的异常噪音。日常巡检维护中，发现该噪音有逐渐增大趋势。随即检查排除入口管路因素，拆清泵入口过滤器，未见明显堵塞过滤网的杂物。该异常阶段持续约 1 天，运行中止推轴承温度有上升趋势，紧接着串集机械密封内外道同时失效，介质液态烃喷出。紧急更换机械密封，发现机封轴套已经窜出机封腔约 5mm(图 1)。

图 1　机械密封故障外观图

先后更换机封和轴承后，机封暂时不泄漏，但入口异响声并未消除，同时发现止推轴承箱油温急速上升，2 个小时内温度上升高达 82℃且继续上升，最高突破 100℃（图 2），被迫停机抢修。后续几次更换轴承和调整，上述现象均无好转。遂转运至机修厂房解体检查。

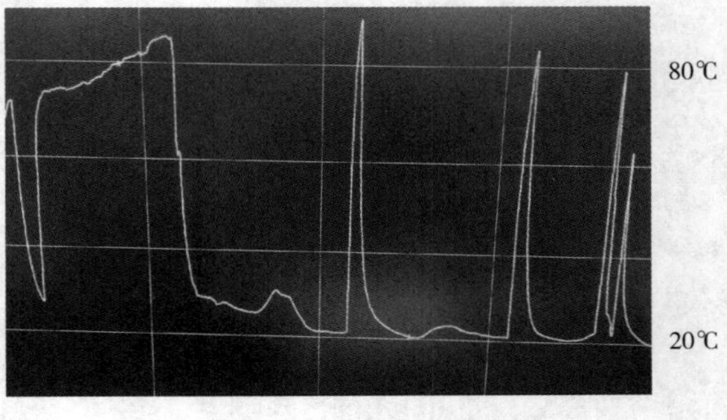

图 2　轴承温度曲线图

第一作者简介：张昆，设备主任工程师，西北大学过程装备与控制工程专业毕业，工学学士，在中国石化金陵石化炼油二部设备管理室从事设备管理工作。E-mail：zhangkun.jlsh@sinopec.com

3　检查和原因分析

3.1　解体情况

解体后发现泵所有叶轮口环已经严重磨损(图3)，叶轮吸入口处盖板有明显的磨损痕迹，按照安装顺序判断是盖板与导流体磨损所致(图4)。

图3　叶轮及口环磨损现场图

图4　壳体盖板磨损现场图

叶轮口环磨损情况3，4，5，6，7级叶轮磨损情况比较严重，尺寸直径方向约减少4mm左右，有偏磨现象。每级叶轮吸入口口环靠近吸入口处约5mm宽未发现有磨损现象(图5、图6)。

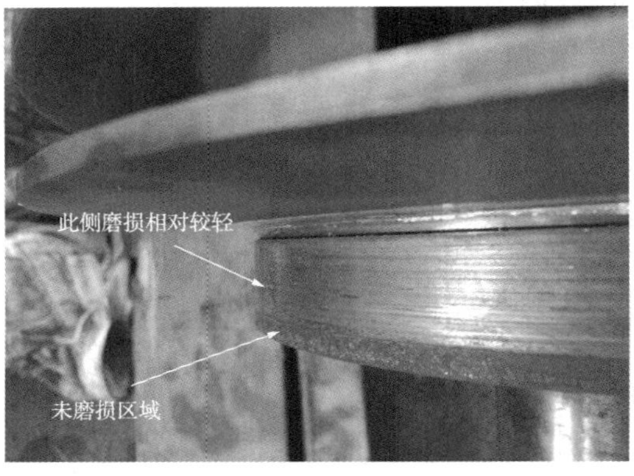

图5　叶轮口环磨损详图(1)

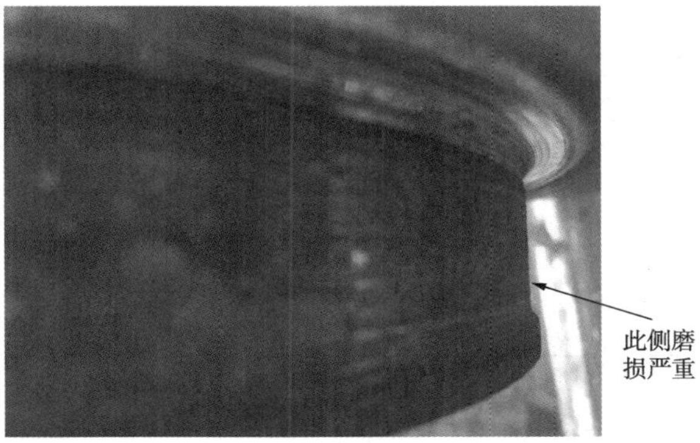

图6　叶轮口环磨损详图(2)

泵平衡鼓与衬套磨损严重。内壁本应是光滑的平衡鼓衬套被平衡鼓迷宫凹凸槽磨出了沟槽(图7)。同时平衡鼓凸起部分被磨损(图8)。

图7　平衡鼓衬套磨损现场图

图8　平衡鼓磨损现场图

对泵轴进行了跳动检查，其中测量轴跳动时，支撑点设在测点2和8，测点5~6之间为泵的7级叶轮安装位置(图9)，轴跳动数据逐级递减。检查结果如表2所示。

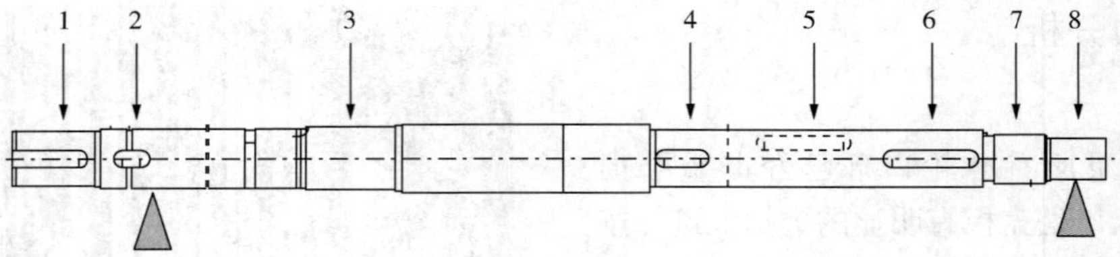

图9

表2　轴跳动检查数值表　　mm

位置 角度	1	2	3	4	5	6	7	8
0°	0	0	0	0	0	0	0	0
90°	+0.02	+0.005	+0.18	+0.37	+0.29	+0.20	+0.09	+0.01
180°	+0.01	+0.01	+0.16	+0.32	+0.23	+0.18	+0.07	+0.01
270°	-0.01	0	-0.02	-0.06	-0.05	-0.02	-0.01	0

3.2　原因分析

对于本立式筒袋泵，第一级在最底端，经8级叶轮升压，出口在筒袋顶端，出入口压差形成的轴向力向下。而平衡鼓下截面位于出口压力端，上界面通过导流管与入口压力连通，作用力向上，抵消了大部分泵轴向力。平衡鼓两端高低压间的密封由平衡鼓上的凹凸槽与衬套配合形成迷宫式密封。两部件之间的配合间隙一旦超出允许值，高压端漏入低压端介质增多，平衡鼓两端压差减小，平衡轴向力的功能减弱，甚至无法起到有效的减压作用，引起泵推力轴承承受残余轴向力负荷过大，振动增大，磨损发热，导致温度超出允许值。同时机械密封设计安装在泵入口压力侧，当大量的出口高压介质回流至平衡鼓上端低压侧，长时间运行后，机封腔压力偏高，机械密封转动部件无法保持原有位置，将机封轴套向上顶出5mm，导致机封的瞬间整体失效。另外，泵送介质回流到泵吸入口的量增大，是造成泵入口管路振动与噪音的根本原因。

结合拆解后轴检测的状况分析，因平衡鼓与衬套的摩擦，使轴在该位置发生了弯曲，根据泵叶轮口环偏磨的状况观察，越接近平衡鼓位置的叶轮口环磨损越严重，同样间接说明轴已弯曲。轴弯曲后对平衡鼓与衬套间摩擦将进一步加剧，两部件间隙增大后，背压增大，导致平衡鼓无法有效地平衡泵运行时的轴向力，造成轴承运行工况恶化，是后续几次维修重新开机后，轴承箱温度陡升的直接原因。

对引起平衡鼓与衬套之间摩擦的原因判断有以下两点。一是平衡鼓与衬套之间的间隙小于装配要求。单个零件在该位置的加工精度可能在标准范围之内，但是装配后累计误差超过了允许值，引起两个零件产生摩擦或碰撞。从同样互为备用的两台泵盘车即可印证，故障泵盘车力道大于另一台泵。该原因是泵故障的先天根本因素。二是开泵时，筒袋内介质液态烃有部分气化现象，气化部分正好位于筒袋上端的平衡鼓与衬套部位。如果排气不彻底，在开泵运行瞬间，平衡鼓与衬套之间可能有干运转，导致没有介质润滑，引起磨损，是导致故障的触发因素。

4　修复处理

先后将磨损的的叶轮口环、平衡鼓进行更换，平衡鼓衬套、叶轮及壳体盖板重新加工修复磨损处(图10)。

本次加工过程中，严格控制了各级口环、叶轮与导流体轮毂或平衡鼓与衬套配合间隙尺寸(表3)。

表3　泵装配完成后配合间隙数据表　　mm

级数 项目		8	7	6	5	4	3	2	1
叶轮耐磨环外径		224.50	204.40	204.46	204.44	204.43	204.45	204.44	204.45
壳体耐磨环内径		225.02	205.03	205.02	205.03	205.03	205.03	205.02	205.02
间隙值	实际	0.52	0.63	0.56	0.59	0.6	0.58	0.58	0.57
	标准	0.55~0.60							

续表

项目＼级数		8	7	6	5	4	3	2	1
平衡鼓外径		169.53	—	—	—	—	—	—	—
平衡鼓衬套内径		170.00	—	—	—	—	—	—	—
间隙值	实际	0.47	—	—	—	—	—	—	—
	标准	0.45~0.5							
叶轮轮毂外径		79.65	79.66	79.67	79.65	79.60	79.67	79.61	79.63
导流体轮毂处内径		—	80.31	80.3	80.28	80.22	80.29	80.25	80.28
间隙值	实际	—	0.65	0.63	0.63	0.62	0.62	0.64	0.65
	标准	—	0.6~0.65						

图10　叶轮及更换后的口环，修复后的壳体盖板图、平衡鼓衬套，新平衡鼓

在国外专家指导下，原厂组装，泵头整体运输，起重吊车安装于装置现场筒袋内，确保安装精度。

5　处理效果及注意事项

该泵现场安装后，静态验收盘车灵活。投料试运行良好，入口管路脉动冲刷声消失，无其他异常现象，参数正常。迄今连续运行一年，轴承箱探头测振值稳定在1.2~1.6mm/s之间，轴承箱温度处于60~75℃区间范围。负荷70%~100%，流量和扬程均满足工艺生产需求。

在操作中，采取了几点方法减少泵开停和使用中造成的磨损加剧，以及磨损故障隐患及早发现。(1)开泵前充分排气，杜绝筒袋上部残余气相。启动后，迅速打开出口阀，防止憋压极端工况振动加大对泵造成配合部位的磨损；(2)运行中，通过泵最小回流线调节，严格控制不超最大负荷和低于设计负荷的60%，确保稳定工况下运行；(3)通过严密监控轴承箱温度，平衡鼓处增设测振探头，及早掌握平衡鼓等配合部位磨损情况，预防性维修，避免了事故扩大。

泵群预测性维护系统智能报警算法应用探索

钟　策

[中科(广东)炼化有限公司]

摘　要　炼化企业生产装置具有条件苛刻、过程连续、系统复杂、规模庞大的特点，因此对于安全、平稳、长周期、经济运行提出了更高的要求。泵群的平稳、可靠性运行是炼化企业保证生产装置安稳长满生产的基础。由于泵群预测性维护系统能够实时的监测设备运行状况，并在设备出现异常状况时能够及时的判断和报警，在中科炼化企业内得到了广泛的安装和应用，并不断对泵群监测应用技术进行改进和提升，使泵群预测性维护系统使用更加体系化和标准化，最大程度发挥了泵群预测性维护系统的价值。

关键词　机泵群监测　状态监测　故障诊断　预测性维护　智能报警

炼化企业属于设备资产密集型行业，对设备依赖程度高，且石油炼化装置具有自动化水平高、生产连续性强、高温、高压、易燃、易爆、易腐蚀、易中毒等特点，一旦设备发生问题，导致泄漏，就会污染环境，甚至会发生火灾、爆炸、人身伤亡等重大事故。高温油泵风险性更高，为集中整治高温油泵在运行管理及技术上存在的问题，消除安全隐患，进一步做好高温油泵的运行管理工作，除了在巡检、维修、操作、提高备件质量等各方面加强管理外，中科炼化还通过先进的状态系统来提升设备管理水平。

大量的事实和数据表明：设备状态系统对于石化泵群的设备的状态监测，能够实现发现早期潜在故障，防患于未然(图1)。

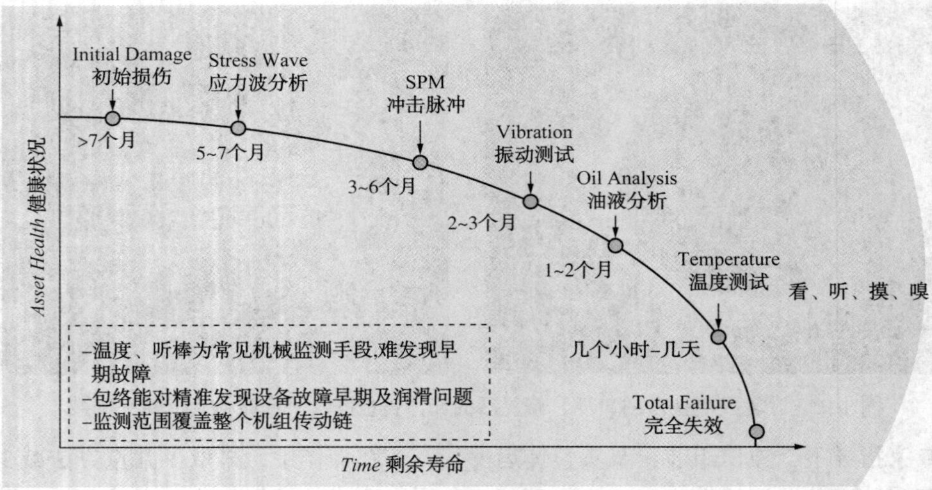

图1　监测技术路径与设备剩余寿命图

但是由于每台设备特点和运行工况的差异性，往往有些故障发生时的前兆非常隐蔽通过国际上通用的泵群监测标准无法实现有效报警，报警漏报率和误报率偏高。如何根据每台设备的特点进行针对性的报警门限值设定，形成“千机千策”的报警系统是状态监测系统不断优化和迭代的重要方向。

1　方案架构

中科炼化泵群监测系统采用“智能传感+远

第一作者简介：钟策(1967—)，本科学历，1990年毕业于广东石油化工专科学校化工设备与机械专业，2007年获茂名学院化工设备与机械专业本科学历。现在中科(广东)炼化有限公司设备工程部从事设备管理工作，高级工程师。E-mail：zhongce. zklh@ sinopec. com

程监测+专家分析”的技术路线。通过在泵表面增加振动传感器，利用物联网技术来解决数据获取和传输问题，通过智能算法和人工分析相配合的方式，对获取的数据进行分析，实现主要设备的运行状态判断及未来状态预测。当设备运行数据异常时，自动触发报警，并可通过短信、邮件以及手机 APP 方式推送至现场相关设备管理人员。现场工程师可通过软件中的分析工具对设备数据进行追踪回溯，判断当前设备状态，也可通过远程专家支持实现云端故障诊断，帮助现场确定设备异常原因、部位、损伤严重程度、部件剩余寿命评估等，为运维检修决策提供数据支撑。有效实现降低设备过修、失修风险，减少非计划停机次数，避免因设备故障导致事故或设备二次伤害的发生，优化运维检修模式，优化备品备件管理，从而泵群的“安、稳、长、满、优”(图 2)。

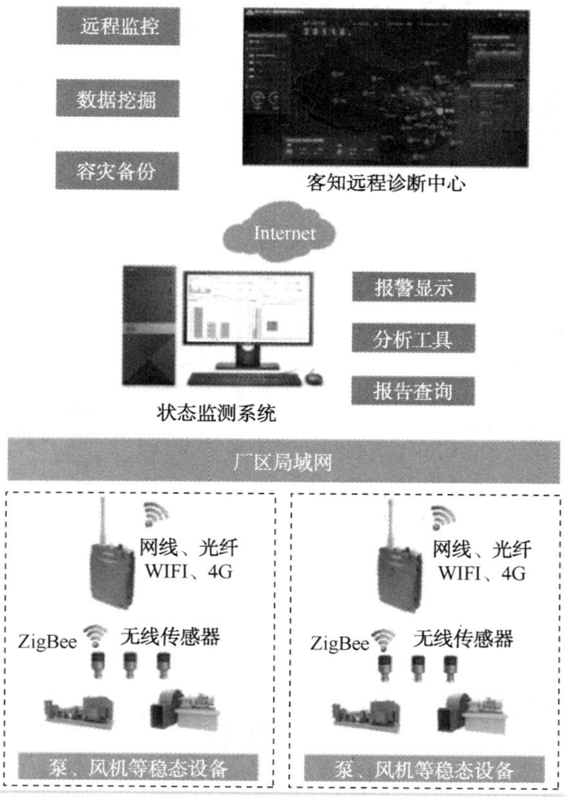

图 2　设备状态监测架构图

1.1　状态监测与故障诊断系统

状态监测系统，可满足现场设备管理与运行维护人员的设备监测与故障分析需求，客户可通过软件查看设备健康状态、设备报警情况、设备故障情况、电池状态等，专业诊断人员可根据设备报警、故障灯数据对设备进行诊断和处理。软件分为驾驶舱、设备管理、故障管理、专家诊断、设备管理、APP、知识库、统计报表、系统管理等 10 大板块(图 3)。

1.2　设备全生命履历管理

平台记录设备的完整履历，对设备的运行状态数据、异常记录、故障记录、专家处理事件、日志等信息进行完整记录，对设备维护履历、维修履历、备件更换履历实现信息集成应用，以时间轴的方式展示设备履历，切实做到设备的全生命周期数据的完整性(图 4)。

2　泵群智能报警体系实现方式

中科炼化泵群系统提供硬阈值报警和智能报警两类算法用于设备故障报警，满足现场不同场景下的报警需求。在获得相应报警指标、设备模型和转速等数据后，系统根据用户指定的报警模型进行设备异常状态判断、报警推送，并最后由相关管理人员进行报警处理(图 5)。

根据泵群的结构特征、故障机理和专家经验，从振动信号中提炼关键指标体系作为报警算法的输入，并通过预处理模块完成相关指标、转速、温度等数据的预处理：

(1) 数据时序对齐：不同系统、类型、采集位置的数据经常存在时序偏差问题，确保报警的有效性的第一步是数据的对齐预处理；

(2) 误信号识别：工业现场环境复杂，误信号是由电磁干扰、维护不当等多种原因引起的数据异常，而非真实设备故障数据。误信号对算法模型、现场工程师具有一定的误导性，需要通过时频信号的合理性推断，剔除误信号；

(3) 启停机判断：通过机器学习的分类算法对各类设备的启停机状态进行有效划分，并搭配设备启停机状态判断规则后，即能实现完全自动的设备启停机状态识别。

2.1　硬阈值

硬阈值报警时经典的振动报警方式，设备管理人员根据国家、行业、企业等标准，并可纵向参考历史运行数据，横向比较同类设备运行数据，确定警告、危险报警绝对阈值。硬阈值报警部署方便、简单易用，在石化行业有着大量应用，系统可以方便的进行相关阈值的设定。

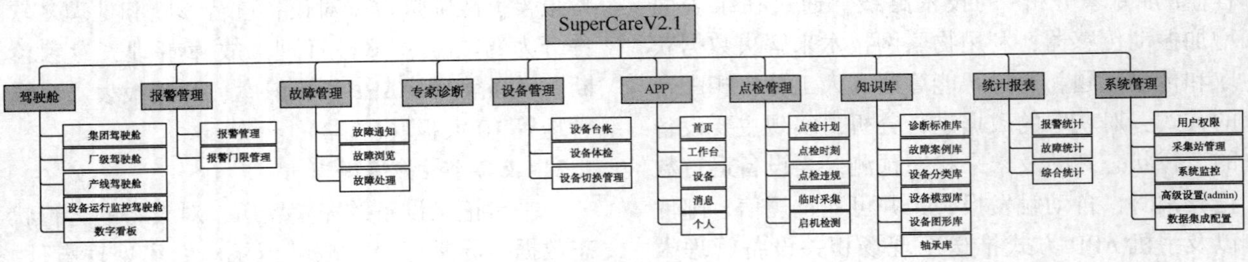

图3　软件整体构架

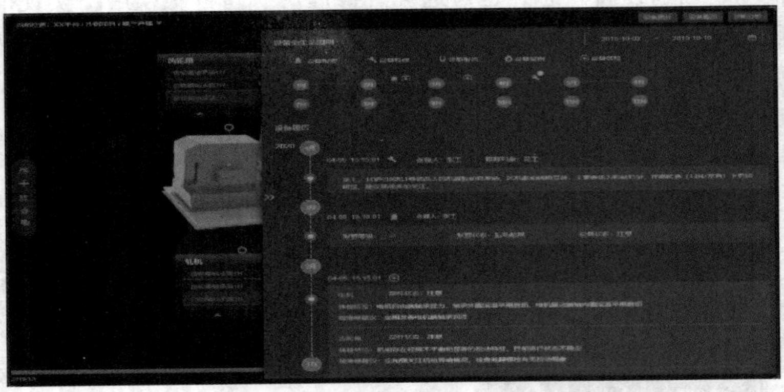

图4　设备履历管理

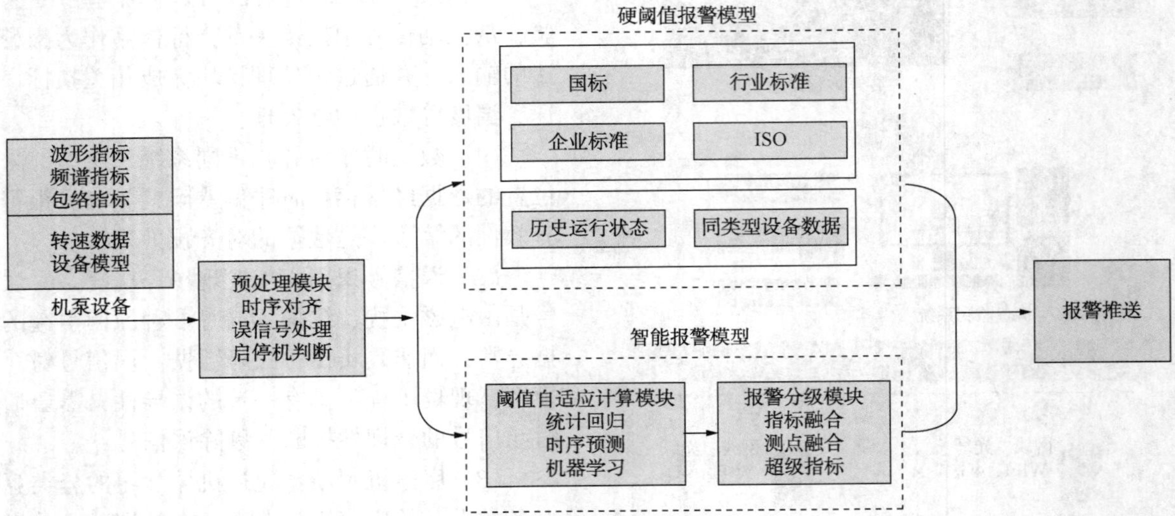

图5　报警算法工作流程示意

但绝对合理的硬阈值很难获取，设定过高的硬阈值报警门限会造成故障无法报警的风险，而阈值过低又会来带大量的误报警，给现场处理造成极大的压力；另一方面，硬阈值报警一般仅参考振动总值等少数故障特征指标，能够发现的故障模式有限。此外硬阈值需要手动调整，工作量大(图6)。

2.2　智能报警

区别于硬阈值报警模式，智能报警可以在不遗漏设备故障报警的前提下，最大限度的减少无效报警。具有以下特点：

(1) 丰富的报警指标体系

基于设备机理、专家经验、大量故障案例，提取大量稳定的故障指标构成报警指标体系，全面提升了故障模式的覆盖范围和报警有效性。

(2) 自适应阈值计算

根据关键指标体系的历史表现，通过统计回归、时序预测等方法，自动获取最优报警阈值，无需外界人为设定、调整，保证设备故障不漏报的前提下，最大程度减少误报警数量。

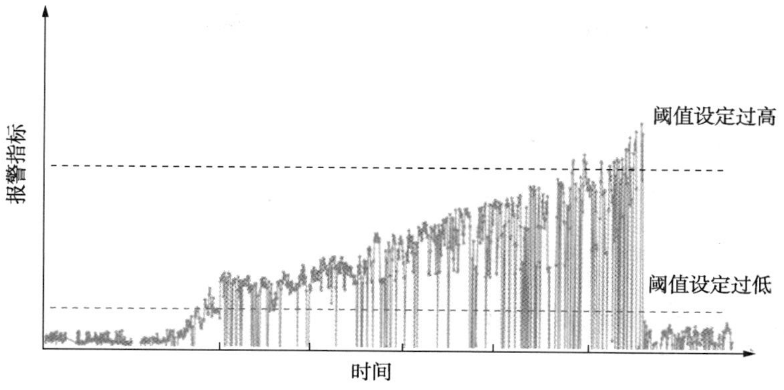

图6　设备状态监测硬阈值图

(3) 报警分级

根据指标的形态、幅值水平等多维度信息，确定故障严重程度以及劣化速度，对报警信息进行分级推送，帮助工程师合理安排报警信息的处理计划，保证最严重的报警被最优先关注(图7)。

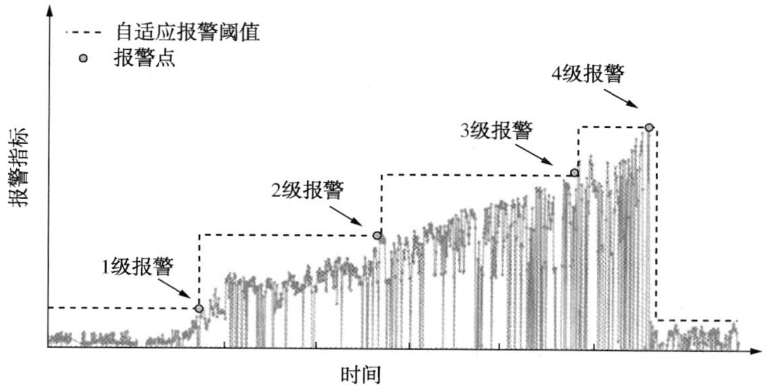

图7　设备状态监测智能报警门限值图

目前智能报警监测范围涵盖泵、电机和联轴器等关键部件，能够监测的故障类型包含轴承内圈、外圈、滚动体、保持架损伤以及转子不平衡、联轴器磨损、轴承松动等故障。

2.3　边缘端采集技术

实现机泵状态监测，高质量的数据是根本。在有限的计算、回传与存储资源下，为了获取高质量的振动数据，中科泵群预测性维护系统充分开发应用了边缘智能技术。这里的边缘智能，主要是指将智能算法植入采集端的硬件(传感器、采集站)见图8。

(1) 边缘算法的内涵：

为了解决目前设备振动数据采集的困境，并且为以后设备智能化看护体系向边缘端移植打好基础，边缘算法包括以下内容：

对于高密度的振动数据，在硬件端除了计算传统波形指标外，还会计算自主开发的关键故障指标，例如：轴承故障指标、松动故障指标等。

针对所有计算的高密度指标进行异常识别，并通过趋势识别技术，对指标的异常点进行等级划分。

对于不同严重等级的异常数据，将触发不同的采集机制，包括：绿色通道回传、加采波形、多测点同步加采波形等。

(2) 边缘算法可达到的效果：

在有限的硬件资源条件下，可以获得高质量的振动数据，相当于将定时保存波形改成了按指标趋势保存波形的模式，确保关键时刻点有波形数据。

提高机组异常监控的及时性：采集端识别出异常数据后，可以确保这些关键数据被优先回传，从而及时触发报警。

提高智能报警的有效性：关键时刻点有波形数据回传，可以通过波形数据判断异常点的真实性，并且进行更加全面的二次监测指标求取，为机组自动报警与诊断提供更有效的决策依据。

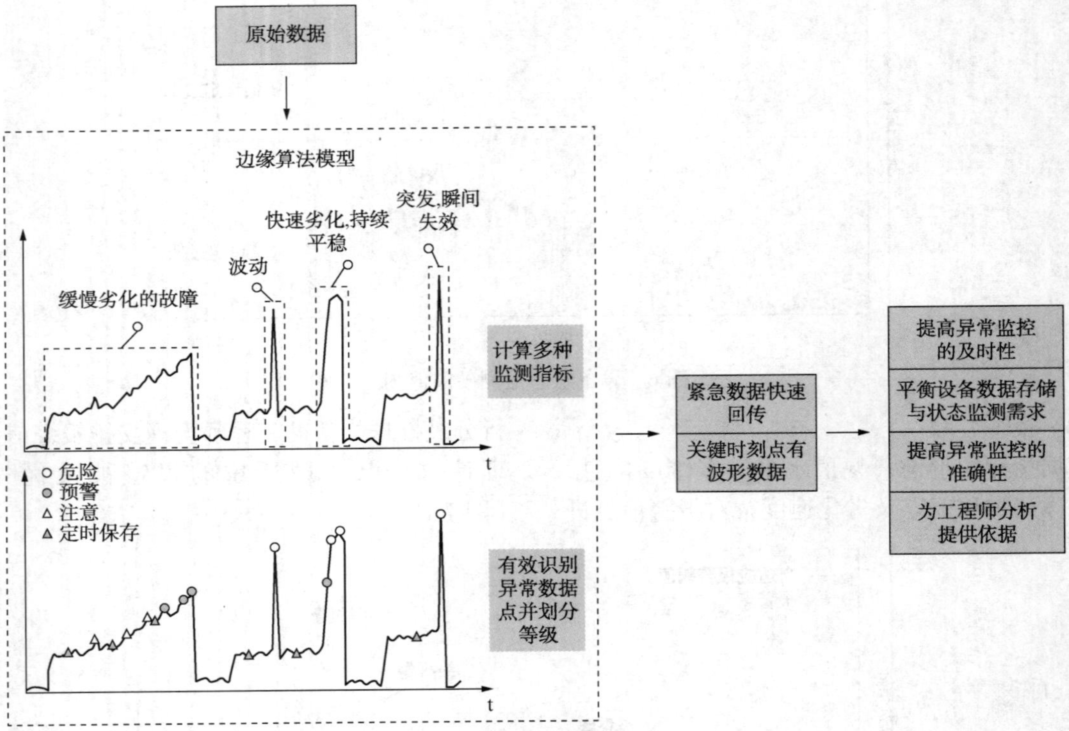

图8 边缘计算流程示意图

为诊断工程师的精细分析提供依据：原始波形数据是诊断工程师做精细分析的基础，诊断工程师通过对波形数据的研究分析，可以给用户提供更加精确的诊断结论与检维护建议。

2.4 智能诊断

智能诊断模块适用于有成熟诊断模型的设备部件，如：关键机泵、风机、齿轮等。针对不同设备部件的故障类型，结合故障机理、专家经验和公司多年积累的大量故障案例，建立相应的故障智能诊断模型。

随着现场案例数据的积累，可持续训练出更完善和更有针对性的诊断模型，以支撑更高精度的智能辅助诊断流程。

3 泵群智能报警系统应用效果

3.1 整体监测效果

由于动态门限值的使用，大大提升了设备告警及时性的同时，降低了泵群的预警册数，根据系统统计2021年中科炼化泵群状态监测系统共计预警337次，已验证239次，验证率70.92%，相较于2020年(预警87次，已验证48次，验证率55.17%)验证率大大提高。中科炼化泵群预测性维护系统产生预报警对现场的检修指导作用显著上升。2021年度各作业部预警验证次数分布如图9所示。

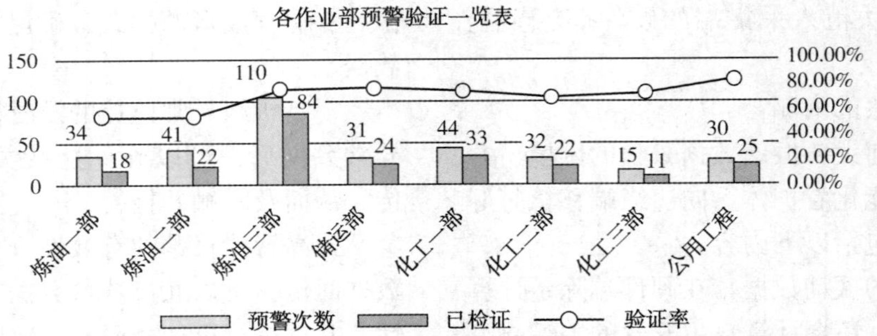

图9 2021年度各作业部预警验证次数

中科炼化2021年产生的预警类型分布如下，其中以工艺和轴承预警占主导，占73%。，预报警类型分布如图10所示。

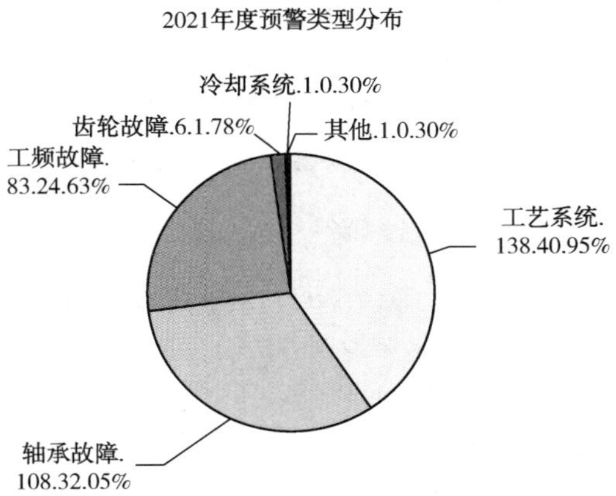

图10　预警类型分布原因

3.2　诊断案例介绍

案例一：本案例选自化工一部/裂解装置/裂解炉引风机B-001，历史数据显示风机两端的振动加速度值一直处于震荡状态，如果按照单一的固定门限值报警，很难实现有效的门限值设定，通过基于算法的动态门限值，在2021年4月24日第一时间触发报警，通过趋势图可以看到风机两端加速度上升明显，但时域波形中未见明显的异常冲击，包络谱中可见轴承滚道特征频率及谐波。通过专家诊断判断，风机前后端轴承早期损伤，以磨损为主，润滑状态不佳，近期存在劣化。建议现场工程师尽快改善风机前后端轴承润滑。现场工程师于当天进行加注润滑脂，振动小幅回落，4月26日拆检发现润滑油乳化(图11~图13)。

图11　设备现场测点安装照片

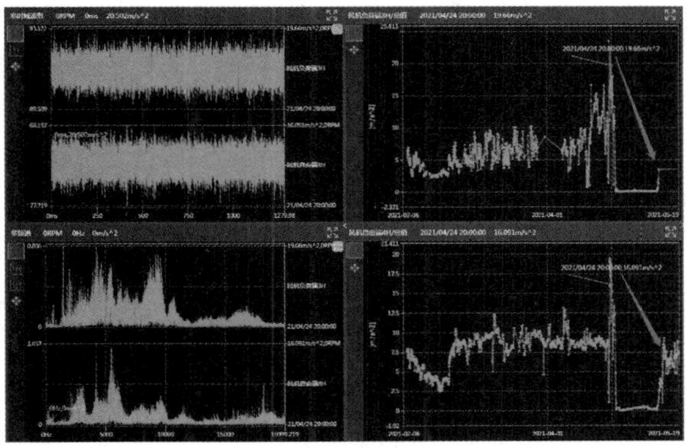

图12　振动趋势及包络解调分析图

图13　现场检修验证图

案例二：

化工二部/HDPE/粒料输送压缩机A157-C-7001B，2021年12月16日压缩机所有测点速度振动突发上升，振动幅值较高，主要是1X电机转频能量上升为主。诊断结论：压缩机速度振动突发上升，可能与联轴器突发损伤相关，劣化较快。诊断建议尽快核实压缩机振动情况，检查核实联轴器是否存在断裂、磨损等异常。当天现场停机检查发现联轴器模块断裂，诊断结论准确，实现预防维修(图14~图16)。

图14　设备现场测点安装照片

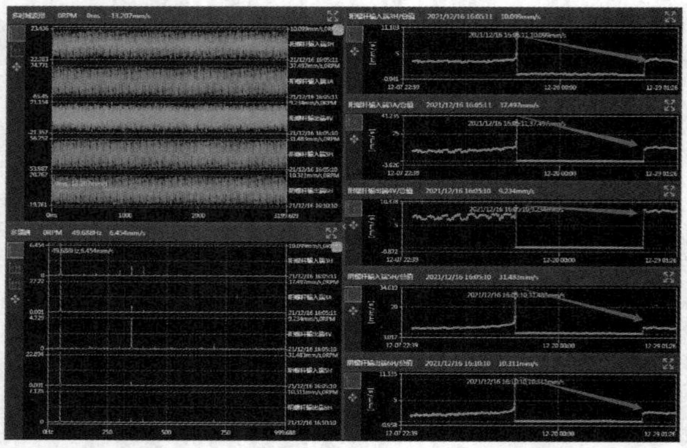

图15 振动趋势及包络解调分析图

图16 现场检修验证图

4 结论

当前中科炼化泵群预测性维护系统采用的是容知日新提供的泵群预测性维护系统，纳入监控设备已达到1069台，涉及到8个作业部，57个装置。对上述设备的实时在线监测及精密故障诊断分析，实时判断当前设备状态，精准定位故障部位，预估受损部件剩余寿命，将维护维修决策由定期维修和临时抢修转变成基于设备状态的预测性维修，有效降低了非计划停机次数，保障连续生产。

泵群状态监测系统的建设，利用先进的智能报警算法，保证了中科炼化泵群的“安、稳、长、满、优”的运行，更加科学地进行设备检修及维护，以达到提高设备可利用率、降低检修成本、提高运营效率的目标，提高企业精益化管理水平，真正实现设备专业化管理，为中科炼化设备完整性管理和智慧工厂建设提供技术支撑。

参 考 文 献

[1] 刘占生，窦唯．基于旋转机械振动参数图形融合灰度共生矩阵的故障诊断方法[J]．中国电机工程学报，2008，28(2)：88~95.

[2] 刘占生，窦唯，王东华，等．基于遗传算法的旋转机械故障诊断方法融合[J]．机械工程学报，2007，43(10)：227~234.

提升在运裂解气压缩机汽轮机能力的方法探讨

李　恒

［中科(广东)炼化有限公司］

摘　要　目前化工原料市场轻质原料价格居高不下，各乙烯装置不得不面对裂解原料重质化的境况，重质化原料裂解产出的裂解气所含汽油组分增多，部分进入裂解气压缩机，造成压缩机超出原设计负荷运行，大幅增加了压缩机驱动汽轮机的负担。为维持装置高负荷运行，需提升在运压缩机驱动汽轮机的能力，经综合分析，在不具备更换汽轮机组主要部件的情况下，通过采取提高蒸汽品质的方法可以改善在运压缩机驱动汽轮机的能力。

关键词　汽轮机　压缩机　保温材料　超高压蒸汽　重质化

1　概况

某80万吨/年乙烯装置，当乙烯产量在设计负荷88%时，裂解气压缩机的驱动汽轮机(抽凝式汽轮机)超高压蒸汽用量达356t/h，远超额定工况设计用量315t/h，检查超高压蒸汽进气压力和温度、抽出高压蒸汽的压力和温度、排缸的排气压力和温度，均与设计参数相符。而当乙烯产量达设计100%负荷运行时，这时汽轮机超高压蒸汽用量达380t/h，主进气阀与抽凝阀开度接近100%，说明已无法通过增大进气量和凝气量来增大汽轮机做功能力，汽轮机能力已到极限，与原设计的允许最高110%运行负荷有较大的差距。

2　检查与原因分析

为查明汽轮机蒸汽用量加大是否由于机组结垢所引起，收集汽轮机一年以来运行数据进行比对，发现超高压蒸汽进气压力、进气量与轮室压力、排气压力能一一对应，因此，可以排除汽轮机因结垢导致能力下降的可能。同时收集裂解气压缩机(属于离心压缩机，分五段压缩)运行一年以来各段的温度、压力等数据，计算出每月N因子(反映压缩机结垢情况的指标)做成趋势图，也没发生明显的变化，因此也可排除压缩机因结垢引起能力下降的可能。进一步检查压缩机现运行数据，并与设计数据进行全面的比对，发现压缩机各段处理量已远超重工况的设计值，原设计重介质工况100%负荷时，一段吸入裂解气质量流量应为314t/h，但实际在88%负荷时，一段吸入裂解气质量流量为340 t/h。

经分析得知，原设计重介质工况下应以33%气体原料作为裂解原料，但受裂解原料市场影响和其他因素的制约，气体原料供给难以为继，占比逐渐下降到16%，其余均为液体原料，如石脑油、柴油加氢尾油、煤油、轻石脑油。裂解原料的重质化，不可避免带来了几个变化的影响：(1)乙烯收率变低，产出同样的乙烯，需投入的更多的裂解原料；(2)裂解气各组份分子量平均值变大；(3)裂解气中柴油、汽油组分比例增加等。随着裂解气中汽油组份的增多，急冷水塔的洗涤和冷却效果已不能完全满足需求，因此，部分未被洗涤下来的汽油组分进入裂解气压缩机中，与轻原料工况下对比，裂解气压缩机压缩等量乙烯所夹带的汽油成分要多得多，从而大幅增加了压缩机所需压缩的气体量(质量流量)。

3　相应措施

由于机组本身不存在问题，只因工况变化导致了机组能力不能满足生产要求，如要从根本上提升机组的能力，则需要更换转子、静叶、主汽门、速关阀等主要部件，这些工作只有在停工大

第一作者简介：李恒(1977—)，高级工程师，2001年毕业于华南热带农业大学农业机械化及自动化专业，2017年辽宁石油化工大学化学工程硕士。现在中科(广东)炼化有限公司化工一部从事设备管理工作。E-mail：lih3369. zklh@ sinopec. com

修期才有足够的时间实施，为改善现阶段汽轮机能力不足的问题，只能另寻僻径。

为减轻压缩机负荷，通过降低急冷水塔顶部温度，增大急冷水回流量，尽可能把更多的汽油留在水塔中，减少汽油进入压缩机，从而减轻压缩机的负荷；同时加大级间冷却器的循环水流量，适当调低循环水温度，使进入压缩机的汽油尽可能在一、二段压缩后，冷凝为液体排出，减轻三、四段的负担。但以上操作可调整的范围有限，汽轮机减负也有限。

除了从压缩机系统上进行调整操作外，汽轮机是否还有优化调整的空间。经观察，进入汽轮机的超高压蒸汽压力为 11. 2MPa，与设计允许最高压力值 11. 6MPa 还有一定的空间。因此，通过提升裂解炉产蒸汽压力至 12MPa，同时调高界区外补充蒸汽压力至 11. 65MPa，进入汽轮机入口蒸汽压力提升到 11. 5MPa，蒸汽压力提升了 0. 3MPa，在 88%负荷工况下，蒸汽用量从 356t/h 降到 326t/h，主进气阀开度从 89%减少到 83%，详见表 1。

表 1　汽轮机进气压力调整前后蒸汽用量的对比

进入汽轮机蒸汽压力/MPa	同工况下装置负荷：产乙烯量/(t/h)	蒸汽用量/(t/h)	主进气阀开度/%	抽气与凝液比例
11. 2	88	356	89	2 : 1
11. 5	88	326	83	2 : 1

但蒸汽压力已提至接近设计运行最大值 11. 6MPa，不能再提升，为了进一步提升蒸汽品质，增加蒸汽的焓值，只能通过提高蒸汽的过热温度以实现，现进入汽轮机的蒸汽只有 509℃与设计允许的最高温度 525℃还有差距，因此，把裂解炉产超高压蒸汽过热温度从 517℃提升至 520℃，但发现到汽轮机入口的超高压蒸汽温度变化不大，仍维持在 509℃左右，1500m 的输送距离，2. 5 秒的输送时间，温降有 11℃，热量损失较大，为找出具体原因，对现场超高压蒸汽管线进行了全面的检查和测温，发现该管线长时间使用后，多处保温外表面温度已远超初投用时的 50℃(图 1 和图 2)，而且有部分弯头保温保护铝皮因管线高温膨胀被胀开，导致雨水进入。随机拆除部分保护铝板检查内部情况，发现保温外表面包覆的防潮层(纤维布+沥青漆)部分已出现老化开裂，防水防潮效果变差，保温棉也有收缩、老化、脱落现象。

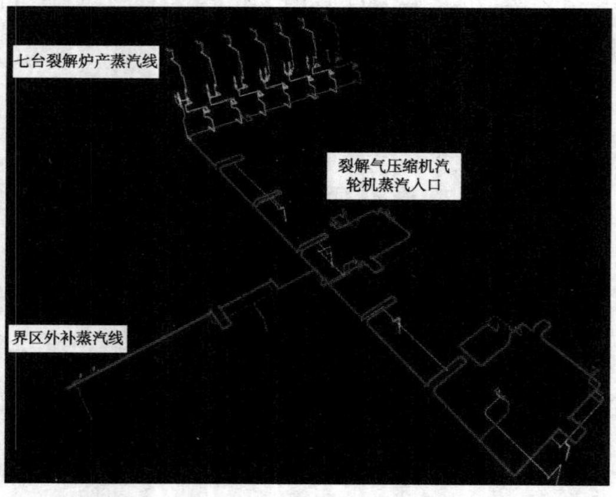

图 1　装置超高压蒸汽管网图

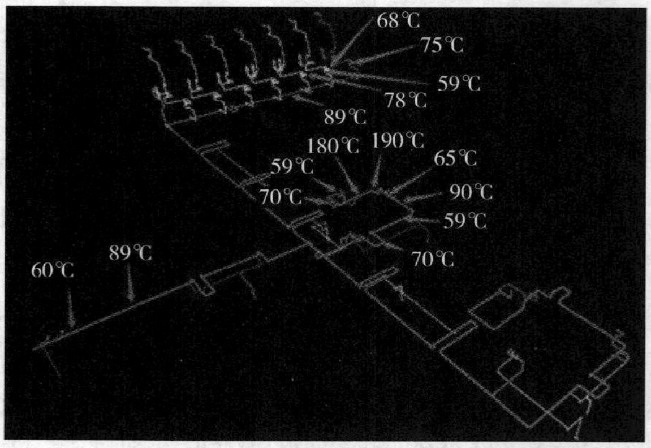

图 2　超高压蒸汽管网保温外检测温度情况

找到温降大的原因后，要彻底解决温降过大问题，除了要恢复保温到完好状态外，还要降低保温材料的导热系数，解决保温材料与防潮层易老化、保护铝板开裂问题，才能取得长久的效果。经调研和对比保温材料性能数据(表 2)：决定采用导热系数更低、施工简易的纳米微孔复合保温材料置换原硅酸铝保温材料，经理论计算，采用此材料后该蒸汽管线输送距离 1500m，温降仅为 3. 8℃。为进一步提高保温层的防水防潮效果，减少热量的损失，原一层的防潮层改由四层反射膜(两面为铝箔，中间为纤维布)替代，反射膜的布置见表 3。

表 2　各种常用保温材料性能对比

序号	项目	岩棉	硅酸铝	复合硅酸盐	纳米微孔保温毡
1	平均 25℃ 导热系数/(W/m·k)	0.05	0.052	0.049	0.026
2	平均 200℃ 导热系数/(W/m·k)	0.092	0.092	0.091	0.048
3	平均 300℃ 导热系数/(W/m·k)	—	0.116	0.112	0.061
4	容重/(kg/m^3)	120	120	50	120
5	环保性	不环保	不环保	含石棉	环保
6	施工性	管壳	施工困难	施工较易	施工容易
7	压缩回弹性	60%	60%	50%	95%
8	抗拉强度/kPa	50	40	30	100
9	柔韧性	易碎	易碎	柔韧	柔韧
10	对皮肤的刺激性	大	大	小	极小
11	渣球含量	1	1	0	0
12	失效影响因素	震动	震动	水	不受影响
13	最高使用温度/℃	200	1000	400	650

为尽快解决问题，检验效果，决定在线更换保温材料，考虑到该蒸汽管线仍在使用中，如完全拆除保温层更换新材料，安装过程存在高温烫伤的风险，且施工难度高，为了保证安全，不影响该蒸汽管道的正常使用，只拆除原保温厚度 3/4(原保温厚度 200mm)，保留 1/4 厚度，然后安装新的保温材料，并采取逐段管线更换保温方法，每次只拆除 20 米长的管线，更换完成后再拆下一段 20m。如图 3、图 4 所示。

表 3　新保温的结构和组成

序号	结构	组成
1	第一层	50mm 原保温材料
2	第二层	30mm 纳米微孔毡+反射膜
3	第三层	30mm 纳米微孔毡+反射膜
4	第四层	30mm 纳米微孔毡+反射膜
5	第五层	30mm 纳米微孔毡+反射膜
6	第六层	0.6mm 铝板

图 3　纳米微孔复合保温材料(厚度 10mm)

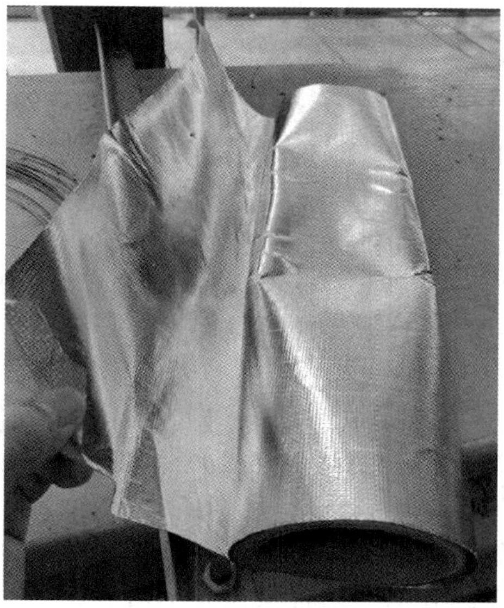

图 4　反射膜

为避免再次出现保温保护铝板开裂，此次增大了铝板与铝板间的搭接长度，加密了固定铆钉，增设了防风钢带。

4　整改的结果分析

经过一个月的拆除与安装，更换完成后，温度变化情况如表 4 所示。

从表 4 数据可以看出，更换后温差变为 4℃，与原测算温差 3.8℃ 相近，基本达到了预期的效果，按超高压蒸汽用量 326t/h 计算，温差从 11℃ 降为 4℃ 后，每小时可节约用超高压蒸汽约 4.53 吨。其计算过程如下：

表4 更换保温前后温度对比

	汽轮机入口蒸汽温度/℃	裂解炉区过热后蒸汽温度/℃	界区补充蒸汽温度/℃	保护层表面温度/℃
更换保温前	509	520	520	50-190
更换保温后	516	520	520	50以下

根据公式 $Q=M\times C_p\times\Delta T\times1000$ (1)

其中 Q 为功率，单位：kJ/h；

M 为蒸汽流量，单位：t/h；

C_p 为蒸汽热容，单位：kJ/(kg·℃)；

ΔT 为汽轮机进口蒸汽温差，单位:℃；

520℃，11.5MPa蒸汽热晗 H 取值：3420kJ/kg，蒸汽热容 C_p 取值：2.54kJ/(kg·℃)。

按进气蒸汽压力11.5MPa，温度520℃，流量326t/h，温差为7℃取值。

代入公式(1)：$Q=326\times2.54\times7\times1000$，得出 $Q=5796280$kJ/h

汽轮机抽出蒸汽的压力为4.2MPa，温度为398℃，热晗值为：3212.3kJ/kg，其中抽气量为进气量的2/3；凝汽量为进气量的1/3，温度50℃，凝气温度较低，可回收的热量忽略不算。折算后，抽汽和凝液的平均热晗为：3212.3×2/3≈2141.3kJ/kg，汽轮机能有效利用的热晗为：3420-2141.3=1278.7kJ/kg。

对于汽轮机来说，进口蒸汽温度提高7℃，流量在326t/h时，理论计算可节约的蒸汽量 $q=Q/(1278.7\times1000)=5796280/(1278.7\times1000)\approx4.53$t/h。

实际上，通过超高压蒸汽升压提温和采取优化调整操作后，装置负荷88%时，裂解气压缩机的汽轮机超高压蒸汽用量由整改前的356t/h降到323t/h左右，实际节约蒸汽量33t/h，节约蒸汽用量比例10%左右，主进汽阀的开度也稳定在82%左右，虽然蒸汽用量仍超设计值，但汽轮机可以调节的裕度增加了，在很大程度缓解了高负荷下汽轮机能力不足的问题。

5 建议及展望

(1) 相对而言，提高蒸汽的压力比提高蒸汽的温度更有利于提升汽轮机的做功能力，但提升蒸汽压力也意味着增加了外补蒸汽锅炉的能耗，能量是守恒，并没有起到真正的节能作用，只作为提升汽轮机能力的一种方法，确实行之有效。而减少输送蒸汽管线的热损，却是实实在在起到节能降耗的作用。

(2) 对于高温设备的保温选型建议立足长远考虑，尤其在新建装置首次安装就要充分考量，从材料和安装两方面进行有效控制，才能实现良好的隔热效果，减少热量的损失；如一味追求低成本的投入，导致后续的保温材料的反复修复和更替，反而得不偿失。

(3) 随着国内制造业的不断发展壮大，希望类似纳米微孔复合保温这种既环保又隔热效果好的材料逐步成为主流保温材料，取代隔热效果不好又对人体有害的岩棉、玻璃棉等传统保温材料。短期来看，一次性投入略高，但长期以往，随着这些材料的广泛应用，每年节省产蒸汽的燃料量及非环保废保温棉的处理费，减少的二氧化碳排放量是相当可观的，也助力了国家生态保护事业的发展和“双碳”目标的实现。当然，随着使用量的增多和技术进步，这些材料的制造和采购成本应能有较大幅度的下降，以适应市场竞争。

6 结语

裂解原料的重质化，对装置的影响是多方面的，首当其冲的裂解气压缩机出现超负荷运行问题，通过分析和计算，探索出一些改善的方法和措施，经采取以上措施，并进行相应的调整后，裂解气压缩机汽轮机的蒸汽用量减少了10%，也意味着汽轮机能力提升了10%，效果是可观的。在后续的生产过程中，还将会遇到各种疑难问题，我们继续探索新的解决的方法。

正态分布在机封/轴承寿命分析中的运用

高 魏

[中韩(武汉)石油化工有限公司]

摘 要 本文结合中韩石化炼油厂2021年2月15日~2022年2月15日机封和轴承寿命的原始数据，通过点状分布图→分类统计折线图→细化归纳 $f(x,\mu,\sigma)=\frac{1}{\sqrt{2\pi}\sigma}e^{-\frac{(x-\mu)^2}{2\sigma^2}}$→进行回归运算正态(高斯)分布概率后得到其正态(高斯)分布图。再通过计算正态(高斯)分布各区域面积得到寿命达标概率等基础数据，并以此为基础展开管理分析和技术分析。通过对不同装置的机封寿命正态分析得到管理优化的针对性策略，通过对不同工况下机封寿命正态分析得到技术优化的针对性策略，并以此为年度寿命目标值的确定和管理提供指导意见，扭转因数据统计误差、目标不合理带来的工作强度不公平、管理效果不佳等问题。有效提高设备可靠性同时降低一线设备员工作压力，并得到三种优化手段：①人为干预斩断控制值以内寿命的概率(局部法)；②优化寿命正态分布形态(整体法)；③提高寿命正态分布中间值(本质法)。

关键词 正态分布 高斯分布 机械密封寿命 轴承密封寿命 可靠性分析

目前中韩石化炼油厂通过机封/轴承寿命均值KPI绩效系统，有效的从结果上提高了机封/轴承寿命，但并未改变其整体可靠度。使用方差和正态(高斯)分布分析法后，将可以有效从概率上提高机封/轴承寿命。通过局部控制+整体提升+本质优化，可以有效降低恶性损坏的概率(低于10000小时)，并为不同装置、不同类型设备提供统计学上分级管理的指导意见。此外还有以下优点：

(1)通过正态分布分析法可以有效解决各装置间工作难度和强度不同带来的标准不公平的问题。通过制定相同概率目标而非结果目标，使设备人员面对相同的不达标率，可以非常公平的给其施加几乎一样的工作强度；

(2)通过图形分析能为其工作提供相适应的针对性指导意见和工作侧重点；通过此针对性策略进行工作优化后，即使均值不变，优化波形也可使恶性损坏概率下降，能够有效降低一线设备员的实际工作压力，更能体现可靠性工作的成果。

(3)正态分析法能通过回归运算自动剔除“人为性和主观性的异常数据”。比如部分车间故意降低部分机泵使用时间和频次，致使停运机泵虽然数量少，但能有效提高均值。而在正态分布归纳模型时，这部分对整体形态上影响很小，因为超过一定限值的频数，其概率值很低，算出来面积有限，回归运算时会被自动剔除。

(4)正态分析法能有效避免统计缺陷带来的不公平性，比如统计中部分装置将“备用时间等同于投用时间”以此提高其寿命均值。因为正态统计法“中间值”并不具备技术意义，只是装置的固有属性。此装置通过此法提高“中间值”后，以此制定的装置目标值还是斩断10%概率，目标值和其“中间值”发生了同步改变，并未改变其工作强度。只要同一装置当年度统计标准确定，其统计出的“中间值”也不会有太大变化。换言之，即使存在统计缺陷也很难投机取巧，确保了制度的公平性。只是统计缺陷的图形形态上会使得改变其形态变得困难，想让“矮胖”变“高瘦”变得困难。因此，正态分析法能够在一定程度上自动进行数据优化和统计优化。

(5)正态分析不仅可用于管理分析，作为绩效评价的指导和依据，也能进行技术分析，为技术优化、设备采购、可靠性提升等提供科学依据。按照运行部装置统计出的寿命正态分布曲线

第一作者简介：高魏(1990—)，工学学士，2015年毕业于武汉工程大学过程装备与控制过程专业，现在中韩(武汉)石油化工有限公司从事，设备可靠性工程师工作。E-mail：gaowei. zhsh@ sinopec. com

的中间值作为装置的“固有属性”，在设备管理中具有管理意义，可作为装置目标值的制定指导和分级管理的依据。而分类型统计出的寿命正态分布曲线中间值则具有技术分析意义，可以作为设备选型或者采购判断的基本依据。

通过正态分析法的科学应用能够在管理上提高设备管理工作的科学性、公平性、有效性和针对性，能够有效提高设备可靠性同时减低设备管理的工作强度；在技术上能够进行可靠性分析、控制变量分析等，为迭代优化、设备采购、技改技措等提供科学依据。

1　正态分布在机械密封寿命应用过程

1.1　全厂机械密封寿命正态分布的计算过程

（1）全厂机械密封寿命的数据统计和点状分布图如表1、图1所示。

表1　全厂机械密封寿命统计表

全厂机械密封寿命统计			
平均数	36455	最小值	3456
中位数	32070	最大值	211464
标准差	21913	最大最小差值	208008
方差	479875058	总机封数	1535

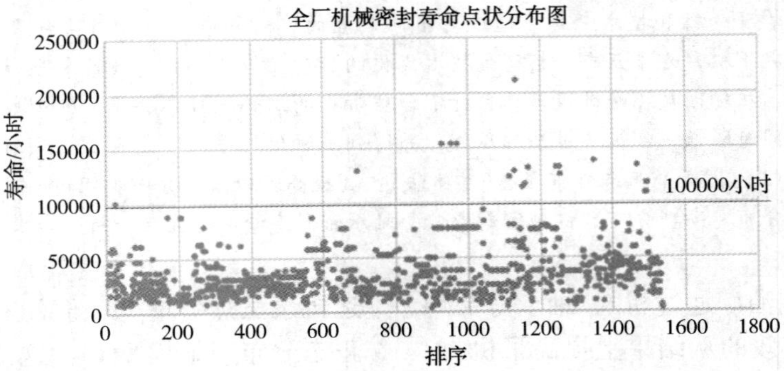

图1　全厂机械密封寿命点状分布图

由点状分布图可知，全厂大部分机械密封寿命集中在10万小时以下。

（2）全厂机械密封进行全分段统计如图2所示。

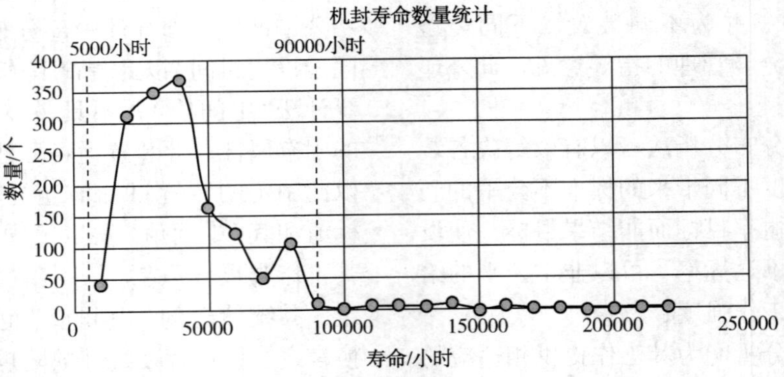

图2　全厂机械密封寿命全分段统计图

由全分段统计图可知，大部分机械密封寿命集中在5000~90000小时。

（3）摘取5000~90000小时机封进行更细化统计如表2、图3所示。

表2　全厂机械密封寿命分段统计表

寿命范围	数量统计	寿命范围	数量统计	寿命范围	数量统计
5000	2	35000	156	65000	44
10000	39	40000	212	70000	8
15000	137	45000	97	75000	6

续表

寿命范围	数量统计	寿命范围	数量统计	寿命范围	数量统计
20000	171	50000	66	80000	96
25000	158	55000	47	85000	4
30000	189	60000	73	90000	4

（4）通过全厂机械密封寿命分布图和统计结果可知，整体大约服从正态分布，做正态分布分析后如图4所示。

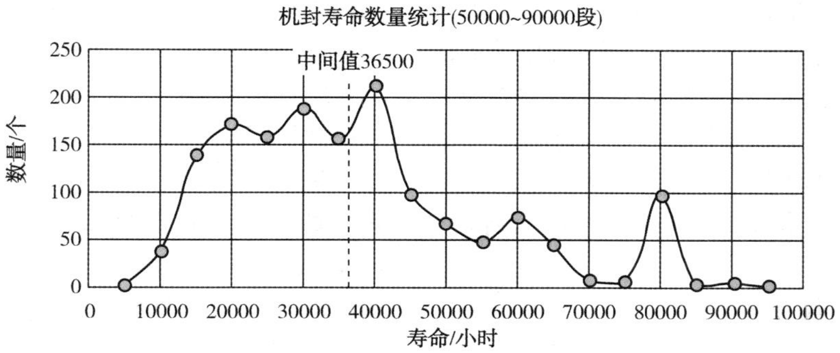

图3　全厂机械密封寿命分段统计图(5000~90000小时分段)

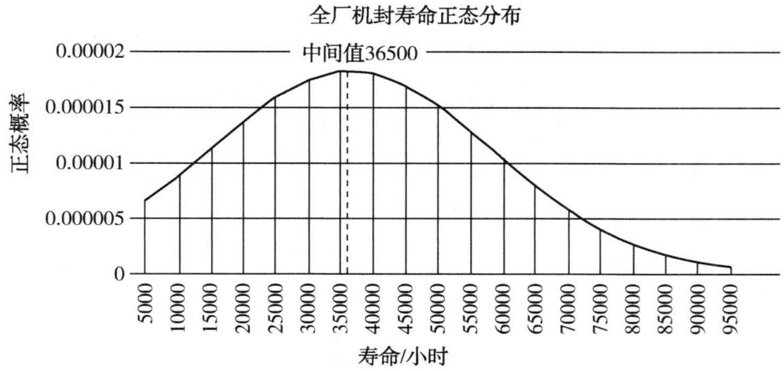

图4　全厂机械密封寿命正态分布图

由正态分布图可知，全厂机械密封寿命正态分布中间值约约36500小时(36455.4小时)。

在上述对机封统计分析、计算归纳过程中，对于人为因素和统计误差造成的“不合理数据”会被自动剔除；并且在回归运算中，可以直接切入重点数据进行分析，对于长期停用和备用设备，回归运算也完成自动剔除。因此，正态分布运算过程中能够在一定程度上自动进行数据优化和统计优化。

1.2　全厂机封寿命正态分布结果的管理分析

1.2.1　正态分布的中间值与低寿命管理

如图5所示，全厂机械密封寿命大体服从正态分布，其中间值约为36500小时。即全厂机械密封寿命大致围绕36500小时呈正态分布。目前公司的制定的寿命指标是≥33000小时。不达标概 $S1+S2=\Phi(33000)=43.74\%$。如能对过低寿命的机封进行专项攻关管理(斩断10000小时以下概率)时，即斩掉 $S1$ 面积，则实际低于33000小时的概率 $P1=\Phi(33000)-\Phi(10000)\approx 43.74\%-11.36\%=32.38\%$。即通过设备管理消除10000小时以下寿命情况，不达标概率面积能缩小到32.38%。

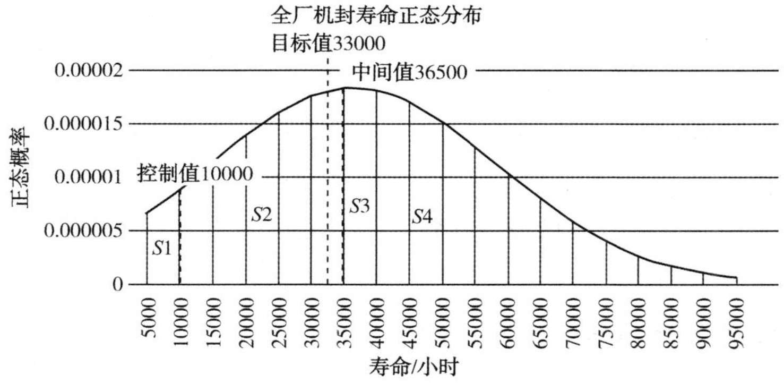

图5　全厂机械密封寿命正态分布图

通过对过低寿命机封的专项管理（斩断10000小时以下概率），可以有效从结果上减小“恶性损坏”的数量，从结果上能有效提高平均寿命，目前公司设备管理主攻方向便是如此——对低于10000小时机封进行逐台攻关，提高工艺操作和维护保养水平等，人为消除低寿命出现数量。

1.2.2　正态分布的概率管理

但仅通过对过低寿命机封的专项技术攻关只能从结果上降低“恶性损坏”频数，并不能改变其机封寿命达标概率，超过33000小时的概率 $S3+S4=1-\Phi(33000)=56.26\%$，合格线右侧面积并未改变。设备员面对机封失效的概率没有变化，仅简单通过逐年提高对 $S1$ 面积管控，只能指数级增加工作压力。我们需要提高 $S3$ 面积，才能从概率上提高其达标率。因而需考虑改变图形，从“矮胖”变为“高瘦”（降低方差），减少“恶性损坏面积”，有效降低其概率，不仅会有更好的提升，同时可以降低设备员压力。

为公平化设备管理强度，针对不同分部或装置，可以用概率管控取代目标值管控。设置机封目标值为概率 $S1+S2$ 在40%左右的目标值，低寿命管控概率 $S1$ 应当在10%左右，使其达标概率 $S3+S4$ 在55%左右的同时，算数失效概率面积 $S2$ 为32%左右。管理应当着重斩断 $S1$ 并减小 $S2$ 面积（降低方差）。

制定相同的目标概率意味着无论装置设备可靠性如何，设备管理人员面对的不达标率均是40%，恶性损坏概率都是10%，在人均设备总数接近时，设备人员的工作强度非常接近，能够调动全员工作积极性和能动性；且通过上述计算可知，此概率目标下，在解决公平性的同时，也能完成现行既定绩效目标。

1.2.3　正态分布的分级管理

如图6所示，实际寿命曲线其实至少存在三个峰值点（35000/60000/80000）。出现此种情况，可能与机封形式、使用时长、使用工况等客观因素有关，也可能是人为统计缺陷、刻意将备用时间等同于使用时间等主观因素所致。进行分级管理，将其分别记作A类、B类、C类，无论其成因如何，一旦年度约束标准确定，分级管理下，其客观或主观造成的差异也会被固定下来，由此产生的考核标准一样具有约束效力。

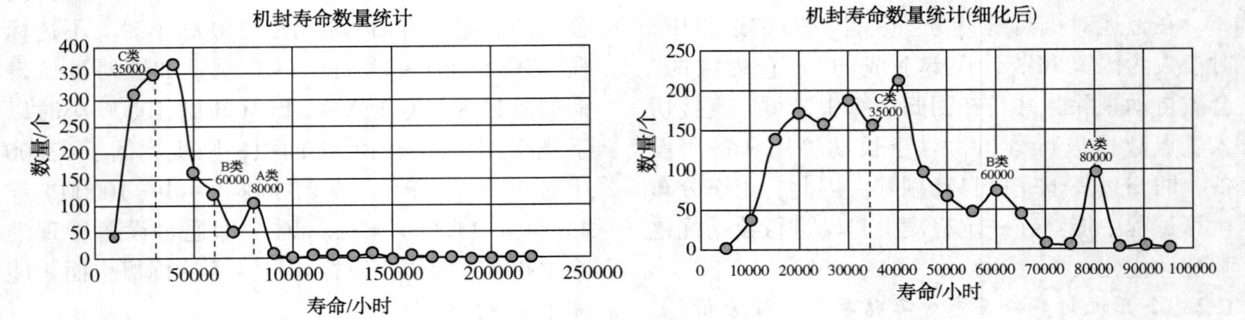

图6　全厂机械密封寿命分段统计图

仅考虑密封类型和工况造成的差异而言，C类是管理重点，并进一步优化A类和B类向其中心线靠拢，也可以提高设备管理质量。通过分类统计，可以发现A类多为停运或闲置的机泵，停运时间较长，使其统计出“寿命”也较长。B类中则多有机封形式或机泵类型不同于离心透平的转动设备。分级管理将有效将不同类型和不同状态的设备区分开，使管理更加高效性和目的性。

2　正态分布在机封寿命的管理应用

2.1　不同装置的机封寿命的正态分布

同上计算过程，分别对全厂及焦化、常压、催化的机封进行量化分析后建立正态分布（高斯分布）归纳，最后得到以下结果（表3、图7）。

表3　机械密封寿命数据统计表

机械密封寿命统计	全厂	焦化	常压	催化
平均数	36455	23572	24488	27694
中位数	32071	21538	20698	27012
标准差	21913	13095	13346	7797
方差	479875058	170489509	176763862	60389330
最小值	3456	8471	7467	11911
最大值	211464	88717	61908	63192
最大最小差值	208008	80246	54441	51281
总机封数	1535	172	132	148

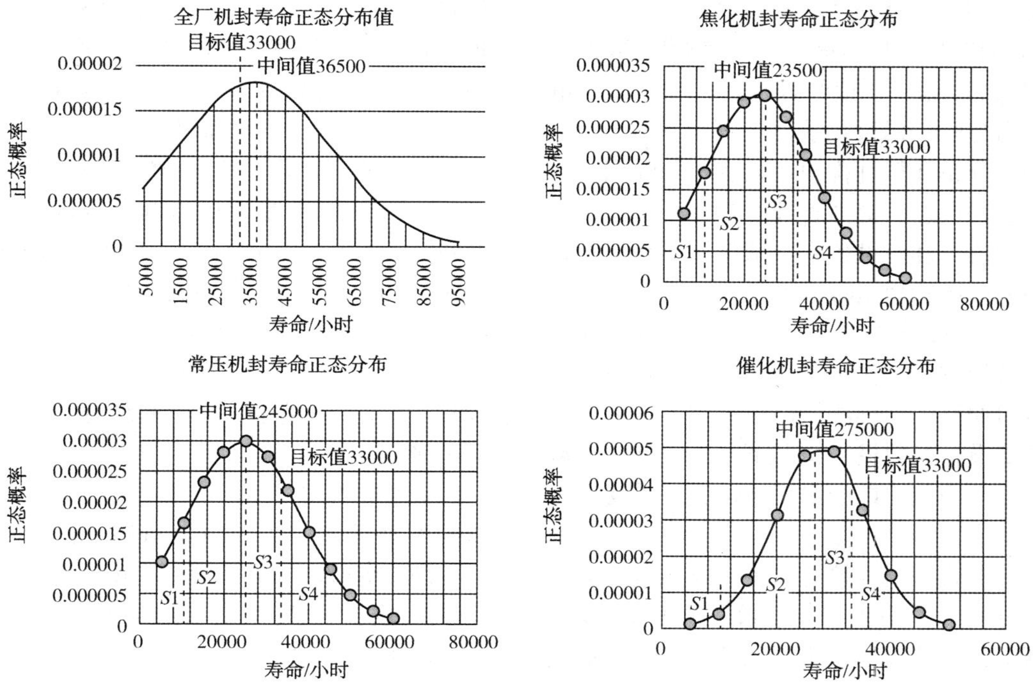

图7 全厂及焦化、常压、催化机械密封寿命正态分布图

通过计算，全厂/焦化/常压/催化机械密封正态分布中间值分别为 36455.4/23572.1/24488.3/27694.3，分别记作 36500/23500/24500/27500。三大装置均低于全厂均值 36500 和年度绩效目标值 33000。

2.2 不同装置正态分布结果的管理分析

2.2.1 概率管理有效解决均值管理的固有缺陷

公司现行的机封寿命均值管理，通过设备人员的技术攻关、维护保养等，的确从统计的均值结果上，“提高”了设备管理水平，但依然存在以下不可避免和固有性的缺陷。

（1）均值管理未考虑装置间设备可靠度差异，造成装置间设备人员工作强度差异和能动性制约。从图7可知，焦化/常压/催化三大装置均低于全厂均值 36500，三大装置设备管理员工作强度远高于全厂均值，而部分装置（如公用工程、储运等）工作强度则大大低于全厂均值，统一的年度目标值无法充分调动后者工作能动性，又造成运行部间过大强度差异，部分装置甚至工作强度已接近设备员极限。

概率管理设置相同机封目标值概率和不达标概率，可以有效解决。制定相同的目标概率意味着无论装置设备可靠性如何，设备管理人员面对的不达标率相同，恶性损坏概率也相同，在人均设备总数接近时，设备人员的工作强度非常接近，能够调动全员工作积极性和能动性。

（2）均值管理中年度目标不合理，直接打击设备人员工作积极性。

从图7可知，焦化/常压/催化三大装置均低于全厂目标值 33000。而不达标率=中间值左侧50%面积+中间值右侧到目标值之间面积 $S3$。这就意味着即使设备管理者通过各种系统性手段和专项工作，将曲线有从“矮胖”变“高瘦”（减小方差），寿命向中间值收敛，设备可靠度的确也提高了，甚至“恶性损坏概率面积”$S1$ 也变小了。但是中间值右侧到目标值之间面积 $S3$ 却变大了，设备的不达标率（50%+$S3$）反而增大了。

换言之，一线设备管理者虽然非常努力认真并科学的提高设备可靠度，但因为 $S3$ 变大，表现为低于目标值的机封数量反倒变多了！这会极大地打击一线设备员的工作积极性。

通过正态分析法能有效防止目标值过高、打击设备人员积极性的问题。

（3）均值管理无法排除统计误差和人为异常数据，反而促使“数据失真”和放大“统计误差”，进一步打击设备人员工作积极性。

按照目前均值管理模式，三大装置设备员将较其他装置拥有更加繁重的工作强度，如果此装置恰又有数量较多的机泵，在精力跟不上时则可能出现数据失真的情况。比如设备员可能有意通过长时间停用设备提高"使用寿命"，甚至直接用"备用时间取代使用时间"，人为放大"数据失真度"和"统计误差"，使管理空洞化，并不能解决问题。因为此目标值几乎很难实现。

而正态分布计算过程中可以有效剔除相关异常数据和统计误差，提高管理有效性。

(4) 均值管理对设备人员依赖性更高，设备人员调动易造成管理质量波动。

目前均值管理模式对人员依赖性极高，倚重于设备人员的攻关工作和时刻的关注、管理——设备员努力通过各种办法提高了寿命平均值。但是在未改变设备失效概率情况下，一旦发生人员变动，寿命平均值立即会出现波动，严重受人为因素影响。

正态分布管理则直接对设备可靠性进行概率管理，通过三种手段，客观上降低"恶性损坏"的发生概率，有效提高设备可靠性，从而降低人为因素影响。

(5) 概率管理可以有效反应出数据收敛和可靠性提高的工作成果。

运行部通过体系优化等方法使数据方差降低，数据收敛、更集中，即寿命向中间值集中，但可能其全年平均值并未有太大变化，特别是设备管理均值绩效评价体系运行多年以后，均值就会出现"瓶颈期"，其越发接近设计寿命的中间值，成为运行部"固有属性"之一。均值管理(结果管理)就接近管理"失效"，设备的可靠度管理便是设备管理提升的必由之路。

概率管理中方差/标准差降低，即寿命向中间值集中，生成的正态分布图由"矮胖"变为"高瘦"，机封出现恶性损坏的概率的确降低了(比如低于10000小时的概率面积变小了)，设备可靠度提高了，意味着出现恶性损坏频数的降低，一线工作者工作强度也降低了。一般恶性损坏概率低于5%被视为"小概率事件"，可"六西格玛(6σ)"原则，适当调整其管控范围。恶性损坏概率越低，则人力成本越低。

综上，公司用概率管控取代目标值管控是非常必要的。

2.2.2　正态分布管理的具体实施过程

初步设置概率目标：每个运行部或装置的寿命目标值应定在概率45%($S1+S2$ 面积)对应的寿命值，且必须通过技术攻关或强化管理逐步攻克失效概率12%($S1$ 面积)对应的寿命值以下的机封，从而使其算数失效概率为33%($S2$ 面积)，理论达标概率面积55%($S3+S4$ 面积)。相当于各装置实际达标率均为66.66%(60%÷90%=66.6%)，未来向70%靠拢。

举例来说，由此算得45%目标概率管控下，全厂/焦化/常压/催化机封寿命目标值为33702/21927/22812/26715小时，约为33700/22000/22800/26700小时。考核其年底时此目标值对应的概率，进行排名后绩效考核。年底目标值对应概率会比45%更小的装置，其设备可靠度提升越多。(即方差越小，分布曲线越"高瘦"，失效概率越低。)

12%的控制概率下，全厂/焦化/常压/催化机封寿命控制值为10708/8186/8807/18533，约为10700/8200/8800/18500。低于控制值的需进行专项攻关，降低其出现频数，斩掉12%以下"恶性损坏"概率。

此外，全厂/焦化/常压/催化机械密封正态分布中间值约为36500/23500/24500/27500。年底也可对此中间值的变化幅度进行排名后绩效考核。

通过前面的计算过程也可以知道，即使用概率管理取代目标值管理，全厂33000小时是目标值也完全可以实现。并且通过降低其失效概率，实际上降低设备员实际工作压力。

2.2.3　正态分布在管理上提供针对性优化策略

由图7可知，催化图形瘦高而前端斩灭"恶性损坏"不足，因此催化主要策略：通过重点设备监测系统及时保养并优化工况、特护等手段，斩断控制值以下的情况发生，强化设备人员的人为干预，斩断 $S1$ 面积区。

焦化和常压则斩灭"恶性损坏"不错，但图形过于矮胖且中间值过低，因此主要策略：采用新型设计结构、使用长寿命材料或长寿命机械加工和热处理等，从本质上改变其设计寿命(如设计、采购、技术优化等)，从而提高其正态分布中间值。通过优化维护保养策略、调整工况、完善设备管理制度体系和流程等系统性手段，来降低其方差，使曲线更"瘦高"。

3　正态分布在机封寿命的技术应用

3.1　正态分布广泛的技术应用范围

前文所有的分析均是基于统计分析结果，其算出来的正态分布"中间值"其实接近于装置本身的一种“固有属性”，不同“设计寿命”的零件综合后形成的系统自身的“中间值”。不同装置间“中间值”本身是有差异的，装置拥有的机封、零件越多，就会越接近全厂的“中间值”。最后通过统计分析在管理上提出相关针对性指导意见，而运行部或装置的正态分布“中间值”其实不具备技术意义，只具备管理意义。作为管理的一项管理指标，具有其效用，却无法做出技术性优化指导。

但实际上，正态分析法也可以用在技术分析上，前提是寿命统计按设备类型、工况材质、甚至供货厂家等进行进一步分类，然后按技术类别统计分析。如按供货厂家统计便可知道各厂家机封在中韩石化实际使用的寿命可靠度，为采购提供科学依据；按类型统计可知道那种类型机封拥有更好的使用可靠度，为技术改造提供依据；按工况分析再返回统计类型，便可知道同工况下哪种类型更适用，为升级优化提供指导；按其配合机泵使用介质统计，便可针对不同介质下维护保养侧重提供指导意见等等。

3.2 不同工况的机封寿命的正态分布

对不同机泵类型下的机封寿命进行分类统计计算，可以得到下图(图8)。

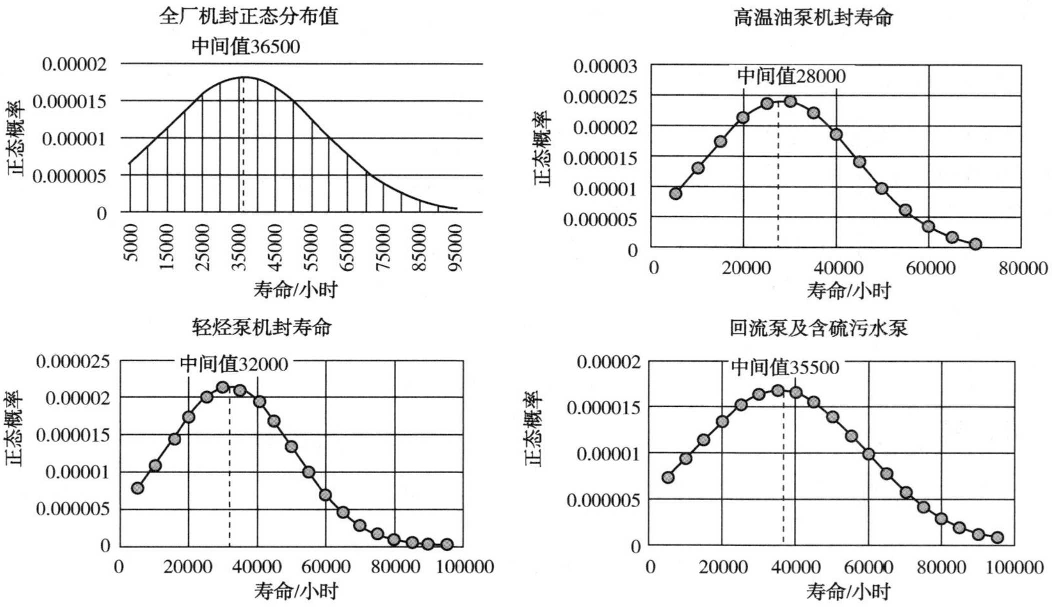

图8　全厂/高温油泵/轻烃泵/回流泵及含硫污水泵机械密封寿命正态分布图

全厂/高温油泵/轻烃泵/回流泵及含硫污水泵机封寿命正态分布图可知，寿命中间值分别约为36500、28000、32000、35500。此三类泵整体表现较全厂均值更差，需要不同策略进行提高。

3.3 正态分布在技术上提供针对性优化策略

由曲线图可知，这三种机泵“中间寿命”中，高温油泵和轻烃泵机封基本低于全厂均值，而回流泵及含硫污水泵机封虽然“中间值”与全厂值持平，但其图形更加“扁平”，其前端“恶性损坏区间”面积较大。综合而言，

(1) 回流泵及含硫污水泵机封寿命中间值已经持平均值，其应当主要着力于将“矮胖”变为“瘦高”(降低方差)，即通过改善工艺条件、优化操作方法、定期维护保养及强化设备管理及水平提升。通过系统性优化，可以有效使其向“中间寿命”收敛，提高其可靠性同时，减小“恶性损坏概率”，从而降低设备员工作压力。

(2) 高温油泵则应当侧重于提高其寿命中间值，即通过改变工况条件、采购更加优质、设计更为先进、材质更为耐用的机封才能达到目的，仅通过系统优化或管理公关并不能根本解决问题，徒增一线设备员压力。

(3) 轻烃泵情况介于二者之间，应当首先进行系统性管理优化，使其收敛后再考虑采购优化办法。

当然，对于过低寿命机封的专项管理(斩断10000小时以下概率)应当适用于所有机泵，是原则性标准；针对不同工况和类型机封，标准可以适当有所变化，尽可能的减小此标准左侧面积，从而从结果上提高平均寿命值。

4　正态分布的应用推广与总结

4.1　正态分布在轴承寿命中的应用

4.1.1　轴承寿命的正态分布

对全厂轴承寿命进行分类统计计算，可以得到下图(图9)。

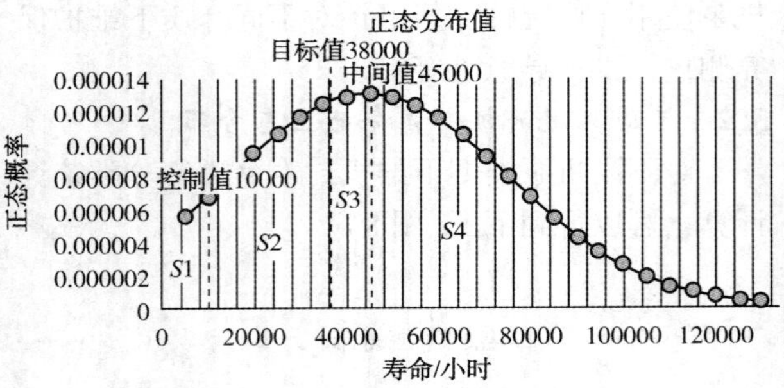

图9　全厂轴承寿命正态分布图

通过图9可知，全厂轴承寿命大体服从正态分布，其中间值约为45000小时，公司的制定的寿命标准是≥38000小时[达标率=1-Φ(38000)=58.76%]，对低于10000小时轴承进行专项管理[恶性损坏率=Φ(10000)=12.77%]。通过计算，轴承目标值概率在42%左右，低寿命管控概率应当在13%左右，使其达标率60%左右，实际失效概率面积为30%左右。

4.1.2　轴承寿命的分级管理

如图10所示，实际寿命曲线至少有三个峰值集中点，分别约是30000(C类)、60000(B类)、120000(A类)。

4.1.3　轴承寿命的针对性设备管理策略

由全厂/焦化/常压/催化轴承寿命正态分布图可知，寿命中间值分别约为45000、30500、45000、31500(图11)。常用重点突破寿命低于10000的机泵，进行特护、重点监测、定期保养维护等管理手段，来减小其恶性损坏的概率。焦化和催化则需要通过改善润滑、采购材料优化或工艺改善、加强工艺管理等本质手段提高寿命中间值，此外催化可以适当通过管理斩断10000小时或15000小时以下的损坏概率。

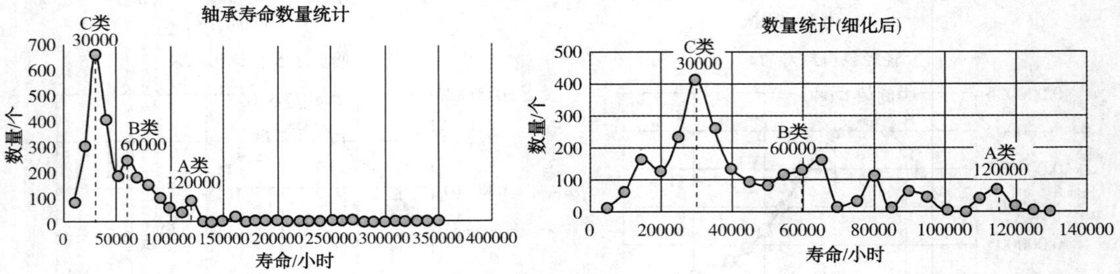

图10　全厂轴承寿命分段统计图

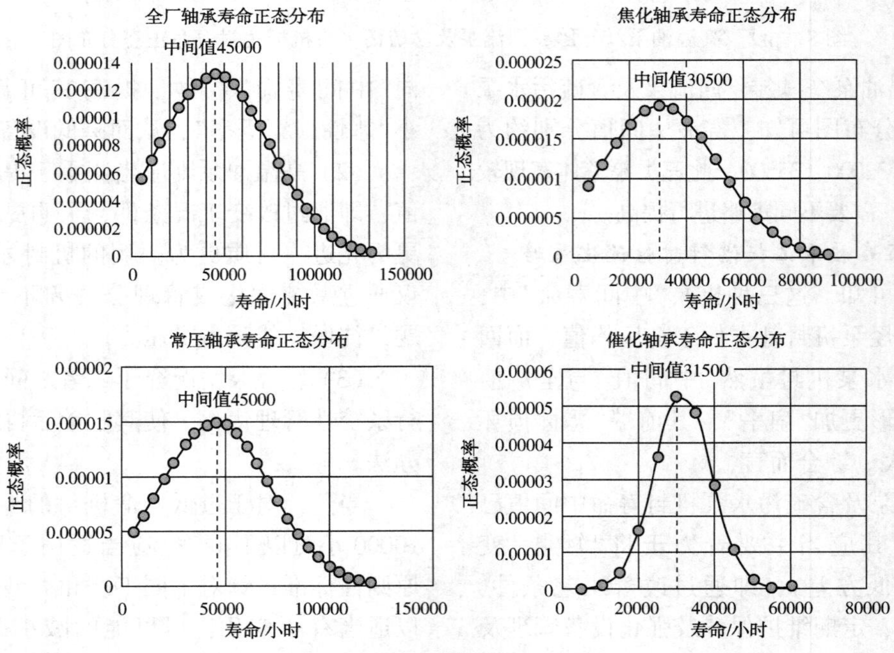

图11　全厂及焦化、常压、催化轴承寿命正态分布图

4.2 运用正态分布分析提高寿命的方法讨论

综上所诉，大致有三种有效提高设备可靠性方法。

4.2.1 局部法——人为干预控制恶性损坏，设定控制值以优化结果

设置控制值指标，斩断控制值以内寿命的概率：通过技术攻关和重点转动设备监测维护、特护等手段，将控制值以内的机封概率人为斩断，降低中间值左侧概率，可以从结果上提高寿命均值，但无法降低寿命不达标发生概率。

4.2.2 整体法——体系优化改善可靠性，方差管控以优化概率

降低系统方差，优化寿命正态分布形态：通过整体管理提升、维护保养强化等手段，降低寿命的统计方差，使正态分布形态由“矮胖”变为“高瘦”，使统计数据向中间值集中，虽无法改变中间值左侧 50%的固有概率，但可以明显降低恶性损坏的概率(即降低左侧低于 10000 小时部分面积)。若目标值在中间值左侧，则可以有效降低寿命不达标概率；若目标值在中间值右侧，则降低寿命不达标概率不明显，但可以有效降低设备恶性损坏的概率(图 12、图 13)。

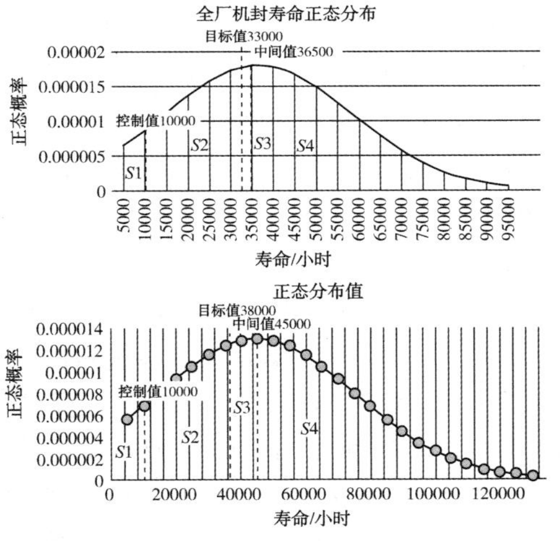

图 12　全厂机封和轴承寿命正态分布图

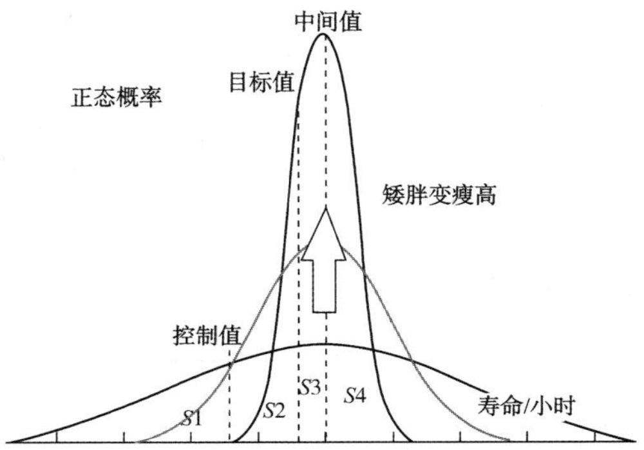

图 13　正态分布方差减小示意图

整体法是从制度上、流程上、管理上进行优化，需要对所有零部件都产生影响的系统办法。比如增加每个零件的保养频次、缩短保养时间间隔；或者增设专班特护、例行周期性检查等，均能系统性使零件寿命更接近其“设计寿命”——零件厂在制定其“设计寿命”标准时，也大抵是大数据统计分布后制定的。

设备采购中应充分考虑其寿命统计方差。厂家设计寿命相同，则采购方差更小的厂家配件；设计寿命较高但其寿命方差过大的低稳定性配件也应减少采购。

此法须从概率上思考问题、培养体系思维。此法在提高其可靠度同时，还能降低恶性损坏概率，降低一线工作者工作压力。因此，此法可以从整体上提高机封寿命。

4.2.3 本质法——源头优化提升本质可靠度，中间值管控以提升品质

提高寿命正态分布中间值：通过优化设计、采购更优寿命、优化装置整体工况和改变管理体系等本质性优化手段，可以提高寿命中间值。否则作为装置的“固有属性”之一，较难大幅改变，但可作为寿命分级管理的重要指标之一。提高正态分布中间值，可以本质上提高机封寿命，降低寿命不达标概率(图 14)。

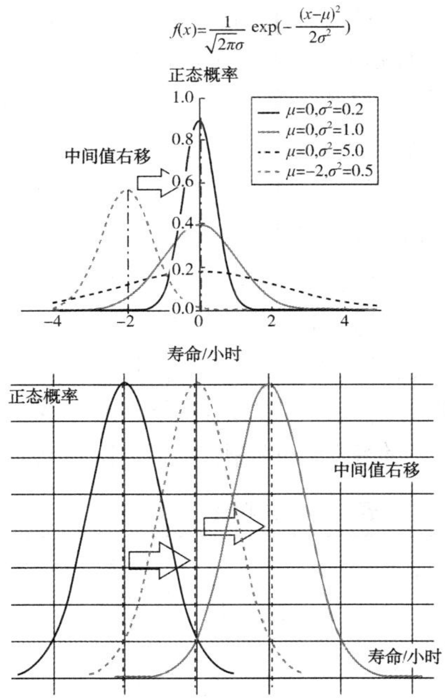

图 14　正态分布方差减小示意图

参 考 文 献

[1] 任立明. 可靠性工程师必备手册[M]. 北京：中国标准出版社，2009.

聚丙烯装置挤压造粒机螺杆芯轴断裂失效分析与改进措施

丁一刚

[中韩(武汉)石油化工有限公司]

摘　要　双螺杆挤压机是一种啮合型挤出机械，是聚丙烯装置的核心设备。某企业造粒机螺杆芯轴发生断裂，文章以分析起裂原因为主线，展开对断口形貌、理化分析、力学性能分析、受力分析和工艺运行等方面的综合判断，得出单源扭转疲劳导致最终断裂的结论。起裂源成因是芯轴表面发生了微动磨损最终发展成为裂纹，产生应力集中。通过对六方芯轴与渐开线花键轴的受力分析对比，提出优化螺杆芯轴结构的建议。

关键词　挤压造粒机　螺杆芯轴　微动磨损　起裂源　疲劳断裂

1　前言

某石油化工企业的聚丙烯装置于1997年投产，其造粒机为日本制钢所(JSW)制造的CMP230X-12AW型(表1)。2019年1月23日，因熔融齿轮泵前间隙背压高导致联锁停机，对熔融泵前过滤网和调速系统等排查，均未发现异常。开盘车电机试运，混炼机传出周期性沉闷撞击声，立即停机。抽出螺杆卸下螺片进行全面检查，发现右螺杆芯轴有两处断裂(从驱动方向看，下同)，混炼段螺片发生严重咬合损伤。为尽快恢复生产，对断裂的芯轴进行临时修复，对损伤螺片进行熔覆修型，机组维持低负荷运行。因进口芯轴制造周期长，选用国产替代，于7月30日造粒机恢复正常运行。本次故障对生产平稳性和经济效益都造成了非常大的影响，文章以分析断裂成因为主线，主要从芯轴理化分析、受力分析和工艺运行等方面综合判断断裂原因，从螺杆结构优化等方面提出长周期运行措施。

表1　造粒机主要设计参数

主电机功率/kW	2800	转速(低/高)/(r/min)	170/242
额定处理量/(t/h)	13	熔融指数/(g/10min)	0.2~40
螺杆(从驱动端看)	同向左旋双螺杆	筒体工作温度/℃	250

2　螺杆结构简介

2.1　螺杆是混炼机做功部件，起到物料传送、混炼塑化和建压挤出作用。螺杆由芯轴及螺旋元件组成(下文称螺片)，根据工艺挤压过程将螺片按功能划分为有输送作用的等距螺旋型、混炼塑化作用的椭圆型和排气作用的锯齿型。每根芯轴配有17个螺片，螺片按一定顺序串在芯轴上，末端用液压拉伸螺杆锁紧，使芯轴与螺片具有足够刚性，两螺杆组合成形成带有固定相位的挤压组件。

2.2　螺杆结构示意见图1，螺杆按物料流向依次为进料段、混炼段和出料段，混炼段中细分有混炼、输送、排气单元。其中进料段和混炼段螺片外形相啮合，螺片之间留有一定间隙(约2mm)，防止产生磨损与干涉。为了使混炼塑化后的熔融聚丙烯建立排压并稳定流出，两根螺杆螺片在出料断段间隙较大。螺杆悬臂安装，主减速箱输出轴通过内花键联轴器与螺杆根部的外花键相连，螺杆无轴承等其他支撑装置，工作时需衬有物料进行自润滑来防止与混炼机机筒发生磨损。可见，螺杆在工作中单端固定，通过不同形状螺片实现对物料的挤压混炼目的。

3　综合分析

3.1　断口分析，右芯轴上发现两个断口，均

第一作者简介：丁一刚，本科学历，高级工程师，2009年参加工作，先后从事催化裂化装置设备管理和设备工程部动设备管理。

位于混炼段，两段口相距约150mm。为方便阐述，按从左至右的顺序将断口编为1号和2号。

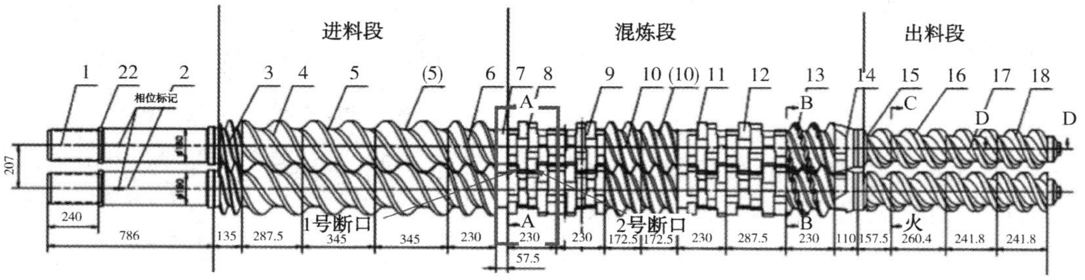

图1 螺杆结构示意图

3.1.1 宏观分析，如图2、图3所示，1号断口呈不同平滑疲劳断裂面，可见呈贝壳状的疲劳纹，有较深的多处弧形疲劳休止线，裂纹扩展呈缓慢且不连续。起裂点A位于芯轴表面，B区为疲劳扩展区，从疲劳休止线的宽度上看，断裂前持续了较长时间，表面被磨平呈现出光滑形貌，可见扩展并不连续。C区为疲劳快速扩展区，D区为凹凸不平且较粗的失稳断裂面。可根据断口上疲劳断裂面积大小判断芯轴断裂顺序，1号断口疲劳断裂面占比约89%，如图4、图5所示，2号断口疲劳断裂面约38%，推断1号断口先断开。

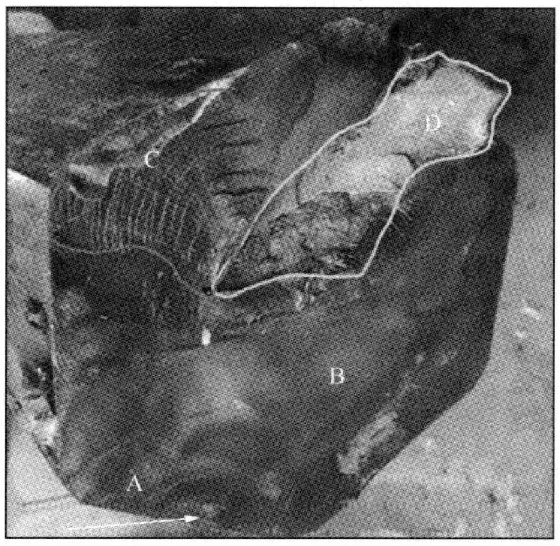

图2 1号断口输入端形貌

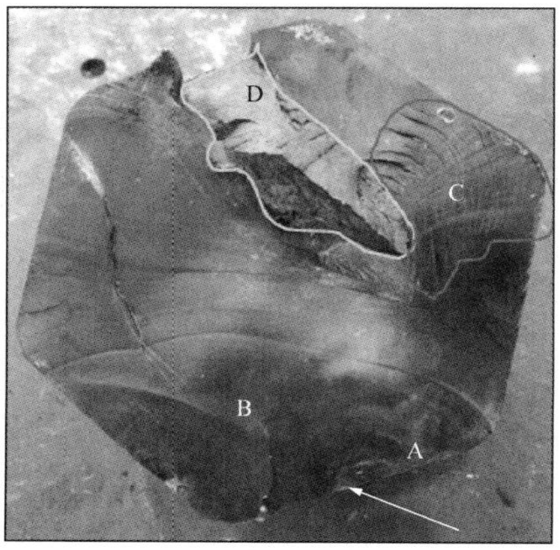

图3 1号断口输出端形貌

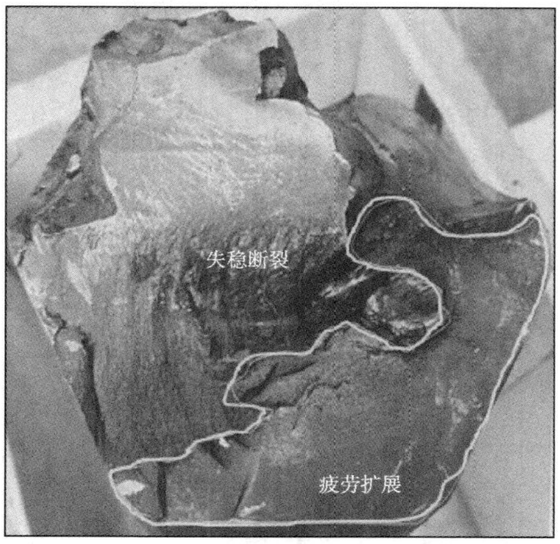

图4 2号断口输入端形貌

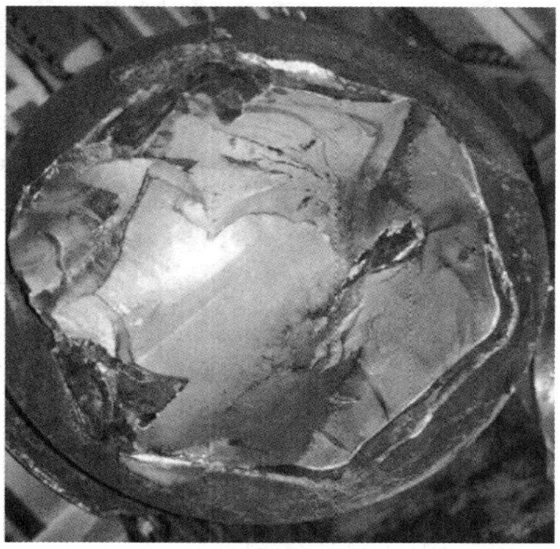

图5 2号断口输出端形貌

由于1号断口处芯轴发生断裂，但断裂位置恰好位于7号螺片中间位置，断成两截的芯轴在螺片限制下未完全脱开，仍然在运转，但右芯轴因断裂必然发生失去约束被“拉长”，与左螺杆产生轴向位移，导致两螺杆螺片之间发生“咬合”与撞击，螺杆受到强大的堵转冲击，导致2号断口处在疲劳断裂面占芯轴截面约38%时就发生失稳断裂，这一点从机筒相应部位受到挤压痕迹也可验证。因此1号断口先于2号断口断裂的判断是合理的。

3.1.2　微观分析，对1号断口的起裂部位及疲劳扩展区进行微观观察，裂纹从轴表面起裂并沿径向向内部扩展，扩展区有被碾压呈椭圆瘢痕、也有相互平行呈条纹状瘢痕。起裂部位的外表面可见宏观裂纹，周围有明显麻坑，坑内呈现凹凸不平状且在坑内有环向微观裂纹（图6、图7）。起裂点表面麻坑宏观形貌见图8、图9，微观形貌见图10、图11。

图6　1号断口芯轴裂纹形貌

图7　2号断口芯轴裂纹形貌

图8　1号断口起裂点裂纹形貌

图9　1号断口芯轴最后断开点形

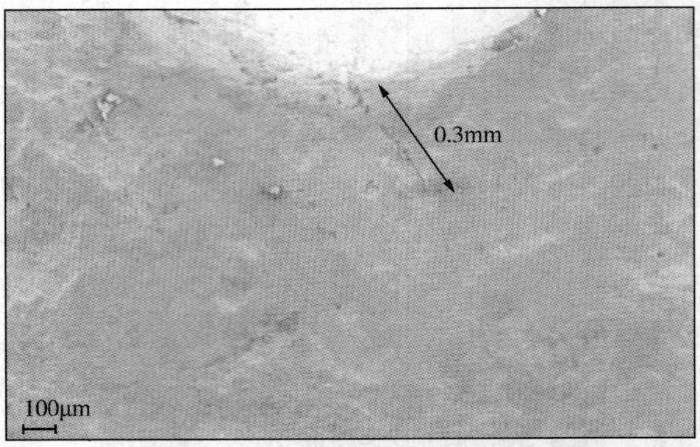

图10　1号断口起裂点微观裂纹形貌

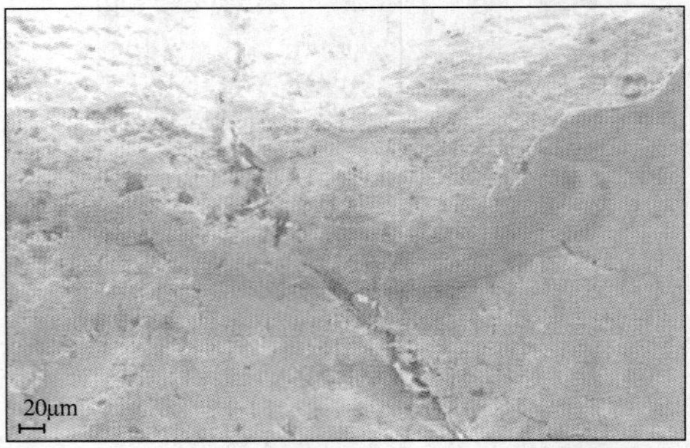

图11　1号断口起裂点方大形貌

3.1.3　通过对断口宏观与微观形貌观察，判断起裂点位于芯轴表面，断口从起裂到断开是由芯轴表面向内部逐步延伸，直至芯轴剩余连接部分强度无法承受工作扭矩而失稳断裂。芯轴表面麻坑萌生了裂纹，裂纹产生应力集中在交变载荷下逐渐形成起裂源。芯轴表面麻坑的形成需结合下文的受力分析等进行综合判断。

3.2　断件理化分析

3.2.1　化学成分分析，日本制造厂未提供材质化学组分，分析结果表明，芯轴边缘与心部各元素含量变化不大，其化学成分基本满足GB3077 中对 40CrMnMo 钢的要求，与 JISG4105 中对 SCM440 钢的化学成分基本相近(表 2)。

表 2　化学成分表

取样部位	C	Si	Mn	P	S	Cr	Mo	Cu	Ni
断件边缘	0.431	0.232	1.20	0.018	0.025	1.25	0.357	0.02	0.059
断件中心	0.402	0.232	1.20	0.017	0.019	1.23	0.344	0.03	0.068
JISG4105 /SCM440	0.38~0.43	0.15~0.35	0.60~0.85	≤0.030	≤0.030	0.90~1.20	0.15~0.30	—	—
GBT3077/40CrMnMo	0.37~0.45	0.17~0.37	0.90~1.20	≤0.030	≤0.030	0.90~1.20	0.20~0.30	≤0.30	≤0.30

3.2.2　力学性能试验，从冲击试验和硬度测试结果看，心部的冲击功低于轴的 1/4 处，距外表面边缘约 5mm 区域内硬度相对较高，距外表面边缘约 15mm 至心部区域内的硬度相对较低，体现出芯轴等轴类应具有的“外硬里韧”特性，符合实际需求。

3.2.3　非金属夹杂物评定，沿螺杆芯轴轴向和环向截取分析面，分析轴的近外表面、1/4 处、1/2 处和心部。钢中非金属夹杂物主要为具有延展性的硫化物类，由边缘至心部夹杂物级别为 A2e，D0.5(GB/T 10561-2005)，评定合格(图 12)。

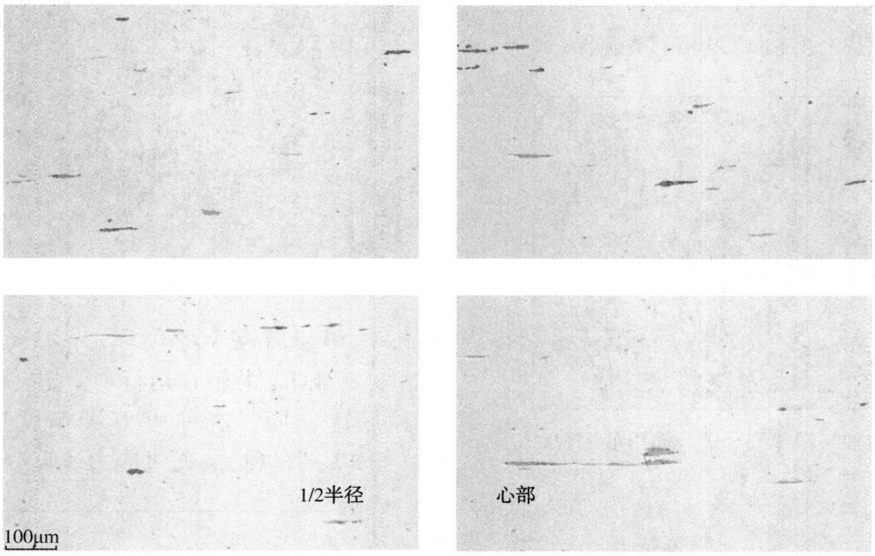

图 12　非金属夹杂物评定图片

3.2.4　金相组织，沿螺杆芯轴的轴向截取金相试样，结果表明轴的近外表面、1/4 处、1/2处和心部，钢的金相组织均为回火索氏体，符合调质处理金相形貌特征，金相组织合格。

3.3　芯轴与螺片受力分析

3.3.1　芯轴为外六方，螺片内孔为内六方。如图 13 所示，螺片内孔每个面有两条微凸面与芯轴接触，图 13、图 14 所示为芯轴与螺片之间的接触面压痕，与受力部位和方向吻合(图 15)。在实际运行中，两条接触面之外的芯轴与螺片之间缝隙被熔融聚丙烯填充，图 16 为刚拆下来时内孔外观，芯轴与螺片的配合应精确无松动，运转时芯轴接触面应受力均匀，防止出现局部压溃，减少微动磨损。但从实际情况看，长时间运转难免出现部件之间的微动磨损，包括螺片与螺片之间的端面，在高频的扭转与弯曲应力下发生磨损，图 13 的麻坑为典型的微动磨损形貌。两条接触面中对应芯轴旋转时施力给螺片的接触面的微动磨损更明显，符合受力分析。

3.3.2　从整体看，在运行中螺杆同时承受扭转应力和弯曲应力的综合作用，应力的方向随运转发生周期性变化，大小随加工负荷变化。从局部看，螺杆不同部位的受力和扭矩的强度不同，进料段的物料为粉料逐步升温至熔融态，螺片为等径螺旋型，其施加给螺杆每个横截面的扭矩连续且均匀。混炼段的物料呈熔融态，螺片为椭圆形，主要功能是对物料进行强力的“剪切、搅拌”，使之充分混炼塑化。因此，螺杆受到物料的反作用力更大，作用方向变化更加复杂。可见，混炼段是整个螺杆工作强度最大的区域，更容易形成螺片与芯轴之间的微动磨损，造成表面麻坑缺陷形成起裂源，与芯轴表面混炼区域麻坑更明显相吻合，与断裂发生于混炼区域基本吻合。

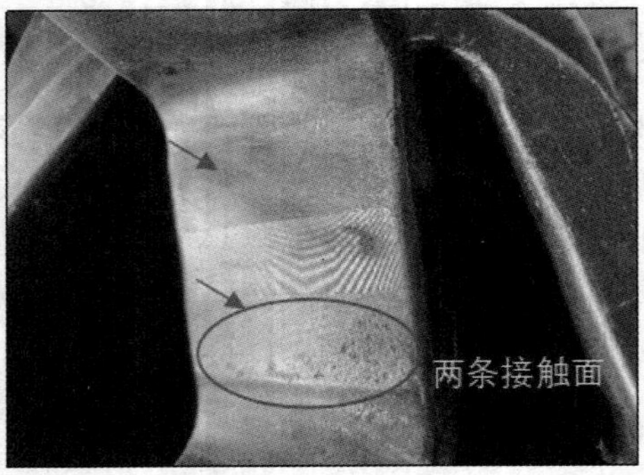

图13　螺片内孔不同工作面的磨损形貌

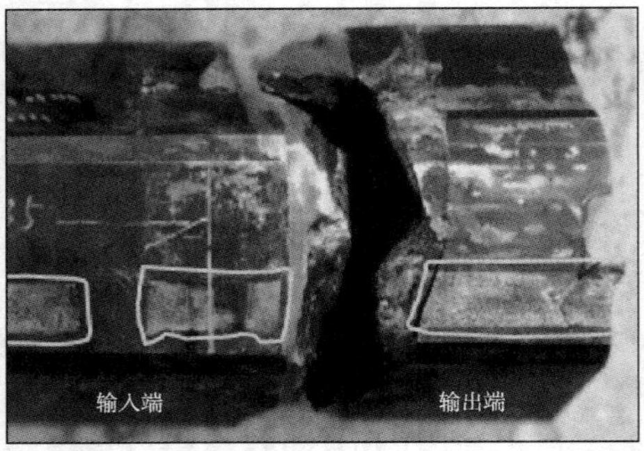

图14　芯轴与螺片配合工作面压痕形貌

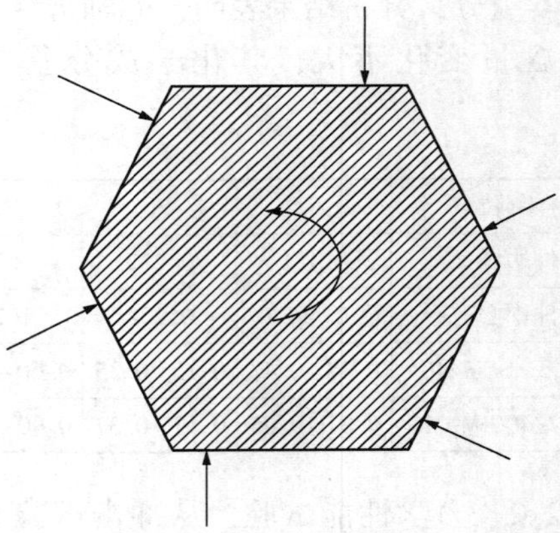

图15　芯轴与螺片接触面受力示意

图16　螺片内孔实际接触形貌

3.4　疲劳寿命分析

3.4.1　芯轴在运行中受扭转载荷应力作用，每旋转一周，这种应力影响就进行一次循环(图17、图18)。通过应力计算分析有：

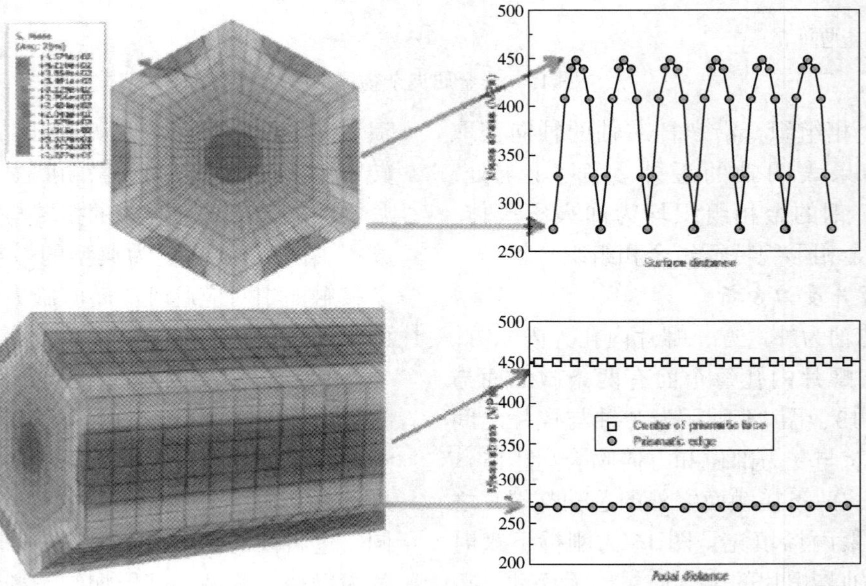

图17　电机输出功率最大时扭转载荷应力分析

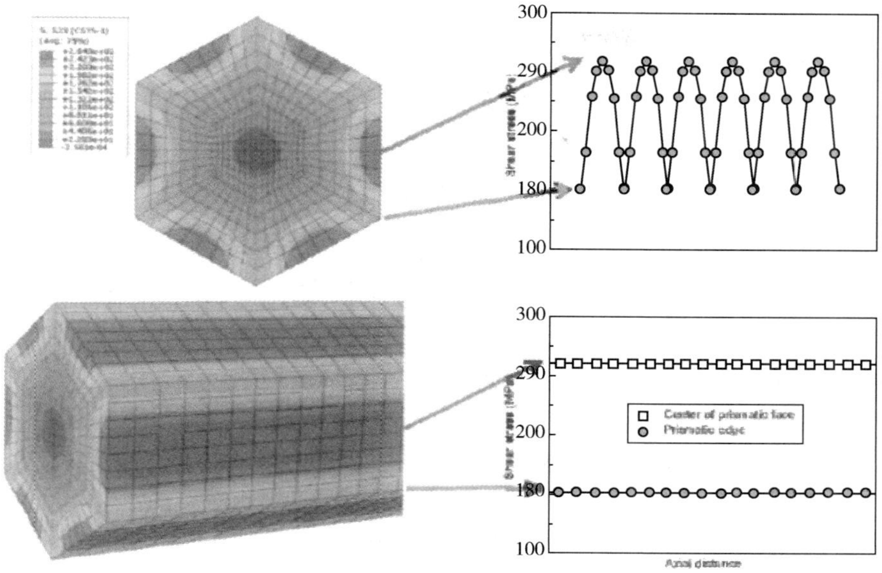

图 18　正常负荷时扭转载荷应力分析

(1) 总运行循环周次=转速(242r/min)×时长(21 年×8000h/年×60min)≈2.4×10^{9}周次。

(2) 扭转载荷作用下的应力分析

外力偶矩计算公式为：$M(\mathrm{N\cdot m})=9549\times\dfrac{p(\mathrm{kw})}{n(\mathrm{r/min})}$

功率：1320kW(正常运行)、2800kW(电机最大出力)，转速：242r/min

扭矩=9549×1320/242=52085.45N·m

扭矩=9549×2800/242=110484.29N·m

正常负荷时 Mises 应力：215.9MPa，剪切应力：124.6MPa

电机最大出力 Mises 应力：457.9MPa，剪切应力：264.3MPa

3.4.2　芯轴在运行中受弯曲载荷应力作用，因运转中物料对螺杆的弯曲应力测量比较困难，对弯曲应力定性分析如图 19、图 20 所示。

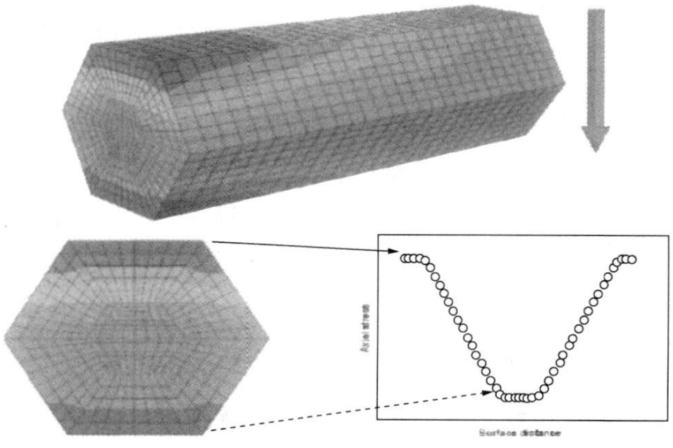

图 19　从芯轴平面施力弯曲载荷应力示意图

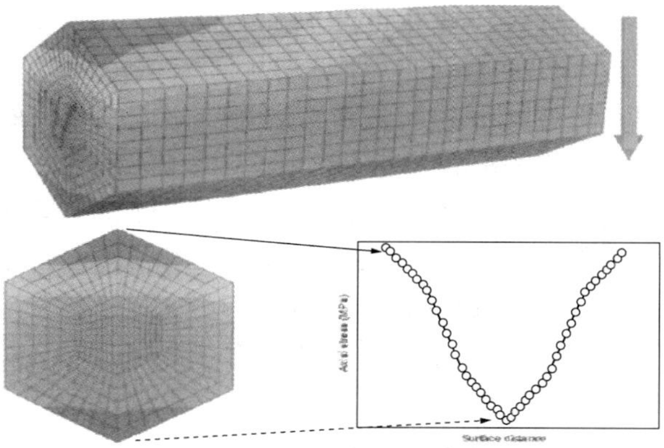

图 20　从芯轴棱线施力弯曲载荷应力示意

可见，芯轴在运行中承受交变扭转剪切和弯曲应力的综合作用，高应力部位位于芯轴表面平行边靠近中部，与失效断口疲劳裂纹源部位基本吻合。

通过对试样的疲劳试验可见，按 40CrMnMo 钢的 P-S-N 曲线(P-S-N 曲线指是考虑到疲劳寿命的分散性而绘制的对应于不同存活率 P 的 SN 曲线)，当应力为 264.3MPa 时，光滑样品的设计疲劳寿命$\geqslant10^{7}$次循环，正常负荷下的应力为 124.6MPa，按设计惯例的 20 倍安全系数计算，实际疲劳寿命应$\geqslant10^{8}$次循环。该机组于 1997 年投产，按年运行 8000 小时计算，发生约为2.4×10^{9}次循环，因此总体上属于正常寿命范围内疲劳破坏(图 21)。

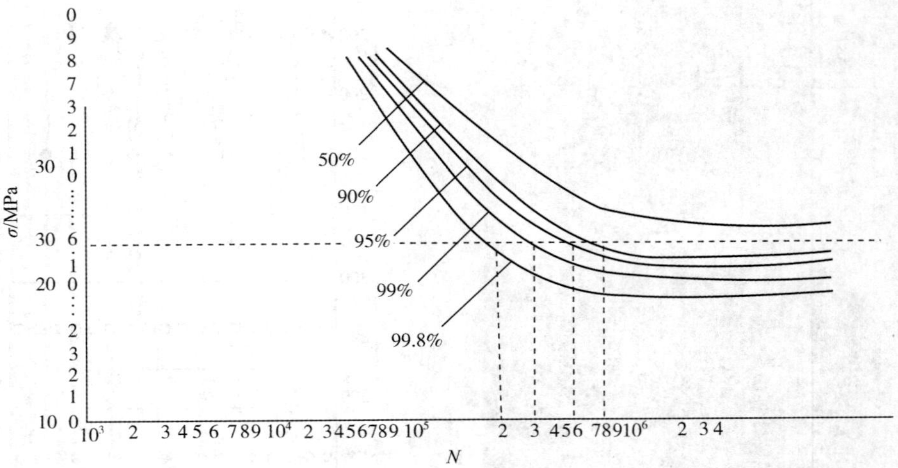

图 21　40CrMnMo 光滑试样 P-S-N 曲线

3.5　工艺运行分析

机组于 1997 年投运，装置处理量为 70kt/a，造粒机负荷基本维持在为 9t/h 左右。2004 年装置扩能为 100kt/a，造粒系统做过相应改造，模板孔数由 616 个增至 696 个，切粒刀由 12 把增至 14 把，但混炼机未做改造，造粒机加工量开始长期运行在 13t/h 的高负荷，机组已靠近设计上限运行。造粒机通常可靠的运行负荷率应在 70%以下为宜，从定性分析上看，长期高负荷会使螺杆寿命变短。

从加工物料性质看，该机组每季度要加工 1500~2000t 的低熔融指料，熔融指数在 0.5~1.0g/10min，约占年加工量的 7.5%，其余加工物料的熔融指数为 3.5±0.2g/10min。机组设计熔融指数为 0.2~40g/10min，表明该机组长期加工物料的熔融指数处于设计极限。熔融指数是表征热塑性树脂和塑料在熔融状态时流动性的参数，指数越低表明流动性越差,，加工难度越大，对螺杆的冲击越大。

从工艺运行看，机组在 2004 年扩能后长期处于高负荷运行，同时加工物料的熔融指数靠近设计值极限，这两个因素从定性上都会缩短螺杆使用寿命。

4　分析结论

4.1　两个断口呈现出明显的疲劳断裂特征，属疲劳断裂。从断裂顺序看，1 号断口先发生断裂，2 号断口断开前已有疲劳扩展趋势，因螺杆 1 号断口的断裂冲击发生快速失稳断裂。通过对芯轴断件理化分析，在材质和制造工艺上未发现异常。从断件微观形貌观察来看，两个断口的起裂源都是由芯轴表面麻坑缺陷引发，麻坑形成贯通的微裂纹产生应力集中，这是形成起裂的直接原因。螺杆的混炼段是剪切与混炼塑化最剧烈的区域，同时六方轴的结构特性导致芯轴接触面易发生微动磨损，使芯轴表面形成麻点或虫纹形伤疤，这些麻点或伤疤是应力集中的根源，裂纹萌生后在扭转和弯曲交变载荷下引发开裂，裂纹由芯轴表面沿径向逐渐向心部疲劳扩展直至最后失稳断开。在正常寿命范围内的高周扭转疲劳断裂是芯轴受动载失效的根本原因。

4.2　装置扩能后造粒机长期处于高负荷运行，远未达到机组运行应有的 30%负荷余量，同时每年占加工量 7.5%比设计熔融指数更低的物料，两者从定性上看对螺杆运行寿命有所影响。从螺杆螺片装配角度推断，螺杆尾部背冒若产生锁紧力松弛也会造成螺片松动，引发螺片与芯轴超常磨损。但从两根螺杆表面形貌比较来看，未发生明显裂纹缺陷的左螺杆芯轴表面在混炼段工作面同样也有少许麻坑，与右螺杆情况类似，同时右螺杆并未发现其他螺片之间的端面有异常磨损，对机筒内孔进行激光镗孔检测，包括内表面并未发现有明显偏磨，因此推断锁紧背冒出现异常的可能性较小。

5　造粒机芯轴长周期运行措施

芯轴与螺片、螺片与螺片之间的正常磨损是

缓慢过程，断裂经历了一定时间孕育和发展。应加强对螺杆芯轴和螺片的定期检查，建议每个装置大修周期(一般4~5年)应将螺片拆下，对螺片表面着色，对芯轴进行超声波无损检测，尤其关注是否存在可导致芯轴表面应力集中的缺陷。芯轴与螺片原则上应精确配合无松动，芯轴运转时接触面应受力均匀。

从芯轴结构上看，该断裂的芯轴为外六方，工作面为局部带状接触，不仅扭矩传递不均匀，而且螺片的中心定位功能较差，易发生螺片的偏心。容易引发微动磨损形成表面缺陷，造成应力集中点，有形成起裂源的风险。经了解当前大多芯轴已采用渐开线花键轴的结构，相比于六方轴，渐开线花键轴向螺片传递扭矩更均匀，键轴齿数较多，总接触面积更大，可承受更大的载荷，耐磨性好。花键齿高较低，齿根应力集中较小，且同样的螺片外形尺寸时，花键芯轴的强度较六方轴更大(图22)。

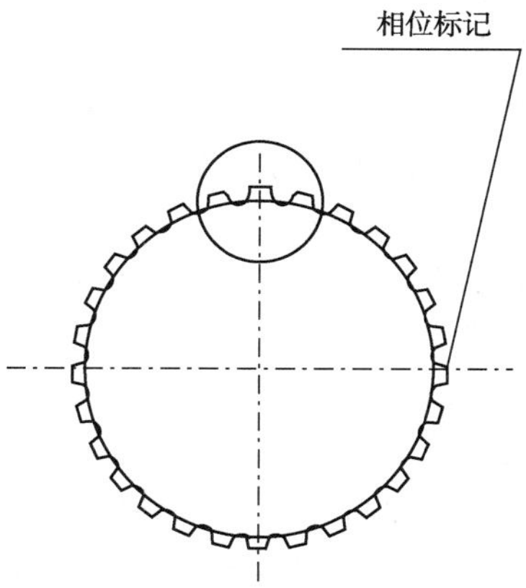

图22　渐开线花键轴受力示意

6　结语

螺杆为混炼机的主要做功部件，在运转过程中受交变扭转应力和弯曲应力的综合作用，六方芯轴与螺片的配合型式更易导致芯轴表面产生微动磨损，分散的微观裂纹经过集结沟通将形成宏观裂纹，引发应力集中起裂，疲劳失效是构件在名义应力低于屈服极限下突然发生断裂，对机组安全产生威胁，因此要重视疲劳寿命。

应定期对螺杆进行检查，检查螺片与芯轴的磨损程度，防止微动磨损。检查芯轴表面是否有引起应力集中的缺陷，及时进行处理，避免形成起裂源。渐开线花键轴在扭矩传递均匀性、接触面积大等方面均优于六方轴，可提高螺杆运行可靠性。

参　考　文　献

[1] 刘鸿文.《材料力学》. 北京：高等教育出版社.

[2] 合肥通用研究所.《挤压造粒机螺杆芯轴断件分析》.

[3] 那治国.《聚丙烯挤压造粒机螺杆断裂分析》.

[4] 日本制钢所 JSW.《CMP230X-12AW 型》说明书.

[5] 濮良贵.《机械设计》. 北京：高等教育出版社.

基于实时数采系统的大机组新型监控模式创新与实践

丁一刚

[中韩(武汉)石油化工有限公司]

摘　要　越来越多的炼化企业建设了生产实时数据采集系统，一般会集成数据采集、通信、存储与分析计算等功能，已较成熟地应用于工艺运行监控。本文从运用实时数采系统对大型转动设备进行状态监控入手，提出以大数据为平台，通过专家知识与数据分析相结合，固化成可智能判断或预测设备健康趋势的监控方法。同时积极开展管设备管运行环境的工作，以运行环境监控为抓手，提升运行可靠性和经济性。

关键词　实时采集　大数据　大机组监控　智能判断

某厂的生产实时数据系统集成了数据采集、存储、分析计算等功能，并与DCS同步，可实时调用化验系统(LIMS)的结果参与分析计算。该系统的“虚拟计算”功能优势突出，通过对采集数据的编辑，可实现如设备实时功率、无故障运行间隔时间、热机热力学参数等自动计算与监控的功能。同时，该系统面向用户开放，可进行灵活监控，开发丰富的监控形式。对大型转动设备而言，这种新型监控手段，与现有操作与监控系统可形成良好互补，也为设备预防性维修策略中设备“健康度”的评估提供了探索的条件，兼顾可靠性与经济性。

1　实时数采系统的实用性介绍

1.1　与机组现有监控系统的功能互补

大型机组的综合控制与监测系统已非常成熟，国产有沈鼓自控、浙大中控，进口有TRICON、CCC，在线状态监测有SG8000、BH等。这些系统专长于对轴系状态、防喘振控制及安全停车等进行监控与控制。但受到安全限制等原因，个人用户无法利用所采集的数据进行二次开发，逐渐无法满足对设备可靠监测的多样化需求，同时这些系统暂时没能实现便携的移动客户端查阅方式，无法满足重度监测用户的需求。

从监测形式的开放性和使用便携性看，某厂数采系做了功能补充。它具有全厂工艺设备数据采集与存储的大数据库优势，能实现用户个性需求开发、个性统计报表、数据计算、设备运行参数逻辑判断等复杂功能，一定程度上适应了对设备运行监控灵活性的需求。

1.2　预防性维修、管设备管运行对监控提出更高要求

据了解，在上世纪末欧美发达国家在武器领域已开展成熟的故障预测与健康管理体系PHM(Prognostics Health Management)。它强调设备管理中的状态感知，监控设备健康状况、故障频发区域与周期，通过数据监控与分析来预测故障的发生，从而大幅度提高运维效率。这些维修模式的实施是建立在完善数据监控的基础上，对大数据获取与应用提出更高要求。当前，某厂已实施预防性维修策略，通过更多样可靠的监控有利于策略的完善和推进。与此同时，设备运行环境对设备长周期运行至关重要，当前对设备机械状态已有完善监控系统，而由工艺量所衍生出来的监控正是一个突破口，宜尝试作为一种技术工具来应用。

2　管设备管运行环境之应用于大型设备的示例

2.1　设备报警管理

设备管理人员及时了解重要设备的运行状态是“管设备要管设备运行”要求的重要环节。在数采系统中，可将要关注设备信息用短信推送，实现定标准、及时地发送给某些人员，也可以自动汇总成报警报表提供分析数据。报警类别可根

第一作者简介：丁一刚，高级工程师，2009年参加工作，先后从事催化裂化装置设备管理和设备工程部动设备管理。

据需求进行多参数组合，智能判断被监控设备或系统是否存在异常波动，较单值状态报警更加准确和智能。例如，监控汽轮机运行工况时，可通过监控其入口蒸汽温度状态值、压力变化趋势和过热度，用组合的方式形成综合报警，进行短信推送，及时提醒相关人员进行处置。

2.2 设备运行能效监控

实时监控大型机组能效，不仅可以做相关数据统计，还能及时发现设备运行的异常。数采系统支持以 C 语言为基础的“虚拟标签”编辑，将采集到的每个实时数据作为公式中的参数进行便捷的可视化编辑，来实现实时计算。

以图 1 所示的某富气离心压缩机实时消耗功率计算编辑为例：功率计算用到 5 个自变量，自变量包括实时采集 DCS 数据和化验中心分析结果的计算，分别为进出口温度、压力和混合气体绝热指数。数据处理的大致过程为，在编辑计算脚本时，将标况量进行必要的转换，见图 1 中的 A、B、C、D 数据处理过程。压缩气体的绝热指数 K，实施条件上可根据每次 LIMS 富气采样数据进行实时计算，参与到实施计算，但混合气绝热指数受组分占比影响非常大，化验数据非关键量如果精度不够，会导致结果偏差非常大，一般定期进行一次计算 K 值即可满足监控功率要求。将这些变量套用绝热压缩公式，便可实时计算压缩机消耗功率。

项目脚本　公共脚本库　系统变量脚本

```
function LocTmpFx()
{
  var A=Rt("21-TI228.PV")+273.15//
  var B=Rt("21-TI701A.PV")+273.15//
  var C=Rt("21-PIC717A.PV")+0.1013//
  var D=Rt("21-PI702A.PV")+0.1013//
  var e=D/C
  var F=B/A
  var X=Math.log(F)
  var Y=Math.log(e)
  var G=X/Y
  var m1=1/(1-G)
  var k=1.15
  var np1=m1/(m1-1)*(k-1)/k
  var V1=Rt("21-FIC701A.PV")//
  var Vi1=(V1/60)*0.1013*A/(C*273.15)//
  var Ne=1.634*C*10*Vi1*(Math.pow(e,(m1-1)/m1)-1)*(m1/(m1-1))/np1;
  var N=Ne/(0.99*0.985)
return N
}
LocTmpFx();
```

图 1　某离心压缩机轴功率计算示例

需要注意的是，受仪表采集精度和质量的影响，存在计算结果“悖论”的情况，需通过设计参数或其他相关参数综合推断，必要时请仪表专业协助校准等处理，不断修正这个偏离较大的自变量，使整个结果合理。这种监测更大的意义在于通过长趋势去发现设备运行问题，例如，通过汽轮机输出功率和机组效率可较早发现汽轮机内效率的变化，进而主动查找问题或者进行事故分析，是否存在汽轮机积垢等。这种计算公式脚本设置正常以后，便可作为公共脚本应用在其他离心机组计算中，只需根据不同设备替换所属自变量即可。

2.3 数据库函数调用

数采系统内置了一些热力学数据库，例如水和蒸汽性质对照数据库。我们可以应用方便的函数调用功能，实现关键可用的“衍生”实时数据。图 2 为某汽轮机入口蒸汽过热度实时计算方法：调用当前压力下对应的蒸汽最低过热温度，用实时数采的当前温度减去调用值，即为当前温度的过热度。汽轮机一般要求蒸汽入口过热度至少为 50℃，根据此数据可实时展示入口蒸汽状态，指导运行管理。对于热力学数据库，更多适用于热机设备运行监控。还有，对时间函数调用，在自动计算设备累计运行时间时显现出智能与高校，可自动累计计算无故障间隔周期等(图 2，烟机运行时间自动统计)。

项目脚本　公共脚本库　系统变量脚本

```
function LocTmpFx()
{
  var dt=TD_T_SatWaterVapor(Rt("21-PI504A.PV")+0.101325);
  var a=Rt("21-TI502A.PV")-dt
  return a
}
LocTmpFx();
```

图 2　蒸汽过热度实时计算示例

2.4 监控运行参数

设备运行参数应严格遵守设计要求，是管理设备运行重要原则，任何偏离设计的运行都要进行风险评估，要严格管控。特别是大型离心机组，其转子叶片故障常与运行参数超标有直接关系。例如汽轮机入口蒸汽温度、烟机入口温度等严禁超标，如果在发生时间上是离散的，而这种积累超温时长常作为衡量叶片寿命的重要指标，在现有的 DCS 或者 CCS 上进行自动统计显得并不便，不便于开展量化累计影响的管理。

以某蒸汽透平蒸汽过热度监控为例(图 3)，该机组间歇运行，通过后台“虚拟标签”对实时采集的数据进行编辑：先判断机组转速，若小于 100rpm 则未运行，不记录超标数据。当转速大于 100rpm 且入口蒸汽过热度小于 50℃时，开始以小时累计。可结合 2.1 中所述的报警推送进行管理，将不易发现和统计的重要工艺参数超标情况进行自动计算和存储，便捷服务于运行监控和管理。同样，对烟机入口温度、汽轮机蒸汽入口温度都可以进行超标监控，还可延伸到重要设备运行超标的自动监控。

```
项目脚本　公共脚本库　系统变量脚本
function LocTmpFx()
{
var A=Rt("03-VR0017.PV"); //3循透平入口蒸汽过热度
var B=Rt("03-VS0045.PV"); //机组转速
var C
if(B<100)
{
C=0
}
else if(B>100&&A<50)
{
C=1
}
else
{
C=0
}
return C
}
LocTmpFx();
```

图3　3#循环水蒸汽透平入口温度过热度监控

图4为烟机运行监控画面，作为公共画面，可实时展示烟机运行的效能参数、运行时长和超标累计。其中，对烟机受热部件动叶片等实现自动根据烟机开停进行累计分析，可更加方便直观提升技术人员对关键部件的管控能力。

图5为超标累计时间监控，自动累计烟气温度超过680℃和800℃的时间(根据重要程度分成两档)，可方便查找超温时间段，进行提醒或考核以加强对操作管理的管控，杜绝发生超温事故。该监控方式通过一段时间运行，已量化出某厂3台低压蒸汽透平蒸汽参数超标数据，与2020年大检修解体发现的情况相对应，印证了这种离散超标积累影响，下一步将积极与蒸汽系统与操作管理进行协调，以改善机组运行条件。

图4　两台烟机状态监控

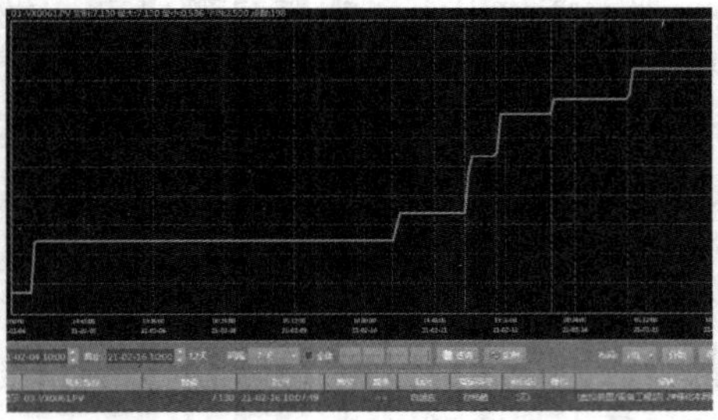

图5　烟机入口超温累计时间监控

图6为某厂循环氢压缩机组的氢气介质监控画面，数据来源于化验分析系统，通过对气体组分的监控与分析，可以从重组分占比和腐蚀性介质占比的变化来监控对干气密封等运行的影响，提升对介质监控的掌控能力。

图6　循环氢压缩机介质组分监测

2.5　建立重要设备的监控与管理实时数据台账

将一类设备进行集群监控，便于进行运行状况对比监控和突发系统问题时统一应急指挥。例如，大型转动设备超温累计指标和加热炉氧含量指标等可作为考核指标来促进操作水平提升。

以蒸汽透平综合实时监控台账为例(图7)，当蒸汽管网因青山电厂等产生突发大幅度波动时，预见对全厂透平机组将产生冲击，通过监控台账可及时掌握汽轮机运行、干气密封系统问题严重程度，对集中调度管理有积极作用。以大型离心机组监控台账为例(图8)，对大机组的效率、负荷率、防喘振阀开度、运行转速集中监控。通过运行效率等长趋势有助于判断机组运行过程中可能存在的问题，其中2#催化装置通过监控机组效率变化趋势很好的辅助判断汽轮机通流部位蒸汽结垢的故障。

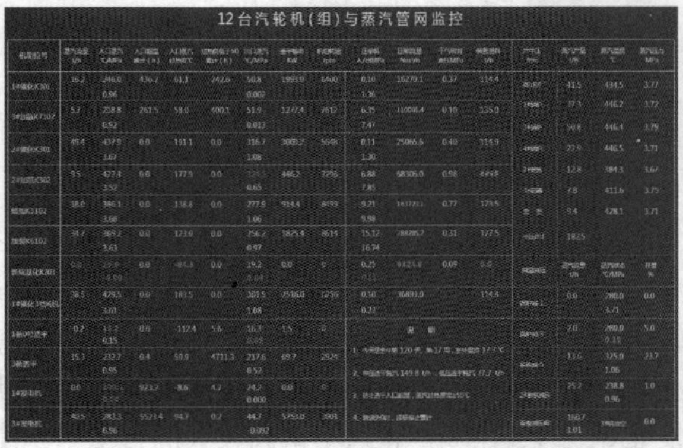

图7　汽轮机监控台账示例

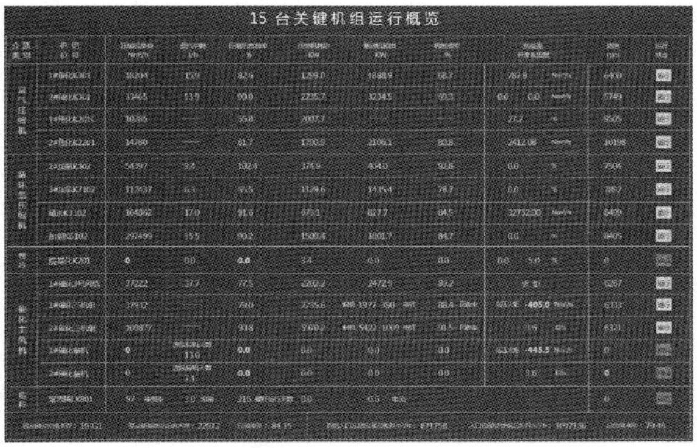

图 8　大型离心机组监控台账示例

3　积极探索专家监控模块建设

3.1　数据采集系统的历史数据库和实时采集功能是进行大数据分析的宝贵资源，既能调用历史数据进行长趋势分析(长达几年的数据)，又能用实时监控来确保时效性。如何将专家知识与实际数据分析有机结合在一起，固化成有效的单元(设备)监控模块，服务于预防性与设备健康寿命管理，值得积极探索，也是大多数监控决策系统的基本建设思路。数采系统优势是每位管理技术人员都有权限去探索与实践。

3.2　以催化烟机运行监控为例(图 9)，烟机是催化装置大型节能设备，其运行状态关系到节能和生产稳定，结垢是其最常见故障形式，如何通过数据采集系统监控相关参数来预测结垢趋势，达到实时提示烟机健康指数的目的，目前正在积极探索。“专家知识”负责如何建立数学模型，已实施数采数据为平台，实现这种逻辑判断功能。

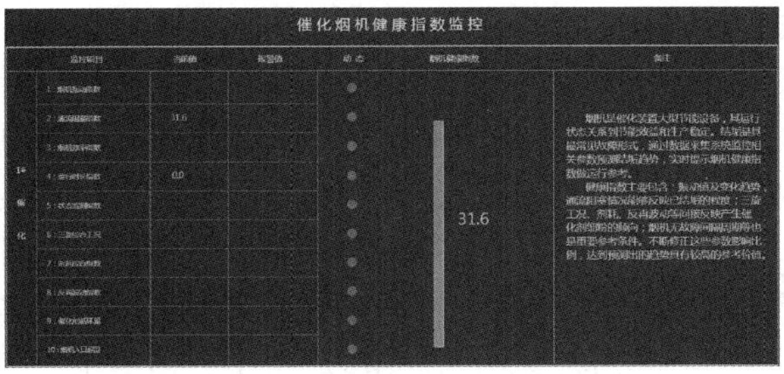

图 9　烟机健康指数监控

从影响烟机积垢因素出发：催化剂细粉的产生是影响烟机积垢的主要因素之一，监测三旋分离效率、反再系统波动(跑剂)、催化剂耗量。随着运行时间延长，不能避免结垢，通过烟机轴系振动变化情况来判断积垢程度(CCS 数据已通信至数采)，通过监测振动阶跃式变化等来反映积垢脱落及动平衡破坏程度等情况。将这些相关因素进行加权处理，结合以往检修间隔时间(此项也可通过当前运行时长与之对比并赋值)，进行归一化处理后形成设备运行健康指数，来预测结垢程度和指导运行操作。该监控内容在现有的 CCS 和状态监测系统上无法实现自动监控，需人工通过监盘和查找趋势来主动判断，这样的监控并不能完全替代人工判断，可作为一种开发实践。

4　结语

通过实际应用效果看，实时数采系统采集范围和数据库功能为建设多样性监控形式提供了基础条件。其开放性与包容性，不断实践多样性的监控。

大型转动设备虽布置了完备的操作监控系统，但数采系统具有的对工艺量波动、效率计算、超标累计、运行累计等一系列监控功能是较好的补充。这些监测思路完全可以继续延伸，管设备管运行环境，充分发挥数据管理抓手，在今后的工作中将逐步完善。同时，通过宝贵的大数据资源，可积极探索单元(设备)预防与健康度监控与管理思路的建设。数据监测方案有很多种尝试与实践，本文只简单叙述一些比较典型案例，更多应用需用户根据需求进行开发。

炼油与化工企业透平设备管理新模式的探索

李　琦　孙　标

（西安陕鼓动力股份有限公司）

摘　要　透平设备作为炼油与化工企业的关键设备，需要专业的系统设备运营支持，将设备全生命周期经济、安全、稳定运行等统筹考虑，越来越多的炼油与化工企业将透平设备的全生命周期管理，尤其是维保服务进行专业化托管。如此，一方面实现了专注于主业，提高企业效益的目标；另一方面，降低了设备维护保养的成本，设备管理技术经济指标达到或超过国内先进水平，可谓一举多得。本文就现阶段炼油与化工企业透平设备管理新模式的探索、发展和案例实施进行论述。

关键词　炼油企业　化工企业　透平设备　全生命周期　维保　设备管理　新模式

炼油与化工行业是中国国民经济的重要支柱，其具有产业链长、使用设备精细、产品覆盖面广的特点，与国家经济建设、国民日常生活等休戚与共。炼油与化工系统，是一个庞大而复杂的系统，任何一个环节的异常都有可能导致或伴生其他异常出现。

透平设备作为炼化系统中的大型动力装备，在炼油与化工企业中担任着重要的生产工作，其具有精度高、结构复杂、自身价值高、备件生产周期长等特点，透平设备长周期高效稳定运行对炼油与化工企业的高效运营至关重要。加之，随着世界经济发展，尤其是中国经济的高速发展，各工业装置都呈现大型化发展趋势，透平设备也随之逐渐趋于大型化。在其全生命周期管理中，前期管理阶段、运行维护管理阶段和轮换报废管理阶段都需要更加专业、用心、高效的技术手段、经济手段、管理手段和组织手段来进行管理，尤其是透平设备在运维管理。

1　炼油与化工企业透平设备特点

炼油与化工工艺系统主要包括炼油系统、化工系统、公用工程及辅助生产装置系统、仓储运输系统等。炼油系统中常减压蒸馏装置、催化裂化装置、渣油加氢脱硫装置等多个装置均需要透平设备作为核心或关键设备。化工系统多个装置包含透平设备。公用工程及辅助生产装置系统也包含很多透平设备，如汽轮机、空压站的空压机、离心压缩机等。透平设备如炼化工艺系统的心脏，高压高流量的输送介质，长期高速高负荷的运行，以确保工艺系统的高产且稳定运行，需要具有极高的可靠性高和稳定性。

2　炼油与化工企业透平设备管理发展趋势

2.1　炼油与化工透平设备管理现状

为了使透平设备的使用寿命周期费用最经济、对设备采取一系列的技术、经济、组织措施，从而使设备的使用、维护、改造、更新直至报废的综合管理，以最大限度发挥设备的综合效能。这些管理包括现场管理、润滑管理、故障管理、精度管理、维修管理、备件管理、技术改造管理以及各种专业管理。而由于实际中生产环节多，设备管理业务繁杂，工作量大，造成设备的管理系统性不强、设备故障率高、维修不及时，严重影响装置的安全、稳定、满负荷、长周期运行。

多数炼油与化工企业由前些年以状态维修、定期维修、机会维修、事后维修为主逐渐发展到有意识的统筹规划。但在统筹规划方面还存在一定的偏差和缺失。如对设备科学、合理进行备件库存、采购及使用等方面还做的不到位。导致备件库存量过高、大量占用流动资金，使得维修成本居高不下；或是备件缺失，影响维修进度，进而影响设备运行和生产。

透平设备专业管理漏洞，往往会严重影响到设备管理水平提高，有时还会因为这些问题威胁到安全生产。例如，有的炼油与化工企业工艺设

第一作者简介：李琦，大学本科，工程师，现从事解决方案工程师工作。E-mail：lq320123@ shaangu. com

备管理专业和机泵设备管理专业双方出现推诿扯皮现象，导致此类设备的备品备件没有纳入管理，导致维修不及时、影响生产。

随着炼化工艺透平设备的发展，要学习和采用先进的设备管理方法和维修技术，大力推广设备状态监测为基础的设备维修方法和现代化故障诊断技术，逐步采用以设备状态监测为基础的设备维修方法和现代故障诊断技术，不断提高设备管理和维修技术现代化水平。

2.2　炼油与化工透平设备规模化、大型化发展

“十三五”期间，炼油与化工行业装备在产品研发和科技创新方面持续进步，大型装备的规模得到持续壮大，千万吨级炼油成套设备、百万吨级大型乙烯成套设备、百万吨级 PTA 成套设备、大型煤化工成套设备已得到成功研制并投用在多个重点工程项目当中。国内涌现出一些重大装备制造的企业，装备制造产品已达到或接近国际先进水平，部分装备是首台首套产品。炼油与化工企业的向着装置规模化、产品高端化、生产清洁化、管理精细化、工厂智能化发展。

“十四五”期间，我国炼油与化工产业发展对装备需求持续增长。按国家《石化产业布局方案》，我国炼油能力在 2025 年将突破 9 亿吨/年，乙烯能力将突破 400 万吨/年。按照国家能源局《关于有序推进煤制油示范项目建设的指导意见》，到 2025 年，规划建成煤制油规模超过 6000 万吨/年。国家提出炼油与化工设备攻关重点是百万吨级乙烯装置：乙烯装置配套压缩机组（含驱动汽轮机）；裂解气压缩机组；乙烯压缩机组。聚烯烃装置：聚丙烯混炼挤压造粒机组。百万吨级精对苯二甲酸装置（PTA）：大型多轴工艺空气压缩机组；PTA/CTA 加压过滤成套设备；超大型 PTA 结晶器。

炼油化工装备向大型化发展，而且更新改造步伐加快，产业升级提速、行业兼并重组、企业出城进园、大规模搬迁转移项目、新兴化工产业崛起以及装置大型化趋势，均对炼油化工装备需求大幅增长。我国炼油行业正开展“减油增化”的结构调整，实现炼化一体化，同时，积极发展高端炼化产品，例如高端聚烯烃和特种橡胶等。

2.3　炼油与化工装备管理专业化、现代化需求

随着炼油与化工装备的规模化、大型化发展，透平设备的运维是企业面临的一大挑战，特别是大量首台套设备的应用。尤其国家能源安全形势日益严峻，“十四五”期间重要目标之一就是坚持大力、稳定国内炼油与化工行业能源安全，这也对炼油与化工装备管理的专业化、现代化提出了更高的要求。依托现在先进的设备管理方法，保证设备管理与企业其他管理同步发展，使设备管理规范化、高效率、减少随意性，有利于提高设备资源的利用率，助力企业经营目标的实现。

3　炼油与化工企业透平设备管理新模式的探索

基于炼油与化工企业透平设备特点及透平设备发展趋势、管理需要，越来越多的炼油与化工企业更倾向于寻求能够提供全生命周期的系统服务，提供安全环保、节能降本、创新创效、数字智能的系统服务解决方案，包括安装调试、检维修、逆向设计、备件服务管家、专业维保、供应链管理、智能服务、绿色智能再制造、远程互联服务等，保证其透平设备及其工艺系统的安全、高效、长周期、低成本运行。

3.1　专业化长期协议服务模式的研究

根据透平设备运行状况及需求，集成多项专业服务产品以服务包形式委托专业团队或厂家，提供专业化的长期服务。这种服务主要采取周期性响应式需求为主，定期或不定期赴现场为设备进行中修、大修、抢修，以及远程在线监测、故障诊断、能效提升改造、技术培训、技术指导、绿色智能再制造等服务。这种服务通常可签订框架协议、机组检修计划、检修内容、备件供应及价格，根据现场实际内容、实际发生的工作量、更换备件的数量等情况进行费用结算，也可提前约定，实行包干制。

长期协议服务模式呼应于规模经济效应，而规模经济受信息成本限制、地域限制以及规模经济自身限制。通过长期协议服务模式在一定程度上打破这些限制的异质性，通过采购成本的节约、固定成本的分摊、风险抵御能力的提高等多个方面影响其成本与效益。

从收入、成本这两个角度分析长期协议服务模式，可以清晰的理解长期协议服务模式给企业带来的优势在确保设备长期稳定的高效运行和长周期低成本稳定专业化技术服务。采用自下而上的自觉响应常态式管理模式，使项目的人、财、物资源得到充足、合理的使用，促进落实战略决

策和任务计划的分配，最终实现目标和状态的持续改善。

3.2 整体系统化的托管运维服务模式研究

透平设备的正常运维关系到炼化工艺的稳定，设备故障造成的非计划停机往往造成严重的事故发生，新型大型化的透平设备对运维团队的建设和能力要求非常高，一般炼油与化工企业都要成立一支专门的运行团队进行透平设备的运维。但这对企业，特别是刚建设新炼化工艺装置的企业而言，是比较困难且投入较高的。而基于专业团队驻场，采取现场技术服务和工业信息后台专家支撑相结合的方式，对透平设备运行提供点巡检、日常检修、小修、大修、备品备件供应、紧急抢修、远程在线监测、绿色智能再制造等全方位、全流程、系统化的运维服务，对机组性能提升、机组改造、能效优化等提供建议，这种将透平设备的运维整体系统化托管运维的方式，正好可以解决企业这方面问题。

整体系统化托管运维模式统筹规划了透平设备全生命周期经济、安全、稳定运行的过程管理。不仅聚焦于透平设备管理结果，更关注透平设备运行的过程管理。企业可以机组年度停机时间作为考核指标，设定基准价，在此价格内备品备件、各类耗材实行年度承包制，高于该价格的备品备件采购储备按设备使用寿命分年度承包。企业与服务商在设备维护、备品备件的使用上体现了风险与利益共担的原则。

3.3 透平设备备件零库存的管理模式思路

为防止透平设备运中零部件的突然失效，快速修复设备以确保炼化工艺的尽快恢复，面对大量的透平设备，企业需要储备大量的透平设备备件。而透平设备不仅占用企业大量的资金和库房，更需要定期的维护保养。基于提高资本增值率、降低风险的前提，委托专业供应商快速提供备件，从而实现企业仅存储少量常用的备件。备件零库存服务可有效缩短企业备件采购周期，提高备件计划精度，有效降低用户备件库存及备件资金占用。

这种管理模式可以企业的战略合作伙伴、重大客户及长期信誉良好的企业为合作对象。在协议签署时，支付项目启动资金，确认备件明细表及相应价格。当企业需要相关备件时，按照协议提供所需备件。该服务可见图1备件零库存服务模式图解。

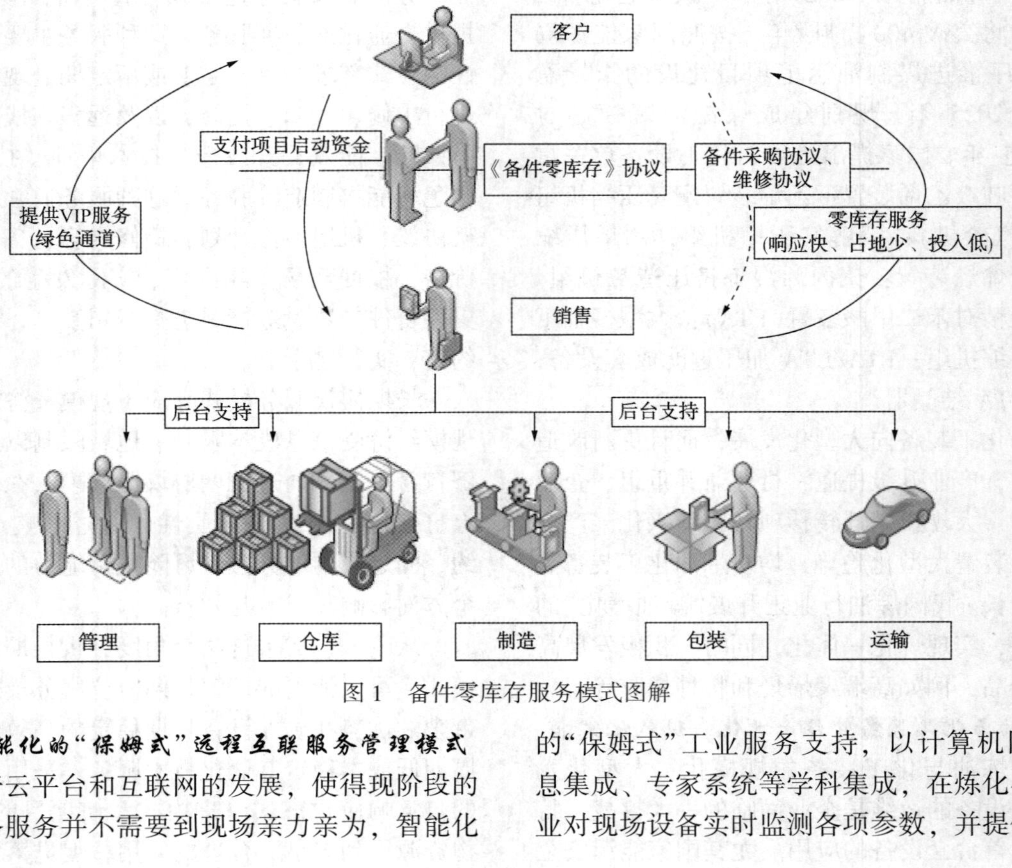

图1 备件零库存服务模式图解

3.4 智能化的“保姆式”远程互联服务管理模式

基于云平台和互联网的发展，使得现阶段的透平设备服务并不需要到现场亲力亲为，智能化的“保姆式”工业服务支持，以计算机网络、信息集成、专家系统等学科集成，在炼化与化工企业对现场设备实时监测各项参数，并提供各种专业的分析数据、图谱，进行故障的预警和诊断，为预维修提供技术支持等内容的一种服务，可24小时足不出户监测机组运行状态，通过AR工业运营服务支持系统利用设备状态数据、工艺数据、过程数据，以及AR现场可视化技术、故障原理透视、专家远程指导、智能巡检等技术，可实现监测诊断、故障预知、及时交互、进度跟踪、客户管理、智能统计等功能；向炼油与化工企业透平设备提供全生命周期的健康管理服务系统方案。具体见图2远程在线监测与诊断图解。

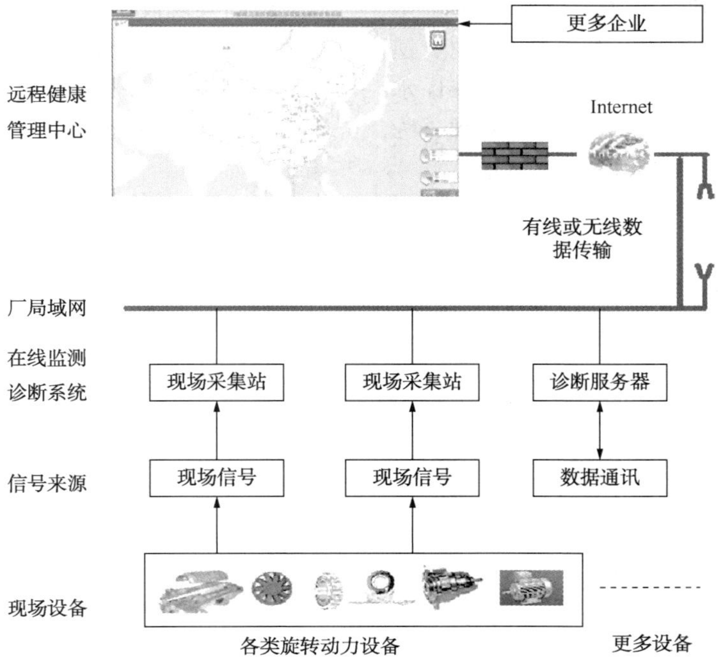

图2　远程在线监测与诊断图解

依托故障诊断规则库，可向企业提供精准的故障分析，能够提前预警、快速诊断故障原因，减少或避免重大事故的发生；随时掌握设备运行状态、设备劣化程度和机械性能的发展趋势，提高设备管理智能化水平。

4　炼油与化工企业透平设备管理新模式的实践

国内一些发展服务型制造的透平设备制造商和服务商在此方面已进行了大量的探索和实践。基于炼油与化工企业透平设备的管理需求，用现代科技手段结合透平机械专业优势，以透平设备管理为圆心的专业化长期协议服务模式、整体系统化的托管运维服务模式、透平设备备件零库存的管理模式以及智能化的"保姆式"远程互联服务管理模式等。西安陕鼓动力股份有限公司(以下简称"陕鼓")作为国内最早开展服务型制造的透平设备制造商，通过同心圆放大，已在多个炼油与化工企业推广实施透平设备管理新模式，为机组实现稳定、低成本、高效运行，对透平设备进行全生命周期健康管理服务，满足了企业工艺技术参数需求。经统计调研，新模式为炼油与化工企业透平设备管理带来了明显的成效。

(1) 专业化长期协议服务基于企业需求，提供以设备为主的点检、小修、中修、大修、抢修、巡检、远程诊断、备件服务以及技术咨询等多项服务的系统解决方案，实现机组稳定、低成本、高效的运行状态，满足用户工艺技术参数需求，提高机组完好率，降低运营成本20%以上；缩短非计划停机时间60%以上；减少关键设备备件占用资金70%。

(2) 透平设备备件零库存的管理缩短备件制造、采购周期短，减少70%的备件资金占用，缩短检修/抢修停机时间约90天，减少备件存储场地和管理费用，投入与减少的损失之比1∶100。

(3) 智能化的"保姆式"远程互联服务管理通过监测诊断、故障预知、及时交互、进度跟踪、客户管理、智能统计等实现预知维修，缩短非计划停机时间60%以上，为透平设备、电机、汽轮机等设备提供全生命周期健康管理服务。

陕鼓凭借着强大的技术研发实力、生产制造能力、试验能力、EPC项目和检修项目能力、供应链能力及资源协调能力承揽了位于某现代煤化工产业示范区的特大型化工企业透平机组的系统服务项目。该项目包含80余台循环氢压缩机、原料气压缩机、合成气压缩机、氨冷冻压缩机等进口和国产透平机组的系统服务，融合了包括远程在线监测、故障预判与诊断、大中小修、抢修、润滑、定期维护、备品备件、主材耗材、逆向设计制造、及时交互等等，其专业的维保水平、HSSE管理水平等得到用户的一致好评，为该企业机组平稳高效低成本运行保驾护航。

5　结语

随着炼油与化工企业的蓬勃发展，装备规模化、大型化发展，通过透平设备管理模式的不断创新，依靠技术进步促进企业透平设备管理的发展，进而实现设备的全过程管理，减少炼油与化工企业负担，降低透平设备故障率，满足透平设备发展和炼化工艺系统运行的需要，对促进我国能源生产和保持健康稳定发展具有重大现实意义。

往复式压缩机故障及在线监测应用

张 泉 郭江勇 王秋方

(中国石油天然气股份有限公司华北石化分公司)

摘 要 往复式压缩机是石油化工企业广泛使用的一类设备，由于其自身的结构特点和运行工况的复杂性，导致往复压缩机在运行过程中故障频发，对炼化装置平稳运行造成很大的困扰。在现实生产过程中，很难仅通过现场的定时巡检等离线监测途径及时准确的发现往复压缩机的潜在故障和事故隐患，因此对往复压缩机实施在线状态监测和故障诊断是非常必要的。本文简要说明了往复压缩机故障和在线监测系统的概念，并结合具体案例介绍了在线状态监测和故障诊断系统在往复压缩机上的应用。

关键词 往复式压缩机 在线状态监测 故障诊断

1 往复式压缩机故障简介

往复式压缩机是石油化工企业广泛使用的一类设备，许多工艺过程都必须借助压缩机对气体的加压才能完成。往复式压缩机是指通过气缸内活塞或隔膜的往复运动使缸体容积周期变化并实现气体的增压和输送的一种压缩机。由于其设计原理的关系，就决定其具有运动部件多，结构复杂，故障频发等特点，一旦出现故障，处理不及时往往会造成装置非计划停工，严重的还会引起事故事件，损失不可计量。

往复压缩机的故障按功能划分有两大类：一类是热力性能故障，另一类是机械性能故障。热力性能故障又称之为热力故障，故障原因集中在气阀、活塞环、工艺气系统、冷却系统等部位。故障时其特征表现为机组运行时出口气量不足，出口气体压力、温度以及级间压力、温度不正常。机械功能故障，从本质上来看是设备运动部件或结构故障，故障原因主要有运动部件本身故障，运动部件之间的配合间隙变化、运动部件本身的裂纹等。其故障特征为设备运行时振动突变，发热量异常，现场异响等动力故障模式。经现场检维修进行统计分析，其运动部件和密封组件故障占比达到85.3%。

2 往复压缩机在线监测系统简介

根据上文对往复压缩机故障的分析，可以在其常见故障点如对气缸压力、活塞杆沉降、气缸/十字头振动、气阀温度、轴承温度以及曲轴箱振动等参数通过现场传感器进行监测，并将监测数据通过网络实时查看或存储到服务器，通过这些数据就可以方便地实时了解到设备的运行状态，并可以对运行参数趋势曲线分析，对运行或检修提供依据，实现了对往复压缩机故障的判断和预知。

例如，某石化S Zorb装置往复压缩机在线监测系统(BH5000R)是针对大型往复式压缩机开发的集振动、位移、撞击监测和诊断于一体的网络化的信息系统。该系统采用了多种先进技术，可以针对不同网络特点，形成一套基于Internet的设备实时监测系统。该系统将监测、诊断、报警、预防维修集于一体，包括机组状态总貌图(可通过总貌图上的测点直接进入到分析系统中)，装置设备以及分析功能等为树状结构，设备结构组态并自动生成数据库功能，将机组的运行状态分析预测形成趋势图(包括任意时间段的趋势图、不同测点趋势比较图)，还可以进行趋势预测(根据不同时间段的振动幅值预测可能出现的变化)和历史比较图等。其中的活塞杆沉降监测可以分析活塞环，填料函、十字头滑块的磨损情况，对解活塞组件状况进行预判，振动监测可以对缸体/气缸缸头、曲轴箱、电机主轴、十字头、主轴轴承进行实时监测。如图1所示。

3 在线监测系统应用案例

案例一：某石化S Zorb装置2022年3月16

第一作者简介：张泉(1979—)，高级工程师，现从事炼油工作。E-mail：83027837@qq.com

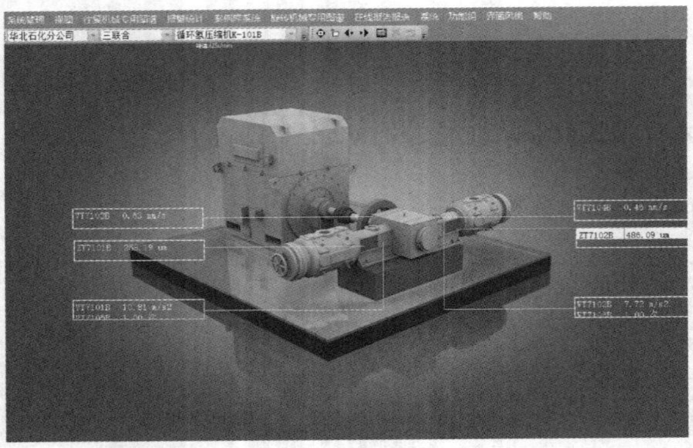

图1　某石化S Zorb循环氢压缩机在线监测

日凌晨3：00补充氢压缩机K103A测量2缸活塞杆轴沉ZT7502A显示异常报警，总体沉降量偏大，并且有不规律的突跳(图2)；同时装置巡检人员也隐约听到气缸有轻微的异响，压缩机原有监测数据没有发现任何异常，切换压缩机联系钳修检修拆检活塞环发现了一定程度的磨损，推测由于介质粉尘量较大，密封腔的漏气带着粉尘进入压缩机中体，黏在活塞杆上，污染了活塞沉降的测量点(图3)，产生不规律突跳，同时对活塞环进行了更换，压缩机维修后正常投用。这次机组出现的异常状况被系统提前监测且准确无误，避免了机组出现更大的故障，造成装置生产波动甚至停工的风险。

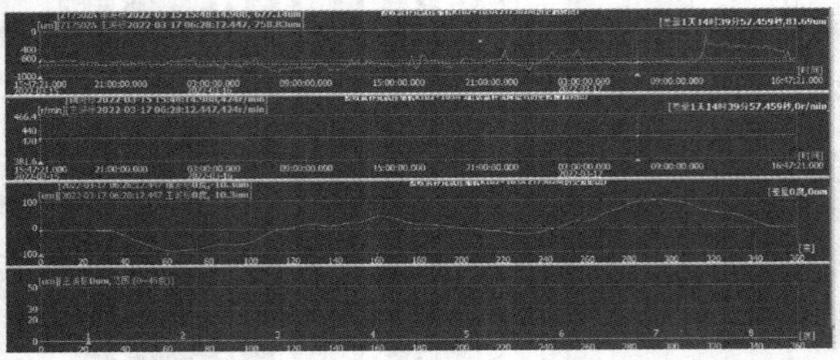

图2　K103A轴沉降ZT7502A异常趋势

图3　轴沉降测量点及污染情况

案例二：某炼油厂K6102循环氢机组四点的振值都呈大幅上涨，机组连锁停车。再次启动机组，转数刚刚升到1500r/min时(工作转数为9600r/min)，振值就已达到43μm(报警振值为63.5μm)，现场不敢继续升速。分析认为造成该机组高振动的主要原因为机组轴系不平衡，结合机组运行实际情况我们认为转子存在严重损伤，建议立即停车检修。机组解体发现第二级叶片断裂(图4)，第一、第三级叶片上分别有多处细小裂纹。转子返厂维修后回装开车，当机组转数升到2800r/min时，机组连锁停车。经过分析认为该机组开车过程中振动连锁停车的主要原因为热不对中故障，建议现场人员增加暖机时间，经暖机后，机组顺利开车。

第二级叶片存在明显裂纹

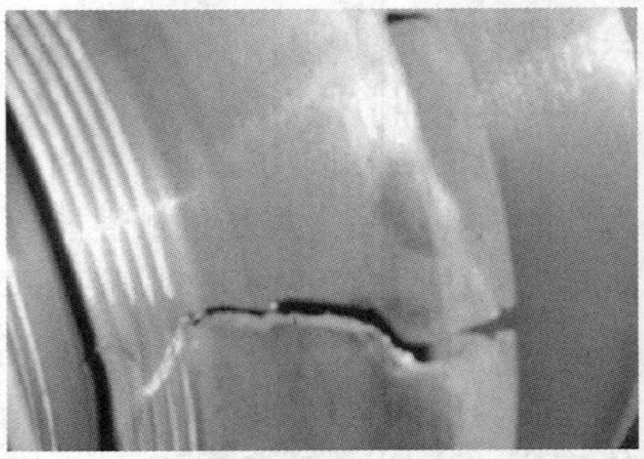

第二级叶片裂纹处

图4　压缩机第二级叶片裂纹

案例三：2011年4月某石化循环压缩机C301二级出入口差压减少，压差从4月8日的1.431MPa，减少到4月25日的1.306MPa，且做功能力明显下降，排气量从6t/h降低到4.8t/h，通过在线监测系统频谱可以看出，循环压缩机C301 4缸外吸1相对外吸2开始缓慢增长，外排1变化相对滞后，变化幅度较小；3缸外排温度和外吸温度也出现变化。同时，4缸缸体振动也相应出现明显增大。通常影响二级吸气阀吸气温度的因素，主要与进气温度(一级冷却器效率)、气阀漏气或活塞环漏气有关。因此诊断4缸吸气阀可能存在故障。2011 年 5 月 23 日，现场人员对该机组停车解体检修，发现 4 缸吸气阀的升程控制器断裂，更换气阀后重新开车，机组正常运行，从监测频谱上看 4 缸振动和温度趋势平稳，成功避免了阀片掉入气缸严重磨损等事故的发生。

4 总结

通过以上两个案例可以看出往复压缩机在线监测系统对发现、诊断和排除往复压缩机故障起着非常重要的作用。通过在线监测系统运行参数的异常变化，可以及时准确甚至提前诊断出往复压缩机的潜在故障，避免了压缩机的损坏扩大化，消除潜在的重大事故隐患，并可以为设备的运行维护提供依据，降低设备故障率，延长设备的维修周期，保证设备的长期高效运行，使装置安、稳、长、满、优运行，提高企业的生产能力和经济效益。

参考文献

[1] 汪恩博，曲冠合．往复压缩机故障分析[J]．科学与财富，2016.

[2] 张雷．状态监测诊断系统在往复压缩机的诊断及应用[J]．通用机械，2014(7)：60-63.

第四篇　电气

线路差动保护中电流互感器极性端接线准确性的判断方法

马国峰

（中国石油大连石化公司）

摘　要　在电网运行的过程中，继电保护装置得到了广泛的应用。继电保护是电网安全运行的保障，而线路光纤差动的应用则给电力系统的稳定运行增加了可靠性。在线路光纤差动中，上下级之间电流互感器极性端朝向的正确性，是差动保护可靠动作的关键。本文通过基本原理法和电流互感器环流试验法，能够准确、快速判断电流互感器极性端朝向的正确性。

关键词　电流互感器极性　快速　准确　环流试验

继电保护装置，绝大多数是根据故障时电流、电压等电气量的变化而工作的。电气量一般都是通过电流互感器、电压互感器副边线圈加到继电保护及自动装置上的。对于上下级电流互感器极性的朝向问题，有时甚至到了电力设备送电运行时才发现，极性端朝向接反导致差流出现。怎么样才能在送电前，就可以快速准确判断线路中上下级电流互感器极性端朝向的正确性，成为我们继电保护工作的重中之重。本文根据现场实际应用介绍了两种方法，可以准确判断线路两侧电流互感器极性端朝向的正确性，为电力系统稳定、可靠运行提供保障。

1　基本原理法分析判断电流互感器极性端朝向的正确性

电流互感器（以下简称 CT）是电力系统重要的电气设备，它根据电磁感应原理将一次侧大电流转换成二次侧小电流，起到变流及电气隔离的作用。其接线的正确与否，对系统的保护、测量、计量等设备的正常工作有极其重要的意义。

对于线路中上下级的电流互感器极性端朝向，可以通过电流的流向、CT 的减极性来分析判断其朝向是否正确。

1.1　CT 的极性

所谓 CT 的极性就是指它的一次绕组和二次绕组间电流方向的关系。

1.1.1　CT 的极性端标注方法

在交流电路中，电流的方向随时改变，因此很难确定绕组哪端是正极，哪端是负极。但是我们可以假设在某一瞬间，一次绕组的两个端头必定有一个流入，一个流出。按照规定，CT 一次绕组首端标为 P1，尾端标为 P2；二次绕组的首端标为 S1，尾端标为 S2。在接线中，P1 和 S1、P2 和 S2 称为同极性端（同名端），用“ * ”或“ · ”表示。

假设一次电流 I1 从首端 P1 流入，从尾端 P2 流出时，感应的二次电流 I2 是从首端 S1 流出，从尾端 S2 流入，它们在铁芯中产生的磁通方向相同，这样的 CT 极性标注称为减极性，如图 1 所示。反之，将 S1 和 S2 的标注调换位置时，称为加极性。除特殊情况外，CT 均采用减极性。

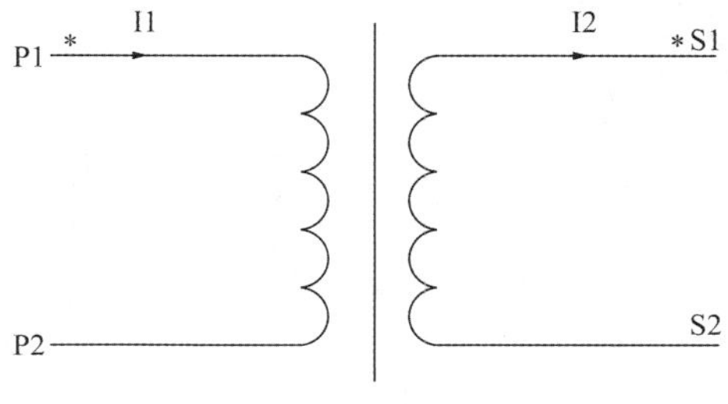

图 1　电流互感器的极性标志（减极性）

1.1.2　CT 的极性测定方法

CT 的极性测定方法接线如图 2 所示。将干电池或蓄电池的正极接于 CT 的一次绕组 P1 上，负极接在 P2 上，CT 的二次侧 S1 接指针式电流表的正极，S2 接负极。接好线后，若开关 S 在合闸瞬间指针正偏，拉闸瞬间指针反偏，则 P1、

第一作者简介：马国峰，大学本科，技术员，现从事继电保护试验工作。E-mail：806050676@QQ.COM

S1是同名端，CT是减极性，如指针摆动与上述相反为加极性。

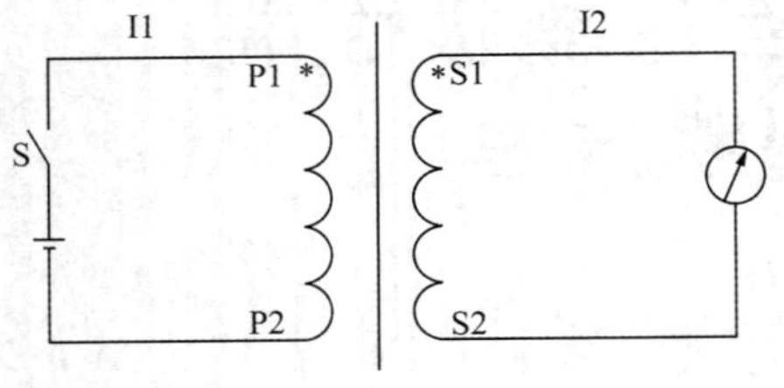

图2　极性测定的接线

1.2　CT的正引出和反引出

CT正引出和反引出指的是电流互感器二次绕组与保护装置的连接方式。所谓正引出就是CT的二次绕组S1端与保护装置的A或B或C端连接，S2与保护装置的同相的N端相连；而反引出的连接方式恰恰相反。

1.3　基本原理法的实际应用

在某公司配电室改造完成后，电力设备已送电运行，检查发现一段进线回路上的光纤差动PCS-9613D保护装置里有差流，A相差流为29A；B相差流为28A；C相差流为29A。保护装置内A相电流14.5A，B相电流14.4A，C相电流14.6A。经过检查发现该配电室一段进线回路的上侧电源端CT和下侧负荷端CT均为减极性，但是上下侧CT极性端的朝向安装错误，导致保护装置内有差流。现场上下侧CT实际安装朝向如图3所示：

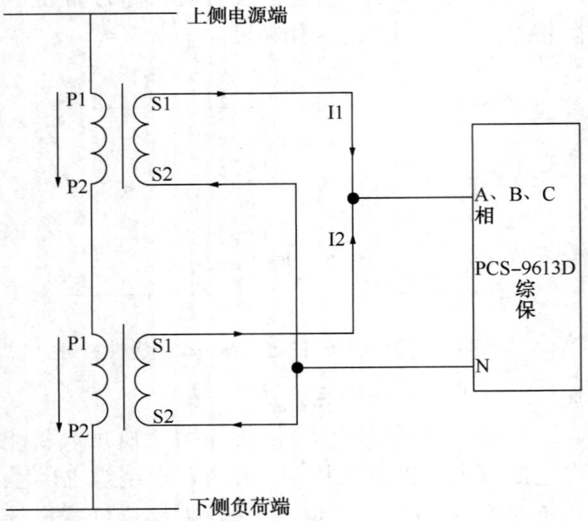

图3　上下侧CT安装朝向图

通过图3可以看出，上侧电源端CT一次侧P1端流入电流，根据CT的减极性，那么CT二次侧S1端输出电流(即I1)，下侧负荷端CT的一次侧P1端输入电流，根据CT的减极性，CT二次侧S1端输出电流(即I2)，两侧CT的电流I1、I2都流入保护装置内，所以综保内差流 $Id = |I1+I2| = 14.5A+14.5A = 29A$。

电气安装人员现场将下侧负荷端CT的一次侧P1、P2朝向颠倒(即P1指向母线侧)，再次送电运行后检查综保内差流为0，说明CT极性端的朝向正确。CT极性端接线更改后的安装图如图4所示，根据更改后的接线图，我们可以看出，上侧电源端CT一次侧P1端输入电流，根据CT的减极性，那么CT二次侧S1端输出电流(即I1)，下侧负荷端CT的一次侧P1端输出电流，根据CT的减极性，CT二次侧S1输入电流(即I2)，由基尔霍夫定律知，流入保护装置内节点的电流之和等于流出保护装置内节点的电流之和，即I1=I2，所以保护装置内三相电流的差流均为0。

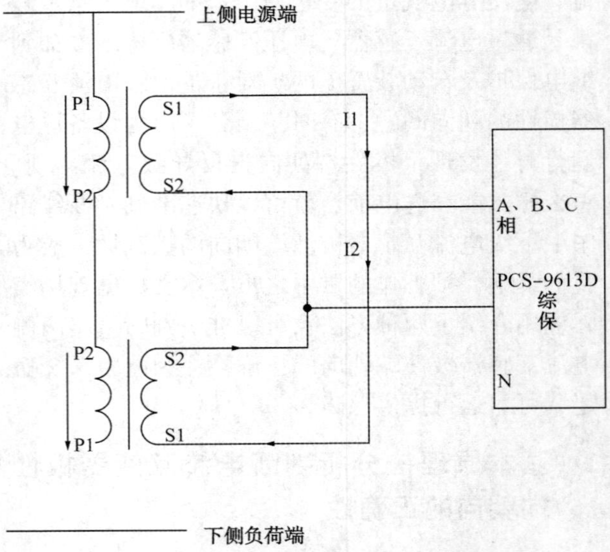

图4　CT一次朝向接线更改后图

假如下侧负荷端进线开关柜空间狭窄，重新安装调整CT比较困难，那么我们更改上侧电源端CT一次的朝向可不可以呢？其实也是可以的。我们可以按照如图5所示的接线方式来进行实际接线。根据图5可以分析：上侧电源端CT一次侧P1端输出电流，根据CT的减极性，那么CT二次侧S1端输入电流(即I1)，下侧负荷端CT的一次侧P1端输入电流，根据CT的减极性，CT二次侧S1输出电流(即I2)，根据基尔霍夫定律，流入综保内节点的电流之和等于流出综保节点的电流之和，即I1=I2，所以综保内三相电流的差流均为0。

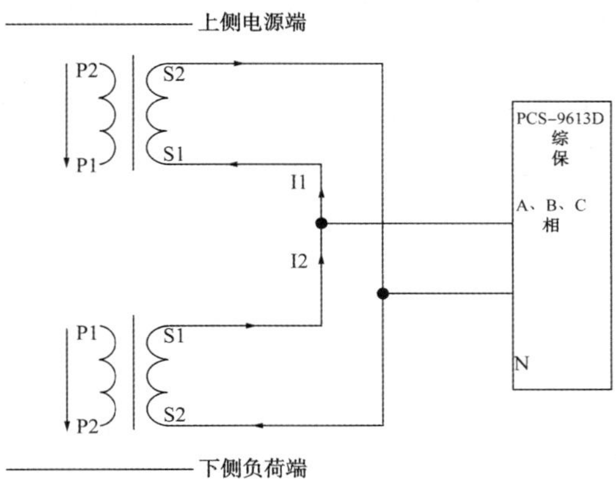

图 5 CT 一次朝向接线图

1.4 结论

根据上述案例分析我们可以得出这样一个结论，线路光纤差动中，在 CT 是减极性并且其二次接线是正引出的前提下，上下侧 CT 安装时，CT 的 P1 端均朝向被保护设备或背向被保护设备，即如图 6 所示。因此，我们在电力设备送电前，可以通过检查上下侧 CT 的 P1 端是否均朝向被保护线路或者均背向被保护线路，来判定 CT 极性端朝向的正确性。

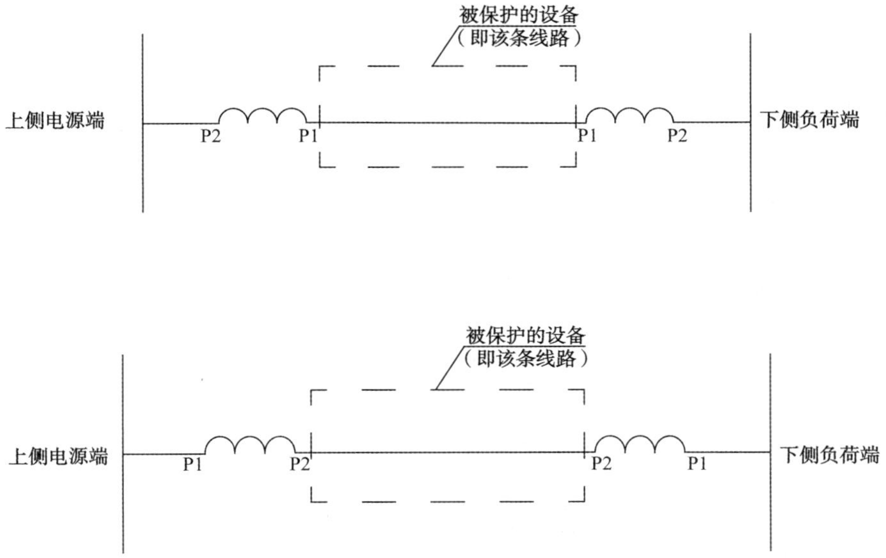

图 6 CT 的 P1 端朝向示意图

2 CT 环流法检验电流互感器极性端朝向的正确性

基本理论法可以帮助我们判断电流互感器（以下简称 CT）极性端朝向是否正确，但是在实际试验中，我们在理论的基础上，总结摸索出一种更为有效、快捷的检验方法—CT 环流法。

2.1 基本概念

所谓 CT 环流法，就是将线路某一侧的任意两相 CT 一次侧短接，在线路另一侧与之对应的两相 CT 一次侧加入单相电流，使上下侧的两相 CT 形成环流，进而判断极性端朝向是否正确。

2.2 实际应用

在某公司联合变配电室线路光纤差动改造中，首次采用这种方法，取得了不错的效果。

以联合变配电室联合二线 2410 回路的光纤差动改造为例。联合二线上侧电源来自总变联合二线 2010 回路，下侧是联合变配电室联合二线 2410 回路。在两侧 CT 均安装接线完毕后，开始准备做试验检查两侧 CT 极性端朝向是否正确。试验实际接线如图 7 所示。

首先，将两侧的接地线（接地刀）均拆除，在联合二线 2410 开关柜后，靠近母线侧将 A、C 两相 CT 用试验线短接。然后在总变侧联合二线 2010 开关柜后，将 A 相 CT 靠近母线侧的那端用试验线连接到单相继电保护测试仪的电流输入端，C 相 CT 靠近母线侧的那端用试验线连接到单相继电保护测试仪的电流 N 端。最后，在试验箱上输入 10A 电流，此时检查两侧光纤差动保护装置 PCS-9613D 里 A 相、C 相的差流均为 0，说明 CT 的极性端朝向正确。

假设现场 A 相 CT 和 C 相 CT 极性端的朝向安装（图 8）均有问题，那么综保内 A 相差流一次值、C 相差流一次值都应该是多少？我们可以根据图8进行分析计算。总变侧A相CT的P1端电流流入，那么根据CT的减极性，S1端输出电流到综保电流一次值为10A(即I1)；联合变侧A相侧也是P1端电流输入，同样根据CT的减极性，S1端输出电流到综保电流一次值为10A(即I2)。根据差流公式Id=｜I1+I2｜，得出差流一次值为20A。同理，总变侧C相CT的P2端电流流入，那么根据CT的减极性，S2端输出电流到综保电流一次值为10A(即I1′)；联合变侧C相侧也是P2端电流输入，同样根据CT的减极性，S2端输出电流到综保电流一次值为10A(即I2′)。根据差流公式Id′=｜I1′+I2′｜，得出差流一次值为20A。

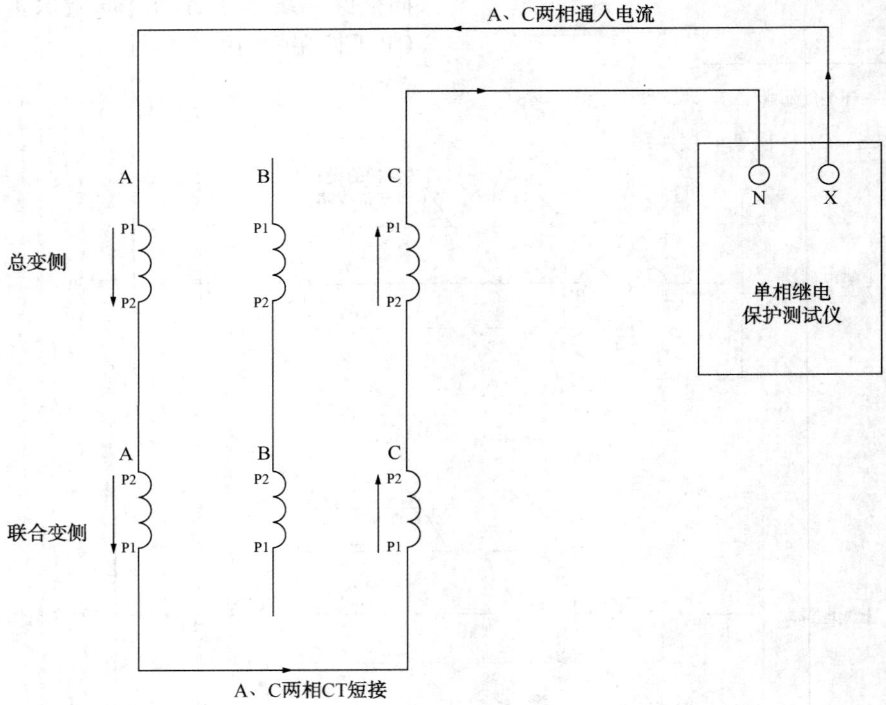

图7　试验实际接线图

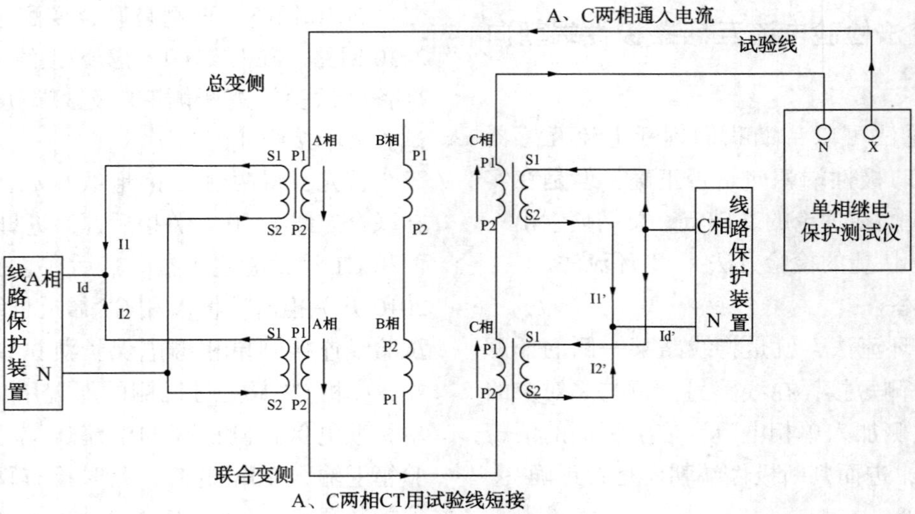

图8　CT环流法原理接线图

所以说，假如A相CT和C相CT极性端的朝向安装有问题，综保内A相差流一次值为20A，C相差流一次值为20A。同理，如果B相CT极性端朝向也有问题，那么B相差流一次值也为20A。

因此，我们可以通过CT环流试验法，根据

现场综保内显示的差流一次值来判断哪相 CT 极性端朝向有问题。CT 环流法检验 CT 极性端朝向是否正确，在实际应用中是可行的。

2.3 CT 环流法的拓展应用

对于 CT 环流法，我们不仅可以检验 CT 极性端朝向是否正确，而且可以检查电源侧和负荷侧的上下相序是否一致。

在某公司烷基化配电室改造中，采用 CT 环流法检查烷基化一线 CT 极性端朝向问题时，发现电源侧和负荷侧之间的相序是反的。

烷基化一线上侧电源来自总变变电所烷基化一线 2063 回路，烷基化一线下侧是烷基化配电室烷基化一线 2811 回路。在两侧 CT 均安装接线完毕后，开始准备做试验检查两侧 CT 极性端朝向是否正确，其试验接线与检验联合变的 CT 极性端朝向的试验接线类似(图 7)。首先，将两侧的接地线(接地刀)均拆除，在烷基化一线 2811 开关柜后，靠近母线侧将 A、B 两相 CT 用试验线短接。然后在总变侧烷基化一线 2063 开关柜后，将 A 相 CT 靠近母线侧的那端用试验线连接到试验箱电流输入端，将 B 相 CT 靠近母线侧的那端用试验线连接到试验箱电流 N 端。最后，在试验箱上输入 5A 电流，此时检查两侧光纤差动保护装置 PCS-9613D 里 A 相、B 相的差流一次值。检查发现综保里 A 相差流一次值为 5A，B 相差流为 0A，而 C 相没有通入电流竟也有 5A 的差流。随后我们又换了 B 相、C 相 CT，发现综保里 B 相差流为 0A，C 相差流一次值为 5A，而 A 相没有通入电流也出现了 5A 的差流。

现场检查上下侧 CT 极性朝向均没有问题。通过进一步检查发现，总变侧 A 相电缆到烷基化侧后接到了开关柜的 C 相上，总变侧的 C 相电缆到烷基化后接到了开关柜的 A 相上，即 A、C 相两相电缆上下侧相序接反。那么我们通过上述的试验数据，结合基本原理，也可以分析判断 A、C 相序接反了。B 相差流正常，先不作分析，重点分析 A、C 相有差流的原因。原理图如图 9 所示。

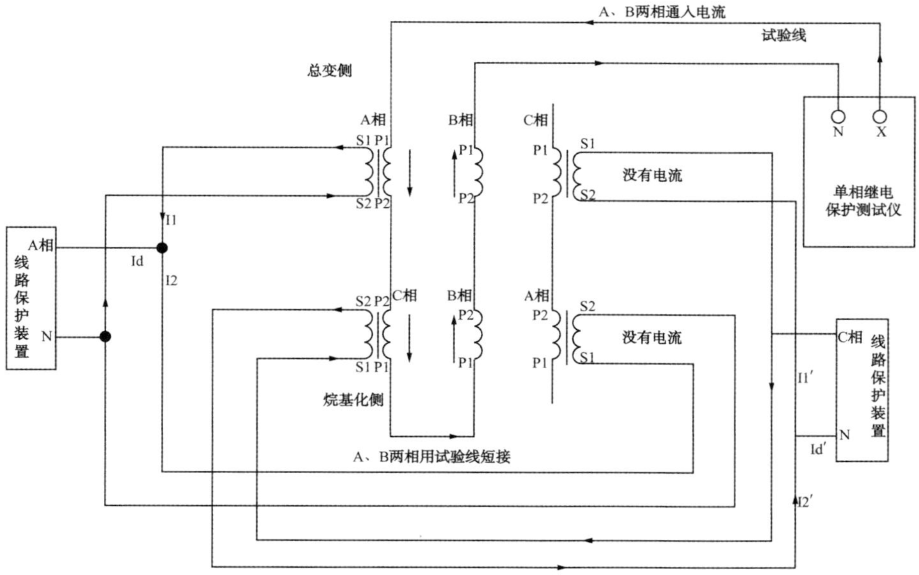

图 9　CT 环流法检查相序的原理接线图

从图 9 中可以看出，总变侧 A 相 CT 一次侧 P1 端电流输入，根据 CT 的减极性，CT 二次侧 S1 端输出电流，然后进入综保内电流(即 I1)一次值为 5A，而烷基化侧 A 相 CT 没有电流输入，那么流入综保内的电流 I2 为 0A，所以在综保内看到的 A 相差流一次值为 5A(即 Id = | I1+I2 | = 5A+0A = 5A)。同理可以分析 C 相，总变侧 C 相 CT 没有电流输入，所以 I1′= 0A，烷基化侧 C 相 CT 一次侧 P2 端有电流输入，根据 CT 的减极性，CT 二次侧 S2 端有电流输出，然后进入综保内电流(即 I2′)一次值为 5A，所以综保内 C 相差流一次值 Id′= | I1′+I2′ | = 5A+0A = 5A。

因此，我们采用 CT 环流试验法，通过综保内显示的差流数值，不仅可以判断 CT 极性端的正确性，也能分析检查上下侧电缆是否相序一致。

3 结束语

基本原理法和 CT 环流法，都可以检查 CT 极性端朝向的正确性。CT 环流法是根据基本原理法，通过现场 CT 的实际接线，摸索出来的一种新的试验方法。CT 环流法在公司的电力电网项目改造中发挥出了重要的作用，为电力系统的稳定运行提供了保障。两种方法在工作中可以结合使用，理论联系实际，互相检验，实际结果更具有说服力。

参 考 文 献

[1] 戴宪滨，张希康，陈康龙．二次回路识图及故障查找与处理[M]. 北京：中国水利水电出版社，2011.

[2] 贺家李，李水丽，董新洲，李斌．电力系统继电保护原理[M]（第五版）. 北京：中国电力出版社，2018.

年产1.5万吨短纤生产线曳引机及切断机电气控制系统升级研究及应用

经玉纬

（中国石化仪征化纤有限责任公司）

摘　要　年产1.5万吨短纤生产线曳引机及切断机大多为八九十年代的设备，大多已运行三十多年，存在很多运行隐患。为了提高短纤生产设备的运行稳定，并为以后的智能化打下坚实的基础，1.5万吨短纤生产线的曳引机及切断机的电气控制系统需要进行升级改造。本文提供了切断电气系统升级的初步选型设计、施工及应用解决的方案

关键词　PLC　变频器　切断机　曳引机　速度控制　张力检测

1　引言

短纤生产线曳引机及切断机是生产短纤产品的末端工序之一，主要功能是由切断机将丝束切断成等长纤维。要保证每束纤维都等长，就需要曳引机和切断机之间在低、中、高速度下张力均能保持稳定。张力是由曳引机和切断机之间的速度差产生，当切断机速度高于曳引机时，丝束上就有了拉力。张力过大时，丝束绷紧拉伸，切断后的纤维会回缩变短。张力过小时，丝束不能紧绷，切断后的纤维会超长。控制张力，则需通过电气系统控制好曳引机及切断机的速度，使张力能保持动态下的稳定。曳引机及切断机电气控制系统的核心就是通过PLC、变频器及张力检测仪表来实现曳引机及切断机两台设备之间的运行速度控制。曳引切断示意如图1。

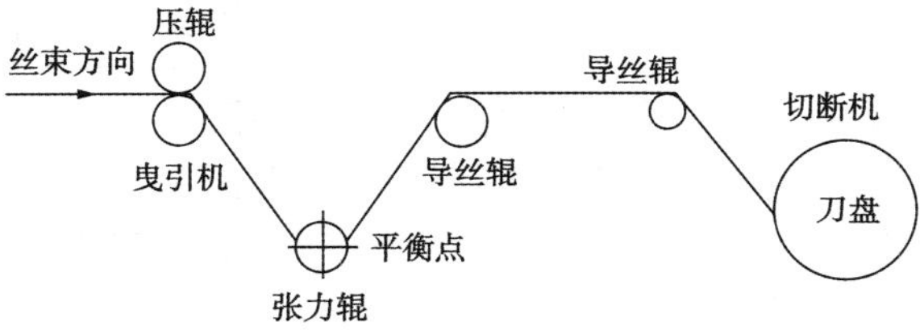

图1　曳引切断示意图

年产1.5万吨短纤生产线曳引机及切断机大多为八九十年代的设备，大多已运行三十多年，存在很多运行隐患。电气元件老化，无法采购到直接替代备件，关键元件的损坏可能造成生产线长时间的停运，给维修带来极大的困难。设备运行参数不能可视化监控，需要通过查看或调整变频器参数实现，在生产品种转换时，工艺参数的调节极为不便。为了提高短纤生产设备的运行稳定，并为以后的智能化打下坚实的基础，1.5万吨短纤生产线的曳引机及切断机的电气控制系统需要进行升级改造。

2　曳引机及切断机电气控制系统设计

改造升级1.5万吨短纤生产线的曳引机及切断机的电气控制系统，是保持现有曳引切断主体设备不变的情况下，仅通过改造电气控制柜、现场操控元件更新及检测元件更新来实现。这样可保证生产操作不发生改变，操作人员可以在短期的培训后即可熟悉设备的操控。

改造的电气控制系统主要由空开、接触器、24V开关电源、PLC、中间继电器、抱闸DC170整流电源、变频器及曳引机张力检测位置传感器组成。下面就PLC选型设计、变频器和张力检测位置传感器的原理进行说明。

2.1　PLC选型及IO清单设计

短纤行业电气设备选择的一般为西门子品牌或欧姆龙品牌PLC。考虑到以后将切断数据通过以太网传输，并可与前后道工序PLC进行数据相互读写。这里选择西门子S7-1200系列PLC。

第一作者简介：经玉纬(1985—)，电气工程师，2008年7月毕业于南京师范大学电气自动化专业，现于中国石化仪征化纤有限责任公司合纤二部从事化纤设备电气管理工作。E-mail：jingyw.yzhx@sinopec.com

通过对切断作业指导书的学习，观察现切断作业实操。新设计的切断主要包含以下功能。

(1) 前道工序松弛定型机的四对光电开关控制曳引机及切断机的主速度，切断曳引自动时使用光电开关设定主速度，张力传感器叠加切断主速度实现张力控制。

(2) 伸头操作时，切断曳引机使用单动运行，通过操作屏分别设定切断曳引的单动速度，也可以通过联动状态下的点动实现。

(3) 工艺联锁包括曳引机压辊上限、曳引机压辊下限、打包机故障联锁、曳引机捕结1、曳引机捕结2及牵伸停切断。

(4) 设备安全联锁包括抱闸保护、电机过热保护、切断机入口安全门、切断机安全门纤维、张力辊上越位、张力辊下越位、低低速光电开关联锁停切断、曳引机变频故障及切断机变频故障。

(5) 需要实现牵伸及切断处都能进行打废丝的操作。通过控制切断机出口处废丝电磁阀动作功能，并通过废丝风门气缸接近开关检测废丝风门的开关状态。切断变频器需预留4~20mA输出信号至控制柜端子排，供废丝分级设备使用。

(6) 增加一台西门子操作屏作为张力传感器PID调节、张力显示、曳引机手动速度设定、切断机手动速度设定、曳引机切断机自动状态下低中高速主设定、曳引机电流、切断机电流及IO状态指示。增加触摸屏可以方便转产时工艺参数的设定调节及各IO点状态的检查方便设备故障的判断。

对以上功能进行分析，该套PLC需有48个开关量输入点、16个开关量输出点、4个模拟量输入点及4个模拟量输出点。列出IO表清单如表1所示。

表1　IO点清单

序号	IO地址	点位说明	序号	IO地址	点位说明
1	I0.0	抱闸保护	24	I2.7	中速启动
2	I0.1	电机过热保护	25	I3.0	高速启动
3	I0.2	切断机入口安全门限位	26	I3.1	复位
4	I0.3	曳引机压辊上限	27	I3.2	备用
5	I0.4	曳引机压辊下限	28	I3.3	切断机变频故障
6	I0.5	切断机安全门限位	29	I3.4	曳引机变频故障
7	I0.6	张力辊上限	30	I3.5	备用
8	I0.7	张力辊下限	31	I3.6	备用
9	I1.0	曳引机捕结1	32	I3.7	备用
10	I1.1	曳引机捕结2	33	I4.0	低低速光电开关(停切断)
11	I1.2	打包机故障联锁	34	I4.1	低速光电开关
12	I1.3	切断机点动	35	I4.2	中速光电开关
13	I1.4	启动	36	I4.3	高速光电开关
14	I1.5	停止	37	I4.4	废丝风门开位
15	I1.6	抱闸制动	38	I4.5	备用
16	I1.7	切断机手动/自动	39	I4.6	备用
17	I2.0	卷曲机处打废丝	40	I4.7	备用
18	I2.1	牵伸线停切断	41	I5.0	备用
19	I2.2	单动/联动	42	I5.1	备用
20	I2.3	正品/废丝(切断处打废丝)	43	I5.2	备用
21	I2.4	切断机单动	44	I5.3	备用
22	I2.5	曳引机单动	45	I5.4	备用
23	I2.6	低速启动	46	I5.5	备用

续表

序号	IO 地址	点位说明	序号	IO 地址	点位说明
47	I5.6	备用	60	Q1.3	总故障指示
48	I5.7	备用	61	Q1.4	运行条件
49	Q0.0	切断机抱闸(中继)	62	Q1.5	低速运行
50	Q0.1	曳引机抱闸(中继)	63	Q1.6	中速运行
51	Q0.2	切断机启动(中继)	64	Q1.7	高速运行
52	Q0.3	曳引机启动(中继)	65	AI6	张力传感器 0~10V 输入
53	Q0.4	废丝电磁阀(中继)	66	AI7	切断变频器 4~20mA 输入(电流)
54	Q0.5	备用	67	AI8	曳引变频器 4~20mA 输入(电流)
55	Q0.6	自动指示	68	AI9	备用
56	Q0.7	曳引机压辊到位指示	69	AO10	曳引机变频器速度给定
57	Q1.0	安全门开指示	70	AO11	切断机变频器速度给定
58	Q1.1	张力辊越位指示	71	AO12	备用
59	Q1.2	捕结报警指示	72	AO13	备用

通过 IO 点清单可配置出 S7-1200 系列 PLC 所需用 CPU 及相关输入输出模块，并且预留一块以太网通讯模块，方便以后与其他系统做数据通讯用。PLC 程序及操作屏程序均使用博图 V16 编写。硬件清单如表 2，硬件组态如图 2，网络组态如图 3。

表 2　硬件清单

序号	设备	型号	数量
1	控制器	6ES7 215-1BG40-0XB0	1
2	电池板	6ES7 297-0AX30-0XA0	1
3	DI 模块	6ES7 221-1BH30-0XB0	3
4	DQ 模块	6ES7 222-1BH30-0XB0	1
5	AI 模块	6ES7 231-5ND32-0XB0	1
6	AQ 模块	6ES7 232-4HD32-0XB0	1
7	通讯模块	6GK7 243-1BX30-0XE0	1
8	操作屏	6AV2 144-8MC20-0AA0	1

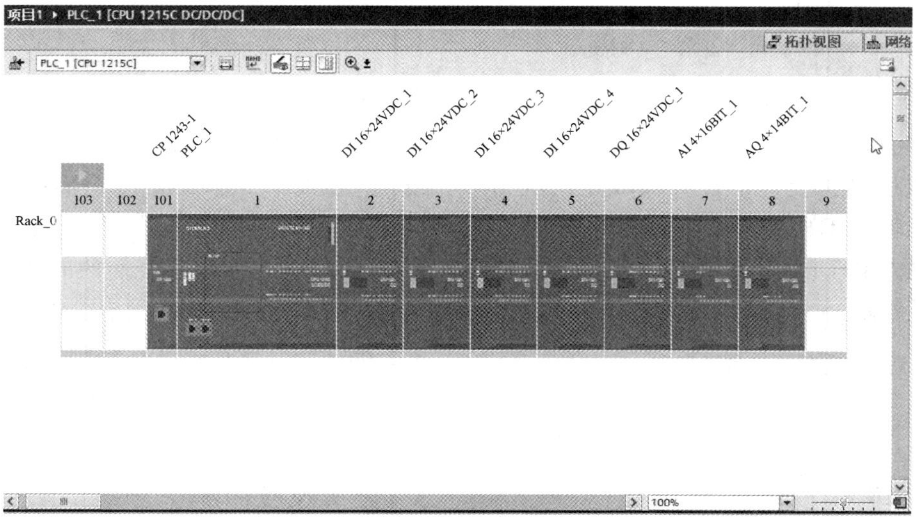

图 2　硬件组态

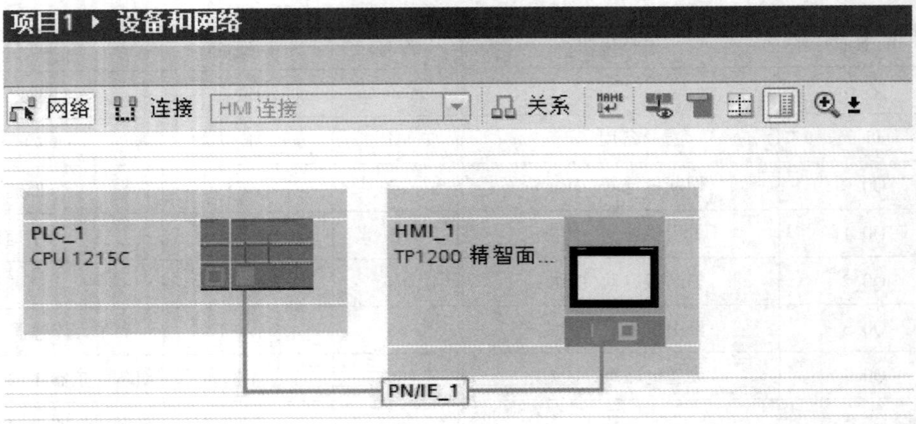

图3　网络组态

2.2　变频器速度控制方式

切断机电机和曳引机电机采用变频器控制调速，通过PLC给两台变频器启停信号及模拟量速度给定。主速度设定通过操作屏低速、中速、高速工艺设定给定，高速一般与牵伸高速相匹配，松弛低、中、高三对光电开关作为逻辑选择三种速度。切断及曳引机运行时，张力辊上下移动过程中张力位置检测传感器输出0～10V信号至PLC，在PLC中编写程序叠加切断机的主速度给定，切断机及曳引机之间产生稳定的张力。可通过操作屏上的PID参数设定达到快速的稳定张力。这个方案中不使用制动电阻作为停机时产生的电能消耗点，而是选择切断机及曳引机变频器共直流母线的形式，将切断电机及曳引电机停机产生的再生能抵消。切断曳引变频控制如图4所示。

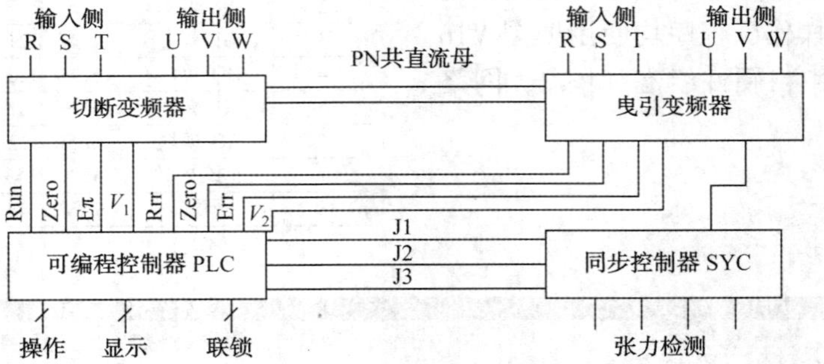

图4　切断曳引变频控制

切断及曳引变频器通常选用富士或西门子品牌。考虑到以后维护便捷，及升级改造的经济性。这里选择富士G1S系列。张力位置检测传感器选择巴鲁夫BTL7模拟量系列。变频器设备选型表如表3所示。

表3　变频器设备选型表

序号	设备	型号	数量
1	变频器	FRN7.5G1S-4C	2
2	张力位置检测传感器	BTL7-Ab-M2500-K8-SR32	1

2.3　电气控制柜的设计排布要求

控制柜前双开门设计，柜内合理布局，方便检修，上端有散热网孔以及防水措施。柜体使用2mm厚钢板，颜色为电脑灰。控制柜内电力回路导线截面不小于2.0mm²，额定耐压0.6/1kV；控制回路导线截面不小于1.5mm²，额定耐压0.45/0.75kV；要求有挠性的的地方应采用多股导线。所有电线须绑扎固定、规范布线，并在线束两端使用导线标识牌。控制柜下端配相应的接线端子并留有20%余量，接线端子离柜底不得超过20cm，保证利旧电缆长度足够且方便接线。

3　施工及应用解决方案

3.1　施工步骤

曳引机及切断机控制系统升级主要是控制柜的安装。在移除旧控制柜前，首先需对现有电缆做好校线和标记，在新控制柜接线时可以依据标记对照端子表进行接线。更换现场操控元件及检测元件。所有电缆接线完成后，还要进行最终的校验。

完成控制电源的上电，检验每个操作按钮对应的 IO 点是否正确。通过程序强制，试验所有电磁阀及指示灯是否正确。依照电机铭牌及控制原理设定好变频器的参数，单动切断机电机及曳引机电机进行单式，随后进行联动试运行。最终模拟试验工艺联锁及设备安全联锁。

3.2 新系统的应用

3.2.1 参数设置

在运转之前，需进行工艺参数的设置，按照工艺指导书的要求设定低、中、高联动速度、设定切断机单动速度、曳引机单动速度。张力位置传感器的 PID 调节参数。

3.2.2 设备安全联锁试验

在正常联动运转情况下，通过短接信号等方法逐个试验安全联锁。设备安全联锁包括抱闸保护、电机过热保护、切断机入口安全门、切断机安全门纤维、张力辊上越位、张力辊下越位、低低速光电开关联锁停切断、曳引机变频故障及切断机变频故障。

3.2.3 操作人员培训

重新编制新的作业指导书，作业指导书中加入操作屏相关工艺参数设定操作方法。明确设备安全联锁的用途，联锁动作的检查方法及注意事项。培训每个操作人员，直至熟悉操作流程。

4 结束语

本文提到的切断机及曳引机电气控制系统升级已应用到 4 条年产 1.5 万吨短纤生产线。使用结果表明，该控制系统设计实用可靠。很好的控制了切断及曳引之间的张力，纤维的超长问题得到了解决。同时降低了切断设备的故障率，电气备件问题得到了解决。增加了操作屏后，设备运行参数有了监控，工艺在转产调整参数方面也更加的直观。可以推广到同类型年产 1.5 万吨短纤生产线进行升级改造。

智能监测技术在电气运行设备的应用

尹宝刚

（天津津滨石化设备有限公司）

摘　要　随着电力系统对智能化运维需求的不断提高，智能监测技术也得到了迅速发展。通过不同的技术方式和手段，用以监测电气设备运行状态，达到提前有效预警的目的，做出预防性和预知性检修的行为判断，杜绝事故的发生。电气维保人员可以借助于局放、红外测量、小神探等检测手段，对开关柜、电缆头、变压器、电机等重要设备定时进行监测，根据测量情况及时发现设备异常状态安排检维修，同时为设备的检修和维护提供有效的数据支持。从而做到早期预报，早期诊断，防止突发性电气事故的发生，保证电力系统安全可靠运行。

关键词　电力系统　电气事故　智能化　电气　开关柜　电机　红外测量　局放

1　概述

就目前中沙石化范围各变电站而言，由于开关柜、变压器等电气设备整体为金属封装密闭性结构，单靠人工不容易完成“高效”“智能”“系统化”掌握设备运行情况，且一个设备的故障容易波及临近的设备，使故障扩大。因此对电气设备的健康状况的预测、预报和预防，以及对故障的提前预防就显得非常重要。单纯依靠传统的看闻听及传统测温等方法远远不能满足长周期、连续化生产情形下电气设备运维需求，就需要引入智能监测，但这种工作不会是一蹴而就的，我们需要在前期用类似测量手段或是采用局部应用等方法进行数据采集分析，确保可行且实用，并最终实现全面在线检测，变电所无人化。

2　智能监测技术在电气运行设备的应用意义

2.1　及时发现问题及时汇报并进行干预和诊断；

2.2　减少运行电气设备早期故障，保证电力供电系统稳定，同时降低运维成本，提高行业竞争能力；

2.3　对老旧或是有缺陷设备进行定期检测，发现问题及时退出，最大限度利用设备本身的剩余寿命；

2.4　在应用中不断完善、整合，最终实现变电所无人值守。

3　智能监测技术在电气运行设备的应用项目简介

前期，中沙辖区各变电所内开关柜、35kV电缆头、变压器等重要设备日常维护由保运人员定期外观检查的方法来实现，该项目实施后引入局放检测仪、红外成像仪等周期性检测这些关键设备运行状态，同时应用小神探系统对现场所有电机振动、温度等状态监测，并上传。

4　智能监测技术在电气运行设备的应用前存在的问题

在长期运行过程中，电气设备本身出现老化，有些存在于设备内部，仅靠人外观检查等手段无法及时查出隐患，当发现时，也已演变成的事故，造成设备紧急停车等无法弥补的后果，通过学习近期的一些全停电事故，不难发现，设备本身问题占了一定比例，如果有有效检测手段，有的是可以避免的。例如：(1)雨水变电站低压柜电机回路断路器触头连接不实造成过热；(2)乙二醇变电站低压电容器进线铜排设计载流量偏低，长期运行发生过热，绝缘护套老化变色；(3)苯酚变电站变频器电抗器因柜内配线设计偏小，绝缘老化出现断线情况；(4)35kV电缆对桥架放电，产生火花引起地面草坪燃烧；(5)同

第一作者简介：尹宝刚(1984—)，工程师，大学本科学历，2007年毕业于长安大学建筑工程学院电气工程及其自动化专业，现从事化工电气检维修工作，担任主管师。E-mail：363264378@qq.com

时电机断轴及轴承故障等情况多有发生。

5 智能监测技术在电气运行设备的应用

针对上面问题，经中沙甲方同意并出资，为我们引入了局放、热成像、电机小神探等智能化检测设备。我们保运人员在日常维保使用过程中，不断摸索和实践，形成了一系列新的检测、分析、处理流程。

5.1 带电局放检测

局部放电指设备绝缘系统中部分被击穿的电气放电，这种放电可以发生在导体附近，也可以发生在其他位置。

5.1.1 带电局放检测范围

局放检测是对开关设备局部放电状况进行检测及定位，在被检设备的接地金属外壳上进行探测，由于局部放电而引起的短暂电压脉冲，测出局部放电瞬时电压脉冲的幅度峰值。

辖区内35kV以上变压器、35kV以上电力电缆终端及中间接头局部放电检测、高压开关柜检测工作。

5.1.2 带电局放检测周期及标准要求

（1）电缆检测(表1)

表1

检测部位	检测方法	检测周期	检测标准	分析方法
电缆终端及中间接头超高频局部放电检测	高频局放带电检测	新设备投运、解检修后1周内；投运后3年内：1年；出现异常情况每天一次；每周进行巡检一次	应无典型放电图谱与同等条件下同类设备检测的图谱有明显区别时，应跟踪检测有典型放电图谱时，应查明原因	适用于35kV及以上与标准图谱比较；异常情况应跟踪检测或停电处理；条件具备时进行
交叉互联线及接地线电流测量	高频局放	新设备投运或解体检修后1个月内 每周进行巡检一次 异常状况每天一次	1、应满足下列全部要求： ①接地电流绝对值<100A ②接地电流与负荷比值<20% ③单相接地电流最大值/最小值<3 2、当满足下述任意一条，应跟踪检测 ①接地电流绝对值≥100A且≤200A ②接地电流与负荷比≥20%且≤50% ③单相接地电流最大值/最小值≥3且≤5 3、当满足下述任意一条，应查明原因 ①接地电流绝对值>200A ②接地电流与负荷比值>50%或 ③单相接地电流最大值/最小值>5	用钳形电流表 必要时：大负荷前后度夏高峰前后；对于运行环境差、设备陈旧及缺陷设备，要增加监测次数； 对接地电流测量数据的分析，要结合电缆线路的负荷情况，综合分析接地电流异常的发展变化趋势

（2）高压开关柜检测(表2)

表2

检测位置	检测方法	检测周期	分析方法
柜体	超声波 带电检测	6kV及以上变电站：1年 新设备投运、解体检修后1周内 异常状况每天一次 每月进行巡检一次	应无典型放电波形或音响，且不大于8dB 当超过8dB应跟踪检测 当超过15dB应查明原因

续表

检测位置	检测方法	检测周期	分析方法
柜体	暂态地电压带电检测	6kV及以上变电站：1年 新设备投运、解体检修后1周 异常状况每天一次 每月进行巡检一次	与环境数值(金属)相对差值不大于20dB，若超过应查明原因

(3) 变压器检测(表3)

表3

检测位置	检测方法	检测周期	分析方法	检测标准
铁芯及夹件接地	高频局部放电测量	1年； 新设备投运、解体检修后1周内完成； 异常状况每天一次； 每月进行巡检一次；	无典型放电图谱； 与同等条件下同类设备检测的图谱有明显区别时，应跟踪检测； 有典型放电图谱时，应查明原因。	与标准图谱比较。 检测时从套管末屏接地线、高压电缆接地线(变压器为电缆出线结构)以及铁芯、夹件接地线取信号，其他结构参照执行。 异常情况应跟踪检测或停电处理。

5.1.3 异常境况分析

常见的异常状态有三种：电晕放电，内部放电及延边放电，如图1~图3所示。

放电类型	图谱类型	图谱特征
电晕放电	相位图谱	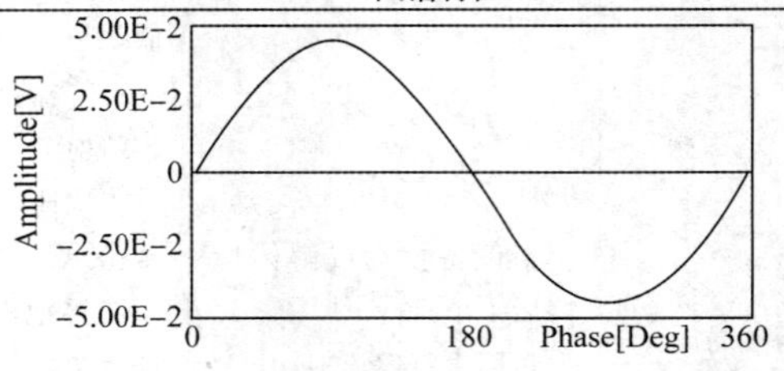
	分类图谱	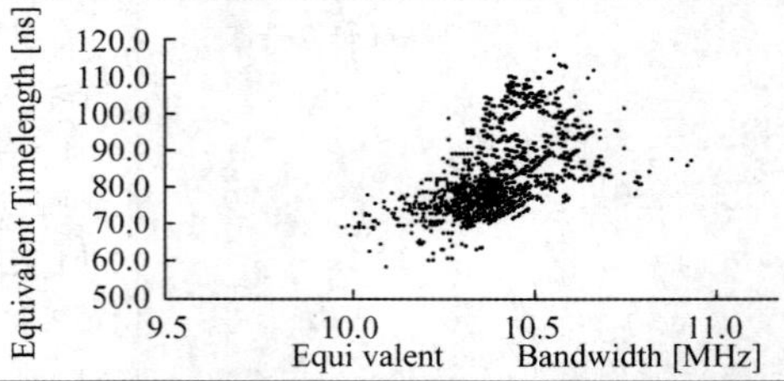
	单个脉冲时域波形	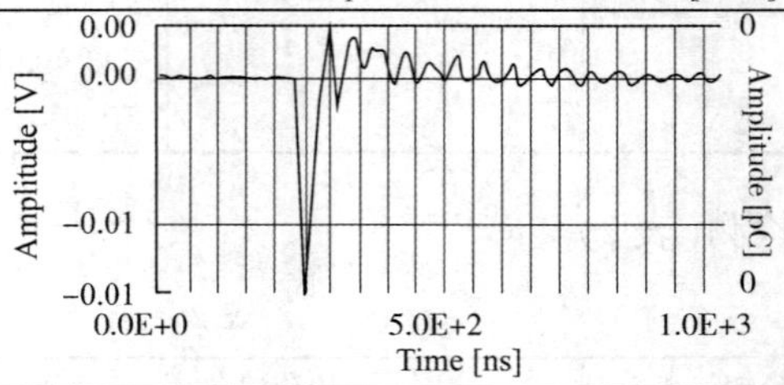

图1　电晕放电

<table>
<tr><td></td><td>单个脉冲
频域波形</td><td>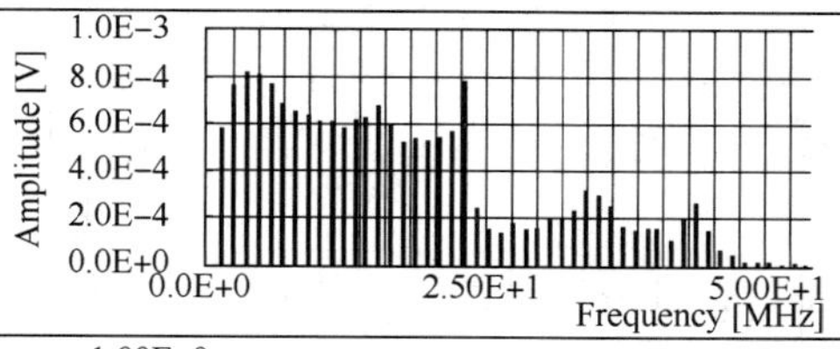
</td></tr>
<tr><td rowspan="3">内部放电</td><td>相位图谱</td><td>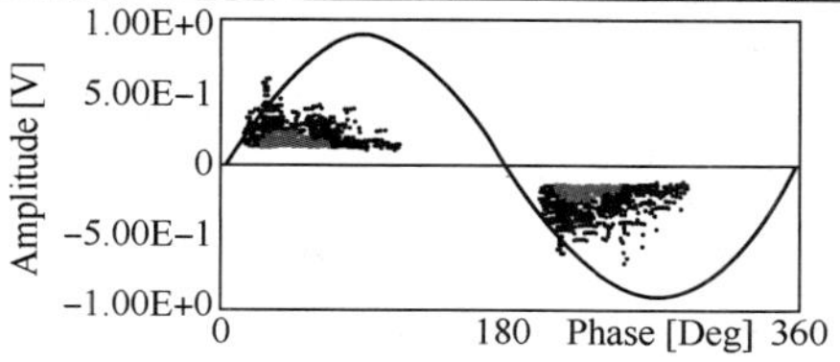
</td></tr>
<tr><td>分类图谱</td><td>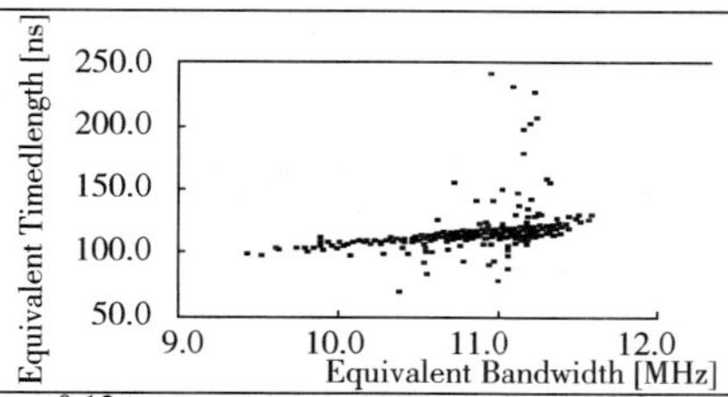
</td></tr>
<tr><td>单个脉冲
时域波形</td><td>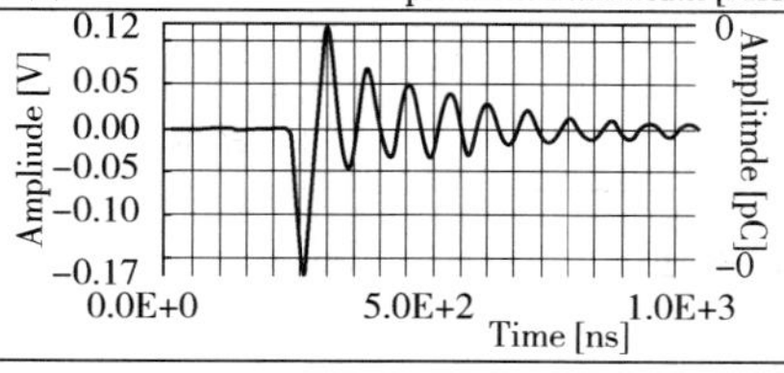
</td></tr>
</table>

图 2 内部放电

<table>
<tr><td></td><td>单个脉冲
频域波形</td><td>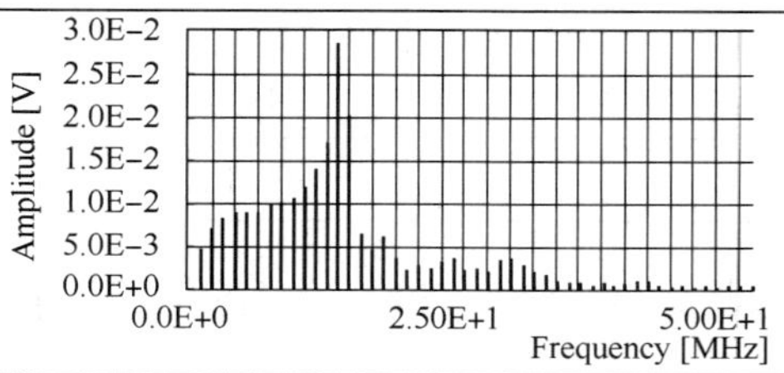
</td></tr>
<tr><td rowspan="2">沿面放电</td><td>相位图谱</td><td>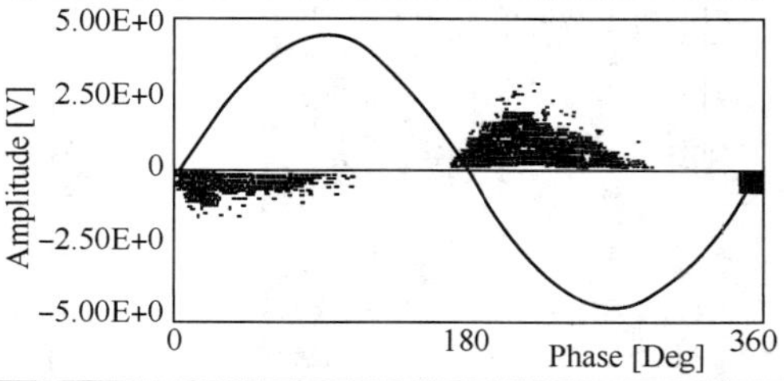
</td></tr>
<tr><td>分类图谱</td><td>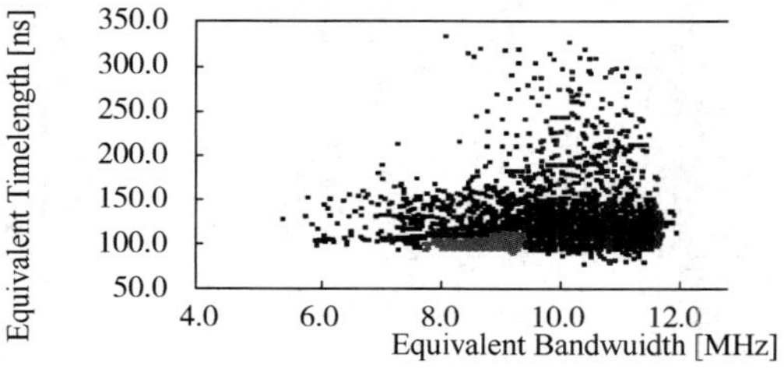
</td></tr>
</table>

图 3 延边放电

5.1.4 局放在应用中发现的设备隐患

例如：电气巡线人员定期会对辖区 35kV 电缆电缆头进行巡线，在对公用区域电缆中间头测量局放时发现其波形不正常，及时对电缆头进行处理。如果不使用局放，光靠外观检查等方法很难在早期发现该隐患，即便后来发现，也已演变成为大的生产事故，甚至会造成人员伤亡。

5.2　红外成像检测

采用红外测量仪器对具有电流、电压致热效应引起表面温度分布特点的各种电气设备进行诊断。目前测量工具采用的是Fluke Ti400+红外热像仪，不同厂家使用方法类似。

5.2.1　测量范围：辖区内旋转电机、变压器、断路器、互感器、电力电容器、避雷器、电力电缆、导线、组合电器、低压电器及二次回路等检测工作。

5.2.2　测量周期：目前一般情况下，电气设备红外检测每3个月进行一次检测。

5.2.3　测量标准：

（1）条件要求

检测目标及环境的温度不宜低于5℃，空气湿度不宜大于85%，天气以阴天、多云为宜，夜间图像质量为佳；不应在有雷、雨、雾、雪等气象条件下进行，检测时风速一般不大于5m/s；室外晴天要避开阳光直接照射或者反射进入仪器镜头，在室内或者晚上检测应避免灯光直射，宜闭灯检测。

（2）常见概念

温升：用同一检测仪器相继测得的被测物表面温度和环境温度参照体表面温度之差。

温差：用同一检测仪器相继测得的不同被测物或同一被测物不同部位之间的温度差。

相对温差：两个对应测点之间的温差与其中较热点的温升之比的百分数。

（3）要求（表4）

表4

设备类型	热成像特征	故障特征	缺陷性质		
			一般缺陷	严重缺陷	危急缺陷
电气设备连接部件：接头和线夹	以接头和线夹为中心的热像，热点明显	接触不良	温差不超过15K	热点温度超过80℃	热点温度超过110℃
金属导线	以导线为中心的热像，热点明显	松股，断股，老化，截面积不够	温差不超过15K	热点温度超过80℃	热点温度过110℃
断路器	触头	压接不良	温差不超过15K	热点温度超过55℃	热点温度超过80℃

5.2.4　热成像测量数据分析及结果判断举例（图4~图7）

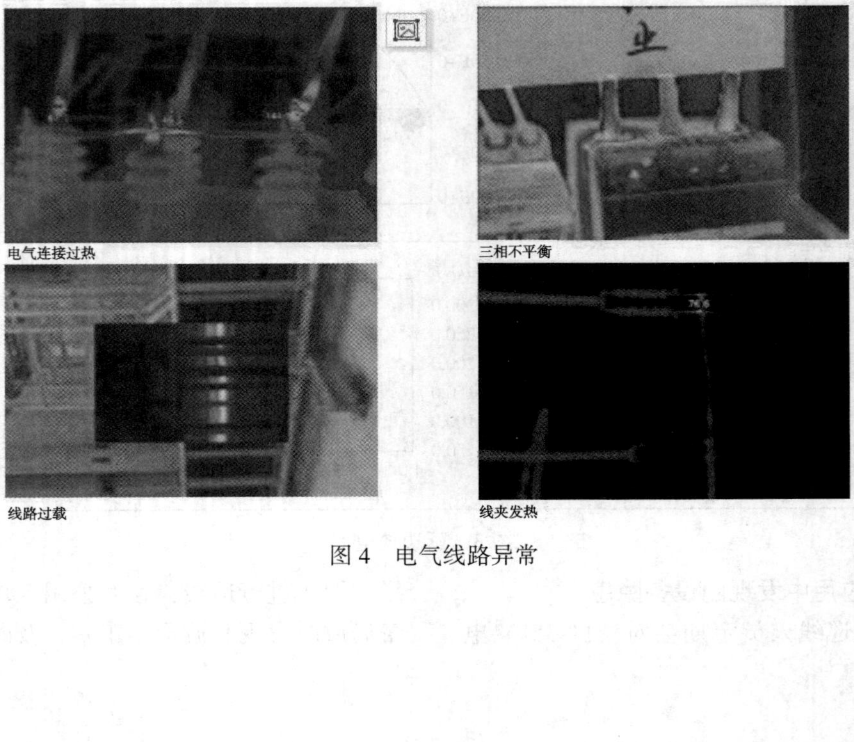

图4　电气线路异常

图 5　变压器异常

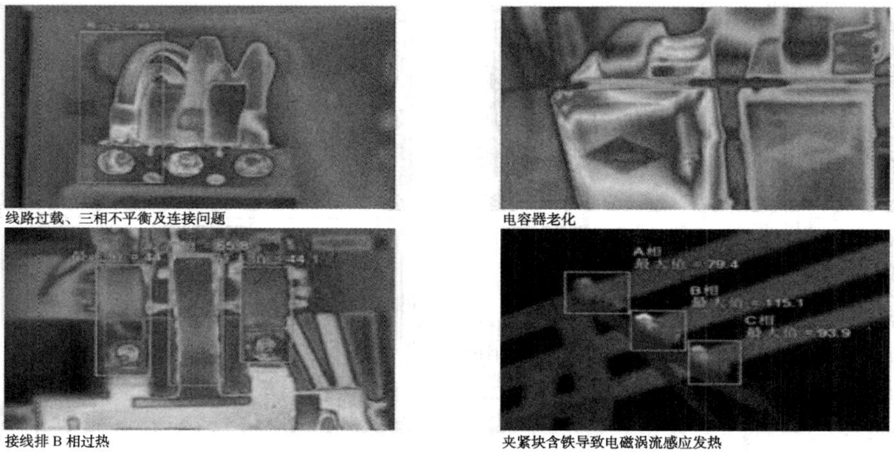

图 6　开关柜异常

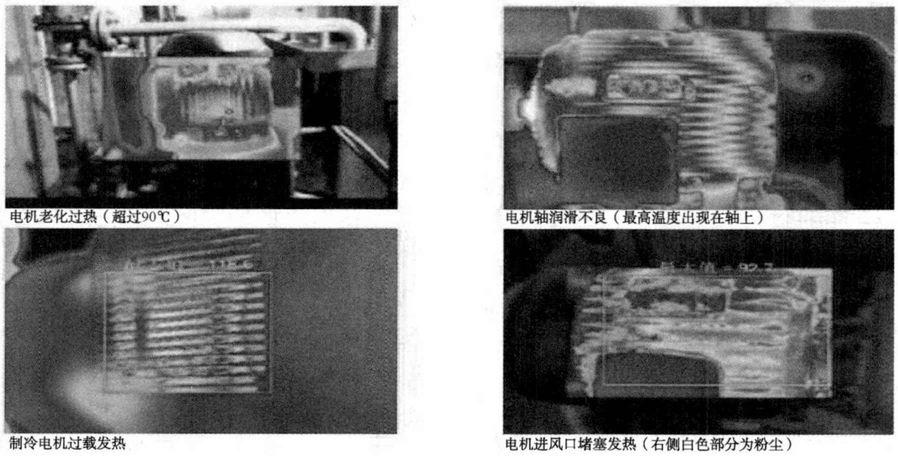

图 7　电动机异常

5.2.5　热成像在实际应用过程发现的问题

例如：电气运行人员在对苯酚丙酮变电站低压柜进行红外检测时，发现 P-405A 电机低压回路三相出线端子温度不均衡，C 相端子偏高，温度达 70℃，而 A 相和 B 相为 31℃，后排查出其端子安装不规范等问题，及时进行处理；还有乙二醇变电站低压二段电容器接线端子过热问题与上述情况类似；当然有的时候所测量的温度并未达到或接近报警值，例如在测量CH6950B-A电机回路低压出线端子时发现：A相：38℃，B相：24℃，C相：24℃，温度均在允许状态，但能看出A相与其他两相不同，在热成像上明显看出颜色不同，后经查实A相柜内引线与端子接触不良，及时处理。

这些实例说明热成像在实际应用中能够高效、直观的检测出设备运行时温度异常情况，早发现早处理，避免设备损坏及人身伤害。

5.2.6　热成像检测与传统红外测温仪检测的区别

传统红外测温仪使用最多就是红外测温枪，仅能测量一个点，平时使用选择关键点进行测量，无法对设备全面测量，效率也不高；热成像检测是一个画面，对画面部位进行全面"自动"分析，找出最高温度点，且能根据温度不同形成不同颜色区块，便于对比，而这样的分析过程仅需2~3秒，这种"智能""高效"的工作方式是传统测温装置不具备的。

5.3　小神探检测设备

5.3.1　小神探工作方式

小神探主要应用到现场电机振动、温度等参数测量中，一般电机3天1个测量周期，关键电机(高压电机)1天测量1次，特护电机2小时一次。工作方式主要有3种：现场电机正常巡检、电脑趋势分析及临时测量。

正常小神探巡检：正常电机巡检时，保运人员将保运将辖区内所有电机规划好路线上传小神探系统中，每天测量人员使用小神探连接小神探内网更新下载当日任务到手持设备中，测量人员去现场定点打卡测量现场电机指定位置温度、振动测量等数据，检查是否合格，并连接上传到系统方便以后对照、排查。

趋势分析：根据上传至EM的数据，分析趋势变化，与实际工况对比，分析设备是否需要维修；同时对出现故障的电机进行历史数据分析，便于查明原因。

临时测量：同时小神探可以对电机进行临时测量功能(温度和振动)。

5.3.2　小神探实际应用

以振动为例，根据标准规定，运行电机一般工作B区域(表5、表6)。

表5　振动烈度区域分类　第1组机器：额定功率大于300kW的大型机械；轴中心高$H \geqslant 315mm$的电机

支承类型	区域边界	位移均方根/μm	速度均方根/(mm/s)
刚性	A/B	29	2.3
	B/C	57	4.5
	C/D	90	7.1
柔性	A/B	45	3.5
	B/C	90	7.1
	C/D	140	11.0

表6　振动烈度区域分类　第2组机器：额定功率大于15kW，小于或等于30kW的中型机械；轴中心高$16mm \leqslant H < 315mm$的电机

支承类型	区域边界	位移均方根/μm	速度均方根/(mm/s)
刚性	A/B	22	1.4
	B/C	45	2.8
	C/D	71	4.5
柔性	A/B	37	2.3
	B/C	71	4.5
	C/D	113	7.1

例如：辖区内GM-6205电机(30kW/380V/刚性基础)，其运行时振动值不应超过2.8mm/S。在几次小神探现场测量其振动值并上传系统后，发现：虽然振动值没有超标但是其轴伸端垂直振动趋势是逐渐变大，如图8所示。

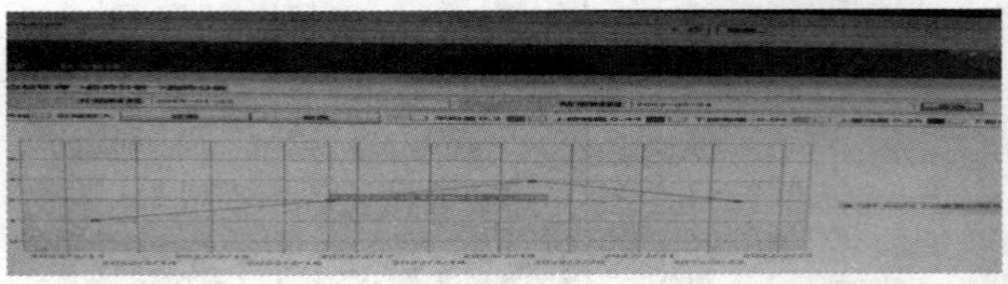

图8

于是进行分析排查处理，最终确认负荷侧原因，处理后振动下降。如果不是很好的利用了小神探数据分析，仅用测振仪直观测量，很难发现问题，等到振动值超标，或许已经造成GM-6205设备损坏甚至机组停车。

同时，还能利用小神探测量分析电机频谱判断电机运行状态：通过对比保运范围内正常和异常运行电机历史频谱比对，分析和证明不同频谱对应的电机故障产生原因，例如：轴承有摩擦时波峰多，不稳定；动平衡有问题时，为近似正弦波；电机不对中时，波峰成倍增大，但仍能保持正弦波。

5.3.3 小神巡检电机相比传统电机测温测振的优点

（1）提高了工作效率，不用填写纸板记录，测量后直接上传数据保存；

（2）小神探测量精度较高，数据可追溯，并便于筛查、分析及类比；

（3）测量需要现场打点，一定程度减少了人为因素造成测量数据不真实；

（4）为以后无人化巡检提供数据支持和经验总结。

6 总结

红外成像设备、局放检测设备、小神探等设备的应用，为实现未来无人值守变电站积累了数据基础，其实在目前电气智能在线检测系统已经广泛应用，例如现有的电气 SCADA 监控系统已将部分电气设备电流、电压等信号进行集中汇总显示，在未来红外、局放等数据测量、传输、储存及分析也将实现完全自动化录入系统，这也是未来发展趋势，在实现自动化过程中，也将为我们带来巨大的经济价值，我们可以将不同厂家的产品整合，做成数据库平台，形成一套整体解决方案，完善我们现有电气保运的方式和方法，更加有效的保证了电气设备运行稳定。

大功率高压电机局部放电监测异常分析与对策

黄勤檑

（福建炼化林德气体有限责任公司）

摘　要　绝缘故障是高压电机的主要故障之一，大功率高压电机是化工企业的核心设备，发生绝缘故障对企业的影响往往是灾难性的。某公司采用的局部放电在线监测装置是国内较新的电机绝缘监测技术，在2019年4月连续发出上升警报，通过严谨排查，科学计算与论证，制定打破常规的应急对策，较为妥当地解决了当前所面临的困难抉择。

关键词　高压电机　局部放电在线监测　应急预案　替换

1　前言

公司两台11200kW高压异步电机，分别属于两套相同空分生产流程上不可或缺的增压机驱动电机，2008年投运，电机内部漏油比较严重。2018年11月生产装置大修时将该电机送出至上海工厂做维护保养，保养项目有VPI真空压力浸漆、定子介质损耗检测、耐压试验、高压水洗、干冰清洗等，并做防漏油改造，电机于2018年12月初恢复投运。电机的局部放电（下文简称局放）在线监测装置于2012年安装投用，大修前局放强度基本稳定在较小的20mW左右，大修后却发现急剧上升。

2　局放在线监测装置简介

高压电机局放在线监测装置主要通过局放传感器实时监测电机定子绕组内部、绕组端部、进出线母排及电缆的局放脉冲信号来监测其绝缘状况，并通过网络通讯发送给相关工程师，原理图见图1。

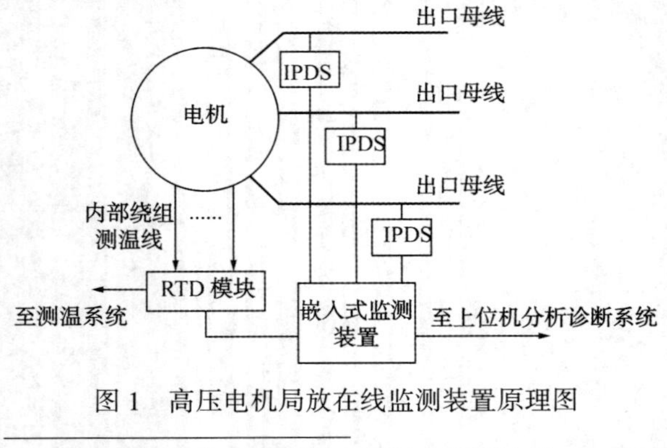

图1　高压电机局放在线监测装置原理图

装置主要包括三部分，一是安装1只RTD模块替代RTD端子（RTD是电阻温度传感器，简称热电阻），用于接收定子绕组中埋设的6组RTD测温线检测到的局放信号，这适用于任一标配RTD测温线的高压电机；二是安装3只单相80pF的耦合电容传感器IPDS，安装在电机高压接线箱的母排和地之间，用来监测电缆、母排和电机绕组末端的局放信号；三是嵌入式监测装置及上位机分析诊断与远程传输部分。此外，电机负荷、环境温度、湿度的状况对局放分析有一定的影响，所以该系统在监测局放的同时也通过相应传感器监测这三项数据。

局放在线监测装置更侧重于对电机连续长期的局放趋势跟踪与比较。

3　什么是局放？发生局放的可能原因

3.1　什么是局放

局放是局部放电的简称，是发生在电气系统中微小的电的击穿，常见的如电晕，爬电等；局放发生在较高电压等级的设备上，一般3kV及以上；局放是电气绝缘破坏的一个早期指标或过程；电压越高，破坏力就越强。

3.2　高压电机绕组发生局放的可能原因

季节性因素影响，如南方梅雨潮湿天气，绕组表面附着空气中的水分；绝缘空气泡、绕组松散、线槽有空隙、绕组表面有污染、定子绕组绝缘老化；这些都是发生局放的可能原因。

第一作者简介：黄勤檑，本科，电气经理、电气工程师，现在福建炼化林德气体有限责任公司从事电气方面工作。E-mail：qin-lei. huang@ linde. com

4 电机局放异常的出现与分析

4.1 局放异常的出现

2019 年 4 月 25 日，局放在线监测装置有报警发生，该监测装置设备服务商伊顿发来了警告提示，两台增压机电机的 RTD 局放值有升高趋势。

2019 年 4 月 29 日，服务商发来提醒，2#增压机电机局放强度(PDI)值持续上升，需要多关注绕组末端局放，见图 2。

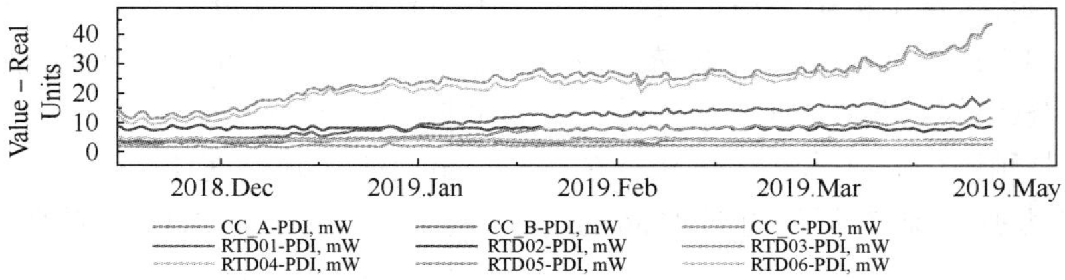

图 2 电机局放上升

2019 年 05 月 11 日，2#增压机电机局放强度 PDI 值 RTD3 和 RTD4 急剧上升，局放普遍较高。

2019 年 05 月 14 日，2#增压机局放再次上升，势头猛烈，数值是 1 月份的 8 倍(最高到 90mW 多)，见图 3。

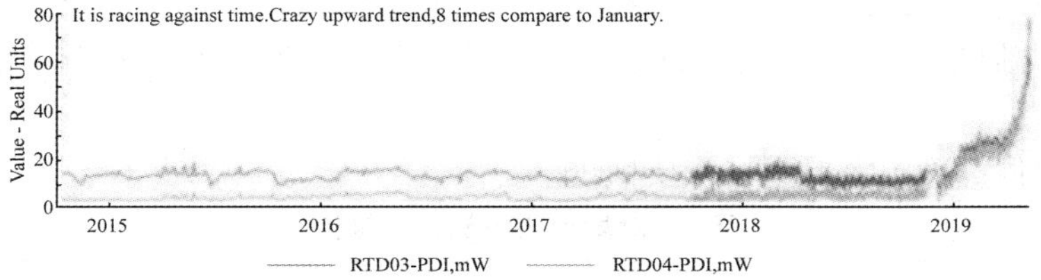

图 3 2#增压机电机局放上升

4.2 电机局放高报警可能原因讨论与分析

回顾 2#增压机电机局放监测历史趋势及数值大小，见图 4。

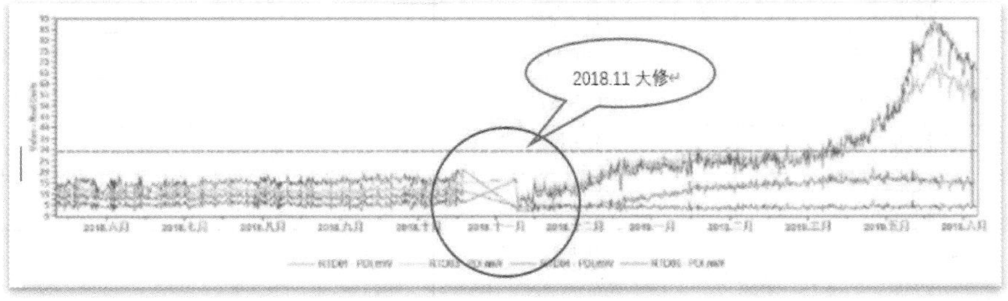

图 4 2#增压机电机局放趋势放大图

可以看出，2018 年 11 月大修前 RTD3、RTD4 局放曲线是相对平稳的，在 20mW 以下；前后曲线对比，显然局放程度在劣化，虽然到 6 月有所下降，但也还在 70mW 左右的高位。核查同时期 1#增压机电机局放曲线，见图 5。

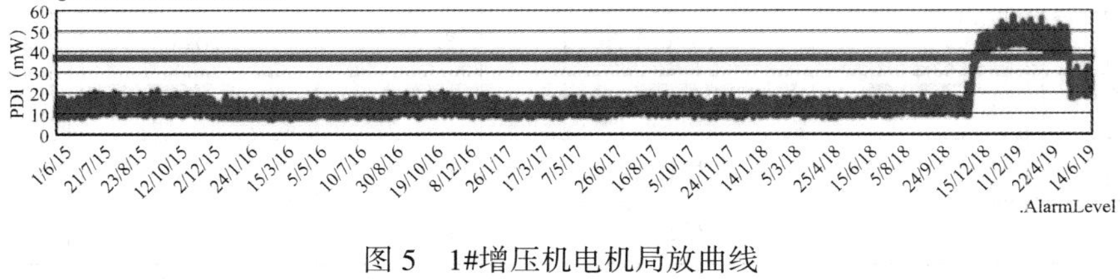

图 5 1#增压机电机局放曲线

1#增压机的 RTD3 也上升，但幅值没有 2#增压机高(最多 60mW 以下)，而且在不久后的 2019 年 6 月就呈较大幅度下降到 30mW 以下了。

公司生产部门召集股东方相关技术专家、电

机保养厂技术人员等进行根因分析讨论，存在如下四种观点：

观点1：电机维护保养过程流程操作不当，如升降温过程控制不当，温度变化率超标，较快速的热胀冷缩造成绕组损伤。

观点2：电机维护保养过程中，最后流程的干冰清洗，释放出的干冰瞬间升华引起的局部剧烈冷却，造成电机绕组绝缘表面受到损伤。尽管高压电机干冰清洗是国际成熟技术，但可能存在操作不当，比如是否针对某个部位过长时间的冲洗。

观点3：电机局放检测是新技术，是否可靠有效有待验证，一切要以电机停机电气预防性试验结果为准。

观点4：电机保养中VPI真空浸漆过程会导致局放升高，新漆稳定需要经过一段时间；有的新制造电机出现过类似情况，称之为绝缘自愈现象。

尽管意见不一，但都确定需要重视，要做进一步排查，因为局放强度会否继续冲高或再次冲高，并达到不可控程度，不得而知。

5　局放异常可能导致的后果

该局放如果持续升高，会导致电机定子绕组绝缘材料性能劣化，最终绝缘击穿，发生单相接地或相间短路，俗称电机放炮，一套空分停产至少18天（按中国速度——国内最快的高压电机绕组换线大修时间13天计），停工损失526万，电机大修175万。如果是参照西门子电机欧洲工厂维修速度，则是3个月，经济损失巨大到难以估量。

6　局放异常排查与确认

6.1　回顾电机维护保养出厂试验报告，两份报告结论均合格，但2#增压机电机在吸收比、介质损耗、直流泄露电流参数上都会比1#增压机电机差些（见下表1和表2对照）。

表1　2#增压机电机试验报告

一、吸收比

状态	相别	U-V、W、地	V-U、W、地	W-U、V、地
耐压前	R15	5.39GΩ	3.91GΩ	3.41GΩ
	R60	10.2GΩ	12.2GΩ	8.8GΩ
	吸收比≥1.3	1.89	3.12	2.58
耐压后	R15	5.6GΩ	4.0GΩ	3.49GΩ
	R60	10.7GΩ	12.4GΩ	8.76GΩ
	吸收比≥1.3	1.91	3.1	2.49

二、介质损耗

相别	U相		V相		W相	
试验电压	tgδ(%)	CX(nF)	tgδ(%)	CX(nF)	tgδ(%)	CX(nF)
4000kV	1.39	103.5	1.33	104.2	1.27	104.2
10000kV	5.33	111.5	5.25	111.9	5.37	111.9
Δtgδ(%)	3.94		3.92		4.1	

三、直流泄露电流（μA）

相别	5kV	10kV	15kV	20kV	25kV
U-V、W、地	2.7	3.5	4.1	5.3	78
V-U、W、地	2.6	3.4	3.9	5.1	7.6
W-U、V、地	2.3	3.2	3.7	4.9	7.1

表 2 1#增压机电机试验报告

一、吸收比

状态	相别	U-V、W、地	V-U、W、地	W-U、V、地
耐压前	R15	8.18GΩ	7.19GΩ	8.13GΩ
	R60	20.7GΩ	18.7GΩ	20.9GΩ
	吸收比≥1.3	2.53	2.60	2.57
耐压后	R15	7.99GΩ	7.34GΩ	8.19GΩ
	R60	19.9GΩ	19.4GΩ	21.3GΩ
	吸收比≥1.3	2.49	2.64	2.60

二、介质损耗

相别	U 相		V 相		W 相	
试验电压	tgδ(%)	CX(nF)	tgδ(%)	CX(nF)	tgδ(%)	CX(nF)
4000kV	0.96	104.6	1.03	103.6	0.96	103.5
10000kV	4.44	112.0	4.53	111.1	4.61	111.4
△tgδ(%)	3.48		3.50		3.65	

三、直流泄露电流(uA)

相别	5kV	10kV	15kV	20kV	25kV
U-V、W、地	1.9	2.4	3.9	4.5	5.9
V-U、W、地	1.7	2.1	3.5	4.1	5.2
W-U、V、地	1.7	2.2	3.8	4.2	5.6

6.2 将 2019 年 6 月份的高压电气设备超声波检测计划提前，重点关注 2#电机机身、接线盒检测局放。检测结论：2#增压机电机器身 4 个测点有放电波形，接线盒没有局部放电；建议：加强检测，关注设备运行状况。

6.3 排查电网系统是否有共性干扰因素存在，如谐波。通过接入 FLUKE435 谐波仪检测，未见超标；比较在同样电网系统中的空压机电机局放，并未出现此局放趋势陡然上升情况；并且两台增压机电机电源分别来自上级变电站的不同母段；故而排除电网系统共性干扰因素。

6.4 打开电机侧面检修人孔，夜间熄灯检查、强光检查、红外成像检测，未见表面放电和局部过热现象。

6.5 更换 PDM 主机 RTD 局放信号通道(对局放高报警的 RTD3、RTD4 回路用其他 RTD 回路作替换排查)，进行 PDI 数据比对排查，替换后回路依然高报警，排除了通道故障的可能。

6.6 邀请第三方做在线局放分析(艾瑞斯/IRIS，与伊顿同属全球排名靠前)，经过现场检测并数据分析得出报告：

(1) 参考 2019 年 IRIS 局放统计数据库，机组整体放电水平中最高的 A 相处于 IRIS 数据库的中等放电水平。

(2) 根据 IRIS 的 PDView 分析软件中 3D 和 2D 的图谱显示，放电源主要来自相对地

和部分的相对相放电，定子线棒的槽内部分是主要放电源。

(3) A 相在 0°相角范围内有可能存在线棒出槽口位置的表面放电。

6.7 停机做预防性试验，与返厂维护的试验报告相接近。

6.8 2019 年 7 月，停机做 ABB 的 LEAP 测试(Lifetime Expectancy Analysis Program)，它是一种用于分析高压电机定子绕组绝缘状态及预期寿命的特殊工具，其检测内容也包括了传统的交直流耐压、泄漏电流等项目。经过现场检测并数据分析得出报告：

(1) 主要的放电活动是分层放电，并且大多数靠近导体。

(2) 放电活动存在于大的气隙(通常大于 0.1mm)。

(3) 从放电空间体积比率测量到空间放电程度，其结果明显超出云母绝缘系统的正常范围(>0.5%)。

(4) 电机已经运行了 52%的定子绕组绝缘

预期寿命，预期寿命图形显示实际寿命预期

与最大设计寿命对比，存在2到2.5倍的偏差。这主要归结于定子绕组绝缘过高的气隙程度，这包含了靠近导体的内部分层放电。在此项目中，由于电机启动时受到的应力超出正常稳定的应力情况，这可能会使电机受到开关/瞬间浪涌或电磁力而导致永久性损坏。定子绝缘的预期寿命预估约剩余79000小时。

（5）根据气隙存在的位置与此气隙对绕组的影响，在接下来运行的15000小时之内存在非常高绝缘失效风险。

从以上8项排查结果看，局部放电是真实存在且不容忽视。

7　制定当前应对措施

针对各项排查结果，我们采取了以下三种措施，以设法降低局放强度。

7.1　尽可能减少开停机次数，并对再启动前的定子绕组温度做要求

定子绕组绝缘分层老化绝大多数的原因是电机热量的累积，在重复启动或低速爬行而引起的过度发热和应力会加剧对绝缘层的伤害，避免频繁启动与降低电机启动时的绕组温度是减缓绝缘老化的有效措施。

7.1.1　启动次数限制（严格按电机维护使用说明书执行）

（1）当电动机初始状态为环境温度时，两次连续启动，相隔4小时以后才能再次启动。

（2）当电动机初始状态为额定运行温度时，一次连续启动，相隔4小时以后才能再次启动。

7.1.2　对电机再启动前绕组温度做冷却控制

（1）该电机在2013年与2016年经历了较短时间内的多次启动，查询了该电机的历史启动温度曲线，发现电机在绕组温度为70℃或以上启动时，温度曲线会出现较大尖峰值；在低于65℃后启动，绕组温度不会出现尖峰值；所以，电机启动前要求绕组温度越低越好。

（2）再有电机多次启动情况时，必须等绕组温度降至65℃或以下才允许再次启动，必要时可以采用打开检修孔强迫送风办法加快降温。

7.2　试验在电机腔内少量注入氮气以希望抑制局放并观察效果

由于O_2在电离的作用下会产生臭氧O_3（$O_3+N_2+H_2O \Rightarrow HNO_3$硝酸），而硝酸会加剧侵蚀绝缘材料，造成电机绝缘的进一步恶化。在做好气氛安全警示与措施的条件下，临时在该电机检修孔进风口位置通入小流量氮气进行测试，减少电机内部O_2与H_2O含量，以减缓或抑制局部放电对电机绝缘的影响。经观测一个月，局放值没有明显变化，取消此项注氮措施。

7.3　增压机电机动力箱内的电容器更换为阻容吸收器

在ABB的leap test测试报告中推荐在电机终端使用浪涌过滤/抑制器，可以减少电机绝缘失效风险。2台增压机电机的动力箱内原先配置的浪涌吸收器是电容器（型号BFM11/√3-25-1W，电压11/√3kV，容量2.03μF），现阶段股东方集团公司对此也有相应的新标准，新标准是配置阻容吸收器，它可有效抑制操作过电压的瞬间振荡和高频能量，使过电压的波形变缓，陡度和幅度值降低，再加上电阻的阻尼作用，使高频振荡迅速衰减，避免因操作过电压造成电机绝缘损坏。

8　制定长期应对措施（编制应急预案、提出新解决方案）

购买备用电机是最常见的应急措施，简单直接，但致命缺点是订货周期长达8个月。

通常来说，大功率高压电机具有高可靠性特点，且价格昂贵；在企业的核心资产中，一般都会购买大型压缩机的转子做备用，但不会去购买大功率高压电机转子或整机做备用，在没有确切的故障隐患证据前，购买昂贵电机作备机的决定，是不会轻易做出的。再者这种局放在线检测技术在国内并不是普遍使用，在化工系统应用较少，并没有得到普遍认可，该技术在国内高校也还处在不断探索阶段。

基于局放曲线实实在在的前后对比恶化趋势、高涨的局放数值和各项排查不乐观的结果，以及该电机对空分流程上不可或缺的重要性，又不允许我们不重视。但花费重金（2019年报价235万）购买备机又显得依据不够充分，使得管理层难以决策。特别是新电机的订货周期长达8个月，如果这期间发生故障，将给客户造成严重影响。

于是，作者提出了一种新的解决方案：使用公司两台平时基本不运行的、额定功率为13000kW的产品氮压机电机之一作为应急替代。

两台氮压机2019全年总共运行14小时，与增压机电机是同一制造厂，同一型号、同样尺寸，但功率差别达到16.1%(1800kW)，还有一些参数存在差别，所以，是否可行需要经过科学论证。

此方案若可行，可适用于任何原因造成的增压机电机严重故障时，应急替代恢复生产，意义重大！但此方案突破常规不被看好，为此作者做了进一步论证。

9 氮压机电机替代增压机电机可性行分析与论证

9.1 电机详细参数比对见表3

表3 增压机电机与氮压机电机相关数据比对表

序号	项目	增压机电机	氮压机电机	比对差别	备注
1	电机型号	YCHS1000-4	YCHS1000-4	0	相同
2	电机功率/kW	11200	13000	-1800	见下文9.2.1
3	定子电流/A	724	852	-128	同上
4	电压、转速	10000、1496	10000、1496	0	相同
5	效率	97.1	97.2	-0.1	不重要可忽略
6	功率因数	0.92	0.908	0.012	不重要可忽略
7	电机启动方式	专用变压器直接启动	专用变压器直接启动	0	相同
8	变压器量容 kVA	16000	20000	-4000	使用氮压机变压器，见下文9.2.6
9	10kV开关柜型号参数	3AH3115 31.5kA 1250A	3AH3115 31.5kA 1250A	0	相同，仍使用氮压机开关柜
10	10kV动力电缆规格×根数	(3×240)×4	(3×240)×4	0	相同
11	电机保护定值	—	—	有差别	按氮压机原定值，见下文9.2.7
12	电机地脚螺栓尺寸	(900+1000+900)×2000 8-ϕ66	(900+1000+900)×2000 8-ϕ66	0	相同
13	电机本体外形尺寸长×宽×高	4460×2300×2100	4460×2300×2100	0	相同
14	电机本体底座外形尺寸长×宽	3340×2300	3340×2300	0	相同
15	冷却器中心高	2710	2790	-80	使用原冷却器，见9.2.3
16	冷却器热交换容量 kW	340	410	-70	使用原冷却器，见9.2.3
17	冷却器与电机固定螺栓位置	—	—	0	相同
18	电机轴直径	280	280	0	相同
19	磁力中心线	50.5	48	2.5	见下文9.2.2
20	电机转动惯量	1404	1404	0	相同
21	最大转矩/额定转矩	1.98	1.71	0.27	见下文9.2.8分析
22	堵转转矩/额定转矩	0.35	0.3	0.05	见下文9.2.9分析
23	堵转电流/额定电流	4.67	3.97	0.7	见下文9.2.10分析
24	启动转矩曲线	—	—	有差别	见下文9.2.11分析
25	频率、接法	50、Y	50、Y	0	相同
26	自平衡差动CT	LXZG-0.5 50/5A	LXZG-0.5 50/5A	0	相同
27	动力箱、二次箱尺寸与位置	—	—	0	相同
28	总重 kg	44000	44000	0	相同
29	定子重量 kg	22400	22400	0	相同
30	转子重量 kg	12700	12700	0	相同
31	联轴节尺寸	长×外径×内径 2100×ϕ265×ϕ220	长×直径 2100×ϕ200	有差别	使用原增压机联轴节

续表

序号	项目	增压机电机	氮压机电机	比对差别	备注
32	电机联轴器尺寸	长×外径×内径 470×ϕ440×ϕ280	长×外径×内径 470×ϕ440×ϕ280	0	相同
33	电机联轴器重量与重心位置	608kg357.5mm	658kg383mm	有差别	使用原增压机电机联轴器，见9.2.4
34	压缩机联轴器尺寸	长×外径×内径 260×ϕ440×ϕ260	长×外径×内径 260×ϕ440×ϕ260	0	相同
35	电机转子轴向窜量	—	—	0	2018年返厂做防渗油改造时实际测量确认

9.2　对于重要差别项的分析与解决

9.2.1　氮压机电机功率比增压机电机大16.1%，但拖动电机比负载设备配得再大一些是可行的，在国内设计中也常见；再者，电机实际消耗功率，取决于负载大小。

9.2.2　氮压机电机磁力中心线比增压机电机的短2.5mm，可以通过增加垫片或机身位置微调进行修正。

9.2.3　两台空-水冷却器热交换容量不同、高度等尺寸不同，但底部与电机的连接面尺寸相同；再之电机冷却器的热交换量主要由电机负荷，即增压压缩机组负载决定，故而可以仍旧使用原增压机电机冷却器(即只换电机本体，不换冷却器)，这样冷却水管路也不需要更改。

9.2.4　虽然电机联轴器外形尺寸一致，但重量、重心位置不同，并且中间联轴节及压缩机的联轴器外形尺寸不一致，再者考虑到整套联轴器联轴节的动平稳性是相匹配的，经同机械专业研讨决定仍维持使用原增压机电机联轴器(即氮压机电机上的联轴器需要拆卸下来，换装上增压机电机拆下来的联轴器)，中间联轴节及压缩机联轴器不变。

9.2.5　确认机组、联轴器、电机的匹配度，即轴系分析，邀请具备专业资质的伍德/wood公司进行计算论证，结论可行，这也与我们的预判相一致。报告截图见图6。

This is a retrofit system for which the replacement motor torsional characteristics are similar to the existing motor configuration. Provided the drivetrain has no known torsional vibration issues in the past, recommended degree of alignment is performed, high quality gears are used and the gears are inspected for signs of wear, the risk of excessive torsional vibrations is considered low.

这是一个改造系统，其更换电机扭转特性与现有电机配置类似。如果传动系统过去没有已知的扭转振动问题，并且按照设备要求的标准进行对中，使用高质量的齿轮，并检查齿轮有无磨损迹象，则认为过度扭转振动的风险较低。

Vibration, dynamics and noise (VDN) | October 24,2019　　Page 4

wood.

图6　扭矩振动分析报告(Torsional Vibration Analysis Report)

9.2.6　变压器容量差别，氮压机电机原配专用变压器20MVA，增压机电机原配专用变压器16MVA，二者差别达20%，最保险解决办法是，通过电缆改接或转接，仍由氮压机电机原配专用变压器供电，即整个增压机配电系统也用氮压机配电系统替换(图7)。在变电所开关柜处将增压机的动力电缆拆下改接入氮压机开关柜，经实地测量电缆夹层内留有的电缆余量可以满足动力电缆转接的要求；但控制电缆长度不够，需要将DCS、SIS、现场接线盒、现场急停到增压机开关柜的控制电缆全部跨接至氮压机开关柜，作临时性的转接。

9.2.7　保护定值不相同，按保护实际电机原则确定，因为还使用原氮压机开关柜，所以保持氮压机电机原保护定值不变。

9.2.8　最大转矩/额定转矩比值差别，增压机电机 $M_{pull-out}/M_r=1.98$，得出增压机电机最大转矩 $M_{pull-out}=71446\times1.98=141463.08$N·m；氮压机电机 $M_{pull-out}/M_r=1.71$，得出氮压机电机最大转矩 $M_{pull-out}=83059\times1.71=142030.89$N·m，可以看出两台电机最大转矩基本一致。数据来源见表4、表5、表6、表7。

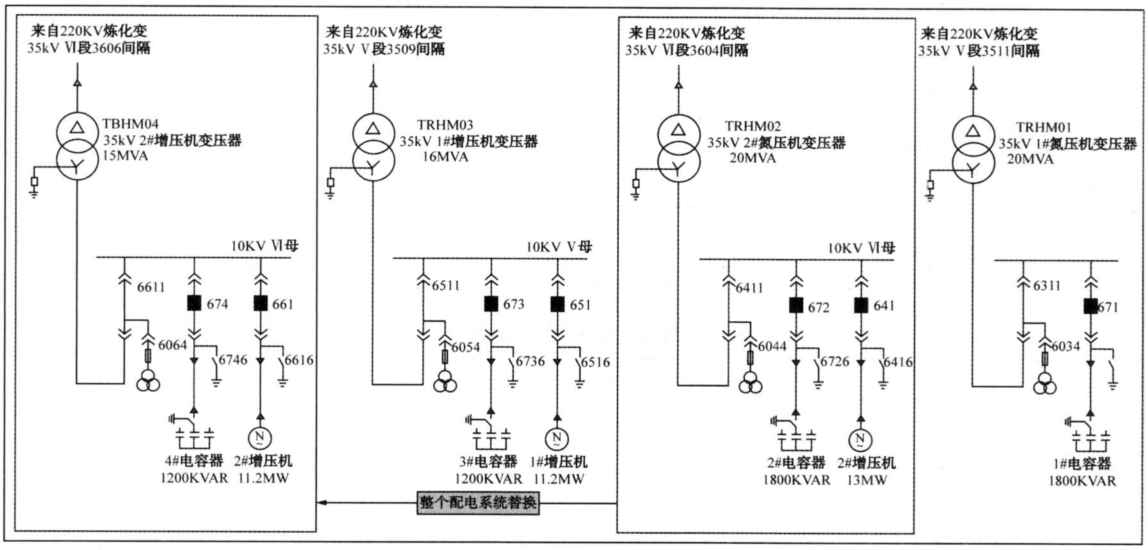

图 7　氮压机配电系统替代增压机配电系统

表 4　增压机电机铭牌数据

电动机技术数据(设计值):

型号	功率(千瓦)	电压(伏)	额定负载时						
			定子电流(安)	转速(转/分)		效率(%)		功率因数(cosϕ)	
YCHS1000-4	11200	10000	724	1496		97.1		0.92	
最大转矩/额定转矩	堵转转矩/额定转矩	堵转电流/额定电流	转子转动惯量 J(千克·米^2)	接法	频率(赫)	重量(千克)			
						冷却器	定子	转子	总重
1.98	0.35	4.67	1404	Y	50	2800	22400	12700	44000

表 5　增压机电机额定转矩等信息

Rated power P_r	11200kW
Operating mode	S1
Rated speed	1496rpm
Rated current I_r	724A
Starting current I_{start} at100% rated voltage at calculated start up voltage 71%	467% 317%
No load current I_0	86A
Rated torque M_r at 100% rated voltage	71446Nm
Starting torque M_{start}/M_r at100% rated voltage at calcutated start up voltage 71%	35% 16.3%
Pull-out torque $M_{pull-out}/M_r$ at100% rated voltage	198%

表6　氮压机电机铭牌数据

<table>
<tr><td colspan="10">电动机技术数据(设计值):</td></tr>
<tr><td rowspan="2">型号</td><td rowspan="2">功率(千瓦)</td><td rowspan="2">电压(伏)</td><td colspan="7">额定负载时</td></tr>
<tr><td>定子电流(安)</td><td colspan="2">转速(转/分)</td><td colspan="2">效率(%)</td><td colspan="2">功率因数(cosϕ)</td></tr>
<tr><td>YCHS1000-4</td><td>13000</td><td>10000</td><td>852</td><td colspan="2">1496</td><td colspan="2">97.2</td><td colspan="2">0.908</td></tr>
<tr><td rowspan="2">最大转矩
额定转矩</td><td rowspan="2">堵转转矩
额定转矩</td><td rowspan="2">堵转电流
额定电流</td><td rowspan="2">转子转动惯量
J(千克·米²)</td><td rowspan="2">接法</td><td rowspan="2">频率
(赫)</td><td colspan="4">重量(千克)</td></tr>
<tr><td>冷却器</td><td>定子</td><td>转子</td><td>总重</td></tr>
<tr><td>1.71</td><td>0.3</td><td>3.97</td><td>1404</td><td>Y</td><td>50</td><td>2800</td><td>22400</td><td>12700</td><td>44000</td></tr>
</table>

表7　氮压机电机额定转矩等信息

Rated power P_r	13000kW
Operating mode	S1
Rated speed	1496rpm
Rated current I_r	852A
Starting current I_{start} at100%rated voltage at calculated start up voltage 74% No load current I_0	379% 283% ………… A
Rated torque M_r at 100% rated voltage	83059Nm
Starting torque M_{start}/M_r at 100%rated voltage at calculated start up voltage 74%	30% 15.4%
Pull-out torque $M_{pull-out}/M_r$ at 100% rated voltage	171%

9.2.9　堵转转矩/额定转矩比值差别，增压机电机 $M_{start}/M_r=0.35$，得出增压机电机堵转转矩 $M_{start}=71446\times0.35=25006.1N\cdot m$；氮压机电机 $M_{start}/M_r=0.3$，得出氮压机电机堵转转矩 $M_{start}=83059\times0.3=24917.7N\cdot m$，可以看出两台电机堵转转矩基本一致(即启动转矩值一致)，所以氮压机电机完全可以拖动增压机压缩机。数据来源见表4、表5、表6、表7。

9.2.10　堵转电流/额定电流比值差别，增压机电机堵转电流为 $4.67\times724=3381.08A$，氮压机电机堵转电流为 $3.97\times852=3382.44A$，可以看出两台电机堵转电流基本一致，即启动电流一致。数据来源见表4、表5、表6、表7。

汇总以上三项(9.2.8、9.2.9、9.2.10)数据见表8，说明两台电机的最大转矩、起动转矩、起动电流别差很小。

9.2.11　启动转矩曲线差别，从如下曲线可以看出，启动时氮压机电机的转矩0.30(图8)，尽管比增压机电机的0.35(图9)要小，但明显比增压压缩机启动负载转矩0.04(图10)大，而且氮压机电机的启动全过程转矩均明显大于增压机压缩机入口导叶全关时的转矩。即氮压机电机替代增压机电机来启动增压压缩机没有问题。

表8　数据对照表

设备 项目	氮压机电机 a	增压机电机 b	差别率 (a-b)/b×100%
最大转矩/N·m	142030.89	141463.08	0.40%
起动转矩/N·m	24917.7	25006.1	-0.35%
起动电流/A	3382.44	3381.08	0.04%

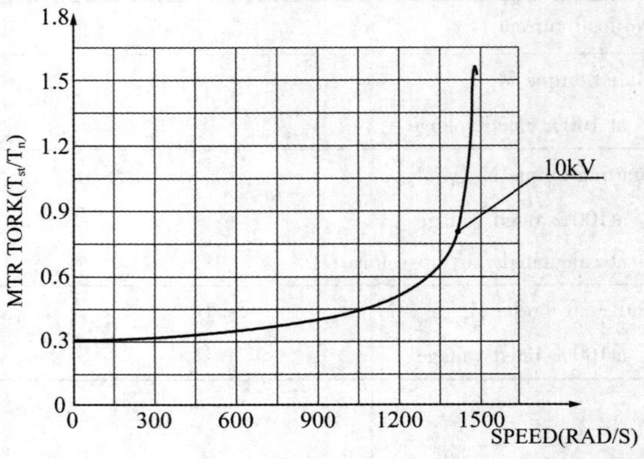

图8　氮压机电机启动转矩曲线

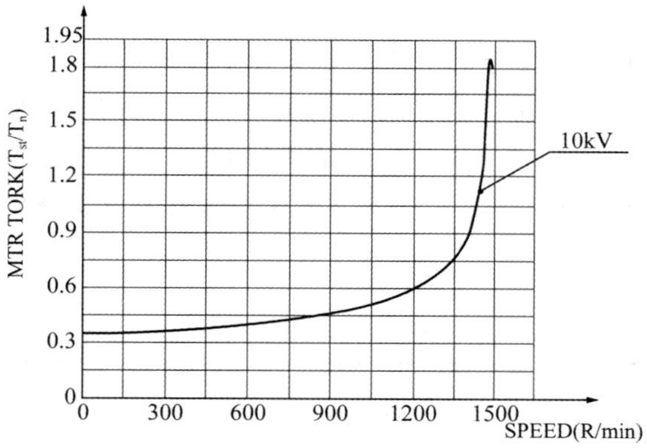

图 9　增压机电机启动转矩曲线

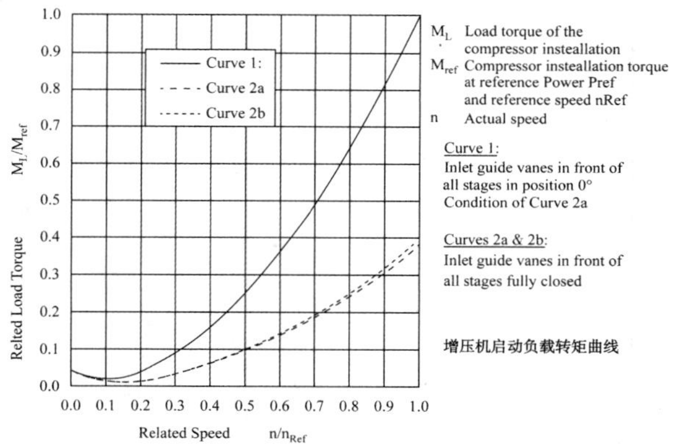

图 10　增压压缩机启动负载转矩曲线

9.2.12　对电动机起动电压降做计算

公司变电所 4 台大型压缩机组(增、氮压机各 2 台)均采用变压器-电动机组接线，其接线形式示意见图 11。

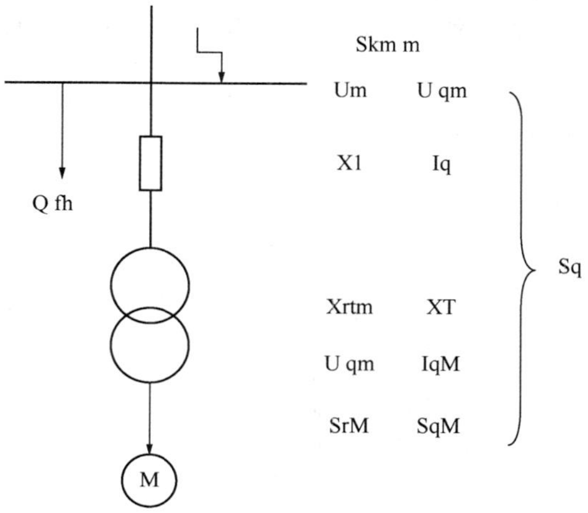

图 11　变压器-电动机组接线示意

作者对电机替代方案较核计算见表 9(下表原始数据来自竣工资料)。

表 9　电机启动压降计算与比较

设备名称	氮压机	增压机	增压机(由氮压机替代)
原始数据			
母线标称电压 Um/kV	37	37	37
系统最小短路容量 Skm/(MVA)	521.7	521.7	521.7
设备容量 Srm/(MVA)	14.44	12.44	14.44
起动电流倍数 Kq	3.97	4.67	3.97
功率因数 Cosϕ	0.91	0.92	0.91
变压器额定容量 Srtm/(MVA)	20	16	16
变压器阻抗百分比 XT	8		
变压器电压比(kV/kV)	35/10.5		
线路长度 L/km	约 0.8		
线路单位电抗 X/(Ω/km)	0.09625		
计算			
线路电抗 XL/Ω	0.077		
电动机起动容量 Sqm(MVA)=Kq×Srm	57.33	58.09	57.33
起动回路额定容量 Sq/(MVA) 1/((1/Sqm)+(XT/Srtm)+(XL/Um^2))	46.51	44.90	44.45
预接无功负荷 Qfh Srm×SQRT(1−Cosϕ^2)	5.987	4.875	5.987
起动时母线电压百分比 Uqm/% (Skm+Qfh)/(Skm+Qfh+Sq)	91.90	92.14	92.23
起动时电动机端电压百分比 UqM/% Uqm×Sq/Sqm	74.56	71.22	71.50

经校核计算，氮压机电机替代增压机电机，仍使用原增压机电机变压器，在起动时，无论母线还是电动机端电压降均能满足规范要求，而且比原增压机起动的压降还略好。

综上分析得出结论：使用氮压机电机替换增压机电机方案技术上是可行，而且可以不需要替换配电系统。这将省去约四分一的工作量，节约不菲的抢修费用并缩短抢修时间。

9.3 两种方案花费资金与优缺点比较见表10

表10　购买备用电机与氮压机电机替代两种方案比较

方案	方案简述	停机更换施工费用(万元)		停产天数	停机期间液体气化供应价差损失/万元	总费用/(万元/不含税)	优点	缺点
		分项	分项费					
方案一：购买备用电机	待监测电机状态劣化或故障后安排更换	500吨带超起汽车吊(3台班)	36	4	115.7	404	有施工经验、方案成熟	订货周期长达8个月，这期间发生故障损失巨大至难以估量
		联轴器拆装用电磁中频加热器配备	4					
		电机拆除、安装预估	15					
		新电机购买+运输	208					
		吊装屋面盖板	5.3					
		电仪拆装、联轴器拆装、对中费用	15					
		相关设备厂商现场服务费：西门子压缩机、上电电机、上海昂电	5					
方案二：用氮压机电机替代	厂房顶棚开吊装孔，500吨吊车户外吊装	轴系计算分析(扭振分析)	4.4	5	145	255.4	1. 吊装与厂房顶棚开孔均有施工经验、方案成熟 2. 氮压机电机返厂保养时不用再厂房顶棚开孔	有厂房顶棚开孔的高空作业风险
		500吨带超起汽车吊(3台班)	36					
		联轴器拆装用电磁中频加热器配备	4					
		电机拆除、安装	23.5					
		屋顶开孔及盖板制作安装	18.3					
		二次吊装屋面盖板二次拆除	5.3					
		联轴器拆装、机组对中费用	13.9					
		相关设备厂商现场服务费：西门子压缩机、上电电机、上海昂电	5					

说明：上表中金额来源有三部分，一是实际工程或设备合同价；二是承包商提供的报价或中国石化定额；三是参考以往服务合同估算价；是比较准确的不含税金额。

从上表可以看出：使用氮压机电机替换增压机电机在经济与优缺点上也明显占优。

综上，通过在技术上、经济与优缺点上比较，我们确定了用氮压机电机替代增压机电机的长期应急方案。

10　最新局部放电趋势

局放最新趋势见图 12，从 2019 年 10 月份以后至今，局放活动进入稳定状态，维持在 40mW 左右。

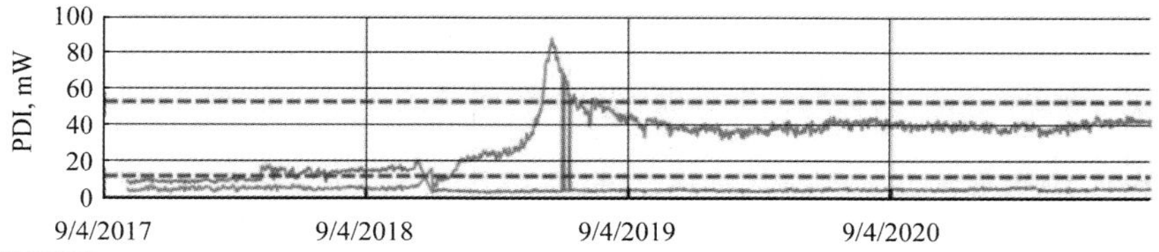

图 12　最新局放趋势

这说明了电机深度保养会导致定子绕组局放升高，但经过一段时间(5000～10000 小时)的运行之后会逐渐减小，原因是绝缘完成了自愈过程；此自愈理论不但适用于国标 GB 20833—2007《电机定子线棒及绕组局部放电测量与评定》所描述的新电机，还可扩展适用于经深度保养的旧电机，但旧电机自愈并不能恢复到原来的低局放状态。

高压电机局放在线监测技术是科学有效的，公司另一台新电机所装设的局放在线监测装置准确监测到了新电机绝缘自愈现象，但新电机的绝缘自愈趋势是快速冲高然后缓慢回落，这与旧电机保养后的自愈情况不一样。

11　结束语

作者通过科学计算与论证，确定了氮压机电机替代增压机电机的应急方案，解决了当时所面临的困难抉择。此外，经进一步论证，确定了配电系统无需替换，从而简化了应急预案，节省了电机故障情况下的抢修时间和抢修费用。

现在来看，当时没有急于购买备用电机的决策是正确的，制定应急预案也是必要的，因为局放强度会否继续冲高或再次冲高，并达到不可控程度，当时不得而知；而且该应急预案还适用于任何原因造成任一增压机电机灾难性事故的快速解决，意义重大。

局部放电在线监测技术有利于对运行中的高压电机绝缘状态实时掌握，提早预警，维护人员可以有针对性的安排检修或制定应急预案，此项新技术值得推广。

参　考　文　献

[1] 蒋远东，陈庆国，王发兴，谢东．大型发电机定子局部放电在线监测系统的研究[J]．中国测试技术，2008，(3)．

[2] GB/T 20833—2007《电机定子线棒及绕组局部放电测量与评定》.

第五篇　仪表

连续重整装置再生系统烟气外排阀门故障解决方案

刘 卓

（中国石油哈尔滨石化分公司仪电车间）

摘 要 连续重整装置再生系统烟气外排控制阀，由于阀杆受介质腐蚀，阀体的加长颈腔室内有大量的固体结垢，导致阀杆摩擦力增大，控制阀膜头风压及复位弹簧力不足以克服摩擦力，造成阀门卡涩，触发再生系统热停车。通过技术改造，阀体引入氮气进行隔离，同时以Honeywell的PKS系统模拟量输出AO卡(HART)为基础，通过HART通讯，采集智能定位器实时运行的控制数据、反馈数据，通过DCS系统中建立数据曲线并集中趋势分析，达到智能定位器调节阀预知维修的设备管理目的。

关键词 预知维修 智能定位器 HART通讯 氮气反吹 阀门监控

连续重整装置催化剂再生段，通过烧去催化剂的焦炭，以恢复催化剂的活性和选择性。有了催化剂再生段的连续再生操作，炼油企业在操作铂重整反应段时就不必为催化剂再生而停车。

再生系统烟气外排控制阀，用于控制再生器与闭锁料斗之间的差压。如果差压控制不及时，会间接触发氮封罐与闭锁料斗差压联锁条件，触发再生系统热停车。

1 调节阀运行状况

由于该阀门卡涩频繁，多次造成再生系统热停车，严重影响装置的平稳运行及安全生产。通过对阀门进行拆解维修，均发现同一现象：在阀杆上发现固体附着物，阀杆有腐蚀，阀体的加长颈腔室内有大量的固体结垢，导致阀杆摩擦力增大，控制阀膜头风压及复位弹簧力不足以克服摩擦力，造成阀门卡涩。

2 故障原因分析

2.1 工艺原因

下面是待生催化剂在再生器内反应过程

（1）烧焦：焦炭+O_2→CO_2+H_2O+热量

（2）氧氯化：氯化物+O_2→HCl+CO_2+H_2O

$HCl+O_2=Cl_2+H_2O$

担体-OH+HCl=担体-Cl+H_2O

（3）干燥：担体-H_2O+干燥气体→担体+气体+H_2O

（4）还原：氧化态金属+H_2→还原态金属+H_2O

从上面的公式可以看到，反应会产生氯气、氯化氢、二氧化碳及水蒸气等混合气体，同时还有担体(三氧化二铝)和担体表面附着的碳在流动过程中因为摩擦而掉落的粉尘夹杂其中。

混合气中氯离子对阀杆具有腐蚀作用，同时，阀杆上附着物及阀加长颈腔室内的结垢是碳粉尘及担体粉尘在高温及水蒸气共同作用的结果。

2.2 控制阀原因

控制阀卡涩与阀门结构也有部分原因。当有烟气流过控制阀时，介质进入腔室内，烟气内氯离子会对阀杆腐蚀。因为控制阀频繁活动，阀杆腐蚀形成的创伤面对密封填料造成损伤，使烟气经盘根处外泄，此时烟气源源不断进入到腔室内，最终沉积在腔室内结垢，使摩檫力增加，造成控制阀响应速度降低，最终导致阀门运行卡涩。

3 技术改造具体措施

3.1 阀体引入氮气进行隔离

在控制阀加长颈处钻孔，注入氮气，阻止烟气进入控制阀腔室，避免氯离子腐蚀及粉尘沉积。具体做法如图1所示。

（1）采用再生框架现有0.8MPa氮气作为隔离气源；

第一作者简介：刘卓(1979—)，技术员/高级工程师，本科，现从事仪表专业设备管理工作。E-mail：liuzhpc@petrochina.com.cn

(2) 使用减压阀设定反吹压力(等于或略高于再生器压力)，最大限度降低反吹氮气对外排烟气流量的影响；

(3) 使用转子流量计限制氮气流量，避免过多的氮气使用浪费，同时可通过观察反吹氮气流量变化，判断盘根有无泄漏。

通过技术改造，有效避免了阀杆腐蚀，腔体结垢，提高了装置的运行平稳率。

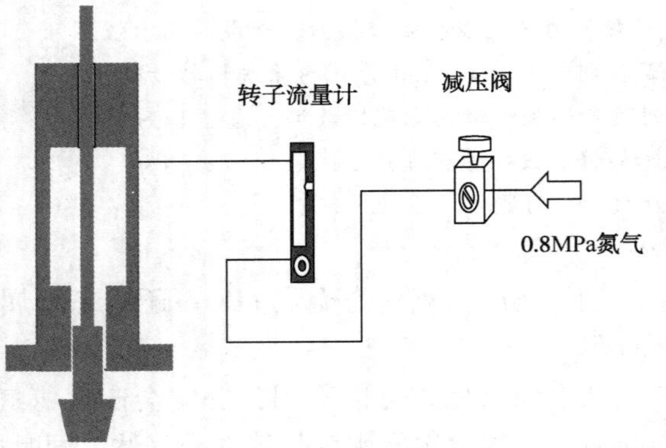

图 1　阀体引入氮气隔离方式

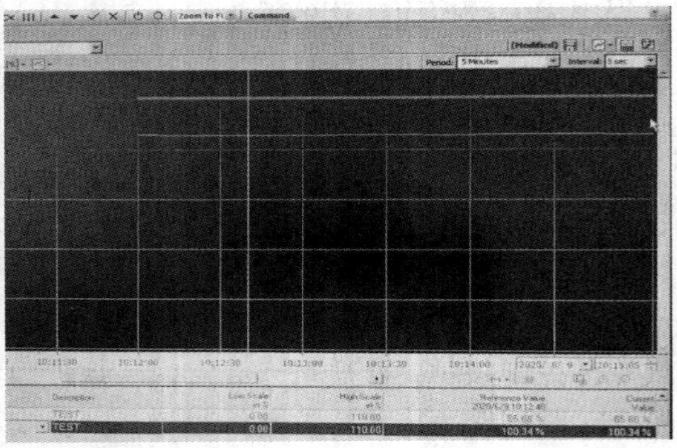

图 2　利用 HART 功能监视阀门运行状态

3.2　智能定位器通过 HART 协议与 DCS 通讯，实

以 Honeywell 的 PKS 系统模拟量输出 AO 卡(HART)为基础，组态 DCS 系统数据，增加数据趋势记录功能。通过 HART 通讯，采集智能定位器实时运行的控制数据、反馈数据，通过 DCS 系统中建立数据集中趋势分析，对于调节阀卡涩、动作偏差、运行缓慢故障等进行预警，实现智能定位器调节阀在线监测、诊断，达到调节阀预知维修的目的。

现场实例如图 2 所示，当阀门出现卡涩时，通过采集智能定位器监控数据曲线分析，阀门控制信号在 100% 时，实际的阀门运行位置在 85.6%。控制信号与阀位信号存在明显偏差，及时监测到阀门正在处于卡涩位置，并触发系统提示报警。维修人员现场进行阀门维修，定位器校验过程数据实时上传至 DCS 系统，并通过数据曲线，及时检验阀门标定结果。

通过实时运行数据的采集与监控，可实现设备状态监视、故障报警、卡涩诊断、校验监测、操作记录、趋势记录、数据备份等功能，达到智能定位器调节阀预知维修的设备管理目的。

4　推广应用价值

4.1　该改造应用原理清晰，施工方案简单易行，可操作性强，可有效解决调节阀卡涩问题，此技术可推广至自控专业其他调节阀卡涩的工况，极具推广应用价值。

4.2　经济效益显著。以连续重整装置日加工量 1200 吨计算，避免一次阀门卡涩造成 CRCS 系统停车，可减少经济损失 24 万元~30 万元。

4.3　社会效益显著。改造实施后，可有效避免阀门卡涩情况发生，降低维护人员的劳动强度，提高工作效率；对阀门状态进行监控，实现阀门预知维修的管理目的。

5　小结

通过调节阀进行氮气隔离、实时运行数据的采集与监控，彻底解决连续重整装置再生系统烟气外排阀门故障停车难题，可以真正实现调节阀的预知维修。将预知维修的技术实现与企业整体性设备管理工作紧密联系在一起，从而实现“在管理指导下的预知维修”和“在故障监测诊断技术支持下的设备管理”。因此，建立基于预知维修的设备管理信息与决策支持系统是必要的，将大大降低生产总运行成本，从而提高生产力，并最终为公司带来收益。

参　考　文　献

[1] 贾永政．浅析 HART 通讯协议[J]．科技信息，2013，(06)：1.

[2] 王娜．HART 协议介绍及 HART 帧举例[J]．科技信息，2013，(05)：1.

位移传感器在橡胶压块机控制系统中的应用

聂士宇

（中国石油大庆石化分公司）

摘　要　本文主要介绍了线性位移传感器的原理、设定和在橡胶压块机 PLC 控制系统中的具体应用及安装结构的改造。

关键词　线性位移传感器 PLC 模拟量处理

如今，PLC 向着高性能多型化方面发展，不仅在处理开关量方面体现出不可比拟的优势，同时，在处理模拟信号方面，也得到了快速发展，为各种模拟信号的处理提供了条件。传感器以其性能稳定、可靠性高、反馈信号精确度高的特点，越来越多的应用到电气自动控制当中，也使电气自动控制水平越来越高。

1　工作原理

线性位移传感器是利用磁致伸缩的原理来测量位移的。其方式是一根导线穿过中空的波导管，波导管固定在传感器杆上，传感器外部有一活动的磁铁。传感器头部电子部件产生一脉冲，脉冲沿导线穿过波导管，电流脉冲产生的磁场与外部磁铁的静磁场相互作用，就在波导管上产生扭转或拉紧的脉冲或叫扭转力。在传感器头部，有两个磁耦合的线圈附着在对拉伸敏感的带子上，带子把通过线圈的拉紧脉冲转换为电返回脉冲传回传感器头部。从产生电流脉冲的一刻到测回返回脉冲所需要的时间乘以电脉冲的固定速度，就可以准确的算出磁铁的位置。这个过程是连续不断的，每当活动磁铁被带动时，新的位置很快被感测出来。由于磁铁和传感器无直接接触，输出信号又为绝对数值，因此，传感器既无任何磨损，又有绝对可靠性和准确性，在自动控制中应用越来越广泛。线性位移传感器将感测出的位置信号转变为标准的模拟输出信号，送入 PLC（可编程逻辑控制器）模拟输入单元进行处理，转变为数字信号后供 PLC 应用（图 1）。

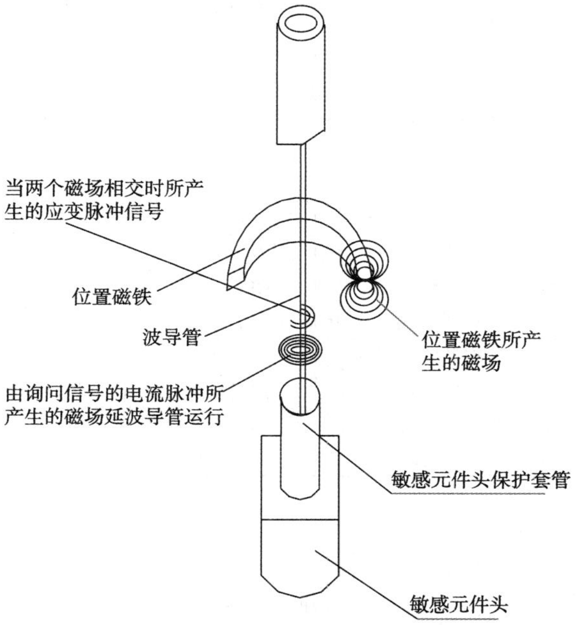

图 1　传感器结构及工作原理

2　硬件配置

根据橡胶压块机的控制要求，本系统采用 MTS 公司的 LHMRO30M8901A0 模拟传感器，主要技术参数电源 24VDC，输出 4～20mA，分辨率 0.1mm，更新时间小于 3ms。本系统选用 OMRON 公司的 CQMIH 系列 PLC。该系列 PLC 为小型控制器，可处理模拟信号，但运行速度快且内置有 RS-232 端口，可直接与计算机或其他终端连接，控制指令丰富，能进行多种复杂的运算。CQM1H 采用模块式结构，维护和

第一作者简介：聂士宇，大学学历，技术员，现从事设备管理工作。E-mail：nsy008@ sohu. com

扩展简便易行。模拟量处理单元选用有4路输入的CQM1-AD041模块，对传感器信号进行处理。

3　配线

3.1　模拟输入量的设置

在安装模拟输入单元之前，首先根据模拟信号输入范围和路数进行DIP开关的设置。根据前8个开关的不同组合，设置输入路数和输入信号范围，如表1所示。第9个开关进行字的设置，当开关9为ON时，模拟输入单元占用4个字64点；设为OFF时，模拟输入单元占用2个字32点，此时应把开关5到8设为OFF。在本系统中，使用两路输入，均为4~20mA，DIP设置1~4为ON，5~8为OFF，9为ON。

表1

输入范围				输入范围
输入1	输入2	输入3	输入4	
开关1：ON 开关2：ON	开关3：ON 开关4：ON	开关5：ON 开关6：ON	开关7：ON 开关8：ON	-10到10V
开关1：OFF 开关2：ON	开关3：OFF 开关4：ON	开关5：OFF 开关6：ON	开关7：OFF 开关8：ON	0到10V
开关1：ON 开关2：OFF	开关3：ON 开关4：OFF	开关5：ON 开关6：OFF	开关7：ON 开关8：OFF	1到5V，4到20mA
开关1：OFF 开关2：OFF	开关3：OFF 开关4：OFF	开关5：OFF 开关6：OFF	开关7：OFF 开关8：OFF	禁止转换

3.2　配线

为防止外部干扰，外部连接采用双绞线屏蔽电缆，电缆屏蔽层一端接地，屏蔽电缆在走线时要与交流电缆分离，并且不要靠近主电路电缆、高压电缆的负载电缆，任何一个不用的输入点的正负端要接到屏蔽端子。电流信号输入如图2所示。

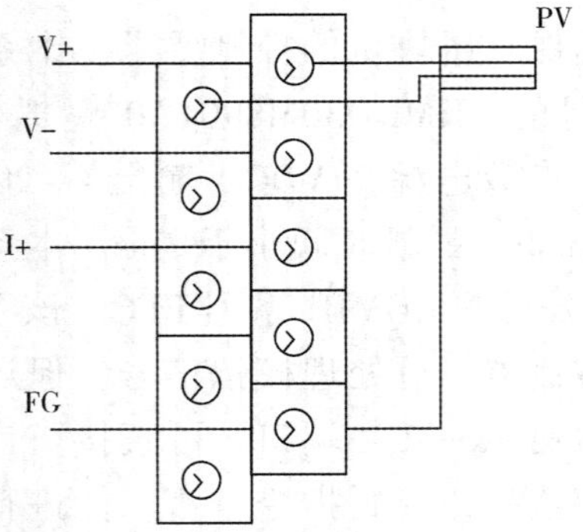

图2　电子信号编入接线图

4　编程

4.1　数据转换

模拟输入单元的转换范围是0000到0FFF或者十进制0000到4095。在本系统中，模拟输入信号范围是4到20mA时，16进制0030到0FD0或十进制0048到4048地址范围内的数据将被转换。模拟量处理单元将上盖油缸位移传感器输入的电流信号转换为16进制数据0030到0FD0，模拟输入单元对每个输入值进行8次转换，计算出平均值，并把结果以数字存在输入字0200中，字的内容大约72ms刷新一次(图3)。

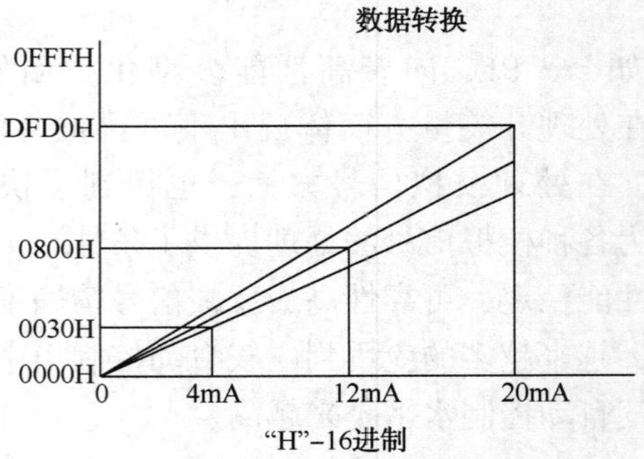

图3　数据转换

4.2　定标

将某一范围内的输入电压或电流转换为另一范围内的值叫做定标。在本系统中，要把输入电流转换表示为一个位移数值，上盖油缸转换后值的范围应表示为0000到0890。定标程序表示电源打开后，5号定时器开始工作，其UP标志在100ms后变为NO，存在字0200中的输入数据将传至DM0400。模拟输入单元的精度在不作调整的情况下为±1%，如果精度不够，可用被测物最大值和最小值进行微调，或用参考电源进行微调，完成数据调整(图4)。

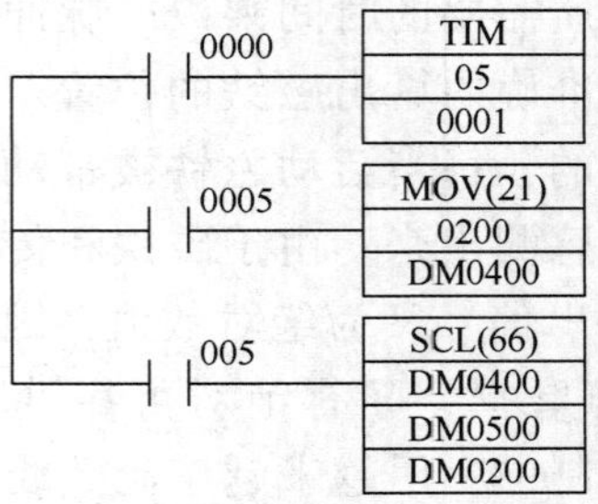

	设定值	实际值	
DM0500	000	000	BCD
DM0501	0030	00CE	H
DM0502	0890	0890	BCD
DM0503	DF DO	03F9	H

图4　定标程序

4.3 数据设定

经过定标后的 BCD 数据必须经过数学运算后才能被应用。在本系统中，为保证上盖油缸运行平稳，将缸体位移分为 26 段，上盖油缸位置数据(后停止位部分)如图 5 所示，首先确定上盖油缸传感器的零位，通过 PC 监测，捕捉到零位数据，通过软件写入或手编写入，上盖油缸后位数据根据现场实际情况用触摸屏写入，其他后位数据通过数学运算求出。上盖油缸数据设定程序通过表比较指令，将即时数据与数据表比较，结果存入 200 字中。控制程序编制时，可直接引用 200 字中结果，达到控制上盖油缸运行的目的，即在启动段速率沿斜坡上升直至高速运行，减速时分为三速，梯级递减并沿斜坡下降运行直至停止，斜坡斜率通过比例阀控制器调节，各段运行距离由触摸屏设定，可在线调整。

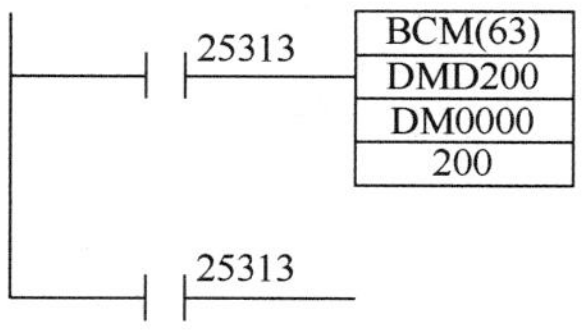

图 5 上盖油缸位置数据

4.4 故障诊断

模拟输入信号范围为 4～20mA，当输入电流小于 3.8mA 时，PLC 启动模拟输入单元的断线检查功能，相应字的第 12 位置 ON，上盖油缸传感器断线标志为 00212，第 13 位用作错误标志，若 DIP 开关设置错误或无效而且模拟输入单元不工作，则错误标志置 ON，上盖油缸错误标志为 00213。出现错误或断线时，通过 PLC 发出信号报警，同时实现自动停车。报警程序如图 6 所示。

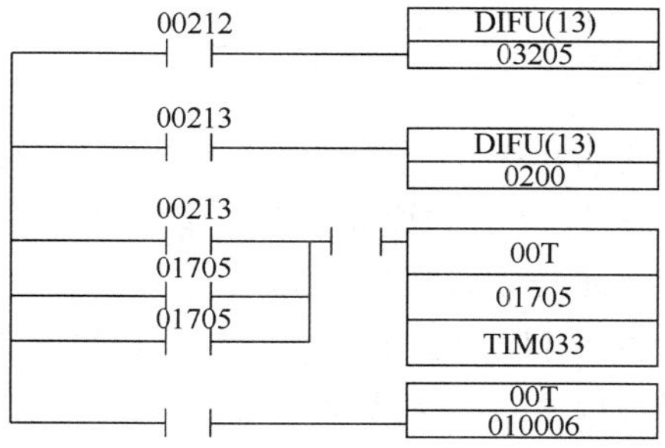

图 6 报警程序

5 结论

经过一年来的运行考验，直线位移传感器在使用中，定位精确，运行稳定，尚未发生任何故障，有效的保证了设备的正常运行。

硫铵装置码垛机组仪表典型故障及分析

刘洪波

（中国石油大庆石化分公司设备维修中心）

摘　要　本文简述了硫铵装置码垛机组仪表自投用以来的典型故障及对故障情况进行分析。

关键词　码垛机组故障

1　概述

大庆石化公司化工二厂硫铵装置码垛机组是2003年安装投用的设备，其功能是将已装填好的硫铵成品袋进行喷码、码垛及排垛入库，它是硫铵装置出料系统的关键设备，如果其发生故障，将造成硫铵装置无法正常出料，料仓储存量超过8吨将造成硫铵装置停工，硫铵装置连续停工且硫铵液储罐液位高于70%时将造成丙烯腈装置停工。因此，码垛机组的平稳运行对丙烯腈装置和硫铵装置非常重要。

本文针对码垛机组仪表的典型故障进行论述分析。

2　码垛机组仪表组成

码垛机组仪表包括四部分，详见图1。

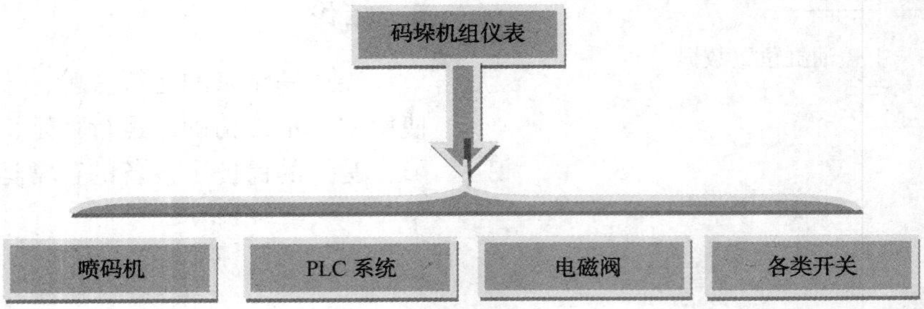

图1　码垛机组仪表组成

码垛机组的控制方式是一种顺序控制，一个环节发生故障就可能造成机组停运，装置出料停止。

3　典型故障及分析

3.1　喷码机故障

喷码机包括五个部分，分别由码垛机主机、墨水瓶组件、减压阀、喷头、光电开关组成。典型的故障如下：

（1）主机故障

喷码机主机2002年随码垛机同步投用，是威利公司的3520I型大字符喷码机，主机故障发生的概率较低，仅2022年发生一次，因主机故障无法修复，更换主机，使用年限达20年。此类问题属于设备老化。

（2）墨水瓶组件故障

墨水瓶组件是喷码机的消耗品，每瓶墨800ml，消耗周期大约是十五天一瓶，消耗后需更换新的满瓶墨水，最常见的墨水瓶组件故障就是墨水瓶质量问题造成泄漏，进而使墨水泄漏。此类问题属于设备质量。

（3）减压阀故障

减压阀是喷码机墨水瓶的仪表风减压设备，设定压力kPa，用于喷码机墨水的喷射动力源，

第一作者简介：刘洪波（1976—），2000年毕业于大庆石油学院机械自动化专业，高级工程师，现从事仪表自控技术管理工作。E-mail：helhb1@petrochina.com.cn

常见故障是减压阀内墨水倒灌造成堵塞，清理后可正常投用。此类问题属于维护原因。

（4）喷码机喷头故障

喷码机喷头为威利公司的807喷头，常见故障是喷头孔堵塞，需丙酮溶液进行清洗并进行强喷以疏通喷头孔。此类问题属于维护原因。

（5）光电开关故障

喷码机光电开关用于检测包装袋，当检测到包装袋后通过秒延时喷码机喷头喷出墨水完成喷码，光电开关的常见故障是线路开焊和开关老化。此类问题属于设备老化。

3.2 PLC系统故障

硫铵装置码垛机PLC控制系统2002年投用至今，是日本OMRON公司的CQM1系统，期间码垛机经过多次改造，但PLC系统仍为原系统未进行更新，已投用20年，PLC系统包括电源模块、CPU模块、DI模块及DO模块4个部分。

PLC系统故障集中在DO模块上，尤其是近几年DO模块通道多次发生故障造成输出状态混乱，典型的故障如下：

（1）输送皮带电机在自动运行状态和手动状态均不停止，无法正常码垛。对码垛机输入输出信号进行逐点排查，发现DO模块的通道"KM4转位输送电机"状态不正常，对通道进行强制，输出状态变化后输出电压不变化，可确定通道故障且模块内部是集成电路，无法进行修复。修改通道位置，组态后调试，手动停止输送皮带电机正常。此类问题属于PLC输出模块设备老化。

（2）PLC系统CPU通讯端口通讯故障，造成组态笔记本无法与PLC连接。此类问题属于PLC端口设备老化。

3.3 电磁阀故障

码垛机组电磁阀是日本SMC公司的电磁换向阀，型号VQ4151-5H，故障率较低，如图2所示，电磁阀包括阀体、快速接头、消音器3个部分。典型的故障如下：

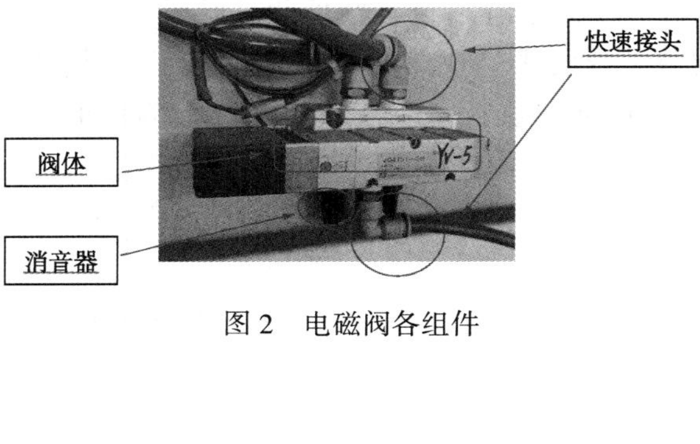

图2 电磁阀各组件

（1）电磁阀线圈老化造成电磁阀不动作，此类问题属于设备老化。

（2）调速阀卡滞无法调节，此类问题属于设备老化。

（3）快速接头断裂造成气路泄漏，此类问题属于设备老化。

（4）消音器堵塞造成电磁阀无法正常动作，此类问题属于维护原因。

3.4 各类开关故障

码垛机组各类开关包括四类开关，包括光电开关、接近开关、磁环开关及限位开关等，光电开关为TURCK公司的光电开关，分为直接反射式、反射式及对射式三种接近开关为TURCK公司的接近开关，分为8mm、10mm两种磁环开关为TURCK公司的磁环位置开关GMP-2A限位开关是OMRON公司的限位开关HL-5000。

典型的故障如下

（1）开关及附件随着机组运行发生松动故障而产生假信号，此类问题属于维护原因。

（2）开关线路故障造成码垛机停机，无法运行，此类问题属于设备老化。

（3）开关输出假信号造成码垛机停机或运行异常，无法运行，此类问题属于设备老化。

此类问题是码垛机故障率最高的，且又是比较复杂不易判断，2021年8月份发生的小车不定期夹袋子和不正常升降的故障，对码垛机组仪表进行详细排查，未查到原因，多次检查，设备均无问题，但投自动后故障时有时无，最终发现分层满光电开关SG14-MD状态不正常，状态大部分时间是正常的，偶尔失灵，更换对射光电开关后，机组运行正常。

4 故障分析结论

综上所述，硫铵装置码垛机组运行中的故障种类多且分散，为保证机组的正常运行，需做好以下几项工作，

（1）在硫铵装置不出料期间加强对码垛机组仪表的保养工作，包括紧固各类开关及附件、清理设备上的污渍及检查PLC系统卡件的运行状态。

（2）排查故障时针对每个设备元件逐项检查，观察每个状态改变，做到全面排查无死角。

（3）针对投用时间超过15年的设备应申报计划逐步更新，确保装置平稳生产。

大乙烯裂解炉COT温度指示偏差的解决方法及安装要求

李　玲　王庆东

（中国石油大庆石化分公司设备维修中心）

摘　要　乙烯裂解炉炉膛出口温度（简称COT）的测量的准确性直接关系到乙烯的收率，所以测量COT温度的精准度十分重要，本篇主要论述裂解炉COT处在的偏差产生的原因及通过这些年试验、分析、总结，对偏差实行可行性的解决措施，达到安全稳定高效生产的目的。

关键词　热偶COT　套管　偏差　保温

1　引言

随着中国石油化工规模的不断扩大乙烯装置的规模也逐步加大，如何提高乙烯的收率是需要得解决问题，其中，裂解炉是乙烯装置的 能耗大户，降低裂解炉的能耗是降低乙烯生产成本的重要途径之一，而提高乙烯收率是决定乙烯装置能耗的最基本因素。乙烯裂解炉炉膛出口温度（简称COT）其测量的准确性直接关系大乙烯的收率。

2　乙烯装置状况

大庆石化公司120万吨/年乙烯E3装置现有7台裂解炉，乙烯裂解装置自开工以来，裂解炉的COT温度一直存在偏差，直接影响到裂解炉运行的质量，乙烯收率、产量、能耗等重要指标，几年来，分厂及车间上下一直都在解决这一困扰多年的问题，而进行各种不同的解决措施，到目前为止已经较好的解决难题，在此做系统总结。

首先，在这里先解释一下COT温度的工艺控制 ，每台炉子共有96支COT热偶及套管，裂解炉共分四路进料，每24支热偶控制一股进料，以24支热偶COT温度的平均值来控制每股进料量，同时又以96支COT的平均值控制燃料气的流量，达到温度控制目的。

3　解决COT温度偏差的具体措施

首先，COT热偶本身出现问题的概率是非常低的，因为热偶是成形的产品，我们应把重点放在对现场热偶安装问题、热偶保温问题、热偶补偿电缆问题、工艺炉管结焦问题、裂解炉原料组分问题、仪表端子氧化等等问题的排查上。

3.1　补偿电缆隔热处理

裂解炉COT层的环境温度是非常高的，热偶的补偿电缆很靠近炉管壁，尤其是夏天，在强大的热辐射及热传递作用下，很容易把电缆烤坏，导致补偿导线短路或开路，极易造成热偶误指示，根据现场的实际情况，在不能移除电缆情况下，我们对仪表电缆槽及补偿电缆进行隔热处理，对电缆槽盒及电缆管用更耐高温的隔热棉进行包裹同时打铁皮保温，隔热前电缆槽盒内温度是74~88℃和隔热后的温度是44~46℃，电缆槽盒内的温度变化是非常明显的，保证热偶电缆能在极端的环境下正常工作，并延长电缆其使用寿命，避免因电缆问题所造成的影响。

3.2　热偶套管的贴壁位置要求

COT热偶贴壁测温点位置进行排查，观察所有COT热偶的测温点是否是同一个高度同一水平面上，结果发现部分热偶的套管贴壁安装高低相差约4~6cm，热偶套管贴壁位置不在统一的一个水平面上，造成热偶测温点不在统一一个点上，势必要造成热偶测量误差，对不合格的热偶套管进行重新安装，以达到统一的标准，如图1所示。

第一作者简介：李玲（1967—），1988年毕业于大庆石油学院过程自动化专业，工程师，现从事 仪表自控技术管理工作。E-mail：hyll@ petrochina. com. cn

图 1　热偶套管贴壁高度一致性

3.3　热偶套管贴壁焊接问题

COT 热偶套管贴壁焊接非常重要，焊接的质量直接影响热偶的测温的准确度，是整个 COT 热偶测温关键点，非常重要。我们对现场炉区进行检查时发现。炉管与热偶保护套管焊接长短不均，焊点紧密度粘合不均匀，有部分热偶套管和炉管之间间隙过大，还有部分热偶套管和炉管之间焊接点长度太短，结合上述问题，总结出来了以下炉管和套管之间焊接要求。

（1）采用氩弧焊，焊前应将焊丝处理干净，并将炉管焊接表面磨干净平整。

（2）炉管与热偶保护套管焊接长度控制在 170mm 左右。

（3）焊接时先用管束工具牢固夹紧炉管与热偶套管，在 170mm 距离上，约等距离的三点实施焊接然后检查两管外壁是否紧密粘合（要求两管外壁最大缝隙不大于 0.3），要求焊接均匀饱满，无缝隙及气泡

（4）焊接完成，进行着色检查。

（5）热偶长度是 140cm，套管长度最好控在 145 内，要求所有的热偶测温点在一个水平面上。如图 2、图 3 所示。

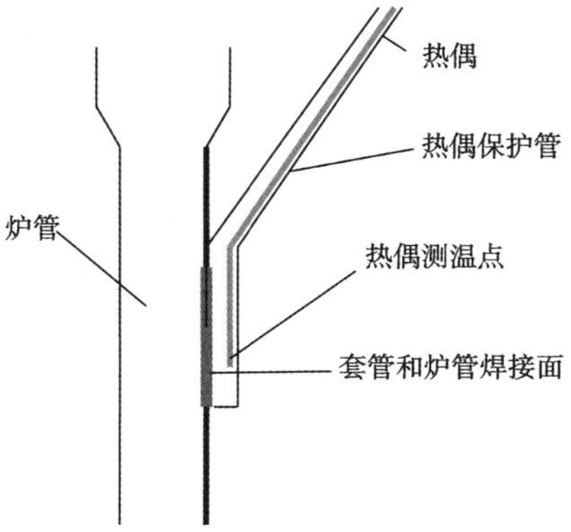

图 2　COT 壁温焊接要点示意图

图 3　COT 壁温实际安装图

3.4　COT 保温层的保温厚度不均问题

针对夏季下雨和冬季寒冷对温度测量的影响，保温的质量好坏直接导致同组以及不同组的 COT 温度有偏差，为了防止 COT 温度不受外界环境影响，我们对现场的保温进行全面排查发现，COT 保温层存在间隙，厚度不均，保温棉过薄等现象，对此，我们重新进行了保温处理，用保温棉和两遍加厚粉煤灰进行保温，增加保温厚度，保温厚度一致，外包铁皮。保温隔热效果非常的明显，避免了因外界环境温度变化，所造成的 COT 热偶测量值的误差。

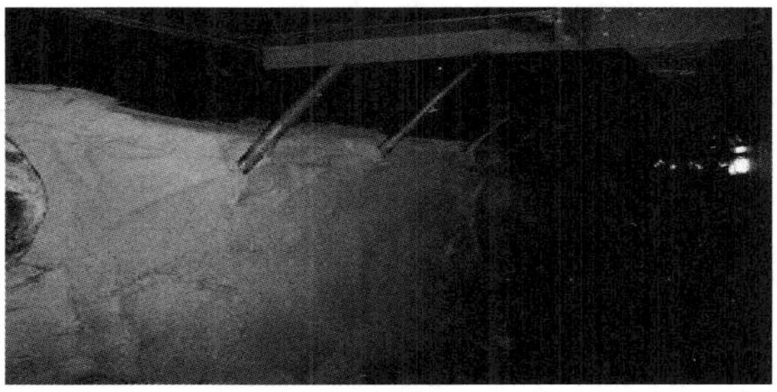

3.5　仪表端子氧化问题

由于端子箱及表头端子周围环境不好，极易造成接线端子氧化，接线端子氧化接线端子固定不好，易造成 COT 热偶测量值高或低，为了避免日常运行中热偶端子氧化，端子紧固不好，在炉子检修期间必须对各个接线箱端子及热偶端子进行检查，看是否氧化和松动。

3.6 工艺炉管结焦问题.

在裂解过程中裂解炉管伴有结焦的产生，炉管会随结焦层变厚，虽然工艺会根据炉子的运行情况进行停炉烧焦，但不能完全把炉管表面的结焦清除干净，炉管结焦状况会又不同位置上的差异，因此，炉管结焦情况会造成COT热偶测量偏差，因此，工艺烧焦必须要彻底，严格控制好烧焦空气流量和烧焦时间，确保COT温度正常。

4 结论

目前E3炉区7台炉子COT热偶问题已经解决完毕，COT热偶侧温值效果明显。根据现场COT热偶出现的问题，避免以后在出现同类问题，总结如下。

(1) 热偶补偿电缆远离热源，加长热偶长度，使冷端远离热源。

(2) COT热偶保温一定要厚度一致，保温隔热标准要高，避免环境温度影响COT热偶测量。

(3) 热偶套管安装要规范，按标准安装测温点一定要在一个水平面上，避免热偶测温点高低不一样。

(4) COT热偶套管贴壁焊接，要达到规范要求，要求焊接均匀饱满，炉管与热偶保护套管焊接长度控制在170mm左右，两管外壁最大缝隙不大于0.3mm。

(5) 仪表端子氧化和端子固定不牢固，要定期的检查。

(6) 工艺烧焦必须要彻底，严格控制好烧焦空气流量和烧焦时间。

控制系统备份重要性探讨

牛建璋

(中国石油大庆石化分公司设备维修中心)

摘　要　控制系统数据重要性及备份方式是石油炼化企业核心问题，在保证炼化企业长周期运行中起着关键作用。企业必须做好 DCS、ITCC、PLC 等控制系统的程序备份，确保系统在出现异常情况时能够快速恢复控制系统正常运行。本文针对控制系统备份现状进行分析探讨，提高控制系统程序备份的时效性、完整性、安全性、便捷性，有效防止程序灾难性损毁。

关键词　备份　控制系统　程序及数据

随着计算机技术及控制系统的不断更新迭代，控制技术有了长足发展，程序数据、代码容量大小也呈指数级别递增，同时，各类控制系统在炼化企业中的重要性也日益剧增，控制系统各类重要数据文件保存及备份工作越来越重要。目前导致数据丢失的主要原因有程序文件存储路径不合理(存储于系统盘)，系统瘫痪时损毁系统盘；日常维护操作不规范，过多交叉使用移动 U 盘，程序遭到病毒感染；人为操作失误。一旦控制系统程序丢失或缺失，将无法正常维护系统平稳运行，通过程序正常备份、合理存放，最大限度预防程序丢失后不能恢复的风险。

1　程序备份及信息安全

1.1　备份现状

目前炼化企业就系统程序备份安全性而言，各大企业都很重视，但是就备份方式方法还有待提高。现在，控制系统备份采用最多的是光盘刻录备份和移动硬盘备份两种方式，两种不同的备份媒介异地存放。这两种备份方法优点是都能进行完整程序备份，缺点是现在程序很大，4.7G 光盘容量难以胜任；DCS 程序随着企业不断的技改技措项目在频繁修改下装，程序备份的实效性难以保证，给程序崩溃恢复时埋下隐患。

1.2　备份误区

1.2.1　用人工操作进行简单的程序备份代替专业备份工具的完整解决方案。

1.2.2　没有采取统一的备份管理政策，执行效果差。

1.2.3　用工程师站或服务器的冗余镜像结构代替备份。

1.2.4　忽视异地存放的重要性。

1.2.5　用 Windows 程序备份代替控制系统程序备份。

1.2.6　忽视备份计划和测试备份数据的完整性。

1.2.7　未对备份人员进行必须的培训，造成备份数据不完整。

1.3　备份管理

目前各炼化企业控制系统在运行一年或半年后，由专业人员进行程序备份。备份策略主要包含备份内容、备份方式、备份时间、备份存储介质、保存期限、保存环境、是否异地备份。同时针对频繁下装的 DCS 系统做出特别规定，需在每次下装前后分别进行程序备份，需整体备份，而非增量备份，以保证程序完整性。

关注现有状况，对于运行(生产)情况下禁止下装的 SIS、ITCC 等系统，半年或一年期限进行的程序备份内容都一样，备份频率的长短对程序恢复无实质性影响。但是对 DCS 系统却有致命影响，DCS 系统随时随地应设备、工艺专业要求修改组态，若修改后未及时备份，则造成现有程序与 CPU 内运行程序不一致，无法进行增量局部程序下装，整体离线下装即程序初始化而装置停车。关注如何及时进行程序备份是重点，也是保证系统平稳运行的关键。

第一作者简介：牛腱璋(1982—)，2006 年毕业于中国石油大学(北京)自动化专业，高级工程师，现从事仪表自控技术管理工作。E-mail：zhujz-ds@ petrochina. com. cn

同时，企业也需程序备份进行异地存放。异地存储在备份信息数据恢复过程中具有较为显著的优势，其主要的特征就是安全性相对较高，而实现异地存储要有一个正常的存储环境。在实践中企业可以选择合适的存储介质。企业可以综合实际的需求以及设备的具体状况合理选择存储地，在操作中不会受到任何影响。企业异地备份相对较为简单，企业在备份过程中无须考虑网络结构以及存储位置。

2　备份程序技术

2.1　物理备份

物理备份就是冷备份，这是炼化企业普遍采用的方法，就是用光盘刻录或移动硬盘将数据库程序导入，拷贝需要的源文件或重要程序，方便将来的数据库恢复。该方法有显著的缺点，备份时间长，需要大量的人力和时间。特别是大型石油炼化一体化企业，各种控制系统几十套或上百套，每次备份不但占用大量人员，还浪费很多不必要的资源。另外，该方法还有一个劣势，某些程序备份需将上位机运行程序关闭，方可进行程序备份，带来生产运行上的潜在隐患。

2.2　硬盘镜像备份

硬盘镜像备份顾名思义就是利用矩阵硬盘结构，将重要数据或控制系统程序备份至双冗余硬盘或更多冗余硬盘内，每个硬盘的数据内容均一样。目前主流采用 RAID1 技术，把一个硬盘的数据通过程序镜像至另一块硬盘内，在不影响性能的情况下最大限度保证系统的可靠性和可修复性，具有很高的的数据冗余功能，但磁盘利用率为 50%，故成本较高，多用在保存关键数据场合。

根据近几年的使用效果来说，硬盘镜像备份虽说有很高的冗余度，但是一块硬盘故障时，也可能随机导致另一块硬盘故障，导致数据丢失。故硬盘镜像数据备份可作为控制系统及程序备份数据的其中一种手段，而非唯一手段，这样才能保证数据的安全性。

2.3　异地服务器备份

该备份特点是采用同步传输的方式将控制系统程序镜像至备份服务器内，自动的定时同步保证数据变化的一直性，如图 1 所示。

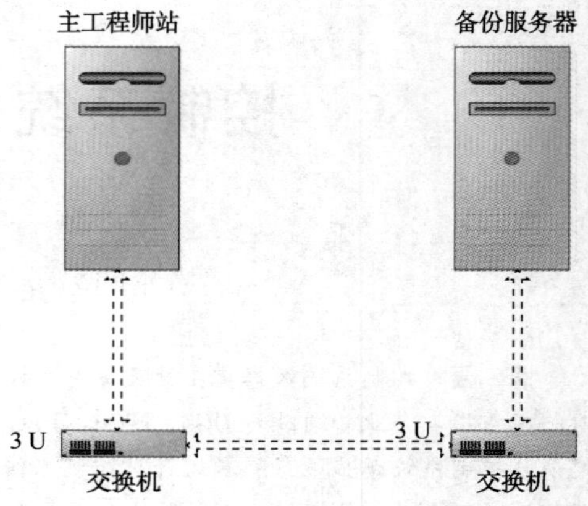

图 1　采用服务器镜像的备份方式

该备份方案有很强的优势，它是一对一的冗余备件结构，最大限度保证了系统安全性。异地服务器备份的核心是备份服务器的稳定性及备份管理软件，通过备份软件的计划功能，可为整个企业建立一个完善的备份计划及策略，同时也应该提供完善的灾难恢复手段。

2.4　智能巡检平台搭建

对于石油化工等高危生产企业来说，高度可靠操作的前提是要严格监控关键的系统。控制系统智能巡检平台搭建与应用解决方案从收集到的信息中可以查看到控制系统的健康状况，支持生产单位制定适当的维护计划并及时采取纠正措施。各控制系统厂商也都不断推出自己的智能巡检平台，而平台中有一关键内容就是对系统项目进行定时备份。项目调整参数、项目数据库、项目趋势自动备份功能，可以定时/指定时刻执行自动备份，并对本次备份数据和指定前期备份数据进行对比，一般是与上一次备份数据进行对比并形成差异报表，以便用户及时了解某一周期内调整参数的修改情况。对于一些希望被长期保存关键趋势数据，特别是环保数据希望保存 3 年、5 年或更久；这些关键趋势数据保存越久源文件越大，对这些源文件备份就比较麻烦，需要大量光盘或大容量的专用移动硬盘，对此我们开发一个工具，将长趋势源文件定期自动导出为 .CSV 格式文件并保存在指定文件里。

项目备份、可调参数备份，一直是维护人员的痛点和难点，因为备份不能及时完成，为项目恢复带来隐患。一旦 DCS 控制系统故障，将不能顺利恢复相应数据库。目前智能巡检平台能定时进行备份，为项目数据恢复保驾护航。

3 总结

综上所述，控制系统项目程序备份的主要目的是保证程序的安全性和完整性，在工程师站发生崩溃时能快速恢复生产。结合实际应用情况，项目备份最安全的办法是采用备用服务器定时备份(类似于智能巡检平台)，保证备份及时性。同时，备用服务器需不定时将自身数据库与工程师站数据库对比，发现不一致时及时备份。备份方式方法及存储介质需炼化企业进行合理选择，控制系统项目备份技术的不断革新，需要我们不断有效加以学习和应用。

声纳式外测液位计在乙烯球罐上的应用

曹文光

（中国石油大庆石化分公司设备维修中心）

摘　要　本文主要就球形储罐使用超声波液位开关遇到的问题进行探讨，并基于现场的使用条件选择替代仪表，最终选择了有着专利技术的声纳式外测液位计，并对声纳式外测液位计的测量原理、技术特点、安装要求等进行了介绍，并展示了最终的使用效果。

关键词　球罐　超声波液位开关　声纳式外测液位计　伺服液位计　雷达液位计

随着政府和集团公司对罐区等重大危险源的重视，储罐的液位、压力、温度等参数的异常报警也需要上报到集团公司，系统装置南罐区乙烯储罐原设计有两台液位计和一台液位开关，两台液位计分别采用的是罗斯蒙特的雷达液位计和恩德斯豪斯的伺服液位计，而液位开关选用的是大连海峰的超声波液位开关，根据《石油化工企业设计防火规范》GB50160-2018的要求，液化烃储罐应设液位计及高高液位联锁切断进料措施，因此南罐区乙烯储罐也设有液位三取二联锁，满足设计规范的要求。

1　液位计在使用遇到的问题

随着装置投用时间的加长，一些问题也逐步暴露出来，其中无法判断超声波液位开关缺少有效校验手段的问题尤为突出。超声波液位开关利用超声在不同介质中的传播特性及传播能量的不同结合传感器接收信号的强弱，根据特有的分析算法判断液位。每个超声波液位开关有两只传感器，一只传感器发射信号，另一只传感器通过罐壁表面传递来的信号进行变化耦合。通过接收传感器收到信号的强弱与液位分析算法，可准确的判断当前位置处的液位状态。但在使用过程中发现，除了使液位真实达到超声波液位开关探头的安装高度外，缺少有效的手段来在线判断液位开关是否有效。对于离线检测方式也很难实现，如果想对液位开关离线检测，则需要将拆卸后，置于装有相应介质的容器内，来判断液位开关的能否检测到相应的介质。而现场乙烯储罐液位联锁值为80%，因此超声波液位开关安装在球罐的罐高80%处，乙烯储罐直径为21米，液位开关的安装高度约为16米，如果拆卸需要搭架子并破坏球罐的保温。更为关键的是超声波液位开关故障率较高，经常会在二次表上报出异常红灯报警，在缺少校验手段的情况下，无法判断开关是否处于正常状态，给设备带来安全隐患。

2　问题分析

为保证球罐安全需要找一台液位计来替代超声波液位开关，由于目前储罐上已经安装了一台雷达液位计和一台伺服液位计，满足了《易燃易爆罐区安全监控预警系统验收技术要求》GB1681-1999中液体储罐必须配置液位检测仪表，同时规定同一储罐至少配备两种不同类别的液位检测仪表的要求。因此更换的仪表优先考虑仪表的稳定性较好的雷达液位计、伺服液位计，也可以考虑钢带液位计和双法兰液位计，但是这些表的共同特点的就是需要安装孔，而原来的超声波液位开关是外贴式安装的，无需安装孔，储罐也没有多余的安装孔，这些常用的液位仪表均不能使用。

3　替代方案

经过对比国内外各种测量原理的液位仪表，发现国内首创的声纳式外测液位计能够满足要求，该液位计利用微振动传感分析技术，从容器外部测出液面的精确高度，实现了真正的隔离测量。声纳式外测液位计采用了声纳的回波测距原

第一作者简介：曹文光（1981—），2004年毕业于大庆石油学院自动化专业，高级工程师，现从事仪表自控技术管理工作。E-mail：caowg-ds@ petrochina. com. cn

理，结合多项数字信号处理、模式识别、数据库处理等专项技术，克服了储罐壁及外部干扰的影响。同时声纳式外测液位计还可以在球罐的赤道位置安装校准探头，当液位超过校准探头时，利用检测探头和校准探头之间的固定距离进行自动参数校准。使仪表不受介质温度和成分变化的影响，确保液位计高精度的非接触式测量罐内液位。仪表以声波处理技术为核心，实现了超高速的数字信号处理功能，实现高精度液位测量。由于其传感器完全不接触容器内的液体和气体，所以极为安全可靠，安装维护特别方便，有效解决了我们遇到的问题。声纳式外测液位计与传统的超声波液位计不同，传统超声波液位计需要在顶部开孔，在测量中由传感器探头发出超声波，声波经液体表面反射后被同一传感器接收，通过压电晶体转换成电信号，并由声波的发射和接收之间的时间来计算传感器到被测液体表面之间的距离，但传统的超声波液位计不能安装在压力储罐上。

4 声纳式外测液位计的特点

4.1 探头位置无需对被测容器开孔，真正实现了非接触测量，适用于各种密闭式容器，如图1所示。

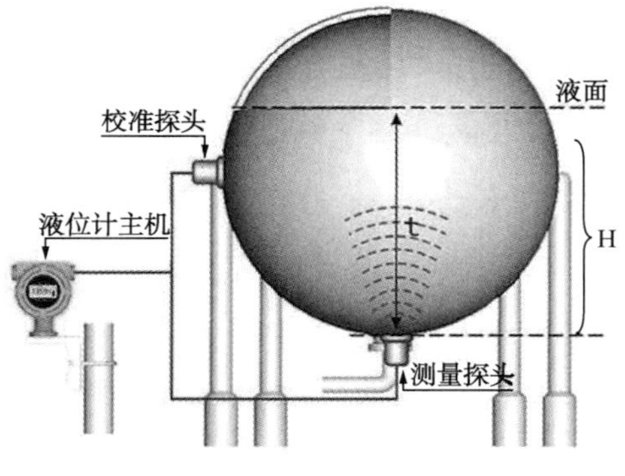

图1 探头安装示意图

4.2 耐用可靠仪器，无任何机械可动部件寿命长并严格密封，对于外界隔离不会磨损和腐蚀，十分耐用可靠，维护工作量很小，无腐蚀，无污染。

4.3 适用面很广，可用于剧毒、强酸、高压等各种复杂工况。

4.4 内置智能超声波硬件集成电路，使仪器体积小，测量结果稳定可靠，适用于各种容器。

4.5 仪器不需要定期标定，仪器内置的自动温度修正、自动固定距离标定等多种校准功能，使仪器能够比较准确可靠，精度高，反应灵敏。

5 安装要求

依托罐区隐患治理项目，公司采购了声纳式外测液位计，并依照厂家的指导进行了安装。具体的安装要求如下：

5.1 声纳式外测液位计的测量探头的连接座用胶黏在球罐底部，并用螺栓将测量头紧固在该底座上，涂藕合剂并用密封剂密封。

5.2 液位测量探头的安装是否满足要求，是仪表能否正常工作的关键。液位测量探头需远离罐底进液口，以避免进液剧烈流动对测量的影响。远离罐顶进液口下方位置，以避免进液冲击使液面剧烈波动影响测量。罐底应定期清除污物，以避免罐底长期沉积污物对测量的影响。

5.3 安装面的容器壁应为硬质材料，如：钢，硬金属，陶瓷，玻璃，硬质塑料等。允许内衬硬橡胶，不锈钢，钛，陶瓷等，但应无空气夹层。安装面的内，外表面应平整。

5.4 校准探头安装应安装在球罐的赤道位置。

6 使用效果

声纳式外测液位计安装后已使用了一年时间，球罐的液位计满足了最初设计的要求，联锁也相应的进行了投用，声纳式外测液位计的示值与雷达液位计和伺服液位计基本是同步，如趋势图所示，图2是最近一个月三台液位计变化趋势(其中黄色为雷达液位计，绿色为伺服液位计，红色为声纳式外测液位计)，从趋势图上可以看出，三台液位计的指示非常同步，可以相互验证彼此的准确性，完全满足生产的需要。

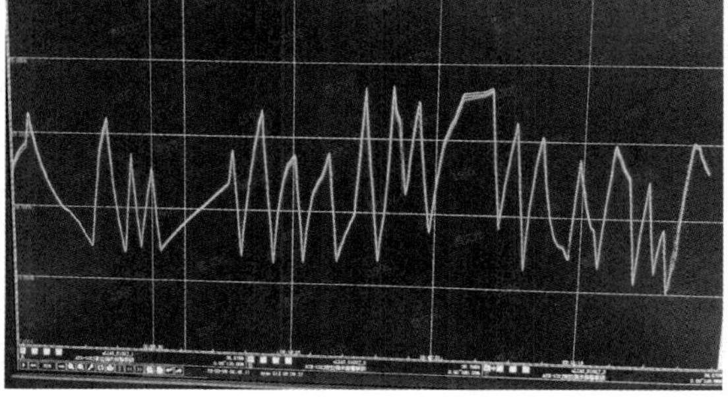

图2 液位计趋势图

7 结论

超声波液位开关在使用过程中故障较多，且缺少有效校验手段，无法判断其是否处于正常状态，给设备带来了安全隐患。经过对比各类液位计，最终选择了声纳式外测液位计，实现了 3 种不同的液位计可以相互验证，从而保证了储罐安全平稳运行。

参 考 文 献

[1] 张泽宇，杨乐．外贴式液位计在罐区液位测量中的应用．化工自动化及仪表，2019，46(5)410~412.
[2] 姚伟，冯庆珍．外测式液位计在石油化工生产中的应用[J]．自动化技术与应用，2006，25(7)：86~88.
[3] 黄凯，程虎．浅析外测液位计在石化行业的应用[J]．化工自动化及仪表，2012，39(4)：554~556.
[4] 周春．外测液位计测量液氯贮槽偏差分析[J]．化工自动化及仪表，2019，46(6)：498~499.
[5] 声纳式外测液位计使用说明书。

PID 可挥发性有机物检测仪维护工作的研究

吴建民　王　蓉

（中国石油兰州石化公司）

摘　要　本文主要介绍了 PID 可挥发性有机物检测仪的工作原理并说明了其衍生产品在化工企业中的应用，分别说明两种检测仪在装置中使用的情况，着重说明厂区内应用广泛的泵吸式检测仪工作原理、结构，并就如何延长其使用寿命及降低维护成本进行详细的探讨。

关键词　PID　可挥发性有机物检测仪　延长寿命　降低成本

1　背景介绍

PID 可挥发性有机物检测仪在兰州石化公司化工区所包含的四个主要生产厂区均有使用，其主要作用是对各生产装置中产生的苯及苯系物进行检测，提醒装置内人员所在工作环境中苯含量接近于职业危害下限，并及时撤离。如此重要的仪表在厂区中的使用效果却差强人意，一方面是使用寿命短，另一方面是价格高昂。这便使得维护人员劳动强度增加并且维护的成本也居高不下，尤其是频繁误报警这一现象便与公司当下减少报警数量的要求相违背。

2　苯的性质

苯是一种碳氢化合物最简单的芳烃，在常温下是甜味、可燃、有致癌毒性的无色透明液体，并带有强烈的芳香气味。它难溶于水，易溶于有机溶剂，本身也可作为有机溶剂。苯具有极强的吸附性，若接触到皮肤上则很难被清理掉。2017 年 10 月 27 日，世界卫生组织国际癌症研究机构公布的致癌物清单中，苯位于一类致癌物。

3　PID 可挥发性有机物检测检测仪

3.1　基本原理

PID（Photoionization Detectors）的检测是利用有机物吸收能量离子化的原理来实现的，使用紫外光灯对可挥发性有机物进行照射，有机物气体分子吸收紫外光后处于能量激发状态，分子形式转变，如图 1 所示。

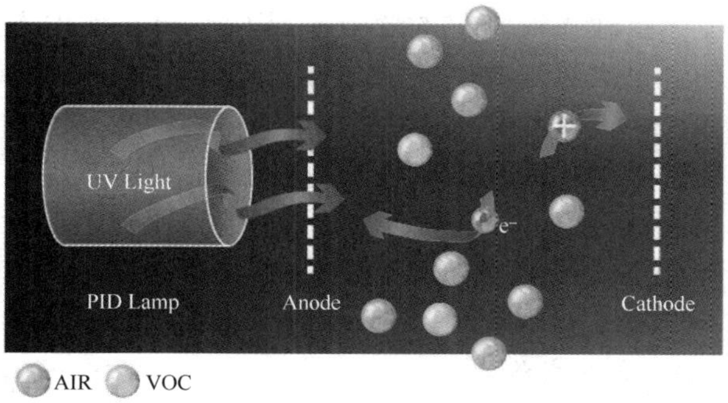

图 1　PID 检测原理

当有机物分子进入紫外光灯照射范围后，将失去一个电子后变成正价离子，分子被离子化。检测仪内装有电极，阳极吸引电子，阴极吸引正离子，通过极板间所产生的电信号强度就可以表示出可挥发性有机物浓度的大小。

3.2　扩散式检测仪

扩散式检测仪的结构较为简单，紫外光灯和检测电极集成于封装好的传感器内，被测气体依靠自然扩散进入传感器，形成的微弱电流由变送器部分进行信号放大后变换为标准电流信号送至二次仪表。其外观如图 2 所示，部件名称见表 1。

表 1　扩散室检测仪部件说明

序号	名称	序号	名称	序号	名称
1	传感器标定罩	6	管接头	11	接线孔
2	装饰件	7	遥控接收窗	12	高报指示灯
3	下壳	8	固定螺孔	13	低报指示灯
4	上壳	9	管接头	14	故障/电源指示灯
5	接线孔	10	数显窗	15	接地螺母

第一作者简介：吴建民，本科学历，高级工程师，现从事仪表及系统维护工作。E-mail：617489059@ qq. com

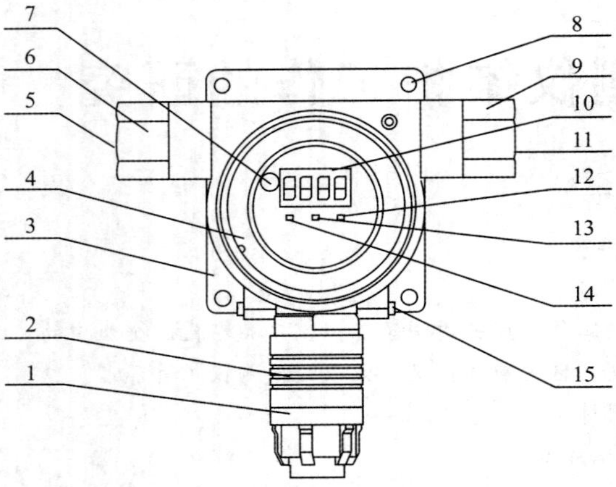

图2　扩散式检测仪结构

扩散式检测仪的优点是结构简单，维护方便，每次只需更换集成的传感器即可。其缺点为：一方面由于有机物气体的吸附性较强且各种元件被封装于传感器内，吸附于传感器的有机物很难被清理，使用寿命较短；另一方面由于被测环境空气要通过自然扩散的方式进入传感器，其方式属于被动检测，安全保证水平较低。

3.3　泵吸式检测仪

泵吸式检测仪外观如图3所示。

图3　泵吸式PID检测仪

泵吸式检测仪增加了自清洁功能。紫外光波长范围是10~400nm，其中185nm波长附近的紫外光可使空气中的氧分子分解为氧原子，氧原子同未分解的氧分子结合为臭氧分子，利用臭氧的清洁使得吸附于传感器的有机物能够被及时清理，理论上能够有效地延长检测仪的使用寿命，如图4所示。

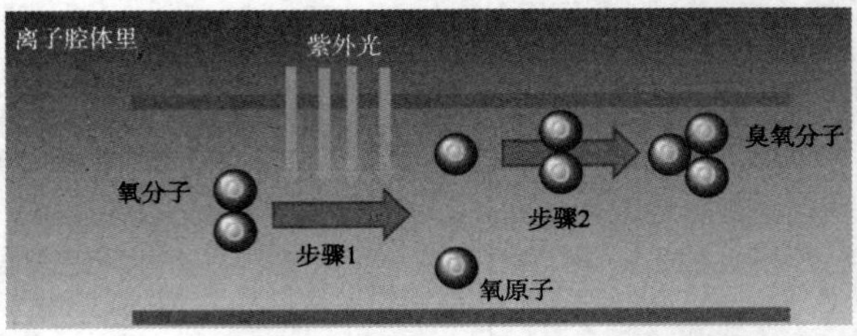

图4　紫外光激发氧分子生成臭氧原理

另外，泵吸式检测仪较扩散式检测仪结构复杂，增加了过滤器、自吸泵、电磁阀等附件，如图5所示。

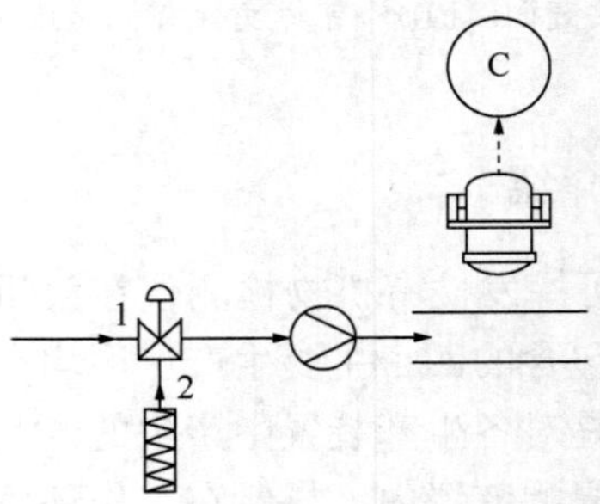

图5　泵吸式PID检测仪结构

如图5所示，在工作模式时，被测气体在自吸泵的作用下经由电磁阀的1口进入传感器，在紫外光灯照射作用下产生电信号。在清洁模式下，电磁阀入口切换至2口，与过滤器相连，环境空气经过滤后变为清洁空气，其中的氧气在传感器内经紫外光灯照射生成臭氧，流动的臭氧对传感器进行清洁。

所以，泵吸式检测仪为分时检测，检测与清洁模式切换进行。

4　维护过程中遇到的问题与分析

4.1　问题的产生

在近几年的使用过程中，由于PID检测仪的工作原理不同于其他类型的气体检测仪，导致常见的维护手段不适用于此类检测仪，尤其是结构较为复杂的泵吸式检测仪，由于对其中的部件作用未了解透彻，检测仪故障后通常的处理方法为校对或整台更换，通过对近几年使用数据统计，发现每年检测仪的更换量平均值为18.4台。另外，由于当前国内PID形式的检测仪供货商无自主开发核心器件，该检测仪的核心器件及技术均从美国GDS公司进口，所以导致该表采购费用高昂，平均采购价格为12000元，所以每年此类检测仪产生的维护费用约为22万元，近五年PID检测仪的消耗如图6所示。

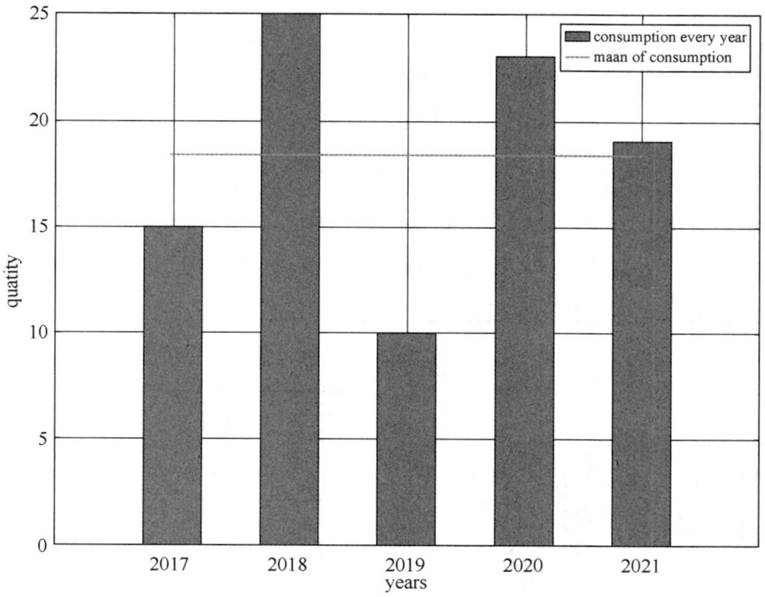

图 6 近五年泵吸式检测仪消耗量

同时，在维护的过程中发现，同传感器失效与变送器电路故障相比，PID 检测仪在实际运行过程中产生故障的主要原因是零漂无法消除，其故障频次可占到总故障数目的 64%，如图 7 所示。

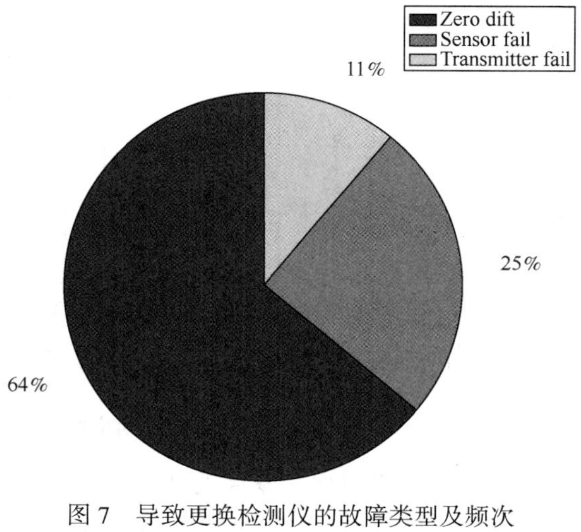

图 7 导致更换检测仪的故障类型及频次

由于当前 PID 检测仪主要用于对环境空气中苯的浓度检测，且兰州石化公司对于苯检测仪的量程范围设定为 0 ~ 10ppm，高报警值为 3ppm，高高报警值为 6ppm，所以一旦产生较高的零点漂移，即使实际浓度未达到报警值，也会经常产生误报警。并且对于当前公司严格控制报警产生数量的要求而言，解决此类误报警是非常有必要的。

4.2 问题的分析

电仪事业部辖区内维护的 PID 检测仪一共 80 台(统计时间 2021 年 10 月 25 日)，其中扩散式 17 台，泵吸式 63 台，由于泵吸式检测仪的数量居多且结构更为复杂，故以下的问题分析将以泵吸式报检测仪主，且以石化厂 22 台泵吸式检测仪为样本进行分析。

4.2.1 从检测仪的结构进行分析

可引起泵吸式检测仪零漂的有以下几个部件(表 2)。

从 22 台检测仪中选取 8 台当前值超过 2ppm 的检测仪，分别对上述部件进行更换或清理，在处理之前数据如图 8 所示。

分别进行了处理之后的数据变化如图 9 所示。

从上方所罗列的各图中可以容易看出，替换紫外光灯和变送器后，信号都产生了极小的变化，但在更换离子膜及清理传感器后检测仪显示数值下降，尤其是在更换了离子膜之后，效果非常显著，零位基本都可回到 0ppm。所以可以分析出造成零位漂移的主要原因离子膜老化。

4.2.2 从运行时间进行分析

由于各检测仪的通用时间不尽相同，为离散时间上的分布，所以具有运行时间上分析的意义，其零漂与运行天数的关系如表 3 所示。

表 2　泵吸式检测仪部件说明

序号	部件	影响
1	紫外光灯管	紫外光灯管内的真空度亦将会增大，这将会导致汞更易蒸发，导致激发出的紫外光强度增加
2	离子膜	离子膜在紫外光的长期照射下可能会出现某种变化，这种变化反过来会影响射入检测仪内紫外光的量，从而影响检测结果
3	传感器	苯及苯系物是吸附性较强的有机物，如果检测仪长期工作的前提下未进行腔体的清理，会使得苯及苯系物将长期驻留在检测仪内部，导致检测仪经常能够检测出苯含量
4	变送器	变送器电路如果进水、氧化或腐蚀，那么具有变送功能电路的特性将有所改变，会出现信号波动，信号误差超出允许范围等现象

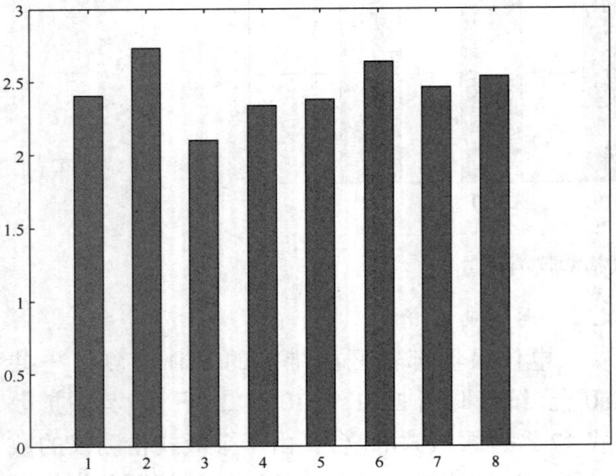

图 8　样本的零位漂移值

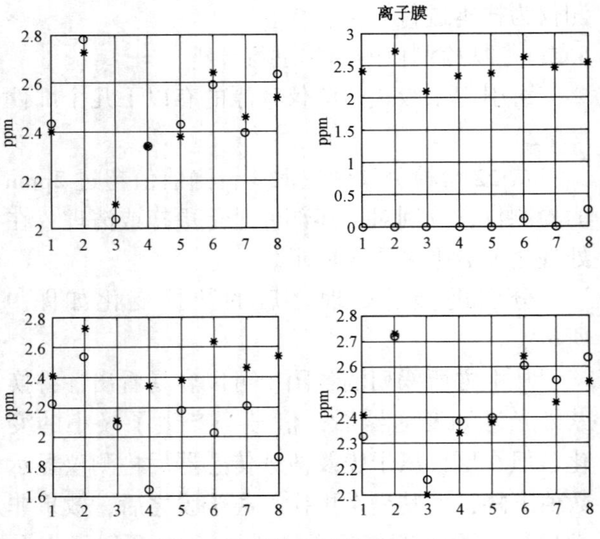

图 9　处理前后的数值比对

表 3　运行天数与零漂值对照表

运行天数	零漂值/ppm	运行天数	零漂值/ppm
351.86	0.61	618.02	1.82
352.58	0.58	666.58	2.1
360.19	0.37	737.05	2.34
380.12	0.82	757.12	2.43
392.11	0.73	772.13	2.38
395.91	0.55	777.83	2.41
430.83	0.81	794.8	2.43
536.15	1.51	803.42	2.46
536.48	1.56	820.07	2.54
548.57	1.67	869.65	2.64
554.04	1.72	899.84	2.73

对应于平面坐标系的数据关系如图 10 所示。

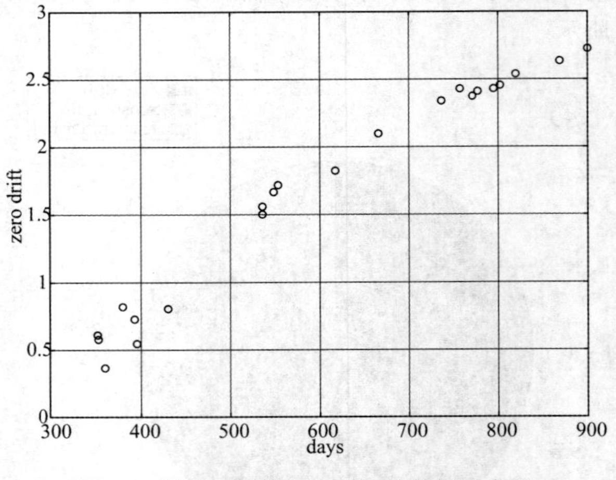

图 10　样本零漂值与运行天数数据对应图

从上图中可以看出，零漂的变化从一开始有较快的变化，随着时间的增加，零漂变化速度逐步放缓，其散点对应的关系大致近似于函数 $y^2=a+bx$ 所描述的图形，为获取较为精确的数据关系，需要对数据进行回归分析，通过对上述数据进行拟合得到其函数为：

$$y^2=-4.7143+0.013522x \tag{4.1}$$

拟合后的关系曲线如图 11 所示。

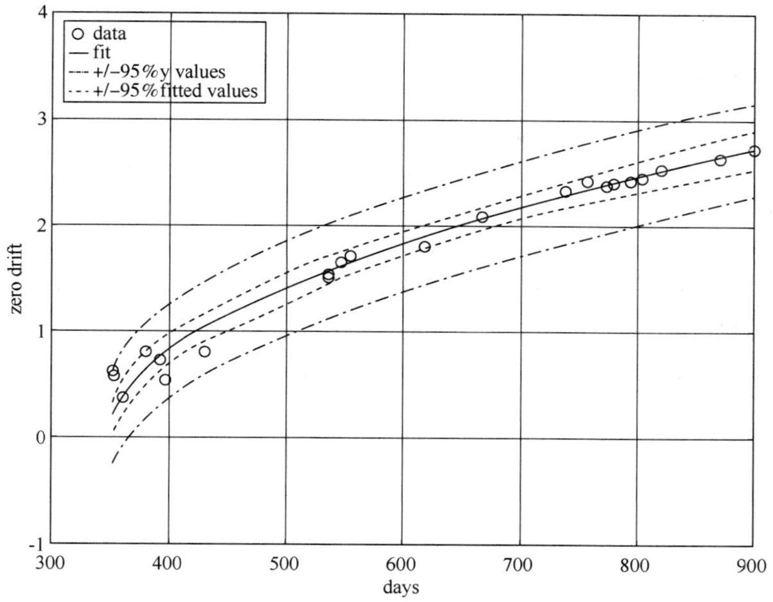

图 11　拟合后零漂值与运行天数的对应关系

5　维护策略的制定

5.1　维护用元件的制定

结合上述两方面的分析，可得到当前影响检测仪零位漂移的主要原因是离子膜老化，如图 12所示。

图 12　使用后的离子膜

如上图所示，可以看出老化的离子膜中心孔径明显发生材质厚度减薄和扩大的现象。

采购离子膜的费用约为 1000 元，比较之前更换整体仪表 12000 的费用可下降 91.67%。但是为增强维护的机动性，可以尝试探索自主制作离子膜的方法。

首先可通过测绘获取离子膜的外形数据，其测绘结果如图 13 所示。

其次对于材质的选定进行尝试。通过对纸张、塑料薄膜等材质进行试验，试验标准物质采用 5ppm 的空气中苯，试验结果如图 14 所示。

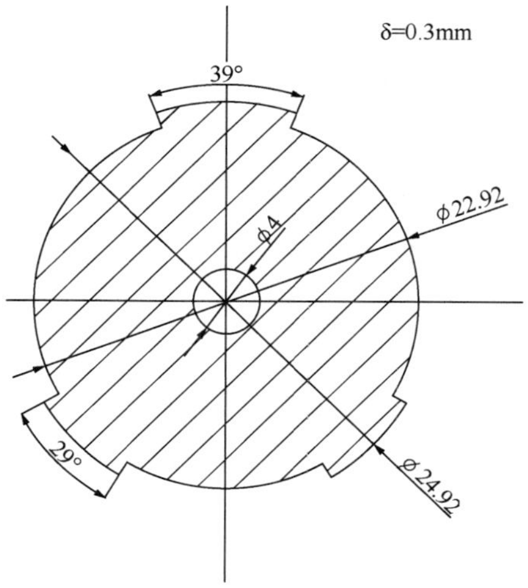

图 13　离子膜测绘结果

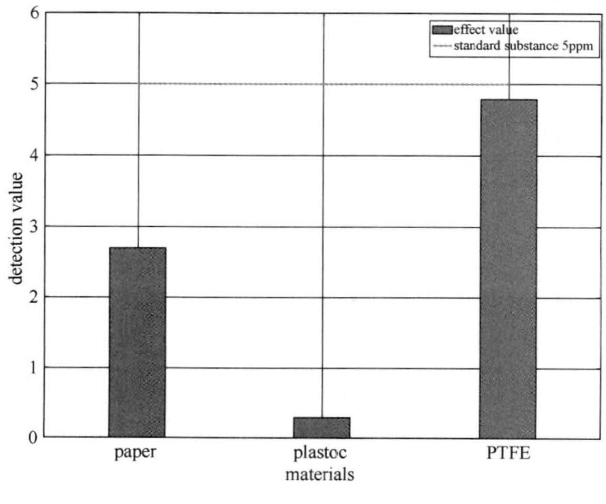

图 14　不同材料制作的离子膜后的效果

最终决定使用PTFE四氟乙烯为材质，且厚度可由原来的0.3mm增加至0.5mm以延长其使用时间，同时制作模具以方便加工，避免人工裁剪尺寸不一致。

5.2 更换周期的制定

检测仪显示出厂设定为一位小数，所以零位漂移数值显示达到0.1ppm后既可更换。通过利用公式4.1进行计算，可得出零位漂移达到0.1ppm设备所运行的时间约为349天，接近于1年，所以规定离子膜的更换为每年进行校准时进行更换。

6 总结

通过本次分析研究，打破了泵吸式苯检测仪不可维护的现状，通过耐心对关联部件的作用进行梳理并进行实验，得到的数据通过建模来制定相应的规则，用科学的工具加持于设备维护，能够达到较高的精准、高效且预知性维护水平。通过探索亦可得到更经济、机动性更强的维护方法。

PSA 程控阀常见故障及对策

李永健　侯哨华　张红博

（中国石油华北石化公司）

摘　要　我公司 1#PSA 装置已运行将近 20 年，整体运行良好。但在运行过程中由于程控阀数量多且启闭频繁也存在一些问题。本文对程控阀的结构及运行原理进行了介绍，并对程控阀运行期间几种常见故障现象进行了机理分析，结合现场使用经验探讨了相关对策及措施。

关键词　PSA　程控阀　结构　故障　对策

1　前言

华北石化公司 1#PSA 变压吸附装置于 2003 年 3 月投产，采用某研究所变压吸附技术，为加氢装置提供氢气来源。催化干气变压吸附（PSA）氢提纯装置设计原料为催化干气。装置原设计的规模为催化干气 18000Nm^3/h。

本装置由催化干气预处理、变压吸附氢提纯和粗氢气脱氧压缩三个部分组成，主要设备有 2 台预处理塔、6 台吸附塔、1 台离心式解析气压缩机、2 台往复式氢气压缩机、2 台液环式真空泵和一套液压油站系统。

预处理及变压吸附氢提纯部分通过程序对两位式程控阀进行控制来实现预处理塔及变压吸附塔的均升、吸附、均降、逆放、抽真空步序控制，最终实现氢提纯及吸附剂再生。液压油站系统由一座液压油箱、8 台蓄能器、2 台叶片泵构成，泵出口压力控制在 4.5~5MPa。

程控阀是由国内某公司生产的 HTA 系列金属密封扭矩关闭型蝶阀，由液压执行器驱动阀门开关。本装置已运行将近 20 年，整体运行良好，程控阀能满足工艺生产要求，但是由于程控阀启闭频繁且数量较多共 54 台，在运行过程中也存在一些问题。结合多年使用经验，本文从程控阀结构及原理、常见故障机理分析、对策及措施等方面进行一些探讨。

2　程控阀结构及原理

程控蝶阀由一套液动执行器和阀体组成，液动执行器由液压油驱动来实现阀门的开关。

液动执行器（图 1）由电磁阀、缸筒、活塞、齿条、齿轮、齿轮轴构成。电磁阀由程序控制，根据需要改变连接两个缸筒的油路走向。液压油通过连接油路进入缸筒，推动活塞在缸筒中运动实现齿条、齿轮及齿轮轴间的传动，从而带动阀板开关。液动执行器有两个阀门可将执行器与油系统切除，在需要时对执行器进行拆检维修。

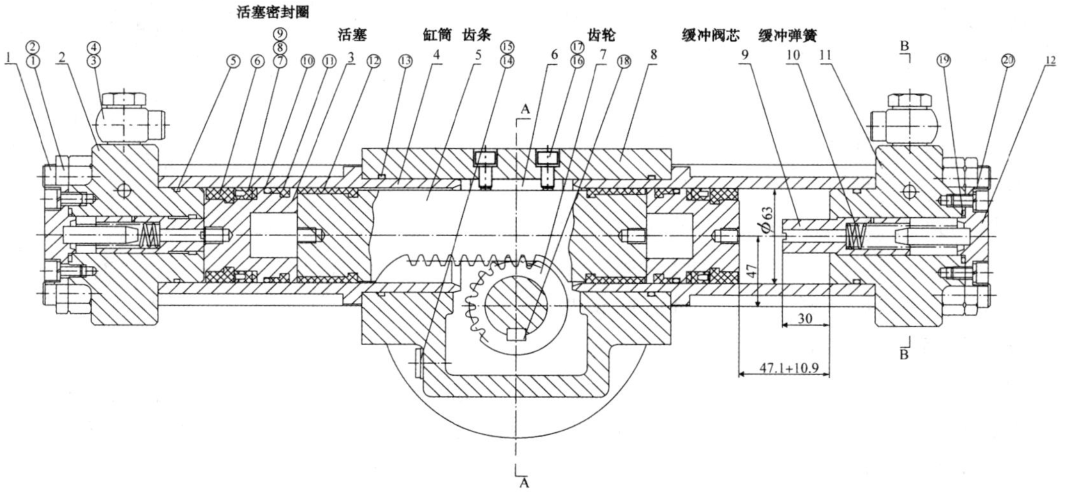

图 1　执行机构图

第一作者简介：李永健，工程硕士，工程师，现从事设备管理工作。E-mail：hb_liyongjian@petrochina.com.cn

阀体(图2)采用独特的三偏心结构，即轴中心与密封中心偏置一个距离，轴中心与管道中心偏置一个距离，阀座锥中心与管道中心偏置一个距离，这一设计，使蝶阀启闭时蝶板密封面相对于阀座密封面渐出脱离和渐入压紧，从而消除蝶阀启闭时两密封面的机械磨损和擦伤，实现阀门在90°行程上阀门的严密关断。

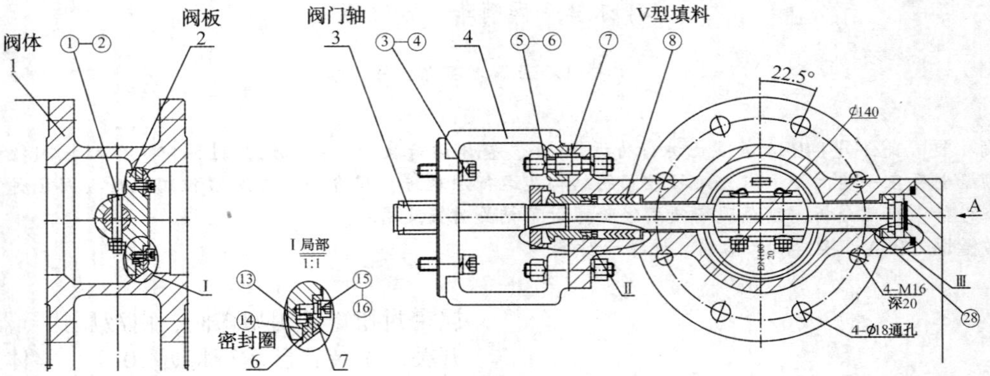

图2　阀体

阀板上安装有不锈钢片加柔性填料复合而成的密封圈，阀门关闭过程中，外加关闭扭矩使弹性密封圈靠近阀座时产生一定的径向变形，密封面周圈保持均匀接触，实现阀门关断。

3　常见故障机理分析

在程控阀使用过程中出现过阀门内漏、执行机构漏油、阀门关闭延缓、齿轮箱进水、液压油系统故障、电磁阀故障等几种常见故障。我们对其故障现象及其机理分别进行了分析。

阀门内漏的故障现象有抽真空度较其他塔低，均压后塔压不稳，压力曲线图异常，还可能造成产品氢气纯度波动。而造成阀门内漏的主要原因有两个：一是由于破碎的吸附剂颗粒对阀座及阀板密封面的冲刷磨损，导致阀板密封面与阀座不能完全贴合(图3)；一是由于频繁开关，齿轮与齿轮轴间的传动键及键槽发生磨损(图4)，关闭扭矩不能传递到阀板密封面上，阀板不能关到位。PSA装置预处理塔吸附剂使用寿命为3年，吸附塔吸附剂寿命为10年。当装填为新剂时，程控阀运行状况较好，但当到了吸附剂寿命末期，由于破碎的吸附剂颗粒较多，对程控阀的冲刷磨损较大，随之带来的则是阀座及阀板密封面的加速冲刷磨损。

图3　阀座与阀板密封面磨损

图4　键槽磨损

执行机构漏油主要是液压缸内活塞密封失效后，液压油会从高压端漏到齿轮箱中，然后从齿轮箱漏出。装置6座吸附塔运行一个周期约13分钟，则1小时各塔程控阀动作约为5次，以装置设计每年生产8700小时计算，程控阀每年开关动作4.35万次左右，而程控阀由液压缸内活塞驱动阀杆开关，活塞上的密封环起着缸内液压油的密封作用。活塞环密封相当于动密封，由于阀门开关动作频繁，活塞密封环易失效漏油。这是主要的漏油机理，也是漏油治理的难点，其他部位的外密封漏油，一般很少，即便有漏油，在外部紧固即可处理。

阀门关闭延缓的故障现象可从 DCS 的阀门关闭时间上直观反映出来，阀门关闭延缓会造成塔压变化达不到工艺要求。造成阀门关闭延缓的主要原因是由于缸头缓冲弹簧断裂。

缓冲弹簧的主要作用是阀门在接近关闭状态时(约 10%左右的行程)使阀板密封圈缓慢接近阀座密封面，达到减小冲击、延长密封副使用寿命的目的。缓冲弹簧安装在缓冲阀芯内部，当活塞向缸头方向运动时，油缸的液压油经回油管路流出，活塞运动过程中会接触到缓冲阀芯并一起向缸头方向运动，此时缓冲弹簧被压缩，回油通路逐渐被缓冲阀芯遮盖直至完全阻断，此时仅有缓冲阀芯上的小油孔与回油管路接通，使得回油量减小，阀门关闭速度变慢。如果缓冲弹簧断裂，缓冲阀芯无法完全推出，回油管路一直处于节流状态，势必造成阀门关闭延迟。

齿轮箱进水的主要原因是上盖与齿轮轴间存有间隙。顶部设置有防水盖，为有机玻璃材质，如防水盖损坏或缺失，到了雨季难免会有雨水顺着间隙流入齿轮箱。齿轮箱进水后一方面会引起箱体里润滑脂变质，影响齿条及齿轮间的润滑和防腐蚀，更为严重的是进入冬季，齿轮箱内积水结冰会使齿轮轴无法转动，造成阀门无法正常开关，导致生产波动。

液压油系统故障表现为电磁阀失效、油压不稳定两个方面。造成电磁阀失效的主要原因在于油中含有机械杂质造成电磁阀油路堵塞，阀芯不动作或电磁阀线圈故障。油压不稳定主要是因为油泵故障或蓄能器皮囊失压，不能对油系统起到很好的稳压作用。

4 对策及措施

针对以上几种常见故障，我们制定出了相应的管理措施和维修对策：

首先，制定了程控阀的故障清单、维修记录台账和维修计划，每天对程控阀系统运行情况进行检查，对存在的问题记录到故障清单上，能在线解决的立即处理，需待切塔或窗口检修期间处理的，列入维修计划，加强监控并做好维修预案。对每次维修的情况要准确记录在维修台账上，记录易损件的使用时长。

对于阀门内漏问题，由于我们 PSA 装置是早期的设计，不能单塔隔离维修或更换阀体，如果因阀座或阀板密封面冲刷磨损造成，需要对阀体维修，须装置停工处理。停工后将阀门拆出，更换阀板密封圈，阀体有缺陷，则对阀体密封面进行堆焊车削，并做打压试验，保证维修质量。为了提高维修的效率，一般每种型号的程控阀至少应备 1~2 个备阀。如果因齿轮与齿轮轴间的传动键及键槽发生磨损，阀板关不到位导致内漏，可以将单塔切出在线维修执行机构部分，将转动机构的齿轮轴拆出，堆焊和加工键槽。特别是对使用时间较长的阀门，检修时一定要重点检查键槽磨损情况，因为两种原因可能同时存在。

对于执行机构漏油问题，可单塔切出将程控阀停用后在线维修。从外观检查，如果液压油从齿轮箱漏出，则可断定是活塞密封失效导致。拆检液压缸，同时拆出活塞，更换活塞上的密封环。目前，活塞密封环使用寿命在 1.5~2 年。我们可根据程控阀维修记录台账，根据密封环使用时长，利用检修窗口期，对接近使用寿命的活塞密封环进行预防性更换。同时，采用具有优越抗磨损，低压缩形变的材料密封环以提高使用寿命，目前已在部分程控阀上应用。

对于阀门开关迟缓问题，可单塔切出将程控阀停用后在线维修。拆检液压缸，检查更换缸盖上的缓冲弹簧。缓冲弹簧的使用寿命较长，一般能满足两个大修周期的使用时间 8~10 年，可按两个大检周期计划性更换。

对于齿轮箱进水问题，平时要检查齿轮箱顶部防水盖的完好情况，确保防水盖及密封垫完好，如有损坏，及时更换。有的阀没有防水盖，我们通过在齿轮箱上盖攻出螺纹底扣，加装合适尺寸的防水盖。齿轮箱底部有放空丝堵，要定期拆卸放空丝堵检查和排水，特别在入冬前，必须全面检查一次，确保齿轮箱内没有存水。

对于液压油系统问题，一是加强液压油质管理，定期每半个月采样化验一次，确保各项指标合格。每个装置大修期 4 年，对液压油更换一次，并清理油箱，更换液压油滤芯。二是监控液压油泵的运行，保证油泵出口压力稳定，每次开工前，要对两台液压油泵进行联锁自启试验，保证油泵运行及联锁可靠。三是加强蓄能器管理，每年定期进行一次蓄能器皮囊压力检测，发现压力低及时充压，如充不起压说明皮囊损坏，要更换皮囊。

对于电磁阀问题，每个程控阀上配有一个电

磁阀，控制油路的切换从而控制阀门的开关，长期运行也会出现故障。在每次装置开工前，要对程控阀系统运行试运，发现故障电磁阀要及时更换。运行期间出现电磁阀故障，可以切塔在线更换。

5 结束语

PSA变压吸附技术由于具有低能耗、产品纯度高、自动化程度高、装置可靠性高的特点成为近几十年来发展最快的化工分离技术之一。我公司PSA装置虽已运行近20年，但整体运行良好，现装置满负荷运行，回收催化干气和轻烃回收不凝气中的氢气，生产的产品氢氢纯度在99.5%以上，进入高纯氢管网，为公司的各加氢装置提供稳定的高纯氢供应，具有良好的经济效益。程控阀系统的平稳运行是保证PSA装置平稳运行的关键，经过对程控阀故障机理的研究并采取相应的对策，目前程控阀故障率已明显降低，能够保证装置的长周期平稳运行。

耐磨球阀在装置上的应用、故障及应对

刘 利 宋文斌 蹇明英

（中国石油华北石化公司）

摘 要 在炼化装置中，高温、高压、易磨损的苛刻工作环境下往往需要特殊阀门。本文以 S Zorb 装置上应用的耐磨球阀为例，详细介绍该装置中的金属密封球阀的工作原理、组成结构、耐磨特点、在装置中的应用位置、常见故障及解决方案。根据球阀的应用情况和故障记录，通过统计和分析，提出延长耐磨球阀工作周期的方案，为装置的管理和运行提供参考。

关键词 S Zorb 耐磨球阀 应用 故障 应对

1 背景

在炼油化工行业，阀门是一种重要的基础设备，应用非常广泛。一套生产装置中，阀门的数量可以达到上千个。其中，高温、高压、易磨损的苛刻环境往往需要特殊阀门，这类阀门具有独特的结构设计、先进的制造工艺，可以满足不同用户的要求。华北石化公司 120 万吨/年 S Zorb 装置采流化床吸附脱硫技术，吸附剂在反应系统与再生系统往复循环，细粉状的高温吸附剂（510℃）在管道中定向定量输送，需要多个耐磨球阀共同完成这项任务。

2 耐磨球阀的工作原理

球阀的启闭件是一个球体，利用球体绕阀杆的轴线旋转 90°实现开启和关闭的目的。可以实现零流阻和快速启闭，操作无冲击，并且能承受关闭时的高压差。

3 耐磨球阀的组成和安装

耐磨球阀的阀芯为耐磨材料的高强度球体，球体与阀座采用浮动密封结构。阀座密封面和球体密封面材料配对为金属对金属。浮动球的球体底部设有固定轴支撑，在介质压力作用下，球体向下游偏移，紧压在下游端的阀座密封圈上，下游阀座是主密封阀座，介质压力越大，密封越严，密封作用反应在出口端。阀杆和球体相互独立，不会因为受压力发生侧偏而导致外漏现象，球阀上有标示方向，安装时有流向要求。

4 S Zorb 耐磨球阀的特性

除了具备普通球阀的优点之外，S Zorb 耐磨球阀还具有独道的特性。

频繁的开启频率。按照年开工 8400 小时计算，球阀的开启频次超过 1.68 万次/年。如此高的启闭频次，要求球阀具备高强度、耐磨损、长周期的特性。

苛刻的工作条件。S Zorb 工艺介质中含有吸附剂细粉，其最苛刻条件是高温高压气、固、液三相共存，对阀门冲刷磨损严重，同时介质中分别含有氢气、氮气的特性，该装置中的金属密封球阀的阀内件材料要求具备耐冲刷磨损、耐腐蚀，与基体材质有较强的结合力，在冲击挤压下不会发生脱落等性能，因此，耐磨密封球阀采用超音速喷涂和渗硼处理工艺，增强其强度和耐磨性。

阀球进行超音速喷涂。将阀球固定在可旋转的机床上匀速旋转。利用酒精与高压氧气，在设备内的燃烧室内燃烧生成高温、高速的燃焰流，焰流速度可达 2km/s。同时将粉末状的涂层材料粒子送进喷枪中，当粉末状的喷涂材料流出喷枪时，燃烧的气体将它包围起来，均匀加热，喷涂粒子被加热至熔化或半熔化状态，飞行速度高达 500m/s 以上，撞击在阀球表面，将动能转化为热能，形成与阀球结合强度极高的涂层，使喷涂表面产生压缩残余应力，有效地提高表面强度和

第一作者简介： 刘利，哈尔滨工程大学本科毕业，工程师，现从事炼油化工工作。E-mail：hb_swb@petrochina.com.cn

耐磨性能。

球阀内件进行渗硼处理。在高温（800～1000℃）下将硼元素渗入金属内件表面，获得硼化合物硬质层，硬度相当于硬质合金，内件的表面硬度、耐磨性、耐腐蚀性得到显著提高。

5　在S Zorb装置中的应用

为了实现吸附剂循环的程序化控制，耐磨球阀采用气缸式执行机构，通过电磁阀通电、断电的方式改变执行机构的气路，从而实现开启和关闭阀门的目的。主要集中布置的闭锁料斗系统见图1。

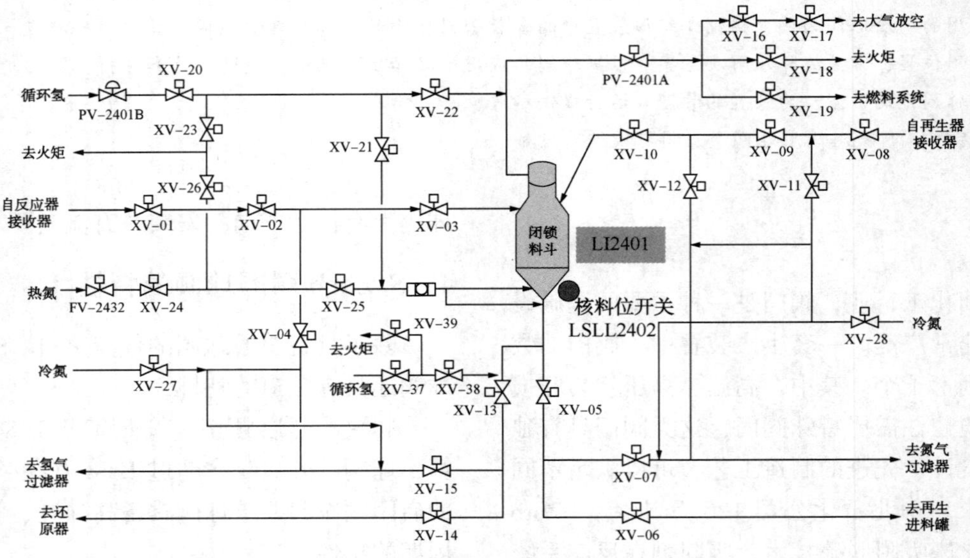

图1　闭锁料斗系统的球阀分布

程控球阀既是闭锁料斗控制系统的重要执行者，又是氢氧环境交替变换操作过程安全隔离的保证。与闭锁料斗程序控制直接相关的程控球阀共有31台，其中与吸附剂直接接触的有19台，在承载着温度、压力交替变化过程的同时，又要保证开关自如且密封严密，保证在闭锁料斗内氢、氧气体在不同步序变化过程中的严格隔断。介质工况见表1。程控球阀的质量直接关系到吸附剂循环的顺畅与否，也影响到S Zorb装置的平稳运行。耐磨球阀适合这类高温、含固体颗粒、高频次动作的工况，对于浮动球结构的阀门，安装时特别需要注意流向的问题，主密封端安装在低压侧。

表1　球阀的介质工况

1	介质	氢气+油气+吸附剂
2	介质硬度	HRC28
3	流量	1000Nm^3/h
4	压力	3.2MPa
5	温度	395℃

6　常见故障及处理

6.1　阀门内漏故障及处理

随着装置运行时间的延长，阀门内件会发现一定量的磨损，阀门可能发生内漏，泄露量小时，一般不容易发现，随着泄露量增加，在工艺过程中，会有参数变化。具体现象有：调压时间的延长。闭锁料斗氢气过滤器ME110A/B和氮气过滤器ME111A/B压差的异常上涨频繁切换。吸附剂损耗增加。吹烃时间的延长。

装置人员可以根据现象对内漏的部位进行分析判断，确定内漏的阀门，及时进行更换修理。

6.2　阀门开关速度降低故障及处理

闭锁料斗料腿上的每一个球阀可以独立设定开关的时间，当实际开阀或关阀的时间超过设定值，程序判定阀门未开或未关，程序停运，导致吸附剂输送中断。

装置人员可以尝试延长设定时间，尝试重启闭锁料斗程序，使吸附剂输送继续。同时联系仪表人员到现场对阀门进行检查修理。开关速度仍然持续变长，则需要对阀体进行更换。

6.3 阀门电气元件失效故障及处理

耐磨球阀的执行机构为气动执行机构，包括电磁阀、回讯器等电气元件，随着球阀工作周期的延长，这些部件经常发生故障，导致闭锁料斗停运。

此时需要及时修理更换电磁阀或回讯器，重启程序。

6.4 阀门外漏故障及处理

此类现象比较少见，一旦发生外漏，通常造成油气、氢气和吸附剂的泄露。闭锁料斗程序被迫中止。

此时需对对阀门进行更换。

根据统计，2014.4.30至今的S Zorb程控阀故障次数共227次见图2。从统计数据可以看出XV2401. XV2419. XV2402. XV2414. XV2413 五个球阀故障次数列前五名，分别为25次，20次，17次，16次，14次。其中，有四个球阀为与反应器临近的高温高压部位。可知高温部位的球阀更容易故障，需要重点关注。

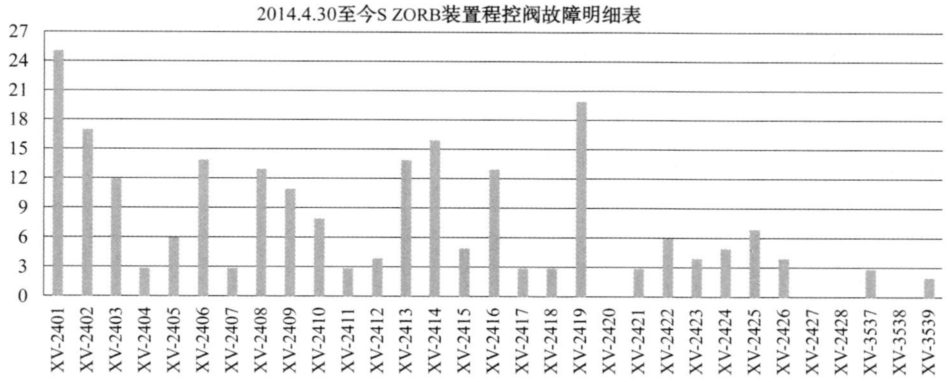

图2 程控球阀故障统计

内漏和外漏更换阀体或执行机构共计17次。其中XV2403阀门因为微量外漏更换1次。统计见图3。

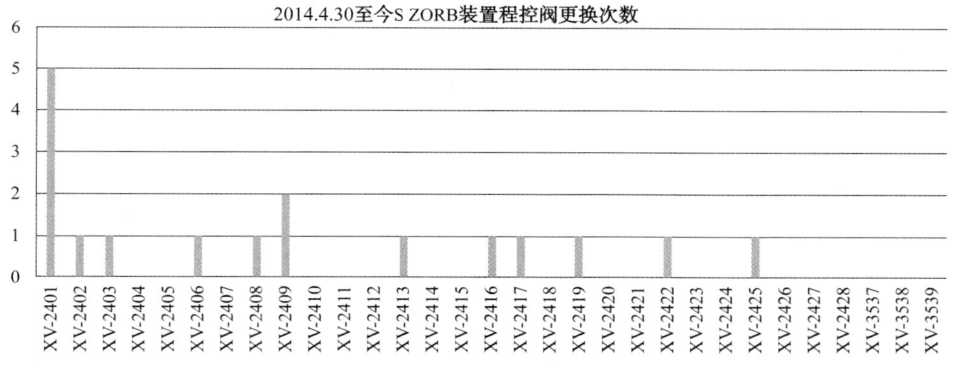

图3 阀体和执行机构更换次数统计

根据统计，球阀在冬天发生的故障占大多数。可知冬季保温对球阀很重要。

现行减少耐磨球阀故障的措施：每周一次对耐磨球阀进行专项的检查和维护，提前发现问题及时处理。具体包括检查仪表风压力表是否正常，仪表风连接部位是否存在松动或密封失效漏风现象，回讯器是否正常工作，耐磨球阀开关是否完全到位，开关时间是否过长，是否存在微量泄露。

对耐磨球阀安装保温，减小环境低温对球阀的影响。对重点球阀（XV2401）增加蒸汽伴热，每次巡检重点关注。

自2021年1月开始，通过加强管理，耐磨球阀的换阀的次数明显减少，具体数据统计见图4。

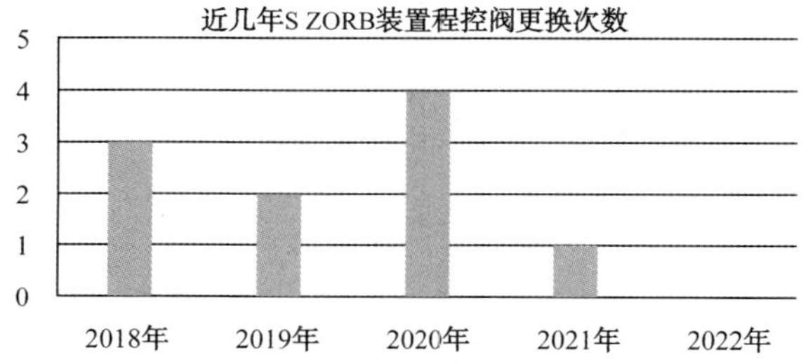

图4 耐磨球阀的更换次数统计

7 延长工作周期的方案

目前闭锁料斗的循环时间上限是 30 分钟一圈。在渣油加氢装置应用越来越广的情况下，催化汽油的硫含量低到 70ppm，S Zorb 脱硫负荷很低，可以适当延长闭锁料斗的循环时间，减少耐磨球阀的开关频次。若循环时间延长到 35 分钟一圈，开关频次减少 0.24 万次/年，理论上可以延长球阀的工作周期。

在产品质量合格的情况下，适当将反应温度控制在低位，这样理论上可以降低球阀的工作温度，减轻球阀的磨损，延长球阀的工作周期。

8 结语

本文对 S Zorb 装置程控球阀的应用和常见故障及处理进行讨论分析，提出了一些延长耐磨球阀工作周期的方案用以参考。本文第 7 条提出的方案只是停留在理论层面，未能全部进行实践验证，故需要进一步完善和验证。

参 考 文 献

[1] 陈尧焕．汽油吸附脱硫(S Zorb)装置技术问答[M]．北京：中国石化出版社．2015.
[2] 王金伟，李占存．中国石油 120 万吨/年 S Zorb 装置操作规程．2020.
[3] 孙丽丽．汽油吸附脱硫工艺与工程[M]．北京：中国石化出版社．2019.

炼化装置伴热线温度检测报警器的研制及应用

刘丛堂

（中国石油大连石化公司）

摘　要　根据热电阻测温原理，采用数字电路技术，设计了一种适用于炼油化工生产装置伴热线防冻凝自动检测报警的报警器，报警器能够完成多回路模块的温度采集和数据处理，并在硬件设计中增加了各回路参数设置（温度实时显示\报警输出等）功能，实践证明，该系统具有测量精度高，稳定性好，抗干扰能力强且价格低廉等优点，满足了生产炼油化工装置冬季安全生产方面的要求，具有较好的实用价值。

关键词　温度报警仪　热电阻　伴热线　防冻凝　节能降耗

蒸汽、热水伴热线系统，它是保证炼油、化工等生产装置在冬季能够平稳运行的重要保障，当前经常发生因伴热系统中的某一条伴热线上、回水管线堵塞或流通不畅，在低温的天气下发生管线冻凝，从而造成相关伴热的测量仪表也发生冻凝，轻的引起生产波动，影响产品质量，重则引起整个生产装置的停工；目前在冬季防冻凝期间，一部分伴热线在通过智能变送器温度保护箱时，可以采用流量或压力智能变送器内膜盒进行温度变化间接进行显示，但存在反映伴热线温度变化温度滞后，而生产装置绝大部分的伴热线是给生产工艺设备，以及一些只给仪表隔离液罐、浮筒液位计、控制阀门等仪表设备伴热的，这部分伴热线的温度变化是没有实时监测显示的，绝大部分对伴热线检测方法还是工艺、仪表维护巡检人员，通过手摸或红外测温设备进行检测，存在检测不全、间隔时间长，以及在夜间、节假日期间检测效果更无法保证的现象，无法从根本上做到及时发现快速处理，此种现象是困扰各大炼化生产企业迫切急需解决的难题。

1　伴热线多回路温度检测报警仪结构设计

针对炼油、化工等生产装置伴热线的特点，设计了一种多回路温度检测报警器，它与温度检测热电阻以及 DCS\PLC 等控制系统，组成了伴热线温度检测自动报警系统。

所设计的多回路温度检测报警器具有较强的运算比较、执行、报警等处理能力，它不仅汇集了目前自动控制系统中各类调节仪表的大部分功能，同时还集成了 CPU、I\O 接口、EPROM 和 D\A 转换等电路，所有的校准和功能设定可全部通过键盘由软件完成，可设置为四点位式控制加十六点巡检功能。可设置为统一报警和独立的分离报警功能，其最多可设定四个报警输出，并可对报警进行声光监控，并可对报警的声音，设定消音时间，另外还具有高可靠、快速响应的 RS485 通讯接口，可实现多主机、单主机、无主机等通讯方式，系统结构原理如图 1 所示。

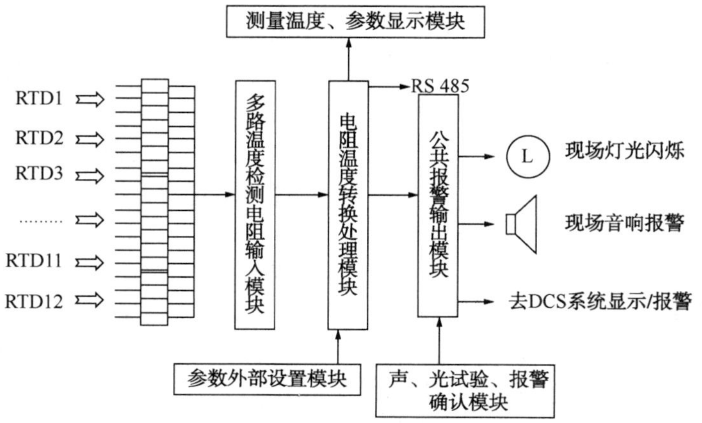

图 1　多回路温度检测报警器结构原理图

第一作者简介：刘丛堂，高级技师，现在大连石化仪电运维中心从事自动仪表维护与安装工作。E-mail：liuct_dl@cnpc. com. cn

2　多回路温度检测报警器硬件模块功能

2.1　温度检测输入模块

多回路温度检测报警器的工作原理，是将16路温度测量回路PT100热电阻测量的阻值信号，传输至温度检测输入模块，目的是消除热电阻至报警仪之间信号线的线路电阻，使测量的温度更精确反映出被测点的实际温度。

2.2　电阻信号转换模块

处理完的被测电阻值再传送至电阻信号转换模块，此模块集成了CPU、EPROM和D\\A转换等电路，相应信号处理完毕后通过温度、参数显示模块窗口可以显示当前被测回路的实际温度，相关数据也可通过RS485通讯接口传输至DCS\\PLC系统进行16通道温度显示。

2.3　测量温度、设定参数显示模块

测量温度、设定参数显示模块，是将信号处理模块处理后输出的信号，在显示模块上实施显示测量温度，可以驻点单点显示，也可以16路测量温度循环显示。

用户可根据需要通过外部设定按钮，将所需参数写入在信号转换模块EPROM中，同时相应参数也能够显示模块窗口进行显示。

2.4　参数外部设置模块

参数外部设置模块的功能，可以设置16个被测回路温度的量程范围、单位、测量电阻的型号、被测温度的上、下限报警值、报警死区、等参数写入电阻信号转换模块，与被测电阻值进行比较、运算。

2.5　公共报警输出模块

在温度转换处理模块中，被测回路电阻与外部设置参数进行比较运算后，其结果传送至公共报警输出模块，根据不同报警需求，模块可设置最多5路公共输出，也可设置16路单独回路报警输出。

3　测温PT100热电阻

在伴热线多回路温度检测装置中，伴热线分支温度测量是温度报警装置的组成之一，热电阻是中低温区最常用的一种温度检测器。热电阻测温是基于金属导体的电阻值随温度的增加而增加这一特性来进行温度测量的。被制成标准的基准仪PT100是一种广泛应用的测温元件，在-50~600℃范围内具有其他任何传感器无可比拟的优势，它的主要特点是测量精度高，性能稳定抗干扰能力强等，其中铂热电阻的测量精确度是最高的；若采用双金属温度计测量伴热线温度，双金属温度计带有保护管，安装不方便，不能弯曲，而且测量误差大，只能作为就地温度显示，最主要的是不具备远传和报警功能，采用双金属温度计与红外测温枪测温没有什么区别，也就失去了要实现伴热线实时监测和报警功能的意义了。热电阻现场安装应用如图2所示。

图2　PT100型测温热电阻现场安装照片

4　生产装置现场实际应用

4.1　生产装置供热系统管网结构

伴热作为一种有效的管道和设备的保温及防冻措施已广泛应用于化工装置中，其工作原理是利用伴热媒体散发一定的热量，通过直接或间接的热交换补充被伴热管道的热损失，达到升温、保温或防冻的工作要求；现各炼油、化工生产装置冬季防冻凝伴热系统蒸汽、热水伴热线管路结构，基本都是由供热、水主管线，分支线，被伴热设备、回水主管线构成；每一条供热主管线可分成十几条分支管线，俗称上水组立，每条分支管线可以给不超过3台仪表或工艺设备进行伴热，（伴热管不能无限长，伴热管长度达到一定程度将会导致冷凝水阻塞）伴热完成后的十几条分支管线，再集中汇合在一条回水主管线上，俗称回水组立，供热系统管网结构如图3所示。

4.2　温度检测系统设备的安装

伴热线防冻凝自动检测报警系统装置的测温热电阻，要安装在防冻凝供热系统管网回水分支管线上，采用的方法是热电阻与伴热回水线贴壁安装，这种方式的好处，可以不改变回水线的系统结构，不增加系统回水阻塞，安装时也不用

电、气焊动火焊接，方便测温热电阻的故障处理与维护；伴热线多点温度检测报警仪安装在防爆密封接线箱内，防爆密封接线箱要尽量安装在供热回水组立附近，这样可以减少测温热电阻与防爆接线箱之间信号电缆的用量，另外也方便巡检人员的观测，设备安装如图 4 所示。

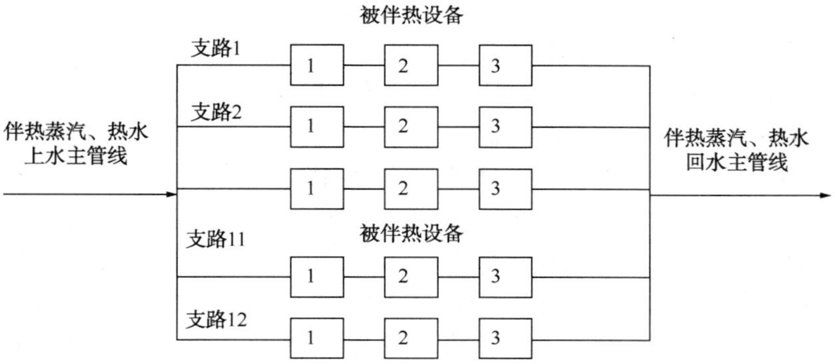

图 3　生产装置防冻凝供热系统管网结构

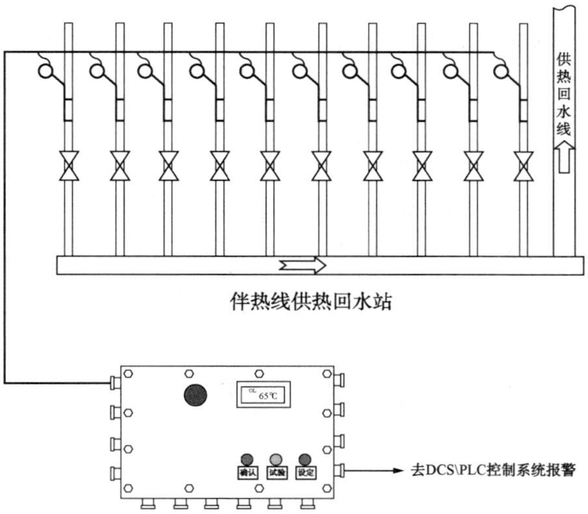

图 4　伴热线防冻凝自动检测报警装置现场安装示意图

4.3　伴热线温度自动检测报警系统应用

炼油化工生产装置伴热线防冻凝自动检测报警系统装置，在生产现场应用方法的关键点，就是通过检测伴热线回水支线末端的温度的变化，可以反映出伴热线管道内热水的流动变化情况，当管道内发生杂质堵塞，或在低温天气下管道内的某一处发生冻凝现象时，造成管道内热水或蒸汽不流动或流动量减少，就会使伴热线回水支线末端的温度也下降，当低于报警下限值时，温度检测报警器便会产生报警。

温度检测报警设备在生产装置现场的具体应用过程，仪表维护人员可以根据生产工艺现场实际情况，通过防爆密封接线箱上的外部按钮输入命令，系统根据命令，选择对应的温度传感器，来设定温度检测报警器每个检测回路量程范围、报警上、下限值、恢复死区值等相关参数；当伴热线被测回水温度低于报警设定值时，现场温度报警器立即发出声、光报警信号，以提醒相关人员及时检查处理，同时在现场通过防爆密封接线箱上的确认按钮可以进行报警确认，喇叭变为不响，灯光变为平光，当伴热回水温度恢复到正常值后，灯光可以自动消除；另外通过温度检测报警器的报警公共输出端，将报警开关信号传输至 DCS 或 PLC 等控制系统，实现统一报警、显示，及时提醒操作人员现场伴热线发生温度报警，以便快速检查和处理。

5　应用效果

通过对工艺生产装置伴热线防冻凝自动检测报警系统装置的使用，也可以实时掌控生产装置伴热线温度的变化情况，生产工艺可通过天气与检测装置的温度测量，可及时调整蒸汽、低温热水供热的流量与温度，起到很好的节能降耗作用。

每年炼化企业因装置发生的冻凝引起的生产波动、停工停产情况时有发生，引起的后续一系列问题，给生产单位、企业乃至社会造成了影响，通过此项技术的应用，可有效避免以上情况的发生，具有良好的经济效益和社会效益。生产装置伴热线防冻凝自动检测报警装置，可以对现代化炼化企业冬季防冻凝工作起到很好的完善作用，由现在的间断测量，改变为实施监控，对即将发生的伴热管线冻凝可立即发出报警信号，提醒操作、仪表维护人员及时处理，避免了以往只有冻凝发生后产生了一系列影响后才能发现的后果。

6　伴热线多回路温度检测报警器的先进性与创新性

伴热线温度检测报警器的主要应用在炼油、化工生产装置现场使用的，相关功能是在普通温度显示仪功能的基础上进行的改进和完善，其单台成本价格为4000元人民币左右，对比普通温度显示仪价格能多1000元人民币，虽然价格贵一点，但普通的温度显示仪只能进行一般的温度显示和报警，一般只能最多测量8条回路，没有通讯功能，不具备在非防爆区域使用和相关参数在线修改功能。而伴热线温度检测报警器其测量回路是普通温度显示仪的2倍，可多达16个测量回路、不但具有使用现场各测量通道温度显示和声光报警、现场参数修改功能，同时具备4路公共报警输出通道以及RS485通讯功能，可以单台或多台与DCS或PLC控制系统进行硬连线或通讯连接，从而可以实现生产装置现场伴热线的温度显示与报警的同步，如图5所示。

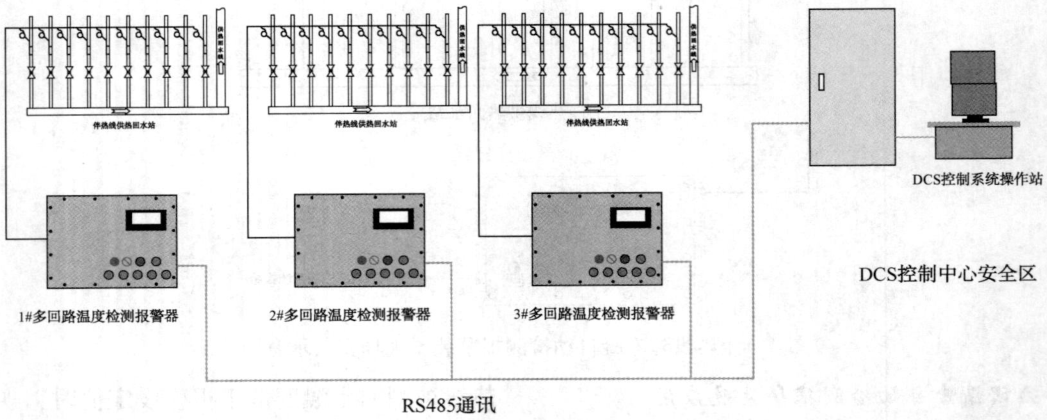

图5　多台伴热线防冻凝自动检测报警器与控制系统连接意图

另外，伴热线温度检测报警器的研制与生产，是与相关自动化仪表专业制造企业进行了合作，经历了产品研发项目的提出、产品研发项目调研、产品研发项目决策、产品设计阶段、产品研发实施阶段、产品试制与鉴定阶段、产品现场应用推广阶段，每个阶段都经历了多次的修改与检验，从而保证了产品质量的可靠性和功能的稳定性。

7　结束语

通过对装置伴热线防冻凝自动检测报警系统的设计研究，结合温度测量和数字电路技术，研制了一种多回路温度检测报警器，与测温检测元件构成了伴热线防冻凝自动检测报警系统，该系统装置具有安装、操作简单，成本价格仅为采用DCS或PLC价格的1/10~1/5，满足了化工生产装置冬季防冻凝工作的需要，在石油、化工生产装置推广使用具有广泛的前景。

参考文献

[1] HG/T 20514—2014. 仪表及管线伴热和绝热保温设计规范[S].

阀门内窥镜检测技术应用

韩　笑　周　博　李　馨

（中国石油大连石化公司）

摘　要　调节阀在炼化装置仪表设备中处于非常重要的地位，调节阀属于控制回路的执行部分，阀门出现故障往往会直接导致操作指标的偏离，小则导致生产波动，大则直接导致装置联锁停工。

由于调节阀的重要性，我们在日常的巡检中对阀门也加大了巡检力度，对振动大的阀门进行外观检查、喷壶试漏等一系列措施。但阀门仍故障频发，究其原因还是因为日常的巡检无法检查到阀门内部的运行状态，在阀门内部元件出现故障之前无法及时发现。于是我们对此进行攻关，发现可以将探测汽车发动机积碳的微型内窥镜运用到调节阀膜头内部检查，在线进行执行机构内窥镜探查，从而提早发现执行机构内部隐患，对阀门进行预知性维修，消除风险。本文将从阀门原理、内窥镜技术的应用及使用效果进行阐述。

关键词　调节阀　阀门执行机构　内窥镜　预防性维修　阀门　设备隐患

1　背景介绍

1.1　调节阀介绍

调节阀是采用最多的终端控制元件，决定着过程控制是否及时有效，在整个控制回路中较为重要，但又是长期以来技术比较薄弱的环节。如果控制阀出现故障，控制回路将被迫中断控制操作，有可能引发更大的系统故障和造成难以估量的经济损失。按照驱动力的形式，调节阀可分为：气动调节阀（气缸式、薄膜式）、电动调节阀、液动调节阀。其中，气动薄膜式调节阀数量在公司调节阀中最多，应用最广泛。

气动薄膜式调节阀分两个部分（图1）：执行机构部分、阀体部分。其中，执行机构是调节阀的推力部件。按控制信号压力的大小产生相应的推力，推动调节机构动作。由下膜盖、压缩弹簧、膜片、上膜盖组成。阀体是气动调节阀的调节部分，直接与调节介质接触。执行机构的常见故障包括膜皮老化、破损漏风，弹簧损坏，阀杆磨损等情况。

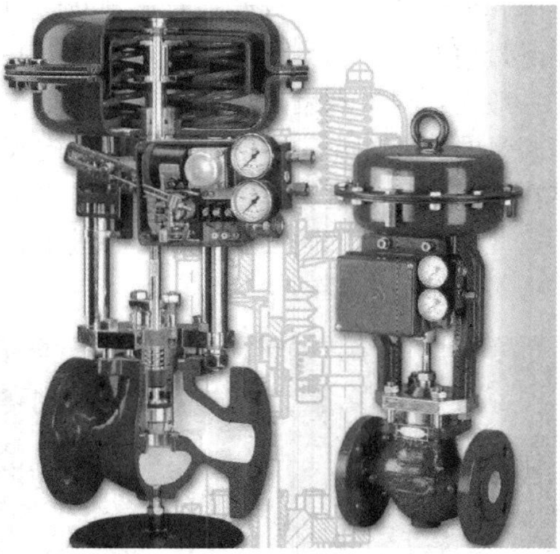

图1　调节阀结构

阀体的常见故障包括填料老化，阀芯阀座磨损等。

气动薄膜调节阀工作原理（图2）：

图2　气动薄膜调节阀的工作原理

控制室给调节阀控制信号。控制信号通过定位器转换为相应的气压信号。气压信号变化，产

第一作者简介：韩笑，本科，仪表设备管理/工程师，现从事仪表技术工作。E-mail：hanxiao_dl@cnpc.com.cn

生相应的推力，克服弹簧力，控制阀杆上下移动。阀杆带动阀芯动作，改变调节阀的节流面积，达到调节目的。

1.2　采用新技术的事件起因

1.2.1　事情的经过

今年5月份，三蒸馏装置工艺向维护班组反馈调节阀有漏量的情况，短时间内，先后下线4台阀门，在用阀门的下线需要机动处、属地车间、保运单位、阀门维修厂家以及车辆运输等多方面的配合，并且还需要在线切换侧线、能量隔离、安装盲法兰等施工作业，无论是安全方面还是生产运行都存在一定程度的风险，由于拆卸、回装阀门需要多人配合施工，给保运力量带来了极大的挑战。在与生产车间沟通的过程中，我们也考虑阀门是否真的存在故障，仪表人员在检查阀位指示的过程中，发现阀门在关闭时速度相对较慢，后来和工艺一起通过现场检查以及结合控制室内其他工艺参数进行综合对比判断阀门确实存在漏量情况。

一般在工况没有发生变化的情况下工艺反馈阀门漏量时，我们首先一般都会考虑阀门阀芯阀座存在磨损，但通过返厂维修后的检维修报告来看，这些调节阀都不同程度出现膜头进水膜皮老化、弹簧腐蚀、断裂的情况(图3)。

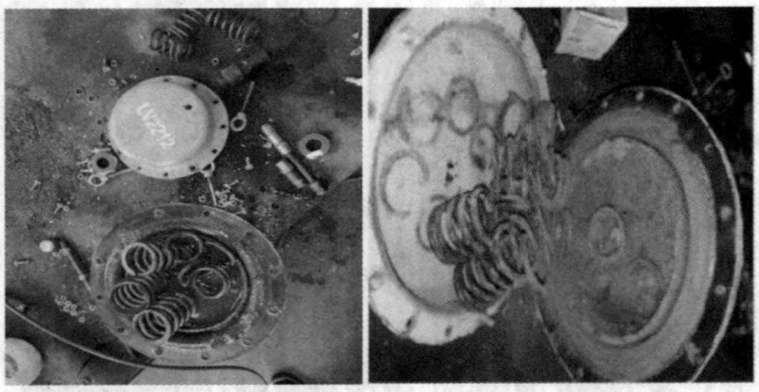

图3　阀门膜头内部弹簧断裂、进水情况

1.2.2　检查处理过程

对这种情况我们进行了初步的故障分析：通过检查调节阀膜头整体是封闭的，判断水汽只能从防雨帽的排气孔进入膜头内部，但现场检查发现调节阀防雨帽封堵紧密，未发现缺失、松动的情况。

通过和其他阀门进行对比，发现故障阀门的防雨帽结构上和其他阀门有所不同，排气孔位置没有有效的遮挡措施，雨水很容易进入从而腐蚀弹簧和膜皮。故障阀门的排气孔基本裸漏在外部，上方的盖帽遮挡不住排气孔，如果雨水较大的时候，很容易造成水汽从排气孔进入到气动执行机构内部。

气动调节阀的工作过程是向气室内通入不同压力的压缩空气，改变膜室压强，推动膜片移动，从而输出推力或者扭矩，实现阀门的自动控制。实际生产中，由于各种原材料成分和辅助条件不断变化，调节阀时刻处于调节状态，膜室经常会处于充放气状态。在阴雨天气或者调节阀周围空气湿度大时，膜室就会有水份被吸入，并逐渐积聚，长期就会对机件造成腐蚀，此外在冬季低温冻结后也会对阀造成危害。而且由于从外部很难发现，也就会为装置安全运行埋下隐患；如果拆开检查，又会给生产带来不便甚至停车，影响生产。调节阀调节作用是依靠膜片两侧“平衡-不平衡-平衡”的过程原理来正常工作的，因此排气孔必须存在。既要保持气路畅通，又要可靠防水防部件腐蚀。

1.2.3　故障的深入分析

我们认为本次出现的调节阀故障并非偶然，我们从故障现象、故障机理、故障诱因三个方面入手进一步去分析故障的原因。

故障现象：

调节阀出现漏量的情况，在调节的过程中调节阀的关闭速度相对较慢，不能及时跟上室内的控制信号。

故障机理：

故障调节阀不同程度出现膜头进水膜皮老化、弹簧腐蚀、断裂的情况。以上情况造成调节阀反向推力不足，造成控制阀动作迟缓、卡涩，内漏的情况。

故障诱因：

（1）防雨帽(图4)首次安装不牢固。

（2）防雨帽结构上起不到防雨作用。

（3）海边环境湿度大、水汽凝结造成。

故障引发的后果：

调节阀执行机构故障，膜片腐蚀老化变质、弹性变小，密闭性变差，甚至产生裂纹漏风。压缩弹簧敷设老化弹性系数改变，甚至断裂。使调节阀膜头输出的阀杆位移发生变化，推力变小，导致调节阀调节质量变差，严重的不能全关甚至失去调节作用。

调节阀不能及时跟上控制室的控制要求，会使控制质量降低，出现工艺指标扰动、波动的现象。(会对黑屏操作、工艺平稳率、自控率等参数指标造成影响)调节阀不能全关，出现漏量的情况(直接影响工艺生产)故障加剧调节阀失去控制功能(给安全生产带来重大影响)。

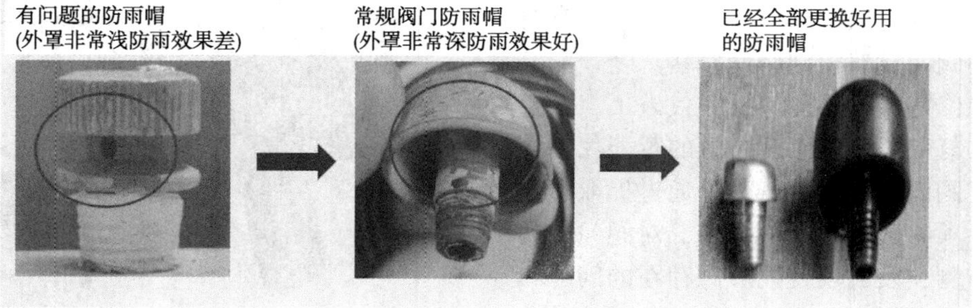

图 4　阀门防雨帽

1.2.4　故障的初期排查：

通过观看维修报告可以看出故障的出现不是短时间形成的，而是长期积累造成的。此种故障并非偶然，具有一定的代表性。但在 2020 年的阀门检维修策略中没有覆盖到目前的故障阀门，设备隐患依然存在并未消除。

重点检查部位：

根据膜头水汽腐蚀的情况，我们对调节阀膜头进行针对性的分析：

气动薄膜式调节阀的膜头执行机构主要分为正作用、反作用两种形式。

(1) 反作用的执行机构(图 5)是信号压力增加时，推杆上移。弹簧在上，气源控制信号由下部进入，上部排出。水汽易从顶部排气孔进入，在膜片弹簧处凝结，无法及时排出，是造成膜头故障的主要原因。

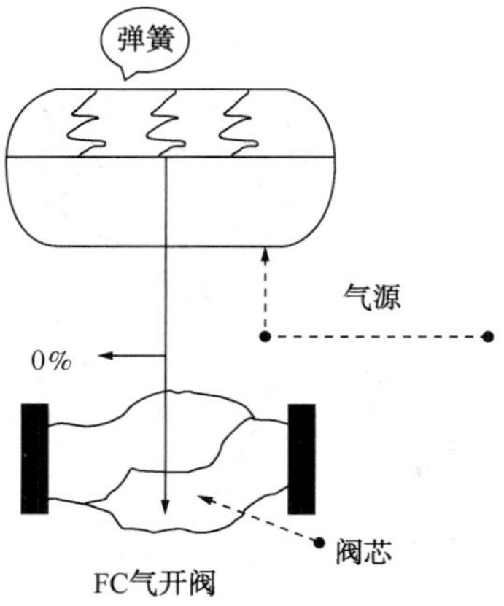

图 5　反作用阀门

(2) 正作用的执行机构是信号压力增加时，推杆下移。弹簧在下，气源控制信号由上部进入，下部排气。水汽从底部排气孔进入，凝结的水汽可以从低点的排气孔排出，不会造成水汽凝结。

根据阀门形式的特点，本次重点检查反作用执行机构，即下进气上排气的阀门。

初步整改措施：

(1) 排查防雨帽安装的牢固性，对存在问题的进行紧固

(2) 排查防雨帽结构，对起不到防雨作用的进行更换

2　内窥镜检测技术

2.1　问题的提出

目前已知的调节阀检维修策略有三种：

(1) 故障性维修(传统的被动性维修)

(2) 预防性维修(使用预防性的检测手段)

(3) 预测性维修(智能分析替代人工)

这三种方式各有利弊，故障性维修是采用最多的方式，阀门出现故障后，进行下线返厂，解体维修，这种方式的弊端是发现不及时、故障成本高、安全性能差，这里的成本不单单是阀门维修的固定成本，由于阀门故障造成的生产波动、生产异常造成的安全成本和经济损失也很巨大。

进行预防性维修的手段主要靠以下四个方面，一是属地巡检、监盘，通过外观检查，日常操作发现阀门故障的苗头，及时联系维保单位处理；二是仪表专业对阀门日常巡检，如设备的清洁润滑、泄漏检查、振动检查、附件检查等，也能够发现阀门故障的苗头；三是机动处组织推进的阀门健康档案，根据阀门相关内容进行评价打分，对打分不合格的阀门制定检维修计划；四是停工检修期的常规阀门维修，这是属地车间、保运单位根据阀门的重要性、日常使用情况及检维

修策略，制定一定数量的阀门在装置停工检修期间下线返厂维修。

预防性维修的弊端是针对性不强，发现不及时，维修成本高的特点，通过计划性维修，有时真正有问题的阀门没有得到修理修缮。

预测性维修是利用智能分析替代人工，今年开始在渣油加氢和二重整两套装置的智能仪表管理平台上安装阀门状态监测软件，通过提取智能定位器中的各项参数，结合数据库，对阀门的状态进行在线监测，及时发现调节阀存在的问题和隐患。这是构建智能化炼厂的趋势，但目前的普及率不高，原因是如果想全面彻底地分析阀门状态，必须搭载高版本的智能定位器，目前这类定位器的安装数量有限，且成本相较普通定位器的价格要高。

在发生三蒸馏多台阀门返厂维修的事件后，我们就在思考在目前现有的条件下，有没有一种合适的阀门检测方法，能够经济性较好、针对性较强、及时发现问题、并且可以进行普及使用的。

2.2　问题的解决

提出问题后就要想办法攻关，彻底地解决这个问题，我们通过头脑风暴法，利用创新方法的最终理想解(IFR)实施推演6步法，最终找到解决问题的方案(表1)。

表1

IFR实施推演6步法	分析结果
(1)设计的最终目标是什么？	气动薄膜调节阀执行机构正常工作。
(2)最终理想解是什么？	气动薄膜调节阀执行机构内组件完好。
(3)达到理想解的障碍是什么？	日常巡检只能检查外观，无法观察执行机构膜头内部状态。
(4)出现这种障碍的原因是什么？	(1)无可视化工具；(2)膜头密闭空间，排气孔直径只有11.4mm，非常小。
(5)不出现这种障碍的条件是什么？	找到一种能对膜头内部组件进行可视化检查的工具。
(6)创造这些条件所用的资源是什么？	符合实际要求的可视化工具。

通过查阅相关资料仔细研究，将医用内窥镜、工业用内窥镜、探测汽车发动机积碳的微型内窥镜等进行比对，综合考虑选用探测汽车发动机积碳的微型内窥镜(图6)进行阀门膜头的检查。

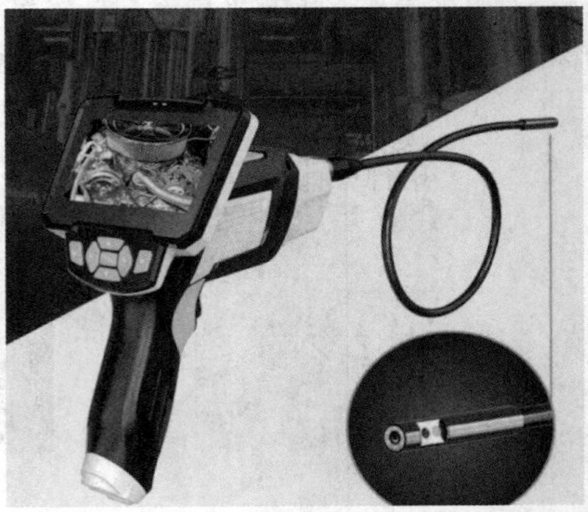

图6　内窥镜检测器

优势：该内窥镜直径8mm，线长可伸入膜头内部，探头前端具有照明设施，具备可视化功能(图7)，可采集影像资料，操作简单、在线操作安全有效等优点。

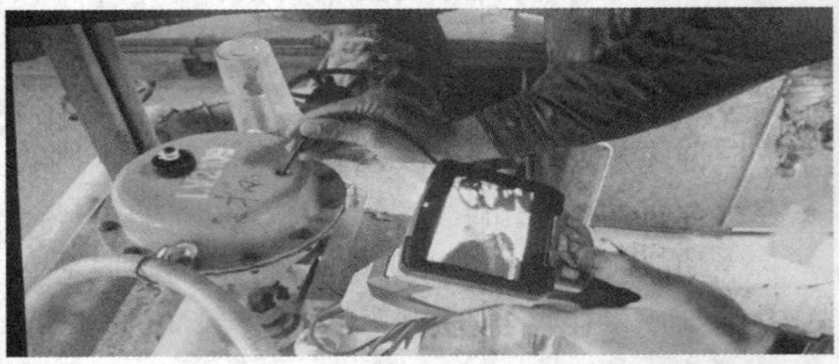

图7　现场人员进行可视化操作

但同时有一个缺陷就是设备不具备防爆功能，具有防爆功能的内窥镜成本极高，约十万左右。为此，仪电运维中心根据公司相关制度，要求在利用内窥镜对现场阀门进行检测期间需佩戴便携式报警器，方可作业(图8)。

图8　现场使用内窥镜检查膜头

3 阀门内窥镜检查情况

阀门内窥镜监测的具体操作步骤有：(1)作业前联系属地车间，并开具告知单；(2)利用工具将上部防雨帽拆卸；(3)将内窥镜探头深入到执行机构内部进行窥探，并采集相应的影像资料。

通过内窥镜对执行机构内部组件进行检查：正常完好的执行机构内部压缩弹簧完好，无腐蚀，内部弹簧支架、上下膜盖完整，整洁无杂质(图9)。

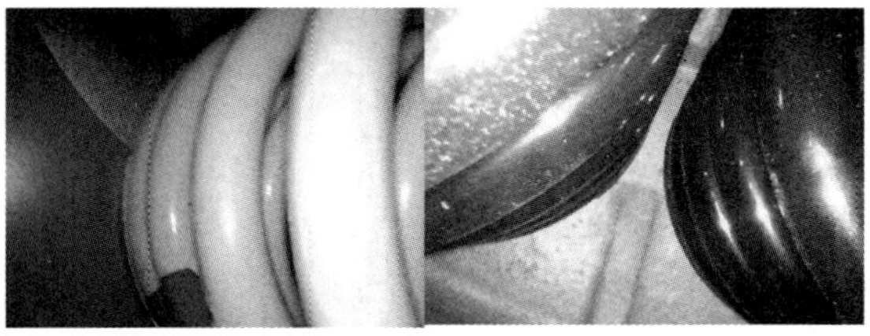

图9 膜头内部完好

但也存在很多有问题的阀门执行机构，例如膜头内部弹簧腐蚀严重；膜头内部存在异物、淤泥等杂质；膜头内部出现弹簧腐蚀、断裂(图10)；其中弹簧断裂为最严重的故障状态，阀门调节过程中，当气压推动弹簧压缩过程中，如果弹簧力突然消失，阀门将处于故障关闭状态，直接影响生产。

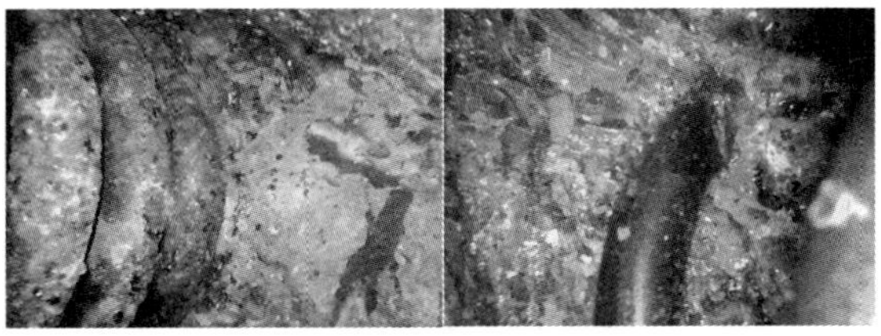

图10 个别阀门出现弹簧腐蚀严重甚至断裂

在使用内窥镜检查的过程中，我们还发现了新的问题！检查发现个别阀门膜头排气孔有堵塞、锈蚀等情况，造成阀门排气不畅，无法达到额定开度(图11)。这种情况可能导致气体不能及时排出，导致阀门不能全部打开。

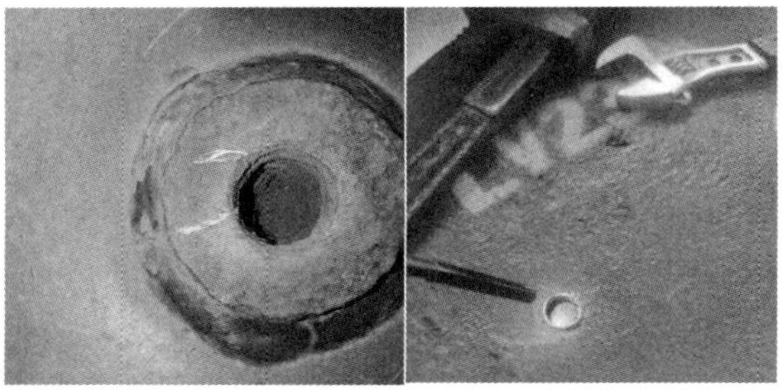

图11 部分膜头排气孔堵塞

4 成果

发现问题后仪电运维中心根据阀门形式，确认需检查的阀门数量共计1661台，目前已排查完毕1046台。目前检查发现问题阀门87台，已经逐台与属地沟通确定维修计划。通过对故障执行机构进行维修处理，已解决阀门设备隐患33台。

通过统计发现三蒸馏装置的故障阀门共计22台，占比较大，初步怀疑因为曾经受到过消防水的喷灌导致问题较为严重，其他问题阀门也多集中在高处、空旷处，无遮挡水汽易进入的位置。

内窥镜检测后，仪表专业联合属地车间将故障阀门切出，现场对阀门执行机构打开检查，对膜头内部组件进行彻底维修，更换新的弹簧组件，消除设备隐患。

内窥镜的拓展应用：

阀门内窥镜检测技术应用比较广泛，可以厂内其他方面进行推广应用：2021年8月23日20万吨/年聚丙烯装置控制阀TV2402A故障，该阀门为角行程蝶阀，阀气缸与阀杆连接件脱落，由于反馈杆与阀杆在阀体内部，外有防护罩，即使打开防护罩，内部组件的情况肉眼也无法探查，缺少检查手段，故障隐患无法深入排查(图12)。

图12 角行程蝶阀连接杆检查

仪电运维中心吸取事件教训，举一反三，组织对全厂角行程蝶阀进行排查，使用内窥镜检测技术对全厂该类型阀门进行统一排查，消除隐患。解决了角行程阀门反馈在阀体内部，常规巡检无法检查的问题。可以利用内窥镜对角行程阀门内部的反馈杆干状态，弹簧状态、凸轮状态是否有无磨损等进行探查，更直观。

5　结束语

利用内窥镜探测的手段，可以对阀门进行预防维修，避免了因为阀门故障导致工艺流程中断，甚至造成停工停产的安全事件，用给阀门做胃镜的方式及时发现隐患，降低安全风险，提高安全经济效益，避免安全事故事件发生，为公司提质增效做出了巨大贡献。

参　考　文　献

[1] 陆培文．调节阀实用技术[M]．北京：机械工业出版社，2006.

[2] 何衍庆，邱宣振，杨洁，等．控制阀工程设计及应用[M]．北京：化学工业出版社，2005.

[3] 中国石油天然气集团公司职业技能鉴定指导中心．仪表维修工[Z]．中国石油大学出版社，2011.

催化四机组保测控系统的优化设计与实践应用

李伯豪　杨兆光

（中国石油大连石化公司）

摘　要　石油化工行业催化裂化装置中，主风机—烟气轮机能量回收机组的安全、平稳运行，对整个装置的运行状态起着决定性作用，而完善机组电力系统控制、保护系统的设计是保证机组安全平稳运行的前提，机组的平稳运行自然会提高生产效益。本文介绍了上世纪 80 年代催化四机组电动机保护测控系统的优化设计与实践应用，并针对应用过程中各方面存在的问题提出了相应的设计方案并进行论述。

关键词　机械式继电器　综合自动化装置　优化应用

本文所提及的催化四机组异步电动机为上世纪 80 年代进口电动机，保护系统为进口机械式继电器保护。电流保护、电压保护、速度保护、温度保护均采用机械式继电器进行保护，继电器数量达到 24 个。继电器保护零散，接线复杂，故障点多，多数继电器已停产，运维困难；跳闸告警信号均通过吊牌实现，不满足目视化管理要求；无法监测运行状态、没有事故事件记录，不便于进行事故分析。综合自动化设备（以下简称综自设备）可靠性高，出现误动、拒动概率极低，运维方便；可以即时观测运行数据，查阅事故事件，便于总结分析；同时可以实现远端通讯功能，方便监盘人员直接观测运行状态及数据。

1　综合自动化装置的选择

根据该催化四机组一次设备、及保护配置情况的统计，开关柜出线侧有一组保护、测量 CT，用于速断、过流保护。在电动机出口侧和中性点侧同名相配置一组三相磁平衡电流互感器，其二次绕组分别接至磁平衡差动继电器，构成磁平衡差动保护。电动机本体有速度及温度探头作为速度和温度保护。考虑到结合国内外各类保护测控装置实现的功能，结合本次优化需要的功能，决定本次改造使用施耐德 P243、P220 综自设备，P243 作为主要保护设备，P220 只使用磁平衡差动保护。

2　二次回路优化设计

2.1　测量部分回路优化

（1）电动机开关柜由三面柜组成，柜内有 PT 柜，接线方式为两相∠接。不同于三相完全△接线方式可以直接测量线电压、相电压和开口∠电压。两相∠接线方式电压回路中只存在线电压，无相电压。P243 综自设备电压测量部分采用两相不完全接法，ABC 三相线电压接至（A-19、B-22、C-20）。此接线方式无法实现 PT 断线功能，经试验验证，电压变送器及保护测量的功能不受此影响。

（2）电流、电压、功率、功率因数角变送器均从原先的单功能变送器更换为可在线整定编程的西门子 SENTRON_ 7KG9661 变送器。由于柜内接线原因，由三个西门子变送器共计提供八路 4~20mA 信号至操作室。三相线电压共用一个变送器，三相线电流共用一个变送器，功率和功率因数角共用一个变送器。测量回路原理图如图 1 所示。

2.2　控制部分回路优化

（1）该电动机开关柜真空断路器不同于新式手车式真空断路器，储能机构不可短时间多次储能，否则会烧坏储能线圈。开关柜上配置黄色指示灯为合闸允许指示。柜内有储能时间继电器，储能后间隔 1min 才可以进行合闸，黄色指示灯指示该功能。

第一作者简介：李伯豪，大学本科，助理工程师，现在大连石化仪电运维中心任技术组副组长。E-mail：libohao@petrochina.com.cn

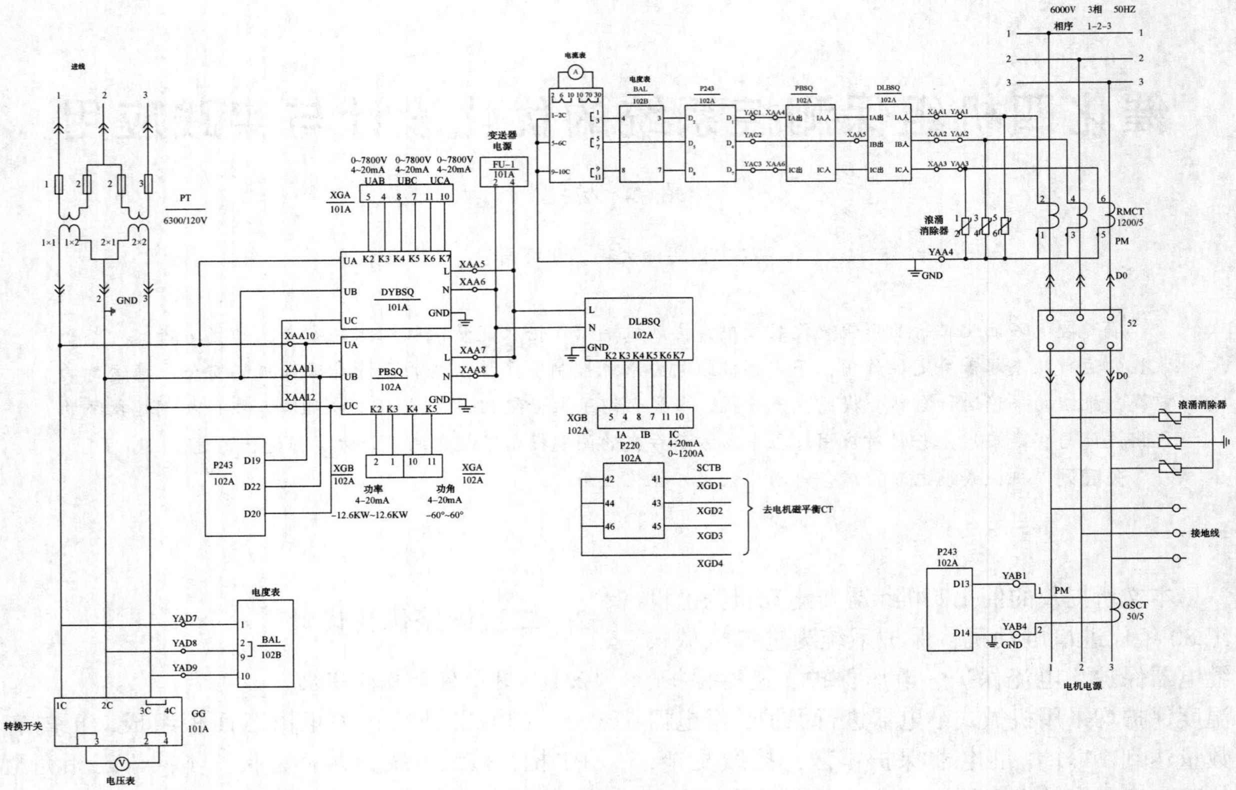

图1　测量回路原理图

（2）合闸回路中串入保护闭锁功能，当速断保护、磁平衡差动保护动作时，P243综自设备通过内部逻辑编程使光耦开出RL7常闭点打开，在故障原因没有查明、动作信号没有被复归前不允许电机再次起动。在P243综自设备操作面板上可以对该信号进行复位。合闸回路原理图如图2所示。

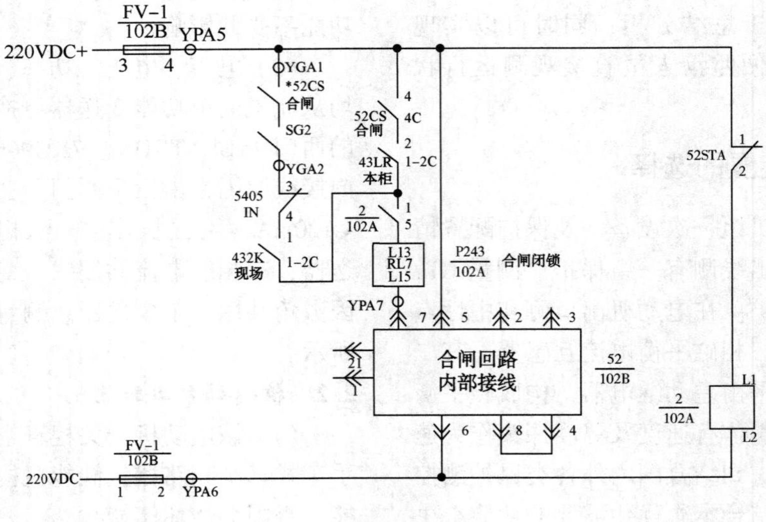

合闸回路

图2　合闸回路原理图

（3）跳闸回路中，将不同类型的保护跳闸分为由P220综自设备提供的磁平衡差动保护跳闸、由P243综自设备提供的综合保护跳闸（速断保护、热过负荷保护、速度保护）以及低电压保护跳闸，以上三个跳闸出口分别经过压板接至跳闸线圈。同时跳闸回路可以提供现场分闸以及本柜分闸功能。跳闸回路原理图如图3所示。

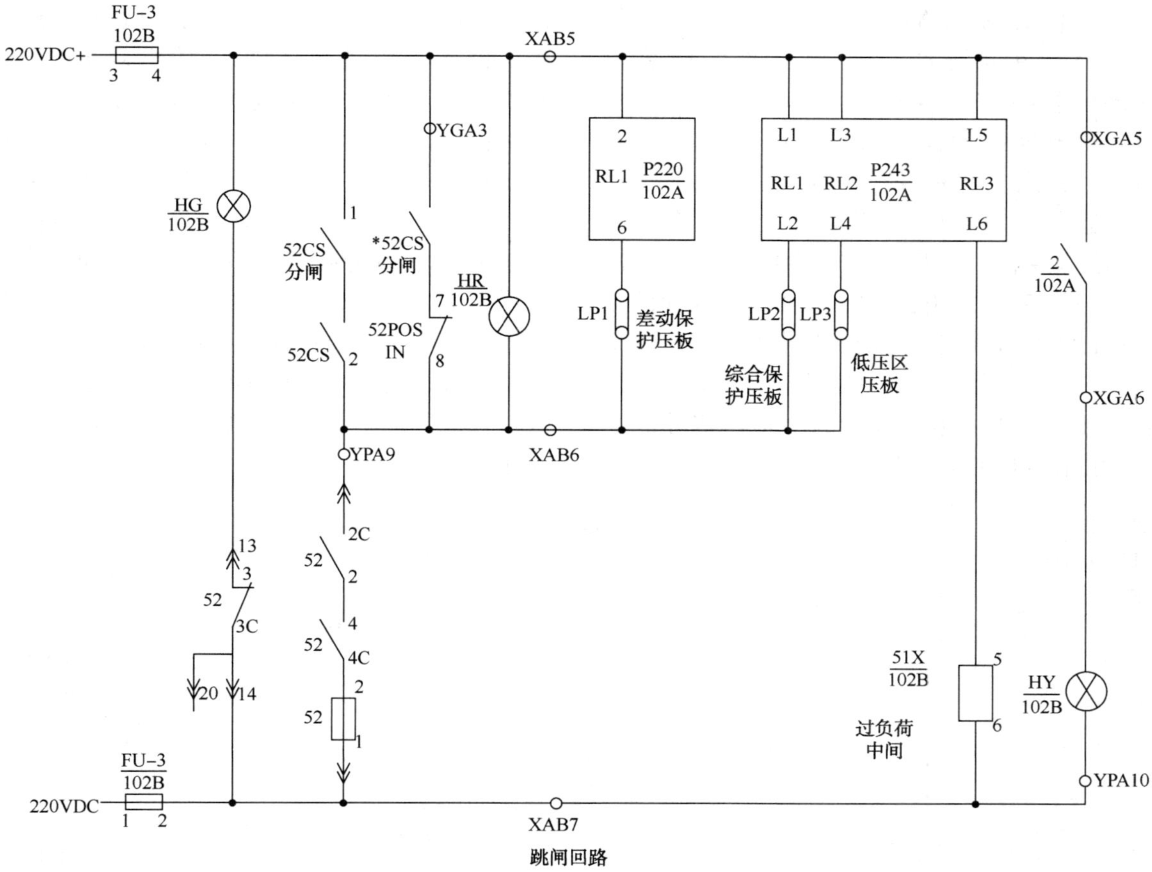

图 3　跳闸回路原理图

2.3　保护部分回路优化

（1）电动机开关柜内有两个速度继电器，通过现场速度检测传感器将信号传至速度继电器，再将继电器结点信号传至 P243 综自设备，分别经延时后通过综合跳闸出口进行跳闸。速度继电器电源为交流电源，保留该继电器，起到与现场信号隔离的作用。

（2）原温度继电器设置 115℃ 由继电器吊牌进行告警，135℃ 跳闸结点闭合。由于操作室原有对现场电机本体的温度监视，取消本柜温度跳闸功能，将温度继电器输出结点接至 P243 综自设备，只发出告警信号。速度及温度信号原理图如图 4 所示。

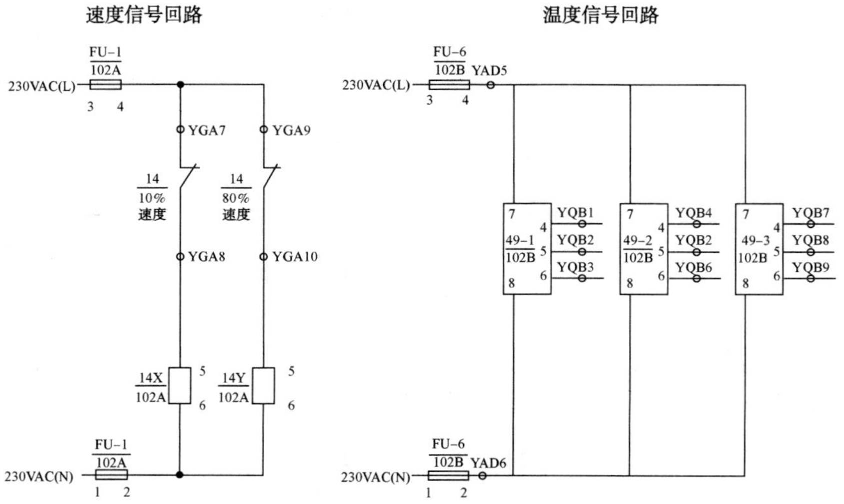

图 4　速度及温度回路原理图

（3）合、分闸回路在原有柜的基础上，结合典型P24X系列接线方式，自主设计P243综自设备PSL逻辑图，对光耦开入量和开出量进行编程，实现控制回路、保护回路逻辑。其中P243保护开入1为断路器合闸位置，用于故障录波，起动开始的判断；开入2为工艺连锁信号，经压板控制，用于工艺连锁跳闸；开入3为P220综自设备提供的磁平衡差动保护动作信号，用于和P243装置的速断保护共同动作于光耦开出RL7；开入5为10%速度信号，收到上升沿信号延时6S后跳闸；开入6为80%速度信号，收到上升沿信号延时45S后跳闸。P243综自设备跳闸出口1为综合保护出口，速断保护、热过负荷保护、速度保护、工艺连锁信号均通过该出口动作；跳闸出口2为低电压保护；跳闸出口3为过负荷保护出口，信号经中间继电器输出至DCS系统；跳闸出口7为禁止再起动功能出口。P220综自设备设置跳闸出口1为磁平衡差动保护跳闸出口，跳闸出口2为磁平衡差动保护跳闸信号至P243开入3。P243综自设备PSL逻辑图如图5所示，信号回路原理图如图6所示。

这种接线方式在原有的保护功能下进行了优化，接线更加简单，保护逻辑清晰，便于日后维护工作。

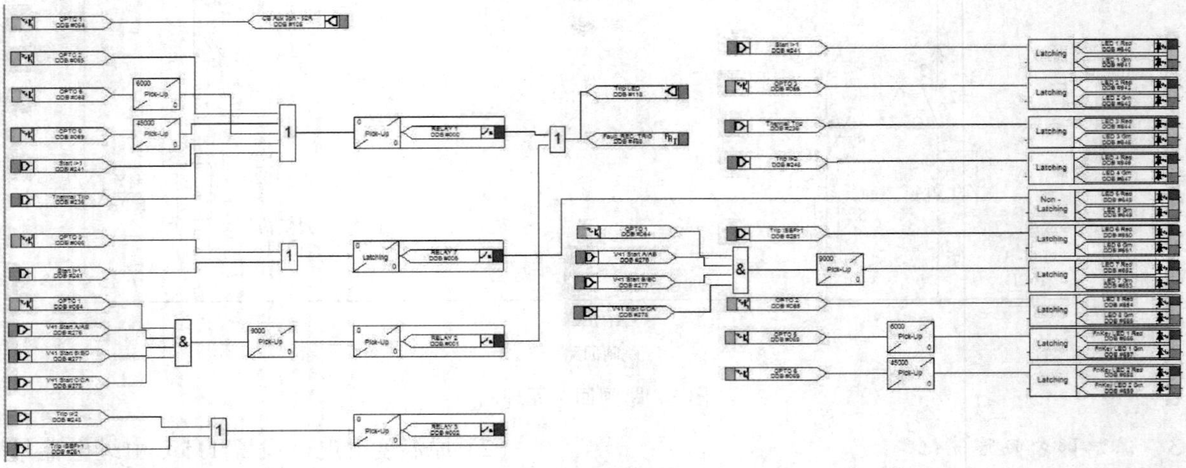

图5　P243综自设备PSL逻辑图

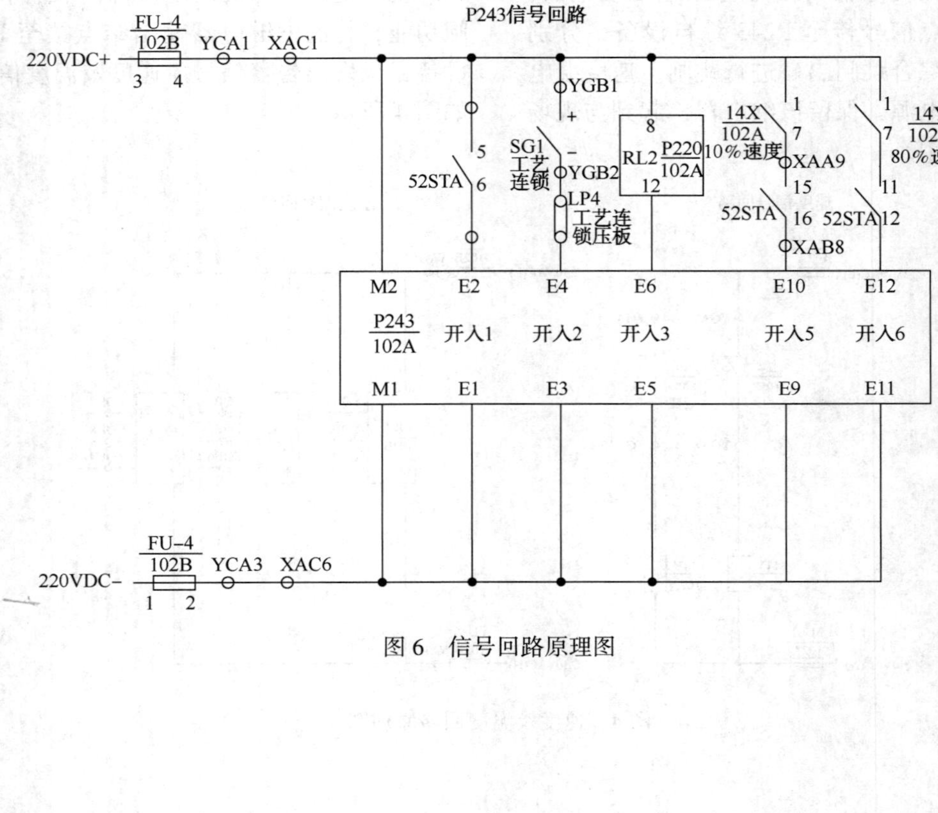

图6　信号回路原理图

3　电动机保护的配置与整定

该电动机参数：功率为 8388kW，额定电流 940A。最小运行方式下线路末端短路时的短路电流为 14.38kA。CT 变比为 1200/5，磁平衡差动 CT 变比为 50/5。

3.1　电动机保护配置

基于国家标准与企业规范要求，结合现场设备实际要求，该电动机应设速断保护、磁平衡差动保护、热过负荷保护、低电压保护、速度保护、工艺联锁均动作于跳闸；零序保护、过负荷保护、温度保护动作与信号、只告警。

3.2　电动机保护整定

（1）速断保护按躲过电动机正常运行时产生的最大电流进行整定，即起动电流。原定值二次 27A、0s 跳闸，经核算灵敏度，K_1 为 $1.92<2$。为保证保护有不小于规定的灵敏度，速断保护取二次 25.5A，0s。速断保护动作后禁止再起动。

灵敏度计算：按最小运行方式下，6kV 线路末端两相短路路电流校验，见式(1)。

$$K_1=I_{1k2}\cdot \min/I_{dz}$$

$$K_1=(0.866\times14380)/(25.5\times1200/5)$$

$$K_1=2.03\geqslant2 \tag{1}$$

（2）磁平衡差动保护按躲过起动时振荡电流所产生的最大不平衡电流值整定。取二次 2A、0s。磁平衡差动保护动作后禁止再起动。

（3）原堵转保护由 GL 继电器反时限进行保护。现取消 GL 继电器，改为设置 P243 综自设备热过负荷保护，热过负荷基准电流为额定电流的 1.15 倍，过载时间常数和启动时间常数设置为 2min，冷却时间常数取下限。该电动机负载为风机，起动时间长，电动机起动过程中热过负荷保护不应动作。为躲过电机起动过程中热过负荷保护误动作，通过设置起动时间 50s 闭锁开机时热过负荷保护，起动状态通过断路器状态翻转且电动机电流超过 1.5 倍额定电流进行判断。电动机起动 50s 内热积累缓慢升至 90%后，不再增加，待电动机起动 50s 后开放热过负荷保护。电动机热过负荷保护动作后，热积累值超过 100%，禁止再起动节点动作，待热积累降至 90%后，禁止再起动节点返回，可以重新开机。

（4）高压柜内自带电压互感器，接线方式为 V，v 接法，该方法是将两台全绝缘单相电压互感器的高低压绕组分别接于相与相间，构成不完全三角形。该方式可以节省一台电压互感器，同时能够提供线电压，但无法测量相电压。整定原则中低电压保护定值为额定电压的 40%，9s 跳闸。现改为 48V、9s(PT 二次 120V)。

（5）保护整定原则中不设置过电压保护，将原有过电压保护功能取消。

（6）过负荷告警功能，超过额定电流经 5s 延时后告警。过负荷告警信号远传至操作室并报警。

（7）接地保护，原跳闸改为告警，延时 1s。原定值二次 2A、1s。现按照一次 10A 进行整定。

（8）速度保护由速度继电器提供动作信号，经综自设备延时后进行跳闸。速度保护定值为 10%、6s，80%、45s。相应保护功能为电动机起动 6s 内转速未达到额定转速的 10%，及 45s 内转速未达到额定转速 80%将发出跳闸命令。

（9）温度保护原由温度继电器提供，115℃告警，取消温度 135℃跳闸。

保护定值变更通知如图 7 所示。

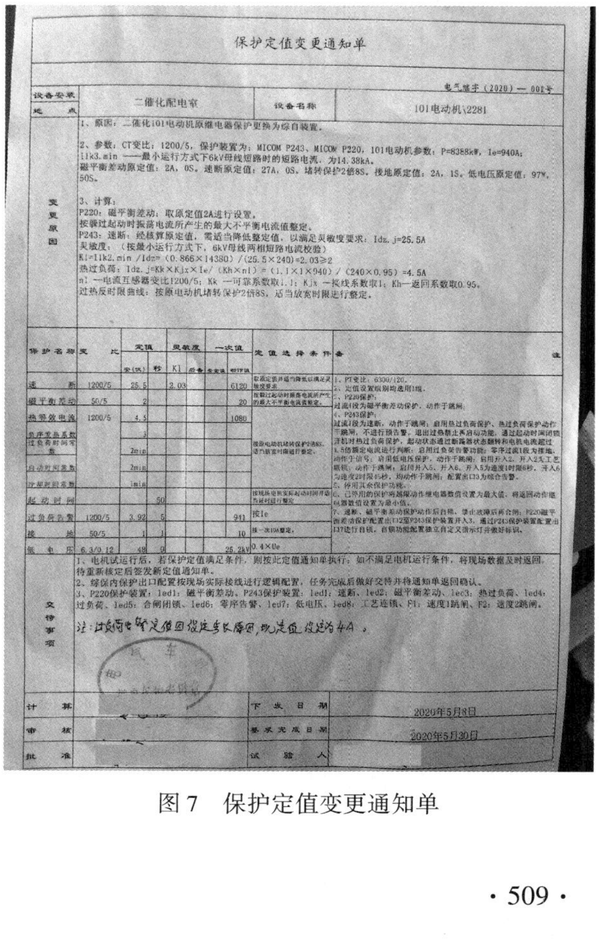

保护定值变更通知单

电气催字（2020）—001号

设备安装地点：二催化配电室　　设备名称：101电动机\2281

变更原因：

1、原因：二催化101电动机原继电器保护更换为综自装置。

2、参数：CT变比：1200/5，保护装置为：MICOM P243、MICOM P220，101电动机参数：P=8388kW，Ie=940A；I1k3.min ——最小运行方式下6kV母线短路时的短路电流，为14.38kA。
磁平衡差动原定值：2A，0S。速断原定值：27A，0S。堵转保护2倍8S。接地原定值：2A，1S。低电压原定值：97V，50S。

3、计算：
P220：磁平衡差动：取原定值2A进行设置。
按躲过起动时振荡电流所产生的最大不平衡电流值整定。
P243：速断：经核算原定值，需适当降低整定值，以满足灵敏度要求：Idz.j=25.5A
灵敏度：（按最小运行方式下，6kV母线两相短路电流校验）
Kl=I1k2.min /Idz=（0.866×14380）/(25.5×240)=2.03≥2
热过负荷：Idz.j=Kk×Kjx×Ie/（Kh×nl）=（1.1×1×940）/（240×0.95）=4.5A
nl —电流互感器变比1200/5；Kk —可靠系数取1.1；Kjx —接线系数取1；Kh—返回系数取0.95。
过热反时限曲线：按原电动机堵转保护2倍8S，适当放宽时限进行整定。

保护名称	变比	定值 安(伏)	定值 秒	灵敏度 Kl	灵敏度 后备	一次值	一次值	定值选择条件	备注
速断	1200/5	25.5		2.03			6120	取原定值并适当降低以满足灵敏度要求	1、PT变比：6300/120。 2、定值设置组别均选用1组。 3、P220保护：过流I段为磁平衡差动保护，动作于跳闸。 4、P243保护：过流I段为速断，动作于跳闸；启用热过负荷保护、热过负荷保护动作于跳闸…… 5、停用其余保护功能。 6、…… 7、速断、磁平衡差动保护动作后自锁……
磁平衡差动	50/5	2					20	按躲过起动时振荡电流所产生的最大不平衡电流值整定。	
热等效电流	1200/5	4.5					1080	按原电动机堵转保护2倍8S，适当放宽时限进行整定。	
负序变换系数		3							
过负荷时间常数		2min							
启动时间常数		2min							
冷却时间常数		1min							
起动时间			50						
过负荷告警	1200/5	3.92	5				941	按Ie	
接地	50/5	1	1				10	按一次10A整定。	
低电压	6.3/0.12	48	9				25.2kV	0.4×Ue	

交待事项：
1、电机试运行后，若保护定值满足条件，则按此定值通知单执行；如不满足电机运行条件，将现场数据及时返回，待重新核定后签发新定值通知单。
2、综保内保护出口配置按现场实际接线进行逻辑配置，任务完成后做好交待并将通知单返回确认。
3、P220保护装置：led1：磁平衡差动。P243保护装置：led1：速断、led2：磁平衡差动、led3：热过负荷、led4：过负荷、led5：合闸闭锁、led6：零序告警、led7：低电压、led8：工艺连锁、F1：速度1跳闸、F2：速度2跳闸。

计算		下发日期	2020年5月8日
审核		要求完成日期	2020年5月30日
批准		试验人	

图 7　保护定值变更通知单

4　结束语

通过对该催化四机组电动机保护测控系统的优化，极大地提高了保护的可靠性、选择性。优化施工完毕后，经过缜密的继电保护试验，全面的模拟了可能发生的故障情况，确保综自设备该动作时准确动作，不该动作时决不误动。该催化四机组电动机两次单试电机、冲转后开机均顺利完成，未发生起动时误动作，现已平稳运行。

参 考 文 献

[1] 高春如．发电厂厂用电及工业用电系统继电保护整定计算[M]．北京：中国电力出版社，2012.8.

[2] 中国航空规划设计研究总院有限公司．工业与民用供配电设计手册(第四版)[M]．北京：中国电力出版社，2016.12.

催化装置主风机防喘振阀故障分析及思考

孙泳峰　高明宇

（中国石油大连石化公司）

摘　要　本文主要以催化裂化装置四机组防喘振控制为依托，阐述了防喘振阀的理论知识和实际应用，通过对所发生故障的原因分析和整改策略，优化风机防喘振控制阀操作、为防喘振阀的故障处理提供依据。

关键词　催化裂化　偏心蝶阀　催化剂流化运转　气动放大器　定位器

1　引言

在石化企业催化裂化装置中，主风机在装置生产中提供主风任务，主风在运行过程中起到保持热平衡、氧平衡、压力平衡以及流化运转的作用，主风机就如同人的心脏，需要平稳且不间断的为生产装置供风。防喘振阀门是风机控制的核心设备，当喘振阀门故障放空，会使机组的外送风量减少甚至中断，严重影响装置的平稳运行；当喘振阀门故障关闭，由于机组进口流量降低引发机组发生喘振，喘振产生的气流脉动会引发共振造成机体损坏，气体倒流还会引发机组内温度急剧上升，降低设备的使用寿命。

2　防喘振阀的气路构成和工作原理

防喘振阀的基本信息：

厂家：Emerson

阀门型号：FisherA31A

规格尺寸：DN400　CL150

阀门型式：两偏心蝶阀

执行机构类型：气动活塞执行机构

故障形式：F. O

阀体材质：WCB

测量介质：空气

操作温度/压力：190~235℃/0. 35MPa

防喘振阀的气路构成如图 1 所示，气路附件包括：过滤减压器、分体式定位器、三通电磁阀、气动放大器、快速排气阀、位置变送器等。

防喘振阀门在控制上既要具备良好的调节性能，又要具备可靠的快开性能。

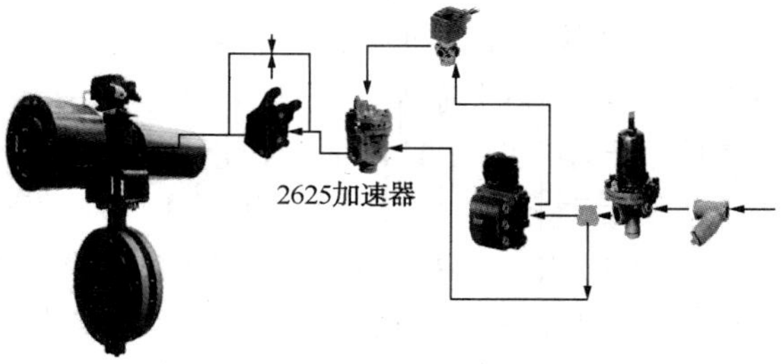

图 1　防喘振放空阀气路图

调节功能：在正常状态下 ASCO 三通电磁阀带电，当 4~20mA 控制信号增大，则定位器的输出压力增加，通过电磁阀作用于气动放大器 2625 的控制口，气动放大器 2625 输出压力增大，执行机构上膜头的压力也增大，克服执行机构的弹簧力的作用调节阀门动作；当 4~20mA 的控制信号减小，定位器的输出压力减小，作用于气动放大器 2625 的控制信号减小，气动放大器 2625 的输出压力减小，阀门在执行机构弹簧力的作用下调节动作。

快开功能：当 ASCO 电磁阀断电，三通电磁阀切断并卸掉气动放大器 2625 控制口的压力，气动放大器 2625 没有输出，快排阀和 ASCO 三通电磁阀同时排气，阀门快速打开。快速排气阀起到快熟排除气缸内气体的作用，通过跨在两端的手动针阀，在膜片的前后建立一个压差，起到稳定膜片的作用，其标准开度为 1/4 到 1 圈。综上所述，防喘振阀的快开功能，当机组进入喘振工况，可快速释放由于喘振引起波动；阀门良好的调节性能，阀门流量充分以防止波动点的产生。

第一作者简介：孙泳峰，仪表维护/高级技师，现从事仪表维护工作。E-mail：sunyf_dl@ cnpc. com. cn

3　案例故障现象

大连石化140万/年催化裂化装置在进行主、备风机切换过程中，出现16"防喘振放空阀FV22150B不动作故障。故障发生时处在工况如下：工艺要求防喘振阀门逐步放空降量，配合备用风机的逐步提量，如果喘振阀快速打开会中断装置主风的供给，可能造成装置停工；但仪表排查故障却需要切断执行机构气缸风压，这样很可能导致防喘振阀快速打开，而且该阀门没有侧线也没有限位手轮，导致仪表维护人员不能对气路元件进行检查。

通过阀门执行机构结构的研究，执行器为拨叉式活塞结构，活塞面积6.45cm^2，拨叉力臂6.03cm。利用阀门选型软件计算阀门在3.5bar压差下的开启扭矩为0.4bar，按此计算执行器弹簧要克服启动力矩，力矩大小相当1.3bar气压时的气缸输出扭矩。根据执行机构数据计算，执行机构完全压缩后弹簧扭矩1251牛顿/米相当于2bar气源压力，只有气缸内的压力低于1.6bar时，弹簧扭矩减去气源的扭矩才能大于阀门开启扭矩0.4bar，阀门才能往开的方向走。最后，在分析了阀门的气缸结构后，通过在气缸排气口处引入仪表风，在风线中串联可调节风压的过滤减压器，通过减压器逐渐向阀门增加推动力，最终多方合力大于开启扭矩0.4bar使阀门打开。

4　案例故障分析

阀门不动作可从两方面进行分析：

首先，故障原因可能由于阀板卡涩造成阀门不动作，防喘振阀门长期处于关闭状态，甚至长达几年不动作容易导致阀板卡涩；由于阀板和阀座之间间隙小，有异物进入导致阀门不动。针对阀门卡涩的处理，故障发生的第一时间即进行处理，通过对阀体的敲击振荡，达到松动阀板间隙内异物的目的，以及后期对阀门解体检查都没有发现问题。再次，执行机构推力不足造成阀门不动作，执行机构推力是由定位器和气动放大器2625共同作用实现的，这里要介绍一下气动放大器2625的工作过程，放大器结构图如图2所示。

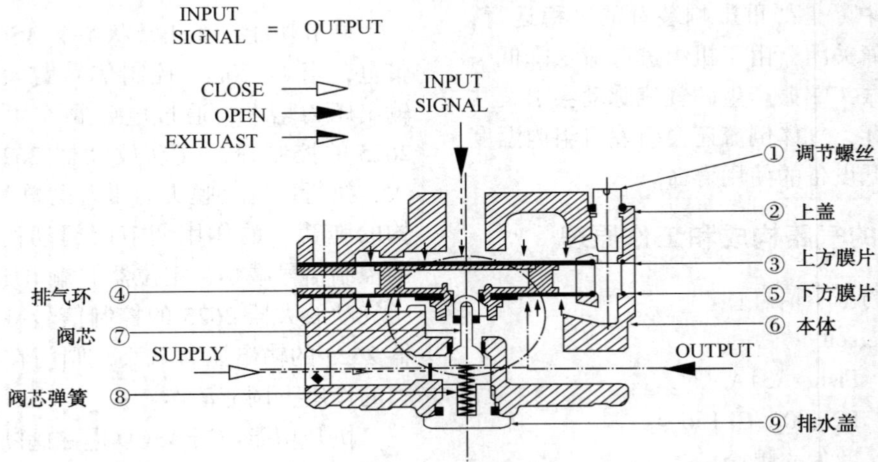

图2　放大器2625结构图

气动放大器2625是接收控制风压，控制信号来源于定位器的输出压力，气动放大器以相同压力给执行机构输入大流量的气源，加快控制阀动作速度。通过减压阀输入气源压力(Supply)，信号接口端输入信号压力(Input Signal)，那么如上图当膜片受到压力，使膜片组合件向下移动，同时阀芯也会向下移动。这时输入压力通过阀芯底座通路流入到输出接口(Output)并输入到执行机构。当输出压力增加到和信号压力相同时阀芯重新上升，最终信号压力和输出压力保持相同。相反，输出压力大于信号压力，则膜片组合件向上移动，输出压力会通过阀芯上方空隙向排气环排出。

气动放大器上有一个增益调节螺钉，当顺时针调节(将调节螺钉旋入)，增益增加流量放大倍数增加，放大器所具有的稳定性下降；逆时针调节(将调节螺钉旋出)，增益减小流量放大倍数减小，导致放大器所具有的稳定性增加。

如果增益调节螺钉旋出太多，增益太小会造成阀门动作死区大响应速度慢；如果增益调节螺钉旋入太多，增益太大稳定性差，可能造成喘振阀振荡。防喘振阀气动放大器 2625 标准调节要求：将增益调节螺钉完全旋入后再回 1.5 圈，然后并紧锁紧螺母。

最后，对定位器进行分析，定位器工作原理见图 3。

图 3　定位器工作原理图

定位器主要由信号接线盒、I/P 转换器、气动放大器(定位器内)三个主要部分组成，输入信号(4~20mA)通过信号线缆引入到接线盒，电流信号进入印刷电路板模块，被电路板中的微处理器读取，通过数字算法处理并转换成模拟量的 I/P 驱动信号送到 I/P 转换器；I/P 转换器连接着电路信号和气路信号，将输入的电路信号 4~20mA 转换成气路信号 20~100kPa，将压力信号传送到气动放大器(定位器内)；气动放大器将接收到的气路信号 20~100kPa 放大输出，转化成执行机构动作的驱动力(0~35psi)。

当风机切换完毕后，对气路元件做 Valvelink 诊断测试，具体分析结论如下：现场测试时定位器 I/P 处于不稳定工作状态，未能响应开信号变化，定位器输出气压至活塞缸内维持在 1.6~1.9bar，基本上抵消了弹簧力(弹簧范围 1.5~2.0bar)，加之阀门有一定的启动力矩，弹簧无法再克服阀门本身的摩擦力和流体的阻力，导致阀门没有打开。

5　优化升级

本次故障定位器输出风压没有随控制信号进行调整，气动放大器没有收到控制压力改变，也没办法改变驱动执行机构的风压，仪表维护人员无法判断执行机构气缸内受力变化，导致误以为阀板卡涩造成阀门不动作。针对直接原因，更换新的分体式定位器 DVC6200 可顺利解决问题。但为了更好日常维护、更直观发现故障原因，将气路元件制作集成板安装，同时在气缸入口增加压力表监测气缸压力变化，增加排空阀调节阀门动作。升级后气路原理如图 4 所示。

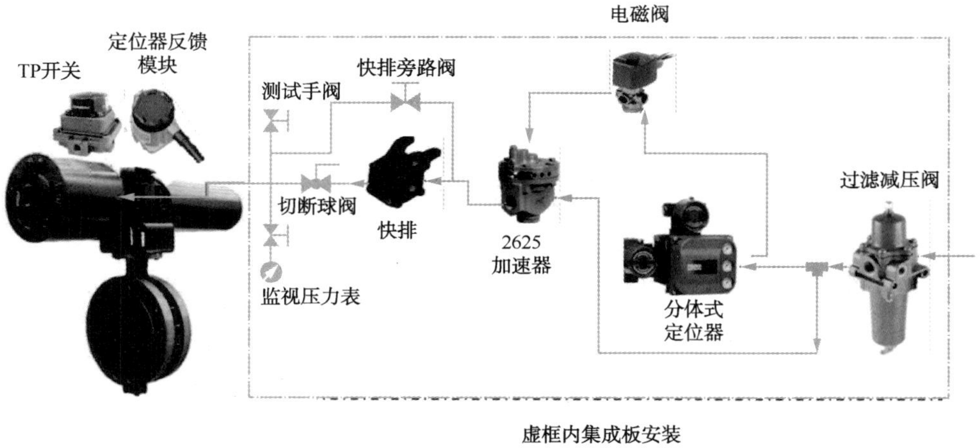

图 4　升级后防喘振阀气路图

6　总结

结合本次故障，加深了防喘振阀气路部件功能认识，如放大器，定位器，快速排气阀等元件，深入学习了阀门气路结构和控制原理，为故障的判断和解决提供了可靠保障；通过对执行机构的的重新认识，总结出一种处理无侧线无手轮防喘振阀故障的方法，尤其是气路上的的优化改动，虽然仅仅是增加了压力表和排空阀，但却能极大的提高了防喘振阀门的安全可靠性、提高了喘振阀门的可操作性、为故障分析处理提供可靠数据，这种小创新起到了一叶知秋、见微知著的大作用。

参 考 文 献

[1] 孙永刚．防喘振控制在催化裂化主风机组应用的改进[J]．化工自动化及仪表，2010，(3)．
[2] 王志强．浅谈风机防喘振阀气路控制应用与改进[J]．科技创新导报，2013，(8)．
[3] 罗靖凯．FISHER 智能阀门定位器的故障诊断[J]．电子技术与软件工程，2014，(6)．

在线色谱模拟蒸馏的应用及前景发展

王永之

（中国石油大连石化公司）

摘　要　蒸馏装置对油品性能参数监控极为重要，在我厂三蒸馏装置馏程、闪点、凝固点分析技术得到广泛应用。在线色谱模拟蒸馏技术利用色谱分析原理对油品组分进行实沸点测量然后通过关联模型建立起对油品馏程、闪点、凝固点等多性能参数的测量方式。同时依据其独特的分析技术、精准的测量方式成功的解决掉常规蒸馏法测量馏程分析仪中出现的vocs排放超标、分析过程部件结焦严重、分析周期过长样品滞后性大的劣势。实现了分析过程安全受控、分析排放环保达标、分析结果精准指导的在线环保理念。

关键词　蒸馏装置　色谱模拟蒸馏　馏程　闪点　环保优先　创新发展

1　前言

大连石化三蒸馏装置于2005年建成投产，生产工艺分别设计测量B1线柴油馏程和闪点、B2线馏程和倾点、AaBb线馏程以及轻、重石脑油的馏程分析。上述点位测量分析仪当时使用的已是国内相对先进厂商兰州奥博和荆州通力两家产品，于2005年开始投入使用，执行的测量标准方法为N氏蒸馏法，对应国家标准号为GB/T 6536，国际标准为ASTM D86，欧美国家测量馏程执行的标准方法为更为先进的色谱模拟蒸馏法，标准号为ASTM D7096（汽油）、ASTM D2887（煤油、柴油）。由于色谱模拟蒸馏法分析灵敏度和自动化程度高，加上油品用量少，只有不到1微升，且燃烧后变成CO_2和水，无VOC排放，对维护人员和环境无危害，所以虽然目前尚为颁布国标，但很多企业已经开始应用。我部门在2015年全厂在线仪表技术攻关项目中对其进行过改造升级，由于分析方法的落后导致分析过程中VOCS排放持续超标、部件受高温老化严重存在腐蚀泄露现象、分析过程温度控制过高安全隐患严重、每周期分析产生的废油过多不利于节能环保等等因素促使利用石油产品常压恩氏蒸馏测定法（GB/T 6536—2010）在线全馏程分析逐渐被市场所淘汰。而应运而生便是运用色谱技术模拟经典的实沸点蒸馏方法，来测定各种石油馏分的馏程，简称为色谱模拟蒸馏技术。三蒸馏装置在2019年、2021年分别对轻、重石脑油，B1线柴油进行设备更新，所采用就是兰州科海公司研发生产的色谱模拟蒸馏分析仪，经过长周期的运行观察、环保数据的监测目前三套分析仪运行状态良好分别达到取代化验分析条件，真正实现实时在线分析、精准的指导工艺生产。接下来将从以下几方面阐述在线色谱模拟蒸馏分析仪的现场应用及前景发展。

2　在线色谱及模拟蒸馏分析的基本原理

色谱模拟蒸馏技术的应用其根本还是基于在线色谱分析的原理加以扩展，同时在找到与常规的蒸馏测定法相关联匹配的数据模型和认定合格的定量标准既可以实现对馏程的色谱测量方式。

2.1　在线色谱的原理简述

当流动相中携带的混合物流经固定相时，其与固定相发生相互作用。由于混合物中各组分在性质和结构上的差异，与固定相之间产生的作用力的大小、强弱不同，随着流动相的移动，混合物在两相间经过反复多次的分配平衡，使得各组分被固定相保留的时间不同，从而按一定次序由固定相中流出。然后经过定性的样品依次进入色谱检测器后再进行定量的检测从而达到对检测介质定性、定量的分析（图1）。

第一作者简介：王永之，在线分析班组长、高级工，现从事在线分析仪维护与管理工作。E-mail：wangyz_dl@petrochina.com.cn

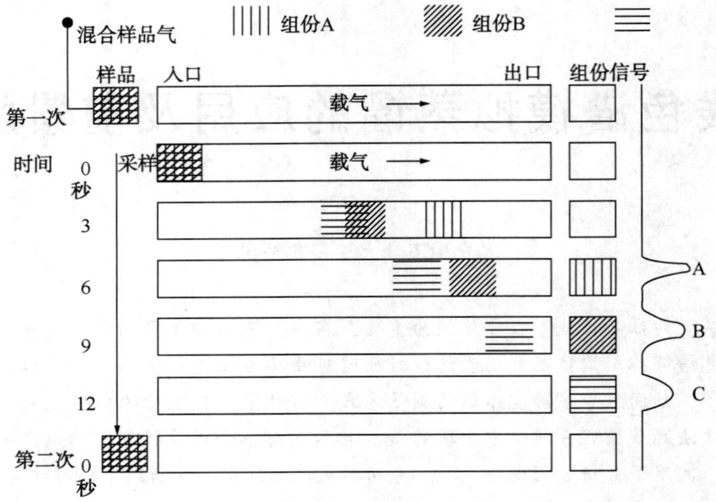

图1　色谱柱工作原理示意

2.2　色谱模拟蒸馏的分析方法及标准(表1)

表1　色谱模拟蒸馏的分析方法及标准

序号	测定对象	ASTM方法	定量方法	馏程测定范围	关联标准
1	汽油	ASTM D7096	归一法	初~280℃(nC5~nC16)	ASTM D86 GB/T 6536
2	煤油 柴油	ASTM D2887	归一法	55~538℃(nC5~nC44)	ASTM D86 GB/T 6536 SH/T 0558
3	蜡油 重油	ASTM D7213	归一法	100~615℃(nC5~nC60)	ASTM D1160 GB/T 9168
4	原油 渣油	ASTM D7169	外标法	初~720℃(nC5~nC100)	ASTM D1160 GB/T 9168

2.3　色谱模拟蒸馏原理

用具有一定分离度的非极性色谱柱，分析一组正构烷烃混合物，得到保留时间与沸点的关系曲线。在相同条件下，测定石油样品，获得对应百分收率的累加面积及保留时间，利用前面得到的保留时间与沸点的关系曲线可以计算出百分收率-温度的馏程数据。

色谱法是一种物理的分离方法，它包括两个核心技术(1)分离技术，(2)检测技术。

气相色谱是基于时间差别的分离技术，将气化的混合物或气体通过含有某种物质的管，基于管中物质对不同化合物的保留性能不同，而得到分离。这样就是基于时间的差别对化合物进行分离，样品经过检测器以后电信号值(mV)对应的保留时间(Rt)作图的就是色谱图(图2)。

色谱峰的测量

(1) 峰高

它是从峰尖到基线的垂直距离。

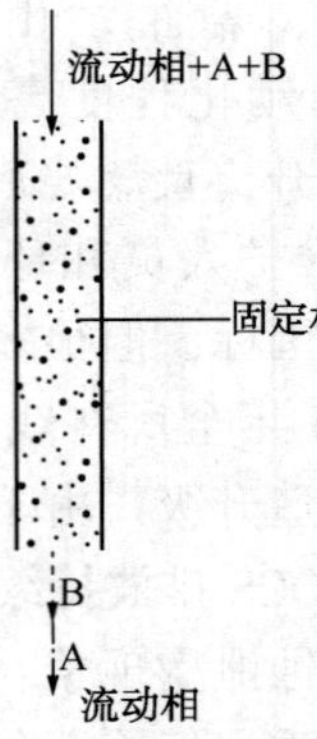

图2　气相色谱原理图

(2) 峰面积

此面积是指由色谱峰信号曲线和基线所围成的面积。

(3) 保留时间

峰出现的时间是从开始进样到被检测到的时间包括两部分：死时间，载气流过色谱柱所用的时间，可通过注射空气或其他没有相互作用的物质来测定。保留时间，由于被分离组份与色谱柱固定相相互作用所造成的滞留时间。在大多数情况下通常忽略死时间而把出峰时间认为是保留时间。

色谱模拟蒸馏实验方法：采用 ASTM D2887（对应 SH/T 0558）国际标准，利用具有一定分离度的非极性色谱柱，在线性程序升温条件下测定已知正构烷烃混合物（校正样）组分的保留时间，得到校正样的保留时间-沸点的校正曲线；然后在相同的色谱条件下，将试样按组分沸点次序分离，同时进行切片积分，获得对应的累加面积，以及相应的保留时间。经过温度—时间的内插校正，就可以得到对应于百分收率的温度，即馏程。其中，累加面积百分数即收率，因烃类的相对重量校正因子近似于 1，故可认为即是试样的质量百分含量[%(m/m)]。并且，根据质量百分含量，通过相应的计算可以得到与 ASTM D86 方法具有可比性的体积百分含量馏程结果（图 3）。

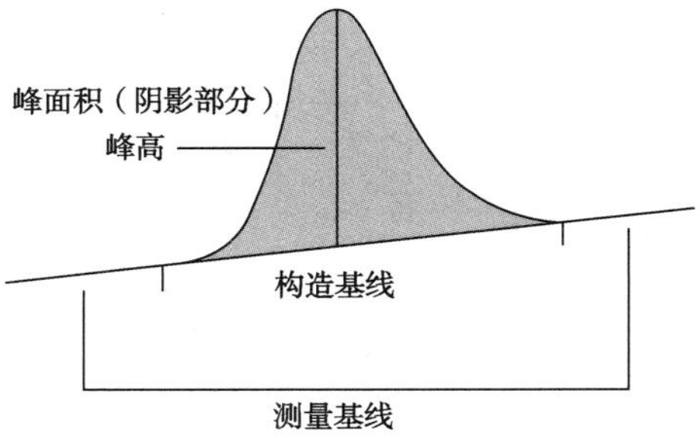

图 3　峰面积测量图

2.4　色谱模拟蒸馏的应用——关联恩式蒸馏

色谱模拟蒸馏所模拟的是实沸点蒸馏方法，因而，模拟蒸馏数据与恩氏蒸馏数据有很大差异。但是，由于恩氏蒸馏长期以来用作产品的规格，生产企业更熟悉恩氏蒸馏。所以，有必要寻找一条模拟蒸馏与恩氏蒸馏数据的关联曲线。研究人员经过大量数据的对比，发现可以用回归方程将二者联系起来。下面是由模拟蒸馏计算恩氏蒸馏某收率点温度（Yi）的公式：

$$Yi = a0 + a1 \times T1 + a2 \times T2 + a3 \times T3$$

式中，$a0$、$a1$、$a2$、$a3$ 为回归系数；$T1$、$T2$、$T3$ 分别为模拟蒸馏中不同收率点的温度，℃。

模拟蒸馏数据与恩氏蒸馏数据的关联成功，扩展了模拟蒸馏方法的使用范围，近年已逐渐将其用于工业装置的中控分析中。同时，由于模拟蒸馏方法数据远较恩氏蒸馏精确，精密度好。因此，1975 年在一些地方已经用模拟蒸馏代替恩氏蒸馏来表示航空汽油的规格。

2.4.1　分析过程快速响应、节能环保、安全达标

利用色谱模拟蒸馏分析技术每一周期具体工作步骤由集成系统进行控制，一个周期从进样、汽化、定性分离、定量检测需要 25 分钟。这一时间较之前的常压蒸馏分析方式整整节省 35 分钟，减缓了样品分析的滞后性。

采用色谱模拟蒸馏分析样品每周期 0.2ul 进样量，预处理流速控制在 30ml/min 大大减少原常压蒸馏繁琐的分析周期中需要使用大量成品油进行冷却降温、样品循环冲洗的步骤，这样就减少了对介质浪费。同时由于采用 FID 检测器将摄取 0.2ul 样品在检测器内部燃烧检测，从分析内部排出的只有水蒸气和少量二氧化碳实现 VOCS 零排放，而原有的分析仪不仅设备庞大、笨拙还必须配有一套油品的回收装置，在回收罐呼吸口 VOCS 检测数据能在 1000mg/L 左右。同时配套的回收装置经常发生泄漏、油品倒灌、运行周期中仪表风吹扫时两台仪器互相干扰等现象。

轻柴油终馏点温度基本在 260℃，而柴油的终馏点温度则在 380℃左右，超高的加热温度也产生检测器内部严重的结焦，在加热箱体内部任何时候的接头泄露都可能产生极大的风险，同时也会对设备部件产生大量损耗。但是模拟蒸馏则充分将分析样品通过定量（0.2ul）再分段进行升温汽化后进入 FID 检测器及色谱柱进行分析，最后生成二氧化碳和水，对环境没有任何污染。

色谱模拟蒸馏分析技术的应用不仅在分析原理、产品结构布局中发生质变更主要的是该技术更适用于当下我们对安全环保理念的重视和追求，同时我们也通过该种分析方法面对柴油、重柴油馏程数据的采集分析中得到了突破。

2.4.2　分析结果准确稳定、再现性强、兼容性强

通过对三蒸馏轻、重脑油模拟蒸馏改造的成功案例，今年我们积极主动申请将 B1 线煤油馏程和闪点（AT0302B/AT0302C）一同进行改造升级，在改造完成之后对该点位数据开始进行化验比对，经过大概两周左右的时间成功取得 10 组具有代表性的数据分析，进一步验证了该种技术手段在目前对于馏程和闪点等参数的精确测量。模拟蒸馏可以一台分析仪测量同一介质不同的油品参数，比如在 B1 煤油的介质分析中不仅可以

实现对馏程和闪点在一台分析仪显示，更可以将凝固点、蒸气压等参数共同显示，有更加强大的兼容性(表 2)。

表 2　现场分析数值与化验室连续比对 10 组数据

装置名称	项目	日期	成分	在线表成绩	化验室成绩(自动)	差值	允许误差
1000 万吨/年常减压蒸馏	B1 煤油	2021. 11. 08	初馏点	153. 8	154. 2	-0. 4	≤±8
			50%	204. 7	207. 4	-2. 7	
			90%	235. 9	237. 9	-2	
			终馏点	261. 1	262. 9	-1. 8	
1000 万吨/年常减压蒸馏	B1 煤油	2021. 11. 09	初馏点	151. 6	149. 8	1. 8	≤±8
			50%	203. 6	201. 5	2. 1	
			90%	233. 7	233. 6	0. 1	
			终馏点	259. 6	258. 7	0. 9	
1000 万吨/年常减压蒸馏	B1 煤油	2021. 11. 10	初馏点	149. 6	153. 9	-4	≤±8
			50%	201. 4	207. 1	-5. 7	
			90%	233. 2	237. 2	-4	
			终馏点	257. 9	260. 7	-2. 8	
1000 万吨/年常减压蒸馏	B1 煤油	2021. 11. 11	初馏点	148. 9	154. 4	-5. 5	≤±8
			50%	200. 7	203	-2. 3	
			90%	232. 3	234. 7	-2. 4	
			终馏点	257. 2	257. 8	-0. 6	
1000 万吨/年常减压蒸馏	B1 煤油	2021. 11. 12	初馏点	149. 6	153. 9	-4. 3	≤±8
			50%	201. 3	204	-2. 7	
			90%	232. 5	233. 4	-0. 9	
			终馏点	257. 3	258	-0. 7	
1000 万吨/年常减压蒸馏	B1 煤油	2021. 11. 16	初馏点	148. 7	151. 2	-2. 5	≤±8
			50%	199. 5	202. 2	-2. 7	
			90%	230. 8	233	-2. 2	
			终馏点	254. 6	257. 7	-3. 1	
1000 万吨/年常减压蒸馏	B1 煤油	2021. 11. 17	初馏点	148. 7	151	-2. 3	≤±8
			50%	199. 4	202. 8	-3. 4	
			90%	230. 4	233. 1	-2. 7	
			终馏点	254. 2	255. 9	-1. 7	
1000 万吨/年常减压蒸馏	B1 煤油	2021. 11. 18	初馏点	152. 2	152. 3	-0. 1	≤±8
			50%	203. 7	207	-3. 3	
			90%	234. 2	238	-3. 8	
			终馏点	259. 1	263. 6	-4. 5	
1000 万吨/年常减压蒸馏	B1 煤油	2021. 11. 19	初馏点	154. 5	158. 4	-3. 9	≤±8
			50%	205. 3	209. 7	-4. 4	
			90%	233. 5	239. 2	-5. 7	
			终馏点	256. 2	261. 4	-5. 2	
1000 万吨/年常减压蒸馏	B1 煤油	2021. 11. 22	初馏点	157. 4	151. 4	6	≤±8
			50%	205. 6	202	3. 6	
			90%	235. 2	233. 7	1. 5	
			终馏点	260. 2	258. 9	1. 3	

2.4.3　分析设备高度集成、数据传输稳定、防爆等级升级

高度集成的分析控制技术实现对进样压力、流量；载气压力、流量的精确控制，通过与原设定值的比较来执行每一个运行周期的具体分析指令，数据异常可以立即触发后台报警，发出必要的报警信息。强大硬盘存储功能可以满足现场3~5年分析数据的存储，做到长期可追溯。全新的正压防爆控制机柜满足生产现场正压防爆等级实现危险介质能量的隔离防护(图4~图6)。

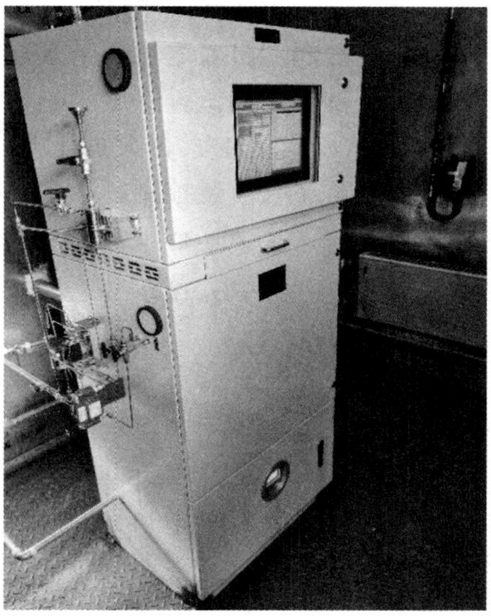

图4　模拟蒸馏分析表柜(改造后)

图5　常压蒸馏分析仪(改造前)

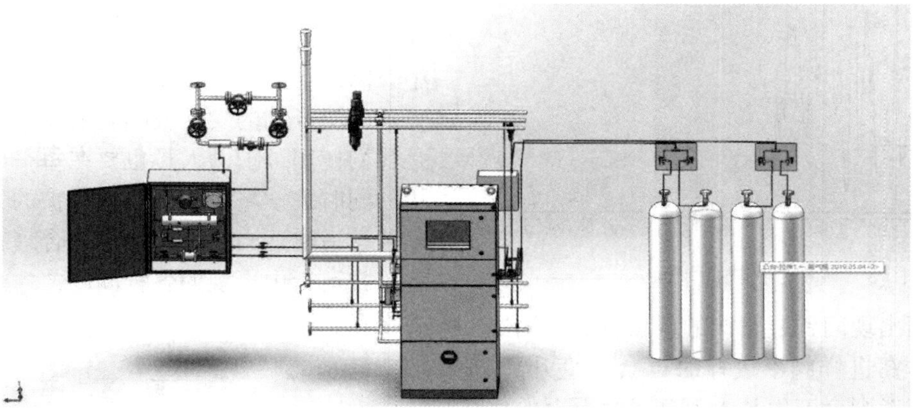

图6　模拟蒸馏系统分析总貌

2.4.4　完美的谱图效果、简便的标定步骤

色谱模拟蒸馏依托于在线色谱的分析原理，在对样品分析后呈现完美的谱图效果，根据标准谱图的参比对照及时发现当前分析周期的正常与否，不仅效果直观指导性更强。另外，通过置入标准样品进行分析仪的校验比对各点位的馏程数据会更加精确和稳定而不再只依靠化验室的化验分析(图7、图8)。

3　模拟蒸馏的日常维护注意事项

在更换了模拟蒸馏色谱分析仪后不是意味着设备不需要维护、不再会发生故障。反而更加强调了作为我们现场维护人员的基本操作水准和仔细认真的态度。一台复杂、繁琐色谱分析仪如果正常、稳定长周期的运行，提供可靠的数据那么就需要我们再日常维护中懂得如何去维护，怎么才能做好维护。

3.1　进样阀的维护

进样阀作为样品与分析检测器中间衔接与驱动的装置，在整套分析中起到至关重要的作用。同时由于进样阀的不间断运行以及阀头要有130℃的高温用于一部分轻组分汽化，因此进样阀也是定期维护和维修的易损件。

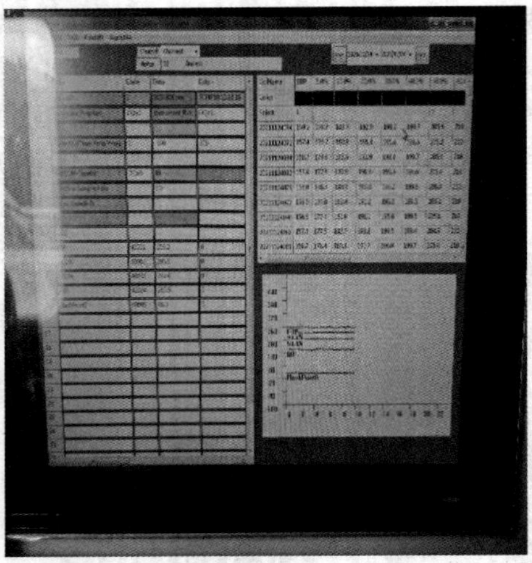

图7　现场显示操作画面

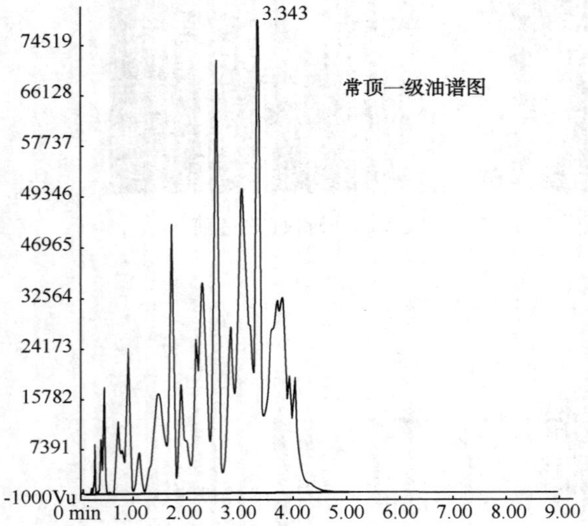

图8　显示分析谱图画面

当进样阀出现问题最直接的现象就是检测器的基线即使是在进样阀不进样时也会一直升高。低者几百，高者则会产生几十万甚至上百万的信号值。产生的原因主要是因为高温常规的机械磨损(半年--一年进行更换)目前现场在三蒸馏；其次是由于预处理过滤精度不够造成的机械损伤(较为常见)；另外，也有可能是因为流速过快造成的冲刷损坏，因此在分析仪预处理中流速正常应该控制在30ml/min。

3.2　检测器维护

检测器的常见故障主要为：点火失败、信号值为0或者信号值一直为基线信号。而引起故障的原因也是多方面的：点火丝开路或者短路、氢、空配比不正常、喷嘴堵塞、进样阀堵塞、尾吹流量过大等等都会引起检测器出现故障。

2020年3月，三蒸馏重石脑油馏程AT-2104分析仪控制画面检测器输出信号值一直为零，自动点火多次失败。再经过对打火电极工作电压进行测量以及不工作时电阻进行测量后发现该监测器内部点火线圈开路，随后进行更换投用正常。

2021年6月，轻石脑油馏程AT-2102同样表现出打火失败偶尔打着之后短暂运行火焰又熄灭。经过反复排查、测试排除了检测器本身的故障，于是维护人员又在原有数据上加大氢气压力，同时调整了尾吹流量控制，再多次摸索后重新使检测器打火稳定，运行正常。

4　模拟蒸馏色谱技术的前景发展

模拟色谱分析油品特性的技术目前在国内、外市场已经广泛应用，因其独特的分析原理、适应安全环保的生产理念、分析过程持续可控的优势在今后的炼化行业会更加受到关注和青睐。同时也会逐渐取代传统上对于油品特性分析的单一测量设备。

在科技迅猛发展的时代，新技术不断应运而生，分析技术手段会更加完善加强。模拟色谱替代油品硫含量的分析技术也在不断地研究开发之中，因此我们有理由相信模拟色谱的技术将会有更加广泛开阔的发展空间和发展机遇。随之而来是我们使用维护的人员也要在每一项技术革新应用的同时去学习探讨，通过维护的工作总结现场经验、适时适当的处理问题、合理有效的化解设备日常运行中出现的各种问题，才能让设备运行更稳定、数据分析更可靠、技术应用的更长久。

参考文献

[1] 王森，符青灵．在线分析仪表分册[M]．北京：化学工业出版社，2006，3：269-277.

[2] 符青灵，王森．在线分析仪表工工作手册[M]．北京：化学工业出版社，2013，7：311-316.

[3] 王东亮，楼秀钦，张岩，等．基于模拟蒸馏技术的航空煤油闭口闪点测定方法[J]．分析仪器，2010，1：74-76.

利用横河 PRM 系统
将变送器膜盒温度引入 DCS 画面

颜星辰　周　博　王　朝

（中国石油大连石化公司）

摘　要　石油作为一种重要资源、战略物资储备，一直受到世界各国关注。石油从地下开采出来后，除作燃料外，不能直接利用，需要通过石油炼制和石油化工处理来能变成形形色色的石油产品和化工产品。随着国民经济快速发展，对原油加工的需求量日益提高，炼油厂的规模逐渐扩大。其中，自动化仪表在石油炼化过程控制中的地位愈加关键。

对于自动化仪表专业维护人员而言，仪表设备的冬季防冻凝工作尤为重要。为了便于仪表专业人员在后台直接监测现场仪表的温度情况，本文基于日本横河 CENTUM VP 的 DCS 及 PRM 系统，利用 HART 通讯技术，设计了一种采集 PRM 中的变送器膜盒温度，并引入 DCS 系统做上位画面显示的方法。通过采集变送器膜盒内的实时温度，在 DCS 画面直接监测该仪表设备的温度状态，当出现高低温报警时，准确、快速指导仪表专业人员对报警点进行现场检查处理。

关键词　PRM 系统　CENTUM VP　HART 通讯协议　冬季防冻凝　变送器膜盒温度

1　HART 协议

HART 是一种用于现场智能仪表和控制室设备之间的通信协议，采用基于 Bell202 标准的 FSK 频移键控信号，在低频的 4～20mA 模拟信号上叠加幅度为 0.5mA 的音频数字信号进行双向数字通讯，数据传输率为 1.2kbps。由于 FSK 信号的平均值为 0，不影响传送给控制系统模拟信号的大小，保证了与现有模拟系统的兼容性。在 HART 协议通信中主要的变量和控制信息由 4～20mA 传送，在需要的情况下，另外的测量、过程参数、设备组态、校准、诊断信息通过 HART 协议访问。

HART 是一种用于现场智能仪表和控制室设备之间的通信协议，采用基于 Bell202 标准的 FSK 频移键控信号，在低频的 4～20mA 模拟信号上叠加幅度为 0.5mA 的音频数字信号进行双向数字通讯，数据传输率为 1.2kbps。由于 FSK 信号的平均值为 0，不影响传送给控制系统模拟信号的大小，保证了与现有模拟系统的兼容性。在 HART 协议通信中主要的变量和控制信息由 4～20mA 传送，在需要的情况下，另外的测量、过程参数、设备组态、校准、诊断信息通过 HART 协议访问。

1.1　HART 通信体系结构

现场总线网络协议是按照国际标准化组织 ISO 制定的开放系统互连 OSI 参考模型建立的，这个模型把网络通信的工作分为 7 层，如图 1 所示。它规定了现场应用进程之间的相互可操作性、通信方式、参差不齐化的通信服务功能划分信息的流向及传递规则。

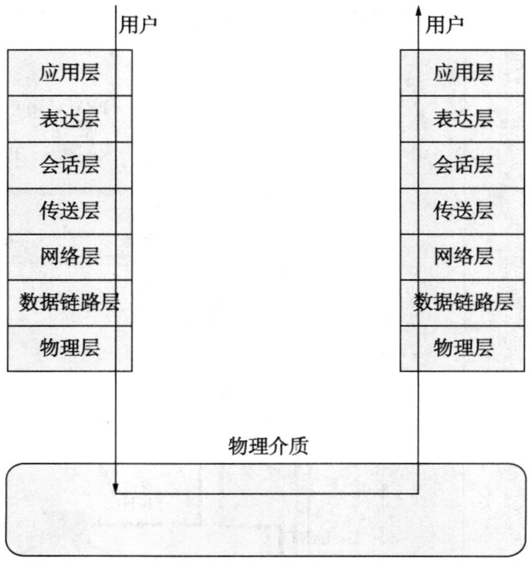

图 1　ISO/OSI 参考模型

第一作者简介：颜星辰，本科，助理工程师，现从事仪表技术工作。E-mail：463022289@qq.com

为满足过程控制实时性的要求，一个典型的IEC/ISA现场总线通信结构将ISO/OSI简化为三层体系结构：应用层、数据链路层、物理层。HART通信结构模型是参照ISO的开放性互连简化三层模型，HART通信结构的三层分别对应OSI模型中的第一层、第二层和第七层，即物理层、数据链路层和应用层。

1.2　HART协议帧的格式

在支持HART协议的设备之间，都是以HART协议帧的形式进行数据收发。帧的内容包括用户的数据和地址信息，内容被整体封装。HART数据帧由前导符、定界符、地址域、命令域和校验和组成。由于帧采用的是对用户数据的封装形式，所以用户不需要HART协议的数据链路层解释，必须在帧被计数器或物理层信号的结束标志被确定之后，才能执行帧识别任务。HART帧分为三种，分别是请求及应答帧、突发帧。HART帧的格式如图2所示。

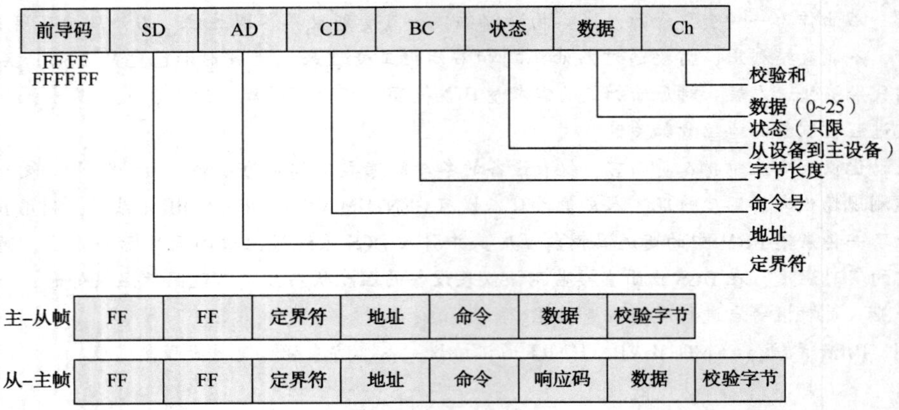

图2　HART帧的格式

操作数只有在符合所指定大小的范围时，现场仪表或设备才可以执行HART操作指令。每一个独立的字符都有11位，分别有一个起始位，八个数据位，一个奇偶校验位和一个停止位。

2　横河CENTUM VP系统简介

2.1　CENTUM VP系统构成

CENTUM VP是日本横河电机株式会社继CS3000后开发的新一代产品，继承了CS3000功能性、灵活性、可靠性强的特点，主要由人机界面操作站HIS、现场控制站FCS和现场网络连接部分组成，使用Vnet/IP控制总线将系统的操作站、控制站和现场网络进行连接，如图3所示。

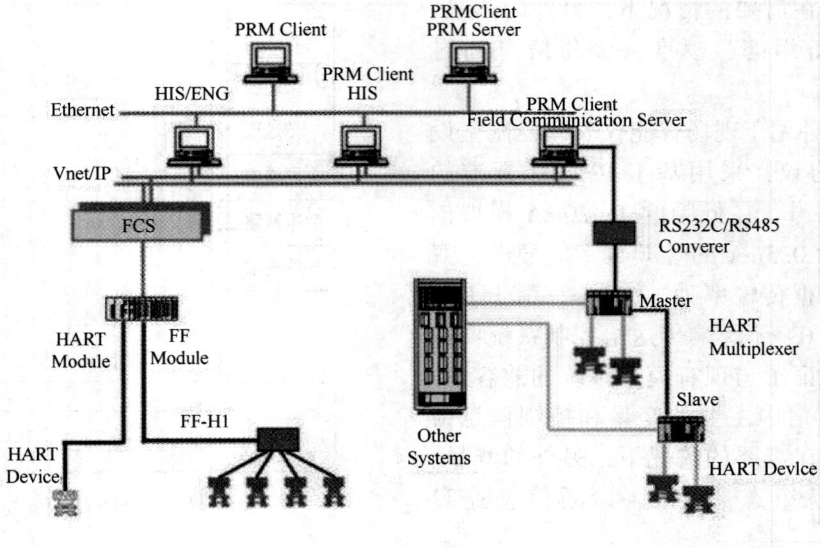

图3　CENTUM VP系统结构

（1）FCS 现场控制站：在 FCS 中包含 CPU 模块、电源模块、通讯模块等，Node（节点单元）通过同轴电缆的连接方式，连接控制器与 AVR10D（网络交换机，将同轴电缆转换为 RJ45 网络电缆与上位进行通讯），一个 Node（节点单元）有 8 个卡槽，最多支持 4 组冗余卡件（8 个单卡），卡件的类型有模拟量输入 AI 卡，模拟量输出 AO 卡，开关量输入 DI 卡，开关量输出 DO 卡等，根据现场设备实际需要进行选取。而现场智能设备通过电缆延伸至室内，经过安全栅、端子板等设备，最终通过 IO 连接电缆与卡件相连。

（2）HIS 站：分为两种，一种为操作员站，一种为工程师站。操作员站主要用于工艺生产操作，不设置组态、维护功能，而工程师站主要是仪表技术人员进行组态、维护工作，他们的不同之处在于 Lisence（权限）的开放不同。两者都在 V-Net/IP 和 E-Net 的网络结构中，V-Net/IP 为控制网，而 E-Net 主要是用于趋势图及流程图的下装。

（3）PRM 站、OPC 站等其他设备，如图 1 所示，也可以挂接在 CENTUM VP 的网络结构中，其中，1 个 FCS、1 个 HIS 就可以构成系统结构中最小的一个域，而域的最大配置，可以包含 HIS、FCS、SCS、OPC 等设备，总计最多 64 个站，通过 L3 Switch（三级交换机）可以实现域的扩展，互联的域最多 16 个，在整个多域系统中最多 256 个站。

2.2 横河 CENTUM VP 系统特点

（1）开放性强。采用标准网络和接口：FDDI、Ethernet、Foundation、Field-bus、RS232C、RS422、RS485。向上可采用以太网与上位机通信，向下采用开放的 RS-232C 或 422/RS485 接口。采用标准软件 windows10 操作系统，使它更加开放化，更加容易被掌握。

（2）可靠性高。CENTUM VP 是采用先进的冗余容错技术的 DCS 系统，表现在以下几个方面：FCS 的 CPU 采用 RISC 和“Pair and Spare”（成对备用技术）；采用 ECC（纠错）内存；系统全冗余；V 网、FCU、RIO 总线、NIU、电源都能双重化配置。

（3）控制功能强。CENTUM VP 提供了多种功能丰富的模块，反馈控制是通过各种功能块用 CAD 方式完成。顺序控制有 4 种方式：顺控表、逻辑图、SFC、SEBOL。控制站可实现预测控制、多变量预测控制、模糊控制、自整定功能。

（4）工程简洁。CENTUM VP 提供高效的 CAE，直接用 Control Drawing 图进行软件设计及组态，使方案设计和软件组态同步进行，最大限度地简化了软件开发流程。

2.3 横河 PRM 系统简介

横河电机提供的“工厂资源管理系统——PRM（Plant Resource Manager）”是一个功能强大的和使用便利的用户自动化设备管理工具，统一的设备数据库允许用户能够管理不同协议的现场设备，例如 FF、HART 等。也可作为传统仪表智能化设备台账的管理软件包。该技术为工厂仪表设备科学化和智能化管理提供了手段。采用 PRM 和智能现场设备后，操作员和维护人员可远程监视工厂资产的状态。PRM 的诊断功能可检测早期的性能下降，通过减少不必要的预防性维护，并实现更多的预测性和主动维护，PRM 能够实现资产可预测。PRM 的主要功能为：

（1）与现场仪表设备通讯 HART、FF 现场总线。

（2）现场设备组态、校验和数据存储。

（3）现场设备在线诊断。

2.4 PRM 的系统结构

PRM 系统基于开放式技术，支持多种技术协议，PRM 支持 FOUNDATION 现场总线、HART、PROFIBUS 和 ISA100.11a 通信协议。同时，PRM 支持各种连接方法，包括通过横河 CENTUM VP、CS3000、STAR - DOM 以及 ProSafe-RS 连接、通过基金会现场总线 FF 通信卡连接、通过以太网/Profibus 转换器连接、通过现场无线综合网关（ISA100.11a）连接。PRM 主要由以下三个主要部分组成：

（1）PRM Field Communication Server 现场通讯服务器。PRM 现场通讯服务器提供开放的 OPC 接口功能，该接口方便运行在 Windows 操作系统上，通过 OPC 接口访问现场设备数据信息。提供完整的设备管理和维护功能。PRM HART 协议的数据，提供强大的设备管理和应用支持，例如设备诊断和实时设备管理，校验数据管理。

（2）PRM Server 数据服务器。PRM 数据库服务器安装流行的 Oracle 数据库，过程设备参数和维护记录保存在 Oracle 数据库中，PRM 一天24小时连续监视和自动地采集现场设备原始信息、实时运行参数和状态(例如：报警)。并实时存储在Oracle数据库中。这样，用户可以在PRM计算机终端上监视现场设备的操作状态。并对现场设备进行远程维护。PRM可以直接提供与工厂ERP或工厂设备维护系统CMMS的通讯接口。

(3) PRM Client用户终端。PRM的用户终端采用Oracle server/client方式，PRM用户终端(Client)提供基于Windows操作系统的友好操作环境。持类同于“Navigator”浏览器的窗口进行设备管理和查询。支持数字现场设备网络的连接，例如HART。支持SQL数据库作为PRM数据库。

3　变送器简介

现场使用的最广泛的变送器为罗斯蒙特3051C系列智能变送器。罗斯蒙特是世界著名的仪表公司，其生产的3051C智能变送器广泛使用于工业现场。3051C智能变送器的传感器类型为电容式压力传感器，电容式压力传感器属于极距变化型电容式传感器，可分为单电容式压力传感器和差动电容式压力传感器。罗斯蒙特3051C系列变送器如图4所示。

图4　罗斯蒙特3051C系列变送器

3051C系列变送器的敏感元件为单电容式压力传感器。单电容式压力传感器由圆形薄膜与固定电极构成。薄膜在压力的作用下变形，从而改变电容器的容量，其灵敏度大致与薄膜的面积和压力成正比，而与薄膜的张力和薄膜到固定电极的距离成反比。另一种形式的固定电极取凹形球面状，膜片为周边固定的张紧平面，膜片可用塑料镀金属层的方法制成。罗斯蒙特3051C系列变送器选型如表1所示。

表1　罗斯蒙特3051C系列变送器选型表

型号	变送器类型(选其一)			CD	CG	CA
3051CD	差压变送器			■	—	—
3051CG	表压变送器			—	■	—
3051CA	绝压变送器			—	—	■
	3051CD型	3051CG型	3051CA型			
0[1]	-3至$3inH_2O/0.1inH_2O$ (−7.5至7.5毫巴/0.25毫巴)	不适用	0至5psia/0.167psia (0至0.34巴/11.5毫巴)	■	—	■
1	-25至$25inH_2O/0.5inH_2O$ (−62.2至62.2毫巴/1.2毫巴)	-25至$25inH_2O/0.5inH_2O$ (−62.2至62.2毫巴/1.2毫巴)	0至30psia/0.3psia (0至2.1巴/20.7毫巴)	■	■	■
2	-250至$250inH_2O/2.5inH_2O$ (−623至623毫巴/6.2毫巴)	-250至$25inH_2O/2.5inH_2O$ (−623至623毫巴/6.2毫巴)	0至150psia/1.5psia (0至10.3巴/0.1巴)	■	■	■
3	-1000至$1000inH_2O/10inH_2O$ (−2.5至2.5巴/25毫巴)	-407至$1000inH_2O/10inH_2O$ (−1.01至2.5巴/25毫巴)	0至800psia/8psia (0至55.2巴/0.55巴)	■	■	■
4	−300至300psi/3psi (−20.7至20.7巴/0.2巴)	−14.7至300psi/3psi (−1.01至20.7巴/0.2巴)	0至4000psia/40psia (0至275.8巴/2.8巴)	■	■	■
5	−2000至2000psi/20psi (−137.9至137.9巴/1.4巴)	−14.7至2000psi/20psi (−1.01至137.9巴/1.4巴)	不适用	■	■	—

注释：3051CG型量程下限随大气压的变化而变化。

续表

代码	输出	CD	CG	CA
A	4-20mA，带有基于 HART 协议的数字信号	■	■	■
M	低功耗 1-5V dc，带有基于 HART 协议的数字信号(有关 0.8-3.2V dc 详见选项 C2)	■	■	■

注释：不适用于选项代码为 I1、N1、E4、K6 和 R8 的危险场所认证。

	结构件材料					
代码	过程					
	法兰过程	法兰材质	排液/排气阀	CD	CG	CA
2	共面法兰	SST	SST	■	■	■
3	共面法兰	哈代合金 C	哈氏合金 C	■	■	■
4	共面法兰	蒙乃尔	蒙乃尔	■	■	■
5	共面法兰	电镀碳钢	SST	■	■	■
7	共面法兰	SST	哈氏合金 C	■	■	■
8	共面法兰	电镀碳钢	哈氏合金 C	■	■	■
0	替代法兰-详见第 A-22 页选项			■	■	■

注释：结构件材料代码 3、7 和 8 符号 NACE MR 01-75 推荐材料。

4 软件组态过程

具体组态步骤实施过程可以分为三个步骤，分别为：点位的选择与查找、逻辑组态、画面组态。

4.1 点位的选择与查找

由于本次组态是为了服务于仪表设备冬季防冻凝工作，故温度信号采集的主要对象为现场带有伴热的仪表设备，旨在实时监测伴热位置的冷热状态。从现场的实际情况出发，温度信号采集主要面向于差压/压力变送器，对于现场支持 HART 通讯协议的智能差压/压力变送器，生产厂家不尽相同。通过在 PRM 站实际读取不同生产厂家的差压/压力变送器的 HART 参数得知，不同生产厂家的变送器，在 PRM 站中存储温度信号的地址不同，要想从 PRM 中将每一台目标变送器的温度信号准确的“取出来”，就需要掌握每一台变送器在 PRM 中对应的存储地址，这个过程为组态过程的第一个环节——点位的选择与查找。

下面以 27 万吨/年硫磺回收装置为例，选取 E-2404I 出口蒸汽流量 FT4160(罗斯蒙特差压变送器)，进行点位查找的步骤演示。

(1) 登录 HIS1664(硫磺回收工程师站)，打开 System View(CENTUM VP)软件，在上方下拉菜单中选择 Tools(工具)——Search by Name(检索)，如图 5、图 6 所示。通过检索找到 FT4160 对应的 FCS(站)、Node(节点单元)、File(卡件)以及通道点位，如图 7 所示，显然，FT4160 位于 FCS0604——Node1——File1——第 12 点。

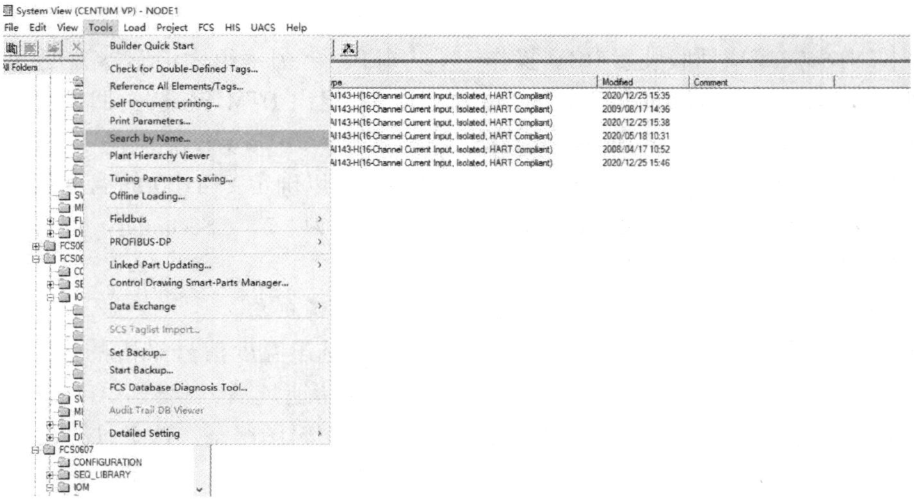

图 5 位号检索(1)

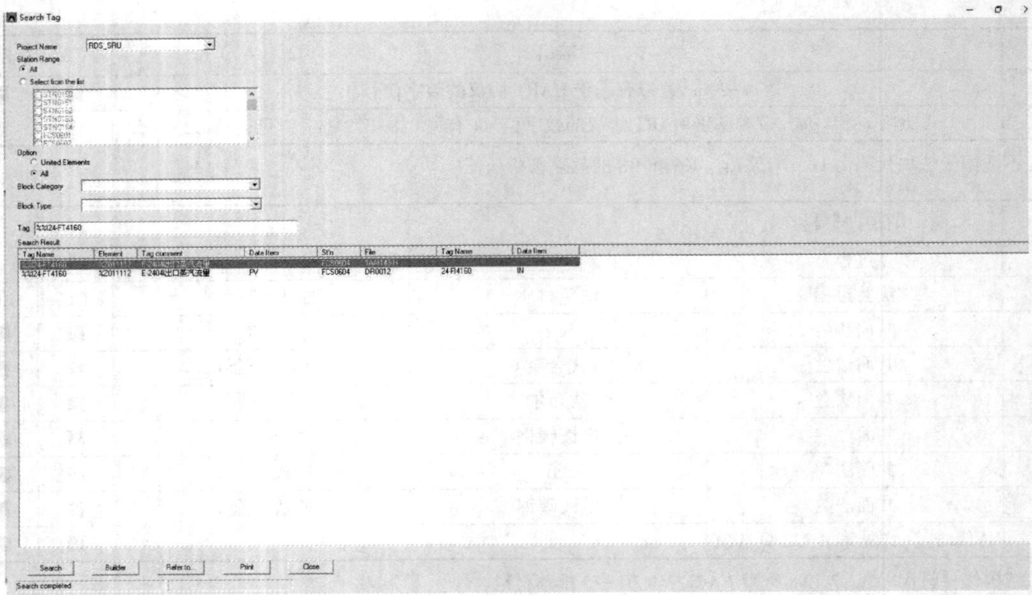

图6　位号检索(2)

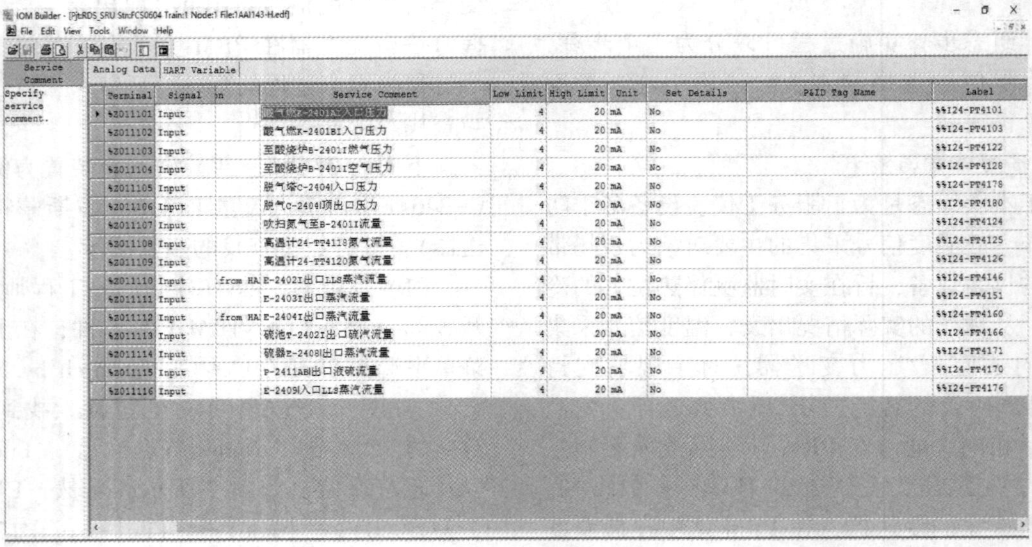

图7　查找目标通道点

(2) 登录STN1647(硫磺回收装置PRM操作站)，找到Plant Resource Manager并双击打开，登录管理员权限，在界面左下角菜单，选择Plant-CENTUM-RDS_SRU，在展开的列表中选择FCS0604——Node 01——Slot 01-AAI143-H—ch12，在最后展开的位置右键，点击Plug & Play... 进行一个上载过程，上载完毕后再次右键，点击DTM Works读取设备信息，如图8所示。在界面左侧菜单依次选择Menu(Online)——Device Configuration——Configuration——Manual Setup，在右侧显示界面Process Variables菜单下，可以看到从PRM中可取的值有两组，一组为压力(kPa)，另一组为传感器温度(degC)，如图9所示。退出DTM Works，回到上一个界面右键，选择DeviceViewer...，左下角找到Parameter List，可以确定FT4160的温度信号在PRM中存储地址为“2”(Secondary Variable)，如图10所示。

4.2　逻辑组态

在选出温度信号采集的点位及对应在PRM中的存储地址后，就进入组态过程的第二个环节——逻辑图组态。这个过程是组态过程中最为重要的一个步骤，是温度信号从PRM引入到DCS的实现阶段。

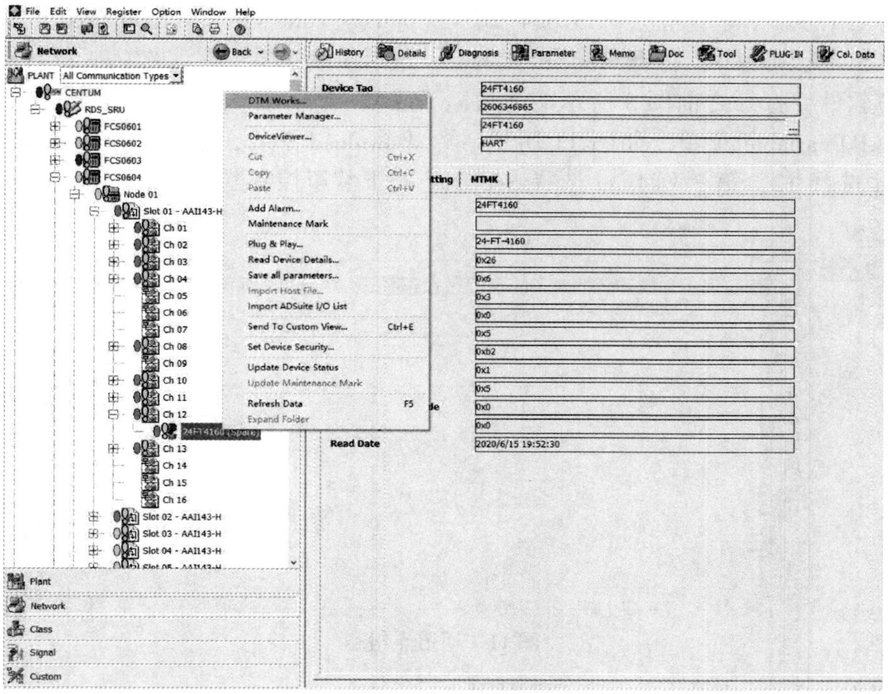

图 8　PRM 中找到 FT4160 的位置

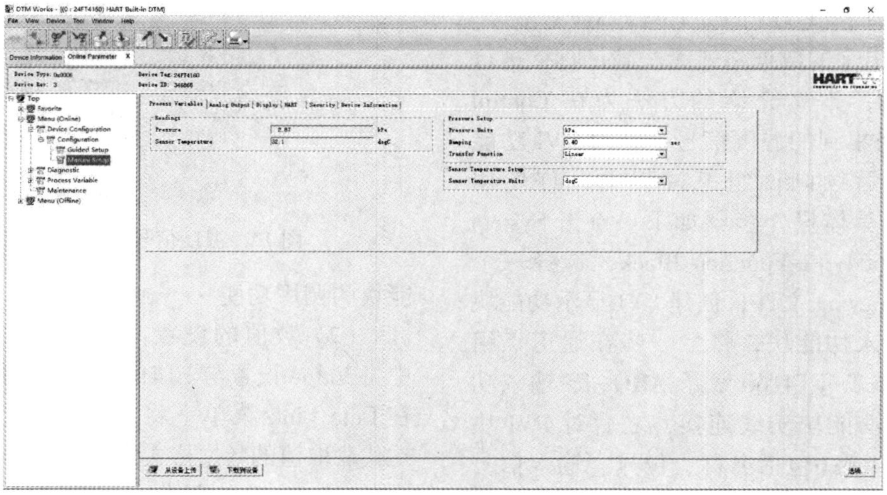

图 9　打开 DTM Works 读取设备信息

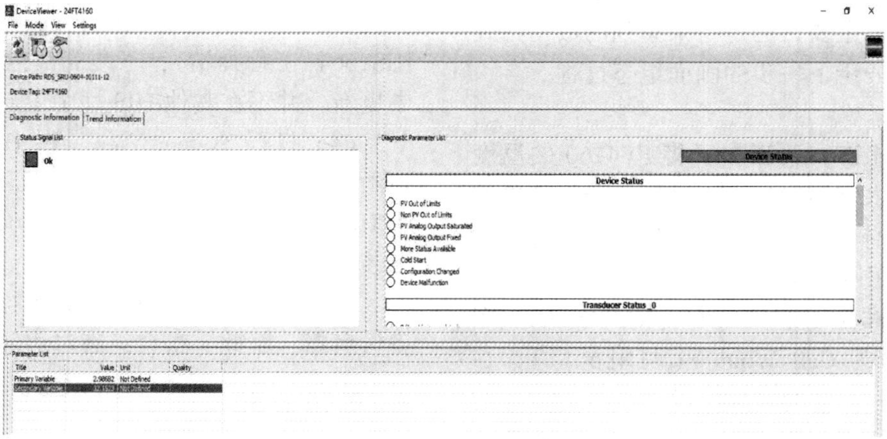

图 10　打开 Device Viewer 获取温度信号存储地址

（1）通道点组态及下装：登录HIS1664（硫磺回收装置DCS工程师站），打开System View（CENTUM VP）软件，打开之前图5所示的通道点表，打开HARTVariable菜单，如图11所示。第2列Channel选择12，第3列Data选择Secondary Value+Device Status（温度信号存储地址），最后1列Label输入%%T-FT4160（给采集的温度信号命名），完成后点击Save保存——Download下装，本次下装过程是将通道点的组态下装至控制器。

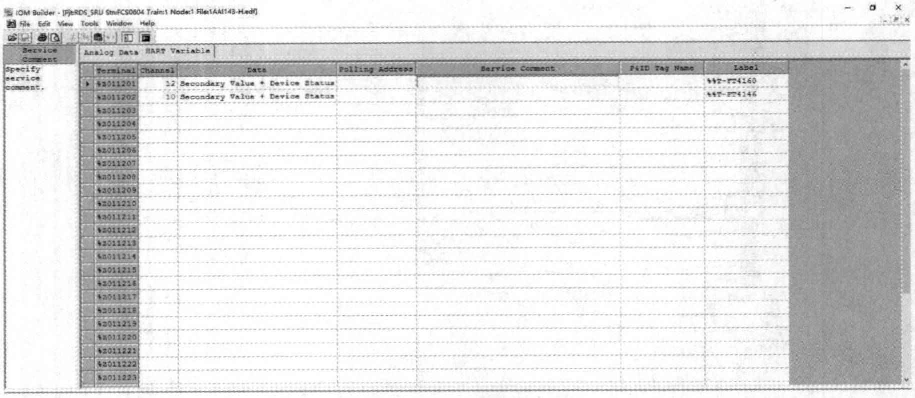

图11　通道点组态

（2）Control Drawing组态及下装：在CENTUM VP中，将点位挂接到上位画面的过程中，允许挂接点位的数据格式为.PV/.CPV/.MV……，通道点直接取出来的数据格式无法满足直接进行画面组态过程，本文介绍的方法为在Control Drawing中将采集到的温度信号，利用PVI功能块，转换为在后续画面组态过程中允许使用的.PV格式，具体操作步骤如下：点击System View——FCS0604——Function Block，选择一个空的Control Drawing文件，创建PVI显示功能块与ARO-IN输入功能块，将上一步在通道点组态中的位号%%T-FT4160赋予ARO-IN输入功能块，并将两功能块实线连接，之后对PVI块进行进一步的组态（包括名称、位号、输入信号形式、量程、单位、报警…），组态完成后点击Download（下装），该下装步骤为Control Drawing的下装过程，其主要目的是将采集到的数据格式进行转换，服务于下一步的画面组态过程。

4.3　画面组态

对于画面组态，关键在于将FV4160的温度信号准确的引入画面中，所以这里只介绍点位的挂接过程，具体的画面表现形式不做赘述，图12为温度信号引入后的监测画面。

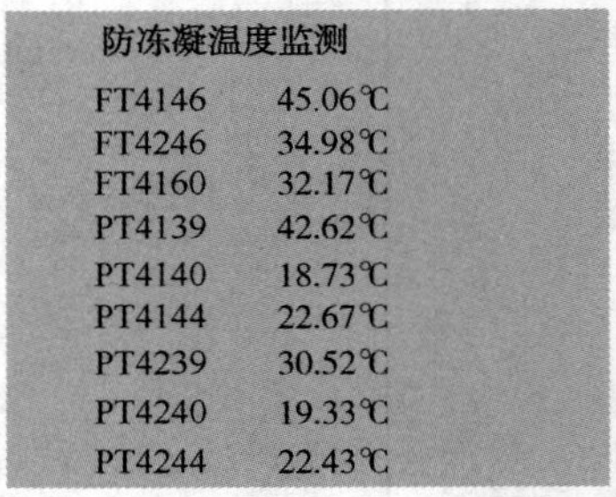

图12　温度信号引入后的监测画面

（1）打开图型组态工具Graphic Builder，图形的功能选择为Call Window（调用窗口），在Value处（需要挂接的位号）设置与FT4160的PVI功能块的位号一致，实现FT4160的PVI功能块的调用功能。

（2）数值的设置：在Generic Name Binding中将Value设置与FT4160的PVI块位号一致，并在Data Link菜单下将Value设置为$ TAg.PV，这代表取值的数据格式为.PV。

（3）对组态完成的画面进行Save（保存）并Download to HIS（下装），需要注意的是，该下装步骤中的Download to HIS为将该张画面下装至HIS1664（工程师站），下装完成后仅在工程师站中更新，并不在其他HIS站中更新。

（4）打开System View，在HIS1664中找到该画面，并右键点击Download to HIS（下装至各个HIS站），该下装步骤为将该画面通过E-Net下装至各个HIS站。

（5）对修改后的系统文件进行备份以及修改备份台账，至此，整个组态过程完成。

5　项目效果

项目实施后，在DCS监测画面中能够直观

地看到现场变送器膜盒的实时温度，在使用过程中，发现确实存在表头变送器膜盒温度偏低或者超温使用的情况，如图 13 所示。通过 DCS 画面巡检可以看到部分变送器膜盒存在超温使用的情况，短期不会造成膜盒故障，长时间使用会导致膜盒寿命缩短，膜片性能下降的情况。对超温变送器现场及时进行处理：(1)依照环境温度，将表头伴热线停用。(2)将表头保温减薄，帮助散热。

在防冻凝期，通过变送器膜盒温度巡检画面，也发现了若干表头膜盒温度偏低的情况，经现场检查核实，确认为现场实际表头伴热、保温不到位情况，及时进行整改，消除了冬季的冻凝隐患。实际项目开展后收效较好。

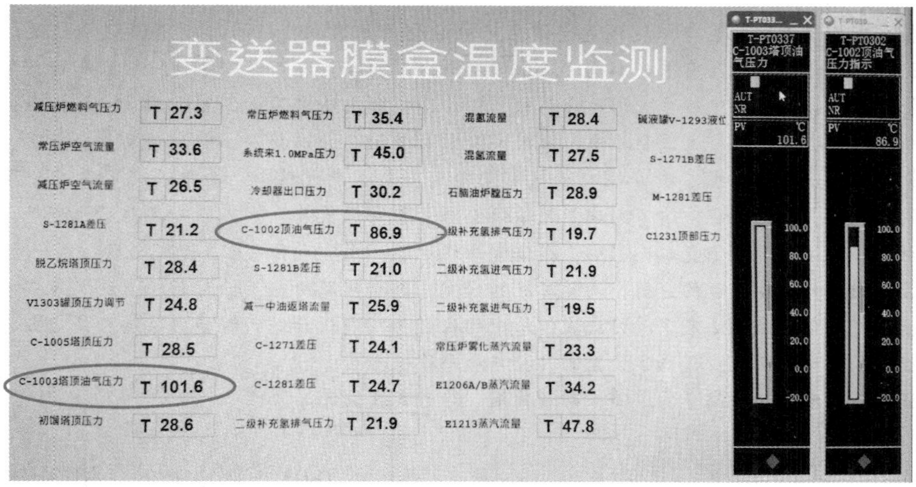

图 13　巡检发现变送器膜盒超温情况

6　结语

本次利用 PRM 将变送器温度信号引入 DCS 系统，在帮助仪表专业防冻凝工作中具有实际的意义，在减轻了人力成本的同时，也提高了工作效率。对于不同的伴热方式(蒸汽伴热、热水伴热等)可以在 DCS 上设置不同的温度报警值，在报警管理上更方便且具有实际意义。从长远来看，本次实践对于利用 PRM 采集现场其他设备信息引入 DCS 系统具有指导意义。

参　考　文　献

[1] Todd T S. Bridging the gap between HART devices and IIoT[J]. InTech, 2019, 66(1): 13-21.

[2] 林建波. 石油化工仪表中自动化控制技术的应用研究[J]. 石化技术, 2019, 26(10): 37-38.

[3] 黄珊珊. 关于自动化控制技术在石油化工仪表中应用的相关研究[J]. 中国石油和化工标准与质量, 2018, 38(14): 177-178.

[4] 王树青, 乐嘉谦. 自动化与仪表工程师手册[M]. 北京: 化学工业出版社, 2010.

[5] 何晓云. 横河 DCS 控制系统升级改造分析[J]. 化工管理, 2021, 3(5): 20-25.

[6] 李莉. 横河 PRM 系统在工业自控上的应用[M]. 工业控制计算机, 2011, 24(12).

浮力式液位计在渣油加氢装置冷高分罐上的应用

周　博　李　馨　王　朝

（中国石油大连石化公司）

摘　要　在石油石化装置中，液位是连续生产中的重要参数，液位的控制不仅影响到设备单体的控制，对于供料及后续流程都会有很大影响。液位计从与介质的接触与否，可分为接触式和非接触式。接触式液位计应用最广，多用于过程生产中的分离罐，塔，反应器及储罐等设备液位测量。非接触式液位计受波束角影响，多用在储罐或较大过程罐中。接触式液位计直接与介质接触，受介质密度，粘度，状态，纯度影响较大。非接触式受介电常数和罐内干扰影响较大。在生产过程中，由于工况不稳或介质变化的影响，会造成液位计在使用过程中达不到理想的设计要求。渣油加氢装置冷高压分离器界位测量在设计上使用的是直动式浮筒界位计，但受工况影响，界位常出现卡顿，指示不准现象，造成自动控制一直无法投用。通过对浮力式液位计结构原理的分析，实际工况的研究，判断问题所在，针对问题以及实际安装要求在众多液位计中进行选型，最终选定了浮力式液位计中的磁致伸缩液位计进行替换，改造后使用效果较好，解决了回路投不了自动的问题，提高了装置的自控率和平稳性。

关键词　渣油加氢　冷高分　浮筒　磁致伸缩　浮力式液位计　界位

1　工艺流程

渣油加氢是以减压渣油、常压渣油的混合油为原料，以制氢装置产氢为氢源，经过催化加氢反应，脱除硫、氮、金属等杂质，降低残碳含量，为重油催化裂化装置提供原料，同时生产部分柴油，并副产少量石脑油和干气。渣油加氢的生产过程包括以下几个单元：原料部分、反应部分（包括新氢压缩机、循环氢压缩机、循环氢脱硫部分）、分馏部分及公用工程部分组成。

混合原料油经缓冲罐，升压，换热后与混合氢混合，进入反应加热炉加热至反应所需温度后进入反应器进行催化加氢反应，脱除油品中的硫、氮、金属等，反应器出来的反应产物经换热器换热后进入热高压分离器V-1803进行气液分离。V-1803顶部出来的气相冷却后进入冷高压分离器V-1806进行气、油、水三相分离，底部出来的液相进入热低压分离器V-1804进行气液分离。V-1806中油水气三相分离后，油相在液位控制下从罐下部抽出最终进入汽提塔C-1803，气相进入V1807，酸性水在油水界位控制下进入酸性水脱气罐（V-1823）集中脱气后送至硫磺回收装置的酸性水汽提单元。

在生产过程中，V-1806界位测量设计上采用直动式浮筒液位计，位号LT8221A，此表在使用过程中频繁出现界位指示滞后、跳动，偏差较大情况，造成酸性水外送时会将油带入下游硫磺回收装置，自动控制回路LC8221A一直无法投用，直接影响安全生产及自控率的控制指标，见图1。

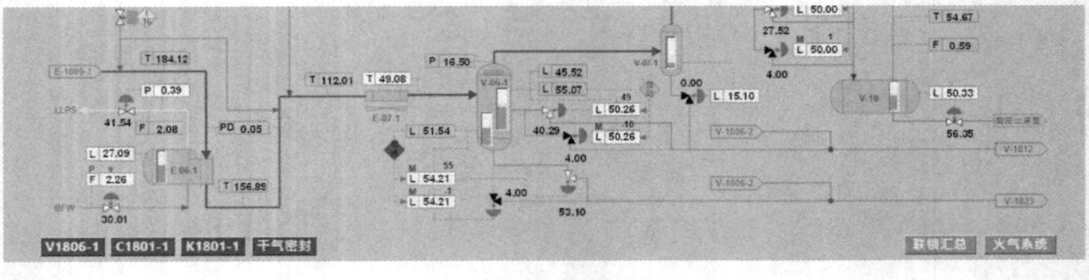

图1　V-1806界位控制流程图

第一作者简介：周博，高级技师，现从事仪表维护工作。E-mail：zhoub-dl@cnpc.com.cn

在正常工况时，此表测量介质为酸性水和柴油的混合物，该表能准确测量。但在故障检查时，发现此表内经常有渣油存在。判断渣油的来源是V-1803，由于其气液分离不好，顶部出来的热高分气会携带重油进入冷高分分离器V-1806，对冷高分分离器的界位测量仪表造成影响。针对此影响对浮力式液位计进行故障分析、优化选型，提高过程自控率，提高装置稳定性展开探讨。

2　浮力式液位计概念及原理

2.1　浮筒式液位计工作原理

根据阿基米德原理，作用在某一浸入液体中的物体上的浮力等于所排开的液体的重量。当液位变动时，内浮筒浸入在液体中的体积同时变动，从而改变了作用于内浮筒上的浮力。这一浮力变化可通过悬挂在内浮筒上的精密弹簧检测到，引起弹簧的延伸或收缩。通过与弹簧相连接的导杆，将这一弹簧长度的变化传递给LVDT磁芯。利用高精度LVDT，将LVDT磁芯的位移转化成稳定的4～20mA电流输出信号。磁芯相对于LVDT内的一个初级线圈和两个次级线圈的位移，将在每个次级线圈上产生一个感应电压。液位变送器中的微处理器，会将此感应电压转换为非常精确的液位高度输出。当测量两种密度不同的非混溶液体的界面，内浮筒根据实际工况专门定制，此时，液位计可以检测到清晰的界面或乳化层的界面，并将其转化成稳定的4～20mA电流信号输出。浮筒式液位计结构图见图2。

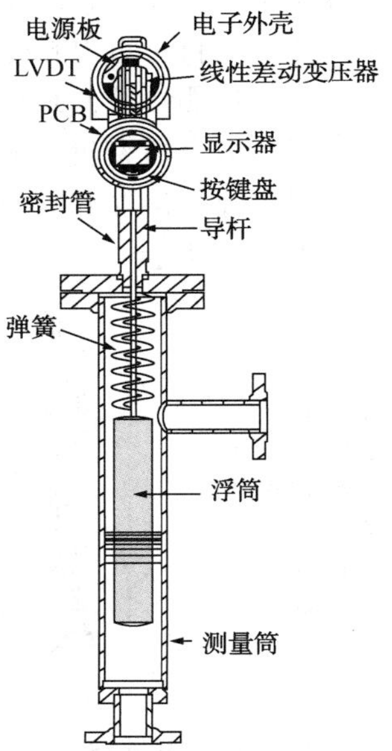

图2　浮筒式液位计结构示意图

2.2　浮筒液面计界面测量

当浮筒液位计应用在两种密度不同的组分测量时，液体对浮筒产生的浮力应为轻组分和重组分产生的浮力之和。

当筒内全部为轻组分时，液体对浮筒产生的浮力 $W_{浮1}=(1/4)\pi D^2 H\rho_1 g$，当全部为重组分时，液体对浮筒产生的浮力 $W_{浮2}=(1/4)\pi D^2 H\rho_2 g$。式中，$D$ 为浮筒的直径，H 为浮筒的长度，ρ_1 轻组分密度，ρ_2 重组分密度，g 重力加速度。浮筒所受浮力与输出的关系见表1。

表1　浮筒所受浮力与输出信号的关系

刻度/%	浮筒所受浮力	输出信号/mA
0	$W_{浮0}=W_{浮1}$	4
25	$W_{浮25}=(1/4)W_{浮2}+(3/4)W_{浮1}$	8
50	$W_{浮50}=(1/2)W_{浮2}+(1/2)W_{浮1}$	12
75	$W_{浮75}=(3/4)W_{浮2}+(1/4)W_{浮1}$	16
100	$W_{浮100}=W_{浮2}$	20

由表1可见，浮筒液面计是变浮力式液面计，在测量过程中受到介质密度影响，当两种介质密度恒定时可以得到准确的数值。且输出为线性变化。

结合浮筒液位计原理分析渣油加氢装置冷高压分离器界位在使用过程中出现的偏差较大、指示滞后、跳动等故障原因。

(1) 浮筒内部介质密度改变造成测量误差

根据原理分析当筒内轻介质密度改变时，可计算出浮筒的相对误差。以50%为例，当轻介质密度发生改变，变为 ρ_3 时，我们分析浮筒所受浮力误差

$$\Delta W_{浮}=[(1/2)W_{浮2}+(1/2)W_{浮3}]-[(1/2)W_{浮2}+(1/2)W_{浮1}]$$

由上式可得出

$$\Delta W_{浮}=(1/2)W_{浮3}-W_{浮1}$$

$$\Delta W_{浮}=(1/2)k(\rho_3-\rho_1)\quad k=(1/4)\pi D^2 Hg$$

则此点相对误差 $\zeta=\Delta W_{浮}/W_{浮50}\times100\%$

现场对渣油加氢装置冷高压分离器内部介质采样分析 $\rho_3\approx0.9g/cm^3$，$\rho_1\approx0.83g/cm^3$，$\rho_2\approx1.0g/cm^3$。

计算可得在50%时相对误差为3.8%，同理可计算出在0%相对时误差为8.4%。由此可见表头“指示液位”比“实际液位”偏高，而且液位越底偏差越大。这样会出现在实际界位位降到零

位时，表头仍有8.4%的显示。界位控制点在3%，因为没有达到控制点，控制器认为内部仍有水需要切除，会继续开阀排水，这样会将油品排到下游装置，造成酸性水带油。而且在对冷高分罐内部工艺介质进行采样分析，内部介质密度变化较大且不规律，仪表偏离线性输出，直接造成浮筒的测量误差。

（2）浮筒内筒上下动作不畅造成的滞后、跳动。

温度的变化造成油的物理特性发生变化，V1803出口的柴油携带部分重油进入V1806，温度由350℃经冷却后变为50℃，降低后的重油，黏度和胶质性会增加，会黏附在测量筒外壁、弹簧、连接件等活动部件以及浮筒内壁上。这种情况第一，造成浮筒与测量筒内间隙减少小，造成上下层介质流通不畅，发生黏滞现象。浮筒浮力要不仅要克服自身重力，还有部分黏滞力，导致测量跳变。第二，黏附在测量筒外壁上的重油会改变浮筒的重力，增加了测量误差。

综上所述，浮筒液位计在介质密度恒定，干净且介质物理变化较小的场所使用效果较好，但对于易凝结、易结晶、黏稠，介质密度易发生改变的场所使用效果不佳。且一旦发生挂壁结晶等故障需解体清理内筒，校验繁琐，维护量增加。

3　磁致伸缩液面计原理及与浮筒液位计比较

3.1　结构及工作原理

磁致伸缩液面计是由磁致伸缩变送器和浮子构成，是一种恒浮力液位计。结构示意图见图3。

磁致伸缩变送器：它使用的是一种物理现象——磁致伸缩原理设计而成的，在一根非磁性的传感管内装一根精细的磁致伸缩线，在磁致伸缩线的一端连接着压磁传感器，该压磁传感器每秒钟发出10个电流脉冲信号给磁致伸缩线并计时，该电流脉冲沿着磁致伸缩线向下传送，产生一个向下运动的环形磁场，该环形磁场同浮在介质中的磁性浮球的磁场产生相互作用，在磁致伸缩线上产生一个扭应力波，这个扭应力波以已知的速度从浮球的位置沿着磁致伸缩线向上下两端传送，直到压磁传感器接受到这个扭应力波信号为止。通过计时电路可知道起始电流脉冲波和返回扭应力波间的时间间隔，由于脉冲波的传播速

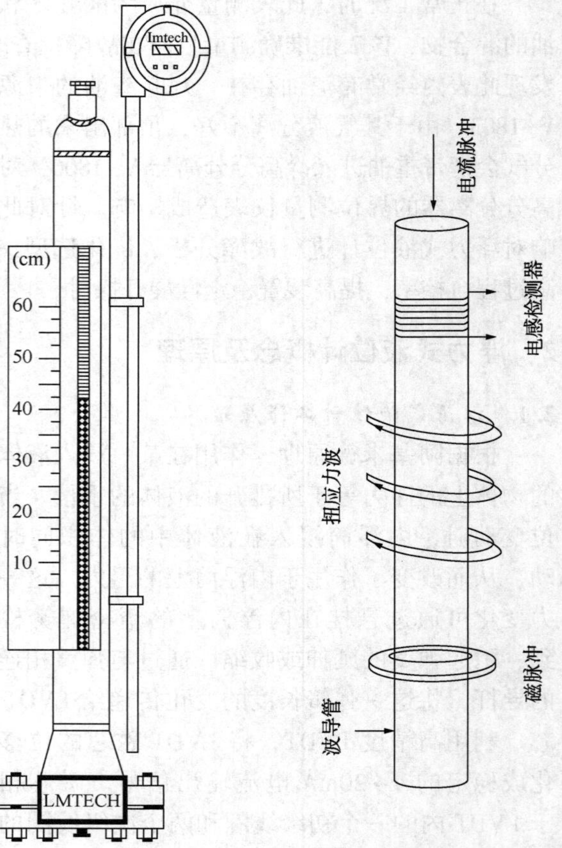

图3　磁致伸缩液位计结构原理图

度是恒定值，电子单元只需通过起始脉冲和返回脉冲的时间差就可以计算出浮子中磁钢的位置，从而得到精确的液位。由于浮球总是浮在液面上，因此即可以准确的判断出液面的位置。

浮子：由磁钢制成，根据实际工况制定浮子密度，浮子在介质中受到浮力，漂浮在液面上或者界面上，所受浮力与自身重力相等，是一种恒浮力液位计。用于界位测量时，是根据用户提供的“轻介质密度”和“重介质密度”确定浮子的重量。在测量界面时，浮子浮在界面上，所受的浮力和重力相等。如图4所示。

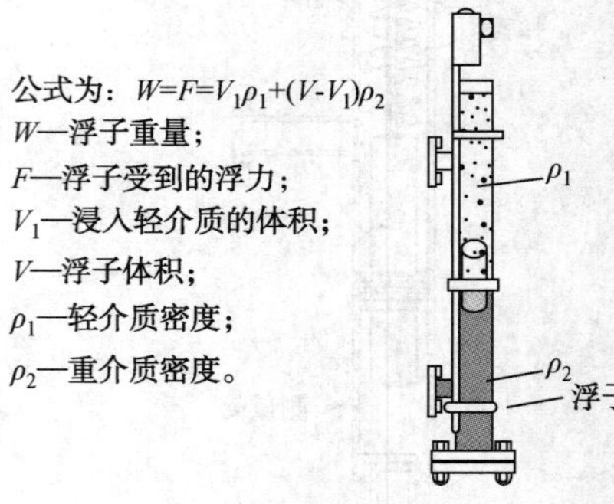

图4　浮子测量界位

3.2　安装

磁致伸缩液位计可以单独直接插入罐中进行液位或界位测量，也可以与磁耦合液位指示器捆绑使用。安装简单方便。

绑在磁翻版外侧使用，如图 5(a)所示。利用磁翻板中浮子传递液位/界位；由于磁翻板中的浮子中央没有孔，可以承受比较高的压力和温度，可以适应许多高温高压的场合。并且可以直观看到液位的变化，方便与室内与现场核对液位，维护方便。

外浮筒+顶部安装，如图 5(b)所示。通常用于罐内有搅拌、泡沫的容器的液位测量。

罐顶安装，如图 5(c)所示。对于这种应用，主要用于埋地式储罐及在环境温度下容易冷凝的介质，如加油站储罐油位，污油罐油位等。

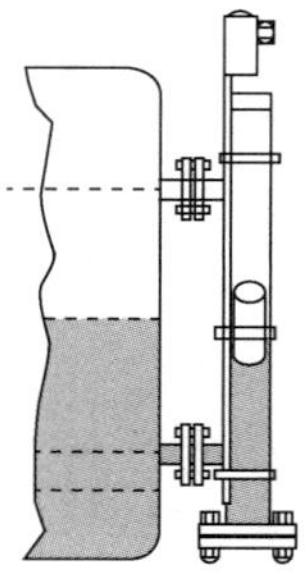

图 5　磁致伸缩安装示意图

与浮筒液位计对比，结构简单，活动易损部件少。安装方面，提供多种安装方式，易于运行装置改造换型，节约成本。在测量中不受介质可能发生的物理、化学变化产生的影响，如介质传导率、介电常数、压力、温度、密度等参数变化。

以对于渣油冷高分罐来说，浮子在筒内所处的密度是相对固定的，即水与油。根据筒内出现的介质柴油(约 0.83g/cm^3)，重油(约 0.9g/cm^3)，酸性水(约 1g/cm^3)分析，合理设计浮子，浮子将浮在重油和水的分界面上，即使介质有小范围的密度变化，其只会产生轻微的浮子进入重介质深度的变化，对界位的测量几乎没有影响。比较浮筒液位计，更适合密度有轻微变化的界位测量。

浮子大小可定制，可加大浮子与外筒壁之间的间隙，可减少发生黏滞现象。

4　实际应用

针对两种浮力式液位计测量的优缺点将浮筒式液位计换型为磁浮子液位计，对原有的现场就地浮子翻板界位计进行改造。

(1) 根据实际介质密度范围设计界面浮子，确保浮子浮在界面上；

(2) 加大浮子与腔体之间的间隙量，以减少浮子与测量筒之间的粘滞性；

(3) 增加 LMT200 外挂式磁致伸缩界位变送器，直接外绑在就地翻板上，该变送器带 LCD 液晶显示，输出 4~20mA 模拟量进行远传。

(4) 新磁浮子翻板界位计安装尺寸与原就地翻板一致，可直接替换原产品，无需修改现场管道，经济成本相对较低。

5　应用效果

目前已对渣油加氢两系列的磁浮子界位计进行了改造。改造前浮筒界位计经常会出现故障情况，月平均故障为 7 次，通过维护排表后故障消除。改造后界位显示准确、平稳，运行至今未出现故障维护情况，故障率大幅下降。间隙量增大后浮子随界位漂浮顺畅，未出现卡涩、跳动的情况，未再出现仪表故障排表的情况，改造成功后已将该回路投入自动控制，装置自控率由 98.75%，提高到 100%。装置的自控水平提升，切液准确，不会将含油污水排入硫磺回收装置，保障了装置平稳运行，效果十分理想，图 6、图 7为实际应用后的效果。

图 6　改造后的磁浮子界位

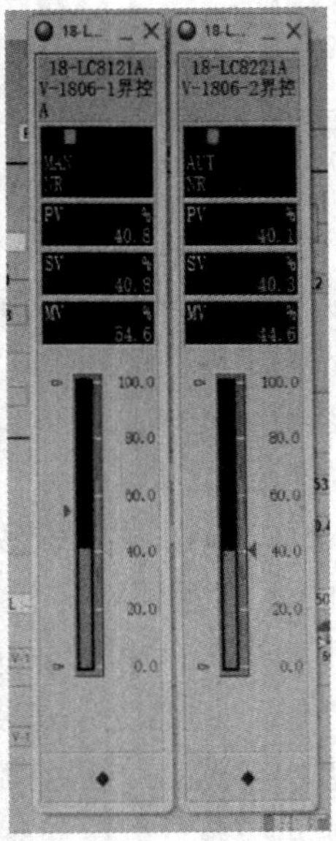

图 7　7LC8221A 投自动

6　维护过程中的注意事项

（1）该界位计的取压阀门要开到最大位置，这样介质流通顺畅，避免出现显示滞后的情况。

（2）由于变送器内部电子元器件的使用温度不能超过 85℃，因此伴热线的敷设位置不能靠近变送器表头，变送器部分需裸漏在保温外部。

（3）日常使用过程中要注意伴热线要进行投用，防止重油窜入桶内，温度太低介质粘度增大，影响测量。

（4）由于使用外挂式磁致伸缩界位变送器，所以在液位计周围不得使用铁材质的钉或扎带进行固定，避免影响仪表测量。

（5）在仪表投用过程中要先开上取压阀门，然后缓慢打开下取压阀，防止阀门顺序开反造成浮子被高压冲击变形。

对横河 DCS 中计时累计功能的改进及实际应用

李　浩

（北京中燕建设工程有限公司）

摘　要　在某装置运行时，由于物料组分较重，宜堵塞，为了防止机泵运行时间过长、损坏设备，需要定期对运行时间过久的机泵进行切换备泵，离线维修。工艺人员如果通过手工记录的方式来记录机泵的运行时间，容易出现失误，导致设备故障，甚至生产事故。了解情况后，为了工艺人员的操作方便、设备的运行安全，仪表人员尝试在 DCS 中实现装置的 145 个机泵的运行时间累计。通过实施方案的不断改进，在 DCS 中顺利的实现了机泵的运行计时，并在流程图中集中显示运行时间，用颜色做好修饰，使工艺人员能够迅速掌握现场机泵的运行情况、运行时间。不只在 Centum VP 中可以使用，经过测试，在 Centum CS3000 中也能正常使用。克服了横河 DCS 中的计时上限数据溢出问题，既减少了人力的损耗，计时准确高效，还尽量减少对控制站平稳运行的影响，这些方法在实现了计时功能的同时，不影响主要控制功能，还高效准确，为以后类似的项目提供了很好的经验。

关键词　横河　Centum vp　计时器　数据上限

1　背景介绍

在某装置运行时，由于物料组分较重，宜堵塞，为了防止机泵运行时间过长、损坏设备，需要定期对运行时间过久的机泵进行切换备泵，离线维修。工艺人员如果通过手工记录的方式来记录机泵的运行时间，容易出现记录失误，导致设备故障，甚至生产事故。了解情况后，为了工艺人员的操作方便、设备的运行安全，仪表人员尝试在 DCS 中实现某装置的 145 个机泵的运行计时。

2　实现方法

某装置的 DCS 系统为横河 Centum VP 系统，横河电机最新产品系列。CENTUM VP 具有更加直观的人机界面，大容量现场控制站能够更加快速无误地处理数据。

现场每个机泵都有一个状态回讯 DI(Digital Input，数字量输入点)点，当状态回讯为“1”时代表现场机泵在运行，当状态回讯为“0”时代表现场机泵已停止。因此要想知道泵的运行时间，只要对泵的状态回讯为“1”进行计时，便可得到。具体实现方法如下：

（1）DCS 中有专用的计时器模块(Timer Block，TM)用于计时，它的计时模式有两种“秒计时器”、“分钟计时器”。计时器模块(TM)计时上限 PH 的数据范围为 0～100000，如果使用“秒计时器”模式，100000S（秒）换算为 1.157D(天)，因此只能使用“分钟计时器”模式(图 1)。

（2）计时器模块的动作指令需要操作人员或者内部模块(例如顺控表模块 ST16、逻辑图模块 LC64、计算模块 CALCU 等)给出。计时器的计时需要在泵的状态回讯从“0”变为“1”时启动，在泵的状态回讯从“1”变为“0”时计时停止。人工操作肯定不能完成，需要内部模块来实现，可以选择顺控表模块(Sequence Table Block，ST16)(图 2)。

（3）工艺人员想知道的是泵运行了多少天，并不需要精确知道运行了多少秒(“秒计时器”模式)或多少分钟(“分钟计时器”模式)，知道秒或分钟还要自己换算成天数，人工的换算过程还容易出现失误。因此需要一个通用计算模块(General-Purpose Calculation Block，CALCU)用于单位的换算，把计时器模块的计时值换算为天数(图 3、图 4)。

第一作者简介：李浩，硕士研究生，主任师专家、副主任，现从事仪表自动化工作。E-mail：lihao01.yssh@sinopec.com

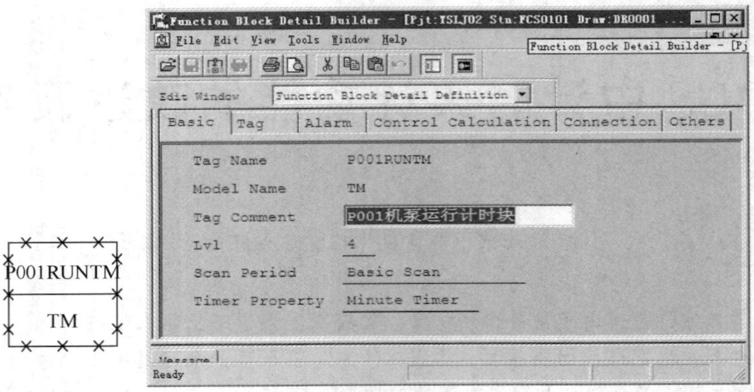

图1　计时器模块、细目组态

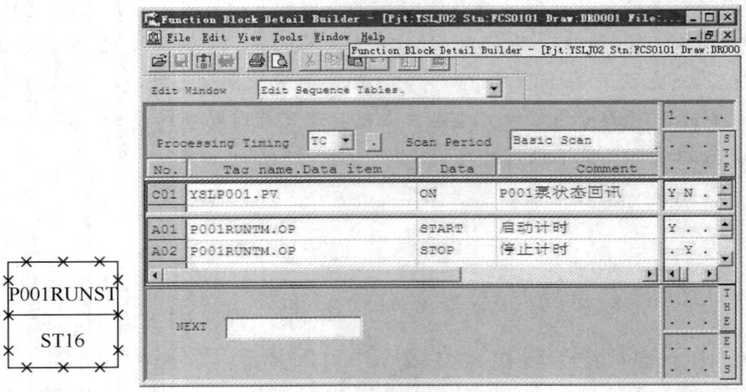

图2　顺控表模块、细目组态

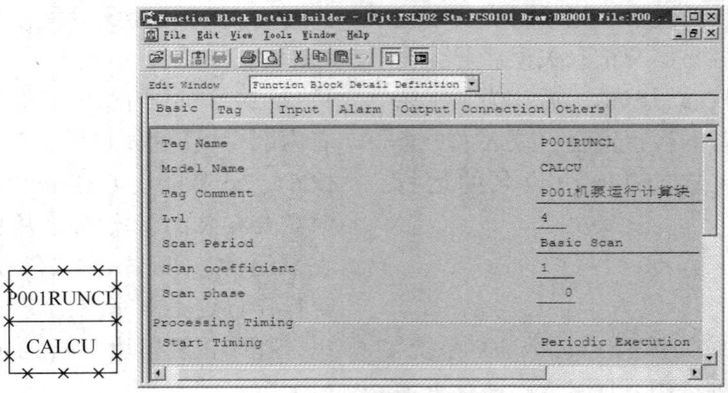

图3　通用计算模块、细目组态

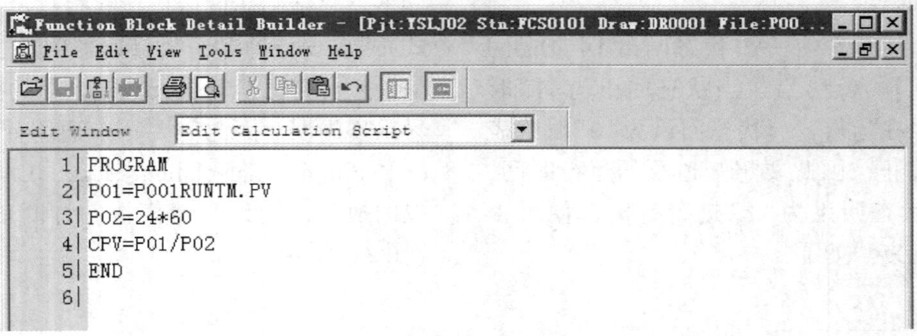

图4　通用计算模块脚本程序

因此，每个机泵都要新建 3 个 DCS 内部模块，分别为：计时器模块、顺控表模块、通用计算模块。

工作原理是：在顺控表模块内判断机泵的状态回讯是运行还是停止，如果机泵在运行状态，就启动计时器模块；如果机泵在停止状态，就停止计时器模块。通用计算模块实时把计时器模块的计时值从分钟转换为天数。为了方便工艺人员监控，在流程图中做集中显示运行时间，并且做好颜色修饰，运行的机泵显示天数为绿色，停止机泵显示的天数为红色(图 5)。

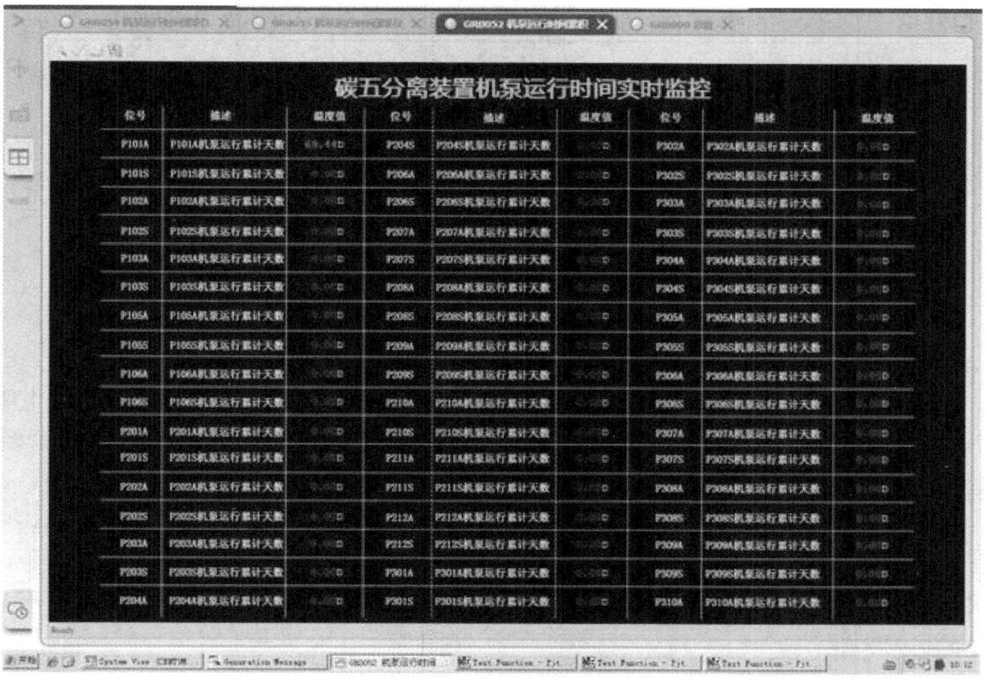

图 5　流程图显示画面

优点：

(1) 在 DCS 中实现了对机泵运行时间的计时，计时精确到分，为工艺提供准确时间；

(2) 在流程图中集中显示运行时间，并用颜色做好修饰，使工艺人员能够迅速掌握现场机泵的运行情况、运行时间，做到直观、一目了然；

(3) 机泵计时可以设置上下限报警，提醒工艺人员及时切换机泵；

(4) 机泵计时可以做历史趋势，为机泵的运行状况分析提供的准确数据支撑。

缺点：

(1) 共有 145 个机泵，每个机泵都要 3 个内部模块，加大了 DCS 系统中控制站 CPU 的运算量；

(2) 计时器模块的数据上限 100000 分钟，为 69.44 天，约 2.31 个月。如果超过此时间，数据溢出，计时器模块产生计时到上限报警，不再继续计时。经过与工艺人员沟通，不能满足其使用(图 6)。

3　改进方案

3.1　方案一

在上一个方案的基础上，再加一个计时器模块。在第一个计时器模块计时到最大值时，触发第二个计时器模块开始计时。这样的话，累计时间可以达到 69.44+69.44=138.88 天，月为 4.63 个月。

缺点：

(1) 如果每个机泵新加 1 个计时器模块，加上原来 3 个内部模块，就相当于 145×4=580 个内部模块在 DCS 中运行。对 DCS 系统控制站中 CPU 的运行是个负担，不能因为机泵时间累计，影响装置的各种控制，影响平稳运行；

(2) 计时时间只翻了一倍，有可能不满足工艺使用，性价比比较低。

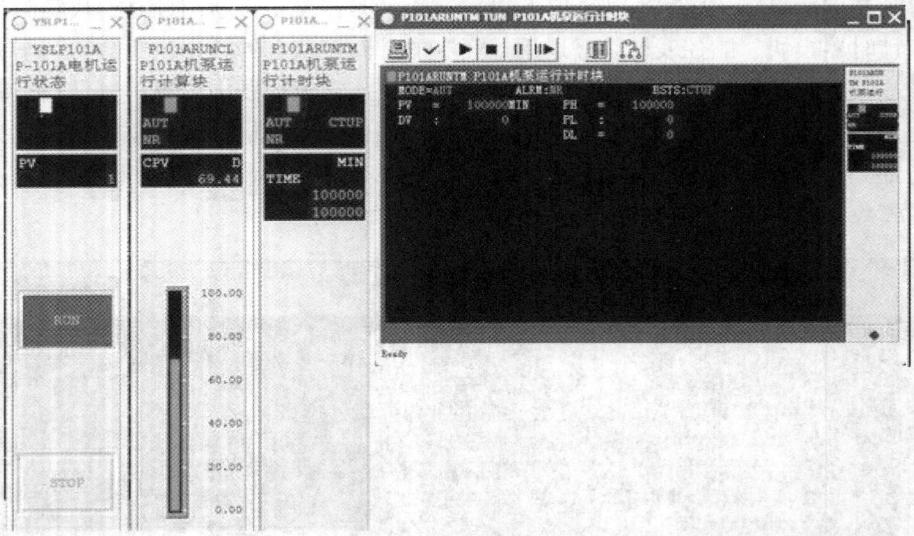

图6　计时器模块数据上限

3.2　方案二

在初始方案的基础上，做以下改进：

（1）每个机泵只用2个DCS内部模块，分别为计时器模块、通用计算模块；

（2）在通用计算模块中通过内部函数监测机泵的状态回讯是运行还是停止，然后把计时块置为相应的状态，并在通用计算模块内把计时器模块中的分钟转换为天数；

（3）在通用计算模块中，新加一个判断子程序，判断计时器模块是否接近数据上限。通用计算模块中参数P01实时取自计时器模块计时值PV。如果P01达到99990分钟，代表计时器模块接近数据上限，此时通用计算模块中参数P02通道累加1，对计时器模块计时值PV清零，因此计时器模块继续从零开始计时，不会停止计时（图7）。

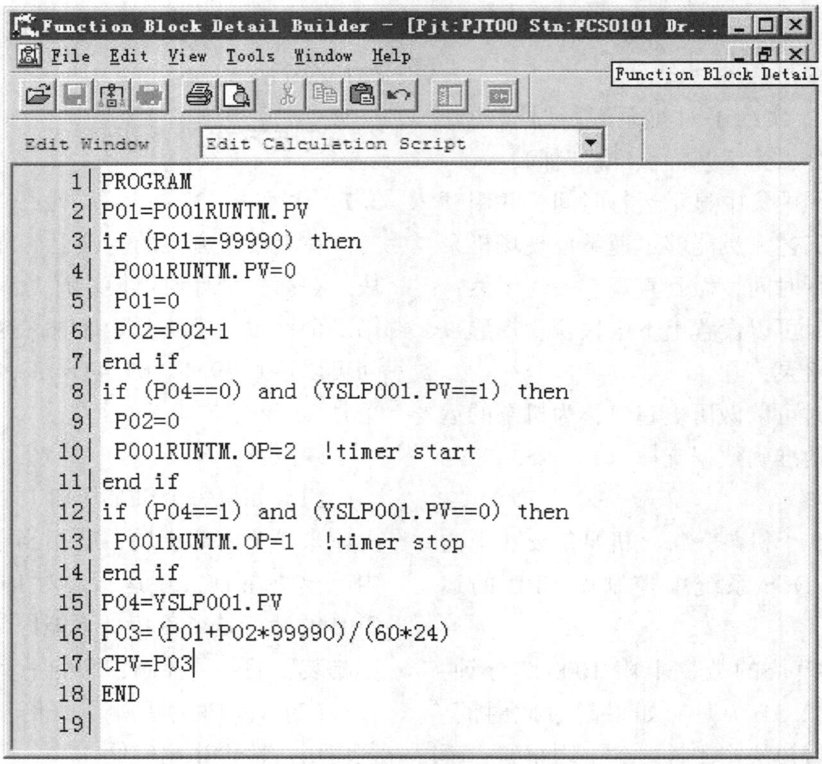

图7　通用计算模块脚本改进程序

优点：

（1）通用计算模块的参数 P01、P02 的数据上限为 99999999999，能达到的累计时间为：P02 数据上限×69.44 天 = $69.44\times10^{11}=1.9\times10^{10}$ 年。但是因为流程图显示数据有限制，数据显示能够达到 9999.99 天，约为 27.4 年(图 8)；

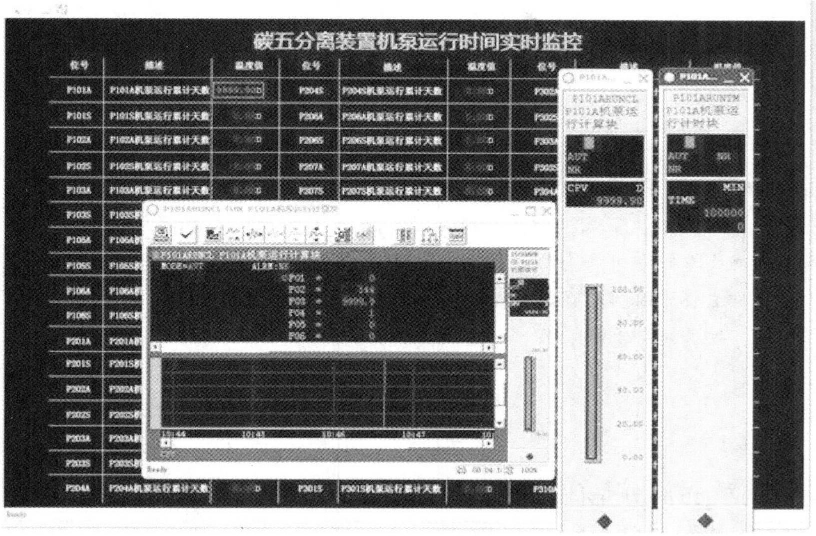

图 8　流程图显示画面

（2）减少 145 个 DCS 内部模块，从而减少 DCS 系统控制站 CPU 的负荷(图 9)；

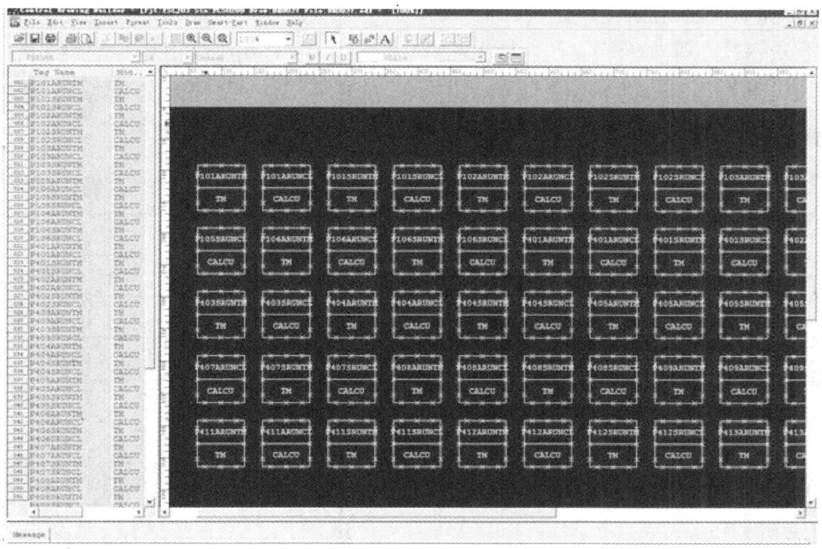

图 9　控制图组态画面

（3）克服了计时器模块数据上限的限制，不只满足了装置的使用，也为以后类似的工作提供了经验。

4　总结

通过实施方案的不断改进，在 DCS 中顺利的实现了 145 个机泵的运行计时。此方案在型号为 AFF50D 横河 CPU 中，实际对比使用，优化后的方案大约节约 CPU 的计算负荷 2%左右。

此方案，不只在 Centum VP 中可以使用，经过测试，在 Centum CS3000 中也能正常使用。克服了横河 DCS 中的计时上限数据溢出问题，既减少了人力的损耗，计时准确高效，还尽量减少对控制站平稳运行的影响，这些方法在实现了计时功能的同时，不影响主要控制功能，还高效准确，为以后类似的项目提供了很好的经验。

S Zorb装置程控阀故障分析与对策

李　政

（北京中燕建设工程有限公司）

摘　要　程控球阀是S Zorb装置核心设备之一，通过闭锁料斗程序控制相关球阀的开关，实现反应再生系统所需吸附剂的正常循环。降低程控阀故障率是经济效益增长以及装置平稳运行内在需求的客观要求。本文详细阐述应用故障树分析法查找程控阀故障的原因，通过对原因加以整理、归纳、分类、总结，找出主要原因，并针对主要原因制定有效的措施，降低程控阀的故障率。

关键词　程控阀　故障树　维护策略

1　前言

S Zorb装置运行的核心部分是闭锁料斗单元，程控阀是闭锁料斗单元正常运行的关键设备，对装置的平稳运行起着至关重要的作用。高温油气、氢气、氮气及富含吸附剂颗粒（粒度为0~150μm）的工艺介质，阀门前后压差大和开关频繁（20~30min开关一次）等操作工况，要求程控阀耐磨、耐冲蚀，开关迅速（通常8S以内）并且切断能力高，隔绝、防泄漏能力强。

每套S Zorb装置闭锁料斗关键部位程控阀共计10台，使用位置为XV01\02\03\05\06\08\09\10\13\14。S Zorb程控阀维护质量的提升，需要围绕工艺流程和程控阀本身结构特点共同分析改进，落实好运行维护策略、寿命周期策略和维修质量控制策略，才能真正确保装置的平稳运行。

2　程控阀运行情况分析

2.1　工艺流程简介

来自催化裂化装置的原料汽油与适量的氢气混合后进行加热，汽化后的汽油进入装有吸附剂的流化床反应器内，脱除原料汽油中的硫，在反应器顶部经过过滤器除去气相产物中的悬浮吸附剂后再经过冷却分离，送后续稳定系统处理后作为清洁汽油产品出装置。

吸附剂的循环路径是：反应器→反应器接收器（待生剂）→闭锁料斗→再生器进料罐→再生器→再生接收器（再生剂）→闭锁料斗→还原器→反应器。由于在吸附剂传输过程中闭锁料斗存在氢-氮-氧交替出现的工况，通过顺控程序控制特定位置的球阀在特定步序时的开关，来完成设定步序的进卸剂、吹扫、加减压过程，以便在正常的操作中维持一个安全稳定的环境。

操作介质有高温油气、氢气、氮气及富含粒度为0~150μm的吸附剂颗粒，操作工况具有阀门前后压差大和开关频繁等特点，闭锁料斗典型的操作条件见表1。

表1　操作条件

操作条件	反应系统	再生系统
设计压力/MPa	4.26	0.35
操作压力/MPa	2.97	0.11
设计温度/℃	470	550
操作温度/℃	427	524
最大压差/MPa	4.26	0.35
操作介质	吸附剂（0~150μm），H2，HC	

2.2　程控阀故障统计分析

2017~2019年两套S-Zorb装置116台程控阀故障共计142次，具体故障情况如图1所示。

根据故障记录数据统计，阀门内漏是目前影响装置稳定运行的主要故障，S Zorb工艺在实现闭锁料斗氢氧环境隔离以及吸附剂循环过程中，已经充分考虑阀门内漏的影响，要求阀门零泄漏检修，同时在每条料腿上设置多个阀门，在工艺上保证安全。阀门内漏导致安全性能降低、吸附

第一作者简介：李政，大学本科，副主任、高级工程师，现从事仪表管理工作。E-mail：lizheng01.yssh@sinopec.com

图 1　程控阀主要故障类型

剂损耗增加、程序运行中断、运行时间延长、吸附剂循环不畅，进一步影响加工量和产品质量。

此外，长期投用后，由于阀检时间延长，吸附剂的循环时间延长，对于提高加工量和产品质量以及生产安全都是不利的。球阀的执行机构为气动执行机构，包括电磁阀、回讯器等电气元件，随着球阀运行周期的延长，这些部件也经常发生故障，导致球阀不动作或开关缓慢，通过在线判断，及时更换电气元件，可以很好地解决这类故障。执行机构的打开是靠风压推动，关闭是靠弹簧复位，由于执行机构动作次数的增加导致弹簧的弹性疲劳，影响阀门的开关速度。同时，由于阀门开关动作频繁、管线振动等影响，阀体与执行机构半脱开、盘根泄露也经常发生。

3　故障分析与措施制定

3.1　应用故障树分析法，识别程控阀故障原因

故障树分析法是把系统可能发生或已经发生的事故作为分析起点，将导致事故的原因事件按因果逻辑关系逐层列出，用树形图标识出来，构成逻辑模型。然后对这种模型进行定性或者定量分析，找出事件发生的各种可能途径。通过分析找出避免事故发生的各种方案并优选出最佳安全对策。

S Zorb 装置共有程控阀 58 台，故障率较高的阀门主要集中在闭锁料斗单元、反应过滤器单元和再生过滤器单元，其程控阀数量为 43 台。根据故障记录数据统计，程控阀主要故障内容包括六大类，分别是附件故障、盘根泄漏、阀门内漏、动作卡涩、连接部位损坏和电磁阀故障(图 2)。

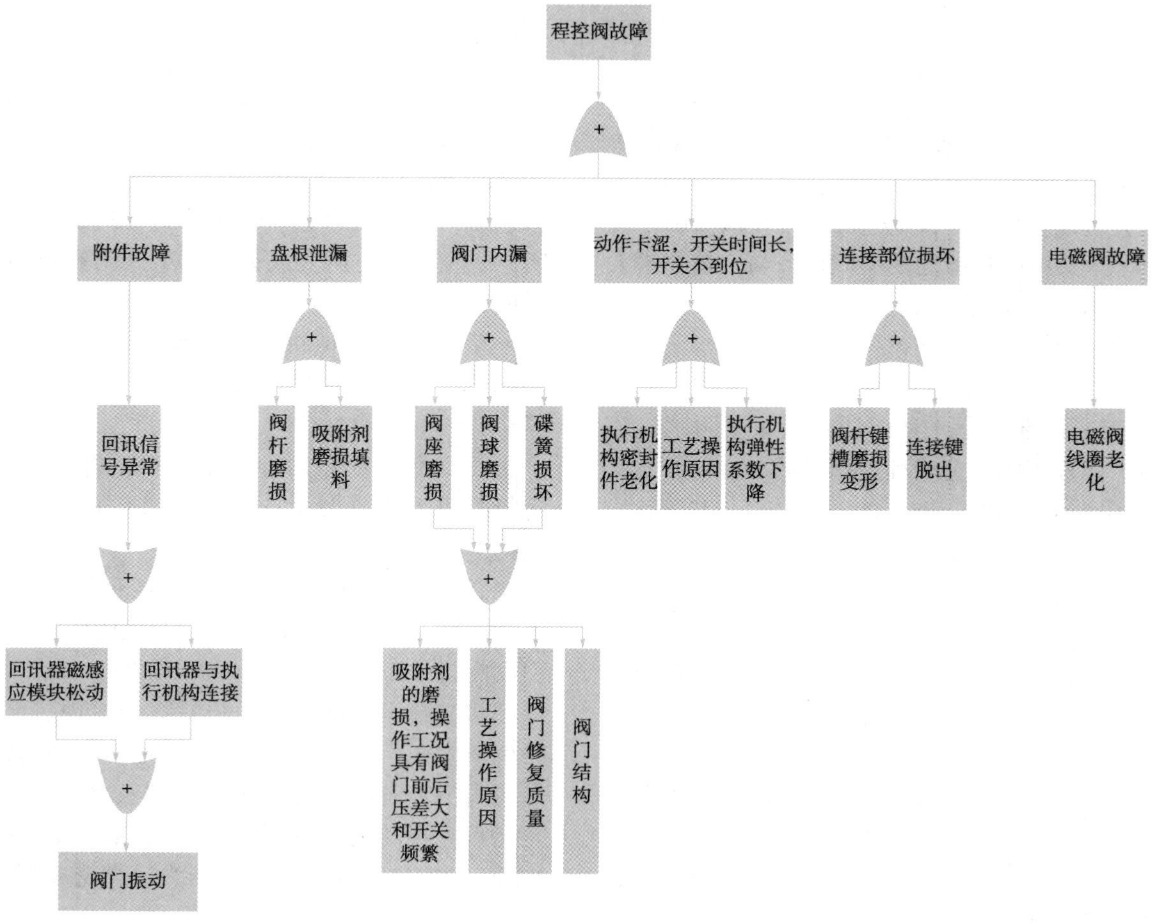

图 2　程控阀故障树

3.2　采取针对性措施，降低程控阀故障率

3.2.1　减少程控阀内漏故障措施

（1）制定阀门维修寿命，开展阀门预防性维修。由于吸附剂的磨损，操作工况具有阀门前后压差大和开关频繁（20～30min 开关一次）等特点，在经过长周期运转后，阀芯和阀座会因不断摩擦产生很多划痕，造成阀芯、阀座的磨损。结合阀门维修经验，根据阀门不同使用位置，制定阀门维修寿命，对于达到使用寿命的阀门，通过内漏判断和工艺生产情况，接近更换日期系统自动弹出维护提示，具备条件的强制更换，下线打压测试，根据打压情况进一步完善阀门维护周期，提高了预知维修率，实现策略自动优化功能（表2）。

表2　程控阀阀体寿命周期策略

序号	位号	描述	1#强制保养周期	2#强制保养周期	维修内容	备注
1	XV-01	待生剂由 R-101 去 D-106	12个月	3个月	更换修好的阀体	
2	XV-02	待生剂由 R-101 去 D-106	12个月	6个月	更换修好的阀体	
3	XV-03	待生剂由 R-101 去 D-106	8个月	3个月	更换修好的阀体	
4	XV-04	待生剂由 D-107 去 ME-110	18个月	3个月	更换修好的阀体	
5	XV-05	待生剂由 D-106 去 D-107	12个月	3个月	更换修好的阀体	
6	XV-06	待生剂由 D-106 去 D-107	12个月	6个月	更换修好的阀体	
7	XV-07	待生剂由 D-106 去 ME-111	18个月	12个月	更换修好的阀体	
8	XV-08	再生剂由 D-110 去 D-106	12个月	6个月	更换修好的阀体	
9	XV-09	再生剂由 D-110 去 D-106	12个月	8个月	更换修好的阀体	
10	XV-10	再生剂由 D-110 去 D-106	12个月	8个月	更换修好的阀体	
11	XV-11	D-106 再生剂输入 N2 吹扫	18个月	18个月	更换修好的阀体	
12	XV-12	D-106 再生剂输入管放空	18个月	18个月	更换修好的阀体	
13	XV-13	再生剂由 D-106 去 R-103	12个月	6个月	更换修好的阀体	

（2）工艺设备协同参与，确定关键控制参数。工艺人员的日常操作行为会对程控阀的稳定运行会造成重大影响，通过分析程控阀故障情况与工艺人员的操作行为的关联性，与工艺技术人员共同确定各项关键工艺控制参数，制定了闭锁料斗操作建议，内容如下：

① 手动开关 XV01、02、03、04 阀时，必须将 D105 下料器壁阀关闭，防止大量吸附剂流入管线卡死程控阀，造成程控阀损坏。

② 手动开关 XV08、09、10、11、12 阀时，必须将 D110 下料器壁阀关闭，防止大量吸附剂流入管线卡死程控阀，造成程控阀损坏。

③ 手动开关 XV13、14、15 阀时，必须将 D102 器壁阀关闭，防止大量吸附剂流入管线卡死程控阀，造成程控阀损坏。

④ 手动开关 XV05、06、07 阀时，必须将 D107 顶器壁阀关闭，防止大量吸附剂流入管线卡死程控阀，造成程控阀损坏。

⑤ 手动开关 XV20、21、22、23、阀时，必须将 PV2401B 阀前手阀关闭，防止大量循环氢窜入闭锁料斗中，形成爆炸气体。

⑥ 手动开关 XV04、07、11、12、15、18、19、23、26 阀时，必须将 XV18、19 阀后手阀关闭，防止大量瓦斯气或火炬气窜入闭锁料斗中，形成爆炸气体。

⑦ 为防止闭锁料斗装填吸附剂过多，造成 ME102 损坏或程控阀故障损坏，严格控制闭锁料斗料位不大于70%。

⑧ 为保证闭锁料斗正常运行，将闭锁料斗运行周期调整到22～27分钟，避免长期受压对阀门造成影响。

⑨ 保证 R101 反应器内吸附剂藏量9吨以上，避免油气串入闭锁料斗，造成吸附剂结块，引发阀门故障。

（3）聚焦共性问题，开展综合治理。再生、待生滑阀在同类装置使用都存在故障率极高的问题，阀门寿命短，造成吸附剂损耗，影响装置稳定运行。现场使用过程中 XV02、XV03、XV05、XV10、XV13 经常承受反向压力，易造成阀门内漏。采取措施：

① 再生滑阀进行改造。原滑阀为阀板结构，虽设计有反吹线，但使用过程中，阀门卡涩故障较高(1～2 周一次)。通过使用球阀进行改造，采用增加限流孔板等方式保证吸附剂流化，自 2017 年 12 月使用至今，未发生故障。

② 使用双向密封球阀。对于浮动球阀，进口端阀座与阀体之间装有预紧弹簧，使阀球与出口端阀座紧贴在一起，实现密封。当球阀进口与出口为正压差时，压差使密封比压更大，有助于球阀的密封，当出现反向压差，即球阀出口压力高于进口压力时，反向压差克服弹簧的预紧力，密封比压降低，阀门的密封性能变差，当反向压差大于弹簧的预紧力后，阀球与出口端阀座分离，介质从出口端进入进、出口端阀座及阀球之间，此时由于进口端阀座与阀体之间存在间隙，导致阀门内漏。当反向压差进一步增加，使进口端阀座与阀体之间的间隙逐渐减小，直到完全贴合，泄漏通道被堵塞，阀门重新达到密封状态，只是这时的密封是靠进口端阀座密封实现的。对 XV02、XV03、XV05、XV10、XV13 经常承受反向压力的程控阀，通过改变阀门结构、使用双向密封减少吸附剂进入阀体腔体内部，延长了程控阀使用寿命(图 3)。

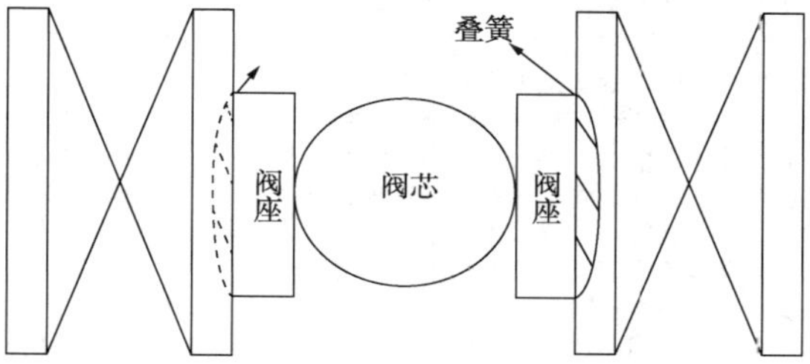

图 3　双向密封结构

(4) 编制作业指导，确保修复质量。规范阀门修复流程，编制程控阀维修作业指导书，明确阀门维修关键控制点要求。阀体结构如图 4 所示。

① 使用力矩扳手拆卸上下阀体的把紧螺栓，将扭力数值和各部件的原始尺寸做好记录。

阀门部件	
序号	名称
1	阀球
2	阀座
3	锁定阀座
4	阀体
5	阀体垫片
6	阀座弹簧
7	阀杆
8	压盖法兰
9	填料
10	防护压环
11	阀杆导向环
12	阀杆内密封件

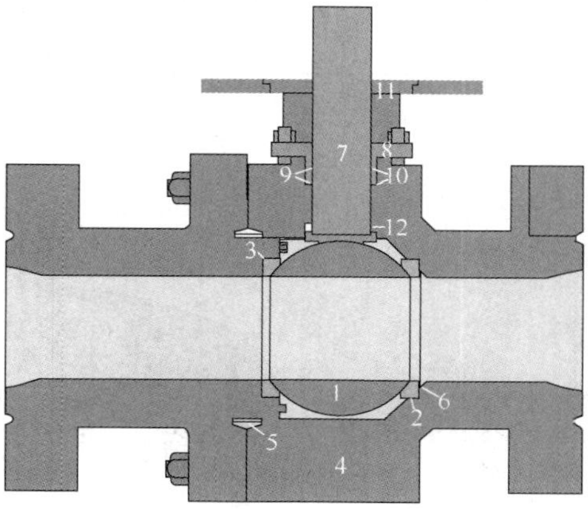

图 4　阀体结构图

② 根据阀门结构，结合各部件的磨损、损坏情况，制定阀门的修复方案，对关键部位修复尺寸进行严格控制。如阀球与阀座的修复，阀球及阀座密封面喷涂新碳化钨涂层(厚度：0.15～0.20mm)，上球面磨精磨阀球及阀座密封面至加工工艺尺寸，阀座的厚度：27.5～28mm，阀球与上下阀座的配合高度：119.2～119.7mm，作胎具对阀球、阀座密封面进行研磨，用煤油检查密封面不渗漏为研磨合格当碟簧的压缩量小于 0.5mm 或碟簧的上下面腐蚀，需更换新碟簧。

③ 严格进行阀门内漏检验，将阀门完全关闭，低压用氮气打压至 10kg，保压 15min，反复打压 3 次不泄漏；高压打压至 35kg，保压 15min，反复打压数次不泄漏(每分钟气泡数不超过 6 个)。

3.2.2　减少填料泄漏故障措施

(1) 进一步细化巡检内容及标准，对阀门填料、法兰及气路每周两次详细检查，及时发现泄漏情况。同时，利用 LDAR 检测设备，将泄漏消除在萌芽阶段(图 5)。

(2) 将阀杆直径 31.6mm 作为修复关键质量控制点，严格确认阀杆外观，并测量阀杆尺寸，保证阀杆与填料良好接触。选用新型 V 型环保填料(材质为纯镍丝)作为阀杆和阀体的之间的密封，在提升密封效果的同时，降低了阀杆的磨损，从而保证修复的阀门能够长周期运行，减少阀门外漏故障(图 6)。

1.1 程控阀日常巡检

针对程控阀的运行特点制定针对性的巡检策略，当巡检发现问题后及时汇报作业部调度和生产单位，然后对程控阀故障进行判断、修理。

程控阀巡检内容如下：

1.1.1 对电磁阀进行检查，包括：外观是否完好、固定是否牢固、防雨防潮是否严密、动作是否正常、排气口排气是否正常；

1.1.2 对回讯器进行检查，包括：外观是否完好、固定是否牢固、防雨防潮是否严密、回讯状态是否正确；

1.1.3 对附件进行检查，包括：过滤器减压阀供风压力≥0.4MPa，所有风线及接头处是否漏风、接头是否出现裂纹、风管是否有打死弯的现象、风线阀门是否正常、穿线管是否有断裂现象，防爆软管与电磁阀及回讯器连接是否牢固、防爆软管与穿线管连接是否牢固、过滤器减压阀供风压力是否正常、风管及穿线管固定是否牢固(应用管卡固定)；

1.1.4 对气缸进行检查，包括：外观是否完好、与阀体连接是否牢固、气缸排气孔是否漏风(用肥皂水进行检查)、气缸与回讯器连接处是否漏风、气缸与阀杆连接处是否漏风、气缸两侧压盖是否漏风、气缸与阀体连接支架是否固定、阀杆与气缸连接套是否有断裂或裂纹、连接套内的固定销是否连接紧密、固定销有无脱落现象、当气缸转动时阀杆是否一起转动(应该一起转动，不能气缸转动阀杆不转动)；

1.1.5 对阀体进行检查，包括：填料处是否泄露、两侧法兰是否泄漏、阀体连接密封面是否泄漏、阀体两侧螺栓、螺母是否有断裂现象；

1.1.6 对气控阀进行检查，包括：气控阀的信号风线、动力风线及接头处进行检查有无漏风现象、排气是否正常；

1.1.7 检查每个程控阀的执行机构动作时间开关阀门是否满足小于8S的要求。程控阀开关时间通过闭锁料斗控制系统进行监控，每周出具运行周报，根据开关时间变化趋势分析程控阀运行状况。下一步将时间监控通过数采系统引入预知维修系统，问题信息自动推送。

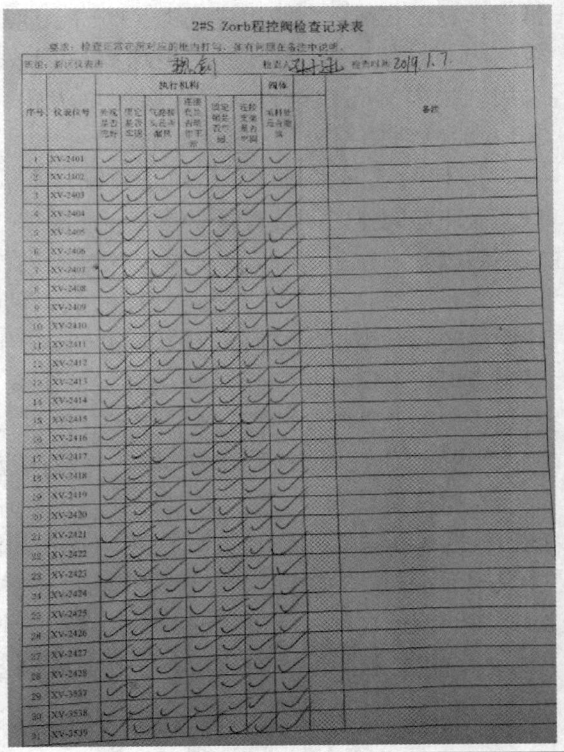

图 5　程控阀日常检查内容

阀门部件	
序号	名称
1	阀杆
2	阀杆导向环
3	阀杆密封轴承
4	填料防护环
5	复合填料
6	执行器固装支架
7	填料压盖
8	阀杆上带“T”标志
9	刻线

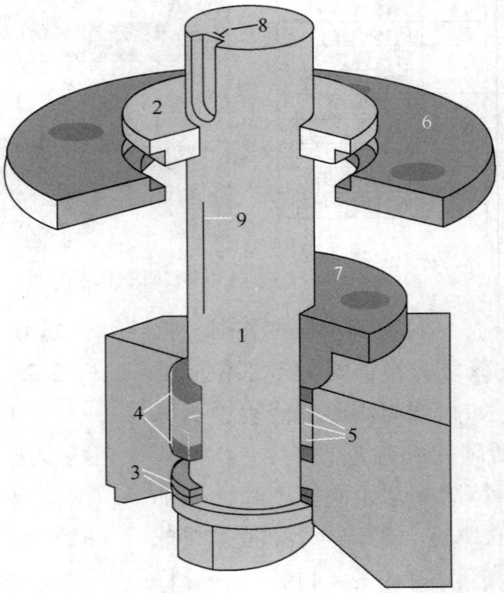

图 6　阀杆及填料密封结构图

3.2.3　减少开关动作卡涩故障措施

（1）检查每个程控阀的执行机构动作时间开关阀门是否满足小于 8S 的要求。程控阀开关时间通过闭锁料斗控制系统进行监控，每周出具运行周报，根据开关时间变化趋势分析程控阀运行状况（图 7）。

（2）依据工艺特性，调整管道上不同阀门开关延时设定值，改善下方球阀工作状况，尽量避免吸附剂带液，改善球阀工作环境；优化闭锁料斗各步序时间，改善阀门前后压差，为程控阀平稳运行提供基础；工艺加工负荷变化调整时，平稳缓慢操作温度压力，降低阀体抱死的风险。

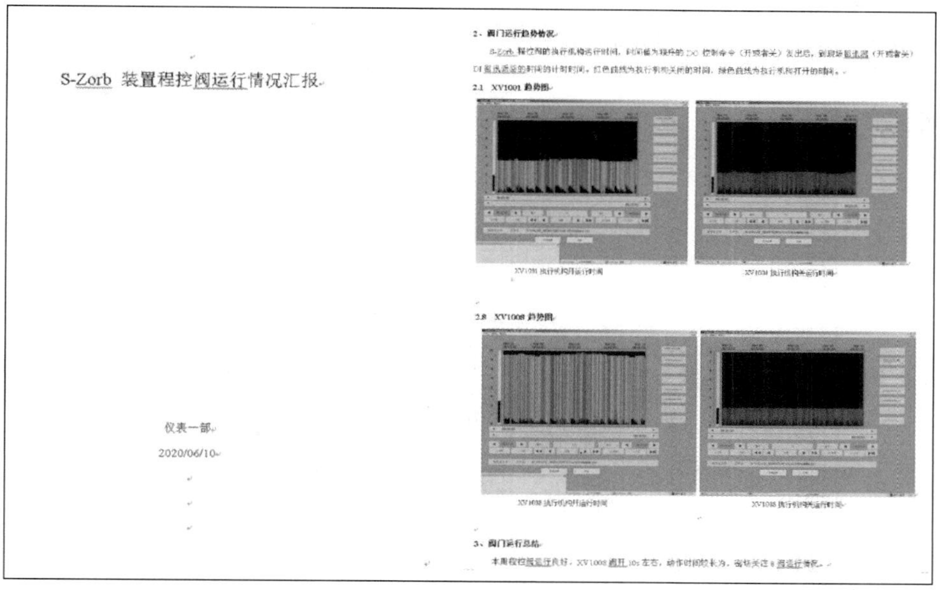

图 7　程控阀运行周报

（3）执行机构改进。由于执行机构动作次数的增加导致弹簧的弹性疲劳甚至断裂(共有两根弹簧)，影响阀门开关速度。为此，将原有两位三通电磁阀改为两位五通电磁阀，电磁阀两路进气分别接入到原弹簧室和原气缸室。阀门关闭时，执行机构的推动力由风压和弹簧弹力共同作用，使阀门动作速度提高，彻底解决了阀门由于弹簧长期使用弹性疲劳输出力降低关闭慢的问题。

3.2.4　减少连接部件损坏故障措施

连接部件故障，主要是阀杆键槽磨损变形，导致键槽间隙量增大，造成阀杆存在一定晃量，当气缸全开或全关的情况下，阀门无法同步关严或全开。采取措施：

（1）将阀杆键槽宽度 8mm 作为修复关键质量控制点，严格确认修复后阀杆键槽宽度，保证安装后键销无晃动。

（2）对特殊位置阀门如 XV02(非水平安装)阀门轴套列为每天巡检内容，确保提前发现问题，防止键销与阀杆之间受力面积减小而损伤阀杆的情况发生(图 8)。

（3）降低执行机构输出至阀杆之间的传动力，采取缩短轴套的方式，从而降低末端轴套的受力。

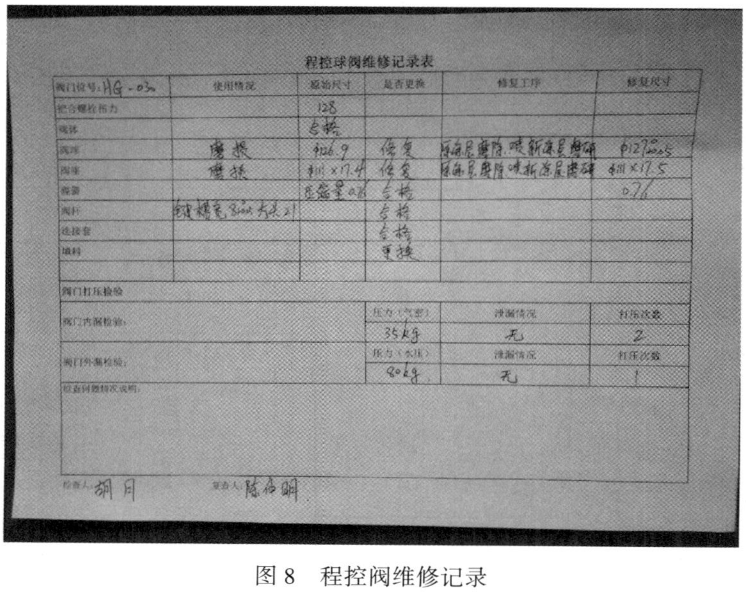

图 8　程控阀维修记录

3.2.5　减少电磁阀故障措施

电磁阀故障主要是长期运行中线圈老化导致故障。采取措施：

(1) 对电磁阀增加防护罩，防止雨季发生渗水；

(2) 每周对电磁阀测温，分析温度变化趋势，提高预知维修率(图9)；

(3) 加强设备生命周期管理，强制更换超期电磁阀。

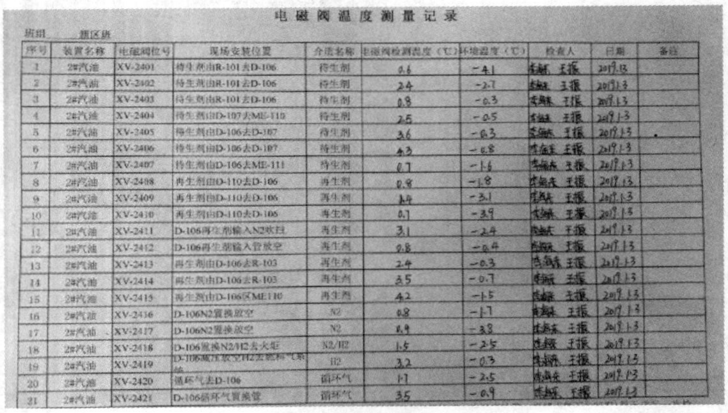

电磁阀温度测量记录

班组　新区班

序号	装置名称	电磁阀位号	现场安装位置	介质名称	电磁阀检测温度（℃）	环境温度（℃）	检查人	日期	备注
1	2#汽油	XV-2401	待生剂由R-101去D-106	待生剂	0.6	-4.1	[illegible] 王振	2019.1.3	
2	2#汽油	XV-2402	待生剂由R-101去D-106	待生剂	2.4	-2.7	[illegible] 王振	2019.1.3	
3	2#汽油	XV-2403	待生剂由R-101去D-106	待生剂	0.8	-0.3	[illegible] 王振	2019.1.3	
4	2#汽油	XV-2404	待生剂由D-107去ME-110	待生剂	2.5	-0.5	[illegible] 王振	2019.1.3	
5	2#汽油	XV-2405	待生剂由D-106去D-107	待生剂	3.6	-0.3	[illegible] 王振	2019.1.3	
6	2#汽油	XV-2406	待生剂由D-106去D-107	待生剂	4.3	-0.8	[illegible] 王振	2019.1.3	
7	2#汽油	XV-2407	待生剂由D-106去ME-111	待生剂	0.7	-1.6	[illegible] 王振	2019.1.3	
8	2#汽油	XV-2408	再生剂由D-110去D-106	再生剂	0.8	-1.8	[illegible] 王振	2019.1.3	
9	2#汽油	XV-2409	再生剂由D-110去D-106	再生剂	1.4	-3.1	[illegible] 王振	2019.1.3	
10	2#汽油	XV-2410	再生剂由D-110去D-106	再生剂	0.7	-3.9	[illegible] 王振	2019.1.3	
11	2#汽油	XV-2411	D-106再生剂输入N2吹扫	再生剂	3.1	-2.4	[illegible] 王振	2019.1.3	
12	2#汽油	XV-2412	D-106再生剂输入管放空	再生剂	0.8	-0.4	[illegible] 王振	2019.1.3	
13	2#汽油	XV-2413	再生剂由D-106去R-103	再生剂	2.4	-0.3	[illegible] 王振	2019.1.3	
14	2#汽油	XV-2414	再生剂由D-106去R-103	再生剂	3.5	-0.7	[illegible] 王振	2019.1.3	
15	2#汽油	XV-2415	再生剂由D-106去ME110	再生剂	4.2	-1.5	[illegible] 王振	2019.1.3	
16	2#汽油	XV-2416	D-106N2置换放空	N2	0.8	-1.7	[illegible] 王振	2019.1.3	
17	2#汽油	XV-2417	D-106N2置换放空	N2	0.9	-3.8	[illegible] 王振	2019.1.3	
18	2#汽油	XV-2418	D-106置换N2/H2去火炬	N2/H2	1.5	-2.5	[illegible] 王振	2019.1.3	
19	2#汽油	XV-2419	D-106减压放空H2去[illegible]	H2	3.2	-0.3	[illegible] 王振	2019.1.3	
20	2#汽油	XV-2420	循环气去D-106	循环气	1.1	-2.5	[illegible] 王振	2019.1.3	
21	2#汽油	XV-2421	D-106循环气置换管	循环气	3.5	-0.9	[illegible] 王振	2019.1.3	

图9　电磁阀测温记录

3.2.6　减少程控阀附件故障措施

回讯器故障的主要原因是回讯器内部的磁感应模块固定不牢固，在程控阀开关动作振动条件下，容易产生松动。目前所采取的措施是定期检查，依据故障频率统计，确定每三个月对程控阀回讯器的固定情况及内部磁感应模块进行固定情况检查。

3.3　优化日常维护管理，提升程控阀运行绩效

3.3.1　制定运行维护策略，加强程控阀过程管理

针对装置程控阀问题，将程控阀作为班组重点巡检设备，编制了《S-Zorb装置程控阀预知维修策略》。程控阀维护策略示意图如图10所示。

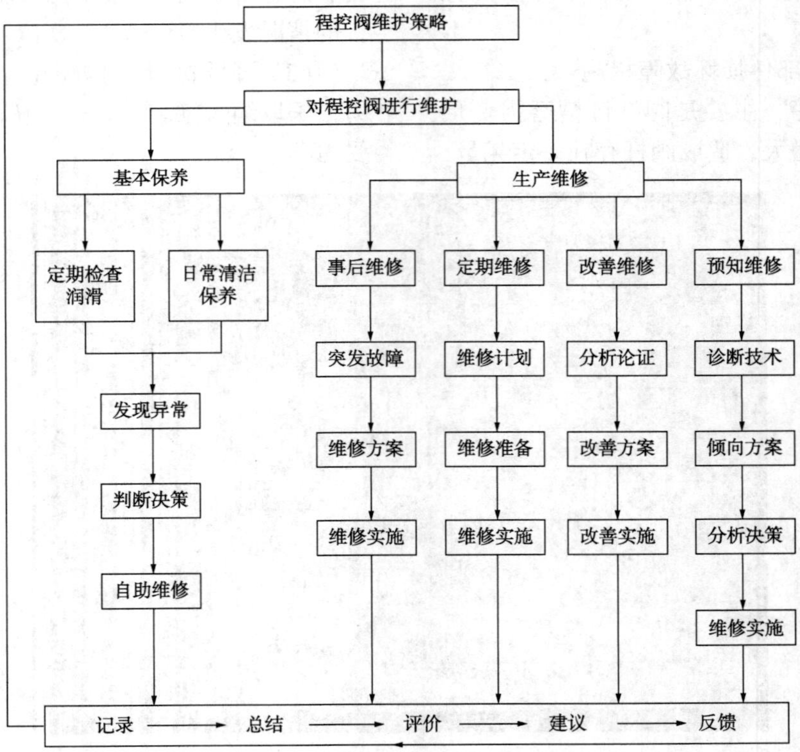

图10　程控阀维护策略示意图

针对程控阀的运行特点，结合设备完整性ITPM策略制定针对性的巡检策略，利用信息化手段推送巡检任务，发现异常及时进行判断、修理。

程控阀巡检主要内容如下：

（1）对电磁阀进行检查，包括：外观是否完好、固定是否牢固、防雨防潮是否严密、动作是否正常、排气口排气是否正常。

（2）对回讯器进行检查，包括：外观是否完好、固定是否牢固、防雨防潮是否严密、回讯状态是否正确。

（3）对附件进行检查，包括：过滤器减压阀供风压力≥0.4MPa，所有风线及接头处是否漏风、接头是否出现裂纹、风线阀门是否正常、穿线管是否有断裂现象、防爆软管与电磁阀及回讯器连接是否牢固、防爆软管与穿线管连接是否牢固、过滤器减压阀供风压力是否正常、风管及穿线管固定是否牢固(应用管卡固定)。

（4）对气缸进行检查，包括：外观是否完好、与阀体连接是否牢固、气缸排气孔是否漏风(用肥皂水进行检查)、气缸与回讯器连接处是否漏风、气缸与阀杆连接处是否漏风、气缸两侧压盖是否漏风、气缸与阀体连接支架是否固定、阀杆与气缸连接套是否有断裂或裂纹、连接套内的固定销是否连接紧密、固定销有无脱落现象、当气缸转动时阀杆是否一起转动(应该一起转动，不能气缸转动阀杆不转动)。

（5）对阀体进行检查，包括：填料处是否泄漏、两侧法兰是否泄漏、阀体连接密封面是否泄漏、阀体两侧螺栓、螺母是否有断裂现象。

（6）对气控阀进行检查，包括：气控阀的信号风线、动力风线及接头处进行检查有无漏风现象、排气是否正常。

（7）检查每个程控阀的执行机构动作时间开关阀门是否满足小于8S的要求。程控阀开关时间通过闭锁料斗控制系统进行监控，每周出具运行周报，根据开关时间变化趋势分析程控阀运行状况。

3.3.2 规范程控阀故障处理流程，缩短处理时间

（1）在深入了解工艺运行流程和程控阀运行模式的基础上，设备维修人员与工艺运行人员，通过工艺参数的压力值、差压值的变化趋势，才能判断出故障阀门。根据工艺流程及日常运行经验，与工艺人员共同分析编制了闭锁料斗程控阀内漏判断指导手册，以便于快速判断程控阀故障及部位。《闭锁料斗程控阀内漏判断指导手册》如表2所示。

表2 闭锁料斗程控阀内漏判断指导手册(部分)

序号	位号	故障危害及现象	判断方法
1	XV-01	当泄漏量逐渐增大，因D105内压力较高(2.5MPa)，使1阀和2阀之间堵塞吸附剂，导致1阀2阀开关阀时间延长或开关不到位。使1.2步D105至D106下料初期不畅，造成D105向D106排剂时间长。	如何判断：1）关闭D105器壁阀，打开01阀后DN25排凝阀将管线内的余压排空，再缓慢打开D105器壁阀，观察01阀后排凝有无气体和吸附剂排出。2)闭锁料斗处于停止状态，料斗压力为零，联系仪表开关程控阀，将04阀关闭，打开03阀02阀，观察闭锁料斗压力是否上升。

（2）突发故障处置流程：仪表班组判断程控阀故障后，通知作业部调度，调度负责通知作业部领导和主管技术员，并及时联系维保单位维修，如遇生产单位先通知维保单位设备故障的情况时，维保单位须在接到工艺要求处理设备故障通知时立即报告仪表作业部，由仪表作业部组织处理，并全程协调沟通。对于每次程控阀故障，分析阀门故障的根原因，采取有针对性措施加以改进(图11)。

（3）预知维修程序：每月组织程控阀运行特护会，讨论确定需要处理的程控阀类型及数量，按照特护会议规定的时间点，工艺须在阀门拆卸前具备条件(含工艺处理以及票证准备等)；在程控阀维护之前和结束后仪表作业部调度须将信息登录合署办公。

（4）规范程控阀更换作业流程：优化程控阀更换时间，梳理每台程控阀的更换所需时间，制定不同位置程控阀的施工方案，方案中根据阀门周围环境，确定吊装锚点，便于更换阀门时的吊装作业，如XV05、XV06程控阀吊装锚点在阀门上层平台横梁处，吊装索具通过上方设备与平台之间的缝隙穿过；XV13程控阀下方安放了一处活动施工平台，便于拆装程控阀。吊装锚点在阀门上层平台横梁处，吊装索具通过上方设备与平台之间的缝隙穿过(图12)。

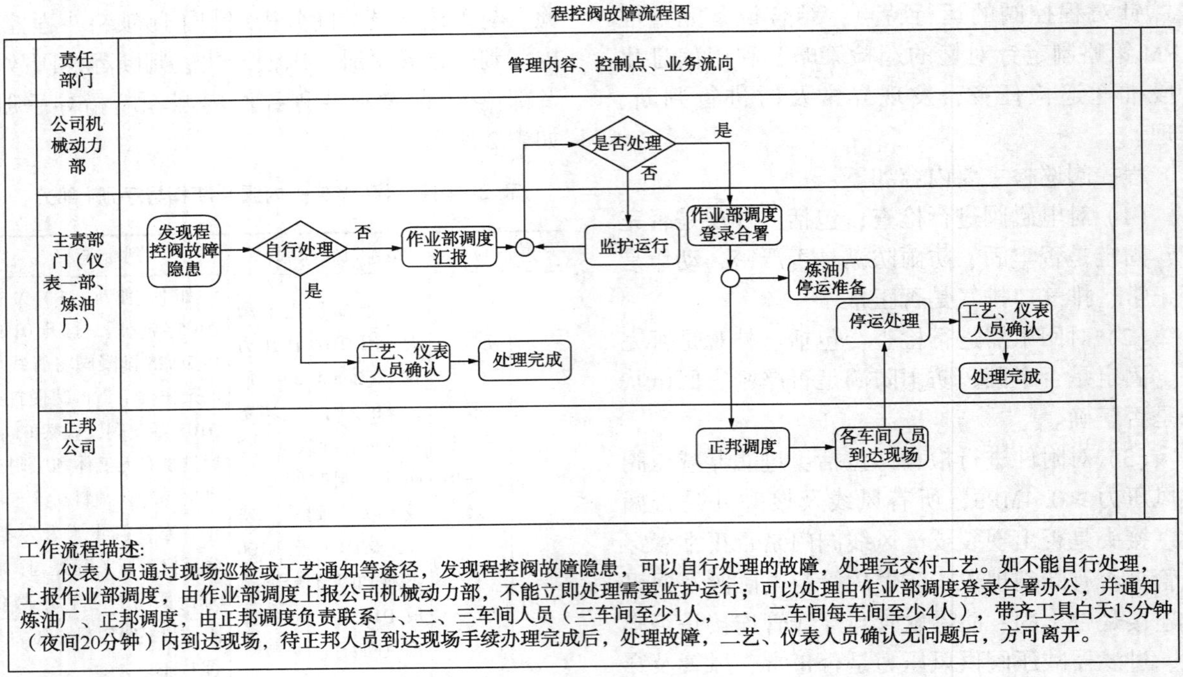

图 11　故障处理流程图

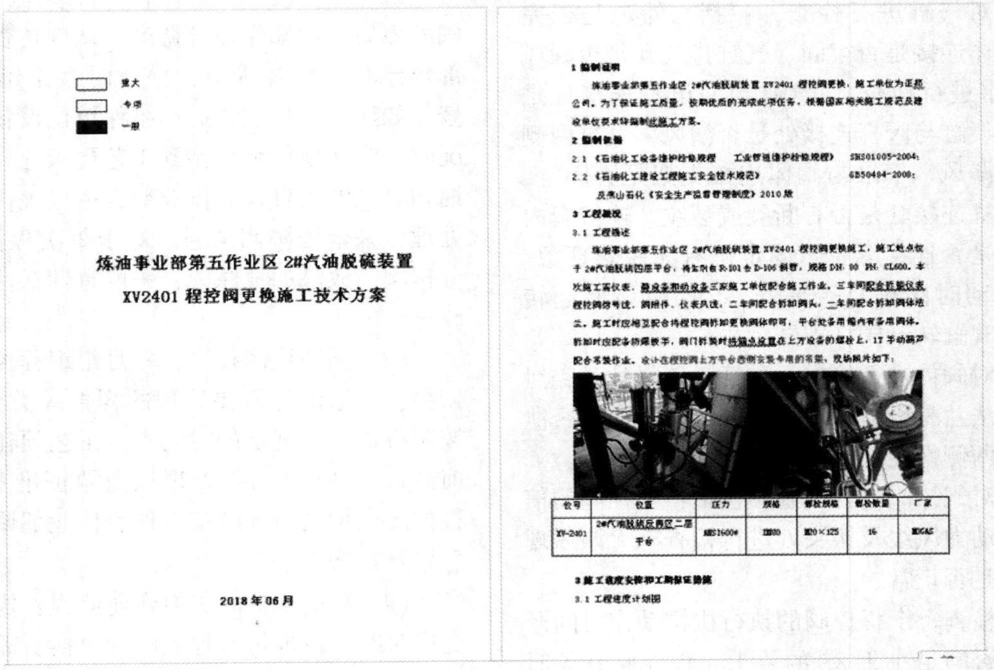

炼油事业部第五作业区 2#汽油脱硫装置

XV2401 程控阀更换施工技术方案

2018 年 06 月

1 编制说明

炼油事业部第五作业区 2#汽油脱硫装置 XV2401 程控阀更换，施工单位为正邦公司。为了保证施工质量，按期优质的完成此项任务，根据国家相关施工规范及建设单位要求特编制此施工方案。

2 编制依据

2.1 《石油化工设备维护检修规程　工业管道维护检修规程》　SHS01005-2004；

2.2 《石油化工建设工程施工安全技术规范》　GB50484-2008；

及燕山石化《安全生产监督管理制度》2010 版

3 工程概况

3.1 工程描述

位号	位置	压力	规格	螺栓规格	螺栓数量	厂家
XV-2401	2#汽油脱硫反再区二层平台	ANSI600#	DN80	M20×125	16	MOGAS

3 施工进度安排和工期保证措施

3.1 工程进度计划图

图 12　程控阀更换施工技术方案

在制定针对性施工方案的同时，要求维保单位对程控阀更换人员进行固定，安排 10 名人员并在仪表班组进行备案。方案中每道工序的完成时间为目前实际更换的平均时间，随着更换人员的操作熟练程度每年进行修订，确保最短时间完成故障处理。

现场规范放置工具箱和备件箱。每周对更换工具及备用螺栓进行检查，确保工具齐全、状态良好，螺栓螺母活动正常。应急备件使用后 3 个工作日补齐。维修完成的阀体和执行机构要在 3 个工作日内放置现场备用(表 3)。

通过采取以上措施，最大程度地缩短了更换时间，目前，每台阀体更换时间小于 2 小时，同比 2017 年减少了 1 个小时，执行机构更换小于 1 小时。

表 3 应急物资清单

汽油脱硫程控阀应急清单				
名称	型号	单位	数量	备注
常用工具	手动葫芦、扳手等	套	1	2#平台 3 层工具箱内
螺栓	M16×95	条	11	2#平台 3 层工具箱内
阀体	1 寸	台	1	2#平台 3 层工具箱内
阀体	3 寸	台	1	2#平台 3 层工具箱内
阀套	1 寸	台	1	2#平台 3 层工具箱内
气缸(小)	B-036 D-S061	台	1	2#平台 3 层工具箱内
气缸(大)	C-270 U-S060-JSO	台	1	2#平台 3 层工具箱内
垫片	DN25 600LB	片	10	2#平台 3 层工具箱内
垫片	DN50 600LB	片	6	2#平台 3 层工具箱内
垫片	DN80 600LB	片	11	2#平台 3 层工具箱内
垫片	DN40 600LB	片	9	2#平台 3 层工具箱内
垫片	DN40 300LB	片	6	2#平台 3 层工具箱内
电磁阀	两位三通	台	1	2#平台 3 层工具箱内
阀体	2 寸反吹阀	台	1	2#平台 3 层工具箱内
PIC2401A1	1 寸	台	2	2#平台 3 层工具箱内
PV2401A2 阀体	2 寸	台	1	2#平台 3 层工具箱内

3.3.3 强化程控阀安装质量控制

S Zorb 程控阀安装内容主要包括阀体安装、阀体与执行机构连接和回讯接近开关检查、执行机构气路漏点处理，具体质量技术要求如下：

(1) 检查阀体动作情况是否和回迅一致，阀杆是否带动阀体运动，如果阀体不运动，检查连接执行机构和阀体之间的连接键是否损坏，如损坏进行更换；检查程控阀门回讯动作是否和 LMS 显示一致，看磁力开关动作是否正常，如损坏进行更换。通过 LMS 观察阀门动作时间和内漏问题，如果动作频繁超时(8s 以上)和内漏，需更换阀体保证运行正常；

(2) 检查程控阀门气路连接接头是否存在泄漏和管道振动情况，在确保安全的情况下，实施在线紧固消除漏点，如无法消除，对此泄漏点重新紧固安装；

(3) 程控阀门风线管原则上要求选用不锈钢材质(特殊介质除外)，为确保管路和接头配合良好，要求配合使用的管路和接头为同一厂家产品，并在技术协议中提出明确技术要求，如管材硬度应略低于卡环硬度，卡环硬度略低于卡帽硬度以及管材光洁度等要求；

(4) 安装程控阀时，需重新更换石墨缠绕垫片，并在垫片处涂抹高温密封胶，确保阀体安装后无泄漏。

程控阀拆装过程需要作业人员对作业内容的质量控制点进行逐项确认。

4 实施效果

措施及策略实施以来，装置生产的稳定性有了很大提高，2017～2019 年两套 S-Zorb 装置 116 台程控阀故障共计 142 次，2018 年、2019 年较 2017 年(故障 61 次)分别减少了 22%、44%，平均故障处理时间较 2017 年(180 分钟)分别减少了 35%，46%。具体情况如下图所示，为装置的稳定运行夯实了基础(图 13)。

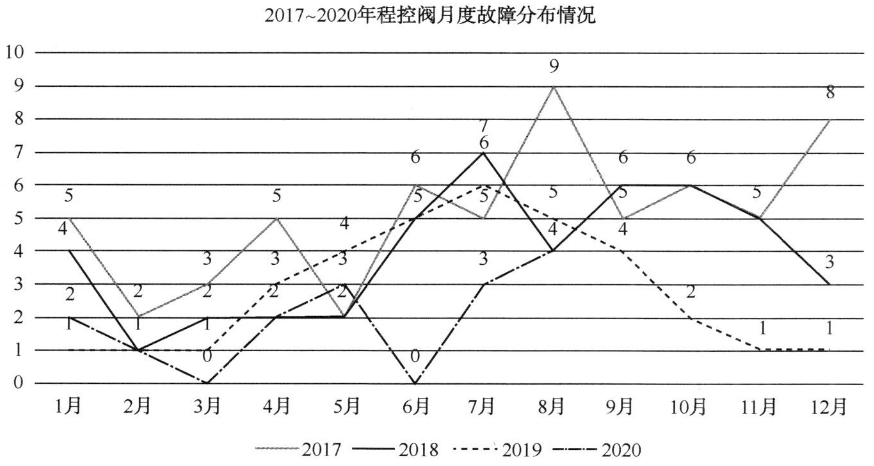

图 13 故障图分布情况

改进实施以来，关键阀门运行周期均提升50%以上，特别是如01阀由3个月提升至12个月，提升300%，有力保障了装置长周期稳定运行。

参考文献

[1] 万文诚，王兵. 金属球体密封面研磨工艺的研究[J]. 阀门，2012(05)：11-14.

[2] 郭晓亮. S Zorb 装置长周期运行影响因素及对策[J]. 炼油技术与工程，2013，43(01)：5-8.

[3] 王春鹏 . S Zorb 装置金属密封球阀内件硬化方法及材料选择[J]. 石油化工安全环保技术，2011. 27(02)：43-46.

非分散红外 CEMS 在超低排放气态污染物监测中的改进和应用

李 政

（北京中燕建设工程有限公司）

摘 要 随着石油化工超低排放改造实施，环保部门提出了更为严厉的烟气排放标准。针对新的排放标准，原来适用于高浓度烟气监测的技术已经很难准确测量超低排放条件下的 SO_2和 NO 浓度。本文对现有非分散红外 CEMS 在使用过程中出现的问题进行原因分析，对改进方法进行原理研究，并将改进方式进行了排放监测的工程应用。结果表明，与原 CEMS 相比，改进后的 CEMS 对水汽及烟气中其他组分具有极强的抗干扰性，可以确认：非分散红外 CEMS 适用于超低排放条件中 SO_2和 NO 监测，为超低排放气态污染物监测提供了准确的监测方法。

关键词 超低排放 非分散红外 CEMS 气态污染物监测

针对日益严峻的大气污染现状，国家各部委相继出台一系列规划和政策支持石化和热电行业实施超低排放，同时环保部门也出台新的污染物排放标准，而作为国家首都的北京更是对环保工作提出了更加严厉的标准。新的北京市地方标准《炼油与石油化学工业大气污染物排放标准》及《锅炉大气污染物排放标准》规定工艺加热炉颗粒物、二氧化硫和氮氧化物排放限值分别为 $20mg/m^3$、$30mg/m^3$、$100mg/m^3$，在用锅炉排放限值则是 $5mg/m^3$、$10mg/m^3$、$80mg/m^3$，而旧标准限值则要高出 4 到 5 倍，这对现有的烟气浓度监测技术提出了很大的挑战。目前非分散红外 CEMS 由于水分、气体组分交叉干扰等多重因素影响，造成 SO_2和 NO 在低浓度时测量结果出现较大偏差，很难满足超低排放监测要求。因此，随着石化和热电行业超低排放的推广实施，如何准确监测超低排放条件下烟气中 SO_2和 NO 浓度的问题日益凸显。

1 背景

目前国内在脱硫 SO_2监测中应用最为广泛、最为成熟的是非分散红外吸收法，市场占有率超过 80%，即使是超低排放综排扣，非分散红外的冷干直抽法 CEMS 也有超过 75%的市场份额。有少部分分析仪为傅里叶红外、紫外吸收法、紫外差分和紫外荧光法等原理。当前公司共有 56 套 CEMS，检测原理均为非分散红外的冷干直抽法，非分散红外法是基于朗伯-比尔（Lambert-Beer）吸收定律的光谱吸收技术，其基本分析原理是当光通过待测气体时，气体分子会吸收特定波长，可通过测定光被介质吸收的辐射强度计算出气体浓度。从 SO_2分析仪的机理和技术指标来看，包括检出下限、灵敏度等、紫外法是优于非分散红外的，且不受烟气中水分的干扰，但是非分散红外是否就是不适合、或是说无法满足超低排放低量程 SO_2和 NO 监测的要求呢？答案当然是否定的。首先，非分散红外的经济性是最优的，一台分析仪可以同时检测 SO_2和 NO 两种不同的烟气组分和氧含量；其次，非分散红外 SO_2和 NO 的量程可压达到 $200mg/m^3$、$100mg/m^3$，乃至于 $75mg/m^3$，完全可以超低排放监测的要求；再次，非分散红外的稳定性是得到了长时间验证了的，而紫外法的稳定性还需要时间去验证，且紫外法的日常维护明显要比非分散红外要求更高；最后，在北京市地方标准中仅有氮氧化物《固定污染源排气中氮氧化物的测定紫外分光光度法》作为规范性引用文件，而 SO_2测定紫外法不作为测定方式。因此，针对非分散红外 CEMS 的改进不仅具有经济效益，更加具有法律法规上的支持。

第一作者简介：李政，大学本科，副主任、高级工程师，现从事仪表管理工作。E-mail：lizheng01.yssh@sinopec.com

2　非分散红外 CEMS 的干扰因素

2.1　冷凝水的析出

公司 CEMS 取样位置大多装在烟囱 2/3 处，从取样孔到 CEMS 分析仪距离基本都大于 50 米，CEMS 在抽样气过程中，烟气温度降到一定值时，其中的蒸汽会凝结成水，而 SO_2 能与水反应生成亚硫酸，如果取样管线中有水，不但会影响测量准确性，而且会严重影响仪表的使用寿命，要保证烟气中的蒸汽不凝结，必须保证温度在凝结点以上。

另外传统的冷干直抽法 CEMS，除湿通常采用双级压缩机冷凝器，但需要说明的是：冷凝器所显示的温度只是冷腔内的温度，而非处理后烟气的温度，更不是处理后烟气的漏点温度。经过测试，采用便携式漏点仪测试经冷凝器处理后烟气的漏点，通常在冷凝器显示 2~5℃条件下，烟气漏点在 6~12℃不等，基本很难达到干基的要求漏点 5℃。冷凝除湿的机理就是通过快速将高温、高湿烟气降温，使烟气急剧降温，烟气中的水汽发生相变而冷凝，用蠕动泵连续的排出冷凝水，从而去除烟气中的水分。因此，无论冷凝时气、液接触时间多短，势必存在易溶目标待测气体组分溶解损失的问题。而 SO_2 是易溶于水的，且其溶解度随温度的降低而升高。

如图 1 所示，SO_2 溶解度最高的区域实在 0~5℃温度范围，而 3~5℃恰恰是冷凝器冷腔的温度，即标注的部分，此时，SO_2 溶解度最高。而超低排放含湿量很高，在 10~17%V/V 范围；同时 SO_2 浓度很低，低于 30mg/m^3。因此，如果采用常规冷凝器，势必造成 SO_2 的溶解损失，出现 SO_2 测试数据偏低，或者测不出的极端情况。

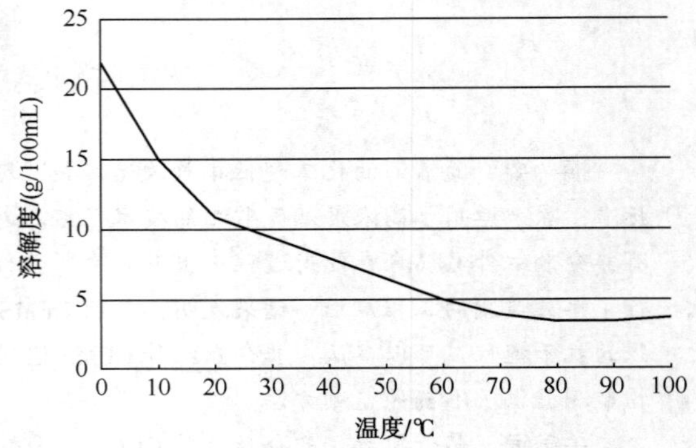

图 1　SO_2 在水中的溶解曲线

2.2　烟气中水分对吸收波段的连续干扰

分散红红外吸收法的气体分析仪，依据所测气体对不同波长红外线衰减程度不同的原理进行气体浓度测量。检测器为单光源、单气室的单光路结构，将多检测串联构成多组份分析器，实现多组份测量。但工程应用中背景气体组分十分复杂，虽然每种气体都有各自对应的吸收波长，但吸收峰也存在交叉重叠，多组份分析仪中各个组份之间可能存在干扰影响，见表 1 和图 2。

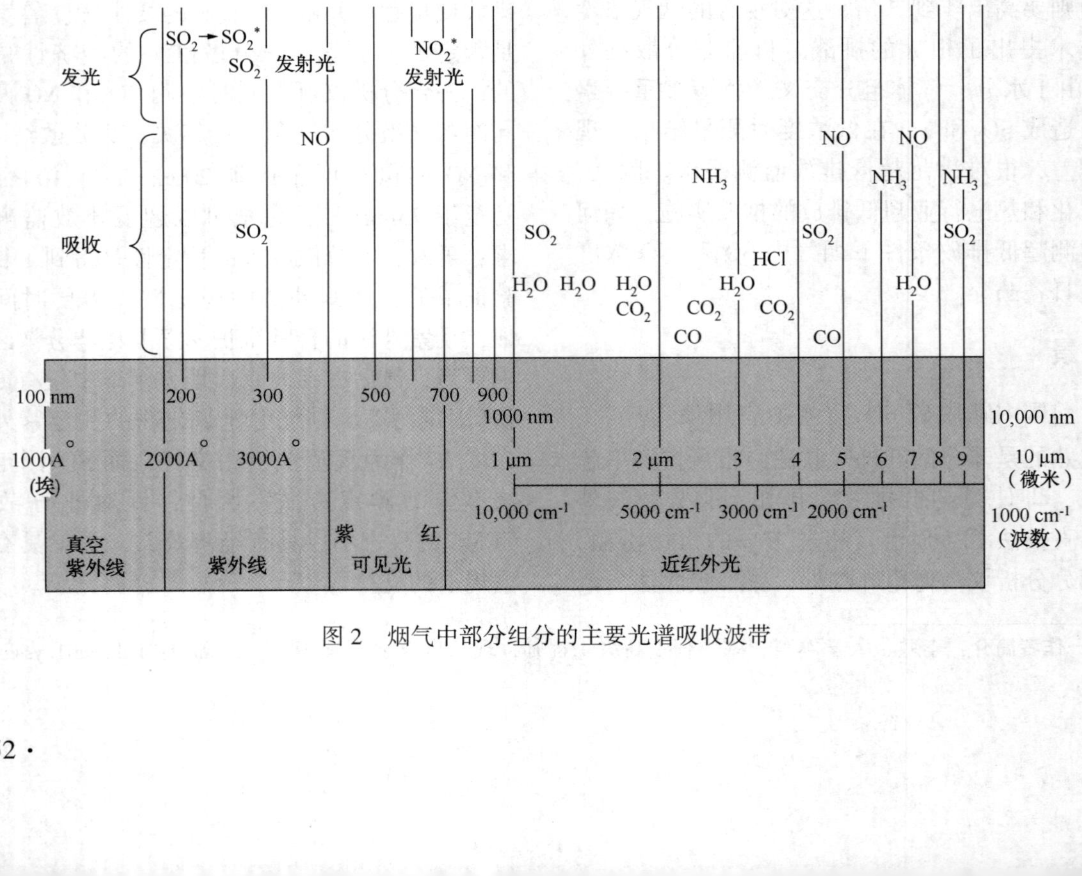

图 2　烟气中部分组分的主要光谱吸收波带

表 1 烟气中部分气体的特征吸收波长

气体名称	红外线特征吸收波段范围	分析仪常用波长/μm
CO	4.5~4.7	4.66
CO_2	2.75~2.8，4.26~4.3，14.25~14.5	4.27
SO_2	4.0~4.17，7.25~7.62	7.3
NO	5.1~5.3	5.2

从表 1、图 2 可知，NO 选择吸收的波段为 5.1~5.3μm，CO 为 4.5~4.7μm，SO_2为 7.25~7.62μm，CO 与 SO_2的吸收峰相距离较远，为正向干扰，干扰幅度较小。而 H_2O(水汽)在 1~9μm 波长范围内几乎有连续的吸收带，是影响气体浓度测量的主要干扰组份，如果不作任何处理，水汽会对烟气中 CO、SO_2、NO 的测量结果都带来很大影响，造成分析数据的波动。

通过对相关缺陷的统计，80%以上数据异常都是由于水分导致，其产生影响的主要方式为：CEMS 在抽样气过程中，烟气温度降到一定值时，其中的蒸汽会凝结成水，而 SO_2 能与水反应生成亚硫酸，如果取样管线中有水，不但会影响测量准确性，而且会严重影响仪表的使用寿命。

2.2.1 温度不足导致数据异常

运用冷-干直接抽取法的 CEMS 系统，温度控制非常重要，整个烟气抽取管路都要保证温度在 120℃以上，冬季，环境较冷时，温度要保证在 130℃以上，否则烟气中水分就会冷凝，导致数据异常。

(1) 探头加热温度不足。故障现象为催化烟气吹扫后 SO_2 参数突然降低，NO_x 和 O_2 测量数据稳定。就地采样探头加热温度设置在理论值 120℃，由于湿法脱硫烟气湿度较大，烟气中的 SO_2 会不同程度的溶解在冷凝水中，调高探头温度到 180℃，故障现象基本消失。说明原给定探头加热温度在湿法脱硫中不足以克服烟气的冷凝水，吹扫后冷凝水被吹掉，不再吸收 SO_2，导致参数变化。探头温度提高后，探头部位无冷凝水形成。

(2) 采样管电伴热热电阻故障。故障现象为原烟气 SO_2 瞬间增大一倍或几倍，脱硫效率大幅波动。检查测量管线伴热电阻，发现其阻值偏低，应用热成像仪检查，发现一段管线温度较低，伴热不工作。由于采样管线伴热采取并联方式，可能会出现某段管线热阻故障的现象，更换采样管后，故障现象消失，说明管线伴热不良，烟气冷凝水干扰测量参数的大幅波动，

2.2.2 预处理系统工作效果不佳

烟气预处理机柜的除水设备是整个烟气预处理的核心，除水效果不良，冷却压缩机工作性能差，若冷腔温度超过 5℃或低于 1℃，高温烟气不能瞬间冷却，烟气携带水份进入过滤器，析出在玻璃壁内。

(1) 检查蠕动泵泵管是否老化产生裂纹，蠕动泵转速是否不均匀、平稳，是否有杂音，导致冷凝水无法从管路中不断排出，随烟气流动。及时更新蠕动泵泵膜和泵管，确保冷凝器除水排水畅通。

(2) 采用多级制冷措施，将以前的一级制冷更换为两级，第一级降温使样气从 150℃降低至环境温度，此时 SO2 溶解度较低，在第一级降温后加装疏水器排除冷凝水。

2.3 烟气中 CH_4 对 SO_2 的吸收波段干扰

在非分散红外分析仪中，所谓干扰组分是指待测组分的特征吸收带有交叉或重叠的其他组分。图 2 中可以得出 H_2O 是干扰性很强的一种组分，那么是否只有 H_2O 会干扰烟气数据监测呢？答案当然是否定的，在锅炉烟气中，干扰组分多半为 H_2O 和 CO，但在炼化加热炉中还会有其他干扰组分存在：因为炼化装置中加热炉燃料多为天然气，而天然气是一种多组分的混合气体，主要成分是烷烃，其中甲烷占绝大多数，另有少量的乙烷、丙烷和丁烷，此外一般还含有硫化氢、二氧化碳、氮和水汽，以及微量的惰性气体。

如图 3 所示，SO_2的红外吸收区域基本上跟 CH_4重叠，特别是在 7.25~7.62μm 波段最为突出，所以，一旦在启停炉或是燃烧控制不稳定时，也就是说在燃烧不充分时，会造成 CH_4大量逃逸，造成 SO_2监测数值增高。

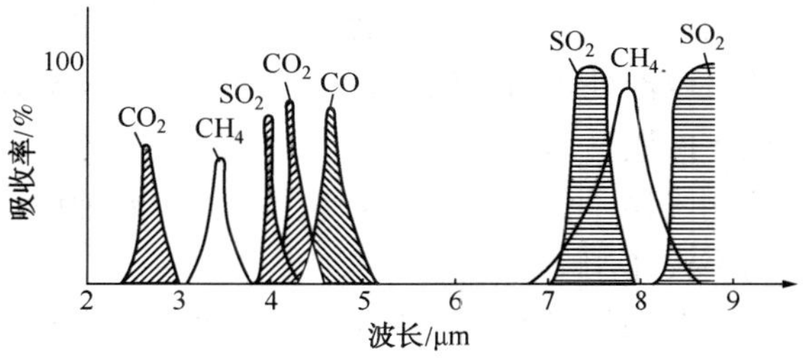

图 3 CH_4 的吸收光谱

3 技术方案

3.1 应对冷凝水的问题

(1) 伴热管缆的优化使用，将原有使用效果不佳的伴热管缆更换为限功率型电伴热组合管缆，这种自限性的电伴热管缆使用时，如果环境温度降低(例如在冬季将至0℃以下)，它将维持在设定的最低操作温度；如果环境温度升高，它将不超过设定的最高操作温度，即其加热控制将样品管线的温度限制在一个设定的范围之内。将伴热温度提高到120~150℃，同时采样探头采用全程加热式探头，保证样气从取样处到CEMS小室管线中不会有积水(图4)。

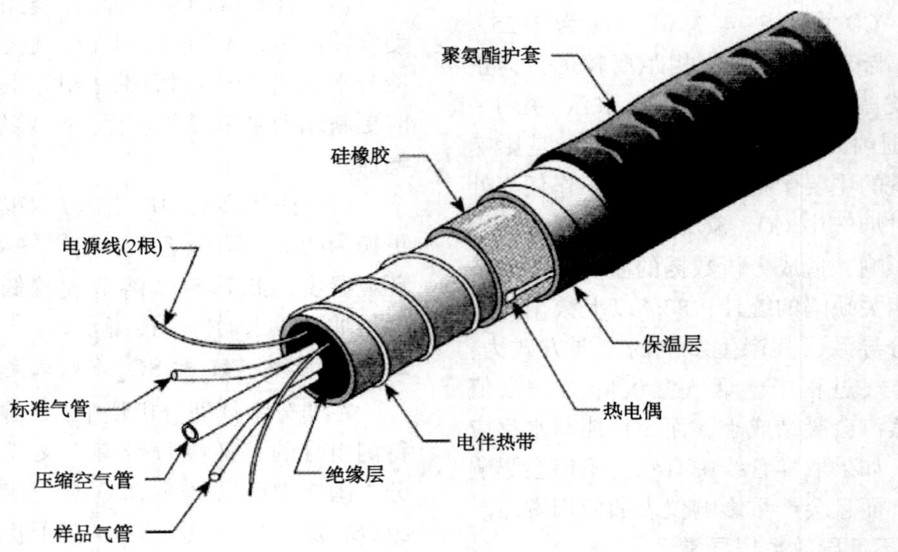

图4　伴热管缆样式图

(2) 采用多级制冷措施，将以前的一级制冷更换为两级，第一级降温使样气从150℃降低至环境温度，此时SO_2溶解度较低，在第一级降温后加装疏水器排除冷凝水，同时将蠕动泵泵膜及时更新，确保冷凝器除水排水畅通。

(3) 采用带温控系统的冷却降温除水方法，将样气温度降至5℃±0.1℃，保持样气水分含量恒定在0.85%左右，使它对烟气组分产生的干扰恒定，造成的附加误差是恒定值，可以从测量结果中扣除。

3.2 降低烟气中水分

当样气中含水量较大时，除了其中存在的水分会吸收红外辐射，给测量造成误差外，还会存在以下问题：当水分冷凝在镜片上时，会产生较大的测量误差；水分存在会增强样气中腐蚀性组分的腐蚀作用。

(1) 为了降低样气中含水的危害，在样气进入仪器之前，应先通过冷凝器降温除水，降低其漏点，然后伴热保温，使其温度升高至40℃，送入分析仪进行分析。完善机柜内伴热及保温，机柜内裸露的样气管全部敷设伴热并用保温带包裹好，防止在柜内烟气冷凝。

(2) 环境温度对冷凝器效果的影响同样不可忽视，尤其是夏季曾发生过因空调故障，导致冷凝器制冷效果不佳，脱硫出口SO_2数据突变回零现象，处理好空调后故障消失的情况。同时被测样气温度越高，则密度越低，气体对红外能量的吸收率也越低，进而样气浓度就越低，虽然使用的红外分析仪内部设有温控装置，但是一旦分析小屋空调无法正常运行，样气所处的恒温环境被破坏，会对监测数据的造成影响；且红外分析仪内设有超温保护电路，如果温度超出设定值，会出现超温跳闸。

(3) 近两年还有Nafion干燥管除湿方式去除烟气中的水分，通过Nafion膜选择性气态除湿的方式不会有冷凝水析出，因此可以真实保留烟气中低量程的SO_2，确保分析的准确性(图5)。

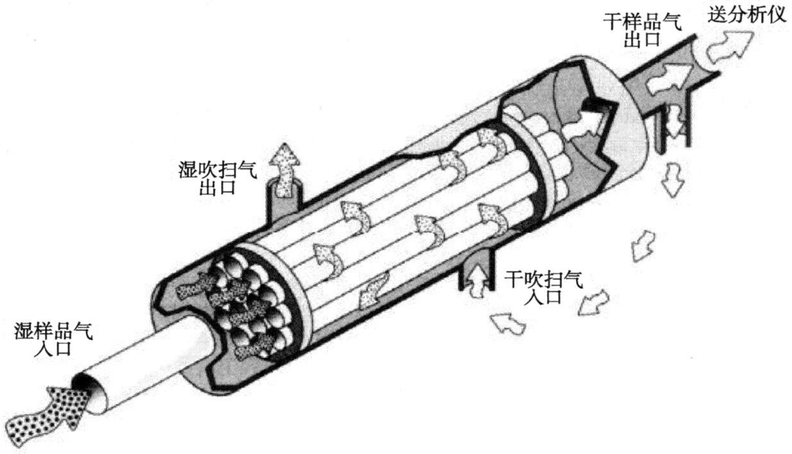

图 5　Nafion 管干燥器工作原理示意图

3.3　去除 CH_4 对 SO_2 测量数据的干扰

（1）因为锅炉燃烧状态不稳定时才会产生 CH_4，因此 CH_4 作为干扰组分的浓度时不确定和随机变化的，那么可以采用滤波措施，即设置滤波气室或干涉滤光片。在光路中加装 CH_4 滤波气室，使 CH_4 吸收波带在进入测量气室之前就被吸收掉，而只让 SO_2 吸收波带的光通过；也可加装窄带干涉滤光片，其通过带比 SO_2 的吸收峰狭窄得多，红外光中能通过干涉滤光片的只有 SO_2 特征吸收波长 8.0μm，干扰组分 CH_4 无法吸收这部分能量，故避开了干扰。

（2）采用多组分气体分析仪，同时测量多种气体组分，通过计算消除不同组分之间的交叉干扰和重叠干扰；或是采用不同原理的仪器作为补充测量手段。

4　工程应用

利用 2016 和 2017 年检修机会分别在一热力一部、三热力一部及第三套硫磺回收装置共 7 套 CEMS 进行技术方案落实。

（1）将伴热管缆更换为限功率型电伴热组合管缆，同时将采样探头更换为全程加热式探头。

（2）在分析仪中添加疏水器增加除水效果，同技术厂家确认冷凝器控制温度，确保冷却效果，采用电子冷却器，保证冷却温度控制在 5℃。

（3）对分析小屋内所有样气管线进行保温处理，避免冷凝水出现。

（4）对制冷效果不佳的空调进行更换，既可以使得样气始终处于恒温条件下，保证测量数据的稳定性，又避免分析仪出现超温跳闸现象。

（5）考虑到 Nafion 干燥管可能会出现的堵塞问题，此次改进未实施。

（6）虽然采用滤波手段对分析仪的选择性有了显著提升，但是相应的也会对分析仪的灵敏度带来不利影响，因此在去除 CH_4 对测量影响时，在第三套硫磺回收装置加装一台紫外法分析仪监控 CH_4 数据，及时调整工艺操作，保证燃烧效率，同时提供数据支持，证明正在使用的 CEMS 监测 SO_2 数据为无效数据。

5　应用效果

自改进方案实施以来，7 套非分散红外 CEMS 应用效果良好，截止目前，CEMS 未出现影响环保数据监测的故障，期间每次上级环保部门检查、现场比对均达到国家及北京市地方标准，有效的验证了环保设施的运行状况，为燕化公司环保达标提供了有力证明。

6　结束语

愈加严厉的环保排放标准催生出各类型的监测仪器，超低排放的要求也让大家对现有非分散红外 CEMS 的能力产生异议，但是通过对分析原理及影响因素的分析，实施工程应用可以得出：对非分散红外 CEMS 在超低排放气态污染物监测中出现的干扰因素进行分析，采用合理有效的改进措施，能够有效的消除数据监测干扰，能够适用于超低排放条件中 SO_2 和 NO 监测，可以作为环保设施依法合规运行的有效证明。

参考文献

[1] 北京市环境保护局，北京市质量技术监督局．炼油与石油化学工业大气污染物排放标准：DB 11447-2015[S]. 2015.

[2] 北京市环境保护局，北京市质量技术监督局，锅炉大气污染物排放标准：DB 11139-2015[S]. 2015.

[3] 杨凯，周刚，等．烟尘烟气连续自动监测系统技术现状和发展趋势[J]．中国环境监测，2010.

[4] 陈莹，章曙，等．冷-干直接抽取法 CEMS 冷凝器的选型[J]．中国环保产业，2010.

[5] 王森，刘德允，等．烟气排放连续监测系统[M]．北京：北京工业出版社，2014.

FSC 系统在化工装置应用及故障分析处理

时永娟

(中国石化仪征化纤有限责任公司 PTA 部)

摘　要　故障安全控制系统 FSC 功能强大且运行稳定，在化工行业应用较为广泛。本文主要对 FSC 系统在化工装置应用中出现的典型故障案例进行深度剖析，总结详细的解决方案，故障案例主要包括 FSC 系统与 PKS 系统通讯时的故障、FSC 自身软件、硬件故障等，简述常见故障处理时的注意事项。

关键词　FSC　PKS　系统　通讯　故障

1　概述

仪征化纤 PTA 部 P01 线年产 35 万吨装置于 1995 年建成投产，该装置的过程控制系统原采用的是美国 Honeywell 公司的 TPS 系统，于 2019 年对 DCS 系统进行升级改造，最终升级为 Honeywell 的 PKS 系统。安全仪表系统于 2009 年升级改造为美国 Honeywell 公司的 FSC 系统，在 2019 年 DCS 系统升级改造中 FSC 系统相关通讯卡件、通讯电缆及通讯配置等都同步进行升级，完成其与 PKS 系统的完美衔接。PKS 系统是采用的 FTE 网络是通过以太网口搭建的，所以 FSC 系统与 PKS 系统的通讯采用的也是相匹配的以太网来实现点对点通讯。两个系统的通讯接口是冗余配置，和 FSC 其他卡件一样具备自诊断功能和报警功能，可以实现事件顺序记录软件 SOE 相关功能，同时也可以完成历史数据共享。基于上述各项功能设置最终实现 FSC 系统在化工装置氧化和精制全单元中的联锁控制。

2　系统介绍

FSC(FAIL SAFE CONTROL)全称故障安全控制系统，是由美国 HONEYWELL 公司研发的基于微处理器、模件化、可软件编程组态的紧急停车控制系统。FSC 系统具有强大的自诊断功能，确保 FSC 能够在安全时间内及时发挥作用，保障生产装置安全稳定运行。

2.1　FSC 系统硬件简介

系统硬件由 Central Part(简称 CP)卡件和 I/O卡件两部分构成。这两部分包含的卡件信息见表 1。

表 1　硬件分类表

类别	卡件名称	卡件描述	卡件功能
CP 卡件	CPU	中央处理器	完后信号的读和写，执行联锁逻辑，连续测试系统硬件，确保系统实现安全控制
	COM	通讯卡	实现冗余 CP 通讯、与 DCS 等外部设备的通讯、与 FSC 操作站通讯、主从 FSC 系统间通讯
	WD	系统状态监视卡或称看门狗卡	当存在可能引发危险发生的故障时，确保系统输出进入安全状态
	DBM	诊断和电池卡	卡件故障相关信息诊断显示、实时时钟、RAM 存储器的备用电源、卡件温度检测
	VBD	竖向总线驱动卡	实现 CP 卡件和 I/O 卡件的通讯

第一作者简介：时永娟，大学，仪表高级工程师，现从事仪表自动化技术工作。E-mail：shiyj. yzhx@ sinopec. com

续表

类别	卡件名称	卡件描述	卡件功能
I/O 卡件	DI	故障/非故障安全数字输入卡	16 个 24VD 数字量输入通道
	DO	故障/非故障安全数字输出卡	8 个 24VD 数字量输出通道
	AI	故障安全模拟输入卡	16 个模拟量输入通道
	AO	故障安全模拟输出卡	2 个模拟量输出通道

CPU 是 FSC 的核心，它的工作流程是先读取过程输入数据，然后执行逻辑控制程序，最后把执行结果通过竖向总线驱动卡 VBD 和水平总线驱动卡 HBD 卡件送给输出模件来执行相关动作。两个 CP 是同步并且独立工作的，但是它们之间只相互监视运行状态不进行数据交换。两个 CPU 通过通讯连接实现工作同步，它们同时对外部系统及设备的安全诊断进行连续测试，以确保系统能实现安全控制功能。WD 主要监视 CPU 的工作，保证 CPU 能在设定的时间周期内正确执行程序；WD 也监视 5VDC 电源是否过压或欠压；监视 CPU 内存中数据的完整性。它允许 FSC 系统通过通讯连接与其他的计算机设备通讯。

CP 和 I/O 卡件之间的通讯结构：竖向总线 VBUS 一端连接竖向总线驱动卡 VBD，另一端连接水平总线驱动卡 HBD；水平总线 HBUS 一端连接水平总线驱动卡 HBD，另一端连接 I/O 卡件。每个 CP 中都有一个 VBD 和一条 V-Bus，通过 VBD 和 V-Bus 来控制该 CP 下的 I/O 卡件，一个 VBD 可以控制 10 个 I/O 卡笼，各个 I/O 卡笼则由每个卡笼的 HBD 控制。

P01 线 FSC 系统采用的是冗余 CP+冗余 I/O 卡结构（FSCR+r，2oo4D/1oo2D），即控制器和 I/O 双冗余配置。这种硬件架构可以有效的保证当一个 CP 或 I/O 卡故障时，冗余的另一个 CP 或 I/O 可以继续正常工作，系统最终可以实现操作的连续性，如图 1 所示。

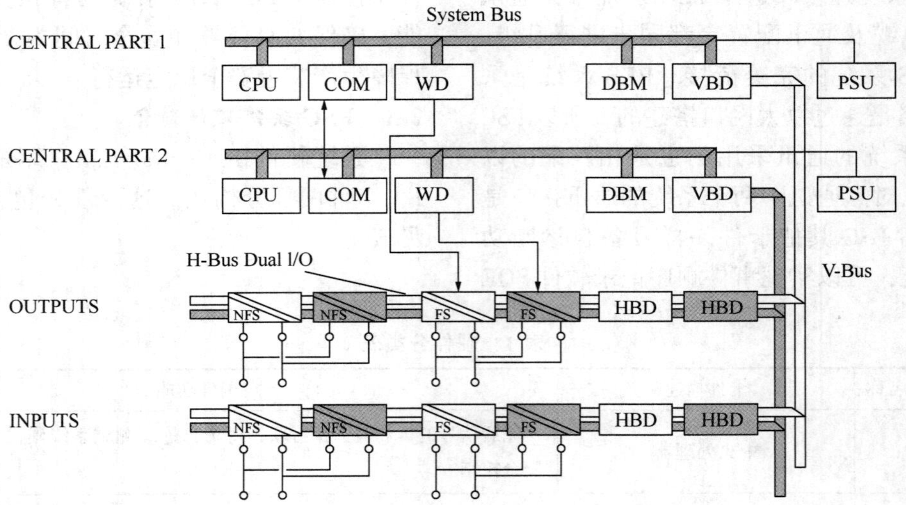

图 1　FSC 系统架构简图

2.2　FSC 与 PKS 通讯结构

FSC 与 PKS 系统同为 Honeywell 公司产品，它们之间采用点对点的通讯方式。仪征化纤 P01 线装置 FSC 系统配备了 2 对冗余的通讯卡，10024/H/F 和 10018/E/1。它包含 3 对冗余的通讯接口，一对是 RS422 方式的内部通讯，即 FSC-FSC 点对点通讯；一对 RS232 方式连接 SOE/工程师站，另一对是用以太网方式连接 PKS 系统。通讯结构如图 2 所示。

3　典型故障分析处理

3.1　案例一

故障现象：

仪表检修人员更换 CP1 的通讯卡时现场部分设备联锁停止运行。

故障处理：

通讯卡件更换完成后立即上电启动 CP1，查看 SOE 记录发现联锁触发信号位于卡笼 5 的冗余 DI 卡上，卡笼 5 的偶数卡报错(图 3)，同时在软件中系统诊断后发现卡笼 5 的偶数 DI 卡在通讯卡件处理时段报错(图 4)。因为报错时段 CP1 处于断电停运状态，所以卡笼 5 的奇数 DI 卡件无报错信息。FSC 系统正常投用后，因联锁停运的设备具备启动条件均正常运转。

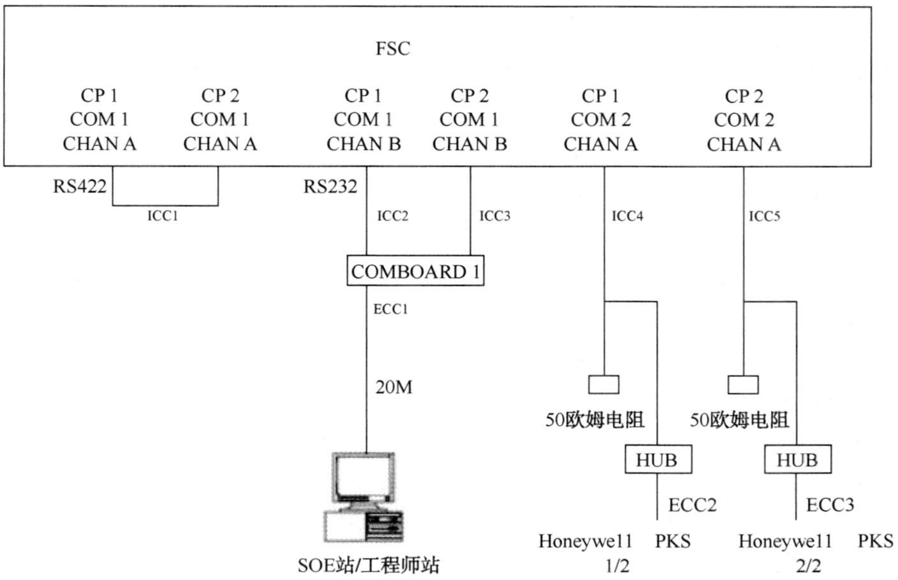

图 2　FSC 与 PKS 通讯结构图

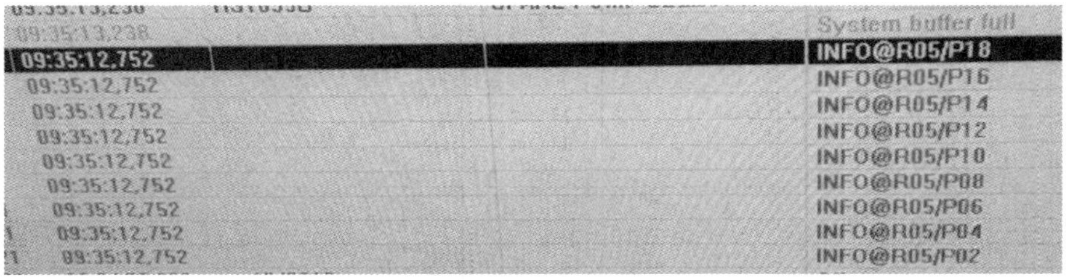

图 3　SOE 报错信息

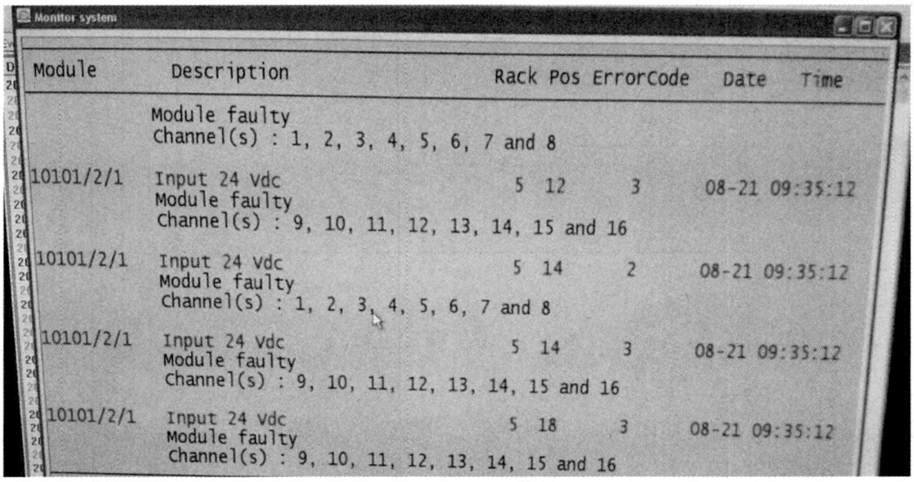

图 4　系统诊断信息

故障原因分析：

FSC 系统中 I/O 卡件奇数槽位与偶数槽位的卡件互为冗余，即正常情况下 CP1 对应奇数槽位的 I/O 卡，CP2 对应偶数槽位的 I/O 卡。奇数槽位的卡件通过 H-BUS 与 20 槽位上的 HBD 连接，通过 V-BUS 连接到 CP1 的 VBD；偶数槽位的卡件通过 H-BUS 与 21 槽位上的 HBD 连接，通过 V-BUS 连接到 CP2 的 VBD。

更换 CP1 上的通讯卡，首先要把 CP1 SHUTDOWN 下电，然后关闭 CP1 的空开后进行更换操作。CP1 断电后奇数槽位的 I/O 卡失效，偶数槽位卡件应正常运行，但 SOE 记录显示卡笼 5 的偶数卡件报错，对软硬件及接线检查后分析原因如下：

检查卡笼 4 和卡笼 5 的扁平电缆发现 CP1 和 CP2 到卡笼 5 的电缆交叉错接。即 CP1 连接了下方插座的双数卡件，CP2 连接了上方插座的奇数卡件，其他线缆连接正常。只要两个 CP 不下电都能正常工作，不会报错。CP1 SHUTDOWN 后错连在 CP1 上的偶数卡会报错，但 CP2 仍然在正常运行，所以错连在 CP2 上的奇数卡件未报错。

紧接着给 CP1 下电，CP 上的 WD/5VDC 也会失去，卡笼 5 的奇数卡件失去 24VDC 也无法工作，此时卡笼 5 上的奇数卡件和偶数卡件均无法正常工作，所以失效卡件内的信号点就会触发联锁，导致现场部分设备联锁停运等。

故障预防措施：

新的 FSC 系统正式投用前一定要按照相关规程做好工厂验收测试 FAT 和现场验收测试 SAT，确保系统软硬件安装、内部组态及接线无误，杜绝存在原始安全隐患。

3.2 案例二

故障现象：装置正常生产运行时氧化反应器突然停止运行从而导致装置停车。工艺人员在 DCS 系统只看到反应器停，未接收到联锁触发报警信息。检查 FSCSOE 事件记录发现氧化反应器压力低报的三取二联锁（PXSL001/PXSL002/PXSL003，图 5）动作，氧化反应器联锁停，SOE 记录显示的联锁触发条件只有 PXSL001。

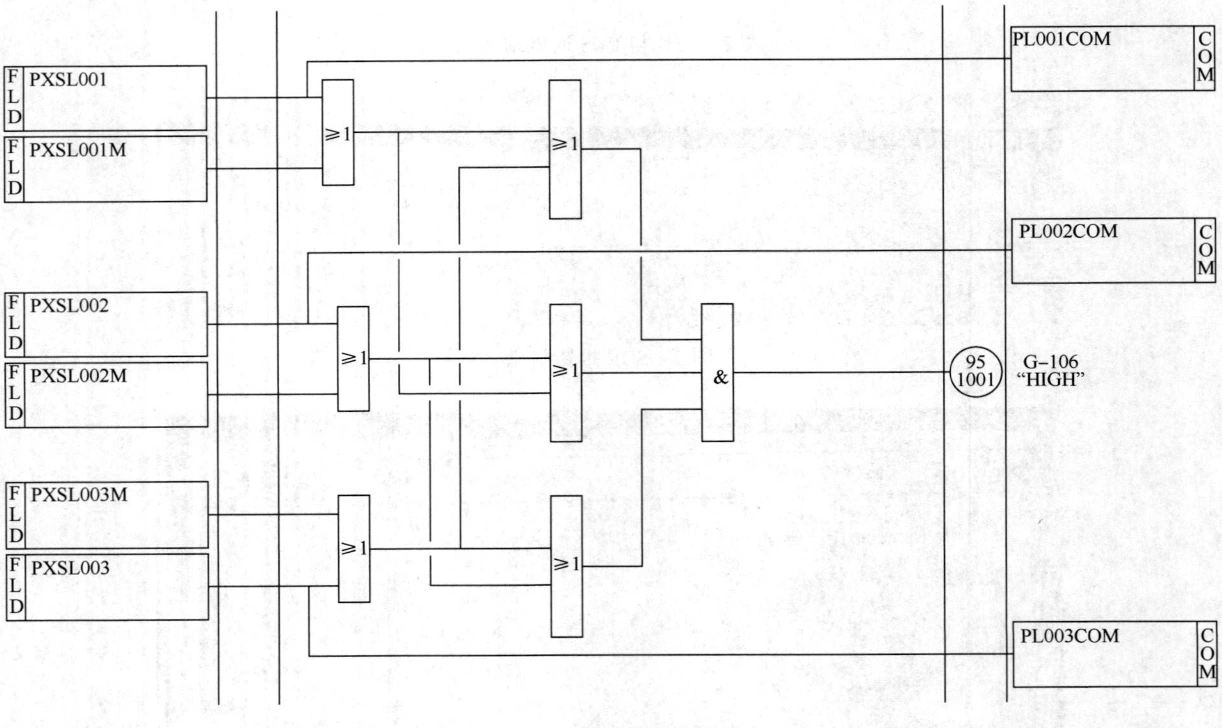

图 5　三取二联锁逻辑图

故障处理：首先仪表检修人员到装置现场检查三个压力变送器后发现 PXSL001 现场压力变送器故障导致该回路断路，从而压力低报满足联锁条件。同时 DCS 机柜间检查 PXSL001、PXSL002 和 PXSL003 三个报警设定器，发现 PXSL003 所在报警设定器故障，相当于回路断路，压力低报满足联锁条件。综上所述，三取二联锁两个条件满足，从而导致氧化反应器联锁停车。

更换压力变送器和报警设定器后故障解决，装置开车成功。

故障原因分析：

三个压力信号均为现场压力变送器传输至

DCS 机柜间，4～20mA 信号经报警设定器设置低报值，输出 DI 信号至 FSC 系统参与联锁。一旦压力低报，FSC 会立即把该压力报警信息通讯至 PKS 系统，工艺人员在操作站上能及时看到报警进行处理。事件分析后发现如下几个问题需注意：

（1）该联锁为压力低报三取二联锁回路，需两个联锁条件同时满足才可触发设备动作，而 SOE 事件记录的触发条件只有 PXSL001 明显不合理。初步推断 PXSL003 所在报警设定器发生故障时仪表人员未注意，SOE 记录通常只在装置“非临波”时才会查看，所以 PXSL003 信号变化被忽视。

（2）PXSL001、PXSL002 和 PXSL003 无论哪个信号低报 DCS 都应该接收到 FSC 通讯来的报警信息，但查看 PKS 系统 Event 事件记录未接收到任何 alarm 信息，这种现象也不合理。查看 PKS 系统通讯点 PL001COM、PL002COM 和 PL003COM 组态信息，发现未勾选报警使能选项，这也就解释了为什么中控人员未在 DCS 系统看到报警。

故障预防措施：

（1）仪表人员定期检查所有报警设定器状态，确认报警设定器工作是否正常、设定值是否正确、输出是否激活。

（2）定期排查 SIS 系统逻辑，检查联锁回路状态。装置大修后联锁测试时重点关注联锁触发条件是否异常。

3.3 案例三

故障现象：SOE 软件无法启动，打开时提示“SOE server is not running on 工程名．”和“Unable to load SOE database，it might be corrupted. Close FSCSOE application and repair the database.”

故障处理：打开电脑 C 盘 FSCSOE 文件夹里面找到 repairtool. exe 程序双击运行，完成后再打开 SOE 软件查看是否正常。有时软件可以正常打开，但会出现 SOE 中无任何历史事件或实时事件记录的情况，即无 SOE 数据库。出现这种情况时只需点击 SOE 软件菜单栏 File－Restore Configuration 选择最新的后缀名为．mdb 的 SOE 文件导入即可，SOE 数据库文件恢复正常。

故障原因分析：

（1）FSC 系统的上位机基于 Windows 2003 系统，已运行十几年，微软很多补丁无法更新，可能由于计算机本身的软件故障导致 SOE 无法正常使用。

（2）由于 SOE 软件的运行需要依赖网络环境。安装 SOE 软件的计算机如果不在网络环境中，则要安装一块“虚拟的网卡”以虚拟网络环境。本次故障可能是 SOE 软件自身存在缺陷，长时间运行后出现问题无法启动。

（3）若修复数据库后 SOE 仍无法启动则需卸载 SOE 软件进行重装。重装后问题仍不能解决基本可以断定是 Windows 系统问题，重装电脑后安装 SOE 软件。

故障预防措施：

（1）系统使用若超过 10 年建议更新系统软硬件，防止因备件停产或采购困难导致系统无法投用或因软件缺陷导致系统停运。

（2）装置大修期间可以请系统厂家对整个系统软硬件进行检测，及时发现故障隐患并解决处理，确保安全仪表系统运行正常。

3.4 案例四

故障现象：Honeywell 的 PKS 系统主备服务器通常三个月要切换重启一次，防止 CPU 及内存过高影响服务器正常运作。自 TPS 系统升级为 PKS 系统后首次对服务器进行切换，切换过程中工艺人员报告现场部分设备联锁停止运行。

故障处理：完成主备服务器切换后对 FSC 系统进行诊断，打开 FSC Navigator 软件，最上面菜单栏选择 On_Line 菜单下的 Extended Diagnostics 选项，在线诊断完成后系统会显示故障信息及相应的错误代码，此次诊断记录显示系统无异常，运行正常，因联锁停运的设备也可以正常启动运行。

故障原因分析：

查看 PKS 系统的 Event 记录和 FSC 系统的 SOE 记录，分析后发现服务器切换过程中 PKS 与 FSC 通讯的 COM 点会从 ON 变为 OFF，由于部分 COM 点是参与联锁的，状态改变导致其触发联锁设备停运。

由此可见，PKS 系统主备服务器切换时会导致其与 FSC 系统的通讯中断，而 FSC 系统中的通讯点也无法保持故障前的状态，从而触发联锁动作。虽然 PKS 服务器切换时间很短，但 FSC 是毫秒级扫描，状态改变瞬间就会被抓取。

故障预防措施：

建议配置FSC系统的装置，PKS系统服务器切换必须在装置停车检修时进行，否则会造成联锁停车。当然若参与联锁的通讯点较少也可以在PKS系统中做一个延时逻辑，预留出服务器切换的时间，延时时间到了通讯仍未恢复，相关信号才发生变化。

4　系统软硬件预防性维修策略

（1）FSC模件出现故障需要更换时，需要注意故障卡属于可以带电插拔还是严禁带电插拔的卡件。Honeywell建议在条件允许的情况下，尽量先断电再插拔，以减少意外故障发生。

FSC系统CP模件（CPU/COM/WD/DBM/SMM/VBD/PSU）严禁带电插拔，插拔前必须先SHUTDOWNCP并将CP整体断电。HBD例外，它可以在SHUTDOWNCP后带电插拔。

所有I/O卡件都可以带电插拔，非冗余I/O卡件插拔势必会影响现场操作，所以在拔出卡件之前需要在上位机将相关的I/O点强制为正常状态，冗余I/O卡件插拔原理上不会对操作造成影响，但故障概率还是存在的，出于安全考虑建议I/O点强制为正常。操作时把卡件上水平总线的扁平电缆先拔出来，然后再拔出卡件。回装时先将卡件插到卡笼中，再插上扁平电缆，固定完成。

（2）需要测量信号时要在系统I/O表里再三确认被测信号位置，包括端子板和通道号。用万用表测量直流电压信号，若显示24V则表示触点断开，该信号点的状态为“OFF”；若电压显示为0V则表示触点闭合，该信号点的状态为“ON”，被测信号通道的状态指示灯应该持续亮。

若测量到0V但状态灯不亮，初步判断端子板上的保险可能烧坏了。拆除信号线后用万用表测量故障通道电压，若电压显示24V证明保险没问题；若显示0V则拔出对应的保险测量通断，保险不通可以判定已经烧坏，更换新的保险即可。

（3）FSC系统出现故障时，要进行系统诊断，必须先执行Extended Diag查看诊断信息，retrieve里面读取全部信息诊断信息阅读完毕后再转动Reset钥匙开关，若不执行诊断直接Reset将丢失导致此次故障的系统诊断信息，无法分析故障原因。

5　结论

FSC系统对设备故障或其他因素引发的危险能迅速做出正确判断，然后按照设定的逻辑程序动作，设备联锁停运或装置停车来防止危险发生。但无论多强大的系统都离不开仪表人员的精心维护，新系统的FAT和SAT要严格按照管理规程验收，杜绝出现系统组态错误或内部接线错乱的隐患；日常工作中运维人员要加强巡检，重点查看系统状态和故障报警信息，熟练掌握FSC系统常见故障处理方法，以便出现系统问题能及时解决，确保系统运行状态完好，为装置安全稳定运行提供有力保障。

参考文献

[1] 董影，单旭红.FSC系统故障分析[J].吉林化工学院学报，2011，28(3)：73-76.
[2] 陆武.浅谈故障安全控制系统的通信[J].自动化仪表，2007，28(11)：64-66.
[3] 陆地.FSC系统在30万吨/年润滑油加氢装置的应用[J].中国石油和化工标准与质量.2013，33(17)：24-25.

Modbus 协议在消防泵房自控系统设计中的应用

赵　青

（中国石化仪征化纤有限责任公司高纤部）

摘　要　为了提高消防泵房设备控制水平，选取 Modbus 通讯协议，设计泵房自动控制系统。该系统借助 Modbus 协议实现数据的发送与接收，实现对消防泵房设备进行操控。测试结果表明，该系统功能达到了测试标准，对消防泵房自动控制工作的开展有所帮助。

关键词　消防泵房　Modbus 通讯协议　自动控制

消防泵房设备控制模式较为落后，以手动控制为主，消防员判断火势情况后需要来到泵房调节各个阀门的作业状态及设备作业状态，才能够完成一次消防作业，大大降低了消防效率。而消防作业效率在很大程度上决定了人身安全及财产保护的保障程度。所以，设计一套自动化的消防泵房控制系统显得尤为重要。通信模块作为系统开发的核心部分，对自动控制效果影响较大。目前，开发的系统当中通信功能模块不够完善，容易受消防环境影响。本文尝试选择 Modbus 通讯协议作为研究工具，提出新的系统设计方案研究。

1　系统总体框架设计

消防泵房的控制由两部分组成，其中一部分为取水泵控制模块，另外一部分为加压泵房控制模块。如图 1 所示为系统总体框架设计方案。

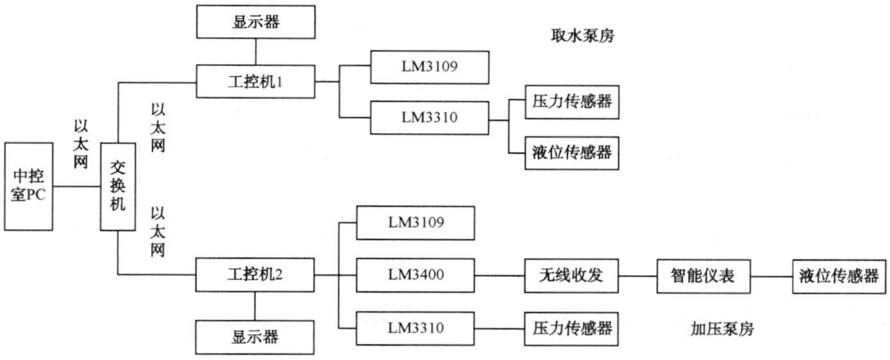

图 1　系统总体框架设计

该框架中，利用以太网建立中控室 PC 机与交换机、交换机与工控机的通信连接，在工控机的控制下，分别控制压力传感器、液位传感器、无线收发模块、智能仪表的作业状态。其中，工控机与设备之间的通信采用 RS-232 建立。在 PC 机的控制下，各类传感器采集数据，将其传输至中控室，而后根据设定的水泵控制方案，下达取水泵房和加压泵房的作业命令，从而实现消防泵房自动化控制。

2　系统作业初始化

2.1　信号输入作业初始化

系统中以 LM3310 作为信号输入端，根据信号采集需求，设置 4 路模拟量，分别作业于两种传感器。其中，一种为压力传感器，另外一种为液位传感器。两种传感器的作业信号均为电流信号，控制电流范围 4~20mA，采用十六进制，对此部分信号进行编码，记为 0x0000 ~ 0xFFFF。

第一作者简介：赵青，大学本科，副装置长，电仪工程师，现从事电仪设备工作。E-mail：zhaoqing. yzhx@ sinopec. com

考虑到部分模拟量采集结果精度不高，为了弥补这个不足，在系统初始化阶段，对输入信号采取RC滤波处理。其中，参数 Filter_Factor 设置为2，持续80ms滤波，得到较为可靠的电流信号。

2.2　串口通信作业初始化

本设计方案选取RS-232作为串口通信工具，在各个通信设备之间建立通信渠道。例如，无线收发模块与系统工控机的连接。其中，采用的通信协议为Modbus-RTU。通过运行PowerPro软件，完成串口通信初始化处理。奇偶校验 DataParity 设置为 8 位，不存在校验位，波特率 BaudRate 参数设置为 38400bps，从站地址 SlaveStation 设置为51，停止位 Stopbit 设置为1位，以%IIB12开始写入地址。

2.3　上位机交互通信初始化

上位机交互通信指的是Windows系统与PLC交互的通信连接，以LM3109作为信息传输通道，借助RS-232接口收发信息。第一，采集到的数据信息发送至PLC，而后进入Windows系统。第二，将控制中心下发的命令传输至泵房工控机。为了实现这两部分通信功能，利用 Set_COMM_PRMT 模块，发送通信协议，即运用Modbus协议控制通信信息。其中，通信模块无校验位，设置8位数据，数据传输波特率为常规，即38400bps。

3　系统通信协议设计及功能实现

3.1　基于Modbus的系统通讯协议设计

本系统选取Modbus作为通信协议，应用在网口连接处，即消防泵房设备之间的通信。考虑到PLC设备自身带有通信串口，所以在第一层设置EIA/TLA_232，第二设置Modbus协议。以Modbus-RTU模式用来传输报文帧，其中功能码占据1个字节，从站地址占据1个字节，CRC占据2个字节，数据占据0~252个字节。

3.2 系统通信功能实现

本系统采用C#作为程序开发工具，按照Modbus协议要求，编写系统通信功能实现核心程序代码。

3.2.1　串口通信数据设置

此部分功能的开发，通过引用命令空间，在此空间内设置参数初始化数值，从而完成串口的初始化处理。核心程序如下：

```
SerialPort mySerialPort=new SerialPort("COM6")    //选择COM6串口作为连接端
mySerialPort.BaudRate=38400                        //设置波特率
mySerialPort.Parity=Parity.None                    //设置串口奇偶校验：无
mySerialPort.StopBits=StopBits.One                 //设置端口停止位1位
mySerialPort.DataBits=8                            //设置端口数据位8位
mySerialPort.Handshake=Handshake.None              //端口握手连接设置：无
mySerialPort.RtsEnable=true                        //开启串口作业模式
```

按照上述程序，对串口初始化作业参数进行设置后，开启串口作业模式，接下来注册通信事件，对新的通信事件加以控制。

3.2.2　数据发送程序

本系统数据发送采用Write方法，将数据写入串行端口，在Modbus命令码的控制下发送此条命令，使得信号得以进入缓冲区，从而实现数据的发送。以下为此项功能的核心程序：

```
mySerialPort.Write(message_DI, 0, 8)               //将数据写入数组中进入缓冲区
```

其中，message_DI数组支持多数据的存放，包括寄存器地址、地址码、字节数量等。本系统数据的发送字节为8个，起点为[0]。

3.2.3　数据接收程序

采用Read方法读取串口信息，通过调用sp_DataReceived函数接收相关数据。考虑到可能存在接收数据不完整情况，此时设定本次接收数据为无效数据。以下为数据接收程序核心代码：

```
private void port_DataReceived(object sender, SerialDataReceivedEventArgs e)
//创建一个数据接收端口，设置接收信号属性
System.Threading.Thread.Sleep(1)                   //对于数据接收不全面问题，休眠1ms
serialPort.Read(buf, 0, buf.Length)                /读取缓冲池内相关参数数值
```

而后调用其他程序处理未能全面接收的数据。

4 系统通信功能测试

为了检验本系统设计方案中通信功能开发可靠性，即Modbus通讯协议应用方案是否可靠，本研究以取水泵房设备控制、加压泵房设备控制、数据精准度98%以上、RS-232通信、以太网通信、消防泵房自动控制作为测试内容，设置3组测试实验，记录测试结果，如表1所示。

表1 系统通信功能测试结果

实验组	测试项目及测试结果					
	取水泵房设备控制	加压泵房设备控制	数据精准度98%以上	RS-232通信	以太网通信	消防泵房自动控制
1	通过	通过	通过	通过	通过	通过
2	通过	通过	通过	通过	通过	通过
3	通过	通过	通过	通过	通过	通过

测试结果显示，3组测试中所有测试项目均达到了系统功能开发标准，通过了系统测试。其中，取水泵房设备与加压泵房设备能够根据消防需求，开启自动化控制模式，对各类设备的作业状态进行有效控制，从而为消防工作的开展提供了有效帮助，大大提高了操控效率及精准度，操控精度在98%以上。

5 总结

本文围绕消防泵房自动控制系统设计方法展开探究，该设计方法以通信功能开发为主，引入Modbus通讯协议，搭建系统框架结构，以RS-232串口和以太网作为通信渠道，为数据传输搭建桥梁。按照此项通信协议要求，开发系统通信功能运行程序。测试结果显示，本系统能够实现自动化控制，可以根据消防需求，下达取水泵房设备与加压泵房设备作业命令，控制精度超过98%，可以作为消防泵房控制辅助工具。

参 考 文 献

[1] 欧阳富．模糊-PI控制在高压消防给水系统中的应用[J]．消防科学与技术，2021，40(3)：369-371.
[2] 王堃，冯敬宇．Modbus通讯协议在自动控制系统中的应用[J]．自动化博览，2019，36(3)：80-84.
[3] 孙立宇，高剑，李继晓，张师君．冷库水消防设计与自动喷水灭火系统的应用[J]．给水排水，2020，56(12)：80-83.
[4] 罗静，谢波，刘仁猛．消防水泵全压启动控制电路探讨与实践[J]．给水排水，2019，55(11)：140-144.
[5] 刘建华，莫慧．预作用自动喷水灭火系统控制原理解析[J]．中国给水排水，2019，35(18)：58-63.
[6] 余小明．自动喷水灭火系统对称布置流量计算及高位水池水泵联合供水设计探讨[J]．给水排水，2019，55(2)：141-144.

熔喷布自动包装线自动包装原理

黄晓宇

（中国石化仪征化纤有限责任公司）

摘　要　新冠肺炎疫情发生以后，医用口罩等防疫物资一度紧缺。为了加快对口罩的生产加工，仪征化纤公司引入自动包装线装置，加快对于熔喷布的包装加工。该生产线包括了纸箱开封箱机、薄膜缠绕机、码垛机器人等设备，整条生产线可以实现自动化包装，减少人工工作量，提高熔喷布打包的效率。而且该设备可以根据熔喷布的尺寸调节打包纸箱的尺寸，进而实现柔性化生产。

关键词　熔喷布　自动包装线　开封箱机　薄膜缠绕机　码垛机器人

1　前言

新冠疫情以来，医用口罩需求量较大，作为中国石化旗下最大的口罩生产企业，仪征化纤也加快了口罩生产效率。熔喷布作为口罩的原材料，其生产、加工、运输也得到了领导们的高度重视。由于熔喷布生产量较大，且每天有大量的订单，为了摆脱原来人工包装的效率低下的困境，仪征化纤引进自动包装线进行包装，采用现今的生产设备及工艺，进行了技术革新。而且对于不同宽度熔喷布的分类包装也有助于进行运输。包装工艺作为熔喷布自动包装的一道瓶颈，已经严重影响到企业的生产效率和经济效率。

国内学者对于自动包装机进行了一系列的研究，学者们更注重研究水果、衣物、袜子、食品等生活物品的自动包装生产线，这些物品与生活息息相关，而且产品的外观大小不一，品质各异，也给自动包装带来了一定的难度。也有部分学者研究了自动包装线的自动控制原理。杨顺吉等人研究了基于 PLC 的自动包装控制系统，通过对关键数据的实时监控，进而控制包装质量。林蒙丹等人研究了基于 PLC 的自动包装码垛生产线的设计，通过运行发现自动码垛的抓取误差小于 0.2mm，实现码垛的精准控制。冯清振等人基于 PLC 系统研究了铝型材料自动建材系统的自动化控制，进而实现包装材料的自动剪裁，提高生产效率。俞吉良研究了 AI 技术在自动包装线上的应用，他在文中指出了 AI 技术在自动包装线上遇到的问题，并初步给出了分析。

本文主要是详细介绍仪征化纤公司的自动化熔喷布包装线，通过自动化包装线，减少了工人的劳动力，提升了公司的生产效率。

2　自动包装线生产流程

根据熔喷布的特征和包装运输要求，熔喷布的包装包括了以下几道工序，熔喷布下线、AGV 小车运送到线体、卸货到履带线上、抓取下盖板、放置熔喷布、抓取上盖板压紧、自动缠绕、未开封纸箱、开箱、装箱、称重、贴标签、一字封箱机、旋转、工字封箱机、扫码校验、码垛、运输入库。熔喷布的生产工艺流程如图 1 所示。

如图 1 所示，熔喷布的生产工艺流程具体如下：

（1）刚下线的熔喷布通过 AGV 小车从生产线运送至包装线体，并将熔喷布卸货至线体上；

（2）机械手臂抓取下盖板到缠绕机底盘上后，依次抓取 6 锭熔喷布叠放于下盖板上，并抓取上盖板压紧，缠绕机自动启动开始缠绕；

（3）将未开箱的纸板运送至自动开箱机进行自动开箱，开箱后运送至相对应的位置进行待装箱；

（4）自动缠绕机完成熔喷布缠绕后，机械手臂自动将熔喷布装箱；

（5）装箱完成后，线体运送自动进行称重，并完成贴码，在封箱机前进行扫码验证；

（6）首先使用一字封箱机进行自动封箱，一

第一作者简介：黄晓宇(1994—)，助理工程师，硕士研究生，2020 年毕业于华侨大学仪器科学与技术专业，现从事仪表管理工作。E-mail：huangxy.yzhx@sinopec.com

字封箱完成后纸箱旋转 90°，再进行工字封箱，进而完成整个纸箱的封箱工作；

（7）码垛机器人对封箱完成后的熔喷布进行扫码验证后，将其抓取至栈板上；

（8）栈板装满 4 箱后，激光叉车接收到入库信息，将栈板取走；

（9）栈板取走后，供栈机自动补充栈板进行打包。

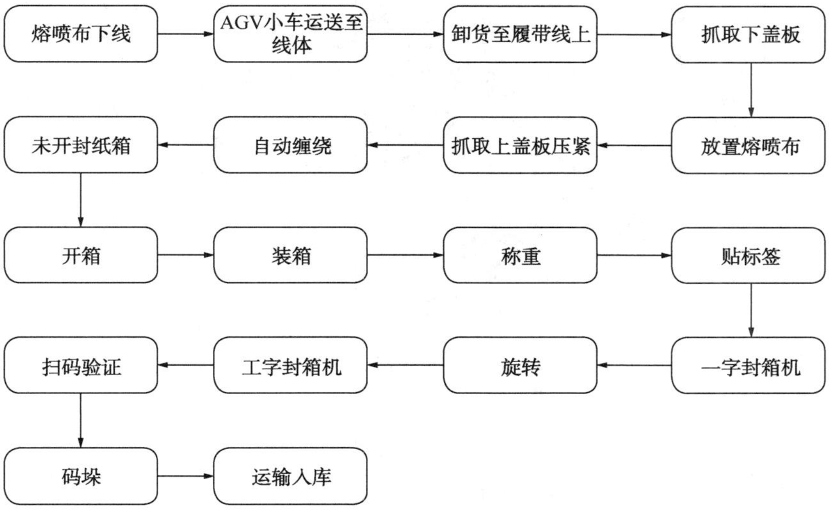

图 1　熔喷布自动包装线生产工艺流程

3　自动包装线的整体设计

熔喷布自动包装线的产线布局需要根据工艺流程而定，结合实际的生产需求，按照一定的布局要求进行布局，并对生产进行排序，从而达到提高生产效率的目的。图 2 是结合工厂的可用空间及设备占地面积最优化设计后的设备产线布局图。

如图 2 所示，设备的产线布局需要节省时间及空间，缩短机械手臂运行的时间和距离，提高工作效率，而且采用这种布置方式，一旦设备出现问题，方便进行检查，从而提高了生产效率。而且从图中可以看出，自动包装生产线用到的最主要的设备就是缠绕机、码垛机器人、称重机、开箱机及供栈机。

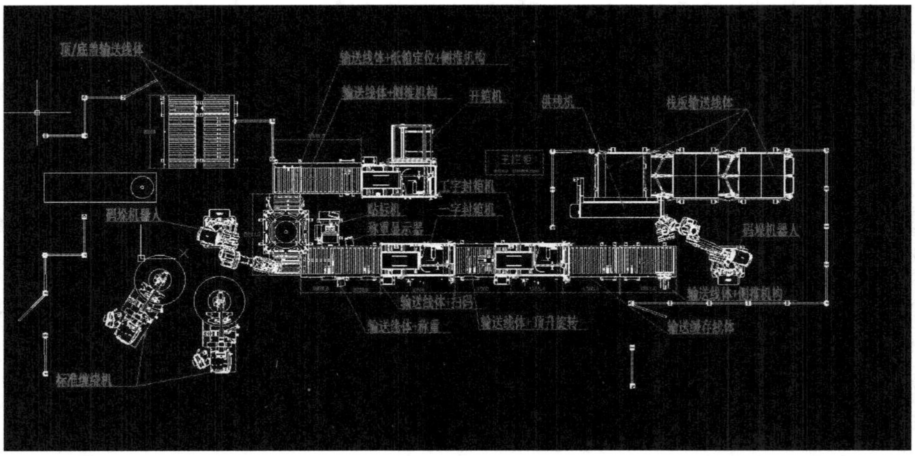

图 2　自动包装线设备产线布局

3.1　开箱机设备

本文涉及到的开箱机设备是带有自动折盖封底功能的全自动开箱机系列产品。其主要是由推板装置、压板装置、传送装置、电控箱、贴带机、吸盘等组成。其主体结构示意图如图 3 所示。

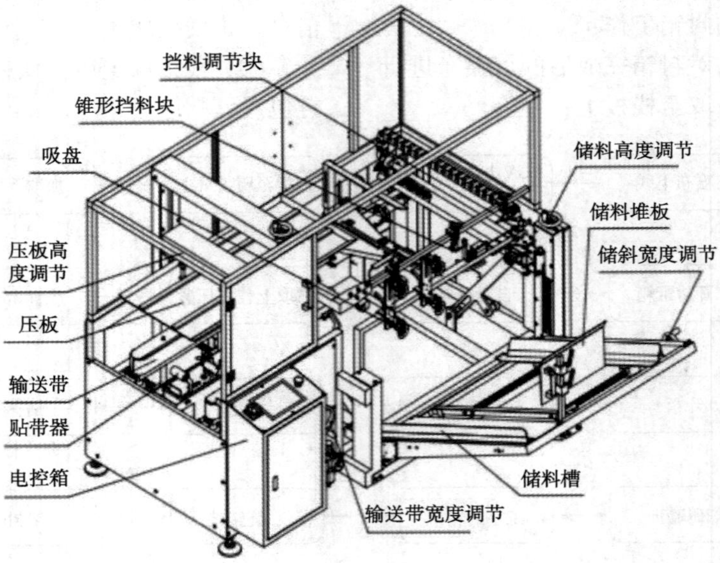

图3　开箱设备主体结构示意图

从图3中可以看到，纸箱置于开箱机上后，通过转动输送带宽度调节器，使皮带宽度与纸箱宽度相同。转动纸箱吸取调节装置，使纸箱吸盘与下方皮带面平行。松开压板调节防松装置，旋转压板高度调节手把，调节压板高度与成型纸箱高度相同，完成后，拧紧压板调节防松装置，以保证其与纸箱的高度一致。本装置通过下方的皮带装置夹紧纸箱，上方的吸盘对纸箱产生拉力，进而将纸箱从折叠状态中打开，完成整个纸箱的开箱动作。通过皮带宽度调节器、压板高度调节器，进而完成对纸箱的尺寸的控制。如果还存在未开箱的纸箱，则以挡料块下边缘为基准，调整储料槽的高度和宽度，使其与成型纸箱的高度和宽度相同。调节锥形调整块，使纸箱的折线处于同一条直线上，将吸盘根据纸箱的大小调节位置，完成纸箱开箱。待纸箱处于完全打开状态后，使用贴带器对纸箱的下表面进行贴带封箱，最终完成整个的开箱的过程。

3.2　封箱机设备

本文涉及的封箱机设备是带有折盖功能的自动封箱机系列之产品，单机操作，经济而又高效。该设备最大可以封箱的尺寸为500×500×500mm，最小的封箱的尺寸为200×130×150mm，这可以满足公司的产品尺寸的需求。箱机主要是由推板装置、压板装置、传送装置、限位装置等组成，封箱机的整体结构如图4所示。

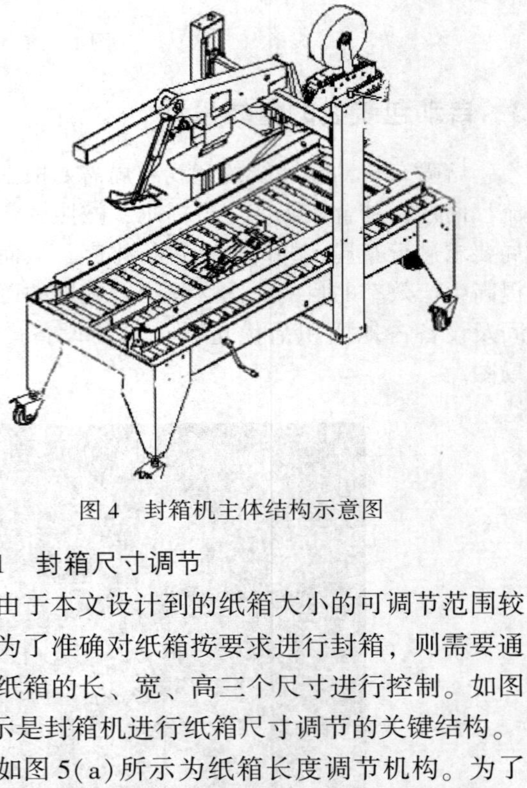

图4　封箱机主体结构示意图

3.2.1　封箱尺寸调节

由于本文设计到的纸箱大小的可调节范围较广，为了准确对纸箱按要求进行封箱，则需要通过对纸箱的长、宽、高三个尺寸进行控制。如图5所示是封箱机进行纸箱尺寸调节的关键结构。

如图5(a)所示为纸箱长度调节机构。为了对纸箱的长度进行调节，则需要首先拧松螺母，通过控制在机框内右侧板上的后折盖控制开关，进而实现对纸箱长度的控制。

如图5(b)所示为纸箱宽度调节机构。通过旋转曲柄就可以对纸箱的宽度进行调节。其中顺时针旋转可以使纸箱宽度变窄，逆时针旋转则可以使纸箱宽度变宽。

如图 5(c)所示为纸箱高度调节机构。通过摇动手柄就可以调节纸箱的高度。其中顺时针转动曲柄可提升高度，逆时针转动手柄可以降低高度。

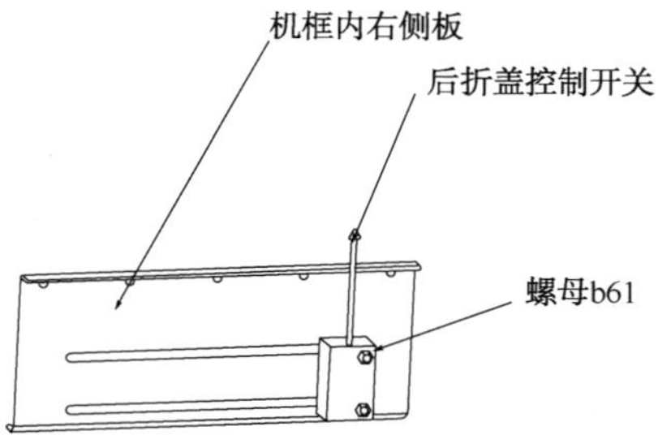

(a)封箱长度调整

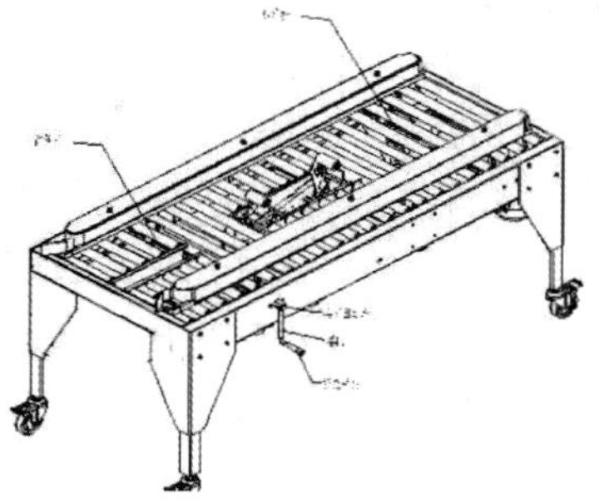

(b)封箱宽度调整

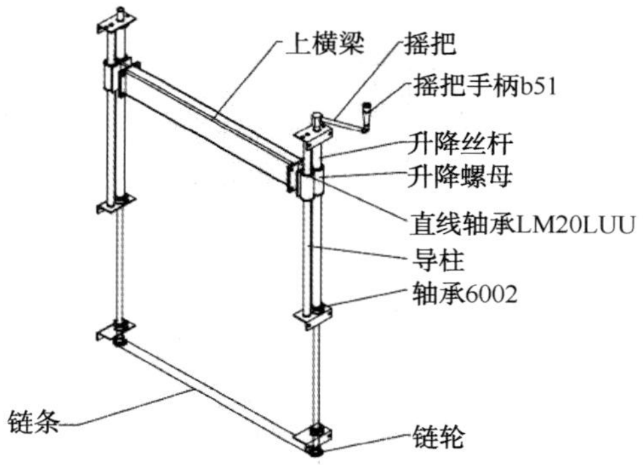

(c)封箱高度调节

图 5　封箱尺寸调节

3.2.2　胶带压紧装置

为了让纸箱完全封箱，需要对纸箱表面粘贴胶带。公司为了满足对不同高度纸箱粘胶带的需求，设计了如图 6 所示的胶带压紧装置。将胶带卷放在芯轴上，然后拉出胶带，将胶带依次绕过滚筒 B、C、D，最后通过胶带座 F，从滚筒 G 穿出，其中胶带的粘性一面必须朝外。为了保证胶带的张力，可以通过改变摆杆长拉弹簧的弹力及调整螺钉 M8×50 的前后位置，从而控制胶带的张力大小。

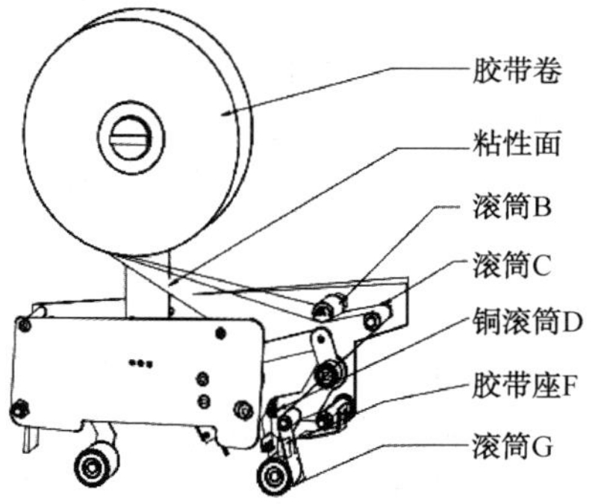

图 6　胶带压紧装置

3.3　自动缠绕机

X200 自动缠绕机是对生产的熔喷布进行自动包装，这种薄膜缠绕机主要是由机架、控制面板、膜座、旋转底盘、压板、薄膜拉伸夹持器及薄膜剪裁器等及部分组成。自动缠绕机的核心是薄膜拉伸夹持装置，而薄膜拉伸夹持装置是由电机、薄膜拉伸装置及薄膜夹持装置组成的。如图 7 所示，对于薄膜夹持装置，主要是固定在旋转圆盘上，随着圆盘进行旋转。当薄膜缠绕装置开始工作时，电机启动并带动小齿轮旋转，小齿轮带动大齿轮进行旋转，进而带动整个圆盘进行旋转。

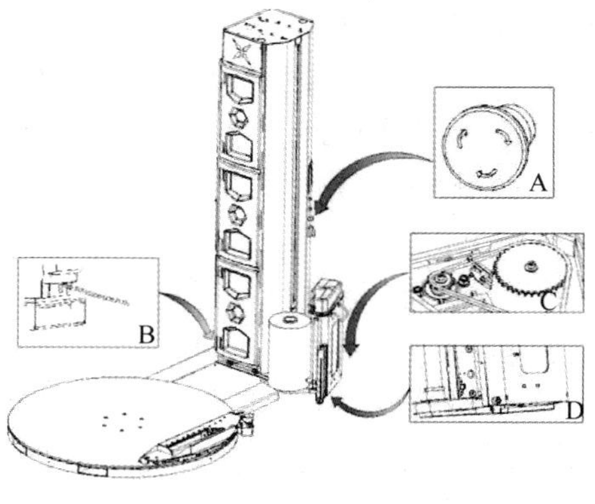

图 7　X200 自动缠绕机

X200自动缠绕机的缠绕过程如下：(1)将膜卷的膜头置于薄膜夹紧装置中，机械手抓下盖板置于缠绕机旋转底盘；(2)机械手抓依次抓取6锭熔喷布置于标准缠绕机底板上；(3)完成熔喷布的放置后，机械手抓取上盖板置于熔喷布顶部；(4)缠绕机得到放置完成的信号后，启动绕膜设备，薄膜在放置好的熔喷布下端缠绕1~2圈后，夹爪松开薄膜，缠绕机开始做上升运动，薄膜盘旋向上缠绕，进而实现熔喷布的整体缠绕；(5)当薄膜运行到熔喷布顶端时，在光电感应器的作用下其自动进行下降，进行进一步包装；(6)当薄膜再次运行到熔喷布底端原点位置时，夹爪夹住薄膜，在气缸的作用下，薄膜熔断器加热并靠近薄膜，薄膜熔断，自动缠绕机复位。

3.4 码垛机器人

对于码垛机器人，其解放了人类的劳动强度，而且工作效率高，可以实现物料的快速搬运和码垛。随着现代工业的快速发展，码垛机器人定位的精度越来越高，效率越来越快，综合性能越来越强，也得到了众多企业的青睐。

本文涉及到的码垛机器人，要想实现其码垛的功能，最主要是需要提供其位置数据及码垛参数设计。由于码垛的过程中，不能码垛太高，需要对码垛的高度进行限制，即对码垛的工件数量进行限制。码垛的过程中可以将按照码垛的顺序，将物品进行编号。这可以方便机器人了解到何时开始进行码垛，何时结束码垛。按照一定的顺序进行码垛，可以方便对机器人进行控制，也方便对码垛的高度进行控制。

码垛的过程中，更重要的一点是对工件的位置进行确定。而码垛机器人在抓取工件的过程，就是对工件相对于机器手臂相对坐标的确定。如图8所示，码垛机器人主要包含了两个坐标系，即机器人的所在的空间坐标系，还有一个就是机器手臂的坐标系。其中物料相对于机器人所在坐标位置固定，是一种绝对坐标，而物料相对于机器手臂处的坐标是一种相对坐标，随机器手臂的运动而相对变化。为了保证机器人抓取的准确性，需要首先精确得到物料的位置信息。码垛的信息主要包含了工件的尺寸、代表性的点位及码垛点设定。首先，结合实际情况，确定参考工件，找出参考工件在机器人坐标之中的具体位置以及姿态；其次，根据工件序号以及垛型选取合理化、科学化的预算方式，求出工件相对于参考工件的具体位置；再次，依据参考工件位置、码垛工件相对于参考工件的位置，求出工作坐标。

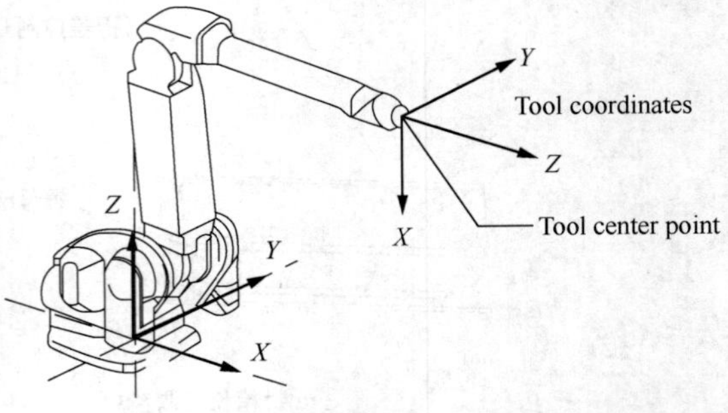

图8　码垛机器人坐标系统

对于码垛机器人而言，其运行的过程中，还需要保证自身不对周边的环境产生影响，必须对码垛过程中的安全性进行检查。一般情况下，对码垛的安全性检查的时候需要进行工件静态干涉检查，以及对机器人碰撞检查。对于静态干涉检查，其主要是在进行码垛之前，检测码垛垛型参数、工件参数的设定是否合理科学，判定码垛过程之中是否会产生干涉，其核心思想便是把工件假定为一个长方体，结合实际情况，对码垛参数进行合理化设定，然后分析工件参考位置、工作尺寸等，并依据这些参数计算出工件位置，最后再对工件进行投影处理，使其投影到二维平面，观察二维平面中的投影是否存在重叠之处，如果投影存在重叠，那么表明工件将会发生干涉，反之，工件不会发生干涉。而对于机器人碰撞检测法，在具体应用过程之中，主要是对机器人运行时是否会与固定物体产生碰撞进行检测，此种算法无需外部传感器，仅需对机器人运行过程中的理论位移、实际位移进行对比分析，然后判定码垛过程之中是否会产生干涉，当机器人与物体产生碰撞之后，机器会自动检测出错误，并且立即停止工作，以免产生意外事故，如此一来，操作人员将不会由于程序错误等而发生意外事故，同时也便于后期的维修、保养等，有效提高了码垛工业机器人在工作过程中的安全稳定性。

4 总结

新冠肺炎疫情期间，仪征化纤公司短纤生产中心引进了熔喷布自动打包生产线，实现了自动化开封纸箱、贴标、称重、码垛等过程，加快了对熔喷布生产包装的速度。自动打包线的引入不仅极大提高了生产效率、降低了人工成本，而且为打赢疫情防控攻坚战做出了突出贡献。

参 考 文 献

[1] 蔡燚，毛宇轩，王社平，等．板式家具自动化包装线的设计[J]．林业机械与木工设备，2020(1)：36-42.

[2] 崔久好．工业机器人码垛功能的设计与实现[D]．武汉：华中科技大学，2021(01)：89-91.

[3] 夏文明，沈海青，张伟，等．水果自动包装机控制系统设计[J]．食品工业，2021，42(12)：331-334.

[4] 蔡田，李佳，罗石元，等．衣物自动包装机折叠机构设计与优化[J]．轻工机械，2021，39(5)：90-95.

[5] 库朋涛，胥光申，金守峰，等．袜子自动包装机的设计与分析[J]．包装工程，42(3)：177-184.

[6] 袁飞，高雪．食品自动包装机的设计与开发[J]．食品工业，2020，41(5)：220-223.

[7] 胡俊磊．苹果网套自动包装技术及装备研发[D]．重庆：重庆理工大学．2020.

[8] 肖瑞娟，薛焱丰，万宏强，等．基于 Solidworks 的苹果发泡网套自动包装机设计[J]．电子世界，2021(18)：196-197.

[9] 杨顺吉，于永民．基于 PLC 的自动包装生产线控制系统设计[J]．机械工程与自动化，2021(4)：179-181.

[10] 林蒙丹，赵雪林．基于 PLC 的自动包装码垛生产线的研究与设计[J]．包装工程，2019，40(11)：148-154.

[11] 冯清振，施百泉，王晨曦．基于 PLC 的铝型材包装材料自动剪切机的设计[J]．湖州职业技术学院学报，2020，18(1)：70-73.

[12] 俞吉良．AI 技术在自动包装线上的应用[J]．现代制造技术与装备，2019(12)：111-112.

[13] 周文婷、孟凡文、王海亮．基于 MODBUS-TCP 协议的视觉系统，PLC 与工业机器人通信设计[J]．电子世界，2020，603(21)：134-135+139.

[14] 陈继文，陈清朋，胡秀龙，等．码垛机器人小臂结构轻量化设计[J]．组合机床与自动化加工技术，2019，000(005)：19-22，26.

[15] 文德刚，相宁波，常志轩．基于 Creo 的四轴码垛机器人伺服电机负载转动惯量计算[J]．工程建设与设计，2019，(08)：256-257.

固定式可燃气体探测器自动标定系统浅析

葛国春

（中国石化仪征化纤股份有限责任公司）

摘　要　随着安全形势的日益严峻，可燃气体探测器作为安全环保设施的一种，其可靠管理、稳定运行越来越受到企业的重视。常规的管理、维护模式对维护人员数量、技能、责任心提出了较高的需求，通过构建可燃气体探测器自动自动标定系统，可实现可燃气体探测器的精细维护，为预知性维修提供有力支撑，为安全生产保驾护航。

关键词　探测器　DCS系统　标气　校准

可燃气体探测器广泛应用于炼化企业生产区域，用于监测生产环境中的可燃气体浓度，为企业和员工生命财产安全保驾护航。日常工作中，为保证可燃气体探测器时刻处于完好状态，需要花费管理者和维护人员较大的精力。

1　日常维护管理要求

（1）做好探测器的巡检、运行维护、检修、检查、验收、监督、管理等工作。必须使每一个相关工作人员了解、掌握探测器的性能与使用方法。

（2）根据环境条件和仪表工作状况，定期试验检测探测器是否工作正常。每月检查一次零点、每三个月标定一次量程。

2　问题分析

2.1　工作原理

可燃气体报警器由检测器、放大电路、报警系统、显示器组成，用于监测环境中可燃气体的浓度。如图1所示。

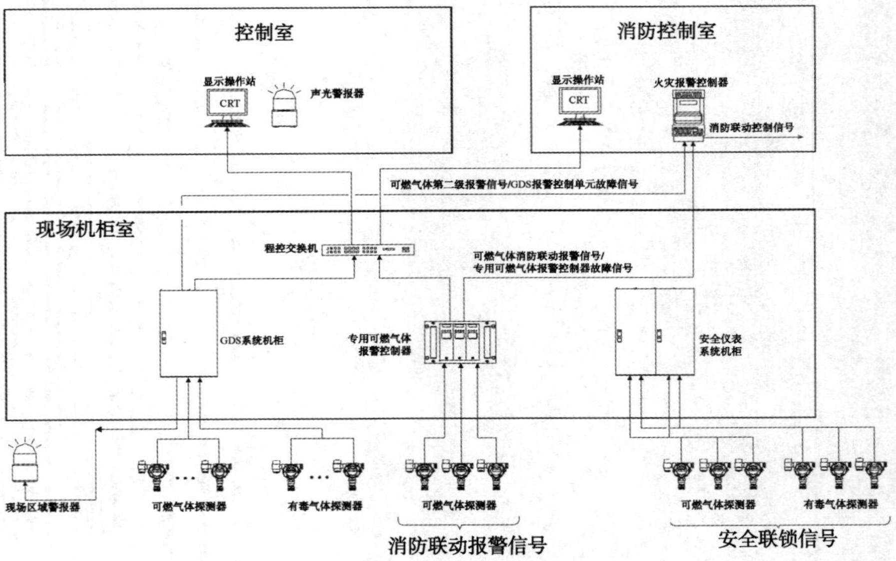

图1　可燃气体探测器配置

2.2　设计安装要求

可燃气探测点的选取和布点要求，设计应严格按国家或行业标准，选择可燃气体容易积聚、便于采样检测和仪表维护之处布置。

第一作者简介：葛国春（1986—），高级工程师，2009年6月毕业于南京工业大学电气工程及其自动化专业，现从事化纤专业电气仪表管理工作。E-mail：gegc. yzhx@ sinopec. com

2.3 日常维护存在的问题

（1）现场环境恶劣，如高温、噪音、空间受限等因素不便于操作人员维护，存在一定的安全风险。

（2）占用人力多，开展常规的探测器校准工作，一般需要三个人。两人携带标气瓶等设备在现场通气测试，一人在控制室校核报警器二次表。

（3）维护工作需要操作人员具备相应技能、高度责任心、较好的体能。

（4）现场探测器数量多且分布广泛，巡检维护作业耗时长且效率慢。

（5）专用可燃气体报警器内置历史趋势简单，不利于后期数据分析。

3 自动标定系统设计

3.1 通过构建自动标定系统，实现批量、快速、诊断式检定校准

自动管理系统独立于其他系统，单独设置。系统进行智能诊断，判断现场探测器是否板卡故障，模拟输入卡件异常等。可向消防联动提供信号，如可燃气体的第二级报警信号和报警控制单元的故障信号，如图2所示。

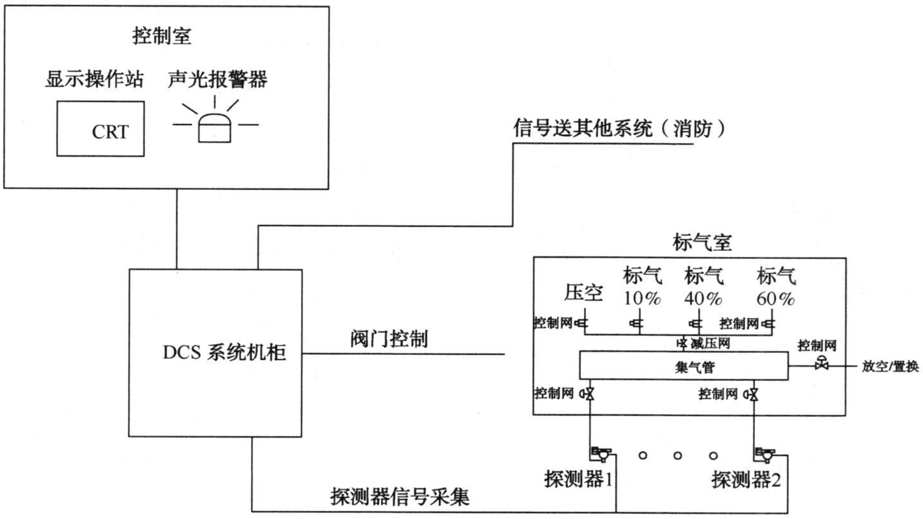

图2 可燃气体探测器自动管理系统

3.2 系统组成

DCS系统机柜、标气控制装置、显示操作站、声光报警器、带声光报警功能探测器。

3.3 DCS系统机柜

（1）现场所有探测器的信号都汇聚到DCS机柜中，系统采集探测器的模拟信号。

（2）标气装置中阀门控制信号接入DCS机柜，由系统控制启停。

（3）DCS系统实施在线监测探测器信号，并将信号转换成对应的监测浓度值显示在操作站画面上。控制系统将可燃气体探测器按实际分布图的形式进行画面组态，直观明了。实时显示现场气体浓度情况。

（4）控制系统根据设定好的校验流程，自动进行标气种类的选择，实现零点检查，量程标定。

（5）控制系统通过模拟量输入模块采集每台探测器的反馈信号，系统记录数据、并对数据进行对比、分析。

3.4 标气控制装置

（1）标准气体由标气控制装置输送至现场，通过改进型防尘罩接入每个探测器，如图3所示。

图3 改进型防尘罩

（2）标气控制装置，通过控制标气管路相应控制阀的通断来实现输送标气到指定可燃气体探测器的目的。

3.5 常规校准与自动校准分析

（1）常规校准

① 操作人员现场找到探测器，套上标定罩，

接入标气进行通气测试，如图4所示。

② 零点检查，将探测器置于洁净空气中，调整调零旋钮置零，在中控室报警盘进行调零设置。

③ 量程校验，打开气瓶阀门，水平目视流量计内小钢珠，按照气体标定流量表，调节好流量；通气一段时间后，数值趋于稳定，现场调整探测器量程旋钮，将现场表数值调至标气浓度值；在中控室报警盘进行量程设置。

④ 单台仪器校准完成后，收好校准设备，去往下一个探测器进行校准工作。

⑤ 所有仪器校准工作完成后，回班组填写校准记录。

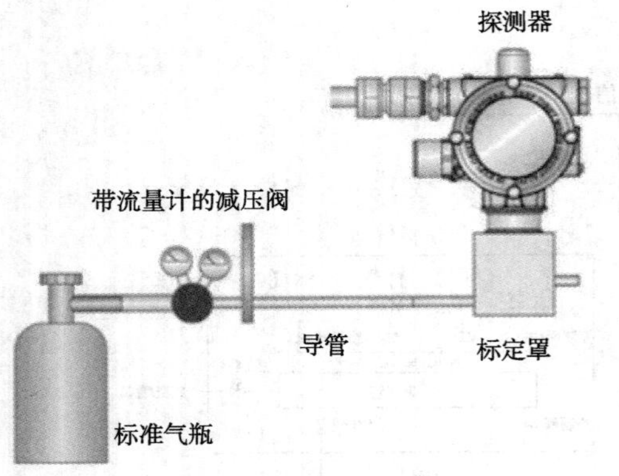

图4　常规标定示意图

（2）自动校准

① 零点检查时，控制系统向探测器配送干净空气（流量范围不小于500ml/min），分析探测器反馈信号，若零点漂移，则对探测器置零。

② 量程标定时，控制系统向探测器配送量程标气，通气一段时间，数值趋于稳定后，对探测器反馈电流信号进行检测和记录，并将其电流信号与标气对应报警数值进行匹配，在控制画面上显示浓度数值，同时修正现场探测器显示数值。（以60%LEL甲烷标准气为例，数值调到60%LEL）。

③ 依次打开通向探测器标气管路控制阀，逐台进行校验。也可批量进行校准。

④ 控制系统记录每次探测器量程标定的相关数据，形成校准记录。

3.6　系统功能

（1）系统时刻监测探测器信号，可在系统中预先设置一个数值，在校准作业时进行比对，分析探测器内传感器是否达到使用寿命，若达到使用寿命，则发出相应预警，为预知性维修提供依据。

（2）可通过控制系统对现场探测器检测情况进行数值分析，排查现场泄漏点，对现场报警区域采取措施，抑制可燃气体的泄露。

（3）能够实时在画面上显示气体类型、浓度、故障和报警等信息。当现场被测气体浓度达到或超过设定值时，系统将发出声、光报警信号。

（4）控制系统配置时钟服务器，自动更新时间，解决以往每台二次表一个时间，时间不一致的问题

（5）采用具有两级报警设置功能

一级报警为气体泄漏警示，提示操作人员及时到现场巡检处理；

二级报警为气体泄漏紧急报警，提示操作人员采取紧急处理措施；

当气体泄漏需联动保护时，二级报警输出接点信号可作为联动保护条件；

（6）具有以下记录、存储、显示功能：

① 能记录可燃气体和有毒气体的报警时间，且日计时误差不应超过30s；

② 能显示当前报警部位的总数；

③ 能区分最先报警部位，后续报警点按报警时间顺序连续显示；

④ 具有历史事件记录功能。

（7）系统处于实时轮询巡检状态，当出现异常气体浓度升高或探测器故障时，可对出现的问题进行推送，及时排查故障原因。

4　结束语

（1）通过可燃气体探测器自动标定系统可减轻操作人员劳动强度；

（2）将可燃气体维护工作流程化，提高了标定效率、实现了数据可溯源；

（3）为设备完整性管理提供有力支撑，为安全生产保驾护航。

参考文献

[1] GB 50493—2019. 石油化工可燃气体和有毒气体检测报警设计标准[S].
[2] GB 50116—2013. 火灾自动报警设计规范[S].
[3] GB/T 50770—2013. 石油化工安全仪表系统设计规范[S].

智能化立体仓库在短纤仓储中应用

侯　亮

（中国石化仪征化纤有限责任公司）

摘　要　储运部负责短纤产品下线、入库及出库作业，随着近几年公司不断发展，短纤产能大幅度增加，而储运部作业人员人数逐年减少、平均年龄逐渐增加（已达 52 岁），传统的作业方式已不能满足短纤业务发展的需要；本文通过以某公司短纤生产线为试点，从根本上改进短纤产品下线、入库及出库方式，由人工夹包车作业改为以 WMS 和 WCS 为核心，智能化协调和控制自动化输送线、自动化仓库及产品仓储数据库系统，实现下线、入库、出库智能化、无人化，大幅度降低现场作业强度和提高产品仓储质量，满足公司发展对产品高质量仓储要求。

关键词　立体仓库　WMS　堆垛机　自动化输送线　收益

1　概述

仪征化纤有限责任公司短纤生产线，主要产品为水刺、超有光缝纫线等产品，主要产品为水刺、超有光缝纫线等产品，改造前储运部短纤下线作业采用四班三倒形式，每班安排 1 人采用燃气夹包车进行短纤生产线产品下线及入库作业。

随着公司现场人员老化严重，下线作业人员平均年龄达 52 岁，已不能满足 24 小时频繁高强度作业要求。

目前用户对短纤产品洁净化程度要求不断提高，采用燃气夹包车进行人工下线作业，每天产生大量因人工夹包、夹包车尾气污染等原因产生的脏破包，不能满足客户对产品洁净化的需求。

目前下线及入库动力采用液化石油气，使用成本高，同时也产生了碳排放，不满足国家对碳零排放要求。

目前作业人员将入库的产品包集中堆放在库位中，仅对产品批次进行的分类堆放，无法精确到具体产品包，无法实现单包跟踪功能。

2　短纤智能化立库实现方式

2.1　下线作业

改造前，生产装置将生产的产品包通过无动力斜托辊将产品包自动滑落，下线作业人员通过使用夹包车将无动力斜托辊上的短纤产品包移到中间库完成下线作业，本次改造，通过自动化输送线与短纤生产线衔接（图 1），在自动化输送线与短纤打包机连接处增加红外线检测传感器，当传感器检测到下线短纤包后，将信号传输到自动化输送线控制系统，控制系统智能记录短纤产品生产线信息，并将产品生产线信息智能化跟随产品包进行智能化传输。

图 1　自动化输送线与短纤生产线衔接

2.2　移库作业

改造前，移库作业通过夹包车沿着=厂区道路将产品包由中间库搬运到短纤产品库房，并通过手动堆码作业，因输送距离远，输送通道道路破损严重及夹包车限制，在移库过程中易产生脏破包风险，不能满足产品洁净化需求；本次改

第一作者简介：侯亮（1986—），本科，工程师，2010 年 7 月毕业于中国矿业大学电气工程及自动化专业，目前主要从事成品储运设备管理。E-mail：houliang. yzhx@ sinopec. com

造，通过自动化输送线、提升机（图2）、RGV小车（图3）等设备将产品包及产品包信息逐级传送到短纤产品库房。

图2　提升机

图3　RGV小车

2.3 入库作业

改造前，通过夹包车在短纤库内进行堆码作业，因夹包车起升高度限制，产品堆码最多只能堆6层，且需留出夹包车作业通道，库存利用率低；因采用人工夹包车堆码，堆码时仅将产品按照批号进行统一堆码，无法精确到产品包，当因产品质量变化需对具体包产品标码信息进行修改时，挑包工作量大；目前盘库作业通过人手工到现场数包进行盘库，工作量大，且易出错；本次改造，将短纤产品及产品信息通过输送线传输到1027线体并将到位信息及产品生产线信息传输给WMS系统，WMS系统通过读取产品包二维码获取产品详细信息，并智能入库位号，并将入库位号信息传输给输送线，输送线按照WMS系统要求将产品传输到指定入库口并将到位信息反馈给WMS系统；WMS系统接到产品到位信息后，智能分配库位并将分配后的信息发送给目标库位堆垛机，实现自动化输送线与堆垛机衔接（图5），堆垛机按照WMS系统目标库位要求将产品包输送到目标库位完成入库作业，WMS系统及时更新库房内产品信息并存在数据库系统（WMS及WCS控制架构图4），通过改造，产品库位利用率得到显著提高，原库房宽度约24m，其中8m作业叉车作业通道无法利用，且堆码最多智能堆6层，而立体仓库2台堆垛机作业通道约为3m，且堆码层数增加到了8层（因库房高度限制，最高产品只能堆放8层），经测算，最大库存提高了50%，保管员能够通过登录WMS系统产品库存信息及库位信息，大大降低了保管员盘库作业量，提高了工作效率。

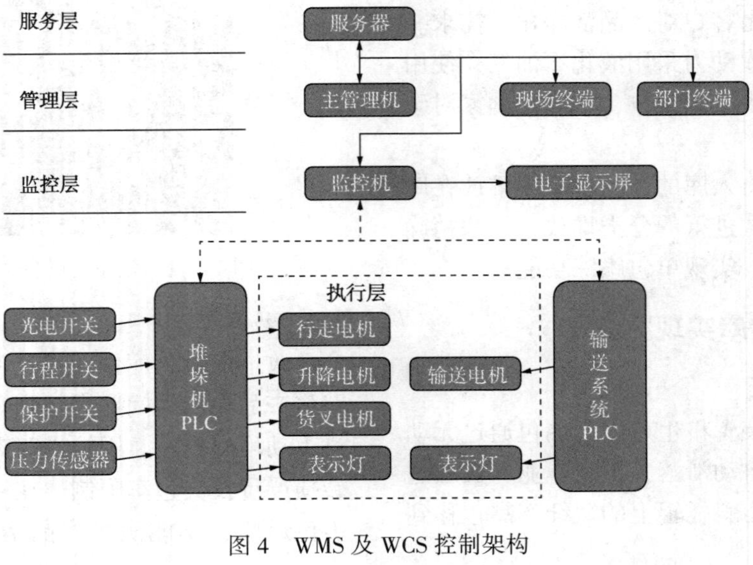

图4　WMS及WCS控制架构

图 5　自动化输送线与堆垛机衔接

3　改造后收益

3.1　直接受益

通过本次改造，每年产生的直接效益约 80.7 万元，具体清单如下：

人工成本：

以往短纤生产线下线共 4 名职工，按仪化公司员工平均人工成本 18 万元/年，通过改造后节约人工成本 72 万元/年。

能耗成本：

以往通过职工开液化石油气夹包车进行下线作业，每天用 1.5 瓶液化石油气，每瓶气 300 元，每天产生费用 450 元，目前采用自动化输送线进行下线、入库和出库作业，能耗为 75kW·h/天，按每度电 0.8 元，每天产生费用 60 元，通过改造后共节约能耗费 240 元，每年节约 8.7 万元。

3.2　间接受益

通过本次改造，实现了短纤生产线下线及入库的智能化，库房最大库存提高了 50%，消除了产品生产脏破包隐患，提高了产品洁净度及顾客满意度，同时大幅度降低了保管员及夹包车司机工作强度，提高了其工作效率。

4　结束语

目前公司已实现了该生产线下线、入库及出库的智能化，通过 2 年的使用，本套解决了公司仓储员工年龄结构偏大、产品洁净度要求高等问题，大大降低了员工的工作强度、提高了工作效率，为实现短纤生产线下线及入库智能化推广提供了宝贵经验。

在线调合成品柴油密度分层原因分析及措施

胡纪全　李志富　树朋山　劳瑞卿　谢丹林

（中国石油化工股份有限公司金陵分公司）

摘　要　针对柴油在线调合系统所调成品油出现密度分层现象进行原因分析，从静态混合器设备本身、装置来油密度波动、间断性收油以及密度差等方面进行分析，提出了设备改进、工艺流程优化、提高装置和调合系统的自动化程度等，从根本上解决密度分层问题，提高一次调油合格率，缩短出厂周期，并起到节能降耗的作用。

关键词　在线调合系统　密度分层　静态混合器　密度波动　间断性收油　密度差

中国石油化工股份有限公司金陵分公司（以下简称金陵分公司）生产装置现有原油综合加工能力18Mt/a，目前生产的柴油规格主要为0#柴油，具体分为国Ⅵ柴油、出口柴油和轻质燃料油3个品种，根据金陵分公司储运部成品工区月技术报表统计，2018年柴油调合总量约为4.39Mt，出厂总量约为4.143Mt。已有应用情况表明，柴油在线调合系统的应用不仅可以节能降耗、降低劳动强度，而且能够极大提高生产效率，并减少调合质量过剩，即在质量控制的基础上，实现调合头产品质量与质量指标的过剩量最小。同时，柴油在线调合系统也存在一定的不足，主要表现为，在工艺上还没有实现所有组分油均可进行在线调合，造成间断性收某一组分油的现象；另外，调合总管总流量远小于混合器的额定流量，各组分油在混合器内的湍流强度较弱，混合效果较差，调合后的成品油需进行循环作业以防止密度分层，从而延长了成品油的出厂周期，并增加了油品的大、小呼吸损耗（大呼吸损耗是储油罐收发油作业中产生的油品蒸气损失，即工作损耗；小呼吸损耗是储油罐内气体空间温度和油气浓度的昼夜变化而引起的油品损耗，即静止损耗）。文中对在线调合系统进行介绍，分析成品柴油密度分层原因，提出改进措施。

1　柴油在线调合系统简介

1.1　工艺流程与静态混合器

金陵分公司柴油在线调合系统分为1#和2#调合总管，1#调合总管目前用于调合国Ⅵ柴油和轻质燃料油，2#调合系统用于调合国Ⅵ柴油和出口柴油，柴油在线调合系统流程见图1。

所投用的柴油在线调合系统包括近红外分析仪、硫含量分析仪和整套加剂设施等。根据所调品种的要求，各组分油按照一定的配方比例进入调合总管，同时，根据调合目标量计算出相应量的抗磨剂、抗静电剂、十六烷值改进剂经过在线加剂系统进入调合总管，在静态混合器内与组分油混合均匀后进入油品储罐。其核心技术是数据的自动采集、处理、实时控制和修正，从而最大程度地减少质量过剩。

1.2　混合原理

金陵分公司柴油在线调合系统所用的静态混合器是南通市旺达石化工程股份有限公司生产的“SWX400-2.5-3000AB”型号的混合器，公称压力为2.5MPa，额定流量为800m^3/h，结构见图2，该混合器内部结构主要由7组混合单元构成，每组混合单元的长度与管道直径均为400mm，后一组混合单元的安装相对于前一组混

第一作者简介：胡纪全（1990—），硕士研究生，工程师，2017年毕业于青岛科技大学机械工程专业，主要从事石油化工设备与工艺技术的管理工作，已发表论文20余篇，获授权专利10余项。E-mail：hujq.jlsh@sinopec.com

合单元旋转 90°，其中每组混合单元由 24 个厚度为 3mm 的板片组成，每个板片的安装与管道轴线成 45°。

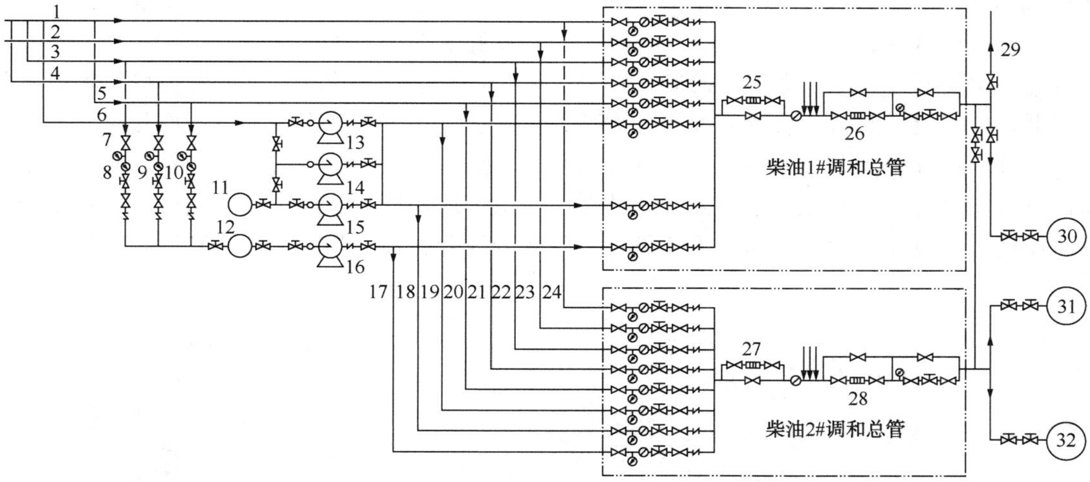

图 1　柴油在线调合系统工艺流程图

1—Ⅰ加氢裂化；2—渣油、蜡油加氢；3—Ⅱ柴油加氢；4—Ⅲ柴油加氢；5—Ⅳ柴油加氢；6—加氢 2#付出线；7—渣油、蜡油加氢线；8—Ⅱ柴油加氢线；9—Ⅲ柴油加氢线；10—Ⅳ柴油加氢线；11—烷返油 210～212 罐；12—过剩柴油 235 罐；13—C22#泵；14—C24#泵；15—C23#泵；16—C21#泵；17—过剩柴加倒油线；18—灯油倒油线；19—Ⅱ加氢裂化倒油线；20—Ⅳ柴油加氢线；21—Ⅲ柴油加氢线；22—Ⅱ柴油加氢线；23—渣油、蜡油加氢线；24—Ⅰ加氢裂化线；25—1#混合器；26—2#调合器；27—3#混合器；28—4#混合器；29—去 203#罐区；30—145～150 罐；31—220～223 罐；32—236～239 罐

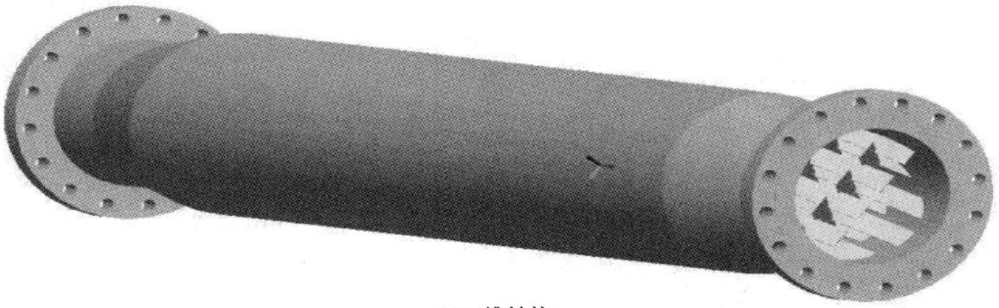

(a)三维结构

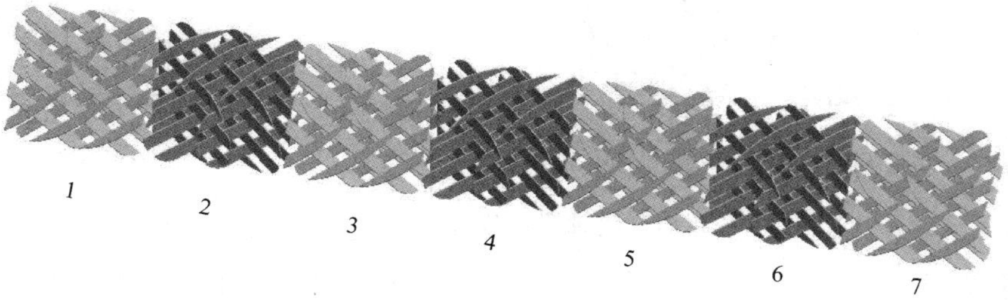

(b)内部单元结构

图 2　混合器结构

为了研究各组分油通过调合总管进入静态混合器内部的流动状态，通过 FLUENT 软件对于流体在静态混合器内部的流动特性进行了模拟分析，如图 3 所示。

由图 3 可以看出，由于静态混合器内部 7 组混合单元的存在，使流体沿轴向流动时不断进行剪切、分割、旋转、分离和重组等运动，从而导致初设流速为 2m/s 的流体经过混合单元后出现了速度的分化，其速度分布越来越不均匀，这有助于流体介质之间的充分混合。

由图 3(a)可知，由于流体在入口位置还没有进入第一组混合单元时，流体的速度并没有出现分化，其分布相对均匀；经过第一组混合单元后，其流体达到图 3(b)状态，流体出现了速度分化，整个流体被分割为多个区域，区域内的流体呈现出湍流流动；流体经过第二组混合单元后，其流动达到图 3(c)状态，由于第二组混合单元相对第一组旋转 90°，因此会导致流体在经过第二组混合单元时，其状态会整体发生较大变化，分割、分离的流体区域进行重组、重定向，其流速进行重新分化，更好地促进流体介质的混合；流体经过 7 组混合单元后，即对流体进行了 7 次分割、分离、重组以及速度分化；由图 3(d)可以看出，流体经过 7 组混合单元后，其流动状态由局部分割区域渐变为整体的层流流动，速度分化逐渐终止，最后流出混合器，从而达到良好的混合效果。

通过以上流动特性的分析可以推论出各组分油和添加剂在静态混合器内部受到混合单元板片的阻扰时，将进行剪切、分割、旋转、分离和重组等运动形成湍流流动，这有利于各组分油的充分混合，湍流强度越高，其混合效果越好。

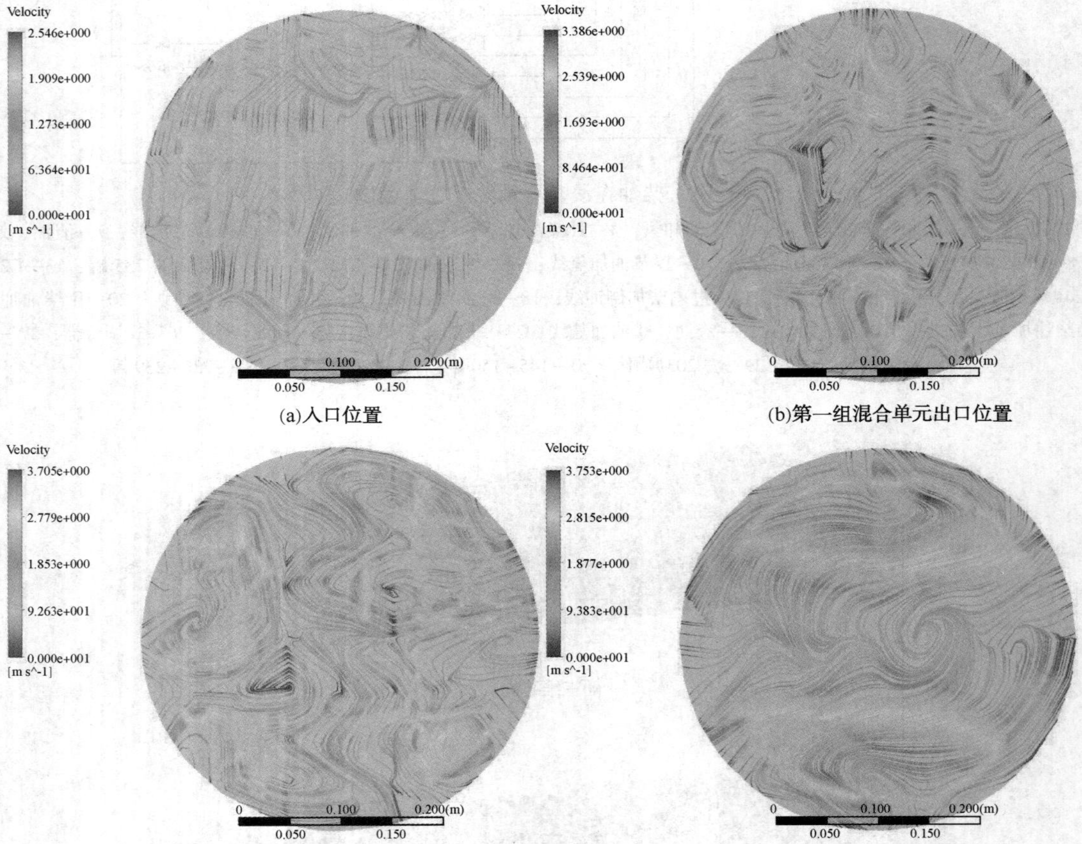

(a)入口位置　(b)第一组混合单元出口位置

(c)第二组混合单元出口位置　(d)混合器出口位置

图 3　静态混合器沿轴向各截面上的速度等值线分布图

1.3　数据统计分析

在线调合系统降低了人工加剂的劳动强度，并最大程度地减少了质量过剩，提高了调合油品的效率和合格率，因为调合分析合格后不需要再循环，从而节约了能耗。但从目前调合的情况来看，与调合直接相关的质量指标：磨痕直径、电导率、十六烷值、合格率基本达到 100%，但是密度分层现象还是会出现。

金陵分公司密度分层的内控指标≤1.0‰，对于调合后储罐的上、中、下、底四个位置的油品进行采样，其中上、中、下组成一个混合样与底样进行密度分析对比，二个数据需要同时满足该种油品的密度指标，且两者之间的密度之差≤1.0g/L 为密度合格，否者为密度分层。表 1 为 2018 年 1~6 月份所调合的成品柴油罐采样分析出现密度分层的统计数据，由表 1 看出，油品密度分层现象存在比例最大的 1 月份达到 7.3%，最小的 5 月份也有 2.1%。

表 1　2018 年 1~6 月份密度分层统计

月份	总罐次	分层罐次	比例/%
1	41	3	7.3
2	43	1	2.3
3	38	1	2.6
4	44	2	4.5
5	47	1	2.1
6	48	3	6.3

1.4　调合总管背压

柴油在线调合系统采取调合总管背压的方式并没有完全解决油品密度分层的问题。调合总管背压的方式，如图 4 所示，通过调节调合总管中的电动调节阀的开度，并设定一个压力进行串级(CAS 状态)控制，通过实践得到 1#和 2#柴油调合总管压力维持在 0.25~0.30MPa，各组分油输送装置不存在憋压现象，且密度分层的发生频率较低。通过提高总管背压来提高总管内的压力，增加管道阻力，增加各组分油在混合器内的滞留时间，强化湍流程度，使组分油与组分油、组分油与添加剂之间充分混合，降低密度分层现象发生比例，提高一次调油合格率。

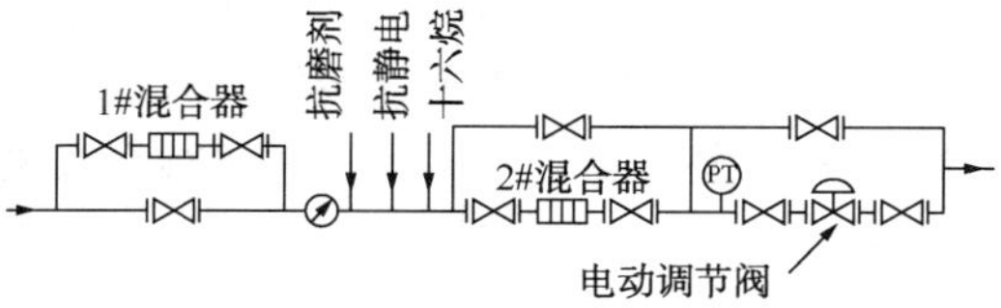

图 4　调合总管背压示意图

通过实践发现，提高调合总管压力虽然有一定效果，但密度分层现象还是会发生，管道阻力增大，加剂系统中加剂泵密封或法兰处密封易损坏，并出现大量泄漏等问题，如图 5 所示。

成品油出现密度分层，通常的处理措施是将油罐进行循环作业或者静置一段时间，最后采样分析合格后才准许出厂。密度分层不仅会严重影响出厂周期，而且还会增加劳动强度和能耗，因此为确保每罐成品油质量合格，对调合后的油罐均进行循环 4~8h，待循环结束后，静置 2h 后采样分析，通过 2019 年的生产实践发现，循环作业后的成品油不再出现密度分层，但机泵的能耗以及油品的损耗量大大提高，也增加了劳动强度。表 2 为 2018 年 1~10 月份机泵循环耗电量统计表，月均耗电量约为 24065.8kW·h。为了

(a)加剂泵连接管线法兰处泄漏

(b)加剂泵出口法兰处泄漏

图 5　加剂系统泄漏现象

从根本上解决问题，从设备、工艺等方面进行分析，并提出相应措施。

表 2　2019 年 1~10 月份机泵循环耗电量统计表

循环机泵	对应储罐编号	计算总耗电/(kW·h)	月均耗电/(kW·h)	罐循环/次
2#	205~207#	20471	2047.1	48
6#	236~239#	99519	9781.9	175
10#	220~223#	60605	6060.5	54
12#	145~150#	60063	6006.3	169
总计		240658	24065.8	446

2　原因分析及建议措施

2.1　调合总管总流量小于混合器的额定流量

由于柴油在线调合系统中的静态混合器额定流量为 800m³/h，而在实际生产过程中，装置输送过来的各组分油(Ⅰ加氢裂化柴油、Ⅲ柴油加氢柴油、Ⅳ柴油加氢柴油)进入调合总管的总流量一般维持在 400~500m³/h 左右，占额定流量的 50%~62.5%，远远没有达到静态混合器的额定流量，从而造成各组分油在混合器内的湍流强

度较弱，混合效果较差。另外，在调合过程中随着成品油储罐液位升高，静态混合器的压力也随之逐步上升，从而导致混合过程不稳定，混合效果差，易发生油品密度分层。

针对这个问题，通过查阅文献并结合实际情况从设备的角度提出了改进方案：

依据于中国石化上海工程有限公司研发的可调式静态混合器，将3个不同流量的静态混合器(1#，2#和3#混合器额定流量分别为300m³/h，200m³/h，300m³/h)进行并联，代替目前在用800m³/h的混合器，从而满足使用要求，如图6所示。当总管流量为200～300m³/h时，启用1#或3#混合器，当总管流量为300～500m³/h时，启用1#(或3#)混合器和2#混合器，当总管流量为500～800m³/h时，3个混合器全部启用。针对调合总管不同流量启用相应混合器组合，使混合器尽可能达到额定流量运行，使各组分油在混合器内达到良好的混合效果。

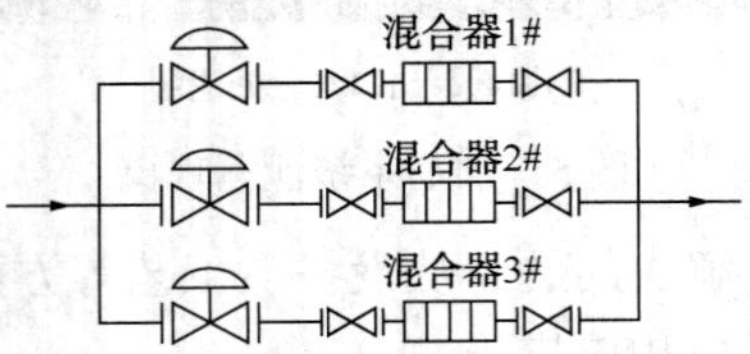

图6　调合总管中混合器并联示意图

为了进一步提高混合效果，采用一种文丘里管式辅助加剂-预混-并联可调三段式混合装置，可以彻底解决油品在线调合系统中因调合总管的流量与静态混合器的额定流量不匹配所导致的成品油出现密度分层和单一混合器混合效果差的问题，提高一次调油合格率，节能降耗。其特征主要是由文丘里管式辅助加剂系统、预混合器以及并联可调混合系统三部分串联构成，如图7所示。

如图7所示，文丘里管式辅助加剂系统主要由调合总管、文丘里管、压力变送器、流量计、剂罐、过滤器、加剂泵、单向阀等组成。在调合总管中增加了文丘里管，加剂泵的出口与文丘里管的喉管相接，可以减小加剂泵出口的压力防止出现憋压而导致加剂泵法兰或密封出现泄漏、损坏等问题，文丘里管可以强化湍流强度，使组分油与组分油、组分油与添加剂之间充分混合，起到第一次预混合的作用，并保障加剂系统稳定运行。

如图8所示，预混器是串联在调合总管中，预混器是由三根支管与预混合器轴线呈30°～45°夹角斜切入预混合器本体内管壁，每根支管之间相隔120°，三根支管的管径应使得支管内部流体的流速为调合总管流体流速的2倍以上，其预混合器本体采用与轴线呈30°～45°的锥形结构，预混合器的末端增加了文丘里管结构具有强化湍流强度，增加混合效果的作用，流体沿预混合器本体内管壁切线方向以高速旋转的方式在预混合器内进行第二次预混合作用。所述预混合器的材质为316L不锈钢材质，其长度为3~4米，壁厚不低于15mm。

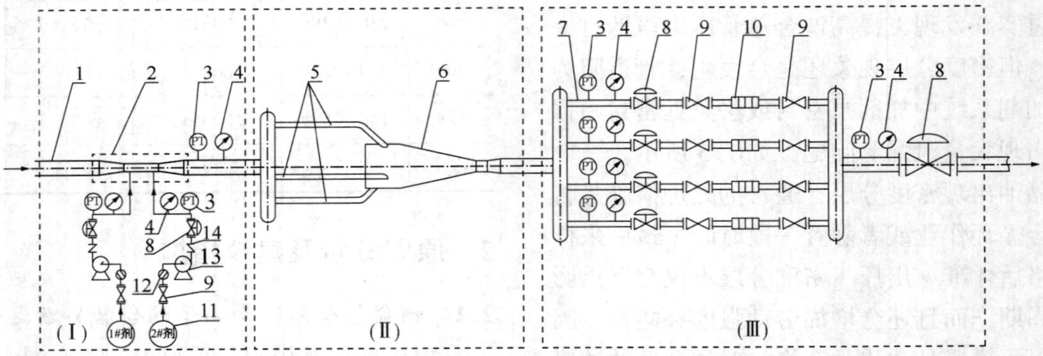

图7　文丘里管式辅助加剂-预混-并联可调三段式混合装置结构示意图

1—调合总管；2—文丘里管；3—压力变送器；4—流量计；5—预混合器支管；6—预混器本体；7—混合器支管；8—电动调节阀；9—手动阀；10—静态混合器；11—剂罐；12—过滤器；13—加剂泵；14—单向阀；15—螺母；16—螺栓；17—垫片；18—法兰盖

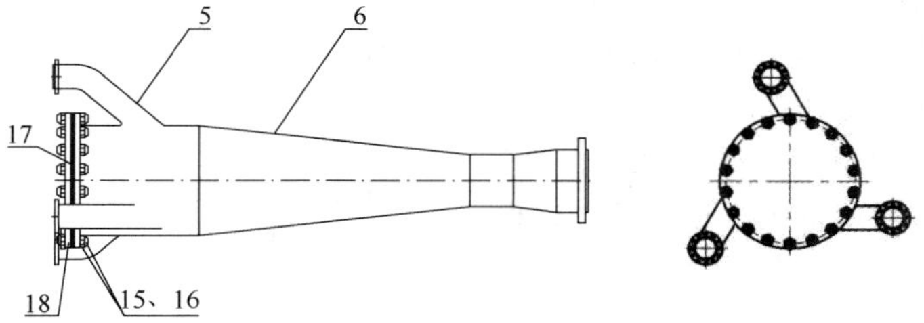

图 8 预混合器结构图

15—螺母；16—螺栓；17—垫片；18—法兰盖

如图 7 所示，并联可调混合系统是由三根及以上支管并联而成，每根支管上串联了压力变送器、流量计、电动调节阀、手动阀、静态混合器组件。流体经过前面二次预混合后最后通过静态混合器，其混合器采用了三个及以上不同流量的静态混合器并联组成，所选择的静态混合器额定流量在 200~300m^3/h，每台静态混合器前增加了电动调节阀，根据调合总管流量的大小启用相应混合器的组合，使每台混合器尽可能达到额定流量运行，使各组分油在混合器内达到良好的混合效果。另外，在并联可调混合系统末端的调合总管中安装了电动调节阀，可以设定一个压力进行串级(CAS 状态)自动控制调节阀的开度，通过调合总管背压来提高总管内的压力，增加管道阻力，强化混合效果。由于加剂泵出口并不是直接与调合总管相接，而是与文丘里管的喉管相接，可以避免加剂泵憋压运行。各组分油与添加剂通过三段式混合系统，进行了充分的混合，最后进入成品油储罐。此系统结构简单、稳定性好、调控方便、便于操作。

2.2 装置输送的组分油密度波动

来料组分油(Ⅰ加氢裂化柴油、Ⅲ柴油加氢柴油、Ⅳ柴油加氢柴油)存在密度波动现象，且密度波动幅度≥1‰，通过长期观察Ⅰ加氢裂化柴油密度较大，且出现波动的频率较高。目前对这种情况导致的密度分层，采取调油结束后进行循环作业。

针对这个问题，需要提高各组分油所属装置的生产稳定性，并进一步提高自动化程度，装置和调合系统需要同时进行实时在线监控组分油密度变化，并设定在线监测报警，密度波动幅度≥1‰，系统报警，密度波动较大时将该组分油临时转入不合格罐，待密度稳定后再转入调合系统，从而提高一次调油合格率，缩短出厂周期，并降低能耗和劳动强度。

2.3 间断性收某一组分油

由于各组分油之间存在密度差，当间断收油后，组分油配比在管道调合过程中大幅度变化直接导致所调成品油密度变化，引起成品油储罐密度分层。目前Ⅱ加氢裂化柴油组分油无法直接进入调合系统，而是进入一个备用罐，待调油时通过机泵将所需该组分油配方量从备用罐中一次性倒入调合系统中，从而造成Ⅱ加氢裂化柴油间断性进入调合系统，对于这种情况目前采取调油结束后进行循环作业。

针对这个问题，需提高调合系统自动化程度，进行工艺流程优化，将Ⅱ加氢裂化柴油组分油管线接入调合系统，实现所有组分油在线连续性调合，使所调合的油品不易出现密度分层，提高一次调油合格率，并减少质量过剩。

2.4 密度差

若调合总管内的油与前期罐底油存在密度差，由于油品自身轻重组分分布不均，在油罐内造成分层。即在油罐底部沉积着密度较重的油品，而上层油品的密度相对较轻，调合总管收油罐根在收油过程中对罐底油扰动不是很充分，从而导致密度分层现象。

由于这种轻重油品的分布没有一定的规律可循，这种情况引起的油品密度分层现象出现的概率极低，采取的措施是调油结束后出现密度分层需进行循环作业。

3 结论

针对柴油在线调合系统所调合的成品油出现密度分层的现象进行原因分析，并且对目前所采用的方法提出改进，从根本上解决密度分层的问题。

(1) 针对目前调合总管总流量小于混合器的额定流量，从设备的角度考虑采取一种文丘里管式辅助加剂-预混-并联可调三段式混合装置，通过三段式混合，从而使各组分油达到较好的混合效果，提高一次调油合格率，节能降耗，减少油气的排放量，并降低了劳动强度。

（2）针对装置输送的组分油密度波动问题，需要进一步提高装置和调合系统本身的自动化程度，安装在线监测系统，实时在线监控组分油密度变化情况。

（3）针对间断性收Ⅱ加氢裂化柴油问题，从工艺角度将Ⅱ加氢裂化柴油管线接入在线调合系统，实现所有组分油在线连续性调合。

（4）针对调合总管内的油与前期罐底油存在密度差，由于无规律可循，采样分析密度分层后需要进行循环作业。

参 考 文 献

[1] 黄红刚．论过程控制中的质量过剩[J]．现代商贸工业，2011，23(12)：248.

[2] 王雁君，张蕾，李育钟，等．汽油管道调合配方优化控制及其应用[J]．计算机与应用化学，2009，26(8)：1053-1056.

[3] 王聪，赵国玺．在线调和优化技术的应用[J]．石油化工自动化，2010，46(1)：13-16.

[4] 甘密凤．石化油品调和对改进油品质量的研究[J]．中国石油和化工标准与质量，2020，40(22)：15-17.

[5] 石海玲．石化油品调和及改进油品质量的初步探讨[J]．石化技术，2019，26(4)：26-27.

[6] 胡纪全，李志富，万里，等．在线调合成品柴油密度分层原因及措施[J]．石油化工设备，2021，50(3)：77-81.

[7] 王聪，伟英，余永生，等．柴油在线优化调和可行性分析[J]．石油化工自动化，2009，6(13)：15-17.

[8] 张忠洋，夏镇富，王海彦．柴油优化自动调和系统的设计与开发[J]．当代化工，2006，35(6)：404-406.

[9] 蔡智．油品调和技术[M]．北京：中国石化出版社，2006.

[10] 胡纪全，李志富，谢丹林．基于FLUENT对SWX型静态混合器的研究分析[J]．石油化工设备技术，2021，42(1)：11-18.

[11] 李建，刘凡清，杨继亮．可调式静态混合器的开发试验研究[J]．现代化工，2007，27(1)：291-293.

[12] 李建．可调式静态混合器：200610030082.X[P]．2007-5-23.

[13] 胡纪全，劳瑞卿，李志富．一种三段式混合装置：202022065897X[P]．2020-09-18.

[14] 胡纪全，李志富，万里，陶秋剑．柴油在线调和系统优化方案分析[J]．金陵科技，2019，26(2)：9-13.

[15] 王志平．油品分层对贸易结算的影响[J]．测量与控制，2012，(4)：93-94.

调节阀定位器预知性维护技术攻关

张 弢

（天津津滨石化设备有限公司）

摘 要 在石油化工装置中，调节阀用于稳定被控参数，使被控对象运行在平稳、安全的工作状态，而定位器的正常工作，决定了阀门是否能够准确的执行控制器命令。当定位器出现故障时，会造成生产装置波动、停车，甚至发生安全事故。因此，开发一套能够预知定位器故障，并能及时解决故障的装置是十分必要的。以VALVELINK软件数据为依据，使用本套装置，对不具备在线整定的阀门进行离线整定、在线更换。本文主要介绍了定位器预知性维护装置的组成和功能。

关键词 定位器 调节阀 离线整定 预知性维护 Valvelink

1 存在问题

调节阀在生产中起着至关重要的作用，生产的稳定运行，很大程度依赖于调节阀的精准调控，消除生产过程中的各种扰动，而定位器的使用，进一步提高了生产过程的控制品质，使得工艺过程更加稳定，产品质量更高。随着石油化工装置中自动化程度日益增加，定位器的重要作用更加突出。中沙石化对于仪表自控率的要求也加入到了装置KPI考核指标中。

长久以来，中沙石化并没有完善的定位器预知性维护策略。当工艺生产发生异常，并判断是定位器故障的时候，才能对相应的阀门定位器进行维护检修。这种检修是十分被动的，对于关键部位来说，带来的后果有可能是装置停车。

一般情况下，定位器发生故障前，其工作状态会出现某些异常。中沙石化大量使用的Fisher品牌DVC系列定位器具备在线诊断功能，并能够保存定位器报警记录。可以依靠定位器的这些功能，可提前预判定位器是否存在异常，在故障发生前，对定位器进行相应的操作，防止事故的发生。但是某些工艺流程上的定位器，并不具备在线检修的条件，即使发现了这台定位器存在问题，也只能等待停车时才能处理，此时给装置带来的隐患是看得到的，却无能为力。

2 技术方案

2.1 制定预知性维护策略

依托内嵌于横河PRM工厂资产管理系统的Valvelink软件，开启阀门报警触发记录triggeredprofile功能，结合日常重点阀门点检，可对装置调节阀进行监控：第一，定期在线数据收集，能够在数据收集的过程中发现阀门故障；第二，开启定位器triggeredprofile报警触发记录功能，定期检查定位器报警信息，针对曾经有过报警的定位器，进行重点分析和监控。依据以上两方面收集的信息，进行风险评估，有针对性的进行维护和检修。

2.2 实施预知性维修

维修过程分两种情况。第一，具有跨线，或可以暂时切断流程的。这种情况是容易处理的，调节阀在实际工作条件下，更换定位器（或定位器零部件）以后，可以很方便的对定位器进行整定。第二，不具备在线整定条件的，这种情况需要依靠仪表车间开发的这套定位器离线整定装置，通过离线整定定位器，在线更换，达到定位器在线无扰动更换的目的。经过实际测试，经这套装置处理的定位器，控制精度能够在5%左右，能够满足应急需求。

2.3 整定装置的开发

为了应对发现故障而不能处理的情况，我们开发了一套整定装置（图1），本套装置利用阀门

第一作者简介：张弢，大学本科，工程师，现从事仪表设备检维修技术管理工作。E-mail：15620989499@126.com

气缸和相关连接杆，通过改变连杆的角度和位置，可以模拟出实际阀门执行机构的状态，提前在整定装置上对阀门进行相关参数设置和手动整定，再将新的定位器更换到生产装置上。更换时，先用限位工装将现场阀门固定在当前开度，检修结束以后，拆除工装。

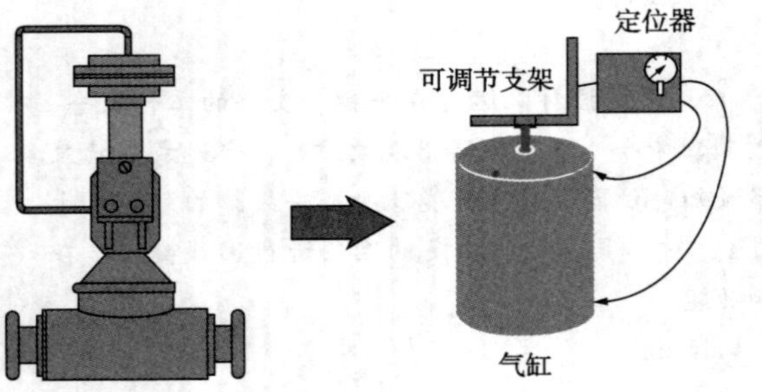

图1　整定装置示意图

3　预知性维修的实施

3.1　开启 triggered profile

Fisher 品牌 DVC 型定位器默认是没有开启报警触发记录的，需要逐台进行设置，如图2所示。

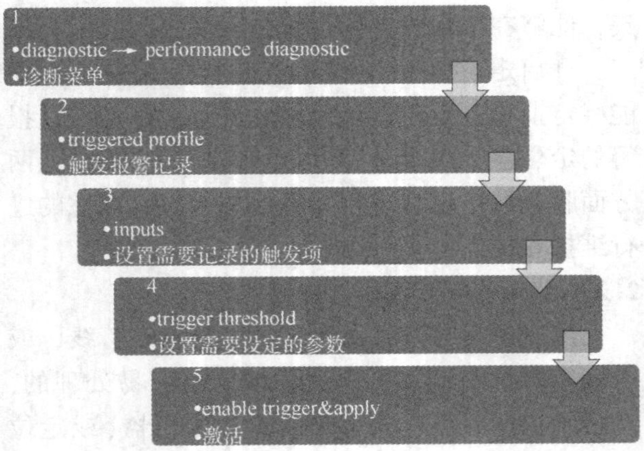

图2　开启流程

每台定位器可设置4个触发项，设置好以后，只要发生触发事件，定位器就会记录一条信息。信息的内容包括时间，触发事件，触发值等。记录不会被自动清除和覆盖。记录的条目有限，当存储区记满以后，不会再记录新的事件。因此需要定期检查和清理事件记录。厂家推荐的触发项是：行程偏差，供气压力，驱动信号，输入电流。

3.2　在线监控

使用在线监控功能，通过 HART 协议，在横河 PRM 上可以显示当前阀门的各种状态。在线监控功能十分强大，可以进行多种在线诊断。不仅能够反映定位器状态，而且可以通过诊断功能推测阀门运行情况。

3.3　整定装置组成结构(图3)

图3　整定装置组成结构

（1）框架，是整套装置的基础，用于固定气缸、连杆和定位器。

（2）气缸，气缸为双作用，不带返回弹簧。出于安全角度考虑，本套装置适用于双作用的执行机构。气缸行程为480mm，可满足大型阀门的整定需求。

（3）导向槽，约束连杆在导向槽内运动，防止连杆出现转动，造成整定。失败或误差过大。

（4）标尺，安装于导向槽一侧，用于指示行程数值。

（5）横向连杆，水平安装在气缸连杆顶端，可水平移动。用于连接可调节连杆。

（6）可调节连杆，可根据不同规格执行机构调节角度，以适应不同的阀门。

4　离线整定装置的使用流程

（1）查看仪表规格书或执行机构铭牌，取得待更换阀门的相关参数。

（2）将待更换的定位器安装于定位器固定支架上，连接725作为定位器信号源和电源。用375手操器写入阀门参数。连接好定位器输入气源和输出至气缸的气源管。

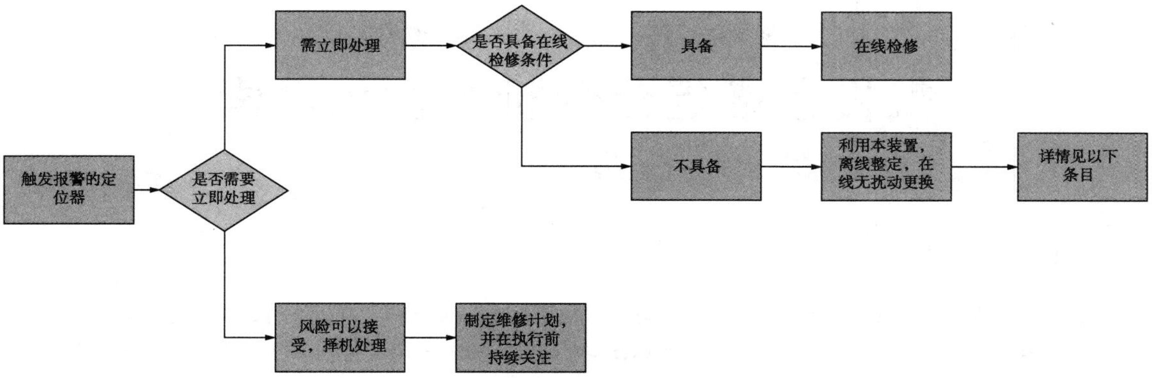

图 4

(3) 用 375 手操器使用手动模式对阀门进行整定，整定完成后，使用 725 设置阀门开度，读标尺，确定阀门整定是否正确。固定定位器反馈杆，防止误碰。至此定位器离线整定完成。

(4) 由于生产中的阀门不能有大幅度动作，在工艺人员将控制回路切手动以后，需要使用限位工装把现场阀门固定在当前开度。读取当前定位器的实际开度，做好记录。更换定位器后使用 375 读取新定位器的开度，和记录的开度做比对，确定一致以后方可拆除限位工装。

(5) 拆除限位工装后，观察阀门状态，一切正常稳定后，投入控制回路。

5 定位器预知性维护的应用价值

目前，中沙分公司仪表车间管辖范围的五套主装置和公用工程区域内能够开启报警触发记录和在线诊断的调节阀有 915 台，属于关键仪表调节阀有 74 台，均已激活报警触发和在线诊断功能。74 台关键调节阀每周两次进行参数统计，报警检查工作，其他阀门每月进行事件收集工作。自从投用以来，根据统计数据，已处理定位器 9 台。

6 总结

测量仪表的检测数据的真实准确，执行仪表执行控制器命令的灵敏稳定，是提高仪表自控率，增加仪表可用性，提高装置安全性的两个重要条件。智能定位器的使用，使执行仪表更加精准的消除生产过程中的扰动，提高了装置的安全稳定。当更换新的定位器或更换定位器内部的部分零部件以后，往往需要进行阀门在线整定。而某些工艺条件下，不能允许阀门开度的大范围动作。利用这套装置，能够实现定位器离线整定，在线无扰动更换。预知性维护可以在仪表设备出现严重故障前，通过技术手段提前发现事故隐患，把故障排除在萌芽阶段。

气相色谱组分分析的优化探索

贺斌莹

（天津津滨石化设备有限公司）

摘　要　每一台气相色谱在出厂时已经根据用户的需求做好定性和定量的分析设定，当装置进行产品升级改造后气相色谱测量的组分含量有大幅度的改变，现有气相色谱在测量时产生了误差，工艺经常需要做离线样品进行对比，及时性和准确性都对装置的平稳运行造成影响。通过对气相色谱进行深度了解，在原有框架的基础上通过进行技术升级满足工艺改变对仪表的需求变化，解决关键仪表对小量程组分测量精度偏低问题，提高仪表可靠性，减少离线分析次数。

关键词　气象色谱　测量　组分　谱图　载气

1　概述

气相色谱时利用色谱分离技术和检测技术，对多组分的复杂混合物进行定性和定量分析的仪器。气相色谱是以气体作为流动相(载气)。当样品进入定量管后，被载气携带进入填充柱或毛细管色谱柱。由于样品中各组分再色谱柱中的流动相和固定相间分配或吸附系数的差异，在载气的冲洗下，各组分在两相间反复多次分配使各组分在柱中得到分离，然后用检测器根据组分的物理化学特性将各组分按顺序检测出来。检测器对每个组分所给出的信号，在记录仪上表现为一个个的峰，称为色谱峰。色谱峰上的极大值使定性分析的依据，而色谱峰所包罗的面积则取决于对应组分的含量。一个混合物样品进入气相色谱后，由记录仪得到的曲线称为色谱图。分析色谱图就可以得到定性和定量的分析结果。

2　技术描述

装置进行产品升级改造后，气相色谱测量的组分含量有大幅度变化，改变后测量不准确的组分主要为乙烯、乙烷。乙烯组分由原来的28%改为38%，乙烷组分由原来的2%改为0.1%。经过对气相色谱出厂数据报告的研究发现，乙烯、乙烷是经过一组色谱柱R2分离后进入检测器测量的(图1)，且两种物质特性相似分离时序相近(图2)。由于乙烯含量增加分析仪记录的色谱峰变大，乙烷的含量减少分析仪记录的色谱峰变小，而且乙烯、乙烷两种色谱峰在谱图上距离相近。所以当组分含量大幅度变化后，乙烯峰将乙烷峰部分进行了覆盖，导致分析结果出现误差。

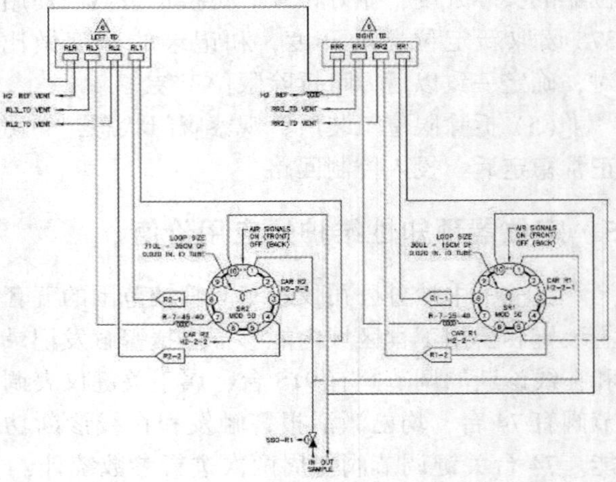

图1

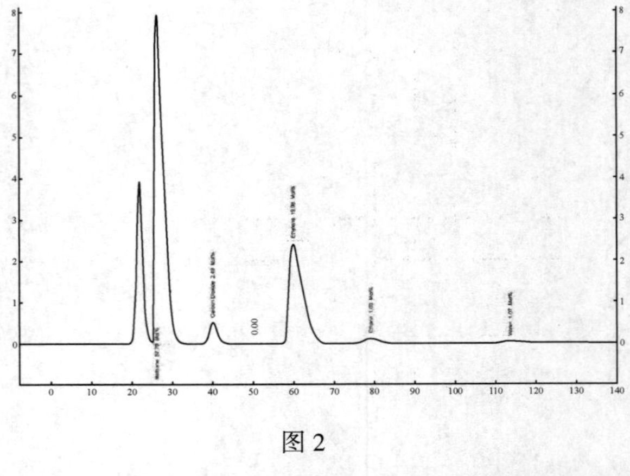

图2

第一作者简介：贺斌莹(1985—)，工程师，大学本科学历，2008年毕业于天津城市大学工程管理专业，现从事化工自动化仪表维护工作，担任主管师。E-mail 地址：hebytv2@126.com

3 方案分析

3.1 第一种方案改变载气的流速

组分是由载气 CARR1H2-2-1 推动进入气相色谱分离测量的，如果我们将载气的流速降低，气相色谱出峰时间会推迟，这样就能将乙烯、乙烷完全分离分析。

3.2 第二种方案增加一组阀门 SR3 将组分切出另外进行分析

为乙烯、乙烷单独设置一组阀进行分离，并且利用原有检测器不用的通道 R3 进行测量，达到将乙烯、乙烷完全分离分析。这种方案需要更改气路没有进行前期试验，将方法发给色谱厂家验证时，得到了肯定的答复，而且这种方案不会更改色谱分析周期。

3.3 方案对比

需要改造的气象色谱有三台，当与业主沟通时，业主方不同意延长分析周期分方案，即第一种方案，延长 2.2min 后整个分析时间达到 5min，气相色谱分析周期过长不能及时的反应工艺反应状态。经过沟通最后决定在非关键一台分析仪采用第一种方案，另外较为关键的两台采用第二种方法。

3.4 方案测试

当流动相中携带的混合物经过固定相时，混合物中与固定相发生相互作用。由于混合物中各组分在性质和结构上的差异，与固定相之间产生的作用力的大小、强度不同，随着流动相的移动，混合物在两相间经过反复多次的分配平衡，使得各组分在固定相中停留的时间不同，从而按一定次序由固定相中流出，实现混合物中各组分的分离与检测。

3.4.1 第一种方案

载气的流速 $U=L/T0$，U 越小，组分在气相中停留的时间越长。可以采用更改的载气气路 CAR R1 H2-2-1 压力并用流量计对修改后的流量进行确定，更改气相色谱分析周期时间、载气流量、色谱峰保留时间等参数达到目的。

3.4.2 第二种方案

为乙烯、乙烷单独设置一组阀进行分离，并且利用原有检测器不用的通道 R3 进行测量，达到将乙烯、乙烷完全分离分析。

（1）在右侧增加了一组阀门进行组分分离（图 3）。

图 3

（2）硬件添加后还需要在软件中进行设置识别硬件的改变在软件中添加阀门 SR3 并修改 SR1/2/3 的动作时间（图 4）。

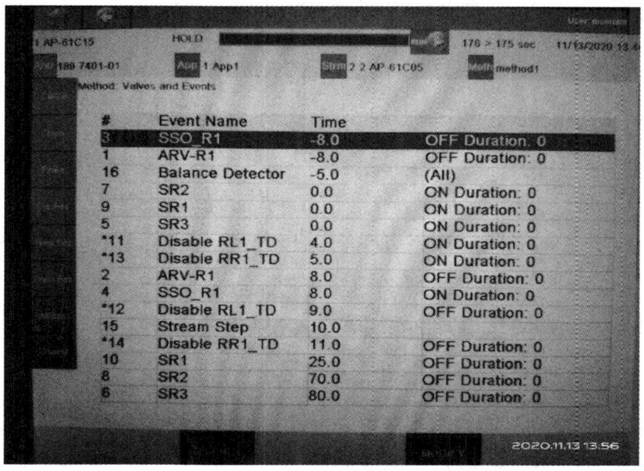

图 4

4 总结

通过团队的努力使用两种方法合理的进行色谱优化，第一种方法成本低，只需要对程序进行优化，但分析周期长适合非关键气相色谱；第二种方案成本高，硬件、程序都需要优化，但分析周期不变适合关键气相色谱。此次气相色谱优化需要查阅大量资料，锻炼了攻关团队的技术能力，加深了对气相色谱的了解，解决关键仪表测量不准问题，提高保运仪表的可靠性。

智能仓储系统升级技术改造

卫苏军

（天津津滨石化设备有限公司）

摘　要　本文介绍了短丝装置AGV无人自动叉车在出库、码垛方面的应用，主要内容包括AGV无人自动叉车调度流程、自动标签机工作原理及二维码识别功能的实现。

关键词　AGV无人叉车　标签机　二维码　图像读码器

1　装置简介

天津石化短丝成品储存库共有6座，使用面积13019平米，垛位面积为8200平米，最大储存量为9600吨，储存包数为27500包。主要产品规格为1.56dtex×38mm半光高强棉型短纤维、1.33dtex×38mm半光高强棉型短纤维及其他根据市场需要生产的品种。库房库容正常时，每个垛位码放层数为四层，当外售趋紧、节假日出库不畅时，为了保证入库，每个垛位码放层数为六层。

改造前，短丝成品包出入库、装车的方式为人工叉车操作，整个物流过程用工多、频率高、物流成本高，装置面临着人员短缺问题。

按照天津石化扎实推进"智能工厂"建设的要求，利用5G+机器人技术，针对简单性劳动、重复性作业，开展"机器代人"试点工作，整个仓库由人工储运升级改造为自动储运，不仅可以解决装置人员短缺和物流成本高的困境，更是符合现代企业自动化、智能化发展的路线方针。

短丝装置为首批进入天津石化"智能工厂"项目的基层单位。

2　项目改造的内容

智能仓储项目通过利用5G通讯、视觉导航、自适应技术的AGV叉车来实现仓储智能管理、自主装车、日常出入库无人化。项目采用成品包自然堆叠的方式完成存储，通过夹抱式AGV叉车和WMS库房管理系统实现成品包的运输和分类存放，并规划两个自动装车位，可实现AGV叉车无人自动装车(图1~图3)。

图1　智能仓储技术构架

成品下线具体流程如下：

(1) 中控系统调度无人叉车取货，无人叉车到位，接收到滚筒线的"到位信号"，扫描货物二维码，反馈中控系统；

(2) 中控系统根据检验库的检验区状态进行库位分配，下达卸货点至无人叉车；

(3) 无人叉车完成指令后，报告中控系统，中控系统同步更新"检验库仓储区"的库位管理。

本升级改造项目我车间参与实施内容主要涉及流程(1)标签打印及信息采集发送过程，具体流程细化可分为以下两部分：

(1) 包信息获取、打印二维码标签

工艺流程为：

打包机出包后，包运行至原转盘称进行第一次称重，人工判断包重是否合格，标签机转台无包则包自动运行至标签机转台，等待人工确认后，转台自行旋转，打印两次标签并自动贴签后转台复位。

第一作者简介：卫苏军(1984—)，学士学位，仪表工程师，2008年毕业于天津理工大学自动化学院，现从事石化仪表维护工作。E-mail：weisujun@outlook.com

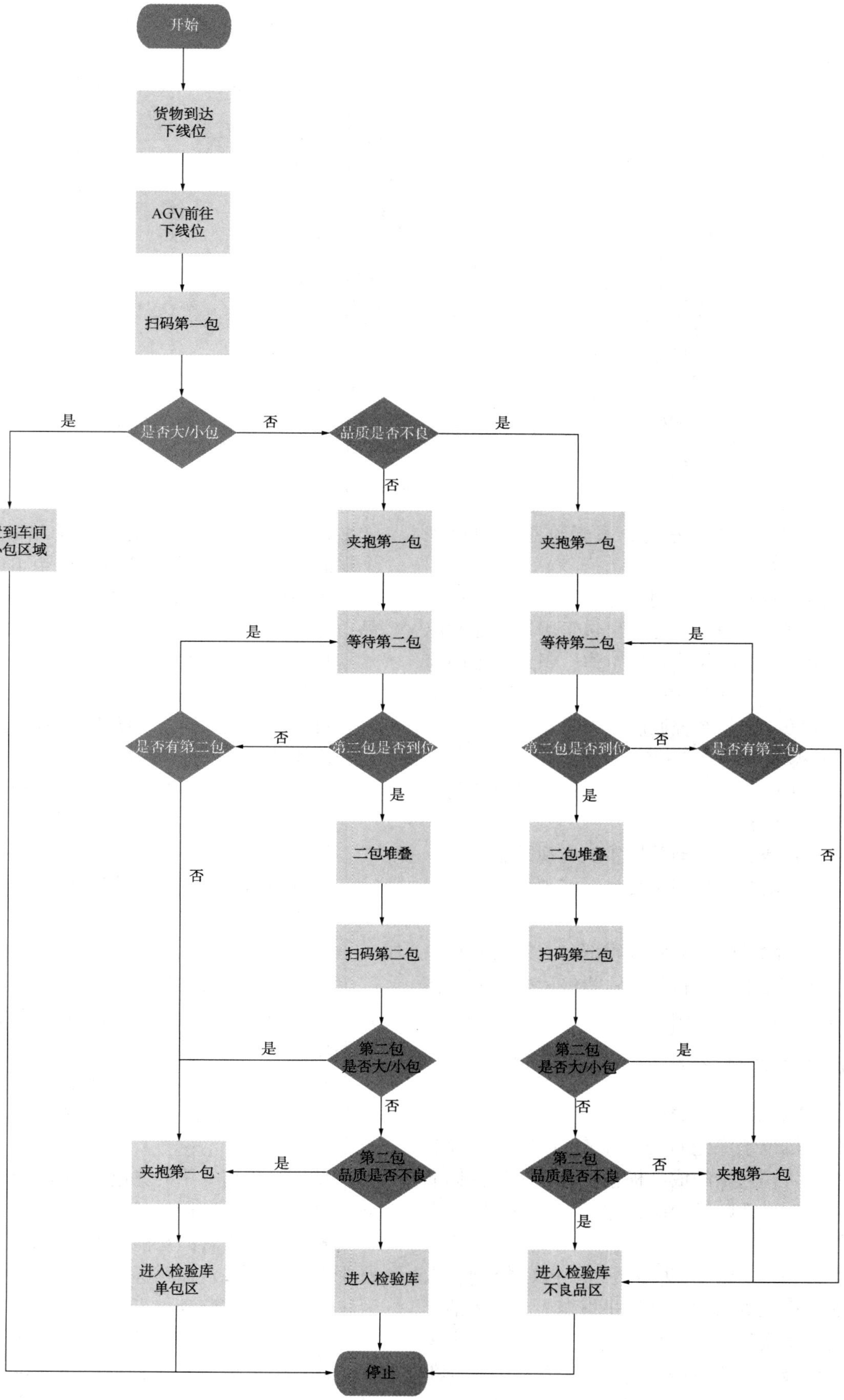
开始
货物到达
下线位
AGV前往
下线位
扫码第一包
是否大/小包
是
否
品质是否不良
是
否
放置到车间
大小包区域
夹抱第一包
夹抱第一包
等待第二包
等待第二包
是
是
是否有第二包
否
第二包是否到位
第二包是否到位
否
是否有第二包
是
是
否
否
二包堆叠
二包堆叠
扫码第二包
扫码第二包
是
第二包
是否大/小包
第二包
是否大/小包
是
否
否
夹抱第一包
是
第二包
品质是否不良
第二包
品质是否不良
否
夹抱第一包
是
进入检验库
单包区
进入检验库
进入检验库
不良品区
停止

图 2　自动扫码流程

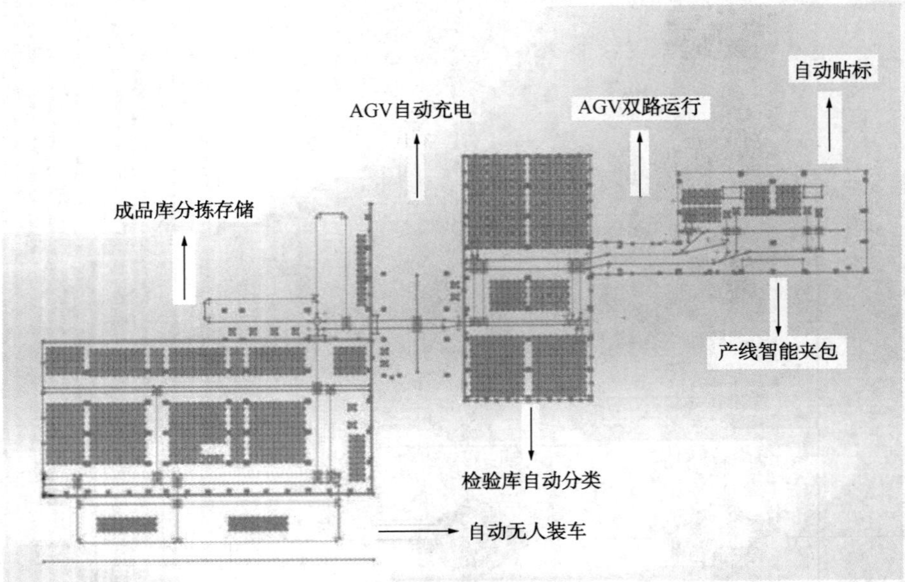

图3　智能仓储系统

（2）扫码二维码信息，发送信息至中控系统，调度无人叉车。

如出包辊上无包，则出包辊发送命令，将转台上标签打印完毕的包运至出包辊尾端，此时位于出包辊首端的图像读码器工作，识别二维码信息是否有效，并通过PLC系统将有效信息发送至中控系统，中控系统调度无人叉车，将包送至仓库内指导位置。

为实现以上功能，本升级改造项目对工艺流程作出如下调整：

（1）新增2台自动贴标签机实现贴签功能

（2）新增2台标签机转台，实现包的旋转和输送

（3）拆除原输送辊斜坡辊部分，修改原打包机BTSPLC程序，控制贴签后的包运行行程，在平辊末端停止，便于图像读码器扫码。

3　项目改造实施

3.1　标签机及称重旋转控制

标签机位于涤纶短纤维生产线打包机后端，将从打包机输送出的成品棉包。经计量复称标准称重后，对进入贴标台的棉包自动打印并粘贴产品标签。

本机由打印机、粘贴机构、PLC控制、人机界面、机架等组成。标签机根据人工输入的纤维规格、班次等信息，自动生成的时间、序号等信息，以及复秤传输来的包重等信息，自动生成、打印、粘贴2个不干胶标签，与旋转链条输送部件配合旋转180°把标签自动粘贴到包的两个端面。标签信息可以自动传输至BTS小屋内台式电脑中，自动生产CSV报表文件，存储成品信息。

具体设备信息如下：

标签机及控制系统组成

每套标签机及控制系统由以下部分组成

佐藤STAO标签打印机1台

西门子S7-1200 PLC控制系统1套

台达DOP-107EV触摸屏1台

气动贴签机构1套

光电检测开关6个，接近开关6个

电机(0.75kW)2台

标签机贴签流程

打印机及旋转设备相互配合，分别控制打印机和气动贴标机构和旋转台称重旋转系统完成打印动作。

控制系统采用可编程控制器+触摸屏+称重系统通过以太网连接，实现系统的打印和贴标控制。

贴标盘采用专用的光电眼用于检测标签，防止标签的意外脱落造成的漏贴。

贴标台具有转向功能，可以从触摸屏上人工选择单面贴标或双面贴标。使操作更加便捷。

标签机贴签流程如下：

（1）打印动作流程：收到【允许打印信号】——打印启动——杆吹气启动——吸盘吸气——打印结束/杆吹气停止——送标气缸前

进——吸盘吹气——送标气缸后退——【打印完成信号】

（2）设备动作流程：接 BTS 出包信号——旋转台有包——发【标签信息】——转台逆转至逆转极限位——发【打印信号】——接【打印完成信号】——转台顺转至顺转极限位——发【打印信号】——接【打印完成信号】——定位销伸出——转台逆转至中限位——送包至后道工序——定位销收回。

3.2 包位信息识别反馈

完成贴签后的成品包运输至出包辊末端，由包位信息识别反馈系统进行识别，并将信息反馈至中控系统，由中控系统发送调度命令，无人叉车接收调度命令后到达叉包位置，进行叉包。

（1）包位信息识别系统组成

每套具体设备信息如下：

西门子 S7-1200 PLC 系统 1 套

Sick V2D631R 图像读码器 1 台

光电开关 5 个

（2）成品定位识别流程

成品包位置信息确认由出包辊下方两个光电开关进行识别，当识别到有包运行至出包辊末端时，位于出包辊前端的图像读码器识别二维码，如图像读码器读码信息有效，并且识别出包辊有包，则将信息通过以太网发松至 5G 路由器，通过 5G 无线信号将信息传送至中控系统。如扫码信息为无效信息，或者扫码到有效信息但出包辊末端无有包信号，则判断为无效码，将二维码信息丢弃。

位于旋转台两侧光电开关对转台上的成品包进行识别并计数，当转台及出包辊上包数为 2 时，中控系统通过 5G 无线信号调度无人叉车行至叉包位置，并将第一包叉起，当第二包贴签完成，并由图像读码器正确识别二维码，中控系统发送命令至无人叉车，将第一包放至第二包上方并对齐，对齐后无人叉车将包运至仓库内指定位置。

4 技术进步体现

4.1 掌握了西门子博图 V15 编程软件、台达 DOP-100 触摸屏编程软件的使用

短丝装置智能仓储系统首次在化工部短丝装置使用了西门子 S7-1200 PLC 系统四套，编程软件为西门子博图 V15。标签机触摸屏为台达 DOP-107 触摸屏，编程软件为 DOP-100 编程软件。

标签机控制系统主要有 S7-1200 PLC、台达 DOP-107 触摸屏构成，实现对旋转台、标签打印机、贴签执行气缸、复称等设备的数据通信和控制功能。其网络结构如图 4 所示。

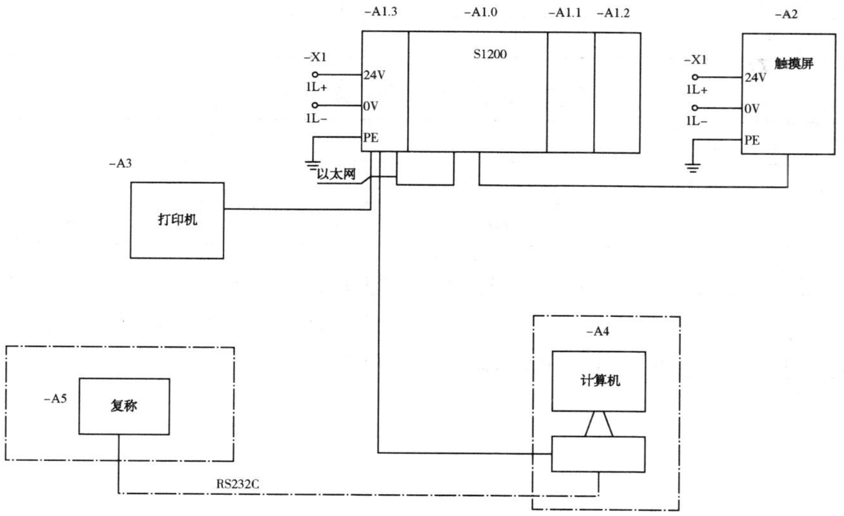

图 4 标签机网络架构

复称与 DOP107 触摸屏之间通过 RS-232C 串行通信，将复称包重传输至触摸屏内部变量中，同用户设定的牌号、班次、生产线等数据信息一起通过以太网通信至 S7-1200 PLC 中，S7-1200 根据现场光电信号识别成品包是否正确移至旋转台，实现旋转台的旋转及贴签执行机构的控制。

当旋转台旋转到位后，S7-1200 PLC 接收来

自标签打印机的DI信号，识别标签答应机是否联机、是否具备打印条件，当标签打印机打印条件满足，S7-1200通过以太网通信发送打印请求及打印信息内容至标签机，标签打印机根据S7-1200打印内容，转换为二维码信息，将信息打印至标签上。

同时，S7-1200中存储成品包信息上限为200包，为实现成品包报表转存功能，报表计算机通过以太网读取S7-1200包重信息并转存为CSV文件，实现了包重报表记录。

触摸屏接收到用户输入的信息、读取复称的称重信息数据类型部分为real数据类型、同时触摸机日期、时间数据类型为TIME OF DAY数据类型，打印机要求接收到的到的信息数据格式为string数据类型。对各种其他数据类型的转换为string数据类型，以及对转换为字符串进行合并、合并、读取字符串中间位等函数的编程方法的掌握也提升了技术人员的编程能力。

在智能仓促调试过程中，我们经过技术攻关、自主学习，完善了原控制系统的控制缺陷，并完成了产品牌号增加、品种增加、二维码格式及大小调整、多次解决标签机故障问题，确保了智能仓促项目的实施和正常运行。

4.2 掌握了SICK图像读取器的应用及与S7-1200 PLC的通信

SICK图像读码器读取标签二维码信息，并将识别信息通过RS-232C通信至S7-1200系统中，S7-1200通过以太网将信息经由5G网关发送至中控系统。

SICK图像读码器识别的成功率对标签所在环境要求较高。一旦标签发生反光、褶皱不平、二维码模糊等问题，图像读码器均无法正确读取到二维码信息。

经技术人员多次攻关，电仪车间对打包机照明进行了改造，增加了照明亮度，同时修改图像读码器扫码速率，增加扫码时间，并对操作工操作法提出了修改，成功将原来百分之二十五的故障概率降至百分之一的故障概率，大大提高了生产效率，降低了人工扫码的次数。

5 改造效果和经济效益

本项目总投资560万元，投用后，可减少用工23人，降低人工成本460万元/年；节省业务外包费用73万元/年；维护费用增加15万元/年；项目总经济效益为518万元/年(表1、表2)。

表1　智能仓储项目用工情况明细表　　人

产线司机	倒库司机	装车司机	仓储人员	出包人员	监控人员	合计
-8	-8	-4	-3	-4	+4	-23

表2　智能仓储项目效益核算表

项目投资及维护/(万元/年)		经济效益/(万元/年)			回收周期
项目投资	维护费用	用工效益	外包效益	总效益	
560	15	460	73	518	1.08年

本项目实施以来，行业内有关领导前来参观，并给予了充分肯定。

在项目实施期间，电仪人员全程参与控制系统调试，并为该项目更新了现场照明设施，不仅提升了技术人员专业技能，也为装置智能化生产改造做出了贡献。

化工部短丝装置切断装置故障剖析

卫苏军

（天津津滨石化设备有限公司）

摘　要　本文主要介绍了短丝装置切断装置控制原理、并对张力机与切断机间丝束张力调节失控故障原因进行详细分析，同时针对张力调节失控的各个因素提出针对性措施，以达到稳定生产、减少故障处理时间的目的。

关键词　6SE70 变频器　张力控制　转矩—转速双闭环 PID 控制　Profibus DP 通讯　切断装置

1　装置介绍

我公司涤纶短纤维装置 A、B 两条生产线，均采用直接纺丝工艺技术，从熔体输送系统、纺丝、后加工直到打包均采用德国 NEUMAG 公司的工艺技术及设备，年产量达到 12 万吨/年涤纶短纤维。

切断装置为后纺纺丝工艺接近尾端的关键设备，经后纺纺丝线导丝、牵伸、紧张、卷曲、松弛等工序纺至合格的长丝束、并通过张力架被牵引到 20m 的平面。经切断装置上的张力机调节，丝束的张力均匀后，匀速地进入切断机，切成需要长度的短纤维。

切断机位于打包机上方，短纤维通过切换挡板靠重力分别落入两台打包机，打成规定尺寸和重量的成品包。

由于张力机及切断机是负责将后加工合格的长丝束加工成长度合格的成品丝束的一道重要工序，一旦张力机和切断机出现运行不稳定及故障状态，将大大影涤纶短纤维的产品质量和产量。

2　切断装置控制原理分析

切断装置由切断机、张力机及 PLC 控制系统三大部分组成，其中 PLC 系统负责执行操作工对切断机、张力机变频器的启停控制，同时将切断机、张力机变频器运行状态及运行信息反馈至上位机操作系统，供操作工查看，主要设备信息如表 1 所示。

表 1　后纺 A 线切断装置主要设备一览表

序号	设备名称	规格型号	数量	单位	备注
1	切断机电机	45KW 380VAC 西门子	1	台	后纺 A 线
2	张力机电机	11KW 380VAC 西门子	1	台	后纺 A 线
3	切断机变频器	6SE7027 西门子	1	台	后纺 A 线
4	张力机变频器	6SE7016 西门子	1	台	后纺 A 线
5	后纺 PLC 系统	S7-400 西门子	1	套	后纺 A 线

切断机的作用在于把丝束切断成所需长度的短纤维，输送到打包工序。

切断机由切断机电机、切断机变频器、切断刀头及料斗组成。切断机由变频器控制的电机驱动，电机的运转状况均可以在 PCS 上显示，以便于操作人员监控。

切断机正常生产时，启、停、升速、降速操作可由切断控制室内操作台进行操作，在更换刀盘时，可通过切断机本体上操作按钮进行上刀、退刀、喂丝操作。

操作台及切断机本体上操作按钮信号进入操作台下方的 ET200 从站，传至后纺 S7-400PLC

第一作者简介：卫苏军（1984—），学士学位，仪表工程师，2008 年毕业于天津理工大学自动化学院，现从事石化仪表维护工作。E-mail：weisujun@ outlook. com

系统，实现启停控制、手自动切换、升降速控制、逻辑控制以及故障报警和安全停车控制。S7-400PLC与切断机变频器采用Profibus DP通讯，将控制字及主设定值传递至切断变频器，同时将变频器上传的状态字和电流、转矩等值进行转化，传递至PCS操作站，供后纺工艺操作人员进行查看。同时，切断控制室内操作人员可根据监控录像观察松弛链板下方盛丝槽内丝束的多少，通过操作台高、低速按钮、增速、降速按钮以改变切断机运行速度。

切断机变频器采用转矩—电流双闭环控制方式对切断机进行控制。

主调节回路为转矩控制回路。切断机变频器接收来着PLC的主设定值信号作为设定值，通过转矩控制器的PID调节作用，输出至副调节回路——速度调节回路，同时将变频器输出电流作为反馈信号，实现转矩调节。

切断机电机倒立装于切断机下方，通过皮带与切断刀头进行连接，切断机电机底部装有西门子旋转脉冲编码器1台，将切断机转速反馈至切断变频器内的速度控制器，将与转矩控制器输出信号与旋转编码器的反馈信号进行比较，实现了转速控制回路的PID控制。

张力机位于切断机的前面，作用在于保持丝束张力的恒定。

张力机的调节功能通过可以调节的并带有制动功能的张力辊的转动来完成。为了防止丝束在张力辊上打滑，张力辊上压有一个由压缩空气控制的压辊，该压辊为从动辊，随张力辊一起转动。

张力机与切断机类似，为转矩—速度双闭环控制系统，但为保证张力机与切断机间丝束张力稳定、适当。自动状态下，张力机变频器主设定值并非取至PLC通讯，而是由切断机变频器通过T100工艺模块传输至张力机变频器中。

自动模式下，来自切断机的主设定值，经切断机变频器斜坡发生器处理后，通过切断机变频器T100工艺板送至张力机变频器T100工艺板，张力机变频器CUVC控制板此时接收到切断机变频器主设定值信号并存入通讯字K3007中，K3007中主设定值乘以K0401中固定数值-20存储至字K0467，再经过加法器将K3007中主设定值与K0467中数值进行相加，则得到张力机附加设定值K0521，此值作为附加设定值2，调节张力机速度(图1、图2)。

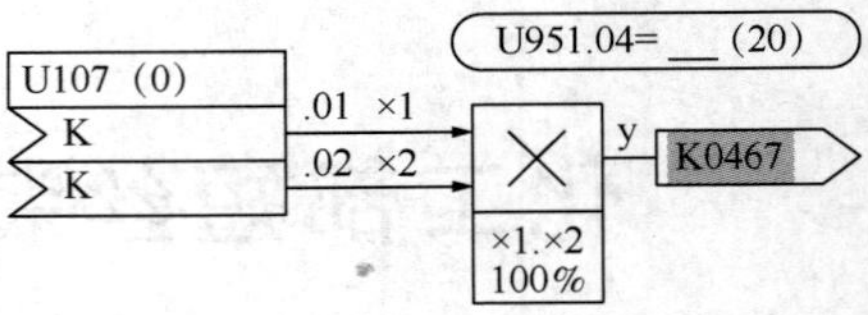

图1　乘法器　U107.1=K3007
U107.2=K401=U001=-20%

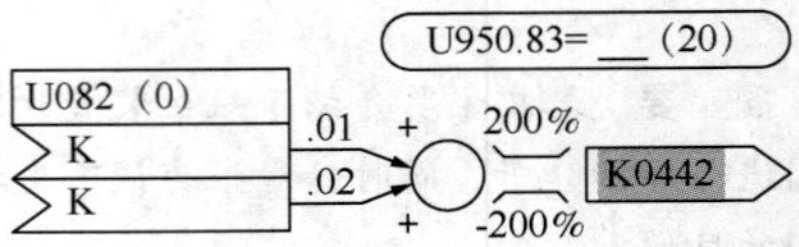

图2　加法器　U82.1=K3007
U82.2=K467

由此可知，在不挂丝运行情况下，张力机运行速度为切断机运行速度的80%。挂丝后，由于切断机运行速度快且刀盘直径大，张力机运行速度慢且张力辊直径小，相同线速度下，张力机实际转速在切断机和丝束的拖东西下运行，运行速度大于张力机变频器设定转速，此时张力机电机处于制动状态，因此可保证张力机和切断机间丝束的存在一定张力。

3　切断装置故障原因剖析

切断机与张力间丝束张力的稳定和恰当是切断机是否能正常运行的关键因素。2020年冬季，由于气温剧降等因素，切断装置频繁故障，故障现象如下：

(1) 张力机运行速度缓慢，与切断机运行速度偏差较大

(2) 张力机带载能力差，稍施加外力则切断机停止转动

(3) 丝束张力较大且不稳定，同一片丝束南北侧张力具有明显差异

(4) 切断机连续打刀，且刀片弯曲呈拉断状态

(5) 故障较多发生在比较寒冷的天气

(6) 停车时间较长后重新开车时发生打刀现象

(7) 低速运转一段时间后丝束张力正常，打刀频率下降

针对以上现象进行仔细分析，该故障是由多种原因综合导致，具体原因如下：

(1) 张力机测速编码器电缆故障

张力机运行速度缓慢，带载能力差，在稍施

加外力下停止转动，变频器报 F015 堵转故障，经检查主要原因为张力机测速编码器电缆故障，抗干扰能力较差导致信号失真。

张力机采用西门子 1XP8001 脉冲编码器进行测速，测速编码器插头通过焊接方式与测速编码器尾线进行连接，测速编码器尾线与测速主电缆采用航空插头进行连接，自测速编码器至张力机变频器，存在三处中间接头。测速编码器反馈信号为 15V 高频方波信号，电缆接头处一旦出现松动、绝缘下降，则会引入干扰导致波形失真。更换张力机测速编码器尾线，同时将尾线与主电路连接由航空插头改为直接焊接后，排除干扰，张力机运行正常(图 3)。

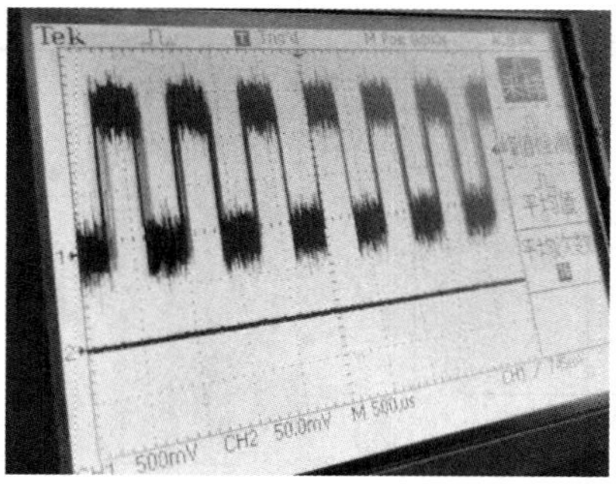

整改前

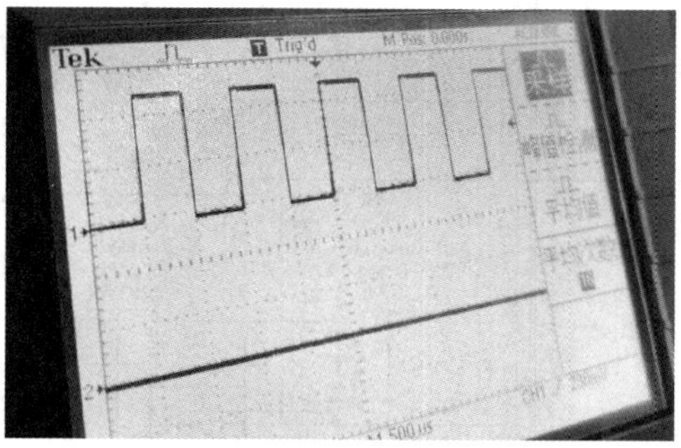

整改后

图 3　测速编码器尾线整改后波形对比

(2) 张力机变频器 PID 作用偏弱，正常生产情况下有利于装置运行的稳定性，但在异常生产情况下，张力机动态响应能力较差，张力机速度跟随性差，导致调节时间过长，丝束张力反复波动，稳定性差。

经修改变频器 P235(比例系数)、P240(积分系数)、P462(加速时间)、P464(减速时间)，提高了张力机变频器在升降速过程中的动态响应能力，提高了张力机的跟随性，降低了丝束张力波动。

(3) 丝束含水量对张力的影响。后纺装置临时停车时间较长，丝束在油剂槽中长时间浸泡，吸收了大量油剂和水分，加上冬季环境温度较低，丝束在松弛干燥区未得到充分干燥，则会导致成品丝束含水量过高，导致丝束自重大大增加，超过张力机输出最大扭矩，出现堵转现象。

经现场检查，同一片丝束南侧、北侧张力相差较大，张力大的丝束相对潮湿，张力较小的丝束，相对干燥，说明丝束含水量对丝束张力影响较大。

当切断装置开车后，低速运转一段时间，含水量较高的丝束加工完毕后，张力恢复正常，此时高速开车，切断装置可正常运行。

进一步对变频器程序分析，张力机变频器内部对电机转矩进行限幅，P128 = 11.7A，经观察，张力机故障时在开车后转速由设定转速逐渐降低至 0r/min，同时变频器输出电流由 5A 逐渐增加至 12A，此时变频器报 F015(堵转)故障，电流已达到转矩限幅值。故丝束含水量较大时张力机牵引力不足抵抗丝束自重，导致了切断机与张力机间丝束张力变大，出现频繁打刀故障(图 4)。

(4) 丝束偏硬、丝节较多也是造成打刀的重要原因之一，在故障频发期间，要对丝束质量进行检查，排除切断故障的真正因素。

4　故障防范措施

针对冬季低温气候下切断装置频繁故障的问题，从技术和管理等手段提前做好预防措施，可将切断故障频率大大降低。

(1) 加强预防性维护。由于6SE70 系列变频器投入运行 20 多年，变频器内部元器件性能发生变化，电阻、电容等元器件性能下降，甚至损坏可能导致变频器严重故障。

由夏入冬，气温的变化可能导致紧固螺丝和接线端子的松动，入冬前对整套系统进行检查和紧固可避部分故障发生。

线缆外皮老化造成绝缘下降，导致线缆对地或线路间漏电，也是导致故障发生的一个重要原因。

做好屏蔽措施，检查是否符合西门子 EMC 电磁兼容性要求和西门子布线要求，减少电磁干扰造成的通讯故障。

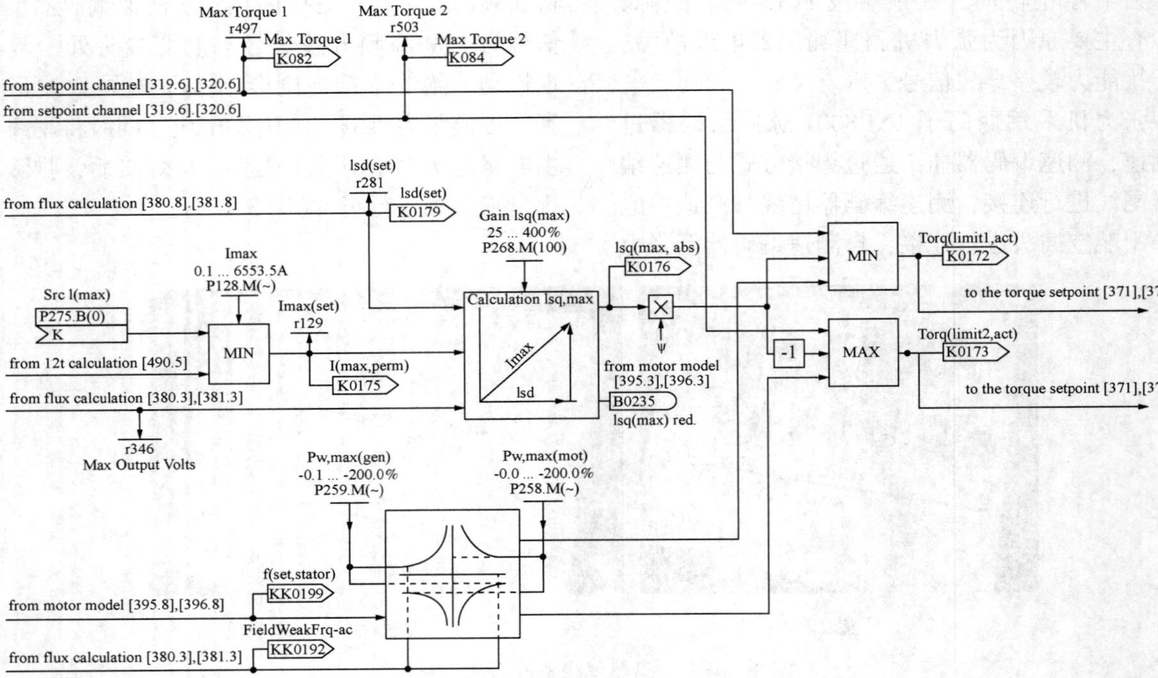

图 4　扭矩 \ 电流限幅机制

（2）对 A 线 6SE70 变频器更新。后纺 B 线切断机、张力机变频器更新为 S120 系列变频器，稳定性、可靠性得到大大提升。

B 线切断机、张力机变频器采用 S120 系列变频器，两台变频器共用同一个 CU 进行控制，变频器间数据传输采用 DCC 模块在程序内部完成，取消了 6SE70 系列变频器采用 T100 模块通过 RS232 方式进行数据通讯的方式，避免了 T100 通讯板和通讯线引起的故障。

B 线切断机、张力机取消了测速编码器，通过 S120 矢量控制功能保证了调速的稳定性，避免了测速编码器及线缆引起的故障，经分析，调速性能稳定、准确，调速精度完全满足工艺要求。

（3）关注丝束潮湿程度。丝束含水量太高，大大增加了打刀的概率，太干则会影响打包机正常打包。故障发生时应对松弛风机运行情况，松弛温度是否正常进行专项检查，保证丝束含水量在要求范围内。

（4）加强变频器控制原理的分析和培训。张力控制涉及切断变频器和张力变频器两台设备间数据传输和倍率计算，控制过程环节较多，一旦出现故障，不容易及时分析。平时加强变频器控制原理的分析，罗列变频器控制关键参数，可在故障发生时及时进行分析和修改，提高张力机响应能力。

本文从化工部短丝切断装置从原理入手，结合现场生产实际情况进行论证，针对冬季切断机打到故障率增加的问题进行了细致的分析，阐述了切断装置冬季故障的可能性和预防措施，对切断装置日常维护和故障处理具有指导性作用，同时能够大大降低切断装置故障概率，缩短故障处理时间，保证短丝装置安全平稳运行。

称重系统在线性低密度装置的维护探索

王　丽

（天津津滨石化设备有限公司）

摘　要　介绍了线性低密度装置失重喂料器的作用和重要性，总结分析近10年失重喂料器的故障维护，提出静态标定到动态标定的优化必要性，理论验证动态标定的可行性，协同机、电、仪专业进行动态校正实验测试，投入生产使用后不断优化标定参数，从下料稳定性、线性、物料节约等多个因素出发，达到最优参数。分析静态标定和动态标定的优缺点，确认添加剂物料更换频繁、物理特性差异大的生产模式，动态标定优于静态标定。动态标定参数具有唯一性、操作简单、快捷，在动态状况下适配性更好。

关键词　称重系统　失重式喂料器　静态标定　动态标定　产品质量　维护方法　维护探索

1　称重系统在线性低密度装置的重要性

线性低密度装置的造粒单元应用了不同形式称重系统，有粉料下料监控、添加剂下料控制、粒料产量的监控和累计。其中添加剂的下料控制采用的是失重式喂料器即失重秤，添加剂系统共有3台失重秤S6241/S6242/S6243，其中S6242除变频下料电机外还有一台定频搅拌电机。添加剂的下料量控制是保证产品质量的最后一道关键工序，失重秤的稳定性、控制精准性是这最后一道工序的核心点（图1）。

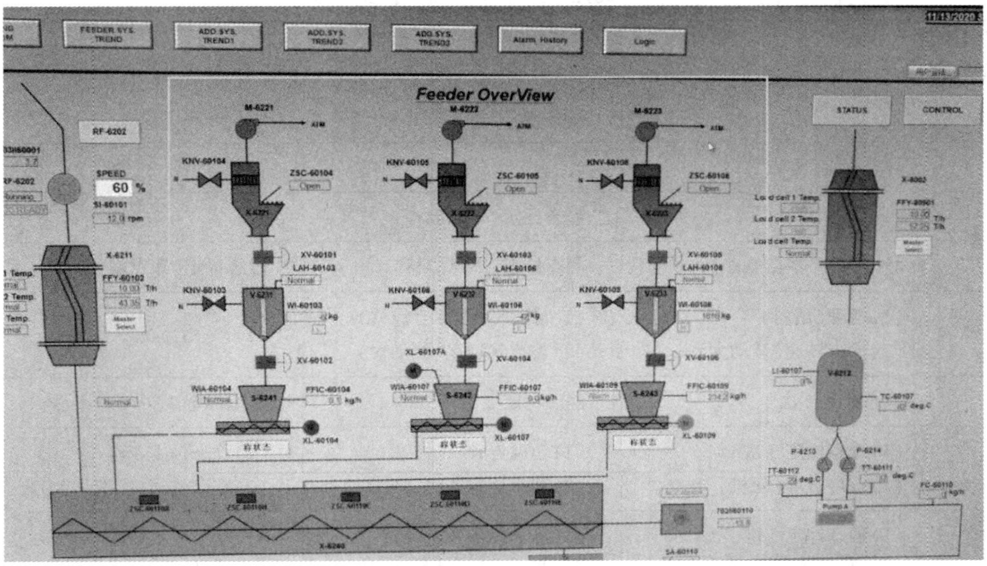

图1

2　失重式喂料器原理和控制方法

失重式喂料的概念就是控制重量的喂料系统。此系统是将所要喂出的物料和喂料器本身都安装在重量传感器上。在一极短的时间间隔里，控制器根据重量传感器上的重量的减少可算出实际流量。即单位时间内重量的减少就可得出实时喂料流量。

第一作者简介：王丽（1980—），工程师，大学本科学历，2005年毕业于北京石油化工学院自动化专业，现从事化工自动化仪表维护工作，担任主管师。E-mail：caoyuanshange@126.com

控制信号，称为驱动命令，此驱动命令可由设定值和实际的喂料流量而得出并传送至电机控制单元。电机控制单元的输出电压正比与此驱动命令信号。为了得到精准的电机转速，将速度反馈传回给控制单元。当设定值和实际流量存有差异时，控制器就会对驱动命令做出调整，驱动命令的变化会改变电机转速从而使得实际流量接近期望的设定值。

对于失重式喂料器的应用，料斗内的物料连续不断地喂出所以需要定期对料斗进行补料。当容器内的重量达到所设定的最小补料重量时，自动切换至补料。在补料过程中，重量的减少很难被精确的测量到，这是因为补料过程中会有物料被添加进料斗，而与此同时又有物料从料斗中被喂出，所以在补料过程中控制器将喂料方式切换成体积模式。喂料器则会以补料前在重量模式下的电机转速用于补料时的电机控制。当料斗内的重量达到所设定的最大补料重量时，终止补料然后控制模式切换回重量模式(图 2)。

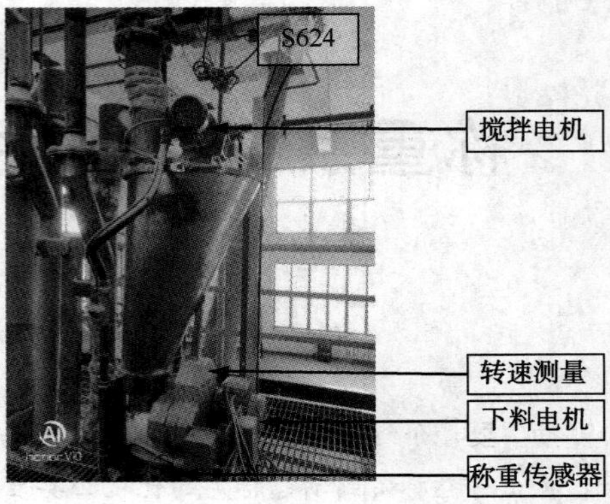

图 2

3　失重式喂料器故障维护统计分析

3.1　失重式喂料器的维护要求

因成品牌号的不同，使用的添加剂也不同，物理特性差异较大，有粒状、粉状、片状，有高黏度、低黏度，但不管是哪种添加剂，对喂料器的要求不变，下料稳定、精度高、不间断。

3.2　失重式喂料器维护统计

故障统计如表 1 所示。

表 1　2010~2021 年故障维护统计表

位号 / 维护 / 时间	S6241	S6242	S6243
2010	静态标定(零点漂移)		
2011		静态标定(零点漂移)	
2012	静态标定(零点漂移)	静态标定(零点漂移)	静态标定(零点漂移)
2013	(1)清理(堵料) (2)检查转速(波动大)	(1)静态标定(零点漂移) (2)整改软连接(波动大)	(1)静态标定(零点漂移
2014	静态标定 2 次	静态标定 2 次	静态标定 2 次
2015	(1)静态标定 3 次 (2)重启触屏(死机)	(1)超温连锁 (2)静态标定 3 次	(1)静态标定 4 次 (2)整改软连接(波动大)
2016	(1)静态标定 3 次 (2)寻址(停电数据丢失)	(1)静态标定 4 次 (2)寻址(停电数据丢失)	(1)静态标定 2 次 (2)寻址(停电数据丢失)
2017	(1)静态标定 3 次 (2)转速整改(马达偏差大)	(1)静态标定 3 次 (2)更换传感器(不能测量)	(1)静态标定 3 次 (2)整改软连接(波动大)
2018	(1)静态标定 3 次 (2)整改传感器连接螺栓(测量偏差大)	(1)整改软连接(波动大) (2)整改电机电缆(波动大) (3)静态标定 3 次	(1)静态标定 2 次 (2)转速整改(马达偏差大)
2019	(1)静态标定 1 次 (2)整改软连接(波动大) (3)动态标定 2 次	(1)更换控制单元电源模块 (2)静态标定 3 次	(1)静态标定 1 次 (2)转速整改(马达偏差大) (3)动态标定 2 次

续表

时间＼维护＼位号	S6241	S6242	S6243
2020	(1)动态标定1次 (2)整改软连接(预防)	(1)整改软连接(预防) (2)修改程序(增加动态标功能)	(1)动态标定2次(预防) (2)整改软连接(预防)
2021	(1)动态标定1次(预防)	(1)动态标定1次(预防) (2)修改PLC程序和KCM控制器参数(S6242和S6243互为备用)	(1)动态标定1次(预防) (2)修改PLC程序和KCM控制器参数(S6242和S6243互为备用)

3.3 失重式喂料器维护分析

2010年到2020年十年间共进行维护83次，静态标定54次，在2019年前处理失重秤偏差全部采用静态标定的方法，随着设备使用时间的增长，工作量越来越大，每次标定需要人力搬运40公斤砝码到30米高处，费时费力，而且静态标定完成后在动态使用中系统波动增大，尤其在使用黏度较大添加剂物料时控制精度变差。鉴于此，2019年探索新的校正方法，经多次同厂家技术人员沟通和现场试验，首次实现了动态校正，即在生产模式下进行系数修正。利用2019年机会停车检修，在工艺人员、电气人员、设备人员多方配合下，进行多次静态和动态标定实验测试，如更换螺杆后测试、更换不同种类添加剂测试、更换软连接后测试、电机拆装后测试、工艺管道拆装后测试，通过实验首先确认了动态校正的可用性和可操作性，然后经数据分析肯定了动态标定的适配性更强，对系统的稳定性更好，而且更适合当前频繁更换添加剂的生产模式。图3为实验过程笔记。

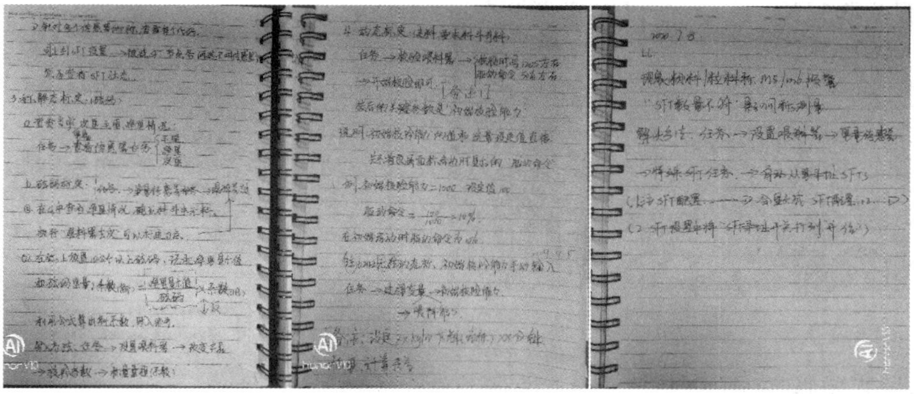

图3

3.3.1 静态标定到动态标定的优化分析

静态标定顾名思义为在电机停运、料仓清空的状态下，利用标准砝码进行2点标定。在相对理想的状态下，对称重系统整个系统进行线性化，整个称重系统中包括称重传感器、装在传感器上方的电机、料仓、及所有连接装置。

动态标定首先料斗中添加对应量程所需要的添加剂物料(根据失重称量程计算)，整个称重系统以50%驱动命令运行120秒，使整个称重系统和添加剂物料、下料螺杆进行适配，达到动态线性化。其中参数50%驱动命令和120秒，是从下料稳定性、线性、物料节约等多个因素出发，经试验综合计算而得。

静态标定和动态标定的区别，静态标定特点适用不同物理特性的添加剂，在系统静态状况下精度更高。动态标定特点具有唯一性，一种添加剂物料或一种下料螺杆对应唯一标定系数，也就是在当前的系统状态下，此系数是最佳，一旦系统中任何设备、连接装置、添加剂种类发生变化，系数需要重新标定。动态标定操作简单、快捷，在动态状况下适配性更好。

3.3.2 称重系统S6242增加动态标定功能

由于称重系统S6242有定频搅拌电机，搅拌电机的启动命令来自PLC，而不是称重控制器，故 S6242 不能在控制器触屏进行动态标定。2019 年将"S6242 增加动态校正功能"列为探索项目，2020 年大修 S6242 成功实现动态校正。

如图 4 所示，没有搅拌电机喂料器在动态标定时，标定命令由控制器触屏经喂料控制器，直接到现场启动下料电机。如图 5 所示，控制器触屏的标定命令不能启动现场搅拌电机，故标定不能进行。

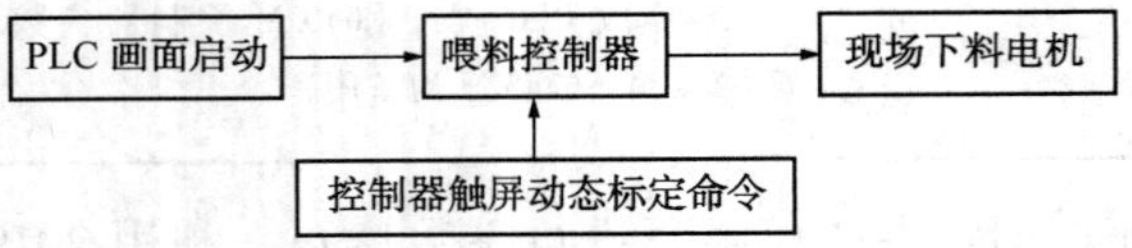

图 4　S6241 和 S6243 喂料器启动及动态标定简图

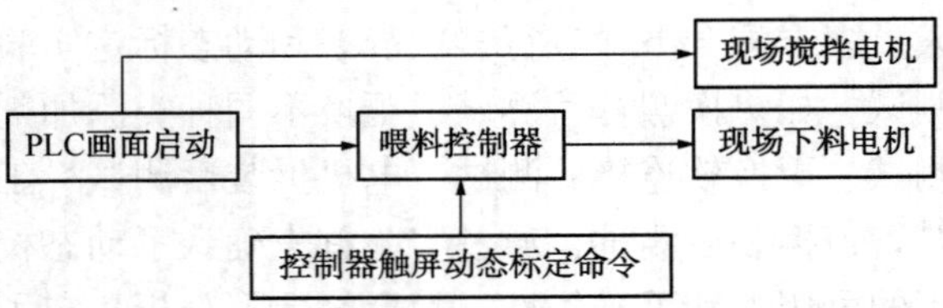

图 5　S6242 喂料器改造前启动及动态标定简图

为了使 S6242 也和其他两个喂料器一样能有更好的适配性，通过对喂料控制器的原理、功能、电路板接线图等的研读分析，对触屏程序和 PLC 程序修改的可行性讨论和仿真实验，最终确定方案如图 6 所示，动态标定时增加从喂料控制器到 PLC 的搅拌电机启动命令 I7.7。通过增加喂料控制器到 PLC 系统信号接线、触屏程序修改、PLC 程序修改完美实现喂料器 S6242 增加动态标定功能。

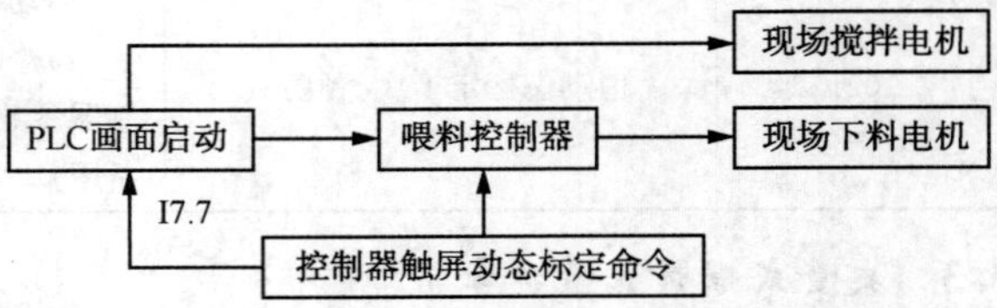

图 6　S6242 喂料器改造后的启动及动态标定简图

S6242 增加动态校正功能实现过程，主要分为 3 步，第 1 步增加称重控制器到 PLC 系统信号接线；第 2 步触屏程序修改；第 3 步 PLC 程序修改。

第 1 步增加称重控制器到 PLC 系统信号接线(图 7)。

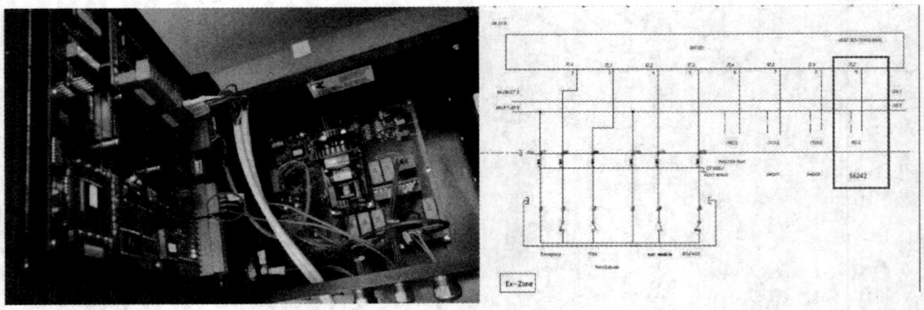

图 7

第 2 步触屏程序修改(图 8)。

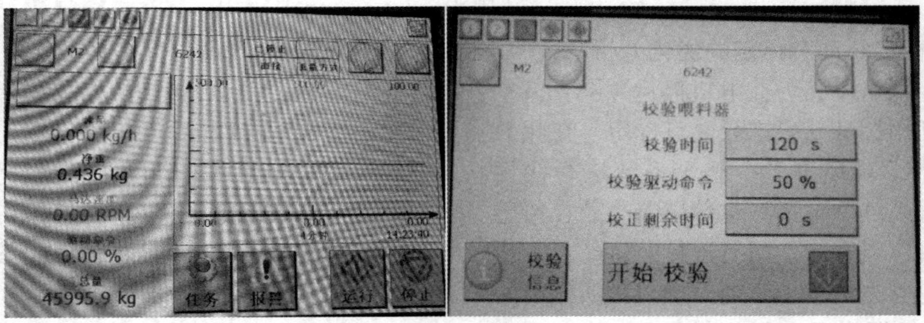

图 8

第 3 步 PLC 程序修改。

原程序(图 9)

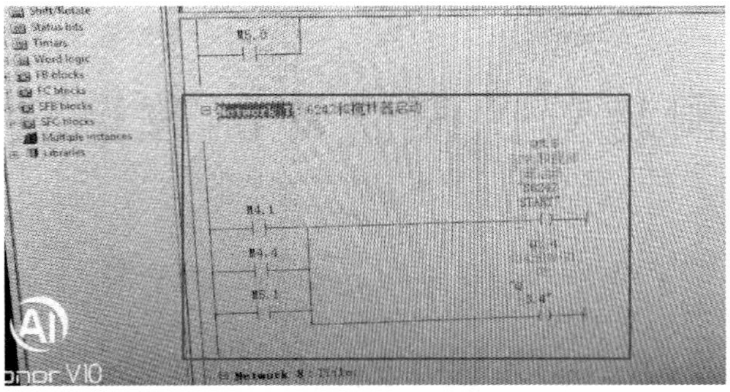

图 9

修改后程序(图 10)

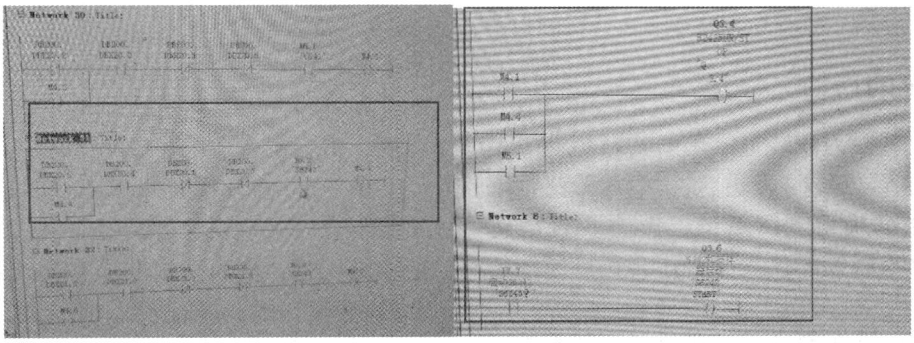

图 10

3.3.3　2021 年改造 S6242 和 S6243 互为备用

2021 年为适应装置高产的需求，对 S6242 和 S6243 进行改造，通过修改 KCM 控制器参数和 PLC 程序，实现 S6242 和 S6243 互为备用。如生产需要现场更换相应螺杆，即可实现互换使用，2021 年 8 月改造完成，现在还在试验阶段，远期将三台控制器改为互为备用。

4　总结

本项目以技术员牵头负责，工段骨干职工为成员，总结分析装置从开车以来 10 年间称重系统的故障维护工作，2020 年开发了喂料器 S6242 的动态矫正功能，2021 年通过数据统计和分析不断优化喂料器参数，同时改造喂料器 S6242 和 S6243 互为备用。从故障的共性到特殊性，从日常维护到难点攻关，将称重系统的维护优化过程及方法编制成故障处理手册。本项目主要效益有两方面，一方面是经济效益也是显性效益，精准的添加剂下料控制保证了粒料成品的合格率，尤其在切换牌号更换不同物理特性添加剂时，称重系统的良好适配性，有效减少成品过渡料的产生。另一方面是人力效益也是隐性效益，有效的提升技术人员和骨干职工的故障分析和处理能力，激发人的主观能动性，将被动维护变成主动维护，将预防性维护和预知性维护相互结合，挖掘设备潜能的同时，开发人员的潜在能力。

苯酚丙酮装置仪表防冻凝改造技术攻关

王　翠

（天津津滨石化设备有限公司）

摘　要　在我国大部分北方石油化工装置中，冬季经常会出现因仪表冻凝而造成的装置停车现象。所以冬季仪表防冻凝工作在保运工作中是重中之重。我们针对苯酚丙酮装置仪表进行一系列的防冻凝改造工作就是为了防患于未然，确保装置平稳过冬。

关键词　仪表　防冻凝　感温光纤　PRM 应用

1　项目实施的目的

中沙石化苯酚丙酮装置的苯酚物料容易受温度影响，常温下会凝固成块状，堵塞仪表导压管，从而无法准确得到测量值，影响装置稳定性，如果是参与联锁的仪表冻凝还会直接导致装置停车。

基于这一特性苯酚丙酮装置内部分仪表需要全年伴热。而整个装置内共有保温仪表 1878 台，蒸汽伴热 222 台，电伴热 2 台，保温箱 64 个。各塔、罐、平台等高处设备上的仪表 40 余台，塔、平台上的仪表保温箱 21 个。每年冬季会把大部分精力都投入到防冻防凝检查、维护、维修工作中。

为了防止装置的仪表冻堵，保证装置冬季的平稳生产、仪表设备安全过冬。我们对装置的仪表伴热做了一系列的改造、改进工作，从而减少因仪表冻堵造成的非计划停车，减少经济损失。

我们通过加装感温光纤上的温度测量对导压管伴热情况进行实时监测；通过 PRM 定期查看变送器温度；缩短导压管减少温度损耗；保温箱封堵减少温度损耗；购进智能巡检仪加强巡检制度等一系列的措施保证装置平稳过冬。

2　前期准备

2.1　了解装置内介质属性，找出需要高度关注的仪表

在苯酚丙酮装置中最容易受温度影响的介质就是苯酚，苯酚的熔点 43℃，沸点 181.7℃，凝固点 41℃；活性很高，温度较低时生成邻硝基苯酚和对硝基苯酚，温度升高会生成二硝基苯酚，温度再高，会生成三硝基苯酚，如果不控制温度，将会发生危险。

由于苯酚物料的凝固温度为 41 摄氏度左右，常温下会凝固成块状，凝固成块状的苯酚物料会堵塞导压管，从而无法准确测量仪表。为了保证苯酚物料所处的环境温度，防止苯酚物料凝固成块，各监测仪表都是常年伴热，所以对于这些仪表的防冻凝工作不只是只有冬季，而是全年都需要。

我们根据这一特性对装置内所有仪表进行筛查，共计查出容易冻堵，需要关注温度的仪表 83 台。

2.2　位置特殊仪表

装置内部分保温箱处于塔、平台边缘没有其他设备的遮挡，也就是处于风口位置，出现大风天气极易冻凝。

还有一些仪表的测量点（取压点）是在管线上，但是为了维护方便变送器却安装在装置平台上，所以会出现导压管过长的现象，这样会导致温度流失，导压管冻堵的现象发生。

经过筛选共有 33 台仪表有此类现象。

2.3　仪表保温伴热清单（表 1）

表 1　仪表保温伴热清单

序号	位号	介质	介质冻凝温度	备注
1	706-LT-02416	苯酚、丙酮	40℃	介质特殊
2	706-PT-02425	苯酚、丙酮	40℃	介质特殊
3	706-LT-02417	苯酚、丙酮	40℃	介质特殊

第一作者简介：王翠，大学本科，工程师，现从事仪表设备检维修技术管理工作。E-mail：envied@ sina. com

续表

序号	位号	介质	介质冻凝温度	备注
4	706-FT-02450	苯酚、丙酮	40℃	介质特殊
5	706-FT-02444	苯酚、丙酮	40℃	介质特殊
6	706-FT-02465	苯酚、丙酮	40℃	介质特殊
7	706-FT-02480	苯酚、丙酮	40℃	介质特殊
8	706-PT-02439	苯酚、丙酮	40℃	介质特殊
9	706-FT-02430	苯酚、丙酮	40℃	介质特殊
10	706-PDT-02424	苯酚、丙酮	40℃	介质特殊
11	706-FT-02431	苯酚、丙酮	40℃	介质特殊
12	706-FT-02478	苯酚、丙酮	40℃	介质特殊
13	706-PT-02438	苯酚、丙酮	40℃	介质特殊
14	706-FT-02432	苯酚、丙酮	40℃	介质特殊
15	706-FT-02473	苯酚、丙酮	40℃	介质特殊
16	706-FT-02469	苯酚、丙酮	40℃	介质特殊
17	706-FT-02443	苯酚、丙酮	40℃	介质特殊
18	706-FT-02455	苯酚、丙酮	40℃	介质特殊
19	706-FT-02441	苯酚、丙酮	40℃	介质特殊
20	706-FT-02440	苯酚、丙酮	40℃	介质特殊
21	706-FT-02474	苯酚、丙酮	40℃	介质特殊
22	706-FT-02456	苯酚、丙酮	40℃	介质特殊
23	706-FT-02437	苯酚、丙酮	40℃	介质特殊
24	706-PT-02410	苯酚、丙酮	40℃	介质特殊
25	706-PT-02412	苯酚、丙酮	40℃	介质特殊
26	706-LT-02414	苯酚、丙酮	40℃	介质特殊
27	706-PZT-02405	苯酚、丙酮	40℃	介质特殊
28	706-PT-02403	苯酚、丙酮	40℃	介质特殊
29	706-PT-02437	苯酚、丙酮	40℃	介质特殊
30	706-LT-02430	苯酚、丙酮	40℃	介质特殊
31	706-FT-02464	苯酚、丙酮	40℃	介质特殊
32	706-FT-02466	苯酚、丙酮	40℃	介质特殊
33	706-LT-02412	苯酚、丙酮	40℃	介质特殊
34	706-LT-02418	苯酚、丙酮	40℃	介质特殊
35	706-FT-02453	苯酚、丙酮	40℃	介质特殊
36	706-LT-02440	苯酚、丙酮	40℃	介质特殊
37	706-LT-02429	苯酚、丙酮	40℃	介质特殊
38	706-FT-02452	苯酚、丙酮	40℃	介质特殊
39	706-PT-02426	苯酚、丙酮	40℃	介质特殊且封堵保温箱
40	706-FT-02448	苯酚、丙酮	40℃	介质特殊且封堵保温箱

续表

序号	位号	介质	介质冻凝温度	备注
41	706-PZT-02441	苯酚、丙酮	40℃	介质特殊
42	706-PZT-02442	苯酚、丙酮	40℃	介质特殊
43	706-FT-02438	苯酚、丙酮	40℃	介质特殊
44	706-LT-02408	苯酚、丙酮	40℃	介质特殊
45	706-LT-02409	苯酚、丙酮	40℃	介质特殊
46	706-PT-02414	苯酚、丙酮	40℃	介质特殊
47	706-FT-02427	苯酚、丙酮	40℃	介质特殊
48	706-FT-02435	苯酚、丙酮	40℃	介质特殊
49	706-LT-02413	苯酚、丙酮	40℃	介质特殊
50	706-PT-02419	苯酚、丙酮	40℃	介质特殊且封堵保温箱
51	706-PT-02420	苯酚、丙酮	40℃	介质特殊且封堵保温箱
52	706-FT-02436	苯酚、丙酮	40℃	介质特殊
53	706-LT-02406	苯酚、丙酮	40℃	介质特殊
54	706-FT-02416	苯酚、丙酮	40℃	介质特殊
55	706-FT-02417	苯酚、丙酮	40℃	介质特殊
56	706-PT-02409	苯酚、丙酮	40℃	介质特殊
57	706-FT-02442	苯酚、丙酮	40℃	介质特殊
58	706-FT-02434	苯酚、丙酮	40℃	介质特殊
59	706-FT-02415	苯酚、丙酮	40℃	介质特殊
60	706-FT-02409	苯酚、丙酮	40℃	介质特殊
61	706-LT-02405	苯酚、丙酮	40℃	介质特殊
62	706-FT-02406	苯酚、丙酮	40℃	介质特殊
63	706-FT-02457	苯酚、丙酮	40℃	介质特殊
64	706-LT-02428	苯酚、丙酮	40℃	介质特殊
65	706-PT-02436	苯酚、丙酮	40℃	介质特殊
66	706-FT-02446	苯酚、丙酮	40℃	介质特殊
67	706-FT-02447	苯酚、丙酮	40℃	介质特殊
68	706-FT-02451	苯酚、丙酮	40℃	介质特殊
69	706-LT-02427	苯酚、丙酮	40℃	介质特殊
70	706-FT-02449	苯酚、丙酮	40℃	介质特殊
71	706-FT-02405	苯酚、丙酮	40℃	介质特殊
72	706-FT-02403	苯酚、丙酮	40℃	介质特殊
73	706-PDT-02401	苯酚、丙酮	40℃	介质特殊且封堵保温箱
74	706-FT-02412	苯酚、丙酮	40℃	介质特殊
75	706-FT-02404	苯酚、丙酮	40℃	介质特殊
76	706-FT-02410	苯酚、丙酮	40℃	介质特殊

续表

序号	位号	介质	介质冻凝温度	备注
77	706-FT-02413	苯酚、丙酮	40℃	介质特殊
78	706-PT-02406	苯酚、丙酮	40℃	介质特殊
79	706-LT-02404	苯酚、丙酮	40℃	介质特殊
80	706-FT-02407	苯酚、丙酮	40℃	介质特殊
81	706-PT-02402	苯酚、丙酮	40℃	介质特殊
82	706-LT-02403	苯酚、丙酮	40℃	介质特殊
83	706-FT-02408	苯酚、丙酮	40℃	介质特殊
84	706-PDT-01005	苯、异丙苯	0℃	缩短导压管且封堵保温箱
85	706-PDT-01102	苯、异丙苯	0℃	缩短导压管且封堵保温箱
86	706-PDT-01402	苯、异丙苯	0℃	缩短导压管且封堵保温箱
87	706-PDT-01403	苯、异丙苯	0℃	缩短导压管且封堵保温箱
88	706-PDT-01404	苯、异丙苯	0℃	缩短导压管
89	706-PDT-01405	苯、异丙苯	0℃	缩短导压管
90	706-PDT-01408	苯、异丙苯	0℃	缩短导压管
91	706-PDT-01409	苯、异丙苯	0℃	缩短导压管
92	706-PDT-02315	蒸汽凝液	0℃	缩短导压管
93	706-PDT-02424	蒸汽凝液	0℃	缩短导压管
94	706-PDT-01002	苯、异丙苯	0℃	缩短导压管
95	706-PDT-01406	苯	0℃	封堵保温箱
96	706-PDT-01407	苯	0℃	封堵保温箱
97	706-PDT-01801	苯	0℃	封堵保温箱
98	706-PDT-02207	异丙苯	0℃	封堵保温箱
99	706-PDT-02301	氢气	0℃	封堵保温箱
100	706-PDT-02305	芳香烃	0℃	封堵保温箱
101	706-PDT-02401	水	0℃	封堵保温箱
102	706-FT-01101	蒸汽凝液	0℃	高处仪表
103	706-FT-01201	蒸汽凝液	0℃	高处仪表
104	706-FT-01301	蒸汽凝液	0℃	高处仪表
105	706-PT-01204	蒸汽	0℃	高处仪表
106	706-PT-01208	蒸汽凝液	0℃	高处仪表
107	706-FT-02307	蒸汽	0℃	高处仪表
108	706-FT-02331	蒸汽	0℃	高处仪表
109	706-FT-08206	蒸汽	0℃	高处仪表
110	706-FT-08207	蒸汽	0℃	高处仪表
111	706-PT-08207	蒸汽	0℃	高处仪表

2.4 增加感温光纤，实现导压管温度实时查看

2.4.1 根据现场情况选择合适的材料

由于装置不能停车并且部分仪表所处环境较恶劣，所以在材料选择上也是有所限制，最后我们选择了本质安全可靠，没有电信号，不存在产品本身的防爆问题；使用寿命长，材质耐腐蚀性强；布线灵活，可以在设备运行时施工安装的感温光纤。

目前装置内没有使用感温光纤的先例，无迹可依，尤其需要重点关注感温光纤如何与装置现有DCS控制系统进行数据传输的问题。所以在项目开始前，我们便开始收集、整理资料，咨询厂家技术人员。

2.4.2 搜集资料，了解感温光纤

感温光纤的测量原理：光源发出的光经过放大后，由光纤到达传感器热敏材料部分，每一个传感器反射回一个与自身温度相对应的窄谱脉冲光信号，信号处理部分对返回信号列进行滤波采样和分析，从而确定每一个传感器的温度。

感温光纤的特点：可以连续测温，整个监控过程是连续的，可以做到一米一个测温点；一根感温光纤既可以做传感器，又同时做传输载体；本质安全可靠，没有电信号，不存在产品本身的防爆问题；使用寿命长，材质耐腐蚀性强；布线灵活，可以在设备运行时施工安装。

感温光纤的数据传输：通过Modbus协议传输，通过此协议，控制器相互之间可以通信，不同控制设备可以进行集中监控。在同一Modbus网络上通信时，每个控制器须要知道它们的设备地址，识别按地址发来的消息，确定控制器，进行数据传输。

2.4.3 项目施工、安装

（1）现场光纤敷设

由于苯酚物料的特殊性质，所以此项工程的施工需要在8月完成，并且需要与保温专业积极配合，确保安装感温光纤之后能够迅速恢复保温，尽可能缩短施工时间确保物料不会凝固。

（2）感温光纤与DCS系统的数据传输

感温光纤通过Modbus协议传输后，可以通过121通讯卡与DCS系统进行数据通讯。

首先DCS控制系统中安装121通讯卡，对该卡参数进行设置，确保与Modbus协议一致，才能实现感温光纤与DCS系统之间的数据通讯（图1、图2）。

其次按照各点地址在通讯通道中组态(图3)。

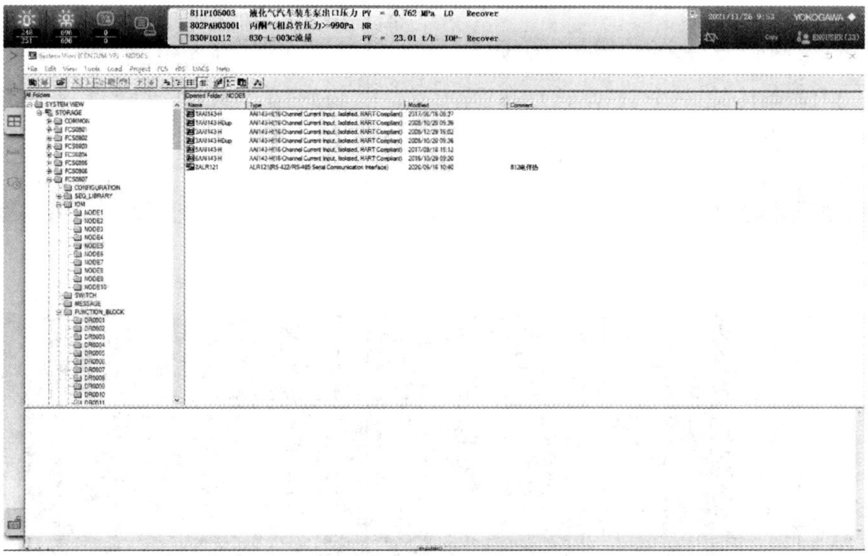

图 1　121 卡选择

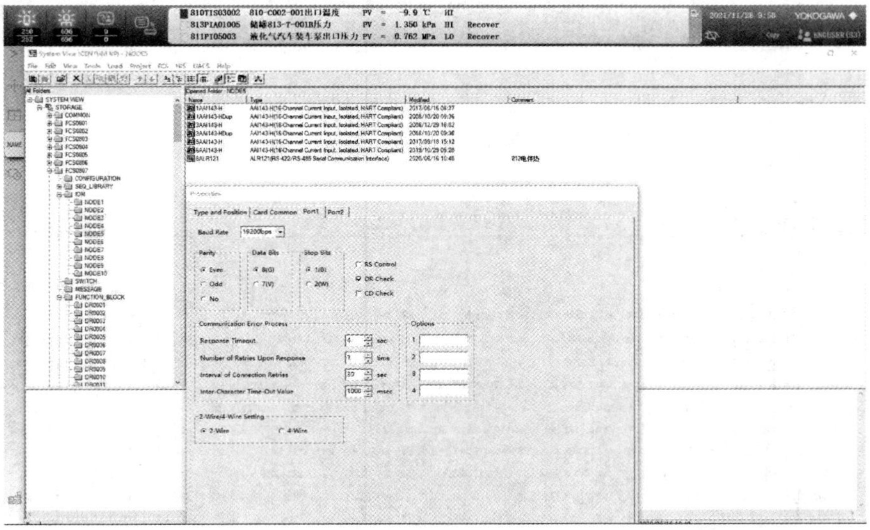

图 2　121 卡组态

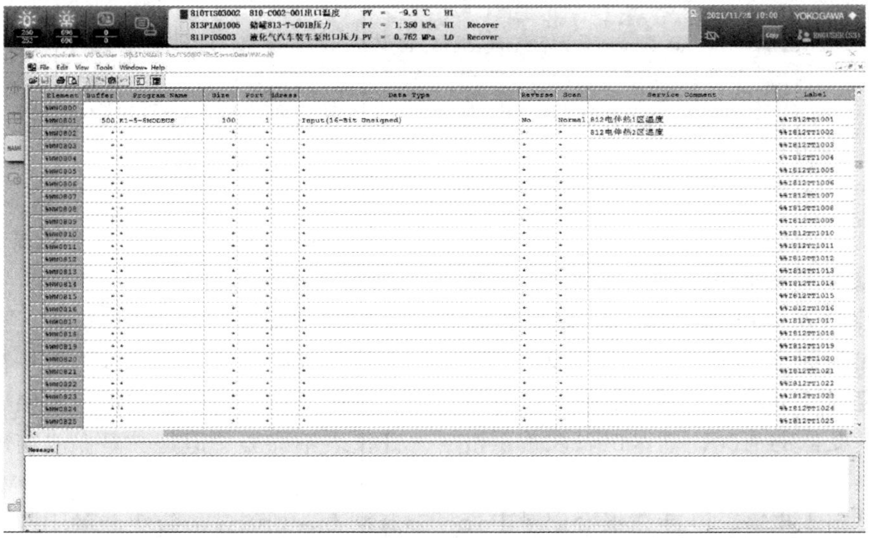

图 3　通讯点组态

(3) 对各温度点组态

感温光纤的的整个监控过程是连续，每米一个测温点，每个测温点传输一个数据至DCS画面，我们需要将每个点按照不同的位置进行组态、编号，确保画面与现场一一对应(图4)。

(4) DCS画面组态

将感温光纤的温度点显示在DCS画面上，方便查看(图5)。

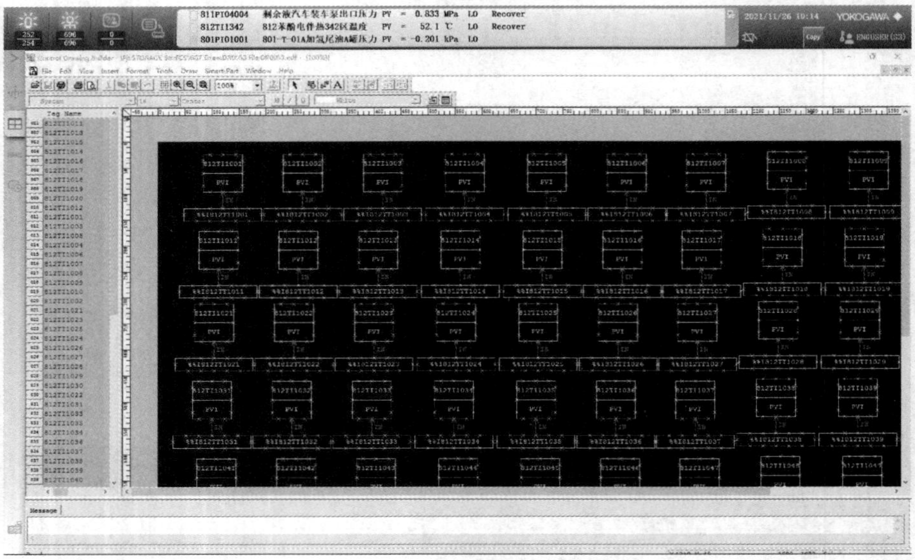

图4　温度点组态

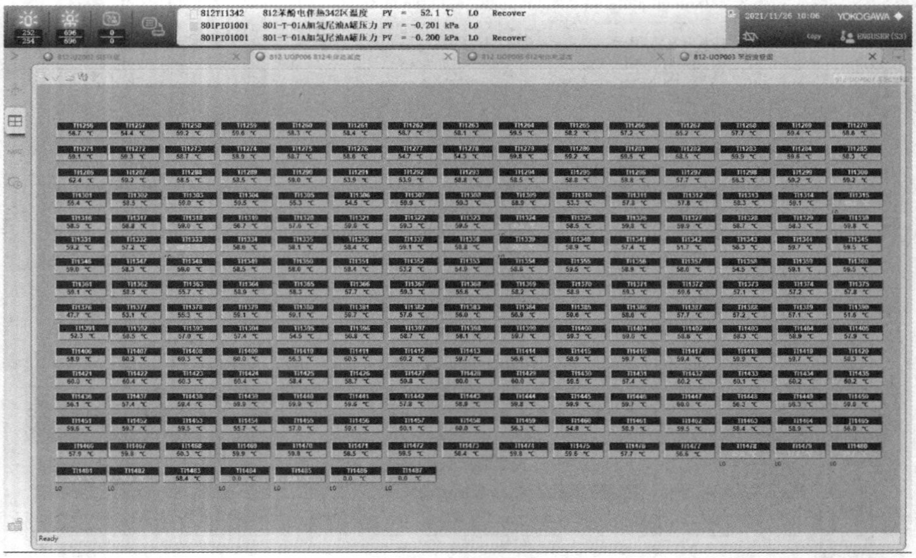

图5　DCS画面组态

(5) 设置报警

由于温度点较多不能保证实时查看，所以我们对每个温度点根据苯酚的冷凝温度设置报警值，这样一旦出现温度低的情况就能迅速知道，再通过位号确定温度点地址，判断是测量点故障还是真的出现温度低的情况，确保仪表设备正常(图6)。

温度点一旦出现报警，既能在报警记录中查到，又可在DCS画面中看到(图7、图8)。

2.5　利用PRM软件进行变送器温度查看

2.5.1　应用范围

部分保温箱处于风口位置，没有遮挡，出现大风天气极易冻凝，所以不得不在保温箱内填充大量保温棉，用铝箔胶带封堵保温箱的方法来保证仪表不冻凝。但是一旦保温箱进行了封堵就会对仪表巡检带来不便，有了PRM软件的变送器温度查看功能就能解决此类问题(图9)。

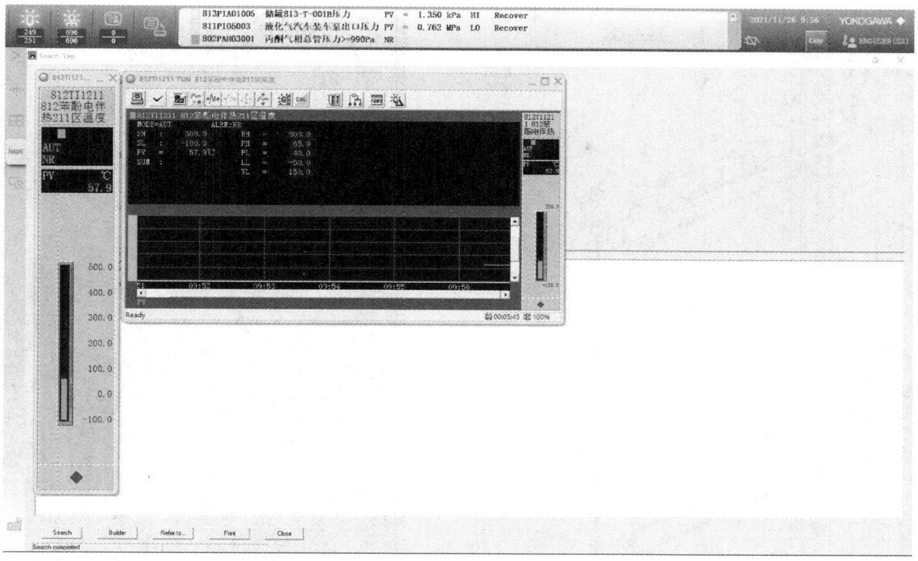

图 6　DCS 报警值设定

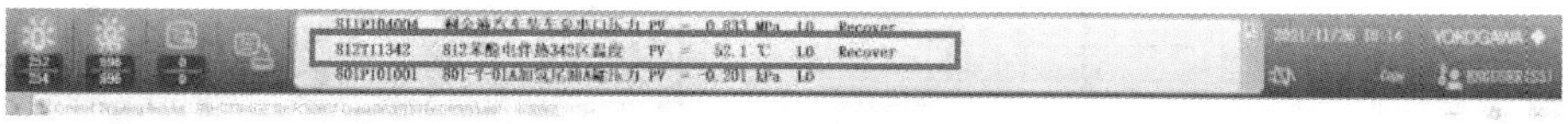

图 7　报警记录

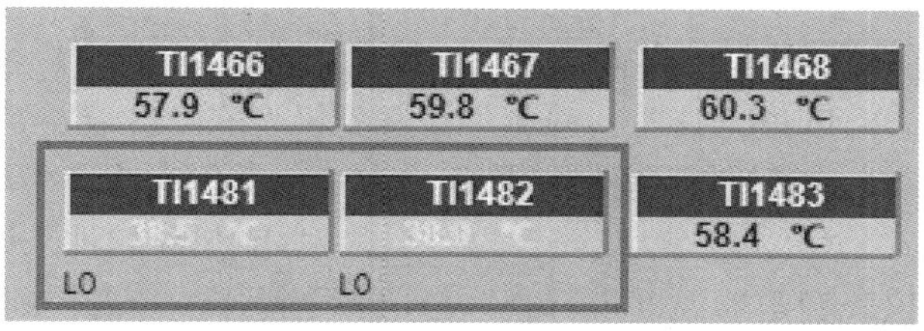

图 8　报警点画面显示

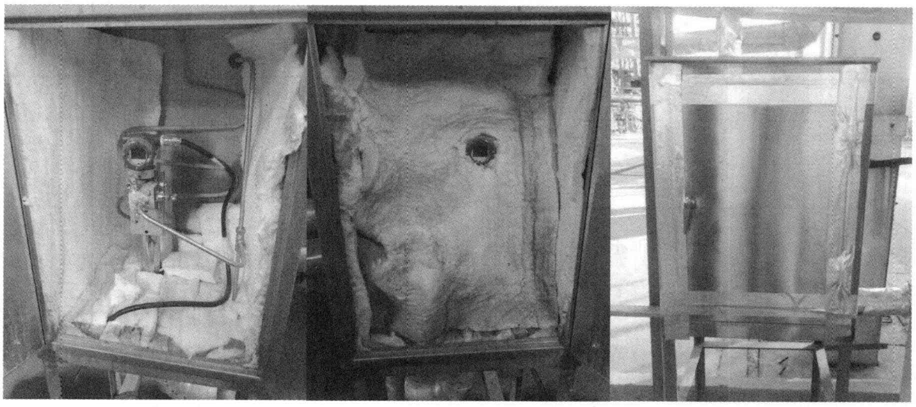

图 9　保温箱封堵

苯酚装置的压力变送器、差压变送器、差压流量变送器大多都是导压管连接。很多此类仪表的测量点是在管线上，但是为了维护查看方便变送器却安装在装置平台，所以会出现导压管过长的现象，这样会导致温度流失，导压管冻堵的现象发生。为了避免此现象，我们将导压管过长且容易冻堵的仪表移至管线附近，解决冻堵问题。但是如此一来仪表的位置就不方便检查仪表伴热，引进 PRM 软件的变送器温度查看功能就能方便检查这类仪表(图 10、图 11)。

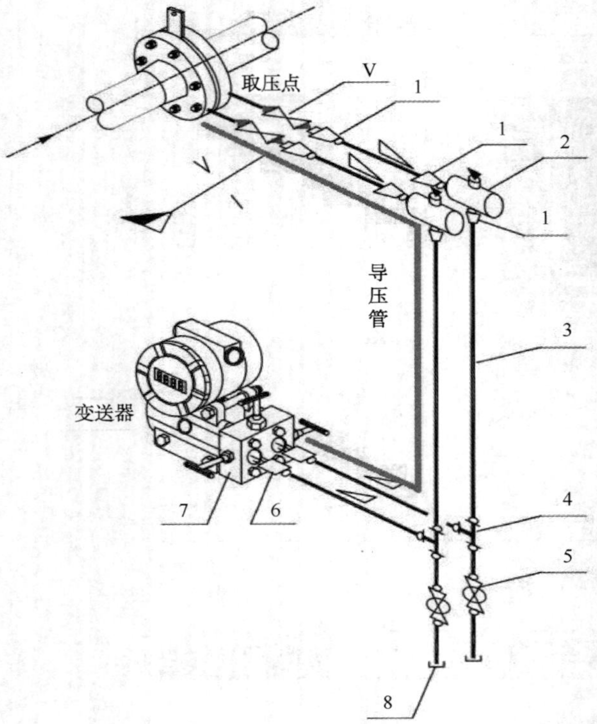

图 10　差压流量变送器示意图(孔板)

图 11　缩短仪表导压管

同样我们还可以使用 PRM 软件对各塔、平台、储罐、特殊介质的仪表温度进行查看，避免每天安排人员爬塔、上平台，爬储罐，节省时间、人力，提高工作效率。

每天安排巡检人员对仪表变送器温度进行查看，一旦检查出现温度低的现象时，立即进行现场仪表检查，查看仪表伴热是否正常、保温是否完好、保温箱密封是否完好等，及时处理问题，避免仪表冻凝造成装置停车。

2.5.2　操作方法

利用 PRM 软件来读取变送器温度可以全部在电脑上操作，只需提前知道需要检查的仪表在系统中的存储位置(表 1)，简单两步就可以完成记录(表 2)。每天安排巡检人员按时检查、记录。

表 2　PRM 变送器温度检查表

仪表保温伴热检查确认表												
检查日期:												
检查人:												
序号	位号	介质	PRM 内地址	介质冻凝温度	变送器温度	变送器温度	变送器温度	变送器温度	变送器温度	变送器温度	变送器温度	备注
1	706-PT-02426	苯酚、丙酮	FCS0703 N8S5C8	40℃								介质特殊且封堵保温箱
2	706-PT-02448	苯酚、丙酮	FCS0703 N8S5C4	40℃								介质特殊且封堵保温箱
3	706-PT-02419	苯酚、丙酮	FCS0703 N5SC13	40℃								介质特殊且封堵保温箱
4	706-PT-02420	苯酚、丙酮	FCS0703 N5SC14	40℃								介质特殊且封堵保温箱
5	706-PDT-02401	苯酚、丙酮	FCS0703 N3S7C5	40℃								介质特殊且封堵保温箱

续表

仪表保温伴热检查确认表												
				检查日期：								
				检查人：								
序号	位号	介质	PRM 内地址	介质冻凝温度	变送器温度	变送器温度	变送器温度	变送器温度	变送器温度	变送器温度	变送器温度	备注
6	706-PDT-01005	苯 异丙苯	FCS0706 N4S8C11	0℃								缩短导压管且封堵保温箱
7	706-PDT-01102	苯 异丙苯	FCS0706 N4S7C6	0℃								缩短导压管且封堵保温箱
8	706-PDT-01402	苯 异丙苯	FCS0706 N7S1C2	0℃								缩短导压管且封堵保温箱
9	706-PDT-01403	苯 异丙苯	FCS0706 N7S1C5	0℃								缩短导压管且封堵保温箱
10	706-PDT-01404	苯 异丙苯	FCS0706 N6S8C2	0℃								缩短导压管
11	706-PDT-01405	苯 异丙苯	FCS0706 N6S8C5	0℃								缩短导压管
12	706-PDT-01408	苯 异丙苯	FCS0706 N4S8C4	0℃								缩短导压管
13	706-PDT-01409	苯 异丙苯	FCS0706 N4S8C6	0℃								缩短导压管
14	706-PDT-02315	蒸汽凝液	FCS0702 N4S5C9	0℃								缩短导压管
15	706-PDT-02424	蒸汽凝液	FCS0703 N3S7C9	0℃								缩短导压管
16	706-PDT-01002	苯 异丙苯	FCS0706 N4S8C8	0℃								缩短导压管
17	706-PDT-01406	苯	FCS0706 N6S8C6	0℃								封堵保温箱
18	706-PDT-01407	苯	FCS0706 N6S8C8	0℃								封堵保温箱
19	706-PDT-01801	苯	FCS0706 N8S2C6	0℃								封堵保温箱
20	706-PDT-02207	异丙苯	FCS0701 N4S3C4	0℃								封堵保温箱
21	706-PDT-02301	氢气	FCS0702 N5S5C14	0℃								封堵保温箱
22	706-PDT-02305	芳香烃	FCS0702 N6S3C8	0℃								封堵保温箱
23	706-PDT-02401	水	FCS0703 N3S7C5	0℃								封堵保温箱
24	706-FT-01101	蒸汽凝液	FCS0703 N7S1C8	0℃								高处仪表
25	706-FT-01201	蒸汽凝液	FCS0703 N6S1C2	0℃								高处仪表
26	706-FT-01301	蒸汽凝液	FCS0703 N6S1C12	0℃								高处仪表
27	706-PT-01204	蒸汽	FCS0703 N8S5C6	0℃								高处仪表
28	706-PT-01208	蒸汽凝液	FCS0703 N8S5C3	0℃								高处仪表
29	706-FT-02307	蒸汽	FCS0703 N6S1C7	0℃								高处仪表
30	706-FT-02331	蒸汽	FCS0703 N6S1C4	0℃								高处仪表
31	706-FT-08206	蒸汽	FCS0703 N8S7C3	0℃								高处仪表
32	706-FT-08207	蒸汽	FCS0703 N8S5C1	0℃								高处仪表
33	706-FT-08207	蒸汽	FCS0703 N8S5C2	0℃								高处仪表

步骤如下：

（1）根据地址找到仪表所在通道（图 12）；

（2）在位号处点击右键，选择 DeviceViewer（图 13）；

（3）在弹出的对话框中选择 Diagnostic Information 窗口，下方 Capsule Temperature 即为现场变送器温度。

一般伴热仪表变送器处温度在 20 摄氏度左右，检查若发现低于此温度时就应该去现场查明原因，及时处理（图 14）。

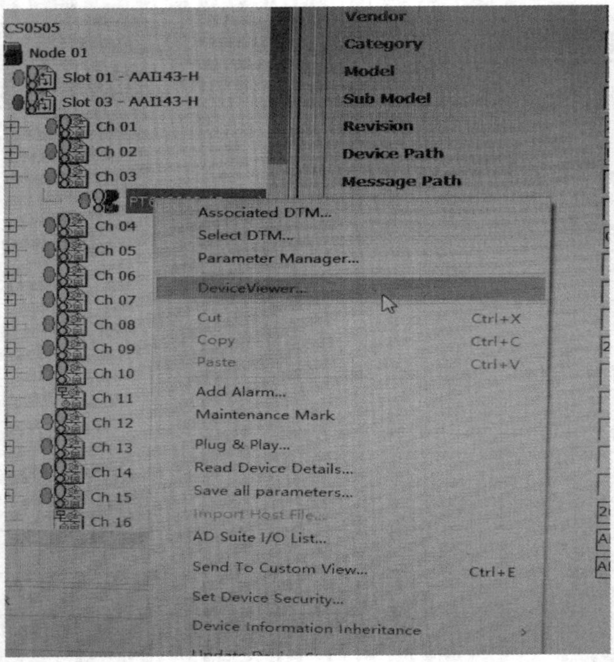

图12　PRM温度查看步骤一

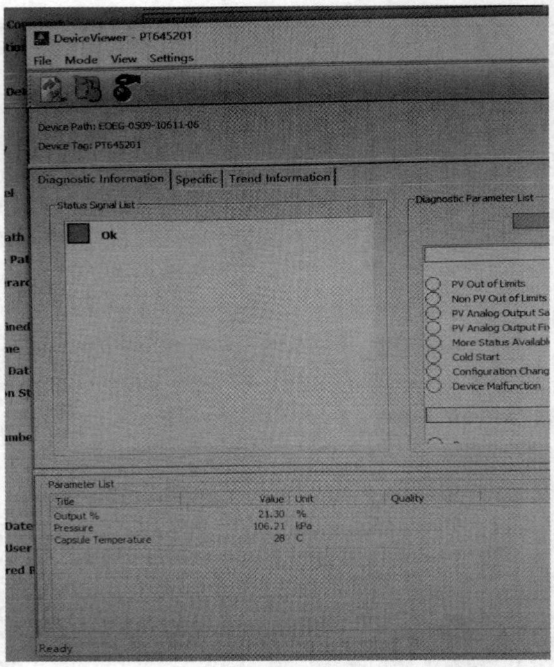

图13　PRM温度查看步骤二

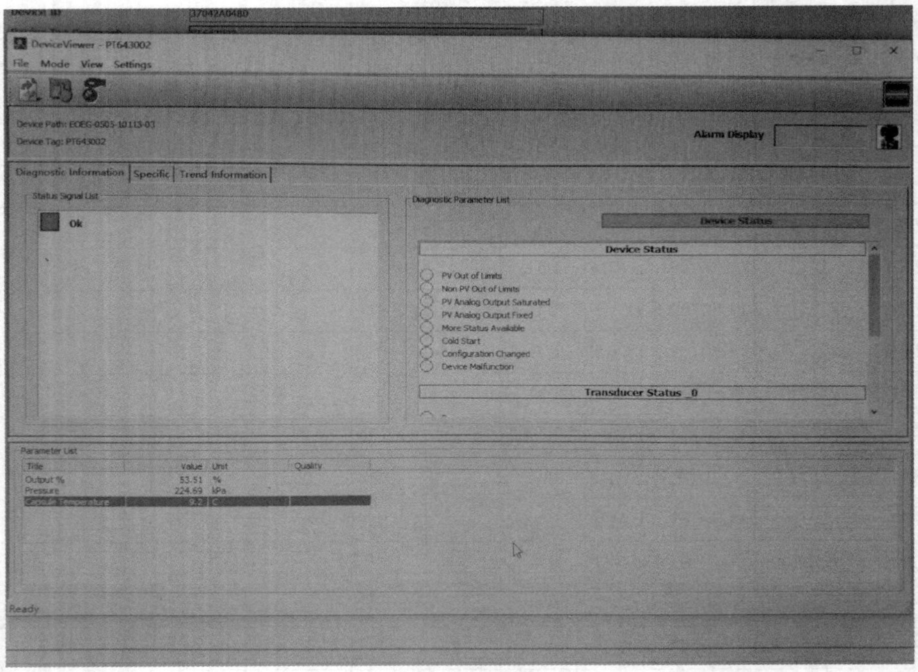

图14　不正常温度

2.6　加强巡检

组织仪表保运人员建立仪表伴热台账，入冬之前对所有仪表进行全面检查。对于伴热、保温不到位和漏伴热的仪表要组织专人检查并及时整改。

检查仪表保温箱的损坏情况，对于现场损坏的仪表保温箱进行统计并处理，保证仪表投用时保温箱必须完好无损。

投伴热后，组织人员就跑、冒、滴、漏现象进行检查，及时处理。

（1）控制系统巡检：DCS画面仪表导压管感温光纤温度点查看，记录不正常仪表点。按位号查看仪表位置，温度点对应位置，查看是设备问题还是保温问题。

(2) PRM 软件对变送器温度巡检：按照表二将各仪表温度值进行记录，如遇问题及时处理。

(3) 现场巡检：公司为了更好的督促防冻防凝巡检工作的实施，购置了一批巡检仪。现场关键部位设置巡检点，只有巡检人员按照巡检路线，使用巡检仪触碰巡检点才能记录该点。

定期有专人导出巡检仪中的巡检记录，通过班组长督促、车间抽查等方式避免漏巡忘巡的事情发生，提高我们的保运质量(图 15、图 16)。

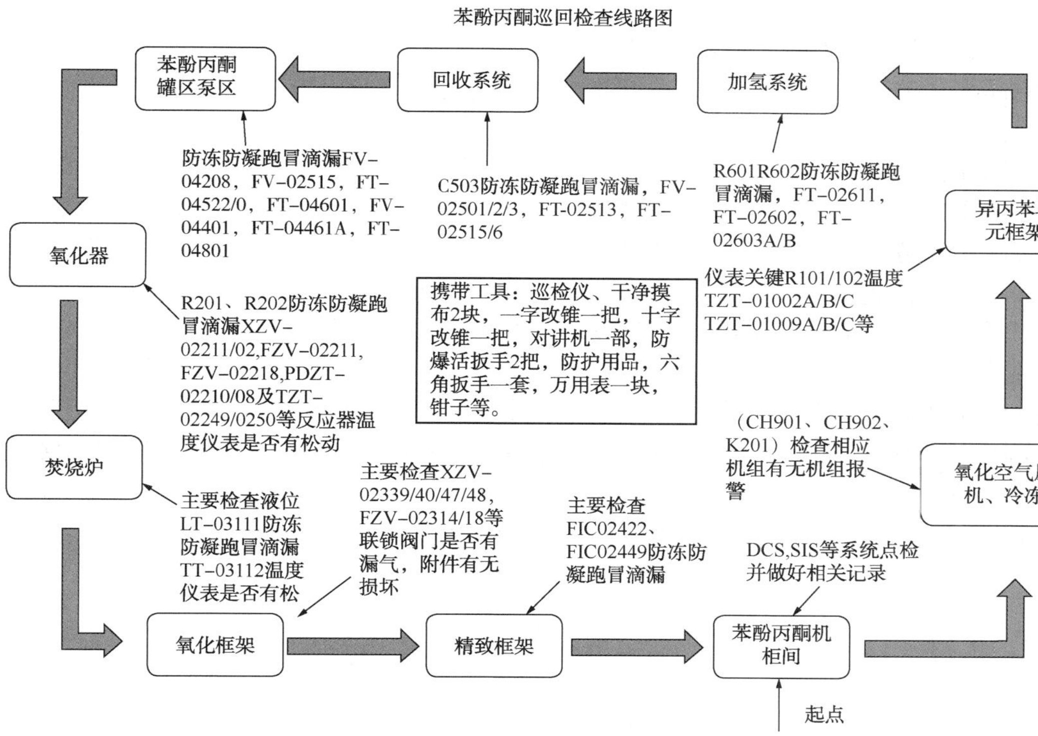

图 15 仪表巡检路线

图 16 巡检仪、巡检点

3　项目意义

苯酚装置共有保温仪表1878台，蒸汽伴热222台，电伴热2台，保温箱64台。各塔、罐等高处设备上仪表40余台，塔上、平台保温箱21个。每年冬季会把大部分精力都投入到防冻防凝检查中，每天上午、下午两次巡检，降温时会再增加加强人员，并且增加一次巡检，耗时、费力。

目前苯乙班组的保运人员仅剩12人，日常维修任务已经很重，如果再把大部分精力放在每天安排人员逐个保温箱巡检、保温伴热仪表查看将会浪费大量的时间、精力。

感温光纤的投用既解决的了苯酚介质仪表导压管温度监视问题，又解决了电伴热设备无人监控的盲区(伴热带归电气专业，但无巡检)。利用PRM软件对装置内的高处、保温箱封堵、缩短导压管不便于检查的仪表进行检查，记录变送器温度的方法，每块仪表的检查只需要3-5分钟，既省时又省力。

该项目不仅可以用于常年伴热的苯酚装置，同时也适用于其他冬季伴热的装置。对于电伴热较多的装置安装感温光纤可以有效地监测实时温度，避免电伴热无人巡检、无法监控造成冻凝的发生。

4　改进方向

此项目主要针对防冻凝时期的仪表巡检、检查工作。感温光纤的应用虽然能只管查看导压管的温度，省时省力，但是对于感温光纤坏点的判断，维护也同样需要人力，后期可以根据现场条件选择更加实用的材料。利用PRM读取仪表变送器温度的记录过于简单，后期准备建立电子台账，形成温度趋势图，与气温趋势图进行比较，更加直观的判断气温、风力对变送器影响，也许能够有助于冻凝点的提前预判。

第六篇　其他

污水池的结构形式分析

蔚达士

（中国石油大庆石化分公司化工一厂）

摘　要　工业用水在使用后，水质较差，无法对环境直排或直接利用，需进行污水处理，为提高水的重复利用率，减少外排污水量，降低生产成本，提高企业经济效益和社会效益，特设立污水池，对污水进行深度处理，实现污水回用。

关键词　污水　水池结构

污水池就是对于生产污水进行初步处理的装置，主要包括沉降调节池、斜板隔油池。污水处理中，水池结构是一个重要的组成部分，水池结构的好坏与污水处理的效果有着直接关系，所以在处理污水之前，要事先做好水池结构设计，了解污水成分组成，研究污水处理工艺，保证水资源有效处理以后可以继续使用。本文主要从污水处理入手，对污水处理的水池结构设计进行分析。

1　污水处理水池结构的简介

污水处理池主要包括以下两种类型：

1.1　平流式隔油池（图1）

废水从池子的一端流人池子，以较低的水平流速（2~5mm/s）流经池子，流动过程中，密度小于水的油粒上升到水面，密度大于水的颗粒杂质沉于池底，水从池子的另一端流出。在隔油池的出水端设置集油管。集油管一般用直径200~300mm的钢管制成，沿长度在管壁的一侧开弧宽为60mm或90mm的槽口。集油管可以绕轴线转动。排油时将集油管的开槽方向转向水平面以下以收集浮油，并将浮油导出池外。为了能及时排油及排除底泥，在大型隔油池还应设置刮油刮泥机。刮油刮泥机的刮板移动速度一般应与池中流速相近，以减少对水流的影响。收集在排泥斗中的污泥由设在池底的排泥管借助静水压力排走。隔油池的池底构造与沉淀池相同。

平流式隔油池表面一般设置盖板，除便于冬季保持浮渣的温度，从而保持它的流动性外，同时还可以防火与防雨。在寒冷地区还应在池内设置加温管，以便必要时加温。

平流式隔油池的特点是构造简单、便于运行管理、油水分离效果稳定。有资料表明，平流式隔油池可以去除的最小油滴直径为100~150μm，相应的上升速度不高于0.9mm/s。

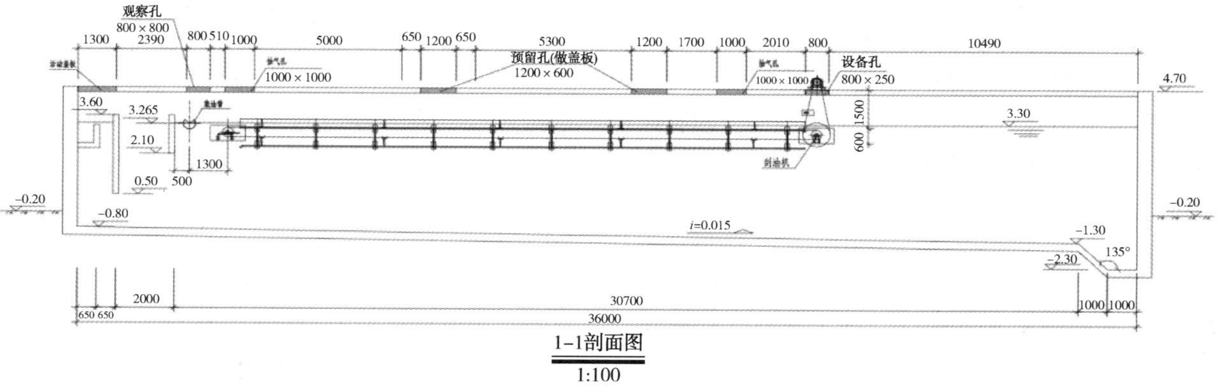

1-1剖面图
1:100

图1　平流式隔油池

第一作者简介：蔚达士，大学学历，助理工程师，现从事设备工程师工作。E-mail：weids-ds@petrochina.com.cn

1.2 斜板式隔油池(图2)

此类隔油池可分离油滴的最小直径约为60μm，相应的上升速度约为0.2mm/s。含油废水在斜板式隔油池中的停留时间一般≤30min，为平流式隔油池的1/4～1/2。

隔油池的浮渣，以油为主，也含有水分和一些固体杂质。对石油工业废水，含水率有时可高达50%，其他杂质一般在1%～20%。

仅仅依靠油滴与水的密度差产生上浮而进行油、水分离，油的去除效率一般为70%～80%，隔油池的出水仍含有一定数量的乳化油和附着在悬浮固体上的油分，一般较难降到排放标准以下。

气浮法分离油、水的效果较好，出水中含油量一般可<20mg/L。

对于化工行业使用的小型隔油池，其撇油装置是依靠水与油的密度差形成液位差而达到自动撇油的目的。

平流式隔油池的设计与平流式沉淀池基本相似，按表面负荷设计时，一般采用1.2m^3/m^2·h，按停留时间设计时，一般采用2h。

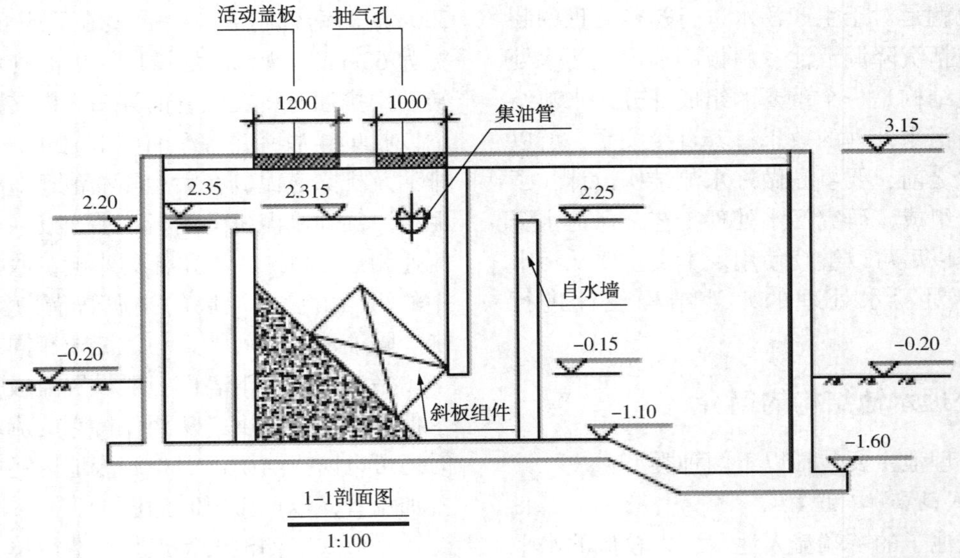

图2　斜板式隔油池

2 目前污水处理装置中水池结构存在的问题

从目前生产现状看，现有污水池在结构设计过程中防水系数都比较低，促使结构抗渗性不佳。同时水池表面设计中使用的材料也有一些问题存在，造成污水池构筑物的抗渗透性、耐腐蚀性达不到理想效果，且污水的成分组成与原始设计指标往往容易产生偏差，影响污水处理装置的正常运行，因此在后期的生产运行中心须进行不定期的维护，确保稳定运行。

2.1 水池防渗系数比较低，抗渗性能存在严重不足

现有污水处理装置中，水池结构使用的材料都是由钢筋混凝土制作而成的，混凝土的制作标准已经比较完善，能够确保混凝土强度，抗压等级可以满足生产运行需要，故在进行水池结构设计当中，科学合理的控制施工过程即可，并考虑混凝土抗渗系数。通常情况下水池结构的抗渗性能不会出现任何问题，可是从目前实践分析中发现，设计人员在设计工作开展中过分重视强度，对防渗系数重视程度不够，在车间2017年对平流式隔油池的大修理中，内壁混凝土已变得凹凸不平，局部区域甚至已经漏出钢筋，从而使得污水处理装置存在渗漏风险，严重时可能造成污水大量现场排放、蔓延，造成环境污染，并对周边工作人员的身体健康造成潜在伤害。

2.2 不重视水池表面材料的施工设计

在多年以来的池体修补中，时常把水池结构稳定性、不均匀沉降及裂缝问题当作施工的重点，不够重视水池结构表面设计中使用的材

料，促使在具体工作开展中防腐涂层往往难以达到理想效果，且上游生产波动时，可能会进入指标偏离较大的额外物料，超出了装置的原设计的处理能力，与此同时随着使用时间的不断加大，大量盖板等发生了腐蚀、风化现象，这种情况不仅对人员安全存在一定威胁，且大大降低了水池结构的使用性能，也缩短了水池使用时间。

2.3 污水池来料与国家标准的偏差

根据 GB 50160—2018 版本规定：

含可燃液体的污水及被严重污染的雨水应排入生产污水管道，但可燃气体的凝结液和下列水不得直接排入生产污水管道：

（1）与排水点管道中的污水混合后，温度超过 40℃的水。

（2）混合时产生化学反应能引起火灾或爆炸的污水。

但是在实际运行中，来料未必能满足以上两条要求，从而埋下安全隐患，当此类来料达到一定比例中，可能会发生局部事件乃至事故，对人的生命安全、构筑物的结构造成一定程度的破坏，为规避此类问题发生，需要对上游来料的指标进行严格监控，降低运行风险。

3 污水处理装置中结构问题的改进方法与思路

3.1 提高污水处理装置结构的抗渗等级

针对污水处理装置抗渗性能不足，污水渗透严重的问题，从混凝土结构及表面防腐两方面入手，对污水处理装置进行抗渗提升。

（1）结构抗渗的提升

在对污水池结构的原始设计不定期维护中，考虑在满足抗压等级的前提下，加入适量的 P8/P10/P12 的抗渗剂或直接选用抗渗等级在 P8 及以上的抗渗混凝土，在外层结构中，直接提升抗渗等级。

（2）面层抗渗的提升

面层防腐使用水泥基抗渗结晶型防水涂料及针对多种有机物具有较好防腐效果的重防腐涂料，且重防腐涂料结合专业人员指导，分时间段在面层做多层防腐，每一层防腐完成后，测量漆膜厚度，确保防腐的完成质量；并对各厂家提供的防腐涂料做成防腐试块，不断考察各种防腐物料的防腐效果，优中选优，提升污水池的抗渗/耐腐蚀能力。

2017 年 5 月 18 日进行防腐涂料试验的试块，同年 10.30 日取出观察，其结果如图 3 所示。

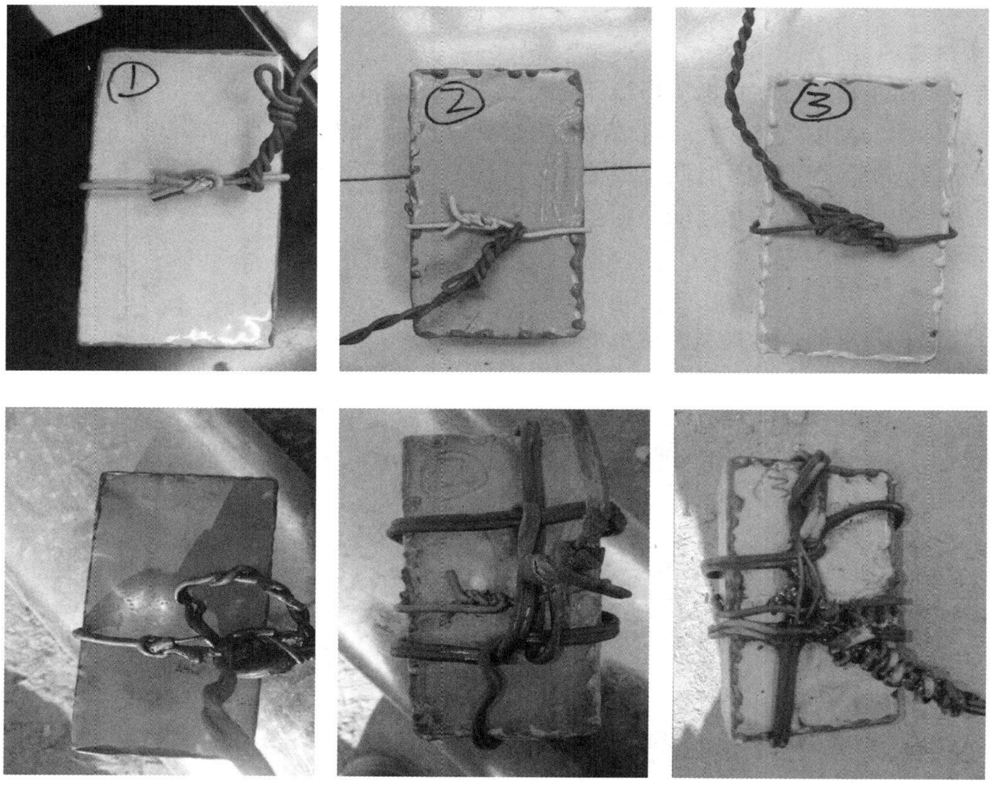

图 3 防腐涂料试验结果

图3　防腐涂料试验结果(续)

3.2　改进水池表面材料的施工设计

通过委托具备专业资质的设计单位，并提供污水处理装置的关键运行参数、运行状态，并选择资质较好的施工单位，在改进过程中，加强对现场的日常检查，确保施工严格按照设人员安全。

3.3　控制来料指标

严格监控上游来料的各项指标，当指标与国家标准、企业标准发生偏差时，及时将情况报告给上级生产指挥人员，督促其及时联系相关装置对外排污水进行调整，确保污水池的稳定运行。

4　结论

随着环境保护要求的逐年提高，污水组分和指标变动的日益复杂化，污水池的结构设计要求也应该满足日新月异的要求，满足当下的要求，对于污水处理能力、抗异常冲击能力和经济的充分考量下，增加污水处理的抗冲击能力，为污水净化提供一个更强大的硬件设施，确保污水处理的效果。

参考文献

[1] 石油化工企业设计防火标准[S]. GB 50160—2018.

油田污水处理技术在注水工艺中的应用

赵生华

[中油(新疆)石油工程有限公司 EPC 项目管理公司]

摘　要　油田开发过程中需要注入合格的水资源补充地层能量。为提高油田污水处理的质量，减少污水排放及污水对注水操作的不利影响。因此，技术人员重视原油生产控制要求，通过设定可靠的污水处理模式，保障污水处理、控制的合理性。总之，为消除污水而导致地表层出现结垢、堵塞等现象，应搭建污水处理管理模式，提高注水工艺的科学性。

关键词　油田　污水处理技术　注水工艺

对于我国社会以及发展的过程当中发挥着巨大作用的就是石油资源，并且随着我国社会以及经济的快速发展，对于石油资源的需求也日渐提高，所以对于各个油田的开发程度也日益增加。而对于油田进行开发的时候就会有大量的污水产生，对于这些污水要是进行直接的排放，那么就是使得环境受到极大的污染，所以为了实现我国的可持续发展战略就需要采取一定的污水处理技术。

1　油田污水处理技术的重要性

我国是世界上的石油大国之一，经过多年以来的发展，我国经济发展的主要动力就是石油。虽然现在的新能源发展正在如火如荼的进行着，但是对于石油资源的地位依然无法撼动。就石油行业来说，具有着比较差的生产链，并且生产链当中每一个部分对于社会都会产生很大的影响。我国的石油行业虽然进入到了成熟的阶段，但是对于油田来说，大部分的开发已经进入到了中后期阶段。在开发原油的中后期阶段，在原油当中的含水量比较高，所以对于原油就行开采以后，就需要进行水油分离的处理，这样就会有大量的污水产生，并且产生的污水当中的结构组成是比较复杂的，其中还含有较高的重金属离子，而对于土壤来说，这些重金属离子会对其造成严重的破坏。同时，在生产原油时，会有含油的污水出现，这些污水的排水量也是很大的，并且会严重破坏周围的环境。因此，为了使得我国可以实现能源额可持续发展战略，就需要对油田的污水进行处理，进而达到环境保护的目的，所以污水处理技术对于油田来说有着非常重要的意义。

2　油田污水处理技术的现状

2.1　物理分离法

在油田的污水处理方法当中最常见的就是物理分离法，这个方法主要是对于污水当中的悬浮物还有水分通过物理的手段进行分离，通常来说，物理分离运用的设备都比较简单，操作的难度也比较低，而物理分离法主要有气浮分离技术和重力分离技术两种。

2.2　化学处理技术

因为污水当中的有害物质物理分离技术难以全部的去除，所以大部分的油田也进行了化学处理技术的引进。在污水当中添加了定量的化学试剂，对于污水当中的有害物质通过化学反应的办法来去除的技术就是化学处理技术。一般来说，化学处理技术当中常用的有电脱技术、缓蚀技术、絮凝技术以及阻垢技术。运用电脱技术来对污水进行处理的时候，就是在污水当中加入电流，利用氧化还原的反应来对污水当中的重金属还有有机物进行去除；缓蚀技术的运用可以使得污水的腐蚀作用有效的避免，可以对于污水当中有害物质的增加有效的阻止；在污水当中加入一定的试剂，可以使有害物质出现絮状的结构，絮状物受重力影响而下沉，这个方式还可以进行污水的细菌处理；运用阻垢技术是在污水当中加入

第一作者简介：赵生华，本科学历，工程师，现在中油(新疆)石油工程有限公司从事项目管理工作。E-mail：zhaoshenghua-xpe@cnpc.com.cn

阻垢剂，这样可以使得结垢现象有效的避免。

2.3 生物处理技术

对于社会的发展来说，化学处理方法还有物理分离方法对于社会的发展需求已经不能够满足了，所以生物处理的技术就衍生出来，并且生物处理的技术具有着很多的优势，其中不会发生二次污染是最重要的优势。就现阶段的情况来说，对于该技术许多的油田都进行了引进，也充分的证明生物处理技术具有了很强的优势，然而对于污水进行处理的时候运用该技术需要的时间比较长，并且需要对于污水的成分进行合理的分析以后才可以确定在污水当中需要何种微生物的培养。

3 石油工程注水工艺技术的优化

3.1 优化注水工艺流程

在石油工程中采用注水工艺技术的目的是能够将一定量的水输送到油田中。为了确保注水工艺技术使用的有效性首先就必须准确地掌握油田水质压力、实际的注水量、水质情况等各项数据的动态。现阶段，我国已经实现了注水管线与各种不同的机械设备的自动化运行，所以是实际使用中非常便捷，不需要投入太多的人力和物力资源，而且其中的单干管流程实施起来也非常简单，通常情况下只需要相关工作人员能够将一定量的水由不同的井道口输送到同一个管道中，这样就算完成了水资源的输送工作。当然，在此过程中相应的工作人员也可以采用单井注水的方式来进行水资源的输送。其中不同井道口的注水使用量和注水压力是可以采用多井注水工艺来进行管理的，而对一个井道口注水量的管理则需要采用单水井注水方式。因此，相关工作人员在分配水资源的利用比例时可以在利用双干管的时候为其搭配多个水井。其中一个可以用来完成井道口的清洗工作，另一个用来完成日常水资源的输送工作，使其能够最大限度地完成相应的注水任务。

3.2 创建严格的水质执行标准

相关工作人员在监管注水水质的过程中，应该严格按照我国相应的规章制度来执行。例如在我国陕西地区推行的《农村三资管理监管问题》中严格表示，应该对注水水质进行严格的管控。为此，首先需要创新优化当地污水处理厂所使用的水处理工艺技术，然后在日常工作中加强对水质过滤和沉淀的研究。同时还应加强对水资源质量的检测，一般情况下都会检测注水工作中水资源的悬浮固体、菌体含量以及水质含油量等。如果相关工作人员在检测水质的过程中发现存在有不合格的水质，那么就需要及时地采取相应的工艺进行处理，从而增强对水质的监管。另外，相关工作人员还应加强对注水站扩建工作的重视程度，根据相应的需求加强对注水系统的优化和注水口水质的监管，并且定期清洗相应的设备，不断地完善相应的过滤系统，从而有效地避免水资源的二次污染。

3.3 优选合理的油田注水工艺

在石油工程进行后期开发的过程中，需要加强对油田分层注水技术的研究，使相关工作人员能够利用相应的分层注水技术来完成注水的自动化，从而能够满足不同形状井道的需求以及不同油藏情况对注水工艺的需求，实现石油工程开采技术应用的最优化。其中相关工作人员在研究油田分层技术时，不仅需要加强对低配分层注水量的控制、注水井道口的防砂工艺应用，而且还需要及时地管控分层时水资源注入时间和大斜度井道口的真实注水情况等。当前，分层注水技术模式被人们认为是最有效、最科学的油田注水方法，所以一般情况下相关的工作人员都会采用该油田注水方法来作为油田工作的开发，这一方法的应用能够最大限度地达到相应的石油水驱效率。首先，需要进行注水设备的分层处理，这时一般都会采用油套管来实施，利用形状为环形的油管与油套管相结合，然后在利用两者之间的有效空间来加入封隔器，使其能够实现对不同油层的划分，其次在对两个不同的油层进行分别注水，从而最终实现规范分层的现象。在此过程中可以利用双管分注技术，该技术的应用能够有效地实现油田两层的分别注水，不仅能够保证注水量的科学合理性，而且还能够在注水完成之后进行适当地调控。但是，在此过程中需要运用到隔离器，通过利用隔离器就可以让单层封隔器实现对多层油田的注水分层，从而实现对配水器的逐个安装。其中配水器的水嘴是需要相关工作人员来适当地调整相应的注水量的。通常情况下，如果相关工作人员选择运用分层注水技术来进行油田的分层处理，那么就一定会运用具有偏心式的配水器来达成注水的最优化处理。如果相关工作人员在实际操作过程中发现配水器发生了一定程度的拥堵情况，那么还可以及时地更换配水器的水嘴，从而有效地避免对其他注水层的水质造成一定程度的污染。虽然这一技术的应用在实际生活中广受好评，但是在实际生活中展开相应的注水工程术时需要将偏心式配水器换成压控开关，因为这种变化不仅能够实现不同层次都具有比较精准的注水效果，而且还能够合理的控制注水井口的压力。

3.4 加强对注水井防腐结垢的保障

为了能够将我国推行的相关注水井规章制度，那么就应该制作性能稳定的泵机来展开相应的维护工作。在此过程中经过处理后的污水由注水站逐渐向着气压配水间流动，但是在污水分配的过程中并没有出现其他比较明显的变化，但是却有一定数量的悬浮固体，而造成这一现状的原因是相应的设备需要定期清洗。相关工作人员经过调查发现，过滤器和相应的沉降罐需要进行清洗。之后相关工作人员又运用了非线性波来解决管道出现的堵塞情况，从而有效地降低井口的压力。同时相关工作人员还可以采用相应的过滤装置，或是润管剂等方法来解决管道被其他物质腐蚀或是结垢的问题。

4 油田污水处理技术在注水工艺应用要点

4.1 气浮技术

气浮技术的应用方法较广，可结合有效地处理模式区分小气泡，待小气泡受到浮力影响时，会让气泡与污水相接触。此时，将原油中的固体颗粒杂质吸收处理，可实现油水中固、液分离的目标。技术人员可将气泡引导至污水的表面，同时结合不同物质的密度进行分离，促使固体颗粒逐渐下沉，实现上层清液和下沉固态物质的分离目的。但该方法应用难度相对较大，其原因是整体操作过程的工艺技术烦琐，需要技术人员采用可靠的技术模型进行固液分离。其中，若污水中杂质为悬浊液状态时，该方法的应用效果相对较好，可应用重力式沉降罐装置进行注水操作，能减少项目运行的成本支出。注水期间，溶解性的氧分子会在水体中活动，这也为污水的处理规划提供了一定方便。此外，在混凝反应进行中，该方法的应用标准更低，此时技术人员仅需结合必要的固液分离技术进行分离控制，可消除多重限制因素对污水处理的消极影响。总之，限定气泡的粒径在18~99μm时，可全面提升污水处理质量，若小气泡的应用尺寸过小时，可能会限制注水后液体的吸附功能，致使局部区域的压力过大，影响了污水处理质量。

4.2 膜分离技术

膜分离和膜生物反应技术可全面提升污水的处理质量，其原因是该方法可在生物膜的作用下进行物质区分，将含有杂质或大量有机物污染物质进行区分，进而达到实践应用的效果。首先，该方法应用前应当建立宏观监控模式，在必要的反应器控制支持下降污水中的颗粒状固体杂质进行去除，所以该方法比传统沉淀法的效果更好（明矾、活性炭等），其原因是分离后所得到的水资源经简易的回收控制后，可达到废水的回收再运用标准。其次，在水资源回流过程中，回流的部分水资源具有一定阻隔作用，可降低微生物及病毒的渗透率。通过在设定的标准下对原油中的淤泥、水资源进行区别，同时在可控的技术模式下进行创新作业，有利于消除传统注水过程过于复杂的影响。另外，膜生物反应技术自身的污染性也相对较小，但该技术不可高效化处理淤泥量较低的污水，故技术人员应当统计膜生物反应技术的优势。

4.3 重力分离技术

重力分离技术是基于油的密度低于水，导致石油会浮在上层水面上，根据这一物理现象，实现污水处理的目的。在此过程中，石油中的有机物、悬浮物经重力分离技术处理后实现分离。技术人员可应用隔油装置、除油装置和分离装置将杂质和油水进行分离。但分离处理的时间相对较长，一旦污水比例过重时，重力分离技术的效率会明显降低，故需要联合膜分离、气浮技术等要求进行综合处理控制。

4.4 微生物反应池技术

选择具有靶向作用的微生物联合菌种处理反应池中的污水，致使菌种在反映皿中持续繁衍，并在氧化还原反应、物质合成的基础上将污水中的有机物转化为其他无害性的物质。例如苯及苯的衍生物、环烃、萘类等有机物，经过微生物处理后，会将有机物、有机酸中的双键、环状结构打开，致使有机物在额定条件下转变为无污染的水资源和CO_2。

5 结束语

综上所述，随着我国社会的发展以及油田污

水处理与开采技术的飞速发展，目前我国的油田开采已经进入到了新的阶段，在这样新时代的背景之下，人们对于污水处理技术如何提高有着前所未有的重视，所以怎样提高污水处理的效率以及水平成为了现在背景之下的重要内容。油田污水处理技术对提高油田工程的经济效益是有利的，所以技术人员应明确注水工艺技术及处理模式，结合项目的地理位置确立处理方案，有利于消除污水对油田工程的发展的不利影响。

参　考　文　献

[1] 周晶．油田注水和污水处理的设计分析[J]．中国石油和化工标准与质量，2021，41(24)：119-120.

[2] 许佳庆．油田污水处理技术在注水工艺中的应用[J]．化工管理，2021(32)：46-47.

[3] 赵健．油田污水处理技术在注水工艺中的应用[J]．化学工程与装备，2020(02)：261+263.

[4] 宣妍．油田注水后续污水处理措施探究[J]．化工管理，2020(02)：216-217.

[5] 刘先巍．油田污水处理技术在注水工艺中的应用[J]．化学工程与装备，2018(10)：269-270.

[6] 甄诚．试论油田注水和污水处理的设计[J]．化工管理，2018(16)：209-210.

[7] 刘类刚，姚东升，刘倩，等．浅谈油田污水处理技术在注水工艺中的应用[J]．河北企业，2016(06)：190-191.

[8] 郝占奎，滕宇欣．油田污水深井回灌处理工艺适应性分析[J]．中国石油和化工标准与质量，2013，33(23)：272.

[9] 石英．浅析油田污水治理的新途径——环保注水[J]．黑龙江科技信息，2011(23)：11.

[10] 张安，程汉东．环保注水——油田污水治理的新途径[J]．安全与环境工程，2003(04)：28-30.